폐기물처리
기사 필기

핵심요점 **과년도 기출문제 해설**

 예문사

PREFACE

본서는 한국산업인력공단 최근 출제기준에 맞추어 구성하였으며, 폐기물처리기사를 준비하는 모든 수험생들이 효율적으로 학습할 수 있도록 핵심 요점과 함께 2014년 부터 최근까지의 모든 기출문제에 풀이를 상세하게 정성껏 실었습니다.

본서는 다음과 같은 내용으로 구성하였습니다.
첫째, 각 과목별 중요&핵심 이론을 일목요연하게 수록
둘째, 2014~2024년 과년도 모든 문제 100% 풀이 수록

미흡하고 부족한 점은 계속 보완해 나가는 데 노력하겠습니다.
끝으로, 본서를 출간하기까지 끊임없는 성원과 배려를 해주신 예문사 관계자 여러 분, 주경야독 윤대표님, 친구 김원식, 아들 지운에게 깊은 감사를 드립니다.

서 영 민

📝 출제기준

직무 분야	환경 · 에너지	중직무 분야	환경	자격 종목	폐기물처리기사	적용 기간	2023. 1. 1.~2025. 12. 31

○ 직무내용 : 국민의 일상생활에 수반하여 발생하는 생활폐기물과 산업활동 결과 발생하는 사업장 폐기물을 기계적 선별, 여과, 건조, 파쇄, 압축, 흡수, 흡착, 이온교환, 소각, 소성, 생물학적 산화, 소화, 퇴비화 등의 인위적, 물리적, 기계적 단위조작과 생물학적, 화학적 반응공정을 주어 감량화, 무해화, 안전화 등 폐기물을 취급하기 쉽고 위험성이 적은 성상과 형태로 변화시키는 일련의 처리업무

필기검정방법	객관식	문제 수	100	시험시간	2시간 30분

필기과목명	문제 수	주요항목	세부항목	세세항목
폐기물개론	20	1. 폐기물의 분류	1. 폐기물의 종류	1. 폐기물 분류 및 정의 2. 폐기물 발생원
			2. 폐기물의 분류체계	1. 분류체계 2. 유해성 확인 및 영향
		2. 발생량 및 성상	1. 폐기물의 발생량	1. 발생량 현황 및 추이 2. 발생량 예측 방법 3. 발생량 조사 방법
			2. 폐기물의 발생특성	1. 폐기물 발생 시기 2. 폐기물 발생량 영향 인자
			3. 폐기물의 물리적 조성	1. 물리적 조성 조사방법 2. 물리적 조성 및 삼성분
			4. 폐기물의 화학적 조성	1. 화학적 조성 분석방법 2. 화학적 조성
			5. 폐기물 발열량	1. 발열량 산정방법 (열량계, 원소분석, 추정식 방법 등)
		3. 폐기물 관리	1. 수집 및 운반	1. 수집 운반 계획 및 노선 설정 2. 수집 운반의 종류 및 방법
			2. 적환장의 설계 및 운전관리	1. 적환장 설계 2. 적환장 운전 및 관리
			3. 폐기물의 관리체계	1. 분리배출 및 보관 2. 폐기물 추적 관리 시스템 3. 폐기물 관리 정책

필기과목명	문제 수	주요항목	세부항목	세세항목
		4. 폐기물의 감량 및 재활용	1. 감량	1. 압축 공정 2. 파쇄 공정 3. 선별 공정 4. 탈수 및 건조 공정 5. 기타 감량 공정
			2. 재활용	1. 재활용 방법 2. 재활용 기술
폐기물처리기술	20	1. 중간처분	1. 중간처분기술	1. 기계적, 화학적 처분 2. 생물학적 처분 3. 고화 및 고형화 처분 4. 소각, 열분해 등 열적처분
		2. 최종처분	1. 매립	1. 매립지 선정 2. 매립 공법 3. 매립지내 유기물 분해 4. 침출수 발생 및 처분 5. 가스 발생 및 처분 6. 매립시설 설계 및 운전관리 7. 사후관리
		3. 자원화	1. 물질 및 에너지회수	1. 금속 및 무기물 자원화 기술 2. 가연성 폐기물의 재생 및 에너지화 기술 3. 이용상 문제점 및 대책
			2. 유기성 폐기물 자원화	1. 퇴비화 기술 2. 사료화 기술 3. 바이오매스 자원화 기술 4. 매립가스 정제 및 이용 기술 5. 유기성 슬러지 이용 기술
			3. 회수자원의 이용	1. 자원화 사례 2. 이용상 문제점 및 대책
		4. 폐기물에 의한 2차 오염 방지 대책	1. 2차 오염종류 및 특성	1. 열적처분에 의한 2차 오염 2. 매립에 의한 2차 오염
			2. 2차 오염의 저감기술	1. 기계적, 화학적 저감기술 2. 생물학적 저감기술 3. 기타 저감기술
			3. 토양 및 지하수 2차오염	1. 토양 및 지하수 오염의 개요 2. 토양 및 지하수 오염의 경로 및 특성 3. 처분 기술의 종류 및 특성

필기과목명	문제 수	주요항목	세부항목	세세항목
폐기물소각 및 열회수	20	1. 연소	1. 연소이론	1. 연소형태 2. 연소 및 열효율
			2. 연소계산	1. 이론 산소량·공기량 2. 실제소요공기량 3. 이론 및 실제 연소가스양 4. 연소배기가스내 오염물질 종류 및 농도 등
			3. 발열량	1. 고위 발열량 2. 저위 발열량
			4. 폐기물 종류별 연소특성	1. 생활폐기물 연소특성 2. 사업장폐기물 연소특성 3. 기타 폐기물 연소특성
		2. 소각공정 및 소각로	1. 소각공정	1. 폐기물 투입방식 2. 연소조건 및 영향인자 3. 소각재 자원화 및 처분
			2. 소각로의 종류 및 특성	1. 소각로의 종류 및 특성 2. 연소방식의 종류 및 특성
			3. 소각로의 설계 및 운전관리	1. 소각로 설계 2. 소각로 운전관리
			4. 연소가스처분 및 오염방지	1. 연소가스 처분방법 및 장치 2. 집진설비의 종류 및 특징
			5. 에너지회수 및 이용	1. 에너지 회수방법 2. 에너지 회수설비 3. 회수에너지 이용
폐기물공정 시험기준(방법)	20	1. 총칙	1. 일반 사항	1. 용어 정의 2. 기타 시험 조작 사항 등 3. 정도보증/정도관리 등
		2. 일반 시험법	1. 시료채취 방법	1. 성상에 따른 시료의 채취방법 2. 시료의 양과 수
			2. 시료의 조제 방법	1. 시료 전처리 2. 시료 축소 방법
			3. 시료의 전처리 방법	1. 전처리 필요성 2. 전처리 방법 및 특징
			4. 함량 시험 방법	1. 원리 및 적용범위 2. 시험 방법
			5. 용출시험 방법	1. 적용범위 및 시료용액의 조제 2. 용출조작 및 시험방법 3. 시험결과의 보정
		3. 기기 분석법	1. 자외선/가시선분광법	1. 측정원리 및 적용범위 2. 장치의 구성 및 특성 3. 조작 및 결과분석방법

필기과목명	문제 수	주요항목	세부항목	세세항목
			2. 원자흡수분광광도법	1. 측정원리 및 적용범위 2. 장치의 구성 및 특성 3. 조작 및 결과분석방법
			3. 유도결합 플라즈마 원자발광분광법	1. 측정원리 및 적용범위 2. 장치의 구성 및 특성 3. 조작 및 결과분석방법
			4. 기체크로마토그래피법	1. 측정원리 및 적용범위 2. 장치의 구성 및 특성 3. 조작 및 결과분석방법
			5. 이온전극법 등	1. 측정원리 및 적용범위 2. 장치의 구성 및 특성 3. 조작 및 결과분석방법
		4. 항목별 시험방법	1. 일반항목	1. 측정원리 2. 기구 및 기기 3. 시험방법
			2. 금속류	1. 측정원리 2. 기구 및 기기 3. 시험방법
			3. 유기화합물류	1. 측정원리 2. 기구 및 기기 3. 시험방법
			4. 기타	1. 측정원리 2. 기구 및 기기 3. 시험방법
		5. 분석용 시약 제조	1. 시약제조방법	
폐기물 관계법규	20	1. 폐기물관리법	1. 총칙 2. 폐기물의 배출과 처리 3. 폐기물처리업 등 4. 폐기물처리업자 등에 대한 지도와 감독 등 5. 보칙 6. 벌칙(부칙 포함)	
		2. 폐기물관리법 시행령	1. 시행령 전문 (부칙 및 별표 포함)	
		3. 폐기물관리법 시행규칙	1. 시행규칙 전문(부칙 및 별표, 서식 포함)	
		4. 폐기물관련법	1. 환경정책기본법 등 폐기물과 관련된 기타 법규내용	

폐기물처리기사
CONTENTS

폐기물처리 필기
WASTES TREATMENT

학습 전에 알아두어야 할 사항

핵심 이론에 정리되어 있는 내용을 여러 번 반복하면서
꼭 암기하세요.

PART

01

핵심 요점

[핵심 요점 PDF 파일 제공]

PDF 파일은 예문사 홈페이지 자료실에서 다운로드할 수 있습니다.

(패스워드 : summary wastes)

폐기물처리 필기
WASTES TREATMENT

💬 **학습 전에 알아두어야 할 사항**

1. 과년도 문제풀이는 가능한 한 최근 연도부터 학습하시기 바랍니다.
2. 이론 문제의 학습은 정독하시는 것이 좋으며 계산 문제는 눈으로만 학습하지 말고 반드시 손으로 직접 풀어 보셔야 2차(실기) 시험에 도움이 많이 됩니다.
3. 열공! 꼭 합격을 기원합니다.

02

과년도 기출문제 해설

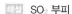 SO₂ 부피

$$S + O_2 \rightarrow SO_2$$

$$32kg \quad : \quad 22.4Sm^3$$

$$4kL/hr \times 0.9kg/L \times 1,000L/kL \times 0.03 : SO_2(Sm^3)$$

$$SO_2(Sm^3) = \frac{4kL/hr \times 0.9kg/L \times 1,000L/kL \times 0.03 \times 22.4Sm^3}{32kg}$$

$$= 75.6Sm^3$$

SO₂ 무게

$$S + O_2 \rightarrow SO_2$$

$$32\,kg \quad : \quad 64\,kg$$

$$4kL/hr \times 0.9kg/L \times 1,000L/kL \times 0.03 : SO_2(kg)$$

$$SO_2(kg) = \frac{4kL/hr \times 0.9kg/L \times 1,000L/kL \times 0.03 \times 64kg}{32kg}$$

$$= 216kg$$

46 황 성분이 2%인 중유 300ton/hr를 연소하는 열 설비에서 배기가스 중 SO₂를 CaCO₃로 완전 탈황하는 경우 이론상 필요한 CaCO₃의 양은?(단, Ca : 40, 중유 중 S는 모두 SO₂로 산화된다.)

① 약 13ton/hr
② 약 19ton/hr
③ 약 24ton/hr
④ 약 27ton/hr

$$CaCO_3 + SO_2 \rightarrow CaSO_3 + CO_2$$

위의 반응식에서 S와 탄산칼슘(CaCO₃)은 1 : 1 반응한다.

$$S \longrightarrow CaCO_3$$

$$32ton \quad : \quad 100\,ton$$

$$300ton/hr \times 0.02 : CaCO_3(ton/day)$$

$$CaCO_3(ton/dag) = \frac{300ton/hr \times 0.02 \times 100ton}{32ton}$$

$$= 18.75ton/hr$$

47 유동층 소각로의 장단점을 설명한 것 중 틀린 것은?

① 기계적 구동부분이 많아 고장률이 높다.
② 연소효율이 높아 미연소분이 적고 2차 연소실이 불필요하다.
③ 상(床)으로부터 찌꺼기의 분리가 어렵다.
④ 반응시간이 빨라 소각시간이 짧다(노 부하율이 높다).

유동층 소각로
① 장점
  ㉠ 유동매체의 열용량이 커서 액상, 기상, 고형 폐기물의 전소 및 혼소, 균일한 연소가 가능하다.
  ㉡ 반응시간이 빨라 소각시간이 짧다.(노 부하율이 높다.)

  ㉢ 연소효율이 높아 미연소분이 적고 2차 연소실이 불필요하다.
  ㉣ 가스의 온도가 낮고 과잉공기량이 낮다. 따라서 NOx도 적게 배출된다.
  ㉤ 기계적 구동부분이 적어 고장률이 낮아 유지관리가 용이하다.
  ㉥ 노 내 온도의 자동제어로 열회수가 용이하다.
  ㉦ 유동매체의 축열량이 높은 관계로 단시간 정지 후 가동 시 보조연료 사용 없이 정상가동이 가능하다.
  ㉧ 과잉공기량이 적으므로 다른 소각로보다 보조연료 사용량과 배출가스양이 적다.
  ㉨ 석회 또는 반응물질을 유동매체에 혼입시켜 노 내에서 산성가스의 제거가 가능하다.
② 단점
  ㉠ 층의 유동으로 상으로부터 찌꺼기의 분리가 어려우며 운전비, 특히 동력비가 높다.
  ㉡ 폐기물의 투입이나 유동화를 위해 파쇄가 필요하다.
  ㉢ 상재료의 용융을 막기 위해 연소온도는 816℃를 초과할 수 없다.
  ㉣ 유동매체의 손실로 인한 보충이 필요하다.
  ㉤ 고점착성의 반유동상 슬러지는 처리하기 곤란하다.
  ㉥ 소각로 본체에서 압력손실이 크고 유동매체의 비산 또는 분진의 발생량이 가장 많다.
  ㉦ 조대한 폐기물은 전처리가 필요하다. 즉, 폐기물의 투입이나 유동화를 위해 파쇄공정이 필요하다.

48 석탄의 탄화도가 클수록 나타나는 성질로 틀린 것은?

① 착화온도가 높아진다.
② 수분 및 휘발분이 감소한다.
③ 연소속도가 작아진다.
④ 발열량이 감소한다.

석탄의 탄화도 증가 시 나타나는 성질
고정탄소에 대한 휘발분의 비율을 연료비라 하며 석탄의 탄화 정도를 나타내는 지수를 탄화도라고 한다.
① 연료비가 높아진다(양질의 석탄이 됨).
② 고정탄소의 함량이 증가한다(고정탄소가 클수록 양질의 석탄 : 무연탄 > 역청탄 > 갈탄 > 이탄 > 목재).
③ 발열량이 높아진다.
④ 휘발분이 감소한다.
⑤ 매연발생률이 낮아진다.
⑥ 비열이 감소한다.
⑦ 착화온도가 높아진다.

49 CO 100kg을 연소시킬 때 필요한 산소량(부피)과 이때 생성되는 CO_2 부피는?

① $20Sm^3$ O_2, $40Sm^3$ CO_2

② $40Sm^3$ O_2, $80Sm^3$ CO_2

③ $60Sm^3$ O_2, $120Sm^3$ CO_2

④ $80Sm^3$ O_2, $160Sm^3$ CO_2

해설 $2CO \quad + \quad O_2 \quad \rightarrow \quad 2CO_2$

$2 \times 28kg : 22.4Sm^3 : 2 \times 22.4Sm^3$

$100kg \quad : O_2(Sm^3) : CO_2(Sm^3)$

$$O_2(Sm^3) = \frac{100kg \times 22.4Sm^3}{2 \times 28kg} = 40Sm^3$$

$$CO_2(Sm^3) = \frac{100kg \times 2 \times 22.4Sm^3}{2 \times 28kg} = 80Sm^3$$

50 폐기물 열분해 시 생성되는 물질로 가장 거리가 먼 것은?

① Char/Tar

② 방향성 물질

③ 식초산

④ NO_X

해설 **열분해에 의해 생성되는 물질**

① 기체물질 : H_2, CH_4, CO, H_2S, HCN, CO_2

② 액체물질 : 식초산, 아세톤, 메탄올, 오일, 타르, 방향성 물질

③ 고체물질 : Char(탄소), 불활성 물질

51 기체연료의 장단점으로 틀린 것은?

① 연소 효율이 높고 안정된 연소가 된다.

② 완전연소 시 많은 과잉공기(200~300%)가 소요된다.

③ 설비비가 많이 들고 비싸다.

④ 연료의 예열이 쉽고 유황 함유량이 적어 SOx 발생량이 적다.

해설 **기체연료**

① 장점

   ㉠ 적은 과잉공기비(10~20%)로 완전연소가 가능하여 연소효율이 높다.

   ㉡ 회분 및 SO_2, 매연 발생이 없다.(연료의 예열이 쉽고 유황함유량이 적어 SOx 발생량이 적다.)

   ㉢ 점화·소화가 용이하고 연소조절이 쉽다.(안정된 연소가 가능)

   ㉣ 발열량이 크며 회분이 없고 균일하게 가열된다.

   ㉤ 연소율의 가연범위(Turn Down Ratio, 부하변동범위)가 넓다.

② 단점

   ㉠ 시설비(저장, 이송)가 크고 폭발위험성이 있다.

   ㉡ 실내에서 누설될 경우 위험하다.

   ㉢ 다른 연료에 비해 취급이 곤란(위험성)하다.

52 증기터빈 형식이 축류터빈, 반경류터빈인 경우, 분류관점으로 옳은 것은?

① 증기작동방식

② 증기이용방식

③ 피구동기

④ 증기유동방향

해설 ① 증기작동방식

   ㉠ 충동터빈(Impulse Turbine)

   ㉡ 반동터빈(Reaction Turbine)

   ㉢ 혼합식 터빈(Combination Turbine)

② 증기이용방식

   ㉠ 배압터빈(Back Pressure Turbine)

   ㉡ 추기배압터빈(Back Pressure Extraction Turbine)

   ㉢ 복수터빈(Condensing Turbine)

   ㉣ 추기복수터빈(Condensing Extraction Turbine)

   ㉤ 혼합터빈(Mixed Pressure Turbine)

③ 증기유동 방향

   ㉠ 축류터빈(Axial Flow Turbine)

   ㉡ 반경류터빈(Radial Flow Turbine)

53 로터리 킬른식(Rotary Kiln)소각로의 특징에 대한 설명으로 틀린 것은?

① 습식 가스 세정시스템과 함께 사용할 수 있다.

② 넓은 범위의 액상 및 고상폐기물을 소각할 수 있다.

③ 용융상태의 물질에 의하여 방해받지 않는다.

④ 예열, 혼합, 파쇄 등 전처리 후 주입한다.

해설 **회전로식 소각로(Rotary Kiln Incinerator)**

① 장점

   ㉠ 넓은 범위의 액상 및 고상폐기물을 소각할 수 있다.

   ㉡ 전처리(예열, 혼합, 파쇄) 없이 소각물 주입이 가능하다.

   ㉢ 소각에 방해 없이 연속으로 재의 배출이 가능하다.

   ㉣ 동력비 및 운전비가 적다.

   ㉤ 소각물 부하변동에 적응이 가능하다.

② 단점

   ㉠ 처리량이 적을 경우 설치비가 높다.

   ㉡ 후처리장치(대기오염방지장치)에 대한 분진부하율이 높다.

   ㉢ 비교적 열효율이 낮은 편이다.

   ㉣ 구형 및 원통형 폐기물은 완전연소 전에 화상에서 이탈할 수 있다.

   ㉤ 노에서의 공기유출이 크므로 종종 대량의 과잉공기 및 2차연소실이 필요하다.

정답 49 ②   50 ④   51 ②   52 ④   53 ④

54 어떤 연료를 분석한 결과, C 83%, H 14%, H_2O 3%였다면 건조연료 1kg의 연소에 필요한 이론공기량은?

① $7.5Sm^3/kg$ ② $9.5Sm^3/kg$

③ $11.5Sm^3/kg$ ④ $13.5Sm^3/kg$

$$A_0(Sm^3/kg) = \frac{1}{0.21}\left(\frac{1.867C + 5.6H}{0.97}\right)$$
$$= \frac{1}{0.21}\left[\frac{(1.867 \times 0.83) + (5.6 \times 0.14)}{0.97}\right]$$
$$= 11.45Sm^3/kg$$

55 열교환기인 과열기에 대한 설명으로 틀린 것은?

① 과열기는 그 부착 위치에 따라 전열 형태가 다르다.

② 방사형 과열기는 화실의 천장부 또는 노벽에 배치한다.

③ 일반적으로 보일러의 부하가 높아질수록 방사 과열기에 의한 과열온도가 상승한다.

④ 과열기의 재료는 탄소강과 니켈, 몰리브덴, 바나듐 등을 함유한 특수 내열 강관을 사용한다.

방사형 과열기
① 화실의 천장부 또는 노벽에 배치한다.
② 주로 화염의 방사열대류를 이용한다.
③ 보일러의 부하가 높아질수록 과열온도가 저하하는 경향이 있다.

56 황화수소 $1Sm^3$의 이론연소 공기량은?

① $7.1Sm^3$ ② $8.1Sm^3$

③ $9.1Sm^3$ ④ $10.1Sm^3$

$$2H_2S + 3O_2 \rightarrow 2H_2O + 2SO_2$$
$$2 \times 22.4Sm^3 : O_0(Sm^3)$$
$$O_0(Sm^3) = 1.5Sm^3$$
$$이론공기량(A_0) = \frac{1.5}{0.21} = 7.14Sm^3$$

57 C_3H_6 $1Sm^3$을 연소시킬 때 이론건조 연소가스양은?

① $17.8Sm^3/Sm^3$ ② $19.8Sm^3/Sm^3$

③ $21.8Sm^3/Sm^3$ ④ $23.8Sm^3/Sm^3$

$$C_3H_6 + 5O_2 \rightarrow 3CO_2 + 4H_2O$$
$$22.4Sm^3 : 5 \times 22.4Sm^3$$
$$1Sm^3 : O_2(Sm^3)$$
$$O_2(Sm^3) = 5Sm^3$$

$$A_0(Sm^3) = 5Sm^3/0.21 = 23.81Sm^3$$
$$G_{0d}(Sm^3/Sm^3) = 0.79A_0 + x$$
$$= (0.79 \times 23.81) + 3$$
$$= 21.81Sm^3/Sm^3$$

58 열분해 온도에 따른 가스의 구성비(%) 중 열분해 온도가 높을수록 구성비(%)가 줄어드는 가스는?

① 수소 ② 메탄

③ 이산화탄소 ④ 일산화탄소

열분해 온도가 증가할수록 수소 함량은 증가, 이산화탄소 함량은 감소된다.

59 저위발열량이 8,000kcal/Sm^3의 가스연료의 이론연소온도는 몇 ℃인가?(단, 이론연소가스양은 10Sm^3/Sm^3, 연료연소가스의 평균 정압비열은 0.35kcal/Sm^3·℃, 기준온도는 실온(15℃)으로 한다. 지금 공기는 예열되지 않으며, 연소가스는 해리되지 않는 것으로 한다.)

① 약 2,100℃ ② 약 2,200℃

③ 약 2,300℃ ④ 약 2,400℃

$$이론연소온도(℃)$$
$$= \frac{저위발열량}{이론연소가스양 \times 연소가스 \ 평균정압비열} + 실제온도$$
$$= \frac{8.000kcal/Sm^3}{10Sm^3/Sm^3 \times 0.35kcal/Sm^3·℃} + 15℃$$
$$= 2,300.71℃$$

60 세로, 가로, 높이가 각각 1.0m, 1.2m, 1.5m인 연소실의 연소실 열부하량을 6×10^5kcal/m^3·hr로 유지하기 위해서 연소실 내로 발열량 10,000 kcal/kg의 중유가 1시간당 투입, 연소되는 양(kg)은?

① 108kg/hr ② 128kg/hr

③ 148kg/hr ④ 168kg/hr

$$열발생률(열부하량 : kcal/m^3·hr)$$
$$= \frac{저위발열량(kcal/kg) \times 시간당 \ 연소량(kg/hr)}{연소실 \ 부피(m^3)}$$
$$시간당 \ 연소량(kg/hr)$$
$$= \frac{(1.0 \times 1.2 \times 1.5)m^3 \times (6 \times 10^5)kcal/m^3·hr}{10.000kcal/kg}$$
$$= 108kg/hr$$

※ 주의점 : 폐기물의 종류와 성상에 관계없이 수분이 첨가된 경우에는 수분을 제거한 후 강열감량 실험을 함

제4과목 폐기물공정시험기준(방법)

61 다음은 고상폐기물의 pH(유리전극법)를 측정하기 위한 실험절차이다. ( ) 안에 내용으로 옳은 것은?

> 고상폐기물 10g을 50mL 비커에 취한 다음 정제수 25mL를 넣어 잘 교반하여 ( ) 이상 방치한 후 이 현탁액을 시료용액으로 하거나 원심분리한 후 상층액을 시료용액으로 사용한다.

① 10분   ② 30분   ③ 1시간   ④ 2시간

해설 반고상 또는 고상폐기물의 1개 측정 분석절차 시료 10g을 50mL 비커에 취한 다음 정제수 25mL를 넣어 잘 교반하여 30분 이상 방치한 후 이 현탁액을 시료용액으로 하거나 원심분리한 후 상층액을 시료용액으로 한다.

62 다음은 강열감량 및 유기물 함량 시험방법에 대한 내용이다. ( ) 안의 내용으로 옳은 것은?

> 뚜껑을 덮은 증발용기를 미리 600±25℃에서 30분간~ (중략) ~25% 질산암모늄용액을 넣어 시료를 적시고 천천히 가열하여 탄화시킨 다음 600±25℃의 전기로 안에서 ( ) 감열하고 데시케이터 안에 넣어 식힌 후 그 무게를 단다.

① 1시간   ② 2시간   ③ 3시간   ④ 4시간

해설 강열감량 및 유기물함량 시험방법의 분석절차
① 뚜껑을 덮은 증발용기를 미리 (600±25)℃에서 30분간 강열
⇩
② 데시케이터 안에서 식힌 후 사용하기 직전에 무게를 측정
⇩
③ 시료적당량(20g 이상)을 취함
⇩
④ 도가니 또는 접시의 무게를 정확히 측정
⇩
⑤ 질산암모늄용액(25%)을 넣어 시료에 적시고 천천히 가열하여 탄화시킴
⇩
⑥ (600±25)℃의 전기로 안에서 3시간 강열함
⇩
⑦ 실리카겔이 담겨 있는 데시케이터 안에 넣어 식힘
⇩
⑧ 무게를 정확히 측정

63 폐기물이 적재되어 있는 5톤 미만의 차량에서 시료를 채취할 경우에 시료 채취 개수에 대하여 옳은 것은?

① 수직 및 평면상으로 9등분한 후 각 등분마다 시료를 채취한다.
② 임의의 5개소에서 100g씩 균등량을 혼합하여 채취한다.
③ 평면상에서 6등분한 후 각 등분마다 시료를 채취한다.
④ 분쇄하여 균일하게 한 후 필요한 양을 임의의 5개소에서 깊이에 따라 3회에 나누어 채취한다.

해설 폐기물이 차량에 적재되어 있는 경우 시료 채취 수
① 5ton 미만의 차량에 적재되어 있는 경우
적재폐기물을 평면상에서 6등분한 후 각 등분마다 시료 채취
② 5ton 이상의 차량에 적재되어 있는 경우
적재폐기물을 평면상에서 9등분한 후 각 등분마다 시료 채취

64 기름성분에 관한 시험(중량법)에 관한 내용 중 정량한계 기준으로 적절한 것은?

① 0.01% 이하   ② 0.1% 이하
③ 200mg 이하   ④ 100mg 이하

해설 기름성분 – 중량법의 정량한계 : 0.1% 이하

65 시료채취 시 대상폐기물의 양이 10톤인 경우 시료의 최소 수는?

① 10   ② 14
③ 20   ④ 24

해설 대상폐기물의 양과 시료의 최소 수

대상 폐기물의 양(단위 : ton)	시료의 최소 수
1 미만	6
1 이상~5 미만	10
5 이상~30 미만	14
30 이상~100 미만	20
100 이상~500 미만	30
500 이상~1,000 미만	36
1,000 이상~5,000 미만	50
5,000 이상	60

66 pH를 유리 전극법으로 측정할 때 임의의 한 종류의 pH 표준용액에 대하여 검출부를 정제수로 잘 씻은 다음 5회 반복 측정한 값의 재현성 범위로 옳은 것은?

① ±0.01 이내
② ±0.05 이내
③ ±0.1 이내
④ ±0.5 이내

수소이온농도 – 유리전극법(정밀도)
임의의 한 종류의 pH 표준용액에 대하여 검출부를 정제수로 잘 씻은 다음 5회 되풀이하여 pH를 측정했을 때 그 재현성이 ±0.05 이내이어야 한다.

67 다음은 콘크리트 고형화물의 시료채취에 관한 내용이다. ( ) 안에 맞는 내용은?

> 시료채취 때 분쇄가 어려운 대형 고형물인 경우에는 임의의 (㉠)개소에서 채취하여 각각 파쇄하여 (㉡)g씩 균등량 혼합 채취한다.

① ㉠ 5, ㉡ 100
② ㉠ 6, ㉡ 100
③ ㉠ 6, ㉡ 500
④ ㉠ 9, ㉡ 500

콘크리트 고형화물 시료채취
① 소형 : 고상혼합물의 경우에 따른다.
② 대형 : 분쇄가 어려울 경우에는 임의의 5개소에서 채취하여 각각 파쇄하여 100g씩 균등량을 혼합하여 채취한다.

68 자외선/가시선 분광법으로 납을 측정할 때 전처리를 하지 않고 직접 시료를 사용하는 경우 시료 중에 시안화합물이 함유되었을 때 조치사항으로 옳은 것은?

① 염산 산성으로 하여 끓여 시안화물을 완전히 분해 제거한다.
② 사염화탄소로 추출하고 수층을 분리하여 시안화물을 완전히 제거한다.
③ 음이온 계면활성제와 소량의 활성탄을 주입하여 시안화물을 완전히 흡착 제거한다.
④ 질산(1+5)과 과산화수소를 가하여 시안화물을 완전히 분해 제거한다.

납 – 자외선/가시선 분광법의 간섭물질
① 전처리를 하지 않고 직접 시료를 사용하는 경우
시료 중에 시안화합물이 함유되어 있으면 염산 산성으로 끓여 시안화물을 완전히 분해 제거한 다음 실험한다.
② 시료에 다량의 비스무트(Bi)가 공존하면 시안화칼륨용액으로 수회 씻어도 무색이 되지 않는 경우 다음과 같이 납과 비스무트를 분리하여 실험한다. 추출하여 10~20mL로 한 사염화탄소층에 프탈산수소칼륨 완충용액(pH 3.4) 20mL씩을 2회 역추출하고 전체수층을 합하여 분별깔대기에 옮긴다. 암모니아수(1+1)를 넣어 약알칼리성으로 하고 시안화칼륨용액(5 W/V%) 5mL 및 정제수를 넣어 약 100mL로 한 다음 이하 시료의 시험기준에 따라 추출조작부터 다시 실험한다.
③ 흡수셀이 더러워 측정값에 오차가 발생한 경우
㉠ 탄산나트륨용액(2 W/V%)에 소량의 음이온 계면활성제를 가한 용액에 흡수셀을 담가 놓고 필요하면 40~50℃로 약 10분간 가열한다.
㉡ 흡수셀을 꺼내 정제수로 씻은 후 질산(1+5)에 소량의 과산화수소를 가한 용액에 약 30분간 담가 놓았다가 꺼내어 정제수로 잘 씻는다. 깨끗한 가제나 흡수지 위에 거꾸로 놓아 물기를 제거하고 실리카겔을 넣은 데시케이터 중에서 건조하여 보존한다.
㉢ 급히 사용하고자 할 때는 물기를 제거한 후 에틸알코올로 씻고 다시 에틸에테르로 씻은 다음 드라이어로 건조해서 사용한다.

69 다음의 폐기물 금속류 중 유도결합플라스마 원자발광분광법으로 측정하지 않는 것은?

① 납
② 비소
③ 카드뮴
④ 수은

수은의 적용 가능한 시험방법
① 원자흡수분광광도법(환원기화법)
② 자외선/가시선 분광법(디티존법)

70 원자흡수분광광도법으로 비소를 측정할 때 비화수소를 발생하도록 하기 위해 시료 중의 비소를 3가비소로 환원한 다음 넣어 주는 시약은?

① 아연
② 이염화주석
③ 염화제일주석
④ 시안화칼륨

비소 – 원자흡수분광 광도법의 분석
전처리한 시료용액 중에 아연 또는 나트륨붕소수화물을 넣어 생성된 수소화비소를 원자화시켜서 193.7nm에서 흡광도를 측정하고 비소를 정량하는 방법이다.

71 X선 회절기법으로 석면 측정 시 X선 회절기로 판단할 수 있는 석면의 정량범위는?

① 0.1~100.0wt% ② 1.0~100.0wt%
③ 0.1~10.0wt% ④ 1.0~10.0wt%

해설 ① 석면-편광현미경법의 정량범위 : 1~100%
② 석면-X선 회절기법의 정량범위 : 0.1~100.0wt%

72 다음은 폐기물의 용출시험방법에 관한 사항이다. ( ) 안에 옳은 내용은?

> 시료용액의 조제가 끝난 혼합액을 상온, 상압에서 진탕 회수가 매분당 약 200회, 진폭이 4~5cm의 진탕기를 사용하여 ( ) 연속 진탕한다.

① 2시간 ② 4시간 ③ 6시간 ④ 8시간

해설 **용출시험방법**
① 시료용액의 조제
 ㉠ 시료의 조제방법에 따라 조제한 시료 100g 이상을 정확히 단다.
 ⇩
 ㉡ 용매 : 정제수에 염산을 넣어 pH를 5.8~8.3
 ⇩
 ㉢ 시료 : 용매＝1 : 10(w/v)의 비로 2,000mL 삼각플라스크에 넣어 혼합
② 용출조작
 ㉠ 진탕 : 혼합액을 상온, 상압에서 진탕횟수가 매분당 약 200회, 진폭이 4~5cm의 진탕기를 사용하여 6시간 연속 진탕
 ⇩
 ㉡ 여과 : 1.0μm의 유리섬유여과지로 여과
 ⇩
 ㉢ 여과액을 적당량 취하여 용출실험용 시료용액으로 함

73 수소이온농도(pH) 시험방법에 관한 설명으로 틀린 것은?(단, 유리전극법 기준)

① pH를 0.1까지 측정한다.
② 기준전극은 은-염화은의 칼로멜 전극 등으로 구성된 전극으로 pH 측정기에서 측정 전위 값의 기준이 된다.
③ 유리전극은 일반적으로 용액의 색도, 탁도, 콜로이드성 물질들, 산화 및 환원성 물질들 그리고 염도에 의해 간섭을 받지 않는다.
④ pH는 온도변화에 영향을 받는다.

해설 수소이온농도(pH)는 0.01까지 측정한다.

74 총칙에서 규정된 내용과 가장 거리가 먼 것은?

① 공정시험기준 이외의 방법이라도 측정결과가 같거나 그 이상의 정확도가 있다고 국내외에서 공인된 방법은 이를 사용할 수 있다.
② 공정시험기준에 기재한 방법 중 세부조작은 시험의 본질에 영향을 주지 않는다면 실험자가 일부를 변경할 수 있다.
③ 하나 이상의 공정시험기준으로 시험한 결과가 서로 달라 제반 기준의 적부판정에 영향을 줄 경우에 정확도가 높은 방법으로 판정한다.
④ 공정시험기준에서 규정하지 않은 사항에 대해서는 일반적인 화학적 상식에 따른다.

해설 하나 이상의 시험방법으로 시험한 결과가 서로 달라 제반기준의 적부판정에 영향을 줄 경우에는 각 항목의 주시험방법에 의한 분석 성적에 의하여 판정한다.

75 자외선/가시선 분광법에 의하여 시안을 분석할 경우, 간섭물질의 제거방법으로 틀린 것은?

① 휘발성 유기물질은 과망간산칼륨으로 분해 후 헥산으로 추출 분리한다.
② 황화합물이 함유된 시료는 아세트산아연용액을 넣어 제거한다.
③ 잔류염소가 함유된 시료는 L-아스코빈산 용액을 넣어 제거한다.
④ 잔류염소가 함유된 시료는 이산화비소산나트륨 용액을 넣어 제거한다.

해설 **시안-자외선/가시선 분광법의 간섭물질**
① 시안화합물 측정 시 방해물질들은 증류하면 대부분 제거된다(다량의 지방성분, 잔류염소, 황화합물은 시안화합물 분석 시 간섭할 수 있음)
② 다량의 지방성분 함유 시료
 아세트산 또는 수산화나트륨용액으로 pH 6~7로 조절한 후 시료의 약 2%에 해당하는 부피의 노말헥산 또는 클로로폼을 넣어 추출하여 유기층은 버리고 수층을 분리하여 사용한다.
③ 황화합물이 함유된 시료
 아세트산아연용액(10W/V%) 2mL를 넣어 제거한다. 이 용액 1mL는 황화물이온 약 14mg에 해당된다.

④ 잔류염소가 함유된 시료
　잔류염소 20mg당 L-아스코르빈산(10W/V%) 0.6mL 또는 이
산화비소산나트륨용액(10W/V%) 0.7mL를 넣어 제거한다.

76 자외선/가시선 분광광도계 광원부의 광원 중 자외부의
광원으로 주로 사용되는 것은?

① 텅스텐램프　　　　② 중공음극램프
③ 나트륨램프　　　　④ 중수소 방전관

해설 자외선/가시선 분광광도계 광원부의 광원
① 가시부와 근적외부 : 텅스텐 램프
② 자외부 : 중수소 방전관

77 용출시험 대상의 시료용액의 조제에 있어서 사용하는 용
매의 pH 범위는?

① 4.8~5.3　　　　② 5.8~6.3
③ 6.8~7.3　　　　④ 7.8~8.3

해설 용출시험방법
① 시료용액의 조제
　㉠ 시료의 조제방법에 따라 조제한 시료 100g 이상을 정확히
단다.
　　　⇩
　㉡ 용매 : 정제수에 염산을 넣어 pH를 5.8~6.3
　　　⇩
　㉢ 시료 : 용매＝1 : 10(w/v)의 비로 2,000mL 삼각플라스
크에 넣어 혼합
② 용출조작
　㉠ 진탕 : 혼합액을 상온, 상압에서 진탕횟수가 매분당 약
200회, 진폭이 4~5cm의 진탕기를 사용하여 6시간 연속
진탕
　　　⇩
　㉡ 여과 : 1.0μm의 유리섬유여과지로 여과
　　　⇩
　㉢ 여과액을 적당량 취하여 용출실험용 시료용액으로 함

78 시료의 산분해 전처리 방법 중 유기물 등이 많이 함유하
고 있는 대부분의 시료에 적용하는 것으로 가장 적절한
것은?

① 질산분해법　　　　② 염산분해법
③ 질산-염산분해법　　④ 질산-황산분해법

해설 질산-염산 분해법
① 적용 : 유기물 함량이 비교적 높지 않고 금속의 수산화물, 산
화물, 인산염 및 황화물을 함유하고 있는 시료에 적용한다.
② 용액 산농도 : 약 0.5N

79 다음 그림은 시료의 축소방법 중 어느 방법인가?

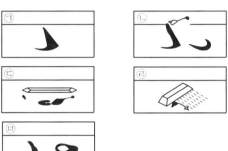

① 구획법　　　　② 교호삽법
③ 원추 4분법　　④ 면적법

해설 교호삽법
① 분쇄한 대시료를 단단하고 깨끗한 평면 위에 원추형으로 쌓
는다.
② 원추를 장소를 바꾸어 다시 쌓는다.
③ 원추에서 일정한 양을 취하여 장방형으로 도포하고 계속해서
일정한 양을 취하여 그 위에 입체로 쌓는다.
④ 육면체의 측면을 교대로 돌면서 각각 균등한 양을 취하여 두
개의 원추를 쌓는다.
⑤ 하나의 원추는 버리고 나머지 원추를 앞의 조작을 반복하면
서 적당한 크기까지 줄인다.

80 다음 용어의 정의에 대한 설명 중 틀린 것은?

① "약"이라 함은 기재된 양에 대하여 ±10% 이상의 차
가 있어서는 안 된다.
② 강압 또는 진공이라 함은 따로 규정이 없는 한
15mmHg 이하를 말한다.
③ 방울수라 함은 20℃에서 정제수 20방울을 적하할 때
그 부피가 약 1mL 되는 것을 뜻한다.
④ "정밀히 단다"라 함은 규정된 양의 검체를 분석용 저
울로 0.1mg까지 다는 것을 말한다.

해설 **용어정리**

① 액상폐기물 : 고형물의 함량이 5% 미만
② 반고상폐기물 : 고형물의 함량이 5% 이상 15% 미만
③ 고상폐기물 : 고형물의 함량이 15% 이상
④ 함침성 고상폐기물 : 종이, 목재 등 기름을 흡수하는 변압기 내부부재(종이, 나무와 금속이 서로 혼합되어 분리가 어려운 경우 포함)를 말함
⑤ 비함침성 고상폐기물 : 금속판, 구리선 등 기름을 흡수하지 않는 평면 또는 비평면형태의 변압기 내부부재를 말함
⑥ 즉시 : 30초 이내에 표시된 조작을 하는 것을 의미
⑦ 감압 또는 진공 : 15mmHg 이하
⑧ 이상과 초과, 이하, 미만
　ㄱ "이상"과 "이하"는 기산점 또는 기준점인 숫자를 포함
　ㄴ "초과"와 "미만"은 기산점 또는 기준점인 숫자를 불포함
　ㄷ a~b → a 이상 b 이하
⑨ 바탕시험을 하여 보정한다 : 시료에 대한 처리 및 측정을 할 때, 시료를 사용하지 않고 같은 방법으로 조작한 측정치를 빼는 것을 의미
⑩ 방울수 : 20℃에서 정제수 20방울을 적하할 때, 그 부피가 약 1mL가 되는 것을 의미
⑪ 항량으로 될 때까지 건조한다 : 같은 조건에서 1시간 더 건조할 때 전후 무게의 차가 g당 0.3mg 이하
⑫ 용액의 산성, 중성 또는 알칼리성 검사 시 : 유리전극법에 의한 pH 미터로 측정
⑬ 용기 : 시험용액 또는 시험에 관계된 물질을 보존, 운반 또는 조작하기 위하여 넣어두는 것

구분	정의
밀폐용기	취급 또는 저장하는 동안에 이물질이 들어가거나 또는 내용물이 손실되지 아니하도록 보호하는 용기
기밀용기	취급 또는 저장하는 동안에 밖으로부터의 공기 또는 다른 가스가 침입하지 아니하도록 내용물을 보호하는 용기
밀봉용기	취급 또는 저장하는 동안에 기체 또는 미생물이 침입하지 아니하도록 내용물을 보호하는 용기
차광용기	광선이 투과하지 않는 용기 또는 투과하지 않게 포장한 용기이며 취급 또는 저장하는 동안에 내용물이 광화학적 변화를 일으키지 아니하도록 방지할 수 있는 용기

⑭ 여과한다 : KSM 7602 거름종이 5종 또는 이와 동등한 여과지를 사용하여 여과함을 말함
⑮ 정밀히 단다 : 규정된 양의 시료를 취하여 화학저울 또는 미량저울로 칭량함
⑯ 정확히 단다 : 규정된 수치의 무게를 0.1mg까지 다는 것
⑰ 정확히 취하여 : 규정된 양의 액체를 홀피펫으로 눈금까지 취하는 것
⑱ 정량적으로 씻는다 : 어떤 조작으로부터 다음 조작으로 넘어갈 때 사용한 비커, 플라스크 등의 용기 및 여과막 등에 부착한 정량대상 성분을 사용한 용매로 씻어 그 씻어낸 액액을 합하고 먼저 사용한 같은 용매를 채워 일정용량으로 하는 것

⑲ 약 : 기재된 양에 대하여 ±10% 이상의 차가 있어서는 안 되는 것
⑳ 냄새가 없다 : 냄새가 없거나 또는 거의 없는 것을 표시하는 것
㉑ 시험에 쓰는 물 : 정제수를 말함

제5과목　폐기물관계법규

81 의료폐기물의 종류와 가장 거리가 먼 것은?

① 병상의료폐기물　　② 격리의료폐기물
③ 위해의료폐기물　　④ 일반의료폐기물

해설 **의료폐기물의 종류**
① 격리의료폐기물
② 위해의료폐기물
③ 일반의료폐기물

82 한국폐기물협회의 수행 업무에 해당하지 않는 것은? (단, 그 밖의 정관에서 정하는 업무는 제외)

① 폐기물처리 절차 및 이행 업무
② 폐기물 관련 국제 협력
③ 폐기물 관련 국제 교류
④ 폐기물과 관련된 업무로서 국가나 지방자치단체로부터 위탁받은 업무

해설 **한국폐기물협회의 업무**
① 폐기물 관련 국제교류 및 협력
② 폐기물과 관련된 업무로서 국가나 지방자치단체로부터 위탁받은 업무
③ 그 밖에 정관에서 정하는 업무

83 다음은 방치폐기물의 처리이행보증보험에 관한 내용이다. (　) 안에 옳은 내용은?

> 방치폐기물의 처리이행보증보험의 가입기간은 1년 이상 연 단위로 하며 보증기간은 보험 종료일에 (　)을 가산한 기간으로 하여야 한다.

① 15일　　　　　　② 30일
③ 60일　　　　　　④ 90일

> **해설** 방치폐기물의 처리이행보증보험의 가입기간은 1년 단위로 하되, 보증기간은 보험종료일에 60일을 가산한 기간으로 해야 한다.

84 폐기물 처분시설의 설치기준에서 재활용시설의 경우 파쇄·분쇄·절단시설이 갖추어야 할 기준으로 ( )에 맞는 것은?

> 파쇄·분쇄·절단조각의 크기는 최대직경 ( ) 이하로 각각 파쇄·분쇄·절단할 수 있는 시설이어야 한다.

① 3센티미터 ② 5센티미터
③ 10센티미터 ④ 15센티미터

> **해설** 폐기물 처분시설의 설치기준(재활용시설)
> 파쇄·분쇄·절단조각의 크기는 최대직경 15센티미터 이하로 각각 파쇄·분쇄·절단할 수 있는 시설이어야 한다.

85 폐기물 처분시설 또는 재활용시설 중 의료폐기물을 대상으로 하는 시설의 기술관리인 자격으로 틀린 것은?

① 폐기물처리산업기사
② 임상병리사
③ 위생사
④ 산업위생지도사

> **해설** 기술관리인의 자격기준

구분	자격기준
폐기물 처분시설 또는 재활용시설	
가. 매립시설	폐기물처리기사, 수질환경기사, 토목기사, 일반기계기사, 건설기계기사, 화공기사, 토양환경기사 중 1명 이상
나. 소각시설(의료폐기물을 대상으로 하는 소각시설은 제외한다), 시멘트 소성로 및 용해로	폐기물처리기사, 대기환경기사, 토목기사, 일반기계기사, 건설기계기사, 화공기사, 전기기사, 전기공사기사 중 1명 이상
다. 의료폐기물을 대상으로 하는 시설	폐기물처리산업기사, 임상병리사, 위생사 중 1명 이상
라. 음식물류 폐기물을 대상으로 하는 시설	폐기물처리산업기사, 수질환경산업기사, 화공산업기사, 토목산업기사, 대기환경산업기사, 일반기계기사, 전기기사 중 1명 이상
마. 그 밖의 시설	같은 시설의 운영을 담당하는 자 1명 이상

86 다음은 폐기물 수집, 운반업자가 임시 보관 장소에 의료폐기물을 보관하는 경우의 폐기물 보관량 및 처리기한에 관한 내용이다. ( ) 안에 옳은 내용은?

> 냉장 보관할 수 있는 섭씨 4도 이하의 전용보관시설에서 보관하는 경우 (㉠), 그 밖의 보관시설에서 보관하는 경우에는 (㉡)

① ㉠ 5일 이내, ㉡ 2일 이내
② ㉠ 7일 이내, ㉡ 2일 이내
③ ㉠ 5일 이내, ㉡ 3일 이내
④ ㉠ 7일 이내, ㉡ 3일 이내

> **해설** 폐기물 수집·운반업자가 임시보관장소에 폐기물을 보관하는 경우
> ① 의료폐기물 : 냉장 보관할 수 있는 섭씨 4도 이하의 전용보관시설에서 보관하는 경우 5일 이내, 그 밖의 보관시설에서 보관하는 경우에는 2일 이내, 다만 격리의료폐기물의 경우에서 보관시설과 무관하게 2일 이내로 한다.
> ② 의료폐기물 외의 폐기물 : 중량 450톤 이하이고 용적이 300세제곱미터 이하, 5일 이내

87 폐기물처리업의 업종에 해당되지 않는 것은?

① 폐기물 종합처분업
② 폐기물 최종처분업
③ 폐기물 재활용 수집, 운반업
④ 폐기물 종합재활용업

> **해설** 폐기물처리업의 업종 구분과 영업내용
> ① 폐기물 수집·운반업 : 폐기물을 수집하여 재활용 또는 처분장소로 운반하거나 폐기물을 수출하기 위하여 수집·운반하는 영업
> ② 폐기물 중간처분업 : 폐기물 중간처분시설을 갖추고 폐기물을 소각 처분, 기계적 처분, 화학적 처분, 생물학적 처분, 그 밖에 환경부장관이 폐기물을 안전하게 중간처분할 수 있다고 인정하여 고시하는 방법으로 중간처분하는 영업
> ③ 폐기물 최종처분업 : 폐기물 최종처분시설을 갖추고 폐기물을 매립 등(해역 배출은 제외한다)의 방법으로 최종처분하는 영업
> ④ 폐기물 종합처분업 : 폐기물 중간처분시설 및 최종처분시설을 갖추고 폐기물의 중간처분과 최종처분을 함께하는 영업
> ⑤ 폐기물 중간재활용업 : 폐기물 재활용시설을 갖추고 중간가공 폐기물을 만드는 영업
> ⑥ 폐기물 최종재활용업 : 폐기물 재활용시설을 갖추고 중간가공 폐기물을 용도 또는 방법으로 재활용하는 영업
> ⑦ 폐기물 종합재활용업 : 폐기물 재활용시설을 갖추고 중간재활용업과 최종재활용업을 함께하는 영업

정답 84 ④ 85 ④ 86 ① 87 ③

88 법에서 사용하는 용어의 뜻으로 옳지 않은 것은?

① 폐기물처리시설 : 폐기물의 중간처분시설, 최종처분시설 및 재활용시설로서 대통령령으로 정하는 시설을 말한다.

② 폐기물감량화시설 : 생산공정에서 발생하는 폐기물의 양을 줄이고 사업장 내 재활용을 통하여 폐기물 배출을 최소화하는 시설로서 대통령령으로 정하는 시설을 말한다.

③ 처분 : 폐기물의 소각, 중화, 파쇄, 고형화 등의 중간처분과 매립하거나 해역으로 배출하는 등의 최종처분을 말한다.

④ 재활용 : 폐기물을 재사용, 재생 이용하거나 에너지를 회수할 수 있는 상태로 만드는 활동으로서 대통령령으로 정하는 활동을 말한다.

해설 **재활용**

① 폐기물을 재사용 · 재생이용하거나 재사용 · 재생이용할 수 있는 상태로 만드는 활동

② 폐기물로부터 「에너지법」에 따른 에너지를 회수하거나 회수할 수 있는 상태로 만들거나 폐기물을 연료로 사용하는 활동으로서 환경부령으로 정하는 활동

89 폐기물 처리시설 종류의 구분이 틀린 것은?

① 기계적 재활용시설 : 유수분리시설

② 화학적 재활용시설 : 연료화시설

③ 생물학적 재활용시설 : 버섯재배시설

④ 생물학적 재활용시설 : 호기성, 혐기성 분해시설

해설 **폐기물처리시설의 종류 : 재활용시설**

① 기계적 재활용시설
　㉠ 압축 · 압출 · 성형 · 주조시설(동력 7.5kW 이상인 시설로 한정한다.)
　㉡ 파쇄 · 분쇄 · 탈피시설(동력 15kW 이상인 시설로 한정한다.)
　㉢ 절단시설(동력 15kW 이상인 시설로 한정한다.)
　㉣ 용융 · 용해시설(동력 7.5kW 이상인 시설로 한정한다.)
　㉤ 연료화시설
　㉥ 증발 · 농축시설
　㉦ 정제시설(분리 · 증류 · 추출 · 여과 등의 시설을 이용하여 폐기물을 재활용하는 단위시설을 포함한다.)
　㉧ 유수 분리시설

　㉩ 탈수 · 건조시설
　㉪ 세척시설(철도용 폐목재 받침목을 재활용하는 경우로 한정한다.)

② 화학적 재활용시설
　㉠ 고형화 · 고화시설
　㉡ 반응시설(중화 · 산화 · 환원 · 중합 · 축합 · 치환 등의 화학반응을 이용하여 폐기물을 재활용하는 단위시설을 포함한다.)
　㉢ 응집 · 침전시설

③ 생물학적 재활용시설
　㉠ 사료화 · 퇴비화(지렁이 분변토 생산시설 및 생석회 처리시설을 포함한다.) · 소멸화 · 부숙토 생산시설(1일 재활용능력 100킬로그램 이상인 시설로 한정하며, 건조에 의한 사료화 · 퇴비화시설을 포함한다.)
　㉡ 호기성 · 혐기성 분해시설
　㉢ 버섯재배시설

90 주변지역 영향 조사대상 폐기물처리시설 기준으로 틀린 것은?(단, 폐기물처리업자가 설치, 운영)

① 시멘트 소성로(폐기물을 연료로 사용하는 경우로 한정한다.)

② 매립면적 15만 제곱미터 이상의 사업장 일반폐기물 매립시설

③ 매립면적 3만 제곱미터 이상의 사업장 지정폐기물 매립시설

④ 1일 처리능력이 50톤 이상인 사업장 폐기물 소각시설(같은 사업장에 여러 개의 소각시설이 있는 경우에는 각 소각시설의 1일 처리능력의 합계가 50톤 이상인 경우를 말한다.)

해설 **주변지역 영향 조사대상 폐기물처리시설 기준**

① 1일 처리능력이 50톤 이상인 사업장폐기물 소각시설(같은 사업장에 여러 개의 소각시설이 있는 경우에는 각 소각시설의 1일 처리능력의 합계가 50톤 이상인 경우를 말한다.)

② 매립면적 1만 제곱미터 이상의 사업장 지정폐기물 매립시설

③ 매립면적 15만 제곱미터 이상의 사업장 일반폐기물 매립시설

④ 시멘트 소성로(폐기물을 연료로 사용하는 경우로 한정한다.)

⑤ 1일 재활용능력이 50톤 이상인 사업장폐기물 소각열회수시설(같은 사업장에 여러 개의 소각열회수시설이 있는 경우에는 각 소각열회수시설의 1일 재활용능력의 합계가 50톤 이상인 경우를 말한다.)

91 폴리클로리네이티드비페닐 함유 폐기물의 지정폐기물 기준은?

① 액체상태의 것(용출액 1리터당 0.5밀리그램 이상 함유한 것으로 한정한다.)

② 액체상태의 것(용출액 1리터당 1밀리그램 이상 함유한 것으로 한정한다.)

③ 액체상태의 것(용출액 1리터당 2밀리그램 이상 함유한 것으로 한정한다.)

④ 액체상태의 것(용출액 1리터당 5밀리그램 이상 함유한 것으로 한정한다.)

폴리클로리네이티드비페닐 함유 폐기물

① 액체상태의 것(1리터당 2밀리그램 이상 함유한 것으로 한정한다)

② 폐알칼리(액체상태의 폐기물로서 수소이온 농도지수가 12.5 이상인 것)

92 토지이용의 제한기간은 폐기물매립시설의 사용이 종료되거나 그 시설이 폐쇄된 날부터 몇 년 이내로 하는가?

① 15년   ② 20년

③ 25년   ④ 30년

토지이용의 제한기간은 폐기물매립시설의 사용이 종료되거나 그 시설의 폐쇄된 날부터 30년 이내로 한다.

93 생활폐기물 수집, 운반 대행자에 대한 대행실적평가 결과가 대행실적평가 기준에 미달한 경우 생활폐기물 수집, 운반 대행자에 대한 과징금액 기준은?(단, 영업정지 3개월을 갈음하여 부과할 경우)

① 1천만 원   ② 2천만 원

③ 3천만 원   ④ 5천만 원

생활폐기물 수집 · 운반 대행자에 대한 과징금의 금액

위반행위	영업정지 1개월	영업정지 3개월
법 제14조제6항제2호에 따른 평가결과가 대행실적 평가기준에 미달한 경우	2천만 원	5천만 원

94 폐기물 관리의 기본원칙으로 틀린 것은?

① 누구든지 폐기물을 배출하는 경우에는 주변 환경이나 주민의 건강에 위해를 끼치지 아니하도록 사전에 적절한 조치를 하여야 한다.

② 폐기물 최종처분 시 매립보다는 소각처분을 우선적으로 고려하여야 한다.

③ 국내에서 발생한 폐기물은 가능하면 국내에서 처리되어야 하고, 폐기물의 수입은 되도록 억제되어야 한다.

④ 폐기물은 그 처리과정에서 양과 유해성을 줄이도록 하는 등 환경보전과 국민건강보호에 적합하게 처리되어야 한다.

폐기물 관리의 기본원칙

① 사업자는 제품의 생산방식 등을 개선하여 폐기물의 발생을 최대한 억제하고, 발생한 폐기물을 스스로 재활용함으로써 폐기물의 배출을 최소화하여야 한다.

② 누구든지 폐기물을 배출하는 경우에는 주변 환경이나 주민의 건강에 위해를 끼치지 아니하도록 사전에 적절한 조치를 하여야 한다.

③ 폐기물은 그 처리과정에서 양과 유해성(有害性)을 줄이도록 하는 등 환경보전과 국민건강보호에 적합하게 처리되어야 한다.

④ 폐기물로 인하여 환경오염을 일으킨 자는 오염된 환경을 복원할 책임을 지며, 오염으로 인한 피해의 구제에 드는 비용을 부담하여야 한다.

⑤ 국내에서 발생한 폐기물은 가능하면 국내에서 처리되어야 하고, 폐기물의 수입은 되도록 억제되어야 한다.

⑥ 폐기물은 소각, 매립 등의 처분을 하기보다는 우선적으로 재활용함으로써 자원생산성의 향상에 이바지하도록 하여야 한다.

95 의료폐기물 전용 용기 검사기관으로 옳은 것은?

① 한국의료기기시험연구원

② 환경보전협회

③ 한국건설생활환경시험연구원

④ 한국화학시험원

의료폐기물 전용 용기 검사기관

① 한국환경공단

② 한국화학융합시험원

③ 한국건설생활환경시험연구원

④ 그 밖에 국립환경과학원장이 의료폐기물 전용용기에 대한 검사능력이 있다고 인정하여 고시하는 기관

96 폐기물처리시설 주변지역 영향조사 기준 중 조사횟수에 관한 내용으로 옳은 것은?

① 각 항목당 계절을 달리하여 4회 이상 측정하되, 악취는 여름(6월부터 8월까지)에 2회 이상 측정하여야 한다.

② 각 항목당 계절을 달리하여 4회 이상 측정하되, 악취는 여름(6월부터 8월까지)에 1회 이상 측정하여야 한다.

③ 각 항목당 계절을 달리하여 2회 이상 측정하되, 악취는 여름(6월부터 8월까지)에 2회 이상 측정하여야 한다.

④ 각 항목당 계절을 달리하여 2회 이상 측정하되, 악취는 여름(6월부터 8월까지)에 1회 이상 측정하여야 한다.

해설 **주변지역 영향조사의 조사횟수**
각 항목당 계절을 달리하여 2회 이상 측정하되, 악취는 여름(6월부터 8월까지)에 1회 이상 측정하여야 한다.

97 누구든지 특별자치도지사, 시장, 군수, 구청장이나 공원, 도로 등 시설의 관리자가 폐기물의 수집을 위하여 마련한 장소나 설비 외의 장소에 폐기물을 버려서는 아니된다. 이를 위반하여 사업장 폐기물을 버리거나 매립한 자에 대한 벌칙 기준은?

① 7년 이하의 징역이나 7천만 원 이하의 벌금(징역형과 벌금형을 병과할 수 있다.)

② 5년 이하의 징역이나 3천만 원 이하의 벌금

③ 3년 이하의 징역이나 2천만 원 이하의 벌금

④ 2년 이하의 징역이나 1천만 원 이하의 벌금

해설 폐기물관리법 제63조 참조

98 설치신고대상 폐기물처리시설의 규모 기준으로 옳은 것은?

① 일반소각시설로서 1일 처분능력이 50톤(지정폐기물의 경우에는 5톤) 미만인 시설

② 일반소각시설로서 1일 처분능력이 50톤(지정폐기물의 경우에는 10톤) 미만인 시설

③ 일반소각시설로서 1일 처분능력이 100톤(지정폐기물의 경우에는 5톤) 미만인 시설

④ 일반소각시설로서 1일 처분능력이 100톤(지정폐기물의 경우에는 10톤) 미만인 시설

해설 **설치신고 대상 폐기물 처리시설**

① 일반소각시설로서 1일 처리능력이 100톤(지정폐기물의 경우에는 10톤) 미만인 시설

② 고온소각시설·열분해시설·고온용융시설 또는 열처리조합시설로서 시간당 처리능력이 100킬로그램 미만인 시설

③ 기계적 처분시설 또는 재활용시설 중 증발·농축·정제 또는 유수분리시설로서 시간당 처리능력이 125킬로그램 미만인 시설

④ 기계적 처분시설 또는 재활용시설 중 압축·파쇄·분쇄·절단·용융 또는 연료화 시설로서 1일 처리능력이 100톤 미만인 시설

⑤ 기계적 처분시설 또는 재활용시설 중 탈수·건조시설, 멸균분쇄시설 및 화학적 처리시설

⑥ 생물학적 처분시설 또는 재활용시설로서 1일 처리능력이 100톤 미만인 시설

⑦ 소각열회수시설로서 1일 재활용능력이 100톤 미만인 시설

99 설치승인을 받아 폐기물처리시설을 설치한 자는 그가 설치한 폐기물처리시설의 사용을 끝내거나 폐쇄하려면 환경부령으로 정하는 바에 따라 환경부장관에게 신고하여야 한다. 이를 위반하여 신고하지 않는 자에 대한 과태료 처분 기준은?

① 100만 원 이하의 과태료

② 200만 원 이하의 과태료

③ 300만 원 이하의 과태료

④ 500만 원 이하의 과태료

해설 폐기물관리법 제68조 참조

100 지정폐기물 중 의료폐기물을 수집·운반하는 경우의 시설, 장비, 기술능력 기준으로 틀린 것은?(단, 폐기물처리업 중 폐기물수집, 운반업의 기준)

① 적재능력 0.45톤 이상의 냉장차량(섭씨 4도 이하인 것을 말한다) 3대 이상

② 소독장비 1식 이상

③ 폐기물처리산업기사, 임상병리사 또는 위생사 중 1명 이상

④ 모든 차량을 주차할 수 있는 규모의 주차장

해설 지정폐기물 중 의료폐기물을 수집·운반하는 경우의 기술능력 기준은 없다.

제1과목 폐기물개론

01 폐기물적재차량 중량이 15,000kg, 빈 차의 중량이 11,000kg, 적재함의 크기는 가로 300cm, 세로 150cm, 높이 200cm일 때 단위용적당 적재량(t/m^3)은?

① 0.22 ② 0.31 ③ 0.36 ④ 0.44

> 단위용적당 적재량(ton/m^3)
> $= \dfrac{폐기물\ 적재량}{적재함\ 부피}$
> $= \dfrac{(15,000 - 11,000)kg \times ton/1,000kg}{3m \times 1.5m \times 2m} = 0.44 ton/m^3$

02 함수율이 60%인 쓰레기를 건조시켜서 함수율이 30%인 쓰레기로 만들면 쓰레기 5ton당 약 얼마의 수분을 증발시켜야 하는가?(단, 쓰레기 비중은 1.0)

① 약 2.14ton ② 약 2.86ton
③ 약 3.12ton ④ 약 3.84ton

> $5ton \times (1 - 0.6) =$ 건조 후 쓰레기양 $\times (1 - 0.3)$
> 건조 후 쓰레기양 $= \dfrac{5ton \times 0.4}{0.7} = 2.86 ton$
> 증발수분량(ton) = 건조 전 폐기물량 − 건조 후 폐기물량
> $= 5 - 2.86 = 2.14 ton$

03 어떤 쓰레기의 입도를 분석한 바 입도누적곡선상의 10%, 30%, 60%, 90%의 입경이 각각 2, 5, 10, 20mm였다고 한다. 이때 균등계수는?

① 2 ② 5
③ 10 ④ 20

> 균등계수(u) $= \dfrac{D_{60}}{D_{10}} = \dfrac{10}{2} = 5mm$

04 폐기물의 수거노선 설정 시 고려해야 할 사항과 가장 거리가 먼 것은?

① 지형이 언덕인 경우는 내려가면서 수거한다.
② 발생량은 적으나 수거빈도가 동일하기를 원하는 곳은 같은 날 왕복 내에서 수거 처리한다.
③ 가능한 한 시계방향으로 수거노선을 정한다.
④ 발생량이 가장 적은 곳부터 시작하여 많은 곳으로 수거노선을 정한다.

> 효과적·경제적인 수거노선 결정 시 유의(고려)사항 : 수거노선 설정요령
> ① 지형이 언덕인 지역에서는 언덕의 위에서부터 내려가며 적재하면서 차량을 진행하도록 한다.(안전성, 연료비 절약)
> ② 수거인원 및 차량형식이 같은 기존 시스템의 조건들을 서로 관련시킨다.
> ③ 출발점은 차고와 가깝게 하고 수거된 마지막 컨테이너가 처분지의 가장 가까이에 위치하도록 배치한다.
> ④ 가능한 한 지형지물 및 도로경계와 같은 장벽을 사용하여 간선도로 부근에서 시작하고 끝나야 한다.(도로경계 등을 이용)
> ⑤ 가능한 한 시계방향으로 수거노선을 정한다.
> ⑥ 적은 양의 쓰레기가 발생하나 동일한 수거빈도를 받기 원하는 적재지점(수거지점)은 가능한 한 같은 날 왕복 내에서 수거한다.
> ⑦ 아주 많은 양의 쓰레기가 발생되는 발생원은 하루 중 가장 먼저 수거한다.
> ⑧ 될 수 있는 한 한 번 간 길은 다시 가지 않는다.
> ⑨ 반복운행 또는 U자형 회전은 피하여 수거한다.
> ⑩ 교통량이 많거나 출퇴근시간은 피하여 수거한다.
> ⑪ 수거지점과 수거빈도 결정 시 기존정책이나 규정을 참고한다.

05 청소상태의 평가방법에 관한 설명으로 옳지 않은 것은?

① 지역사회 효과지수는 가로의 청소상태를 기준으로 평가한다.
② 사용자 만족도 지수는 서비스를 받는 사람들의 만족도를 설문조사하여 계산된다.
③ 지역사회 효과지수에서 가로 청결상태를 0~10점으로 부여하며 문제점 여부에 따라 1~2점씩 감점한다.

④ 지역사회 효과지수에서 감점이 되는 문제점은 화재 유발이 가능한 경우, 자동차와 같은 큰 폐기물이 버려져 있는 경우 등이다.

해설 지역사회 효과지수에서 가로 청결상태를 0~100점을 부여하며 문제점 여부에 따라 1개에 10점씩 감점한다.

06 LCA의 구성요소로 가장 거리가 먼 것은?
① 자료 평가
② 개선 평가
③ 목록 분석
④ 목적 및 범위의 설정

해설 전과정평가(LCA) 4단계
① 목적 및 범위의 설정(Goal Definition Scoping) : 1단계
[LCA 사용목적]
㉠ 복수제품 간의 비교선택
㉡ 제품 및 공정의 개선효과 파악
㉢ 목표치를 달성하기 위한 제품의 점검
㉣ 개선점의 추출(우선순위 결정)
㉤ 제품에 관계되는 주체 간의 의사전달 촉진
② 목록분석(Inventory Analysis) : 2단계
상품, 포장, 공정, 물질, 원료 및 활동에 의해 발생하는 에너지 및 천연원료 요구량, 대기, 수질 오염물질 배출, 고형폐기물과 기타 기술적 자료구축 과정이다.
③ 영향평가(Impact Analysis or Assessment) : 3단계
조사분석과정에서 확정된 자원요구 및 환경부하에 대한 영향을 평가하는 기술적, 정량적, 정성적 과정이다.
④ 개선평가 및 해석(Improvement Assessment) : 4단계
전 과정에 대한 해석을 실시하는 과정이다.

07 건식 파쇄인 전단파쇄기에 관한 설명으로 틀린 것은?
① 주로 목재류, 플라스틱류 및 종이류를 파쇄하는 데 이용된다.
② 고정칼, 왕복 또는 회전칼과의 교합에 의하여 폐기물을 전단한다.
③ Hammermill이 대표적이며 Impact Crusher 등이 있다.
④ 충격파쇄기에 비하여 파쇄속도가 느리고 이물질의 혼입에 약하다.

해설 전단파쇄기
① 원리
고정칼의 왕복 또는 회전칼(가동칼)의 교합에 의하여 폐기물을 전단한다.
② 특징
㉠ 충격파쇄기에 비하여 파쇄속도가 느리다.
㉡ 충격파쇄기에 비하여 이물질의 혼입에 취약하다.
㉢ 충격파쇄기에 비하여 파쇄물의 입도(크기)를 고르게 할 수 있다.(장점)
㉣ 전단파쇄기는 해머밀 파쇄기보다 저속으로 운전된다.
㉤ 소각로 전처리에 많이 이용되나 처리용량이 작아 대량이나 연쇄파쇄에 부적합하다.
㉥ 분진, 소음, 진동이 적고 폭발위험이 거의 없다.
③ 종류
㉠ Van Roll식 왕복전단 파쇄기
㉡ Lindemann식 왕복전단 파쇄기
㉢ 회전식 전단 파쇄기
㉣ Tollemacshe
④ 대상 폐기물
목재류, 플라스틱류, 종이류, 페타이어(연질플라스틱과 종이류가 혼합된 폐기물을 파쇄하는 데 효과적)

08 함수율이 94%인 수거분뇨 200kL/d를 70% 함수율의 건조슬러지로 만들면 하루의 건조슬러지 생성량은?(단, 수거분뇨의 비중은 1.0 기준)
① 30kL/d
② 35kL/d
③ 40kL/d
④ 45kL/d

해설 $200kL/day \times (1-0.94) =$ 건조슬러지 생산량 $\times (1-0.7)$
건조슬러지 생산량$(kL/day) = \dfrac{200kL/day \times (1-0.94)}{0.3}$
$= 40kL/day$

09 폐기물의 운송을 위하여 압축할 때, 부피감소율(Volume Reduction)이 45%였다. 압축비(Compaction Ratio)는?
① 1.42
② 1.82
③ 2.32
④ 2.62

해설 압축비$(CR) = \dfrac{100}{100-VR} = \dfrac{100}{100-45} = 1.82$

10 와전류식 선별에 관한 내용으로 틀린 것은?

① 비철금속의 분리, 회수에 이용한다.

② 전기허용도 차이에 의해 비전도체들을 각각 선별할 수 있다.

③ 와전류식 선별기의 순도와 회수율은 98%까지도 보고되고 있다.

④ 전자석유도에 관한 패러데이법칙을 기초로 한다.

와전류 선별법
① 연속적으로 변화하는 자장 속에 비극성(비자성)이고 전기전도도가 우수한 물질(구리, 알루미늄, 아연 등)을 넣으면 금속 내에 소용돌이 전류가 발생하는 와전류현상에 의하여 반발력이 생기는데 이 반발력의 차를 이용하여 다른 물질로부터 분리하는 방법이다.
② 폐기물 중 철금속(Fe), 비금속(Al, Cu), 유리병의 3종류를 각각 분리할 경우 와전류 선별법이 가장 적절하다.

11 40ton/hr 규모의 시설에서 평균크기가 30.5cm인 혼합된 도시폐기물을 최종크기 5.1cm로 파쇄하기 위한 동력은?(단, 평균크기 15.2cm에서 5.1cm로 파쇄하기 위하여 필요한 에너지 소모율은 14.9kW·hr/ton이며 킥의 법칙을 적용함)

① 약 380kW
② 약 580kW
③ 약 780kW
④ 약 980kW

$E = C\ln\left(\dfrac{L_1}{L_2}\right)$

$14.9\text{kW}\cdot\text{hr/ton} = C\ln\left(\dfrac{15.2}{5.1}\right)$

$C = 13.64\text{kW}\cdot\text{hr/ton}$

$E = 13.64\ln\left(\dfrac{30.5}{5.1}\right) = 24.39\text{kW}\cdot\text{hr/ton}$

동력(kW) $= 24.39\text{kW}\cdot\text{hr/ton} \times 40\text{ton/hr} = 975.8\text{kW}$

12 $X_{90} = 4.6$cm로 도시폐기물을 파쇄하고자 할 때 Rosin-Rammler 모델에 의한 특성입자크기 X_o는?(단, $n=1$로 가정)

① 1.2cm
② 1.6cm
③ 2.0cm
④ 2.3cm

$Y = 1 - \exp\left[-\left(\dfrac{X}{X_o}\right)^n\right]$

$0.9 = 1 - \exp\left[-\left(\dfrac{4.6}{X_o}\right)^1\right]$

$-\dfrac{4.6}{X_o} = \ln 0.1$

특성입자크기$(X_o) = 2.0$cm

13 쓰레기 수거효율이 가장 좋은 방식은?

① 타종식 수거방식
② 문전 수거(플라스틱 자루)방식
③ 문전 수거(재사용 가능한 쓰레기통)방식
④ 대형 쓰레기통 이용 수거방식

수거형태에 따른 수거효율
① 타종 수거 → 0.84MHT
② 대형 쓰레기통 수거 → 1.1MHT
③ 플라스틱 자루 수거 → 1.35MHT
④ 집밖 이동식 수거 → 1.47MHT
⑤ 집안 이동식 수거 → 1.86MHT
⑥ 집밖 고정식 수거 → 1.96MHT
⑦ 문전 수거 → 2.3MHT
⑧ 벽면 부착식 수거 → 2.38MHT

14 인구 10,000명의 도시에서 1일 1인당 1.5kg의 쓰레기를 배출하고 있다. 이때 쓰레기의 평균 겉보기 밀도는 500kg/m³이다. 일주일간 발생되는 쓰레기의 양은?(단, 토요일과 일요일은 2.0kg/인·일의 비율로 배출)

① 150m³
② 200m³
③ 230m³
④ 250m³

일주일(평일 5일 + 토·일요일)을 구분하여 계산 후 합한다.

평일(5일) 발생쓰레기양 $= \dfrac{1.5\text{kg/인·일} \times 10,000\text{인} \times 5\text{일/주}}{500\text{kg/m}^3}$
$= 150\text{m}^3\text{/주}$

토·일요일 발생쓰레기양 $= \dfrac{2.0\text{kg/인·일} \times 10,000\text{인} \times 2\text{일/주}}{500\text{kg/m}^3}$
$= 80\text{m}^3\text{/주}$

총 발생쓰레기양 $= 150 + 80 = 230\text{m}^3\text{/주}$

15 다음은 슬러지의 수분을 결합상태에 따라 구분한 것이다. 이 중 탈수가 가장 어려운 것은?

① 내부수
② 간극 모관 결합수
③ 표면 부착수
④ 간극수

탈수성이 용이한 수분형태 순서
모관결합수 ← 간극모관결합수 ← 쐐기상 모관 결합수 ← 표면 부착수 ← 내부수

정답 10 ② 11 ④ 12 ③ 13 ① 14 ③ 15 ①

16 3,000,000ton/year의 쓰레기 수거에 4,000명의 인부가 종사한다면 MHT값은?(단, 수거인부의 1일 작업시간은 8시간이고 1년 작업일수는 300일이다.)

① 2.4 　　　　　② 3.2
③ 4.0 　　　　　④ 5.6

해설 $MHT = \dfrac{수거인부 \times 수거인부\ 총\ 수거시간}{총\ 수거량}$

$= \dfrac{4,000인 \times (8\,hr/day \times 300\,day/year)}{3,000,000\,ton/year} = 3.2\,MHT$

17 분리수거제도에서 감량화대책으로서 옳지 않은 것은?

① 수익성, 채산성이 있는 것은 민간이, 민간이 기피하는 것은 공공부문이 역할분담
② 분리대상 재활용품의 품목을 지정
③ 쓰레기 수집 · 운반장비의 기계화 · 현대화
④ 각종 상품구매 시에 봉투사용 권장

해설 각종 상품 구매 시에 봉투사용을 금지한다.

18 다음 국제협약 및 조약 중에서 유해폐기물의 국가 간 이동 및 그 처리의 통제를 위한 것은?

① 런던국제덤핑 협약
② GATT 협약
③ 리우(Rio) 협약
④ 바젤(Basel) 협약

해설 **바젤(Basel) 협약**
유해폐기물의 국가 간 이동 및 처리에 관한 국제협약으로 유해폐기물의 수출, 수입을 통제하여 유해폐기물 불법교역을 최소화하고, 환경오염을 최소화하는 것이 목적이다.

19 폐기물 발생량 조사방법 중 주로 산업 폐기물의 발생량을 추산할 때 사용하는 것은?

① 적재차량계수분석 　　② 직접계근법
③ 물질수지법 　　　　　④ 경향법

해설 **폐기물 발생량 조사방법**
① 적재차량 계수분석법(Load-count Analysis)
일정기간 동안 특정지역의 쓰레기 수거 · 운반차량의 대수를 조사하여, 이 결과를 밀도를 이용하여 질량으로 환산하는 방법이다.

② 직접계근법(Direct Weighting Method)
입구에서 쓰레기가 적재되어 있는 차량과 출구에서 쓰레기를 적하한 공차량을 계근하여 쓰레기양을 산출하는 방법으로 비교적 정확한 쓰레기 발생량을 파악할 수 있다.

③ 물질수지법(Material Balance Method)
물질수지(유입, 유출 폐기물)를 세울 수 있는 상세한 데이터가 있는 경우에 가능한 방법으로 주로 산업폐기물의 발생량 추산에 이용된다.

20 슬러지를 처리하기 위하여 생슬러지를 분석한 결과 수분은 90%, 총고형물 중 휘발성 고형물은 70%, 휘발성 고형물의 비중은 1.1, 무기성 고형물의 비중은 2.2였다. 생슬러지의 비중은?(단, 무기성 고형물 + 휘발성 고형물 = 총 고형물)

① 1.023 　　　　　② 1.032
③ 1.041 　　　　　④ 1.053

해설 $\dfrac{슬러지양}{슬러지\ 비중}$

$= \dfrac{휘발성\ 고형물}{휘발성\ 고형물\ 비중} + \dfrac{무기성\ 고형물}{무기성\ 고형물\ 비중} + \dfrac{함수량}{함수\ 비중}$

$\dfrac{100}{슬러지\ 비중} = \dfrac{(10 \times 0.7)}{1.1} + \dfrac{(10-7)}{2.2} + \dfrac{90}{1.0}$

슬러지 비중 = 1.023

제2과목   폐기물처리기술

21 위생매립방법 중 매립지 바닥층이 두껍고 복토로 적합한 지역에 이용하며, 거의 단층매립만 가능한 방법은?

① Trench 방식
② Sandwich 방식
③ Area 방식
④ Ramp 방식

도랑형 방식매립(Trench System : 도랑 굴착 매립공법)
① 도랑을 파고 폐기물을 매립한 후 다짐 후 다시 복토하는 방법이다.
② 매립지 바닥이 두껍고(지하수면이 지표면으로부터 깊은 곳에 있는 경우) 또한 복토를 적합한 지역에 이용하는 방법으로 거의 단층매립만 가능한 공법이다.
③ 도랑의 깊이는 약 $2.5 \sim 7m(10m)$로 하고 폭은 20m 정도이고 파낸 흙을 복토재로 이용 가능한 경우 경제적이다.(소규모 도랑 : 폭 $5 \sim 8m$, 깊이 $1 \sim 2m$)
④ 도랑에서 굴착된 토사는 매일 또는 중간복토로 사용하여 쓰레기의 날림을 최소화할 수 있다.
⑤ 매립종료 후 토지이용 효율이 증대된다.
⑥ 도랑은 합성수지나 점토를 이용하여 차수시설을 하여 가스나 침출수의 이동을 최소화시킨다.
⑦ 사전 정비작업이 필요하지 않으나 단층매립으로 매립용량의 낭비가 크다.
⑧ 사전작업 시 침출수 수집장치나 차수막 설치가 용이하지 못하다.

22 포도당($C_6H_{12}O_6$)으로 구성된 유기물 3kg이 혐기성 미생물에 의해 완전히 분해되어 생성되는 메탄의 용적(Sm^3)은?

① 1.12
② 1.37
③ 1.52
④ 1.83

$C_6H_{12}O_6 \rightarrow 3CH_4$
$180kg : 3 \times 22.4Sm^3$
$3kg : CH_4(Sm^3)$

$$CH_4(Sm^3) = \frac{3kg \times (3 \times 22.4)Sm^3}{180kg} = 1.12Sm^3$$

23 매립지 내의 물의 이동을 나타내는 Darcy의 법칙을 기준으로 침출수의 유출을 방지하기 위한 옳은 방법은?

① 투수계수는 감소, 수두차는 증가시킨다.
② 투수계수는 증가, 수두차는 감소시킨다.
③ 투수계수 및 수두차를 증가시킨다.
④ 투수계수 및 수두차를 감소시킨다.

침출수 이동속도(V) : Darcy 법칙에 의한 속도계산식

$$V(cm/sec) = KI = K\frac{dH}{dL} = K\frac{h_2 - h_1}{L_2 - L_1}$$

여기서, K : 투수계수(cm/sec)
V : 침출수 유속(침투율 : 침투계수)(cm/sec)
dH : 수위차(수두차)(cm)
dL : 수평방향 두 지점 사이 거리
(L_2와 L_1 사이거리)(cm)
$I\left(\dfrac{dH}{dL}\right)$: 두 지점 사이 수리경사

24 매립장 침출수 차단방법인 연직차수막과 표면차수막을 비교한 것으로 틀린 것은?

① 연직차수막은 지중에 수평방향의 차수층이 존재할 때 사용한다.
② 연직차수막은 지하수 집배수 시설이 필요하다.
③ 연직차수막은 차수막 보강시공이 가능하다.
④ 연직차수막은 차수막 단위면적당 공사비가 비싸다.

연직차수막
① 적용조건 : 지중에 수평방향의 차수층이 존재할 때 사용
② 시공 : 수직 또는 경사시공
③ 지하수 집배수시설 : 불필요
④ 차수성 확인 : 지하매설로서 차수성 확인이 어려움
⑤ 경제성
   단위면적당 공사비는 많이 소요되나 총 공사비는 적게 듦
⑥ 보수
   지중이므로 보수가 어렵지만 차수막 보강시공이 가능
⑦ 공법 종류
   ㉠ 어스 댐 코어 공법
   ㉡ 강널말뚝(sheet pile) 공법
   ㉢ 그라우트 공법
   ㉣ 차수시트 매설 공법
   ㉤ 지중 연속벽 공법

25 매립지 입지선정절차 중 후보지 평가단계에서 수행해야 할 일로 가장 거리가 먼 것은?

① 경제성 분석
② 후보지 등급 결정
③ 현장조사(보링조사 포함)
④ 입지선정기준에 의한 후보지 평가

해설 **매립지 입지선정절차 중 후보지 평가단계**
① 현장조사(보링조사 포함)
② 입지선정기준에 의한 후보지 평가
③ 후보지 등급 결정

[Note] 경제성 분석은 최종입지 결정단계

26 처리용량이 50kL/day인 혐기성 소화식 분뇨처리장에 가스저장탱크를 설치하고자 한다. 가스 저류시간을 8시간으로 하고 생성 가스양을 투입 분뇨량의 6배로 가정한다면, 가스탱크의 용량은?

① 90m³   ② 100m³
③ 110m³   ④ 120m³

해설 가스탱크용량(m³)
= 처리용량 × 저류시간
= 50kL/day × m³/kL × day/24hr × 8hr × 6 = 100m³

27 토양수분의 물리학적 분류 중 수분 1,000cm의 물기둥의 압력으로 결합되어 있는 경우는 다음 중 어디에 속하는가?

① 모세관수   ② 흡습수
③ 유효수분   ④ 결합수

해설 **토양수분의 물리학적 분류**
① 결합수(pF 7.0 이상)
② 흡습수(pF 4.5 이상)
③ 모세관수(pF 2.54~4.5)
④ 중력수(pF 2.54 이하)

28 다음 그림은 쓰레기 매립지에서 발생되는 가스의 성상이 시간에 따라 변하는 과정을 보이고 있다. 곡선 ㉠과 ㉡이 나타내는 가스의 종류로 옳은 것은?

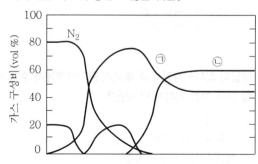

① ㉠ H₂, ㉡ CH₄   ② ㉠ CH₄, ㉡ CO₂
③ ㉠ CO₂, ㉡ CH₄   ④ ㉠ CH₄, ㉡ H₂

해설 **매립기간에 따른 발생가스의 조성변화**

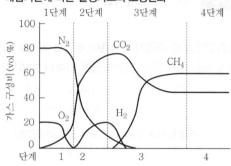

29 스크린 선별에 대한 설명으로 옳은 것은?

① 트롬멜 스크린의 경사도는 2~3°가 적정하다.
② 파쇄 후에 설치되는 스크린은 파쇄설비 보호가 목적이다.
③ 트롬멜 스크린의 회전속도가 증가할수록 선별효율이 증가한다.
④ 회전 스크린은 주로 골재분리에 흔히 이용되며 구멍이 막히는 문제가 자주 발생한다.

해설 ② 파쇄 전에 설치되는 스크린은 파쇄설비 보호가 목적이다.
③ 트롬멜 스크린의 회전속도가 증가할수록 선별효율이 저하한다.
④ 회전 스크린은 선별효율이 좋고 유지관리상 문제가 적어 도시폐기물의 선별작업에서 가장 많이 사용되며 회전속도가 크게 증가하면 원심력에 의해 막힘현상이 일어난다.

30 평균온도가 20℃인 수거분뇨 20kL/일을 처리하는 혐기성 소화조의 소화온도를 외부 기온에 의해 35℃로 유지하고자 한다. 이때 소요되는 열량(kcal/일)은?(단, 소화조의 열손실은 없는 것으로 간주하고, 분뇨의 비열은 1.1kcal/kg · ℃, 비중은 1.02이다.)

① 293.8 × 10³kcal/일
② 336.6 × 10³kcal/일
③ 489.6 × 10³kcal/일
④ 587.5 × 10³kcal/일

해설 열량(kcal/일) = 수거분뇨량 × 비열 × 온도차
= 20kL/일 × 1.02kg/L × 1,000L/kL
× 1.1kcal/kg · ℃ × (35 − 20)℃
= 336.6 × 10³kcal/일

정답   **26** ②   **27** ①   **28** ③   **29** ①   **30** ②

31 인구 10만인 도시의 폐기물 발생량이 $1\text{kg/c}\cdot\text{d}$이며 발생하는 폐기물을 모두 도랑식으로 매립하려고 한다. 도랑의 깊이가 3m, 폐기물의 밀도가 400kg/m^3이며, 매립 시 폐기물의 부피감소율이 40%라고 할 때 연간 필요한 매립토지의 면적은?(단, 1년은 365일이고, 복토량 등 기타 조건은 고려하지 않음)

① $15,250\text{m}^2$/년   ② $16,250\text{m}^2$/년

③ $17,250\text{m}^2$/년   ④ $18,250\text{m}^2$/년

해설 연간 매립면적(m^2/year)

$$=\frac{\text{매립폐기물의 양}}{\text{폐기물 밀도}\times\text{매립 깊이}}$$

$$=\left(\frac{\begin{array}{c}1\text{kg/인}\cdot\text{일}\times100,000\text{인}\\\times365\text{day/year}\end{array}}{400\text{kg/m}^3\times3\text{m}}\right)\times(1-0.4)=18,250\text{m}^2/\text{year}$$

32 어느 펄프공장의 폐수를 생물학적으로 처리한 결과 매일 500kg의 슬러지가 발생하였다. 함수율이 80%이면 건조슬러지 중량은?(단, 비중은 1.0 기준)

① 50kg/일   ② 100kg/일

③ 200kg/일   ④ 400kg/일

해설 $500\text{kg/day}\times(1-0.8)=$ 건조슬러지 중량$\times1.0$
건조슬러지 중량$(\text{kg/day})=100\text{kg/day}$

33 친산소성 퇴비화 공정의 설계·운영 고려 인자에 관한 내용으로 틀린 것은?

① 수분함량 : 퇴비화 기간 동안 수분함량은 50~60% 범위에서 유지된다.

② C/N비 : 초기 C/N비는 25~50이 적당하며 C/N비가 높은 경우는 암모니아 가스가 발생한다.

③ pH 조절 : 적당한 분해작용을 위해서는 pH 7~7.5 범위를 유지하여야 한다.

④ 공기공급 : 이론적인 산소요구량은 식을 이용하여 추정 가능하다.

해설 ① C/N비가 높으면 유기산 등이 퇴비의 pH를 낮추고 미생물의 성장과 활동도 억제되며 질소 부족(C/N비 80 이상이면 질소 결핍현상)으로 퇴비화가 잘 형성되지 않아 퇴비화의 소요기간이 길어진다.(폐기물 내 질소함량이 적은 것은 퇴비화가 잘 되지 않는다.)
② C/N비가 20보다 낮으면 유기질소가 암모니아로 변하여 pH를 증가시키고, 이로 인해 암모니아 가스가 발생되어 퇴비화 과정 중 악취가 생긴다.

34 도랑식(Trench)으로 밀도가 0.55t/m^3인 폐기물을 매립하려고 한다. 도랑의 깊이가 3m이고, 다짐에 의해 폐기물을 2/3로 압축시킨다면 도랑 1m^2당 매립할 수 있는 폐기물은 몇 ton인가?(단, 기타 조건은 고려 안 함)

① 2.15   ② 2.48

③ 3.35   ④ 3.65

해설 매립폐기물량$(\text{ton/m}^3)=$밀도$\times$깊이$\times\dfrac{1}{(1-\text{부피감소율})}$

$$=0.55\text{ton/m}^3\times3\text{m}\times\frac{1}{\left(1-\dfrac{1}{3}\right)}$$

$$=2.48\text{ton/m}^2$$

35 쓰레기의 밀도가 750kg/m^3이며 매립된 쓰레기의 총량은 30,000ton이다. 여기에서 유출되는 침출수는 약 몇 m^3/년인가?(단, 침출수 발생량은 강우량의 60%이고, 쓰레기의 매립 높이는 6m이며, 연간 강우량은 1,300mm, 기타 조건은 고려하지 않음)

① $2,600\text{m}^3$/년   ② $3,200\text{m}^3$/년

③ $4,300\text{m}^3$/년   ④ $5,200\text{m}^3$/년

해설 침출수$(\text{m}^3/\text{year})=\dfrac{CIA}{1,000}$

$$A=\frac{30,000\text{ton}}{6\text{m}\times0.75\text{ton/m}^3}=6,666.67\text{m}^3$$

$$=\frac{0.6\times1,300\times6,666.67}{1,000}$$

$$=5,200\text{m}^3/\text{year}$$

36 매립지의 침출수 농도가 반으로 감소하는 데 약 3년이 걸렸다면 이 침출수 농도가 99% 감소하는 데 걸리는 시간은?(단, 1차 반응 기준)

① 약 10년   ② 약 15년

③ 약 20년   ④ 약 25년

해설 $\ln\dfrac{C_t}{C_o}=-kt$

$\ln 0.5=-k\times3\text{year}$, $k=0.231\text{year}^{-1}$

$\ln\left(\dfrac{1}{100}\right)=-0.231\text{year}^{-1}\times t$

소요시간$(\text{year})=19.94\text{year}$

정답   31 ④   32 ②   33 ②   34 ②   35 ④   36 ③

37 매립지에 흔히 쓰이는 합성차수막의 종류인 CR에 관한 내용으로 옳지 않은 것은?

① 대부분의 화학물질에 대한 저항성이 높다.
② 마모 및 기계적 충격에 약하다.
③ 접합이 용이하지 못하다.
④ 가격이 비싸다.

해설 **합성차수막 CR**
① 장점
ㄱ 대부분의 화학물질에 대한 저항성이 높음
ㄴ 마모 및 기계적 충격에 강함
② 단점
ㄱ 접합이 용이하지 못함
ㄴ 가격이 고가임

38 함수율이 97%, 총 고형물 중의 유기물이 80%인 슬러지를 소화조에 500m³/day의 비율로 투입하여 유기물의 2/3 가스화 또는 액화 후 함수율 95%인 소화슬러지를 얻었다고 한다. 소화 슬러지양은?(단, 비중은 1.0을 기준으로 한다.)

① 120m³/day
② 140m³/day
③ 160m³/day
④ 180m³/day

해설 무기물(FS) $= 500\text{m}^3/\text{day} \times 0.03 \times 0.2 = 3\text{m}^3/\text{day}$

잔류 유기물(VS′) $= 500\text{m}^3/\text{day} \times 0.03 \times 0.8 \times \dfrac{1}{3} = 4\text{m}^3/\text{day}$

소화슬러지양$(\text{m}^3/\text{day}) = \text{FS} + \text{VS}' \times \dfrac{100}{100 - \text{함수율}}$

$= (3+4)\text{m}^3/\text{day} \times \dfrac{100}{100-95}$

$= 140\text{m}^3/\text{day}$

39 점토의 수분함량 지표인 소성지수, 액성한계, 소성한계의 관계로 옳은 것은?

① 소성지수＝액성한계－소성한계
② 소성지수＝액성한계＋소성한계
③ 소성지수＝액성한계 / 소성한계
④ 소성지수＝소성한계 / 액성한계

해설 ① 점토의 수분함량과 관계되는 지표
ㄱ 액성한계(LL)
ㄴ 소성한계(PL)
ㄷ 소성지수(PI)＝LL－PL(소성지수 : 점토의 수분함량 지표)

② 액성한계(LL)
점토의 수분함량이 그 이상이 되면 상태가 더 이상 선명화(플라스틱과 같이)되지 못하고 액체상태로 되는 수분함량(Liquid Limit)
③ 소성한계(PL)
점토의 수분함량이 일정수준 미만이 되면 성형상태를 유지하지 못하고 부스러지는 상태에서의 수분함량(Plastic Limit)

40 다음 슬러지의 물의 형태 중 탈수성이 가장 용이한 것은?

① 모관결합수
② 표면부착수
③ 내부수
④ 입자경계수

해설 **탈수성이 용이한 순서**
모관결합수＞간극모관결합수＞쐐기상 모관결합수＞표면부착수＞내부수

제3과목 **폐기물소각 및 열회수**

41 완전연소일 경우 $(\text{CO}_2)_{\text{max}}$의 값(%)은?(단, CO_2 : 배출가스 중 CO_2양(Sm³/Sm³), O_2 : 배출가스 중 O_2양(Sm³/Sm³), N_2 : 배출가스 중 N_2양(Sm³/Sm³))

① $\dfrac{0.21(\text{CO}_2)}{0.21 - (\text{O}_2)} \times 100$

② $\dfrac{(\text{O}_2)}{1 - 0.21(\text{CO}_2)} \times 100$

③ $\dfrac{0.21(\text{CO}_2)}{(\text{CO}_2) + (\text{N}_2)} \times 100$

④ $\dfrac{0.21(\text{CO}_2)}{0.21(\text{N}_2) - 0.79(\text{O}_2)} \times 100$

해설 완전연소(CO＝O)
$\text{CO}_{2\text{max}}(\%) = \dfrac{\text{CO}_2 \times 100}{100 - \left(\dfrac{\text{O}_2}{0.21}\right)} = \dfrac{21 \times \text{CO}_2}{21 - \text{O}_2} = \text{m} \times \text{CO}_2$

42 발열량 1,000kcal/kg인 쓰레기의 발생량이 20ton/day인 경우, 소각로 내 열부하가 50,000kcal/m³ · hr인 소각로의 용적은?(단, 1일 가동시간은 8hr이다.)

① 50m³
② 60m³
③ 70m³
④ 80m³

해설 소각로 용적(m³) = $\dfrac{\text{소각량} \times \text{쓰레기 발열량}}{\text{연소실 열부하율}}$

$= \dfrac{\begin{array}{c}20\text{ton/day} \times \text{day/8hr} \times 1,000\text{kg/ton} \\ \times 1,000\text{kcal/kg}\end{array}}{50,000\text{kcal/m}^3 \cdot \text{hr}}$

$= 50\text{m}^3$

43 유동층 소각로에서 슬러지의 온도가 30℃, 연소온도 850℃, 배기온도 450℃일 때, 유동층 소각로의 열효율은?

① 49%
② 51%
③ 62%
④ 77%

해설 열효율(%) = $\dfrac{\text{유효열}}{\text{공급입열}} \times 100 = \dfrac{\text{연소온도} - \text{배기온도}}{\text{연소온도} - \text{슬러지온도}} \times 100$

$= \dfrac{(850 - 450)℃}{(850 - 30)℃} \times 100 = 48.78\%$

44 연소공정 중 연소실에 대한 설명으로 틀린 것은?

① 연소실의 운전척도는 공기/연료비, 혼합 정도, 연소온도 등이 있고 연소실의 크기는 충분히 커야 한다.
② 연소실은 1차 및 2차 연소실로 구성되는데 주입폐기물을 건조, 휘발, 점화시켜 연소시키는 곳은 2차 연소실이다.
③ 연소실의 연소온도는 600~1,000℃이며, 연소실의 크기는 주입폐기물 톤당 0.4~0.6m³/일로 설계한다.
④ 연소로 모양은 직사각형, 수직원통형, 혼합형, 로터리 킬른형 등이 있는데, 대부분이 직사각형 연소로이다.

해설 연소실은 주입폐기물을 건조, 휘발, 점화시켜 연소시키는 1차 연소실과 미연소분을 연소시키는 2차 연소실로 구성된다.

45 쓰레기의 발열량을 H, 불완전연소에 의한 열손실을 Q, 태우고 난 후 재의 열손실을 R이라 할 때 연소효율 η을 구하는 공식 중 옳은 것은?

① $\eta = \dfrac{H - Q - R}{H}$
② $\eta = \dfrac{H + Q + R}{H}$
③ $\eta = \dfrac{H - Q + R}{H}$
④ $\eta = \dfrac{H + Q - R}{H}$

해설 **연소효율의 발열량 표현식**

연소효율(η) = $\dfrac{H_l - (L_1 + L_2)}{H_l} \times 100(\%)$

여기서, H_l : 저위 발열량(kcal/kg)
L_1 : 미연 손실(kcal/kg)
L_2 : 불완전연소 손실(kcal/kg)

46 액상폐기물의 소각처리를 위하여 액체 주입형 연소기(Liquid Injection Incinerator)를 사용하고자 할 때 장점으로 적당하지 않은 것은?

① 광범위한 종류의 액상폐기물을 연소할 수 있다.
② 대기오염 방지시설 이외에 소각재의 처리설비가 필요 없다.
③ 구동장치가 없어서 고장이 적다.
④ 대량처리가 가능하다.

해설 **액체 분무 주입형 소각로(Liquid Injection Incinerator)**

① 장점
ㄱ 광범위한 종류의 액상폐기물을 연소할 수 있다.
ㄴ 대기오염방지시설 이외에 소각재처리시설이 필요 없다.
ㄷ 구동장치가 간단하고 고장이 적다.
ㄹ 운영비가 저렴하다.
ㅁ 기술개발이 잘 되어 있고 자동화가 용이하다.(가동 이외의 경우 무인운전이 가능)
② 단점
ㄱ 버너노즐을 이용하여 액체를 미립화하여야 한다.
ㄴ 완전 연소시켜야 하며 내화물의 파손을 막아야 한다.
ㄷ 고농도 고형분의 농도가 높으면 버너가 막히기 쉽다.
ㄹ 대량처리가 어렵다.

47 어떤 폐기물의 원소조성이 다음과 같을 때 연소 시 필요한 이론공기량(kg/kg)은?(단, 중량 기준, 표준상태 기준으로 계산함)

• 가연성분 : 70%(C 60%, H 10%, O 25%, S 5%)
• 회분 : 30%

① 4.65
② 7.15
③ 8.35
④ 9.45

해설 A_o(kg/kg) = $\dfrac{1}{0.232}(1.867C + 5.6H + 0.7S - 0.7O)$

가연분 중 각 성분
C = 0.7 × 0.6 = 0.42
H = 0.7 × 0.1 = 0.07
O = 0.7 × 0.25 = 0.175
S = 0.7 × 0.05 = 0.035

$= \dfrac{1}{0.232}[(1.867 \times 0.42) + (5.6 \times 0.07)$

$+ (0.7 \times 0.035) - (0.7 \times 0.175)]$

$= 4.65\text{kg/kg}$

정답 **43** ①　**44** ②　**45** ①　**46** ④　**47** ①

48 소각로에서 하루 10시간 조업에 10,000kg의 폐기물을 소각처리한다. 소각로 내의 열부하는 30,000kcal/m³·hr이고, 노의 체적은 15m³이다. 이 폐기물의 발열량(kcal/kg)은?

① 150
② 300
③ 450
④ 600

해설 발열량(kcal/kg)

$$= \frac{[열발생률(kcal/m^3 \cdot hr) \times 연소실\ 부피(m^3)]}{시간당\ 연소량(kg/hr)}$$

$$= \frac{30,000kcal/m^3 \cdot hr \times 15m^3}{10,000kg/10hr} = 450kcal/kg$$

49 다음 중 폐기물의 발열량을 계산하는 공식은?

① 듀롱(Dulong)의 식
② 보상케-사툰(Bosanquet-Sutton)의 식
③ 브리그(Briggs)의 식
④ 베르누이(Bernoulli)의 식

해설 **듀롱(Dulong)의 식**
산소성분(O) 전부가 수소성분(H)과 결합하여 수분(H_2O)으로 존재한다고 가정하고 발열량을 산정하는 식으로 Bomb 열량계로 구한 발열량에 근사시키기 위해 Dulong 보정식을 사용한다.

50 폐기물의 저위발열량을 폐기물 3성분 조성비를 바탕으로 추정할 때 다음 중 3가지 성분에 포함되지 않는 것은?

① 수분
② 회분
③ 가연성분
④ 휘발분

해설 **폐기물 3성분 조성**
① 수분   ② 회분   ③ 가연성분

51 옥탄(C_8H_{18}) 1mol을 완전연소시킬 때 공기연료비를 중량비(kg공기/kg연료)로 적절히 나타낸 것은?(단, 표준상태 기준)

① 8.3
② 10.5
③ 12.8
④ 15.1

해설 C_8H_{18}의 연소반응식
$C_8H_{18} + 12.5O_2 \rightarrow 8CO_2 + 9H_2O$
1mole : 12.5mole

부피기준 $AFR = \dfrac{\dfrac{1}{0.21} \times 12.5}{1} = 59.5$moles air/moles fuel

중량기준 $AFR = 59.5 \times \dfrac{28.95}{114} = 15.14$kg air/kg fuel
(28.95 : 건조공기분자량)

52 착화온도에 관한 설명으로 옳지 않은 것은?

① 화학반응성이 클수록 착화온도는 낮다.
② 분자구조가 간단할수록 착화온도는 높다.
③ 화학 결합의 활성도가 클수록 착화온도는 낮다.
④ 화학적 발열량이 클수록 착화온도는 높다.

해설 **낮은 착화온도를 가질 수 있는 물질의 조건**
① 분자구조가 간단할수록 착화온도는 높아진다.
② 화학결합의 활성도가 클수록 착화온도는 낮아진다.
③ 화학반응성이 클수록 착화온도는 낮아진다.
④ 동질물질인 경우 화학적으로 발열량이 클수록 착화온도는 낮아진다.
⑤ 공기 중의 산소농도 및 압력이 높을수록 착화온도는 낮아진다.
⑥ 석탄의 탄화도가 작을수록 착화온도는 낮아진다.
⑦ 비표면적이 클수록 착화온도는 낮아진다.

53 유동층 소각로에 관한 설명으로 가장 거리가 먼 것은?

① 상(床)으로부터 찌꺼기의 분리가 어렵다.
② 가스의 온도가 낮고 과잉공기량이 낮다.
③ 미연소분 배출로 2차 연소실이 필요하다.
④ 기계적 구동부분이 적어 고장률이 낮다.

해설 **유동층 소각로**
① 장점
　㉠ 유동매체의 열용량이 커서 액상, 기상, 고형 폐기물의 전소 및 혼소, 균일한 연소가 가능하다.
　㉡ 반응시간이 빨라 소각시간이 짧다.(노 부하율이 높다.)
　㉢ 연소효율이 높아 미연소분이 적고 2차 연소실이 불필요하다.
　㉣ 가스의 온도가 낮고 과잉공기량이 낮다. 따라서 NOx도 적게 배출된다.
　㉤ 기계적 구동부분이 적어 고장률이 낮아 유지관리가 용이하다.
　㉥ 노 내 온도의 자동제어로 열회수가 용이하다.
　㉦ 유동매체의 축열량이 높은 관계로 단시간 정지 후 가동 시 보조연료 사용 없이 정상가동이 가능하다.
　㉧ 과잉공기량이 적으므로 다른 소각로보다 보조연료 사용량과 배출가스양이 적다.
　㉨ 석회 또는 반응물질을 유동매체에 혼입시켜 노 내에서 산성가스의 제거가 가능하다.

② 단점
- ㉠ 층의 유동으로 상으로부터 찌꺼기의 분리가 어려우며 운전비 특히, 동력비가 높다.
- ㉡ 폐기물의 투입이나 유동화를 위해 파쇄가 필요하다.
- ㉢ 상재료의 용융을 막기 위해 연소온도는 816℃를 초과할 수 없다.
- ㉣ 유동매체의 손실로 인한 보충이 필요하다.
- ㉤ 고점착성의 반유동상 슬러지는 처리하기 곤란하다.
- ㉥ 소각로 본체에서 압력손실이 크고 유동매체의 비산 또는 분진의 발생량이 가장 많다.
- ㉦ 조대한 폐기물은 전처리가 필요하다. 즉 폐기물의 투입이나 유동화를 위해 파쇄공정이 필요하다.

54 스토커식 소각로의 열부하가 40,000kcal/m³·hr이며, 폐기물의 저위발열량이 700kcal/kg일 때 소각로의 부피는?(단, 폐기물의 소각량은 1일 10톤이며, 소각로 가동시간은 1일 10시간 가동기준이다.)

① 15.0m³
② 17.5m³
③ 20.0m³
④ 22.5m³

해설
$$소각로부피(m^3) = \frac{소각량 \times 쓰레기\ 발열량}{연소실\ 부하율}$$
$$= \frac{\begin{bmatrix}10ton/day \times day/10hr \\ \times 1,000kg/ton \times 700kcal/kg\end{bmatrix}}{40,000kcal/m^3 \cdot hr} = 17.5m^3$$

55 열교환기 중 과열기에 대한 설명으로 틀린 것은?

① 보일러에서 발생하는 포화증기에 다수의 수분이 함유되어 있으므로 이것을 과열하여 수분을 제거하고 과열도가 높은 증기를 얻기 위해 설치한다.
② 일반적으로 보일러 부하가 높아질수록 대류 과열기에 의한 과열 온도는 저하하는 경향이 있다.
③ 과열기는 그 부착 위치에 따라 전열형태가 다르다.
④ 방사형 과열기는 주로 화염의 방사열을 이용한다.

해설 **대류형 과열기**
① 보통 제1·제2 연도의 중간에 설치한다.
② 연소가스의 대류에 의한 전달열을 받는 과열기이다.
③ 보일러의 부하가 높아질수록 과열온도는 상승한다.

56 매시간 4ton의 폐유를 소각하는 소각로에서 발생하는 황산화물을 접촉산화법으로 탈황하고 부산물로 50%의 황산을 회수한다면 회수되는 부산물량(kg/hr)은?(단, 폐유 중 황성분 3%, 탈황률 95%라 가정함)

① 약 500
② 약 600
③ 약 700
④ 약 800

해설
$$\begin{array}{ccc} S & \rightarrow & H_2SO_4 \\ 32kg & : & 98kg \\ 4ton/hr \times 0.03 \times 0.95 & : & H_2SO_4(kg/hr) \times 0.5 \end{array}$$
$$H_2SO_4(kg/hr) = \frac{4ton/hr \times 0.03 \times 0.95 \times 98kg \times 1,000kg/ton}{32kg \times 0.5}$$
$$= 698.25kg/hr$$

57 연소실 내 가스와 폐기물의 흐름에 관한 설명으로 옳지 않은 것은?

① 병류식은 폐기물의 발열량이 낮은 경우에 적합한 형식이다.
② 교류식은 향류식과 병류식의 중간적인 형식이다.
③ 교류식은 중간 정도의 발열량을 가지는 폐기물의 질에 적합하다.
④ 향류식은 폐기물의 이송방향과 연소가스의 흐름이 반대로 향하는 형식이다.

해설 **소각로 내 연소가스와 폐기물 흐름에 따른 구분**
① 역류식(향류식)
- ㉠ 폐기물의 이송방향과 연소가스의 흐름을 반대로 하는 형식이다.
- ㉡ 난연성 또는 착화하기 어려운 폐기물 소각에 가장 적합한 방식이다.
- ㉢ 열가스에 의한 방사열이 폐기물에 유효하게 작용하므로 수분이 많다.
- ㉣ 후연소 내의 온도저하나 불완전연소가 발생할 수 있다.
- ㉤ 복사열에 의한 건조에 유리하며 저위발열량이 낮은 폐기물에 적합하다.
② 병류식
- ㉠ 폐기물의 이송방향과 연소가스의 흐름방향이 같은 형식이다.
- ㉡ 수분이 적고(착화성이 좋고) 저위발열량이 높을 때 적용한다.
- ㉢ 폐기물의 발열량이 높을 경우 적당한 형식이다.
- ㉣ 건조대에서의 건조효율이 저하될 수 있다.
③ 교류식(중간류식)
- ㉠ 역류식과 병류식의 중간적인 형식이다.
- ㉡ 중간 정도의 발열량을 가지는 폐기물에 적합하다.
- ㉢ 두 흐름이 교차하여 폐기물 질의 변동이 클 때 적합하다.
④ 복류식(2회류식)
- ㉠ 2개의 출구를 가지고 있는 댐퍼의 개폐로 역류식, 병류식, 교류식으로 조절할 수 있는 형식이다.
- ㉡ 폐기물의 질이나 저위발열량의 변동이 심할 경우에 적합하다.

정답 54 ② 55 ② 56 ③ 57 ①

58 다이옥신 방지 및 제어기술에 관한 내용으로 옳지 않은 것은?

① 활성탄과 백 필터를 같이 사용하는 경우에는 분무된 활성탄이 필터 백 표면에 코팅되어 백 필터에서도 흡착이 활발하게 일어난다.

② 활성탄과 백 필터를 같이 사용하는 경우에는 활성탄과 비산재를 분리, 재활용하기 용이하여 활성탄의 사용량이 절감되는 장점이 있다.

③ 촉매에 의한 다이옥신 분해 방식은 활성탄 흡착 처리 방법에 비해 다이옥신을 무해화하기 위한 후처리가 필요 없는 것이 장점이다.

④ 촉매에 의한 다이옥신 분해 방식에 사용되는 촉매는 반응성이 높은 금속 산화물이 주로 사용된다.

해설 활성탄과 백 필터를 같이 사용하는 경우에는 활성탄과 비산재를 분리, 재활용하기가 용이하지 않으면 활성탄의 사용량이 증가되는 단점이 있다.

59 황의 함량이 5%인 폐기물 30,000kg을 연소할 때 생성되는 SO_2 가스의 총 부피는 몇 Sm^3인가?(단, 표준상태를 기준으로 하며, 황성분은 전량 SO_2로 가스화되고, 완전연소이다.)

① 850   ② 950   ③ 1,050   ④ 1,150

해설

$$S \quad + \quad O_2 \rightarrow SO_2$$
$$32kg \quad : \quad 22.4Sm^3$$
$$30,000kg \times 0.05 : \quad SO_2(Sm^3)$$

$$SO_2(Sm^3) = \frac{30,000kg \times 0.05 \times 22.4Sm^3}{32kg} = 1,050Sm^3$$

60 쓰레기 소각에 비하여 열분해공정의 특징이라 볼 수 없는 것은?

① 배기가스양이 적다.

② 환원성 분위기를 유지할 수 있어서 Cr^{3+}가 Cr^{6+}로 변화하지 않는다.

③ 황분, 중금속분이 Ash 중에 고정되는 비율이 작다.

④ 흡열반응이다.

해설 **열분해공정이 소각에 비하여 갖는 장점**
① 대기로 방출하는 배기가스양이 적게 배출된다.(가스처리장치가 소형화)
② 황, 중금속분이 Ash(회분) 중에 고정되는 비율이 크다.

③ 상대적으로 저온이기 때문에 NOx(질소산화물), 염화수소의 발생량이 적다.

④ 환원기가 유지되므로 Cr^{3+}이 Cr^{6+}으로 변화하기 어려우며 대기오염물질의 발생이 적다.
(크롬산화 억제)

⑤ 폐플라스틱, 폐타이어, 오니류 등 스토커 소각처리가 곤란한 물질도 처리 가능하다.

⑥ 공기공급장치의 소형화 및 감량화로 매립용량이 감소한다.

⑦ 소각에 비교하여 생성물의 정제장치가 필요하다.

⑧ 고온용융식을 이용하면 재를 고형화할 수 있고 중금속의 용출이 없어서 자원으로 활용할 수 있다.

⑨ 저장 및 수송이 가능한 연료를 회수할 수 있다.

제4과목 **폐기물공정시험기준(방법)**

61 폐기물이 1톤 미만으로 야적되어 있는 적환장에서 채취하여야 할 최소 시료의 총량(g)은?(단, 소각재는 아님)

① 100   ② 400
③ 600   ④ 900

해설 1회에 100g 이상 채취하며 1톤 미만이면 시료 채취 최소 수가 6이므로 $100g \times 6 = 600g$

62 분석용 저울은 최소 몇 mg까지 달 수 있는 것이어야 하는가?(단, 총칙 기준)

① 1.0   ② 0.1
③ 0.01   ④ 0.001

해설 분석용 저울은 0.1mg까지 측정할 수 있어야 한다.

63 자외선/가시선 분광법에 의한 시안분석방법에 관한 설명으로 틀린 것은?

① 시료를 pH 10~12의 알칼리성으로 조절한 후에 질산나트륨을 넣고 가열 증류하여 시안화합물을 시안화수소로 유출하는 방법이다.

② 클로라민-T와 피리딘·피라졸론 혼합액을 넣어 나타나는 청색을 620nm에서 측정하는 방법이다.

③ 시안화합물을 측정할 때 방해물질들은 증류하면 대부분 제거되나 다량의 지방성분, 잔류염소, 황화합물은 시안화합물을 분석할 때 간섭할 수 있다.

④ 황화합물이 함유된 시료는 아세트산아연용액(10W/V%) 2mL를 넣어 제거한다.

시안 - 자외선/가시선 분광법
시료를 pH 2 이하의 산성으로 조절한 후에 에틸렌다이아민테트라아세트산나트륨을 넣고 가열 증류하여 시안화합물을 시안화수소로 유출시켜 수산화나트륨용액을 포집한 다음 중화하고 클로라민 - T와 피리딘 · 피라졸론 혼합액을 넣어 나타나는 청색을 620nm에서 측정하는 방법이다.

64 원자흡수분광광도법의 분석장치를 나열한 것으로 적당하지 않은 것은?

① 광원부 - 중공음극램프, 램프점등장치
② 시료원자화부 - 버너, 가스유량 조절기
③ 파장선택부 - 분광기, 멀티패스 광학계
④ 측광부 - 검출기, 증폭기

파장선택부
분광기, 필터, 에탈론 간섭분광기

65 폐기물 중 크롬을 자외선/가시선 분광법으로 측정하는 방법에 대한 내용으로 틀린 것은?

① 흡광도는 540nm에서 측정한다.
② 총크롬을 다이페닐카바자이드를 사용하여 6가크롬으로 전환시킨다.
③ 흡광도의 측정값이 0.2~0.8의 범위에 들도록 실험용액의 농도를 조절한다.
④ 크롬의 정량한계는 0.002mg이다.

크롬(자외선/가시선 분광법)
시료 중에 총크롬을 과망간산칼륨을 사용하여 6가 크롬으로 산화시킨 다음 산성에서 다이페닐카바자이드와 반응하여 생성되는 적자색 착화합물의 흡광도를 540nm에서 측정하여 총크롬을 정량하는 방법이다.

66 유기물 함량이 비교적 높지 않고 금속의 수산화물, 산화물, 인산염 및 황화물을 함유하고 있는 시료에 적용되는 전처리방법은?

① 질산 - 염산 분해법
② 질산 - 황산 분해법
③ 질산 - 과염소산 분해법
④ 질산 - 불화수소산 분해법

질산 - 염산 분해법
① 적용 : 유기물 함량이 비교적 높지 않고 금속의 수산화물, 산화물, 인산염 및 황화물을 함유하고 있는 시료에 적용한다.
② 용액 산농도 : 약 0.5N

67 온도에 관한 기준으로 옳지 않은 것은?

① 찬 곳은 따로 규정이 없는 한 0~15℃의 곳을 뜻한다.
② 각각의 시험은 따로 규정이 없는 한 실온에서 조작한다.
③ 온수는 60~70℃로 한다.
④ 냉수는 15℃ 이하로 한다.

온도 관련 기준
① 온도 용어

용어	온도(℃)
표준온도	0
상온	15~25
실온	1~35
찬 곳	0~15의 곳 (따로 규정이 없는 경우)
냉수	15 이하
온수	60~70℃
열수	≒100℃

② 수욕상 또는 수욕 중에서 가열한다.
규정이 없는 한 수온 100℃에서 가열함을 뜻하고 약 100℃의 증기욕을 쓸 수 있다는 의미
③ 시험은 따로 규정이 없는 한 상온에서 조작(단, 온도의 영향이 있는 것의 판정은 표준온도를 기준으로 함)

68 시료 채취에 관한 내용으로 (   )에 옳은 것은?

회분식 연소방식의 소각재 반출설비에서 채취하는 경우에는 하루 동안의 운전횟수에 따라 매 운전 시마다 (㉠) 이상 채취하는 것을 원칙으로 하고, 시료의 양은 1회에 (㉡) 이상으로 한다.

① ㉠ 2회, ㉡ 100g
② ㉠ 4회, ㉡ 100g
③ ㉠ 2회, ㉡ 500g
④ ㉠ 4회, ㉡ 500g

회분식 연소방식의 소각재 반출설비에서 시료채취
① 하루 동안의 운전횟수에 따라 매 운전 시마다 2회 이상 채취
② 시료의 양은 1회에 500g 이상

정답   64 ③   65 ②   66 ①   67 ②   68 ③

69 다음 시약 제조방법 중 틀린 것은?

① 1M−NaOH 용액은 NaOH 42g을 정제수 950mL를 넣어 녹이고 새로 만든 수산화바륨 용액(포화)을 침전이 생기지 않을 때까지 한 방울씩 떨어뜨려 잘 섞고 마개를 하여 24시간 방치한 다음 여과하여 사용한다.

② 1M−HCl 용액은 염산 120mL에 정제수를 넣어 1,000mL로 한다.

③ 20W/V%−KI(비소시험용) 용액은 KI 20g을 정제수에 녹여 100mL로 하며 사용할 때 조제한다.

④ 1M−H₂SO₄ 용액은 황산 60mL를 정제수 1L 중에 섞으면서 천천히 넣어 식힌다.

해설 1M−HCl 용액은 염산 90mL에 정제수를 넣어 1,000mL로 한다.

70 폐기물 시료에 대해 강열감량과 유기물함량을 조사하기 위해 다음과 같은 실험을 하였다. 아래와 같은 결과를 이용한 강열감량(%)은?

> 1) 600±25℃에서 30분간 강열하고 데시케이터 안에서 방랭 후 접시의 무게(W_1) : 48.256g
> 2) 여기에 시료를 취한 후 접시와 시료의 무게(W_2) : 73.352g
> 3) 여기에 25% 질산암모늄용액을 넣어 시료를 적시고 천천히 가열하여 탄화시킨 다음 600±25℃에서 3시간 강열하고 데시케이터 안에서 방랭 후 무게(W_3) : 52.824g

① 약 74% ② 약 76%
③ 약 82% ④ 약 89%

해설 강열감량(%) $= \dfrac{W_2 - W_3}{W_2 - W_1} \times 100$

$= \dfrac{(73.352 - 52.824)g}{(73.352 - 48.256)g} \times 100 = 81.80\%$

71 정도보증/정도관리를 위한 현장 이중시료에 관한 내용으로 ( )에 알맞은 것은?

> 현장 이중시료는 동일 위치에서 동일한 조건으로 중복 채취한 시료로서 독립적으로 분석하여 비교한다. 현장 이중시료는 필요시 하루에 ( ) 이하의 시료를 채취할 경우에는 1개를, 그 이상의 시료를 채취할 때에는 시료 ( )당 1개를 추가로 채취한다.

① 5개 ② 10개
③ 15개 ④ 20개

해설 현장 이중시료(Field Duplicate)
① 동일 위치에서 동일한 조건으로 중복 채취한 시료를 말한다.
② 필요시 하루에 20개 이하의 시료를 채취할 경우에는 1개를, 그 이상의 시료를 채취할 때에는 시료 20개당 1개를 추가로 채취한다.

72 지정폐기물에 함유된 유해물질의 기준으로 옳은 것은?

① 납=3mg/L ② 카드뮴=3mg/L
③ 구리=0.3mg/L ④ 수은=0.0005mg/L

해설 ② 카드뮴 : 0.3mg/L
③ 구리 : 3mg/L
④ 수은 : 0.005mg/L

73 기기검출한계(IDL)에 관한 설명으로 ( )에 옳은 것은?

> 시험분석 대상물질을 기기가 검출할 수 있는 최소한의 농도 또는 양으로서 바탕시료를 반복 측정 분석한 결과의 표준편차에 ( )배한 값을 말한다.

① 2 ② 3
③ 5 ④ 10

해설 기기검출한계(IDL : Instrument Detection Limit)
① 시험분석 대상물질을 기기가 검출할 수 있는 최소한의 농도 또는 양
② S/N비의 2~5배 농도
③ 표준편차×3

74 온도에 대한 규정에서 14℃가 포함되지 않은 것은?

① 상온 ② 실온
③ 냉수 ④ 찬 곳

해설 온도 관련 기준
① 온도 용어

용어	온도(℃)
표준온도	0
상온	15~25
실온	1~35
찬 곳	0~15의 곳 (따로 규정이 없는 경우)
냉수	15 이하
온수	60~70℃
열수	≒100℃

② 수욕상 또는 수욕 중에서 가열한다.

규정이 없는 한 수온 100℃에서 가열함을 뜻하고 약 100℃의 증기욕을 쓸 수 있다는 의미

③ 시험은 따로 규정이 없는 한 상온에서 조작(단, 온도의 영향이 있는 것의 판정은 표준온도를 기준으로 함)

75 용출시험방법의 용출조작을 나타낸 것으로 옳지 않은 것은?

① 혼합액을 상온, 상압에서 진탕 횟수가 매분당 약 200회가 되도록 한다.

② 진폭이 7~9cm의 진탕기를 사용한다.

③ 6시간 연속 진탕한 다음 1.0μm의 유리 섬유 여과지로 여과한다.

④ 여과가 어려운 경우 원심분리기를 사용하여 매분당 3,000회전 이상으로 20분 이상 원심분리한다.

해설 **용출시험방법(용출조작)**

① 진탕 : 혼합액을 상온·상압에서 진탕 횟수가 매분당 약 200회, 진폭이 4~5cm인 진탕기를 사용하여 6시간 연속 진탕

⇩

② 여과 : 1.0μm의 유리섬유여과지로 여과

⇩

③ 여과액을 적당량 취하여 용출실험용 시료용액으로 함

76 유리전극법에 의한 수소이온농도 측정 시 간섭물질에 관한 설명으로 옳지 않은 것은?

① pH 10 이상에서 나트륨에 의해 오차가 발생할 수 있는데 이는 "낮은 나트륨 오차전극"을 사용하여 줄일 수 있다.

② 유리전극은 일반적으로 용액의 색도, 탁도, 염도, 콜로이드성 물질들, 산화 및 환원성 물질들 등에 의해 간섭을 많이 받는다.

③ 기름층이나 작은 입자상이 전극을 피복하여 pH 측정을 방해할 경우에는 세척제로 닦아낸 후 정제수로 세척하고 부드러운 천으로 수분을 제거하여 사용한다.

④ 피복물을 제거할 때는 염산(1+9) 용액을 사용할 수 있다.

해설 유리전극은 용액의 색도, 탁도, 콜로이드성 물질들, 산화 및 환원성 물질들, 염도에 의해 간섭을 받지 않는다.

77 중금속 분석의 전처리인 질산 – 과염소산 분해법에서 진한 질산이 공존하지 않는 상태에서 과염소산을 넣을 경우 발생되는 문제점은?

① 킬레이트 형성으로 분해효율이 저하됨

② 급격한 가열반응으로 휘산됨

③ 폭발 가능성이 있음

④ 중금속의 응집침전이 발생함

해설 **질산 – 과염소산 분해법**

① 적용 : 유기물을 다량 함유하고 있으면서 산화분해가 어려운 시료에 적용한다.

② 주의

ㄱ 과염소산을 넣을 경우 진한 질산이 공존하지 않으면 폭발 위험이 있으므로 반드시 진한 질산을 먼저 넣어야 한다.

ㄴ 어떠한 경우에도 유기물을 함유한 뜨거운 용액에 과염소산을 넣어서는 안 된다.

ㄷ 납을 측정할 경우 시료 중에 황산이온(SO_4^{2-})이 다량 존재하면 불용성의 황산납이 생성되어 측정치에 손실을 가져온다. 이때는 분해가 끝난 액에 물 대신 아세트산암모늄 용액(5+6) 50mL를 넣고 가열하여 액이 끓기 시작하면 킬달플라스크를 회전시켜 내벽을 액으로 충분히 씻어준 다음 약 5분 동안 가열을 계속하고 공기 중에서 식혀 여과한다.

ㄹ 유기물의 분해가 완전히 끝나지 않아 액이 맑지 않을 때에는 다시 질산 5mL를 넣고 가열을 반복한다.

ㅁ 질산 5mL와 과염소산 10mL를 넣고 가열을 계속하여 과염소산이 분해되어 백연이 발생하기 시작하면 가열을 중지한다.

ㅂ 유기물 분해 시에 분해가 끝나면 공기 중에서 식히고 정제수 50mL을 넣어 서서히 끓이면서 질소산화물 및 유리염소를 완전히 제거한다.

78 pH 표준용액 조제에 대한 설명으로 옳지 않은 것은?

① 염기성 표준용액은 산화칼슘(생석회) 흡수관을 부착하여 2개월 이내에 사용한다.

② 조제한 pH 표준용액은 경질 유리병에 보관한다.

③ 산성표준용액은 3개월 이내에 사용한다.

④ 조제한 pH 표준용액은 폴리에틸렌병에 보관한다.

해설 **pH 표준용액 사용기간**

① 산성 표준용액 : 3개월

② 염기성 표준용액 : 산화칼슘(생석회) 흡수관을 부착하여 1개월 이내에 사용

정답 **75** ② **76** ② **77** ③ **78** ①

79 폐기물공정시험기준의 용어 정의로 틀린 것은?

① 시험조작 중 '즉시'란 30초 이내에 표시된 조작을 하는 것을 뜻한다.

② 감압 또는 진공이라 함은 따로 규정이 없는 한 15mmHg 이하를 말한다.

③ '항량으로 될 때까지 건조한다'라 함은 같은 조건에서 1시간 더 건조할 때 전후 무게의 차가 g당 0.1mg 이하일 때를 말한다.

④ '비함침성 고상폐기물'이라 함은 금속판, 구리선 등 기름을 흡수하지 않는 평면 또는 비평면 형태의 변압기 내부부재를 말한다.

> **해설** '항량으로 될 때까지 건조한다.'라 함은 같은 조건에서 1시간 더 건조할 때 전후 무게의 차가 g당 0.3mg 이하일 때를 말한다.

80 기름 성분을 중량법으로 측정할 때 정량한계 기준은?

① 0.1% 이하
② 1.0% 이하
③ 3.0% 이하
④ 5.0% 이하

> **해설** 기름성분 – 중량법
> 정량한계 : 0.1% 이하(정량범위 5~200mg, 표준편차율 5~20%)

제5과목　폐기물관계법규

81 폐기물처리업에 대한 과징금에 관한 내용으로 (　)에 옳은 내용은?

> 환경부장관이나 시·도지사는 사업장의 사업규모, 사업지역의 특수성, 위반행위의 정도 및 횟수 등을 고려하여 법의 규정에 따른 과징금 금액의 (　　) 범위에서 가중하거나 감경할 수 있다. 다만, 가중하는 경우에는 과징금 총액이 1억 원을 초과할 수 없다.

① 2분의 1　② 3분의 1　③ 4분의 1　④ 5분의 1

> **해설** 폐기물처리업자에 대한 과징금
> 환경부장관이나 시·도지사는 사업장의 사업규모, 사업지역의 특수성, 위반행위의 정도 및 횟수 등을 고려하여 과징금 금액의 2분의 1 범위에서 가중하거나 감경할 수 있다. 다만, 가중하는 경우에는 과징금 총액이 1억 원을 초과할 수 없다.

82 특별자치시장, 특별자치도지사, 시장·군수·구청장이 관할구역의 음식물류 폐기물의 발생을 최대한 줄이고 발생한 음식물류 폐기물을 적절하게 처리하기 위하여 수립하는 음식물류 폐기물 발생 억제계획에 포함되어야 하는 사항으로 틀린 것은?

① 음식물류 폐기물 처리기술의 개발계획

② 음식물류 폐기물의 발생 억제목표 및 목표 달성방안

③ 음식물류 폐기물의 발생 및 처리현황

④ 음식물류 폐기물 처리시설의 설치현황 및 향후 설치계획

> **해설** 음식물류 폐기물 발생 억제계획의 포함사항
> ① 음식물류 폐기물의 발생 및 처리현황
> ② 음식물류 폐기물의 향후 발생 예상량 및 적정처리계획
> ③ 음식물류 폐기물의 발생 억제목표 및 목표달성 방안
> ④ 음식물류 폐기처리시설의 설치현황 및 향후 설치계획
> ⑤ 음식물류 폐기물의 발생억제 및 적정처리를 위한 기술적·재정적 지원방안(재원의 확보계획을 포함한다.)

83 폐기물매립시설의 사후관리계획서에 포함되어야 할 내용으로 틀린 것은?

① 토양조사계획

② 지하수 수질조사계획

③ 빗물배제계획

④ 구조물 및 지반 등의 안정도 유지계획

> **해설** 폐기물 매립시설 사후관리계획서의 포함사항
> ① 폐기물처리시설 설치·사용 내용
> ② 사후관리 추진일정
> ③ 빗물배제계획
> ④ 침출수 관리계획(차단형 매립시설은 제외한다.)
> ⑤ 지하수 수질조사계획
> ⑥ 발생가스 관리계획(유기성 폐기물을 매립하는 시설만 해당한다.)
> ⑦ 구조물과 지반 등의 안정도 유지계획

84 폐기물처리시설 설치·운영자, 폐기물처리업자, 폐기물과 관련된 단체, 그 밖에 폐기물과 관련된 업무에 종사하는 자가 폐기물에 관한 조사연구·기술개발·정보보급 등 폐기물 분야의 발전을 도모하기 위하여 환경부장관의 허가를 받아 설립할 수 있는 단체는?

① 한국폐기물협회
② 한국폐기물학회
③ 폐기물관리공단
④ 폐기물처리공제조합

2023

해설 폐기물처리시설 설치 · 운영자, 폐기물처리업자, 폐기물과 관련된 단체, 그 밖에 폐기물과 관련된 업무에 종사하는 자는 폐기물에 관한 조사연구 · 기술개발 · 정보보급 등 폐기물분야의 발전을 도모하기 위하여 환경부장관의 허가를 받아 한국폐기물협회를 설립할 수 있다.

85 기술관리인을 두어야 할 폐기물처리시설 기준으로 옳은 것은?(단, 폐기물처리업자가 운영하는 폐기물처리시설은 제외)

① 시멘트 소성로로서 시간당 처분능력이 600킬로그램 이상인 시설
② 멸균분쇄시설로서 시간당 처분능력이 600킬로그램 이상인 시설
③ 사료화 · 퇴비화 또는 연료화시설로서 1일 재활용능력이 1톤 이상인 시설
④ 압축 · 파쇄 · 분쇄 또는 절단시설로서 1일 처분능력 또는 재활용능력이 100톤 이상인 시설

해설 **기술관리인을 두어야 하는 폐기물 처리시설**
① 매립시설의 경우
  ㉠ 지정폐기물을 매립하는 시설로서 면적이 3천 300제곱미터 이상인 시설. 다만, 차단형 매립시설에서는 면적이 330제곱미터 이상이거나 매립용적이 1천 세제곱미터 이상인 시설로 한다.
  ㉡ 지정폐기물 외의 폐기물을 매립하는 시설로서 면적이 1만 제곱미터 이상이거나 매립용적이 3만 세제곱미터 이상인 시설
② 소각시설로서 시간당 처리능력이 600킬로그램(감염성 폐기물을 대상으로 하는 소각시설의 경우에는 200킬로그램) 이상인 시설
③ 압축 · 파쇄 · 분쇄 또는 절단시설로서 1일 처리능력 또는 재활용시설이 100톤 이상인 시설
④ 사료화 · 퇴비화 또는 연료화 시설로서 1일 재활용능력이 5톤 이상인 시설
⑤ 멸균 · 분쇄시설로서 시간당 처리능력이 100킬로그램 이상인 시설
⑥ 시멘트 소성로
⑦ 용해로(폐기물에 비철금속을 추출하는 경우로 한정한다.)로서 시간당 재활용능력이 600킬로그램 이상인 시설
⑧ 소각열회수시설로서 시간당 재활용능력이 600킬로그램 이상인 시설

86 폐기물처리시설의 사용개시 신고 시에 첨부하여야 하는 서류는?

① 해당 시설의 유지관리계획서
② 폐기물의 처리계획서
③ 예상배출내역서
④ 처리 후 발생되는 폐기물의 처리계획서

해설 **폐기물처리시설의 사용개시 신고 시 첨부서류**
① 해당 시설의 유지관리계획서
② 다음 각 목의 어느 하나에 해당하는 시설의 경우에는 제3항에 따른 검사기관에서 발행한 그 시설의 검사결과서
  ㉠ 소각시설(법 제29조 제2항 제1호에 따른 시설은 제외한다.)
  ㉡ 매립시설
  ㉢ 멸균분쇄시설에 해당하는 시설로서 의료폐기물을 대상으로 하는 시설을 포함한다. 이하 이 조에서 같다.
  ㉣ 음식물류 폐기물을 처리하는 시설로서 1일 처리능력 100킬로그램 이상인 시설(이하 "음식물류 폐기물 처리시설"이라 한다). 다만, 1일 재활용능력이 100킬로그램 이상 200킬로그램 미만인 음식물류 폐기물 소멸화 시설은 2015년 7월 1일부터 2017년 6월 30일까지 제외한다.
  ㉤ 시멘트 소성로(폐기물을 연료로 사용하는 경우로 한정한다.)
  ㉥ 소각열회수시설

87 지정폐기물을 배출하는 사업자가 지정폐기물을 처리하기 전에 환경부장관에게 제출하여야 하는 서류가 아닌 것은?

① 폐기물 감량화 및 재활용 계획서
② 수탁처리자의 수탁확인서
③ 폐기물 전문분석기관의 폐기물 분석결과서
④ 폐기물처리계획서

해설 **지정폐기물 처리계획 확인(사전 제출서류)**
① 수탁처리자의 수탁확인서
② 폐기물전문분석기관의 폐기물분석결과서
③ 폐기물처리계획서
④ 처리업자의 허가증사본

88 폐기물처리업의 시설 · 장비 · 기술능력의 기준 중 폐기물 수집 · 운반업(지정 폐기물 중 의료폐기물을 수집 · 운반하는 경우) 장비 기준으로 ( )에 옳은 것은?

적재능력 (㉠) 이상의 냉장차량(섭씨 4도 이하인 것을 말한다.) (㉡) 이상

① ㉠ 0.25톤, ㉡ 5대   ② ㉠ 0.25톤, ㉡ 3대
③ ㉠ 0.45톤, ㉡ 5대   ④ ㉠ 0.45톤, ㉡ 3대

해설 **지정폐기물 중 의료폐기물을 수집 · 운반하는 경우 기준**
① 장비
  ㉠ 적재능력 0.45톤 이상의 냉장차량(섭씨 4도 이하인 것을
    말한다. 이하 같다) 3대 이상
  ㉡ 약물소독장비 1식 이상
② 주차장 : 모든 차량을 주차할 수 있는 규모
③ 연락장소 또는 사무실

89 관리형 매립시설에서 발생하는 침출수의 배출허용기준
으로 옳은 것은?(단, 청정지역, 단위 mg/L, 중크롬산칼
륨법에 의한 화학적 산소요구량 기준이며 ( ) 안의 수치
는 처리효율을 표시함)
① 200(90%)   ② 300(90%)
③ 400(90%)   ④ 500(90%)

해설 **관리형 매립시설 침출수의 배출허용기준**

구분	생물 화학적 산소 요구량 (mg/L)	화학적 산소요구량(mg/L)			부유물 질량 (mg/L)
		과망간산칼륨법에 따른 경우		중크롬산 칼륨법에 따른 경우	
		1일 침출수 배출량 2,000m³ 이상	1일 침출수 배출량 2,000m³ 미만		
청정 지역	30	50	50	400 (90%)	30
가 지역	50	80	100	600 (85%)	50
나 지역	70	100	150	800 (80%)	70

90 정기적으로 주변지역에 미치는 영향을 조사하여야 할 폐
기물처리시설에 해당하는 것은?
① 1일 처분능력이 30톤 이상인 사업장폐기물 소각시설
② 1일 재활용능력이 30톤 이상인 사업장폐기물 소각열
회수시설
③ 매립면적이 1만 제곱미터 이상의 사업장 지정폐기물
매립시설
④ 매립면적이 10만 제곱미터 이상의 사업장 일반폐기
물 매립시설

해설 **주변지역 영향 조사대상 폐기물처리시설 기준**
① 1일 처리능력이 50톤 이상인 사업장폐기물 소각시설(같은
  사업장에 여러 개의 소각시설이 있는 경우에는 각 소각시설
  의 1일 처리능력의 합계가 50톤 이상인 경우를 말한다.)
② 매립면적 1만 제곱미터 이상의 사업장 지정폐기물 매립시설
③ 매립면적 15만 제곱미터 이상의 사업장 일반폐기물 매립시설
④ 시멘트 소성로(폐기물을 연료로 사용하는 경우로 한정한다.)
⑤ 1일 재활용능력이 50톤 이상인 사업장폐기물 소각열회수시
  설(같은 사업장에 여러 개의 소각열회수시설이 있는 경우에
  는 각 소각열회수시설의 1일 재활용능력의 합계가 50톤 이상
  인 경우를 말한다.)

91 폐기물 처리시설의 종류 중 재활용시설에 해당하지 않는
것은?
① 용해로(폐기물에서 비철금속을 추출하는 경우로 한정
한다.)
② 소성(시멘트 소성로는 제외한다.) · 탄화 시설
③ 골재세척시설(동력 7.5kW 이상인 시설로 한정한다.)
④ 의약품 제조시설

해설 **재활용시설의 종류**
① 기계적 재활용시설
② 화학적 재활용시설
③ 생물학적 재활용시설
④ 시멘트 소성로
⑤ 용해로(폐기물에서 비철금속을 추출하는 경우로 한정한다.)
⑥ 소성(시멘트 소성로는 제외한다.) · 탄화시설
⑦ 골재가공시설
⑧ 의약품 제조시설
⑨ 소각열회수시설(시간당 재활용능력이 200킬로그램 이상인
  시설로서 에너지를 회수하기 위하여 설치하는 시설만 해당
  한다.)
⑩ 그 밖에 환경부장관이 폐기물을 안전하게 재활용할 수 있다
  고 인정하여 고시하는 시설

92 환경상태의 조사 · 평가에서 국가 및 지방자치단체가 상
시 조사 · 평가하여야 하는 내용으로 틀린 것은?
① 환경의 질의 변화
② 환경오염원 및 환경훼손 요인
③ 환경오염지역의 원상회복실태
④ 자연환경 및 생활환경 현황

해설 **환경정책기본법(환경상태의 조사 · 평가)상 국가 및 지방자치단체
가 상시 조사 · 평가하는 내용**
① 자연환경 및 생활환경 현황

② 환경오염 및 환경훼손 실태

③ 환경오염원 및 환경훼손 요인

④ 환경의 질의 변화

⑤ 그 밖에 국가환경종합계획의 수립·시행에 필요한 사항

93 폐기물 운반자는 배출자로부터 폐기물을 인수받은 날로부터 며칠 이내에 전자정보처리프로그램에 입력하여야 하는가?

① 1일　　　　　　② 2일

③ 3일　　　　　　④ 5일

폐기물 운반자는 배출자로부터 폐기물을 인수받은 날로부터 2일 이내에 전자정보처리프로그램에 입력하여야 한다.

94 폐기물매립시설의 사후관리 업무를 대행할 수 있는 자는?(단, 그 밖에 환경부장관이 사후관리를 대행할 능력이 있다고 인정하여 고시하는 자의 경우 제외)

① 유역·지방 환경청

② 국립환경과학원

③ 한국환경공단

④ 시·도 보건환경연구원

폐기물매립시설의 사후관리 업무를 대행할 수 있는 자는 한국환경공단이다.

95 위해의료폐기물의 종류 중 시험·검사 등에 사용된 배양액, 배양용기, 보관균주, 폐시험관, 슬라이드, 커버글라스, 폐배지, 폐장갑이 해당하는 폐기물 분류는?

① 생물·화학폐기물　　② 손상성 폐기물

③ 병리계 폐기물　　　④ 조직물류 폐기물

위해의료폐기물의 종류

① 조직물류 폐기물 : 인체 또는 동물의 조직·장기·기관·신체의 일부, 동물의 사체, 혈액·고름 및 혈액생성물질(혈청, 혈장, 혈액 제제)

② 병리계 폐기물 : 시험·검사 등에 사용된 배양액, 배양용기, 보관균주, 폐시험관, 슬라이드, 커버글라스 폐배지, 폐장갑

③ 손상성 폐기물 : 주삿바늘, 봉합바늘, 수술용 칼날, 한방침, 치과용 침, 파손된 유리재질의 시험기구

④ 생물·화학폐기물 : 폐백신, 폐항암제, 폐화학치료제

⑤ 혈액오염폐기물 : 폐혈액백, 혈액투석 시 사용된 폐기물, 그 밖에 혈액이 유출될 정도로 포함되어 있는 특별한 관리가 필요한 폐기물

96 폐기물관리법의 제정 목적으로 가장 거리가 먼 것은?

① 폐기물 발생을 최대한 억제

② 발생한 폐기물을 친환경적으로 처리

③ 환경보전과 국민생활의 질적 향상에 이바지

④ 발생 폐기물의 신속한 수거·이송처리

폐기물처리법 제정 목적

폐기물의 발생을 최대한 억제하고 발생한 폐기물을 친환경적으로 처리함으로써 환경보전과 국민생활의 질적 향상에 이바지하는 것을 목적으로 한다.

97 폐기물 재활용업자가 시·도지사로부터 승인받은 임시보관시설에 태반을 보관하는 경우, 시·도지사가 임시보관시설을 승인할 때 따라야 하는 기준으로 틀린 것은? (단, 폐기물처리사업장 외의 장소에서의 폐기물 보관시설 기준)

① 폐기물 재활용업자는 약사법에 따른 의약품제조업 허가를 받은 자일 것

② 태반의 배출장소와 그 태반 재활용시설이 있는 사업장의 거리가 100킬로미터 이상일 것

③ 임시보관시설에서의 태반 보관 허용량은 1톤 미만일 것

④ 임시보관시설에서의 태반 보관기간은 태반이 임시보관시설에 도착한 날부터 5일 이내일 것

임시보관시설에서의 태반 보관 허용량은 5톤 미만이다.

98 폐기물의 에너지 회수기준으로 옳지 않은 것은?

① 에너지 회수효율(회수에너지 총량을 투입에너지 총량으로 나눈 비율)이 75퍼센트 이상일 것

② 다른 물질과 혼합하지 아니하고 해당 폐기물의 저위발열량이 킬로그램당 3천 킬로칼로리 이상일 것

③ 폐기물의 50% 이상을 원료 또는 재료로 재활용하고 나머지를 에너지 회수에 이용할 것

④ 회수열을 모두 열원으로 스스로 이용하거나 다른 사람에게 공급할 것

에너지 회수기준

① 다른 물질과 혼합하지 아니하고 해당 폐기물의 저위발열량이 킬로그램당 3천 킬로칼로리 이상일 것

② 에너지의 회수효율(회수에너지 총량을 투입에너지 총량으로 나눈 비율을 말한다.)이 75퍼센트 이상일 것

정답 93 ②　94 ③　95 ③　96 ④　97 ③　98 ③

③ 회수열을 모두 열원(熱源)으로 스스로 이용하거나 다른 사람에게 공급할 것

④ 환경부장관이 정하여 고시하는 경우에는 폐기물의 30퍼센트 이상을 원료나 재료로 재활용하고 그 나머지 중에서 에너지의 회수에 이용할 것

99 설치신고 대상 폐기물처분시설 규모기준으로 (   )에 맞는 것은?

> 생물학적 처분시설로서 1일 처분능력이 (   ) 미만인 시설

① 5톤   ② 10톤   ③ 50톤   ④ 100톤

해설 **설치신고 대상 폐기물 처리시설**

① 일반소각시설로서 1일 처리능력이 100톤(지정폐기물의 경우에는 10톤) 미만인 시설

② 고온소각시설·열분해시설·고온용융시설 또는 열처리조합시설로서 시간당 처리능력이 100킬로그램 미만인 시설

③ 기계적 처분시설 또는 재활용시설 중 증발·농축·정제 또는 유수분리시설로서 시간당 처리능력이 125킬로그램 미만인 시설

④ 기계적 처분시설 또는 재활용시설 중 압축·파쇄·분쇄·절단·용융 또는 연료화 시설로서 1일 처리능력이 100톤 미만인 시설

⑤ 기계적 처분시설 또는 재활용시설 중 탈수·건조시설, 멸균분쇄시설 및 화학적 처리시설

⑥ 생물학적 처분시설 또는 재활용시설로서 1일 처리능력이 100톤 미만인 시설

⑦ 소각열회수시설로서 1일 재활용능력이 100톤 미만인 시설

100 주변지역 영향 조사대상 폐기물처리시설에 해당하지 않는 것은?(단, 대통령령으로 정하는 폐기물처리시설로 폐기물처리업자가 설치·운영하는 시설)

① 시멘트 소성로(폐기물을 연료로 사용하는 경우는 제외한다.)

② 매립면적 15만 제곱미터 이상의 사업장 일반폐기물 매립시설

③ 매립면적 1만 제곱미터 이상의 사업장 지정폐기물 매립시설

④ 1일 처분능력이 50톤 이상인 사업장폐기물 소각시설(같은 사업장에 여러 개의 소각시설이 있는 경우에는 각 소각시설의 1일 처분능력의 합계가 50톤 이상인 경우를 말한다.)

해설 **주변지역 영향 조사대상 폐기물처리시설 기준**

① 1일 처리능력이 50톤 이상인 사업장폐기물 소각시설(같은 사업장에 여러 개의 소각시설이 있는 경우에는 각 소각시설의 1일 처리능력의 합계가 50톤 이상인 경우를 말한다.)

② 매립면적 1만 제곱미터 이상의 사업장 지정폐기물 매립시설

③ 매립면적 15만 제곱미터 이상의 사업장 일반폐기물 매립시설

④ 시멘트 소성로(폐기물을 연료로 사용하는 경우로 한정한다.)

⑤ 1일 재활용능력이 50톤 이상인 사업장폐기물 소각열회수시설(같은 사업장에 여러 개의 소각열회수시설이 있는 경우에는 각 소각열회수시설의 1일 재활용능력의 합계가 50톤 이상인 경우를 말한다.)

2023년 2회 CBT 복원·예상문제

제1과목 폐기물개론

01 고형폐기물의 처리방법 중 열분해에 관한 설명으로 틀린 것은?

① 소각처리에 비해 황 및 중금속이 회분 속에 고정되는 비율이 크다.

② 환원성 분위기가 유지되므로 Cr^{3+}이 Cr^{6+}로 변화되는 일이 없다.

③ 연소가 고도의 발열반응임에 비해 열분해는 고도의 흡열반응이다.

④ 유기물질의 충분한 산소를 공급해서 가열하여 가스, 액체 및 고체의 3성분으로 분리하는 방법이다.

열분해(Pyrolysis)

① 열분해란 공기가 부족한 상태(무산소 혹은 저산소 분위기)에서 가연성 폐기물을 연소시켜(간접가열에 의해) 유기물질로부터 가스, 액체 및 고체상태의 연료를 생산하는 공정을 의미하며 흡열반응을 한다.

② 예열, 건조과정을 거치므로 보조연료의 소비량이 증가되어 유지관리비가 많이 소요된다.

③ 폐기물을 산소의 공급 없이 가열하여 가스, 액체, 고체의 3성분으로 분리한다.(연소가 고도의 발열반응임에 비해 열분해는 고도의 흡열반응이다.)

④ 분해와 응축반응이 일어난다.

⑤ 필요한 에너지를 외부에서 공급해 주어야 한다.

02 투입량이 1ton/h이고, 회수량이 750kg/h(그중 회수대상물질은 600kg/h)이며 제거량 중 회수대상물질은 70kg/h일 때 선별효율은?(단, Worrell식 적용)

① 약 45% ② 약 49%

③ 약 54% ④ 약 59%

Worrell 선별효율(E)

$$E(\%) = \left[\left(\frac{x_1}{x_0}\right) \times \left(\frac{y_2}{y_0}\right)\right] \times 100$$

x_1 600kg/hr → y_1 150kg/hr

x_2 70kg/hr → y_2 1,000 − 750 − 70 = 180kg/hr

$$x_0 = x_1 + x_2 = 600 + 70 = 670\text{kg/hr}$$

$$y_0 = y_1 + y_2 = 150 + 180 = 330\text{kg/hr}$$

$$= \left[\left(\frac{600}{670}\right) \times \left(\frac{180}{330}\right)\right] \times 100$$

$$= 48.85\%$$

[Note] x_0(투입량 중 회수대상물질)

y_0(제거량 중 비회수대상물질)

x_1(회수량 중 회수대상물질)

y_1(회수량 중 비회수대상물질)

x_2(제거량 중 회수대상물질)

y_2(제거량 중 비회수대상물질)

03 다음 조건인 경우, Worrell식 및 Rietema식에 의한 선별효율(%)은 각각 얼마인가?

[조건]
- 총 투입 폐기물 : 200톤
- 회수량 : 160톤
- 회수량 중 회수대상 물질 : 140톤
- 제거량 중 제거대상 물질 : 30톤

① $E_w = 53.3$ 및 $E_r = 50.3$

② $E_w = 50.3$ 및 $E_r = 53.3$

③ $E_w = 53.3$ 및 $E_r = 56.0$

④ $E_w = 56.0$ 및 $E_r = 53.3$

x_1이 140ton → y_1은 20ton

x_2가 10ton → y_2는 200 − 160 − 10 = 30ton

$x_0 = x_1 + x_2 = 140 + 10 = 150$ton

$y_0 = y_1 + y_2 = 20 + 30 = 50$ton

Worrel식 : $E(\%) = \left[\left(\frac{x_1}{x_0}\right) \times \left(\frac{y_2}{y_0}\right)\right] \times 100$

$$= \left[\left(\frac{140}{150}\right) \times \left(\frac{30}{50}\right)\right] \times 100 = 56\%$$

Rietema식 : $E(\%) = \left[\left(\frac{x_1}{x_0}\right) - \left(\frac{y_1}{y_0}\right)\right] \times 100$

$$= \left[\left(\frac{140}{150}\right) - \left(\frac{20}{50}\right)\right] \times 100 = 53.33\%$$

정답 01 ④ 02 ② 03 ④

[Note] x_0(투입량 중 회수대상물질)
y_0(제거량 중 비회수대상물질)
x_1(회수량 중 회수대상물질)
y_1(회수량 중 비회수대상물질)
x_2(제거량 중 회수대상물질)
y_2(제거량 중 비회수대상물질)

04 함수율이 90%인 폐기물에서 수분을 제거하여 처음 무게의 70%로 줄이고 싶다면 함수율을 얼마로 감소시켜야 하는가?(단, 폐기물 비중은 1.0 기준)

① 72.3% ② 77.2%
③ 81.6% ④ 85.7%

[해설] $1 \times (1-0.9) = 0.7 \times (1-$처리 후 함수율$)$

처리 후 함수율 $= \dfrac{1 \times 0.1}{0.7} - 1 = 0.8571 \times 100 = 85.71\%$

05 굴림통 분쇄기(Roll Crusher)에 관한 설명으로 틀린 것은?

① 재회수과정에서 유리같이 깨지기 쉬운 물질을 분쇄할 때 이용된다.
② 퍼짐성이 있는 금속캔류는 단순히 납작하게 된다.
③ 유리와 금속류가 섞인 폐기물을 굴림통 분쇄기에 투입하면 분쇄된 유리를 체로 쳐서 쉽게 분리할 수 있다.
④ 분쇄는 투입물 선별 과정과 이것을 압축시키는 두 가지 과정으로 구성된다.

[해설] 굴림통 분쇄기(Roll Crusher)
① 재회수과정에서 유리같이 깨지기 쉬운 물질을 분쇄할 때 이용된다.
② 퍼짐성이 있는 금속캔류는 단순히 납작하게 된다.
③ 유리와 금속류가 섞인 폐기물을 굴림통 분쇄기에 투입하면 분쇄된 유리를 체로 쳐서 쉽게 분리할 수 있다.
④ 분쇄는 투입물을 포집하는 과정과 이것을 굴림통 사이로 통과시키는 두 가지 과정으로 구분된다.

06 물렁거리는 가벼운 물질로부터 딱딱한 물질을 선별하는 데 사용하며 경사진 컨베이어를 통해 폐기물을 주입시켜 천천히 회전하는 드럼 위에 떨어뜨려서 분류하는 것은?

① Stoners ② Jigs
③ Secators ④ Table

[해설] Secators
① 경사진 컨베이어를 통해 폐기물을 주입시켜 천천히 회전하는 드럼 위에 떨어뜨려서 선별하는 장치이며 물렁거리는 가벼운 물질(가볍고 탄력 없는 물질)로부터 딱딱한 물질(무겁고 탄력 있는 물질)을 선별하는 데 사용한다.
② 주로 퇴비 중의 유리조각을 추출할 때 이용되는 선별장치이다.

07 쓰레기를 압축시키기 전 밀도가 0.38ton/m^3이었던 것을 압축기에 넣어 압축시킨 결과 0.57ton/m^3으로 증가하였다. 이때 부피의 감소율은?

① 24.3% ② 27.3%
③ 30.3% ④ 33.3%

[해설] $VR = \left(1 - \dfrac{V_f}{V_i}\right) \times 100$

$V_i = \dfrac{1\text{ton}}{0.38\text{ton/m}^3} = 2.6316\text{m}^3$

$V_f = \dfrac{1\text{ton}}{0.57\text{ton/m}^3} = 1.7544\text{m}^3$

$= \left(1 - \dfrac{1.7544}{2.6316}\right) \times 100 = 33.33\%$

08 다음의 폐기물의 성상분석 절차 중 가장 먼저 이루어지는 것은?

① 절단 및 분쇄 ② 건조
③ 밀도 측정 ④ 전처리

[해설] 쓰레기 성상분석 순서
밀도 측정 → 건조 → 분류 → 절단 및 분쇄

09 어느 도시의 폐기물 수거량이 2,500,000톤/년, 수거인부 3,000명, 1일 작업시간 8시간, 연간 작업일수 340일일 때 MHT는?

① 약 2.38 ② 약 2.83
③ 약 3.26 ④ 약 3.62

[해설] $\text{MHT} = \dfrac{\text{수거인부} \times \text{수거인부 총 수거시간}}{\text{총수거량}}$

$= \dfrac{3,000\text{인} \times (8\text{hr/day} \times 340\text{day/year})}{2,500,000\text{ton/year}}$

$= 3.26\text{MHT(man} \cdot \text{hr/ton)}$

10 직경이 1.0m인 트롬멜 스크린의 최적 속도는?

① 약 63rpm ② 약 42rpm

③ 약 19rpm ④ 약 8rpm

최적속도(rpm)

= 임계속도 × 0.45

$$임계속도 = \frac{1}{2\pi}\sqrt{\frac{g}{r}} = \frac{1}{2\pi}\sqrt{\frac{9.8}{0.5}}$$

$$= 0.705 cycle/sec \times 60 sec/min = 42.3rpm$$

$$= 42.3rpm \times 0.45 = 19.03rpm$$

11 1,000세대(세대당 평균 가족 수 5인)인 아파트에서 배출하는 쓰레기를 3일마다 수거하는 데 적재용량 11.0m³의 트럭 5대(1회 기준)가 소요된다. 쓰레기 단위 용적당 중량이 210kg/m³라면 1인 1일당 쓰레기 배출량은?

① 2.31kg/인 · 일 ② 1.38kg/인 · 일

③ 1.12kg/인 · 일 ④ 0.77kg/인 · 일

$$쓰레기배출량(kg/인 · 일) = \frac{쓰레기 수거량}{수거인구 수}$$

$$= \frac{11.0m^3/대 \times 5대 \times 210kg/m^3}{1,000세대 \times 5인/세대 \times 3일}$$

$$= 0.77kg/인 · 일$$

12 함수율 82%의 하수슬러지 80m³와 함수율 15%의 톱밥 120m³을 혼합했을 때의 함수율은?(단, 비중은 1.0 기준)

① 42% ② 45%

③ 48% ④ 55%

$$혼합함수율(\%) = \frac{(80 \times 0.82) + (120 \times 0.15)}{80 + 120} \times 100 = 41.8\%$$

13 다음 중 폐기물의 관거(Pipeline)를 이용한 수거 방식에 관한 설명으로 옳지 않은 것은?

① 자동화, 무공해화가 가능하다.

② 잘못 투입된 폐기물의 즉시 회수가 용이하다.

③ 가설 후에 경로변경이 곤란하고 설치비가 높다.

④ 장거리 수송이 곤란하다.

관거(Ppipeline) 수송의 장단점

① 장점

　㉠ 자동화, 무공해화, 안전화가 가능하다.

　㉡ 눈에 띄지 않는다.(미관, 경관 좋음)

　㉢ 에너지 절약이 가능하다.

　㉣ 교통소통이 원활하여 교통체증 유발이 없다.(수거차량에 의한 도심지 교통량 증가 없음)

　㉤ 투입 용이, 수집이 편리하다.

　㉥ 인건비 절감의 효과가 있다.

② 단점

　㉠ 대형 폐기물(조대폐기물)에 대한 전처리 공정(파쇄, 압축)이 필요하다.

　㉡ 가설(설치) 후에 경로변경이 곤란하고 설치비가 비싸다.

　㉢ 잘못 투입된 폐기물은 회수하기가 곤란하다.

　㉣ 2.5km 이내의 거리에서만 이용된다.(장거리, 즉 2.5km 이상에서는 사용 곤란)

　㉤ 단거리에 현실성이 있다.

　㉥ 사고발생 시 시스템 전체가 마비되며 대체시스템으로 전환이 필요하다.(고장 및 긴급사고 발생에 대한 대처방법이 필요함)

　㉦ 초기투자 비용이 많이 소요된다.

　㉧ pipe 내부 진공도에 한계가 있다.(max 0.5kg/cm²)

14 다음 내용은 어떠한 적환 시스템을 설명하는 것인가?

> 수거차의 대기시간이 없이 빠른 시간 내에 적하를 마치므로 적환 내외의 교통체증 현상을 없애주는 효과가 있다.

① 직접투하방식 ② 저장투하방식

③ 간접투하방식 ④ 압축투하방식

저장투하방식(Storage – discharge Transfer Station)

① 쓰레기를 저장 피트(pit)나 플랫폼에 저장한 후 압축기(or 블로저)로 적환하는 방법이다.

② 대도시의 대용량 쓰레기에 적합하다.

③ 저장 피트는 2～2.5m 깊이로 되어 있으며, 계획 처리량의 1/2～2일분의 쓰레기를 저장할 수 있는 저장능력을 갖추어야 한다.

④ 직접투하방식에 비하여 수거차의 대기시간 없이 빠른 시간 내에 적하를 마치므로 적환 내외의 교통체증 현상을 없애주는 효과가 있다.

15 1일 도시쓰레기의 1인당 발생량이 0.6kg이고 쓰레기의 밀도가 0.6ton/m³라고 할 때 차량적재 용량이 4.4m³인 차량 한 대에 실을 수 있는 쓰레기를 쓰레기 발생 인구로 환산하면 몇 명에 해당되는가?(단, 1일 기준, 압축 등 기타 조건은 고려하지 않음)

① 3,400명 ② 3,800명

③ 4,400명 ④ 4,800명

정답 10 ③   11 ④   12 ①   13 ②   14 ②   15 ③

해설 쓰레기 발생인구 $= \dfrac{4.4\text{m}^3/\text{대} \times 600\text{kg/m}^3 \times \text{대/일}}{0.6\text{kg/인} \cdot \text{일}} = 4,400$명

16 다음 조건을 가진 지역의 일일 최소 쓰레기 수거횟수는?

> [조건]
> • 발생쓰레기 밀도 : 500kg/m³
> • 발생량 : 1.5kg/인 · 일
> • 수거대상 : 200,000인
> • 차량대수 : 4(동시 사용)
> • 차량 적재 용적 : 50m³
> • 적재함 이용률 : 80%
> • 압축비 : 2
> • 수거인부 : 20명

① 2회 ② 4회
③ 6회 ④ 8회

해설 수거횟수(회/일) $= \dfrac{\text{총 배출량(kg/일)}}{\text{1회 수거량(kg/회)}}$

$= \dfrac{1.5\text{kg/인} \cdot \text{일} \times 200,000\text{인}}{50\text{m}^3/\text{대} \times 4\text{대/회} \times 500\text{kg/m}^3 \times 0.8 \times 2}$

$= 1.88(2$회/일$)$

17 파쇄 시의 에너지 소모량을 예측하기 위한 여러 모델들 중 다음 식의 형태로 요약되는 법칙과 거리가 먼 것은?

$$\frac{dE}{dL} = -\,CL^{-n}$$

(단, E : 폐기물 파쇄에너지, L : 입자의 크기
n : 상수, C : 상수)

① Rittinger의 법칙 ② Kick의 법칙
③ Caster의 법칙 ④ Bond의 법칙

해설 **파쇄와 관련 법칙**
① Kick의 법칙 ② Rittinger의 법칙 ③ Bond의 법칙

18 폐기물의 열분해에 관한 설명으로 틀린 것은?

① 폐기물의 입자 크기가 작을수록 열분해가 조성된다.
② 열분해 장치는 고정상, 유동상, 부유상태 등의 장치로 구분될 수 있다.
③ 연소가 고도의 발열반응임에 비해 열분해는 고도의 흡열반응이다.

④ 폐기물에 충분한 산소를 공급해서 가열하여 가스, 액체 및 고체의 3성분으로 분리하는 방법이다.

해설 **열분해**
공기가 부족한 상태(무산소 혹은 저산소 분위기)에서 가연성 폐기물을 연소시켜(간접가열에 의해) 유기물질로부터 가스, 액체 및 고체상태의 연료를 생산하는 공정을 의미하며 흡열반응을 한다.

19 폐기물 발생량 예측방법 중 하나의 수식으로 쓰레기 발생량에 영향을 주는 각 인자들의 효과를 총괄적으로 나타내어 복잡한 시스템의 분석에 유용하게 사용할 수 있는 것은?

① 상관계수 분석모델 ② 다중회귀 모델
③ 동적모사 모델 ④ 경향법 모델

해설 **폐기물 발생량 예측방법**

방법(모델)	내용
경향법 (Trend method) 경향예측모델	• 최저 5년 이상의 과거 처리 실적을 수식 model에 대하여 과거의 경향을 가지고 장래를 예측하는 방법 • 단지 시간과 그에 따른 쓰레기 발생량(또는 성상) 간의 상관관계만을 고려하며 이를 수식으로 표현하면 $x = f(t)$ • $x = f(t)$는 선형, 지수형, 대수형 등에서 가장 근사한 형태를 택함
다중회귀모델 (Multiple regression model)	• 하나의 수식으로 각 인자들의 효과를 총괄적으로 나타내어 복잡한 시스템의 분석에 유용하게 사용할 수 있는 쓰레기 발생량 예측방법 • 각 인자마다 효과를 파악하기보다는 전체 인자의 효과를 총괄적으로 파악하는 것이 간편하고 유용한 예측방법으로 시간을 단순히 하나의 독립된 종속인자로 대입 • 수식 $x = f(X_1 X_2 X_3 \cdots X_n)$, 여기서 $X_1 X_2 X_3 \cdots X_n$은 쓰레기 발생량에 영향을 주는 인자 ※ 인자 : 인구, 지역소득(GNP 또는 GRP), 자원회수량, 상품 소비량 또는 매출액(자원회수량, 사회적 · 경제적 특성이 고려됨)
동적모사모델 (Dynamic simulation model)	• 쓰레기 발생량에 영향을 주는 모든 인자를 시간에 대한 함수로 나타낸 후 시간에 대한 함수로 표현된 각 영향인자들 간의 상관관계를 수식화하는 방법 • 시간만을 고려하는 경향법과 시간을 단순히 하나의 독립적인 종속인자로 고려하는 다중회귀모델의 문제점을 보안한 예측방법 • Dynamo 모델 등이 있음

정답 **16** ① **17** ③ **18** ④ **19** ②

20 인구 5만 명인 어느 도시에서 쓰레기를 소각처리하기 위해 분리수거를 하고 있다. 조사결과 아래와 같은 자료를 얻었을 때 가연성분 전량을 소각로로 운반하는 데 필요한 차량은 몇 대인가?

- 쓰레기 조성 : 가연성 60%Wt, 불연성 40%Wt
- 쓰레기 발생량 : 1.8kg/인·일
- 쓰레기 차의 적재밀도 : 0.6t/m³
- 쓰레기 차의 적재용량 : 4.5m³
- 적재율 : 0.8
- 수거차 일일 평균 왕복횟수 : 3회/대·일
- 일일 기준

① 6대 ② 9대
③ 12대 ④ 14대

소요차량(대) $= \dfrac{\text{가연성 쓰레기의 총량}}{\text{쓰레기차의 적재용량}}$

$= \dfrac{1.8\text{kg/인·일} \times 50,000\text{인} \times 0.6}{4.5\text{m}^3/\text{회} \times 0.8 \times 600\text{kg/m}^3 \times 3\text{회/대·일}}$

$= 8.33(9\text{대})$

제2과목 폐기물처리기술

21 다음과 같은 조건으로 중금속슬러지를 시멘트 고형화할 때 용적변화는?

- 고형화 처리 전 : 중금속슬러지 비중 : 1.2
- 고형화 처리 후 : 폐기물의 비중 : 1.5
- 시멘트 첨가량 : 슬러지 무게의 50%

① 20% 증가 ② 30% 증가
③ 40% 증가 ④ 50% 증가

$VCR = \dfrac{V_s}{V_r}$

$V_r = \dfrac{1\text{ton}}{1.2\text{ton/m}^3} = 0.833\text{m}^3$

$V_s = \dfrac{[1 + (1 \times 0.5)]\text{ton}}{1.5\text{ton/m}^3} = 1.0\text{m}^3$

$= \dfrac{1.0}{0.833} = 1.2(20\% \text{ 증가})$

---

22 결정도(Crystallinity)에 따른 합성 차수막의 성질에 대한 설명으로 틀린 것은?

① 결정도가 증가할수록 단단해진다.
② 결정도가 증가할수록 충격에 약해진다.
③ 결정도가 증가할수록 화학물질에 대한 저항성이 증가한다.
④ 결정도가 증가할수록 열에 대한 저항성이 감소한다.

Crystallinity(결정도)가 증가할수록 합성차수막에 나타나는 성질
① 열에 대한 저항도 증가 ② 화학물질에 대한 저항성 증가
③ 투수계수의 감소 ④ 인장강도의 증가
⑤ 충격에 약해짐 ⑥ 단단해짐

---

23 토양오염 처리기술 중 토양증기추출법에 대한 설명으로 맞는 것은?

① 증기압이 낮은 오염물의 제거효율이 높다.
② 추출된 기체는 대기오염방지를 위해 후처리가 필요하다.
③ 필요한 기계장치가 복잡하여 유지, 관리비가 많이 소요된다.
④ 토양층이 균일하고 치밀하여 기체 흐름이 어려운 곳에서 적용이 용이하다.

토양증기추출법의 장단점
① 장점
  ㉠ 비교적 기계 및 장치가 간단·단순함
  ㉡ 지하수의 깊이에 대한 제한을 받지 않음
  ㉢ 유지, 관리비가 적으며 굴착이 필요 없음
  ㉣ 생물학적 처리효율을 보다 높여줌
  ㉤ 단기간에 설치가 가능함
  ㉥ 가장 많은 적용사례가 있음
  ㉦ 즉시 결과를 얻을 수 있고 영구적 재생이 가능함
  ㉧ 다른 시약이 필요 없음
② 단점
  ㉠ 지반구조의 복잡성으로 인해 총 처리기간을 예측하기 어려움
  ㉡ 오염물질의 증기압이 낮은 경우 오염물질의 제거효율이 낮음
  ㉢ 토양의 침투성이 양호하고 균일하여야 적용 가능함
  ㉣ 토양층이 치밀하여 기체흐름의 정도가 어려운 곳에서는 사용이 곤란함
  ㉤ 추출 기체는 후처리를 위해 대기오염 방지장치가 필요함
  ㉥ 오염물질의 독성은 처리 후에도 변화가 없음

정답 **20** ② **21** ① **22** ④ **23** ②

24 함수율이 99%인 슬러지와 함수율이 40%인 톱밥을 2 : 3 으로 혼합하여 복합비료로 만들고자 할 때 함수율(%)은?

① 약 61
② 약 64
③ 약 67
④ 약 70

해설 함수율(%) $= \dfrac{(2 \times 0.99) + (3 \times 0.4)}{2 + 3}$

$= 0.636 \times 100 = 63.60\%$

25 슬러지를 고형화하는 목적으로 가장 거리가 먼 것은?

① 슬러지를 다루기 용이하게 함(Handling)
② 슬러지 내 오염물질의 용해도 감소(Solubility)
③ 유해한 슬러지인 경우 독성감소(Toxicity)
④ 슬러지 표면적 감소에 따른 운반 매립 비용감소(Surface)

해설 **슬러지 고형화 목적**
① 유해폐기물의 불활성화(독성저하 및 폐기물 내의 오염물질 이동성 감소)
② 용출 억제(물리적으로 안정한 물질로 변화)
③ 토양 개량(토질 개량제)
④ 매립시 충분한 강도 확보
⑤ 취급을 용이하게 함
⑥ 소성 2차 제품 생산
⑦ 폐기물 내 오염물질의 용해도 감소
⑧ 폐기물 표면적의 감소에 따른 폐기물 성분의 손실을 줄임

26 유해폐기물 고화 처리방법 중 자가시멘트법에 관한 설명 으로 옳지 않은 것은?

① 혼합률(MR)이 일반적으로 높다.
② 장치비가 크며 숙련된 기술이 요구된다.
③ 보조에너지가 필요하다.
④ 고농도의 황화물 함유 폐기물에 적용된다.

해설 **자가시멘트법(Self-cementing Techniques)**
① FGD 슬러지 중 일부(10%)를 생석회화한 후 여기에 소량의 물(수분량 조절역할)과 첨가제를 가하여 폐기물이 스스로 고 형화되는 성질을 이용하는 방법이다. 즉, 연소가스 탈황 시 발생된 높은 황화물을 함유한 슬러지 처리에 사용된다.
② 장점
  ㉠ 혼합률(MR)이 비교적 낮다.
  ㉡ 중금속의 고형화 처리에 효과적이다.
  ㉢ 전처리(탈수 등)가 필요 없다.
③ 단점
  ㉠ 장치비가 크며 숙련된 기술이 요구된다.
  ㉡ 보조에너지가 필요하다.
  ㉢ 많은 황화물을 가지는 폐기물에 적합하다.

27 친산소성 퇴비화 공정의 설계 · 운영 시 고려인자에 관한 내용으로 틀린 것은?

① 공기의 채널링이 원활하게 발생하도록 반응기간 동안 규칙적으로 교반하거나 뒤집어 주어야 한다.
② 퇴비단의 온도는 초기 며칠간은 50~55℃를 유지하 여야 하며 활발한 분해를 위해서는 55~60℃가 적당 하다.
③ 퇴비화 기간 동안 수분함량은 50~60% 범위에서 유 지되어야 한다.
④ 초기 C/N비는 25~50이 적정하다.

해설 퇴비단의 건조, 덩어리짐, 공기의 채널링 현상을 방지하기 위하 여 반응기간 동안에 필요에 따라 규칙적으로 교반하거나 뒤집어 준다.

28 혐기성 소화조에서 유기물질 90%, 무기물질 10%의 슬 러지(고형물 기준)를 소화 처리한 결과 소화슬러지(고형 물 기준)는 유기물질 70%, 무기물질 30%로 되었다. 이 때 소화율은?

① 약 54%
② 약 64%
③ 약 74%
④ 약 84%

해설 소화율(%) $= \left(1 - \dfrac{VS_2/FS_2}{VS_1/FS_1}\right) \times 100$

$= \left(1 - \dfrac{0.7/0.3}{0.9/0.1}\right) \times 100 = 74.07\%$

29 슬러지를 톤당 5,000원에 위탁 처리하는 배출업소가 있 다. 고성능 탈수기를 사용, 함수율을 낮추어 위탁비용을 줄이려 하는 경우 다음 조건하에서 탈수기 사용이 경제적 이 되기 위해서는 탈수된 슬러지의 함수율이 얼마 이하가 되어야 하는가?

[조건]
- 탈수 전 슬러지 함수율 : 85%
- 탈수기 사용경비 : 유입슬러지 톤당 2,000원
- 위탁 비용은 슬러지의 함수율에 무관함
- 비중은 1.0 기준

① 81%
② 79%
③ 77%
④ 75%

해설 $5,000$원/ton $\times (1-0.85) = (5,000-2,000)$원/ton

$\times (1 - \text{탈수된 슬러지 함수율})$

$1-$ 탈수된 슬러지 함수율 $= \dfrac{5.000원/ton \times 0.15}{3.000원/ton}$

탈수된 슬러지 함수율 $= 0.75 \times 100 = 75\%$

30 어느 도시의 쓰레기 발생량은 $1,000t/일$, 밀도는 $0.5t/m^3$ 이며, Trench법으로 매립할 계획이다. 압축에 따른 부피 감소율 40%, Trench 깊이 4.0m, 매립에 사용되는 도랑면 적 점유율이 전체 부지의 60%라면 연간 필요한 전체 부지 면적은?

① $182,500m^2$ ② $243,500m^2$

③ $292,500m^2$ ④ $325,500m^2$

해설 연간매립면적(m^2/year)

$= \dfrac{\text{쓰레기의 양}}{\text{밀도} \times \text{깊이}}$

$= \dfrac{1.000ton/day \times 365day/year}{0.5ton/m^3 \times 4.0m \times 0.6} \times (1-0.4)$

$= 182,500m^2$/year

31 하수처리과정에서 발생하는 슬러지의 탈수특성을 평가 하기 위한 모세관 흡수시간(CST) 측정법에 대한 설명 중 틀린 것은?

① 여과지의 일정한 거리를 시료의 물이 흡수되어 전파 되어 가는 시간을 측정하는 것으로 슬러지 입자의 크 기 및 친수성 정도에 따라 측정되는 시간이 다르게 나 타난다.

② 다른 탈수성능을 측정하는 방법에 비하여 장치가 간 단하고 측정시간이 짧다는 장점이 있다.

③ 탈수성이 불량한 시료의 경우, CST 수치는 높게 나타 난다.

④ 본 실험에 사용되는 장치로는 Graduated Cylinder 와 Büchner Funnel이 있다.

해설 Büchner Funnel을 이용하는 것은 비저항계수 측정법이다.

32 합성차수막의 종류 중 PVC의 장점에 관한 설명으로 틀린 것은?

① 가격이 저렴하다.

② 접합이 용이하다.

③ 강도가 높다.

④ 대부분의 유기화합물질에 강하다.

해설 PVC 합성차수막

① 장점

  ㉠ 작업이 용이함   ㉡ 강도가 높음

  ㉢ 접합이 용이함   ㉣ 가격이 저렴함

② 단점

  ㉠ 자외선, 오존, 기후에 약함

  ㉡ 대부분 유기화학물질에 약함

33 유기물($C_6H_{12}O_6$) 0.1톤(ton)에서 혐기성 소화 시 생성 될 수 있는 최대 메탄의 양(kg) 및 체적(Sm^3)은?

① 12kg, $31Sm^3$ ② 27kg, $37Sm^3$

③ 34kg, $42Sm^3$ ④ 42kg, $47Sm^3$

해설 $C_6H_{12}O_6 \rightarrow 3CH_4 + 3CO_2$

180kg   : 3×16kg

100kg   : CH_4(kg)

$CH_4(kg) = \dfrac{100kg \times (3 \times 16)kg}{180kg} = 26.67kg$

180kg   : $3 \times 22.4Sm^3$

100kg   : $CH_4(Sm^3)$

$CH_4(Sm^3) = \dfrac{100kg \times (3 \times 22.4)Sm^3}{180kg} = 37.33Sm^3$

34 침출수가 점토층을 통과하는 데 소요되는 시간을 계산하는 식으로 옳은 것은?(단, t : 통과시간(year), d : 점토층 두께(m), h : 침출수 수두(m), K : 투수계수(m/year), m : 유효공극률)

① $t = \dfrac{\eta d^2}{K(d+h)}$ ② $t = \dfrac{d\eta}{K(d+h)}$

③ $t = \dfrac{\eta d^2}{K(2d+h)}$ ④ $t = \dfrac{d\eta}{K(2h+d)}$

해설 점토층 통과 소요시간(t) : Darcy 법칙

$t = \dfrac{d^2\eta}{k(d+h)}$

  여기서, t : 침출수의 점토층 통과시간(year)

         d : 점토층 두께(m)

         h : 침출수 수두(m)

         k : 투수계수(m/year)

         η : 유효공극률(공극용적/흙입자 용적)

2023

정답   30 ①   31 ④   32 ④   33 ②   34 ①

35 매립지 기체 발생단계를 4단계로 나눌 때 매립 초기의 호기성 단계(혐기성 전 단계)에 대한 설명으로 틀린 것은?

① 폐기물 내 수분이 많은 경우에는 반응이 가속화된다.

② O_2가 대부분 소모된다.

③ N_2가 급격히 발생한다.

④ 주요 생성기체는 CO_2이다.

해설 **제1단계[호기성 단계 : 초기조절 단계]**

① 호기성 유지상태(친산소성 단계)이다.

② 질소(N_2)와 산소(O_2)는 급격히 감소하고, 탄산가스(CO_2)는 서서히 증가하는 단계이며 가스의 발생량은 적다.

③ 산소는 대부분 소모한다.(O_2 대부분 소모, N_2 감소 시작)

④ 매립물의 분해속도에 따라 수일에서 수개월 동안 지속된다.

⑤ 폐기물 내 수분이 많은 경우에는 반응이 가속화되어 용존산소가 고갈되어 다음 단계로 빨리 진행된다.

36 총 질소 2%인 고형폐기물 1t을 퇴비화 했더니 총 질소는 2.5%가 되고 고형폐기물의 무게는 0.75t이 되었다. 이 고형폐기물은 결과적으로 퇴비화 과정에서 질소를 어느 정도 소비하였는가?(단, 기타 조건은 고려하지 않음)

① 1.25kg의 질소 소비

② 3.25kg의 질소 소비

③ 5.25kg의 질소 소비

④ 7.25kg의 질소 소비

해설 질소의 소비량(kg) $= (1,000\text{kg} \times 0.02) - (750\text{kg} \times 0.025)$
$= 1.25\text{kg}$

37 BOD가 15,000mg/L, Cl^-이 800ppm인 분뇨를 희석하여 활성슬러지법으로 처리한 결과 BOD가 45mg/L, Cl^-이 40ppm이었다면 활성슬러지법의 처리효율은?(단, 희석수 중에 BOD, Cl^-은 없음)

① 92%

② 94%

③ 96%

④ 98%

해설 처리효율(%) $= \left(1 - \dfrac{BOD_o}{BOD_i}\right) \times 100$

$BOD_i = 15,000\text{mg/L} \times \left(\dfrac{40}{800}\right) = 750\text{mg/L}$

$= \left(1 - \dfrac{45}{750}\right) \times 100 = 94\%$

38 매일 평균 200t의 쓰레기를 배출하는 도시가 있다. 매립지의 평균 매립 두께를 5m, 매립밀도를 0.8t/m^3로 가정할 때 향후 1년간(1년은 360일로 가정)의 쓰레기 매립을 위한 최소 매립지 면적은?(단, 기타 조건은 고려하지 않음)

① $12,000\text{m}^2$

② $15,000\text{m}^2$

③ $18,000\text{m}^2$

④ $21,000\text{m}^2$

해설 매립면적(m^2) $= \dfrac{\text{매립폐기물의 양}}{\text{폐기물밀도} \times \text{매립깊이}}$

$= \dfrac{200\text{ton/day} \times 360\text{day/year} \times 1\text{year}}{0.8\text{ton/m}^3 \times 5\text{m}}$

$= 18,000\text{m}^2$

39 수거대상인구가 350,000명인 도시에서 일주일간 수거한 쓰레기의 양이 $13,000\text{m}^3$이다. 쓰레기 발생량은?(단, 쓰레기의 밀도는 0.35t/m^3이다.)

① 약 0.005kg/인 · 일

② 약 0.54kg/인 · 일

③ 약 1.86kg/인 · 일

④ 약 13.0kg/인 · 일

해설 쓰레기발생량(kg/인 · 일)

$= \dfrac{\text{수거쓰레기 양}}{\text{수거대상 인구 수}}$

$= \dfrac{13,000\text{m}^3 \times 0.35\text{ton/m}^3 \times 10^3\text{kg/ton}}{350,000\text{인} \times 7\text{일}} = 1.86\text{kg/인 · 일}$

40 폐기물 매립지에 소요되는 연직차수막과 표면차수막의 비교설명으로 잘못된 것은?

① 연직차수막은 지중에 수직방향의 차수층이 존재하는 경우에 적용한다.

② 표면차수막은 매립지 지반의 투수계수가 큰 경우에 사용되는 방법이다.

③ 표면차수막에 비하여 연직차수막의 단위면적당 공사비는 비싸지만 총공사비로는 싸다.

④ 연직차수막은 지하수 집배수시설이 불필요하나 표면차수막은 필요하다.

해설 **연직차수막**

① 적용조건 : 지중에 수평방향의 차수층이 존재할 때 사용

② 시공 : 수직 또는 경사시공

③ 지하수 집배수시설 : 불필요

④ 차수성 확인 : 지하매설로서 차수성 확인이 어려움

⑤ 경제성
　　단위면적당 공사비는 많이 소요되나 총 공사비는 적게 듦
⑥ 보수
　　지중이므로 보수가 어렵지만 차수막 보강시공이 가능
⑦ 공법 종류
　　㉠ 어스 댐 코어 공법
　　㉡ 강널말뚝(Sheet Pile) 공법
　　㉢ 그라우트 공법
　　㉣ 차수시트 매설 공법
　　㉤ 지중 연속벽 공법

제3과목 폐기물소각 및 열회수

41 열분해방법이 소각방법에 비교해서 공해물질 발생 면에서 유리한 점이라 볼 수 없는 것은?

① 중금속의 최소부분만이 재(Ash) 속에 고정되며 나머지는 쉽게 분리된다.
② 대기로 방출되는 가스가 적다.
③ 고온용융식을 이용하면 재를 고형화할 수 있고 중금속의 용출은 없어서 자원으로 활용할 수 있다.
④ 배기가스 중 질소산화물, 염화수소의 양이 적다.

해설 **열분해공정이 소각에 비하여 갖는 장점**
① 대기로 방출하는 배기가스양이 적게 배출된다.(가스처리장치가 소형화)
② 황, 중금속분이 Ash(회분) 중에 고정되는 비율이 크다.
③ 상대적으로 저온이기 때문에 NOx(질소산화물), 염화수소의 발생량이 적다.
④ 환원기가 유지되므로 Cr^{3+}이 Cr^{6+}으로 변화하기 어려우며 대기오염물질의 발생이 적다.(크롬산화 억제)
⑤ 폐플라스틱, 폐타이어, 오니류 등 스토커 소각처리가 곤란한 물질도 처리 가능하다.
⑥ 공기공급장치의 소형화 및 감량화로 매립용량이 감소한다.
⑦ 소각에 비교하여 생성물의 정제장치가 필요하다.
⑧ 고온용융식을 이용하면 재를 고형화할 수 있고 중금속의 용출이 없어서 자원으로 활용할 수 있다.
⑨ 저장 및 수송이 가능한 연료를 회수할 수 있다.

42 다음의 조건에서 화격자 연소율($kg/m^2 \cdot hr$)은?(쓰레기 소각량 : 100,000kg/d, 1일 가동시간 : 8시간, 화격자 면적 : 50m²)

① $185kg/m^2 \cdot h$
② $250kg/m^2 \cdot h$
③ $320kg/m^2 \cdot h$
④ $2,300kg/m^2 \cdot h$

해설 화격자연소율$(kg/m^2 \cdot hr) = \dfrac{\text{시간당 소각량}}{\text{화격자 면적}}$

$$= \dfrac{100,000kg/day \times day/8hr}{50m^2}$$

$$= 250kg/m^2 \cdot hr$$

43 연소에 있어 검댕의 생성에 대한 설명 중 가장 거리가 먼 것은?

① A중유＜B중유＜C중유 순으로 검댕이 발생한다.
② 공기비가 매우 적을 때 다량 발생한다.
③ 중합, 탈수소축합 등의 반응을 일으키는 탄화수소가 적을수록 검댕은 많이 발생한다.
④ 전열면 등으로 발열속도보다 방열속도가 빨라서 화염의 온도가 저하될 때 많이 발생한다.

해설 **검댕(매연)**
① 전열면 등으로 발열속도보다 방열속도가 빨라서 화염의 온도가 저하될 때 많이 발생한다.
② 중합, 탈수소축합 등의 반응을 일으키는 탄화수소가 클수록 많이 발생한다.
③ 공기비가 매우 적을 때 다량 발생한다.
④ A중유 < B중유 < C중유 순으로 많이 발생한다.

44 전기집진기에 대한 설명으로 틀린 것은?

① 회수가치성이 있는 입자 포집이 가능하다.
② 고온가스, 대량의 가스처리가 가능하다.
③ 전압변동과 같은 조건변동에 쉽게 적응하기 어렵다.
④ 유지관리가 어렵고 유지비가 많이 소요된다.

해설 **전기집진장치(EP)**
① 장점
　　㉠ 집진효율이 높다.(0.01μm 정도 포집 용이, 99.9% 정도 고집진 효율)
　　㉡ 대량의 분진함유가스의 처리가 가능하다.
　　㉢ 압력손실이 적고 미세한 입자까지도 처리가 가능하다.
　　㉣ 운전, 유지·보수비용이 저렴하다.
　　㉤ 고온(500℃ 전후)가스 및 대량가스 처리가 가능하다.
　　㉥ 광범위한 온도범위에서 적용이 가능하며 폭발성 가스의 처리도 가능하다.

ⓐ 회수가치 입자포집에 유리하고 압력손실이 적어 소요동력이 적다.
ⓗ 배출가스의 온도강하가 적다.
② 단점
ⓐ 분진의 부하변동(전압변동)에 적응하기 곤란하고, 고전압으로 안전사고의 위험성이 높다.
ⓑ 분진의 성상에 따라 전처리시설이 필요하다.
ⓒ 설치비용이 많이 소요되고 설치공간을 많이 차지한다.
ⓓ 특정물질을 함유한 분진제거에는 곤란하다.
ⓔ 가연성 입자의 처리가 곤란하다.

45 10g의 RDF를 열용량이 8,600cal/℃인 열량계에서 연소하였다. 감지된 온도상승은 4.72℃이다. 이 시료의 발열량은 얼마인가?

① 3,544cal/℃   ② 3,672cal/℃
③ 4,059cal/℃   ④ 4,201cal/℃

해설 시료의 발열량(cal/℃) $= \dfrac{8,600cal/℃ \times 4.72℃}{10g \times 1℃/g}$
$= 4,059.2cal/℃$

46 유동층 소각로의 장단점을 설명한 것 중 틀린 것은?

① 기계적 구동부분이 많아 고장률이 높다.
② 연소효율이 높아 미연소분이 적고 2차 연소실이 불필요하다.
③ 상(床)으로부터 찌꺼기의 분리가 어렵다.
④ 반응시간이 빨라 소각시간이 짧다.(노 부하율이 높다.)

해설 **유동층 소각로**
① 장점
ⓐ 유동매체의 열용량이 커서 액상, 기상, 고형 폐기물의 전소 및 혼소, 균일한 연소가 가능하다.
ⓑ 반응시간이 빨라 소각시간이 짧다.(노 부하율이 높다.)
ⓒ 연소효율이 높아 미연소분이 적고 2차 연소실이 불필요하다.
ⓓ 가스의 온도가 낮고 과잉공기량이 낮다. 따라서 NO_x도 적게 배출된다.
ⓔ 기계적 구동부분이 적어 고장률이 낮아 유지관리가 용이하다.
ⓕ 노 내 온도의 자동제어로 열회수가 용이하다.
ⓖ 유동매체의 축열량이 높은 관계로 단시간 정지 후 가동 시 보조연료 사용 없이 정상가동이 가능하다.
ⓗ 과잉공기량이 적으므로 다른 소각로보다 보조연료 사용량과 배출가스양이 적다.
ⓘ 석회 또는 반응물질을 유동매체에 혼입시켜 노 내에서 산성가스의 제거가 가능하다.

② 단점
ⓐ 층의 유동으로 상으로부터 찌꺼기의 분리가 어려우며 운전비, 특히 동력비가 높다.
ⓑ 폐기물의 투입이나 유동화를 위해 파쇄가 필요하다.
ⓒ 상재료의 용융을 막기 위해 연소온도는 816℃를 초과할 수 없다.
ⓓ 유동매체의 손실로 인한 보충이 필요하다.
ⓔ 고점착성의 반유동상 슬러지는 처리하기 곤란하다.
ⓕ 소각로 본체에서 압력손실이 크고 유동매체의 비산 또는 분진의 발생량이 가장 많다.
ⓖ 조대한 폐기물은 전처리가 필요하다. 즉, 폐기물의 투입이나 유동화를 위해 파쇄공정이 필요하다.

47 폐기물 소각공정에서 주요 공정상태를 감시하기 위하여 CCTV(감시용 폐쇄회로 카메라)를 설치한다. CCTV 위치별 설치 목적으로 틀린 것은?

[조건]
스토커식 소각로, 1일 200톤 소각규모, 1일 24시간 가동기준

① 소각로 – 노 내 연소상태 및 화염감시
② 연돌 – 연돌매연 배출감시
③ 보일러 드럼 – 보일러 내부 화염상태 감시
④ 쓰레기 투입 호퍼 – 호퍼의 투입구 레벨상태 감시

해설 **CCTV(감시용 폐쇄회로카메라) 설치위치**

Monitor 위치	CCTV 위치	설치 목적
쓰레기 크레인조작실	투입 Hopper	호퍼의 투입구 레벨상태감시
	Reception Hall	쓰레기 투입상태 확인
중앙제어실	소각로(노 내)	노 내 연소상태 및 화염감시
	연돌	연돌매연 배출감시
	보일러 수면계	보일러 수위감시

[Note] 보일러 내부 화염상태는 보일러의 화염검출기를 이용하여 감시한다.

48 메탄 80%, 에탄 11%, 프로판 6%, 나머지는 부탄으로 구성된 기체연료의 고위발열량이 10,000kcal/Sm³이다. 기체연료의 저위발열량(kcal/Sm³)은?(단, 메탄 : CH_4, 에탄 : C_2H_6, 프로판 : C_3H_8, 부탄 : C_4H_{10}, 부피 기준)

① 약 8,100   ② 약 8,300
③ 약 8,500   ④ 약 8,900

해설 CH_4 저위발열량(kcal/Sm^3)

$= H_h - 480 \times n H_2O$

$CH_4 + 2O_2 \rightarrow 2H_2O + CO_2$

$= 10,000 - (480 \times 2) = 9,040 \text{kcal/Sm}^3$

C_2H_6 저위발열량(kcal/Sm^3), $C_2H_6 + 3.5O_2 \rightarrow 3H_2O + 2CO_2$

$= 10,000 - (480 \times 3) = 8,560 \text{kcal/Sm}^3$

C_3H_8 저위발열량(kcal/Sm^3), $C_3H_8 + 5O_2 \rightarrow 4H_2O + 3CO_2$

$= 10,000 - (480 \times 4) = 8,080 \text{kcal/Sm}^3$

C_4H_{10} 저위발열량(kcal/Sm^3), $C_4H_{10} + 6.5O_2 \rightarrow 5H_2O + 4CO_2$

$= 10,000 - (480 \times 5) = 7,600 \text{kcal/Sm}^3$

혼합기체저위발열량(kcal/Sm^3)

$= (9,040 \times 0.8) + (8,560 \times 0.11) + (8,080 \times 0.06) + (7,600 \times 0.03)$

$= 8,918.4 \text{kcal/Sm}^3$

49 다음 중 소각로의 설계공정에서 소각 연소효율(연소성능)의 영향인자로 가장 거리가 먼 것은?

① 열 부하율
② 소각온도
③ 체류시간
④ 산소공급과 난류혼합

해설 완전연소 조건(3T)
① 온도(Temperature)
② 시간(Time)
③ 혼합(Turbulence)

50 다음 중 표면연소에 대한 설명으로 가장 적합한 것은?

① 코크스나 목탄과 같은 휘발성 성분이 거의 없는 연료의 연소형태를 말한다.
② 휘발유와 같이 끓는점이 낮은 기름의 연소나 왁스가 액화하여 다시 기화되어 연소하는 것을 말한다.
③ 기체연료와 같이 공기의 확산에 의한 연소를 말한다.
④ 니트로글리세린 등과 같이 공기 중 산소를 필요로 하지 않고 분자 자신 속의 산소에 의해서 연소하는 것을 말한다.

해설 표면연소
① 고체연료 표면에 고온을 유지시켜 표면에서 반응을 일으켜 내부로 연소가 진행되는 형태이며 숯불연소, 불균일연소라고도 한다.
② 코크스 또는 분해연소가 끝난 석탄은 열분해가 일어나기 어려운 탄소가 주성분으로 그것 자체가 연소하는 과정으로 연소되면 적열할 뿐 화염이 없는 연소형태이다. 즉, 코크스나 목탄과 같은 휘발성 성분이 거의 없는 연료의 연소형태를 말한다.
③ 산소나 산화가스가 고체표면 및 내부 공간에 확산되어 표면 반응을 하며 연소하는 형태이다.(열분해에 의하여 가연성 가스를 발생하지 않고 물질 그 자체가 연소)

④ 열분해가 끝난 코크스는 열분해가 어려운 고정탄소로 그 자체가 연소한다.
⑤ 연소속도는 산소의 연료표면으로의 확산속도와 표면에서의 화학반응속도에 의해 영향을 받는다.

[Note] ②항 내용(증발연소)
③항 내용(확산연소)
④항 내용(자기연소)

2023

51 폐기물의 소각을 위해 원소분석을 한 결과 가연성 폐기물 1kg당 C : 50%, H : 10%, O : 16%, S : 3%, 수분 10%, 나머지는 재로 구성된 것으로 나타났다. 이 폐기물을 공기비 1.1로 연소시킬 경우 발생하는 습윤연소가스량(Sm^3/kg)은?

① 약 6.3
② 약 6.8
③ 약 7.7
④ 약 8.2

해설 실제습연소가스량(G_w)

$G_w = mA_o + 5.6H + 0.7O + 0.8N + 1.244W (\text{Sm}^3/\text{kg})$

$A_o = \frac{1}{0.21}[(1.867 \times 0.5) + (5.6 \times 0.1)$

$- (0.7 \times 0.16) + (0.7 \times 0.03)] = 6.68 \text{Sm}^3/\text{kg}$

$= (1.1 \times 6.68) + (5.6 \times 0.1) + (0.7 \times 0.16)$

$+ (1.244 \times 0.1) = 8.14 \text{Sm}^3/\text{kg}$

52 소각로 배기가스 중 HCl(분자량 : 36.5) 농도가 544ppm이면 이는 몇 mg/Sm^{3}에 해당하는가?(단, 표준상태 기준)

① 약 655
② 약 789
③ 약 886
④ 약 978

해설 농도(mg/Sm^3) $= 544 \text{ppm(mL/Sm}^3) \times \frac{36.5 \text{mg}}{22.4 \text{mL}}$

$= 886.43 \text{mg/Sm}^3$

53 화격자 연소기의 장단점에 대한 설명으로 옳지 않은 것은?

① 연속적인 소각과 배출이 가능하다.
② 수분이 많거나 열에 쉽게 용해되는 물질의 소각에 주로 적용된다.
③ 체류시간이 길고 교반력이 약하여 국부가열의 염려가 있다.
④ 고온 중에서 기계적으로 구동하기 때문에 금속부의 마모손실이 심하다.

정답 49 ① 50 ① 51 ④ 52 ③ 53 ②

해설 **화격자 연소기(Grate or Stoker)**
① 장점
  ㉠ 연속적인 소각과 배출이 가능하다.
  ㉡ 용량부하가 크며 전자동운전이 가능하다.
  ㉢ 폐기물 전처리(파쇄)가 불필요하다.
  ㉣ 배기가스에 의한 폐기물 건조가 가능하다.
  ㉤ 악취 발생이 적고 유동층식에 비해 내구연한이 길다.
② 단점
  ㉠ 수분이 많거나 용융소각물(플라스틱 등)의 소각에는 화격자 막힘의 염려가 있어 부적합하다.
  ㉡ 국부가열 발생 가능성이 있고 체류시간이 길며 교반력이 약하다.
  ㉢ 고온으로 인한 화격자 및 금속부 과열 가능성이 있다.
  ㉣ 투입호퍼 및 공기출구의 폐쇄 가능성이 있다.
  ㉤ 연소용 공기예열이 필요하다.

54 밀도가 $600kg/m^3$인 도시쓰레기 100ton을 소각시킨 결과 밀도가 $1,200kg/m^3$인 재 10ton이 남았다. 이 경우 부피 감소율과 무게 감소율에 관한 설명으로 옳은 것은?

① 부피 감소율이 무게 감소율보다 크다.
② 무게 감소율이 부피 감소율보다 크다.
③ 부피 감소율과 무게 감소율은 동일하다.
④ 주어진 조건만으로는 알 수 없다.

해설 소각 전 부피 $= \dfrac{100ton}{0.6ton/m^3} = 166.67m^3$

소각 후 부피 $= \dfrac{10ton}{1.2ton/m^3} = 8.33m^3$

부피 감소율 $= \left(1 - \dfrac{8.33}{166.67}\right) \times 100 = 95\%$

무게 감소율 $= \left(1 - \dfrac{10}{100}\right) \times 100 = 90\%$

부피 감소율이 무게 감소율보다 크다.

55 어떤 1차 반응에서 1,000초 동안 반응물의 1/2이 분해되었다면 반응물이 1/10 남을 때까지는 얼마의 시간이 소요되겠는가?

① 3,923초 ② 3,623초 ③ 3,323초 ④ 3,023초

해설 $\ln\dfrac{C_t}{C_0} = -k \times t$

$\ln 0.5 = -k \times 1,000 \, sec, \quad k = 0.000693 sec^{-1}$
$\ln 0.1 = 0.000693 sec^{-1} \times t$
$t = 3,322.63 sec$

56 증기 터빈을 증기 이용방식에 따라 분류했을 때의 종류가 아닌 것은?

① 반동 터빈(Reaction Turbine)
② 복수 터빈(Condensing Turbine)
③ 혼합 터빈(Mixed Pressure Turbine)
④ 배압 터빈(Back Pressure Turbine)

해설 ① 증기작동방식
  ㉠ 충동터빈(Impulse Turbine)
  ㉡ 반동터빈(Reaction Turbine)
  ㉢ 혼합식 터빈(Combination Turbine)
② 증기이용방식
  ㉠ 배압터빈(Back Pressure Turbine)
  ㉡ 추기배압터빈(Back Pressure Extraction Turbine)
  ㉢ 복수터빈(Condensing Turbine)
  ㉣ 추기복수터빈(Condensing Extraction Turbine)
  ㉤ 혼합터빈(Mixed Pressure Turbine)
③ 증기유동 방향
  ㉠ 축류 터빈(Axial Flow Turbine)
  ㉡ 반경류 터빈(Radial Flow Turbine)

57 액체 주입형 연소기에 관한 설명으로 옳지 않은 것은?

① 소각재 배출설비가 있어 회분함량이 높은 액상폐기물에도 널리 사용된다.
② 구동장치가 없어서 고장이 적다.
③ 고형분의 농도가 높으면 버너가 막히기 쉽다.
④ 하방점화방식의 경우에는 염이나 입상물질을 포함한 폐기물의 소각이 가능하다.

해설 **액체 분무 주입형 소각로(Liquid Injection Incinerator)**
① 장점
  ㉠ 광범위한 종류의 액상폐기물을 연소할 수 있다.
  ㉡ 대기오염방지시설 이외에 소각재처리시설이 필요 없다.
  ㉢ 구동장치가 간단하고 고장이 적다.
  ㉣ 운영비가 저렴하다.
  ㉤ 기술개발이 잘 되어 있고 자동화가 용이하다.(가동 이외의 경우 무인운전이 가능)
② 단점
  ㉠ 버너노즐을 이용하여 액체를 미립화하여야 한다.
  ㉡ 완전 연소시켜야 하며 내화물의 파손을 막아야 한다.
  ㉢ 고농도 고형분의 농도가 높으면 버너가 막히기 쉽다.
  ㉣ 대량처리가 어렵다.

[Note] 액체 주입형 연소기는 소각재의 배출설비가 없으므로 회분함량이 낮은 액상폐기물에 사용한다.

58 열분해에 대한 설명으로 옳지 않은 것은?

① 열분해를 통한 연료의 성질을 결정짓는 요소로는 운전온도, 가열속도, 폐기물의 성질 등이다.

② 열분해공정으로부터 아세트산, 아세톤, 메탄올 등과 같은 액체상 물질을 얻을 수 있다.

③ 열분해 온도가 증가할수록 발생가스 내 수소의 구성비는 감소한다.

④ 열분해 온도가 증가할수록 발생가스 내 CO_2의 구성비는 감소한다.

해설 열분해 온도가 증가할수록 수소 함량은 증가, 이산화탄소 함량은 감소한다.

59 화씨온도 100°F는 몇 ℃인가?

① 35.2 　　② 37.8 　　③ 39.7 　　④ 41.3

해설 $℃ = (°F - 32)/1.8 = \dfrac{(100-32)}{1.8} = 37.78℃$

60 연소과정에서 등가비가 1보다 큰 경우는?

① 공기가 과잉으로 공급된 경우

② 연료가 이론적인 경우보다 적은 경우

③ 완전연소에 알맞은 연료와 산화제가 혼합된 경우

④ 연료가 과잉으로 공급된 경우

해설 **등가비(ϕ)에 따른 특성**

① $\phi = 1$
　㉠ 완전연소에 알맞은 연료와 산화제가 혼합된 경우이다.
　㉡ $m = 1$

② $\phi > 1$
　㉠ 연료가 과잉으로 공급된 경우이다.
　㉡ $m < 1$

③ $\phi < 1$
　㉠ 과잉공기가 공급된 경우이다.
　㉡ $m > 1$
　㉢ CO는 완전연소를 기대할 수 있어 최소가 되나 NO(질소산화물)은 증가된다.

제4과목 **폐기물공정시험기준(방법)**

61 고상 폐기물의 pH(유리전극법)를 측정하기 위한 실험절차로 ( )에 내용으로 옳은 것은?

> 고상폐기물 10g을 50mL 비커에 취한 다음 정제수 25mL를 넣어 잘 교반하여 ( ) 이상 방치한 후 이 현탁액을 시료용액으로 하거나 원심분리한 후 상층액을 시료용액으로 사용한다.

① 10분 　　　　　　② 30분
③ 2시간 　　　　　④ 4시간

해설 **반고상 또는 고상폐기물의 pH(유리전극법) 측정**
시료 10g을 50mL 비커에 취한 다음 정제수(증류수) 25mL를 넣어 잘 교반하여 30분 이상 방치한 후 이 현탁액을 시료용액으로 하거나 원심분리한 후 상층액을 시료용액으로 한다.

62 시료의 채취방법에 관한 내용으로 ( )에 옳은 것은?

> 콘크리트 고형화물의 경우 대형의 고형화물로서 분쇄가 어려운 경우에는 임의의 (㉠)에서 채취하여 각각 파쇄하여 (㉡)씩 균등량 혼합하여 채취한다.

① ㉠ 2개소, ㉡ 100g 　　② ㉠ 2개소, ㉡ 500g
③ ㉠ 5개소, ㉡ 100g 　　④ ㉠ 5개소, ㉡ 500g

해설 **콘크리트 고형화물 시료 채취**
① 소형 : 고상혼합물의 경우에 따른다.
② 대형 : 분쇄가 어려울 경우에는 임의의 5개소에서 채취하여 각각 파쇄하여 100g씩 균등량을 혼합하여 채취한다.

63 할로겐화 유기물질(기체크로마토그래피 – 질량분석법) 측정 시 간섭물질에 관한 설명으로 틀린 것은?

① 추출 용매 안에 간섭물질이 발견되면 증류하거나 컬럼 크로마토그래피에 의해 제거한다.

② 디클로로메탄과 같이 머무름 시간이 긴 화합물은 용매의 피크와 겹쳐 분석을 방해할 수 있다.

③ 끓는점이 높거나 극성 유기화합물들이 함께 추출되므로 이들 중에는 분석을 간섭하는 물질이 있을 수 있다.

④ 플루오르화탄소나 디클로로메탄과 같은 휘발성 유기물은 보관이나 운반 중에 격막을 통해 시료 안으로 확산되어 시료를 오염시킬 수 있으므로 현장 바탕시료로서 이를 점검하여야 한다.

해설 디클로로메탄과 같이 머무름 시간이 짧은 화합물은 용매의 피크와 겹쳐 분석을 방해할 수 있다.

64 폐기물공정시험기준에서 규정하고 있는 대상폐기물의 양과 시료의 최소 수가 잘못 연결된 것은?

① 1톤 이상~5톤 미만 : 10
② 5톤 이상~30톤 미만 : 14
③ 100톤 이상~500톤 미만 : 20
④ 500톤 이상~1,000톤 미만 : 36

해설 대상 폐기물의 양과 시료의 최소 수

대상 폐기물의 양(단위 : ton)	시료의 최소 수
~ 1 미만	6
1 이상~5 미만	10
5 이상~30 미만	14
30 이상~100 미만	20
100 이상~500 미만	30
500 이상~1,000 미만	36
1,000 이상~5,000 미만	50
5,000 이상~	60

65 정량한계(LOQ)에 관한 설명으로 ( )에 내용으로 옳은 것은?

> 정량한계란 시험분석 대상을 정량화할 수 있는 측정값으로서 제시된 정량한계 부근의 농도를 포함하도록 시료를 준비하고 이를 반복 측정하여 얻은 결과의 표준편차에 ( )한 값을 사용한다.

① 3배
② 3.3배
③ 5배
④ 10배

해설 정량한계(LOQ)=표준편차×10

66 정도보증/정도관리에 적용하는 기기검출한계에 관한 내용으로 ( )에 옳은 것은?

> 바탕시료를 반복 측정 분석한 결과의 표준편차에 ( )한 값

① 2배
② 3배
③ 5배
④ 10배

해설 기기검출한계(IDL : Instrument Detection Limit)

① 시험분석 대상물질을 기기가 검출할 수 있는 최소한의 농도 또는 양
② S/N비의 2~5배 농도
③ 표준편차×3

67 환원기화법(원자흡수분광광도법)으로 수은을 측정할 때 시료 중에 염화물이 존재할 경우에 대한 설명으로 옳지 않은 것은?

① 시료 중의 염소는 산화조작 시 유리염소를 발생시켜 253.7nm에서 흡광도를 나타낸다.
② 시료 중의 염소는 과망간산칼륨으로 분해 후 헥산으로 추출 제거한다.
③ 유리염소는 과량의 염산하이드록실아민 용액으로 환원시킨다.
④ 용액 중에 잔류하는 염소는 질소가스를 통기시켜 축출한다.

해설 과망간산칼륨 분해 후 헥산으로 벤젠, 아세톤 등 휘발성 유기물질을 추출 분리한 다음 실험한다.

68 함수율 85%인 시료인 경우, 용출시험 결과에 시료 중의 수분함량 보정을 위하여 곱하여야 하는 값은?

① 0.5
② 1.0
③ 1.5
④ 2.0

해설 용출시험 결과 보정

① 용출시험의 결과는 시료 중의 수분함량 보정을 위해 함수율 85% 이상인 시료에 한하여 보정한다.(시료의 수분함량이 85% 이상이면 용출시험결과를 보정하는 이유는 매립을 위한 최대함수율 기준이 정해져 있기 때문)
② 보정값 $=\dfrac{15}{100-\text{시료의 함수율}(\%)}$
③ 설정계수 $=\dfrac{15}{100-85}=1.0$

69 원자흡수분광광도계에 대한 설명으로 틀린 것은?

① 광원부, 시료원자화부, 파장선택부 및 측광부로 구성되어 있다.
② 일반적으로 가연성 기체로 아세틸렌을, 조연성 기체로 공기를 사용한다.
③ 단광속형과 복광속형으로 구분된다.
④ 광원으로 넓은 선폭과 낮은 휘도를 갖는 스펙트럼을 방사하는 납 음극램프를 사용한다.

정답 64 ③ 65 ④ 66 ② 67 ② 68 ② 69 ④

해설 광원으로 좁은 선폭과 높은 휘도를 갖는 스펙트럼을 방사하는 납
속빈음극램프를 사용한다.

70 원자흡수분광광도법에 의한 검량선 작성방법 중 분석시료의 조성은 알고 있으나 공존성분이 복잡하거나 불분명한 경우, 공존성분의 영향을 방지하기 위해 사용하는 방법은?

① 검량선법
② 표준첨가법
③ 내부표준법
④ 외부표준법

해설 **표준첨가법**
같은 양의 분석시료를 여러 개 취하고 여기에 표준물질이 각각 다른 농도로 함유되도록 표준용액을 첨가하여 용액열을 만든다. 이어 각각의 용액에 대한 흡광도를 측정하여 가로대에 용액영역 중의 표준물질 농도를, 세로대에는 흡광도를 취하여 그래프용지에 그려 검량선을 작성한다.

71 노말헥산 추출물질 시험결과가 다음과 같을 때 노말헥산 추출물질량(mg/L)은?

- 건조 증발용 플라스크 무게 : 42.0424g
- 추출건조 후 증발용 플라스틱 무게와 잔류물질 무게 : 42.0748g
- 시료량 : 200mL

① 152
② 162
③ 252
④ 272

해설 노말헥산 추출물질(mg/L)
$$= \frac{(시료+용기무게)-용기무게}{시료량}$$
$$= \frac{(42.0748-42.0424)g \times 1,000mg/g}{0.2L}$$
$$= 162mg/L$$

72 자외선/가시선 분광법을 적용한 구리 측정에 관한 내용으로 옳은 것은?

① 정량한계는 0.002mg이다.
② 적갈색의 킬레이트 화합물이 생성된다.
③ 흡광도는 520nm에서 측정한다.
④ 정량범위는 0.01∼0.05mg/L이다.

해설 ② 황갈색의 킬레이트 화합물 생성
③ 흡광도 440nm
④ 정량범위 0.002∼0.03mg

73 강열 전의 접시와 시료의 무게 200g, 강열 후의 접시와 시료의 무게 150g, 접시 무게 100g일 때 시료의 강열감량(%)은?

① 40
② 50
③ 60
④ 70

해설 강열감량(%) $= \frac{W_2-W_3}{W_2-W_1} \times 100$
$$= \frac{(200-150)g}{(200-100)g} \times 100 = 50\%$$

74 시료 준비를 위한 회화법에 관한 기준으로 ( )에 옳은 것은?

목적성분이 (㉠) 이상에서 (㉡)되지 않고 쉽게 (㉢) 될 수 있는 시료에 적용

① ㉠ 400℃, ㉡ 회화, ㉢ 휘산
② ㉠ 400℃, ㉡ 휘산, ㉢ 회화
③ ㉠ 800℃, ㉡ 회화, ㉢ 휘산
④ ㉠ 800℃, ㉡ 휘산, ㉢ 회화

해설 **회화법**
① 적용
목적성분이 400℃ 이상에서 휘산되지 않고 쉽게 회화될 수 있는 시료에 적용한다.
② 주의
㉠ 시료 중에 염화암모늄, 염화마그네슘, 염화칼슘 등이 다량 함유된 경우에는 납, 철, 주석, 아연, 안티몬 등이 휘산되어 손실을 가져오므로 주의한다.
㉡ 액상폐기물 시료 또는 용출용액 적당량을 취하여 백금, 실리카 또는 사기제 증발접시에 넣고 수욕 또는 열판에서 가열하여 증발 건조한다. 용기를 회화로에 옮기고 400∼500℃에서 가열하여 잔류물을 회화시킨 다음 방랭하고 염산(1+1) 10mL를 넣어 열판에서 가열한다.

75 원자흡수분광광도법(AAS)을 이용하여 중금속을 분석할 때 중금속의 종류와 측정파장이 옳지 않은 것은?

① 크롬－357.9nm
② 6가 크롬－253.7nm
③ 카드뮴－228.8nm
④ 납－283.3nm

정답 **70** ② **71** ② **72** ① **73** ② **74** ② **75** ②

해설 원자흡수분광도법(AAS)을 이용한 중금속 분석 시 측정파장
① 크롬 — 357.9nm
② 6가크롬 — 357.9nm
③ 카드뮴 — 228.8nm
④ 납 — 283.3nm
⑤ 구리 — 324.7nm
⑥ 비소 — 193.7nm
⑦ 수은 — 253.7nm

76 기체크로마토그래피로 유기인을 분석할 때 시료관리 기준으로 ( )에 옳은 것은?

> 시료채취 후 추출하기 전까지 (㉠) 보관하고 7일 이내에 추출하고 (㉡) 이내에 분석한다.

① ㉠ 4℃ 냉암소에서, ㉡ 21일
② ㉠ 4℃ 냉암소에서, ㉡ 40일
③ ㉠ pH 4 이하로, ㉡ 21일
④ ㉠ pH 4 이하로, ㉡ 40일

해설 유기인 – 기체크로마토그래피법(시료채취 및 관리)
① 시료채취는 유리병을 사용하며 채취 전에 시료로서 세척하지 말아야 한다.
② 모든 시료는 시료채취 후 추출하기 전까지 4℃ 냉암소에서 보관한다.
③ 7일 이내에 추출하고 40일 이내에 분석한다.

77 휘발성 저급염소화 탄화수소류의 기체크로마토그래피법에 대한 설명으로 옳지 않은 것은?

① 검출기는 전자포획검출기 또는 전해전도검출기를 사용한다.
② 시료 중의 트리클로로에틸렌 및 테트라클로로에틸렌 성분은 염산으로 추출한다.
③ 운반기체는 부피백분율 99.999% 이상의 헬륨(또는 질소)을 사용한다.
④ 시료 도입부 온도는 150~250℃ 범위이다.

해설 시료 중의 트리클로로에틸렌 및 테트라클로로에틸렌 성분은 헥산으로 추출한다.

78 5톤 이상의 차량에서 적재폐기물의 시료를 채취할 때 평면상에서 몇 등분하여 채취하는가?

① 3등분
② 5등분
③ 6등분
④ 9등분

해설 폐기물이 적재되어 있는 운반차량에서 시료를 채취할 경우 적재폐기물의 성상이 균일하다고 판단되는 깊이에서 시료 채취
① 5ton 미만의 차량에 적재되어 있는 경우
  적재폐기물을 평면상에서 6등분한 후 각 등분마다 시료 채취
② 5ton 이상의 차량에 적재되어 있는 경우
  적재폐기물을 평면상에서 9등분한 후 각 등분마다 시료 채취

79 pH가 각각 10과 12인 폐액을 동일 부피로 혼합하면 pH는?

① 10.3
② 10.7
③ 11.3
④ 11.7

해설 $pH = 14 - pOH$

$$[OH^-] = \frac{(1 \times 10^{-4}) + (1 \times 10^{-2})}{1 + 1} = 0.00505$$

$$pOH = \log\frac{1}{[OH^-]} = \log\frac{1}{0.00505} = 2.3$$

$$pH = 14 - 2.3 = 11.7$$

80 운반가스로 순도 99.99% 이상의 질소 또는 헬륨을 사용하여야 하는 기체크로마토그래피의 검출기는?

① 열전도도형 검출기
② 알칼리열이온화 검출기
③ 염광광도형 검출기
④ 전자포획형 검출기

해설 전자포획형 검출기(ECD)는 운반가스로 순도 99.99% 이상의 질소 또는 헬륨을 사용한다.

정답 76 ② 77 ② 78 ④ 79 ④ 80 ④

제5과목 폐기물관계법규

81 폐기물수집 · 운반업의 변경허가를 받아야 할 중요사항으로 틀린 것은?

① 수집 · 운반 대상 폐기물의 변경
② 영업구역의 변경
③ 처분시설 소재지의 변경
④ 운반차량(임시차량은 제외한다)의 증차

🔑 **폐기물처리업의 변경허가를 받아야 할 중요사항**
[폐기물 수집 · 운반업]
① 수집 · 운반 대상 폐기물의 변경
② 영업구역의 변경
③ 주차장 소재지의 변경(지정폐기물을 대상으로 하는 수집 · 운반업만 해당한다)
④ 운반차량(임시차량은 제외한다)의 증차

82 주변지역 영향 조사대상 폐기물처리시설(폐기물 처리업자가 설치, 운영하는 시설) 기준으로 ( )에 알맞은 것은?

매립면적 ( )제곱미터 이상의 사업장 일반폐기물 매립시설

① 3만　　　　　　　② 5만
③ 10만　　　　　　 ④ 15만

🔑 **주변지역 영향 조사대상 폐기물처리시설 기준**
① 1일 처리능력이 50톤 이상인 사업장폐기물 소각시설(같은 사업장에 여러 개의 소각시설이 있는 경우에는 각 소각시설의 1일 처리능력의 합계가 50톤 이상인 경우를 말한다.)
② 매립면적 1만 제곱미터 이상의 사업장 지정폐기물 매립시설
③ 매립면적 15만 제곱미터 이상의 사업장 일반폐기물 매립시설
④ 시멘트 소성로(폐기물을 연료로 사용하는 경우로 한정한다.)
⑤ 1일 재활용능력이 50톤 이상인 사업장폐기물 소각열회수시설(같은 사업장에 여러 개의 소각열회수시설이 있는 경우에는 각 소각열회수시설의 1일 재활용능력의 합계가 50톤 이상인 경우를 말한다.)

83 3년 이하의 징역이나 3천만 원 이하의 벌금에 해당하는 벌칙기준에 해당하지 않는 것은?

① 고의로 사실과 다른 내용의 폐기물 분석 결과서를 발급한 폐기물 분석 전문기관
② 승인을 받지 아니하고 폐기물처리시설을 설치한 자

③ 다른 사람에게 자기의 성명이나 상호를 사용하여 폐기물을 처리하게 하거나 그 허가증을 다른 사람에게 빌려준 자
④ 폐기물처리시설의 설치 또는 유지 · 관리가 기준에 맞지 아니하여 지시된 개선명령을 이행하지 아니하거나 사용중지 명령을 위반한 자

🔑 폐기물관리법 제65조 참조
③항은 2년 이하의 징역이나 2천만 원 이하의 벌금에 해당한다.

84 폐기물처리시설의 사후관리이행보증금은 사후관리기간에 드는 비용을 합산하여 산출한다. 산출 시 합산되는 비용과 가장 거리가 먼 것은?(단, 차단형 매립시설은 제외)

① 지하수정 유지 및 지하수 오염처리에 드는 비용
② 매립시설 제방, 매립가스 처리시설, 지하수 검사정 등의 유지 · 관리에 드는 비용
③ 매립시설 주변의 환경오염 조사에 드는 비용
④ 침출수처리시설의 가동과 유지 · 관리에 드는 비용

🔑 **사후관리에 드는 비용(다음 내용을 합산하여 산출)**
① 침출수 처리시설의 가동과 유지 · 관리에 드는 비용
② 매립시설 제방, 매립가스처리시설, 지하수 검사정 등의 유지 · 관리에 드는 비용
③ 매립시설 주변의 환경오염 조사에 드는 비용
④ 정기검사에 드는 비용

85 폐기물처리업의 업종 구분에 따른 영업 내용으로 틀린 것은?

① 폐기물 종합처분업 : 폐기물 최종처분시설을 갖추고 폐기물을 매립 등의 방법으로 최종처분하는 영업
② 폐기물 중간재활용업 : 폐기물 재활용시설을 갖추고 중간가공 폐기물을 만드는 영업
③ 폐기물 최종재활용업 : 폐기물 재활용시설을 갖추고 중간가공 폐기물을 폐기물의 재활용원칙 및 준수사항에 따라 재활용하는 영업
④ 폐기물 종합재활용업 : 폐기물 재활용시설을 갖추고 중간재활용업과 최종재활용업을 함께하는 영업

🔑 **폐기물처리업의 업종 구분과 영업내용**
① 폐기물 수집 · 운반업
폐기물을 수집하여 재활용 또는 처분 장소로 운반하거나 폐기물을 수출하기 위하여 수집 · 운반하는 영업

정답 81 ③　82 ④　83 ③　84 ①　85 ①

② 폐기물 중간처분업

폐기물 중간처분시설을 갖추고 폐기물을 소각 처분, 기계적 처분, 화학적 처분, 생물학적 처분, 그 밖에 환경부장관이 폐기물을 안전하게 중간처분할 수 있다고 인정하여 고시하는 방법으로 중간처분하는 영업

③ 폐기물 최종처분업

폐기물 최종처분시설을 갖추고 폐기물을 매립 등(해역 배출은 제외한다.)의 방법으로 최종처분하는 영업

④ 폐기물 종합처분업

폐기물 중간처분시설 및 최종처분시설을 갖추고 폐기물의 중간처분과 최종처분을 함께하는 영업

⑤ 폐기물 중간재활용업

폐기물 재활용시설을 갖추고 중간가공 폐기물을 만드는 영업

⑥ 폐기물 최종재활용업

폐기물 재활용시설을 갖추고 중간가공 폐기물을 용도 또는 방법으로 재활용하는 영업

⑦ 폐기물 종합재활용업

폐기물 재활용시설을 갖추고 중간재활용업과 최종재활용업을 함께하는 영업

---

86 매립시설의 사후관리이행보증금의 산출기준 항목으로 틀린 것은?

① 침출수 처리시설의 가동 및 유지 · 관리에 드는 비용

② 매립시설 제방 등의 유실 방지에 드는 비용

③ 매립시설 주변의 환경오염조사에 드는 비용

④ 매립시설에 대한 민원 처리에 드는 비용

해설 **사후관리에 드는 비용(사후관리이행보증금의 산출기준)**

① 침출수 처리시설의 가동과 유지 · 관리에 드는 비용

② 매립시설 제방, 매립가스 처리시설, 지하수 검사정(檢査井) 등의 유지 · 관리에 드는 비용

③ 매립시설 주변의 환경오염조사에 드는 비용

④ 정기검사에 드는 비용

---

87 폐기물처리업의 변경허가를 받아야 하는 중요사항으로 틀린 것은?(단, 폐기물 중간처분업, 폐기물 최종처분업 및 폐기물 종합처분업인 경우)

① 주차장 소재지의 변경

② 운반차량(임시차량은 제외한다.)의 증차

③ 처분대상 폐기물의 변경

④ 폐기물 처분시설의 신설

해설 **폐기물처리업의 변경허가를 받아야 할 중요사항**

폐기물 중간처분업, 폐기물 최종처분업 및 폐기물 종합처분업

① 처분 대상 폐기물의 변경

② 폐기물 처분시설 소재지의 변경

③ 운반차량(임시차량은 제외한다.)의 증차

④ 폐기물 처분시설의 신설

⑤ 처분용량의 100분의 30 이상의 변경(허가 또는 변경허가를 받은 후 변경되는 누계를 말한다.)

⑥ 주요 설비의 변경(다만 다음 ㉠부터 ㉣까지의 경우만 해당한다.)

㉠ 폐기물 처분시설의 구조 변경으로 인하여 별표 9 제1호 나목 2) 가)의 (1) · (2), 나)의 (1) · (2), 다)의 (2) · (3), 라)의 (1) · (2)의 기준이 변경되는 경우

㉡ 차수시설 · 침출수 처리시설이 변경되는 경우

㉢ 별표 9 제2호 나목 2) 바)에 따른 가스처리시설 또는 가스 활용시설이 설치되거나 변경되는 경우

㉣ 배출시설의 변경허가 또는 변경신고의 대상이 되는 경우

⑦ 매립시설 제방의 증 · 개축

⑧ 허용보관량의 변경

---

88 폐기물관리법에서 사용하는 용어 설명으로 틀린 것은?

① 지정폐기물이란 사업장폐기물 중 폐유 · 폐산 등 주변 환경을 오염시킬 수 있거나 유해폐기물 등 인체에 위해를 줄 수 있는 해로운 물질로서 환경부령으로 정하는 폐기물을 말한다.

② 의료폐기물이란 보건 · 의료기관, 동물병원, 시험 · 검사기관 등에서 배출되는 폐기물 중 인체에 감염 등 위해를 줄 우려가 있는 폐기물과 인체조직 등 적출물, 실험동물의 사체 등 보건 · 환경보호상 특별한 관리가 필요하다고 인정되는 폐기물로서 대통령령으로 정하는 폐기물을 말한다.

③ 처리란 폐기물의 수집, 운반, 보관, 재활용, 처분을 말한다.

④ 처분이란 폐기물의 소각 · 중화 · 파쇄 · 고형화 등의 중간처분과 매립하거나 해역으로 배출하는 등의 최종처분을 말한다.

해설 **'지정폐기물'**

사업장폐기물 중 폐유 · 폐산 등 주변환경을 오염시킬 수 있거나 의료폐기물 등 인체에 위해를 줄 수 있는 해로운 물질로서 대통령령으로 정하는 폐기물을 말한다.

---

89 기술관리인을 두어야 하는 폐기물 처리시설이 아닌 것은?

① 폐기물에서 비철금속을 추출하는 용해로로서 시간당 재활용능력이 600킬로그램 이상인 시설

② 소각열회수시설로서 시간당 재활용능력이 500킬로그램 이상인 시설

③ 압축 · 파쇄 · 분쇄 또는 절단시설로서 1일 처분능력 또는 재활용 능력이 100톤 이상인 시설

④ 사료화 · 퇴비화 또는 연료화시설로서 1일 재활용능력이 5톤 이상인 시설

해설 기술관리인을 두어야 하는 폐기물 처리시설
① 매립시설의 경우
　㉠ 지정폐기물을 매립하는 시설로서 면적이 3천 300제곱미터 이상인 시설. 다만, 차단형 매립시설에서는 면적이 330제곱미터 이상이거나 매립용적이 1천 세제곱미터 이상인 시설로 한다.
　㉡ 지정폐기물 외의 폐기물을 매립하는 시설로서 면적이 1만 제곱미터 이상이거나 매립용적이 3만 세제곱미터 이상인 시설
② 소각시설로서 시간당 처리능력이 600킬로그램(감염성 폐기물을 대상으로 하는 소각시설의 경우에는 200킬로그램) 이상인 시설
③ 압축 · 파쇄 · 분쇄 또는 절단시설로서 1일 처리능력 또는 재활용시설이 100톤 이상인 시설
④ 사료화 · 퇴비화 또는 연료화 시설로서 1일 재활용능력이 5톤 이상인 시설
⑤ 멸균 · 분쇄시설로서 시간당 처리능력이 100킬로그램 이상인 시설
⑥ 시멘트 소성로
⑦ 용해로(폐기물에 비철금속을 추출하는 경우로 한정한다.)로서 시간당 재활용능력이 600킬로그램 이상인 시설
⑧ 소각열회수시설로서 시간당 재활용능력이 600킬로그램 이상인 시설

90 의료폐기물(위해의료폐기물) 중 시험 · 검사 등에 사용된 배양액, 배양용기, 보관균주, 폐시험관, 슬라이드, 커버글라스, 폐배지, 폐장갑이 해당되는 것은?

① 병리계 폐기물　　　　② 손상성 폐기물
③ 위생계 폐기물　　　　④ 보건성 폐기물

해설 위해의료폐기물의 종류
① 조직물류 폐기물 : 인체 또는 동물의 조직 · 장기 · 기관 · 신체의 일부, 동물의 사체, 혈액 · 고름 및 혈액생성물질(혈청, 혈장, 혈액 제제)
② 병리계 폐기물 : 시험 · 검사 등에 사용된 배양액, 배양용기, 보관균주, 폐시험관, 슬라이드 커버글라스 폐배지, 폐장갑

③ 손상성 폐기물 : 주삿바늘, 봉합바늘, 수술용 칼날, 한방침, 치과용 침, 파손된 유리재질의 시험기구
④ 생물 · 화학폐기물 : 폐백신, 폐항암제, 폐화학치료제
⑤ 혈액오염폐기물 : 폐혈액백, 혈액투석 시 사용된 폐기물, 그 밖에 혈액이 유출될 정도로 포함되어 있는 특별한 관리가 필요한 폐기물

91 환경부령으로 정하는 폐기물처리시설의 설치를 마친 자는 환경부령으로 정하는 검사기관으로부터 검사를 받아야 한다. 이 검사 중 소각시설의 검사기관과 가장 거리가 먼 것은?

① 한국환경공단　　　　② 한국건설기술연구원
③ 한국기계연구원　　　④ 한국산업기술시험원

해설 ※ 법규 변경사항이므로 해설의 내용으로 학습 부탁드립니다.

환경부령으로 정하는 폐기물처리시설 검사기관 또는 단체
① 한국환경공단
② 국 · 공립연구기관
③ 「국가표준기본법」에 따라 인정받은 시험 · 검사기관
④ 「과학기술분야 정부출연연구기관 등의 설립 · 운영 및 육성에 관한 법률」에 따라 설립된 기관
⑤ 「폐기물관리법」에 따른 폐기물분석전문기관
⑥ 「환경분야 시험 · 검사 등에 관한 법률」에 따라 등록된 측정대행업자
⑦ 그 밖에 국립환경과학원장이 폐기물처리시설 검사에 관한 업무를 수행할 수 있는 인적 · 물적 기준을 갖추었다고 인정하여 고시하는 기관 또는 단체

92 환경부령으로 정하는 재활용시설과 가장 거리가 먼 것은?

① 재활용가능자원의 수집 · 운반 · 보관을 위하여 특별히 제조 또는 설치되어 사용되는 수집 · 운반 장비 또는 보관시설

② 재활용제품의 제조에 필요한 전처리 장치 · 장비 · 설비

③ 유기성 폐기물을 이용하여 퇴비 · 사료를 제조하는 퇴비화 · 사료화 시설 및 에너지화 시설

④ 생활폐기물 중 혼합폐기물의 소각시설

해설 환경부령으로 정하는 재활용시설
[자원의 절약과 재활용촉진에 관한 법률 시행규칙]
① 재활용가능자원의 수집 · 운반 · 보관을 위하여 특별히 제조 또는 설치되어 사용되는 수집 · 운반 장비 또는 보관시설
② 재활용가능자원의 효율적인 운반 또는 가공을 위한 압축시설, 파쇄시설, 용융시설 등의 중간가공시설
③ 재활용제품의 제조에 필요한 전처리 장치 · 장비 · 설비

정답 89 ②　　90 ①　　91 해설 확인　　92 ④

④ 재활용제품을 제조 · 가공 · 보관하는 데 사용되는 장치 · 장비 · 시설

⑤ 유기성 폐기물을 이용하여 퇴비 · 사료를 제조하는 퇴비화 · 사료화 시설 및 에너지화 시설

⑥ 폐기물 중간재활용업, 폐기물 최종재활용업, 폐기물 종합재활용업의 허가를 받은 자와 폐기물처리 신고자가 폐기물의 재활용에 사용하는 시설 및 장비

⑦ 건설폐기물 중간처리업 허가를 받은 자가 건설폐기물의 재활용에 사용하는 시설 및 장비

93 폐기물처리시설의 유지 · 관리에 관한 기술관리를 대행할 수 있는 자는?

① 한국환경공단
② 국립환경연구원
③ 시 · 도 보건환경연구원
④ 지방환경관리청

해설 **폐기물처리시설의 유지 · 관리에 관한 기술관리대행자**

① 한국환경공단
② 엔지니어링 사업자
③ 기술사사무소
④ 그 밖에 환경부장관이 기술관리를 대행할 능력이 있다고 인정하여 고시하는 자

94 폐기물관리법에서 사용되는 용어의 정의로 틀린 것은?

① 의료폐기물 : 보건 · 의료기관, 동물병원, 시험 · 검사기관 등에서 배출되어 인간에게 심각한 위해를 초래하는 폐기물로 환경부령으로 정하는 폐기물을 말한다.

② 생활폐기물 : 사업장폐기물 외의 폐기물을 말한다.

③ 지정폐기물 : 사업장폐기물 중 폐유 · 폐산 등 주변환경을 오염시킬 수 있거나 의료폐기물 등 인체에 위해를 줄 수 있는 해로운 물질로서 대통령령으로 정하는 폐기물을 말한다.

④ 폐기물처리시설 : 폐기물의 중간처분시설, 최종처분시설 및 재활용시설로서 대통령령으로 정하는 시설을 말한다.

해설 **의료폐기물**

보건 · 의료기관, 동물병원, 시험 · 검사기관 등에서 배출되는 폐기물 중 인체에 감염 등 위해를 줄 우려가 있는 폐기물과 인체조직 등 적출물, 실험동물의 사체 등 보건 · 환경보호상 특별한 관리가 필요하다고 인정되는 폐기물로서 대통령령으로 정하는 폐기물을 말한다.

95 생활폐기물배출자는 특별자치시, 특별자치도, 시 · 군 · 구의 조례로 정하는 바에 따라 스스로 처리할 수 없는 생활폐기물을 종류별, 성질 · 상태별로 분리하여 보관하여야 한다. 이를 위반한 자에 대한 과태료 부과 기준은?

① 100만 원 이하의 과태료
② 200만 원 이하의 과태료
③ 300만 원 이하의 과태료
④ 500만 원 이하의 과태료

해설 폐기물관리법 제68조 참조

96 관리형 매립시설에서 발생하는 침출수의 배출허용기준(BOD − SS 순서)은?(단, 가 지역, 단위 mg/L)

① 30 − 30   ② 30 − 50
③ 50 − 50   ④ 50 − 70

해설 **관리형 매립시설 침출수의 배출허용기준**

| 구분 | 생물화학적 산소요구량 (mg/L) | 화학적 산소요구량(mg/L) | | | 부유물질량 (mg/L) |
| | | 과망간산칼륨법에 따른 경우 | | 중크롬산칼륨법에 따른 경우 | |
		1일 침출수 배출량 2,000m³ 이상	1일 침출수 배출량 2,000m³ 미만		
청정지역	30	50	50	400 (90%)	30
가지역	50	80	100	600 (85%)	50
나지역	70	100	150	800 (80%)	70

97 환경부장관 또는 시 · 도지사가 폐기물처리공제조합에 처리를 명할 수 있는 방치폐기물의 처리량 기준으로 ( )에 맞는 것은?

> 폐기물처리업자가 방치한 폐기물의 경우 그 폐기물처리업자의 폐기물 허용보관량의 ( ) 이내

① 1.5배   ② 2.0배
③ 2.5배   ④ 3.0배

해설 ※ 법규 변경사항이므로 해설의 내용으로 학습 부탁드립니다.

방치폐기물의 처리량과 처리기간

① 폐기물처리 공제조합에 처리를 명할 수 있는 방치폐기물의 처리량은 다음 각 호와 같다.

ⓐ 폐기물처리업자가 방치한 폐기물의 경우 : 그 폐기물처리
업자의 폐기물 허용보관량의 2배 이내
ⓑ 폐기물처리 신고자가 방치한 폐기물의 경우 : 그 폐기물
처리 신고자의 폐기물 보관량의 2배 이내
② 환경부장관이나 시 · 도지사는 폐기물처리 공제조합에 방치
폐기물의 처리를 명하려면 주변환경의 오염 우려 정도와 방
치폐기물의 처리량 등을 고려하여 2개월의 범위에서 그 처리
기간을 정하여야 한다. 다만, 부득이한 사유로 처리기간 내에
방치폐기물을 처리하기 곤란하다고 환경부장관이나 시 · 도
지사가 인정하면 1개월의 범위에서 한 차례만 그 기간을 연장
할 수 있다.

98 폐기물처리시설의 설치 · 운영을 위탁받을 수 있는 자의
기준 중 소각시설인 경우 보관하여야 하는 기술인력 기준
에 포함되지 않는 것은?

① 폐기물처리기술사 1명
② 폐기물처리기사 또는 대기환경기사 1명
③ 토목기사 1명
④ 시공분야에서 2년 이상 근무한 자 2명(폐기물 처분시
설의 설치를 위탁받으려는 경우에만 해당된다.)

해설 **소각시설의 설치 · 운영을 위탁받을 수 있는 기술인력 기준**
① 폐기물처리기술사 1명
② 폐기물처리기사 또는 대기환경기사 1명
③ 일반기계기사 1급 1명
④ 시공분야에서 2년 이상 근무한 자 2명(폐기물 처분시설의 설
치를 위탁받으려는 경우에만 해당한다.)
⑤ 1일 50톤 이상의 폐기물소각시설에서 천정크레인을 1년 이
상 운전한 자 1명과 천정크레인 외의 처분시설의 운전분야에
서 2년 이상 근무한 자 2명(폐기물 처분시설의 운영을 위탁받
으려는 경우에만 해당한다.)

99 폐기물발생량 억제지침 준수의무대상 배출자의 규모에
대한 기준으로 옳은 것은?

① 최근 3년간의 연평균 배출량을 기준으로 지정폐기물
을 100톤 이상 배출하는 자
② 최근 3년간의 연평균 배출량을 기준으로 지정폐기물
을 200톤 이상 배출하는 자
③ 최근 3년간의 연평균 배출량을 기준으로 지정폐기물
외의 폐기물을 250톤 이상 배출하는 자
④ 최근 3년간의 연평균 배출량을 기준으로 지정폐기물
외의 폐기물을 500톤 이상 배출하는 자

해설 **폐기물발생량 억제지침 준수의무대상 배출자의 규모**
① 최근 3년간의 연평균 배출량을 기준으로 지정폐기물을 100
톤 이상 배출하는 자
② 최근 3년간의 연평균 배출량을 기준으로 지정폐기물 외의 폐
기물을 1천 톤 이상 배출하는 자

100 폐기물 처리시설의 사후관리에 대한 내용으로 틀린 것은?

① 폐기물을 매립하는 시설을 사용 종료하거나 폐쇄하려
는 자는 검사기관으로부터 환경부령으로 정하는 검사
에서 적합판정을 받아야 한다.
② 매립시설의 사용을 끝내거나 폐쇄하려는 자는 그 시
설의 사용종료일 또는 폐쇄예정일 1개월 이전에 사용
종료 · 폐쇄신고서를 시 · 도지사나 지방환경관서의
장에게 제출하여야 한다.
③ 폐기물 매립시설을 사용종료하거나 폐쇄한 자는 그
시설로 인한 주민의 피해를 방지하기 위해 환경부령
으로 정하는 침출수 처리시설을 설치 · 가동하는 등의
사후관리를 하여야 한다.
④ 시 · 도지사나 지방환경관서의 장이 사후관리 시정명
령을 하려면 그 시점에 필요한 조치의 난이도 등을 고려
하여 6개월 범위에서 그 이행기간을 정하여야 한다.

해설 폐기물처리시설의 사용을 끝내거나 폐쇄하려는 자(폐쇄절차를
대행하는 자 포함) 그 시설의 사용종료일(매립면적을 구획하여
단계적으로 매립하는 시설은 구획별 사용종료일) 또는 폐쇄예정
일 1개월(매립시설의 경우는 3개월) 이전에 사용종료 · 폐쇄신
고서에 서류(매립시설인 경우만 해당한다)를 첨부하여 시 · 도지
사나 지방환경관서의 장에게 제출하여야 한다.

제1과목 **폐기물개론**

01 인구가 50,000명, 1인 1일 쓰레기 배출량은 1kg이다. 쓰레기 밀도가 320kg/m³라고 할 때, 적재량이 20.4m³ 차량이 하루에 몇 번 운반해야 하는가?(단, 차량 1대 기준이며 기타 조건은 고려하지 않음)

① 4회   ② 6회
③ 8회   ④ 10회

[해설] 운반횟수(회/일) $= \dfrac{총배출량}{1회\ 수거량}$

$= \dfrac{1.0\text{kg/인·일} \times 50,000\text{인}}{20.4\text{m}^3/\text{대} \times \text{대/회} \times 320\text{kg/m}^3}$

$= 7.65(8회/일)$

02 MHT 값이 1.8이고 6,000,000ton/year의 쓰레기를 수거해야 한다면 필요한 인부는 몇 명인가?(단, 수거인부의 1일 작업시간은 8시간이고, 1년 작업일수는 300일이다.)

① 3,500명   ② 4,000명
③ 4,500명   ④ 5,000명

[해설] $\text{MHT} = \dfrac{수거인부수 \times 수거인부\ 총\ 수거시간}{총\ 수거량}$

$1.8 = \dfrac{수거인부수 \times (8\text{hr/day} \times 300\text{day/year})}{6,000,000\text{ton/year}}$

수거인부수 = 4,500명

03 어떤 쓰레기의 가연분의 조성비가 60%이며 수분의 함유율이 30%라면 이 쓰레기의 저위발열량(kcal/kg)은?(단, 쓰레기 3성분의 조성비 기준의 추정식 적용)

① 약 2,520   ② 약 2,440
③ 약 2,320   ④ 약 2,280

[해설] $H_l(\text{kcal/kg}) = 45VS - 6W = (45 \times 60) - (6 \times 30)$

$= 2,520\text{kcal/kg}$

04 폐기물의 일반적인 수거방법 중 관거(Pipe Line)를 이용한 수거방법이 아닌 것은?

① 캡슐 수송방법   ② 슬러리 수송방법
③ 공기수송방법   ④ 모노레일 수송방법

[해설] 관거(Pipe Line)수거 방법
① 공기 수송방법
② 슬러리 수송방법
③ 캡슐 수송방법

05 적환장에 대한 설명으로 틀린 것은?

① 폐기물의 수거와 운반을 분리하는 기능을 한다.
② 적환장에서 재생 가능한 물질의 선별을 고려하도록 한다.
③ 최종처분지와 수거지역의 거리가 먼 경우에 설치·운영한다.
④ 고밀도 거주지역이 존재할 때 설치·운영한다.

[해설] 적환장은 저밀도 거주지역이 존재할 때 설치·운영한다.

06 청소상태의 평가방법에 관한 설명으로 옳지 않은 것은?

① 지역사회 효과지수는 가로 청소상태의 문제점이 관찰되는 경우 각 10점씩 감점한다.
② 지역사회 효과지수에서 가로 청결상태의 Scale은 1~10으로 정하여 각각 10점 범위로 한다.
③ 사용자 만족도 지수는 서비스를 받는 사람들의 만족도를 설문조사하여 계산되며 설문 문항은 6개로 구성되어 있다.
④ 사용자 만족도 설문지 문항의 총점은 100점이다.

[해설] 지역사회 효과지수에서 가로 청결상태의 Scale은 0~100점 범위로 한다.

07 어떤 도시에서 폐기물 발생량이 185,000톤/년이었다. 수거 인부는 1일 550명이었으며, 이 도시 인구는 250,000명이라고 할 때 1인 1일 폐기물 발생량은?(단, 1년 365일 기준)

① 2.03kg/인 · day ② 2.35kg/인 · day
③ 2.45kg/인 · day ④ 2.77kg/인 · day

폐기물 발생량(kg/인 · 일)

$$= \frac{수거폐기물량}{대상인구 수}$$

$$= \frac{185,000ton/year \times year/365day \times 1,000kg/ton}{250,000인}$$

$$= 2.03kg/인 · 일$$

08 1일 폐기물 발생량이 1,244톤인 도시에서 6톤 트럭(적재 가능량)을 이용하여 쓰레기를 매립지까지 운반하려고 한다. 다음과 같은 조건하에서 하루에 필요한 운반트럭 대수는?(단, 예비차량 포함, 기타 조건은 고려하지 않음)

[조건]
• 트럭의 1일 작업시간 : 8시간
• 운반거리 : 10km
• 왕복운반시간 : 35분
• 적재시간 : 15분
• 적하시간 : 10분
• 예비차량 : 10대

① 25대 ② 29대
③ 31대 ④ 36대

소요차량(대)

$$= \frac{하루 폐기물 수거량}{1일 1대당 운반량}$$

하루 폐기물 수거량 = 1,244ton/일

1일 1대당 운반량 $= \dfrac{6ton/대 \times 8hr/대 · 일}{(35+15+10)min/대 \times hr/60min}$

$$= 48ton/일 · 대$$

$$= \frac{1,244ton/일}{48ton/일 · 대} + 10대(예비차량) = 35.9(36대)$$

09 함수율 95%인 폐기물 10톤을 탈수시켜 함수율을 각각 85% 및 75%로 감소시킨 경우, 탈수 후 남은 무게(톤)는 각각 얼마인가?(단, 비중은 1.0 기준)

① 3.33 및 2.00 ② 3.33 및 2.50
③ 5.83 및 3.00 ④ 5.33 및 3.50

① 85%로 감소시킨 경우
10ton × (1 − 0.95) = 탈수 후 무게 × (1 − 0.85)
탈수 후 무게 = 3.33ton
② 75%로 감소시킨 경우
10ton × (1 − 0.95) = 탈수 후 무게 × (1 − 0.75)
탈수 후 무게 = 2.00ton

10 새로운 쓰레기 수집시스템에 관한 설명으로 틀린 것은?

① 모노레일 수송 : 쓰레기를 적환장에서 최종처분장까지 수송하는 데 적용할 수 있다.
② 컨베이어 수송 : 광대한 지역에 적용될 수 있는 방법으로 컨베이어 세정에 문제가 있다.
③ 관거 수송 : 쓰레기 발생밀도가 높은 곳에서 현실성이 있으며 조대쓰레기는 파쇄, 압축 등의 전처리가 필요하다.
④ 관거 수송 : 잘못 투입된 물건은 회수하기가 곤란하며 가설 후에 경로변경이 어렵다.

광대한 지역에 적용될 수 있는 방법으로 컨베이어 세정에 문제가 있는 방법은 컨테이너 수송이다.

11 폐기물 차량 총 중량이 24,725kg, 공차량 중량이 13,725kg이며, 적재함의 크기 L : 400cm, W : 250cm, H : 170cm일 때 차량 적재계수(ton/m³)는?

① 0.757 ② 0.708
③ 0.687 ④ 0.647

적재계수(ton/m³) $= \dfrac{적재 폐기물의 중량}{적재함의 부피}$

$$= \frac{(24,725 - 13,725)kg \times ton/1,000kg}{(4 \times 2.5 \times 1.7)m^3}$$

$$= 0.647ton/m^3$$

12 적환장의 설치가 필요한 경우와 가장 거리가 먼 것은?

① 고밀도 거주지역이 존재할 때
② 작은 용량의 수집차량을 사용할 때
③ 슬러지 수송이나 공기수송 방식을 사용할 때
④ 불법투기와 다량의 어지러진 쓰레기들이 발생할 때

적환장 설치가 필요한 경우
① 작은 용량의 수집차량을 사용할 때(15m³ 이하)
② 저밀도 거주지역이 존재할 때
③ 불법투기와 다량의 어질러진 쓰레기들이 발생할 때

정답 07 ① 08 ④ 09 ① 10 ② 11 ④ 12 ①

④ 슬러지 수송이나 공기수송방식을 사용할 때
⑤ 처분지가 수집장소로부터 멀리 떨어져 있을 때
⑥ 상업지역에서 폐기물 수집에 소형 용기를 많이 사용하는 경우
⑦ 쓰레기 수송 비용절감이 필요한 경우
⑧ 압축식 수거 시스템인 경우

13 수거노선 설정방법으로 틀린 것은?

① 언덕인 경우 위에서 내려가며 수거한다.
② 반복운행을 피한다.
③ 출발점은 차고와 가까운 곳으로 한다.
④ 반시계방향으로 설정한다.

해설 **효과적 · 경제적인 수거노선 결정 시 유의(고려)사항 : 수거노선 설정요령**
① 지형이 언덕인 지역에서는 언덕의 위에서부터 내려가며 적재하면서 차량을 진행하도록 한다.(안전성, 연료비 절약)
② 수거인원 및 차량형식이 같은 기존 시스템의 조건들을 서로 관련시킨다.
③ 출발점은 차고와 가깝게 하고 수거된 마지막 컨테이너가 처분지의 가장 가까이에 위치하도록 배치한다.
④ 가능한 한 지형지물 및 도로경계와 같은 장벽을 사용하여 간선도로 부근에서 시작하고 끝나야 한다.(도로경계 등을 이용)
⑤ 가능한 한 시계방향으로 수거노선을 정한다.
⑥ 적은 양의 쓰레기가 발생하나 동일한 수거빈도를 받기 원하는 적재지점(수거지점)은 가능한 한 같은 날 왕복 내에서 수거한다.
⑦ 아주 많은 양의 쓰레기가 발생되는 발생원은 하루 중 가장 먼저 수거한다.
⑧ 될 수 있는 한 한 번 간 길은 다시 가지 않는다.
⑨ 반복운행 또는 U자형 회전은 피하여 수거한다.
⑩ 교통량이 많거나 출퇴근시간은 피하여 수거한다.
⑪ 수거지점과 수거빈도 결정 시 기존정책이나 규정을 참고한다.

14 무게 20톤, 밀도 250kg/m³인 폐기물을 밀도 600kg/m³로 압축하였다면 압축비는?

① 2.2   ② 2.4   ③ 2.6   ④ 2.8

해설 압축비$(CR) = \dfrac{V_i}{V_f}$

$$V_i = \frac{20\text{ton}}{0.25\text{ton/m}^3} = 80\text{m}^3$$

$$V_f = \frac{20\text{ton}}{0.6\text{ton/m}^3} = 33.33\text{m}^3$$

$$= \frac{80}{33.33} = 2.4$$

15 다음 중 쓰레기의 발생량 조사 방법이 아닌 것은?

① 직접계근법   ② 경향법
③ 적재차량 계수분석법   ④ 물질수지법

해설 ① 쓰레기 발생량 조사방법
  ㉠ 적재차량 계수분석법
  ㉡ 직접계근법
  ㉢ 물질수지법
  ㉣ 통계조사(표본조사, 전수조사)
② 쓰레기 발생량 예측방법
  ㉠ 경향법
  ㉡ 다중회귀모델
  ㉢ 동적모사모델

16 다음과 같은 조성의 폐기물의 저위발열량(kcal/kg)을 Dulong 식을 이용하여 계산한 값은?(단, 탄소, 수소, 황의 연소발열량은 각각 8,100kcal/kg, 34,000kcal/kg, 2,500kcal/kg으로 한다.)

> 조성(%) : 휘발성 고형물 = 50, 회분 = 50이며, 휘발성 고형물의 원소분석결과는 C = 50, H = 30, O = 10, N = 10이다.

① 약 5,200kcal/kg   ② 약 5,700kcal/kg
③ 약 6,100kcal/kg   ④ 약 6,400kcal/kg

해설 $H_h\,(\text{kcal/kg})$

$$= 8,100\text{C} + 34,000\left(\text{H} - \frac{\text{O}}{8}\right) + 2,500\text{S}$$

$$= 8,100 \times (0.5 \times 0.5) + 34,000\left[(0.3 \times 0.5) - \left(\frac{0.1 \times 0.5}{8}\right)\right]$$

$$+ (2,500 \times 0) = 6,912.5\text{kcal/kg}$$

$H_l\,(\text{kcal/kg})$

$$= H_h - 600(9\text{H} + \text{W})(\text{kcal/kg})$$

$$= 6,912.5 - 600[(9 \times 0.3 \times 0.5) + 0] = 6,102.5\text{kcal/kg}$$

17 퇴비화의 진행 시간에 따른 온도의 변화 단계가 순서대로 연결된 것은?

① 고온단계 – 중온단계 – 냉각단계 – 숙성단계
② 중온단계 – 고온단계 – 냉각단계 – 숙성단계
③ 숙성단계 – 고온단계 – 중온단계 – 냉각단계
④ 숙성단계 – 중온단계 – 고온단계 – 냉각단계

해설 **퇴비화 온도변화단계**
중온단계 → 고온단계 → 냉각단계 → 숙성단계

18 폐유리병을 크기 및 색깔별로 선별할 수 있는 방법으로 가장 적절한 것은?

① Hand Sorting   ② Flotation
③ Wet−Classifier   ④ Screen

손선별(Hand Sorting)
컨베이어 벨트를 이용하여 손으로 종이류, 플라스틱류, 금속류, 유리류 등을 분류하며 특히 유리병은 크기 및 색깔별로 선별하는데 유용하다.

19 $1ton/m^3$의 밀도를 갖는 쓰레기 시료를 압축하여 밀도를 $3ton/m^3$으로 증가시켰다. 이때의 부피 감소율은?

① 58%   ② 67%   ③ 75%   ④ 82%

$$VR = \left(1 - \frac{V_f}{V_i}\right) \times 100$$

$$V_i = \frac{1ton}{1ton/m^3} = 1m^3$$

$$V_f = \frac{1ton}{3ton/m^3} = 0.33m^3$$

$$= \left(1 - \frac{0.33}{1}\right) \times 100 = 67\%$$

20 인구 5만 명인 어느 도시에서 쓰레기를 소각처리하기 위해 분리수거를 하고 있다. 조사결과 아래와 같은 자료를 얻었을 때 가연성분 전량을 소각로로 운반하는 데 필요한 차량은 몇 대인가?

- 쓰레기 조성 : 가연성 60%Wt, 불연성 40%Wt
- 쓰레기 발생량 : 1.8kg/인·일
- 쓰레기 차의 적재밀도 : 0.6t/m^3
- 쓰레기 차의 적재용량 : 4.5m^3
- 적재율 : 0.8
- 수거차 일일 평균 왕복횟수 : 3회/대·일
- 일일 기준

① 6대   ② 9대
③ 12대   ④ 14대

$$소요차량(대) = \frac{가연성 쓰레기의 총량}{쓰레기차의 적재용량}$$

$$= \frac{1.8kg/인·일 \times 50,000인 \times 0.6}{4.5m^3/회 \times 0.8 \times 600kg/m^3 \times 3회/대·일}$$

$$= 8.33(9대)$$

---

21 건조된 고형분의 비중이 1.4이며 이 슬러지 케이크의 건조 이전의 고형분 함량이 50%라면 건조 이전 슬러지 케이크의 비중은?

① 1.129   ② 1.132
③ 1.143   ④ 1.167

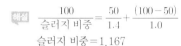

$$슬러지 비중 = 1.167$$

22 미생물을 일단배양(Batch Culture)하는 경우 일반적인 미생물의 성장단계는?

① 대수성장단계 → 감소성장단계 → 내생성장단계
② 감소성장단계 → 대수성장단계 → 내생성장단계
③ 대수성장단계 → 내생성장단계 → 감소성장단계
④ 내생성장단계 → 대수성장단계 → 감소성장단계

미생물의 성장단계(일단배양)
유도기 → 대수성장단계 → 감소성장단계 → 내생성장단계

23 다음 중 부식질에 포함된 물질이 아닌 것은?

① 휴민(Humin)   ② 풀브산(Fulvic Acid)
③ 휴믹산(Humic Acid)   ④ 아세트산(Acetic Acid)

부식질에 포함된 물질
① 휴민(Humin) : 부식탄
② 풀브산(Fulvic Acid)
③ 휴민산(Humin Acid) : 부식산
④ 울믹산(Ulmic Acid)

24 지하수의 두 지점 간(거리 0.5m)의 수리수두차가 0.1m이고, 투수계수는 $10^{-5}m/sec$일 때, 지하수의 Darcy 속도는 몇 m/sec인가?(단, 공극률은 고려하지 않음)

① 2×10^{-5} ② 2×10^{-6}
③ 3×10^{-5} ④ 3×10^{-6}

$$Darcy\ 속도(m/sec) = K\left(\frac{dH}{dL}\right)$$

$$= 10^{-5}m/sec \times \left(\frac{0.1}{0.5}\right) = 2.0 \times 10^{-6}m/sec$$

25 일반적으로 폐기물매립지의 혐기성 상태에서 발생 가능한 가스의 종류와 가장 거리가 먼 것은?

① 이산화탄소 　　　② 황화수소
③ 염화수소 　　　　④ 암모니아

해설 **폐기물 매립지의 혐기성 상태에서 발생 가능한 가스**
① 메탄 　　　　　　② 이산화탄소
③ 암모니아 　　　　④ 황화수소

26 함수율 95%인 분뇨의 유기탄소량은 30%/TS이고 총 질소량은 15%/TS이다. 이 분뇨와 혼합할 볏짚의 함수율은 30%이며 유기탄소량은 90%/TS, 총 질소량은 3%/TS이다. 분뇨 : 볏짚을 무게비 2 : 3으로 혼합했을 경우의 C/N비는?

① 약 22.6 　　　　② 약 24.6
③ 약 26.6 　　　　④ 약 28.6

해설 C/N비
$= \dfrac{\text{혼합물 중 탄소의 양}}{\text{혼합물 중 질소의 양}}$
혼합물 중 탄소의 양
$= \left[\left(\dfrac{2}{2+3}\times(1-0.95)\times0.3\right)+\left(\dfrac{3}{2+3}\times(1-0.3)\times0.9\right)\right]$
$= 0.384$
혼합물 중 질소의 양
$= \left[\left(\dfrac{2}{2+3}\times(1-0.95)\times0.15\right)+\left(\dfrac{3}{2+3}\times(1-0.3)\times0.03\right)\right]$
$= 0.0156$
$= \dfrac{0.384}{0.0156}=24.62$

27 유해폐기물을 고화처리할 때 사용하는 지표인 Mix Ratio(MR 또는 섞음률)는 고화제 첨가량과 폐기물 양의 중량비로 정의된다. 고화 처리 전 폐기물의 밀도가 $1.0g/cm^3$, 고화처리 후 폐기물의 밀도가 $1.2g/cm^3$라면 MR이 0.3일 때 고화처리 후 폐기물의 부피는 처리 전 폐기물의 부피의 몇 배로 되는가?

① 약 1.1 　　　　② 약 1.2
③ 약 1.3 　　　　④ 약 1.4

해설 $VCF=(1+MR)\times\dfrac{\rho_r}{\rho_s}=(1+0.3)\times\dfrac{1.0}{1.2}=1.08$

28 어느 매립지에서 침출된 침출수 농도가 반으로 감소하는데 약 3.5년이 걸렸다면 이 침출수 농도가 95% 분해되는데 소요되는 시간은?(단, 침출수 분해 반응은 1차 반응)

① 약 5년 　　　　② 약 10년
③ 약 15년 　　　④ 약 20년

해설 $\ln\dfrac{C_t}{C_0}=-k\times t$
$\ln0.5=-k\times3.5\text{year},\ k=0.198\text{year}^{-1}$
$\ln\dfrac{5}{100}=-0.198\text{year}^{-1}\times t$
$t=15.13\text{year}$

29 유해폐기물의 고형화 방법 중 열가소성 플라스틱법에 관한 설명으로 옳지 않은 것은?

① 고온에서 분해되는 물질에는 사용할 수 없다.
② 용출손실률이 시멘트 기초법보다 낮다.
③ 혼합률(MR)이 비교적 낮다.
④ 고화처리된 폐기물 성분을 나중에 회수하여 재활용할 수 있다.

해설 **열가소성 플라스틱법(Thermoplastic Techniques)**
① 열(120~150℃)을 가했을 때 액체상태로 변화하는 열가소성 플라스틱을 폐기물과 혼합한 후 냉각화하여 고형화하는 방법이다.
② 장점
　㉠ 용출 손실률이 시멘트기초법에 비하여 상당히 적다.
　㉡ 고화 처리된 폐기물 성분을 회수하여 재활용이 가능하다.
　㉢ 수용액의 침투에 저항성이 매우 크다.
③ 단점
　㉠ 광범위하고 복잡한 장치로 인한 숙련된 기술이 필요하다.
　㉡ 처리과정에서 화재의 위험성이 있다.
　㉢ 고온에서 분해·반응되는 물질에는 적용하지 못한다.
　㉣ 폐기물을 건조시켜야 하며 에너지 요구량이 크다.
　㉤ 혼합률(MR)이 비교적 높다.

30 슬러지를 개량하는 목적으로 가장 적합한 것은?

① 슬러지의 탈수가 잘 되게 하기 위해서
② 탈리액의 BOD를 감소시키기 위해서
③ 슬러지 건조를 촉진하기 위해서
④ 슬러지의 악취를 줄이기 위해서

슬러지 개량목적
① 슬러지의 탈수성 향상 : 주된 목적
② 슬러지의 안정화
③ 탈수 시 약품 소모량 및 소요동력을 줄임

31 매립공법 중 내륙매립공법에 관한 내용으로 틀린 것은?

① 셀(Cell) 공법 : 쓰레기 비탈면의 경사는 15~25%의 구배로 하는 것이 좋다.
② 셀(Cell) 공법 : 1일 작업하는 셀 크기는 매립처분량에 따라 결정된다.
③ 도랑형 공법 : 파낸 흙이 항상 남는데 이를 복토재로 이용할 수 있다.
④ 도랑형 공법 : 쓰레기를 투입하여 순차적으로 육지화하는 방법이다.

순차투입 공법
호안 측으로부터 순차적으로 쓰레기를 투입하여 순차적으로 육지화하는 방법으로 수심이 깊은 처분장에서는 건설비 과다로 내수를 완전히 배제하기 곤란한 경우가 많기 때문에 순차투입공법을 택하는 경우가 많다.

32 차수설비는 표면차수막과 연직차수막으로 구분되는데, 연직차수막에 대한 일반적인 내용과 가장 거리가 먼 것은?

① 지중에 수평방향의 차수층이 존재하는 경우에 적용한다.
② 지하수 집배수 시설이 필요하다.
③ 지하에 매설하기 때문에 차수성 확인이 어렵다.
④ 차수막 단위면적당 공사비가 비싸지만 총공사비는 싸다.

연직차수막
① 적용조건 : 지중에 수평방향의 차수층이 존재할 때 사용
② 시공 : 수직 또는 경사시공
③ 지하수 집배수시설 : 불필요
④ 차수성 확인 : 지하매설로서 차수성 확인이 어려움
⑤ 경제성 : 단위면적당 공사비는 많이 소요되나 총 공사비는 적게 듦
⑥ 보수 : 지중이므로 보수가 어렵지만 차수막 보강시공이 가능
⑦ 공법 종류
ⓐ 어스 댐 코어 공법
ⓑ 강널말뚝(sheet pile) 공법
ⓒ 그라우트 공법
ⓓ 차수시트 매설 공법
ⓔ 지중 연속벽 공법

33 고형물의 함량이 $80kg/m^3$인 농축슬러지를 $18m^3/hr$ 유량으로 탈수시키려 한다. 고형물 중량에 대해 25%의 소석회를 넣으면 함수율 80%의 탈수 Cake가 얻어진다고 할 때 농축 슬러지로부터 얻어지는 탈수 Cake의 양은?(단, 하루 운전시간은 24시간, Cake의 비중은 1.0)

① 약 120t/day
② 약 220t/day
③ 약 320t/day
④ 약 420t/day

Cake 양(ton/day)
= 고형물 농축슬러지양 × 응집제 첨가량 × 함수율 보정
= $80kg/m^3 × 18m^3/hr × ton/1,000kg$
$× \left(\frac{100+25}{100}\right) × \left(\frac{100}{100-80}\right)$
= 9ton/hr × 24hr/day = 216ton/day

34 6.3%의 고형물을 함유한 150,000kg의 슬러지를 농축한 후, 농축슬러지를 소화조로 이송할 경우의 농축슬러지의 무게는 70,000kg이다. 이때 소화조로 이송한 농축된 슬러지의 고형물 함유율은?(단, 슬러지의 비중은 1.0으로 가정, 상등액의 고형물 함량은 무시한다.)

① 11.5%
② 13.5%
③ 15.5%
④ 17.5%

$150,000kg × 6.3 = 70,000kg × $ 농축슬러지 고형물
농축슬러지 고형물(%) = 13.5%

35 친산소성 퇴비화 공정의 설계 운영고려 인자에 관한 내용으로 틀린 것은?

① 수분함량 : 퇴비화기간 동안 수분함량은 50~60% 범위에서 유지된다.
② C/N비 : 초기 C/N비는 25~50이 적당하며 C/N비가 높은 경우는 암모니아 가스가 발생한다.
③ pH 조절 : 적당한 분해작용을 위해서는 pH 7~7.5 범위를 유지하여야 한다.
④ 공기공급 : 이론적인 산소요구량은 식을 이용하여 추정이 가능하다.

① C/N비가 높으면 유기산 등이 퇴비의 pH를 낮추고 미생물의 성장과 활동도 억제되며 질소 부족(C/N비 80 이상이면 질소 결핍현상)으로 퇴비화가 잘 형성되지 않아 퇴비화의 소요기간이 길어진다.(폐기물 내 질소함량이 적은 것은 퇴비화가 잘 되지 않는다.)
② C/N비가 20보다 낮으면 유기질소가 암모니아로 변하여 pH를 증가시키고, 이로 인해 암모니아 가스가 발생되어 퇴비화 과정 중 악취가 생긴다.

정답 31 ④ 32 ② 33 ② 34 ② 35 ②

36 고형폐기물을 매립 처분할 때 $C_6H_{12}O_6$ 성분 1톤(ton)의 폐기물이 혐기성 분해를 한다면 이론적 메탄가스 발생량은?(단, 표준상태 기준)

① 약 280m^3　　　② 약 370m^3

③ 약 450m^3　　　④ 약 560m^3

해설 $C_6H_{12}O_6 \longrightarrow 3CO_2 + 3CH_4$

180kg : $3 \times 22.4m^3$

1,000kg : $CH_4(m^3)$

$$CH_4(m^3) = \frac{1,000kg \times (3 \times 22.4)m^3}{180kg} = 373.33m^3$$

37 차수막 재료로서 점토의 조건으로 가장 부적합한 것은?

① 투수계수 10^{-7}cm/sec 미만

② 소성지수 10% 이상 30% 미만

③ 액성한계 10% 이상 20% 미만

④ 자갈함유량 10% 미만

해설 **점토 차수막 적합조건**

항목	적합기준
투수계수	10^{-7} cm/sec 미만
점토 및 마사토 함량	20% 이상
소성지수(PI)	10% 이상 30 미만
액성한계(LL)	30% 이상
자갈함유량	10% 미만
직경 2.5 cm 이상 입자 함유량	0%

38 유기적 고형화 기술에 대한 설명으로 틀린 것은?(단, 무기적 고형화 기술과 비교)

① 수밀성이 크며 처리비용이 고가이다.

② 미생물, 자외선에 대한 안정성이 강하다.

③ 방사성 폐기물처리에 적용한다.

④ 최종 고화체의 체적 증가가 다양하다.

해설 **유기성(유기적) 고형화 기술**

① 요소수지, 폴리부타디엔, 폴리에스테르, 에폭시, 아스팔트 등을 이용하여 주로 방사성 폐기물 등을 안정화시키는 방법이다.

② 일반적으로 물리적으로 봉입한다.

③ 처리비용이 고가이다.

④ 최종 고화체의 체적 증가가 다양하다.

⑤ 수밀성이 매우 크고 다양한 폐기물에 적용 용이하다.

⑥ 미생물, 자외선에 대한 안정성이 약하다.

⑦ 일반 폐기물보다 방사성 폐기물 처리에 적용한다. 즉, 방사성 폐기물을 제외한 기타 폐기물에 대한 적용사례가 제한되어 있다.

⑧ 상업화된 처리법의 현장자료가 미비하다.

⑨ 고도 기술을 필요로 하며 촉매 등 유해물질이 사용된다.

⑩ 역청, 파라핀, PE, UPE 등을 이용한다.

39 호기성 소화방식으로 분뇨를 500m^3/day로 처리하고자 한다. 1차 처리에 필요한 산기관수는?(단, 분뇨 BOD 20,000mg/L, 1차 처리효율 60%, 소요 공기량 50m^3/BODkg, 산기관 통풍량 0.5m^3/min · 개)

① 367개　　　② 417개

③ 447개　　　④ 487개

해설 산기관수(개)

$= \dfrac{\text{BOD처리 필요폭기량(공기량)}}{\text{1개 산기관의 송풍량}}$

$= \dfrac{\begin{matrix}500m^3/day \times 20,000mg/L \times 1,000L/m^3 \times 1kg/10^6mg \\ \times 50m^3/BOD \cdot kg \times 0.6 \times day/24hr \times 1hr/60min\end{matrix}}{0.5m^3/min \cdot 개}$

$= 416.67(417개)$

40 복합퇴비화 시 함수율 85%인 슬러지와 함수율 40%인 톱밥을 1 : 2로 혼합한 후의 함수율과 퇴비화의 적정성 여부에 관한 설명으로 옳은 것은?

① 혼합 후 함수율은 65%로 퇴비화에 부적절한 함수율이라 판단된다.

② 혼합 후 함수율은 65%로 퇴비화에 적절한 함수율이라 판단된다.

③ 혼합 후 함수율은 55%로 퇴비화에 부적절한 함수율이라 판단된다.

④ 혼합 후 함수율은 55%로 퇴비화에 적절한 함수율이라 판단된다.

해설 혼합 함수율(%) $= \dfrac{(1 \times 0.85) + (2 \times 0.4)}{1+2} \times 100 = 55\%$

퇴비화 적정함수율 범위 : 50~60%

제3과목 폐기물소각 및 열회수

41 다음 중 표면연소에 대한 설명으로 가장 적합한 것은?

① 코크스나 목탄과 같은 휘발성 성분이 거의 없는 연료의 연소형태를 말한다.

② 휘발유와 같이 끓는점이 낮은 기름의 연소나 왁스가 액화하여 다시 기화되어 연소하는 것을 말한다.

③ 기체연료와 같이 공기의 확산에 의한 연소를 말한다.

④ 니트로글리세린 등과 같이 공기 중 산소를 필요로 하지 않고 분자 자신 속의 산소에 의해서 연소하는 것을 말한다.

해설 표면연소

① 고체연료 표면에 고온을 유지시켜 표면에서 반응을 일으켜 내부로 연소가 진행되는 형태이며 숯불연소, 불균일연소라고도 한다.

② 코크스 또는 분해연소가 끝난 석탄은 열분해가 일어나기 어려운 탄소가 주성분으로 그것 자체가 연소하는 과정으로 연소되면 적열할 뿐 화염이 없는 연소형태이다. 즉, 코크스나 목탄과 같은 휘발성 성분이 거의 없는 연료의 연소형태를 말한다.

③ 산소나 산화가스가 고체표면 및 내부 공간에 확산되어 표면반응을 하며 연소하는 형태이다.(열분해에 의하여 가연성 가스를 발생하지 않고 물질 그 자체가 연소)

④ 열분해가 끝난 코크스는 열분해가 어려운 고정탄소로 그 자체가 연소한다.

⑤ 연소속도는 산소의 연료표면으로의 확산속도와 표면에서의 화학반응속도에 의해 영향을 받는다.

[Note] ②항 내용(증발연소)
③항 내용(확산연소)
④항 내용(자기연소)

42 고체 및 액체 연료의 연소 이론 산소량을 중량으로 구하는 경우, 산출식으로 적절한 것은?

① $2.67C + 8H + O + S(kg/kg)$

② $3.67C + 8H + O + S(kg/kg)$

③ $2.67C + 8H - O + S(kg/kg)$

④ $3.67C + 8H - O + S(kg/kg)$

해설 고체, 액체연료 1kg의 연소 시 이론산소량(O_o)

① 중량

$$O_o = 32/12C + 16/2(H - O/8) + 32/32S$$
$$= 2.667C + 8H - O + S(kg/kg)$$

② 부피(용량)

$$O_o = 22.4/12C + 11.2/2(H - O/8) + 22.4/32S$$
$$= 1.867C + 5.6H - 0.7O + 0.7S(Nm^3/kg)$$

43 소각로에서 쓰레기의 소각과 동시에 배출되는 가스성분을 분석한 결과 N_2 : 85%, O_2 : 6%, CO : 1%와 같은 조성을 나타냈다. 이때 이 소각로의 공기비는?(단, 쓰레기에는 질소, 산소 성분이 없다고 가정함)

① 1.25

② 1.32

③ 1.81

④ 2.28

해설 불완전연소 시 공기비(m) $= \dfrac{N_2}{N_2 - 3.76(O_2 - 0.5CO)}$

$$= \dfrac{85}{85 - 3.76[6 - (0.5 \times 1)]} = 1.32$$

44 연소방법에 따른 소각로 종류 중 설명이 잘못된 것은?

① 준연속식 소각로는 회분식 소각로와 같이 쓰레기를 간헐적으로 투입하나 화격자를 건조층과 연소층으로 구분하여 건조 및 연소속도를 향상시킨 소각로이다.

② 회분식 기계화 소각로는 재나 불연잔사물의 배출을 자동화하여 회분식 소각로의 단점을 보완한 것이다.

③ 회분식 소각로는 간단한 구조를 갖는 것이 일반적이며 처리량은 노당 20ton/day가 일반적이다.

④ 완전연소식 소각로는 계장장비를 완비하고 적은 작업인원으로 24시간 연속운전이 가능한 소각로이다.

해설 준연속식 소각로

소각설비를 안전자동화하여 연속식으로 할 경우 설치비나, 유지·관리비가 많이 소요되기 때문에 부분적으로 간소화하여 수동운전을 하도록 하는 소각로로서 일반적으로 16시간 정도의 운전시간을 목표로 설치한다.

45 완전건조된 폐기물 10,000kg/h을 소각할 때 폐기물 중 유기물성분이 60%이면 굴뚝으로부터 배출되는 배기가스의 열량은 약 몇 kJ/h인가?(단, 건조기준으로 유기물의 연소열은 19,193kJ/kg으로 가정하며, 복사에 의한 열손실은 입력의 5%이고, 발생열의 10%가 소각재에 잔존한다고 가정한다.)

① 98×10^6

② 109×10^6

③ 116×10^6

④ 125×10^6

해설 배기가스의 열량
=폐기물연소열－(복사손실열＋소각재잔존열)
폐기물연소열＝19,193kJ/kg×10,000kg/hr×0.6
＝115,158,000kJ/hr
복사손실열＝115,158,000kJ/hr×0.05＝5,757,900kJ/hr
소각재잔존열＝115,158,000kJ/hr×0.1＝11,515,800kJ/hr
＝115,158,000－(5,757,900＋11,515,800)
＝97,884,300kJ/hr

46 배연탈황법에 대한 설명으로 옳지 않은 것은?

① 석회석 슬러리를 이용한 흡수법은 탈황률의 유지 및 스케일 형성을 방지하기 위해 흡수액의 pH를 6으로 조정한다.

② 활성탄 흡착법에서 SO_2는 활성탄 표면에서 산화된 후 수증기와 반응하여 황산으로 고정된다.

③ 수산화나트륨용액 흡수법에서는 탄산나트륨의 생성을 억제하기 위해 흡수액의 pH를 7로 조정한다.

④ 활성산화망간은 상온에서 SO_2 및 O_2와 반응하여 황산망간을 생성한다.

해설 **활성망간법**
활성산화망간($MnOx \cdot nH_2O$)의 분말을 흡수탑 내에서 SO_2 및 O_2와 반응시켜 황산망간($MnSO_4$)을 생성시키며 부산물로서 황산암모늄[$(NH_4)_2SO_2$]이 발생한다.

47 일반적으로 과열기의 중간 또는 뒤쪽에 배치되어 증기터빈 속에서 팽창하여 포화증기에 도달한 증기를 도중에서 이끌어내어 그 압력으로 다시 가열하여 터빈에 되돌려 팽창시키는 열교환기는?

① 재열기 ② 절탄기
③ 공기예열기 ④ 압열기

해설 **재열기**
① 과열기와 같은 구조로 되어 있으며 설치위치는 대개 과열기 중간 또는 뒤쪽에 배치한다.
② 보일러(증기) 터빈에서 팽창하여 포화증기에 가까워진 증기를 도중에서 이끌어 내어 그 압력으로 다시 예열하여 터빈에 되돌려 팽창시키는 역할을 한다.

48 SO_2 100kg의 표준상태에서 부피(m³)는?(단, SO_2는 이상기체이고, 표준상태로 가정한다.)

① 63.3 ② 59.5 ③ 44.3 ④ 35.0

해설 이상기체 방정식 이용
$$PV = \frac{W}{M}RT$$
$$1atm \times V = \frac{100 \times 10^3 g}{64g} \times 0.082 atm \cdot L/mol \cdot K \times (273+0)K$$
$$V(m^3) = 34,978.13L \times m^3/1,000L = 34.98m^3$$

[Note] 다른 풀이 : 부피(m^3)$= 100kg \times \frac{22.4m^3}{64kg} = 35m^3$

49 옥탄(C_8H_{18})이 완전연소할 때 AFR은?(단, kg mol_air/kg mol_fuel)

① 15.1 ② 29.1
③ 32.5 ④ 59.5

해설 C_8H_{18}의 연소반응식
$C_8H_{18} + 12.5O_2 \rightarrow 8CO_2 + 9H_2O$
1mole : 12.5mole
부피기준 AFR$= \frac{\frac{1}{0.21} \times 12.5}{1} = 59.5$moles air/moles fuel

50 기체연료의 장단점으로 틀린 것은?

① 연소 효율이 높고 안정된 연소가 된다.
② 완전연소 시 많은 과잉공기(200~300%)가 소요된다.
③ 설비비가 많이 들고 비싸다.
④ 연료의 예열이 쉽고 유황 함유량이 적어 SOx 발생량이 적다.

해설 **기체연료의 연소**
① 장점
㉠ 적은 과잉공기비(10~20%)로 완전연소가 가능하여 연소 효율이 높다.
㉡ 회분 및 SO_2, 매연 발생이 없다.(연료의 예열이 쉽고 유황 함유량이 적어 SOx 발생량이 적다.)
㉢ 점화·소화가 용이하고 연소조절이 쉽다.(안정된 연소가 가능)
㉣ 발열량이 크며 회분이 없고 균일가열된다.
㉤ 연소율의 가연범위(Turn-down Ratio, 부하변동범위)가 넓다.
② 단점
㉠ 시설비(저장, 이송)가 크고 폭발위험성이 있다.
㉡ 실내에서 누설될 경우 위험하다.
㉢ 다른 연료에 비해 취급이 곤란(위험성)하다.

51 저발열량이 10,000kcal/Sm³이고, 이론습연소가스량이 15Sm³/Sm³인 가스 연료의 이론연소온도는?(단, 연소가스의 비열은 0.5kcal/Sm³·℃이며 공급공기 및 연료온도는 25℃로 가정함)

① 1,058℃
② 1,158℃
③ 1,258℃
④ 1,358℃

이론연소온도(℃)

$$= \frac{저위발열량}{이론연소가스량 \times 연소가스평균정압비열} + 실제온도$$

$$= \frac{10,000kcal/Sm^3}{15Sm^3/Sm^3 \times 0.5kcal/Sm^3 \cdot ℃} + 25℃$$

$$= 1,358.33℃$$

52 열분해 발생 가스 중 온도가 증가할수록 함량이 증가하는 것은?(단, 열분해 온도에 따른 가스의 구성비(%) 기준)

① 메탄
② 일산화탄소
③ 이산화탄소
④ 수소

열분해 온도가 증가할수록 수소 함량은 증가, 이산화탄소 함량은 감소된다.

53 폐기물의 이송방향과 연소가스의 흐름방향에 따라 소각로 본체의 형식을 분류한다면 폐기물의 수분이 적고 저위발열량이 높은 경우에 사용하기 가장 적절한 형식은?

① 교차류식 소각로
② 역류식 소각로
③ 2회류식 소각로
④ 병류식 소각로

소각로 내 연소가스와 폐기물 흐름에 따른 구분
① 역류식(향류식)
   ㉠ 폐기물의 이송방향과 연소가스의 흐름을 반대로 하는 형식이다.
   ㉡ 난연성 또는 착화하기 어려운 폐기물 소각에 가장 적합한 방식이다.
   ㉢ 열가스에 의한 방사열이 폐기물에 유효하게 작용하므로 수분이 많다.
   ㉣ 후연소 내의 온도저하나 불완전연소가 발생할 수 있다.
   ㉤ 복사열에 의한 건조에 유리하며 저위발열량이 낮은 폐기물에 적합하다.
② 병류식
   ㉠ 폐기물의 이송방향과 연소가스의 흐름방향이 같은 형식이다.
   ㉡ 수분이 적고(착화성이 좋고) 저위발열량이 높을 때 적용한다.
   ㉢ 폐기물의 발열량이 높을 경우 적당한 형식이다.

㉣ 건조대에서의 건조효율이 저하될 수 있다.
③ 교류식(중간류식)
   ㉠ 역류식과 병류식의 중간적인 형식이다.
   ㉡ 중간 정도의 발열량을 가지는 폐기물에 적합하다.
   ㉢ 두 흐름이 교차하여 폐기물 질의 변동이 클 때 적합하다.
④ 복류식(2회류식)
   ㉠ 2개의 출구를 가지고 있는 댐퍼의 개폐로 역류식, 병류식, 교류식으로 조절할 수 있는 형식이다.
   ㉡ 폐기물의 질이나 저위발열량의 변동이 심할 경우에 적합하다.

54 연료는 일반적으로 탄화수소화합물로 구성되어 있다. 어떤 액체연료의 질량조성이 C : 75%, H : 25%일 때 C/H 물질량(mole)비는?

① 0.25
② 0.50
③ 0.75
④ 0.90

$$C/H몰비 = \frac{\frac{75}{12}}{\frac{25}{1}} = 0.25$$

55 메탄올(CH_3OH) 5kg을 연소하는 데 필요한 이론공기량(A_o)은?

① 약 12Sm³
② 약 18Sm³
③ 약 21Sm³
④ 약 25Sm³

$$CH_3OH + 1.5O_2 \rightarrow CO_2 + 2H_2O$$

$$32kg \quad : \quad 1.5 \times 22.4Sm^3$$
$$5kg \quad : \quad O_o(Sm^3)$$

$$O_0(Sm^3) = \frac{5kg \times (1.5 \times 22.4)Sm^3}{32kg} = 5.25Sm^3$$

$$A_0(Sm^3) = \frac{5.25}{0.21} = 25Sm^3$$

56 로터리 킬른식(Rotary Kiln) 소각로의 단점이라 볼 수 없는 것은?

① 처리량이 적은 경우 설치비가 높다.
② 구형 및 원통형 물질은 완전연소가 끝나기 전에 굴러 떨어질 수 있다.
③ 노에서의 공기 유출이 크므로 종종 대량의 과잉공기가 필요하다.
④ 습식 가스 세정시스템과 함께 사용할 수 있다.

해설 **회전로식 소각로(Rotary Kiln Incinerator)**
① 장점
　㉠ 넓은 범위의 액상 및 고상폐기물을 소각할 수 있다.
　㉡ 전처리(예열, 혼합, 파쇄) 없이 소각물 주입이 가능하다.
　㉢ 소각에 방해 없이 연속으로 재의 배출이 가능하다.
　㉣ 동력비 및 운전비가 적다.
　㉤ 소각물 부하변동에 적응이 가능하다.
② 단점
　㉠ 처리량이 적을 경우 설치비가 높다.
　㉡ 후처리장치(대기오염방지장치)에 대한 분진부하율이 높다.
　㉢ 비교적 열효율이 낮은 편이다.
　㉣ 구형 및 원통형 폐기물은 완전연소 전에 화상에서 이탈할 수 있다.
　㉤ 노에서의 공기유출이 크므로 종종 대량의 과잉공기 및 2차연소실이 필요하다.

57 다음 중 고체연료의 장점이 아닌 것은?
① 점화와 소화가 용이하다.
② 인화, 폭발의 위험성이 적다.
③ 가격이 저렴하다.
④ 저장, 운반 시 노천 야적이 가능하다.

해설 **고체연료**
① 장점
　㉠ 저장, 취급(수송)이 편리하다.
　㉡ 야적이 가능하다.
　㉢ 연소장치가 간단하고 가격이 저렴하다.
　㉣ 매장량이 풍부하며 연소성이 느린 점을 이용하여 특수목적에 사용할 수 있다.
　㉤ 인화, 폭발의 위험성이 적다.
② 단점
　㉠ 전처리가 필요하다.
　㉡ 완전연소가 곤란하여 회분이 남게 된다.
　㉢ 연소효율이 낮고 고온을 얻기가 어렵다.
　㉣ 연소조절이 어렵고 매연이 발생된다.
　㉤ 착화연소가 곤란하며 연료의 배관수송이 어렵다.
　㉥ 점화와 소화가 용이하지 않다.

58 전기집진장치(EP)의 특징으로 옳지 않은 것은?
① 전압변동과 같은 조건변동에 쉽게 적응할 수 있다.
② 회수할 가치성이 있는 입자의 채취가 가능하다.
③ 유지관리가 용이하고 유지비가 저렴하다.
④ 대량의 가스처리가 가능하다.

해설 **전기집진장치(EP)**
① 장점
　㉠ 집진효율이 높다.(0.01μm 정도 포집 용이, 99.9% 정도 고집진 효율)
　㉡ 대량의 분진함유가스의 처리가 가능하다.
　㉢ 압력손실이 적고 미세한 입자까지도 처리가 가능하다.
　㉣ 운전, 유지·보수비용이 저렴하다.
　㉤ 고온(500℃ 전후)가스 및 대량가스 처리가 가능하다.
　㉥ 광범위한 온도범위에서 적용이 가능하며 폭발성 가스의 처리도 가능하다.
　㉦ 회수가치 입자포집에 유리하고 압력손실이 적어 소요동력이 적다.
　㉧ 배출가스의 온도강하가 적다.
② 단점
　㉠ 분진의 부하변동(전압변동)에 적응하기 곤란하고, 고전압으로 안전사고의 위험성이 높다.
　㉡ 분진의 성상에 따라 전처리시설이 필요하다.
　㉢ 설치비용이 많이 소요되고 설치공간을 많이 차지한다.
　㉣ 특정물질을 함유한 분진제거에는 곤란하다.
　㉤ 가연성 입자의 처리가 곤란하다.

59 연소실의 부피를 결정하려고 한다. 연소실의 부하율은 $3.6 \times 10^5 \text{kcal/m}^3 \cdot \text{hr}$ 이고 발열량이 $1,600 \text{kcal/kg}$인 쓰레기를 1일 400ton 소각시킬 때 소각로의 연소실 부피(m^3)는?(단, 소각로는 연속가동한다.)
① 104m³　　　　② 974m³
③ 84m³　　　　④ 74m³

해설 소각로 부피(m^3)
$$= \frac{\text{소각량} \times \text{쓰레기 발열량}}{\text{연소실 부하율}}$$
$$= \frac{400\text{ton/day} \times \text{day/24hr} \times 1,000\text{kg/ton} \times 1,600\text{kcal/kg}}{3.6 \times 10^5 \text{kcal/m}^3 \cdot \text{hr}}$$
$$= 74.07\text{m}^3$$

60 보일러 전열면을 통하여 연소가스의 여열로 보일러 급수를 예열하여 보일러 효율을 높이는 열교환 장치는?
① 공기 예열기　　　　② 절탄기
③ 과열기　　　　④ 재열기

해설 **절탄기(이코노마이저)**
① 폐열회수를 위한 열교환기, 연도에 설치하며 보일러 전열면을 통과한 연소가스의 예열로 보일러 급수를 예열하여 보일러 효율을 높이는 장치이다.

정답 **57** ①　**58** ①　**59** ④　**60** ②

② 급수예열에 의해 보일러수와의 온도차가 감소되므로 보일러드럼에 발생하는 열응력이 감소된다.

③ 급수온도가 낮을 경우, 연소가스 온도가 저하되면 절탄기 저온부에 접하는 가스온도가 노점에 대하여 절탄기를 부식시키는 것을 주의하여야 한다.

④ 절탄기 자체로 인한 통풍저항 증가와 연도의 가스온도 저하로 인한 연도통풍력의 감소를 주의하여야 한다.

제4과목 **폐기물공정시험기준(방법)**

61 0.1N NaOH 용액 10mL를 중화하는데 어떤 농도의 HCl 용액이 100mL 소요되었다. 이 HCl 용액의 pH는?

① 1
② 2
③ 2.5
④ 3

$NV = N'V'$

$0.1N \times 10mL = N' \times 100mL$

$N'(HCl) = \dfrac{0.1N \times 10mL}{100mL}$

$= 0.01N(HCl \ 1가이므로 \ 0.01M)$

$HCl의 \ pH = \log\dfrac{1}{10^{-2}} = 2$

62 시안 – 이온전극법에 관한 내용으로 ( )에 옳은 내용은?

폐기물 중 시안을 측정하는 방법으로 액상폐기물과 고상폐기물을 ( )으로 조절한 후 시안 이온전극과 비교전극을 사용하여 전위를 측정하고 그 전위차로부터 시안을 정량하는 방법이다.

① pH 2 이하의 산성
② pH 4.5～5.3의 산성
③ pH 10의 알칼리성
④ pH 12～13의 알칼리성

시안 – 이온전극법
액상폐기물과 고상폐기물을 pH 12～13의 알칼리성으로 조절한 후 시안 이온전극과 비교전극을 사용하여 전위를 측정하고 그 전위차로부터 시안을 정량하는 방법이다.

63 원자흡수분광광도법에 의하여 크롬을 분석하는 경우 적합한 가연성 가스는?

① 공기
② 헬륨
③ 아세틸렌
④ 일산화이질소

원자흡수분광광도법에 의하여 크롬을 분석하는 경우 일반적으로 가연성 기체로 아세틸렌을, 조연성 기체로 공기를 사용한다.

64 폐기물 용출조작에 관한 내용으로 ( )에 옳은 것은?

시료용액 조제가 끝난 혼합액을 상온, 상압에서 진탕 횟수가 매분당 약 200회, 진폭 ( )의 진탕기를 사용하여 ( ) 연속 진탕한 다음 여과하고 여과액을 적당량 취하여 용출시험용 시료용액으로 한다.

① 4～5cm, 4시간
② 4～5cm, 6시간
③ 5～6cm, 4시간
④ 5～6cm, 6시간

용출시험방법(용출조작)
① 진탕 : 혼합액을 상온·상압에서 진탕 횟수가 매분당 약 200회, 진폭이 4～5cm인 진탕기를 사용하여 6시간 연속 진탕
⇩
② 여과 : 1.0μm의 유리섬유여과지로 여과
⇩
③ 여과액을 적당량 취하여 용출실험용 시료용액으로 함

65 자외선/가시선 분광법으로 구리를 측정할 때 알칼리성에서 다이에틸다이티오카르바민산나트륨과 반응하여 생성되는 킬레이트 화합물의 색으로 옳은 것은?

① 적자색
② 청색
③ 황갈색
④ 적색

구리 – 자외선/가시선 분광법
시료 중에 구리이온이 알칼리성에서 다이에틸다이티오카르바민산나트륨과 반응하여 생성하는 황갈색의 킬레이트 화합물을 아세트산부틸로 추출하여 흡광도를 440nm에서 측정하는 방법이다.

66 수은을 원자흡수분광광도법으로 정량하고자 할 때 정량한계(mg/L)는?

① 0.0005
② 0.002
③ 0.05
④ 0.5

수은(환원기화) 원자흡수분광광도법
정량한계 : 0.0005mg/L

정답 61 ② 62 ④ 63 ③ 64 ② 65 ③ 66 ①

67 청석면의 형태와 색상으로 옳지 않은 것은?(단, 편광현미경법 기준)

① 꼬인 물결 모양의 섬유
② 다발 끝은 분산된 모양
③ 긴 섬유는 만곡
④ 특징적인 청색과 다색성

해설 **석면의 대표적 종류 및 특성**

석면의 종류	형태와 색상
백석면 (Chrysotile)	• 꼬인 물결 모양의 섬유 • 다발의 끝은 분산 • 가열되면 무색~밝은 갈색 • 다색성 • 종횡비는 전형적으로 10 : 1 이상
갈석면 (Amosite)	• 곧은 섬유와 섬유 다발 • 다발 끝은 빗자루 같거나 분산된 모양 • 가열하면 무색~갈색 • 약한 다색성 • 종횡비는 전형적으로 10 : 1 이상
청석면 (Crocidolite)	• 곧은 섬유와 섬유 다발 • 긴 섬유는 만곡 • 다발 끝은 분산된 모양 • 특징적인 청색과 다색성 • 종횡비는 전형적으로 10 : 1 이상

68 세균배양 검사법에 의한 감염성 미생물 분석 시 시료의 채취 및 보존방법에 관한 내용으로 ( )에 적절한 것은?

> 시료의 채취는 가능한 한 무균적으로 하고 멸균된 용기에 넣어 1시간 이내에 실험실로 운반·실험하여야 하며, 그 이상의 시간이 소요될 경우에는 (㉠) 이하로 냉장하여 (㉡) 이내에 실험실로 운반하여 실험실에 도착한 후 (㉢) 이내에 배양조작을 완료하여야 한다.

① ㉠ 4℃, ㉡ 6시간, ㉢ 2시간
② ㉠ 4℃, ㉡ 2시간, ㉢ 6시간
③ ㉠ 10℃, ㉡ 6시간, ㉢ 2시간
④ ㉠ 10℃, ㉡ 2시간, ㉢ 6시간

해설 **감염성 미생물 – 세균배양 검사법(시료채취 및 관리)**
시료의 채취는 가능한 한 무균적으로 하고 멸균된 용기에 넣어 1시간 이내에 실험실로 운반·실험하여야 하며, 그 이상의 시간이 소요될 경우에는 10℃ 이하로 냉장하여 6시간 이내에 실험실로 운반하고 실험실에 도착한 후 2시간 이내에 배양조작을 완료하여야 한다.(다만, 8시간 이내에 실험이 불가능할 경우에는 현지 실험용 기구세트를 준비하여 현장에서 배양조작을 하여야 함)

69 기체크로마토그래피를 적용한 유기인 분석에 관한 내용으로 틀린 것은?

① 유기인 화합물 중 이피엔, 파라티온, 메틸디메톤, 다이아지논 및 펜토에이트의 측정에 이용된다.
② 유기인의 정량분석에 사용되는 검출기는 질소인검출기 또는 불꽃광도검출기이다.
③ 정량한계는 사용하는 장치 및 측정조건에 따라 다르나 각 성분당 0.0005mg/L이다.
④ 유기인을 정량할 때 주로 사용하는 정제용 컬럼은 활성알루미나컬럼이다.

해설 **유기인 정제용 컬럼**
① 실리카겔컬럼
② 플로리실컬럼
③ 활성탄컬럼

70 자외선/가시선 분광법으로 카드뮴을 정량 시 사용하는 시약과 그 용도가 잘못 짝지어진 것은?

① 발색시약 : 디티존
② 시료의 전처리 : 질산 – 황산
③ 추출용매 : 사염화탄소
④ 억제제 : 황화나트륨

해설 **카드뮴 – 자외선/가시선 분광법(디티존법)**
시료 중에 카드뮴 이온을 시안화칼륨이 존재하는 알칼리성에서 디티존과 반응시켜 생성하는 카드뮴착염을 사염화탄소로 추출하고, 추출한 카드뮴착염을 타타르산용액으로 역추출한 다음 수산화나트륨과 시안화칼륨을 넣어 디티존과 반응하여 생성하는 적색의 카드뮴착염을 사염화탄소로 추출하여 그 흡광도를 520nm에서 측정하는 방법이다.

71 HCl(비중 1.18) 200mL를 1L의 메스플라스크에 넣은 후 증류수로 표선까지 채웠을 때 이 용액의 염산농도(W/V%)는?

① 19.6
② 20.0
③ 23.1
④ 23.6

해설 $$염산농도(W/V\%) = \frac{용질}{용질 + 용매}$$
$$= \frac{200mL \times 1.18g/mL}{200mL + 800mL} \times 100$$
$$= 23.6W/V\%$$

72 기체크로마토그래피법에서 사용하는 열전도도검출기(TCD)에서 사용되는 가스의 종류는?

① 질소　　　　　　　② 헬륨
③ 프로판　　　　　　④ 아세틸렌

열전도도 검출기(TCD : Thermal Conductivity Detector)
열전도도 검출기는 금속 필라멘트(Filament) 또는 전기저항체(Thermister)를 검출소자로 하여 금속판(Block) 안에 들어 있는 본체와 여기에 안정된 직류전기를 공급하는 전원회로, 전류조절부, 신호검출 전기회로, 신호감쇄부 등으로 구성된다.(운반가스 99.99% 이상의 수소 또는 헬륨)

73 자외선/가시선 분광법에서 시료액의 흡수파장이 약 370nm 이하일 때 일반적으로 사용하는 흡수셀은?

① 젤라틴셀　　　　　② 석영셀
③ 유리셀　　　　　　④ 플라스틱셀

자외선/가시선 분광법에서 시료액의 흡수파장 370nm 이상은 석영 또는 경질유리 흡수셀을 사용하고, 370nm 이하는 석영 흡수셀을 사용한다.

74 중량법으로 기름성분을 측정할 때 시료채취 및 관리에 관한 내용으로 ( )에 옳은 것은?

시료는 (㉠) 이내 증발 처리를 하여야 하나 최대한 (㉡)을 넘기지 말아야 한다.

① ㉠ 6시간, ㉡ 24시간
② ㉠ 8시간, ㉡ 24시간
③ ㉠ 12시간, ㉡ 7일
④ ㉠ 24시간, ㉡ 7일

중량법 – 기름성분
① 채취 : 유리병에 채취하고 가능한 빨리 측정
② 보관 : 미생물에 의한 분해방지를 위해 0~4℃로 보관
③ 기간 : 24시간 이내에 증발 처리하여야 하나 최대한 7일을 넘기지 말아야 함
④ 온도 : 분석 전 상온이 되게 함

75 시안(CN)을 분석하기 위한 자외선/가시선분광법에 대한 설명으로 옳지 않은 것은?

① 클로라민－T와 피리딘 · 피라졸론 혼합액을 넣어 나타나는 청색을 620nm에서 측정한다.
② 정량한계는 0.01mg/L이다.
③ pH 2 이하 산성에서 피리딘 · 피라졸론을 넣고 가열 증류한다.
④ 유출되는 시안화수소를 수산화나트륨용액으로 포집한 다음 중화한다.

시안 – 자외선/가시선 분광법
시료를 pH 2 이하의 산성으로 조절한 후에 에틸렌다이아민테트라아세트산나트륨을 넣고 가열 증류하여 시안화합물을 시안화수소로 유출시켜 수산화나트륨용액을 포집한 다음 중화하고 클로라민－T와 피리딘 · 피라졸론 혼합액을 넣어 나타나는 청색을 620nm에서 측정하는 방법이다.

76 취급 또는 저장하는 동안에 기체 또는 미생물이 침입하지 않도록 내용물을 보호하는 용기는?

① 차광용기　　　　　② 밀봉용기
③ 기밀용기　　　　　④ 밀폐용기

용기
시험용액 또는 시험에 관계된 물질을 보존, 운반 또는 조작하기 위하여 넣어두는 것

구분	정의
밀폐용기	취급 또는 저장하는 동안에 이물질이 들어가거나 또는 내용물이 손실되지 아니하도록 보호하는 용기
기밀용기	취급 또는 저장하는 동안에 밖으로부터의 공기 또는 다른 가스가 침입하지 아니하도록 내용물을 보호하는 용기
밀봉용기	취급 또는 저장하는 동안에 기체 또는 미생물이 침입하지 아니하도록 내용물을 보호하는 용기
차광용기	광선이 투과하지 않는 용기 또는 투과하지 않게 포장한 용기이며 취급 또는 저장하는 동안에 내용물이 광화학적 변화를 일으키지 아니하도록 방지할 수 있는 용기

77 시료 채취를 위한 용기 사용에 관한 설명으로 옳지 않은 것은?

① 시료 용기는 무색 경질의 유리병 또는 폴리에틸렌병, 폴리에틸렌백을 사용한다.

② 시료 중에 다른 물질의 혼입이나 성분의 손실을 방지하기 위하여 밀봉할 수 있는 마개를 사용하며 코르크 마개를 사용하여서는 안 된다. 다만 고무나 코르크 마개에 파라핀지, 유지 또는 셀로판지를 씌워 사용할 수도 있다.

③ 휘발성 저급 염소화 탄화수소류 실험을 위한 시료의 채취 시에는 폴리에틸렌병을 사용하여야 한다.

④ 시료 용기는 시료를 변질시키거나 흡착하지 않는 것이어야 하며 기밀하고 누수나 흡습성이 없어야 한다.

해설 **시료 용기**
① 무색경질의 유리병
② 폴리에틸렌 병
③ 폴리에틸렌 백
④ 갈색경질 유리병 사용 채취 물질
  ㉠ 노말헥산 추출 물질
  ㉡ 유기인
  ㉢ 폴리클로리네이티드비페닐(PCBs)
  ㉣ 휘발성 저급 염소화 탄화수소류

78 자외선/가시선 분광법으로 비소를 측정할 때 비화수소를 발생시키기 위해 시료 중의 비소를 3가비소로 환원한 다음 넣어 주는 시약은?

① 아연
② 이염화주석
③ 염화제일주석
④ 시안화칼륨

해설 **비소 – 지외선/가시선 분광법**
시료 중의 비소를 3가 비소로 환원시킨 다음 아연을 넣어 발생되는 비화수소를 다이에틸다이티오카르바민산은의 피리딘 용액에 흡수시켜 이때 나타나는 적자색의 흡광도를 530nm에서 측정하는 방법

79 수소이온농도(유리전극법) 측정을 위한 표준용액 중 가장 강한 산성을 나타내는 것은?

① 수산염 표준액
② 인산염 표준액
③ 붕산염 표준액
④ 탄산염 표준액

해설 **0℃에서 표준액의 pH 값**
① 수산염 표준액 : 1.67
② 프탈산염 표준액 : 4.01

③ 인산염 표준액 : 6.98
④ 붕산염 표준액 : 9.46
⑤ 탄산염 표준액 : 10.32
⑥ 수산화칼슘 표준액 : 13.43

80 폐기물 시료 20g에 고형물 함량이 1.2g이었다면 다음 중 어떤 폐기물에 속하는가?(단, 폐기물의 비중 = 1.0)

① 액상폐기물
② 반액상폐기물
③ 반고상폐기물
④ 고상폐기물

해설 고형물 함량$= \dfrac{1.2}{20} \times 100 = 6\%$

고형물의 함량이 5% 이상 15% 미만인 경우이므로 반고상폐기물에 속한다.

제5과목 **폐기물관계법규**

81 폐기물 감량화 시설의 종류로 틀린 것은?

① 폐기물 자원화시설
② 폐기물 재이용시설
③ 폐기물 재활용시설
④ 공정 개선시설

해설 **폐기물 감량화 시설의 종류**
① 공정 개선시설
② 폐기물 재이용시설
③ 폐기물 재활용시설
④ 그 밖의 폐기물 감량화 시설

82 토지 이용의 제한기간은 폐기물매립시설의 사용이 종료되거나 그 시설의 폐쇄된 날부터 몇 년 이내로 하는가?

① 15년
② 20년
③ 25년
④ 30년

해설 토지이용의 제한기간은 폐기물매립시설의 사용이 종료되거나 그 시설의 폐쇄된 날부터 30년 이내로 한다.

83 영업정지 기간에 영업을 한 자에 대한 벌칙기준은?

① 1년 이하의 징역이나 1천만 원 이하의 벌금
② 2년 이하의 징역이나 2천만 원 이하의 벌금
③ 3년 이하의 징역이나 3천만 원 이하의 벌금
④ 5년 이하의 징역이나 5천만 원 이하의 벌금

해설 폐기물관리법 제65조 참조

84 폐기물처리 신고자의 준수사항에 관한 내용으로 ( )에 알맞은 것은?

> 폐기물처리 신고자는 폐기물의 재활용을 위탁한 자와 폐기물 위탁재활용(운반)계약서를 작성하고, 그 계약서를 ( ) 보관하여야 한다.

① 1년간　② 2년간　③ 3년간　④ 5년간

해설 **폐기물처리 신고자의 준수사항**
① 폐기물처리 신고자는 폐기물의 재활용을 위탁한 자와 폐기물 위탁재활용(운반)계약서를 작성하고, 그 계약서를 3년간 보관하여야 한다.
② 정당한 사유 없이 계속하여 1년 이상 휴업하여서는 아니 된다.

85 폐기물처리시설의 사후관리이행보증금과 사전적립금의 용도로 가장 적합한 것은?

① 매립시설의 사후 주변경관 조성 비용
② 폐기물처리시설 설치비용의 지원
③ 사후관리이행보증금과 매립시설의 사후관리를 위한 사전적립금의 환불
④ 매립시설에서 발생하는 침출수 처리시설 비용

해설 **사후관리 이행보조금의 용도**
사후관리 이행보조금과 사전적립금은 다음의 용도에 사용한다.
① 사후관리 이행보조금과 매립시설의 사후관리를 위한 사전적립금의 환불
② 매립시설의 사후관리 대행
③ 최종복토 등 폐쇄절차 대행
④ 그 밖에 대통령령으로 정하는 용도

86 음식물류 폐기물 발생억제 계획의 수립주기는?

① 1년　　　　　② 2년
③ 3년　　　　　④ 5년

해설 음식물류 폐기물 발생억제 계획의 수립주기는 5년으로 하되, 그 계획에는 연도별 세부추진계획을 포함하여야 한다.

87 폐기물처리담당자가 받아야 할 교육과정이 아닌 것은?

① 폐기물처리 신고자 과정
② 폐기물 재활용 신고자 과정
③ 폐기물처리업 기술요원 과정
④ 폐기물 재활용시설 기술담당자 과정

해설 **폐기물처리담당자 이수 교육과정**
① 사업장폐기물 배출자 과정
② 폐기물처리업 기술요원 과정
③ 폐기물처리 신고자 과정
④ 폐기물처분시설 또는 재활용시설 기술담당자 과정
⑤ 폐기물분석전문기관 기술요원과정
⑥ 재활용환경성평가기관 기술인력과정

88 폐기물 처리시설의 설치 및 운영을 하려는 자가 처리시설 별로 검사를 받아야 하는 기관연결이 틀린 것은?

① 소각시설 : 한국산업기술시험원
② 매립시설 : 한국농어촌공사
③ 멸균분쇄시설 : 한국건설기술연구원
④ 음식물류 폐기물 처리시설 : 한국산업기술시험원

해설 ※ 법규 변경사항이므로 해설의 내용으로 학습 부탁드립니다.

환경부령으로 정하는 폐기물처리시설 검사기관 또는 단체
① 한국환경공단
② 국·공립연구기관
③ 「국가표준기본법」에 따라 인정받은 시험·검사기관
④ 「과학기술분야 정부출연연구기관 등의 설립·운영 및 육성에 관한 법률」에 따라 설립된 기관
⑤ 「폐기물관리법」에 따른 폐기물분석전문기관
⑥ 「환경분야 시험·검사 등에 관한 법률」에 따라 등록된 측정대행업자
⑦ 그 밖에 국립환경과학원장이 폐기물처리시설 검사에 관한 업무를 수행할 수 있는 인적·물적 기준을 갖추었다고 인정하여 고시하는 기관 또는 단체

89 특별자치시장, 특별자치도지사, 시장·군수·구청장이 관할 구역의 음식물류 폐기물의 발생을 최대한 줄이고 발생한 음식물류 폐기물을 적절하게 처리하기 위하여 수립하는 음식물류 폐기물 발생 억제계획에 포함되어야 하는 사항과 가장 거리가 먼 것은?

① 음식물류 폐기물 재활용 및 재이용 방안
② 음식물류 폐기물의 발생 억제 목표 및 목표 달성 방안
③ 음식물류 폐기물의 발생 및 처리현황
④ 음식물류 폐기물 처리시설의 설치현황 및 향후 설치 계획

해설 **음식물류 폐기물 발생 억제계획 포함사항**
① 음식물류 폐기물의 발생 및 처리현황
② 음식물류 폐기물의 향후 발생 예상량 및 적정 처리계획

정답 84 ③　85 ③　86 ④　87 ②　88 해설 확인　89 ①

③ 음식물류 폐기물의 발생 억제 목표 및 목표 달성 방안
④ 음식물류 폐기물 처리시설의 설치현황 및 향후 설치계획
⑤ 음식물류 폐기물의 발생억제 및 적정처리를 위한 기술적ㆍ재정적 지원방안(재원의 확보계획을 포함한다.)

90 폐기물 처리신고와 광역 폐기물처리시설 설치ㆍ운영자의 폐기물 처리기간에 대한 설명으로 ( )에 순서대로 알맞게 나열한 것은?(단, 폐기물관리법 시행규칙 기준)

"환경부령으로 정하는 기간"이란 (㉠)을 말한다. 다만 폐기물처리 신고자가 고철을 재활용하는 경우에는 (㉡)을 말한다.

① ㉠ 10일, ㉡ 30일 　　② ㉠ 15일, ㉡ 30일
③ ㉠ 30일, ㉡ 60일 　　④ ㉠ 60일, ㉡ 90일

해설 폐기물재활용 신고자와 광역 폐기물처리시설 설치ㆍ운영자의 폐기물처리기간
"환경부령으로 정하는 기간"이란 30일을 말한다. 다만, 폐기물처리 신고자가 고철을 재활용하는 경우에는 60일을 말한다.

91 설치신고대상 폐기물처리시설 기준으로 ( )에 옳은 것은?

생물학적 처분시설 또는 재활용시설로서 1일 처분능력 또는 재활용 능력이 ( ) 미만인 시설

① 5톤 　　　　　② 10톤
③ 50톤 　　　　④ 100톤

해설 설치신고대상 폐기물처리시설의 규모기준
① 일반소각시설로서 1일 처리능력이 100톤(지정폐기물의 경우에는 10톤) 미만인 시설
② 고온소각시설ㆍ열분해시설ㆍ고온용융시설 또는 열처리조합시설로서 시간당 처리능력이 100킬로그램 미만인 시설
③ 기계적 처분시설 또는 재활용시설 중 증발ㆍ농축ㆍ정제 또는 유수분리시설로서 시간당 처리능력이 125킬로그램 미만인 시설
④ 기계적 처분시설 또는 재활용시설 중 압축ㆍ파쇄ㆍ분쇄ㆍ절단ㆍ용융 또는 연료화 시설로서 1일 처리능력이 100톤 미만인 시설
⑤ 기계적 처분시설 또는 재활용시설 중 탈수ㆍ건조시설, 멸균분쇄시설 및 화학적 처리시설
⑥ 생물학적 처분시설 또는 재활용시설로서 1일 처리능력이 100톤 미만인 시설
⑦ 소각열회수시설로서 1일 재활용능력이 100톤 미만인 시설

92 환경부령으로 정하는 가연성고형폐기물로부터 에너지를 회수하는 활동기준으로 틀린 것은?

① 다른 물질과 혼합하고 해당 폐기물의 고위발열량이 킬로그램당 3천 킬로칼로리 이상일 것
② 에너지 회수효율(회수에너지 총량을 투입에너지 총량으로 나눈 비율을 말한다.)이 75% 이상일 것
③ 회수열을 모두 열원, 전기 등의 형태로 스스로 이용하거나 다른 사람에게 공급할 것
④ 환경부장관이 정하여 고시하는 경우에는 폐기물의 30% 이상을 원료나 재료로 재활용하고 그 나머지 중에서 에너지의 회수에 이용할 것

해설 에너지 회수기준
① 다른 물질과 혼합하지 아니하고 해당 폐기물의 저위발열량이 킬로그램당 3천 킬로칼로리 이상일 것
② 에너지의 회수효율(회수에너지 총량을 투입에너지 총량으로 나눈 비율을 말한다.)이 75퍼센트 이상일 것
③ 회수열을 모두 열원(熱源)으로 스스로 이용하거나 다른 사람에게 공급할 것
④ 환경부장관이 정하여 고시하는 경우에는 폐기물의 30퍼센트 이상을 원료나 재료로 재활용하고 그 나머지 중에서 에너지의 회수에 이용할 것

93 생활폐기물처리에 관한 설명으로 틀린 것은?

① 시장ㆍ군수ㆍ구청장은 관할구역에서 배출되는 생활폐기물을 처리하여야 한다.
② 시장ㆍ군수ㆍ구청장은 해당 지방자치단체의 조례로 정하는 바에 따라 대통령령으로 정하는 자에게 생활폐기물 수집, 운반, 처리를 대행하게 할 수 있다.
③ 환경부장관은 지역별 수수료 차등을 방지하기 위하여 지방자치단체에 수수료 기준을 권고할 수 있다.
④ 시장ㆍ군수ㆍ구청장은 생활폐기물을 처리할 때에는 배출되는 생활폐기물의 종류, 양 등에 따라 수수료를 징수할 수 있다.

해설 특별자치시장, 특별자치도지사, 시장ㆍ군수ㆍ구청장은 생활폐기물을 처리할 때에는 배출되는 생활폐기물의 종류, 양 등에 따라 수수료를 징수할 수 있다. 이 경우 수수료는 해당 지방자치단체의 조례로 정하는 바에 따라 폐기물 종량제 봉투 또는 폐기물임을 표시하는 표지 등(이하 "종량제 봉투 등"으로 한다.)을 판매하는 방법으로 징수하되, 음식물류 폐기물의 경우에는 배출량에 따라 산출한 금액을 부과하는 방법으로 징수할 수 있다.

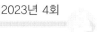

94 최종처분시설 중 관리형 매립시설의 관리 기준에 관한 내용으로 (   )에 옳은 내용은?

> 매립시설 주변의 지하수 검사정 및 빗물ㆍ지하수배제시설의 수질검사 또는 해수수질검사는 해당 매립시설의 사용시작 신고일 2개월 전부터 사용시작 신고일까지의 기간 중에는 (㉠), 사용시작 신고일 후부터는 (㉡) 각각 실시하여야 하며, 검사 실적을 매년 (㉢)까지 시ㆍ도지사 또는 지방환경관서의 장에게 보고하여야 한다.

① ㉠ 월 1회 이상, ㉡ 분기 1회 이상, ㉢ 1월 말
② ㉠ 월 1회 이상, ㉡ 반기 1회 이상, ㉢ 12월 말
③ ㉠ 월 2회 이상, ㉡ 분기 1회 이상, ㉢ 1월 말
④ ㉠ 월 2회 이상, ㉡ 반기 1회 이상, ㉢ 12월 말

관리형 매립시설의 관리기준
매립시설 주변의 지하수 검사정 및 빗물ㆍ지하수배제시설의 수질검사 또는 해수수질검사는 해당 매립시설의 사용시작 신고일 2개월 전부터 사용시작 신고일까지의 기간 중에는 월 1회 이상, 사용시작 신고일 후부터는 분기 1회 이상 각각 실시하여야 하며, 검사실적을 매년 1월 말까지 시ㆍ도지사나 지방환경관서의 장에게 보고하여야 한다.

95 폐기물처리시설의 종류에 따른 분류가 틀리게 짝지어진 것은?

① 용융시설(동력 7.5kW 이상인 시설로 한정한다.) – 기계적 처분시설 – 중간처분시설
② 사료화시설(건조에 의한 사료화시설은 제외) – 생물학적 처분시설 – 중간처분시설
③ 관리형매립시설(침출수처리시설, 가스 소각ㆍ발전ㆍ연료화 시설 등 부대시설을 포함한다.) – 매립시설 – 최종처분시설
④ 열분해시설(가스화시설을 포함한다.) – 소각시설 – 중간처분시설

사료화시설(건조에 의한 사료화시설을 포함한다.) – 생물학적 재활용시설 – 재활용시설

96 폐기물부담금 및 재활용부과금의 용도로 틀린 것은?

① 재활용 가능자원의 구입 및 비축
② 자원재활용을 촉진하기 위한 사업의 지원
③ 폐기물부담금(가산금을 제외한다.) 또는 재활용부과금(가산금을 제외한다.)의 징수비용 교부
④ 폐기물의 재활용을 위한 사업 및 폐기물처리시설의 설치 지원

[자원의 절약과 재활용 촉진에 관한 법률] 폐기물부담금 및 재활용부과금의 용도
① 폐기물의 재활용을 위한 사업 및 폐기물처리시설의 설치 지원
② 폐기물의 효율적 재활용 및 줄이기를 위한 연구 및 기술개발
③ 지방자치단체에 대한 폐기물의 회수ㆍ재활용 및 처리지원
④ 재활용가능자원의 구입 및 비축
⑤ 자원재활용을 촉진하기 위한 사업의 지원

2023

97 매립시설의 사후관리 기준 및 방법에 관한 내용 중 발생가스 관리방법(유기성 폐기물을 매립한 폐기물매립시설만 해당된다.)에 관한 내용이다. (   )에 공통으로 들어갈 내용은?

> 외기온도, 가스온도, 메탄, 이산화탄소, 암모니아, 황화수소 등의 조사항목을 매립 종료 후 (   )까지는 분기 1회 이상, (   )이 지난 후에는 연 1회 이상 조사하여야 한다.

① 1년   ② 2년
③ 3년   ④ 5년

매립시설의 사후관리 기준 및 방법
발생가스 관리방법(유기성폐기물을 매립한 폐기물매립시설만 해당한다)
① 외기온도, 가스온도, 메탄, 이산화탄소, 암모니아, 황화수소 등의 조사항목을 매립종료 후 5년까지는 분기 1회 이상, 5년이 지난 후에는 연 1회 이상 조사하여야 한다.
② 발생가스는 포집하여 소각처리하거나 발전ㆍ연료 등으로 재활용하여야 한다.

98 폐기물처리시설 주변지역 영향조사 기준 중 조사지침에 관한 사항으로 (   )에 맞는 것은?

> 토양조사 시점은 매립시설에 인접하여 토양오염이 우려되는 (   ) 이상의 일정한 곳으로 한다.

① 2개소 ② 3개소
③ 4개소 ④ 5개소

해설 **매립지의 사후관리 기준 및 방법(토양조사방법)**
① 토양 오염물질을 연 1회 이상 조사하여야 한다.
② 토양조사시점은 4개소 이상으로 하고 환경부장관이 정하여 고시하는 토양정밀조사 방법에 따라 폐기물 매립 및 재활용 지역의 시료채취 시점의 표토에서 시료를 채취한다.

99 폐기물관리의 기본원칙으로 틀린 것은?

① 폐기물은 소각, 매립 등의 처분을 하기보다는 우선적으로 재활용함으로써 자원생산성의 향상에 이바지하도록 하여야 한다.
② 국내에서 발생한 폐기물은 가능하면 국내에서 처리되어야 하고, 폐기물을 수입할 수 없다.
③ 누구든지 폐기물을 배출하는 경우에는 주변 환경이나 주민의 건강에 위해를 끼치지 아니하도록 사전에 적절한 조치를 하여야 한다.
④ 사업자는 제품의 생산방식 등을 개선하여 폐기물의 발생을 최대한 억제하고 발생한 폐기물을 스스로 재활용함으로써 폐기물의 배출을 최소화하여야 한다.

해설 **폐기물 관리의 기본원칙**
① 사업자는 제품의 생산방식 등을 개선하여 폐기물의 발생을 최대한 억제하고, 발생한 폐기물을 스스로 재활용함으로써 폐기물의 배출을 최소화하여야 한다.
② 누구든지 폐기물을 배출하는 경우에는 주변 환경이나 주민의 건강에 위해를 끼치지 아니하도록 사전에 적절한 조치를 하여야 한다.
③ 폐기물은 그 처리과정에서 양과 유해성(有害性)을 줄이도록 하는 등 환경보전과 국민건강보호에 적합하게 처리되어야 한다.
④ 폐기물로 인하여 환경오염을 일으킨 자는 오염된 환경을 복원할 책임을 지며, 오염으로 인한 피해의 구제에 드는 비용을 부담하여야 한다.
⑤ 국내에서 발생한 폐기물은 가능하면 국내에서 처리되어야 하고, 폐기물의 수입은 되도록 억제되어야 한다.
⑥ 폐기물은 소각, 매립 등의 처분을 하기보다는 우선적으로 재활용함으로써 자원생산성의 향상에 이바지하도록 하여야 한다.

100 한국폐기물협회에 관한 내용으로 틀린 것은?

① 환경부장관의 허가를 받아 한국폐기물협회를 설립할 수 있다.
② 한국폐기물협회는 법인으로 한다.
③ 한국폐기물협회의 업무, 조직, 운영 등에 관한 사항은 환경부령으로 정한다.
④ 폐기물산업의 발전을 위한 지도 및 조사·연구 업무를 수행한다.

해설 협회의 조직·운영, 그 밖에 필요한 사항은 그 설립목적을 달성하기 위하여 필요한 범위에서 대통령령으로 정한다.

정답 **98** ③ **99** ② **100** ③

제1과목 폐기물개론

01 폐기물에 관한 설명으로 (　)에 가장 적절한 개념은?

> 폐기물은 재질이나 물리화학적 특성의 변화를 가져오는 가공처리를 통하여 다른 용도로 사용될 수 있는 상태로 만드는 것을 (　　)(이)라 한다.

① 재활용(Recycling)
② 재사용(Reuse)
③ 재이용(Reutilization)
④ 재회수(Recovery)

해설 ① **재활용(Recycling)**
폐기물을 재질이나 물리화학적 특성의 변화를 가져오는 중간처리과정(가공처리)을 통하여 원래의 용도 또는 타 용도로 사용될 수 있는 상태로 만드는 것을 의미한다.
② **재사용(Reuse)**
현 상태 그대로 또는 변형하여 원래의 용도 또는 타 용도로 재사용하는 것을 의미한다.
③ **재회수(Recovery)**
중간처리과정을 거쳐 유용한 물질만을 추출하여 원료 또는 에너지원으로 사용하는 것을 의미한다.

02 물렁거리는 가벼운 물질로부터 딱딱한 물질을 선별하는 데 사용하는 선별분류법으로 경사진 컨베이어를 통해 폐기물을 주입시켜 천천히 회전하는 드럼 위에 떨어뜨려서 분류하는 것은?

① Jigs
② Table
③ Secators
④ Stoners

해설 Secators
① 경사진 컨베이어를 통해 폐기물을 주입시켜 천천히 회전하는 드럼 위에 떨어뜨려서 선별하는 장치이며 물렁거리는 가벼운 물질(가볍고 탄력 없는 물질)로부터 딱딱한 물질(무겁고 탄력 있는 물질)을 선별하는 데 사용한다.
② 주로 퇴비 중의 유리조각을 추출할 때 이용되는 선별장치이다.

03 국내에서 발생되는 사업장폐기물 및 지정폐기물의 특성에 대한 설명으로 가장 거리가 먼 것은?

① 사업장폐기물 중 가장 높은 증가율을 보이는 것은 폐유이다.
② 지정폐기물은 사업장폐기물의 한 종류이다.
③ 일반사업장폐기물 중 무기물류가 가장 많은 비중을 차지하고 있다.
④ 지정폐기물 중 그 배출량이 가장 많은 것은 폐산·폐알칼리이다.

해설 사업장폐기물 중 가장 높은 증가율을 보이는 것은 폐산·폐알칼리, 유기용제이다.

04 인력선별에 관한 설명으로 옳지 않은 것은?

① 사람의 손을 통한 수동 선별이다.
② 컨베이어 벨트의 한쪽 또는 양쪽에서 사람이 서서 선별한다.
③ 기계적인 선별보다 작업량이 떨어질 수 있다.
④ 선별의 정확도가 낮고 폭발가능 물질 분류가 어렵다.

해설 인력선별
선별의 정확도가 높고 파쇄공정으로 유입되기 전에 폭발가능물질의 분류가 가능하다.

05 쓰레기의 양이 $2,000\text{m}^3$이며, 밀도는 0.95ton/m^3이다. 적재용량 20ton의 트럭이 있다면 운반하는 데 몇 대의 트럭이 필요한가?

① 48대
② 50대
③ 95대
④ 100대

해설
$$\text{소요차량(대)} = \frac{\text{폐기물 발생량}}{\text{1대당 운반량}}$$
$$= \frac{0.95\text{ton/m}^3 \times 2,000\text{m}^3}{20\text{ton/대}} = 95\text{대}$$

정답 **01** ①　**02** ③　**03** ①　**04** ④　**05** ③

06 함수율 95%의 슬러지를 함수율 80%인 슬러지로 만들려면 슬러지 1ton당 증발시켜야 하는 수분의 양(kg)은? (단, 비중은 1.0 기준)

① 750   ② 650
③ 550   ④ 450

해설 $1,000kg(1-0.95)$ = 처리 후 슬러지양$(1-0.8)$
처리 후 슬러지양 = 250kg
증발된 수분량(kg) = $1,000 - 250 = 750kg$

07 분뇨를 혐기성 소화공법으로 처리할 때 발생하는 CH_4가스의 부피는 분뇨투입량의 약 8배라고 한다. 분뇨를 500kL/day씩 처리하는 소화시설에서 발생하는 CH_4가스를 24시간 균등연소 시킬 때 시간당 발열량(kcal/hr)은?(단, CH_4가스의 발열량 = 약 5,500kcal/m^3)

① 9.2×10^5 ② 5.5×10^6
③ 2.5×10^7 ④ 1.5×10^8

해설 CH_4발생량 = $500kL/day \times m^3/kL \times 8 \times day/24hr$
            = $166.67m^3 CH_4/hr$
발열량(kcal/hr) = $166.67m^3 CH_4/hr \times 5,500kcal/m^3 CH_4$
            = $9.16 \times 10^5 kcal/hr$

08 폐기물의 밀도가 0.45ton/m^{3}인 것을 압축기로 압축하여 0.75ton/m^{3}로 하였을 때 부피감소율(%)은?

① 36   ② 40
③ 44   ④ 48

해설
$$VR = \left(1 - \frac{V_f}{V_i}\right) \times 100$$
$$V_i = \frac{1ton}{0.45ton/m^3} = 2.222m^3$$
$$V_f = \frac{1ton}{0.75ton/m^3} = 1.333m^3$$
$$= \left(1 - \frac{1.333}{2.222}\right) \times 100 = 40.0\%$$

09 쓰레기 수거노선 설정에 대한 설명으로 가장 거리가 먼 것은?

① 출발점은 차고와 가까운 곳으로 한다.
② 언덕지역의 경우 내려가면서 수거한다.
③ 발생량이 많은 곳은 하루 중 가장 나중에 수거한다.
④ 될 수 있는 한 시계방향으로 수거한다.

해설 효과적·경제적인 수거노선 결정 시 유의(고려)사항 : 수거노선 설정요령
① 지형이 언덕인 지역에서는 언덕의 위에서부터 내려가며 적재하면서 차량을 진행하도록 한다.(안전성, 연료비 절약)
② 수거인원 및 차량형식이 같은 기존 시스템의 조건들을 서로 관련시킨다.
③ 출발점은 차고와 가깝게 하고 수거된 마지막 컨테이너가 처분지의 가장 가까이에 위치하도록 배치한다.
④ 가능한 한 지형지물 및 도로경계와 같은 장벽을 사용하여 간선도로 부근에서 시작하고 끝나야 한다.(도로경계 등을 이용)
⑤ 가능한 한 시계방향으로 수거노선을 정한다.
⑥ 적은 양의 쓰레기가 발생하나 동일한 수거빈도를 받기 원하는 적재지점(수거지점)은 가능한 한 같은 날 왕복 내에서 수거한다.
⑦ 아주 많은 양의 쓰레기가 발생되는 발생원은 하루 중 가장 먼저 수거한다.
⑧ 될 수 있는 한 한 번 간 길은 다시 가지 않는다.
⑨ 반복운행 또는 U자형 회전은 피하여 수거한다.
⑩ 교통량이 많거나 출퇴근시간은 피하여 수거한다.
⑪ 수거지점과 수거빈도 결정 시 기존정책이나 규정을 참고한다.

10 생활폐기물 중 포장폐기물 감량화에 대한 설명으로 옳은 것은?

① 포장지의 무료제공
② 상품의 포장공간 비율 감소화
③ 백화점 자체 봉투 사용 장려
④ 백화점에서 구매직후 상품 겉포장 벗기는 행위 금지

해설 ① 포장지의 무료제공 금지
③ 백화점 자체 봉투 사용 금지
④ 백화점 구매상품 겉포장 행위 금지

11 폐기물의 운송기술에 대한 설명으로 틀린 것은?

① 파이프라인 수송은 폐기물의 발생 빈도가 높은 곳에서는 현실성이 있다.
② 모노레일 수송은 가설이 곤란하고 설치비가 고가이다.
③ 컨베이어 수송은 넓은 지역에서 사용되고 사용 후 세정에 많은 물을 사용해야 한다.
④ 파이프라인 수송은 장거리 이송이 곤란하고 투입구를 이용한 범죄나 사고의 위험이 있다.

📝 **컨베이어(Conveyer) 수송**
① 지하에 설치된 컨베이어에 의해 쓰레기를 수송하는 방법이다.
② 컨베이어 수송설비를 하수도처럼 배치하여 각 가정의 쓰레기를 처분장까지 운반할 수 있다.
③ 악취문제를 해결하고 경관을 보전할 수 있는 장점이 있다.
④ 전력비, 시설비, 내구성, 미생물 부착 등이 문제가 되며 고가의 시설비와 정기적인 정비로 인한 유지비가 많이 소요되는 단점이 있다.

12 폐기물 연소 시 저위발열량과 고위발열량의 차이를 결정짓는 물질은?

① 물　　　　　　　② 탄소
③ 소각재의 양　　　④ 유기물 총량

📝 고위발열량에서 수분(물)의 응축잠열을 제외한 열량을 저위발열량이라 한다.

13 적환장을 이용한 수집, 수송에 관한 설명으로 가장 거리가 먼 것은?

① 소형의 차량으로 폐기물을 수거하여 대형차량에 적환 후 수송하는 시스템이다.
② 처리장이 원거리에 위치할 경우에 적환장을 설치한다.
③ 적환장은 수송차량에 싣는 방법에 따라서 직접투하식, 간접투하식으로 구별된다.
④ 적환장 설치장소는 쓰레기 발생 지역의 무게 중심에 되도록 가까운 곳이 알맞다.

📝 적환장의 형식은 소형 차량에서 대형 차량으로 적재하는 방법을 기준으로 직접투하방식, 저장투하방식, 직접 · 저장투하 결합방식으로 구분할 수 있다.

14 발열량에 대한 설명으로 옳지 않은 것은?

① 우리나라 소각로의 설계 시 이용하는 열량은 저위발열량이다.
② 수분을 50% 이상 함유하는 쓰레기는 삼성분조성비를 바탕으로 발열량을 측정하여야 오차가 적다.
③ 폐기물의 가연분, 수분, 회분의 조성비로 저위발열량을 추정할 수 있다.
④ Dulong 공식에 의한 발열량 계산은 화학적 원소분석을 기초로 한다.

📝 쓰레기 자체가 불균일성 물질이고 수분을 50% 이상 함유하고 있는 경우에는 상당한 오차가 발생할 수 있다.

15 쓰레기 발생량 조사방법이 아닌 것은?

① 적재차량 계수분석법
② 직접계근법
③ 물질수지법
④ 경향법

📝 ① 쓰레기 발생량 조사방법
　　㉠ 적재차량 계수분석법
　　㉡ 직접계근법
　　㉢ 물질수지법
　　㉣ 통계조사(표본조사, 전수조사)
② 쓰레기 발생량 예측방법
　　㉠ 경향법
　　㉡ 다중회귀모델
　　㉢ 동적모사모델

16 폐기물 수거방법 중 수거효율이 가장 높은 방법은?

① 대형쓰레기통 수거　　② 문전식 수거
③ 타종식 수거　　　　　④ 적환식 수거

📝 **수거형태에 따른 수거효율**
㉠ 타종 수거 → 0.84MHT
㉡ 대형쓰레기통 수거 → 1.1MHT
㉢ 플라스틱 자루 수거 → 1.35MHT
㉣ 집밖 이동식 수거 → 1.47MHT
㉤ 집안 이동식 수거 → 1.86MHT
㉥ 집밖 고정식 수거 → 1.96MHT
㉦ 문전 수거 → 2.3MHT
㉧ 벽면 부착식 수거 → 2.38MHT

정답　**11** ③　**12** ①　**13** ③　**14** ②　**15** ④　**16** ③

17 폐기물 발생량 조사방법에 관한 설명으로 틀린 것은?

① 물질수지법은 일반적인 생활폐기물 발생량을 추산할 때 주로 이용한다.

② 적재차량 계수분석법은 일정기간 동안 특정지역의 폐기물 수거, 운반차량의 대수를 조사하여, 이 결과에 밀도를 이용하여 질량으로 환산하는 방법이다.

③ 직접계근법은 비교적 정확한 폐기물 발생량을 파악할 수 있다.

④ 직접계근법은 적재차량 계수분석에 비하여 작업량이 많고 번거롭다는 단점이 있다.

해설 **폐기물 발생량 조사방법**

① 적재차량 계수분석법(Load−count Analysis)
일정기간 동안 특정지역의 쓰레기 수거·운반차량의 대수를 조사하여, 이 결과를 밀도를 이용하여 질량으로 환산하는 방법이다.

② 직접계근법(Direct Weighting Method)
입구에서 쓰레기가 적재되어 있는 차량과 출구에서 쓰레기를 적하한 공차량을 계근하여 쓰레기양을 산출하는 방법으로 비교적 정확한 쓰레기 발생량을 파악할 수 있다.

③ 물질수지법(Material Balance Method)
물질수지(유입, 유출 폐기물)를 세울 수 있는 상세한 데이터가 있는 경우에 가능한 방법으로 주로 산업폐기물의 발생량 추산에 이용된다.

18 퇴비화 과정의 초기단계에서 나타나는 미생물은?

① Bacillus sp.

② Streptomyces sp.

③ Aspergillus fumigatus

④ Fungi

해설 퇴비화 초기단계 전반기에는 진균(Fungi) 및 세균(Bacteria)이 주로 유기물을 분해하여 탄수화물, 지방, 아미노산 등으로 흡수되게 한다.

19 폐기물의 운송을 돕기 위하여 압축할 때, 부피감소율(Volume Reduction)이 45%이었다. 압축비(Compaction Ratio)는?

① 1.42　　　　　② 1.82

③ 2.32　　　　　④ 2.62

해설 압축비(CR) $= \dfrac{100}{100-VR} = \dfrac{100}{100-45} = 1.82$

20 도시쓰레기 중 비가연성 부분이 중량비로 약 40%를 차지하였다. 밀도가 350kg/m³인 쓰레기 8m³가 있을 때 가연성 물질의 양(ton)은?

① 2.8　　　　　② 1.92

③ 1.68　　　　　④ 1.12

해설 가연성 물질 양(ton) = 밀도 × 부피 × 가연성 물질 함유비율
$$= 0.35 \text{ton/m}^3 \times 8\text{m}^3 \times (1-0.4)$$
$$= 1.68 \text{ton}$$

<hr>

제2과목　폐기물처리기술

21 폐기물을 수평으로 고르게 깔고 압축하면서 폐기물층과 복토층을 교대로 쌓는 공법은?

① Cell 공법　　　② 압축매립 공법

③ 샌드위치 공법　④ 도랑형 매립 공법

해설 **샌드위치(Sandwich) 공법**

① 폐기물을 수평으로 고르게 깔고 압축하면서 폐기물층과 복토층을 교대로 쌓는 공법이다.

② 좁은 산간지 등의 매립지에서 적용된다.

22 호기성 퇴비화 4단계에 따른 온도변화로 가장 알맞은 것은?

① 고온단계−중온단계−냉각단계−숙성단계

② 중온단계−고온단계−냉각단계−숙성단계

③ 냉각단계−중온단계−고온단계−숙성단계

④ 숙성단계−냉각단계−중온단계−고온단계

해설 **호기성 퇴비화 4단계(온도변화)**

중온단계 → 고온단계 → 냉각단계 → 숙성단계

23 유해폐기물의 고형화 처리 중 무기적 고형화에 비하여 유기적 고형화의 특징에 대한 설명으로 틀린 것은?

① 수밀성이 크며, 처리비용이 고가이다.

② 미생물, 자외선에 대한 안정성이 강하다.

③ 방사성 폐기물처리에 많이 적용한다.

④ 최종 고화체의 체적 증가가 다양하다.

유기성(유기적) 고형화 기술
① 요소수지, 폴리부타디엔, 폴리에스테르, 에폭시, 아스팔트 등을 이용하여 주로 방사성 폐기물 등을 안정화시키는 방법이다.
② 일반적으로 물리적으로 봉입한다.
③ 처리비용이 고가이다.
④ 최종 고화체의 체적 증가가 다양하다.
⑤ 수밀성이 매우 크고 다양한 폐기물에 적용이 용이하다.
⑥ 미생물, 자외선에 대한 안정성이 약하다.
⑦ 일반 폐기물보다 방사성 폐기물 처리에 적용한다. 즉, 방사성 폐기물을 제외한 기타 폐기물에 대한 적용사례가 제한되어 있다.
⑧ 상업화된 처리법의 현장자료가 미비하다.
⑨ 고도 기술을 필요로 하며 촉매 등 유해물질이 사용된다.
⑩ 역청, 파라핀, PE, UPE 등을 이용한다.

24 유해폐기물을 고화처리하는 방법 중 유기중합체법에 대한 설명이다. 단점으로 옳지 않은 것은?

① 고형성분만 처리 가능하다.
② 최종처리 시 2차 용기에 넣어 매립하여야 한다.
③ 중합에 사용되는 촉매 중 부식성이 있고, 특별한 혼합 장치와 용기라이너가 필요하다.
④ 혼합률(MR)이 높고 고온공정이다.

유기중합체법은 혼합률(MR)이 비교적 낮고 저온공정이다.

25 지하수 중 에틸벤젠을 탈기(Air Stripping) 충전탑으로 제거하고자 한다. 지하수량(Q_w) 5L/sec, 공기공급량(Q_a) 100L/sec일 때, 에틸벤젠의 무차원 헨리상수 값이 0.3이라면 탈기계수(Stripping Factor) 값은?

① 20 　　　　　　② 10
③ 6 　　　　　　④ 3

충전탑 탈기인자 $= \dfrac{G_m (처리가스유속)}{L_m (세정액유속)} = \dfrac{100}{5} = 20$

에틸벤젠 탈기계수 $= 20 \times 0.3 = 6$

26 SRF를 소각로에서 사용 시 문제점에 관한 설명으로 가장 거리가 먼 것은?

① 시설비가 고가이고, 숙련된 기술이 필요하다.
② 연료공급의 신뢰성 문제가 있을 수 있다.
③ Cl 함량 및 연소먼지 문제는 거의 없지만, 유황함량이 많아 SOx 발생이 상대적으로 많은 편이다.

④ Cl 함량이 높은 경우 소각시설의 부식발생으로 수명 단축의 우려가 있다.

SRF(고형연료제품)를 소각로에서 연소 시 Cl 함량 및 연소먼지 문제가 있고 유황함량이 적어 SOx 발생이 상대적으로 적은 편이다.

27 유기오염물질의 지하이동 모델링에 포함되는 주요 인자가 아닌 것은?

① 유기오염물질의 분배계수
② 토양의 수리전도도
③ 생물학적 분해속도
④ 토양 pH

유기오염물질 지하이동 모델링 포함인자
① 유기오염물질의 분배계수
② 토양의 수리전도도
③ 생물학적 분해속도
④ 흡착계수
⑤ 오염원에서 지하수까지의 수직거리

28 매립가스를 유용하게 활용하기 위해 CH₄와 CO₂를 분리하여야 한다. 다음 중 분리방법으로 적합하지 않은 것은?

① 물리적 흡착에 의한 분리
② 막분리에 의한 분리
③ 화학적 흡착에 의한 분리
④ 생물학적 분해에 의한 분리

매립가스에서 CO_2, CH_4 분리방법
① 물리적 흡착에 의한 분리
② 화학적 흡착에 의한 분리
③ 막분리법
④ 저온분리법

29 함수율 95%인 슬러지를 함수율 70%의 탈수 Cake로 만들었을 경우의 무게비(탈수 후/탈수 전)는?(단, 비중 1.0, 분리액과 함께 유출된 슬러지양은 무시)

① 1/4 　　　　　　② 1/5
③ 1/6 　　　　　　④ 1/7

무게비 $= \dfrac{처리\ 후\ 탈수슬러지양}{초기\ 탈수슬러지양}$

$= \dfrac{1 - 초기\ 탈수함수율}{1 - 처리\ 후\ 탈수함수율} = \dfrac{1 - 0.95}{1 - 0.7} = 0.167(1/6)$

30 위생매립방법에 대한 설명으로 가장 거리가 먼 것은?

① 도랑식 매립법은 도랑을 약 2.5~7m 정도의 깊이로 파고 폐기물을 묻은 후에 다지고 흙을 덮는 방법이다.

② 평지 매립법은 매립의 가장 보편적인 형태로 폐기물을 다진 후에 흙을 덮는 방법이다.

③ 경사식 매립법은 어느 경사면에 폐기물을 쌓은 후에 다지고 그 위에 흙을 덮는 방법이다.

④ 도랑식 매립법은 매립 후 흙이 부족하며 지면이 높아진다.

[해설] **도랑형 방식매립(Trench System : 도랑 굴착 매립공법)**

① 도랑을 파고 폐기물을 매립한 후 다짐 후 다시 복토하는 방법이다.

② 매립지 바닥이 두껍고(지하수면이 지표면으로부터 깊은 곳에 있는 경우) 또한 복토를 적합한 지역에 이용하는 방법으로 거의 단층매립만 가능한 공법이다.

③ 도랑의 깊이는 약 2.5~7m(10m)로 하고 폭은 20m 정도이고 파낸 흙을 복토재로 이용 가능한 경우 경제적이다.(소규모 도랑 : 폭 5~8m, 깊이 1~2m)

④ 도랑에서 굴착된 토사는 매일 또는 중간복토로 사용하여 쓰레기의 날림을 최소화할 수 있다.

⑤ 매립종료 후 토지이용 효율이 증대된다.

⑥ 도랑은 합성수지나 점토를 이용하여 차수시설을 하여 가스나 침출수의 이동을 최소화시킨다.

⑦ 사전 정비작업이 필요하지 않으나 단층매립으로 매립용량의 낭비가 크다.

⑧ 사전작업 시 침출수 수집장치나 차수막 설치가 용이하지 못하다.

31 매립구조에 따라 분류하였을 때 매립종료 1년 후 침출수의 BOD가 가장 낮게 유지되는 매립방법은?(단, 매립조건, 환경 등은 모두 같다고 가정함)

① 혐기성 위생매립

② 개량형 혐기성 위생매립

③ 준호기성 매립

④ 호기성 매립

[해설] 호기성 매립은 호기성 미생물에 의한 분해반응으로 유기물의 안정화 속도가 빠르고 메탄의 발생이 없으며 고농도의 침출수 발생을 방지할 수 있다.

32 생활폐기물 자원화를 위한 처리시설 중 선별시설의 설치지침이 틀린 것은?

① 선별라인은 반입형태, 반입량, 작업효율 등을 고려하여 계열화할 수 있다.

② 입도선별, 비중선별, 금속선별 등 필요에 따라 적정하게 조합하여 설치하되, 고형연료의 품질제고를 위하여 PVC 등을 선별할 수 있다.

③ 선별된 물질이 후속공정에 연속적으로 이송될 수 있도록 저류시설을 설치하여야 한다.

④ 선별시설은 계절적 변화 등에 관계없이 고형연료제품 제조 시 목표품질을 달성할 수 있는 적합한 선별시설을 계획하여야 한다.

[해설] 선별된 물질이 후속공정과 연계되어 연속적으로 이송되지 않을 경우에는 적정용량의 저류시설을 설치하여야 한다.

33 폐기물 매립으로 인하여 발생될 수 있는 피해내용에 대한 설명으로 틀린 것은?

① 육상 매립으로 인한 유역의 변화로 우수의 수로가 영향을 받기 쉽다.

② 매립지에서 대량 발생되는 파리의 방제에 살충제를 사용하면 점차 저항성이 생겨 약제를 변경해야 한다.

③ 쓰레기의 호기성 분해로 생긴 메탄가스 등에 자연 착화하기 쉽다.

④ 쓰레기 부패로 악취가 발생하여 주변지역에 악영향을 준다.

[해설] 쓰레기의 혐기성 분해로 생긴 메탄가스 등에 자연 착화하기 쉽다.

34 차수설비의 기능과 관계가 없는 사항은?

① 매립지 내의 오수 및 주변지하수의 유입 방지

② 매립지 주위의 배수공에 의해 우수 및 지하수 유입 방지

③ 우수로 인해 매립지 내의 바닥 이하로의 침수 방지

④ 배수공에 의해 침출수 집수 및 매립지 밖으로의 배수

[해설] 매립지 차수설비는 침출수에 의한 공공수역 및 지하수오염, 주변 환경에 미칠 나쁜 영향, 주변 지하수 유입에 의한 침출수량 증가를 방지한다.

35 폐기물을 매립 시 덮개 흙으로 덮어야 하는 이유로 가장 거리가 먼 것은?

① 쥐나 파리의 서식처를 없애기 위해
② CO_2 가스가 외부로 나가는 것을 방지하기 위해
③ 폐기물이 바람에 의해 날리는 것을 방지하기 위해
④ 미관상 보기에 좋지 않아서

복토의 주요기능(용도, 목적)
① 쓰레기(먼지, 종이 등)의 비산 방지
② 악취 및 유독가스 확산 방지
③ 병원균 매개체(파리, 모기, 쥐 등) 서식 방지
④ 화재발생 방지
⑤ 강우에 의한 우수의 이동 및 침투 방지로 침출수량 최소화
⑥ 매립지의 압축효과에 의한 부등침하의 최소화
⑦ 미관상의 문제 개선(경관 향상)
⑧ 토양미생물의 접종 및 서식공간 제공

36 음식물쓰레기 처리방법으로 가장 부적합한 방법은?

① 매립   ② 바이오가스 생산처리
③ 퇴비화   ④ 사료화

음식물쓰레기는 수분과 염분 때문에 매립, 소각이 어려우며 주로 퇴비화, 사료화, 바이오가스 생산처리 등으로 처리한다.

37 슬러지를 건조하여 농토로 사용하기 위하여 여과기로 원래 슬러지의 함수율을 40%로 낮추고자 한다. 여과속도가 $10\text{kg/m}^2 \cdot \text{hr}$(건조고형물 기준), 여과면적 10m^2의 조건에서 시간당 탈수슬러지 발생량(kg/hr)은?

① 약 186   ② 약 167
③ 약 154   ④ 약 143

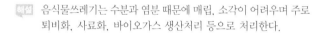

시간당 탈수슬러지 발생량 = 여과속도 × 여과면적 × 함수율 보정

$$= 10\text{kg/m}^2 \cdot \text{hr} \times 10\text{m}^2 \times \frac{100}{100-40}$$
$$= 166.67\text{kg/hr}$$

38 1일 처리량이 100kL인 분뇨처리장에서 분뇨를 중온소화방식으로 처리하고자 한다. 소화 후 슬러지양(m³/day)은?

• 투입분뇨의 함수율 = 98%
• 고형물 중 유기물 함유율 = 70%, 그중 60%가 액화 및 가스화
• 소화슬러지 함수율 = 96%
• 슬러지 비중 = 1.0

① 15   ② 29
③ 44   ④ 53

소화 후 슬러지양(m³/day)

$$= (VS' + FS) \times \frac{100}{100 - X_0}$$

$$FS = 100\text{m}^3/\text{day} \times 0.02 \times 0.3 = 0.6\text{m}^3/\text{day}$$

$$VS' = 100\text{m}^3/\text{day} \times 0.02 \times 0.7 \times 0.4 = 0.56\text{m}^3/\text{day}$$

$$= (0.6 + 0.56) \times \frac{100}{100 - 96} = 29\text{m}^3/\text{day}$$

[Note] VS'(잔류유기물), FS(무기물)

39 용매추출처리에 이용 가능성이 높은 유해폐기물과 가장 거리가 먼 것은?

① 미생물에 의해 분해가 힘든 물질
② 활성탄을 이용하기에는 농도가 너무 높은 물질
③ 낮은 휘발성으로 인해 스트리핑하기가 곤란한 물질
④ 물에 대한 용해도가 높아 회수성이 낮은 물질

이용 가능성이 높은 폐기물의 특징(용매추출법)
① 추출법에 사용되는 용매는 비극성이어야만 한다.
② 용매회수가 가능하여야 한다(방법 : 증류 등).
③ 높은 분배계수(선택성이 큼)를 가지는 것이어야 한다.
④ 낮은 끓는점(회수성 높음)을 가지는 것이어야 한다.
⑤ 물에 대한 용해도가 낮은 것이어야 한다.
⑥ 밀도가 물과 다른 것이어야 한다.

40 BOD가 15,000mg/L, Cl^-이 800ppm인 분뇨를 희석하여 활성슬러지법으로 처리한 결과 BOD가 45mg/L, Cl^-이 40ppm이었다면 활성슬러지법의 처리효율(%)은? (단, 희석수 중에 BOD, Cl^-은 없음)

① 92   ② 94
③ 96   ④ 98

처리효율(%) $= \left(1 - \dfrac{BOD_o}{BOD_i}\right) \times 100$

$$BOD_i = 15,000\text{mg/L} \times \left(\frac{40}{800}\right) = 750\text{mg/L}$$

$$= \left(1 - \frac{45}{750}\right) \times 100 = 94\%$$

제3과목 폐기물소각 및 열회수

41 소각로 설계에서 중요하게 활용되고 있는 발열량을 추정하는 방법에 대한 설명으로 옳지 않은 것은?

① 폐기물의 입자분포에 의한 방법
② 단열 열량계에 의한 방법
③ 물리적 조성에 의한 방법
④ 원소분석에 의한 방법

해설 **발열량 분석방법**
① 단열 열량계에 의한 측정방법
② 원소분석에 의한 방법
③ 3성분 추정식에 의한 방법
④ 물리적 조성 분석치에 의한 방법

42 폐기물 처리시설 내 소요전력을 생산하는 데 가장 많이 사용하는 터빈은?

① 충동터빈   ② 배압터빈
③ 반동터빈   ④ 복수터빈

해설 **배압터빈**
① 증기를 다량으로 소비하는 산업 분야에 널리 적용된다.
② 열효율은 90%까지 기대할 수 있다.
③ 증기터빈 중 산업용의 약 70%를 차지한다.

43 고체연료의 중량조성비가 다음과 같다면 이 연료의 저위 발열량(kcal/kg)은?(단, C = 78%, H = 6%, O = 4%, S = 1%, 수분 = 5%, Dulong식 적용)

① 7,259   ② 7,459
③ 7,659   ④ 7,859

해설
$$H_h(\text{kcal/kg}) = 8,100\text{C} + 34,000\left(\text{H} - \frac{\text{O}}{8}\right) + 2,500\text{S}$$
$$= (8,100 \times 0.78) + \left[34,000\left(0.06 - \frac{0.04}{8}\right)\right]$$
$$+ (2,500 \times 0.01)$$
$$= 8,213\text{kcal/kg}$$
$$H_l(\text{kcal/kg}) = H_h - 600(9\text{H} + \text{W})$$
$$= 8,213 - 600[(9 \times 0.06) + 0.05]$$
$$= 7,859\text{kcal/kg}$$

44 액체주입형 연소기에 관한 설명으로 틀린 것은?

① 구동장치가 없어서 고장이 적다.
② 대기오염방지시설과 소각재의 처리설비가 필요하다.
③ 연소기의 가장 일반적인 형식은 수평 점화식이다.
④ 버너 노즐을 통하여 액체를 미립화하여야 하며 대량처리가 어렵다.

해설 **액체 분무 주입형 소각로(Liquid Injection Incinerator)**
① 장점
  ㉠ 광범위한 종류의 액상폐기물을 연소할 수 있다.
  ㉡ 대기오염방지시설 이외에 소각재처리시설이 필요 없다.
  ㉢ 구동장치가 간단하고 고장이 적다.
  ㉣ 운영비가 저렴하다.
  ㉤ 기술개발이 잘 되어 있고 자동화가 용이하다.(가동 이외의 경우 무인운전이 가능)
② 단점
  ㉠ 버너노즐을 이용하여 액체를 미립화하여야 한다.
  ㉡ 완전 연소시켜야 하며 내화물의 파손을 막아야 한다.
  ㉢ 고농도 고형분의 농도가 높으면 버너가 막히기 쉽다.
  ㉣ 대량처리가 어렵다.

[Note] 액체 주입형 연소기는 소각재의 배출설비가 없으므로 회분함량이 낮은 액상폐기물에 사용한다.

45 기체연료 중 천연가스(LNG)의 주성분은?

① H_2 ② CO
③ CO_2 ④ CH_4

해설 LNG는 CH_4을 주성분으로 하는 천연가스를 1기압하에서 −168℃(−162℃) 정도로 냉각하여 액화시킨 연료로 대량수송 및 저장을 가능하게 한다.

46 폐기물의 자원화기술 용어가 아닌 것은?

① Landfill
② Composting
③ Gasification & Pyrolysis
④ SRF

해설 Landfill(매립)은 자원화기술이 아니고 최종처분시설이다.

47 다음 설명에서 맞지 않는 것은?

① 1kcal은 표준기압에서 순수한 물 1kg를 1℃(14.5~15.5℃) 올리는 데 필요한 열량이다.
② 단위질량의 물질을 1℃ 상승하는 데 필요한 열량은 비열이다.
③ 포화 증기온도 이상으로 가열한 증기를 과열증기라 한다.
④ 고체에서 기체가 될 때에 취하는 열을 증발열이라 한다.

고체에서 기체가 될 때에 취하는 열을 승화열이라 한다.

48 유동상식 소각로의 장단점에 대한 설명으로 틀린 것은?

① 반응시간이 빨라 소각시간이 짧다.(노 부하율이 높다.)
② 연소효율이 높아 미연소분 배출이 적고 2차 연소실이 불필요하다.
③ 기계적 구동부분이 많아 고장률이 높다.
④ 상(床)으로부터 찌꺼기의 분리가 어려우며 운전비, 특히 동력비가 높다.

유동층 소각로
① 장점
ㄱ 유동매체의 열용량이 커서 액상, 기상, 고형 폐기물의 전소 및 혼소, 균일한 연소가 가능하다.
ㄴ 반응시간이 빨라 소각시간이 짧다.(노 부하율이 높다.)
ㄷ 연소효율이 높아 미연소분이 적고 2차 연소실이 불필요하다.
ㄹ 가스의 온도가 낮고 과잉공기량이 낮다. 따라서 NOx도 적게 배출된다.
ㅁ 기계적 구동부분이 적어 고장률이 낮아 유지관리가 용이하다.
ㅂ 노 내 온도의 자동제어로 열회수가 용이하다.
ㅅ 유동매체의 축열량이 높은 관계로 단시간 정지 후 가동 시 보조연료 사용 없이 정상가동이 가능하다.
ㅇ 과잉공기량이 적으므로 다른 소각로보다 보조연료 사용량과 배출가스양이 적다.
ㅈ 석회 또는 반응물질을 유동매체에 혼입시켜 노 내에서 산성가스의 제거가 가능하다.
② 단점
ㄱ 층의 유동으로 상으로부터 찌꺼기의 분리가 어려우며 운전비, 특히 동력비가 높다.
ㄴ 폐기물의 투입이나 유동화를 위해 파쇄가 필요하다.
ㄷ 상재료의 용융을 막기 위해 연소온도는 816℃를 초과할 수 없다.
ㄹ 유동매체의 손실로 인한 보충이 필요하다.
ㅁ 고점착성의 반유동상 슬러지는 처리하기 곤란하다.
ㅂ 소각로 본체에서 압력손실이 크고 유동매체의 비산 또는 분진의 발생량이 가장 많다.

ㅅ 조대한 폐기물은 전처리가 필요하다. 즉, 폐기물의 투입이나 유동화를 위해 파쇄공정이 필요하다.

49 소각조건의 3T에 해당하는 것은?

① 온도, 연소량, 혼합
② 온도, 연소량, 압력
③ 온도, 압력, 혼합
④ 온도, 연소시간, 혼합

완전연소조건(3T)
① 온도(Temperature)
② 시간(Time)
③ 혼합(Turbulence)

50 회전식(Rotary) 소각로에 대한 설명으로 옳지 않은 것은?

① 일반적으로 열효율이 상대적으로 높다.
② 킬른은 1,600℃에 달하는 온도에서도 작동될 수 있다.
③ 높은 설치비와 보수비가 요구된다.
④ 다양한 액상 및 고형폐기물을 독립적으로 조합하지 않고서도 소각시킬 수 있다.

회전로식 소각로(Rotary Kiln Incinerator)
① 장점
ㄱ 넓은 범위의 액상 및 고상폐기물을 소각할 수 있다.
ㄴ 전처리(예열, 혼합, 파쇄) 없이 소각물 주입이 가능하다.
ㄷ 소각에 방해 없이 연속으로 재의 배출이 가능하다.
ㄹ 동력비 및 운전비가 적다.
ㅁ 소각물 부하변동에 적응이 가능하다.
② 단점
ㄱ 처리량이 적을 경우 설치비가 높다.
ㄴ 후처리장치(대기오염방지장치)에 대한 분진부하율이 높다.
ㄷ 비교적 열효율이 낮은 편이다.
ㄹ 구형 및 원통형 폐기물은 완전연소 전에 화상에서 이탈할 수 있다.
ㅁ 노에서의 공기유출이 크므로 종종 대량의 과잉공기 및 2차연소실이 필요하다.

51 소각로의 쓰레기 이동방식에 따라 구분한 화격자 종류 중 화격자를 무한궤도식으로 설치한 구조로 되어 있고 건조, 연소, 후연소의 각 스토커 사이에 높이 차이를 두어 낙하시킴으로써 쓰레기층을 뒤집으며 내구성이 좋은 구조로 되어 있는 것은?

① 낙하식 스토커
② 역동식 스토커
③ 계단식 스토커
④ 이상식 스토커

정답 47 ④ 48 ③ 49 ④ 50 ① 51 ④

해설 이상식 화격자(Traveling Grate Stoker)
① Chain Link에 화격자를 무한궤도형으로 설치한 구조로 되어 있다.
② 쓰레기 이송은 잘 이루어지나 연소에 필요한 쓰레기 중의 반전기능이 없다.
③ 건조, 연소, 후연소의 각 스토커 사이에 높은 차이를 두어 낙하시킴으로써 쓰레기층의 반전이 일어나도록 하거나 화격자상에 요동장치를 추가하기도 한다.

52 소각로의 연소효율을 증대시키는 방법으로 가장 거리가 먼 것은?

① 적절한 연소시간 유지
② 적절한 온도 유지
③ 적절한 공기공급과 연료비 설정
④ 층류상태 유지

해설 소각로의 연소효율을 증대시키기 위해서는 난류상태를 유지하여야 한다.

53 폐기물 50ton/day를 소각로에서 1일 24시간 연속가동하여 소각처리할 때 화상면적(m²)은?(단, 화상부하 = 150kg/m² · hr)

① 약 14 ② 약 18
③ 약 22 ④ 약 26

해설 화상면적(m²) = $\dfrac{\text{시간당 소각량}}{\text{화상부하율}}$

$= \dfrac{50\text{ton/day} \times \text{day/24hr} \times 1,000\text{kg/ton}}{150\text{kg/m}^2 \cdot \text{hr}}$

$= 13.8\text{m}^2$

54 쓰레기 투입방식에 따라 소각로를 분류할 수 있다. 해당되지 않는 것은?

① 상부투입방식 ② 중간투입방식
③ 하부투입방식 ④ 십자투입방식

해설 폐기물 투입방식에 따른 소각로 구분
① 하부투입방식
② 상부투입방식
③ 십자투입방식

55 폐기물 소각설비의 주요 공정 중 폐기물 반입 및 공급설비에 해당되지 않는 것은?

① 폐열보일러
② 폐기물 계량장치
③ 폐기물 투입문
④ 폐기물 크레인

해설 폐기물 반입 및 공급설비
① 폐기물 계량장치
② 폐기물 투입문
③ 폐기물 저장시설
④ 폐기물 크레인

56 소각로에서 쓰레기의 소각과 동시에 배출되는 가스성분을 분석한 결과, N₂ = 82%, O₂ = 5%였을 때 소각로의 공기과잉계수(m)는?(단, 완전연소라고 가정)

① 1.3 ② 2.3
③ 2.8 ④ 3.5

해설 완전연소 공기비(m)
$m = \dfrac{21}{21 - \text{O}_2} = \dfrac{21}{21 - 5} = 1.31$

57 구성성분이 O 20%, H 6%, C 30%, 회분 14%, 수분 30%인 폐기물을 소각했을 때 고위발열량(kcal/kg)은?(단, Dulong식 기준)

① 약 2,420
② 약 2,700
③ 약 3,130
④ 약 3,620

해설 $H_h(\text{kcal/kg}) = 8,100\text{C} + 34,000\left(\text{H} - \dfrac{\text{O}}{8}\right) + 2,500\text{S}$

$= (8,100 \times 0.3) + \left[34,000\left(0.06 - \dfrac{0.2}{8}\right)\right]$

$= 3,620\text{kcal/kg}$

58 열효율이 65%인 유동층 소각로에서 15℃의 슬러지 2톤을 소각시켰다. 배기온도가 400℃라면 연소온도(℃)는?(단, 열효율은 배기온도만을 고려한다.)

① 955
② 988
③ 1,015
④ 1,115

열효율(%) = $\dfrac{연소온도 - 배기온도}{연소온도 - 소각물온도}$

$0.65 = \dfrac{연소온도 - 400}{연소온도 - 15}$

$0.65 \times (연소온도 - 15) = 연소온도 - 400$

연소온도 $\times 0.35 = 390.25$

연소온도 = 1,115℃

59 고형폐기물의 소각처리 시 여분의 공기(Excess Air)는 이론적인 산화에 필요한 양에 최소 몇 % 정도 더 넣어주어야 하는가?

① 5
② 10
③ 20
④ 60

고형폐기물 연소공기비 : 1.6∼2.2
과잉공기량 = $A_o(m-1) = 1.6 - 1 = 0.6 \times 100 = 60\%$

60 중유보일러의 경우, 적정공기비($m = 1.1 \sim 1.3$)일 때 CO_2 농도의 범위(%)는?

① 10∼8%
② 12∼10%
③ 16∼12%
④ 20∼16%

중유보일러 연소 경우 적정공기비가 1.1∼1.3일 때 CO_2 농도범위는 약 12∼16%(11∼14%) 정도이다.

제4과목 **폐기물공정시험기준(방법)**

61 유도결합플라스마 – 원자발광분광법을 사용한 금속류 측정에 관한 내용으로 틀린 것은?

① 대부분의 간섭물질은 산 분해에 의해 제거된다.
② 유도결합플라스마 – 원자발광분광기는 시료도입부, 고주파전원부, 광원부, 분광부, 연산처리부 및 기록부로 구성된다.
③ 시료 중에 칼슘과 마그네슘의 농도가 높고 측정값이 규제값의 90% 이상일 때는 희석 측정하여야 한다.
④ 유도결합플라스마 – 원자발광분광기의 분광부는 검출 및 측정에 따라 연속주사형 단원소측정장치와 다원소동시 측정장치로 구분된다.

금속류(유도결합플라스마 – 원자발광분광법)
시료 중에 칼슘과 마그네슘의 농도합이 500mg/L 이상, 측정값이 규제값의 90% 이상인 경우 표준물질첨가법으로 측정하는 것이 좋다.

62 자외선/가시선 분광법에 의하여 폐기물 내 크롬을 분석하기 위한 실험방법에 관한 설명으로 옳은 것은?

① 발색 시 수산화나트륨의 최적 농도는 0.5N이다. 만일 수산화나트륨의 양이 부족하면 5mL를 넣어 시험한다.
② 시료 중에 철이 5mg 이상으로 공존할 경우에는 다이페닐카바자이드 용액을 넣기 전에 10% 피로인산나트륨 · 10수화물 용액 5mL를 넣는다.
③ 적자색의 착화합물을 흡광도 540nm에서 측정한다.
④ 총 크롬을 과망간산나트륨을 사용하여 6가크롬으로 산화시킨 다음 알칼리성에서 다이페닐카바자이드와 반응시킨다.

크롬 – 자외선/가시선 분광법
시료 중에 총 크롬을 과망간산칼륨을 사용하여 6가크롬으로 산화시킨 다음 산성에서 다이페닐카바자이드와 반응하여 생성되는 적자색 착화합물의 흡광도를 540nm에서 측정하여 총 크롬을 정량하는 방법이다.

2022

63 시료의 전처리방법 중 질산 – 황산에 의한 유기물분해에 해당되는 항목들로 짝지어진 것은?

> ㉠ 시료를 서서히 가열하여 액체의 부피가 약 15mL가 될 때까지 증발 농축한 후 공기 중에서 식힌다.
> ㉡ 용액의 산 농도는 약 0.8N이다.
> ㉢ 염산(1 + 1) 10mL와 물 15mL를 넣고 약 15분간 가열하여 침전된 잔류물을 녹인다.
> ㉣ 분해가 끝나면 공기 중에서 식히고 정제수 50mL를 넣어 끓기 직전까지 서서히 가열하여 침전된 용해성 염들을 녹인다.
> ㉤ 유기물 등을 많이 함유하고 있는 대부분의 시료에 적용된다.

① ㉡, ㉢, ㉣   ② ㉢, ㉣, ㉤
③ ㉠, ㉣, ㉤   ④ ㉠, ㉢, ㉤

해설 **질산 – 황산 분해법**
① 적용 : 유기물 등을 많이 함유하고 있는 대부분의 시료
② 주의
  ㉠ 칼슘, 바륨, 납 등을 다량 함유한 시료는 난용성의 황산염을 생성하여 다른 금속성분을 흡착하므로 주의
  ㉡ 분해가 끝나면 공기 중에서 식히고 정제수 50mL를 넣어 끓기 직전까지 서서히 가열하여 침전된 용해성염 등을 녹임
  ㉢ 시료를 서서히 가열하여 액체의 부피가 15mL가 될 때까지 증발 농축한 후 공기 중에서 서서히 식힌다.
③ 용액 산농도 : 약 1.5~3.0N

64 폐기물 중의 유기물 함량(%)을 식으로 나타낸 것은?(단, W_1 : 도가니 또는 접시의 무게, W_2 : 강열 전의 도가니 또는 접시와 시료의 무게, W_3 : 강열 후의 도가니 또는 접시와 시료의 무게)

① $\dfrac{(W_2 - W_3)}{(W_3 - W_2)} \times 100$ ② $\dfrac{(W_2 - W_1)}{(W_3 - W_1)} \times 100$

③ $\dfrac{(W_3 - W_2)}{(W_2 - W_1)} \times 100$ ④ $\dfrac{(W_2 - W_3)}{(W_2 - W_1)} \times 100$

65 기체크로마토그래피법에 대한 설명으로 옳지 않은 것은?

① 일정 유량으로 유지되는 운반가스는 시료도입부로부터 분리관 내를 흘러서 검출기를 통하여 외부로 방출된다.
② 할로겐 화합물을 다량 함유하는 경우에는 분자 흡수나 광산란에 의하여 오차가 발생하므로 추출법으로 분리하여 실험한다.

③ 유기인 분석 시 추출 용매 안에 함유하고 있는 불순물이 분석을 방해할 수 있으므로 바탕시료나 시약바탕시료를 분석하여 확인할 수 있다.
④ 장치의 기본구성은 압력조절밸브, 유량조절기, 압력계, 유량계, 시료도입부, 분리관, 검출기 등으로 되어 있다.

해설 ②항은 원자흡수분광광도법과 관련된 내용이다.

66 5톤 이상의 차량에서 적재폐기물의 시료를 채취할 때 평면상에서 몇 등분하여 채취하는가?

① 3등분   ② 5등분
③ 6등분   ④ 9등분

해설 **폐기물이 차량에 적재되어 있는 경우 시료 채취 수**
① 5ton 미만의 차량에 적재되어 있는 경우
  적재폐기물을 평면상에서 6등분한 후 각 등분마다 시료 채취
② 5ton 이상의 차량에 적재되어 있는 경우
  적재폐기물을 평면상에서 9등분한 후 각 등분마다 시료 채취

67 이온전극법을 적용하여 분석하는 항목은?(단, 폐기물공정시험기준에 의함)

① 시안   ② 수은
③ 유기인   ④ 비소

해설 **시안 분석방법**
① 이온교환법
② 자외선/가시선 분광법

68 유도결합플라스마 발광광도법(ICP)에 대한 설명 중 틀린 것은?

① 시료 중의 원소가 여기되는 데 필요한 온도는 6,000~8,000K이다.
② ICP 분석장치에서 에어로졸 상태로 분무된 시료는 가장 안쪽의 관을 통하여 도너츠 모양의 플라스마 중심부에 도달한다.
③ 시료측정에 따른 정량분석은 검량선법, 내부표준법, 표준첨가법을 사용한다.
④ 플라스마는 그 자체가 광원으로 이용되기 때문에 매우 좁은 농도범위의 시료를 측정하는 데 주로 사용된다.

해설 플라스마는 그 자체가 광원으로 이용되기 때문에 매우 넓은 농도범위에서 시료를 측정할 수 있다.

정답 63 ③ 64 ④ 65 ② 66 ④ 67 ① 68 ④

69 원자흡수분광광도계 장치의 구성으로 옳은 것은?

① 광원부 – 파장선택부 – 측광부 – 시료부

② 광원부 – 시료원자화부 – 파장선택부 – 측광부

③ 광원부 – 가시부 – 측광부 – 시료부

④ 광원부 – 가시부 – 시료부 – 측광부

원자흡수분광광도계 구성

광원부 → 시료원자화부 → 파장선택부 → 측광부

70 유리전극법에 의한 수소이온농도 측정 시 간섭물질에 관한 설명으로 옳지 않은 것은?

① pH 10 이상에서 나트륨에 의해 오차가 발생할 수 있는데 이는 "낮은 나트륨 오차 전극"을 사용하여 줄일 수 있다.

② 유리전극은 일반적으로 용액의 색도, 탁도, 염도, 콜로이드성 물질, 산화 및 환원성 물질들 등에 의해 간섭을 많이 받는다.

③ 기름층이나 작은 입자상이 전극을 피복하여 pH 측정을 방해할 경우에는 세척제로 닦아낸 후 정제수로 세척하고 부드러운 천으로 수분을 제거하여 사용한다.

④ 피복물을 제거할 때는 염산(1+9) 용액을 사용할 수 있다.

유리전극은 용액의 색도, 탁도, 콜로이드성 물질들, 산화 및 환원성 물질들, 염도에 의해 간섭을 받지 않는다.

71 2N 황산 10L를 제조하려면 3M 황산 얼마가 필요한가?

① 9.99L

② 6.66L

③ 5.55L

④ 3.33L

$NV = N'V'$

$2 \times 10L = 6 \times H_2SO_4(L)$

$H_2SO_4(L) = \dfrac{20L}{6} = 3.33L$

72 강도 I_0의 단색광이 발색 용액을 통과할 때 그 빛의 30%가 흡수되었다면 흡광도는?

① 0.155

② 0.181

③ 0.216

④ 0.283

흡광도$(A) = \log\dfrac{1}{투과율} = \log\dfrac{1}{1-0.3} = 0.155$

73 폐기물의 시료채취 방법에 관한 설명으로 가장 거리가 먼 것은?

① 시료의 채취는 일반적으로 폐기물이 생성되는 단위 공정별로 구분하여 채취하여야 한다.

② 폐기물소각시설의 연속식 연소방식 소각재 반출설비에서 채취할 때 소각재가 운반차량에 적재되어 있는 경우에는 적재차량에서 채취하는 것을 원칙으로 한다.

③ 폐기물소각시설의 연속식 연소방식 소각재 반출설비에서 채취하는 경우, 비산재 저장조에서는 부설된 크레인을 이용하여 채취한다.

④ PCBs 및 휘발성 저급 염소화탄화수소류 실험을 위한 시료의 채취 시는 무색 경질의 유리병을 사용한다.

폐기물소각시설의 연속식 연소방식의 소각재 반출설비에서 채취하는 경우, 바닥재 저장소에서는 부설된 크레인을 이용하여 채취한다.

74 유해특성(재활용환경성평가) 중 폭발성 시험방법에 대한 설명으로 옳지 않은 것은?

① 격렬한 연소반응이 예상되는 경우에는 시료의 양을 0.5g으로 하여 시험을 수행하며, 폭발성 폐기물로 판정될 때까지 시료의 양을 0.5g씩 점진적으로 늘려준다.

② 시험결과는 게이지 압력이 690kPa에서 2,070kPa까지 상승할 때 걸리는 시간과 최대 게이지 압력 2,070kPa에 도달 여부로 해석한다.

③ 최대 연소속도는 산화제를 무게비율로써 10~90%를 포함한 혼합물질의 연소속도 중 가장 빠른 측정값을 의미한다.

④ 최대 게이지압력이 2,070kPa이거나 그 이상을 나타내는 폐기물은 폭발성 폐기물로 간주하며, 점화 실패는 폭발성이 없는 것으로 간주한다.

③항은 폭발성 시험방법과는 무관하며 산화성 시험방법에 관한 내용이다.

정답 69 ② 70 ② 71 ④ 72 ① 73 ③ 74 ③

75 유기물 함량이 비교적 높지 않고 금속의 수산화물, 산화물, 인산염 및 황화물을 함유한 시료에 적용하는 산분해법은?

① 질산 분해법
② 질산 – 황산 분해법
③ 질산 – 염산 분해법
④ 질산 – 과염소산 분해법

해설 **질산 – 염산 분해법**
① 적용 : 유기물 함량이 비교적 높지 않고 금속의 수산화물, 산화물, 인산염 및 황화물을 함유하고 있는 시료에 적용한다.
② 용액 산농도 : 약 0.5N

76 폐기물공정시험기준에서 규정하고 있는 온도에 대한 설명으로 틀린 것은?

① 실온 1~35℃ 　② 온수 60~70℃
③ 열수 약 100℃ 　④ 냉수 4℃ 이하

해설 ① 온도용어

용어	온도(℃)
표준온도	0
상온	15~25
실온	1~35
찬 곳	0~15의 곳(따로 규정이 없는 경우)
냉수	15 이하
온수	60~70
열수	≒100

② 수욕상 또는 수욕 중에서 가열한다.
규정이 없는 한 수온 100℃에서 가열함을 뜻하고 약 100℃의 증기욕을 쓸 수 있다는 의미
③ 시험은 따로 규정이 없는 한 상온에서 조작(단, 온도의 영향이 있는 것의 판정은 표준온도를 기준으로 함)

77 pH 측정(유리전극법)의 내부정도관리 주기 및 목표 기준에 대한 설명으로 옳은 것은?

① 시료를 측정하기 전에 표준용액 2개 이상으로 보정한다.
② 시료를 측정하기 전에 표준용액 3개 이상으로 보정한다.
③ 정도관리 목표(정도관리 항목 : 정밀도)는 ±0.01 이내이다.
④ 정도관리 목표(정도관리 항목 : 정밀도)는 ±0.03 이내이다.

해설 **pH 측정(유리전극법)의 내부정도관리 주기 및 목표**
① 시료를 측정하기 전에 표준용액 2개 이상을 보정한다.
② 정도관리 목표(정도관리 항목 : 정밀도)는 ±0.05 이내이다.

78 폴리클로리네이티드비페닐(PCBs)의 기체크로마토그래피법 분석에 대한 설명으로 옳지 않은 것은?

① 운반기체는 부피백분율 99.999% 이상의 아세틸렌을 사용한다.
② 고순도의 시약이나 용매를 사용하여 방해물질을 최소화하여야 한다.
③ 정제컬럼으로는 플로리실 컬럼과 실리카켈 컬럼을 사용한다.
④ 농축장치로 구데르나다니쉬(KD)농축기 또는 회전증발농축기를 사용한다.

해설 PCBs의 기체크로마토그래피법 분석에서 운반기체는 부피백분율 99.999% 이상의 헬륨을 사용한다.

79 '항량으로 될 때까지 건조한다'라 함은 같은 조건에서 1시간 더 건조할 때 전후 무게의 차가 g당 몇 mg 이하일 때를 말하는가?

① 0.01mg 　② 0.03mg
③ 0.1mg 　④ 0.3mg

해설 **항량으로 될 때까지 건조한다**
같은 조건에서 1시간 더 건조할 때 전후 무게의 차가 g당 0.3mg 이하일 때를 말한다.

80 원자흡수분광광도법에 의한 구리(Cu) 시험방법으로 옳은 것은?

① 정량범위는 440nm에서 0.2~4mg/L 범위 정도이다.
② 정밀도는 측정값의 상대표준편차(RSD)로 산출하며 측정한 결과 ±25% 이내이어야 한다.
③ 검정곡선의 결정계수(R^2)는 0.999 이상이어야 한다.
④ 표준편차율은 표준물질의 농도에 대한 측정 평균값의 상대백분율로서 나타내며 5~15% 범위이다.

해설 **구리(원자흡수분광광도법)**
① 정량범위는 324.75nm에서 0.006~50mg/L이다.
③ 검정곡선의 결정계수(R^2)는 0.98 이상이어야 한다.
④ 정확도는 첨가한 표준물질의 농도에 대한 측정 평균값의 상대백분율로서 나타내며, 그 값은 75~125% 이내이어야 한다.

제5과목 | 폐기물관계법규

81 의료폐기물을 배출, 수집운반, 재활용 또는 처분하는 자는 환경부령이 정하는 바에 따라 전자정보처리프로그램에 입력을 하여야 한다. 이때 이용되는 인식방법으로 옳은 것은?

① 바코드인식방법
② 블루투스인식방법
③ 유선주파수인식방법
④ 무선주파수인식방법

해설 전자정보처리프로그램 인식방법 : 무선주파수인식방법

82 폐기물처리업자의 영업정지처분에 따라 당해 영업의 이용자 등에게 심한 불편을 주는 경우 과징금을 부과할 수 있도록 하고 있다. 관련 내용 중 틀린 것은?

① 환경부령이 정하는 바에 따라 그 영업의 정지에 갈음하여 3억 원 이하의 과징금을 부과할 수 있다.
② 사업자의 사업규모, 사업지역의 특수성, 위반행위의 정도 및 횟수 등을 참작하여 과징금의 금액의 2분의 1 범위 안에서 가중 또는 감경할 수 있다.
③ 영업의 정지를 갈음하여 대통령령으로 정하는 매출액에 100분의 5를 곱한 금액을 초과하지 아니하는 범위에서 과징금을 부과할 수 있다.
④ 과징금을 납부하지 아니한 때에는 국세체납처분 또는 지방세체납처분의 예에 따라 과징금을 징수한다.

해설 폐기물처리업자에 대한 과징금
환경부장관이나 시·도지사는 사업장의 사업규모, 사업지역의 특수성, 위반행위의 정도 및 횟수 등을 고려하여 과징금 금액의 2분의 1 범위에서 가중하거나 감경할 수 있다. 다만, 가중하는 경우에는 과징금 총액이 1억 원을 초과할 수 없다.

83 폐기물처리시설의 설치를 마친 자가 폐기물처리시설 검사기관으로 검사를 받아야 하는 시설이 아닌 것은?

① 소각시설
② 파쇄시설
③ 매립시설
④ 소각열회수시설

해설 정기검사 대상 폐기물처리시설
① 소각시설
② 매립시설
③ 멸균분쇄시설
④ 음식물류 폐기물처리시설
⑤ 시멘트 소성로
⑥ 소각열회수시설

84 폐기물처리시설의 종류 중 재활용시설(기계적 재활용시설)의 기준으로 틀린 것은?

① 용융시설(동력 7.5kW 이상인 시설로 한정)
② 응집·침전시설(동력 7.5kW 이상인 시설로 한정)
③ 압축시설(동력 7.5kW 이상인 시설로 한정)
④ 파쇄·분쇄시설(동력 15kW 이상인 시설로 한정)

해설 폐기물처리시설의 종류 : 재활용시설
① 기계적 재활용시설
  ㉠ 압축·압출·성형·주조시설(동력 7.5kW 이상인 시설로 한정한다.)
  ㉡ 파쇄·분쇄·탈피시설(동력 15kW 이상인 시설로 한정한다.)
  ㉢ 절단시설(동력 15kW 이상인 시설로 한정한다.)
  ㉣ 용융·용해시설(동력 7.5kW 이상인 시설로 한정한다.)
  ㉤ 연료화시설
  ㉥ 증발·농축시설
  ㉦ 정제시설(분리·증류·추출·여과 등의 시설을 이용하여 폐기물을 재활용하는 단위시설을 포함한다.)
  ㉧ 유수 분리시설
  ㉨ 탈수·건조시설
  ㉩ 세척시설(철도용 폐목재 받침목을 재활용하는 경우로 한정한다.)
② 화학적 재활용시설
  ㉠ 고형화·고화시설
  ㉡ 반응시설(중화·산화·환원·중합·축합·치환 등의 화학반응을 이용하여 폐기물을 재활용하는 단위시설을 포함한다.)
  ㉢ 응집·침전시설
③ 생물학적 재활용시설
  ㉠ 사료화·퇴비화(지렁이 분변토 생산시설 및 생석회 처리시설을 포함한다.)·소멸화·부숙토 생산시설(1일 재활용능력 100킬로그램 이상인 시설로 한정하며, 건조에 의한 사료화·퇴비화시설을 포함한다.)
  ㉡ 호기성·혐기성 분해시설
  ㉢ 버섯재배시설

정답 81 ④ 82 ① 83 ② 84 ②

85 폐기물 관리의 기본원칙으로 틀린 것은?

① 사업자는 제품의 생산방식 등을 개선하여 폐기물의 발생을 최대한 억제해야 한다.

② 폐기물은 우선적으로 소각, 매립 등의 처분을 한다.

③ 폐기물로 인하여 환경오염을 일으킨 자는 오염된 환경을 복원할 책임을 져야 한다.

④ 누구든지 폐기물을 배출하는 경우에는 주변 환경이나 주민의 건강에 위해를 끼치지 아니하도록 사전에 적절한 조치를 하여야 한다.

[해설] **폐기물 관리의 기본원칙**

① 사업자는 제품의 생산방식 등을 개선하여 폐기물의 발생을 최대한 억제하고, 발생한 폐기물을 스스로 재활용함으로써 폐기물의 배출을 최소화하여야 한다.

② 누구든지 폐기물을 배출하는 경우에는 주변 환경이나 주민의 건강에 위해를 끼치지 아니하도록 사전에 적절한 조치를 하여야 한다.

③ 폐기물은 그 처리과정에서 양과 유해성(有害性)을 줄이도록 하는 등 환경보전과 국민건강보호에 적합하게 처리되어야 한다.

④ 폐기물로 인하여 환경오염을 일으킨 자는 오염된 환경을 복원할 책임을 지며, 오염으로 인한 피해의 구제에 드는 비용을 부담하여야 한다.

⑤ 국내에서 발생한 폐기물은 가능하면 국내에서 처리되어야 하고, 폐기물의 수입은 되도록 억제되어야 한다.

⑥ 폐기물은 소각, 매립 등의 처분을 하기보다는 우선적으로 재활용함으로써 자원생산성의 향상에 이바지하도록 하여야 한다.

86 사업장폐기물배출자는 사업장폐기물의 종류와 발생량 등을 환경부령으로 정하는 바에 따라 신고하여야 한다. 이를 위반하여 신고를 하지 아니하거나 거짓으로 신고를 한 자에 대한 과태료 처분 기준은?

① 200만 원 이하

② 300만 원 이하

③ 500만 원 이하

④ 1천만 원 이하

[해설] 폐기물관리법 제68조 참조

87 폐기물처리시설(중간처리시설 : 유수분리시설)에 대한 기술관리대행계약에 포함될 점검항목과 가장 거리가 먼 것은?

① 분리수이동설비의 파손 여부

② 회수유저장조의 부식 또는 파손 여부

③ 분리시설 교반장치의 정상가동 여부

④ 이물질제거망의 청소 여부

[해설] **중간처분시설(유수분리시설) 기술관리대행계약 점검항목**

① 분리수이동설비의 파손 여부

② 회수유저장조의 부식 또는 파손 여부

③ 이물질제거망의 청소 여부

④ 폐유투입량 조절장치의 정상가동 여부

⑤ 정기적인 여과포의 교체 또는 세척 여부

88 사후관리항목 및 방법에 따라 조사한 결과를 토대로 매립시설이 주변환경에 미치는 영향에 대한 종합보고서를 매립시설의 사용종류신고 후 몇 년마다 작성하여야 하는가?

① 2년마다

② 3년마다

③ 5년마다

④ 10년마다

[해설] 사후관리항목 및 방법에 따라 조사한 결과를 토대로 매립시설이 주변환경에 미치는 영향에 대한 종합보고서를 매립시설의 사용종료 신고 후 5년마다 작성하고, 작업일부터 30일 이내에 시 · 도지사 또는 지방환경관서의 장에게 제출해야 한다.

89 주변지역 영향 조사대상 폐기물처리시설 기준으로 ( ) 에 적절한 것은?

> 매립면적 ( ) 제곱미터 이상의 사업장 지정폐기물 매립시설

① 330

② 3,300

③ 1만

④ 3만

[해설] **주변지역 영향 조사대상 폐기물처리시설 기준**

① 1일 처리능력이 50톤 이상인 사업장폐기물 소각시설(같은 사업장에 여러 개의 소각시설이 있는 경우에는 각 소각시설의 1일 처리능력의 합계가 50톤 이상인 경우를 말한다.)

② 매립면적 1만 제곱미터 이상의 사업장 지정폐기물 매립시설

③ 매립면적 15만 제곱미터 이상의 사업장 일반폐기물 매립시설

④ 시멘트 소성로(폐기물을 연료로 사용하는 경우로 한정한다.)

⑤ 1일 재활용능력이 50톤 이상인 사업장폐기물 소각열회수시설(같은 사업장에 여러 개의 소각열회수시설이 있는 경우에는 각 소각열회수시설의 1일 재활용능력의 합계가 50톤 이상인 경우를 말한다.)

90 한국폐기물협회의 수행 업무에 해당하지 않는 것은?(단, 그 밖의 정관에서 정하는 업무는 제외)

① 폐기물처리 절차 및 이행 업무
② 폐기물 관련 국제 협력
③ 폐기물 관련 국제 교류
④ 폐기물과 관련된 업무로서 국가나 지방자치단체로부터 위탁받은 업무

해설 **한국폐기물협회의 업무**
① 폐기물 관련 국제교류 및 협력
② 폐기물과 관련된 업무로서 국가나 지방자치단체로부터 위탁받은 업무
③ 그 밖에 정관에서 정하는 업무

91 폐기물처리시설 중 멸균분쇄시설의 경우 기술관리인을 두어야 하는 기준으로 맞는 것은?(단, 폐기물처리업자가 운영하지 않음)

① 1일 처리능력이 5톤 이상인 시설
② 1일 처리능력이 10톤 이상인 시설
③ 시간당 처리능력이 100kg 이상인 시설
④ 시간당 처리능력이 200kg 이상인 시설

해설 **기술관리인을 두어야 하는 폐기물처리시설**
① 매립시설의 경우
　㉠ 지정폐기물을 매립하는 시설로서 면적이 3천300제곱미터 이상인 시설. 다만, 차단형 매립시설에서는 면적이 330제곱미터 이상이거나 매립용적이 1천 세제곱미터 이상인 시설로 한다.
　㉡ 지정폐기물 외의 폐기물을 매립하는 시설로서 면적이 1만 제곱미터 이상이거나 매립용적이 3만 세제곱미터 이상인 시설
② 소각시설로서 시간당 처리능력이 600킬로그램(감염성 폐기물을 대상으로 하는 소각시설의 경우에는 200킬로그램) 이상인 시설
③ 압축·파쇄·분쇄 또는 절단시설로서 1일 처리능력 또는 재활용시설이 100톤 이상인 시설
④ 사료화·퇴비화 또는 연료화 시설로서 1일 재활용능력이 5톤 이상인 시설
⑤ 멸균·분쇄시설로서 시간당 처리능력이 100킬로그램 이상인 시설
⑥ 시멘트 소성로
⑦ 용해로(폐기물에 비철금속을 추출하는 경우로 한정한다.)로서 시간당 재활용능력이 600킬로그램 이상인 시설
⑧ 소각열회수시설로서 시간당 재활용능력이 600킬로그램 이상인 시설

92 폐기물처리시설의 설치기준 중 멸균분쇄시설(기계적 처분시설)에 관한 내용으로 틀린 것은?

① 밀폐형으로 된 자동제어에 의한 처분방식이어야 한다.
② 폐기물은 원형이 파쇄되어 재사용할 수 없도록 분쇄하여야 한다.
③ 수분함량이 30% 이하가 되도록 건조하여야 한다.
④ 폭발사고와 화재 등에 대비하여 안전한 구조이어야 한다.

해설 악취를 방지할 수 있는 시설과 수분함량이 50퍼센트 이하가 되도록 처리할 수 있는 건조장치를 갖추어야 한다.

93 사후관리이행보증금의 사전적립에 관한 설명으로 (   )에 알맞은 것은?

> 사후관리이행보증금의 사전적립 대상이 되는 폐기물을 매립하는 시설은 면적이 (㉠)인 시설로 한다. 이에 따른 매립시설의 설치자는 그 시설의 사용을 시작한 날부터 (㉡)에 환경부령으로 정하는 바에 따라 사전적립금 적립계획서를 환경부장관에게 제출하여야 한다.

① ㉠ 1만제곱미터 이상, ㉡ 1개월 이내
② ㉠ 1만제곱미터 이상, ㉡ 15일 이내
③ ㉠ 3천300제곱미터 이상, ㉡ 1개월 이내
④ ㉠ 3천300제곱미터 이상, ㉡ 15일 이내

해설 **사후관리이행보증금의 사전적립**
① 사후관리이행보증금의 사전적립 대상이 되는 폐기물을 매립하는 시설은 면적이 3천300제곱미터 이상인 시설로 한다.
② 매립시설의 설치자는 폐기물처리업의 허가·변경허가 또는 폐기물처리시설의 설치 승인·변경승인을 받아 그 시설의 사용을 시작한 날부터 1개월 이내에 환경부령으로 정하는 바에 따라 사전적립금 적립계획서에 관련 서류를 첨부하여 환경부장관에게 제출하여야 한다.

94 환경보전협회에서 교육을 받아야 할 자가 아닌 것은?

① 폐기물 재활용신고자
② 폐기물처리시설의 설치·운영자가 고용한 기술담당자
③ 폐기물처리업자(폐기물 수집·운반업자는 제외)가 고용한 기술요원
④ 폐기물 수집·운반업자

해설 교육기관
① 국립환경인력개발원, 한국환경공단 또는 한국폐기물협회
  ㉠ 폐기물처분시설 또는 재활용시설의 기술관리인이나 폐기물처리시설의 설치자로서 스스로 기술관리를 하는 자
  ㉡ 폐기물처리시설의 설치 · 운영자 또는 그가 고용한 기술담당자
② 「환경정책기본법」에 따른 환경보전협회 또는 한국폐기물협회
  ㉠ 사업장폐기물배출자 신고를 한 자 및 법 제17조제3항에 따른 서류를 제출한 자 또는 그가 고용한 기술담당자
  ㉡ 폐기물처리업자(폐기물 수집 · 운반업자는 제외한다)가 고용한 기술요원
  ㉢ 폐기물처리시설의 설치 · 운영자 또는 그가 고용한 기술담당자
  ㉣ 폐기물 수집 · 운반업자 또는 그가 고용한 기술담당자
  ㉤ 폐기물재활용신고자 또는 그가 고용한 기술담당자
③ 한국환경산업기술원
  재활용환경성평가기관의 기술인력
④ 국립환경인력개발원, 한국환경공단
  폐기물분석전문기관의 기술요원

95 토지이용의 제한기간은 폐기물매립시설의 사용이 종료되거나 그 시설이 폐쇄된 날부터 몇 년 이내로 하는가?
① 15년
② 20년
③ 25년
④ 30년

해설 토지이용의 제한기간은 폐기물매립시설의 사용이 종료되거나 그 시설의 폐쇄된 날부터 30년 이내로 한다.

96 대통령령이 정하는 폐기물처리시설을 설치 · 운영하는 자는 그 폐기물처리시설의 설치 · 운영이 주변지역에 미치는 영향을 몇 년마다 조사하여야 하는가?
① 10년
② 5년
③ 3년
④ 2년

해설 대통령령으로 정하는 폐기물처리시설을 설치 · 운영하는 자는 그 폐기물처리시설의 설치 · 운영이 주변지역에 미치는 영향을 3년마다 조사하고, 그 결과를 환경부장관에게 제출하여야 한다.

97 폐기물 인계 · 인수 사항과 폐기물처리현장 정보를 전자정보처리프로그램에 입력할 때 이용하는 매체가 아닌 것은?
① 컴퓨터
② 이동형 통신수단
③ 인터넷 통신망
④ 전산처리기구의 ARS

해설 전자정보처리프로그램 입력 시 이용하는 매체
① 컴퓨터
② 이동형 통신수단
③ 전산처리기구의 ARS

98 폐기물처리시설 중 기계적 재활용시설에 해당되는 것은?
① 시멘트 소성로
② 고형화시설
③ 열처리조합시설
④ 연료화시설

해설 폐기물처리시설의 종류 : 재활용시설
① 기계적 재활용시설
  ㉠ 압축 · 압출 · 성형 · 주조시설(동력 7.5kW 이상인 시설로 한정한다.)
  ㉡ 파쇄 · 분쇄 · 탈피시설(동력 15kW 이상인 시설로 한정한다.)
  ㉢ 절단시설(동력 15kW 이상인 시설로 한정한다.)
  ㉣ 용융 · 용해시설(동력 7.5kW 이상인 시설로 한정한다.)
  ㉤ 연료화시설
  ㉥ 증발 · 농축시설
  ㉦ 정제시설(분리 · 증류 · 추출 · 여과 등의 시설을 이용하여 폐기물을 재활용하는 단위시설을 포함한다.)
  ㉧ 유수 분리시설
  ㉨ 탈수 · 건조시설
  ㉩ 세척시설(철도용 폐목재 받침목을 재활용하는 경우로 한정한다.)
② 화학적 재활용시설
  ㉠ 고형화 · 고화시설
  ㉡ 반응시설(중화 · 산화 · 환원 · 중합 · 축합 · 치환 등의 화학반응을 이용하여 폐기물을 재활용하는 단위시설을 포함한다.)
  ㉢ 응집 · 침전시설
③ 생물학적 재활용시설
  ㉠ 사료화 · 퇴비화(지렁이 분변토 생산시설 및 생석회 처리시설을 포함한다.) · 소멸화 · 부숙토 생산시설(1일 재활용능력 100킬로그램 이상인 시설로 한정하며, 건조에 의한 사료화 · 퇴비화시설을 포함한다.)
  ㉡ 호기성 · 혐기성 분해시설
  ㉢ 버섯재배시설

99 폐기물처리시설 주변지역 영향조사 시 조사횟수 기준으로 (   )에 맞는 것은?

> 각 항목당 계절을 달리하여 (㉠) 이상 측정하되, 악취는 여름(6월부터 8월까지)에 (㉡) 이상 측정해야 한다.

① ㉠ 4회, ㉡ 2회   ② ㉠ 4회, ㉡ 1회
③ ㉠ 2회, ㉡ 2회   ④ ㉠ 2회, ㉡ 1회

해설 **주변지역 영향조사의 조사횟수**
각 항목당 계절을 달리하여 2회 이상 측정하되, 악취는 여름(6월부터 8월까지)에 1회 이상 측정하여야 한다.

100 주변지역 영향 조사대상 폐기물처리시설에 해당하는 것은?

① 1일 처리능력 30톤인 사업장폐기물 소각시설
② 1일 처리능력 15톤인 사업장폐기물 소각시설이 사업장 부지 내에 3개 있는 경우
③ 매립면적 1만5천 제곱미터인 사업장 지정폐기물 매립시설
④ 매립면적 11만 제곱미터인 사업장 일반폐기물 매립시설

해설 **주변지역 영향 조사대상 폐기물처리시설 기준**
① 1일 처리능력이 50톤 이상인 사업장폐기물 소각시설(같은 사업장에 여러 개의 소각시설이 있는 경우에는 각 소각시설의 1일 처리능력의 합계가 50톤 이상인 경우를 말한다.)
② 매립면적 1만 제곱미터 이상의 사업장 지정폐기물 매립시설
③ 매립면적 15만 제곱미터 이상의 사업장 일반폐기물 매립시설
④ 시멘트 소성로(폐기물을 연료로 사용하는 경우로 한정한다.)
⑤ 1일 재활용능력이 50톤 이상인 사업장폐기물 소각열회수시설(같은 사업장에 여러 개의 소각열회수시설이 있는 경우에는 각 소각열회수시설의 1일 재활용능력의 합계가 50톤 이상인 경우를 말한다.)

제1과목 폐기물개론

01 혐기성 소화에서 독성을 유발시킬 수 있는 물질의 농도(mg/L)로 가장 적절한 것은?

① Fe : 1,000
② Na : 3,500
③ Ca : 1,500
④ Mg : 800

해설 혐기성 소화조에서 독성으로 작용하는 농도
① Fe : 1,000mg/L
② Na : 5,000~8,000mg/L
③ Ca : 2,000~6,000mg/L
④ Mg : 1,700~4,000mg/L

02 도시폐기물의 유기성 성분 중 셀룰로오스에 해당하는 것은?

① 6탄당의 중합체
② 아미노산 중합체
③ 당, 전분 등
④ 방향환과 메톡실기를 포함한 중합체

해설 ① 유기물을 분류하는 기준 중 하나는 탄소골격을 구성하는 탄소의 수로 분류하며 탄소를 6개 갖고 있는 당(유기물)을 6탄당이라 부르고, 탄소 3개를 가지고 있는 3탄당과 5개를 갖는 5탄당이 흔한 당이다. 셀룰로오스는 대표적인 6탄당의 중합체이다.
② 셀룰로오스$[(C_6H_{10}O_5)_n]$는 6탄당 중합체물질이다.
③ 5탄당과 6탄당의 중합체의 대표적 물질은 헤미셀룰로오스, 아미노산 중합체의 대표적 물질은 단백질이다.

03 다음 조건을 가진 지역의 일일 최소 쓰레기 수거횟수(회)는?(단, 발생쓰레기 밀도 = 500kg/m³, 발생량 = 1.5kg/인·일, 수거대상 = 200,000인, 차량대수 = 4(동시 사용), 차량적재용적 = 50m³, 적재함 이용률 = 80%, 압축비 = 2, 수거인부 = 20명)

① 2
② 4
③ 6
④ 8

해설 수거횟수(회/일) = $\dfrac{\text{총 배출량(kg/일)}}{\text{1회 수거량(kg/회)}}$

$= \dfrac{1.5\text{kg/인·일} \times 200,000\text{인}}{50\text{m}^3\text{/대} \times 4\text{대/회} \times 500\text{kg/m}^3 \times 0.8 \times 2}$

$= 1.88(2회/일)$

04 완전히 건조시킨 폐기물 20g을 채취해 회분함량을 분석하였더니 5g이었다. 폐기물의 함수율이 40%이었다면, 습량기준으로 회분 중량비(%)는?(단, 비중 = 1.0)

① 5
② 10
③ 15
④ 20

해설 습량기준 회분 중량비

$= \left(\dfrac{\text{전체 회분중량}}{\text{전체 건조중량}} \times \dfrac{100 - \text{함수율}}{100}\right) \times 100$

$= \left[\left(\dfrac{5}{20}\right) \times \left(\dfrac{100 - 40}{100}\right)\right] \times 100 = 15\%$

05 소각방식 중 회전로(Rotary Kiln)에 대한 설명으로 옳지 않은 것은?

① 넓은 범위의 액상, 고상 폐기물을 소각할 수 있다.
② 일반적으로 회전속도는 0.3~1.5rpm, 주변속도는 5~25mm/sec 정도이다.
③ 예열, 혼합, 파쇄 등 전처리를 거쳐야만 주입이 가능하다.
④ 회전하는 원통형 소각로로서 경사진 구조로 되어 있으며 길이와 직경의 비는 2~10 정도이다.

해설 회전로(Rotary Kiln)는 전처리(예열, 혼합, 파쇄) 없이 주입 가능하다.

06 전과정평가(LCA)의 구성요소로 가장 거리가 먼 것은?

① 개선평가
② 영향평가
③ 과정분석
④ 목록분석

해설 전과정평가(LCA) 4단계
① 목적 및 범위의 설정(Goal Definition Scoping) : 1단계 [LCA 사용목적]

㉠ 복수 제품 간의 비교 선택
ㄴ 제품 및 공정의 개선효과 파악
ㄷ 목표치를 달성하기 위한 제품의 점검
ㄹ 개선점의 추출(우선순위 결정)
ㅁ 제품에 관계되는 주체 간의 의사전달 촉진
② 목록분석(Inventory Analysis) : 2단계
상품, 포장, 공정, 물질, 원료 및 활동에 의해 발생하는 에너지 및 천연원료 요구량, 대기·수질오염 배출, 고형폐기물과 기타 기술적 자료 구축과정이다.
③ 영향평가(Impact Analysis or Assessment) : 3단계
조사분석과정에서 확정된 자원요구 및 환경부하에 대한 영향을 평가하는 기술적, 정량적, 정성적 과정이다.
④ 개선평가 및 해석(Improvement Assessment) : 4단계
전 과정에 대한 해석을 실시하는 과정이다.

07 분뇨의 함수율이 95%이고 유기물 함량이 고형물질량의 60%를 차지하고 있다. 소화조를 거친 뒤 유기물량을 조사하였더니 원래의 반으로 줄었다고 한다. 소화된 분뇨의 함수율(%)은?(단, 소화 시 수분의 변화는 없다고 가정한다. 분뇨 비중은 1.0으로 가정함)

① 95.5   ② 96.0
③ 96.5   ④ 97.0

소화 후 분뇨＝수분＋고형물 중 무기물＋잔류유기물
$$= (100 \times 0.95) + (100 \times 0.05 \times 0.4)$$
$$+ (100 \times 0.05 \times 0.6 \times 0.5)$$
$$= 98.5\%$$

소화된 분뇨 함수율(%) $= \dfrac{95}{98.5} \times 100 = 96.45\%$

08 폐기물처리 또는 재생방법에 대한 사항의 설명으로 가장 거리가 먼 것은?

① Compaction의 장점은 공기층 배제에 의한 부피축소이다.
② 소각의 장점은 부피축소 및 질량감소이다.
③ 자력선별장비의 선별효율은 비교적 높다.
④ 스크린의 종류 중 선별효율이 가장 우수한 것은 진동스크린이다.

스크린의 종류 중 선별효율이 가장 우수한 것은 회전스크린(트롬멜 스크린)이다.

09 슬러지 처리과정 중 농축(Thickening)의 목적으로 적합하지 않은 것은?

① 소화조의 용적 절감
② 슬러지 가열비 절감
③ 독성물질의 농도 절감
④ 개량에 필요한 화학 약품 절감

농축 목적
① 부피감소(소화조의 용적 절감)
② 개량에 필요한 화학약품 투여량 감소
③ 처리비용 감소
④ 저장탱크 용적 감소
⑤ 탈수 시 탈수효율 향상
⑥ 소화조의 슬러지 가열 시 소요열량이 적게 요구됨

10 다음의 폐수처리장 슬러지 중 2차 슬러지에 속하지 않는 것은?

① 활성 슬러지   ② 소화 슬러지
③ 화학적 슬러지   ④ 살수여상 슬러지

화학적 슬러지는 3차 슬러지에 속한다.

11 쓰레기 수거노선 설정 요령으로 가장 거리가 먼 것은?

① 지형이 언덕인 경우는 내려가면서 수거한다.
② U자 회전을 피하여 수거한다.
③ 아주 많은 양의 쓰레기가 발생되는 발생원은 하루 중 가장 나중에 수거한다.
④ 가능한 한 시계방향으로 수거노선을 설정한다.

효과적·경제적 수거노선 결정 시 유의(고려)사항 : 수거노선 설정 요령
① 지형이 언덕인 지역에서는 언덕의 위에서부터 내려가며 적재하면서 차량을 진행하도록 한다(안전성, 연료비 절약).
② 수거인원 및 차량형식이 같은 기존 시스템의 조건들을 서로 관련시킨다.
③ 출발점은 차고와 가깝게 하고 수거된 마지막 컨테이너가 처분지의 가장 가까이에 위치하도록 배치한다.
④ 가능한 한 지형지물 및 도로경계와 같은 장벽을 사용하여 간선도로 부근에서 시작하고 끝나야 한다(도로경계 등을 이용).
⑤ 가능한 한 시계방향으로 수거노선을 정한다.
⑥ 적은 양의 쓰레기가 발생하나 동일한 수거빈도를 받기 원하는 적재지점(수거지점)은 가능한 한 같은 날 왕복 내에서 수거한다.
⑦ 아주 많은 양의 쓰레기가 발생되는 발생원은 하루 중 가장 먼

저 수거한다.

⑧ 될 수 있는 한 한 번 간 길은 다시 가지 않는다.

⑨ 반복운행 또는 U자형 회전은 피하여 수거한다.

⑩ 교통량이 많은 때나 출퇴근 시간은 피하여 수거한다.

⑪ 수거지점과 수거빈도 결정 시 기존 정책이나 규정을 참고한다.

12 1,000세대(세대당 평균 가족 수 5인) 아파트에서 배출하는 쓰레기를 3일마다 수거하는 데 적재용량 11.0m³의 트럭 5대(1회 기준)가 소요된다. 쓰레기 단위 용적당 중량이 210kg/m³라면 1인 1일당 쓰레기 배출량(kg/인·일)은?

① 2.31　　　　　　② 1.38

③ 1.12　　　　　　④ 0.77

해설 쓰레기 배출량(kg/인·일)

$$= \frac{\text{쓰레기 수거량}}{\text{인구수}}$$

$$= \frac{11.0\text{m}^3/\text{대} \times 5\text{대} \times 210\text{kg/m}^3}{1,000\text{세대} \times 5\text{인/세대} \times 3\text{일}} = 0.77\text{kg/인·일}$$

13 트롬멜 스크린에 관한 설명으로 옳지 않은 것은?

① 스크린의 경사도가 크면 효율이 떨어지고 부하율도 커진다.

② 최적속도는 경험적으로 임계속도×0.45 정도이다.

③ 스크린 중 유지관리상의 문제가 적고, 선별효율이 좋다.

④ 스크린의 경사도는 대개 20~30° 정도이다.

해설 **트롬멜 스크린의 운전 특성**

① 스크린 개방면적(53%)　　② 경사도(2~3°)

③ 회전속도(11~30rpm)　　④ 길이(4.0m)

14 폐기물 발생량이 5백만 톤/연인 지역의 수거인부의 하루 작업시간이 10시간이고, 1년의 작업일수는 300일이다. 수거효율(MHT)은 1.8로 운영되고 있다면, 필요한 수거인부의 수(명)는?

① 3,000　　　　　　② 3,100

③ 3,200　　　　　　④ 3,300

해설 $\text{MHT} = \dfrac{\text{수거인부 수} \times \text{수거인부 작업시간}}{\text{쓰레기 발생량(수거량)}}$

$1.8 = \dfrac{\text{수거인부 수} \times (10\text{hr/day} \times 300\text{day/year})}{5,000,000\text{ton/year}}$

수거인부 수 = 3,000명(인)

15 폐기물 발생량 예측방법 중에서 각 인자들의 효과를 총괄적으로 나타내어 복잡한 시스템의 분석에 유용하게 적용할 수 있는 것은?

① 경향법　　　　　　② 다중회귀모델

③ 동적모사모델　　　　④ 인자분석모델

해설 **폐기물 발생량 예측방법**

방법(모델)	내용
경향법 (Trend Method) 경향예측모델	• 최저 5년 이상의 과거 처리 실적을 수식 model에 대입하여 과거의 경향을 가지고 장래를 예측하는 방법 • 단지 시간과 그에 따른 쓰레기 발생량(또는 성상) 간의 상관관계만을 고려하며 이를 수식 $x = f(t)$로 표현 • $x = f(t)$는 선형, 지수형, 대수형 등에서 가장 근사한 형태를 택함
다중회귀모델 (Multiple Regression Model)	• 하나의 수식으로 각 인자들의 효과를 총괄적으로 나타내어 복잡한 시스템의 분석에 유용하게 사용할 수 있는 쓰레기 발생량 예측방법 • 각 인자마다 효과를 파악하기보다는 전체 인자의 효과를 총괄적으로 파악하는 것이 간편하고 유용한 예측방법으로 시간을 단순히 하나의 독립된 종속인자로 대입 • 수식 $x = f(X_1 X_2 X_3 \cdots X_n)$, 여기서 $X_1 X_2 X_3 \cdots X_n$은 쓰레기 발생량에 영향을 주는 인자 ※ 인자 : 인구, 지역소득(GNP 또는 GRP), 자원회수량, 상품 소비량 또는 매출액 (자원회수량, 사회적·경제적 특성이 고려됨)
동적모사모델 (Dynamic Simulation Model)	• 쓰레기 발생량에 영향을 주는 모든 인자를 시간에 대한 함수로 나타낸 후 시간에 대한 함수로 표현된 각 영향인자들 간의 상관관계를 수식화하는 방법 • 시간만을 고려하는 경향법과 시간을 단순히 하나의 독립적인 종속인자로 고려하는 다중회귀모델의 문제점을 보완한 예측방법 • Dynamo 모델 등이 있음

16 Pipe Line(관로수송)에 의한 폐기물 수송에 대한 설명으로 가장 거리가 먼 것은?

① 단거리 수송에 적합하다.

② 잘못 투입된 물건은 회수하기가 곤란하다.

③ 조대쓰레기에 대한 파쇄, 압축 등의 전처리가 필요하다.

④ 쓰레기 발생밀도가 낮은 곳에서 사용된다.

관거(Pipe-line) 수송은 폐기물 발생밀도가 상대적으로 높은 인구 밀집지역 및 아파트 지역에서 현실성이 있다.

17 폐기물을 Ultimate Analysis에 의해 분석할 때 분석대상 항목이 아닌 것은?

① 질소(N)
② 황(S)
③ 인(P)
④ 산소(O)

극한분석(Ultimate Analysis)
화학적 조성분석을 의미하며 대상항목은 C, H, O, N, S, Cl 이다.

18 쓰레기의 부피를 감소시키는 폐기물처리 조작으로 가장 거리가 먼 것은?

① 압축
② 매립
③ 소각
④ 열분해

매립은 쓰레기의 용적을 감소시키는 방법은 아니며 최종처리 방법이다.

19 생활폐기물의 관리와 그 기능적 요소에 포함되지 않는 사항은?

① 폐기물의 발생 및 수거
② 폐기물의 처리 및 처분
③ 원료의 절약과 발생 억제
④ 폐기물의 운반 및 수송

원료의 절약과 발생 억제는 폐기물관리의 기능적 요소에 해당하지 않는다.

20 재활용 대책으로서 생산·유통구조를 개선하고자 할 때 고려해야 할 사항으로 가장 거리가 먼 것은?

① 재활용이 용이한 제품의 생산 촉진
② 폐자원의 원료사용 확대
③ 발생부산물의 처리방법 강구
④ 제조업종별 생산자 공동협력체계 강화

발생부산물의 처리방법 강구는 생산·유통구조 개선 시 고려사항과 관계가 없다.

제2과목 **폐기물처리기술**

21 매립지 주위의 우수를 배수하기 위한 배수로 단면을 결정하고자 한다. 이때 유속을 계산하기 위해 사용되는 식(Manning 공식)에 포함되지 않는 것은?

① 유출계수
② 조도계수
③ 경심
④ 강우강도

매립지 우수 배수로(개수로)속도 : Manning식

$$V = \frac{1}{n} R^{2/3} I^{1/2}$$

여기서, ν : 평균유속(m/sec)
n : 조도계수
R : 동수경사(경심)
I : 수로경사(강우강도)

22 폐기물이 매립될 때 매립된 유기성 물질의 분해과정으로 옳은 것은?

① 호기성 → 혐기성(메탄 생성 → 산 생성)
② 호기성 → 혐기성(산 생성 → 메탄 생성)
③ 혐기성 → 호기성(메탄 생성 → 산 생성)
④ 혐기성 → 호기성(산 생성 → 메탄 생성)

혐기성소화 유기물 분해단계
① 제1단계 : 가수분해단계
② 제2단계 : 산생성, 수소발효단계
③ 제3단계 : 메탄생성단계

23 플라스틱을 재활용하는 방법과 가장 거리가 먼 것은?

① 열분해 이용법
② 용융고화재생 이용법
③ 유리화 이용법
④ 파쇄 이용법

플라스틱 재활용 방법
① 열분해 이용법(용해 재생)
② 용융고화재생 이용법
③ 파쇄 이용법

[Note] 유리화법은 폐기물을 유리물질(SiO_2, NO_2CO_3, CaO) 안에 고정화시키는 방법이다.

정답 17 ③ 18 ② 19 ③ 20 ③ 21 ① 22 ② 23 ③

24 아래와 같은 조건일 때 혐기성 소화조의 용량(m^3)은? (단, 유기물량의 50%가 액화 및 가스화된다고 한다. 방식은 2조식이다.)

> • 분뇨투입량 = 1,000kL/day
> • 투입 분뇨 함수율 = 95%
> • 유기물농도 = 60%
> • 소화일수 = 30일
> • 인발 슬러지 함수율 = 90%

① 12,350 ② 17,850
③ 20,250 ④ 25,500

해설 소화조용량(m^3)

$= \dfrac{Q_1 + Q_2}{2} \times T$

Q_1(소화 전 분뇨) = 1,000kL/day

Q_2(소화 후 분뇨) = 1,000kL/day $\times 0.05 \times [0.4 + (0.6 \times 0.5)]$

$\times \dfrac{100}{100 - 90} = 350$kL/day

$= \dfrac{(1,000 + 350) m^3/day}{2} \times 30$일

$= 20,250 m^3/day$

25 매립방식 중 Cell 방식에 대한 내용으로 가장 거리가 먼 것은?

① 일일복토 및 침출수 처리를 통해 위생적인 매립이 가능하다.
② 쓰레기의 흩날림을 방지하며, 악취 및 해충의 발생을 방지하는 효과가 있다.
③ 일일복토와 Bailing을 통한 폐기물 압축으로 매립부피를 줄일 수 있다.
④ Cell마다 독립된 매립층이 완성되므로 화재 확산 방지에 유리하다.

해설 **셀 공법 매립(Cell Method)**
① 매립된 쓰레기 및 비탈에 복토를 실시하여 셀모양으로 셀마다 일일복토를 해나가는 방식이며 현재 가장 많이 이용된다(쓰레기 비탈면 경사각도 : 15~25%).
② 장점
  ㉠ 현재 가장 위생적인 방법이다(장래 토지이용이 가장 유리).
  ㉡ 화재의 발생 및 확산을 방지할 수 있다.
  ㉢ 폐기물의 흩날림을 방지한다.
  ㉣ 해충의 발생을 방지할 수 있다.

㉢ 고밀도 매립이 가능하다.
㉣ 침출수 처리시설 및 발생가스 처리시설의 장점을 충분히 이용한다.

26 매일 200ton의 쓰레기를 배출하는 도시가 있다. 매립지의 평균 매립 두께를 5m, 매립밀도를 0.8ton/m^3로 가정할 때 1년 동안 쓰레기를 매립하기 위한 최소한의 매립지 면적(m^2)은?(단, 기타 조건은 고려하지 않음)

① 12,250 ② 15,250
③ 18,250 ④ 21,250

해설 매립면적(m^2) = $\dfrac{\text{매립폐기물의 양}}{\text{폐기물밀도} \times \text{매립깊이}}$

$= \dfrac{200\text{ton/day} \times 360\text{day/year} \times 1\text{year}}{0.8\text{ton/}m^3 \times 5\text{m}}$

$= 18,000 m^2$

27 토양수분의 물리학적 분류 중 1,000cm 물기둥의 압력으로 결합되어 있는 경우는 다음 중 어디에 속하는가?

① 모세관수 ② 흡습수
③ 유효수분 ④ 결합수

해설 **토양수분의 물리학적 분류**
① 결합수(pF 7.0 이상) ② 흡습수(pF 4.5 이상)
③ 모세관수(pF 2.54~4.5) ④ 중력수(pF 2.54 이하)

28 시멘트 고형화법 중 자가시멘트법에 대한 설명으로 가장 거리가 먼 것은?

① 혼합률이 낮고 중금속 저지에 효과적이다.
② 탈수 등 전처리와 보조에너지가 필요하다.
③ 장치비가 크고 숙련된 기술을 요한다.
④ 고농도 황화물 함유 폐기물에만 적용된다.

해설 **자가시멘트법(Self – Cementing Techniques)**
① FGD 슬러지 중 일부(10%)를 생석회화한 후 여기에 소량의 물(수분량 조절역할)과 첨가제를 가하여 폐기물이 스스로 고형화되는 성질을 이용하는 방법이다. 즉, 연소가스 탈황 시 발생된 높은 황화물을 함유한 슬러지 처리에 사용된다.
② 장점
  ㉠ 혼합률(MR)이 비교적 낮다.
  ㉡ 중금속의 고형화 처리에 효과적이다.
  ㉢ 전처리(탈수 등)가 필요 없다.

③ 단점
  ㉠ 장치비가 크며 숙련된 기술이 요구된다.
  ㉡ 보조에너지가 필요하다.
  ㉢ 많은 황화물을 가지는 폐기물에 적합하다.

29 고형화 처리 중 시멘트 기초법에서 가장 흔히 사용되는 포틀랜드 시멘트의 주성분은?

① CaO, Al_2O_3
② CaO · SiO_2
③ CaO, MgO
④ CaO, Fe_2O_3

해설 **포틀랜드 시멘트의 주성분**
CaO · SiO_2(규산염)이며, 그 외에 CaO(60~65%), SiO_2(22%), 기타(13%)

30 비배출량(Specific Discharge)이 1.6×10^{-8}m/sec이고 공극률 0.4인 수분포화 상태의 매립지에서의 물의 침투속도(m/sec)는?

① 4.0×10^{-8}
② 0.96×10^{-8}
③ 0.64×10^{-8}
④ 0.25×10^{-8}

해설 침투속도 $= \dfrac{\text{비배출량}}{\text{공극률}} = \dfrac{1.6 \times 10^{-8} \text{m/sec}}{0.4} = 4.0 \times 10^{-8} \text{m/sec}$

31 파쇄과정에서 폐기물의 입도분포를 측정하여 입도누적곡선상에 나타낼 때 10%에 상당하는 입경(전체 중량의 10%를 통과시킨 체눈의 크기에 상당하는 입경)은?

① 평균입경
② 메디안경
③ 유효입경
④ 중위경

해설 **유효입경(Effective Size)**
입도누적곡선상의 10%에 해당하는 입자직경을 의미한다. 즉, 전체의 10%를 통과시킨 체눈의 크기에 해당하는 입경이다.

32 1일 폐기물 배출량이 700ton인 도시에서 도랑(Trench)법으로 매립지를 선정하려 한다. 쓰레기의 압축이 30%가 가능하다면 1일 필요한 매립지면적(m^2)은?(단, 발생된 쓰레기의 밀도는 250kg/m^3, 매립지의 깊이는 2.5m)

① 634
② 784
③ 854
④ 964

해설 매립면적(m^2/day) $= \dfrac{\text{매립폐기물의 양}}{\text{폐기물 밀도} \times \text{매립 깊이}}$

$= \dfrac{700 \text{ton/day}}{0.25 \text{ton/m}^3 \times 2.5 \text{m}} \times (1 - 0.3)$

$= 784 \text{m}^2/\text{day}$

33 고형물 4.2%를 함유한 슬러지 150,000kg을 농축조로 이송한다. 농축조에서 농축 후 고형물의 손실 없이 농축 슬러지의 무게가 70,000kg이라면 농축된 슬러지의 고형물 함유율(%)은?(단, 슬러지 비중은 1.0으로 가정함)

① 6.0
② 7.0
③ 8.0
④ 9.0

해설 $150,000 \text{kg} \times 0.042 = 70,000 \text{kg} \times$ 농축슬러지의 고형물 함유율
농축슬러지의 고형물 함유율(%) $= \dfrac{150,000 \text{kg} \times 0.042}{70,000 \text{kg}} \times 100$
$= 9.0\%$

34 토양오염정화 방법 중 Bioventing 공법의 장단점으로 틀린 것은?

① 배출가스 처리의 추가비용이 없다.
② 지상의 활동에 방해 없이 정화작업을 수행할 수 있다.
③ 주로 포화층에 적용한다.
④ 장치가 간단하고 설치가 용이하다.

해설 **Bioventing 공법**
불포화 토양층 내에 산소를 공급함으로써 미생물의 분해를 통해 유기물질을 분해처리하는 기술이다.

35 도시의 폐기물 중 불연성분 70%, 가연성분 30%이고, 이 지역의 폐기물 발생량은 1.4kg/인 · 일이다. 인구 50,000명인 이 지역에서 불연성분 60%, 가연성분 70%를 회수하여 이 중 가연성분으로 SRF를 생산한다면 SRF의 일일 생산량(ton)은?

① 약 14.7
② 약 20.2
③ 약 25.6
④ 약 30.1

해설 SRF 생산량(ton/day)
$= 1.4 \text{kg/인} \cdot \text{일} \times 50,000 \text{인} \times \text{ton}/1,000 \text{kg} \times 0.3 \times 0.7$
$= 14.7 \text{ton/day}$

정답 29 ② 30 ① 31 ③ 32 ② 33 ④ 34 ③ 35 ①

36 퇴비화 방법 중 뒤집기식 퇴비단공법의 특징이 아닌 것은?

① 일반적으로 설치비용이 적다.
② 공기공급량 제어가 쉽고 악취영향 반경이 작다.
③ 운영 시 날씨에 많은 영향을 받는다는 문제점이 있다.
④ 일반적으로 부지소요가 크나 운영비용은 낮다.

해설 공기공급량 제어가 제한적이며 악취영향 반경이 크다.

37 호기성 퇴비화 공정의 설계·운영 고려 인자에 관한 내용으로 틀린 것은?

① 공기의 채널링이 원활하게 발생하도록 반응기간 동안 규칙적으로 교반하거나 뒤집어 주어야 한다.
② 퇴비단의 온도는 초기 며칠간은 50~55℃를 유지하여야 하며 활발한 분해를 위해서는 55~60℃가 적당하다.
③ 퇴비화 기간 동안 수분함량은 50~60% 범위에서 유지되어야 한다.
④ 초기 C/N비는 25~50이 적정하다.

해설 **교반/뒤집기**
공기의 단회로(Channeling) 현상 발생을 방지하기 위하여 반응기간 동안 규칙적으로 교반하거나 뒤집어 준다.

38 인구가 400,000명인 어느 도시의 쓰레기배출원 단위가 1.2kg/인·day이고, 밀도는 0.45ton/m³로 측정되었다. 쓰레기를 분쇄하여 그 용적이 2/3로 되었으며, 분쇄된 쓰레기를 다시 압축하면서 또다시 1/3 용적이 축소되었다. 분쇄만 하여 매립할 때와 분쇄, 압축한 후에 매립할 때에 두 경우의 연간 매립소요면적의 차이(m²)는?(단, Trench 깊이는 4m이며 기타 조건은 고려 안 함)

① 약 12,820
② 약 16,230
③ 약 21,630
④ 약 28,540

해설 분쇄만 한 경우의 매립면적(m²/year)

$$= \frac{1.2\text{kg/인·일} \times 400,000\text{인} \times 365\text{일/year}}{450\text{kg/m}^3 \times 4\text{m}} \times \frac{2}{3}$$

$$= 64,888.88\text{m}^2/\text{year}$$

분쇄 후 압축한 경우의 매립면적(m²/year)

$$= 64,888.88\text{m}^2/\text{year} \times \left(1 - \frac{1}{3}\right) = 43,259.25\text{m}^2/\text{year}$$

소요면적 차이(m²/year)

$$= 64,888.88 - 43,259.25 = 21,629.63\text{m}^2/\text{year}$$

39 토양오염의 특성으로 가장 거리가 먼 것은?

① 오염영향의 국지성
② 피해발현의 급진성
③ 원상복구의 어려움
④ 타 환경인자와 영향관계의 모호성

해설 **토양오염의 특징**
① 오염경로의 다양성
② 피해발현의 완만성 및 만성적인 형태
③ 오염영향의 국지성
④ 오염의 비인지성 및 타 환경인자와의 영향관계의 모호성
⑤ 원상복구의 어려움

40 6.3%의 고형물을 함유한 150,000kg의 슬러지를 농축한 후, 소화조로 이송할 경우 농축슬러지의 무게는 70,000kg이다. 이때 소화조로 이송한 농축된 슬러지의 고형물 함유율(%)은?(단, 슬러지의 비중 = 1.0, 상등액의 고형물 함량은 무시)

① 11.5
② 13.5
③ 15.5
④ 17.5

해설 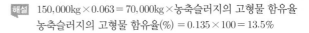 150,000kg×0.063 = 70,000kg×농축슬러지의 고형물 함유율
농축슬러지의 고형물 함유율(%) = 0.135×100 = 13.5%

제3과목 **폐기물소각 및 열회수**

41 쓰레기의 발열량을 H, 불완전연소에 의한 열손실을 Q, 태우고 난 후의 재의 열손실을 R이라 할 때 연소효율 η을 구하는 공식 중 옳은 것은?

① $\eta = \dfrac{H - Q - R}{H}$

② $\eta = \dfrac{H + Q + R}{H}$

③ $\eta = \dfrac{H - Q + R}{H}$

④ $\eta = \dfrac{H + Q - R}{H}$

해설 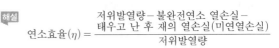 연소효율(η) = $\dfrac{\text{저위발열량} - \text{불완전연소 열손실} - \text{태우고 난 후 재의 열손실(미연열손실)}}{\text{저위발열량}}$

42 완전연소의 경우 고위발열량(kcal/kg)이 가장 큰 것은?

① 메탄   ② 에탄

③ 프로판   ④ 부탄

해설 ① 메탄 : 13,320kcal/kg
② 에탄 : 12,410kcal/kg
③ 프로판 : 12,040kcal/kg
④ 부탄 : 11,840kcal/kg

43 소각로에 폐기물을 연속적으로 주입하기 위해서는 충분한 저장시설을 확보하여야 한다. 연속주입을 위한 폐기물의 일반적인 저장시설 크기로 정당한 것은?

① 24~36시간분   ② 2~3일분

③ 7~10일분   ④ 15~20일분

해설 연속주입을 위한 폐기물의 일반적인 저장시설 크기는 2~3일분 이상 저장할 수 있는 충분한 크기이어야 한다.

44 프로판(C_3H_8) : 부탄(C_4H_{10})이 40vol% : 60vol%로 혼합된 기체 $1Sm^3$가 완전연소될 때 발생되는 CO_2의 부피(Sm^3)는?

① 3.2   ② 3.4

③ 3.6   ④ 3.8

해설 혼합가스 $1Sm^3$ 중의 각 함량

$C_3H_8 = \dfrac{40}{100}$, $C_4H_{10} = \dfrac{60}{100}$

$C_3H_8 \rightarrow$ 탄소수(C)는 3 $\rightarrow$ 연소 시 $1Sm^3$당 $3Sm^3$ CO_2 발생
$C_4H_{10} \rightarrow$ 탄소수(C)는 4 $\rightarrow$ 연소 시 $1Sm^3$당 $4Sm^3$ CO_2 발생
CO_2 발생량$= 3C_3H_8 + 4C_4H_{10}$

$= 3 \times \left(\dfrac{40}{100}\right) + 4 \times \left(\dfrac{60}{100}\right) = 3.6Sm^3$

45 열교환기 중 과열기에 대한 설명으로 틀린 것은?

① 보일러에서 발생하는 포화증기에 다량의 수분이 함유되어 있으므로 이것을 과열하여 수분을 제거하고 과열도가 높은 증기를 얻기 위해 설치한다.

② 일반적으로 보일러 부하가 높아질수록 대류과열기에 의한 과열온도는 저하하는 경향이 있다.

③ 과열기는 그 부착 위치에 따라 전열형태가 다르다.

④ 방사형 과열기는 주로 화염의 방사열을 이용한다.

해설 대류형 과열기
① 보통 제1 · 제2연도의 중간에 설치한다.
② 연소가스의 대류에 의한 전달열을 받는 과열기이다.
③ 보일러의 부하가 높아질수록 과열온도는 상승한다.

46 프로판(C_3H_8)의 고위발열량이 $24,300kcal/Sm^3$일 때 저위발열량($kcal/Sm^3$)은?

① 22,380   ② 22,840

③ 23,340   ④ 23,820

해설 $H_l = H_h - 480 \times nH_2O$

$C_3H_8 + 5O_2 \rightarrow 3CO_2 + 4H_2O$
$= 24,300 - (480 \times 4) = 22,380kcal/Sm^3$

47 연료는 일반적으로 탄화수소화합물로 구성되어 있는데, 액체연료의 질량조성이 C 75%, H 25%일 때 C/H 물질량(mol)비는?

① 0.25   ② 0.50

③ 0.75   ④ 0.90

해설 C/H 몰비 $= \dfrac{\frac{75}{12}}{\frac{25}{1}} = 0.25$

48 황화수소 $1Sm^3$의 이론연소공기량(Sm^3)은?

① 7.1   ② 8.1

③ 9.1   ④ 10.1

해설 완전연소반응식

$2H_2S + 3O_2 \rightarrow 2H_2O + 2SO_2$
$2 \times 22.4m^3 : 3 \times 22.4m^3$
$1Sm^3 : O_0(Sm^3)$

$O_0(Sm^3) = \dfrac{1Sm^3 \times (3 \times 22.4)Sm^3}{2 \times 22.4Sm^3} Sm^3 = 1.5Sm^3$

이론공기량(A_0) $= \dfrac{1.5Sm^3}{0.21} = 7.14Sm^3$

정답 42 ①   43 ②   44 ③   45 ②   46 ①   47 ①   48 ①

49 소각로에서 열교환기를 이용해 배기가스의 열을 전량 회수하여 급수 예열을 한다고 한다면 급수 입구온도가 20℃일 경우 급수의 출구온도(℃)는?(단, 급수량 = 1,000kg/h, 물비열 = 1.03kcal/kg · ℃, 배기가스 유량 = 1,000kg/hr, 배기가스 입구온도 = 400℃, 배기가스의 출구온도 = 100℃, 배기가스 평균정압비열 = 0.25kcal/kg · ℃)

① 79   ② 82
③ 87   ④ 93

해설 열량 = 물질의 양 × 비열 × 온도차

수온 상승에 기여하는 열량

$= 1,000 kg/hr \times 1.03 kcal/kg \cdot ℃ \times (t_0 - 20)℃$
$= 1,030 kcal/hr \times (t_0 - 20)℃$

가스의 열교환열량

$= 1,000 kg/hr \times 0.25 kcal/kg \cdot ℃ \times (400-100)℃$
$= 75,000 kcal/hr$

$1,030 kcal/hr \times (t_0 - 20) = 75,000 kcal/hr$

$t_0 (출구온도) = 92.82℃$

50 다단로 방식 소각로의 장단점으로 옳지 않은 것은?

① 유해폐기물의 완전분해를 위한 2차 연소실이 필요 없다.
② 분진발생량이 많다.
③ 휘발성이 적은 폐기물 연소에 유리하다.
④ 체류시간이 길기 때문에 온도반응이 더디다.

해설 **다단로 소각방식(Multiple Hearth)의 장단점**
① 장점
   ㉠ 타 소각로에 비해 체류시간이 길어 연소효율이 높고, 특히 휘발성이 낮은 폐기물 연소에 유리하다.
   ㉡ 다량의 수분이 증발되므로 수분함량이 높은 폐기물도 연소가 가능하다.
   ㉢ 물리 · 화학적 성분이 다른 각종 폐기물을 처리할 수 있다. 즉, 다양한 질의 폐기물에 대하여 혼소가 가능하다.
   ㉣ 많은 연소영역이 있으므로 연소효율을 높일 수 있다.(국소 연소를 피할 수 있음)
   ㉤ 보조연료로 다양한 연료(천연가스, 프로판, 오일, 석탄가루, 폐유 등)를 사용할 수 있다.
   ㉥ 클링커 생성을 방지할 수 있다.
   ㉦ 온도제어가 용이하고 동력이 적게 들며 운전비가 저렴하다.
② 단점
   ㉠ 체류시간이 길어 온도반응이 느리다.(휘발성이 적은 폐기물 연소에 유리)
   ㉡ 늦은 온도반응 때문에 보조연료 사용을 조절하기 어렵다.
   ㉢ 분진발생률이 높다.

㉣ 열적 충격이 쉽게 발생하고 내화물이나 상에 손상을 초래한다.(내화재의 손상을 방지하기 위해 1,000℃ 이상으로 운전하지 않는 것이 좋음)
㉤ 가동부(교반팔, 회전중심축)가 있으므로 유지비가 높다.
㉥ 유해폐기물의 완전분해를 위해서는 2차 연소실이 필요하다.

51 화격자 연소기에 대한 설명으로 옳은 것은?

① 휘발성분이 많고 열분해하기 쉬운 물질을 소각할 경우 상향식 연소방식을 쓴다.
② 이동식 화격자는 주입폐기물을 잘 운반하거나 뒤집지는 못하는 문제점이 있다.
③ 수분이 많거나 플라스틱과 같이 열에 쉽게 용해되는 물질에 의한 화격자 막힘의 우려가 없다.
④ 체류시간이 짧고 교반력이 강하여 국부가열이 발생할 우려가 있다.

해설 ① 화격자 연소기 휘발성분이 많고 열분해하기 쉬운 물질을 소각할 경우 하향식 연소방식을 쓴다.
③ 수분이 많거나 플라스틱과 같이 열에 쉽게 용해되는 물질에 의한 화격자 막힘의 우려가 있다.
④ 체류시간이 길고 교반력이 약하여 국부가열이 발생할 염려가 있다.

52 소각공정과 비교할 때 열분해공정의 장점으로 옳지 않은 것은?

① 배기가스양이 적다.
② 황 및 중금속이 회분 속에 고정되는 비율이 낮다.
③ NOx의 발생량이 적다.
④ 환원성 분위기가 유지되므로 3가 크롬이 6가 크롬으로 변화되기 어렵다.

해설 **열분해공정이 소각에 비하여 갖는 장점**
① 대기로 방출하는 배기가스양이 적게 배출된다.(가스처리장치가 소형화)
② 황, 중금속분이 Ash(회분) 중에 고정되는 비율이 크다.
③ 상대적으로 저온이기 때문에 NOx(질소산화물), 염화수소의 발생량이 적다.
④ 환원기가 유지되므로 Cr^{3+}이 Cr^{6+}으로 변화하기 어려우며 대기오염물질의 발생이 적다.(크롬산화 억제)
⑤ 폐플라스틱, 폐타이어, 오니류 등 스토커 소각처리가 곤란한 물질도 처리 가능하다.
⑥ 공기공급장치의 소형화 및 감량화로 매립용량이 감소한다.
⑦ 소각에 비교하여 생성물의 정제장치가 필요하다.

정답   **49** ④   **50** ①   **51** ②   **52** ②

⑧ 고온용융식을 이용하면 재를 고형화할 수 있고 중금속의 용출이 없어서 자원으로 활용할 수 있다.

⑨ 저장 및 수송이 가능한 연료를 회수할 수 있다.

53 화상부하율(연소량/화상면적)에 대한 설명으로 옳지 않은 것은?

① 화상부하율을 크게 하기 위해서는 연소량을 늘리거나 화상면적을 줄인다.

② 화상부하율이 너무 크면 노내 온도가 저하하기도 한다.

③ 화상부하율이 적어질수록 화상면적이 축소되어 Compact화 된다.

④ 화상부하율이 너무 커지면 불완전연소의 문제가 발생하기도 한다.

해설 ① 화상부하율이 커질수록 화상면적이 축소되어 Compact화 된다.

② 화상부하율(화격자 연소율)

$$화격자\ 연소율(kg/m^2 \cdot hr) = \frac{시간당\ 폐기물의\ 연소량(kg/hr)}{화격자(화상)\ 면적(m^2)}$$

54 소각로에 폐기물을 투입하는 1시간 중에 투입작업시간을 40분, 나머지 20분은 정리시간과 휴식시간으로 한다. 크레인 버킷 용량 4m³, 1회에 투입하는 시간을 120초, 버킷 용적중량은 최대 0.4ton/m³일 때 폐기물의 1일 최대 공급능력(ton/day)은?(단, 소각로는 24시간 연속가동)

① 524 ② 684
③ 768 ④ 874

해설 최대공급능력(ton/day)
$= 0.4ton/m^3 \times 4m^3/회 \times 회/120sec \times 60sec/min$
$\times 40min/hr \times 24hr/day = 768ton/day$

55 다이옥신을 억제시키는 방법이 아닌 것은?

① 제1차적(사전 방지) 방법

② 제2차적(노내) 방법

③ 제3차적(후처리) 방법

④ 제4차적 전자선조사법

해설 다이옥신류 제어
① 제1차적(사전, 연소 전) 제어방법
② 제2차적(노내, 연소과정) 제어방법
③ 제3차적(후처리, 연소 후) 제어방법

56 연소시키는 물질의 발화온도, 함수량, 공급공기량, 연소기의 형태에 따라 연소온도가 변화된다. 연소온도에 관한 설명 중 옳지 않은 것은?

① 연소온도가 낮아지면 불완전연소로 HC나 CO 등이 생성되며 냄새가 발생된다.

② 연소온도가 너무 높아지면 NOx나 SOx가 생성되며 냉각공기의 주입량이 많아지게 된다.

③ 소각로의 최소온도는 650℃ 정도이지만 스팀으로 에너지를 회수하는 경우에는 연소온도를 870℃ 정도로 높인다.

④ 함수율이 높으면 연소온도가 상승하며, 연소물질의 입자가 커지면 연소시간이 짧아진다.

해설 함수율이 높으면 연소온도가 낮아지며, 연소물질의 입자가 커지면 연소시간이 길어진다.

57 유동층 소각로에 관한 설명으로 가장 거리가 먼 것은?

① 상(床)으로부터 슬러지의 분리가 어렵다.

② 가스의 온도가 낮고 과잉공기량이 낮다.

③ 미연소분 배출로 2차 연소실이 필요하다.

④ 기계적 구동부분이 적어 고장률이 낮다.

해설 유동층 소각로
① 장점
  ㉠ 유동매체의 열용량이 커서 액상, 기상, 고형 폐기물의 전소 및 혼소, 균일한 연소가 가능하다.
  ㉡ 반응시간이 빨라 소각시간이 짧다(노 부하율이 높다).
  ㉢ 연소효율이 높아 미연소분이 적고 2차 연소실이 불필요하다.
  ㉣ 가스의 온도가 낮고 과잉공기량이 낮다. 따라서 NOx도 적게 배출된다.
  ㉤ 기계적 구동부분이 적어 고장률이 낮아 유지 관리가 용이하다.
  ㉥ 노내 온도의 자동제어로 열회수가 용이하다.
  ㉦ 유동매체의 축열량이 높은 관계로 단시간 정지 후 가동 시 보조연료 사용 없이 정상가동이 가능하다.
  ㉧ 과잉공기량이 적으므로 다른 소각로보다 보조연료 사용량과 배출가스양이 적다.
  ㉨ 석회 또는 반응물질을 유동매체에 혼입시켜 노내에서 산성가스의 제거가 가능하다.
② 단점
  ㉠ 층의 유동으로 상으로부터 찌꺼기의 분리가 어려우며 운전비, 특히 동력비가 높다.
  ㉡ 폐기물의 투입이나 유동화를 위해 파쇄가 필요하다.
  ㉢ 상재료의 용융을 막기 위해 연소온도는 816℃를 초과할 수 없다.

정답 53 ③ 54 ③ 55 ④ 56 ④ 57 ③

ㄹ 유동매체의 손실로 인한 보충이 필요하다.

ㅁ 고점착성의 반유동상 슬러지는 처리하기 곤란하다.

ㅂ 소각로 본체에서 압력손실이 크고 유동매체의 비산 또는 분진의 발생량이 가장 많다.

ㅅ 조대한 폐기물은 전처리가 필요하다. 즉, 폐기물의 투입이나 유동화를 위해 파쇄공정이 필요하다.

58 아래와 같은 조성을 갖는 폐기물을 완전연소시킬 때의 이론공기량(Sm^3/kg)은?

> 가연성분 조성비(%)
> C : 40, H : 5, O : 10, S : 5, 회분 : 40

① 2.7 ② 3.7
③ 4.7 ④ 5.7

 해설

$$A_0(Sm^3/kg) = \frac{1}{0.21}(1.867C + 5.6H + 0.7S - 0.7O)$$

$$= \frac{1}{0.21}[(1.867 \times 0.4) + (5.6 \times 0.05) + (0.7 \times 0.05) - (0.7 \times 0.1)]$$

$$= 4.72 Sm^3/kg$$

59 소각로의 설계기준이 되고 있는 저위발열량에 대한 설명으로 옳은 것은?

① 쓰레기 속의 수분과 연소에 의해 생성된 수분의 응축열을 포함한 열량

② 고위발열량에서 수분의 응축열을 제외한 열량

③ 쓰레기를 연소할 때 발생되는 열량으로 수분의 수증기 열량이 포함된 열량

④ 연소 배출가스 속의 수분에 의한 응축열

해설 **저위발열량(H_l)**

발열량계에서 측정한 고위발열량에서 수분의 응축잠열을 제외한 열량을 말한다.

60 폐기물 내 유기물을 완전연소시키기 위해서는 3T라는 조건이 구비되어야 한다. 3T에 해당하지 않는 것은?

① 충분한 온도

② 충분한 연소시간

③ 충분한 연료

④ 충분한 혼합

해설 **완전연소의 조건(3T)**

① Temperature(온도)

② Time(체류시간, 연소시간)

③ Turbulence(혼합)

제4과목 **폐기물공정시험기준(방법)**

61 기체크로마토그래피로 유기인을 분석할 때 시료관리 기준으로 ( )에 옳은 것은?

> 시료 채취 후 추출하기 전까지 (㉠) 보관하고 7일 이내에 추출하고 (㉡) 이내에 분석한다.

① ㉠ 4℃ 냉암소에서, ㉡ 21일

② ㉠ 4℃ 냉암소에서, ㉡ 40일

③ ㉠ pH 4 이하로, ㉡ 21일

④ ㉠ pH 4 이하로, ㉡ 40일

해설 **유기인 – 기체크로마토그래피의 시료관리기준**

① 시료채취는 유리병을 사용하며 채취 전에 시료로 세척하지 말아야 함

② 모든 시료는 시료채취 후 추출하기 전까지 4℃ 냉암소에서 보관

③ 7일 이내에 추출하고 40일 이내에 분석함

62 가스체의 농도는 표준상태로 환산 표시한다. 이 조건에 해당되지 않는 것은?

① 상대습도 : 100% ② 온도 : 0℃

③ 기압 : 760mmHg ④ 온도 : 273K

해설 **기체 중의 농도 표준상태**

0℃(273K), 1atm(760mmHg)

63 크롬 표준원액(100mg Cr/L) 1,000mL를 만들기 위하여 필요한 다이크롬산칼륨(표준시약)의 양(g)은?(단, K : 39, Cr : 52)

① 0.213 ② 0.283
③ 0.353 ④ 0.393

해설 다이크롬산칼륨을 전리시켜 크롬을 생성하면 2mL의 크롬이온이 생성된다.

$K_2Cr_2O_7$ 분자량 $(2 \times 39) + (2 \times 52) + (16 \times 7) = 294g$

$$K_2Cr_2O_7 \rightarrow 2Cr$$

질량비례식

$$294g : (2 \times 52)g = x(g) : 0.1g/L \times 1L$$

$$\text{다이크롬산칼륨}(g) = \frac{294g \times 0.1g/L \times 1L}{(2 \times 52)g} = 0.283g$$

[Note] $K_2Cr_2O_7 : 2Cr^{3+}$

64 유도결합플라스마 발광광도기계의 토치에 흐르는 운반물질, 보조물질, 냉각물질의 종류는 몇 종류의 물질로 구성되는가?

① 2종의 액체와 1종의 기체
② 1종의 액체와 2종의 기체
③ 1종의 액체와 1종의 기체
④ 1종의 기체

📝 ICP의 토치(Torch)는 3중으로 된 석영관이 이용되며 제일 안쪽으로는 시료가 운반가스(아르곤, 0.4~2.0L/min)와 함께 흐르며, 가운데 관으로는 보조가스(아르곤, 플라스마 가스, 0.5~2.0L/min), 제일 바깥쪽 관에는 냉각가스(아르곤, 10~20L/min)가 주입되는데, 토치(Torch)의 상단부분에는 불을 순환시켜 냉각시키는 유도코일이 감겨 있다.

65 원자흡광분석에서 일반적인 간섭에 해당되지 않는 것은?

① 분광학적 간섭
② 물리적 간섭
③ 화학적 간섭
④ 첨가물질의 간섭

📝 원자흡광광도법에서 일어나는 간섭
① 분광학적 간섭
② 물리적 간섭
③ 화학적 간섭

66 3,000g의 시료에 대하여 원추 4분법을 5회 조작하여 최종 분취된 시료의 양(g)은?

① 약 31.3
② 약 62.5
③ 약 93.8
④ 약 124.2

📝 최종시료$(g) = \left(\frac{1}{2}\right)^n \times$시료

$$= \left(\frac{1}{2}\right)^5 \times 3,000g = 93.75g$$

67 유기인 측정(기체크로마토그래피법)에 대한 설명으로 옳지 않은 것은?

① 크로마토그램을 작성하여 각 분석성분 및 내부표준물지의 머무름시간에 해당하는 피크로부터 면적을 측정한다.
② 추출물 10~30μL를 취하여 기체크로마토그래프에 주입하여 분석한다.
③ 시료채취는 유리병을 사용하며 채취 전에 시료로서 세척하지 말아야 한다.
④ 농축장치는 구데르나다니쉬 농축기를 사용한다.

📝 추출물 1~3μL를 취하여 기체크로마토그래프에 주입하여 분석한다.

68 시료의 용출시험방법에 관한 설명으로 (   )에 옳은 것은?(단, 상온, 상압 기준)

용출조작은 진탕의 폭이 4~5cm인 왕복진탕기로 (㉠)회/min로 (㉡)시간 동안 연속 진탕한다.

① ㉠ 200, ㉡ 6
② ㉠ 200, ㉡ 8
③ ㉠ 300, ㉡ 6
④ ㉠ 300, ㉡ 8

📝 용출 조작
① 진탕 : 혼합액을 상온, 상압에서 진탕횟수가 매분당 약 200회, 진폭이 4~5cm의 진탕기를 사용하여 6시간 동안 연속 진탕
⇩
② 여과 : 1.0μm의 유리섬유여과지로 여과
⇩
③ 여과액을 적당량 취하여 용출 실험용 시료 용액으로 함

[Note] 여과가 어려운 경우 원심분리기를 사용하여 매분당 3,000회전 이상 20분 이상 원심분리한 다음 상징액을 적당량 취하여 용출실험용 시료 용액으로 한다.

69 기체크로마토그래피를 이용하면 물질의 정량 및 정성분석이 가능하다. 이 중 정량 및 정성분석을 가능하게 하는 측정치는?

① 정량–유지시간, 정성–피크의 높이
② 정량–유지시간, 정성–피크의 폭
③ 정량–피크의 높이, 정성–유지시간
④ 정량–피크의 폭, 정성–유지시간

정답 **64** ④ **65** ④ **66** ③ **67** ② **68** ① **69** ③

해설 ① 정성분석 : 동일조건하에서 특정한 미지성분의 머무른값(유지시간)과 예측되는 물질의 봉우리의 머무른값(유지시간)을 비교하여야 한다.
② 정량분석 : 크로마토그램의 재현성, 시료분석의 양, 봉우리의 면적 또는 높이(피크의 높이)와의 관계를 검토하여 분석한다.

70 원자흡수분광광도법에 있어서 간섭이 발생되는 경우가 아닌 것은?

① 불꽃의 온도가 너무 낮아 원자화가 일어나지 않는 경우
② 불안정한 환원물질로 바뀌어 불꽃에서 원자화가 일어나지 않는 경우
③ 염이 많은 시료를 분석하여 버너헤드 부분에 고체가 생성되는 경우
④ 시료 중에 알칼리금속의 할로겐 화합물을 다량 함유하는 경우

해설 **금속류 – 원자흡수분광광도법(간섭물질)**
① 화학물질이 공기−아세틸렌 불꽃에서 분자상태로 존재하여 낮은 흡광도를 보일 경우의 원인
　㉠ 불꽃의 온도가 너무 낮아 원자화가 일어나지 않는 경우
　㉡ 안정한 산화물질로 바뀌어 불꽃에서 원자화가 일어나지 않는 경우
② 염이 많은 시료를 분석하면 버너헤드 부분에 고체가 생성되어 불꽃이 자주 꺼질 때 버너헤드를 청소해야 할 경우의 대책
　㉠ 시료를 묽혀 분석
　㉡ 메틸아이소부틸케톤 등을 사용하여 추출, 분석
③ 시료 중에 칼륨, 나트륨, 리튬, 세슘과 같이 쉽게 이온화되는 원소가 1,000mg/L 이상의 농도로 존재 시 금속측정을 간섭할 경우의 대책
　검정곡선용 표준물질에 시료의 매질과 유사하게 첨가하여 보정
④ 시료 중에 알칼리금속의 할로겐 화합물을 다량 함유하는 경우에는 분자흡수나 광란에 의하여 오차발생 대책
　추출법으로 카드뮴을 분리하여 실험

71 분석하고자 하는 대상 폐기물의 양이 100톤 이상 500톤 미만인 경우에 채취하는 시료의 최소 수(개)는?

① 30　　　　　　② 36
③ 45　　　　　　④ 50

해설 **대상 폐기물의 양과 시료의 최소 수**

대상 폐기물의 양(단위 : ton)	시료의 최소 수
~ 1 미만	6
1 이상~5 미만	10
5 이상~30 미만	14
30 이상~100 미만	20
100 이상~500 미만	30
500 이상~1,000 미만	36
1,000 이상~5,000 미만	50
5,000 이상~	60

72 pH측정에 관한 설명으로 틀린 것은?

① 수소이온 전극의 기전력은 온도에 의하여 변화한다.
② pH 11 이상의 시료는 오차가 크므로 알칼리용액에서 오차가 적은 특수전극을 사용한다.
③ 조제한 pH 표준용액 중 산성 표준용액은 보통 1개월, 염기성 표준용액은 산화칼슘(생석회) 흡수관을 부착하여 3개월 이내에 사용한다.
④ pH 미터는 임의의 한 종류의 pH 표준용액에 대하여 검출부를 정제수로 잘 씻은 다음 5회 되풀이하여 측정했을 때 그 재현성이 ±0.05 이내이어야 한다.

해설 **pH 표준용액 사용기간**
① 산성 표준용액 : 3개월
② 염기성 표준용액 : 산화칼슘(생석회) 흡수관을 부착하여 1개월 이내에 사용

73 기체크로마토그래피법의 설치조건에 대한 설명으로 틀린 것은?

① 실온 5~35℃, 상대습도 85% 이하로서 직사일광이 쪼이지 않는 곳으로 한다.
② 전원변동은 지정전압의 35% 이내로 주파수의 변동이 없는 것이어야 한다.
③ 설치장소는 진동이 없고 분석에 사용하는 유해물질을 안전하게 처리할 수 있어야 한다.
④ 부식가스나 먼지가 적은 곳으로 한다.

해설 공급전원은 지정된 전력용량 및 주파수이어야 하고 전원변동은 지정전압의 10% 이내로서 주파수의 변동이 없는 것이어야 한다.

74 폐기물로부터 유류 추출 시 에멀전을 형성하여 액층이 분리되지 않을 경우 조작법으로 옳은 것은?

① 염화제이철 용액 4mL를 넣고 pH를 7~9로 하여 자석교반기로 교반한다.
② 메틸오렌지를 넣고 황색이 적색이 될 때까지 (1+1) 염산을 넣는다.
③ 노말헥산층에 무수황산나트륨을 넣어 수분간 방치한다.
④ 에멀전층 또는 헥산층에 적당량의 황산암모늄을 넣고 환류냉각관을 부착한 후 80℃ 물중탕에서 가열한다.

추출 시 에멀전을 형성하여 액층이 분리되지 않거나 노말헥산층이 탁할 경우에는 분별깔때기 안의 수층을 원래의 시료용기에 옮기고, 에멀전층 또는 헥산층에 약 10g의 염화나트륨 또는 황산암모늄을 넣어 환류냉각관(약 300mm)을 부착하고 80℃ 물중탕에서 약 10분간 가열 분해한 다음 시험기준에 따라 시험한다.

75 휘발성 저급염소화 탄화수소류를 기체크로마토그래피법을 이용하여 측정한다. 이때 사용하는 운반가스는?

① 아르곤
② 아세틸렌
③ 수소
④ 질소

휘발성 저급염소화 탄화수소류-기체크로마토그래피법의 운반가스는 부피백분율 99.999% 이상의 질소(또는 헬륨)이다.

76 크롬 및 6가 크롬의 정량에 관한 내용 중 틀린 것은?

① 크롬을 원자흡수분광광도법으로 시험할 경우 정량한계는 0.01mg/L이다.
② 크롬을 흡광광도법으로 측정하려면 발색시약으로 디에틸디티오카르바민산을 사용한다.
③ 6가 크롬을 흡광광도법으로 정량 시 시료 중에 잔류염소가 공존하면 발색을 방해한다.
④ 6가 크롬을 흡광광도법으로 정량 시 적자색의 착화합물의 흡광도를 측정한다.

크롬(자외선/가시선 분광법)
시료 중에 총 크롬을 과망간산칼륨을 사용하여 6가 크롬으로 산화시킨 다음 산성에서 다이페닐카바자이드와 반응하여 생성되는 적자색 착화합물의 흡광도를 540nm에서 측정하여 총 크롬을 정량하는 방법이다.

77 강열감량 및 유기물 함량(중량법) 측정에 관한 내용으로 ( )에 옳은 것은?

시료에 질산암모늄 용액(25%)을 넣고 가열하여 (600±25)℃의 전기로 안에서 ( ) 강열하고 데시케이터에서 식힌 후 무게를 달아 증발접시의 무게 차이로부터 강열감량 및 유기물 함량(%)을 구한다.

① 2시간
② 3시간
③ 4시간
④ 5시간

강열감량 및 유기물 함량 – 중량법
질산암모늄용액(25%)을 넣고 가열하여 탄화시킨 다음 (600±25)℃의 전기로 안에서 3시간 강열한 다음 데시케이터에서 식힌 후 무게를 달아 증발접시의 무게차로부터 구한다.

78 흡광광도법에서 흡광도 눈금의 보정에 관한 내용으로 ( )에 옳은 것은?

중크롬산칼륨을 ( )에 녹여 중크롬산칼륨용액을 만든다.

① N/10 수산화나트륨용액
② N/20 수산화나트륨용액
③ N/10 수산화칼륨용액
④ N/20 수산화칼륨용액

110℃에서 3시간 이상 건조한 중크롬산칼륨을 N/20 수산화칼륨용액에 녹여 중크롬산칼륨용액을 만든다.

79 총칙에 관한 내용으로 틀린 것은?

① "정밀히 단다"라 함은 규정된 수치의 무게를 0.1mg까지 다는 것을 말한다.
② "정확히 취하여"라 하는 것은 규정한 양의 액체를 홀피펫으로 눈금까지 취하는 것을 말한다.
③ "냄새가 없다"라고 기재한 것은 냄새가 없거나 또는 거의 없는 것을 표시하는 것이다.
④ "방울수"라 함은 20℃에서 정제수 20방울을 적하할 때, 그 부피가 약 1mL 되는 것을 뜻한다.

용어 정리
① 액상폐기물 : 고형물의 함량이 5% 미만
② 반고상폐기물 : 고형물의 함량이 5% 이상 15% 미만
③ 고상폐기물 : 고형물의 함량이 15% 이상
④ 함침성 고상폐기물 : 종이, 목재 등 기름을 흡수하는 변압기

정답 74 ④ 75 ④ 76 ② 77 ② 78 ④ 79 ①

내부부재(종이, 나무와 금속이 서로 혼합되어 분리가 어려운 경우 포함)를 말함

⑤ 비함침성 고상폐기물 : 금속판, 구리선 등 기름을 흡수하지 않는 평면 또는 비평면 형태의 변압기 내부부재를 말함

⑥ 즉시 : 30초 이내에 표시된 조작을 하는 것을 의미

⑦ 감압 또는 진공 : 15mmHg 이하

⑧ 이상과 초과, 이하, 미만
　㉠ "이상"과 "이하"는 기산점 또는 기준점인 숫자를 포함
　㉡ "초과"와 "미만"은 기산점 또는 기준점인 숫자를 불포함
　㉢ a～b → a 이상 b 이하

⑨ 바탕시험을 하여 보정한다. : 시료에 대한 처리 및 측정을 할 때, 시료를 사용하지 않고 같은 방법으로 조작한 측정치를 빼는 것을 의미

⑩ 방울수 : 20℃에서 정제수 20방울을 적하할 때, 그 부피가 약 1mL 되는 것을 의미

⑪ 항량으로 될 때까지 건조한다. : 같은 조건에서 1시간 더 건조할 때 전후 무게의 차가 g당 0.3mg 이하

⑫ 용액의 산성, 중성 또는 알칼리성 검사 시 : 유리전극법에 의한 pH 미터로 측정

⑬ 용기 : 시험용액 또는 시험에 관계된 물질을 보존, 운반 또는 조작하기 위하여 넣어두는 것

구분	정의
밀폐 용기	취급 또는 저장하는 동안에 이물질이 들어가거나 또는 내용물이 손실되지 아니하도록 보호하는 용기
기밀 용기	취급 또는 저장하는 동안에 밖으로부터의 공기 또는 다른 가스가 침입하지 아니하도록 내용물을 보호하는 용기
밀봉 용기	취급 또는 저장하는 동안에 기체 또는 미생물이 침입하지 아니하도록 내용물을 보호하는 용기
차광 용기	광선이 투과하지 않는 용기 또는 투과하지 않게 포장한 용기이며 취급 또는 저장하는 동안에 내용물이 광화학적 변화를 일으키지 아니하도록 방지할 수 있는 용기

⑭ 여과한다. : KSM 7602 거름종이 5종 또는 이와 동등한 여과지를 사용하여 여과함을 말함

⑮ 정밀히 단다. : 규정된 양의 시료를 취하여 화학저울 또는 미량저울로 칭량함

⑯ 정확히 단다. : 규정된 수치의 무게를 0.1mg까지 다는 것

⑰ 정확히 취하여 : 규정된 양의 액체를 홀피펫으로 눈금까지 취하는 것

⑱ 정량적으로 씻는다. : 어떤 조작으로부터 다음 조작으로 넘어갈 때 사용한 비커, 플라스크 등의 용기 및 여과막 등에 부착한 정량대상 성분을 사용한 용매로 씻어 그 씻어낸 용액을 합하고 먼저 사용한 같은 용매를 채워 일정용량으로 하는 것

⑲ 약 : 기재된 양에 대하여 ±10% 이상의 차가 있어서는 안 되는 것

⑳ 냄새가 없다. : 냄새가 없거나 또는 거의 없는 것을 표시하는 것

㉑ 시험에 쓰는 물 : 정제수를 말함

80 흡광광도법에 의한 시안(CN)시험에서 측정원리를 바르게 나타낸 것은?

① 피리딘 · 피라졸론법-청색

② 디페닐카르바지드법-적자색

③ 디티존법-적색

④ 디에틸디티오카르바민산은법-적자색

해설 **시안-자외선/가시선 분광법**
시료를 pH 2 이하의 산성으로 조절한 후에 에틸렌다이아민테트라아세트산나트륨을 넣고 가열 증류하여 시안화합물을 시안화수소로 유출시켜 수산화나트륨용액을 포집한 다음 중화하고 클로라민-T와 피리딘 · 피라졸론 혼합액을 넣어 나타나는 청색을 620nm에서 측정하는 방법이다.

제5과목 **폐기물관계법규**

81 폐기물처리업자에게 영업정지에 갈음하여 부과할 수 있는 과징금에 관한 설명으로 (　)에 옳은 것은?

> 환경부장관이나 시 · 도지사는 폐기물처리업자에게 영업의 정지를 명령하려는 때 그 영업의 정지를 갈음하여 대통령령으로 정하는 (　　　)을 초과하지 아니하는 범위에서 과징금을 부과할 수 있다.

① 매출액에 100분의 1을 곱한 금액

② 매출액에 100분의 5를 곱한 금액

③ 매출액에 100분의 10을 곱한 금액

④ 매출액에 100분의 15를 곱한 금액

해설 **폐기물처리업자에 대한 과징금**
대통령령으로 정하는 매출액에 100분의 5를 곱한 금액을 초과하지 아니하는 범위에서 영업의 정지를 갈음하여 과징금을 부과할 수 있다.

82 주변지역 영향 조사대상 폐기물처리시설기준으로 (　)에 적절한 것은?

> 매립면적 (　　) 제곱미터 이상의 사업장 일반폐기물 매립시설

① 3만　　　　　　　② 5만

③ 10만　　　　　　④ 15만

2022

주변지역 영향 조사대상 폐기물처리시설기준
① 1일 처리능력이 50톤 이상인 사업장폐기물 소각시설(같은 사업장에 여러 개의 소각시설이 있는 경우에는 각 소각시설의 1일 처리능력의 합계가 50톤 이상인 경우를 말한다.)
② 매립면적 1만 제곱미터 이상의 사업장 지정폐기물 매립시설
③ 매립면적 15만 제곱미터 이상의 사업장 일반폐기물 매립시설
④ 시멘트 소성로(폐기물을 연료로 사용하는 경우로 한정한다.)
⑤ 1일 재활용능력이 50톤 이상인 사업장폐기물 소각열회수시설(같은 사업장에 여러 개의 소각열회수시설이 있는 경우에는 각 소각열회수시설의 1일 재활용능력의 합계가 50톤 이상인 경우를 말한다.)

83 3년 이하의 징역이나 3천만 원 이하의 벌금에 해당하는 벌칙기준에 해당하지 않는 것은?

① 고의로 사실과 다른 내용의 폐기물분석 결과서를 발급한 폐기물분석전문기관
② 승인을 받지 아니하고 폐기물처리시설을 설치한 자
③ 다른 사람에게 자기의 성명이나 상호를 사용하여 폐기물을 처리하게 하거나 그 허가증을 다른 사람에게 빌려준 자
④ 폐기물처리시설의 설치 또는 유지 · 관리가 기준에 맞지 아니하여 지시된 개선명령을 이행하지 아니하거나 사용중지 명령을 위반한 자

폐기물관리법 제65조 참고

84 재활용의 에너지 회수기준 등에서 환경부령으로 정하는 활동 중 가연성 고형폐기물로부터 규정된 기준에 맞게 에너지를 회수하는 활동이 아닌 것은?

① 다른 물질과 혼합하지 아니하고 해당 폐기물의 고위발열량이 킬로그램당 5천 킬로칼로리 이상일 것
② 에너지의 회수효율(회수에너지 총량을 투입에너지 총량으로 나눈 비율을 말한다.)이 75퍼센트 이상일 것
③ 회수열을 모두 열원으로 스스로 이용하거나 다른 사람에게 공급할 것
④ 환경부장관이 정하여 고시하는 경우에는 폐기물의 30퍼센트 이상을 원료나 재료로 재활용하고 그 나머지 중에서 에너지의 회수에 이용할 것

에너지 회수기준
① 다른 물질과 혼합하지 아니하고 해당 폐기물의 저위발열량이 킬로그램당 3천 킬로칼로리 이상일 것

② 에너지의 회수효율(회수에너지 총량을 투입에너지 총량으로 나눈 비율을 말한다.)이 75퍼센트 이상일 것
③ 회수열을 모두 열원(熱源)으로 스스로 이용하거나 다른 사람에게 공급할 것
④ 환경부장관이 정하여 고시하는 경우에는 폐기물의 30퍼센트 이상을 원료나 재료로 재활용하고 그 나머지 중에서 에너지의 회수에 이용할 것

85 매립시설의 사후관리기준 및 방법에 관한 내용 중 발생가스 관리방법(유기성 폐기물을 매립한 폐기물매립시설만 해당된다.)에 관한 내용이다. (   )에 공통으로 들어갈 내용은?

> 외기온도, 가스온도, 메탄, 이산화탄소, 암모니아, 황화수소 등의 조사항목을 매립 종료 후 (   )까지는 분기 1회 이상, (   )이 지난 후에는 연 1회 이상 조사하여야 한다.

① 1년   ② 2년
③ 3년   ④ 5년

매립시설의 사후관리 기준 및 방법
발생가스 관리방법(유기성 폐기물을 매립한 폐기물매립시설만 해당한다)
① 외기온도, 가스온도, 메탄, 이산화탄소, 암모니아, 황화수소 등의 조사항목을 매립 종료 후 5년까지는 분기 1회 이상, 5년이 지난 후에는 연 1회 이상 조사하여야 한다.
② 발생가스는 포집하여 소각처리하거나 발전 · 연료 등으로 재활용하여야 한다.

86 지정폐기물 중 의료폐기물을 수집 · 운반하는 경우의 시설, 장비, 기술능력 기준으로 틀린 것은?(단, 폐기물처리업 중 폐기물수집, 운반업의 기준)

① 적재능력 0.45톤 이상의 냉장차량(섭씨 4도 이하인 것을 말한다.) 3대 이상
② 소독장비 1식 이상
③ 폐기물처리산업기사, 임상병리사 또는 위생사 중 1명 이상
④ 모든 차량을 주차할 수 있는 규모의 주차장

지정폐기물 중 의료폐기물을 수집 · 운반하는 경우의 기술능력 기준은 없다.

87 폐기물처리시설(매립시설인 경우)을 폐쇄하고자 하는 자는 당해 시설의 폐쇄 예정일 몇 개월 이전에 폐쇄신고서를 제출하여야 하는가?

① 1개월   ② 2개월

③ 3개월   ④ 6개월

해설 폐기물처리시설의 사용을 끝내거나 폐쇄하려는 자(폐쇄절차를 대행하는 자 포함) 그 시설의 사용종료일(매립면적을 구획하여 단계적으로 매립하는 시설은 구획별 사용종료일 또는 폐쇄예정일 1개월(매립시설의 경우는 3개월) 이전에 사용종료·폐쇄신고서에 서류(매립시설인 경우만 해당한다)를 첨부하여 시·도지사나 지방환경관서의 장에게 제출하여야 한다.

88 폐기물을 매립하는 시설 중 사후관리이행보증금의 사전 적립대상인 시설의 면적기준은?

① 3,000m² 이상   ② 3,300m² 이상

③ 3,600m² 이상   ④ 3,900m² 이상

해설 **사후관리이행보증금의 사전 적립**
① 사후관리이행보증금의 사전 적립 대상이 되는 폐기물을 매립하는 시설은 면적이 3천300제곱미터 이상인 시설로 한다.
② 매립시설의 설치자는 폐기물처리업의 허가·변경허가 또는 폐기물처리시설의 설치승인·변경승인을 받아 그 시설의 사용을 시작한 날부터 1개월 이내에 환경부령으로 정하는 바에 따라 사전적립금 적립계획서에 관련 서류를 첨부하여 환경부장관에게 제출하여야 한다.

89 폐기물처리시설에서 배출되는 오염물질을 측정하기 위해 환경부령으로 정하는 측정기관이 아닌 것은?(단, 국립환경과학원장이 고시하는 기관은 제외함)

① 한국환경공단

② 보건환경연구원

③ 한국산업기술시험원

④ 수도권매립지관리공사

해설 **환경부령으로 정하는 오염물질 측정기관**
① 보건환경연구원
② 한국환경공단
③ 수질오염물질 측정대행업의 등록을 한 자
④ 수도권매립지관리공사
⑤ 폐기물분석전문기관

90 매립시설의 설치를 마친 자가 환경부령으로 정하는 검사기관으로부터 설치검사를 받고자 하는 경우, 검사를 받고자 하는 날 15일 전까지 검사신청서에 각 서류를 첨부하여 검사기관에 제출하여야 하는데 그 서류에 해당하지 않는 것은?

① 설계도서 및 구조계산서 사본

② 시설운전 및 유지관리계획서

③ 설치 및 장비확보명세서

④ 시방서 및 재료시험성적서 사본

해설 **매립시설의 설치를 마친 자의 검사신청서 첨부서류**
① 설계도서 및 구조계산서 사본
② 시방서 및 재료시험성적서 사본
③ 설치 및 장비확보명세서
④ 환경부장관이 고시하는 사항을 포함한 시설설치의 환경성조사서(면적이 1만 제곱미터 이상이거나 매립용적이 3만 세제곱미터 이상인 매립시설의 경우만 제출한다). 다만, 「환경영향평가법」에 따른 전략환경영향평가 대상사업, 환경영향평가 대상사업 또는 소규모 환경영향평가 대상사업의 경우에는 전략환경영향평가서, 환경영향평가서나 소규모 환경영향평가서로 대체할 수 있다.
⑤ 종전에 받은 정기검사결과서 사본(종전에 검사를 받은 경우에 한정한다)

91 폐기물처리업의 변경허가를 받아야 할 중요사항으로 틀린 것은?(단, 폐기물 수집·운반업에 해당하는 경우)

① 수집·운반 대상 폐기물의 변경

② 영업구역의 변경

③ 연락장소 또는 사무실 소재지의 변경

④ 운반차량(임시차량은 제외한다)의 증차

해설 **폐기물처리업의 변경허가를 받아야 할 중요사항**
[폐기물 수집·운반업]
① 수집·운반 대상 폐기물의 변경
② 영업구역의 변경
③ 주차장 소재지의 변경(지정폐기물을 대상으로 하는 수집·운반업만 해당한다)
④ 운반차량(임시차량은 제외한다)의 증차

92 폐기물처분시설 중 관리형 매립시설에서 발생하는 침출수의 배출허용기준 중 '나지역'의 생물화학적 산소요구량의 기준(mg/L)은?

① 60
② 70
③ 80
④ 90

해설 관리형 매립시설 침출수의 배출허용기준

| 구분 | 생물화학적 산소요구량 (mg/L) | 화학적 산소요구량(mg/L) | | | 부유물질량 (mg/L) |
| | | 과망간산칼륨법에 따른 경우 | | 중크롬산칼륨법에 따른 경우 | |
		1일 침출수 배출량 2,000m³ 이상	1일 침출수 배출량 2,000m³ 미만		
청정지역	30	50	50	400 (90%)	30
가지역	50	80	100	600 (85%)	50
나지역	70	100	150	800 (80%)	70

93 폐기물의 재활용을 금지하거나 제한하는 것이 아닌 것은?

① 폐석면
② PCBs
③ VOCs
④ 의료폐기물

해설 재활용을 금지하거나 제한하는 폐기물
① 폐석면
② 폴리클로리네이티드비페닐(PCBs)을 환경부령으로 정하는 농도 이상 함유하는 폐기물
③ 의료폐기물(태반은 제외한다)
④ 폐유독물 등 인체나 환경에 미치는 위해가 매우 높을 것으로 우려되는 폐기물 중 대통령령으로 정하는 폐기물

94 지정폐기물의 종류 중 유해물질함유 폐기물(환경부령으로 정하는 물질을 함유한 것으로 한정한다.)에 관한 기준으로 틀린 것은?

① 광재(철광 원석의 사용으로 인한 고로 슬래그는 제외한다.)
② 분진(대기오염 방지시설에서 포집된 것으로 한정하되, 소각시설에서 발생되는 것은 제외한다.)
③ 폐합성 수지
④ 폐내화물 및 재벌구이 전에 유약을 바른 도자기 조각

해설 지정폐기물의 종류 중 유해물질함유 폐기물 종류에 폐합성 수지는 포함되지 않는다.

95 환경부장관은 폐기물에 관한 시험·분석 업무를 전문적으로 수행하기 위하여 폐기물 시험·분석 전문기관을 지정할 수 있다. 이에 해당되지 않는 기관은?

① 한국건설기술연구원
② 한국환경공단
③ 수도권매립지관리공사
④ 보건환경연구원

해설 폐기물에 시험·분석 전문기관
① 「한국환경공단법」에 따른 한국환경공단(이하 "한국환경공단"이라 한다)
② 「수도권매립지관리공사의 설립 및 운영 등에 관한 법률」에 따른 수도권매립지관리공사
③ 「보건환경연구원법」에 따른 보건환경연구원
④ 그 밖에 환경부장관이 폐기물의 시험·분석 능력이 있다고 인정하는 기관

96 기술관리인을 두어야 하는 멸균분쇄시설의 시설기준으로 적절한 것은?

① 시간당 처분능력이 100kg 이상인 시설
② 시간당 처분능력이 125kg 이상인 시설
③ 시간당 처분능력이 200kg 이상인 시설
④ 시간당 처분능력이 300kg 이상인 시설

해설 기술관리인을 두어야 하는 폐기물처리시설
① 매립시설의 경우
  ㉠ 지정폐기물을 매립하는 시설로서 면적이 3천300제곱미터 이상인 시설. 다만, 차단형 매립시설에서는 면적이 330제곱미터 이상이거나 매립용적이 1천 세제곱미터 이상인 시설로 한다.
  ㉡ 지정폐기물 외의 폐기물을 매립하는 시설로서 면적이 1만 제곱미터 이상이거나 매립용적이 3만 세제곱미터 이상인 시설
② 소각시설로서 시간당 처리능력이 600킬로그램(감염성 폐기물을 대상으로 하는 소각시설의 경우에는 200킬로그램) 이상인 시설
③ 압축·파쇄·분쇄 또는 절단시설로서 1일 처리능력 또는 재활용시설이 100톤 이상인 시설
④ 사료화·퇴비화 또는 연료화 시설로서 1일 재활용능력이 5톤 이상인 시설
⑤ 멸균·분쇄시설로서 시간당 처리능력이 100킬로그램 이상인 시설
⑥ 시멘트 소성로
⑦ 용해로(폐기물에 비철금속을 추출하는 경우로 한정한다.)로서 시간당 재활용능력이 600킬로그램 이상인 시설
⑧ 소각열회수시설로서 시간당 재활용능력이 600킬로그램 이상인 시설

정답 92 ② 93 ③ 94 ③ 95 ① 96 ①

97 폐기물관리의 기본원칙으로 틀린 것은?

① 폐기물은 소각, 매립 등의 처분을 하기보다는 우선적으로 재활용함으로써 자원생산성의 향상에 이바지하도록 하여야 한다.

② 국내에서 발생한 폐기물은 가능하면 국내에서 처리되어야 하고, 폐기물은 수입할 수 없다.

③ 누구든지 폐기물을 배출하는 경우에는 주변 환경이나 주민의 건강에 위해를 끼치지 아니하도록 사전에 적절한 조치를 하여야 한다.

④ 사업자는 제품의 생산방식 등을 개선하여 폐기물의 발생을 최대한 억제하고, 발생한 폐기물을 스스로 재활용함으로써 폐기물의 배출을 최소화하여야 한다.

해설 **폐기물관리의 기본원칙**
① 사업자는 제품의 생산방식 등을 개선하여 폐기물의 발생을 최대한 억제하고, 발생한 폐기물을 스스로 재활용함으로써 폐기물의 배출을 최소화하여야 한다.
② 누구든지 폐기물을 배출하는 경우에는 주변 환경이나 주민의 건강에 위해를 끼치지 아니하도록 사전에 적절한 조치를 하여야 한다.
③ 폐기물은 그 처리과정에서 양과 유해성(有害性)을 줄이도록 하는 등 환경보전과 국민건강보호에 적합하게 처리되어야 한다.
④ 폐기물로 인하여 환경오염을 일으킨 자는 오염된 환경을 복원할 책임을 지며, 오염으로 인한 피해의 구제에 드는 비용을 부담하여야 한다.
⑤ 국내에서 발생한 폐기물은 가능하면 국내에서 처리되어야 하고, 폐기물의 수입은 되도록 억제되어야 한다.
⑥ 폐기물은 소각, 매립 등의 처분을 하기보다는 우선적으로 재활용함으로써 자원생산성의 향상에 이바지하도록 하여야 한다.

98 폐기물처리업자가 폐기물의 발생, 배출, 처리상황 등을 기록한 장부의 보존기간은?(단, 최종 기재일 기준)

① 6개월간   ② 1년간
③ 3년간   ④ 5년간

해설 폐기물처리업자는 장부를 마지막으로 기록한 날부터 3년간 보존하여야 한다.

99 폐기물처리시설 종류의 구분이 틀린 것은?

① 기계적 재활용시설 : 유수 분리시설
② 화학적 재활용시설 : 연료화시설

③ 생물학적 재활용시설 : 버섯재배시설
④ 생물학적 재활용시설 : 호기성 · 혐기성 분해시설

해설 **폐기물처리시설의 종류 : 재활용시설**
① 기계적 재활용시설
  ㉠ 압축 · 압출 · 성형 · 주조시설(동력 7.5kW 이상인 시설로 한정한다.)
  ㉡ 파쇄 · 분쇄 · 탈피시설(동력 15kW 이상인 시설로 한정한다.)
  ㉢ 절단시설(동력 15kW 이상인 시설로 한정한다.)
  ㉣ 용융 · 용해시설(동력 7.5kW 이상인 시설로 한정한다.)
  ㉤ 연료화시설
  ㉥ 증발 · 농축시설
  ㉦ 정제시설(분리 · 증류 · 추출 · 여과 등의 시설을 이용하여 폐기물을 재활용하는 단위시설을 포함한다.)
  ㉧ 유수 분리시설
  ㉨ 탈수 · 건조시설
  ㉩ 세척시설(철도용 폐목재 받침목을 재활용하는 경우로 한정한다.)
② 화학적 재활용시설
  ㉠ 고형화 · 고화시설
  ㉡ 반응시설(중화 · 산화 · 환원 · 중합 · 축합 · 치환 등의 화학반응을 이용하여 폐기물을 재활용하는 단위시설을 포함한다.)
  ㉢ 응집 · 침전시설
③ 생물학적 재활용시설
  ㉠ 사료화 · 퇴비화(지렁이 분변토 생산시설 및 생석회 처리시설을 포함한다.) · 소멸화 · 부숙토 생산시설(1일 재활용능력 100킬로그램 이상인 시설로 한정하며, 건조에 의한 사료화 · 퇴비화시설을 포함한다.)
  ㉡ 호기성 · 혐기성 분해시설
  ㉢ 버섯재배시설

100 지정폐기물인 부식성 폐기물 기준으로 (   )에 올바른 것은?

> 폐산 : 액체상태의 폐기물로서 수소이온 농도지수가 (   ) 이하인 것에 한한다.

① 1.0   ② 1.5
③ 2.0   ④ 2.5

해설 **폐산(부식성 폐기물)**
액체상태의 폐기물로서 수소이온 농도지수가 2.0 이하인 것으로 한정한다.

제1과목 폐기물개론

01 도시폐기물을 파쇄할 경우 $X_{90} = 2.5cm$로 하여 구한 X_o(특성입자)는?(단, Rosin Rammler 모델 적용, $n = 1$)

① 약 1.1cm
② 약 1.3cm
③ 약 1.5cm
④ 약 1.7cm

해설
$$Y = 1 - \exp\left[-\left(\frac{X}{X_o}\right)^n\right]$$

$$0.9 = 1 - \exp\left[-\left(\frac{2.5}{X_o}\right)^1\right]$$

$$-\frac{2.5}{X_o} = \ln 0.1$$

$$X_o(\text{특성입자 크기}) = \frac{2.5}{2.3} = 1.09cm$$

02 Pipeline 수송에 관한 내용으로 틀린 것은?

① 가설 후에 경로변경이 곤란하고 설치비가 높다.
② 쓰레기의 발생밀도가 높은 인구밀집지역 및 아파트 지역 등에서 현실성이 있다.
③ 조대쓰레기의 압축, 파쇄 등의 전처리가 필요 없다.
④ 잘못 투입된 물건은 회수가 곤란한다.

해설 관거(Pipeline) 수송의 장단점
① 장점
  ㉠ 자동화, 무공해화, 안전화가 가능하다.
  ㉡ 눈에 띄지 않는다.(미관, 경관 좋음)
  ㉢ 에너지 절약이 가능하다.
  ㉣ 교통소통이 원활하여 교통체증 유발이 없다.(수거차량에 의한 도심지 교통량 증가 없음)
  ㉤ 투입 용이, 수집이 편리하다.
  ㉥ 인건비 절감의 효과가 있다.
② 단점
  ㉠ 대형 폐기물(조대폐기물)에 대한 전처리 공정(파쇄, 압축)이 필요하다.
  ㉡ 가설(설치) 후에 경로변경이 곤란하고 설치비가 비싸다.
  ㉢ 잘못 투입된 폐기물은 회수하기 곤란하다.
  ㉣ 2.5km 이내의 거리에서만 이용된다.(장거리, 즉 2.5km 이상에서는 사용 곤란)
  ㉤ 단거리에 현실성이 있다.

  ㉥ 사고발생 시 시스템 전체가 마비되며 대체시스템으로 전환이 필요하다.(고장 및 긴급사고 발생에 대한 대처방법이 필요함)
  ㉦ 초기투자 비용이 많이 소요된다.
  ㉧ pipe 내부 진공도에 한계가 있다.(최대 0.5kg/cm²)

03 다음의 채취한 폐기물시료 분석절차 중 가장 먼저 진행하여야 하는 것은?

① 발열량 측정
② 전처리(절단 및 분쇄)
③ 분류(가연성, 불연성)
④ 화학적 조성분석

해설 폐기물 시료 분석절차

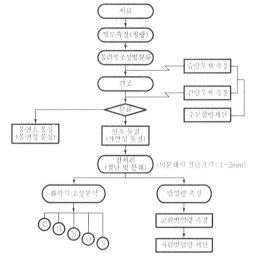

04 어느 도시에서 발생하는 쓰레기의 성분 중 비가연성이 약 70wt%를 차지하는 것으로 조사되었다. 밀도 400kg/m³인 쓰레기가 10m³ 있을 때 가연성 물질의 양은 약 몇 ton인가?

① 1.0
② 1.2
③ 2.2
④ 3.4

해설 가연성 물질의 양
= 폐기물의 양 × 가연성 물질의 함유비율
$$= (10m^3 \times 400kg/m^3 \times ton/1,000kg) \times \left(\frac{100-70}{100}\right)$$
$$= 1.2ton$$

05 폐기물 압축기에 대한 설명으로 틀린 것은?

① 압축에 의해 부피를 1/10까지 감소시킬 수 있으며 수분이 빠지므로 중량도 감소시킬 수 있다.

② 고압력 압축기로 폐기물의 밀도를 $1,600kg/m^3$까지 압축시킬 수 있으나 경제적 압축 밀도는 $1,000kg/m^3$ 정도이다.

③ 고정식 압축기는 주로 유압에 의해 압축시키며 압축방법에 따라 회분식과 연속식으로 구분된다.

④ 수직식 또는 소용돌이식 압축기는 기계적 작동이나 유압 또는 공기압에 의해 작동하는 압축피스톤을 갖고 있다.

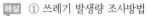 고정식 압축기는 주로 수압에 의해 압축시키고 압축방법에 따라 수평식 압축기, 수직식 압축기로 구분한다.

06 다음 중에서 쓰레기 발생량 조사방법이 아닌 것은?

① 적재차량 계수분석법 ② 직접계근법

③ 물질수지법 ④ 경향법

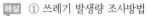 ① 쓰레기 발생량 조사방법
　ⓐ 적재차량 계수분석법
　ⓑ 직접계근법
　ⓒ 물질수지법
　ⓓ 통계조사(표본조사, 전수조사)
② 쓰레기 발생량 예측방법
　ⓐ 경향법
　ⓑ 다중회귀모델
　ⓒ 동적모사모델

07 쓰레기 발생량 예측모델 중 모든 인자를 시간에 대한 함수로 나타낸 후 시간에 대한 함수로 표현된 각 영향인자들 간의 상관관계를 수식화하는 방법은?

① 동적 모사모델 ② 다중인자모델

③ 다중회귀모델 ④ 동적 인자모델

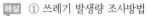 **폐기물 발생량 예측방법**

방법(모델)	내용
경향법 (Trend Method) 경향예측모델	• 최저 5년 이상의 과거 처리 실적을 수식 model에 대하여 과거의 경향을 가지고 장래를 예측하는 방법 • 단지 시간과 그에 따른 쓰레기 발생량(또는 성상) 간의 상관관계만을 고려하며 이를 수식으로 표현하면 $x = f(t)$ • $x = f(t)$는 선형, 지수형, 대수형 등에서 가장 근사한 형태를 택함
다중회귀모델 (Multiple Regression Model)	• 하나의 수식으로 각 인자들의 효과를 총괄적으로 나타내어 복잡한 시스템의 분석에 유용하게 사용할 수 있는 쓰레기 발생량 예측방법 • 각 인자마다 효과를 파악하기보다는 전체 인자의 효과를 총괄적으로 파악하는 것이 간편하고 유용한 예측방법으로 시간을 단순히 하나의 독립된 종속인자로 대입 • 수식 $x = f(X_1 X_2 X_3 \cdots X_n)$, 여기서 $X_1 X_2 X_3 \cdots X_n$은 쓰레기 발생량에 영향을 주는 인자 ※ 인자 : 인구, 지역소득(GNP 또는 GRP), 자원회수량, 상품 소비량 또는 매출액(자원회수량, 사회적·경제적 특성이 고려됨)
동적모사모델 (Dynamic Simulation Model)	• 쓰레기 발생량에 영향을 주는 모든 인자를 시간에 대한 함수로 나타낸 후 시간에 대한 함수로 표현된 각 영향인자들 간의 상관관계를 수식화하는 방법 • 시간만을 고려하는 경향법과 시간을 단순히 하나의 독립적인 종속인자로 고려하는 다중회귀모델의 문제점을 보완한 예측방법 • Dynamo 모델 등이 있음

08 쓰레기를 압축시키기 전 밀도가 $0.38ton/m^3$이었던 것을 압축기에 넣어 압축시킨 결과 $0.57ton/m^3$으로 증가하였다. 이때 부피의 감소율은?

① 24.3% ② 27.3%

③ 30.3% ④ 33.3%

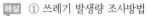 $VR = \left(1 - \dfrac{V_f}{V_i}\right) \times 100$

$\qquad V_i = \dfrac{1ton}{0.38ton/m^3} = 2.6316m^3$

$\qquad V_f = \dfrac{1ton}{0.57ton/m^3} = 1.7544m^3$

$\qquad = \left(1 - \dfrac{1.7544}{2.6316}\right) \times 100 = 33.33\%$

09 하수처리장에서 발생되는 슬러지와 비교한 분뇨의 특성이 아닌 것은?

① 질소의 농도가 높음 　　② 다량의 유기물을 포함

③ 염분의 농도가 높음 　　④ 고액분리가 쉬움

해설 분뇨의 특성
① 유기물 함유도와 점도가 높아서 쉽게 고액분리되지 않는다. (다량유기물을 포함하여 고액분리 곤란)
② 토사 및 협착물이 많고 분뇨 내 협잡물의 양과 질은 도시, 농촌, 공장지대 등 발생지역에 따라 그 차이가 크다.
③ 분뇨는 외관상 황색~다갈색이고 비중은 1.02 정도이며 악취를 유발한다.
④ 분뇨는 하수슬러지에 비해 질소의 농도가 높다.[NH_4HCO_3 및 $(NH_4)_2CO_3$ 형태로 존재]
⑤ 분뇨 중 질소산화물의 함유형태를 보면 분은 VS의 12~20% 정도이고 뇨는 VS의 80~90%이다. 즉, 질소화합물 함유도가 높다.
⑥ 협잡물의 함유율이 높고 염분의 농도도 비교적 높다.
⑦ 일반적으로 1인 1일 평균 100g의 분과 800g의 뇨를 배출한다.
⑧ 고형물 중 휘발성 고형물 농도가 높다.
⑨ COD 함량이 높고 BOD는 COD의 약 1/3 정도이다.

10 다음 조건을 가진 어느 지역의 쓰레기 수거회수는 1주일에 몇 회이어야 하는가?(단, 거리나 기타 제약은 고려하지 않는다.)

[조건]
• 쓰레기 밀도 : 650kg/m^3
• 발생량 : 1.4kg/인 · 일
• 수거대상인구 : 15,000명
• 차량적재용적 : 10m^3/대
• 적재함 이용률 : 85%
• 압축비 : 1.5
• 차량대수 : 1대 기준
• 수거인부 : 4명

① 12회 　　② 15회
③ 18회 　　④ 21회

해설 수거횟수(회/주)
$$= \frac{\text{총발생량(kg/주)}}{\text{1회 수거량(kg/회)}}$$
$$= \frac{1.4\text{kg/인} \cdot \text{일} \times 15,000\text{인} \times 7\text{일/주}}{10\text{m}^3/\text{대} \cdot \text{회} \times 650\text{kg/m}^3 \times 0.85 \times 1.5}$$
$$= 17.44(18\text{회/주})$$

11 슬러지 수분 중 가장 용이하게 분리할 수 있는 수분의 형태로 옳은 것은?

① 모관결합수 　　② 세포수
③ 표면부착수 　　④ 내부수

해설 탈수성이 용이한(분리하기 쉬운) 수분형태 순서
모관결합수＞표면부착수＞내부수

12 인구 500,000인 어느 도시의 쓰레기 발생량 중 가연성이 60%라고 한다. 쓰레기 발생량이 1.2kg/인 · 일이고, 밀도는 0.8ton/m^3, 쓰레기차의 적재용량이 15m^{3}일 때, 가연성 쓰레기를 운반하는 데 필요한 차량은?(단, 차량은 1일 1회 운행 기준)

① 50대/일 　　② 30대/일
③ 20대/일 　　④ 10대/일

해설 소요차량(대) $= \dfrac{\text{가연성 쓰레기의 총량}}{\text{쓰레기차의 적재용량}}$
$$= \frac{1.2\text{kg/인} \cdot \text{일} \times 500,000\text{인} \times 0.6}{15\text{m}^3/\text{대} \times 800\text{kg/m}^3} = 30\text{대/일}$$

13 다음 중 폐기물의 파쇄 목적이 잘못 기술된 것은?

① 입자 크기의 균일화
② 밀도의 증가
③ 유기물의 분리
④ 비표면의 감소

해설 파쇄 목적(기대효과)
① 겉보기 비중의 증가(수송, 매립지 수명 연장)
② 유가물의 분리, 회수
③ 비표면적의 증가(미생물 분해속도 증가)
④ 입경분포의 균일화(저장, 압축, 소각 용이)
⑤ 용적감소(부피감소 : 무게변화)

14 폐기물 압축기에 관한 설명으로 옳지 않은 것은?

① 고정압축기는 주로 수압으로 압축시킨다.
② 고정압축기는 압축방법에 따라 수평식과 수직식 압축기로 나눌 수 있다.
③ 백(Bag) 압축기는 회전판 위에 열려진 상태로 놓여 있는 백과 압축피스톤의 조합으로 구성된다.
④ 백(Bag) 압축기 중 회분식이란 투입량을 일정량씩 수회 분리하여 간헐적인 조작을 행하는 것을 말한다.

정답 09 ④ 　10 ③ 　11 ① 　12 ② 　13 ④ 　14 ③

2022

해설 ① 백 압축기(Bag Compactors)
  ㉠ 백 압축기의 처리능력은 $5\sim34m^3/hr$ 범위가 대부분이다.
  ㉡ 작업자에 따라 처리능력이 달라지며 백 압축기의 능력평가는 작업가능한 내구성과 조업시간에 좌우된다.
  ㉢ 다종 다양하다.(수동식과 자동식, 수평식과 수직식, 다단식과 1단식, 연속식과 회분식)
② 회전식 압축기(Rotary Compactors)
  ㉠ 회전판 위에 open 상태로 있는 종이나 휴지로 만든 bag에 폐기물을 충전·압축하여 포장하는 소형 압축기이며 비교적 부피가 작은 폐기물을 넣어 포장하는 압축피스톤의 조합으로 구성되어 있다.
  ㉡ 표준형으로 $8\sim10$개의 bag(1개 bag의 부피 $0.4m^3$)을 갖고 있으며, 큰 것은 $20\sim30$개의 bag을 가지고 있다.

15 파쇄기로 20cm의 폐기물을 5cm로 파쇄하는데 에너지가 40kWh/ton이 소요되었다. 15cm의 폐기물을 5cm로 파쇄 시 톤당 소요되는 에너지양은 몇 kWh/ton인가?(단, Kick의 법칙을 이용할 것)

① 30.4 ② 31.7
③ 34.6 ④ 36.8

해설 $E = C\ln\left(\dfrac{L_1}{L_2}\right)$

$40\text{kW}\cdot\text{hr/ton} = C\ln\left(\dfrac{20}{5}\right)$

$C = 28.85\text{kW}\cdot\text{hr/ton}$

$E = 28.85\text{kW}\cdot\text{hr/ton} \times \ln\left(\dfrac{15}{5}\right) = 31.7\text{kW}\cdot\text{hr/ton}$

16 압축기에 쓰레기를 넣고 압축시킨 결과 압축비가 5였다. 용적 감소율은?

① 50% ② 60% ③ 80% ④ 90%

해설 $VR = \left(1 - \dfrac{1}{CR}\right) \times 100 = \left(1 - \dfrac{1}{5}\right) \times 100 = 80\%$

17 폐기물을 Ultimate Analysis에 의해 분석할 때 분석대상 항목이 아닌 것은?

① 질소(N) ② 황(S)
③ 인(P) ④ 산소(O)

해설 원소분석(Ultimate Analysis)에 의한 분석대상 항목
C, H, N, O, S, H_2O, Cl

18 발열량 분석에 대한 설명 중 옳지 않은 것은?

① 저위발열량은 소각로 설계기준이 된다.
② 원소분석방법에 의하여 저위발열량을 추정할 수 있다.
③ 단열열량계에 의하여 저위발열량을 추정할 수 있다.
④ 원소분석방법 중 Steuer의 식은 O가 전부 CO의 형태로 되어 있다고 가정한 경우이다.

해설 스튜어(Steuer) 식은 O의 1/2이 H_2O, 나머지 1/2이 CO로 존재하는 것으로 가정한 식이다.

19 적환장 필요성에 대한 다음 설명 중 가장 옳은 것은?

① 초기에 대용량 수집차량을 사용할 때
② 불법투기와 다량의 어질러진 쓰레기가 발생할 때
③ 고밀도 주거지역이 존재할 때
④ 공업지역으로 폐기물 수집에 대형용기를 많이 사용할 때

해설 ① 작은 용량의 수집차량을 사용할 때
③ 저밀도 거주지역이 존재할 때
④ 상업지역에서 폐기물수집에 소형용기를 많이 사용하는 경우

20 함수율이 77%인 하수슬러지 20ton을 함수율 26%인 1,000ton의 폐기물과 섞어서 함께 처리하고자 한다. 이 혼합 폐기물의 함수율은?(단, 비중은 1.0 기준)

① 27% ② 29% ③ 31% ④ 34%

해설 혼합함수율(%) $= \dfrac{(20\times0.77)+(1,000\times0.26)}{20+1,000}$
$= 0.27 \times 100 = 27\%$

제2과목 폐기물처리기술

21 고형물 농도 $10kg/m^3$, 함수율 98%, 유량 $700m^3$/일·인 슬러지를 고형물 농도 $50kg/m^3$이고 함수율 95%인 슬러지로 농축시키고자 하는 경우 농축조의 소요 단면적(m^2)은?(단, 침강속도는 10m/일이라고 가정한다.)

① 5.4 ② 5.6 ③ 5.8 ④ 6.0

$700m^3/day \times 10kg/m^3 \times (1-0.98)$
=농축된 유량$\times 50kg/m^3 \times (1-0.95)$
농축된 유량=$56m^3/day$

소요단면적$(m^2) = \dfrac{Q}{V} = \dfrac{56m^3/day}{10m/day} = 5.6m^2$

22 토양오염물질 중 BTEX에 포함되지 않는 것은?

① 벤젠 ② 톨루엔 ③ 자일렌 ④ 에틸렌

토양오염물질 중 BTEX
① B : Benzene(벤젠)
② T : Toluene(톨루엔)
③ E : Ethylbenzene(에틸벤젠)
④ X : Xylene(크실렌 : 자일렌)

23 퇴비화의 영향인자인 C/N 비에 관한 내용으로 옳지 않은 것은?

① 질소는 미생물 생장에 필요한 단백질합성에 주로 쓰인다.
② 보통 미생물 세포의 탄질비는 25~50 정도이다.
③ 탄질비가 너무 낮으면 암모니아 가스가 발생한다.
④ 일반적으로 퇴비화 탄소가 많으면 퇴비의 pH를 낮춘다.

보통 미생물 세포의 탄질비는 5~15로 미생물에 의한 유기물의 분해는 탄질비가 미생물세포의 그것과 비슷해질 때까지 이루어진다.

24 폐기물을 화학적으로 처리하는 방법 중 용매추출법에 대한 특징으로 가장 거리가 먼 것은?

① 높은 분배계수와 낮은 끓는점을 가지는 폐기물에 이용 가능성이 높다.
② 사용되는 용매는 극성이어야 한다.

③ 증류 등에 의한 방법으로 용매 회수가 가능해야 한다.
④ 물에 대한 용해도가 낮고 물과 밀도가 다른 폐기물에 이용 가능성이 높다.

이용 가능성이 높은 폐기물의 특징(용매추출법)
① 추출법에 사용되는 용매는 비극성이어야만 한다.
② 용매회수가 가능하여야 한다.(방법 : 증류 등)
③ 높은 분배계수(선택성이 큼)를 가지는 것이어야 한다.
④ 낮은 끓는점(회수성 높음)를 가지는 것이어야 한다.
⑤ 물에 대한 용해도가 낮은 것이어야 한다.
⑥ 밀도가 물과 다른 것이어야 한다.

25 매립장에서 침출된 침출수가 다음과 같은 점토로 이루어진 90cm의 차수층을 통과하는데 걸리는 시간은?

- 유효 공극률 = 0.5
- 점토층 하부의 수두 = 점토층 아랫면과 일치
- 점토층 투수계수 = 10^{-7}cm/sec
- 점토층 위의 침출수 수두 = 40cm

① 6.9년   ② 7.9년
③ 8.9년   ④ 9.9년

소요시간$(year) = \dfrac{d^2\eta}{K(d+h)}$

$= \dfrac{0.9^2m^2 \times 0.5}{10^{-7}cm/sec \times 1m/100cm \times (0.9+0.4)m}$

$= 311,538,461.5sec(9.9year)$

26 합성차수막인 CSPE에 관한 설명으로 옳지 않은 것은?

① 미생물에 강하다.   ② 강도가 약하다.
③ 접합이 용이하다.   ④ 산과 알칼리에 약하다.

합성차수막 CSPE의 단점은 강도가 낮은 것이다.

27 내륙매립방법인 셀(Cell) 공법에 관한 설명으로 옳지 않은 것은?

① 화재의 확산을 방지할 수 있다.
② 쓰레기 비탈면의 경사는 15~25%의 기울기로 하는 것이 좋다.
③ 1일 작업하는 셀 크기는 매립장 면적에 따라 결정된다.
④ 발생가스 및 매립층 내 수분의 이동이 억제된다.

셀 매립공법으로 1일 작업하는 셀 크기는 매립처분량에 따라 결정된다.

정답 21 ② 22 ④ 23 ② 24 ② 25 ④ 26 ④ 27 ③

28 쓰레기와 하수처리장에서 얻어진 슬러지를 함께 매립하려고 한다. 쓰레기와 슬러지의 고형물 함량이 각각 80%, 30%라고 하면 쓰레기와 슬러지를 8 : 2로 섞을 때의 이 혼합폐기물의 함수율은?(단, 무게 기준이며 비중은 1.0으로 가정함)

① 30% 　　　　　② 50%
③ 70% 　　　　　④ 80%

해설　혼합함수율(%) $= \dfrac{(8 \times 0.2) + (2 \times 0.7)}{8 + 2} \times 100 = 30\%$

29 BOD가 15,000mg/L, Cl^-이 800ppm인 분뇨를 희석하여 활성슬러지법으로 처리한 결과 BOD가 60mg/L, Cl^-이 40ppm이었다면 활성슬러지법의 처리효율은?(단, 희석수 중에 BOD, Cl^-은 없음)

① 90% 　　　　　② 92%
③ 94% 　　　　　④ 96%

해설　BOD 처리효율(%) $= \left(1 - \dfrac{BOD_o}{BOD_i}\right) \times 100$

$$BOD_i = 15,000 \text{mg/L} \times \frac{40}{800} = 750 \text{mg/L}$$

$$= \left(1 - \frac{60}{750}\right) \times 100 = 0.92 \times 100 = 92\%$$

30 다음 중 C/N비가 낮은 경우(20 이하)에 대한 설명이 아닌 것은?

① 암모니아 가스가 발생할 가능성이 높아진다.
② 질소원의 손실이 커서 비료효과가 저하될 가능성이 높다.
③ 유기산 생성량의 증가로 pH가 저하된다.
④ 퇴비화 과정 중 좋지 않은 냄새가 발생된다.

해설　① C/N비가 높으면 유기산 등이 퇴비의 pH를 낮추고 미생물의 성장과 활동도 억제되며 질소 부족(C/N비 80 이상이면 질소 결핍현상)으로 퇴비화가 잘 형성되지 않아 퇴비화의 소요기간이 길어진다.(폐기물 내 질소함량이 적은 것은 퇴비화가 잘 되지 않는다.)
② C/N비가 20보다 낮으면 유기질소가 암모니아로 변하여 pH를 증가시키고, 이로 인해 암모니아 가스가 발생되어 퇴비화 과정 중 악취가 생긴다. C/N비가 20보다 낮으면 질소가 암모니아로 변하여 pH를 증가시킨다.

31 다음의 조건에서 침출수 통과 연수는?

[조건]
• 점토층의 두께 : 1m
• 유효공극률 : 0.40
• 투수계수 : 10^{-7}cm/sec
• 상부침출수 수두 : 0.4m

① 약 7년 　　　　　② 약 8년
③ 약 9년 　　　　　④ 약 10년

해설　침출수 통과 연수(year)

$$= \frac{d^2 \eta}{k(d+h)}$$

$$= \frac{1.0^2 \text{m}^2 \times 0.4}{10^{-7} \text{cm/sec} \times 1\text{m}/100\text{cm} \times (1.0 + 0.4)\text{m}}$$

$$= 285,714,285.7 \text{sec} \times \text{year}/31,536,000 \text{sec} = 9.06 \text{year}$$

32 슬러지 수분 결합상태 중 탈수하기 가장 어려운 형태는?

① 모관결합수 　　　　　② 간극모관결합수
③ 표면부착수 　　　　　④ 내부수

해설　**탈수가 어려운 형태 순서**
내부수 > 표면부착수 > 쐐기상 모관결합수 > 간극모관결합수 > 모관결합수

33 다음 조건의 중금속 슬러지를 시멘트 고형화할 때 부피변화율(VCF)은?

[조건]
• 고화처리 전의 중금속 슬러지 비중 : 1.1
• 고화처리 후 폐기물 비중 : 1.4
• 시멘트 첨가량 : 슬러지 무게의 60%

① 약 1.32 　　　　　② 약 1.26
③ 약 1.19 　　　　　④ 약 1.12

해설　$VCF = \dfrac{V_s}{V_r}$

$$V_r = \frac{1\text{ton}}{1.1\text{ton/m}^3} = 0.909 \text{m}^3$$

$$V_s = \frac{[1 + (1 \times 0.6)]\text{ton}}{1.4\text{ton/m}^3} = 1.143 \text{m}^3$$

$$= \frac{1.143}{0.909} = 1.26$$

34 다음 중 악취성 물질인 CH₃SH를 나타낸 것은?

① 메틸오닌
② 다이메틸설파이드
③ 메틸메르캅탄
④ 메틸케톤

악취성 물질
① 메틸메르캅탄 : CH_3SH
② 스티렌 : $C_6H_5CHCH_2$
③ 황화수소 : H_2S
④ 트리메틸아민 : $(CH_3)_3N$
⑤ 아세트알데히드 : CH_3CHO
⑥ 이황화메틸 : $(CH_3)_2S_2$
⑦ 황화메틸 : CH_3SCH_3
⑧ 암모니아 : NH_3

35 수거분뇨 1kL를 전처리(SS 제거율 30%)하여 발생한 슬러지를 수분함량 80%로 탈수한 슬러지양은?(단, 수거분뇨의 SS 농도는 4%, 비중은 1.0 기준)

① 20kg
② 40kg
③ 60kg
④ 80kg

탈수 슬러지양(kg) = 제거된 슬러지양 $\times \dfrac{100}{100 - 함수율}$

$= 1kL \times m^3/kL \times ton/m^3 \times 1,000kg/ton$

$\times 0.04 \times 0.3 \times \dfrac{100}{100 - 80}$

$= 60kg$

36 소각장 굴뚝에서 배기가스 중의 염소(Cl_2) 농도를 측정하였더니 150mL/Sm³였다. 이 배기가스 중의 염소(Cl_2) 농도를 35.5mg/Sm³로 줄이기 위하여 제거해야 할 염소(Cl_2)농도(mL/Sm³)는?(단, 염소 원자량 35.5)

① 약 102
② 약 116
③ 약 128
④ 약 139

배기가스 중 염소농도$(mL/Sm^3) = 35.5mg/Sm^3 \times \dfrac{22.4mL}{76mg}$

$= 10.46mL/Sm^3$

제거효율$(\%) = \left(1 - \dfrac{10.46}{150}\right) \times 100 = 93\%$

제거해야 할 염소농도$(mL/Sm^3) = 150mL/Sm^3 \times 0.93$

$= 139.5mL/Sm^3$

37 퇴비화의 장단점과 가장 거리가 먼 것은?

① 운영 시에 소요되는 에너지가 낮은 장점이 있다.
② 다양한 재료를 이용하므로 퇴비제품의 품질 표준화가 어려운 단점이 있다.

③ 퇴비화가 완성되어도 부피가 크게 감소(50% 이하)하지 않는 단점이 있다.
④ 생산된 퇴비는 비료가치가 높은 장점이 있다.

① 퇴비화 장점
  ㉠ 유기성 폐기물을 재활용함으로써, 폐기물의 감량화가 가능하다.
  ㉡ 생산품인 퇴비는 토양의 이화학성질을 개선시키는 토양개량제로 사용할 수 있다.(Humus는 토양개량제로 사용)
  ㉢ 운영 시 에너지가 적게 소요된다.
  ㉣ 초기의 시설투자비가 낮다.
  ㉤ 다른 폐기물처리에 비해 고도의 기술수준이 요구되지 않는다.
② 퇴비화 단점
  ㉠ 생산된 퇴비는 비료가치로서 경제성이 낮다.(시장 확보가 어려움)
  ㉡ 다양한 재료를 이용하므로 퇴비제품의 품질표준화가 어렵다.
  ㉢ 부지가 많이 필요하고 부지선정에 어려움이 많다.
  ㉣ 퇴비가 완성되어도 부피가 크게 감소되지는 않는다.(완성된 퇴비의 감용률은 50% 이하로서 다른 처리방식에 비하여 낮다.)
  ㉤ 악취발생의 문제점이 있다.

38 신도시에 분뇨처리장 투입시설을 설계하려고 한다. 1일 수거 분뇨투입량 300kL, 수거차 용량 3.0kL/대, 수거차 1대의 투입시간 20분, 분뇨처리장 작업시간은 1일 8시간으로 계획하면 분뇨투입구 수는?(단, 최대 수거율을 고려하여 안전율을 1.2로 한다.)

① 2개
② 5개
③ 8개
④ 13개

분뇨투입구 수

$= \dfrac{수거분뇨량}{차량용량 \times 작업시간 \times 분뇨투입시간} \times 안전율$

$= \dfrac{300kL/day}{3.0kL/대 \times 8hr/day \times 대/20min \times 60min/hr} \times 1.2 = 5개$

39 혐기성 소화공법에 비해 호기성 소화공법이 갖는 장단점이라 볼 수 없는 것은?

① 상등액의 BOD 농도가 낮다.
② 소화 슬러지양이 많다.
③ 소화 슬러지의 탈수성이 좋다.
④ 운전이 쉽다.

정답 **34** ③ **35** ③ **36** ④ **37** ④ **38** ② **39** ③

해설 호기성 소화공법

① 장점
  ㉠ 혐기성 소화보다 운전이 용이하다.
  ㉡ 상등액(상층액)의 BOD와 SS 농도가 낮아 수질이 양호하며 암모니아 농도도 낮다.
  ㉢ 초기 시공비가 적고 악취발생이 저감된다.
  ㉣ 처리수 내 유지류의 농도가 낮다.
② 단점
  ㉠ 소화 슬러지양이 많다.
  ㉡ 소화 슬러지의 탈수성이 불량하다.
  ㉢ 설치부지가 많이 소요되고 폭기에 소요되는 동력비가 상승한다.
  ㉣ 유기물 저감률이 적고 연료가스 등 부산물의 가치가 적다.(메탄가스 발생 없음)

40 글리신($C_2H_5O_2N$) 5mole이 혐기성 소화에 의해 완전 분해될 때 생성 가능한 이론적 메탄 가스량은?(단, 표준상태 기준, 분해 최종산물은 CH_4, CO_2, NH_3)

① 84L
② 96L
③ 108L
④ 120L

해설 $C_2H_5O_2N + 0.5H_2O \rightarrow 0.75CH_4 + 1.25CO_2 + NH_3$

1 mole : 0.75×22.4 L
5 mole : $CH_4(L)$

$$CH_4(L) = \frac{5\text{mole} \times (0.75 \times 22.4)L}{1\text{mole}} = 84L$$

제3과목   폐기물소각 및 열회수

41 가정에서 발생되는 쓰레기를 소각시킨 후 남은 재의 중량은 소각된 쓰레기의 1/5이다. 쓰레기 100톤을 소각하여 소각재 부피가 $20m^3$이 되었다면 소각재의 밀도는?

① 2.0톤/m^3
② 1.5톤/m^3
③ 1.0톤/m^3
④ 0.5톤/m^3

해설 소각재의 밀도(ton/m^3) = $\dfrac{중량}{부피} = \dfrac{100\,t\text{on}}{20\,m^3} \times \dfrac{1}{5}$

$= 1.0\,ton/m^3$

42 다단로 소각로방식에 대한 설명으로 틀린 것은?

① 온도제어가 용이하고 동력이 적게 들어 운전비가 저렴하다.
② 수분이 적고 혼합된 슬러지 소각에 적합하다.
③ 가동부분이 많아 고장률이 높다.
④ 24시간 연속운전을 필요로 한다.

해설 다단로 소각방식(Multiple Hearth)

① 장점
  ㉠ 타 소각로에 비해 체류시간이 길어 연소효율이 높고, 특히 휘발성이 낮은 폐기물 연소에 유리하다.
  ㉡ 다량의 수분이 증발되므로 수분함량이 높은 폐기물도 연소가 가능하다.
  ㉢ 물리·화학적 성분이 다른 각종 폐기물을 처리할 수 있다. 즉, 다양한 질의 폐기물에 대하여 혼소가 가능하다.
  ㉣ 많은 연소영역이 있으므로 연소효율을 높일 수 있다.(국소 연소를 피할 수 있음)
  ㉤ 보조연료로 다양한 연료(천연가스, 프로판, 오일, 석탄가루, 폐유 등)를 사용할 수 있다.
  ㉥ 클링커 생성을 방지할 수 있다.
  ㉦ 온도제어가 용이하고 동력이 적게 들며 운전비가 저렴하다.
② 단점
  ㉠ 체류시간이 길어 온도반응이 느리다.(휘발성이 적은 폐기물 연소에 유리)
  ㉡ 늦은 온도반응 때문에 보조연료 사용을 조절하기 어렵다.
  ㉢ 분진발생률이 높다.
  ㉣ 열적 충격이 쉽게 발생하고 내화물이나 상에 손상을 초래한다.(내화재의 손상을 방지하기 위해 1,000℃ 이상으로 운전하지 않는 것이 좋음)
  ㉤ 가동부(교반팔, 회전중심축)가 있으므로 유지비가 높다.
  ㉥ 유해폐기물의 완전분해를 위해서는 2차 연소실이 필요하다.

43 플라스틱 폐기물의 소각 및 열분해에 대한 설명으로 옳지 않은 것은?

① 감압증류법은 황의 함량이 낮은 저유황유를 회수할 수 있다.
② 멜라민 수지를 불완전 연소하면 HCN과 NH_3가 생성된다.
③ 열분해에 의해 생성된 모노머는 발화성이 크고, 생성가스의 연소성도 크다.
④ 고온열분해법에서는 타르, char 및 액체상태의 연료가 많이 생성된다.

① 저온열분해방법에서는 타르(Tar), 탄화물(Char), 액체상태
의 연료가 많이 생성된다.
② 고온열분해법에서는 가스상태의 연료가 많이 생성된다.

44 공기비가 클 때 일어나는 현상으로 가장 거리가 먼 것은?

① 연소가스가 폭발할 위험이 커진다.
② 연소실의 온도가 낮아진다.
③ 부식이 증가한다.
④ 열손실이 커진다.

공기비의 영향
① m이 클 경우
  ㉠ 연소실 내에서 연소온도가 낮아진다.
  ㉡ 통풍력이 증대되어 배기가스에 의한 열손실이 커진다.
  ㉢ 배기가스 중 SOx(황산화물), NOx(질소산화물)의 함량이
    증가하여 연소장치의 부식에 크게 영향을 미친다.
② m이 작을 경우
  ㉠ 배기가스 내 매연의 발생이 크다.(불완전 연소로 인함)
  ㉡ 연소가스의 폭발위험성이 크다.(불완전 연소로 인함)
  ㉢ 열손실에 큰 영향을 준다.
  ㉣ CO, HC의 오염물질 농도가 증가한다.

45 분자식 C_mH_n인 탄화수소가스 $1Sm^3$의 완전연소에 필요
한 이론공기량(Sm^3)은?

① $4.76m + 1.19n$ ② $5.67m + 0.73n$
③ $8.89m + 2.67n$ ④ $1.867m + 5.67n$

C_mH_n의 완전연소 반응식

$$C_mH_n + \left(m + \frac{n}{4}\right)O_2 \rightarrow mCO_2 + \frac{n}{2}H_2O$$

이론공기량(A_o)

$$A_o = \frac{O_o}{0.21}$$

O_o(이론산소량) ⇨ 기체연료 $1Sm^3$에 필요한 이론산소량
은 $\left(m + \frac{n}{4}\right)Sm^3$

$$\begin{bmatrix} 22.4Sm^3 & : & \left(m + \frac{n}{4}\right) \times 22.4Sm^3 \\ 1Sm^3 & : & O_o \\ O_o = \left(m + \frac{n}{4}\right) \end{bmatrix}$$

$$A_o(Sm^3/Sm^3) = \frac{\left(m + \frac{n}{4}\right)}{0.21} = 4.76m + 1.19n \,(Sm^3/Sm^3)$$

46 소각로에 열교환기를 설치, 배기가스의 열을 회수하여 급
수 예열에 사용할 때 급수 출구온도는 몇 ℃인가?(단, 배기
가스량 : 100kg/hr, 급수량 : 200kg/hr, 배기가스 열
교환기 유입온도 : 500℃, 출구온도 : 200℃, 급수의 입
구온도 : 10℃, 배기가스 정압비열 : 0.24kcal/kg · ℃)

① 26 ② 36
③ 46 ④ 56

열량＝물질의 양×비열×온도차
수온상승에 기여하는 열량
$= 200\,kg/hr \times 1.0\,kcal/kg \cdot ℃ \times (t_o - 10)℃$
$= 200\,kcal/hr \times (t_o - 10)$
가스의 열교환 열량
$= 100\,kg/hr \times 0.24\,kcal/kg \cdot ℃ \times (500 - 200)℃$
$= 7,200kcal/hr$
$200kcal/hr \times (t_o - 10) = 7,200kcal/hr$
t_o(출구온도)$= 46\,℃$

47 소각할 쓰레기의 양이 12,760kg/day이다. 1일 10시간
소각로를 가동시키고 화격자의 면적이 $7.25m^2$일 경우
이 쓰레기 소각로의 소각능력($kg/m^2 \cdot hr$)은?

① 116 ② 138
③ 176 ④ 189

소각능력(화상부하율 : $kg/m^2 \cdot hr$)
$= \dfrac{시간당\ 소각량}{화격자\ 면적}$
$= \dfrac{12,760kg/day \times day/10hr}{7.25m^2} = 176kg/m^2 \cdot hr$

48 액체 주입형 소각로의 단점이 아닌 것은?

① 대기오염방지시설 이외의 소각재 처리설비가 필요
하다.
② 완전히 연소시켜 주어야 하며 내화물의 파손을 막아주
어야 한다.
③ 고농도 고형분으로 인하여 버너가 막히기 쉽다.
④ 대량처리가 어렵다.

액체 분무 주입형 소각로(Liquid Injection Incinerator)
① 장점
  ㉠ 광범위한 종류의 액상폐기물을 연소할 수 있다.
  ㉡ 대기오염방지시설 이외에 소각재처리시설이 필요 없다.
  ㉢ 구동장치가 간단하고 고장이 적다.

ⓔ 운영비가 저렴하다.
ⓜ 기술개발이 잘 되어 있고 자동화가 용이하다.(가동 이외의 경우 무인운전이 가능)
② 단점
　ⓞ 버너노즐을 이용하여 액체를 미립화하여야 한다.
　ⓛ 완전연소시켜야 하며 내화물의 파손을 막아야 한다.
　ⓒ 고농도 고형분의 농도가 높으면 버너가 막히기 쉽다.
　ⓔ 대량처리가 어렵다.

49 폐기물 소각시스템에서 연소가스 냉각설비로 폐열보일러를 많이 채택하고 있다. 이 폐열보일러의 구성요소가 아닌 것은?

① 슈트 블로어　　　　② 중기 복수설비
③ 절탄기　　　　　　④ 이류체 압력분무 Nozzle

[해설] **폐열보일러 구성요소**
① 슈트블로어
② 중기복수설비
③ 절탄기, 과열기, 재열기, 공기예열기

50 준연속 연소식 소각로의 가동시간으로 적당한 설계조건은?

① 8시간　　　　　　② 12시간
③ 16시간　　　　　　④ 18시간

[해설] **준연속 연소식 소각로**
소각설비를 완전자동화하여 연속식으로 할 경우 설치비나, 유지관리비가 많이 소요되기 때문에 부분적으로 간소화하여 수동운전을 하도록 하는 소각로로서 일반적으로 16시간 정도의 운전시간을 목표로 설치한다.

[Note] ① 전연속 연소식 소각로 가동시간(24시간)
　　　　② 고정화격자 회분연소식 소각로 가동시간(8시간)

51 메탄의 고위발열량이 11,000kcal/Sm³이면, 저위발열량은 몇 kcal/Sm³인가?(단, 물의 기화열은 600kcal/kg이다.)

① 7,586　　　　　　② 8,543
③ 9,800　　　　　　④ 10,036

[해설] $H_l(\text{kcal/Sm}^3) = H_h - 480 \times n\text{H}_2\text{O}$
　　　　　　　　　$= 11,000 - (480 \times 2) = 10,040\text{kcal/Sm}^3$

52 중량비로 탄소 75%, 수소 15%, 황 10%인 액체연료를 연소한 경우 최대탄산가스량($CO_2 \max(\%)$)은?

① 약 28%　　　　　　② 약 22%
③ 약 18%　　　　　　④ 약 14%

[해설] $CO_2\max(\%)$
$= \dfrac{1.867 \times C}{G_{od}} \times 100$

$G_{od} = A_o - 5.6\text{H}$

$A_o = \dfrac{1}{0.21} \times (1.867 \times 0.75) + (5.6 \times 0.15) + (0.7 \times 0.1)$
$\quad = 11\text{m}^3$

$= 11 - (5.6 \times 0.15) = 10.16\text{m}^3$

$= \dfrac{(1.867 \times 0.75)}{10.16} \times 100 = 13.78\%$

53 폐기물 소각 보일러에 Na_2SO_3(MW = 126)을 가하여 공급수 중의 산소를 제거한다. 이때 반응식은 $2Na_2SO_3 + O_2 \rightarrow 2Na_2SO_4$이다. 보일러 공급수 3,000톤에 산소함량 6mg/L일 때 이 산소를 제거하는 데 필요한 Na_2SO_3의 이론량은?(단, 공급수 비중은 1.0)

① 약 75kg　　　　　② 약 95kg
③ 약 142kg　　　　　④ 약 193kg

[해설] $2Na_2SO_3 + O_2 \rightarrow 2Na_2SO_4$
$2 \times 126\text{kg} : 32\text{kg}$
$Na_2SO_3(\text{kg}) : 3,000\text{ton} \times 6\text{mg/L} \times 1,000\text{L/m}^3 \times \text{kg}/10^6\text{mg}$
$Na_2SO_3(\text{kg}) = \dfrac{\begin{bmatrix}(2 \times 126)\text{kg} \times 3,000\text{ton} \times 6\text{mg/L} \\ \times 1,000\text{L/m}^3 \times \text{kg}/10^6\text{mg}\end{bmatrix}}{32\text{kg}} = 141.75\text{kg}$

54 다음 중 전기집진기의 특징으로 거리가 먼 것은?

① 회수가치성이 있는 입자 포집이 가능하다.
② 압력손실이 적고 미세입자까지도 제거할 수 있다.
③ 유지관리가 용이하고 유지비가 저렴하다.
④ 전압변동과 같은 조건변동에 적응하기가 용이하다.

[해설] **전기집진장치(EP)**
① 장점
　ⓞ 집진효율이 높다.(0.01㎛ 정도 포집 용이, 99.9% 정도 고집진 효율)
　ⓛ 대량의 분진함유가스의 처리가 가능하다.
　ⓒ 압력손실이 적고 미세한 입자까지도 처리가 가능하다.
　ⓔ 운전, 유지 · 보수비용이 저렴하다.
　ⓜ 고온(500℃ 전후)가스 및 대량가스 처리가 가능하다.

ⓑ 광범위한 온도범위에서 적용이 가능하며 폭발성 가스의 처리도 가능하다.
ⓢ 회수가치 입자포집에 유리하고 압력손실이 적어 소요동력이 적다.
ⓞ 배출가스의 온도강하가 적다.
② 단점
㉠ 분진의 부하변동(전압변동)에 적용하기 곤란하고, 고전압으로 안전사고의 위험성이 높다.
㉡ 분진의 성상에 따라 전처리시설이 필요하다.
㉢ 설치비용이 많이 소요되고 설치공간을 많이 차지한다.
㉣ 특정물질을 함유한 분진제거에는 곤란하다.
㉤ 가연성 입자의 처리가 곤란하다.

55 절탄기 설치 시 주의할 점이라 볼 수 없는 것은?

① 통풍저항 증가
② 굴뚝가스 온도의 저하로 인한 굴뚝 통풍력 감소
③ 급수온도가 낮은 경우, 굴뚝가스 온도가 저하하면 절탄 시 저온부에 접하는 가스 온도가 노점에 달하여 절탄기를 부식시킴
④ 보일러 드럼에 발생하는 열응력 증가

절탄기 설치 시 급수예열에 의해 보일러수와의 온도차가 감소되므로 보일러드럼에 발생하는 열응력 감소에 주의하여야 한다.

56 폐기물을 완전연소시키기 위한 조건인 3T의 내용으로 옳은 것은?

① 온도, 압력, 연소시간
② 온도, 압력, 연소율
③ 온도, 연소시간, 혼합
④ 온도, 압력, 공기량

완전연소조건(3T)
① 온도(Temperature)
② 시간(Time)
③ 혼합(Turbulence)

57 다음의 집진장치 중 압력손실이 가장 큰 것은?

① 벤투리 스크러버(Venturi Scrubber)
② 사이클론 스크러버(Cyclone Scrubber)
③ 패킹 타워(Packing Tower)
④ 제트 스크러버(Jet Scrubber)

벤투리 스크러버의 압력손실은 $300 \sim 800 mmH_2O$로 세정식 집진시설 종류 중 가장 크다.

58 폐열회수를 위한 열교환기 중 연도에 설치하며, 보일러 전열면을 통하여 연소가스의 여열로 보일러 급수를 예열하여 보일러 효율을 높이는 장치는?

① 재열기
② 절탄기
③ 공기예열기
④ 과열기

절탄기(이코노마이저)
① 폐열회수를 위한 열교환기. 연도에 설치하며 보일러 전열면을 통과한 연소가스의 여열로 보일러 급수를 예열하여 보일러 효율을 높이는 장치이다.
② 급수예열에 의해 보일러수와의 온도차가 감소되므로 보일러 드럼에 발생하는 열응력이 감소된다.
③ 급수온도가 낮을 경우, 연소가스 온도가 저하되면 절탄기 저온부에 접하는 가스온도가 노점에 대하여 절탄기를 부식시키는 것을 주의하여야 한다.
④ 절탄기 자체로 인한 통풍저항 증가와 연도의 가스온도 저하로 인한 연도통풍력의 감소를 주의하여야 한다.

59 유동층 소각로의 장단점으로 옳지 않은 것은?

① 반응시간이 빨라 소각시간이 짧은 장점이 있다.
② 상(床)으로부터 찌꺼기의 분리가 어려운 단점이 있다.
③ 기계적 구동부분이 많아 고장률이 높은 단점이 있다.
④ 투입이나 유동화를 위해 파쇄가 필요한 단점이 있다.

유동층 소각로
① 장점
㉠ 유동매체의 열용량이 커서 액상, 기상, 고형 폐기물의 전소 및 혼소, 균일한 연소가 가능하다.
㉡ 반응시간이 빨라 소각시간이 짧다.(노 부하율이 높다.)
㉢ 연소효율이 높아 미연소분이 적고 2차 연소실이 불필요하다.
㉣ 가스의 온도가 낮고 과잉공기량이 낮다. 따라서 NOx도 적게 배출된다.
㉤ 기계적 구동부분이 적어 고장률이 낮아 유지관리가 용이하다.
ⓑ 노 내 온도의 자동제어로 열회수가 용이하다.
ⓢ 유동매체의 축열량이 높은 관계로 단시간 정지 후 가동시 보조연료 사용 없이 정상가동이 가능하다.
ⓞ 과잉공기량이 적으므로 다른 소각로보다 보조연료 사용량과 배출가스량이 적다.
ⓩ 석회 또는 반응물질을 유동매체에 혼입시켜 노 내에서 산성가스의 제거가 가능하다.
② 단점
㉠ 층의 유동으로 상으로부터 찌꺼기의 분리가 어려우며 운전비 특히, 동력비가 높다.
㉡ 폐기물의 투입이나 유동화를 위해 파쇄가 필요하다.

정답 55 ④ 56 ③ 57 ① 58 ② 59 ③

ⓒ 상재료의 용융을 막기 위해 연소온도는 816℃를 초과할 수 없다.

ⓔ 유동매체의 손실로 인한 보충이 필요하다.

ⓜ 고점착성의 반유동상 슬러지는 처리하기 곤란하다.

ⓑ 소각로 본체에서 압력손실이 크고 유동매체의 비산 또는 분진의 발생량이 가장 많다.

ⓢ 조대한 폐기물은 전처리가 필요하다. 즉, 폐기물의 투입이나 유동화를 위해 파쇄공정이 필요하다.

60 CH_3OH 2kg을 연소시키는 데 필요한 이론공기량의 부피는 몇 Sm^3인가?

① 7　　　　② 8　　　　③ 9　　　　④ 10

해설　$CH_3OH + 1.5O_2 \rightarrow CO_2 + 2H_2O$

$\quad\quad$ 32kg $\quad$: $\quad 1.5 \times 22.4 Sm^3$

$\quad\quad$ 2kg $\quad$: $\quad O_2(Sm^3)$

$O_2(Sm^3) = \dfrac{2kg \times (1.5 \times 22.4)Sm^3}{32kg} = 2.1Sm^3$

$A_o(Sm^3) = \dfrac{2.1}{0.21} = 10Sm^3$

---

61 폐기물의 강열감량 및 유기물 함량을 중량법으로 시험 시 시료를 탄화시키기 위해 사용하는 용액은?

① 15% 황산암모늄용액

② 15% 질산암모늄용액

③ 25% 황산암모늄용액

④ 25% 질산암모늄용액

해설　**강열감량 및 유기물 함량 – 중량법**

질산암모늄용액(25%)을 넣고 가열하여 탄화시킨 다음 (600± 25)℃의 전기로 안에서 3시간 강열한 다음 데시케이터에서 식힌 후 무게를 달아 증발접시의 무게차로부터 구한다.

62 자외선/가시선 분광광도계 광원부의 광원 중 자외부의 광원으로 주로 사용되는 것은?

① 중수소 방전관　　② 텅스텐 램프

③ 나트륨 램프　　　④ 중공음극 램프

해설　**자외선/가시선 분광광도계 광원부의 광원**

① 가시부, 근적외부 : 텅스텐 램프

② 자외부 : 중수소 방전관

63 폐기물에 함유된 오염물질을 분석하기 위한 용출시험 방법 중 시료용액의 조제에 관한 설명으로 ( )에 알맞은 것은?

> 조제한 시료 100g 이상을 정밀히 달아 정제수에 염산을 넣어 ( )으로 한 용매(mL)를 1 : 10(W : V)의 비율로 넣어 혼합한다.

① pH 8.8~9.3　　　② pH 7.8~8.3

③ pH 6.8~7.3　　　④ pH 5.8~6.3

해설　**용출시험 시료용액 조제**

① 시료의 조제 방법에 따라 조제한 시료 100g 이상을 정확히 단다.

⇩

② 용매 : 정제수에 염산을 넣어 pH를 5.8~6.3으로 한다.

⇩

③ 시료 : 용매=1 : 10(W/V)의 비로 2,000mL 삼각 플라스크에 넣어 혼합한다.

---

64 자외선/가시선 분광법을 이용한 카드뮴 측정에 관한 설명으로 ( )에 옳은 내용은?

> 시료 중의 카드뮴이온을 시안화칼륨이 존재하는 알칼리성에서 디티존과 반응시켜 생성하는 카드뮴착염을 사염화탄소로 추출하고 이를 ( )으로 역추출한 다음 수산화나트륨과 시안화칼륨을 넣어 디티존과 반응하여 생성하는 적색의 카드뮴착염을 사염화탄소로 추출하여 그 흡광도를 520nm에서 측정한다.

① 염화제일주석산 용액　② 부틸알코올
③ 타타르산 용액　④ 에틸알코올

카드뮴 – 자외선/가시선 분광법(디티존법)
시료 중에 카드뮴 이온을 시안화칼륨이 존재하는 알칼리성에서 디티존과 반응시켜 생성하는 카드뮴착염을 사염화탄소로 추출하고, 추출한 카드뮴착염을 타타르산용액으로 역추출한 다음 수산화나트륨과 시안화칼륨을 넣어 디티존과 반응하여 생성하는 적색의 카드뮴착염을 사염화탄소로 추출하여 그 흡광도를 520nm에서 측정하는 방법이다.

65 $K_2Cr_2O_7$을 사용하여 1,000mg/L의 Cr표준원액 100mL를 제조하려면 필요한 $K_2Cr_2O_7$의 양(mg)은?(단, 원자량 K = 39, Cr = 52, O = 16)

① 141　② 283
③ 354　④ 565

$K_2Cr_2O_7$ 분자량 $= (2\times39)+(2\times52)+(16\times7)$
$\qquad = 294g$
$K_2Cr_2O_7$을 전리시켜 Cr을 생성시키면 2mL의 Cr이온이 생성됨
$294g : 2\times52g$
$X(mg) : 1,000mg/L\times100mL\times L/1,000mL$
$X(mg) = \dfrac{294g\times100mg}{2\times52g} = 282.69mg$

[Note] $K_2Cr_2O_7 : 2Cr^{3+}$

66 다음 중 $1\mu g/L$와 동일한 농도는?(단, 액상의 비중 = 1)

① 1pph　② 1ppt
③ 1ppm　④ 1ppb

십억분율(ppb)
① $\mu g/L$
② $\mu g/kg$

67 환경측정의 정도보증/정도관리(QA/AC)에서 검정곡선 방법으로 옳지 않은 것은?

① 절대검정곡선법　② 표준물질첨가법
③ 상대검정곡선법　④ 외부표준법

검정곡선 작성방법
① 절대검정곡선법(External Standard Method)
시료의 농도와 지시값의 상관성을 검정곡선 식에 대입하여 작성하는 방법이다.
② 표준물질첨가법(Standard Addition Method)
㉠ 시료와 동일한 매질에 일정량의 표준물질을 첨가하여 검정곡선을 작성하는 방법이다.
㉡ 매질효과가 큰 시험분석방법에서 분석 대상 시료와 동일한 매질의 표준시료를 확보하지 못한 경우 매질효과를 보정하여 분석할 수 있는 방법이다.
③ 상대검정곡선법(Internal Standard Calibration)
검정곡선 작성용 표준용액과 시료에 동일한 양의 내부표준물질을 첨가하여 시험분석절차, 기기 또는 시스템의 변동으로 발생하는 오차를 보정하기 위해 사용하는 방법이다.

68 자외선/가시선 분광법에 의한 납의 측정시료에 비스무스(Bi)가 공존하면 시안화칼륨 용액으로 수회 씻어도 무색이 되지 않는다. 이때 납과 비스무스를 분리하기 위해 추출된 사염화탄소층에 가해 주는 시약으로 적절한 것은?

① 프탈산수소칼륨 완충액
② 구리아민동 혼합액
③ 수산화나트륨 용액
④ 염산히드록실아민 용액

납 – 자외선/가시선 분광법의 간섭물질
① 전처리를 하지 않고 직접 시료를 사용하는 경우
시료 중에 시안화합물이 함유되어 있으면 염산 산성으로 끓여 시안화물을 완전히 분해 제거한 다음 실험한다.
② 시료에 다량의 비스무트(Bi)가 공존하면 시안화칼륨용액으로 수회 씻어도 무색이 되지 않는 경우
다음과 같이 납과 비스무트를 분리하여 실험한다. 추출하여 10~20mL로 한 사염화탄소층에 프탈산수소칼륨 완충용액(pH 3.4) 20mL씩을 2회 역추출하고 전체수층을 합하여 분별깔대기에 옮긴다. 암모니아수(1 + 1)를 넣어 약알칼리성으로 하고 시안화칼륨용액(5W/V%) 5mL 및 정제수를 넣어 약 100mL로 한 다음 이하 시료의 시험기준에 따라 추출조작부터 다시 실험한다.
③ 흡수셀이 더러워 측정값에 오차가 발생한 경우
㉠ 탄산나트륨용액(2W/V%)에 소량의 음이온 계면활성제를 가한 용액에 흡수셀을 담가 놓고 필요하면 40~50℃로 약 10분간 가열한다.

정답 64 ③　65 ②　66 ④　67 ④　68 ①

ⓒ 흡수셀을 꺼내 정제수로 씻은 후 질산(1+5)에 소량의 과산화수소를 가한 용액에 약 30분간 담가 놓았다가 꺼내어 정제수로 잘 씻는다. 깨끗한 가제나 흡수지 위에 거꾸로 놓아 물기를 제거하고 실리카겔을 넣은 데시케이터 중에서 건조하여 보존한다.

ⓒ 급히 사용하고자 할 때는 물기를 제거한 후 에틸알코올로 씻고 다시 에틸에테르로 씻은 다음 드라이어로 건조해서 사용한다.

69 자외선/가시선분광법으로 크롬을 측정할 때 시료 중 총크롬을 6가크롬으로 산화시키는 데 사용되는 시약은?

① 과망간산칼륨
② 이염화주석
③ 시안화칼륨
④ 디티오황산나트륨

해설 크롬 – 자외선/가시선 분광법
시료 중에 총크롬을 과망간산칼륨을 사용하여 6가크롬으로 산화시킨 다음 산성에서 다이페닐카바자이드와 반응하여 생성되는 적자색 착화합물의 흡광도를 540nm에서 측정하여 총 크롬을 정량하는 방법이다.

70 자외선/가시선 분광광도계에서 사용하는 흡수셀의 준비 사항으로 가장 거리가 먼 것은?

① 흡수셀은 미리 깨끗하게 씻은 것을 사용한다.
② 흡수셀의 길이(L)를 따로 지정하지 않았을 때는 10mm 셀을 사용한다.
③ 시료셀에는 실험용액을, 대조셀에는 따로 규정이 없는 한 정제수를 넣는다.
④ 시료용액의 흡수파장이 약 370nm 이하일 때는 경질유리 흡수셀을 사용한다.

해설 자외선/가시선 분광법에서 시료액의 흡수파장 370nm 이상은 석영 또는 경질유리 흡수셀을 사용하고, 370nm 이하는 석영 흡수셀을 사용한다.

71 감염성 미생물 검사법과 가장 거리가 먼 것은?

① 아포균 검사법
② 최적확수 검사법
③ 세균배양 검사법
④ 멸균테이프 검사법

해설 감염성 미생물 분석방법
① 아포균 검사법
② 세균배양 검사법
③ 멸균테이프 검사법

72 유기인의 정제용 컬럼으로 적절하지 않은 것은?

① 실리카겔컬럼
② 플로리실컬럼
③ 활성탄컬럼
④ 실리콘컬럼

해설 유기인 정제용 컬럼
① 실리카겔컬럼
② 플로리실컬럼
③ 활성탄컬럼

73 폐기물공정시험기준에 적용되는 관련 용어에 관한 내용으로 틀린 것은?

① 반고상폐기물 : 고형물의 함량이 5% 이상 15% 미만인 것을 말한다.
② 비함침성 고상폐기물 : 금속판, 구리선 등 기름을 흡수하지 않는 평면 또는 비평면형태의 변압기 내부부재를 말한다.
③ 바탕시험을 하여 보정한다 : 규정된 시료로 같은 방법으로 실험하여 측정치를 보정하는 것을 말한다.
④ 정밀히 단다 : 규정된 양의 시료를 취하여 화학저울 또는 미량저울로 칭량함을 말한다.

해설 바탕시험을 하여 보정한다
시료에 대한 처리 및 측정을 할 때, 시료를 사용하지 않고 같은 방법으로 조작한 측정치를 빼는 것을 의미한다.

74 유도결합플라스마 – 원자발광분광법의 장치에 포함되지 않는 것은?

① 시료주입부, 고주파전원부
② 광원부, 분광부
③ 운반가스유로, 가열오븐
④ 연산처리부

해설 유도결합플라스마 – 원자발광분광기(KP – AES)
① 구성
  ㉠ 시료도입부
  ㉡ 고주파전원부
  ㉢ 광원부
  ㉣ 분광부
  ㉤ 연산처리부 및 기록부
② 분광부 구분
  ㉠ 연속주사형 단원소 측정장치
  ㉡ 다원소 동시측정장치

75 이온전극법으로 분석이 가능한 것은?(단, 폐기물공정시험기준 적용)

① 시안　　　　　　　② 비소
③ 유기인　　　　　　④ 크롬

시안 분석방법
① 자외선/가시선 분광법
② 이온전극법

[Note]
① 비소(원자흡수분광법, 유도결합플라스마-원자발광분광법, 자외선/가시선분광법)
② 유기인(기체크로마토그래피법)
③ 크롬(원자흡수분광법, 유도결합플라스마-원자발광분광법, 자외선/가시선분광법)

76 유해특성(재활용환경성 평가) 중 폭발성 시험방법에 대한 설명으로 옳지 않은 것은?

① 격렬한 연소반응이 예상되는 경우에는 시료의 양을 0.5g으로 하여 시험을 수행하며, 폭발성 폐기물로 판정될 때까지 시료의 양을 0.5g씩 점진적으로 늘려준다.
② 시험결과는 게이지 압력이 690kPa에서 2,070kPa까지 상승할 때 걸리는 시간과 최대 게이지 압력 2,070kPa에 도달 여부로 해석한다.
③ 최대 연소속도는 산화제를 무게비율로서 10~90%를 포함한 혼합물질의 연소속도 중 가장 빠른 측정값을 의미한다.
④ 최대 게이지 압력이 2,070kPa이거나 그 이상을 나타내는 폐기물은 폭발성 폐기물로 간주하며, 점화 실패는 폭발성이 없는 것으로 간주한다.

③항은 폭발성 시험방법과는 무관하며 산화성 시험방법에 관한 내용이다.

77 폐기물 내 납을 5회 분석한 결과 각각 1.5, 1.8, 2.0, 1.4, 1.6mg/L를 나타내었다. 분석에 대한 정밀도(%)는?(단, 표준편차=0.241)

① 약 1.66　　　　　　② 약 2.41
③ 약 14.5　　　　　　④ 약 16.6

정밀도(%) $= \dfrac{\text{표준편차}}{\text{평균값}} \times 100$

$$\text{평균} = \frac{1.5+1.8+2.0+1.4+1.6}{5} = 1.66\,\text{mg/L}$$

$$= \frac{0.241}{1.66} \times 100 = 14.52\%$$

78 액상폐기물에서 유기인을 추출하고자 하는 경우 가장 적합한 추출용매는?

① 아세톤　　　　　　② 노말헥산
③ 클로로포름　　　　④ 아세토니트릴

유기인 추출용매에는 크로마토그래피용 노말헥산을 사용한다.

79 다음에 설명한 시료 축소방법은?

> ㉠ 모아진 대시료를 네모꼴로 얇게 균일한 두께로 편다.
> ㉡ 이것을 가로 4등분, 세로 5등분하여 20개의 덩어리로 나눈다.
> ㉢ 20개의 각 부분에서 균등량씩 취하여 혼합하여 하나의 시료로 한다.

① 구획법　　　　　　② 등분법
③ 균등법　　　　　　④ 분할법

구획법
① 모아진 대시료를 네모꼴로 얇게 균일한 두께로 편다.
② 이것을 가로 4등분, 세로 5등분하여 20개의 덩어리로 나눈다.
③ 20개의 각 부분에서 균등량을 취한 후 혼합하여 하나의 시료로 만든다.

①　　　　　②　　　　　③

80 원자흡수분광광도법에 의한 분석 시 일반적으로 일어나는 간섭과 가장 거리가 먼 것은?

① 장치나 불꽃의 성질에 기인하는 분광학적 간섭
② 시료용액의 점성이나 표면장력 등에 의한 물리적 간섭
③ 시료 중에 포함된 유기물 함량, 성분 등에 의한 유기적 간섭
④ 불꽃 중에서 원자가 이온화하거나 공존물질과 작용하여 해리하기 어려운 화합물을 생성, 기저상태 원자 수가 감소되는 것과 같은 화학적 간섭

해설 원자흡광광도법에서 일어나는 간섭
① 분광학적 간섭
② 물리적 간섭
③ 화학적 간섭

제5과목 폐기물관계법규

81 폐기물관리법에 사용하는 용어 설명으로 잘못된 것은?

① "지정폐기물"이란 사업장폐기물 중 폐유 · 폐산 등 주변 환경을 오염시킬 수 있거나 유해폐기물 등 인체에 위해를 줄 수 있는 해로운 물질로서 환경부령으로 정하는 폐기물을 말한다.

② "의료폐기물"이란 보건 · 의료기관, 동물병원, 시험 · 검사기관 등에서 배출되는 폐기물 중 인체에 감염 등 위해를 줄 우려가 있는 폐기물과 인체 조직 등 적출물(摘出物), 실험동물의 사체 등 보건 · 환경보호상 특별한 관리가 필요하다고 인정되는 폐기물로서 대통령령으로 정하는 폐기물을 말한다.

③ "처리"란 폐기물의 수집, 운반, 보관, 재활용, 처분을 말한다.

④ "처분"이란 폐기물의 소각 · 중화 · 파쇄 · 고형화 등의 중간 처분과 매립하거나 해역으로 배출하는 등의 최종 처분을 말한다.

해설 **지정폐기물**
사업장 폐기물 중 폐유 · 폐산 등 주변 환경을 오염시킬 수 있거나 의료폐기물 등 인체에 위해를 줄 수 있는 해로운 물질로서 대통령령으로 정하는 폐기물을 말한다.

82 폐기물을 매립하는 시설 중 사후관리 이행 보증금의 사전 적립대상인 시설의 면적기준은?

① 3,000m² 이상   ② 3,300m² 이상
③ 3,600m² 이상   ④ 3,900m² 이상

해설 사후관리이행보증금의 사전적립대상이 되는 폐기물을 매립하는 시설은 면적이 3천 300제곱미터(3,300m²) 이상인 시설로 한다.

83 환경부장관 또는 시 · 도지사가 폐기물처리 공제조합에 방치폐기물의 처리를 명할 때에는 처리량과 처리기간에 대하여 대통령령으로 정하는 범위 안에서 할 수 있도록 명하여야 한다. 이와 같이 폐기물처리 공제조합에 처리를 명할 수 있는 방치폐기물의 처리량에 대한 기준으로 옳은 것은?(단, 폐기물처리업자가 방치한 폐기물의 경우)

① 그 폐기물처리업자의 폐기물 허용보관량의 1.5배 이내
② 그 폐기물처리업자의 폐기물 허용보관량의 2.0배 이내
③ 그 폐기물처리업자의 폐기물 허용보관량의 2.5배 이내
④ 그 폐기물처리업자의 폐기물 허용보관량의 3.0배 이내

해설 ※ 법규 변경사항이므로 해설의 내용으로 학습 부탁드립니다.

방치폐기물의 처리량과 처리기간
① 폐기물처리 공제조합에 처리를 명할 수 있는 방치폐기물의 처리량은 다음 각 호와 같다.
㉠ 폐기물처리업자가 방치한 폐기물의 경우 : 그 폐기물처리업자의 폐기물 허용보관량의 2배 이내
㉡ 폐기물처리 신고자가 방치한 폐기물의 경우 : 그 폐기물처리 신고자의 폐기물 보관량의 2배 이내
② 환경부장관이나 시 · 도지사는 폐기물처리 공제조합에 방치폐기물의 처리를 명하려면 주변환경의 오염 우려 정도와 방치폐기물의 처리량 등을 고려하여 2개월의 범위에서 그 처리기간을 정하여야 한다. 다만, 부득이한 사유로 처리기간 내에 방치폐기물을 처리하기 곤란하다고 환경부장관이나 시 · 도지사가 인정하면 1개월의 범위에서 한 차례만 그 기간을 연장할 수 있다.

84 음식물류 폐기물 배출자는 음식물류 폐기물의 발생억제 및 처리계획을 환경부령으로 정하는 바에 따라 특별자치시장, 특별자치도지사, 시장 · 군수 · 구청장에게 신고하여야 한다. 이를 위반하여 음식물류 폐기물의 발생억제 및 처리계획을 신고하지 아니한 자에 대한 과태료 부과 기준은?

① 100만 원 이하   ② 300만 원 이하
③ 500만 원 이하   ④ 1,000만 원 이하

해설 폐기물관리법 제68조 제3항 참조

85 재활용활동 중에는 폐기물(지정폐기물 제외)을 시멘트 소성로 및 환경부장관이 정하여 고시하는 시설에서 연료로 사용하는 활동이 있다. 이 시멘트 소성로 및 환경부장관이 정하여 고시하는 시설에서 연료로 사용하는 폐기물(지정폐기물 제외)이 아닌 것은?(단, 그 밖에 환경부장관이 고시하는 폐기물 제외)

① 폐타이어　　② 폐유
③ 폐섬유　　④ 폐합성 고무

📘 시설에서 연료로 사용하는 폐기물
① 폐타이어　　② 폐섬유
③ 폐목재　　④ 폐합성수지
⑤ 폐합성고무
⑥ 분진(중유회, 코크스 분진만 해당한다)
⑦ 그 밖에 환경부장관이 정하여 고시하는 폐기물

86 사업장폐기물 배출자는 사업장폐기물의 종류와 발생량 등을 환경부령으로 정하는 바에 따라 신고하여야 한다. 이를 위반하여 신고를 하지 아니하거나 거짓으로 신고를 한 자에 대한 과태료 처분기준은?

① 200만 원 이하　　② 300만 원 이하
③ 500만 원 이하　　④ 1천 만 원 이하

📘 폐기물관리법 제68조 참조

87 사후관리이행보증금의 사전 적립에 관한 설명으로 ( )에 알맞은 것은?

> 사후관리이행보증금의 사전적립 대상이 되는 폐기물을 매립하는 시설은 면적이 (㉠)인 시설로 한다. 이에 따른 매립시설의 설치자는 그 시설의 사용을 시작한 날부터 (㉡)에 환경부령으로 정하는 바에 따라 사전적립금 적립계획서를 환경부장관에게 제출하여야 한다.

① ㉠ 1만 제곱미터 이상, ㉡ 1개월 이내
② ㉠ 1만 제곱미터 이상, ㉡ 15일 이내
③ ㉠ 3천 300제곱미터 이상, ㉡ 1개월 이내
④ ㉠ 3천 300제곱미터 이상, ㉡ 15일 이내

📘 사후관리이행보증금의 사전 적립
① 사후관리이행보증금의 사전 적립 대상이 되는 폐기물을 매립하는 시설은 면적이 3천 300제곱미터 이상인 시설로 한다.
② 매립시설의 설치자는 폐기물처리업의 허가·변경허가 또는 폐기물처리시설의 설치 승인·변경승인을 받아 그 시설의 사

용을 시작한 날부터 1개월 이내에 환경부령으로 정하는 바에 따라 사전적립금 적립계획서에 관련 서류를 첨부하여 환경부장관에게 제출하여야 한다.

88 폐기물처리시설 중 기계적 재활용시설이 아닌 것은?

① 연료화 시설　　② 탈수·건조 시설
③ 응집·침전 시설　　④ 증발·농축 시설

📘 폐기물처리시설의 종류 : 재활용시설
① 기계적 재활용시설
　㉠ 압축·압출·성형·주조시설(동력 7.5kW 이상인 시설로 한정한다.)
　㉡ 파쇄·분쇄·탈피시설(동력 15kW 이상인 시설로 한정한다.)
　㉢ 절단시설(동력 15kW 이상인 시설로 한정한다.)
　㉣ 용융·용해시설(동력 7.5kW 이상인 시설로 한정한다.)
　㉤ 연료화시설
　㉥ 증발·농축시설
　㉦ 정제시설(분리·증류·추출·여과 등의 시설을 이용하여 폐기물을 재활용하는 단위시설을 포함한다.)
　㉧ 유수 분리시설
　㉨ 탈수·건조시설
　㉩ 세척시설(철도용 폐목재 받침목을 재활용하는 경우로 한정한다.)
② 화학적 재활용시설
　㉠ 고형화·고화시설
　㉡ 반응시설(중화·산화·환원·중합·축합·치환 등의 화학반응을 이용하여 폐기물을 재활용하는 단위시설을 포함한다.)
　㉢ 응집·침전시설
③ 생물학적 재활용시설
　㉠ 사료화·퇴비화(지렁이 분변토 생산시설 및 생석회 처리시설을 포함한다.)·소멸화·부숙토 생산시설(1일 재활용능력 100킬로그램 이상인 시설로 한정하며, 건조에 의한 사료화·퇴비화시설을 포함한다.)
　㉡ 호기성·혐기성 분해시설
　㉢ 버섯재배시설

89 매립지의 사후관리 기준방법에 관한 내용 중 토양 조사횟수 기준(토양조사방법)으로 옳은 것은?

① 월 1회 이상 조사
② 매 분기 1회 이상 조사
③ 매 반기 1회 이상 조사
④ 연 1회 이상 조사

해설 **매립지의 사후관리 기준 및 방법(토양조사방법)**
① 토양오염물질을 연 1회 이상 조사하여야 한다.
② 토양조사시점은 4개소 이상으로 하고 환경부장관이 정하여 고시하는 토양정밀조사방법에 따라 폐기물 매립 및 재활용지역의 시료채취시점의 표토에서 시료를 채취한다.

90 폐기물 관리의 기본원칙으로 틀린 것은?

① 사업자는 제품의 생산방식 등을 개선하여 폐기물의 발생을 최대한 억제해야 한다.
② 폐기물은 우선적으로 소각, 매립 등의 처분을 한다.
③ 폐기물로 인하여 환경오염을 일으킨 자는 오염된 환경을 복원할 책임을 져야 한다.
④ 누구든지 폐기물을 배출하는 경우에는 주변 환경이나 주민의 건강에 위해를 끼치지 아니하도록 사전에 적절한 조치를 하여야 한다.

해설 **폐기물 관리의 기본원칙**
① 사업자는 제품의 생산방식 등을 개선하여 폐기물의 발생을 최대한 억제하고, 발생한 폐기물을 스스로 재활용함으로써 폐기물의 배출을 최소화하여야 한다.
② 누구든지 폐기물을 배출하는 경우에는 주변 환경이나 주민의 건강에 위해를 끼치지 아니하도록 사전에 적절한 조치를 하여야 한다.
③ 폐기물은 그 처리과정에서 양과 유해성을 줄이도록 하는 등 환경보전과 국민건강보호에 적합하게 처리되어야 한다.
④ 폐기물로 인하여 환경오염을 일으킨 자는 오염된 환경을 복원할 책임을 지며, 오염으로 인한 피해의 구제에 드는 비용을 부담하여야 한다.
⑤ 국내에서 발생한 폐기물은 가능하면 국내에서 처리되어야 하고, 폐기물의 수입은 되도록 억제되어야 한다.
⑥ 폐기물은 소각, 매립 등의 처분을 하기보다는 우선적으로 재활용함으로써 자원생산성의 향상에 이바지하도록 하여야 한다.

91 폐기물의 수집·운반, 재활용 또는 처분을 업으로 하려는 경우와 '환경부령으로 정하는 중요 사항'을 변경하려는 때에도 폐기물처리사업계획서를 제출해야 한다. 폐기물 수집·운반업의 경우 '환경부령으로 정하는 중요 사항'의 변경 항목에 해당하지 않는 것은?

① 영업구역(생활폐기물의 수집·운반업만 해당한다.)
② 수집·운반 폐기물의 종류
③ 운반차량의 수 또는 종류
④ 폐기물 처분시설 설치 예정지

해설 **폐기물 수집·운반업에서 환경부령으로 정하는 중요사항**
① 대표자 또는 상호
② 연락장소 또는 사무실 소재지(지정폐기물 수집·운반업의 경우에는 주차장 소재지를 포함한다)
③ 영업구역(생활폐기물의 수집·운반업만 해당한다)
④ 수집·운반 폐기물의 종류
⑤ 운반차량의 수 또는 종류

92 폐기물처리시설 중 화학적 처분시설에 해당되지 않는 것은?

① 연료화시설
② 고형화시설
③ 응집·침전시설
④ 안정화시설

해설 **화학적 처분시설**
① 고형화·고화·안정화 시설
② 반응시설(중화·산화·환원·중합·축합·치환 등의 화학반응을 이용하여 폐기물을 처분하는 단위시설을 포함한다.)
③ 응집·침전 시설

93 시·도지사나 지방환경관서의 장이 폐기물처리시설의 개선명령을 명할 때 개선 등에 필요한 조치의 내용, 시설의 종류 등을 고려하여 정하여야 하는 기간은?(단, 연장기간은 고려하지 않음)

① 3개월
② 6개월
③ 1년
④ 1년 6개월

해설 **폐기물 처리시설의 개선명령에 따른 개선기간**
① 개선명령 : 1년의 범위
② 사용중지명령 : 6개월의 범위
③ 기간연장 : 6개월의 범위

94 폐기물처리업의 업종 구분과 영업 내용의 범위를 벗어나는 영업을 한 자에 대한 벌칙 기준은?

① 1년 이하의 징역이나 5백만 원 이하의 벌금
② 1년 이하의 징역이나 1천만 원 이하의 벌금
③ 2년 이하의 징역이나 2천만 원 이하의 벌금
④ 3년 이하의 징역이나 3천만 원 이하의 벌금

해설 폐기물관리법 제66조 참조

95 폐기물관리법에 적용되지 않는 물질의 기준으로 틀린 것은?

① 하수도법에 따른 하수

② 용기에 들어 있지 아니한 기체상태의 물질

③ 원자력법에 따른 방사성물질과 이로 인하여 오염된 물질

④ 물환경보전법에 따른 오수ㆍ분뇨

폐기물관리법을 적용하지 않는 물질

① 「원자력안전법」에 따른 방사성 물질과 이로 인하여 오염된 물질

② 용기에 들어 있지 아니한 기체상태의 물질

③ 「물환경보전법」에 따른 수질오염 방지시설에 유입되거나 공공수역(수역)으로 배출되는 폐수

④ 「가축분뇨의 관리 및 이용에 관한 법률」에 따른 가축분뇨

⑤ 「하수도법」에 따른 하수ㆍ분뇨

⑥ 「가축전염병예방법」이 적용되는 가축의 사체, 오염 물건, 수입 금지 물건 및 검역 불합격품

⑦ 「수산생물질병 관리법」에 적용되는 수산동물의 사체, 오염된 시설 또는 물건, 수입 금지 물건 및 검역 불합격품

⑧ 「군수품관리법」에 따라 폐기되는 탄약

96 환경부령으로 정하는 폐기물처리시설 검사기관 또는 단체가 아닌 것은?

① 한국환경공단　　　② 국ㆍ공립연구기관

③ 폐기물분석전문기관　④ 한국에너지공단

※ 법규 변경사항이므로 해설의 내용으로 학습 부탁드립니다.

환경부령으로 정하는 폐기물처리시설 검사기관 또는 단체

① 한국환경공단

② 국ㆍ공립연구기관

③ 「국가표준기본법」에 따라 인정받은 시험ㆍ검사기관

④ 「과학기술분야 정부출연연구기관 등의 설립ㆍ운영 및 육성에 관한 법률」에 따라 설립된 기관

⑤ 「폐기물관리법」에 따른 폐기물분석전문기관

⑥ 「환경분야 시험ㆍ검사 등에 관한 법률」에 따라 등록된 측정대행업자

⑦ 그 밖에 국립환경과학원장이 폐기물처리시설 검사에 관한 업무를 수행할 수 있는 인적ㆍ물적 기준을 갖추었다고 인정하여 고시하는 기관 또는 단체

97 폐기물처리업의 업종구분과 영업내용을 연결한 것으로 틀린 것은?

① 폐기물 수집ㆍ운반업 : 폐기물을 수집하여 재활용 또는 처분 장소로 운반하거나 폐기물을 수출하기 위하여 수집ㆍ운반하는 영업

② 폐기물 중간처분업 : 폐기물 중간처분시설 및 최종처분시설을 갖추고 폐기물을 소각ㆍ중화ㆍ파쇄ㆍ고형화 등의 방법에 의하여 중간처분 및 중간가공 폐기물을 만드는 영업

③ 폐기물 최종처분업 : 폐기물 최종처분시설을 갖추고 폐기물을 매립 등(해역 배출은 제외한다.)의 방법으로 최종처분하는 영업

④ 폐기물 종합처분업 : 폐기물 중간처분시설 및 최종처분시설을 갖추고 폐기물의 중간처분과 최종처분을 함께 하는 영업

폐기물처리업의 업종 구분과 영업내용

① 폐기물 수집ㆍ운반업

폐기물을 수집하여 재활용 또는 처분 장소로 운반하거나 폐기물을 수출하기 위하여 수집ㆍ운반하는 영업

② 폐기물 중간처분업

폐기물 중간처분시설을 갖추고 폐기물을 소각 처분, 기계적 처분, 화학적 처분, 생물학적 처분, 그 밖에 환경부장관이 폐기물을 안전하게 중간처분할 수 있다고 인정하여 고시하는 방법으로 중간처분하는 영업

③ 폐기물 최종처분업

폐기물 최종처분시설을 갖추고 폐기물을 매립 등(해역 배출은 제외한다.)의 방법으로 최종처분하는 영업

④ 폐기물 종합처분업

폐기물 중간처분시설 및 최종처분시설을 갖추고 폐기물의 중간처분과 최종처분을 함께하는 영업

⑤ 폐기물 중간재활용업

폐기물 재활용시설을 갖추고 중간가공 폐기물을 만드는 영업

⑥ 폐기물 최종재활용업

폐기물 재활용시설을 갖추고 중간가공 폐기물을 용도 또는 방법으로 재활용하는 영업

⑦ 폐기물 종합재활용업

폐기물 재활용시설을 갖추고 중간재활용업과 최종재활용업을 함께하는 영업

98 해당 폐기물처리 신고자가 보관 중인 폐기물 또는 그 폐기물처리의 이용자가 보관 중인 폐기물의 적체에 따른 환경오염으로 인하여 인근지역 주민의 건강에 위해가 발생하거나 발생될 우려가 있는 경우, 그 처리금지를 갈음하여 부과할 수 있는 과징금은?

① 2천만 원 이하   ② 5천만 원 이하
③ 1억 원 이하   ④ 2억 원 이하

해설 **폐기물처리 신고자에 대한 과징금 처분**
시·도지사는 폐기물처리 신고자가 처리금지를 명령하여야 하는 경우 그 처리금지가 다음 각 호의 어느 하나에 해당한다고 인정되면 대통령령으로 정하는 바에 따라 그 처리금지를 갈음하여 2천만 원 이하의 과징금을 부과할 수 있다.
① 해당 재활용사업의 정지로 인하여 그 재활용사업의 이용자가 폐기물을 위탁처리하지 못하여 폐기물이 사업장 안에 적체됨으로써 이용자의 사업활동에 막대한 지장을 줄 우려가 있는 경우
② 해당 재활용사업체에 보관 중인 폐기물 또는 그 재활용사업의 이용자가 보관 중인 폐기물의 적체에 따른 환경오염으로 인하여 인근지역 주민의 건강에 위해가 발생되거나 발생될 우려가 있는 경우
③ 천재지변이나 그 밖의 부득이한 사유로 해당 재활용사업을 계속하도록 할 필요가 있다고 인정되는 경우

99 폐기물의 광역관리를 위해 광역폐기물처리시설의 설치 또는 운영을 위탁할 수 없는 자는?

① 해당 광역 폐기물처리시설을 발주한 지자체
② 한국환경공단
③ 수도권매립지관리공사
④ 폐기물의 광역처리를 위해 설립된 지방자치단체조합

해설 **광역폐기물처리시설의 설치·운영의 위탁자**
① 한국환경공단
② 수도권매립지관리공사
③ 지방자치단체조합으로서 폐기물의 광역처리를 위하여 설립된 조합
④ 해당 광역폐기물처리시설을 시공한 자(그 시설의 운영을 위탁하는 경우에만 해당한다.)

100 폐기물처리시설 설치에 있어서 승인을 받았거나 신고한 사항 중 환경부령으로 행하는 주요사항을 변경하려는 경우, 변경승인을 받지 아니하고 승인받은 사항을 변경한 자에 대한 벌칙 기준은?

① 5년 이하의 징역 또는 5천만 원 이하의 벌금
② 3년 이하의 징역 또는 3천만 원 이하의 벌금
③ 2년 이하의 징역 또는 2천만 원 이하의 벌금
④ 1년 이하의 징역 또는 1천만 원 이하의 벌금

해설 폐기물관리법 제66조 참고

정답 **98** ①   **99** ①   **100** ③

제1과목 폐기물개론

01 Eddy Current Separator는 물질 특성상 세 종류로 분리한다. 이때 구리전선과 같은 종류로 선별되는 것은?

① 은수저 　　　　　② 철나사못

③ PVC 　　　　　④ 희토류 자석

🔲 와전류 분리법(Eddy Current Separator)은 물질 특성상 철금속(Fe), 비철금속(Al, Cu, Ag 등), 유리병의 3종류를 각각 분리할 경우 가장 적절하다.

02 사업장에서 배출되는 폐기물을 감량화시키기 위한 대책으로 가장 거리가 먼 것은?

① 원료의 대체

② 공정 개선

③ 제품 내구성 증대

④ 포장횟수의 확대 및 장려

🔲 폐기물을 감량화하기 위해서는 포장횟수의 축소 및 상품의 포장 공간 비율을 최소화하여야 한다.

03 압축기에 쓰레기를 넣고 압축시킨 결과 압축비가 5였을 때 부피감소율(%)은?

① 50 　　　　　② 60

③ 80 　　　　　④ 90

🔲 $VR = \left(1 - \dfrac{1}{CR}\right) \times 100 = \left(1 - \dfrac{1}{5}\right) \times 100 = 80\%$

04 적환장의 설치 적용 이유로 가장 거리가 먼 것은?

① 저밀도 거주지역이 존재할 경우

② 불법투기와 다량의 어질러진 쓰레기들이 발생할 때

③ 부패성 폐기물 다량 발생지역이 있는 경우

④ 처분지가 수집 장소로부터 16km 이상 멀리 떨어져 있는 경우

🔲 **적환장 설치가 필요한 경우**

① 작은 용량의 수집차량을 사용할 때($15m^3$ 이하)

② 저밀도 거주지역이 존재할 때

③ 불법투기와 다량의 어질러진 쓰레기들이 발생할 때

④ 슬러지 수송이나 공기수송방식을 사용할 때

⑤ 처분지가 수집장소로부터 멀리 떨어져 있을 때

⑥ 상업지역에서 폐기물 수집에 소형 용기를 많이 사용하는 경우

⑦ 쓰레기 수송비용 절감이 필요한 경우

⑧ 압축식 수거 시스템인 경우

05 폐기물 수거노선의 설정 요령으로 적합하지 않은 것은?

① 수거지점과 수거빈도를 결정하는 데 기존 정책이나 규정을 참고한다.

② 간선도로 부근에서 시작하고 끝나도록 배치한다.

③ 반복운행을 피하도록 한다.

④ 반시계방향으로 수거노선을 설정한다.

🔲 **효과적·경제적 수거노선 결정 시 유의(고려)사항 : 수거노선 설정 요령**

① 지형이 언덕인 지역에서는 언덕의 위에서부터 내려가며 적재하면서 차량을 진행하도록 한다(안전성, 연료비 절약).

② 수거인원 및 차량형식이 같은 기존 시스템의 조건들을 서로 관련시킨다.

③ 출발점은 차고와 가깝게 하고 수거된 마지막 컨테이너가 처분지의 가장 가까이에 위치하도록 배치한다.

④ 가능한 한 지형지물 및 도로경계와 같은 장벽을 사용하여 간선도로 부근에서 시작하고 끝나야 한다(도로경계 등을 이용).

⑤ 가능한 한 시계방향으로 수거노선을 정한다.

⑥ 적은 양의 쓰레기가 발생하나 동일한 수거빈도를 받기 원하는 적재지점(수거지점)은 가능한 한 같은 날 왕복 내에서 수거한다.

⑦ 아주 많은 양의 쓰레기가 발생되는 발생원은 하루 중 가장 먼저 수거한다.

⑧ 될 수 있는 한 한 번 간 길은 다시 가지 않는다.

⑨ 반복운행 또는 U자형 회전은 피하여 수거한다.

⑩ 교통량이 많은 때나 출퇴근 시간은 피하여 수거한다.

⑪ 수거지점과 수거빈도 결정 시 기존 정책이나 규정을 참고한다.

2021

🔲 **정답** 01 ① 　02 ④ 　03 ③ 　04 ③ 　05 ④

06 습량기준 회분량이 16%인 폐기물의 건량기준 회분량(%)은?(단, 폐기물의 함수율 = 20%)

① 20
② 18
③ 16
④ 14

해설 건량기준 회분량(%) = $\dfrac{0.16}{(1-0.2)} \times 100 = 20\%$

07 쓰레기에서 타는 성분의 화학적 성상 분석 시 사용되는 자동원소분석기에 의해 동시 분석이 가능한 항목을 모두 나열한 것은?

① 탄소, 질소, 수소
② 탄소, 황, 수소
③ 탄소, 수소, 산소
④ 질소, 황, 산소

해설 폐기물 원소분석에 있어 별도의 장치나 기기(연소관, 환원관 및 흡수관의 충전물 교환 등)를 필요로 하지 않고, 자동원소분석기를 이용하여 동시에 분석 가능한 항목은 C, H, N이다.

08 폐기물 성상분석에 대한 분석절차로 옳은 것은?

① 물리적 조성 → 밀도측정 → 건조 → 절단 및 분쇄 → 발열량분석
② 밀도측정 → 물리적 조성 → 건조 → 절단 및 분쇄 → 발열량분석
③ 물리적 조성 → 밀도측정 → 절단 및 분쇄 → 건조 → 발열량분석
④ 밀도측정 → 물리적 조성 → 절단 및 분쇄 → 건조 → 발열량분석

해설 **폐기물 시료 분석절차**

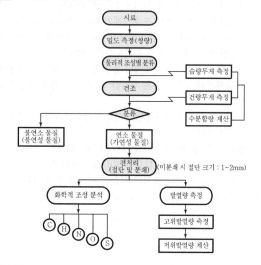

09 전과정평가(LCA)를 구성하는 4단계 중, 조사분석과정에서 확정된 자원요구 및 환경부하에 대한 영향을 평가하는 기술적, 정량적, 정성적 과정인 것은?

① Impact Analysis
② Initiation Analysis
③ Inventory Analysis
④ Improvement Analysis

해설 **전과정평가(LCA) 4단계**
① 목적 및 범위의 설정(Goal Definition Scoping) : 1단계
　[LCA 사용목적]
　㉠ 복수 제품 간의 비교 선택
　㉡ 제품 및 공정의 개선효과 파악
　㉢ 목표치를 달성하기 위한 제품의 점검
　㉣ 개선점의 추출(우선순위 결정)
　㉤ 제품에 관계되는 주체 간의 의사전달 촉진
② 목록분석(Inventory Analysis) : 2단계
　상품, 포장, 공정, 물질, 원료 및 활동에 의해 발생하는 에너지 및 천연원료 요구량, 대기·수질오염 배출, 고형폐기물과 기타 기술적 자료 구축과정이다.
③ 영향평가(Impact Analysis or Assessment) : 3단계
　조사분석과정에서 확정된 자원요구 및 환경부하에 대한 영향을 평가하는 기술적, 정량적, 정성적 과정이다.
④ 개선평가 및 해석(Improvement Assessment) : 4단계
　전 과정에 대한 해석을 실시하는 과정이다.

10 쓰레기의 발열량을 구하는 식 중 Dulong 식에 대한 설명으로 옳은 것은?

① 고위발열량은 저위발열량, 수소 함량, 수분 함량만으로 구할 수 있다.
② 원소분석에서 나온 C, H, O, N 및 수분 함량으로 계산할 수 있다.
③ 목재나 쓰레기와 같은 셀룰로오스의 연소에서는 발열량이 약 10% 높게 추정된다.
④ Bomb 열량계로 구한 발열량에 근사시키기 위해 Dulong의 보정식이 사용된다.

해설 **듀롱(Dulong) 식**
산소성분(O) 전부가 수소성분(H)과 결합하여 수분(H_2O)으로 존재한다고 가정, 즉 폐기물이 거의 완전연소된다는 가정하에서 발열량을 산정하는 식으로 Bomb 열량계로 구한 발열량에 근사시키기 위해 Dulong 보정식을 사용한다(Dulong 공식에 의한 발열량 계산은 화학적 원소분석을 기초로 함).

정답　06 ①　07 ①　08 ②　09 ①　10 ④

11 퇴비화 과정에서 공기의 역할 중 잘못된 것은?

① 온도를 조절한다.

② 공급량은 많을수록 퇴비화가 잘된다.

③ 수분과 CO_2 등 다른 가스들을 제거한다.

④ 미생물이 호기적 대사를 할 수 있도록 한다.

퇴비화 과정에서 공기의 역할

① 미생물의 호기적 대사를 도움

② 온도 조절

③ 수분, CO_2, 기타 가스를 제거

④ 공기의 과잉 공급 시 열손실이 생겨 미생물이 대사열을 빼앗겨서 동화작용이 저해된다.

12 파이프라인을 이용하여 폐기물을 수송하는 방법에 대한 설명으로 가장 거리가 먼 것은?

① 보다 친환경적이며 장거리 수송이 용이하다.

② 잘못 투입된 물건을 회수하기가 곤란하다.

③ 쓰레기 발생 밀도가 높은 곳일수록 현실성이 높아진다.

④ 조대쓰레기는 파쇄, 압축 등의 전처리를 할 필요가 있다.

관거(Pipe Line) 수송의 장단점

① 장점

　㉠ 자동화, 무공해화, 안전화가 가능하다.

　㉡ 눈에 띄지 않는다(미관, 경관 좋음).

　㉢ 에너지 절약이 가능하다.

　㉣ 교통소통이 원활하여 교통체증 유발이 없다(수거차량에 의한 도심지 교통량 증가 없음).

　㉤ 투입이 용이하고, 수집이 편리하다.

　㉥ 인건비 절감의 효과가 있다.

② 단점

　㉠ 대형 폐기물(조대폐기물)에 대한 전처리 공정(파쇄, 압축)이 필요하다.

　㉡ 가설(설치) 후에 경로변경이 곤란하고 설치비가 비싸다.

　㉢ 잘못 투입된 폐기물은 회수하기 곤란하다.

　㉣ 2.5km 이내의 거리에서만 이용된다(장거리, 즉 2.5km 이상에서는 사용 곤란).

　㉤ 단거리에 현실성이 있다.

　㉥ 사고 발생 시 시스템 전체가 마비되며 대체 시스템으로 전환이 필요하다(고장 및 긴급사고 발생에 대한 대처방법이 필요함).

　㉦ 초기투자 비용이 많이 소요된다.

　㉧ Pipe 내부 진공도에 한계가 있다(최대 $0.5kg/cm^2$).

13 트롬멜 스크린에 대한 설명으로 틀린 것은?

① 수평으로 회전하는 직경 3미터 정도의 원통 형태이며 가장 널리 사용되는 스크린의 하나이다.

② 최적회전속도는 임계회전속도의 45% 정도이다.

③ 도시폐기물 처리 시 적정회전속도는 100~180rpm이다.

④ 경사도는 대개 2~3°를 채택하고 있다.

트롬멜 스크린의 운전 특성

① 스크린 개방면적(53%)　② 경사도(2~3°)

③ 회전속도(11~30rpm)　④ 길이(4.0m)

14 일반 폐기물의 수집운반 처리 시 고려사항으로 가장 거리가 먼 것은?

① 지역별, 계절별 발생량 및 특성 고려

② 다른 지역의 경유 시 밀폐 차량 이용

③ 해충방지를 위해서 약제살포 금지

④ 지역여건에 맞게 기계식 상차방법 이용

수거 · 운반 시 고려사항(적정한 수집 · 운반 시스템 대책 수립 시 검토항목)

① 수거빈도

② 수거거리

③ 수거구역

④ 쓰레기통 크기

⑤ 지역별, 계절별 발생량 및 특성 고려

⑥ 다른 지역 경유 시 밀폐차량 이용

⑦ 지역 여건에 맞게 기계식 상차방법 이용

⑧ 배출방법

15 도시의 쓰레기 특성을 조사하기 위하여 시료 100kg에 대한 습윤 상태의 무게와 함수율을 측정한 결과가 다음 표와 같을 때 이 시료의 건조중량(kg)은?

성분	습윤 상태의 무게(kg)	함수율(%)
연탄재	60	20
채소, 음식물류	10	65
종이, 목재류	10	10
고무, 가죽류	15	3
금속, 초자기류	5	2

① 70　　　② 80

③ 90　　　④ 100

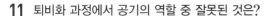

해설 건조중량

$$= \sum \left[습윤 \ 상태 \ 무게 \times \frac{(100 - 함수율)}{100} \right]$$

$$= \left(60 \times \frac{100 - 20}{100} \right) + \left(10 \times \frac{100 - 65}{100} \right) + \left(10 \times \frac{100 - 10}{100} \right)$$

$$\quad + \left(15 \times \frac{100 - 3}{100} \right) + \left(5 \times \frac{100 - 2}{100} \right)$$

$$= 80 kg$$

16 쓰레기 수거계획 수립 시 가장 우선되어야 할 항목은?

① 수거빈도
② 수거노선
③ 차량의 적재량
④ 인부수

해설 도시 쓰레기 수거계획 수립 시 가장 중요하게 고려해야 할 사항
은 수거노선이다.

17 폐기물의 성분을 조사한 결과 플라스틱의 함량이 20%
(중량비)로 나타났다. 이 폐기물의 밀도가 $300kg/m^3$이
라면 $6.5m^3$ 중에 함유된 플라스틱의 양(kg)은?

① 300
② 345
③ 390
④ 415

해설 무게(kg) = (밀도 × 부피) × 플라스틱 함유비율
$\qquad = 300 kg/m^3 \times 6.5 m^3 \times 0.2$
$\qquad = 390 kg$

18 pH가 2인 폐산용액은 pH가 4인 폐산용액에 비해 수소이
온이 몇 배 더 함유되어 있는가?

① 2배
② 5배
③ 10배
④ 100배

해설 $pH = \log \dfrac{1}{[H^+]}$

수소이온농도 $[H^+] = 10^{-pH}$

pH 2인 경우 $[H^+] = 10^{-2} mol/L$

pH 4인 경우 $[H^+] = 10^{-4} mol/L$

비 $= \dfrac{10^{-2}}{10^{-4}} = 100$배

19 폐기물 시료를 축분함에 있어 처음 무게의 $\dfrac{1}{30} \sim \dfrac{1}{35}$의
무게를 얻고자 한다면 원추4분법을 몇 회 시행하여야 하
는가?

① 10회
② 8회
③ 6회
④ 5회

해설 $\left(\dfrac{1}{2} \right)^n = \left(\dfrac{1}{2} \right)^5 = \dfrac{1}{32} \left(\dfrac{1}{30} \sim \dfrac{1}{35} 의 \ 사이값 \right)$

20 직경이 1.0m인 트롬멜 스크린의 최적 속도(rpm)는?

① 약 63
② 약 42
③ 약 19
④ 약 8

해설 최적 회전속도(rpm) = 임계속도(η_c) × 0.45

$\eta_c = \dfrac{1}{2\pi} \sqrt{\dfrac{g}{r}} = \dfrac{1}{2\pi} \sqrt{\dfrac{9.8}{0.5}}$

$\quad = 0.705 cycle/sec \times 60sec/min = 42.30 cycle/min(rpm)$

$42.30 rpm \times 0.45 = 19.03 rpm$

제2과목 **폐기물처리기술**

21 일반적으로 매립장 침출수 생성에 가장 큰 영향을 미치는
인자는?

① 쓰레기의 함수율
② 지하수의 유입
③ 표토를 침투하는 강수
④ 쓰레기 분해과정에서 발생하는 발생수

해설 ① 관리형 폐기물매립지에서 발생하는 침출수의 주된 발생원은
강우에 의하여 상부로부터 유입되는 물이다.
② 일반적으로 매립장 침출수 생성에 가장 큰 영향을 미치는 인
자는 지표로 침투되는 강수이다(영향인자 : 강수량, 폐기물
의 매립 정도, 복토재의 재질 등).

22 매립지에서 발생하는 메탄가스는 온실가스로 이산화탄
소에 비하여 약 21배의 지구온난화 효과가 있는 것으로
알려져 있어 매립지에서 발생하는 메탄가스를 메탄산화
세균을 이용하여 처리하고자 한다. 메탄산화세균에 의한
메탄처리와 관련한 설명 중 틀린 것은?

---

① 메탄산화세균은 혐기성 미생물이다.
② 메탄산화세균은 자가영양미생물이다.
③ 메탄산화세균은 주로 복토층 부근에서 많이 발견된다.
④ 메탄은 메탄산화세균에 의해 산화되며, 이산화탄소로 바뀐다.

메탄가스 처리(메탄산화세균에 의한 처리)
① 메탄산화세균은 호기성 미생물이다.
② 메탄산화세균은 자가영양미생물이다.
③ 메탄산화세균은 주로 복토층 부근에서 많이 발견된다.
④ 메탄은 메탄산화세균에 의해 산화되며, 이산화탄소로 바뀐다.

23 매립지에서의 물 수지(Water Balance)를 고려하여 침출 수량을 추정하고자 한다. 강수량을 P, 폐기물 함유 수분량을 W, 증발산량을 ET, 유출(Run-off)량을 R로 표시하고, 기타 항을 무시할 때, 침출수량을 나타내는 식은?

① $P - W - ET - R$
② $W + P - ET + R$
③ $ET + R + P - W$
④ $P + W - ET - R$

침출수량 = 강수량 − 증발산량 − 유출량 + 폐기물 함유 수분량

24 폐기물을 중간처리(소각처리)하는 과정에서 얻어지는 결과로 가장 거리가 먼 것은?

① 대체에너지화   ② 폐기물 감량화
③ 유독물질 안정화   ④ 대기오염 방지화

소각처리
폐기물의 중간처분 단계이며 일반적으로 폐기물 소각은 폐기물 감량화(부피 감소), 유독물질 안정화(위생적 처리), 대체에너지화(폐열 이용), 대기오염물질 발생의 특징이 있다.

25 시멘트를 이용한 유해폐기물 고화처리 시 압축강도, 투수계수, 물·시멘트비(Water/Cement Ratio) 사이의 관계를 바르게 설명한 것은?

① 물/시멘트비는 투수계수에 영향을 주지 않는다.
② 압축강도와 투수계수 사이는 정비례한다.
③ 물/시멘트비가 낮으면 투수계수는 증가한다.
④ 물/시멘트비가 높으면 압축강도는 낮아진다.

① 물/시멘트비가 클수록 투수계수는 증가한다.
② 압축강도와 투수계수 사이는 반비례한다.
③ 물/시멘트비가 낮으면 투수계수는 감소한다.

26 연소효율 식으로 옳은 것은?(단, $\eta(\%)$: 연소효율, H_l : 저위발열량, L_c : 미연소손실, L_i : 불완전연소손실)

① $\eta(\%) = \dfrac{H_l + (L_c - L_i)}{H_l} \times 100$

② $\eta(\%) = \dfrac{H_l - (L_c + L_i)}{H_l} \times 100$

③ $\eta(\%) = \dfrac{(L_c + L_i) - H_l}{H_l} \times 100$

④ $\eta(\%) = \dfrac{(L_c - L_i) - H_l}{H_l} \times 100$

연소효율$(\eta) = \dfrac{H_l - (L_1 + L_2)}{H_l} \times 100(\%)$

여기서, H_l : 저위발열량(kcal/kg)
L_1 : 미연소손실(kcal/kg)
L_2 : 불완전연소손실(kcal/kg)

27 분뇨처리 최종생성물의 요구조건으로 가장 거리가 먼 것은?

① 위생적으로 안전할 것
② 생화학적으로 분해가 가능할 것
③ 최종생성물의 감량화를 기할 것
④ 공중에 혐오감을 주지 않을 것

분뇨처리 최종생성물의 요구조건
① 생화학적으로 안전할 것
② 위생적으로 안전할 것
③ 공중에 혐오감을 주지 않을 것
④ 최종생성물의 감량화를 기할 것
⑤ 자원으로서 재이용가치를 향상시킬 것

28 토양증기추출법(SVE)에 대한 설명으로 옳지 않은 것은?

① 생물학적 처리효율을 높여준다.
② 오염물질의 독성은 변화가 없다.
③ 총 처리시간을 예측하기가 용이하다.
④ 추출된 기체는 대기오염 방지를 위해 후처리가 필요하다.

정답 23 ④ 24 ④ 25 ④ 26 ② 27 ② 28 ③

해설 **토양증기추출법**
① 장점
  ㉠ 비교적 기계 및 장치가 간단, 단순함
  ㉡ 지하수의 깊이에 대한 제한을 받지 않음
  ㉢ 유지, 관리비가 적으며 굴착이 필요 없음
  ㉣ 생물학적 처리효율을 보다 높여줌
  ㉤ 단기간에 설치가 가능함
  ㉥ 가장 많은 적용사례가 있음
  ㉦ 즉시 결과를 얻을 수 있고 영구적 재생이 가능함
  ㉧ 다른 시약이 필요 없음
② 단점
  ㉠ 지반구조의 복잡성으로 인해 총 처리기간을 예측하기 어려움
  ㉡ 오염물질의 증기압이 낮은 경우 오염물질의 제거효율이 낮음
  ㉢ 토양의 침투성이 양호하고 균일하여야 적용 가능함
  ㉣ 토양층이 치밀하여 기체흐름의 정도가 어려운 곳에서는 사용이 곤란함
  ㉤ 추출 기체는 후처리를 위해 대기오염 방지장치가 필요함
  ㉥ 오염물질의 독성은 처리 후에도 변화가 없음

29 호기성 퇴비화 공정 설계인자에 대한 설명으로 틀린 것은?
① 퇴비화에 적당한 수분함량은 50~60%로 40% 이하가 되면 분해율이 감소한다.
② 온도는 55~60℃로 유지시켜야 하며 70℃를 넘어서면 공기공급량을 증가시켜 온도를 적정하게 조절한다.
③ C/N비가 20 이하이면 질소가 암모니아로 변하여 pH를 증가시켜 악취를 유발시킨다.
④ 산소 요구량은 체적당 20~30%의 산소를 공급하는 것이 좋다.

해설 ① 퇴비화에 가장 적합한 공기공급 범위는 5~15%(산소농도)이며 공기주입률은 약 50~200L/min·m³ 정도이다.
② 산소농도가 5~15%보다 크게 되면 온도저하로 인한 퇴비화가 저하된다.

30 점토의 수분함량 지표인 소성지수, 액성한계, 소성한계의 관계로 옳은 것은?
① 소성지수=액성한계−소성한계
② 소성지수=액성한계+소성한계
③ 소성지수=액성한계/소성한계
④ 소성지수=소성한계/액성한계

해설 **점토의 수분함량과 관계되는 지표**
① 액성한계(LL)
점토의 수분함량이 그 이상이 되면 상태가 더 이상 선명화(플라스틱과 같이)되지 못하고 액체상태로 되는 수분함량(Liquid Limit)
② 소성한계(PL)
점토의 수분함량이 일정 수준 미만이 되면 성형상태를 유지하지 못하고 부스러지는 상태에서의 수분함량(Plastic Limit)
③ 소성지수(PI)=LL−PL (소성지수 : 점토의 수분함량 지표)

31 분뇨를 희석폭기방식으로 처리하려 할 때 적절한 방법으로 볼 수 없는 것은?
① BOD 부하는 $1kg/m^3 \cdot d$ 이하로 한다.
② 반송슬러지양은 희석된 분뇨량의 50~60%를 표준으로 한다.
③ 폭기시간은 12시간 이상으로 한다.
④ 조의 유효수심은 3.5~5m를 표준으로 한다.

해설 분뇨를 희석폭기방식으로 처리 시 반송슬러지양은 희석된 분뇨량의 20~40%를 표준으로 한다.

32 아주 적은 양의 유기성 오염물질도 지하수의 산소를 고갈시킬 수 있기 때문에 생물학적 In−situ 정화에서는 인위적으로 지하수에 산소를 공급하여야 한다. 이와 같은 산소부족을 해결할 수 있는 대안 공급물질로 가장 적절한 것은?
① 과산화수소
② 이산화탄소
③ 에탄올
④ 인산염

해설 생물학적 복원기법에서 호기성 조건을 위하여 산소를 주입하게 되는데 산소주입 방법에는 대기 중의 공기주입, 압축산소주입, 과산화수소(H_2O_2) 주입 등이 있으며, 이 중 미생물에 의한 호흡 과정에서 같은 양이 사용되는 경우 전자수용체로서 가장 효율이 높은 물질이 과산화수소이다.

33 매립지 가스에 의한 환경영향이라 볼 수 없는 것은?
① 화재와 폭발
② VOC 용해로 인한 지하수 오염
③ 충분한 산소 제공으로 인한 식물 성장
④ 매립가스 내 VOC 함유로 인한 건강 위해

해설 매립지 가스의 주요 성분은 CO_2, CH_4, NH_3, H_2, H_2S 등으로 다양한 성분을 함유하고 있다.

34 다음 물질을 같은 조건하에서 혐기성 처리를 할 때 슬러지 생산량이 가장 많은 것은?

① Lipid
② Protein
③ Amino acid
④ Carbohydrate

해설 같은 조건하에서 혐기성 처리 시 Carbohydrate(탄수화물)의 슬러지 발생량이 많다.

35 완전히 건조된 고형분의 비중이 1.3이며, 건조 이전의 슬러지 내 고형분 함량이 42%일 때 건조 이전 슬러지 케이크의 비중은?

① 1.042
② 1.107
③ 1.132
④ 1.163

해설
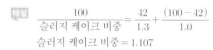
$$\frac{100}{\text{슬러지 케이크 비중}} = \frac{42}{1.3} + \frac{(100-42)}{1.0}$$
슬러지 케이크 비중 = 1.107

36 매립쓰레기의 혐기성 분해과정을 나타낸 반응식이 아래와 같을 때, 발생가스 중 메탄 함유율(발생량 부피%)을 구하는 식(ⓒ)으로 옳은 것은?

$$C_aH_bO_cN_d + (\ ㉠\ )H_2O$$
$$\rightarrow (\ ㉡\ )CO_2 + (\ ㉢\ )CH_4 + (\ ㉣\ )NH_3$$

① $\dfrac{(4a+b+2c+3d)}{8}$

② $\dfrac{(4a-2b-2c+3d)}{8}$

③ $\dfrac{(4a+b-2c-3d)}{8}$

④ $\dfrac{(4a+2b-2c-3d)}{8}$

해설
$$C_aH_bO_cN_dS_e + \left(\frac{4a-b-2c+3d+2e}{4}\right)H_2O$$
$$\rightarrow \left(\frac{4a+b-2c-3d-2e}{8}\right)CH_4 + \left(\frac{4a-b+2c+3d+2e}{8}\right)CO_2$$
$$+ dNH_3 + eH_2S$$

37 매립지의 침출수를 혐기성 처리하고자 할 때 장점이 아닌 것은?

① 슬러지 처리 비용이 적어진다.
② 온도에 대한 영향이 거의 없다.
③ 고농도의 침출수를 희석 없이 처리할 수 있다.
④ 난분해성 물질이 함유된 침출수 처리에 효과적이다.

해설 침출수 혐기성 처리는 온도에 대한 영향이 크고 중금속에 의한 저해효과가 호기성 공정에 비해 크다.

38 대표 화학적 조성이 $C_7H_{10}O_5N_2$인 폐기물의 C/N비는?

① 2
② 3
③ 4
④ 5

해설 $C_7H_{10}O_5N_2$
$$\text{C/N비} = \frac{\text{탄소의 양}}{\text{질소의 양}}$$
$$= \frac{12 \times 7}{14 \times 2} = 3$$

39 수분이 90%인 젖은 슬러지를 건조시켜 수분이 20%인 건조 슬러지로 만들고자 한다. 젖은 슬러지 kg당 생산되는 건조 슬러지의 양(kg)은?

① 0.1
② 0.125
③ 0.25
④ 0.5

해설 $1 \times (1-0.9) = $ 건조 후 슬러지 양 $\times (1-0.2)$
건조 후 슬러지 양 $= \dfrac{0.1}{0.8} = 0.125(kg)$

40 다음 그래프는 쓰레기 매립지에서 발생되는 가스의 성상이 시간에 따라 변하는 과정을 보이고 있다. 곡선 (가)와 (나)에 해당하는 가스는?

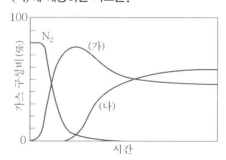

① (가) H_2 (나) CH_4
② (가) CH_4 (나) CO_2
③ (가) CO_2 (나) CH_4
④ (가) CH_4 (나) H_2

정답 **34** ④ **35** ② **36** ③ **37** ② **38** ② **39** ② **40** ③

2021

해설 **매립 경과기간에 따른 LFG 가스의 조성 변화**

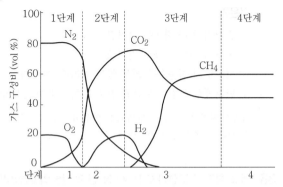

제3과목 폐기물소각 및 열회수

41 유동층 소각로의 장점으로 거리가 먼 것은?

① 가스의 온도가 낮고 과잉공기량이 적어 NO_x도 적게 배출된다.

② 노 내 온도의 자동제어와 열회수가 용이하다.

③ 노 내 내축열량이 높아 투입이나 유동화를 위한 파쇄가 필요 없다.

④ 연소효율이 높아 미연소분의 배출이 적고 2차 연소실이 불필요하다.

해설 **유동층 소각로**

① 장점

㉠ 유동매체의 열용량이 커서 액상, 기상, 고형 폐기물의 전소 및 혼소, 균일한 연소가 가능하다.

㉡ 반응시간이 빨라 소각시간이 짧다(노 부하율이 높다).

㉢ 연소효율이 높아 미연소분이 적고 2차 연소실이 불필요하다.

㉣ 가스의 온도가 낮고 과잉공기량이 낮다. 따라서 NO_x도 적게 배출된다.

㉤ 기계적 구동부분이 적어 고장률이 낮아 유지 관리가 용이하다.

㉥ 노 내 온도의 자동제어로 열회수가 용이하다.

㉦ 유동매체의 축열량이 높은 관계로 단시간 정지 후 가동 시 보조연료 사용 없이 정상가동이 가능하다.

㉧ 과잉공기량이 적으므로 다른 소각로보다 보조연료 사용량과 배출가스양이 적다.

㉨ 석회 또는 반응물질을 유동매체에 혼입시켜 노 내에서 산성가스의 제거가 가능하다.

② 단점

㉠ 층의 유동으로 상으로부터 찌꺼기의 분리가 어려우며 운전비, 특히 동력비가 높다.

㉡ 폐기물의 투입이나 유동화를 위해 파쇄가 필요하다.

㉢ 상재료의 용융을 막기 위해 연소온도는 816℃를 초과할 수 없다.

㉣ 유동매체의 손실로 인한 보충이 필요하다.

㉤ 고점착성의 반유동상 슬러지는 처리하기 곤란하다.

㉥ 소각로 본체에서 압력손실이 크고 유동매체의 비산 또는 분진의 발생량이 가장 많다.

㉦ 조대한 폐기물은 전처리가 필요하다. 즉, 폐기물의 투입이나 유동화를 위해 파쇄공정이 필요하다.

42 연소실의 온도는 850℃ 이상을 유지하면서 연소가스의 체류시간은 2초 이상을 유지하는 것이 좋다고 한다. 그 이유가 아닌 것은?

① 완전연소를 시키기 위해서

② 화격자의 온도를 높이기 위해서

③ 연소가스 온도를 균일하게 하기 위해서

④ 다이옥신 등 유해가스를 분해하기 위해서

해설 연소실의 온도는 850℃ 이상, 연소가스의 체류시간은 2초 이상 유지하는 이유는 완전연소, 연소가스 온도의 균일화, 다이옥신 등의 유해가스 분해를 위해서이다.

43 소각로에서 폐기물의 이송방향과 연소가스의 흐름방향이 같은 형식의 구조는?

① 향류식

② 중간류식

③ 교류식

④ 병류식

해설 **소각로 내 연소가스와 폐기물 흐름에 따른 구분**

① 역류식(향류식)

㉠ 폐기물의 이송방향과 연소가스의 흐름을 반대로 하는 형식이다.

㉡ 난연성 또는 착화하기 어려운 폐기물 소각에 가장 적합한 방식이다.

㉢ 열가스에 의한 방사열이 폐기물에 유효하게 작용하므로 수분이 많다.

㉣ 후연소 내의 온도저하나 불완전연소가 발생할 수 있다.

㉤ 복사열에 의한 건조에 유리하며 저위발열량이 낮은 폐기물에 적합하다.

② 병류식
　㉠ 폐기물의 이송방향과 연소가스의 흐름방향이 같은 형식이다.
　㉡ 수분이 적고(착화성이 좋고) 저위발열량이 높을 때 적용한다.
　㉢ 폐기물의 발열량이 높을 경우 적당한 형식이다.
　㉣ 건조대에서의 건조효율이 저하될 수 있다.
③ 교류식(중간류식)
　㉠ 역류식과 병류식의 중간적인 형식이다.
　㉡ 중간 정도의 발열량을 가지는 폐기물에 적합하다.
　㉢ 두 흐름이 교차하여 폐기물 질의 변동이 클 때 적합하다.
④ 복류식(2회류식)
　㉠ 2개의 출구를 가지고 있는 댐퍼의 개폐로 역류식, 병류식, 교류식으로 조절할 수 있는 형식이다.
　㉡ 폐기물의 질이나 저위발열량의 변동이 심할 경우에 적합하다.

44 폐기물별 발열량을 짝지어 놓은 것 중 틀린 것은?(단, 단위는 kcal/kg이다.)

① 플라스틱 : 5,000~11,000
② 도시폐기물 : 1,000~4,000
③ 하수슬러지 : 2,000~3,500
④ 열분해생성가스 : 12,000~15,000

🗨 열분해 생성가스의 발열량은 약 4,500kcal/kg 정도이다.

45 아래의 설명에 부합하는 복토방법은?

굴착하기 어려운 곳에서 폐기물을 위생매립 하기 위한 방법으로 구릉지 등에 폐기물을 살포시키고 다진 후에 복토하는 방법을 말하며, 복토할 흙을 타지(인근)에서 가져와 복토를 진행한다.

① 도랑매립법　　　　② 평지매립법
③ 경사매립법　　　　④ 개량매립법

🗨 **지역식방식매립(Area Method : 평지매립방식)**
① 지하수면이 높은 지역이나 셀 또는 도랑의 굴착이 용이하지 않은 지형에서 적용한다.
② 매립지 바닥을 파지 않고 제방을 쌓는 것으로 저지대 지역에 쓰레기를 매립한 후 복토하는 방법이다.
③ 다층 매립이 가능하나 복토량이 많이 소요되는 단점이 있다.
④ 작업면의 크기를 쓰레기 발생량 및 매립작업계획에 따라 쉽게 조절할 수 있다.
⑤ 복토할 흙을 타지(인근)에서 가져와 복토를 진행한다.

46 배연탈황법에 대한 설명으로 가장 거리가 먼 것은?

① 활성탄 흡착법에서 SO_2는 활성탄 표면에서 산화된 후 수증기와 반응하여 황산으로 고정된다.
② 수산화나트륨용액 흡수법에서는 탄산나트륨의 생성을 억제하기 위해 흡수액의 pH를 7로 조정한다.
③ 활성산화망간은 상온에서 SO_2 및 O_2와 반응하여 황산망간을 생성한다.
④ 석회석 슬러리를 이용한 흡수법은 탈황률의 유지 및 스케일 형성을 방지하기 위해 흡수액의 pH를 6으로 조정한다.

🗨 활성산화망간은 135~150℃에서 SO_2 및 O_2와 반응하여 황산망간을 생성한다.

47 부탄 1,000kg을 기화시켜 15Nm³/h의 속도로 연소시킬 때, 부탄이 전부 연소되는 데 필요한 시간(h)은?(단, 부탄은 전량 기화된다고 가정한다.)

① 13
② 17
③ 26
④ 34

🗨 $$부탄연소시간(hr) = \frac{1,000kg}{15Nm^3/hr} \times \frac{22.4Nm^3}{58kg}$$
$$= 25.75hr$$

48 폐열보일러에 1,200℃인 연소배가스가 10Sm³/kg·h의 속도로 공급되어 200℃로 냉각될 때, 보일러 냉각수가 흡수한 열량(kcal/kg·h)은?(단, 보일러 내의 열손실은 없으며, 배가스의 평균정압비열은 1.2kcal/Sm³·℃으로 가정한다.)

① 1.2×10^4
② 1.6×10^4
③ 2.2×10^4
④ 2.6×10^4

🗨 $$열량 = 10Sm^3/kg·hr \times 1.2kcal/Sm^3·℃ \times (1,200-200)℃$$
$$= 1.2 \times 10^4 kcal/kg·hr$$

49 폐수처리 슬러지를 연소하기 위한 전처리에 대한 설명 중 틀린 것은?

① 수분을 제거하고 고형물의 농도를 낮춘다.
② 통상적인 탈수 케이크보다 더 높은 탈수 케이크를 만드는 것이 필요하다.
③ 탈수 효율이 낮을수록 연소로에서는 더 많은 연료가 필요하게 된다.
④ 탈수가 효율적으로 수행되면 연료비가 향상되어 최대 슬러지의 처리용량을 얻을 수 있다.

해설 폐수처리 슬러지를 연소하기 위한 전처리에서는 수분을 제거하고 고형물의 농도를 높인다.

50 연소과정에서 발생하는 질소산화물 중 Fuel NO_X 저감 효과가 가장 높은 방법은?

① 연소실에 수증기를 주입한다.
② 이단연소에 의해 연소시킨다.
③ 연소실 내 산소 농도를 낮게 유지한다.
④ 연소용 공기의 예열온도를 낮게 유지한다.

해설 이단연소는 1차 연소실에서 가스온도 상승을 억제하면서 운전하여 NO_X의 생성을 줄이고 불완전 연소가스는 2차 연소실에서 완전연소시키는 원리이며, 연료 NO_X 저감효과가 가장 높은 방법이다.

51 액화분무소각로(Liquid Injection Incinerator)의 특징으로 가장 거리가 먼 것은?

① 광범위한 종류의 액상폐기물 소각에 이용 가능하다.
② 구동장치가 없어 고장이 적다.
③ 소각재의 처리설비가 필요 없다.
④ 충분한 연소로 노 내 내화물의 파손이 적다.

해설 **액체분무주입형 소각로(Liquid Injection Incinerator)**
① 장점
ㄱ 광범위한 종류의 액상폐기물을 연소할 수 있다.
ㄴ 대기오염방지시설 이외에 소각재처리시설이 필요 없다.
ㄷ 구동장치가 간단하고 고장이 적다.
ㄹ 운영비가 저렴하다.
ㅁ 기술개발이 잘되어 있고 자동화가 용이하다(가동 이외의 경우 무인운전이 가능).
② 단점
ㄱ 버너노즐을 이용하여 액체를 미립화하여야 한다.
ㄴ 완전연소시켜야 하며 내화물의 파손을 막아야 한다.
ㄷ 고농도 고형분의 농도가 높으면 버너가 막히기 쉽다.
ㄹ 대량처리가 어렵다.

52 연소실과 열부하에 대한 설명 중 옳은 것은?

① 열부하는 설계된 연소실 체적의 적절함을 판단하는 기준이 된다.
② 폐기물의 고위발열량을 기준으로 산정한다.
③ 열부하가 너무 작으면 미연분, 다이옥신 등이 발생한다.
④ 연소실 설계 시 회분(Batch) 연소식은 연속 연소식에 비해 열부하를 크게 하여 설계한다.

해설 ② 폐기물의 저위발열량을 기준으로 산정한다.
③ 열부하가 너무 크면 국부적인 과열에 의한 소각로의 손상 및 불완전연소로 미연분, 다이옥신 등이 발생한다.
④ 연소실 설계 시 회분(Batch) 연소식은 연속 연소식에 비해 열부하를 작게 하여 설계한다.

53 에틸렌(C_2H_4)의 고위발열량이 $15,280kcal/Sm^3$이라면 저위발열량($kcal/Sm^3$)은?

① 14,320 ② 14,680
③ 14,800 ④ 14,920

해설 $C_2H_4 + 3O_2 \rightarrow 2CO_2 + 2H_2O$
$H_l(kcal/Sm^3) = H_h - 480 \times nH_2O$
$= 15,280kcal/Sm^3 - (480 \times 2)$
$= 14,320kcal/Sm^3$

54 폐기물 열분해 시 생성되는 물질로 가장 거리가 먼 것은?

① char/tar ② 방향성 물질
③ 식초산 ④ NO_X

해설 **열분해에 의해 생성되는 물질**
① 기체물질
H_2, CH_4, CO, H_2S, HCN, CO_2
② 액체물질
식초산, 아세톤, 메탄올, 오일, 타르, 방향성 물질
③ 고체물질
Char(탄소), 불활성 물질

55 소각로나 보일러에서 열정산 시 출열(出熱)항목에 포함되지 않는 것은?

① 축열 손실
② 방열 손실
③ 배기 손실
④ 증기 손실

해설 ① 입열 종류
  ㉠ 폐기물 자체열(보유열)
  ㉡ 보조연료 유입열량
  ㉢ 폐기물 연소열
  ㉣ 연소용으로 공급되는 예열 공기열(공기 현열)
  ㉤ 냉각용 공기의 유입열량
② 출열 종류
  ㉠ 배기가스 배출열(배기 손실)
  ㉡ 연소로의 방열(방열 손실)
  ㉢ 축열 손실
  ㉣ 불완전연소에 의한 손실열
  ㉤ 회분(재의 유출열)

56 소각로의 연소효율을 향상시키는 대책으로 틀린 것은?

① 간헐운전 시 전열효율 향상에 의한 승온시간 연장
② 열적 감량을 적게 하여 완전연소화
③ 복사전열에 의한 방열손실 감소
④ 최종 배출가스 온도 저감 도모

해설 **소각로의 열효율 향상대책**
① 연소생성열량을 피열물에 최대한 유효하게 전한다.
② 간헐운전에 있어서는 전열효율의 향상에 의한 승온시간의 단축을 도모한다.
③ 복사전열에 의한 방열손실을 최대한 감소시킨다.
④ 배기가스 재순환에 의해 전열효율을 향상시킨다.
⑤ 열분해 생성물을 완전연소시킨다.
⑥ 배기가스의 현열배출 손실을 저감한다.
⑦ 연소잔사의 현열 손실을 감소시킨다.
⑧ 최종배출가스 온도를 낮춘다.

57 열분해 공정에 대한 설명으로 가장 거리가 먼 것은?

① 산소가 없는 상태에서 열에 의해 유기성 물질을 분해와 응축반응을 거쳐 기체, 액체, 고체상 물질로 분리한다.
② 가스상 주요 생성물로는 수소, 메탄, 일산화탄소 그리고 대상물질 특성에 따른 가스성분들이 있다.
③ 수분함량이 높은 폐기물의 경우에 열분해 효율 저하와 에너지 소비량 증가 문제를 일으킨다.
④ 연소 가스화 공정이 높은 흡열반응인 데 비하여 열분해 공정은 외부 열원이 필요한 발열반응이다.

해설 열분해 공정, 가스화 공정은 흡열반응이다.

58 저위발열량이 9,000kcal/Sm³인 가스연료의 이론연소온도(℃)는?(단, 이론연소가스양은 10Sm³/Sm³, 기준온도는 15℃, 연료연소가스의 정압비열은 0.35 kcal/Sm³·℃로 한다.)

① 1,008
② 1,293
③ 2,015
④ 2,586

해설 이론연소온도(℃)
$$= \frac{저위발열량}{이론연소가스양 \times 연소가스\ 평균정압비열} + 실제온도$$
$$= \frac{9,000kcal/Sm^3}{10Sm^3/Sm^3 \times 0.35kcal/Sm^3 \cdot ℃} + 15℃$$
$$= 2,586.43℃$$

59 다음 기체를 각각 1Sm³씩 연소하는 데 필요한 이론산소량이 가장 많은 것은?(단, 동일 조건임)

① C_2H_6
② C_3H_8
③ CO
④ H_2

해설 ① $C_2H_6 + 3.5O_2 \rightarrow 2CO_2 + 3H_2O$
  이론산소량 : 3.5Sm³
② $C_3H_8 + 5O_2 \rightarrow 3CO_2 + 4H_2O$
  이론산소량 : 5Sm³
③ $CO + 0.5O_2 \rightarrow CO_2$
  이론산소량 : 0.5Sm³
④ $H_2 + 0.5O_2 \rightarrow H_2O$
  이론산소량 : 0.5Sm³

60 주성분이 $C_{10}H_{17}O_6N$인 슬러지 폐기물을 소각처리 하고자 한다. 폐기물 5kg 소각에 이론적으로 필요한 공기의 무게(kg)는?

① 21
② 26
③ 32
④ 38

해설 $C_{10}H_{17}O_6N + 11.25O_2 \rightarrow 10CO_2 + 8.5O + \frac{1}{2}N_2$

247kg : 11.25 × 32kg
  5kg : O_2(kg)
O_2(kg) = 7.29kg
$A_0(kg) = \frac{7.29}{0.23} = 31.68kg$

2021

제4과목 　폐기물공정시험기준(방법)

61 자외선/가시선 분광법으로 시안을 분석할 때 간섭물질을 제거하는 방법으로 옳지 않은 것은?

① 시안화합물을 측정할 때 방해물질들은 증류하면 대부분 제거된다. 그러나 다량의 지방성분, 잔류염소, 황화합물은 시안화합물을 분석할 때 간섭할 수 있다.

② 황화합물이 함유된 시료는 아세트산아연용액(10w/v %) 2mL를 넣어 제거한다.

③ 다량의 지방성분을 함유한 시료는 아세트산 또는 수산화나트륨 용액으로 pH 6~7로 조절한 후 노말헥산 또는 클로로폼을 넣어 추출하여 수층은 버리고 유기물층을 분리하여 사용한다.

④ 잔류염소가 함유된 시료는 잔류염소 20mg당 L−아스코빈산(10w/v %) 0.6mL 또는 이산화비소산나트륨용액(10w/v %) 0.7mL를 넣어 제거한다.

해설 **다량의 지방성분을 함유한 시료의 제거방법**
아세트산 또는 수산화나트륨 용액으로 pH 6~7로 조절한 후 시료의 약 2%에 해당하는 부피의 노말헥산 또는 클로로폼을 넣어 추출하여 유기물층은 버리고 수층을 분리하여 사용한다.

62 용출시험방법에 관한 설명으로 ( )에 옳은 내용은?

시료의 조제방법에 따라 조제한 시료 100g 이상을 정확히 달아 정제수에 염산을 넣어 ( )(으)로 한 용매 (mL)를 시료 : 용매 = 1 : 10(w : v)의 비로 2,000mL 삼각플라스크에 넣어 혼합한다.

① pH 4 이하
② pH 4.3~5.8
③ pH 5.8~6.3
④ pH 6.3~7.2

해설 **용출시험 시료용액 조제**
① 시료의 조제 방법에 따라 조제한 시료 100g 이상을 정확히 단다.
⇩
② 용매 : 정제수에 염산을 넣어 pH를 5.8~6.3으로 한다.
⇩
③ 시료 : 용매 = 1 : 10(w : v)의 비로 2,000mL 삼각 플라스크에 넣어 혼합한다.

63 석면(X선 회절기법) 측정을 위한 분석절차 중 시료의 균일화에 관한 내용(기준)으로 ( )에 옳은 것은?

정성분석용 시료의 입자크기는 ( )μm 이하로 분쇄를 한다.

① 0.1
② 1.0
③ 10
④ 100

해설 **석면(X선 회절기법)의 시료균일화**
① 정성분석용
　㉠ 시료의 입자크기를 100μm 이하로 분쇄
　㉡ 상온에서 분쇄가 어려울 경우에는 액체질소로 냉각하여 분쇄
② 정량분석용
　㉠ 시료의 입자크기를 10μm 이하로 분쇄
　㉡ 상온에서 분쇄가 어려울 경우에는 액체질소로 냉각하여 분쇄

64 용매추출 후 기체크로마토그래피를 이용하여 휘발성 저급염소화탄화수소류 분석 시 가장 적합한 물질은?

① Dioxin
② Polychlorinated Biphenyl
③ Trichloroethylene
④ Polyvinylchloride

해설 **휘발성 저급염소화탄화수소류 − 기체크로마토그래피 적용범위**
① 트리클로로에틸렌(C_2HCl_3)
② 테트라클로로에틸렌(C_2Cl_4)

65 pH 표준용액 조제에 관한 설명으로 옳지 않은 것은?

① 조제한 pH 표준용액은 경질유리병 또는 폴리에틸렌병에 보관한다.

② 염기성 표준용액은 산화칼슘 흡수관을 부착하여 1개월 이내에 사용한다.

③ 현재 국내외에 상품화되어 있는 표준용액을 사용할 수 있다.

④ pH 표준용액용 정제수는 묽은 염산을 주입한 후 증류하여 사용한다.

해설 pH 표준용액용 정제수는 15분 이상 끓여서 이산화탄소를 날려 보내고 산화칼슘(생석회) 흡수관을 닫아 식혀서 준비한다.

정답 　61 ③　62 ③　63 ④　64 ③　65 ④

66 용출시험방법의 용출조작에 관한 내용으로 ( )에 옳은 내용은?

> 시료 용액의 조제가 끝난 혼합액을 상온, 상압에서 진탕 횟수가 매분당 약 200회, 진폭이 4~5cm의 진탕기를 사용하여 6시간 연속 진탕한 다음 1.0 μm의 유리섬유여과지로 여과하고 여과액을 적당량 취하여 용출 실험용 시료 용액으로 한다. 다만, 여과가 어려운 경우 원심분리기를 사용하여 매분당 ( ) 원심분리한 다음 상징액을 적당량 취하여 용출 실험용 시료 용액으로 한다.

① 2,000회전 이상으로 20분 이상
② 2,000회전 이상으로 30분 이상
③ 3,000회전 이상으로 20분 이상
④ 3,000회전 이상으로 30분 이상

용출 조작
① 진탕 : 혼합액을 상온, 상압에서 진탕횟수가 매분당 약 200회, 진폭이 4~5cm의 진탕기를 사용하여 6시간 동안 연속 진탕
⇩
② 여과 : 1.0 μm의 유리섬유여과지로 여과
⇩
③ 여과액을 적당량 취하여 용출 실험용 시료 용액으로 함

[Note] 여과가 어려운 경우 원심분리기를 사용하여 매분당 3,000회전 이상 20분 이상 원심분리한 다음 상징액을 적당량 취하여 용출실험용 시료 용액으로 한다.

67 다음의 실험 총칙에 관한 내용 중 틀린 것은?

① 연속측정 또는 현장측정의 목적으로 사용하는 측정기기는 공정시험기준에 의한 측정치와의 정확한 보정을 행한 후 사용할 수 있다.
② 분석용 저울은 0.1mg까지 달 수 있는 것이어야 하며 분석용 저울 및 분동은 국가검정을 필한 것을 사용하여야 한다.
③ 공정시험기준에 각 항목의 분석에 사용되는 표준물질은 특급시약으로 제조하여야 한다.
④ 시험에 사용하는 시약은 따로 규정이 없는 한 1급 이상의 시약 또는 동등한 규격의 시약을 사용하여 각 시험항목별 '시약 및 표준용액'에 따라 조제하여야 한다.

공정시험기준에 각 항목의 분석에 사용되는 표준물은 국가표준에 소급성이 인증된 인증표준물질을 사용한다.

68 단색광이 임의의 시료용액을 통과할 때 그 빛의 80%가 흡수되었다면 흡광도는?

① 약 0.5　　　　② 약 0.6
③ 약 0.7　　　　④ 약 0.8

$$흡광도 = \log \frac{1}{투과율} = \log \frac{1}{(1-0.8)} = 0.70$$

69 구리(자외선/가시선 분광법 기준) 측정에 관한 내용으로 ( )에 옳은 내용은?

> 폐기물 중에 구리를 자외선/가시선 분광법으로 측정하는 방법으로 시료 중에 구리이온이 알칼리성에서 다이에틸다이티오카르바민산나트륨과 반응하여 생성하는 황갈색의 킬레이트 화합물을 ( )(으)로 추출하여 흡광도를 440nm에서 측정하는 방법이다.

① 아세트산부틸
② 사염화탄소
③ 벤젠
④ 노말헥산

구리 – 자외선/가시선 분광법
시료 중에 구리이온이 알칼리성에서 다이에틸다이티오카르바민산나트륨과 반응하여 생성하는 황갈색의 킬레이트 화합물을 아세트산부틸로 추출하여 흡광도를 440nm에서 측정하는 방법이다.

70 용출시험방법의 적용에 관한 사항으로 ( )에 옳은 내용은?

> ( )에 대하여 폐기물관리법에서 규정하고 있는 지정폐기물의 판정 및 지정폐기물의 중간처리 방법 또는 매립방법을 결정하기 위한 실험에 적용한다.

① 수거 폐기물
② 고상 폐기물
③ 일반 폐기물
④ 고상 및 반고상 폐기물

용출시험방법의 적용
① 고상 또는 반고상폐기물에 대하여 폐기물관리법에서 규정하고 있는 지정폐기물의 판정
② 지정폐기물의 중간처리방법을 결정하기 위한 실험
③ 매립방법을 결정하기 위한 실험

정답　66 ③　67 ③　68 ③　69 ①　70 ④

71 시료의 조제방법으로 옳지 않은 것은?

① 돌멩이 등의 이물질을 제거하고, 입경이 5mm 이상인 것은 분쇄하여 체로 거른 후 입경이 0.5~5mm로 한다.

② 시료의 축소방법으로는 구획법, 교호삽법, 원추4분법이 있다.

③ 원추4분법을 3회 시행하면 원래 양의 1/3이 된다.

④ 시료의 분할 채취 방법에 따라 시료의 조성을 균일화한다.

해설 $\left(\dfrac{1}{2}\right)^3 = \dfrac{1}{8}$, 즉 원추4분법으로 3회 시행하면 원래 양의 $\dfrac{1}{8}$이 된다.

72 유리전극법을 이용하여 수소이온농도를 측정할 때 적용범위 기준으로 옳은 것은?

① pH를 0.01까지 측정한다.

② pH를 0.05까지 측정한다.

③ pH를 0.1까지 측정한다.

④ pH를 0.5까지 측정한다.

해설 수소이온농도 – 유리전극법
적용범위 : pH를 0.01까지 측정

73 유기인화합물 및 유기질소화합물을 선택적으로 검출할 수 있는 기체크로마토그래피 검출기는?

① TCD   ② FID

③ ECD   ④ FPD

해설 **불꽃광도검출기(FPD ; Flame Photometric Detector)**
불꽃광도검출기는 수소염에 의하여 시료성분을 연소시키고 이때 발생하는 염광의 광도를 분광학적으로 측정하는 방법으로서 인 또는 유황화합물을 선택적으로 검출할 수 있다. 운반가스와 조연가스의 혼합부, 수소공급구, 연소노즐, 광학필터, 광전자증배관 및 전원 등으로 구성되어 있다.

74 음식물 폐기물의 수분을 측정하기 위해 실험하였더니 다음과 같은 결과를 얻었을 때 수분(%)은?(단, 건조 전 시료의 무게 = 50g, 증발접시의 무게 = 7.25g, 증발접시 및 시료의 건조 후 무게 = 15.75g)

① 87   ② 83

③ 78   ④ 74

해설 $수분(\%) = \dfrac{W_2 - W_3}{W_2 - W_1} \times 100 = \dfrac{57.25 - 15.75}{57.25 - 7.25} \times 100 = 83\%$

75 노말헥산 추출물질을 측정하기 위해 시료 30g을 사용하여 공정시험기준에 따라 실험하였다. 실험 전후의 증발용기의 무게 차는 0.0176g이고 바탕 실험 전후의 증발용기의 무게 차가 0.0011g이었다면 이를 적용하여 계산된 노말헥산 추출물질(%)은?

① 0.035   ② 0.055

③ 0.075   ④ 0.095

해설 노말헥산 추출물질의 농도(%)
$= (a - b) \times \dfrac{100}{V}$
$= (0.0176 - 0.0011)\text{g} \times \dfrac{100}{30\text{g}} = 0.055\%$

76 다음 중 농도가 가장 낮은 것은?

① 수산화나트륨(1 → 10)

② 수산화나트륨(1 → 20)

③ 수산화나트륨(5 → 100)

④ 수산화나트륨(3 → 100)

해설 (3 → 100)이란 3g(3mL)을 용매에 녹여 전체 양을 100mL로 하는 비율이므로 가장 작다.

① 수산화나트륨(1 → 10) : $\dfrac{1}{10} = 0.1\text{g/mL}$

② 수산화나트륨(1 → 20) : $\dfrac{1}{20} = 0.05\text{g/mL}$

③ 수산화나트륨(5 → 100) : $\dfrac{5}{100} = 0.05\text{g/mL}$

④ 수산화나트륨(3 → 100) : $\dfrac{3}{100} = 0.03\text{g/mL}$

77 PCBs(기체크로마토그래피 – 질량분석법) 분석 시 PCBs 정량한계(mg/L)는?

① 0.001   ② 0.05

③ 0.1   ④ 1.0

해설 PCBs(기체크로마토그래피 – 질량분석법)
정량한계 : 1.0mg/L

78 기체크로마토그래피의 장치구성의 순서로 옳은 것은?

① 운반가스 – 유량계 – 시료도입부 – 분리관 – 검출기 – 기록부

② 운반가스 – 시료도입부 – 유량계 – 분리관 – 검출기 – 기록부

③ 운반가스 – 유량계 – 시료도입부 – 광원부 – 검출기 – 기록부

④ 운반가스 – 시료도입부 – 유량계 – 광원부 – 검출기 – 기록부

기체크로마토그래피의 장치구성 순서

운반가스 → 유량계 → 시료도입부 → 분리관 → 검출기 → 기록부

79 폐기물시료의 강열감량을 측정한 결과가 다음과 같을 때 해당 시료의 강열감량(%)은?(단, 도가니의 무게(W_1) = 51.045g, 강열 전 도가니와 시료의 무게(W_2) = 92.345g, 강열 후 도가니와 시료의 무게(W_3) = 53.125g)

① 약 93 ② 약 95

③ 약 97 ④ 약 99

강열감량(%) = $\dfrac{(W_2 - W_3)}{(W_2 - W_1)} \times 100$

$= \dfrac{(92.345 - 53.125)\text{g}}{(92.345 - 51.045)\text{g}} \times 100 = 94.96\%$

80 자외선/가시선 분광법에서 램버트 비어의 법칙을 올바르게 나타내는 식은?(단, I_o = 입사강도, I_t = 투과강도, l = 셀의 두께, ε = 상수, C = 농도)

① $I_t = I_o 10^{-\varepsilon C l}$

② $I_o = I_t 10^{-\varepsilon C l}$

③ $I_t = C I_o 10^{-\varepsilon l}$

④ $I_o = l I_t 10^{-\varepsilon C}$

램버트 – 비어(Lambert – Beer)의 법칙

강도 I_o인 단색광속이 그림과 같이 농도 C, 길이 l인 용액층을 통과하면 이 용액에 빛이 흡수되어 입사광의 강도가 감소한다.

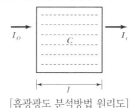

[흡광광도 분석방법 원리도]

$I_t = I_o \cdot 10^{-\varepsilon C l}$

여기서, I_o : 입사광의 강도

I_t : 투사광의 강도

C : 농도

l : 빛의 투사거리

ε : 비례상수로서 흡광계수라 하고, C=1mol, l=10mm일 때의 ε의 값을 몰흡광계수라 하며 K로 표시한다.

---

81 과징금 부과에 대한 설명으로 ( )에 알맞은 것은?

> 폐기물을 부적정 처리함으로써 얻은 부적정처리이익의 ( ) 이하에 해당하는 금액과 폐기물의 제거 및 원상회복에 드는 비용을 과징금으로 부과할 수 있다.

① 1.5배 ② 2배

③ 2.5배 ④ 3배

환경부장관, 시 · 도지사 또는 시장 · 군수 · 구청장은 폐기물을 부적정 처리함으로써 얻은 부적정처리이익의 3배 이하에 해당하는 금액과 폐기물의 제거 및 원상회복에 드는 비용을 과징금으로 부과할 수 있다.

82 폐기물 중간처분시설에 관한 설명으로 옳지 않은 것은?

① 용융시설(동력 7.5kW 이상인 시설로 한정한다.)

② 압축시설(동력 7.5kW 이상인 시설로 한정한다.)

③ 파쇄 · 분쇄 시설(동력 7.5kW 이상인 시설로 한정한다.)

④ 절단시설(동력 7.5kW 이상인 시설로 한정한다.)

중간처분시설(기계적 처분시설)의 종류

① 압축시설(동력 7.5kW 이상인 시설로 한정한다.)

② 파쇄 · 분쇄시설(동력 15kW 이상인 시설로 한정한다.)

③ 절단시설(동력 7.5kW 이상인 시설로 한정한다.)

④ 용융시설(동력 7.5kW 이상인 시설로 한정한다.)

⑤ 증발 · 농축시설

⑥ 정제시설(분리 · 증류 · 추출 · 여과 등의 시설을 이용하여 폐기물을 처분하는 단위시설을 포함한다.)

⑦ 유수 분리시설

⑧ 탈수 · 건조시설

⑨ 멸균분쇄시설

2021

83 폐기물처리시설 주변지역 영향조사 기준에 관한 내용으로 ( )에 알맞은 것은?

> 미세먼지 및 다이옥신 조사지점은 해당 시설에 인접한 주거지역 중 ( ) 이상 지역의 일정한 곳으로 한다.

① 2개소
② 3개소
③ 4개소
④ 6개소

해설 **주변지역 영향조사의 조사지점**
① 미세먼지와 다이옥신 조사지점은 해당 시설에 인접한 주거지역 중 3개소 이상 지역의 일정한 곳으로 한다.
② 악취 조사지점은 매립시설에 가장 인접한 주거지역에서 냄새가 가장 심한 곳으로 한다.
③ 지표수 조사지점은 해당 시설에 인접하여 폐수, 침출수 등이 흘러들거나 흘러들 것으로 우려되는 지역의 상·하류 각 1개소 이상의 일정한 곳으로 한다.
④ 지하수 조사지점은 매립시설의 주변에 설치된 3개의 지하수 검사정으로 한다.
⑤ 토양조사지점은 4개소 이상으로 하고 토양정밀조사의 방법에 따라 폐기물매립 및 재활용지역의 시료채취지점의 표토와 심토에서 각각 시료를 채취해야 하며, 시료채취지점의 지형 및 하부토양의 특성을 고려하여 시료를 채취해야 한다.

84 폐기물 처분시설 또는 재활용시설의 설치기준에서 고온소각시설의 설치기준으로 옳지 않은 것은?

① 2차 연소실의 출구온도는 섭씨 1,100도 이상이어야 한다.
② 2차 연소실의 연소가스가 2초 이상 체류할 수 있고 충분하게 혼합될 수 있는 구조이어야 한다.
③ 배출되는 바닥재의 강열감량이 3퍼센트 이하가 될 수 있는 소각 성능을 갖추어야 한다.
④ 1차 연소실에 접속된 2차 연소실을 갖춘 구조이어야 한다.

해설 **폐기물 처분시설(중간처분시설 ; 고온소각시설) 설치기준**
① 2차 연소실의 출구온도는 섭씨 1,100도 이상이어야 한다.
② 2차 연소실은 연소가스가 2초 이상 체류할 수 있고, 충분하게 혼합될 수 있는 구조이어야 한다. 이 경우 체류시간은 섭씨 1,100도에서의 부피로 환산한 연소가스의 체적으로 계산한다.
③ 고온소각시설에서 배출되는 바닥재의 강열감량이 5퍼센트 이하가 될 수 있는 소각 성능을 갖추어야 한다.
④ 1차 연소실에 접속된 2차 연소실을 갖춘 구조이어야 한다.

85 폐기물 발생 억제 지침 준수의무 대상 배출자의 업종에 해당하지 않는 것은?

① 금속가공제품 제조업(기계 및 가구 제외)
② 연료제품 제조업(핵연료 제조 제외)
③ 자동차 및 트레일러 제조업
④ 전기장비 제조업

해설 **폐기물 발생 억제 지침 준수의무 대상 배출자의 업종**
① 식료품 제조업
② 음료 제조업
③ 섬유제품 제조업(의복 제외)
④ 의복, 의복액세서리 및 모피제품 제조업
⑤ 코크스, 연탄 및 석유정제품 제조업
⑥ 화학물질 및 화학제품 제조업(의약품 제외)
⑦ 의료용 물질 및 의약품 제조업
⑧ 고무제품 및 플라스틱제품 제조업
⑨ 비금속 광물제품 제조업
⑩ 1차 금속 제조업
⑪ 금속가공제품 제조업(기계 및 가구 제외)
⑫ 기타 기계 및 장비 제조업
⑬ 전기장비 제조업
⑭ 전자부품, 컴퓨터, 영상, 음향 및 통신장비 제조업
⑮ 의료, 정밀, 광학기기 및 시계 제조업
⑯ 자동차 및 트레일러 제조업
⑰ 기타 운송장비 제조업
⑱ 전기, 가스, 증기 및 공기조절 공급업

86 국가환경종합계획의 수립 주기로 옳은 것은?

① 5년
② 10년
③ 15년
④ 20년

해설 국가환경종합계획의 수립 주기 : 20년

87 관리형 매립시설에서 발생하는 침출수에 대한 부유물질량의 배출허용기준은?(단, 물환경보전법 시행규칙의 나 지역 기준)

① 50mg/L
② 70mg/L
③ 100mg/L
④ 150mg/L

관리형 매립시설 침출수의 배출허용기준

구분	생물 화학적 산소 요구량 (mg/L)	화학적 산소요구량(mg/L)			부유물 질량 (mg/L)
		과망간산칼륨법에 따른 경우		중크롬산 칼륨법에 따른 경우	
		1일 침출수 배출량 2,000m³ 이상	1일 침출수 배출량 2,000m³ 미만		
청정 지역	30	50	50	400 (90%)	30
가 지역	50	80	100	600 (85%)	50
나 지역	70	100	150	800 (80%)	70

88 의료폐기물을 제외한 지정폐기물의 수집·운반에 관한 기준 및 방법으로 적합하지 않은 것은?

① 분진·폐농약·폐석면 중 알갱이 상태의 것은 흩날리지 아니하도록 폴리에틸렌이나 이와 비슷한 재질의 포대에 담아 수집·운반하여야 한다.

② 액체상태의 지정폐기물을 수집·운반하는 경우에는 흘러나올 우려가 없는 전용의 탱크·용기·파이프 또는 이와 비슷한 설비를 사용하고, 혼합이나 유동으로 생기는 위험이 없도록 하여야 한다.

③ 지정폐기물 수집·운반차량(임시로 사용하는 운반차량을 포함)은 차체를 흰색으로 도색하여야 한다.

④ 지정폐기물의 수집·운반차량 적재함의 양쪽 옆면에는 지정폐기물 수집·운반차량, 회사명 및 전화번호를 잘 알아볼 수 있도록 붙이거나 표기하여야 한다.

해설 지정폐기물 수집·운반차량의 차체는 노란색으로 색칠하여야 한다. 다만, 임시로 사용하는 운반차량인 경우에는 그러하지 아니하다.

89 폐기물처리 신고를 하고 폐기물을 재활용할 수 있는 자에 관한 기준으로 ( )에 알맞은 것은?

> 유기성 오니나 음식물류 폐기물을 이용하여 지렁이 분변토를 만드는 자 중 재활용용량이 1일 ( ) 미만인 자

① 1톤　　　　　　② 3톤
③ 5톤　　　　　　④ 10톤

해설 폐기물처리 신고를 하고 폐기물을 재활용할 수 있는 자
① 건축·토목공사의 성토재·보조기층재·도로기층재와 매립시설의 복토용 등으로 이용하는 자

② 폐기물을 재활용하기 위하여 만든 중간가공 폐기물을 건축·토목공사의 성토재·보조기층재·도로기층재와 매립시설의 복토용 등으로 이용하는 자

③ 폐타이어를 매립시설의 차수재로 사용하는 자

④ 동·식물성 잔재물, 음식물류 폐기물, 유기성 오니, 왕겨 또는 쌀겨를 자신의 농경지의 퇴비나 자신의 가축의 먹이로 재활용하는 자

④의2. 폐자동차 또는 폐가전제품(냉매물질이 포함된 냉장고 및 에어컨디셔너는 제외한다)을 수리·수선하여 다시 사용할 수 있는 상태로 만드는 자. 다만, 수리·수선하는 과정에서 지정폐기물이나 특정대기·수질오염유해물질이 발생하지 아니하는 경우만 해당한다.

⑤ 폐어망을 「환경기술개발 및 지원에 관한 법률 시행규칙」 규정에 따른 환경시설의 미생물 담체로 사용하는 자

⑥ 철도용 폐받침목을 원형 그대로 재활용하는 자

⑦ 다른 사람의 폐기물(일정한 형태를 갖추고 있는 물체로 한정한다)을 재활용 유형에 따라 같은 용도로 다시 사용하는 자 또는 재활용 유형에 따라 수리·수선하거나 유리병 등 폐용기류를 세척하여 같은 용도로 다시 사용할 수 있는 상태로 만드는 자

⑧ 정수장 여과사를 세척하는 과정에서 이물질이나 유해물질 유입 없이 발생하는 폐여과사를 모래 대체제로 사용하는 자

⑨ 폐타이어를 충돌에 의한 파손방지 등의 용도로 선박·선착장 및 자동차 경주장에서 원형 그대로 재활용하는 자

⑩ 식물성잔재물을 버섯배지용으로 재활용하는 자

⑪ 유기성 오니나 음식물류 폐기물을 이용하여 지렁이 분변토를 만드는 자 중 재활용 용량이 1일 5톤 미만인 자

⑫ 동·식물성 잔재물, 왕겨 또는 쌀겨 등을 재활용 유형에 따라 비료로 제조하거나 재활용 유형에 따라 사료로 제조하는 자 중 1일 재활용 용량이 10톤 미만인 자

⑬ 폐의류 또는 폐섬유(폐원단 조각만 해당한다)를 재활용하는 자로서 다음 각 목의 어느 하나에 해당하는 경우
　㉠ 폐의류를 수리·수선하여 원래의 용도로 재사용할 수 있는 상태로 만드는 경우
　㉡ 폐의류를 분리·선별하여 포장한 후 폐의류를 수리·수선하여 원래의 용도로 재사용할 수 있는 상태로 만드는 자에게 공급하는 경우
　㉢ 폐의류 또는 폐섬유(폐원단 조각만 해당한다)를 분리·선별한 후 포장하여 섬유제품이나 플라스틱 제품의 원료로 가공하는 자 또는 섬유제품 또는 플라스틱 제품을 제조하는 자에게 공급하는 경우

⑭ 폐패각(廢貝殼)을 재활용하는 자(나전재료, 귀걸이 및 자개 보석함 등의 장식품, 어항 장식용 등의 장식품의 용도와 어업용 도구로 재활용하는 경우만 해당한다)

⑮ 왕겨, 제재부산물 중 톱밥·대패밥, 식물성 잔재물을 자신의 축사에 깔개로 재활용하는 자

⑯ 폐콘크리트 공시체(供試體)를 화단 경계석, 계단용, 토사유출 방지턱으로 원형 그대로 재사용하는 자

⑰ 그 밖에 환경부장관이 정하여 고시하는 방법에 따라 재활용하는 자

90 기술관리인을 두어야 할 폐기물처리시설이 아닌 것은?

① 시간당 처분능력이 120킬로그램인 의료폐기물 대상 소각시설

② 면적이 4천 제곱미터인 지정폐기물 매립시설

③ 절단시설로서 1일 처분능력이 200톤인 시설

④ 연료화시설로서 1일 처분능력이 7톤인 시설

해설 **기술관리인을 두어야 하는 폐기물처리시설**

① 매립시설의 경우

　ㄱ) 지정폐기물을 매립하는 시설로서 면적이 3천300제곱미터 이상인 시설. 다만, 차단형 매립시설에서는 면적이 330제곱미터 이상이거나 매립용적이 1천 세제곱미터 이상인 시설로 한다.

　ㄴ) 지정폐기물 외의 폐기물을 매립하는 시설로서 면적이 1만 제곱미터 이상이거나 매립용적이 3만 세제곱미터 이상인 시설

② 소각시설로서 시간당 처리능력이 600킬로그램(감염성 폐기물을 대상으로 하는 소각시설의 경우에는 200킬로그램) 이상인 시설

③ 압축ㆍ파쇄ㆍ분쇄 또는 절단시설로서 1일 처리능력 또는 재활용시설이 100톤 이상인 시설

④ 사료화ㆍ퇴비화 또는 연료화 시설로서 1일 재활용능력이 5톤 이상인 시설

⑤ 멸균ㆍ분쇄시설로서 시간당 처리능력이 100킬로그램 이상인 시설

⑥ 시멘트 소성로

⑦ 용해로(폐기물에 비철금속을 추출하는 경우로 한정한다.)로서 시간당 재활용능력이 600킬로그램 이상인 시설

⑧ 소각열회수시설로서 시간당 재활용능력이 600킬로그램 이상인 시설

91 폐기물관리법에서 사용되는 용어의 정의로 옳지 않은 것은?

① 처분이란 폐기물의 소각ㆍ중화ㆍ파쇄ㆍ고형화 등의 중간처분과 매립하거나 해역으로 배출하는 등의 최종 처분을 말한다.

② 폐기물처리시설이란 생산 공정에서 발생하는 폐기물의 양을 줄이고, 사업장 내 재활용을 통하여 폐기물을 최종처분 하는 시설을 말한다.

③ 폐기물이란 쓰레기, 연소재, 오니, 폐유, 폐산, 폐알칼리 및 동물의 사체 등으로서 사람의 생활이나 사업활동에 필요하지 아니하게 된 물질을 말한다.

④ 생활폐기물이란 사업장폐기물 외의 폐기물을 말한다.

해설 폐기물처리시설이란 폐기물의 중간처분시설, 최종처분시설 및 재활용시설로서 대통령령으로 정하는 시설을 말한다.

92 지정폐기물의 종류 중 유해물질함유 폐기물로 옳은 것은?(단, 환경부령으로 정하는 물질을 함유한 것으로 한정한다.)

① 광재(철광 원석의 사용으로 인한 고로 슬래그를 포함한다.)

② 폐흡착제 및 폐흡수제(광물유ㆍ동물유의 정제에 사용된 폐토사는 제외한다.)

③ 분진(소각시설에서 발생되는 것으로 한정하되, 대기오염 방지시설에서 포집된 것은 제외한다.)

④ 폐내화물 및 재벌구이 전에 유약을 바른 도자기 조각

해설 ① 광재(철광 원석의 사용으로 인한 고로 슬래그는 제외한다.)
② 폐흡착제 및 폐흡수제(광물유ㆍ동물유의 정제에 사용된 폐토사를 포함한다.)
③ 분진(대기오염방지시설에서 포집된 것으로 한정하되, 소각시설에서 발생되는 것은 제외한다.)

93 위해의료폐기물 중 손상성폐기물과 거리가 먼 것은?

① 일회용 주사기

② 수술용 칼날

③ 봉합바늘

④ 한방침

해설 **위해의료폐기물의 종류**

① 조직물류 폐기물 : 인체 또는 동물의 조직ㆍ장기ㆍ기관ㆍ신체의 일부, 동물의 사체, 혈액ㆍ고름 및 혈액생성물질(혈청, 혈장, 혈액 제제)

② 병리계 폐기물 : 시험ㆍ검사 등에 사용된 배양액, 배양용기, 보관균주, 폐시험관, 슬라이드 커버글라스 폐배지, 폐장갑

③ 손상성 폐기물 : 주삿바늘, 봉합바늘, 수술용 칼날, 한방침, 치과용 침, 파손된 유리재질의 시험기구

④ 생물ㆍ화학폐기물 : 폐백신, 폐항암제, 폐화학치료제

⑤ 혈액오염폐기물 : 폐혈액백, 혈액투석 시 사용된 폐기물, 그 밖에 혈액이 유출될 정도로 포함되어 있는 특별한 관리가 필요한 폐기물

94 폐기물 처분시설 또는 재활용시설 중 의료폐기물을 대상으로 하는 시설의 기술관리인 자격기준에 해당하지 않는 자격은?

① 수질환경산업기사
② 폐기물처리산업기사
③ 임상병리사
④ 위생사

기술관리인의 자격기준

구분	자격기준
폐기물 처분시설 또는 재활용시설	
가. 매립시설	폐기물처리기사, 수질환경기사, 토목기사, 일반기계기사, 건설기계기사, 화공기사, 토양환경기사 중 1명 이상
나. 소각시설(의료폐기물을 대상으로 하는 소각시설은 제외한다.), 시멘트 소성로 및 용해로	폐기물처리기사, 대기환경기사, 토목기사, 일반기계기사, 건설기계기사, 화공기사, 전기기사, 전기공사기사 중 1명 이상
다. 의료폐기물을 대상으로 하는 시설	폐기물처리산업기사, 임상병리사, 위생사 중 1명 이상
라. 음식물류 폐기물을 대상으로 하는 시설	폐기물처리산업기사, 수질환경산업기사, 화공산업기사, 토목산업기사, 대기환경산업기사, 일반기계기사, 전기기사 중 1명 이상
마. 그 밖의 시설	같은 시설의 운영을 담당하는 자 1명 이상

95 폐기물 관리의 기본원칙과 거리가 먼 것은?

① 폐기물은 중간처리보다는 소각 및 매립의 최종처리를 우선하여 비용과 유해성을 최소화하여야 한다.
② 폐기물로 인하여 환경오염을 일으킨 자는 오염된 환경을 복원할 책임을 지며, 오염으로 인한 피해의 구제에 드는 비용을 부담하여야 한다.
③ 국내에서 발생한 폐기물은 가능하면 국내에서 처리되어야 하고, 폐기물의 수입은 되도록 억제되어야 한다.
④ 누구든지 폐기물을 배출하는 경우에는 주변 환경이나 주민의 건강에 위해를 끼치지 아니하도록 사전에 적절한 조치를 하여야 한다.

폐기물 관리의 기본원칙

① 사업자는 제품의 생산방식 등을 개선하여 폐기물의 발생을 최대한 억제하고, 발생한 폐기물을 스스로 재활용함으로써 폐기물의 배출을 최소화하여야 한다.
② 누구든지 폐기물을 배출하는 경우에는 주변 환경이나 주민의 건강에 위해를 끼치지 아니하도록 사전에 적절한 조치를 하여야 한다.
③ 폐기물은 그 처리과정에서 양과 유해성(有害性)을 줄이도록 하는 등 환경보전과 국민건강보호에 적합하게 처리되어야 한다.
④ 폐기물로 인하여 환경오염을 일으킨 자는 오염된 환경을 복원할 책임을 지며, 오염으로 인한 피해의 구제에 드는 비용을 부담하여야 한다.
⑤ 국내에서 발생한 폐기물은 가능하면 국내에서 처리되어야 하고, 폐기물의 수입은 되도록 억제되어야 한다.
⑥ 폐기물은 소각, 매립 등의 처분을 하기보다는 우선적으로 재활용함으로써 자원생산성의 향상에 이바지하도록 하여야 한다.

2021

96 폐기물처리업 업종구분과 영업내용의 범위를 벗어나는 영업을 한 자에 대한 벌칙기준은?

① 5년 이하의 징역 또는 5천만 원 이하의 벌금
② 3년 이하의 징역 또는 3천만 원 이하의 벌금
③ 2년 이하의 징역 또는 2천만 원 이하의 벌금
④ 1천만 원 이하의 과태료

폐기물관리법 제66조 참조

97 주변지역 영향 조사대상 폐기물처리시설에서 폐기물처리업자 설치·운영하는 사업장 지정폐기물 매립시설의 매립면적에 대한 기준으로 옳은 것은?

① 매립면적 1만 제곱미터 이상
② 매립면적 2만 제곱미터 이상
③ 매립면적 3만 제곱미터 이상
④ 매립면적 5만 제곱미터 이상

주변지역 영향 조사대상 폐기물처리시설 기준

① 1일 처리능력이 50톤 이상인 사업장폐기물 소각시설(같은 사업장에 여러 개의 소각시설이 있는 경우에는 각 소각시설의 1일 처리능력의 합계가 50톤 이상인 경우를 말한다.)
② 매립면적 1만 제곱미터 이상의 사업장 지정폐기물 매립시설
③ 매립면적 15만 제곱미터 이상의 사업장 일반폐기물 매립시설
④ 시멘트 소성로(폐기물을 연료로 사용하는 경우로 한정한다.)
⑤ 1일 재활용능력이 50톤 이상인 사업장폐기물 소각열회수시설(같은 사업장에 여러 개의 소각열회수시설이 있는 경우에는 각 소각열회수시설의 1일 재활용능력의 합계가 50톤 이상인 경우를 말한다.)

98 폐기물처리업의 허가를 받을 수 없는 자에 대한 기준으로 틀린 것은?

① 폐기물처리업의 허가가 취소된 자로서 그 허가가 취소된 날부터 10년이 지나지 아니한 자

② 파산선고를 받고 복권되지 아니한 자

③ 폐기물관리법을 위반하여 금고 이상의 형의 집행유예를 선고받고 그 집행유예 기간이 끝난 날부터 5년이 지나지 아니한 자

④ 폐기물관리법 외의 법을 위반하여 금고 이상의 형을 선고받고 그 형의 집행이 끝난 날부터 2년이 지나지 아니한 자

해설 **폐기물처리업의 허가를 받을 수 없는 자**
① 미성년자, 피성년후견인 또는 피한정후견인
② 파산선고를 받고 복권되지 아니한 자
③ 이 법을 위반하여 금고 이상의 실형을 선고받고 그 형의 집행이 끝나거나 집행을 받지 아니하기로 확정된 후 10년이 지나지 아니한 자
③의2. 이 법을 위반하여 금고 이상의 형의 집행유예를 선고받고 그 집행유예 기간이 끝난 날부터 5년이 지나지 아니한 자
④ 이 법을 위반하여 대통령령으로 정하는 벌금형 이상을 선고받고 그 형이 확정된 날부터 5년이 지나지 아니한 자
⑤ 폐기물처리업의 허가가 취소되거나 전용용기 제조업의 등록이 취소된 자로서 그 허가 또는 등록이 취소된 날부터 10년이 지나지 아니한 자
⑤의2. 허가취소자 등과의 관계에서 자신의 영향력을 이용하여 허가취소자 등에게 업무집행을 지시하거나 허가취소자 등의 명의로 직접 업무를 집행하는 등의 사유로 허가취소자 등에게 영향을 미쳐 이익을 얻는 자 등으로서 환경부령으로 정하는 자
⑥ 임원 또는 사용인 중에 ①부터 ⑤까지 및 ⑤의2의 어느 하나에 해당하는 자가 있는 법인 또는 개인사업자

99 사업장폐기물을 배출하는 사업자가 지켜야 할 사항에 대한 설명으로 옳지 않은 것은?

① 사업장에서 발생하는 폐기물 중 유해물질의 함유량에 따라 지정폐기물로 분류될 수 있는 폐기물에 대해서는 폐기물분석전문기관에 의뢰하여 지정폐기물에 해당되는지를 미리 확인하여야 한다.

② 사업장에서 발생하는 모든 폐기물을 폐기물의 처리 기준과 방법 및 폐기물의 재활용 원칙 및 준수사항에 적합하게 처리하여야 한다.

③ 생산 공정에서는 폐기물감량화시설의 설치, 기술개발 및 재활용 등의 방법으로 사업장폐기물의 발생을 최대한으로 억제하여야 한다.

④ 사업장폐기물배출자는 발생된 폐기물을 최대한 신속하게 직접 처리하여야 한다.

해설 사업장폐기물배출자는 발생된 폐기물 처리를 위탁하려면 환경부령으로 정하는 위탁·수탁의 기준 및 절차를 따라야 한다.

100 액체상태의 것은 고온소각하거나 고온용융처리하고, 고체상태의 것은 고온소각 또는 고온용융처리하거나 차단형 매립시설에 매립하여야 하는 것은?

① 폐농약
② 폐촉매
③ 폐주물사
④ 광재

해설 **폐농약의 경우**
액체상태의 것은 고온소각하거나 고온용융처분하고, 고체상태의 것은 고온소각 또는 고온용융처분하거나 차단형 매립시설에 매립하여야 한다.

제1과목 폐기물개론

01 폐기물관리의 우선순위를 순서대로 나열한 것은?

① 에너지회수 – 감량화 – 재이용 – 재활용 – 소각 – 매립

② 재이용 – 재활용 – 감량화 – 에너지회수 – 소각 – 매립

③ 감량화 – 재이용 – 재활용 – 에너지회수 – 소각 – 매립

④ 소각 – 감량화 – 재이용 – 재활용 – 에너지회수 – 매립

🔲 **폐기물관리 순서**

감량화 → 재이용 → 재활용 → 에너지 회수 → 최종처분(소각, 매립)

02 혐기성소화에 대한 설명으로 틀린 것은?

① 가수분해, 산생성, 메탄생성 단계로 구분된다.

② 처리속도가 느리고 고농도 처리에 적합하다.

③ 호기성처리에 비해 동력비 및 유지관리비가 적게 든다.

④ 유기산의 농도가 높을수록 처리효율이 좋아진다.

🔲 혐기성 소화 시 유기산의 농도가 높을수록 처리효율은 낮아진다.

03 인구 1천만 명인 도시를 위한 쓰레기 위생매립지(매립용량 100,000,000m³)를 계획하였다. 매립 후 폐기물의 밀도는 500kg/m³이고 복토량은 폐기물 : 복토 부피비율로 5 : 1이며 해당 도시 일인일일쓰레기발생량이 2kg일 경우 매립장의 수명(년)은?

① 5.7 ② 6.8

③ 8.3 ④ 14.6

🔲 매립장의 수명(year)

$$= \frac{매립용적(양)}{쓰레기\ 발생량}$$

$$= \frac{100,000,000m^3 \times 500kg/m^3}{2kg/인 \cdot 일 \times 10,000,000인 \times 365일/year \times 1.2}$$

$$= 5.7year$$

04 폐기물 선별과정에서 회전방식에 의해 폐기물을 크기에 따라 분리하는 데 사용되는 장치는?

① Reciprocating Screen

② Air Classifier

③ Ballistic Separator

④ Trommel Screen

🔲 **트롬멜 스크린(Trommel Screen)**

폐기물이 경사진 회전 트롬멜 스크린에 투입되면 스크린의 회전으로 인해 폐기물이 혼합되며, 길이 방향으로 밀려 나가면서 스크린 체의 규격에 따라 선별된다.(원통의 체로 수평 방향으로부터 5° 전후로 경사된 축을 중심으로 회전시켜 체 분리함)

05 슬러지의 수분을 결합상태에 따라 구분한 것 중에서 탈수가 가장 어려운 것은?

① 내부수 ② 간극모관결합수

③ 표면부착수 ④ 간극수

🔲 **탈수성이 용이한(분리하기 쉬운) 수분형태 순서**

모관결합수 > 간극모관결합수 > 쐐기상 모관결합수 > 표면부착수 > 내부수

06 유해폐기물 성분물질 중 As에 의한 피해증세로 가장 거리가 먼 것은?

① 무기력증 유발

② 피부염 유발

③ Fanconi 씨 증상

④ 암 및 돌연변이 유발

🔲 **비소(As)의 피해**

① 무기력증 유발

② 피부염 유발

③ 암, 돌연변이 유발

07 폐기물의 수거노선 설정 시 고려해야 할 사항으로 가장 거리가 먼 것은?

① 언덕길은 내려가면서 수거한다.

② 발생량이 적으나 수거빈도가 동일하기를 원하는 곳은 같은 날 가장 먼저 수거한다.

③ 가능한 한 지형지물 및 도로경계와 같은 장벽을 사용하여 간선도로 부근에서 시작하고 끝나도록 배치하여야 한다.

④ 가능한 한 시계 방향으로 수거노선을 정하여 U 자형 회전은 피하여 수거한다.

해설 **효과적 · 경제적인 수거노선 결정 시 유의(고려)사항 : 수거노선 설정요령**

① 지형이 언덕인 지역에서는 언덕의 위에서부터 내려가며 적재하면서 차량을 진행하도록 한다.(안전성, 연료비 절약)

② 수거인원 및 차량형식이 같은 기존 시스템의 조건들을 서로 관련시킨다.

③ 출발점은 차고와 가깝게 하고 수거된 마지막 컨테이너가 처분지의 가장 가까이에 위치하도록 배치한다.

④ 가능한 한 지형지물 및 도로경계와 같은 장벽을 사용하여 간선도로 부근에서 시작하고 끝나야 한다.(도로경계 등을 이용)

⑤ 가능한 한 시계 방향으로 수거노선을 정한다.

⑥ 적은 양의 쓰레기가 발생하나 동일한 수거빈도를 받기 원하는 적재지점(수거지점)은 가능한 한 같은 날 왕복 내에서 수거한다.

⑦ 아주 많은 양의 쓰레기가 발생되는 발생원은 하루 중 가장 먼저 수거한다.

⑧ 될 수 있는 한 한 번 간 길은 다시 가지 않는다.

⑨ 반복운행 또는 U 자형 회전은 피하여 수거한다.

⑩ 교통량이 많은 시간이나 출퇴근 시간은 피하여 수거한다.

⑪ 수거지점과 수거빈도 결정 시 기존 정책이나 규정을 참고한다.

08 폐기물 발생량의 결정방법으로 적합하지 않은 것은?

① 발생량을 직접 추정하는 방법

② 도시의 규모가 커짐을 이용하여 추정하는 방법

③ 주민의 수입 또는 매상고와 같은 이차적인 자료를 이용하여 추정하는 방법

④ 원자재 사용으로부터 추정하는 방법

해설 **폐기물의 발생량(생산량) 추정(결정)방법**

① 발생량을 직접 측정(생산량을 직접 추정)하는 방법

② 원자재의 사용량으로부터 추정하는 방법

③ 주민의 수입이나 매상고와 같은 2차적인 자료로 추정하는 방법

09 폐기물의 관리목적 또는 폐기물의 발생량을 줄이기 위한 노력을 3R(또는 4R)이라고 줄여 말하고 있다. 이것에 해당하지 않는 것은?

① Remediation

② Recovery

③ Reduction

④ Reuse

해설 **폐기물의 관리목적**

① Reduction(감량화)

② Reuse(재이용) or Recycle(재활용)

③ Recovery(회수이용)

10 폐기물처리와 관련된 설명 중 틀린 것은?

① 지역사회 효과지수(CEI)는 청소상태 평가에 사용되는 지수이다.

② 컨테이너 철도수송은 광대한 지역에서 효율적으로 적용될 수 있는 방법이다.

③ 폐기물 수거 노동력을 비교하는 지표로서는 MHT(man/hr · ton)를 주로 사용한다.

④ 직접저장투하 결합방식에서 일반 부패성 폐기물은 직접 상차 투입구로 보낸다.

해설 폐기물 수거 노동력을 비교하는 지표로는 MHT(man · hr/ton)를 주로 사용한다.

11 폐기물 발생량 예측방법 중 하나의 수식으로 쓰레기 발생량에 영향을 주는 각 인자들의 효과를 총괄적으로 나타내어 복잡한 시스템의 분석에 유용하게 사용할 수 있는 것은?

① 상관계수분석모델

② 다중회귀모델

③ 동적모사모델

④ 경향법모델

폐기물 발생량 예측방법

방법(모델)	내용
경향법 (Trend Method) 경향예측모델	• 최저 5년 이상의 과거 처리 실적을 수식 model에 대입하여 과거의 경향을 가지고 장래를 예측하는 방법 • 단지 시간과 그에 따른 쓰레기 발생량(또는 성상) 간의 상관관계만을 고려하며 이를 수식 $x = f(t)$로 표현 • $x = f(t)$는 선형, 지수형, 대수형 등에서 가장 근사한 형태를 택함
다중회귀모델 (Multiple Regression Model)	• 하나의 수식으로 각 인자들의 효과를 총괄적으로 나타내어 복잡한 시스템의 분석에 유용하게 사용할 수 있는 쓰레기 발생량 예측방법 • 각 인자마다 효과를 파악하기보다는 전체 인자의 효과를 총괄적으로 파악하는 것이 간편하고 유용한 예측방법으로 시간을 단순히 하나의 독립된 종속인자로 대입 • 수식 $x = f(X_1 X_2 X_3 \cdots X_n)$, 여기서 $X_1 X_2 X_3 \cdots X_n$은 쓰레기 발생량에 영향을 주는 인자 ※ 인자 : 인구, 지역소득(GNP 또는 GRP), 자원회수량, 상품 소비량 또는 매출액 (자원회수량, 사회적·경제적 특성이 고려됨)
동적모사모델 (Dynamic Simulation Model)	• 쓰레기 발생량에 영향을 주는 모든 인자를 시간에 대한 함수로 나타낸 후 시간에 대한 함수로 표현된 각 영향인자들 간의 상관관계를 수식화하는 방법 • 시간만을 고려하는 경향법과 시간을 단순히 하나의 독립적인 종속인자로 고려하는 다중회귀모델의 문제점을 보완한 예측방법 • Dynamo 모델 등이 있음

12 폐기물 차량 총중량이 24,725kg, 공차량 중량이 13,725kg이며, 적재함의 크기 L : 400cm, W : 250cm, H : 170cm일 때 차량 적재계수(ton/m³)는?

① 0.757   ② 0.708

③ 0.687   ④ 0.647

적재계수(ton/m³) $= \dfrac{\text{적재 폐기물의 중량}}{\text{적재함의 부피}}$

$= \dfrac{(24.725 - 13.725)\text{kg} \times \text{ton}/1.000\text{kg}}{(4 \times 2.5 \times 1.7)\text{m}^3}$

$= 0.647\text{ton/m}^3$

13 적환장에 대한 설명으로 틀린 것은?

① 직접투하방식은 건설비 및 운영비가 다른 방법에 비해 모두 적다.

② 저장투하방식은 수거차의 대기시간이 직접투하방식보다 길다.

③ 직접저장투하결합방식은 재활용품의 회수율을 증대시킬 수 있는 방법이다.

④ 적환장의 위치는 해당 지역의 발생 폐기물의 무게중심에 가까운 곳이 유리하다.

저장투하방식(Storage – discharge Transfer Station)

쓰레기를 저장 피트(Pit)나 플랫폼에 저장한 후 압축기 등으로 적환하는 방법으로 대도시의 대용량 쓰레기에 적합하며 수거차가 대기시간 없이 빠른 시간 내에 적하를 마치므로 교통체증 현상을 없애주는 효과가 있다.

14 쓰레기의 성상 분석절차로 가장 옳은 것은?

① 시료 → 전처리 → 물리적 조성 분류 → 밀도 측정 → 건조 → 분류

② 시료 → 전처리 → 건조 → 분류 → 물리적 조성 분류 → 밀도 측정

③ 시료 → 밀도 측정 → 건조 → 분류 → 전처리 → 물리적 조성 분류

④ 시료 → 밀도 측정 → 물리적 조성 분류 → 건조 → 분류 → 전처리

폐기물 시료 분석절차

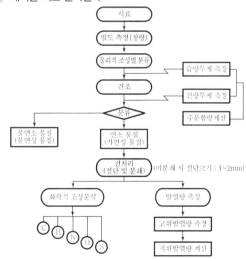

15 다음의 폐기물 파쇄 에너지 산정 공식을 흔히 무슨 법칙이라 하는가?

$$E = C \ln(L_1/L_2)$$

E : 폐기물 파쇄 에너지, C : 상수
L_1 : 초기 폐기물 크기, L_2 : 최종 폐기물 크기

① 리팅거(Rittinger) 법칙
② 본드(Bond) 법칙
③ 킥(Kick) 법칙
④ 로신(Rosin) 법칙

해설 **킥(Kick) 법칙**

$$E = C \ln\left(\frac{L_1}{L_2}\right)$$

여기서, E : 폐기물 파쇄 에너지(kW · hr/ton)
C : 상수
L_1 : 초기 폐기물 크기(cm)
L_2 : 최종 파쇄 후 폐기물 크기(cm)

16 고형분 20%인 폐기물 10톤을 소각하기 위해 함수율이 15%가 되도록 건조시켰다. 이 건조폐기물의 중량(톤)은?(단, 비중은 1.0 기준)

① 약 1.8
② 약 2.4
③ 약 3.3
④ 약 4.3

해설 $10\text{ton} \times (1-0.8) = \text{건조폐기물(ton)} \times (1-0.15)$

건조폐기물(ton) $= \dfrac{10\text{ton} \times 0.2}{0.85} = 2.35\text{ton}$

17 퇴비화 과정의 초기단계에서 나타나는 미생물은?

① Bacillus sp.
② Streptomyces sp.
③ Aspergillus fumigatus
④ Fungi

해설 퇴비화 초기단계 전반기에는 진균(Fungi) 및 세균(Bacteria)이 주로 유기물을 분해하여 탄수화물, 지방, 아미노산 등으로 흡수되게 한다.

18 다음 중 지정폐기물에 해당하는 폐산 용액은?

① pH가 2.0 이상인 것
② pH가 12.5 이상인 것
③ 염산농도가 0.001M 이상인 것
④ 황산농도가 0.005M 이상인 것

해설 **지정폐기물(폐산 용액)**
액체상태의 폐기물로서 pH가 2.0 이하인 것으로 한정한다.

19 분뇨처리 결과를 나타낸 그래프의 ( )에 들어갈 말로 가장 알맞은 것은?(단, S_e : 유출수의 휘발성 고형물질 농도(mg/L), S_o : 유입수의 휘발성 고형물질 농도(mg/L), SRT : 고형물질의 체류시간)

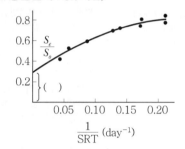

① 생물학적 분해 가능한 유기물질 분율
② 생물학적 분해 불가능한 휘발성 고형물질 분율
③ 생물학적 분해 가능한 무기물질 분율
④ 생물학적 분해 불가능한 유기물질 분율

해설 $\left(\dfrac{\text{유출수의 휘발성 고형물질 농도}}{\text{유입수의 휘발성 고형물질 농도}}\right)$의 비 0.3 이하는 생물학적 분해 불가능한 휘발성 고형물질 분율을 의미한다.

20 열분해에 영향을 미치는 운전인자가 아닌 것은?

① 운전 온도
② 가열 속도
③ 폐기물의 성질
④ 입자의 입경

해설 **열분해에 영향을 미치는 인자**
① 운전(열분해) 온도
② 가열 속도
③ 가열 시간
④ 폐기물의 성질(수분함량)
⑤ 공기 공급

정답 **15** ③ **16** ② **17** ④ **18** ④ **19** ② **20** ④

제2과목 폐기물처리기술

21 매립 시 폐기물 분해과정을 시간순으로 옳게 나열한 것은?

① 호기성 분해 → 혐기성 분해 → 산성 물질 생성 → 메탄 생성

② 혐기성 분해 → 호기성 분해 → 메탄 생성 → 유기산 형성

③ 호기성 분해 → 유기산 생성 → 혐기성 분해 → 메탄 생성

④ 혐기성 분해 → 호기성 분해 → 산성 분해 → 메탄 생성

해설 폐기물 매립 시 매립물질의 분해과정
① 호기성 단계
② 혐기성 비메탄화 단계
③ 산 형성 단계(혐기성 메탄 생성 축적 단계)
④ 메탄 생성 단계(메탄 발효 단계)

22 활성탄 흡착법으로 처리하기 가장 어려울 것으로 예상되는 것은?

① 농약
② 알코올
③ 유기할로겐화합물(HOCs)
④ 다핵방향족탄화수소(PAHs)

해설 활성탄 흡착법
주로 비극성 물질에 유효하며 혼합 가스 내의 유기성 가스의 흡착에 주로 사용된다. 알코올은 극성이 강한 물질로 활성탄 흡착 효과가 거의 없다.

23 매립을 위해 쓰레기를 압축시킨 결과 용적감소율이 60%였다면 압축비는?

① 2.5
② 5
③ 7.5
④ 10

해설 압축비$(CR) = \dfrac{100}{100 - VR} = \dfrac{100}{100 - 60} = 2.5$

24 혐기소화과정의 가수분해단계에서 생성되는 물질과 가장 거리가 먼 것은?

① 아미노산
② 단당류
③ 글리세린
④ 알데하이드

해설 혐기성 분해(가수분해 단계) 생성물질
① 다당류(녹말, 셀룰로오스) → 단당류, 2당류
② 지방(FATs) → 긴 사슬 지방산, 글리세린
③ 단백질 → 아미노산

25 수위 40cm인 침출수가 투수계수 10^{-7}cm/s, 두께 90cm인 점토층을 통과하는 데 소요되는 시간(년)은?

① 11.7
② 19.8
③ 28.5
④ 64.4

해설 소요시간$(year) = \dfrac{d^2 \eta}{K(d+h)}$

$= \dfrac{0.9^2 \mathrm{m}^2 \times 1}{10^{-7} \mathrm{cm/sec} \times \mathrm{m}/100\mathrm{cm} \times (0.9 + 0.4)\mathrm{m}}$

$= 623,076,923.1 \mathrm{sec} \times year/31,536,000 \mathrm{sec}$

$= 19.76 year$

26 폐기물 매립지에서 사용하는 인공복토재의 특징이 아닌 것은?

① 독성이 없어야 한다.
② 가격이 저렴해야 한다.
③ 투수계수가 높아야 한다.
④ 악취 발생량을 저감시킬 수 있어야 한다.

해설 인공복토재의 구비조건
① 투수계수가 낮을 것(우수침투량 감소)
② 병원균 매개체 서식 방지, 악취 제거, 종이흩날림 방지할 수 있을 것
③ 미관상 좋고 연소가 잘되지 않으며 독성이 없어야 할 것
④ 생분해가 가능하고 저렴할 것
⑤ 악천후에도 시공 가능하고 살포가 용이하며 적은 두께로 효과가 있어야 할 것

27 생활폐기물인 음식물쓰레기의 처리방법으로 가장 거리가 먼 것은?

① 감량 및 소멸화
② 사료화
③ 호기성 퇴비화
④ 고형화

해설 음식물쓰레기 처리방법
① 감량 및 소멸화
② 사료화
③ 호기성 퇴비화

정답 21 ① 22 ② 23 ① 24 ④ 25 ② 26 ③ 27 ④

28 퇴비화 대상 유기물질의 화학식이 $C_{99}H_{148}O_{59}N$이라고 하면, 이 유기물질의 C/N비는?

① 64.9   ② 84.9

③ 104.9   ④ 124.9

[해설] C/N비 = $\dfrac{탄소의\ 양}{질소의\ 양} = \dfrac{(12 \times 99)}{14} = 84.86$

29 유해폐기물 처리기술 중 용매추출에 대한 설명 중 가장 거리가 먼 것은?

① 액상 폐기물에서 제거하고자 하는 성분을 용매 쪽으로 흡수시키는 방법이다.

② 용매추출에 사용되는 용매는 점도가 높아야 하며 극성이 있어야 한다.

③ 용매추출의 경제성을 좌우하는 가장 큰 인자는 추출을 위해 요구되는 용매의 양이다.

④ 미생물에 의해 분해가 힘든 물질 및 활성탄을 이용하기에 농도가 너무 높은 물질 등에 적용 가능성이 크다.

[해설] 용매추출에 사용되는 용매는 점도가 낮아야 하며 비극성이어야 한다.

30 중유 연소 시 발생한 황산화물을 탈황시키는 방법이 아닌 것은?

① 미생물에 의한 탈황

② 방사선에 의한 탈황

③ 질산염 흡수에 의한 탈황

④ 금속산화물 흡착에 의한 탈황

[해설] 중유탈황방법
① 미생물에 의한 탈황
② 방사선에 의한 탈황
③ 금속산화물 흡착에 의한 탈황
④ 접촉 수소화 탈황

31 부식질(Humus)의 특징으로 틀린 것은?

① 짙은 갈색이다.

② 뛰어난 토양개량제이다.

③ C/N비가 30~50 정도로 높다.

④ 물 보유력과 양이온 교환능력이 좋다.

[해설] 부식질의 특징
① 악취가 없으며 흙냄새가 난다.
② 물 보유력 및 양이온 교환능력이 좋다.
③ C/N비는 낮은 편이며 10~20 정도이다.
④ 짙은 갈색 또는 검은색을 띤다.
⑤ 병원균이 거의 사멸되어 토양개량제로서 품질이 우수하다.

32 분뇨의 슬러지 건량은 $3m^3$이며 함수율이 95%이다. 함수율을 80%까지 농축하면 농축조에서 분리액의 부피(m^3)는?(단, 비중은 1.0이다.)

① 40   ② 45

③ 50   ④ 55

[해설]
$$분리액(m^3) = \frac{건조슬러지}{(1 - 초기\ 함수율)} - \frac{건조슬러지}{(1 - 처리\ 후\ 함수율)}$$
$$= \frac{3}{(1 - 0.95)} - \frac{3}{(1 - 0.8)} = 45m^3$$

33 0차 반응에 대한 설명 중 옳은 것은?

① 초기농도가 높으면 반감기가 짧다.

② 반응시간이 경과함에 따라 분해반응속도가 빨라진다.

③ 초기농도의 높고 낮음에 관계없이 반감기가 일정하다.

④ 반응시간이 경과해도 분해반응속도는 변하지 않고 일정하다.

[해설] 0차 반응
반응물의 농도가 무제한 증가하더라도 반응속도에는 영향이 없는 반응이며, 반응시간이 경과해도 분해반응속도는 변하지 않고 일정하다.

34 우리나라의 매립지에서 침출수 생성에 가장 큰 영향을 주는 인자는?

① 쓰레기 분해과정에서 발생하는 발생수

② 매립쓰레기 자체 수분

③ 표토를 침투하는 강수

④ 지하수 유입

[해설] 일반적으로 매립장 침출수 생성에 가장 큰 영향을 미치는 인자는 지표로 침투되는 강수이다.

정답 28 ②   29 ②   30 ③   31 ③   32 ②   33 ④   34 ③

35 토양오염처리공법 중 토양증기추출법의 특징이 아닌 것은?

① 통기성이 좋은 토양을 정화하기 좋은 기술이다.
② 오염지역의 대수층이 깊을 경우 사용이 어렵다.
③ 총 처리시간 예측이 용이하다.
④ 휘발성, 준휘발성 물질을 제거하는 데 탁월하다.

토양증기추출법
① 장점
　ⓣ 기계 및 장치가 비교적 간단 · 단순함
　ⓛ 지하수의 깊이에 대한 제한을 받지 않음
　ⓒ 유지, 관리비가 적으며 굴착이 필요 없음
　ⓡ 생물학적 처리효율을 보다 높여줌
　ⓜ 단기간에 설치가 가능함
　ⓗ 가장 많은 적용사례가 있음
　ⓢ 즉시 결과를 얻을 수 있고 영구적 재생이 가능함
　ⓞ 다른 시약이 필요 없음
② 단점
　ⓣ 지반구조의 복잡성으로 인해 총 처리기간을 예측하기 어려움
　ⓛ 오염물질의 증기압이 낮은 경우 오염물질의 제거효율이 낮음
　ⓒ 토양의 침투성이 양호하고 균일하여야 적용 가능함
　ⓡ 토양층이 치밀하여 기체흐름이 어려운 곳에서는 사용이 곤란함
　ⓜ 추출 기체는 후처리를 위해 대기오염 방지장치가 필요함
　ⓗ 오염물질의 독성은 처리 후에도 변화가 없음

36 함수율 95% 분뇨의 유기탄소량이 TS의 35%, 총질소량은 TS의 10%이고 이와 혼합할 함수율 20%인 볏짚의 유기탄소량이 TS의 80%이고 총질소량이 TS의 4%라면, 분뇨와 볏짚을 무게비 2 : 1로 혼합했을 때 C/N비는? (단, 비중은 1.0, 기타 사항은 고려하지 않는다.)

① 16
② 18
③ 20
④ 22

$C/N비 = \dfrac{혼합물 중 탄소의 양}{혼합물 중 질소의 양}$

혼합물 중 탄소의 양

$= \left[\left(\dfrac{2}{2+1} \times (1-0.95) \times 0.35 \right) + \left(\dfrac{1}{2+1} \times (1-0.2) \times 0.8 \right) \right]$

$= 0.225$

혼합물 중 질소의 양

$= \left[\left(\dfrac{2}{2+1} \times (1-0.95) \times 0.1 \right) + \left(\dfrac{1}{2+1} \times (1-0.2) \times 0.04 \right) \right]$

$= 0.014$

$C/N비 = \dfrac{0.225}{0.014} = 16.07$

37 토양 속 오염물을 직접 분해하지 않고 보다 처리하기 쉬운 형태로 전환하는 기법으로 토양의 형태나 입경의 영향을 적게 받고 탄화수소계 물질로 인한 오염토양 복원에 효과적인 기술은?

① 용매추출법
② 열탈착법
③ 토양증기추출법
④ 탈할로겐화법

열탈착법
① 토양오염물질을 분해하는 것이 아니라 오염토양에 열을 가해 단순히 수분과 유기오염물질을 토양으로부터 분리하는 기술이다.
② 토양 속 오염물을 직접 분해하지 않고 보다 처리하기 쉬운 형태로 전환하는 기법이다.
③ 토양의 형태나 입경의 영향을 적게 받는다.
④ 탄화수소계 물질로 인한 오염토양 복원에 효과적인 기술이다.

38 침출수 집배수관의 종류 중 유공흄관에 관한 설명으로 옳은 것은?

① 관의 변형이 우려되는 곳에 적당하다.
② 지반의 침하에 어느 정도 적응할 수 있다.
③ 경량으로 가공이 비교적 용이하고 시공성이 좋다.
④ 소규모 처분장의 집수관으로 사용하는 경우가 많다.

침출수 집배수관 중 유공흄관
① 집수관 및 배수관으로 광범위하게 사용된다.
② 관 주위의 작은 구멍이 막히지 않도록 막힘 방지에 유의하여야 한다.
③ 강성이 높아 관의 변형이 우려되는 곳에 적당하다.

39 사용 종료된 폐기물 매립지에 대한 안정화 평가 기준항목으로 가장 거리가 먼 것은?

① 침출수의 수질이 2년 연속 배출허용기준에 적합하고 BOD/COD_{cr}이 0.1 이하일 것
② 매립폐기물 토사성분 중의 가연물 함량이 5% 미만이거나 C/N비가 10 이하일 것
③ 매립가스 중 CH_4 농도가 5~15% 이내에 들 것
④ 매립지 내부온도가 주변 지중온도와 유사할 것

해설 매립가스 관측정에서 측정한 매립가스 중 CH_4 농도가 5% 이하이어야 한다.

---

40 시멘트 고형화 방법 중 연소가스 탈황 시 발생된 슬러지 처리에 주로 적용되는 것은?

① 시멘트기초법   ② 석회기초법
③ 포졸란첨가법   ④ 자가시멘트법

해설 **자가시멘트법**
FGD 슬러지 중 일부(10%)를 생석회화한 후 여기에 소량의 물(수분량 조절 역할)과 첨가제를 가하여 폐기물이 스스로 고형화되는 성질을 이용하는 방법이다. 즉, 연소가스 탈황 시 발생된 높은 황화물을 함유한 슬러지 처리에 사용된다.

제3과목   **폐기물소각 및 열회수**

---

41 연소 배출 가스양이 $5,400Sm^3/hr$인 소각시설의 굴뚝에서 정압을 측정하였더니 $20mmH_2O$였다. 여유율 20%인 송풍기를 사용할 경우 필요한 소요동력(kW)은?(단, 송풍기 정압효율 80%, 전동기 효율 70%)

① 약 0.18   ② 약 0.32
③ 약 0.63   ④ 약 0.87

해설
$$소요동력(kW) = \frac{Q \times \Delta P}{6,120 \times \eta} \times \alpha$$
$$Q = 5,400Sm^3/hr \times hr/60min = 90Sm^3/min$$
$$= \frac{90 \times 20}{6,120 \times 0.7 \times 0.8} \times 1.2 = 0.63kW$$

---

42 유동층 소각로의 장단점으로 틀린 것은?

① 가스의 온도가 높고 과잉공기량이 많다.
② 투입이나 유동화를 위해 파쇄가 필요하다.
③ 유동매체의 손실로 인한 보충이 필요하다.
④ 기계적 구동부분이 적어 고장률이 낮다.

해설 **유동층 소각로**
① 장점
   ⊙ 유동매체의 열용량이 커서 액상, 기상, 고형 폐기물의 전소 및 혼소, 균일한 연소가 가능하다.
   ⓒ 반응시간이 빨라 소각시간이 짧다.(노 부하율이 높다.)
   ⓒ 연소효율이 높아 미연소분이 적고 2차 연소실이 불필요하다.

   ② 가스의 온도가 낮고 과잉공기량이 낮다. 따라서 NOx도 적게 배출된다.
   ⓜ 기계적 구동부분이 적어 고장률이 낮아 유지관리가 용이하다.
   ⓗ 노 내 온도의 자동제어로 열회수가 용이하다.
   ⓢ 유동매체의 축열량이 높은 관계로 단시간 정지 후 가동 시 보조연료 사용 없이 정상가동이 가능하다.
   ⓞ 과잉공기량이 적으므로 다른 소각로보다 보조연료 사용량과 배출가스양이 적다.
   ⓩ 석회 또는 반응물질을 유동매체에 혼입시켜 노 내에서 산성가스의 제거가 가능하다.
② 단점
   ⊙ 층의 유동으로 상으로부터 찌꺼기의 분리가 어려우며 운전비, 특히 동력비가 높다.
   ⓒ 폐기물의 투입이나 유동화를 위해 파쇄가 필요하다.
   ⓒ 상재료의 용융을 막기 위해 연소온도는 816℃를 초과할 수 없다.
   ② 유동매체의 손실로 인한 보충이 필요하다.
   ⓜ 고점착성의 반유동상 슬러지는 처리하기 곤란하다.
   ⓗ 소각로 본체에서 압력손실이 크고 유동매체의 비산 또는 분진의 발생량이 가장 많다.
   ⓢ 조대한 폐기물은 전처리가 필요하다. 즉, 폐기물의 투입이나 유동화를 위해 파쇄공정이 필요하다.

---

43 다음 중 연소실의 운전척도가 아닌 것은?

① 공기연료비   ② 체류시간
③ 혼합 정도   ④ 연소온도

해설 **연소실의 운전척도**
공연비(A/F비), 혼합 정도, 연소가스온도 등이 있고 연소실의 크기는 충분히 커야 한다.

---

44 1차 반응에서 1,000초 동안 반응물의 1/2이 분해되었다면 반응물이 1/10 남을 때까지 소요되는 시간(sec)은?

① 3,923   ② 3,623
③ 3,323   ④ 3,023

해설

$$\ln\frac{C_t}{C_o} = -k \times t$$
$$\ln 0.5 = -k \times 1,000sec, \quad k = 0.000693sec^{-1}$$
$$\ln\frac{1/10}{1} = -0.000693sec^{-1} \times t$$
$$t = 3,322.63sec$$

---

45 폐기물 소각에 따른 문제점은 지구온난화 가스의 형성이다. 다음 배가스 성분 중 온실가스는?

① CO_2
② NOx
③ SO_2
④ HCl

💬 CO_2는 완전연소 생성물이며 지구온난화의 대표적 물질이다.

46 30ton/day의 폐기물을 소각한 후 남은 재는 전체 질량의 20%이다. 남은 재의 용적이 $10.3m^3$일 때 재의 밀도(ton/m^3)는?

① 0.32
② 0.58
③ 1.45
④ 2.30

💬 재의 밀도$(ton/m^3) = \dfrac{질량}{부피} = \dfrac{30ton \times 0.2}{10.3m^3} = 0.58ton/m^3$

47 폐기물의 소각을 위해 원소분석을 한 결과, 가연성 폐기물 1kg당 C 50%, H 10%, O 16%, S 3%, 수분 10%, 나머지는 재로 구성된 것으로 나타났다. 이 폐기물을 공기비 1.1로 연소시킬 경우 발생하는 습윤연소가스양(Sm^3/kg)은?

① 약 6.3
② 약 6.8
③ 약 7.7
④ 약 8.2

💬 **실제습연소가스양(G_w)**

$G_w = mA_o + 5.6H + 0.7O + 0.8N + 1.244W(Sm^3/kg)$

$A_o = \dfrac{1}{0.21}[(1.867 \times 0.5) + (5.6 \times 0.1)$
$\qquad - (0.7 \times 0.16) + (0.7 \times 0.03)]$
$\quad = 6.68Sm^3/kg$

$= (1.1 \times 6.68) + (5.6 \times 0.1) + (0.7 \times 0.16) + (1.244 \times 0.1)$
$= 8.14Sm^3/kg$

48 쓰레기의 저위발열량이 4,500kcal/kg인 쓰레기를 연소할 때 불완전연소에 의한 손실이 10%, 연소 중의 미연손실이 5%일 때 연소효율(%)은?

① 80
② 85
③ 90
④ 95

💬 연소효율$= \dfrac{H_l - (L_1 + L_2)}{H_l}$

$= \dfrac{4,500 - (4,500 \times 0.15)}{4,500} \times 100 = 85\%$

49 로터리 킬른식(Rotary Kiln) 소각로의 특징에 대한 설명으로 틀린 것은?

① 습식가스 세정 시스템과 함께 사용할 수 있다.
② 넓은 범위의 액상 및 고상 폐기물을 소각할 수 있다.
③ 용융상태의 물질에 의하여 방해받지 않는다.
④ 예열, 혼합, 파쇄 등 전처리 후 주입한다.

💬 **회전로식 소각로(Rotary Kiln Incinerator)**
① 장점
 ㉠ 넓은 범위의 액상 및 고상 폐기물을 소각할 수 있다.
 ㉡ 전처리(예열, 혼합, 파쇄) 없이 소각물 주입이 가능하다.
 ㉢ 소각에 방해 없이 연속으로 재의 배출이 가능하다.
 ㉣ 동력비 및 운전비가 적다.
 ㉤ 소각물 부하 변동에 적응이 가능하다.
② 단점
 ㉠ 처리량이 적을 경우 설치비가 높다.
 ㉡ 후처리장치(대기오염방지장치)에 대한 분진부하율이 높다.
 ㉢ 비교적 열효율이 낮은 편이다.
 ㉣ 구형 및 원통형 폐기물은 완전연소 전에 화상에서 이탈할 수 있다.
 ㉤ 노에서의 공기유출이 크므로 종종 대량의 과잉공기 및 2차 연소실이 필요하다.

50 폐기물 소각 시 발생되는 질소산화물 저감 및 처리방법이 아닌 것은?

① 알칼리 흡수법
② 산화 흡수법
③ 접촉 환원법
④ 디메틸아닐린법

💬 **질소산화물 저감 및 처리방법**
① 선택적 촉매 환원법(SCR)
② 선택적 무촉매 환원법(SNCR)
③ 접촉 분해법
④ 흡착법
⑤ 전자선 조사법
⑥ 물, 알칼리 흡수법
⑦ 황산 흡수법
⑧ 산화 흡수법

[Note] 디메틸아닐린법은 황화수소(H_2S) 저감방법이다.

51 폐기물의 연소 시 연소기의 부식 원인이 되는 물질이 아닌 것은?

① 염소화합물
② PVC
③ 황화합물
④ 분진

연소기의 부식 원인물질

① PVC

② 황화합물(유황 성분)

③ 염소화합물(염소 성분)

52 연소에 있어 검댕이의 생성에 대한 설명으로 가장 거리가 먼 것은?

① A중유 < B중유 < C중유 순으로 검댕이가 발생한다.

② 공기비가 매우 적을 때 다량 발생한다.

③ 중합, 탈수소축합 등의 반응을 일으키는 탄화수소가 적을수록 검댕이는 많이 발생한다.

④ 전열면 등으로 발열속도보다 방열속도가 빨라서 화염의 온도가 저하될 때 많이 발생한다.

검댕(매연)은 중합, 탈수소축합 등의 반응을 일으키는 탄화수소가 많을수록 많이 발생한다.

53 폐기물을 열분해 시킬 경우의 장점에 해당되지 않는 것은?

① 분해가스, 분해유 등 연료를 얻을 수 있다.

② 소각에 비해 저장이 가능한 에너지를 회수할 수 있다.

③ 소각에 비해 빠른 속도로 폐기물을 처리할 수 있다.

④ 신규 석탄이나 석유의 사용량을 줄일 수 있다.

열분해는 소각에 비해 느린 속도로 폐기물을 처리한다.

54 액체주입형 연소기에 관한 설명으로 가장 거리가 먼 것은?

① 구동장치가 없어서 고장이 적다.

② 하방점화방식의 경우에는 염이나 입상 물질을 포함한 폐기물의 소각도 가능하다.

③ 연소기의 가장 일반적인 형식은 수평점화식이다.

④ 버너노즐 없이 액체 미립화가 용이하며, 대량처리에 주로 사용된다.

액체분무주입형 소각로(Liquid Injection Incinerator)

① 장점

㉠ 광범위한 종류의 액상 폐기물을 연소할 수 있다.

㉡ 대기오염방지시설 이외에 소각재처리시설이 필요 없다.

㉢ 구동장치가 간단하고 고장이 적다.

㉣ 운영비가 저렴하다.

㉤ 기술개발이 잘 되어 있고 자동화가 용이하다.(가동 이외의 경우 무인운전이 가능)

② 단점

㉠ 버너노즐을 이용하여 액체를 미립화하여야 한다.

㉡ 완전연소시켜야 하며 내화물의 파손을 막아야 한다.

㉢ 고농도 고형분의 농도가 높으면 버너가 막히기 쉽다.

㉣ 대량처리가 어렵다.

55 다단로 방식 소각로에 대한 설명으로 옳지 않은 것은?

① 신속한 온도반응으로 보조연료 사용 조절이 용이하다.

② 다량의 수분이 증발되므로 수분함량이 높은 폐기물의 연소가 가능하다.

③ 물리, 화학적으로 성분이 다른 각종 폐기물을 처리할 수 있다.

④ 체류시간이 길어 휘발성이 적은 폐기물 연소에 유리하다.

다단로 소각방식(Multiple Hearth)의 장단점

① 장점

㉠ 타 소각로에 비해 체류시간이 길어 연소효율이 높고, 특히 휘발성이 낮은 폐기물 연소에 유리하다.

㉡ 다량의 수분이 증발되므로 수분함량이 높은 폐기물도 연소가 가능하다.

㉢ 물리 · 화학적 성분이 다른 각종 폐기물을 처리할 수 있다. 즉, 다양한 질의 폐기물에 대하여 혼소가 가능하다.

㉣ 많은 연소영역이 있으므로 연소효율을 높일 수 있다.(국소 연소를 피할 수 있음)

㉤ 보조연료로 다양한 연료(천연가스, 프로판, 오일, 석탄가루, 폐유 등)를 사용할 수 있다.

㉥ 클링커 생성을 방지할 수 있다.

㉦ 온도제어가 용이하고 동력이 적게 들며 운전비가 저렴하다.

② 단점

㉠ 체류시간이 길어 온도반응이 느리다.(휘발성이 적은 폐기물 연소에 유리)

㉡ 늦은 온도반응 때문에 보조연료 사용을 조절하기 어렵다.

㉢ 분진발생률이 높다.

㉣ 열적 충격이 쉽게 발생하고 내화물이나 상에 손상을 초래한다.(내화재의 손상을 방지하기 위해 1,000℃ 이상으로 운전하지 않는 것이 좋음)

㉤ 가동부(교반팔, 회전중심축)가 있으므로 유지비가 높다.

㉥ 유해폐기물의 완전분해를 위해서는 2차 연소실이 필요하다.

56 폐기물의 건조과정에서 함수율과 표면온도의 변화에 대한 설명으로 잘못된 것은?

① 폐기물의 건조방식은 쓰레기의 허용온도, 형태, 물리적 및 화학적 성질 등에 의해 결정된다.
② 수분을 함유한 폐기물의 건조과정은 예열건조기간 → 항률건조기간 → 감률건조기간 순으로 건조가 이루어진다.
③ 항률건조기간에는 건조시간에 비례하여 수분감량과 함께 건조속도가 빨라진다.
④ 감률건조기간에는 고형물의 표면온도 상승 및 유입되는 열량 감소로 건조속도가 느려진다.

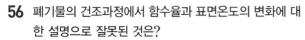 항률건조기간에는 건조시간에 비례하여 수분함량과 함께 건조속도가 일정하다.

57 하수처리장에서 발생하는 하수 Sludge류를 효과적으로 처리하기 위한 건조방법 중에서 직접열 또는 열풍건조라고 불리는 전열방식은?

① 전도 전열방식
② 대류 전열방식
③ 방사 전열방식
④ 마이크로파 전열방식

대류 전열방식 건조방법
열풍(400~800℃)과 직접 접촉시키는 방법을 말한다.

58 폐기물의 원소조성이 C 80%, H 10%, O 10%일 때 이론 공기량(kg/kg)은?

① 8.3
② 10.3
③ 12.3
④ 14.3

이론 공기량(kg/kg)
$= 11.5C + 34.63H - 4.31O$
$= (11.5 \times 0.8) + (34.63 \times 0.1) - (4.31 \times 0.1)$
$= 12.23 kg/kg$

59 스토커식 도시폐기물 소각로에서 유기물을 완전연소시키기 위한 3T 조건으로 옳지 않은 것은?

① 혼합
② 체류시간
③ 온도
④ 압력

완전연소의 조건(3T)
① Temperature(온도)
② Time(체류시간, 연소시간)
③ Turbulence(혼합)

60 CH₄ 75%, CO₂ 5%, N₂ 8%, O₂ 12%로 조성된 기체연료 1Sm³를 10Sm³의 공기로 연소할 때 공기비는?

① 1.22
② 1.32
③ 1.42
④ 1.52

$CH_4 + 2O_2 \rightarrow CO_2 + 2H_2O$
$1Sm^3 : 2Sm^3$
$0.75Sm^3 : O_o$(CH₄ 연소 시 이론산소량)
CH₄ 연소 시 이론산소량(O_o) $= 1.5Sm^3$
필요 이론산소량 $= 1.5 - 0.12 = 1.38Sm^3$
이론공기량 $= \dfrac{1.38}{0.21} = 6.57Sm^3$
공기비$(m) = \dfrac{10}{6.57} = 1.52$

제4과목 **폐기물공정시험기준(방법)**

61 30% 수산화나트륨(NaOH)은 몇 몰(M)인가?(단, NaOH의 분자량 40)

① 4.5
② 5.5
③ 6.5
④ 7.5

NaOH 1mol $= 40g$
$\dfrac{30g}{100mL} \times \dfrac{1mol}{40g} \times \dfrac{10^3 mL}{1L} = 7.5mol/L \ (M)$

62 0.08 N-HCl 70mL와 0.04 N-NaOH 수용액 130mL를 혼합했을 때 pH는?(단, 완전 해리된다고 가정)

① 2.7
② 3.6
③ 5.6
④ 11.3

$NaOH + HCl \rightarrow NaCl + H_2O$(1가 반응)
중화반응이므로 (−)로 계산
$(0.08 \times 70mL) - (0.04 \times 130mL) = x \times 200mL$
$x = 2 \times 10^{-3} mol/L$
$pH = -\log[H^+] = -\log 2 \times 10^{-3} = 2.7$

2021

63 이온전극법에 관한 설명으로 ( )에 옳은 내용은?

> 이온전극은 [이온전극|측정용액|비교전극]의 측정계에서 측정대상 이온에 감응하여 ( )에 따라 이온 활동도에 비례하는 전위차를 나타낸다.

① 네른스트식   ② 램버트식

③ 페러데이식   ④ 플레밍식

해설 이온전극은 [이온전극 | 측정 용액 | 비교전극]의 측정계에서 측정대상 이온에 감응하여 네른스트식에 따라 이온 활동도에 비례하는 전위차를 나타낸다.

$$E = E_0 + \left[\frac{2.303\,R\,T}{z\,F} \right] \log A$$

여기서, E : 측정 용액에서 이온전극과 비교전극 간에 생기는 전위차(mV)
E_0 : 표준전위(mV)
R : 기체상수(8.314J/K · mol)
z : 이온전극에 대하여 전위의 발생에 관계하는 전자수(이온가)
F : 페러데이(Faraday) 상수(96,480C/mol)
A : 이온 활동도(mol/L)

64 투사광의 강도가 10%일 때 흡광도(A_{10})와 20%일 때 흡광도(A_{20})를 비교한 설명으로 옳은 것은?

① A_{10}는 A_{20}보다 흡광도가 약 1.4배가 높다.

② A_{20}는 A_{10}보다 흡광도가 약 1.4배가 높다.

③ A_{10}는 A_{20}보다 흡광도가 약 2.0배가 높다.

④ A_{20}는 A_{10}보다 흡광도가 약 2.0배가 높다.

해설 $A_{10} = \log \dfrac{1}{0.1} = 1$

$A_{20} = \log \dfrac{1}{0.2} = 0.70$

$\dfrac{A_{10}}{A_{20}} = \dfrac{1}{0.70} = 1.4$ (A_{10}는 A_{20}보다 흡광도가 약 1.4배가 높다.)

65 수은을 원자흡수분광광도법으로 측정할 때 시료 중 수은을 금속 수은으로 환원시키기 위해 넣는 시약은?

① 아연분말   ② 황산나트륨

③ 시안화칼륨   ④ 이염화주석

해설 **수은 – 원자흡수분광광도법**
시료 중 수은을 이염화주석을 넣어 금속 수은으로 환원시킨 다음 이 용액에 통기하여 발생하는 수은 증기를 253.7nm의 파장에서 원자흡수분광광도법에 따라 정량하는 방법이다.

66 비소(자외선/가시선 분광법) 분석 시 발생되는 비화수소를 다이에틸다이티오카르바민산은의 피리딘 용액에 흡수시키면 나타나는 색은?

① 적자색

② 청색

③ 황갈색

④ 황색

해설 **비소 – 자외선/가시선 분광법**
시료 중의 비소를 3가 비소로 환원시킨 다음 아연을 넣어 발생되는 비화수소를 다이에틸다이티오카르바민산은의 피리딘 용액에 흡수시켜 이때 나타나는 적자색의 흡광도를 530nm에서 측정하는 방법

67 비소를 자외선/가시선 분광법으로 측정할 때에 대한 내용으로 틀린 것은?

① 정량한계는 0.002mg이다.

② 적자색의 흡광도를 530nm에서 측정한다.

③ 정량범위는 0.002~0.01mg이다.

④ 시료 중의 비소에 아연을 넣어 3가 비소로 환원시킨다.

해설 **비소 – 자외선/가시선 분광법**
시료 중의 비소를 3가 비소로 환원시킨 다음 아연을 넣어 발생되는 비화수소를 다이에틸다이티오카르바민산은의 피리딘 용액에 흡수시켜 이때 나타나는 적자색의 흡광도를 530nm에서 측정하는 방법

68 다량의 점토질 또는 규산염을 함유한 시료에 적용되는 시료의 전처리 방법으로 가장 옳은 것은?

① 질산–과염소산–불화수소산 분해법

② 질산–염산 분해법

③ 질산–과염소산 분해법

④ 질산–황산 분해법

해설 **질산 – 과염소산–불화수소산 분해법(시료의 전처리 방법)**
① 적용 : 다량의 점토질 또는 규산염을 함유한 시료
② 액의 산 농도 : 약 0.8M

정답 63 ①   64 ①   65 ④   66 ①   67 ④   68 ①

69 총칙의 용어 설명으로 옳지 않은 것은?

① 액상폐기물이라 함은 고형물의 함량이 5% 미만인 것을 말한다.

② 방울수라 함은 20℃에서 정제수 20방울을 적하할 때, 그 부피가 약 0.1mL 되는 것을 뜻한다.

③ 시험조작 중 즉시란 30초 이내에 표시된 조작을 하는 것을 뜻한다.

④ 고상폐기물이라 함은 고형물의 함량이 15% 이상인 것을 말한다.

용어 정리

① 액상폐기물 : 고형물의 함량이 5% 미만

② 반고상폐기물 : 고형물의 함량이 5% 이상 15% 미만

③ 고상폐기물 : 고형물의 함량이 15% 이상

④ 함침성 고상폐기물 : 종이, 목재 등 기름을 흡수하는 변압기 내부부재(종이, 나무와 금속이 서로 혼합되어 분리가 어려운 경우 포함)를 말함

⑤ 비함침성 고상폐기물 : 금속판, 구리선 등 기름을 흡수하지 않는 평면 또는 비평면 형태의 변압기 내부부재를 말함

⑥ 즉시 : 30초 이내에 표시된 조작을 하는 것을 의미

⑦ 감압 또는 진공 : 15mmHg 이하

⑧ 이상과 초과, 이하, 미만
　㉠ "이상"과 "이하"는 기산점 또는 기준점인 숫자를 포함
　㉡ "초과"와 "미만"은 기산점 또는 기준점인 숫자를 불포함
　㉢ a～b → a 이상 b 이하

⑨ 바탕시험을 하여 보정한다. : 시료에 대한 처리 및 측정을 할 때, 시료를 사용하지 않고 같은 방법으로 조작한 측정치를 빼는 것을 의미

⑩ 방울수 : 20℃에서 정제수 20방울을 적하할 때, 그 부피가 약 1mL 되는 것을 의미

⑪ 항량으로 될 때까지 건조한다. : 같은 조건에서 1시간 더 건조할 때 전후 무게의 차가 g당 0.3mg 이하

⑫ 용액의 산성, 중성 또는 알칼리성 검사 시 : 유리전극법에 의한 pH 미터로 측정

⑬ 용기 : 시험용액 또는 시험에 관계된 물질을 보존, 운반 또는 조작하기 위하여 넣어두는 것

구분	정의
밀폐 용기	취급 또는 저장하는 동안에 이물질이 들어가거나 또는 내용물이 손실되지 아니하도록 보호하는 용기
기밀 용기	취급 또는 저장하는 동안에 밖으로부터의 공기 또는 다른 가스가 침입하지 아니하도록 내용물을 보호하는 용기
밀봉 용기	취급 또는 저장하는 동안에 기체 또는 미생물이 침입하지 아니하도록 내용물을 보호하는 용기
차광 용기	광선이 투과하지 않는 용기 또는 투과하지 않게 포장한 용기이며 취급 또는 저장하는 동안에 내용물이 광화학적 변화를 일으키지 아니하도록 방지할 수 있는 용기

⑭ 여과한다. : KSM 7602 거름종이 5종 또는 이와 동등한 여과지를 사용하여 여과함을 말함

⑮ 정밀히 단다. : 규정된 양의 시료를 취하여 화학저울 또는 미량저울로 칭량함

⑯ 정확히 단다. : 규정된 수치의 무게를 0.1mg까지 다는 것

⑰ 정확히 취하여 : 규정된 양의 액체를 홀피펫으로 눈금까지 취하는 것

⑱ 정량적으로 씻는다. : 어떤 조작으로부터 다음 조작으로 넘어갈 때 사용한 비커, 플라스크 등의 용기 및 여과막 등에 부착한 정량대상 성분을 사용한 용매로 씻어 그 씻어낸 용액을 합하고 먼저 사용한 같은 용매를 채워 일정용량으로 하는 것

⑲ 약 : 기재된 양에 대하여 ±10% 이상의 차가 있어서는 안 되는 것

⑳ 냄새가 없다. : 냄새가 없거나 또는 거의 없는 것을 표시하는 것

㉑ 시험에 쓰는 물 : 정제수를 말함

70 유기인의 분석에 관한 내용으로 틀린 것은?

① 기체크로마토그래피를 사용할 경우 질소인 검출기 또는 불꽃광도 검출기를 사용한다.

② 기체크로마토그래피는 유기인 화합물 중 이피엔, 파라티온, 메틸디메톤, 다이아지논 및 펜토에이트 분석에 적용된다.

③ 시료채취는 유리병을 사용하며 채취 전 시료로 3회 이상 세척하여야 한다.

④ 시료는 시료 채취 후 추출하기 전까지 4℃ 냉암소에 보관하고 7일 이내에 추출하고 40일 이내에 분석한다.

유기인 – 기체크로마토그래피의 시료관리기준

① 시료채취는 유리병을 사용하며 채취 전에 시료로 세척하지 말아야 함

② 모든 시료는 시료채취 후 추출하기 전까지 4℃ 냉암소에서 보관

③ 7일 이내에 추출하고 40일 이내에 분석함

71 ICP 원자발광분광기의 구성에 속하지 않은 것은?

① 고주파전원부

② 시료원자화부

③ 광원부

④ 분광부

해설 **유도결합플라스마 – 원자발광분광기(KP – AES)**
① 구성
　㉠ 시료도입부
　㉡ 고주파전원부
　㉢ 광원부
　㉣ 분광부
　㉤ 연산처리부 및 기록부
② 분광부 구분
　㉠ 연속주사형 단원소 측정장치
　㉡ 다원소 동시측정장치

72 용출시험 대상의 시료용액 조제에 있어서 사용하는 용매의 pH 범위는?

① 4.8～5.3　　　　② 5.8～6.3
③ 6.8～7.3　　　　④ 7.8～8.3

해설 **용출시험 시료용액 조제**
① 시료의 조제 방법에 따라 조제한 시료 100g 이상을 정확히 단다.
　⇩
② 용매 : 정제수에 염산을 넣어 pH를 5.8～6.3으로 한다.
　⇩
③ 시료 : 용매＝1 : 10(W/V)의 비로 2,000mL 삼각 플라스크에 넣어 혼합한다.

73 정량한계에 대한 설명으로 (　)에 옳은 것은?

정량한계(LOQ)란 시험분석 대상을 정량화할 수 있는 측정값으로서, 제시된 정량한계 부근의 농도를 포함하도록 시료를 준비하고 이를 반복 측정하여 얻은 결과의 표준편차에 (　)배 한 값을 사용한다.

① 2　　　　　　　② 5
③ 10　　　　　　④ 20

해설 정량한계(LOQ)＝표준편차×10

74 다음 (　)에 들어갈 적절한 내용은?

기체크로마토그래피 분석에서 머무름시간을 측정할 때는 (㉠)회 측정하여 그 평균치를 구한다. 일반적으로 (㉡)분 정도에서 측정하는 피크의 머무름시간은 반복시험을 할 때 (㉢)% 오차범위 이내이어야 한다.

① ㉠ 3, ㉡ 5～30, ㉢ ±3
② ㉠ 5, ㉡ 5～30, ㉢ ±5

③ ㉠ 3, ㉡ 5～15, ㉢ ±3
④ ㉠ 5, ㉡ 5～15, ㉢ ±5

해설 기체크로마토그래피 분석에서 머무름시간을 측정할 때는 3회 측정하여 그 평균치를 구한다. 일반적으로 5～30분 정도에서 측정하는 피크의 머무름시간은 반복시험을 할 때 ±3% 오차범위 이내이어야 한다.

75 흡광광도 분석장치에서 근적외부의 광원으로 사용되는 것은?

① 텅스텐 램프
② 중수소 방전관
③ 석영 저압 수은관
④ 수소 방전관

해설 **자외선/가시선 분광광도계 광원부의 광원**
① 가시부, 근적외부 : 텅스텐 램프
② 자외부 : 중수소 방전관

76 PCBs를 기체크로마토그래피로 분석할 때 실리카겔 컬럼에 무수황산나트륨을 첨가하는 이유는?

① 유분 제거　　　　② 수분 제거
③ 미량 중금속 제거　　④ 먼지 제거

해설 무수황산나트륨의 용도는 탈수작업, 즉 수분 제거이다.

77 대상 폐기물의 양이 5,400톤인 경우 채취해야 할 시료의 최소 수는?

① 20　　　　　　② 40
③ 60　　　　　　④ 80

해설 **대상 폐기물의 양과 시료의 최소 수**

대상 폐기물의 양(단위 : ton)	시료의 최소 수
～ 1 미만	6
1 이상～5 미만	10
5 이상～30 미만	14
30 이상～100 미만	20
100 이상～500 미만	30
500 이상～1,000 미만	36
1,000 이상～5,000 미만	50
5,000 이상～	60

78 폐기물의 용출시험방법에 관한 사항으로 (   )에 옳은 내용은?

> 시료용액의 조제가 끝난 혼합액을 상온, 상압에서 진탕 횟수가 매분당 약 200회, 진폭이 4~5cm의 진탕기를 사용하여 (   ) 동안 연속 진탕한다.

① 2시간　　　　　② 4시간
③ 6시간　　　　　④ 8시간

용출시험방법(용출조작)
① 진탕 : 혼합액을 상온 · 상압에서 진탕 횟수가 매분당 약 200회, 진폭이 4~5cm인 진탕기를 사용하여 6시간 연속 진탕
　　　　　　　　⇩
② 여과 : 1.0μm의 유리섬유여과지로 여과
　　　　　　　　⇩
③ 여과액을 적당량 취하여 용출실험용 시료용액으로 함

79 폐기물 중에 납을 자외선/가시선 분광법으로 측정하는 방법에 관한 내용으로 틀린 것은?

① 납 착염의 흡광도를 520nm에서 측정하는 방법이다.
② 전처리를 하지 않고 직접 시료를 사용하는 경우, 시료 중에 시안화합물이 함유되어 있으면 염산 산성으로 끓여 시안화물을 완전히 분해 제거한 다음 실험한다.
③ 시료에 다량의 비스무트(Bi)가 공존하면 시안화칼륨 용액으로 수회 씻어 무색으로 하여 실험한다.
④ 정향한계는 0.001mg이다.

납 – 자외선/가시선 분광법의 간섭물질
① 전처리를 하지 않고 직접 시료를 사용하는 경우
　시료 중에 시안화합물이 함유되어 있으면 염산 산성으로 끓여 시안화물을 완전히 분해 제거한 다음 실험한다.
② 시료에 다량의 비스무트(Bi)가 공존하면 시안화칼륨용액으로 수회 씻어도 무색이 되지 않는 경우
　다음과 같이 납과 비스무트를 분리하여 실험한다. 추출하여 10~20mL로 한 사염화탄소층에 프탈산수소칼륨 완충용액(pH 3.4) 20mL씩을 2회 역추출하고 전체수층을 합하여 분별깔대기에 옮긴다. 암모니아수(1 + 1)를 넣어 약알카리성으로 하고 시안화칼륨용액(5W/V%) 5mL 및 정제수를 넣어 약 100mL로 한 다음 이하 시료의 시험기준에 따라 추출조작부터 다시 실험한다.
③ 흡수셀이 더러워 측정값에 오차가 발생한 경우
　㉠ 탄산나트륨용액(2W/V%)에 소량의 음이온 계면활성제를 가한 용액에 흡수셀을 담가 놓고 필요하면 40~50℃로 약 10분간 가열한다.
　㉡ 흡수셀을 꺼내 정제수로 씻은 후 질산(1 + 5)에 소량의 과

산화수소를 가한 용액에 약 30분간 담가 놓았다가 꺼내어 정제수로 잘 씻는다. 깨끗한 가제나 흡수지 위에 거꾸로 놓아 물기를 제거하고 실리카겔을 넣은 데시케이터 중에서 건조하여 보존한다.
㉢ 급히 사용하고자 할 때는 물기를 제거한 후 에틸알코올로 씻고 다시 에틸에테르로 씻은 다음 드라이어로 건조해서 사용한다.

80 기체크로마토그래피의 검출기 중 인 또는 유황화합물을 선택적으로 검출할 수 있는 것으로 운반가스와 조연가스의 혼합부, 수소공급구, 연소노즐, 광학필터, 광전자증배관 및 전원 등으로 구성된 것은?

① TCD(Thermal Conductivity Detector)
② FID(Flame Ionization Detector)
③ FPD(Flame Photometric Detector)
④ FTD(Flame Thermionic Detector)

불꽃광도검출기(FPD ; Flame Photometric Detector)
불꽃광도검출기는 수소염에 의하여 시료성분을 연소시키고 이때 발생하는 염광의 광도를 분광학적으로 측정하는 방법으로서 인 또는 유황화합물을 선택적으로 검출할 수 있다. 운반가스와 조연가스의 혼합부, 수소공급구, 연소노즐, 광학필터, 광전자증배관 및 전원 등으로 구성되어 있다.

제5과목 　폐기물관계법규

81 음식물류 폐기물 발생 억제 계획의 수립주기는?

① 1년　　　　　② 2년
③ 3년　　　　　④ 5년

음식물류 폐기물 발생 억제 계획의 수립주기는 5년으로 하되, 그 계획에는 연도별 세부추진계획을 포함하여야 한다.

82 지정폐기물의 수집 · 운반 · 보관기준에 관한 설명으로 옳은 것은?

① 폐농약 · 폐촉매는 보관개시일부터 30일을 초과하여 보관하여서는 아니 된다.
② 수집 · 운반차량은 녹색 도색을 하여야 한다.
③ 지정폐기물과 지정폐기물 외의 폐기물을 구분 없이 보관하여야 한다.
④ 폐유기용제는 휘발되지 아니하도록 밀폐된 용기에 보관하여야 한다.

정답　**78** ③　**79** ③　**80** ③　**81** ④　**82** ④

해설 ① 폐농약·폐촉매는 보관개시일부터 45일을 초과하여 보관하여서는 아니 된다.
② 지정폐기물 수집·운반차량의 차체는 노란색으로 색칠을 하여야 한다.
③ 지정폐기물은 지정폐기물 외의 폐기물과 구분하여 보관하여야 한다.

83 제출된 폐기물 처리사업계획서의 적합통보를 받은 자가 천재지변이나 그 밖의 부득이한 사유로 정해진 기간 내에 허가신청을 하지 못한 경우에 실시하는 연장기간에 대한 설명으로 (   )의 기간이 옳게 나열된 것은?

> 폐기물 수집·운반업의 경우에는 총 연장기간 (㉠), 폐기물 최종처분업과 폐기물 종합처분업의 경우에는 총 연장기간 (㉡)의 범위에서 허가신청기간을 연장할 수 있다.

① ㉠ 6개월, ㉡ 1년
② ㉠ 6개월, ㉡ 2년
③ ㉠ 1년, ㉡ 2년
④ ㉠ 1년, ㉡ 3년

해설 제출된 폐기물 처리사업계획서의 적합통보를 받은 자가 천재지변이나 그 밖의 부득이한 사유로 정해진 기간 내에 허가신청을 하지 못한 경우에 폐기물 수집·운반업의 경우에는 총 연장기간 6개월, 폐기물 최종처분업과 폐기물 종합처분업의 경우에는 총 연장기간 2년의 범위에서 허가신청기간을 연장할 수 있다.

84 환경부장관, 시·도지사 또는 시장·군수·구청장은 관계 공무원에게 사무소나 사업장 등에 출입하여 관계 서류나 시설 또는 장비 등을 출입하여 관계 서류나 시설 또는 장비 등을 검사하게 할 수 있다. 이에 따른 보고를 하지 아니하거나 거짓 보고를 한 자에 대한 과태료 기준은?

① 100만 원 이하
② 200만 원 이하
③ 300만 원 이하
④ 500만 원 이하

해설 폐기물관리법 제68조 참조

85 관할 구역의 폐기물의 배출 및 처리상황을 파악하여 폐기물이 적정하게 처리될 수 있도록 폐기물처리시설을 설치·운영하여야 하는 자는?

① 유역환경청장
② 폐기물 배출자
③ 환경부장관
④ 특별자치시장, 특별자치도지사, 시장·군수·구청장

해설 특별자치시장, 특별자치도지사, 시장·군수·구청장은 관할 구역의 폐기물의 배출 및 처리상황을 파악하여 폐기물이 적정하게 처리될 수 있도록 폐기물처리시설을 설치·운영하여야 한다.

86 위해의료폐기물 중 조직물류폐기물에 해당되는 것은?

① 폐혈액백
② 혈액투석 시 사용된 폐기물
③ 혈액, 고름 및 혈액생성물(혈청, 혈장, 혈액제제)
④ 폐항암제

해설 **위해의료폐기물의 종류**
① 조직물류 폐기물 : 인체 또는 동물의 조직·장기·기관·신체의 일부, 동물의 사체, 혈액·고름 및 혈액생성물질(혈청, 혈장, 혈액제제)
② 병리계 폐기물 : 시험·검사 등에 사용된 배양액, 배양용기, 보관균주, 폐시험관, 슬라이드, 커버글라스, 폐배지, 폐장갑
③ 손상성 폐기물 : 주삿바늘, 봉합바늘, 수술용 칼날, 한방침, 치과용 침, 파손된 유리재질의 시험기구
④ 생물·화학폐기물 : 폐백신, 폐항암제, 폐화학치료제
⑤ 혈액오염폐기물 : 폐혈액백, 혈액투석 시 사용된 폐기물, 그 밖에 혈액이 유출될 정도로 포함되어 있어 특별한 관리가 필요한 폐기물

87 지정폐기물 중 유해물질함유 폐기물의 종류로 틀린 것은?(단, 환경부령으로 정하는 물질을 함유한 것으로 한정한다.)

① 광재(철광 원석의 사용으로 인한 고로 슬래그는 제외한다.)
② 분진(대기오염 방지시설에서 포집된 것으로 한정하되, 소각시설에서 발생되는 것은 제외한다.)
③ 폐흡착제 및 폐흡수제(광물유, 동물유 및 식물유의 정제에 사용된 폐토사는 제외한다.)
④ 폐내화물 및 재벌구이 전에 유약을 바른 도자기 조각

해설 폐흡착제 및 폐흡수제(광물유, 동물유 및 식물유의 정제에 사용된 폐토사를 포함한다.)

88 사업장에서 발생하는 폐기물 중 유해물질의 함유량에 따라 지정폐기물로 분류될 수 있는 폐기물에 대해서는 폐기물분석전문기관에 의뢰하여 지정폐기물에 해당되는지를 미리 확인하여야 한다. 이를 위반하여 확인하지 아니한 자에 대한 과태료 부과기준은?

① 200만 원 이하   ② 300만 원 이하
③ 500만 원 이하   ④ 1,000만 원 이하

폐기물관리법 제68조 참조

89 폐기물 처분시설의 설치기준에서 재활용시설의 경우 파쇄·분쇄·절단시설이 갖추어야 할 기준으로 (   )에 맞는 것은?

> 파쇄·분쇄·절단조각의 크기는 최대직경 (   ) 이하로 각각 파쇄·분쇄·절단할 수 있는 시설이어야 한다.

① 3센티미터   ② 5센티미터
③ 10센티미터   ④ 15센티미터

폐기물 처분시설의 설치기준(재활용시설)
파쇄·분쇄·절단조각의 크기는 최대직경 15센티미터 이하로 각각 파쇄·분쇄·절단할 수 있는 시설이어야 한다.

90 주변지역 영향 조사대상 폐기물처리시설 중 '대통령령으로 정하는 폐기물처리시설' 기준으로 옳지 않은 것은? (단, 폐기물처리업자가 설치, 운영)

① 시멘트 소성로(폐기물을 연료로 사용하는 경우로 한정한다.)
② 매립면적 3만 제곱미터 이상의 사업장 일반폐기물 매립시설
③ 매립면적 1만 제곱미터 이상의 사업장 지정폐기물 매립시설
④ 1일 처분능력이 50톤 이상인 사업장폐기물소각시설(같은 사업장에 여러 개의 소각시설이 있는 경우에는 각 소각시설의 1일 처분 능력의 합계가 50톤 이상인 경우를 말한다.)

주변지역 영향 조사대상 폐기물처리시설 기준
① 1일 처분능력이 50톤 이상인 사업장폐기물 소각시설(같은 사업장에 여러 개의 소각시설이 있는 경우에는 각 소각시설의 1일 처분능력의 합계가 50톤 이상인 경우를 말한다.)
② 매립면적 1만 제곱미터 이상의 사업장 지정폐기물 매립시설

③ 매립면적 15만 제곱미터 이상의 사업장 일반폐기물 매립시설
④ 시멘트 소성로(폐기물을 연료로 사용하는 경우로 한정한다.)
⑤ 1일 재활용능력이 50톤 이상인 사업장폐기물 소각열회수시설(같은 사업장에 여러 개의 소각열회수시설이 있는 경우에는 각 소각열회수시설의 1일 재활용능력의 합계가 50톤 이상인 경우를 말한다.)

91 폐기물관리법령상 용어의 정의로 틀린 것은?

① 폐기물 : 쓰레기, 연소재, 오니, 폐유, 폐산, 폐알칼리 및 동물의 사체 등으로서 사람의 생활이나 사업활동에 필요하지 아니하게 된 물질을 말한다.
② 폐기물처리시설 : 폐기물의 중간처분시설 및 최종처분시설 중 재활용처리시설을 제외한 환경부령으로 정하는 시설을 말한다.
③ 지정폐기물 : 사업장폐기물 중 폐유·폐산 등 주변 환경을 오염시킬 수 있거나 의료폐기물 등 인체에 위해를 줄 수 있는 해로운 물질로서 대통령령으로 정하는 폐기물을 말한다.
④ 폐기물감량화시설 : 생산 공정에서 발생하는 폐기물의 양을 줄이고, 사업장 내 재활용을 통하여 폐기물 배출을 최소화하는 시설로서 대통령령으로 정하는 시설을 말한다.

폐기물처리시설
폐기물의 중간처분시설, 최종처분시설 및 재활용시설로서 대통령령으로 정하는 시설을 말한다.

92 폐기물 처리시설인 중간처분시설 중 기계적 처분시설의 종류로 틀린 것은?

① 절단시설(동력 7.5kW 이상인 시설로 한정한다.)
② 응집·침전 시설(동력 15kW 이상인 시설로 한정한다.)
③ 압축시설(동력 7.5kW 이상인 시설로 한정한다.)
④ 탈수·건조 시설

중간처분시설(기계적 처분시설)의 종류
① 압축시설(동력 7.5kW 이상인 시설로 한정한다.)
② 파쇄·분쇄시설(동력 15kW 이상인 시설로 한정한다.)
③ 절단시설(동력 7.5kW 이상인 시설로 한정한다.)
④ 용융시설(동력 7.5kW 이상인 시설로 한정한다.)
⑤ 증발·농축시설
⑥ 정제시설(분리·증류·추출·여과 등의 시설을 이용하여 폐기물을 처분하는 단위시설을 포함한다.)
⑦ 유수분리시설

정답 88 ②   89 ④   90 ②   91 ②   92 ②

⑧ 탈수 · 건조시설
⑨ 멸균분쇄시설

93 폐기물발생억제지침 준수의무 대상 배출자의 규모기준으로 옳은 것은?

① 최근 2년간 연평균 배출량을 기준으로 지정폐기물을 100톤 이상 배출하는 자
② 최근 2년간 연평균 배출량을 기준으로 지정폐기물을 200톤 이상 배출하는 자
③ 최근 3년간 연평균 배출량을 기준으로 지정폐기물을 100톤 이상 배출하는 자
④ 최근 3년간 연평균 배출량을 기준으로 지정폐기물을 200톤 이상 배출하는 자

해설 **폐기물발생억제지침 준수의무 대상 배출자의 규모**
① 최근 3년간 연평균 배출량을 기준으로 지정폐기물을 100톤 이상 배출하는 자
② 최근 3년간 연평균 배출량을 기준으로 지정폐기물 외의 폐기물을 1천 톤 이상 배출하는 자

94 대통령령으로 정하는 폐기물처리시설을 설치, 운영하는 자는 그 시설의 유지관리에 관한 기술업무를 담당하게 하기 위해 기술관리인을 임명하거나 기술관리 능력이 있다고 대통령령으로 정하는 자와 기술관리 대행계약을 체결하여야 한다. 이를 위반하여 기술관리인을 임명하지 아니하고 기술관리 대행 계약을 체결하지 아니한 자에 대한 과태료 처분 기준은?

① 2백만 원 이하의 과태료
② 3백만 원 이하의 과태료
③ 5백만 원 이하의 과태료
④ 1천만 원 이하의 과태료

해설 폐기물관리법 제68조 참조

95 대통령령으로 정하는 폐기물처리시설을 설치, 운영하는 자는 그 처리시설에서 배출되는 오염물질을 측정하거나 환경부령으로 정하는 측정기관으로 하여금 측정하게 하고 그 결과를 환경부 장관에게 제출하여야 하는데 이때 '환경부령으로 정하는 측정기관'에 해당되지 않는 것은?

① 보건환경연구원
② 국립환경과학원
③ 한국환경공단
④ 수도권매립지관리공사

해설 **환경부령으로 정하는 오염물질 측정기관**
① 보건환경연구원
② 한국환경공단
③ 수질오염물질 측정대행업의 등록을 한 자
④ 수도권매립지관리공사
⑤ 폐기물분석전문기관

96 폐기물 감량화 시설의 종류와 가장 거리가 먼 것은?

① 폐기물 재사용 시설
② 폐기물 재활용 시설
③ 폐기물 재이용 시설
④ 공정 개선 시설

해설 **폐기물 감량화 시설의 종류**
① 공정 개선 시설   ② 폐기물 재이용 시설
③ 폐기물 재활용 시설   ④ 그 밖의 폐기물 감량화 시설

97 기술관리인을 두어야 할 폐기물처리시설이 아닌 것은?

① 압축 · 파쇄 · 분쇄시설로서 1일 처분능력이 50톤 이상인 시설
② 사료화 · 퇴비화시설로서 1일 재활용능력이 5톤 이상인 시설
③ 시멘트 소성로
④ 소각열회수시설로서 시간당 재활용능력이 600킬로그램 이상인 시설

해설 **기술관리인을 두어야 하는 폐기물처리시설**
① 매립시설의 경우
　㉠ 지정폐기물을 매립하는 시설로서 면적이 3천 300제곱미터 이상인 시설. 다만, 차단형 매립시설에서는 면적이 330제곱미터 이상이거나 매립용적이 1천 세제곱미터 이상인 시설로 한다.
　㉡ 지정폐기물 외의 폐기물을 매립하는 시설로서 면적이 1만 제곱미터 이상이거나 매립용적이 3만 세제곱미터 이상인 시설
② 소각시설로서 시간당 처리능력이 600킬로그램(감염성 폐기물을 대상으로 하는 소각시설의 경우에는 200킬로그램) 이상인 시설
③ 압축 · 파쇄 · 분쇄 또는 절단시설로서 1일 처리능력 또는 재활용시설이 100톤 이상인 시설

④ 사료화 · 퇴비화 또는 연료화 시설로서 1일 재활용능력이 5톤 이상인 시설

⑤ 멸균 · 분쇄시설로서 시간당 처리능력이 100킬로그램 이상인 시설

⑥ 시멘트 소성로

⑦ 용해로(폐기물에 비철금속을 추출하는 경우로 한정한다.)로서 시간당 재활용능력이 600킬로그램 이상인 시설

⑧ 소각열회수시설로서 시간당 재활용능력이 600킬로그램 이상인 시설

98 관리형 매립시설에서 발생하는 침출수의 배출허용기준 (BOD−SS 순서)은?(단, 가 지역, 단위 mg/L)

① 30−30
② 30−50
③ 50−50
④ 50−70

관리형 매립시설 침출수의 배출허용기준

구분	생물 화학적 산소 요구량 (mg/L)	화학적 산소요구량(mg/L)			부유물 질량 (mg/L)
		과망간산칼륨법에 따른 경우		중크롬산 칼륨법에 따른 경우	
		1일 침출수 배출량 2,000m³ 이상	1일 침출수 배출량 2,000m³ 미만		
청정 지역	30	50	50	400 (90%)	30
가 지역	50	80	100	600 (85%)	50
나 지역	70	100	150	800 (80%)	70

99 폐기물처리시설 설치승인신청서에 첨부하여야 하는 서류로 가장 거리가 먼 것은?

① 처분 또는 재활용 후에 발생하는 폐기물의 처분 또는 재활용계획서

② 처분 대상 폐기물 발생 저감 계획서

③ 폐기물 처분시설 또는 재활용시설의 설계도서(음식물류 폐기물을 처분 또는 재활용하는 시설인 경우에는 물질수지도를 포함한다.)

④ 폐기물 처분시설 또는 재활용시설의 설치 및 장비확보 계획서

폐기물처리시설 설치승인신청서 첨부서류

① 처분 또는 재활용 대상 폐기물 배출업체의 제조공정도 및 폐기물배출명세서(사업장폐기물배출자가 설치하는 경우만 제출한다.)

② 폐기물의 종류, 성질 · 상태 및 예상 배출량명세서(사업장폐기물배출자가 설치하는 경우만 제출한다.)

③ 처분 또는 재활용 대상 폐기물의 처분계획서

④ 폐기물처분시설 또는 재활용시설의 설치 및 장비확보 계획서

⑤ 폐기물처분시설 또는 재활용시설의 설계도서(음식물류 폐기물을 처분 또는 재활용하는 시설의 경우에는 물질수지도를 포함한다.)

⑥ 처분 또는 재활용 후에 발생하는 폐기물의 처분계획서

⑦ 공동폐기물처분시설 또는 재활용시설의 설치 · 운영에 드는 비용부담 등에 관한 규약(폐기물처리시설을 공동으로 설치 · 운영하는 경우만 제출한다.)

⑧ 폐기물매립시설의 사후관리계획서

⑨ 환경부장관이 고시하는 사항을 포함한 시설설치의 환경성조사서[면적이 1만 제곱미터 이상이거나 매립용적이 3만 세제곱미터 이상인 매립시설, 1일 처분능력이 100톤 이상(지정폐기물의 경우에는 10톤 이상)인 소각시설, 1일 재활용능력이 100톤 이상인 소각열회수시설이나 폐기물을 연료로 사용하는 시멘트 소성로의 경우만 제출한다]. 다만, 「환경영향평가법」에 따른 전략환경영향평가 대상사업, 환경영향평가 대상사업 또는 소규모 환경영향평가 대상사업의 경우에는 전략환경영향평가서, 환경영향평가서나 소규모 환경영향평가서로 대체할 수 있다.

⑩ 배출시설의 설치허가 신청 또는 신고 시의 첨부서류(배출시설에 해당하는 폐기물 처분시설 또는 재활용시설을 설치하는 경우만 제출하며 제1호부터 제8호까지의 서류와 중복되면 그 서류는 제출하지 아니할 수 있다.)

100 주변지역 영향 조사대상 폐기물처리시설의 기준으로 옳은 것은?

매립면적 ( ) 제곱미터 이상의 사업장 일반폐기물 매립시설

① 1만
② 3만
③ 5만
④ 15만

주변지역 영향 조사대상 폐기물처리시설 기준

① 1일 처분능력이 50톤 이상인 사업장폐기물 소각시설(같은 사업장에 여러 개의 소각시설이 있는 경우에는 각 소각시설의 1일 처분능력의 합계가 50톤 이상인 경우를 말한다.)

② 매립면적 1만 제곱미터 이상의 사업장 지정폐기물 매립시설

③ 매립면적 15만 제곱미터 이상의 사업장 일반폐기물 매립시설

④ 시멘트 소성로(폐기물을 연료로 사용하는 경우로 한정한다.)

⑤ 1일 재활용능력이 50톤 이상인 사업장폐기물 소각열회수시설(같은 사업장에 여러 개의 소각열회수시설이 있는 경우에는 각 소각열회수시설의 1일 재활용능력의 합계가 50톤 이상인 경우를 말한다.)

정답 **98** ③ **99** ② **100** ④

제1과목 폐기물개론

01 폐기물 1톤을 건조시켜 함수율을 50%에서 25%로 감소시켰을 때 폐기물 중량(톤)은?

① 0.42
② 0.53
③ 0.67
④ 0.75

해설 $1ton \times (1-0.5) = $ 건조 후 폐기물 중량$(ton) \times (1-0.25)$

건조 후 폐기물 중량$(ton) = \dfrac{1ton \times 0.5}{0.75} = 0.67ton$

02 하수처리장에서 발생되는 슬러지와 비교한 분뇨의 특성이 아닌 것은?

① 질소의 농도가 높음
② 다량의 유기물을 포함
③ 염분의 농도가 높음
④ 고액분리가 쉬움

해설 **분뇨의 특성**
① 유기물 함유도와 점도가 높아서 쉽게 고액분리되지 않는다. (다량유기물을 포함하여 고액분리 곤란)
② 토사 및 협착물이 많고 분뇨 내 협잡물의 양과 질은 도시, 농촌, 공장지대 등 발생지역에 따라 그 차이가 크다.
③ 분뇨는 외관상 황색~다갈색이고 비중은 1.02 정도이며 악취를 유발한다.
④ 분뇨는 하수슬러지에 비해 질소의 농도가 높다.[NH_4HCO_3 및 $(NH_4)_2CO_3$ 형태로 존재]
⑤ 분뇨 중 질소산화물의 함유형태를 보면 분은 VS의 12~20% 정도이고 뇨는 VS의 80~90%이다. 즉, 질소화합물 함유도가 높다.
⑥ 협잡물의 함유율이 높고 염분의 농도도 비교적 높다.
⑦ 일반적으로 1인 1일 평균 100g의 분과 800g의 뇨를 배출한다.
⑧ 고형물 중 휘발성 고형물 농도가 높다.
⑨ COD 함량이 높고 BOD는 COD의 약 1/3 정도이다.

03 우리나라 폐기물관리법에 따른 의료폐기물 중 위해의료폐기물이 아닌 것은?

① 조직물류 폐기물
② 병리계 폐기물
③ 격리폐기물
④ 혈액오염폐기물

해설 **위해의료폐기물의 종류**
① 조직물류 폐기물 : 인체 또는 동물의 조직·장기·기관·신체의 일부, 동물의 사체, 혈액·고름 및 혈액생성물질(혈청, 혈장, 혈액 제제)
② 병리계 폐기물 : 시험·검사 등에 사용된 배양액, 배양용기, 보관균주, 폐시험관, 슬라이드 커버글라스 폐배지, 폐장갑
③ 손상성 폐기물 : 주삿바늘, 봉합바늘, 수술용 칼날, 한방침, 치과용 침, 파손된 유리재질의 시험기구
④ 생물·화학폐기물 : 폐백신, 폐항암제, 폐화학치료제
⑤ 혈액오염폐기물 : 폐혈액백, 혈액투석 시 사용된 폐기물, 그 밖에 혈액이 유출될 정도로 포함되어 있는 특별한 관리가 필요한 폐기물

04 쓰레기 발생량 조사방법이라 볼 수 없는 것은?

① 적재차량 계수분석법
② 물질수지법
③ 성상분류법
④ 직접계근법

해설
① 쓰레기 발생량 조사방법
  ㉠ 적재차량 계수분석법
  ㉡ 직접계근법
  ㉢ 물질수지법
  ㉣ 통계조사(표본조사, 전수조사)
② 쓰레기 발생량 예측방법
  ㉠ 경향법
  ㉡ 다중회귀모델
  ㉢ 동적모사모델

05 인구가 300,000명인 도시에서 폐기물 발생량이 1.2kg/인·일이라고 한다. 수거된 폐기물의 밀도가 0.8kg/L, 수거차량의 적재용량이 12m³라면, 1일 2회 수거하기 위한 수거차량의 대수는?(단, 기타 조건은 고려하지 않음)

① 15대
② 17대
③ 19대
④ 21대

해설 수거차량(대) $= \dfrac{1.2kg/인·일 \times 300,000인}{12m^3/회 \times (0.8kg/10^{-3}m^3) \times 2회/대·일}$
$= 18.75(19대)$

06 밀도가 400kg/m³인 쓰레기 10ton을 압축시켰더니 처음 부피보다 50%가 줄었다. 이 경우 Compaction Ratio는?

① 1.5

② 2.0

③ 2.5

④ 3.0

$$CR = \left(\frac{100}{100 - VR}\right) = \left(\frac{100}{100 - 50}\right) = 2.0$$

07 30만 명 인구규모를 갖는 도시에서 발생되는 도시쓰레기 양이 연간 40만 톤이고, 수거인부가 하루 500명이 동원되었을 때 MHT는?(단, 1일 작업시간 = 8시간, 연간 300일 근무)

① 3

② 4

③ 6

④ 7

$$\text{MHT} = \frac{수거인부 \times 수거인부\ 총수거시간}{총수거량}$$

$$= \frac{500인 \times 8\text{hr/day} \times 300\text{day/year}}{400,000\text{ton/year}}$$

$$= 3\text{MHT(man} \cdot \text{hr/ton)}$$

08 효과적인 수거노선 설정에 관한 설명으로 가장 거리가 먼 것은?

① 적은 양의 쓰레기가 발생하나 동일한 수거빈도를 받기를 원하는 수거지점은 가능한 한 같은 날 왕복 내에서 수거되지 않도록 한다.

② 가능한 한 지형지물 및 도로 경계와 같은 장벽을 이용하여 간선도로 부근에서 시작하고 끝나도록 배치하여야 한다.

③ U자형 회전은 피하고 많은 양의 쓰레기가 발생되는 발생원은 하루 중 가장 먼저 수거하도록 한다.

④ 가능한 한 시계방향으로 수거노선을 정한다.

효과적 · 경제적인 수거노선 결정 시 유의(고려)사항 : 수거노선 설정요령

① 지형이 언덕인 지역에서는 언덕의 위에서부터 내려가며 적재하면서 차량을 진행하도록 한다.(안전성, 연료비 절약)

② 수거인원 및 차량형식이 같은 기존 시스템의 조건들을 서로 관련시킨다.

③ 출발점은 차고와 가깝게 하고 수거된 마지막 컨테이너가 처분지의 가장 가까이에 위치하도록 배치한다.

④ 가능한 한 지형지물 및 도로경계와 같은 장벽을 사용하여 간선도로 부근에서 시작하고 끝나야 한다.(도로경계 등을 이용)

⑤ 가능한 한 시계방향으로 수거노선을 정한다.

⑥ 적은 양의 쓰레기가 발생하나 동일한 수거빈도를 받기 원하는 적재지점(수거지점)은 가능한 한 같은 날 왕복 내에서 수거한다.

⑦ 아주 많은 양의 쓰레기가 발생되는 발생원은 하루 중 가장 먼저 수거한다.

⑧ 될 수 있는 한 한 번 간 길은 다시 가지 않는다.

⑨ 반복운행 또는 U자형 회전은 피하여 수거한다.

⑩ 교통량이 많거나 출퇴근시간은 피하여 수거한다.

⑪ 수거지점과 수거빈도 결정 시 기존정책이나 규정을 참고한다.

09 X_{90} = 4.6cm로 도시폐기물을 파쇄하고자 할 때 Rosin-Rammler 모델에 의한 특성입자크기(X_o, cm)는? (단, n=1로 가정)

① 1.2

② 1.6

③ 2.0

④ 2.3

$$Y = 1 - \exp\left[-\left(\frac{X}{X_o}\right)^n\right]$$

$$0.9 = 1 - \exp\left[-\left(\frac{4.6}{X_o}\right)^1\right]$$

$$-\frac{4.6}{X_o} = \ln 0.1$$

특성입자크기(X_o)=2.0cm

10 강열감량에 대한 설명으로 가장 거리가 먼 것은?

① 강열감량이 높을수록 연소효율이 좋다.

② 소각잔사의 매립처분에 있어서 중요한 의미가 있다.

③ 3성분 중에서 가연분이 타지 않고 남는 양으로 표현된다.

④ 소각로의 연소효율을 판정하는 지표 및 설계인자로 사용된다.

강열감량(열작감량)

① 소각재 중 미연분의 양을 중량 백분율로 표시한다. (강열감량 = 수분함량 + 가연분함량)

② 소각로의 연소효율을 판정하는 지표 및 설계인자로 사용한다.(소각로의 운전상태를 파악할 수 있는 중요한 지표)

③ 소각잔사의 매립처분에 있어서 중요한 의미가 있다.

④ 3성분 중에서 가연분이 타지 않고 남는 양으로 표현된다.

⑤ 강열감량이 낮을수록 연소효율이 좋다.

⑥ 소각로의 종류, 처리용량에 따른 화격자의 면적을 산정하는데 중요한 자료이다.

⑦ 쓰레기의 가연분, 소각잔사의 미연분, 고형물 중의 유기분을 측정하기 위한 열작감량(완전연소가능량, Ignition Loss)

정답 **06** ② **07** ① **08** ① **09** ③ **10** ①

11 폐기물의 성분을 조사한 결과 플라스틱의 함량이 10%(중량비)로 나타나다. 폐기물의 밀도가 300kg/m³이라면 폐기물 10m³ 중에 함유된 플라스틱의 양(kg)은?

① 300
② 400
③ 500
④ 600

해설 플라스틱양 = 밀도 × 부피 × 함량
= $300kg/m^3 \times 10m^3 \times 0.1 = 300kg$

12 적환장을 설치하는 일반적인 경우와 가장 거리가 먼 것은?

① 불법 투기 쓰레기들이 다량 발생할 때
② 고밀도 거주지역이 존재할 때
③ 상업지역에서 폐기물 수집에 소형 용기를 많이 사용할 때
④ 슬러지 수송이나 공기수송 방식을 사용할 때

해설 **적환장 설치가 필요한 경우**
① 작은 용량의 수집차량을 사용할 때(15m³ 이하)
② 저밀도 거주지역이 존재할 때
③ 불법 투기와 다량의 어질러진 쓰레기들이 발생할 때
④ 슬러지 수송이나 공기수송 방식을 사용할 때
⑤ 처분지가 수집장소로부터 멀리 떨어져 있을 때
⑥ 상업지역에서 폐기물 수집에 소형 용기를 많이 사용하는 경우
⑦ 쓰레기 수송 비용절감이 필요한 경우
⑧ 압축식 수거 시스템인 경우

13 폐기물을 파쇄하여 입도를 분석하였더니 폐기물 입도분포 곡선상 통과백분율이 10%, 30%, 60%, 90%에 해당되는 입경이 각각 2mm, 4mm, 6mm, 8mm이었다. 곡률계수는?

① 0.93
② 1.13
③ 1.33
④ 1.53

해설 곡률계수 = $\dfrac{D_{30}^{\ 2}}{D_{10}D_{60}} = \dfrac{4^2}{2 \times 6} = 1.33$

14 고위발열량이 8,000kcal/kg인 폐기물 10톤과 6,000kcal/kg인 폐기물 2톤을 혼합하여 SRF를 만들었다면 SRF의 고위발열량(kcal/kg)은?

① 약 7,567
② 약 7,667
③ 약 7,767
④ 약 7,867

해설 고위발열량(kcal/kg) = $\dfrac{(8,000 \times 10) + (6,000 \times 2)}{10 + 2}$
= $7,666.67\,kcal/kg$

15 도시 쓰레기 수거노선을 설정할 때 유의해야 할 사항으로 틀린 것은?

① 수거지점과 수거빈도를 정하는 데 있어서 기존 정책을 참고한다.
② 수거인원 및 차량 형식이 같은 기존 시스템의 조건들을 서로 관련시킨다.
③ 교통이 혼잡한 지역에서 발생되는 쓰레기는 새벽에 수거한다.
④ 쓰레기 발생량이 많은 지역은 연료 절감을 위해 하루 중 가장 늦게 수거한다.

해설 **효과적·경제적인 수거노선 결정 시 유의(고려)사항 : 수거노선 설정요령**
① 지형이 언덕인 지역에서는 언덕의 위에서부터 내려가며 적재하면서 차량을 진행하도록 한다.(안전성, 연료비 절약)
② 수거인원 및 차량형식이 같은 기존 시스템의 조건들을 서로 관련시킨다.
③ 출발점은 차고와 가깝게 하고 수거된 마지막 컨테이너가 처분지의 가장 가까이에 위치하도록 배치한다.
④ 가능한 한 지형지물 및 도로경계와 같은 장벽을 사용하여 간선도로 부근에서 시작하고 끝나야 한다.(도로경계 등을 이용)
⑤ 가능한 한 시계방향으로 수거노선을 정한다.
⑥ 적은 양의 쓰레기가 발생하나 동일한 수거빈도를 받기 원하는 적재지점(수거지점)은 가능한 한 같은 날 왕복 내에서 수거한다.
⑦ 아주 많은 양의 쓰레기가 발생되는 발생원은 하루 중 가장 먼저 수거한다.
⑧ 될 수 있는 한 한 번 간 길은 다시 가지 않는다.
⑨ 반복운행 또는 U자형 회전은 피하여 수거한다.
⑩ 교통량이 많거나 출퇴근시간은 피하여 수거한다.
⑪ 수거지점과 수거빈도 결정 시 기존정책이나 규정을 참고한다.

16 전과정평가(LCA)는 4부분으로 구성된다. 그중 상품, 포장, 공정, 물질, 원료 및 활동에 의해 발생하는 에너지 및 천연원료 요구량, 대기, 수질 오염물질 배출, 고형폐기물과 기타 기술적 자료구축 과정에 속하는 것은?

① Scoping Analysis
② Inventory Analysis
③ Impact Analysis
④ Improvement Analysis

정답 **11** ① **12** ② **13** ③ **14** ② **15** ④ **16** ②

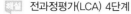 **전과정평가(LCA) 4단계**
① 목적 및 범위의 설정(Goal Definition Scoping) : 1단계
[LCA 사용목적]
㉠ 복수제품 간의 비교선택
㉡ 제품 및 공정의 개선효과 파악
㉢ 목표치를 달성하기 위한 제품의 점검
㉣ 개선점의 추출(우선순위 결정)
㉤ 제품에 관계되는 주체 간의 의사전달 촉진
② 목록분석(Inventory Analysis) : 2단계
상품, 포장, 공정, 물질, 원료 및 활동에 의해 발생하는 에너지 및 천연원료 요구량, 대기, 수질 오염물질 배출, 고형폐기물과 기타 기술적 자료구축 과정이다.
③ 영향평가(Impact Analysis or Assessment) : 3단계
조사분석과정에서 확정된 자원요구 및 환경부하에 대한 영향을 평가하는 기술적, 정량적, 정성적 과정이다.
④ 개선평가 및 해석(Improvement Assessment) : 4단계
전 과정에 대한 해석을 실시하는 과정이다.

17 MBT에 관한 설명으로 맞는 것은?

① 생물학적 처리가 가능한 유기성 폐기물이 적은 우리나라는 MBT 설치 및 운영이 적합하지 않다.
② MBT는 지정폐기물의 전처리 시스템으로서 폐기물 무해화에 효과적이다.
③ MBT는 주로 기계적 선별, 생물학적 처리 등을 통해 재활용 물질을 회수하는 시설이다.
④ MBT는 생활폐기물 소각 후 잔재물을 대상으로 재활용 물질을 회수하는 시설이다.

MBT(Mechanical Biological Treatment)의 특징
① 주로 기계적 선별, 생물학적 처리 등을 통해 재활용 물질을 회수하는 시설이다.
② 생물학적 처리가 가능한 유기성 폐기물이 많은 우리나라는 MBT 설치 및 운영이 적합하다.
③ MBT는 생활폐기물 전처리 시스템으로서 재활용 가치가 있는 물질을 회수하는 시설이다.

18 쓰레기 선별에 사용되는 직경이 5.0m인 트롬멜 스크린의 최적속도(rpm)는?

① 약 9
② 약 11
③ 약 14
④ 약 16

최적회전속도(rpm)
$= 임계속도(\eta_c) \times 0.45$

$임계속도 = \frac{1}{2\pi}\sqrt{\frac{9.8}{2.5}} = 0.32\text{cycle/sec} \times 60\text{sec/min}$

$\qquad\quad = 18.92\text{cycle/min(rpm)}$

$= 18.92\text{rpm} \times 0.45 = 8.51\text{rpm}$

19 분뇨처리를 위한 혐기성 소화조의 운영과 통제를 위하여 사용하는 분석항목으로 가장 거리가 먼 것은?

① 휘발성 산의 농도
② 소화가스 발생량
③ 세균수
④ 소화조 온도

혐기성 소화조의 운영과 통제를 위한 분석항목
① 소화가스 발생량
② 소화가스 중 메탄과 이산화탄소의 함량
③ 휘발성 산의 농도
④ 소화조 온도
⑤ 소화시간

20 쓰레기 발생량 예측방법으로 적절하지 않은 것은?

① 경향법
② 물질수지법
③ 다중회귀모델
④ 동적모사모델

폐기물 발생량 예측방법

방법(모델)	내용
경향법 (Trend Method) 경향예측모델	• 최저 5년 이상의 과거 처리 실적을 수식 model에 대하여 과거의 경향을 가지고 장래를 예측하는 방법 • 단지 시간과 그에 따른 쓰레기 발생량(또는 성상) 간의 상관관계만을 고려하며 이를 수식으로 표현하면 $x = f(t)$ • $x = f(t)$는 선형, 지수형, 대수형 등에서 가장 근사한 형태를 택함
다중회귀모델 (Multiple Regression Model)	• 하나의 수식으로 각 인자들의 효과를 총괄적으로 나타내어 복잡한 시스템의 분석에 유용하게 사용할 수 있는 쓰레기 발생량 예측방법 • 각 인자마다 효과를 파악하기보다는 전체 인자의 효과를 총괄적으로 파악하는 것이 간편하고 유용한 예측방법으로 시간을 단순히 하나의 독립된 종속인자로 대입 • 수식 $x = f(X_1 X_2 X_3 \cdots X_n)$, 여기서 $X_1 X_2 X_3 \cdots X_n$은 쓰레기 발생량에 영향을 주는 인자 ※ 인자 : 인구, 지역소득(GNP 또는 GRP), 자원회수량, 상품 소비량 또는 매출액 (자원회수량, 사회적·경제적 특성이 고려됨)

2021

방법(모델)	내용
동적모사모델 (Dynamic Simulation Model)	• 쓰레기 발생량에 영향을 주는 모든 인자를 시간에 대한 함수로 나타낸 후 시간에 대한 함수로 표현된 각 영향인자들 간의 상관관계를 수식화하는 방법 • 시간만을 고려하는 경향법과 시간을 단순히 하나의 독립적인 종속인자로 고려하는 다중회귀모델의 문제점을 보안한 예측방법 • Dynamo 모델 등이 있음

제2과목 **폐기물처리기술**

21 매립지의 연직차수막에 관한 설명으로 옳은 것은?

① 지중에 암반이나 점성토의 불투수층이 수직으로 깊이 분포하는 경우에 설치한다.

② 지하수 집배수시설이 불필요하다.

③ 지하에 매설되므로 차수막 보강시공이 불가능하다.

④ 차수막의 단위면적당 공사비는 적게 소요되나 총공사비는 비싸다.

해설 연직차수막

① 적용조건 : 지중에 수평방향의 차수층이 존재할 때 사용

② 시공 : 수직 또는 경사시공

③ 지하수 집배수시설 : 불필요

④ 차수성 확인 : 지하매설로서 차수성 확인이 어려움

⑤ 경제성 : 단위면적당 공사비는 많이 소요되나 총공사비는 적게 듦

⑥ 보수 : 지중이므로 보수가 어렵지만 차수막 보강시공이 가능

⑦ 공법 종류

  ㉠ 어스 댐 코어 공법

  ㉡ 강널말뚝(Sheet Pile) 공법

  ㉢ 그라우트 공법

  ㉣ 차수시트 매설 공법

  ㉤ 지중 연속벽 공법

22 토양증기추출공정에서 발생되는 2차 오염 배가스 처리를 위한 흡착방법에 대한 설명으로 옳지 않은 것은?

① 배가스의 온도가 높을수록 처리성능은 향상된다.

② 배가스 중의 수분을 전단계에서 최대한 제거해 주어야 한다.

③ 흡착제의 교체주기는 파과지점을 설계하여 정한다.

④ 흡착반응기 내 채널링 현상을 최소화하기 위하여 배가스의 선속도를 적정하게 조절한다.

해설 배기가스의 온도가 높을수록 처리성능은 저감되며 활성탄 흡착탑 유입가스의 온도가 약 50℃ 이상일 때는 배기가스를 냉각시켜야 한다.

23 매립지 중간복토에 관한 설명으로 틀린 것은?

① 복토는 메탄가스가 외부로 나가는 것을 방지한다.

② 폐기물이 바람에 날리는 것을 방지한다.

③ 복토재로는 모래나 점토질을 사용하는 것이 좋다.

④ 지반의 안정과 강도를 증가시킨다.

해설 중간복토

① 최소두께는 7일 이상 방치 시 30cm 이상 실시

② 쓰레기 운반차량을 위한 도로지반 제공 및 장기간 방치되는 매립부분의 우수배제를 목적으로 함

③ 화재예방, 악취발산 억제 및 가스배출 억제

④ 우수침투 방지, 쓰레기가 바람에 날리는 것 방지

⑤ 차수성이 좋고, 통기성이 안 좋은 점토계 토양이 적합

⑥ 지반의 안정과 강도를 증가

24 휘발성 유기화합물질(VOCs)이 아닌 것은?

① 벤젠

② 디클로로에탄

③ 아세톤

④ 디디티

해설 DDT(Dichloro−Diphenyl−Trichloroethane)는 염소를 한 개씩 달고 있는 벤젠고리 2개와 3개의 염소가 결합한 형태의 유기염소화합물이다.

25 폐기물의 고화처리방법 중 피막형성법의 장점으로 옳은 것은?

① 화재 위험성이 없다.

② 혼합률이 높다.

③ 에너지 소비가 적다.

④ 침출성이 낮다.

해설 피막형성법

① 장점

  ㉠ 혼합률(MR)이 비교적 낮다.

  ㉡ 침출성이 고형화방법 중 가장 낮다.

② 단점

  ㉠ 많은 에너지가 요구된다.

  ㉡ 값비싼 시설과 숙련된 기술을 요한다.

  ㉢ 피막형성용 수지값이 비싸다.

  ㉣ 화재위험성이 있다.

26 고형물농도가 80,000ppm인 농축슬러지양 20m³/hr를 탈수하기 위해 개량제(Ca(OH)₂)를 고형물당 10wt% 주입하여 함수율 85wt%인 슬러지 Cake을 얻었다면 예상 슬러지 Cake의 양(m³/hr)은?(단, 비중 = 1.0 기준)

① 약 7.3 　　　　　② 약 9.6
③ 약 11.7 　　　　 ④ 약 13.2

Cake 양(m^3/hr)
=고형물 농축슬러지양×응집제첨가량×함수율보정
$= 20m^3/hr \times 80,000mg/L \times 1kg/10^6mg$
$\times L/kg \times \left(\frac{100+10}{100}\right) \times \left(\frac{100}{100-85}\right)$
$= 11.74m^3/hr$

27 친산소성 퇴비화 공정의 설계 운영고려 인자에 관한 내용으로 틀린 것은?

① 수분함량 : 퇴비화기간 동안 수분함량은 50~60% 범위에서 유지된다.
② C/N비 : 초기 C/N비는 25~50이 적당하며 C/N비가 높은 경우는 암모니아 가스가 발생한다.
③ pH 조절 : 적당한 분해작용을 위해서는 pH 7~7.5 범위를 유지하여야 한다.
④ 공기공급 : 이론적인 산소요구량은 식을 이용하여 추정이 가능하다.

① C/N비가 높으면 유기산 등이 퇴비의 pH를 낮추고 미생물의 성장과 활동도 억제되며 질소 부족(C/N비 80 이상이면 질소 결핍현상)으로 퇴비화가 잘 형성되지 않아 퇴비화의 소요기간이 길어진다.(폐기물 내 질소함량이 적은 것은 퇴비화가 잘 되지 않는다.)
② C/N비가 20보다 낮으면 유기질소가 암모니아로 변하여 pH를 증가시키고, 이로 인해 암모니아 가스가 발생되어 퇴비화 과정 중 악취가 생긴다.

28 분뇨슬러지를 퇴비화할 경우, 영향을 주는 요소로 가장 거리가 먼 것은?

① 수분함량 　　　　② 온도
③ pH 　　　　　　 ④ SS농도

분뇨슬러지를 퇴비화할 경우 영향을 주는 요소는 수분함량, C/N비, 온도, pH 등이다.

29 유기물($C_6H_{12}O_6$) 0.1ton을 혐기성 소화할 때 생성될 수 있는 최대 메탄의 양(kg)은?

① 12.5 　　　　　 ② 26.7
③ 37.3 　　　　　 ④ 42.9

$C_6H_{12}O_6 \rightarrow 3CH_4 + 3CO_2$
180kg 　:　 (3×16)kg
100kg 　:　 CH_4(kg)
$CH_4(kg) = \frac{100kg \times (3 \times 16)kg}{180kg} = 26.67kg$

[Note]
혐기성 완전분해식
$$C_aH_bC_cN_d + \left(\frac{4a-b-2c+3d}{4}\right)H_2O$$
$$\rightarrow \left(\frac{4a+b-2c-3d}{8}\right)CH_4 + \left(\frac{4a-b+2c+3d}{8}\right)CO_2 + dNH_3$$

30 매립지에서 침출된 침출수 농도가 반으로 감소하는 데 약 3년이 걸린다면 이 침출수 농도가 90% 분해되는 데 걸리는 시간(년)은?(단, 일차반응 기준)

① 6 　　　　　　　 ② 8
③ 10 　　　　　　 ④ 12

$\ln\left(\frac{C_t}{C_o}\right) = -kt$
$\ln 0.5 = -k \times 3, \ k = 0.231year^{-1}$
$\ln\left(\frac{10}{100}\right) = -0.231year^{-1} \times t$
$t = 9.97year$

31 소각장에서 발생하는 비산재를 매립하기 위해 소각재 매립지를 설계하고자 한다. 내부마찰각(ϕ) 30°, 부착도(c) 1kPa, 소각재의 유해성과 특성변화 때문에 안정에 필요한 안전인자(FS)는 2.0일 때, 소각재 매립지의 최대경사각 β(°)는?

① 14.7 　　　　　 ② 16.1
③ 17.5 　　　　　 ④ 18.5

최대경사각 $= \tan^{-1}\left(\frac{\text{내부마찰각}}{\text{안전인자}}\right)$
$= \tan^{-1}\left(\frac{\tan 30°}{2}\right) = 16.10°$

32 슬러지 수분 결합상태 중 탈수하기 가장 어려운 형태는?

① 모관결합수 ② 간극모관결합수
③ 표면부착수 ④ 내부수

[해설] 탈수가 어려운 형태 순서
내부수 > 표면부착수 > 쐐기상 모관결합수 > 간극모관결합수 >
모관결합수

33 쓰레기의 밀도가 $750kg/m^3$이며 매립된 쓰레기의 총량은 30,000ton이다. 여기에서 유출되는 연간 침출수량(m^3)은?(단, 침출수 발생량은 강우량의 60%, 쓰레기의 매립 높이 = 6m, 연간 강우량 = 1,300mm, 기타 조건은 고려하지 않음)

① 2,600 ② 3,200
③ 4,300 ④ 5,200

[해설] 침출수($m^3/year$) $= \dfrac{CIA}{1,000}$

$$A = \frac{30,000\text{ton}}{6\text{m} \times 0.75\text{ton/m}^3} = 6,666.67\text{m}^2$$

$$= \frac{0.6 \times 1,300 \times 6,666.67}{1,000}$$

$$= 5,200\text{m}^3/year$$

34 총질소 2%인 고형폐기물 1ton을 퇴비화했더니 총질소는 2.5%가 되고 고형폐기물의 무게는 0.75ton이 되었다. 결과적으로 퇴비화 과정에서 소비된 질소의 양(kg)은?(단, 기타 조건은 고려하지 않음)

① 1.25 ② 3.25
③ 5.25 ④ 7.25

[해설] 질소의 소비량(kg) $= (1,000\text{kg} \times 0.02) - (750\text{kg} \times 0.025)$
$= 1.25\text{kg}$

35 쓰레기 발생량은 1,000ton/day, 밀도는 $0.5ton/m^3$이며, Trench법으로 매립할 계획이다. 압축에 따른 부피감소율 40%, Trench 깊이 4.0m, 매립에 사용되는 도랑면적 점유율이 전체 부지의 60%라면 연간 필요한 전체 부지 면적(m^2)은?

① 182,500 ② 243,500
③ 292,500 ④ 325,500

[해설] 연간매립면적($m^2/year$)
$= \dfrac{\text{쓰레기의 양}}{\text{밀도} \times \text{깊이}}$
$= \dfrac{1,000\text{ton/day} \times 365\text{day/year}}{0.5\text{ton/m}^3 \times 4.0\text{m} \times 0.6} \times (1-0.4)$
$= 182,500\text{m}^2/year$

36 Soil Washing 기법을 적용하기 위하여 토양의 입도분포를 조사한 결과가 다음과 같을 경우, 유효입경(mm)과 곡률계수는?(단, D_{10}, D_{30}, D_{60}는 각각 통과백분율 10%, 30%, 60%에 해당하는 입자 직경이다.)

구분	D_{10}	D_{30}	D_{60}
입자의 크기(mm)	0.25	0.60	0.90

① 유효입경=0.25, 곡률계수=1.6
② 유효입경=3.60, 곡률계수=1.6
③ 유효입경=0.25, 곡률계수=2.6
④ 유효입경=3.60, 곡률계수=2.6

[해설] 곡률계수 $= \dfrac{D_{30}^{\,2}}{D_{10} \times D_{60}} = \dfrac{0.60^2}{0.25 \times 0.90} = 1.6$
유효입경 $= D_{10} = 0.25$

37 함수율 60%인 쓰레기를 건조시켜 함수율 20%로 만들려면 건조시켜야 할 수분량(kg/톤)은?

① 150 ② 300
③ 500 ④ 700

[해설] $1,000\text{kg} \times (1-0.6) = \text{건조 후 쓰레기양} \times (1-0.2)$
건조 후 쓰레기양 = 500kg
건조시켜야 할 수분량 $= 1,000 - 500 = 500\text{kg}$

38 열분해와 운전인자에 대한 설명으로 틀린 것은?

① 열분해는 무산소상태에서 일어나는 반응이며 필요한 에너지를 외부에서 공급해 주어야 한다.
② 열분해가스 중 CO, H_2, CH_4 등의 생성률은 열공급속도가 커짐에 따라 증가한다.
③ 열분해 반응에서는 열공급속도가 커짐에 따라 유기성 액체와 수분, 그리고 Char의 생성량은 감소한다.
④ 산소가 일부 존재하는 조건에서 열분해가 진행되면 CO_2의 생성량이 최대가 된다.

해설 산소가 일부 존재하는 조건에서 열분해가 진행되면 CO_2의 생성량이 최소가 된다.

39 다음과 같은 특성을 가진 침출수의 처리에 가장 효율적인 공정은?

> [침출수 특성]
> COD/TOC<2.0, BOD/COD<0.1, 매립연한 10년 이상, COD 500 이하, 단위 mg/L

① 이온교환수지
② 활성탄
③ 화학적 침전(석회투여)
④ 화학적 산화

해설 **침출수 특성에 따른 처리공정 구분**

	항목	I	II	III
침출수 특성	COD(mg/L)	10,000 이상	500~10,000	500 이하
	COD/TOC	2.7(2.8) 이상	2.0~2.7	2.0 이하
	BOD/COD	0.5 이상	0.1~0.5	0.1 이하
	매립연한	초기 (5년 이하)	중간 (5~10년)	오래(고령)됨 (10년 이상)
	생물학적 처리	좋음 (양호)	보통	나쁨 (불량)
주 처리 공정	화학적 응집 · 침전 (화학적 침전 : 석회투여)	보통 · 불량	나쁨 (불량)	나쁨 (불량)
	화학적 산화	보통 · 나쁨 (불량)	보통	보통
	역삼투(R.O)	보통	좋음 (양호)	좋음 (양호)
	활성탄 흡착	보통 · 좋음 (양호)	보통 · 좋음 (양호)	좋음 (양호)
	이온교환 수지	나쁨 (불량)	보통 · 좋음 (양호)	보통

40 설계확률 강우강도를 계산할 때 적용되지 않는 공식은?

① Talbot형
② Sherman형
③ Japanese형
④ Manning형

해설 **설계확률 강우강도 계산식**
① Talbot형
② Sherman형
③ Japanese형

41 고형폐기물의 중량조성이 C : 72%, H : 6%, O : 8%, S : 2%, 수분 : 12%일 때 저위발열량(kcal/kg)은?(단, 단위질량당 열량 C : 8,100kcal/kg, H : 34,250kcal/kg, S : 2,250kcal/kg)

① 7,016
② 7,194
③ 7,590
④ 7,914

해설
$$H_h = 8,100C + 34,250\left(H - \frac{O}{8}\right) + 2,250$$
$$= (8,100 \times 0.72) + \left[34,250\left(0.06 - \frac{0.08}{8}\right)\right] + (2,250 \times 0.02)$$
$$= 7,589.5 \text{kcal/kg}$$
$$H_l = H_h - 600(9H + W)$$
$$= 7,589.5 - 600[(9 \times 0.06) + 0.12]$$
$$= 7,193.5 \text{kcal/kg}$$

42 유동층 소각로방식에 대한 설명으로 틀린 것은?

① 반응시간이 빨라 소각시간이 짧다.(노 부하율이 높다.)
② 기계적 구동부분이 많아 고장률이 높다.
③ 폐기물의 투입이나 유동화를 위해 파쇄가 필요하다.
④ 가스온도가 낮고 과잉공기량이 적어 NOx도 적게 배출된다.

해설 **유동층 소각로**
① 장점
ⓐ 유동매체의 열용량이 커서 액상, 기상, 고형 폐기물의 전소 및 혼소, 균일한 연소가 가능하다.
ⓑ 반응시간이 빨라 소각시간이 짧다.(노 부하율이 높다.)
ⓒ 연소효율이 높아 미연소분이 적고 2차 연소실이 불필요하다.
ⓓ 가스의 온도가 낮고 과잉공기량이 낮다. 따라서 NOx도 적게 배출된다.
ⓔ 기계적 구동부분이 적어 고장률이 낮아 유지관리가 용이하다.
ⓕ 노 내 온도의 자동제어로 열회수가 용이하다.
ⓖ 유동매체의 축열량이 높은 관계로 단시간 정지 후 가동 시 보조연료 사용 없이 정상가동이 가능하다.
ⓗ 과잉공기량이 적으므로 다른 소각로보다 보조연료 사용량과 배출가스양이 적다.
ⓘ 석회 또는 반응물질을 유동매체에 혼입시켜 노 내에서 산성가스의 제거가 가능하다.

정답 **39** ② **40** ④ **41** ② **42** ②

② 단점

㉠ 층의 유동으로 상으로부터 찌꺼기의 분리가 어려우며 운전비, 특히 동력비가 높다.

㉡ 폐기물의 투입이나 유동화를 위해 파쇄가 필요하다.

㉢ 상재료의 용융을 막기 위해 연소온도는 816℃를 초과할 수 없다.

㉣ 유동매체의 손실로 인한 보충이 필요하다.

㉤ 고점착성의 반유동상 슬러지는 처리하기 곤란하다.

㉥ 소각로 본체에서 압력손실이 크고 유동매체의 비산 또는 분진의 발생량이 가장 많다.

㉦ 조대한 폐기물은 전처리가 필요하다. 즉, 폐기물의 투입이나 유동화를 위해 파쇄공정이 필요하다.

43 플라스틱 폐기물의 소각 및 열분해에 대한 설명으로 옳지 않은 것은?

① 감압증류법은 황의 함량이 낮은 저유황유를 회수할 수 있다.

② 멜라민 수지를 불완전 연소하면 HCN과 NH_3가 생성된다.

③ 열분해에 의해 생성된 모노머는 발화성이 크고, 생성가스의 연소성도 크다.

④ 고온열분해법에서는 타르, Char 및 액체상태의 연료가 많이 생성된다.

해설 ① 저온열분해방법에서는 타르(Tar), 탄화물(Char), 액체상태의 연료가 많이 생성된다.

② 고온열분해법에서는 가스상태의 연료가 많이 생성된다.

44 일반적으로 연소과정에서 매연(검댕)의 발생이 최대로 되는 온도는?

① 300~450℃ ② 400~550℃

③ 500~650℃ ④ 600~750℃

해설 화염온도가 높을 경우 매연 발생은 적으나 발열속도보다 전열면 등으로의 방열속도가 빨라 불꽃의 온도가 낮은 경우 발생하기 쉬우며 400~550℃ 부근에서 최대로 발생된다.

45 탄화도가 클수록 석탄이 가지게 되는 성질에 관한 내용으로 틀린 것은?

① 고정탄소의 양이 증가한다.

② 휘발분이 감소한다.

③ 연소속도가 커진다.

④ 착화온도가 높아진다.

해설 **석탄의 탄화도 증가 시 나타나는 성질**

① 연료비가 높아진다.(양질의 석탄이 됨)

② 고정탄소의 함량이 증가한다.(고정탄소가 클수록 양질의 석탄 : 무연탄 > 역청탄 > 갈탄 > 이탄 > 목재)

③ 발열량이 높아진다.

④ 휘발분이 감소한다.

⑤ 매연발생률이 낮아지게 된다.

⑥ 비열이 감소한다.

⑦ 착화온도가 높아진다.

⑧ 연소속도가 느려진다.

46 분자식이 C_mH_n인 탄화수소가스 $1Sm^3$의 완전연소에 필요한 이론공기량(Sm^3/Sm^3)은?

① $3.76m + 1.19n$ ② $4.76m + 1.19n$

③ $3.76m + 1.83n$ ④ $4.76m + 1.83n$

해설 C_mH_n의 완전연소 반응식

$$C_mH_n + \left(m + \frac{n}{4}\right)O_2 \rightarrow mCO_2 + \frac{n}{2}H_2O$$

이론공기량(A_o)

$$A_o = \frac{O_o}{0.21}$$

O_o(이론산소량) ➾ 기체연료 $1Sm^3$에 필요한 이론산소량은 $\left(m + \frac{n}{4}\right)Sm^3$

$$\begin{bmatrix} 22.4Sm^3 & : & \left(m + \frac{n}{4}\right) \times 22.4Sm^3 \\ 1Sm^3 & : & O_o \\ O_o = \left(m + \frac{n}{4}\right) \end{bmatrix}$$

$$A_o(Sm^3/Sm^3) = \frac{\left(m + \frac{n}{4}\right)}{0.21} = 4.76m + 1.19n(Sm^3/Sm^3)$$

47 화씨온도 100℉는 몇 ℃인가?

① 35.2 ② 37.8

③ 39.7 ④ 41.3

해설 $℃ = \frac{5}{9} \times (℉ - 32) = \frac{5}{9} \times (100 - 32) = 37.78℃$

48 다음 연소장치 중 가장 작은 공기비의 값을 요구하는 것은?

① 가스 버너 ② 유류 버너

③ 미분탄 버너 ④ 수동수평화격자

2021

📋 연소장치의 공기비
① 가스 버너 : 1.1~1.2
② 유류 버너 : 1.2~1.4
③ 미분탄 버너 : 1.2~1.4
④ 수동수평화격자 : 1.5~2.0

49 저위발열량이 8,000kcal/Sm³인 가스연료의 이론연소 온도(℃)는?(단, 이론연소가스양은 10Sm³/Sm³, 연료 연소가스의 평균정압비열은 0.35kcal/Sm³·℃, 기준 온도는 실온(15℃), 지금 공기는 예열되지 않으며, 연소 가스는 해리되지 않는 것으로 한다.)·

① 약 2,100 　　　　② 약 2,200
③ 약 2,300 　　　　④ 약 2,400

📋 이론연소온도(℃)

$$= \frac{저위발열량}{이론연소가스양 \times 연소가스\ 평균정압비열} + 실제온도$$

$$= \frac{8,000kcal/Sm^3}{10Sm^3/Sm^3 \times 0.35kcal/Sm^3 \cdot ℃} + 15℃$$

$$= 2,300.71℃$$

50 열분해공정에 대한 설명으로 옳지 않은 것은?

① 배기가스양이 적다.
② 환원성 분위기를 유지할 수 있어 3가 크롬이 6가 크롬으로 변화하지 않는다.
③ 황분, 중금속분이 회분 속에 고정되는 비율이 작다.
④ 질소산화물의 발생량이 적다.

📋 열분해공정이 소각에 비교하여 갖는 장점
① 대기로 방출하는 배기가스양이 적게 배출된다.(가스처리장치가 소형화)
② 황, 중금속분이 Ash(회분) 중에 고정되는 비율이 크다.
③ 상대적으로 저온이기 때문에 NOx(질소산화물), 염화수소의 발생량이 적다.
④ 환원기가 유지되므로 Cr^{3+}이 Cr^{6+}으로 변화하기 어려우며 대기오염물질의 발생이 적다.(크롬산화 억제)
⑤ 폐플라스틱, 폐타이어, 오니류 등 스토커 소각처리가 곤란한 물질도 처리 가능하다.
⑥ 공기공급장치의 소형화 및 감량화로 매립용량이 감소한다.
⑦ 소각에 비교하여 생성물의 정제장치가 필요하다.
⑧ 고온용융식을 이용하면 재를 고형화할 수 있고 중금속의 용출이 없어서 자원으로 활용할 수 있다.
⑨ 저장 및 수송이 가능한 연료를 회수할 수 있다.

51 열교환기 중 절탄기에 관한 설명으로 틀린 것은?

① 급수 예열에 의해 보일러수와의 온도차가 감소함에 따라 보일러 드럼에 열응력이 증가한다.
② 급수온도가 낮을 경우, 굴뚝가스 온도가 저하하면 절탄기 저온부에 접하는 가스온도가 노점에 달하여 절탄기를 부식시킨다.
③ 굴뚝의 가스온도 저하로 인한 굴뚝 통풍력의 감소에 주의하여야 한다.
④ 보일러 전열면을 통하여 연소가스의 여열로 보일러 급수를 예열하여 보일러의 효율을 높이는 장치이다.

📋 절탄기(이코노마이저)
① 폐열회수를 위한 열교환기, 연도에 설치하며 보일러 전열면을 통과한 연소가스의 예열로 보일러 급수를 예열하여 보일러 효율을 높이는 장치이다.
② 급수예열에 의해 보일러수와의 온도차가 감소되므로 보일러 드럼에 발생하는 열응력이 감소된다.
③ 급수온도가 낮을 경우, 연소가스 온도가 저하되면 절탄기 저온부에 접하는 가스온도가 노점에 대하여 절탄기를 부식시키는 것을 주의하여야 한다.
④ 절탄기 자체로 인한 통풍저항 증가와 연도의 가스온도 저하로 인한 연도통풍력의 감소를 주의하여야 한다.

52 액체 주입형 소각로의 단점이 아닌 것은?

① 대기오염방지시설 이외의 소각재 처리설비가 필요하다.
② 완전히 연소시켜 주어야 하며 내화물의 파손을 막아주어야 한다.
③ 고농도 고형분으로 인하여 버너가 막히기 쉽다.
④ 대량처리가 어렵다.

📋 액체 분무 주입형 소각로(Liquid Injection Incinerator)
① 장점
　㉠ 광범위한 종류의 액상폐기물을 연소할 수 있다.
　㉡ 대기오염방지시설 이외에 소각재처리시설이 필요 없다.
　㉢ 구동장치가 간단하고 고장이 적다.
　㉣ 운영비가 저렴하다.
　㉤ 기술개발이 잘 되어 있고 자동화가 용이하다.(가동 이외의 경우 무인운전이 가능)
② 단점
　㉠ 버너노즐을 이용하여 액체를 미립화하여야 한다.
　㉡ 완전연소시켜야 하며 내화물의 파손을 막아야 한다.
　㉢ 고농도 고형분의 농도가 높으면 버너가 막히기 쉽다.
　㉣ 대량처리가 어렵다.

정답　49 ③　　50 ③　　51 ①　　52 ①

53 수분함량이 20%인 폐기물의 발열량을 단열열량계로 분석한 결과가 1,500kcal/kg이라면 저위발열량(kcal/kg)은?

① 1,320　　　　　② 1,380
③ 1,410　　　　　④ 1,500

해설 $H_l = H_h - 600(9H + W)$
$= 1,500 - (600 \times 0.2)$
$= 1,380\text{kcal/kg}$

54 폐기물의 저위발열량을 폐기물 3성분 조성비를 바탕으로 추정할 때 3가지 성분에 포함되지 않는 것은?

① 수분　　　　　② 회분
③ 가연분　　　　④ 휘발분

해설 **폐기물 3성분**
① 가연분　② 수분　③ 회분

55 도시폐기물 소각로 설계 시 열수지(Heat Balance) 수립에 필요한 물, 수증기 그리고 건조공기의 열용량(Specific Heat Capacity)은?(단, 단위는 Btu/lb·℉이다.)

① 1, 0.5, 0.26
② 1, 0.5, 0.5
③ 0.5, 0.5, 0.26
④ 0.5, 0.26, 0.26

해설 **도시폐기물 소각로 설계 시 열수지 수립에 필요한 열용량**
① 물 : 1.0Btu/lb·℉
② 수증기 : 0.5Btu/lb·℉
③ 건조공기 : 0.26Btu/lb·℉

56 표준상태에서 배기가스 내에 존재하는 CO_2 농도가 0.01%일 때 이것은 몇 mg/m^3인가?

① 146　　　　　② 196
③ 266　　　　　④ 296

해설 $CO_2 = 0.01\% \times 10^4\text{ppm}/\% = 100\text{ppm}$
$농도(\text{mg/m}^3) = 100\text{ppm}(\text{mL/m}^3) \times \dfrac{44\text{mg}}{22.4\text{mL}} = 196.43\text{mg/m}^3$

57 옥탄(C_8H_{18})이 완전연소할 때 AFR은?(단, kg mol_{air}/kg mol_{fuel})

① 15.1　　　　　② 29.1
③ 32.5　　　　　④ 59.5

해설 C_8H_{18}의 연소반응식
$C_8H_{18} + 12.5O_2 \rightarrow 8CO_2 + 9H_2O$
1mole : 12.5mole

부피기준 AFR $= \dfrac{\frac{1}{0.21} \times 12.5}{1} = 59.5\text{moles air/moles fuel}$

58 유황 함량이 2%인 벙커C유 1.0ton을 연소시킬 경우 발생되는 SO_2의 양(kg)은?(단, 황성분 전량이 SO_2로 전환됨)

① 30　　　　　② 40
③ 50　　　　　④ 60

해설 $\text{S} + \text{O}_2 \rightarrow \text{SO}_2$
　32kg　　:　64kg
1,000kg×0.02 : SO_2(kg)
$SO_2(\text{kg}) = \dfrac{1,000\text{kg} \times 0.02 \times 64\text{kg}}{32\text{kg}} = 40\text{kg}$

59 유동상 소각로의 특징으로 옳지 않은 것은?

① 과잉공기율이 작아도 된다.
② 층 내 압력손실이 작다.
③ 층 내 온도의 제어가 용이하다.
④ 노 부하율이 높다.

해설 **유동층 소각로**
① 장점
　㉠ 유동매체의 열용량이 커서 액상, 기상, 고형 폐기물의 전소 및 혼소, 균일한 연소가 가능하다.
　㉡ 반응시간이 빨라 소각시간이 짧다.(노 부하율이 높다.)
　㉢ 연소효율이 높아 미연소분이 적고 2차 연소실이 불필요하다.
　㉣ 가스의 온도가 낮고 과잉공기량이 낮다. 따라서 NOx도 적게 배출된다.
　㉤ 기계적 구동부분이 적어 고장률이 낮아 유지관리가 용이하다.
　㉥ 노 내 온도의 자동제어로 열회수가 용이하다.
　㉦ 유동매체의 축열량이 높은 관계로 단시간 정지 후 가동 시 보조연료 사용 없이 정상가동이 가능하다.

ⓞ 과잉공기량이 적으므로 다른 소각로보다 보조연료 사용량과 배출가스양이 적다.

ⓩ 석회 또는 반응물질을 유동매체에 혼입시켜 노 내에서 산성가스의 제거가 가능하다.

② 단점
　㉠ 층의 유동으로 상으로부터 찌꺼기의 분리가 어려우며 운전비, 특히 동력비가 높다.
　㉡ 폐기물의 투입이나 유동화를 위해 파쇄가 필요하다.
　㉢ 상재료의 용융을 막기 위해 연소온도는 816℃를 초과할 수 없다.
　㉣ 유동매체의 손실로 인한 보충이 필요하다.
　㉤ 고점착성의 반유동상 슬러지는 처리하기 곤란하다.
　㉥ 소각로 본체에서 압력손실이 크고 유동매체의 비산 또는 분진의 발생량이 가장 많다.
　㉦ 조대한 폐기물은 전처리가 필요하다. 즉, 폐기물의 투입이나 유동화를 위해 파쇄공정이 필요하다.

60 할로겐족 함유 폐기물의 소각처리가 적합하지 않은 이유에 관한 설명으로 틀린 것은?

① 소각 시 HCl 등이 발생한다.
② 대기오염방지시설의 부식문제를 야기한다.
③ 발열량이 다른 성분에 비해 상대적으로 낮다.
④ 연소 시 수증기의 생산량이 많다.

해설 할로겐족 함유 폐기물 소각처리 시 수증기의 생산량이 많은 것은 단점으로 볼 수 없다.

제4과목 **폐기물공정시험기준(방법)**

61 자외선/가시선 분광법으로 크롬을 정량할 때 $KMnO_4$를 사용하는 목적은?

① 시료 중의 총 크롬을 6가 크롬으로 하기 위해서이다.
② 시료 중의 총 크롬을 3가 크롬으로 하기 위해서이다.
③ 시료 중의 총 크롬을 이온화하기 위해서이다.
④ 다이페닐카바자이드와 반응을 최적화하기 위해서이다.

해설 **크롬(자외선/가시선 분광법)**
시료 중에 총 크롬을 과망간산칼륨을 사용하여 6가 크롬으로 산화시킨 다음 산성에서 다이페닐카바자이드와 반응하여 생성되는 적자색 착화합물의 흡광도를 540nm에서 측정하여 총 크롬을 정량하는 방법이다.

62 용액의 농도를 %로만 표현하였을 경우를 옳게 나타낸 것은?(단, W : 무게, V : 부피)

① V/V%
② W/W%
③ V/W%
④ W/V%

해설 **백분율(Parts Per Hundred)**
① W/V% : 용액 100mL 중 성분무게(g), 또는 기체 100mL 중의 성분무게(g)
② V/V% : 용액 100mL 중 성분용량(mL), 또는 기체 100mL 중 성분용량(mL)
③ V/W% : 용액 100g 중 성분용량(mL)
④ W/W% : 용액 100g 중 성분무게(g)

단 • 용액의 농도를 %로만 표시할 때는 W/V%
　• A/A%(area)는 단위면적(A, area) 중 성분의 면적(A)을 표시

63 시료의 전처리 방법으로 많은 시료를 동시에 처리하기 위하여 회화에 의한 유기물 분해 방법을 이용하고자 하며, 시료 중에는 염화칼슘이 다량 함유되어 있는 것으로 조사되었다. 아래 보기 중 회화에 의한 유기물분해 방법이 적용 가능한 중금속은?

① 납(Pb)
② 철(Fe)
③ 안티몬(Sb)
④ 크롬(Cr)

해설 **회화법**
① 적용
목적성분이 400℃ 이상에서 휘산되지 않고 쉽게 회화될 수 있는 시료에 적용한다.
② 주의
　㉠ 시료 중에 염화암모늄, 염화마그네슘, 염화칼슘 등이 다량 함유된 경우에는 납, 철, 주석, 아연, 안티몬 등이 휘산되어 손실을 가져오므로 주의한다.
　㉡ 액상폐기물 시료 또는 용출용액 적당량을 취하여 백금, 실리카 또는 사기제 증발접시에 넣고 수욕 또는 열판에서 가열하여 증발 건조한다. 용기를 회화로에 옮기고 400~500℃에서 가열하여 잔류물을 회화시킨 다음 방랭하고 염산(1+1) 10mL를 넣어 열판에서 가열한다.

정답 **60** ④ **61** ① **62** ④ **63** ④

64 원자흡수분광광도법에 의하여 비소를 측정하는 방법에 대한 설명으로 거리가 먼 것은?

① 정량한계는 0.005mg/L이다.
② 운반 가스로 아르곤 가스(순도 99.99% 이상)를 사용한다.
③ 아르곤－수소불꽃에서 원자화시켜 253.7nm에서 흡광도를 측정한다.
④ 전처리한 시료 용액 중에 아연 또는 나트륨붕소수화물을 넣어 생성된 수소화비소를 원자화시킨다.

해설 **비소(원자흡수분광광도법)**
이염화주석으로 시료 중의 비소를 3가 비소로 환원한 다음 아연을 넣어 발생되는 비화수소를 통기하여 아르곤－수소 불꽃에서 원자화시켜 193.7nm에서 흡광도를 측정하고 비소를 정량하는 방법이다.

65 감염성 미생물의 분석방법으로 가장 거리가 먼 것은?

① 아포균 검사법
② 열멸균 검사법
③ 세균배양 검사법
④ 멸균테이프 검사법

해설 **감염성 미생물 분석방법**
① 아포균 검사법
② 세균배양 검사법
③ 멸균테이프 검사법

66 기체크로마토그래피에 관한 일반적인 사항으로 옳지 않은 것은?

① 충전물로서 적당한 담체에 고정상 액체를 함침시킨 것을 사용할 경우 기체－액체 크로마토그래피법이라 한다.
② 무기화합물에 대한 정성 및 정량분석에 이용된다.
③ 운반기체는 시료도입부로부터 분리관 내를 흘러서 검출기를 통하여 외부로 방출된다.
④ 시료도입부, 분리관 검출기 등은 필요한 온도를 유지해 주어야 한다.

해설 기체크로마토그래피법은 무기물 또는 유기물에 대한 정성 및 정량분석에 이용된다.

67 중량법에 의한 기름성분 분석방법에 관한 설명으로 옳지 않은 것은?

① 시료를 직접 사용하거나, 시료에 적당한 응집제 또는 흡착제 등을 넣어 노말헥산 추출물질을 포집한 다음 노말헥산으로 추출한다.
② 시험기준의 정량한계는 0.1% 이하로 한다.
③ 폐기물 중의 휘발성이 높은 탄화수소, 탄화수소유도체, 그리스유상물질 중 노말헥산에 용해되는 성분에 적용한다.
④ 눈에 보이는 이물질이 들어 있을 때에는 제거해야 한다.

해설 기름성분－중량법은 비교적 휘발되지 않는 탄화수소, 탄화수소유도체, 그리스유상물질 중 노말헥산에 용해되는 성분에 적용한다.

68 석면의 종류 중 백석면의 형태와 색상에 관한 내용으로 가장 거리가 먼 것은?

① 곧은 물결 모양의 섬유
② 다발의 끝은 분산
③ 다색성
④ 가열되면 무색 ~ 밝은 갈색

해설 **석면의 대표적 종류 및 특성**

석면의 종류	형태와 색상
백석면 (Chrysotile)	• 꼬인 물결 모양의 섬유 • 다발의 끝은 분산 • 가열되면 무색~밝은 갈색 • 다색성 • 종횡비는 전형적으로 10 : 1 이상
갈석면 (Amosite)	• 곧은 섬유와 섬유 다발 • 다발 끝은 빗자루 같거나 분산된 모양 • 가열하면 무색~갈색 • 약한 다색성 • 종횡비는 전형적으로 10 : 1 이상
청석면 (Crocidolite)	• 곧은 섬유와 섬유 다발 • 긴 섬유는 만곡 • 다발 끝은 분산된 모양 • 특징적인 청색과 다색성 • 종횡비는 전형적으로 10 : 1 이상

정답 64 ③ 65 ② 66 ② 67 ③ 68 ①

69 기체크로마토그래피에 의한 휘발성 저급염소화 탄화수소류 분석방법에 관한 설명과 가장 거리가 먼 것은?

① 끓는점이 낮거나 비극성 유기화합물들이 함께 추출되어 간섭현상이 일어난다.

② 시료 중에 트리클로로에틸렌(C_2HCl_3)의 정량한계는 0.008mg/L, 테트라클로로에틸렌(C_2Cl_4)의 정량한계는 0.002mg/L이다.

③ 디클로로메탄과 같은 휘발성 유기물은 보관이나 운반 중에 격막(Septum)을 통해 시료 안으로 확산되어 시료를 오염시킬 수 있으므로 현장 바탕시료로서 이를 점검하여야 한다.

④ 디클로로메탄과 같이 머무름 시간이 짧은 화합물은 용매의 피크와 겹쳐 분석을 방해할 수 있다.

휘발성 저급염소화 탄화수소류(기체크로마토그래피법)
이 실험으로 끓는점이 높거나 극성 유기화합물들이 함께 추출되므로 이들 중에는 분석을 간섭하는 물질이 있을 수 있다.

70 시안의 자외선/가시선 분광법에 관한 내용으로 (   )에 옳은 내용은?

클로라민 T와 피리딘 · 피라졸론 혼합액을 넣어 나타나는 (   )에서 측정한다.

① 적색을 460nm
② 황갈색을 560nm
③ 적자색을 520nm
④ 청색을 620nm

시안 – 자외선/가시선 분광법
시료를 pH 2 이하의 산성으로 조절한 후에 에틸렌다이아민테트라아세트산나트륨을 넣고 가열 증류하여 시안화합물을 시안화수소로 유출시켜 수산화나트륨용액을 포집한 다음 중화하고 클로라민 – T와 피리딘 · 피라졸론 혼합액을 넣어 나타나는 청색을 620nm에서 측정하는 방법이다.

71 원자흡수분광광도법에서 일어나는 분광학적 간섭에 해당하는 것은?

① 불꽃 중에서 원자가 이온화하는 경우
② 시료용액의 점성이나 표면장력 등에 의하여 일어나는 경우
③ 분석에 사용하는 스펙트럼선이 다른 인접선과 완전히 분리되지 않는 경우

④ 공존물질과 작용하여 해리하기 어려운 화합물이 생성되어 흡광에 관계하는 기저상태의 원자수가 감소하는 경우

분광학적 간섭
① 분석에 사용하는 스펙트럼선이 다른 인접선과 완전히 분리되지 않는 경우 : 파장선택부의 분해능이 충분하지 않기 때문에 일어나며 검량선의 직선영역이 좁고 구부러져 있어 분석감도 정밀도도 저하된다. 이때는 다른 분석선을 사용하여 재분석하는 것이 좋다.
② 분석에 사용하는 스펙트럼의 불꽃 중에서 생성되는 목적원소의 원자증기 이외의 물질에 의하여 흡수되는 경우 : 표준시료와 분석시료의 조성을 더욱 비슷하게 하며 간섭의 영향을 어느 정도까지 피할 수 있다.

72 폐기물 시료의 용출시험 방법에 대한 설명으로 틀린 것은?

① 지정폐기물의 판정이나 매립방법을 결정하기 위한 시험에 적용한다.

② 시료 100g 이상을 정확히 달아 정제수에 염산을 넣어 pH를 4.5~5.3으로 맞춘 용매와 1 : 5의 비율로 혼합한다.

③ 진탕여과한 액을 검액으로 사용하나 여과가 어려운 경우 원심분리기를 이용한다.

④ 용출시험 결과는 수분함량 보정을 위해 함수율 85% 이상인 시료에 한하여 [15/(100 – 시료의 함수율(%))]을 곱하여 계산된 값으로 한다.

용출시험 시료용액 조제
① 시료의 조제 방법에 따라 조제한 시료 100g 이상을 정확히 단다.
⇩
② 용매 : 정제수에 염산을 넣어 pH를 5.8~6.3으로 한다.
⇩
③ 시료 : 용매＝1 : 10(W/V)의 비로 2,000mL 삼각 플라스크에 넣어 혼합한다.

73 수소이온농도(pH) 시험방법에 관한 설명으로 틀린 것은?(단, 유리전극법 기준)

① pH를 0.1까지 측정한다.
② 기준전극은 은 – 염화은의 칼로멜 전극 등으로 구성된 전극으로 pH 측정기에서 측정 전위값의 기준이 된다.

③ 유리전극은 일반적으로 용액의 색도, 탁도, 콜로이드성 물질들, 산화 및 환원성 물질들 그리고 염도에 의해 간섭을 받지 않는다.

④ pH는 온도변화에 영향을 받는다.

해설 **수소이온농도 – 유리전극법**
적용범위 : pH를 0.01까지 측정

74 대상 폐기물의 양이 1,100톤인 경우 현장 시료의 최소 수(개)는?

① 40   ② 50
③ 60   ④ 80

해설 **대상 폐기물의 양과 시료의 최소 수**

대상 폐기물의 양(단위 : ton)	시료의 최소 수
~ 1 미만	6
1 이상~5 미만	10
5 이상~30 미만	14
30 이상~100 미만	20
100 이상~500 미만	30
500 이상~1,000 미만	36
1,000 이상~5,000 미만	50
5,000 이상~	60

75 폐기물 소각시설의 소각재 시료채취에 관한 내용 중 회분식 연소 방식의 소각재 반출 설비에서의 시료채취 내용으로 옳은 것은?

① 하루 동안의 운행시간에 따라 매 시간마다 2회 이상 채취하는 것을 원칙으로 한다.

② 하루 동안의 운행시간에 따라 매 시간마다 3회 이상 채취하는 것을 원칙으로 한다.

③ 하루 동안의 운전횟수에 따라 매 운전 시마다 2회 이상 채취하는 것을 원칙으로 한다.

④ 하루 동안의 운전횟수에 따라 매 운전 시마다 3회 이상 채취하는 것을 원칙으로 한다.

해설 **회분식 연소방식의 소각재 반출설비에서 시료채취**
① 하루 동안의 운전횟수에 따라 매 운전 시마다 2회 이상 채취
② 시료의 양은 1회에 500g 이상

76 시안(CN)을 분석하기 위한 자외선/가시선 분광법에 대한 설명으로 옳지 않은 것은?

① 시안화합물을 측정할 때 방해물질들은 증류하면 대부분 제거된다.

② 정량한계는 0.01mg/L이다.

③ pH 2 이하 산성에서 피리딘·피라졸론을 넣고 가열 증류한다.

④ 유출되는 시안화수소를 수산화나트륨용액으로 포집한 다음 중화한다.

해설 **시안 – 자외선/가시선 분광법**
시료를 pH 2 이하의 산성으로 조절한 후에 에틸렌다이아민테트라아세트산나트륨을 넣고 가열 증류하여 시안화합물을 시안화수소로 유출시켜 수산화나트륨용액을 포집한 다음 중화하고 클로라민－T와 피리딘·피라졸론 혼합액을 넣어 나타나는 청색을 620nm에서 측정하는 방법이다.

77 총칙에서 규정하고 있는 내용으로 틀린 것은?

① "항량으로 될 때까지 건조한다"라 함은 같은 조건에서 10시간 더 건조할 때 전후 무게의 차가 g당 0.1mg 이하일 때를 말한다.

② "방울수"라 함은 20℃에서 정제수 20방울을 적하할 때, 그 부피가 약 1mL 되는 것을 뜻한다.

③ "감압 또는 진공"이라 함은 따로 규정이 없는 한 15mmHg 이하를 뜻한다.

④ 무게를 "정확히 단다"라 함은 규정된 수치의 무게를 0.1mg까지 다는 것을 말한다.

해설 "항량으로 될 때까지 건조한다."라 함은 같은 조건에서 1시간 더 건조할 때 전후 무게의 차가 g당 0.3mg 이하일 때를 말한다.

78 시료의 조제방법에 관한 설명으로 틀린 것은?

① 시료의 축소방법에는 구획법, 교호삽법, 원추 4분법이 있다.

② 소각잔재, 슬러지 또는 입자상 물질 중 입경이 5mm 이상인 것은 분쇄하여 체로 걸러서 입경이 0.5~5mm로 한다.

③ 시료의 축소방법 중 구획법은 대시료를 네모꼴로 얇게 균일한 두께로 편 후, 가로 4등분, 세로 5등분하여 20개의 덩어리로 나누어 20개의 각 부분에서 균등량씩을 취해 혼합하여 하나의 시료로 한다.

④ 축소라 함은 폐기물에서 시료를 채취할 경우 혹은 조제된 시료의 양이 많은 경우에 모은 시료의 평균적 성질을 유지하면서 양을 감소시켜 측정용 시료를 만드는 것을 말한다.

▶해설 **시료 조제방법(전처리)**
① 시료의 분할채취방법에 따라 균일화한다.
② 소각잔재, 슬러지, 입자상 물질은 그 상태로 채취한다.
③ 작은 돌멩이 등은 제거하고 채취한다.
④ 폐기물 중 입경이 5mm 미만인 것은 그 상태로 채취한다.
⑤ 폐기물 중 입경이 5mm 이상인 것은 분쇄하여 체로 걸러서 입경 0.5~5mm로 한다.

79 폐기물 시료 20g에 고형물 함량이 1.2g이었다면 다음 중 어떤 폐기물에 속하는가?(단, 폐기물의 비중 = 1.0)

① 액상폐기물 ② 반액상폐기물
③ 반고상폐기물 ④ 고상폐기물

▶해설 고형물 함량 $= \dfrac{1.2}{20} \times 100 = 6\%$
고형물의 함량이 5% 이상 15% 미만인 경우이므로 반고상폐기물에 속한다.

80 PCB 측정 시 시료의 전처리 조작으로 유분의 제거를 위하여 알칼리 분해를 실시하는 과정에서 알칼리제로 사용하는 것은?

① 산화칼슘 ② 수산화칼륨
③ 수산화나트륨 ④ 수산화칼슘

▶해설 PCB 측정 시 시료의 전처리 조작으로 유분의 제거를 위하여 알칼리 분해를 실시하는 과정에서 사용하는 알칼리제 물질은 수산화 칼륨이다.

제5과목 **폐기물관계법규**

81 폐기물처리시설을 설치·운영하는 자는 환경부령이 정하는 기간마다 정기검사를 받아야 한다. 음식물류 폐기물 처리시설인 경우의 검사기간 기준으로 ( )에 옳은 것은?

최초 정기검사는 사용개시일부터 (㉠)이 되는 날, 2회 이후의 정기검사는 최종 정기검사일부터 (㉡)이 되는 날

① ㉠ 3년, ㉡ 3년
② ㉠ 1년, ㉡ 3년
③ ㉠ 3개월, ㉡ 3개월
④ ㉠ 1년, ㉡ 1년

▶해설 **폐기물 처리시설의 검사기간**
① 소각시설
최초 정기검사는 사용개시일부터 3년이 되는 날(「대기환경보전법」에 따른 측정기기를 설치하고 같은 법 시행령에 따른 굴뚝원격감시체계관제센터와 연결하여 정상적으로 운영되는 경우에는 사용개시일부터 5년이 되는 날), 2회 이후의 정기검사는 최종 정기검사일(검사결과서를 발급받은 날을 말한다)부터 3년이 되는 날
② 매립시설
최초 정기검사는 사용개시일부터 1년이 되는 날, 2회 이후의 정기검사는 최종 정기검사일부터 3년이 되는 날
③ 멸균분쇄시설
최초 정기검사는 사용개시일부터 3개월, 2회 이후의 정기검사는 최종 정기검사일부터 3개월
④ 음식물류 폐기물 처리시설
최초 정기검사는 사용개시일부터 1년이 되는 날, 2회 이후의 정기검사는 최종 정기검사일부터 1년이 되는 날
⑤ 시멘트 소성로
최초 정기검사는 사용개시일부터 3년이 되는 날(「대기환경보전법」에 따른 측정기기를 설치하고 같은 법 시행령에 따른 굴뚝원격감시체계관제센터와 연결하여 정상적으로 운영되는 경우에는 사용개시일부터 5년이 되는 날), 2회 이후의 정기검사는 최종 정기검사일부터 3년이 되는 날

82 에너지 회수기준으로 알맞지 않은 것은?

① 다른 물질과 혼합하지 아니하고 해당 폐기물의 저위발열량이 킬로그램당 3천 킬로칼로리 이상일 것
② 환경부장관이 정하여 고시하는 경우에는 폐기물의 30퍼센트 이상을 원료나 재료로 재활용하고 그 나머지 중에서 에너지의 회수에 이용할 것
③ 회수열을 50퍼센트 이상 열원으로 스스로 이용하거나 다른 사람에게 공급할 것
④ 에너지의 회수효율(회수에너지 총량을 투입에너지 총량으로 나눈 비율을 말한다.)이 75퍼센트 이상일 것

정답 79 ③ 80 ② 81 ④ 82 ③

해설 **에너지 회수기준**
① 다른 물질과 혼합하지 아니하고 해당 폐기물의 저위발열량이 킬로그램당 3천 킬로칼로리 이상일 것
② 에너지의 회수효율(회수에너지 총량을 투입에너지 총량으로 나눈 비율을 말한다.)이 75퍼센트 이상일 것
③ 회수열을 모두 열원(熱源)으로 스스로 이용하거나 다른 사람에게 공급할 것
④ 환경부장관이 정하여 고시하는 경우에는 폐기물의 30퍼센트 이상을 원료나 재료로 재활용하고 그 나머지 중에서 에너지의 회수에 이용할 것

83 음식물류 폐기물을 대상으로 하는 폐기물 처분시설의 기술관리인의 자격으로 틀린 것은?
① 일반기계산업기사   ② 전기기사
③ 토목산업기사   ④ 대기환경산업기사

해설 **기술관리인의 자격기준**

구분	자격기준
폐기물 처분시설 또는 재활용시설	
가. 매립시설	폐기물처리기사, 수질환경기사, 토목기사, 일반기계기사, 건설기계기사, 화공기사, 토양환경기사 중 1명 이상
나. 소각시설(의료폐기물을 대상으로 하는 소각시설은 제외한다.), 시멘트 소성로 및 용해로	폐기물처리기사, 대기환경기사, 토목기사, 일반기계기사, 건설기계기사, 화공기사, 전기기사, 전기공사기사 중 1명 이상
다. 의료폐기물을 대상으로 하는 시설	폐기물처리산업기사, 임상병리사, 위생사 중 1명 이상
라. 음식물류 폐기물을 대상으로 하는 시설	폐기물처리산업기사, 수질환경산업기사, 화공기사, 토목산업기사, 대기환경산업기사, 일반기계기사, 전기기사 중 1명 이상
마. 그 밖의 시설	같은 시설의 운영을 담당하는 자 1명 이상

84 폐기물처리시설을 설치 운영하는 자가 폐기물처리시설의 유지 · 관리에 관한 기술관리 대행을 체결할 경우 대행하게 할 수 있는 자로서 옳지 않은 것은?
① 한국환경공단
② 엔지니어링산업 진흥법에 따라 신고한 엔지니어링사업자
③ 기술사법에 따른 기술사사무소
④ 국립환경과학원

해설 **폐기물처리시설의 유지 · 관리에 관한 기술관리대행자**
① 한국환경공단
② 엔지니어링 사업자
③ 기술사사무소
④ 그 밖에 환경부장관이 기술관리를 대행할 능력이 있다고 인정하여 고시하는 자

85 기술관리인을 두어야 할 폐기물처리시설은?(단, 폐기물처리업자가 운영하는 폐기물처리시설 제외)
① 사료화 · 퇴비화 시설로서 1일 처리능력이 1톤인 시설
② 최종처분시설 중 차단형 매립시설에 있어서는 면적이 200제곱미터인 매립시설
③ 지정폐기물 외의 폐기물을 매립하는 시설로서 매립용적이 2만 세제곱미터인 시설
④ 연료화 시설로서 1일 재활용능력이 10톤인 시설

해설 **기술관리인을 두어야 하는 폐기물처리시설**
① 매립시설의 경우
  ㉠ 지정폐기물을 매립하는 시설로서 면적이 3천 300제곱미터 이상인 시설. 다만, 차단형 매립시설에서는 면적이 330제곱미터 이상이거나 매립용적이 1천 세제곱미터 이상인 시설로 한다.
  ㉡ 지정폐기물 외의 폐기물을 매립하는 시설로서 면적이 1만 제곱미터 이상이거나 매립용적이 3만 세제곱미터 이상인 시설
② 소각시설로서 시간당 처리능력이 600킬로그램(감염성 폐기물을 대상으로 하는 소각시설의 경우에는 200킬로그램) 이상인 시설
③ 압축 · 파쇄 · 분쇄 또는 절단시설로서 1일 처리능력 또는 재활용시설이 100톤 이상인 시설
④ 사료화 · 퇴비화 또는 연료화 시설로서 1일 재활용능력이 5톤 이상인 시설
⑤ 멸균 · 분쇄시설로서 시간당 처리능력이 100킬로그램 이상인 시설
⑥ 시멘트 소성로
⑦ 용해로(폐기물에 비철금속을 추출하는 경우로 한정한다.)로서 시간당 재활용능력이 600킬로그램 이상인 시설
⑧ 소각열회수시설로서 시간당 재활용능력이 600킬로그램 이상인 시설

86 주변지역 영향 조사대상 폐기물처리시설의 기준으로 옳은 것은?

① 1일 처리능력이 100톤 이상인 사업장폐기물 소각시설
② 매립면적 3,300제곱미터 이상의 사업장 지정폐기물 매립시설
③ 매립용적 3만 세제곱미터 이상의 사업장 지정폐기물 매립시설
④ 매립면적 15만 제곱미터 이상의 사업장 일반폐기물 매립시설

주변지역 영향 조사대상 폐기물처리시설 기준
① 1일 처리능력이 50톤 이상인 사업장폐기물 소각시설(같은 사업장에 여러 개의 소각시설이 있는 경우에는 각 소각시설의 1일 처리능력의 합계가 50톤 이상인 경우를 말한다.)
② 매립면적 1만 제곱미터 이상의 사업장 지정폐기물 매립시설
③ 매립면적 15만 제곱미터 이상의 사업장 일반폐기물 매립시설
④ 시멘트 소성로(폐기물을 연료로 사용하는 경우로 한정한다.)
⑤ 1일 재활용능력이 50톤 이상인 사업장폐기물 소각열회수시설(같은 사업장에 여러 개의 소각열회수시설이 있는 경우에는 각 소각열회수시설의 1일 재활용능력의 합계가 50톤 이상인 경우를 말한다.)

87 의료폐기물 중 일반의료폐기물이 아닌 것은?

① 일회용 주사기
② 수액세트
③ 혈액 · 체액 · 분비물 · 배설물이 함유되어 있는 탈지면
④ 파손된 유리재질의 시험기구

일반의료폐기물
혈액 · 체액 · 분비물 · 배설물이 함유되어 있는 탈지면, 붕대, 거즈, 일회용 기저귀, 생리대, 일회용 주사기, 수액세트

88 폐기물처리시설의 폐쇄명령을 이행하지 아니한 자에 대한 벌칙기준은?

① 1년 이하의 징역 또는 1천만 원 이하의 벌금
② 2년 이하의 징역 또는 2천만 원 이하의 벌금
③ 3년 이하의 징역 또는 3천만 원 이하의 벌금
④ 5년 이하의 징역 또는 5천만 원 이하의 벌금

폐기물관리법 제64조 참조

89 관리형 매립시설에서 발생하는 침출수의 배출허용기준 중 청정지역의 부유물질량에 대한 기준으로 옳은 것은? (단, 침출수매립시설환경정화설비를 통하여 매립시설로 주입되는 침출수의 경우에는 제외한다.)

① 20mg/L 이하
② 30mg/L 이하
③ 40mg/L 이하
④ 50mg/L 이하

관리형 매립시설 침출수의 배출허용기준

구분	생물화학적 산소요구량 (mg/L)	화학적 산소요구량 (mg/L)	부유물질량 (mg/L)
청정지역	30	200	30
가지역	50	300	50
나지역	70	400	70

90 폐기물처리사업 계획의 적합통보를 받은 자 중 소각시설의 설치가 필요한 경우에는 환경부장관이 요구하는 시설 · 장비 · 기술능력을 갖추어 허가를 받아야 한다. 허가신청서에 추가서류를 첨부하여 적합통보를 받은 날부터 언제까지 시 · 도지사에게 제출하여야 하는가?

① 6개월 이내
② 1년 이내
③ 2년 이내
④ 3년 이내

적합통보를 받은 자는 그 통보를 받은 날부터 2년(폐기물 수집 · 운반업의 경우에는 6개월, 폐기물처리업 중 소각시설과 매립시설의 설치가 필요한 경우에는 3년) 이내에 환경부령으로 정하는 기준에 따른 시설 · 장비 및 기술능력을 갖추어 업종, 영업대상 폐기물 및 처리분야별로 지정폐기물을 대상으로 하는 경우에는 환경부장관의, 그 밖의 폐기물을 대상으로 하는 경우에는 시 · 도지사의 허가를 받아야 한다.

91 폐기물처리업자, 폐기물처리시설을 설치 · 운영하는 자 등은 환경부령이 정하는 바에 따라 장부를 갖추어 두고, 폐기물의 발생 · 배출 · 처리상황 등을 기록하여 최종 기재한 날부터 얼마 동안 보존하여야 하는가?

① 6개월
② 1년
③ 3년
④ 5년

폐기물처리업자는 마지막으로 기록한 날부터 3년간 보존하여야 한다.

92 사업장일반폐기물 배출자가 그의 사업장에서 발생하는 폐기물을 보관할 수 있는 기간 기준은?(단, 중간가공 폐기물의 경우는 제외)

① 보관이 시작된 날로부터 45일

② 보관이 시작된 날로부터 90일

③ 보관이 시작된 날로부터 120일

④ 보관이 시작된 날로부터 180일

해설 사업장일반폐기물 배출자는 그의 사업장에서 발생하는 폐기물을 보관이 시작되는 날부터 90일을 초과하여 보관하여서는 아니된다.

93 폐기물관리의 기본원칙으로 틀린 것은?

① 폐기물은 소각, 매립 등의 처분을 하기보다는 우선적으로 재활용함으로써 자원생산성의 향상에 이바지하도록 하여야 한다.

② 국내에서 발생한 폐기물은 가능하면 국내에서 처리되어야 하고, 폐기물은 수입할 수 없다.

③ 누구든지 폐기물을 배출하는 경우에는 주변 환경이나 주민의 건강에 위해를 끼치지 아니하도록 사전에 적절한 조치를 하여야 한다.

④ 사업자는 제품의 생산방식 등을 개선하여 폐기물의 발생을 최대한 억제하고, 발생한 폐기물을 스스로 재활용함으로써 폐기물의 배출을 최소화하여야 한다.

해설 **폐기물 관리의 기본원칙**

① 사업자는 제품의 생산방식 등을 개선하여 폐기물의 발생을 최대한 억제하고, 발생한 폐기물을 스스로 재활용함으로써 폐기물의 배출을 최소화하여야 한다.

② 누구든지 폐기물을 배출하는 경우에는 주변 환경이나 주민의 건강에 위해를 끼치지 아니하도록 사전에 적절한 조치를 하여야 한다.

③ 폐기물은 그 처리과정에서 양과 유해성(有害性)을 줄이도록 하는 등 환경보전과 국민건강보호에 적합하게 처리되어야 한다.

④ 폐기물로 인하여 환경오염을 일으킨 자는 오염된 환경을 복원할 책임을 지며, 오염으로 인한 피해의 구제에 드는 비용을 부담하여야 한다.

⑤ 국내에서 발생한 폐기물은 가능하면 국내에서 처리되어야 하고, 폐기물의 수입은 되도록 억제되어야 한다.

⑥ 폐기물은 소각, 매립 등의 처분을 하기보다는 우선적으로 재활용함으로써 자원생산성의 향상에 이바지하도록 하여야 한다.

94 사업장폐기물 배출자는 배출기간이 2개 연도 이상에 걸치는 경우에는 매 연도의 폐기물 처리실적을 언제까지 보고하여야 하는가?

① 당해 12월 말까지

② 다음 연도 1월 말까지

③ 다음 연도 2월 말까지

④ 다음 연도 3월 말까지

해설 사업장폐기물 배출자는 배출기간이 2개 연도 이상에 걸치는 경우에는 매 연도의 폐기물 처리실적을 다음 연도 2월 말까지 보고하여야 한다.

95 폐기물처리시설을 설치·운영하는 자는 오염물질의 측정결과를 매 분기가 끝나는 달의 다음 달 며칠까지 시·도지사나 지방환경관서의 장에게 보고하여야 하는가?

① 5일   ② 10일   ③ 15일   ④ 20일

해설 폐기물처리시설을 설치·운영하는 자는 오염물질의 측정결과를 매 분기가 끝나는 달의 다음 달 10일까지 시·도지사나 지방환경관서의 장에게 보고하고, 사후관리가 끝날 때까지 보존하여야 한다.

96 100만 원 이하의 과태료가 부과되는 경우에 해당하는 것은?

① 폐기물처리 가격의 최저액보다 낮은 가격으로 폐기물처리를 위탁한 자

② 폐기물 운반자가 규정에 의한 서류를 지니지 아니하거나 내보이지 아니한 자

③ 장부를 기록 또는 보존하지 아니하거나 거짓으로 기록한 자

④ 처리이행보증보험의 계약을 갱신하지 아니하거나 처리이행보증금의 증액 조정을 신청하지 아니한 자

해설 폐기물관리법 제68조 참조

97 폐기물처리시설인 재활용시설 중 기계적 재활용시설과 가장 거리가 먼 것은?

① 연료화 시설   ② 골재가공시설

③ 증발·농축시설   ④ 유수 분리시설

폐기물처리시설의 종류 : 재활용시설
① 기계적 재활용시설
  ㉠ 압축 · 압출 · 성형 · 주조시설(동력 7.5kW 이상인 시설로 한정한다.)
  ㉡ 파쇄 · 분쇄 · 탈피시설(동력 15kW 이상인 시설로 한정한다.)
  ㉢ 절단시설(동력 15kW 이상인 시설로 한정한다.)
  ㉣ 용융 · 용해시설(동력 7.5kW 이상인 시설로 한정한다.)
  ㉤ 연료화시설
  ㉥ 증발 · 농축시설
  ㉦ 정제시설(분리 · 증류 · 추출 · 여과 등의 시설을 이용하여 폐기물을 재활용하는 단위시설을 포함한다.)
  ㉧ 유수 분리시설
  ㉨ 탈수 · 건조시설
  ㉩ 세척시설(철도용 폐목재 받침목을 재활용하는 경우로 한정한다.)
② 화학적 재활용시설
  ㉠ 고형화 · 고화시설
  ㉡ 반응시설(중화 · 산화 · 환원 · 중합 · 축합 · 치환 등의 화학반응을 이용하여 폐기물을 재활용하는 단위시설을 포함한다.)
  ㉢ 응집 · 침전시설
③ 생물학적 재활용시설
  ㉠ 사료화 · 퇴비화(지렁이 분변토 생산시설 및 생석회 처리시설을 포함한다.) · 소멸화 · 부숙토 생산시설(1일 재활용능력 100킬로그램 이상인 시설로 한정하며, 건조에 의한 사료화 · 퇴비화시설을 포함한다.)
  ㉡ 호기성 · 혐기성 분해시설
  ㉢ 버섯재배시설

98 폐기물발생량 억제지침 준수의무대상 배출자의 규모에 대한 기준으로 옳은 것은?

① 최근 3년간의 연평균 배출량을 기준으로 지정폐기물을 100톤 이상 배출하는 자
② 최근 3년간의 연평균 배출량을 기준으로 지정폐기물을 200톤 이상 배출하는 자
③ 최근 3년간의 연평균 배출량을 기준으로 지정폐기물 외의 폐기물을 250톤 이상 배출하는 자
④ 최근 3년간의 연평균 배출량을 기준으로 지정폐기물 외의 폐기물을 500톤 이상 배출하는 자

폐기물발생량 억제지침 준수의무대상 배출자의 규모
① 최근 3년간의 연평균 배출량을 기준으로 지정폐기물을 100톤 이상 배출하는 자
② 최근 3년간의 연평균 배출량을 기준으로 지정폐기물 외의 폐기물을 1천 톤 이상 배출하는 자

99 폐기물처리업자(폐기물 재활용업자)의 준수사항에 관한 내용으로 (   )에 알맞은 것은?

> 유기성 오니를 화력발전소에서 연료로 사용하기 위하여 가공하는 자는 유기성 오니 연료의 저위발열량, 수분 함유량, 회분 함유량, 황분 함유량, 길이 및 금속성분을 (   ) 측정하여 그 결과를 시 · 도지사에게 제출하여야 한다.

① 매월 1회 이상
② 매 2월 1회 이상
③ 매 분기당 1회 이상
④ 매 반기당 1회 이상

유기성 오니를 화력발전소에서 연료로 사용하기 위하여 가공하는 자는 유기성 오니 연료의 저위발열량, 수분 함유량, 회분 함유량, 황분 함유량, 길이 및 금속성분을 매 분기당 1회 이상 측정하여 그 결과를 시 · 도지사에게 제출하여야 한다.

100 사업장폐기물을 공동으로 처리할 수 있는 사업자(둘 이상의 사업장폐기물 배출자)에 해당하지 않는 자는?

① 여객자동차 운수사업법에 따라 여객자동차 운송사업을 하는 자
② 공중위생관리법에 따라 세탁업을 하는 자
③ 출판문화사업 진흥법 관련규정의 출판사를 경영하는 자
④ 의료폐기물을 배출하는 자

사업장폐기물의 공동처리 – 환경부령으로 정하는 둘 이상의 사업장폐기물 배출자
① 자동차정비업을 하는 자
② 건설기계정비업을 하는 자
③ 여객자동차운송사업을 하는 자
④ 화물자동차운송사업을 하는 자
⑤ 세탁업을 하는 자
⑥ 인쇄사를 경영하는 자
⑦ 같은 법인의 사업자 및 동일한 기업집단의 사업자
⑧ 같은 산업단지 등 사업장 밀집지역의 사업장을 운영하는 자
⑨ 의료폐기물을 배출하는 자(종합병원은 제외한다)
⑩ 사업장폐기물이 소량으로 발생하여 공동으로 수집 · 운반하는 것이 효율적이라고 시 · 도지사, 시장 · 군수 · 구청장 또는 지방환경관서의 장이 인정하는 사업장을 운영하는 자

정답 98 ①   99 ③   100 ③

제1과목 폐기물개론

01 도시의 연간 쓰레기 발생량이 14,000,000ton이고 수거 대상 인구가 8,500,000명, 가구당 인원은 5명, 수거인 부는 1일당 12,460명이 작업하며 1명의 인부가 매일 8시간씩 작업할 경우 MHT는?(단, 1년은 365일)

① 1.9 　　　　　② 2.1
③ 2.3 　　　　　④ 2.6

해설 $MHT = \dfrac{수거인부 \times 수거인부\ 총수거시간}{쓰레기\ 총발생량}$

$= \dfrac{12,460인 \times 8hr/day \times 365day/year}{14,000,000ton\ /year}$

$= 2.60MHT(man \cdot hr/ton)$

02 우리나라 쓰레기 수거형태 중 효율이 가장 나쁜 것은?

① 타종 수거
② 손수레 문전 수거
③ 대형쓰레기통 수거
④ 컨테이너 수거

해설 **수거형태에 따른 수거효율**
① 타종 수거 → 0.84MHT
② 대형 쓰레기통 수거 → 1.1MHT
③ 플라스틱 자루 수거 → 1.35MHT
④ 집밖 이동식 수거 → 1.47MHT
⑤ 집안 이동식 수거 → 1.86MHT
⑥ 집밖 고정식 수거 → 1.96MHT
⑦ 문전 수거 → 2.3MHT
⑧ 벽면 부착식 수거 → 2.38MHT

03 물렁거리는 가벼운 물질로부터 딱딱한 물질을 선별하는 데 사용하며 경사진 컨베이어를 통해 폐기물을 주입시켜 천천히 회전하는 드럼 위에 떨어뜨려 분류하는 것은?

① Stoners 　　　② Secators
③ Conveyor sorting 　　④ Jigs

해설 **스케터(Secators)**
경사진 컨베이어를 통해 폐기물을 주입시켜 천천히 회전하는 드럼 위에 떨어뜨려서 선별하는 장치이다. 물렁거리는 가벼운 물질 (가볍고 탄력 없는 물질)로부터 딱딱한 물질(무겁고 탄력 있는 물질)을 선별하는 데 사용되며, 주로 퇴비 중의 유리조각을 추출할 때 이용되는 선별장치이다.

04 1일 1인당 1kg의 폐기물을 배출하고, 1가구당 3인이 살며, 총가구수가 2,821가구일 때 1주일간 배출된 폐기물의 양(ton)은?(단, 1주일간 7일 배출함)

① 43 　　　　　② 59
③ 64 　　　　　④ 76

해설 폐기물량(ton) = 1일 1인당 폐기물발생량 × 총가구인구수
× 발생기간
$= 1.0kg/인 \cdot 일 \times (3인/가구$
$\times 2,821가구) \times 7일$
$= 59,241kg \times ton/1,000kg$
$= 59.24ton$

05 폐기물의 수거 및 운반 시 적환장의 설치가 필요한 경우로 가장 거리가 먼 것은?

① 처리장이 멀리 떨어져 있을 경우
② 저밀도 거주지역이 존재할 때
③ 수거차량이 대형인 경우
④ 쓰레기 수송 비용절감이 필요한 경우

해설 **적환장 설치가 필요한 경우**
① 작은 용량의 수집차량을 사용할 때(15m³ 이하)
② 저밀도 거주지역이 존재할 때
③ 불법투기와 다량의 어질러진 쓰레기들이 발생할 때
④ 슬러지 수송이나 공기수송방식을 사용할 때
⑤ 처분지가 수집장소로부터 멀리 떨어져 있을 때
⑥ 상업지역에서 폐기물 수집에 소형 용기를 많이 사용하는 경우
⑦ 쓰레기 수송 비용절감이 필요한 경우
⑧ 압축식 수거 시스템인 경우

06 액주입식 소각로의 장점이 아닌 것은?

① 대기오염 방지시설 이외 재처리 설비가 필요 없다.

② 구동장치가 없어 고장이 적다.

③ 운영비가 적게 소요되며 기술개발 수준이 높다.

④ 고형분이 있을 경우에도 정상 운영이 가능하다.

🔲 액체 분무 주입형 소각로의 장·단점

① 장점

㉠ 광범위한 종류의 액상폐기물을 연소할 수 있다.

㉡ 대기오염방지시설 이외에 소각재처리시설이 필요 없다.

㉢ 구동장치가 간단하고 고장이 적다.

㉣ 운영비가 저렴하다.

㉤ 기술개발이 잘 되어 있고 자동화가 용이하다.(가동 이외의 경우 무인운전이 가능)

② 단점

㉠ 버너노즐을 이용하여 액체를 미립화하여야 한다.

㉡ 완전 연소시켜야 하며 내화물의 파손을 막아야 한다.

㉢ 고농도 고형분의 농도가 높으면 버너가 막히기 쉽다.

㉣ 대량처리가 어렵다.

07 원소분석에 의한 듀롱의 발열량 계산식은?

① $H_l(kcal/kg)=81C+242.5(H-O/8)$
$+32.5S-9(9H+W)$

② $H_l(kcal/kg)=81C+242.5(H-O/8)$
$+22.5S-9(6H+W)$

③ $H_l(kcal/kg)=81C+342.5(H-O/8)$
$+32.5S-6(6H+W)$

④ $H_l(kcal/kg)=81C+342.5(H-O/8)$
$+12.5S-6(9H+W)$

🔲 듀롱식(저위발열량 : H_l)

$$H_l(kcal/kg)=8,100C+34,000(H-\frac{O}{8})$$
$$+2,500S-600(9H+W)$$

여기서, C : 탄소(%)

H : 수소(%)

O : 산소(%)

S : 황(%)

W : 수분(%)

600 : 0℃에서 H₂O 1kg의 증발잠열

08 플라스틱 폐기물을 유용하게 재이용할 때 가장 적당하지 않은 이용 방법은?

① 열분해 이용법   ② 접촉 산화법

③ 파쇄 이용법   ④ 용융고화 재생 이용법

🔲 플라스틱 재활용(재이용)방법

① 용융고화 재생 이용법

② 열분해 이용법(용해재생법)

③ 파쇄 이용법

09 스크린 선별에 관한 설명으로 알맞지 않은 것은?

① 일반적으로 도시폐기물 선별에 진동스크린이 많이 사용된다.

② Post-screening의 경우는 선별효율의 증진을 목적으로 한다.

③ Pre-screening의 경우는 파쇄설비의 보호를 목적으로 많이 이용한다.

④ 트롬멜스크린은 스크린 중에서 선별효율이 좋고 유지관리가 용이하다.

🔲 스크린 선별

1) 스크린의 종류

① 회전 스크린(Rotating screen)

㉠ 도시폐기물 선별에 주로 이용

㉡ 대표적 스크린은 트롬멜 스크린(Trommel screen)

② 진동 스크린(Vibrating screen)

골재 선별에 주로 이용

2) 스크린 위치에 따른 분류

① Post screening

㉠ 파쇄 → 스크린 선별

㉡ 선별효율에 중점

② Pre screening

㉠ 스크린 선별 → 파쇄

㉡ 파쇄설비 보호에 중점

10 10일 동안의 폐기물 발생량(m³/day)이 다음표와 같을 때 평균치(m³/day), 표준편차 및 분산계수(%)가 순서대로 옳은 것은?

1	2	3	4	5	6	7	8	9	10	계
34	48	290	61	205	170	120	75	110	90	1,203

2020

① 120.3, 91.2, 75.8
② 120.3, 85.6, 71.2
③ 120.3, 80.1, 66.6
④ 120.3, 77.8, 64.7

해설 평균치(m^3/day)

$$= \frac{34+48+290+61+205+170+120+75+110+90}{10}$$
$$= 120.3 m^3/day$$

표준편차(m^3/day)

$$= \left(\frac{\begin{array}{l}(34-120.3)^2 + (48-120.3)^2 \\ + (290-120.3)^2 + (61-120.3)^2 \\ + (205-120.3)^2 + (170-120.3)^2 \\ + (120-120.3)^2 + (75-120.3)^2 \\ + (110-120.3)^2 + (90-120.3)^2\end{array}}{10-1} \right)^{0.5}$$
$$= 80.1 m^3/day$$

$$분산계수(\%) = \frac{표준편차}{평균치} \times 100$$
$$= \frac{80.1}{120.3} \times 100 = 66.58\%$$

11 발열량 계산식 중 폐기물 내 산소의 반은 H_2O 형태로 나머지 반은 CO_2의 형태로 전환된다고 가정하여 나타낸 식은?

① Dulong식
② Steuer식
③ Scheure-kestner식
④ 3성분 조성비 이용식

해설 스튜어(Steuer)의 식

O의 $\frac{1}{2}$이 H_2O, 나머지 $\frac{1}{2}$이 CO(또는 CO_2)로 존재하는 것으로 가정한 식이다.

$$H_h = 8,100\left(C - \frac{3}{8}O\right) + 5,700 \times \frac{3}{8}O$$
$$+ 34,500\left(H - \frac{O}{16}\right) + 2,500S$$

$$H_l = 8,100\left(C - \frac{3}{8}O\right) + 5,700 \times \frac{3}{8}O$$
$$+ 34,500\left(H - \frac{O}{16}\right) + 2,500S$$
$$- 600(9H + W)$$

12 다음 중 지정폐기물이 아닌 것은?

① pH 1인 폐산
② pH 11인 폐알칼리
③ 기름성분만으로 이루어진 폐유
④ 폐석면

해설 지정폐기물(폐알칼리)

폐알칼리(액체상태의 폐기물로서 수소이온 농도지수가 12.5 이상인 것으로 한정하며, 수산화칼륨 및 수산화나트륨을 포함한다)

13 집배수관을 덮는 필터재료가 주변에서 유입된 미립자에 의해 막히지 않도록 하기 위한 조건으로 옳은 것은?(단, D_{15}, D_{85}는 입경누적 곡선에서 통과한 중량의 백분율로 15%, 85%에 상당하는 입경)

① $\dfrac{D_{15}(필터재료)}{D_{85}(주변토양)} < 5$

② $\dfrac{D_{15}(필터재료)}{D_{85}(주변토양)} > 5$

③ $\dfrac{D_{15}(필터재료)}{D_{85}(주변토양)} < 2$

④ $\dfrac{D_{15}(필터재료)}{D_{85}(주변토양)} > 2$

해설 침출수 집배수층의 체상분율(D_n)과 매립지 주변 토양의 체상분율(d_n) 관계

① 침출수 집배수층이 주변물질에 막히지 않을 조건
$$\frac{D_{15}(필터재료 입경)}{d_{85}(주변토양)} < 5$$

여기서, D_{15} : 입경누적곡선에서 통과한 백분율로 15%에 상당하는 입경
d_{85} : 입경누적곡선에서 통과한 백분율로 85%에 상당하는 입경

② 침출수 집배수층이 충분한 투수성을 유지할 조건
$$\frac{D_{15}(필터재료)}{d_{15}(주변토양)} > 5$$

여기서, d_{15} : 입경누적곡선에서 통과한 백분율로 15%에 상당하는 입경

14 전과정평가(LCA)의 평가단계 순서로 옳은 것은?

① 목적 및 범위 설정 → 목록 분석 → 개선 평가 및 해석 → 영향평가
② 목적 및 범위 설정 → 목록 분석 → 영향평가 → 개선 평가 및 해석

③ 목록 분석 → 목적 및 범위 설정 → 개선 평가 및 해석 → 영향평가

④ 목록 분석 → 목적 및 범위 설정 → 영향평가 → 개선 평가 및 해석

전과정평가(LCA) 4단계
① 목적 및 범위의 설정(Goal Definition Scoping) : 1단계
[LCA 사용목적]
㉠ 복수제품 간의 비교선택
㉡ 제품 및 공정의 개선효과 파악
㉢ 목표치를 달성하기 위한 제품의 점검
㉣ 개선점의 추출(우선순위 결정)
㉤ 제품에 관계되는 주체 간의 의사전달 촉진
② 목록분석(Inventory Analysis) : 2단계
상품, 포장, 공정, 물질, 원료 및 활동에 의해 발생하는 에너지 및 천연원료 요구량, 대기, 수질 오염물질 배출, 고형폐기물과 기타 기술적 자료구축 과정이다.
③ 영향평가(Impact Analysis or Assessment) : 3단계
조사분석과정에서 확정된 자원요구 및 환경부하에 대한 영향을 평가하는 기술적, 정량적, 정성적 과정이다.
④ 개선평가 및 해석(Improvement Assessment) : 4단계
전 과정에 대한 해석을 실시하는 과정이다.

15 유기성 폐기물의 퇴비화에 대한 설명으로 가장 거리가 먼 것은?

① 유기성 폐기물을 재활용함으로써 폐기물을 감량화할 수 있다.
② 퇴비로 이용 시 토양의 완충능력이 증가된다.
③ 생산된 퇴비는 C/N비가 높다.
④ 초기 시설 투자비가 일반적으로 낮다.

C/N비는 분해가 진행될수록 점점 낮아져 최종적으로 10 정도가 된다.

16 함수율 40%인 폐기물 1톤을 건조시켜 함수율 15%로 만들었을 때 증발된 수분량(kg)은?

① 약 104
② 약 254
③ 약 294
④ 약 324

$1,000kg \times (1-0.4)=$ 건조 후 폐기물량 $\times (1-0.15)$

건조 후 폐기물량 $= \dfrac{1,000kg \times 0.6}{0.85} = 705.88kg$

증발된 수분량(kg) $= 1,000kg - 705.88kg$
$= 294.12kg$

17 일반폐기물의 관리체계상 가장 먼저 분리해야 하는 폐기물은?

① 재활용물질
② 유해물질
③ 자원성물질
④ 난분해성물질

일반폐기물의 관리체계상 가장 먼저 분리해야 하는 폐기물은 유해물질이다.

18 새로운 쓰레기 수송방법이라 할 수 없는 것은?

① Pipe Line 수송
② Monorail 수송
③ Container 철도수송
④ Dust – Box 수송

쓰레기 수송방법
① 모노레일(monorail) 수송
② 컨테이너(container) 수송
③ 컨베이어(conveyor) 수송
④ 관거(pipe – line) 수송

19 함수율(습윤중량 기준)이 a%인 도시쓰레기를 함수율이 b%$(a > b)$로 감소시켜 소각시키고자 한다면 함수율 감소 후의 중량은 처음 중량의 몇 %인가?

① $\dfrac{b}{a} \times 100$

② $\dfrac{a-b}{a} \times 100$

③ $\dfrac{100-a}{100-b} \times 100$

④ $\left(1+\dfrac{b}{a}\right) \times 100$

함수율 감소 후의 중량은 처음 중량의 몇%
초기 쓰레기양 $\times (100-a)$
$=$ 소각 후 쓰레기양$(100-b)$

$\dfrac{\text{소각 후 쓰레기양}}{\text{초기 쓰레기양}}(\%)=\dfrac{(100-a)}{(100-b)} \times 100$

20 폐기물의 발생원 선별 시 일반적인 고려사항으로 가장 거리가 먼 것은?

① 주민들의 협력과 참여
② 변화하고 있는 주민의 폐기물 저장 습관
③ 새로운 컨테이너, 장비, 시설을 위한 투자
④ 방류수 규제기준

해설 폐기물의 발생원 선별 시 고려사항과 방류수 규제기준은 관련이 없다.

제2과목　폐기물처리기술

21 유기성 폐기물의 생물학적 처리 시 화학 종속영양계 미생물의 에너지원과 탄소원을 옳게 나열한 것은?

① 유기 산화 환원반응, CO_2

② 무기 산화 환원반응, CO_2

③ 유기 산화 환원반응, 유기탄소

④ 무기 산화 환원반응, 유기탄소

해설 **탄소원과 에너지원에 따른 미생물 분류**
① 광(합성) 독립(자가)영향미생물
　㉠ 탄소원 : 이산화탄소(CO_2)
　㉡ 에너지원 : 빛
② 광(합성) 종속영양미생물
　㉠ 탄소원 : 유기탄소
　㉡ 에너지원 : 빛
③ 화학독립(자가)영양미생물
　㉠ 탄소원 : 이산화탄소(CO_2)
　㉡ 에너지원 : 무기물의 산화·환원반응
④ 화학종속영양미생물
　㉠ 탄소원 : 유기탄소
　㉡ 에너지원 : 유기물의 산화·환원반응

22 중금속의 토양오염원이 아닌 것은?

① 공장폐수　　　　　② 도시하수

③ 소각장 배연　　　　④ 지하수

해설 지하수는 중금속의 토양오염원과 관련이 없다.

23 희석분뇨의 유량 $1,000m^3/day$, 유입 BOD 250mg/L, BOD 제거율 65%일 때, Lagoon의 표면적(m^2)은?(단, Lagoon의 수심 5m, 산화속도 $K_1 = 0.53$이다.)

① 1,000　　　　　　② 700

③ 500　　　　　　　④ 200

해설 1차반응으로 가정
$C_t = C_o \times e^{-kt}$
$250 \times 0.65 = 250 \times e^{-0.53t}$

$162.5 = 250 \times e^{-0.53t}$

$0.53t = \ln\left(\dfrac{162.5}{250}\right)$

$t = 3.53\text{day}$

$t = \dfrac{V}{Q}$

$3.53\text{day} = \dfrac{5\text{m} \times A\text{m}^2}{1,000\text{m}^3/\text{day}}$

$A(\text{m}^2) = 706\text{m}^2$

24 다음 중 유동층 소각로의 특징이 아닌 것은?

① 밑에서 공기를 주입하여 유동매체를 띄운 후 이를 가열시키고 상부에서 폐기물을 주입하여 소각하는 방식이다.

② 내화물을 입힌 가열판, 중앙의 회전축, 일련의 평판상으로 구성되며, 건조영역, 연소영역, 냉각영역으로 구분된다.

③ 생활폐기물은 파쇄 등의 전처리가 필히 요구된다.

④ 기계적 구동부분이 작아 고장률이 낮다.

해설 ②항의 내용은 다단로의 특징이다.

25 매립연한이 10년 이상 경과된 침출수의 특성에 대한 설명으로 옳은 것은?

① BOD/COD : 0.1 미만, COD : 500mg/L 미만

② BOD/COD : 0.1 초과, COD : 500mg/L 초과

③ BOD/COD : 0.5 미만, COD : 10,000mg/L 초과

④ BOD/COD : 0.5 초과, COD : 10,000mg/L 미만

해설 **침출수 특성에 따른 처리공정 구분**

	항목	I	II	III
침출수 특성	COD(mg/L)	10,000 이상	500~10,000	500 이하
	COD/TOC	2.7(2.8) 이상	2.0~2.7	2.0 이하
	BOD/COD	0.5 이상	0.1~0.5	0.1 이하
	매립연한	초기 (5년 이하)	중간 (5~10년)	오래(고령)됨 (10년 이상)
주 처리 공정	생물학적 처리	좋음 (양호)	보통	나쁨 (불량)
	화학적 응집·침전 (화학적 침전 : 석회투여)	보통·불량	나쁨 (불량)	나쁨 (불량)

항목		I	II	III
주처리공정	화학적 산화	보통·나쁨 (불량)	보통	보통
	역삼투(R.O)	보통	좋음 (양호)	좋음 (양호)
	활성탄 흡착	보통·좋음 (양호)	보통·좋음 (양호)	좋음 (양호)
	이온교환 수지	나쁨 (불량)	보통·좋음 (양호)	보통

26 폐기물 매립지의 4단계 분해과정에 대한 설명으로 옳지 않은 것은?

① 1단계 : 호기성 단계로서 며칠 또는 몇 개월가량 지속되며, 용존산소가 쉽게 고갈된다.

② 2단계 : 혐기성 단계이며 메탄가스가 형성되지 않고 SO_4^{2-}와 NO_3^-가 환원되는 단계이다.

③ 3단계 : 혐기성 단계로 메탄가스와 수소가스 발생량이 증가되고 온도가 약 55℃ 내외로 증가된다.

④ 4단계 : 혐기성 단계로 메탄가스와 이산화탄소 함량이 정상상태로 거의 일정하다.

제3단계[혐기성 메탄생성축적 단계 : 산형성 단계]
① 피산소성 단계로 메탄생성균과 메탄과 이산화탄소로 분해되는 미생물로 인해 메탄이 생성된다. (혐기성 단계로 CH_4 가스가 생성되기 시작)
② 가스 내의 CH_4 함량이 증가하기 시작하며 H_2, CO_2의 비율은 낮아진다.
③ 55℃ 정도까지 온도가 증가한다.
④ pH는 6.8~8.0 정도이고 매립 후 약 25~55주 경과된 단계이다.
⑤ 일반적으로 산형성 단계에서 매립지 침출수 중 중금속, BOD, COD의 농도가 가장 높다.(침출수의 pH가 5~6 이하로 감소함)

27 퇴비화에 적합한 초기 탄질(C/N)비는 30 내외이다. 탄질비가 15인 음식물쓰레기를 초기 퇴비화조건으로 조정하고자 할 때 가장 효과적인 물질은?(단, 혼합비율은 무게비율로 1:1 이다.)

① 우분　　　　　② 슬러지
③ 낙엽　　　　　④ 도축폐기물

우분, 슬러지, 도축폐기물보다 C/N비가 높은 낙엽이 가장 효과적이다.

28 매립지에서 사용하는 열가소성(thermo plastic) 합성차수막이 아닌 것은?

① Ethylene propylene diene monomer(EPDM)
② High-density polyethylene(HDPE)
③ Chlorinated polyethylene(CPE)
④ Polyvinyl chloride(PVC)

합성차수막 세부분류
① Thermoplastics : PVC
② Crystalline Thermoplastics : HDPE, LDPE
③ Thermoplastic Elastomers : CPE, CSPE
④ Elastomer Thermoplastics : EDPM, IIR, CR

29 유해성 폐기물을 대상으로 침전, 이온교환기술을 적용하기 가장 어려운 것은?

① As　　　　　② CN
③ Pb　　　　　④ Hg

CN은 침전, 이온교환기술을 적용하기 곤란하며 알칼리 염소처리법, 오존산화법 등으로 처리한다.

30 다음 중 음식물쓰레기의 혐기성소화에 있어서 메탄발효조의 효과적인 운전조건과 거리가 먼 것은?

① 온도 : 35~37℃
② pH : 7.0~7.8
③ ORP : 100mV
④ 발생가스 : CH_4 60% 이상 유지

혐기성소화는 기본적으로 혐기조건, 즉 산화환원전위(ORP) -200mV 이하에서 운전된다.

31 매립지 바닥 차수막으로서 양이온 교환능 10meq/100g인 점토를 비중 2로 조성하였다면, 점토 차수막물질 $1m^3$에 교환 흡수될 수 있는 Ca^{2+}이온의 질량(g)은?(단, 원자량 : Ca = 40g/mol)

① 1,000
② 2,000
③ 3,000
④ 4,000

해설 $1m^3$의 부피가 가질 수 있는 양이온 교환능
$$=10meq/100g \times 2g/mL \times 10^6 mL/m^3$$
$$=2,000eq/m^3(2eq/L)$$
Ca^{2+}는 2^+이므로 $\dfrac{40g}{\left(\dfrac{40}{2}\right)eq}=2g/eq$

Ca^{2+} 이온질량$=2g/eq \times 2,000eq/m^3$
$$=4,000g/m^3$$

32 함수율 97%의 슬러지를 농축하였더니 부피가 처음 부피의 1/3로 줄어들었을 때 농축슬러지의 함수율(%)은? (단, 비중은 함수율과 관계없이 1.0으로 동일하다.)

① 95   ② 93
③ 91   ④ 89

해설 $1 \times (1-0.97)=\left(1 \times \dfrac{1}{3}\right) \times (1-$농축 후 함수율$)$
$1-$농축 후 함수율$=0.09$
농축 후 함수율(%)$=(1-0.09) \times 100=91\%$

33 호기성 퇴비화에 대한 설명으로 옳지 않은 것은?

① 생산된 퇴비의 비료가치가 높다.
② 퇴비 완성 후에 부피감소가 50% 이하로 크지 않다.
③ 퇴비화 과정을 거치면서 병원균, 기생충 등이 사멸된다.
④ 다른 폐기물처리 기술에 비해 고도의 기술수준을 요구하지 않는다.

해설 호기성 퇴비화에 의해 생산된 퇴비는 비료가치로서 경제성이 낮다.

34 어느 쓰레기 수거차의 적재능력은 $15m^3$또는 10톤을 적재할 수 있다. 밀도가 $0.6ton/m^3$인 폐기물 $3,000m^3$을 동시에 수거하려 할 때, 필요한 수거차의 대수는?(단, 기타 사항은 고려하지 않음)

① 180대   ② 200대
③ 220대   ④ 240대

해설 수거차 대수$=\dfrac{쓰레기\ 발생량}{1대당\ 운반량}=\dfrac{3,000m^3}{15m^3}$
$$=200대$$

35 혐기성소화에 의한 유기물의 분해단계를 옳게 나타낸 것은?

① 산생성 → 가수분해 → 수소생성 → 메탄생성
② 산생성 → 수소생성 → 가수분해 → 메탄생성
③ 가수분해 → 수소생성 → 산생성 → 메탄생성
④ 가수분해 → 산생성 → 수소생성 → 메탄생성

해설 **혐기성소화 유기물 분해단계**
① 제1단계 : 가수분해단계
② 제2단계 : 산생성, 수소발효단계
③ 제3단계 : 메탄생성단계

36 호기성 퇴비화공정의 설계 시 운영고려 인자에 관한 설명으로 적합하지 않은 것은?

① 교반/뒤집기 : 공기의 단회로(channeling) 현상 발생이 용이하도록 규칙적으로 교반하거나 뒤집어 준다.
② pH 조절 : 암모니아가스에 의한 질소 손실을 줄이기 위해서 pH 8.5 이상 올라가지 않도록 주의한다.
③ 병원균의 제어 : 정상적인 퇴비화 공정에서는 병원균의 사멸이 가능하다.
④ C/N비 : C/N비가 낮은 경우는 암모니아가스가 발생한다.

해설 **교반/뒤집기**
공기의 단회로(channeling) 현상 발생을 방지하기 위하여 반응기간 동안 규칙적으로 교반하거나 뒤집어 준다.

37 도시가정 쓰레기의 매립 시 유출되는 침출수의 정화시설 운전에 주의할 사항이 아닌 것은?

① BOD : N : P의 비율을 조사하여 생물학적 처리의 문제점을 조사할 것
② 강우상태에 따른 매립장에서의 유출 오수량 조절방안을 강구할 것
③ 폐수처리 시 거품의 발생과 제거에 대한 방안을 강구할 것
④ 생물학적 처리에 유해한 고농도의 유해중금속물질 처리를 위한 처리 방안을 조사할 것

해설 고농도의 유해중금속물질을 포함한 침출수는 생물학적 처리가 곤란하다.

38 폐기물 매립지에 소요되는 연직차수막과 표면차수막의 비교설명으로 옳지 않은 것은?

① 연직차수막은 지중에 수직방향의 차수층이 존재하는 경우에 적용한다.

② 표면차수막은 매립지 지반의 투수계수가 큰 경우에 사용되는 방법이다.

③ 표면차수막에 비하여 연직차수막의 단위면적당 공사비는 비싸지만 총공사비는 더 싸다.

④ 연직차수막은 지하수 집배수시설이 불필요하나 표면차수막은 필요하다.

연직차수막
① 적용조건 : 지중에 수평방향의 차수층이 존재할 때 사용
② 시공 : 수직 또는 경사시공
③ 지하수 집배수시설 : 불필요
④ 차수성 확인 : 지하매설로서 차수성 확인이 어려움
⑤ 경제성 : 단위면적당 공사비는 많이 소요되나 총 공사비는 적게 듦
⑥ 보수 : 지중이므로 보수가 어렵지만 차수막 보강시공이 가능
⑦ 공법 종류
  ㉠ 어스 댐 코어 공법
  ㉡ 강널말뚝(Sheet Pile) 공법
  ㉢ 그라우트 공법
  ㉣ 차수시트 매설 공법
  ㉤ 지중 연속벽 공법

39 소각처리에 가장 부적합한 폐기물은?

① 폐종이 ② 폐유
③ 폐목재 ④ PVC

PVC는 소각처리 시 다이옥신 발생을 유발할 수 있다.

40 해안매립공법인 순차투입방법에 대한 설명으로 옳은 것은?

① 밑면이 뚫린 바지선을 이용하여 폐기물을 떨어뜨려 뿌려줌으로써 바닥지반 하중을 균등하게 해 준다.

② 외주호안 등에 부가되는 수압이 증대되어 과대한 구조가 되기 쉽다.

③ 수심이 깊은 처분장은 내수를 완전히 배제한 후 순차투입방법을 택하는 경우가 많다.

④ 바닥지반이 연약한 경우 쓰레기 하중으로 연약층이 유동하거나 국부적으로 두껍게 퇴적되기도 한다.

①항은 박층뿌림공법에 관한 설명이다.
②항은 내수배제 또는 수중투기공법에 관한 설명이다.
③ 수심이 깊은 처분장에서는 건설비 과다로 내수를 완전히 배제하기 곤란한 경우가 많기 때문에 순차투입공법을 택하는 경우가 많다.

---

41 유동층을 이용한 슬러지(sludge)의 소각특성에 대한 다음 설명 중 틀린 것은?

① 소각로 가동 시 모래층의 온도는 약 600℃ 정도가 적당하다.

② 슬러지의 유입은 노의 하부 또는 상부에서도 유입이 가능하다.

③ 유동층에서 슬러지의 연소상태에 따라 유동매체인 모래입자들의 뭉침현상이 발생할 수도 있다.

④ 소각 시 유동매체의 손실이 생겨 보통 매 300시간 가동에 총모래부피의 약 5% 정도의 유실량을 보충해 주어야 한다.

소각로 가동 시 유동층(모래층)은 보유열량이 높아($1.42 \times 10^5 \text{kcal/m}^3$) 최적연소조건을 형성하여 유동층 내의 온도는 항상 700~800℃를 유지하면서 연소시킨다.

42 슬러지를 유동층 소각로에서 소각시키는 경우와 다단로에서 소각시키는 경우의 차이에 대한 설명으로 옳지 않은 것은?

① 유동층 소각로에서는 주입 슬러지가 고온에 의하여 급속히 건조되어 큰 덩어리를 이루면 문제가 일어나게 된다.

② 유동층 소각로에서는 유출모래에 의하여 시스템의 보조기기들이 마모되어 문제점을 일으키기도 한다.

③ 유동층 소각로는 고온영역에서 작동되는 기기가 없기 때문에 다단로보다 유지관리가 용이하다.

④ 유동층 소각로의 연소온도가 다단로의 연소온도보다 높다.

유동층 소각로의 연소온도(700~800℃)가 다단로의 연소온도(750~1,000℃)보다 낮다.

정답 38 ① 39 ④ 40 ④ 41 ① 42 ④

43 어떤 폐기물의 원소조성이 다음과 같을 때 연소 시 필요한 이론공기량(kg/kg)은?(단, 중량기준, 표준상태기준으로 계산)

- 가연성분 : 70%(C 60%, H 10%, O 25%, S 5%)
- 회분 : 30%

① 4.65
② 7.15
③ 8.35
④ 9.45

해설 A_o(kg/kg)

$= \dfrac{1}{0.232}(1.867\text{C}+5.6\text{H}+0.7\text{S}-0.7\text{O})$

가연분 중 각 성분 : C$=0.7\times0.6=0.42$
H$=0.7\times0.1=0.07$
S$=0.7\times0.05=0.035$
O$=0.7\times0.25=0.175$

$=\dfrac{1}{0.232}[(1.867\times0.42)+(5.6\times0.07)$
$+(0.7\times0.035)-(0.7\times0.175)]$
$=4.65\text{kg/kg}$

44 소각로의 열효율을 향상시키기 위한 대책이라 할 수 없는 것은?

① 연소잔사의 현열손실을 감소
② 전열효율의 향상을 위한 간헐운전 지향
③ 복사전열에 의한 방열손실을 최대한 감소
④ 배기가스 재순환에 의한 전열효율 향상과 최종배출가스 온도 저감

해설 소각로의 열효율 향상대책
① 연소생성열량을 피열물에 최대한 유효하게 전한다.
② 간헐운전에 있어서는 전열효율의 향상에 의한 승온시간의 단축을 도모한다.
③ 복사전열에 의한 방열손실을 최대한 감소시킨다.
④ 배기가스 재순환에 의해 전열효율을 향상시킨다.
⑤ 열분해 생성물을 완전연소시킨다.
⑥ 배기가스의 현열배출 손실을 저감한다.
⑦ 연소잔사의 현열 손실을 감소시킨다.
⑧ 최종배출가스 온도를 낮춘다.

45 다음 중 일반적으로 사용되는 열분해장치의 종류와 거리가 먼 것은?

① 고정상 열분해 장치
② 다단상 열분해 장치
③ 유동상 열분해 장치
④ 부유상 열분해 장치

해설 열분해장치의 종류
① 고정상 열분해장치
② 유동상 열분해장치
③ 부유상 열분해장치
④ 로터리킬른 열분해장치

46 백 필터(bag filter) 재질과 최고운전온도가 옳게 연결된 것은?

① Wool $-120\sim180℃$
② Teflon $-300\sim330℃$
③ Glass fiber $-280\sim300℃$
④ Polyesters $-240\sim260℃$

해설 각 여과재의 최고사용온도
① Wool : 80℃
② Teflon : 250℃
③ Polyesters : 120℃

47 다음 성분의 중유의 연소에 필요한 이론공기량(Sm³/kg)은?

(단위 : wt%)

탄소	수소	산소	황
87	4	8	1

① 1.80
② 5.63
③ 8.57
④ 17.16

해설 A_o(Sm³/kg)

$=\dfrac{1}{0.21}(1.867\text{C}+5.6\text{H}-0.7\text{O}+0.7\text{S})$

$=\dfrac{1}{0.21}[(1.867\times0.87)+(5.6\times0.04)$
$-(0.7\times0.08)+(0.7\times0.01)]$
$=8.57\text{Sm}^3/\text{kg}$

48 쓰레기를 소각 후 남은 재의 중량은 소각 전 쓰레기중량의 1/4이다. 쓰레기 30ton을 소각하였을 때 재의 용량이 4m³라면 재의 밀도(ton/m³)는?

① 1.3   ② 1.6

③ 1.9   ④ 2.1

$$\text{재의 밀도(ton/m}^3) = \frac{30\text{ton} \times 1/4}{4\text{m}^3}$$
$$= 1.88\text{ton/m}^3$$

49 연소의 특성을 설명한 내용으로 알맞지 않은 것은?

① 수분이 많을 경우는 착화가 나쁘고 열손실을 초래한다.

② 휘발분(고분자물질)이 많을 경우는 매연 발생이 억제된다.

③ 고정탄소가 많을 경우 발열량이 높고 매연 발생이 적다.

④ 회분이 많을 경우 발열량이 낮다.

해설 휘발분이 많을수록 연소효율이 저하되고 매연발생이 심하다.

50 소각 시 강열감량에 관한 내용으로 가장 거리가 먼 것은?

① 연소효율에 대응하는 미연분과 회잔사의 강열감량은 항상 일치하지는 않는다.

② 강열감량이 작으면 완전연소에 가깝다.

③ 연소효율이 높은 노는 강열감량이 작다.

④ 가연분 비율이 큰 대상물은 강열감량의 저감이 쉽다.

해설 가연분 비율이 큰 대상물은 강열감량의 저감이 쉽지 않다.

51 플라스틱을 열분해에 의하여 처리하고자 한다. 열분해 온도가 적절치 못한 것은?

① PE, PP, PS : 550℃에서 완전분해

② PVC, 페놀수지, 요소수지 : 650℃에서 완전분해

③ HDPE : 400~600℃에서 완전분해

④ ABS : 350~550℃에서 완전분해

해설 PVC, 페놀수지, 요소수지의 열분해온도는 200~300℃ 정도이다.

52 기체연료인 메탄(CH_4)의 고위발열량이 9,500kcal/Sm³라면 저위발열량(kcal/Sm³)은?

① 8,260   ② 8,380

③ 8,420   ④ 8,540

해설
$$H_l(\text{kcal/Sm}^3) = H_h - 480 \times n\,H_2O$$
$$CH_4 + 2O_2 \rightarrow CO_2 + 2H_2O$$
$$= 9,500\text{kcal/Sm}^3 - (480 \times 2)$$
$$= 8,540\text{kcal/Sm}^3$$

53 이론공기량(A_o)과 이론연소가스량(G_o)은 연료종류에 따라 특유한 값을 취하며, 연료 중의 탄소분은 저위발열량에 대략 비례한다고 나타낸 식은?

① Bragg의 식   ② Rosin의 식

③ Pauli의 식   ④ Lewis의 식

해설 **발열량을 이용한 간이식(Rosin 식)**

이론공기량(A_o)과 이론연소가스양(G_o)은 연료 종류에 따라 특유한 값을 취하며, 연료 중의 탄소분은 저위발열량에 대략 비례한다고 나타낸 식이다.

① 고체연료(m³/kg)

$$\text{이론공기량}(A_o) = 1.01 \times \frac{H_l}{1,000} + 0.5$$
$$\text{이론가스양}(G_o) = 0.89 \times \frac{H_l}{1,000} + 1.65$$

② 액체연료(m³/kg)

$$\text{이론공기량}(A_o) = 0.85 + \frac{H_l}{1,000} + 2$$
$$\text{이론가스양}(G_o) = 1.11 \times \frac{H_l}{1,000}$$

54 폐열회수를 위한 열교환기 중 공기예열기에 관한 설명으로 옳지 않은 것은?

① 굴뚝 가스 여열을 이용하여 연소용 공기를 예열하여 보일러의 효율을 높이는 장치이다.

② 연료의 착화와 연소를 양호하게 하고 연소온도를 높이는 부대효과가 있다.

③ 대표적으로 판상 공기예열기, 관형 공기예열기 및 재생식 공기예열기 등이 있다.

④ 이코노마이저와 병용 설치하는 경우에는 공기예열기를 고온축에 설치한다.

2020

해설 **공기예열기**
① 연도가스 여열을 이용하여 연소용 공기를 예열, 보일러효율을 높이는 장치이다.
② 연료의 착화와 연소를 양호하게 하고 연소온도를 높이는 부대효과가 있다.
③ 절탄기와 병용설치하는 경우에는 공기예열기를 저온축에 설치하는데, 그 이유는 저온의 열회수에 적합하기 때문이다.
④ 소형보일러에서는 절탄기로 충분히 여열을 회수 가능하지만 대형보일러는 절탄기만으로는 흡수열량이 부족하여 공기예열기에 의한 열회수도 필요하다.
⑤ 대표적으로 판상 공기예열기, 관형 공기예열기 및 재생식 공기예열기 등이 있다.

55 질량분율이 H : 12.0%, S : 1.4%, O : 1.6%, C : 85%, 수분 2%인 중유 1kg을 연소시킬 때 연소효율이 80%라면 저위발열량(kcal/ kg)은?(단, 각 원소의 단위질량당 열량은 C : 8,100, H : 34,000, S : 2,500kcal/kg이다.)

① 10,540 ② 9,965
③ 8,218 ④ 6,970

해설 H_h (kcal/kg)

$= 8,100\text{C} + 34,000(\text{H} - \dfrac{\text{O}}{8}) + 2,500\text{S}$

$= (8,100 \times 0.85) + [34,000(0.12 - \dfrac{0.016}{8})]$

$+ (2,500 \times 0.014) = 10,932 \text{kcal/kg}$

H_l (kcal/kg) $= H_h - 600(9\text{H} + \text{W})$
$= 10,932 \text{kcal/kg} - 600$
$[(9 \times 0.12) + 0.02]$
$= 10,272 \text{kcal/kg} \times 0.8$
$= 8,217.6 \text{kcal/kg}$

56 열분해 장치의 방식 중 주입폐기물의 입자가 작아야 하고 주입량이 크지 못한 단점과 어떤 종류의 폐기물도 처리가 가능한 장점을 가지는 것으로 가장 적절한 것은?

① 부유상 방식 ② 유동상 방식
③ 다단상 방식 ④ 고정상 방식

해설 **부유상 열분해 방식**
① 공기 없이 또는 부족한 공기주입상태에서 운전한다.
② 어떤 종류의 폐기물도 처리가 가능하다.
③ 주입폐기물의 입자가 작아야 하고 주입량도 크지 못한 단점이 있다.

57 열분해방법 중 산소흡입고온 열분해법의 특징에 대한 설명으로 가장 거리가 먼 것은?

① 폐플라스틱, 폐타이어 등의 열분해시설로 많이 사용된다.
② 분해온도는 높지만 공기를 공급하지 않기 때문에 질소산화물의 발생량이 적다.
③ 이동바닥로의 밑으로부터 소량의 순산소를 주입, 노내의 폐기물 일부를 연소, 강열시켜 이때 발생되는 열을 이용해 상부의 쓰레기를 열분해한다.
④ 폐기물을 선별, 파쇄 등 전처리과정을 하지 않거나 간단히 하여도 된다.

해설 **산소흡입고온 열분해법**
① 분해온도는 높지만 공기를 공급하지 않기 때문에 질소산화물의 발생량이 적다.
② 이동바닥로의 밑으로부터 소량의 순산소를 주입, 노내의 폐기물 일부를 연소, 강열시켜 이때 발생하는 열을 이용해 상부의 쓰레기를 열분해한다.
③ 폐기물을 선별, 파쇄 등 전처리 과정을 하지 않거나 간단히 하여도 된다.
④ 도시폐기물의 열분해 장치로 이용된다.

58 연소실의 운전척도를 나타내는 것이 아닌 것은?

① 공기와 폐기물의 공급비
② 폐기물의 혼합 정도
③ 연소가스의 온도
④ Ash의 발생량

해설 **연소실의 운전척도**
공연비(A/F비), 혼합 정도, 연소가스온도 등이 있고 연소실의 크기는 충분히 커야 한다.

59 어떤 소각로에서 배출되는 가스양은 8,000kg/hr이고 온도는 1,000℃(1기압 기준)이다. 배기가스는 소각로 내에서 2초간 체류한다면 소각로 용적(m³)은?(단, 표준상태에서 배기가스 밀도 = 0.2kg/m³)

① 약 84 ② 약 94
③ 약 104 ④ 약 114

해설 소각로 용적(m³)

$= \dfrac{\text{배출가스양} \times \text{체류시간}}{\text{배기가스밀도}}$

$$= \frac{8.000\text{kg/hr} \times \text{hr}/3.600\text{sec} \times 2\text{sec}}{0.2\text{kg/m}^3}$$

$$= 22.22\text{m}^3 \times \frac{273+1.000}{273}$$

$$= 103.62\text{m}^3$$

60 소각로에서 소요되는 과잉 공기량이 지나치게 클 경우 나타나는 현상이 아닌 것은?

① 연소실의 온도 저하
② 배기가스에 의한 열손실
③ 배기가스 온도의 상승
④ 연소 효율 감소

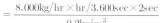 **공기비의 영향**
① m이 클 경우
  ㉠ 연소실 내에서 연소온도가 낮아진다.
  ㉡ 통풍력이 증대되어 배기가스에 의한 열손실이 커진다.
  ㉢ 배기가스 중 SOx(황산화물), NOx(질소산화물)의 함량이 증가하여 연소장치의 부식에 크게 영향을 미친다.
② m이 작을 경우
  ㉠ 배기가스 내 매연의 발생이 크다.(불완전 연소로 인함)
  ㉡ 연소가스의 폭발위험성이 크다.(불완전 연소로 인함)
  ㉢ 열손실에 큰 영향을 준다.
  ㉣ CO, HC의 오염물질 농도가 증가한다.

제4과목 폐기물공정시험기준(방법)

61 폐기물의 강열감량 및 유기물 함량을 중량법으로 시험 시 시료를 탄화시키기 위해 사용하는 용액은?

① 15% 황산암모늄용액
② 15% 질산암모늄용액
③ 25% 황산암모늄용액
④ 25% 질산암모늄용액

강열감량 및 유기물 함량 – 중량법
질산암모늄용액(25%)을 넣고 가열하여 탄화시킨 다음 (600±25)℃의 전기로 안에서 3시간 강열한 다음 데시케이터에서 식힌 후 무게를 달아 증발접시의 무게차로부터 구한다.

62 자외선/가시선 분광광도계 광원부의 광원 중 자외부의 광원으로 주로 사용되는 것은?

① 중수소 방전관
② 텅스텐 램프
③ 나트륨 램프
④ 중공음극 램프

자외선/가시선 분광광도계 광원부의 광원
① 가시부, 근적외부 : 텅스텐 램프
② 자외부 : 중수소 방전관

63 폐기물이 1톤 미만으로 야적되어 있는 적환장에서 채취하여야 할 최소 시료의 총량(g)은?(단, 소각재는 아님)

① 100
② 400
③ 600
④ 900

1회에 100g 이상 채취하며 1톤 미만이면 시료 채취 최소 수가 6이므로 100g×6=600g

64 고상 폐기물의 pH(유리전극법)를 측정하기 위한 실험절차로 ( )에 내용으로 옳은 것은?

> 고상폐기물 10g을 50mL 비커에 취한 다음 정제수 25mL를 넣어 잘 교반하여 ( ) 이상 방치한 후 이 현탁액을 시료용액으로 하거나 원심분리한 후 상층액을 시료용액으로 사용한다.

① 10분
② 30분
③ 2시간
④ 4시간

반고상 또는 고상폐기물의 pH(유리전극법) 측정
시료 10g을 50mL 비커에 취한 다음 정제수(증류수) 25mL를 넣어 잘 교반하여 30분 이상 방치한 후 이 현탁액을 시료용액으로 하거나 원심분리한 후 상층액을 시료용액으로 한다.

65 0.1N NaOH 용액 10mL를 중화하는데 어떤 농도의 HCl 용액이 100mL 소요되었다. 이 HCl 용액의 pH는?

① 1
② 2
③ 2.5
④ 3

$NV = N'V'$
$0.1\text{N} \times 10\text{mL} = N' \times 100\text{mL}$
$N'(\text{HCl}) = \dfrac{0.1\text{N} \times 10\text{mL}}{100\text{mL}}$
$\qquad = 0.01\text{N}(\text{HCl 1가이므로 } 0.01\text{M})$
$\text{HCl의 pH} = \log\dfrac{1}{10^{-2}} = 2$

정답 60 ③ 61 ④ 62 ① 63 ③ 64 ② 65 ②

2020

66 분석용 저울은 최소 몇 mg까지 달 수 있는 것이어야 하는가?(단, 총칙 기준)

① 1.0
② 0.1
③ 0.01
④ 0.001

해설 분석용 저울은 0.1mg까지 측정할 수 있어야 한다.

67 시료의 채취방법에 관한 내용으로 ( )에 옳은 것은?

> 콘크리트 고형화물의 경우 대형의 고형화물로서 분쇄가 어려운 경우에는 임의의 (㉠)에서 채취하여 각각 파쇄하여 (㉡)씩 균등량 혼합하여 채취한다.

① ㉠ 2개소, ㉡ 100g
② ㉠ 2개소, ㉡ 500g
③ ㉠ 5개소, ㉡ 100g
④ ㉠ 5개소, ㉡ 500g

해설 콘크리트 고형화물 시료 채취
① 소형 : 고상혼합물의 경우에 따른다.
② 대형 : 분쇄가 어려울 경우에는 임의의 5개소에서 채취하여 각각 파쇄하여 100g씩 균등량을 혼합하여 채취한다.

68 시안 – 이온전극법에 관한 내용으로 ( )에 옳은 내용은?

> 폐기물 중 시안을 측정하는 방법으로 액상폐기물과 고상폐기물을 ( )으로 조절한 후 시안 이온전극과 비교전극을 사용하여 전위를 측정하고 그 전위차로부터 시안을 정량하는 방법이다.

① pH 2 이하의 산성
② pH 4.5~5.3의 산성
③ pH 10의 알칼리성
④ pH 12~13의 알칼리성

해설 시안 – 이온전극법
액상폐기물과 고상폐기물을 pH 12~13의 알칼리성으로 조절한 후 시안 이온전극과 비교전극을 사용하여 전위를 측정하고 그 전위차로부터 시안을 정량하는 방법이다.

69 폐기물에 함유된 오염물질을 분석하기 위한 용출시험 방법 중 시료용액의 조제에 관한 설명으로 ( )에 알맞은 것은?

> 조제한 시료 100g 이상을 정밀히 달아 정제수에 염산을 넣어 ( )으로 한 용매(mL)를 1 : 10(W : V)의 비율로 넣어 혼합한다.

① pH 8.8~9.3
② pH 7.8~8.3
③ pH 6.8~7.3
④ pH 5.8~6.3

해설 용출시험 시료용액 조제
① 시료의 조제 방법에 따라 조제한 시료 100g 이상을 정확히 단다.
⇩
② 용매 : 정제수에 염산을 넣어 pH를 5.8~6.3으로 한다.
⇩
③ 시료 : 용매＝1 : 10(W/V)의 비로 2,000mL 삼각 플라스크에 넣어 혼합한다.

70 자외선/가시선 분광법에 의한 시안분석방법에 관한 설명으로 틀린 것은?

① 시료를 pH 10~12의 알칼리성으로 조절한 후에 질산나트륨을 넣고 가열 증류하여 시안화합물을 시안화수소로 유출하는 방법이다.
② 클로라민－T와 피리딘 · 피라졸론 혼합액을 넣어 나타나는 청색을 620nm에서 측정하는 방법이다.
③ 시안화합물을 측정할 때 방해물질들은 증류하면 대부분 제거되나 다량의 지방성분, 잔류염소, 황화합물은 시안화합물을 분석할 때 간섭할 수 있다.
④ 황화합물이 함유된 시료는 아세트산아연용액(10W/V%) 2mL를 넣어 제거한다.

해설 시안 – 자외선/가시선 분광법
시료를 pH 2 이하의 산성으로 조절한 후에 에틸렌다이아민테트라아세트산나트륨을 넣고 가열 증류하여 시안화합물을 시안화수소로 유출시켜 수산화나트륨용액을 포집한 다음 중화하고 클로라민－T와 피리딘 · 피라졸론 혼합액을 넣어 나타나는 청색을 620nm에서 측정하는 방법이다.

71 할로겐화 유기물질(기체크로마토그래피 – 질량분석법) 측정 시 간섭물질에 관한 설명으로 틀린 것은?

① 추출 용매 안에 간섭물질이 발견되면 증류하거나 컬럼 크로마토그래피에 의해 제거한다.
② 디클로로메탄과 같이 머무름 시간이 긴 화합물은 용매의 피크와 겹쳐 분석을 방해할 수 있다.
③ 끓는점이 높거나 극성 유기화합물들이 함께 추출되므로 이들 중에는 분석을 간섭하는 물질이 있을 수 있다.
④ 플루오르화탄소나 디클로로메탄과 같은 휘발성 유기물은 보관이나 운반 중에 격막을 통해 시료 안으로 확산되어 시료를 오염시킬 수 있으므로 현장 바탕시료로서 이를 점검하여야 한다.

정답 66 ② 67 ③ 68 ④ 69 ④ 70 ① 71 ②

해설 디클로로메탄과 같이 머무름 시간이 짧은 화합물은 용매의 피크와 겹쳐 분석을 방해할 수 있다.

72 원자흡수분광광도법에 의하여 크롬을 분석하는 경우 적합한 가연성 가스는?

① 공기
② 헬륨
③ 아세틸렌
④ 일산화이질소

해설 원자흡수분광광도법에 의하여 크롬을 분석하는 경우 일반적으로 가연성 기체로 아세틸렌을, 조연성 기체로 공기를 사용한다.

73 자외선/가시선 분광법을 이용한 카드뮴 측정에 관한 설명으로 ( )에 옳은 내용은?

> 시료 중의 카드뮴이온을 시안화칼륨이 존재하는 알칼리성에서 디티존과 반응시켜 생성하는 카드뮴착염을 사염화탄소로 추출하고 이를 ( )으로 역추출한 다음 수산화나트륨과 시안화칼륨을 넣어 디티존과 반응하여 생성하는 적색의 카드뮴착염을 사염화탄소로 추출하여 그 흡광도를 520nm에서 측정한다.

① 염화제일주석산 용액
② 부틸알코올
③ 타타르산 용액
④ 에틸알코올

해설 **카드뮴 – 자외선/가시선 분광법(디티존법)**
시료 중에 카드뮴 이온을 시안화칼륨이 존재하는 알칼리성에서 디티존과 반응시켜 생성하는 카드뮴착염을 사염화탄소로 추출하고, 추출한 카드뮴착염을 다타르산용액으로 역추출한 다음 수산화나트륨과 시안화칼륨을 넣어 디티존과 반응하여 생성하는 적색의 카드뮴착염을 사염화탄소로 추출하여 그 흡광도를 520nm에서 측정하는 방법이다.

74 원자흡수분광광도법의 분석장치를 나열한 것으로 적당하지 않은 것은?

① 광원부 – 중공음극램프, 램프점등장치
② 시료원자화부 – 버너, 가스유량 조절기
③ 파장선택부 – 분광기, 멀티패스 광학계
④ 측광부 – 검출기, 증폭기

해설 **파장선택부**
분광기, 필터, 에탈론 간섭분광기

75 유기질소 화합물 및 유기인을 기체크로마토그래피로 분석할 경우 사용되는 검출기는?

① 불꽃광도검출기(FPD)
② 열전도도검출기(TCD)
③ 전자포획형검출기(ECD)
④ 불꽃이온화검출기(FID)

해설 **불꽃광도검출기(FPD ; Flame Photometric Detector)**
불꽃광도검출기는 수소염에 의하여 시료성분을 연소시키고 이때 발생하는 염광의 광도를 분광학적으로 측정하는 방법으로서 인 또는 유황화합물을 선택적으로 검출할 수 있다. 운반가스와 조연가스의 혼합부, 수소공급구, 연소노즐, 광학필터, 광전자증배관 및 전원 등으로 구성되어 있다.

76 폐기물공정시험기준에서 규정하고 있는 대상폐기물의 양과 시료의 최소 수가 잘못 연결된 것은?

① 1톤 이상~5톤 미만 : 10
② 5톤 이상~30톤 미만 : 14
③ 100톤 이상~500톤 미만 : 20
④ 500톤 이상~1,000톤 미만 : 36

해설 **대상 폐기물의 양과 시료의 최소 수**

대상 폐기물의 양(단위 : ton)	시료의 최소 수
~ 1 미만	6
1 이상~5 미만	10
5 이상~30 미만	14
30 이상~100 미만	20
100 이상~500 미만	30
500 이상~1,000 미만	36
1,000 이상~5,000 미만	50
5,000 이상~	60

77 $K_2Cr_2O_7$을 사용하여 1,000mg/L의 Cr표준원액 100mL를 제조하려면 필요한 $K_2Cr_2O_7$의 양(mg)은?(단, 원자량 K = 39, Cr = 52, O = 16)

① 141
② 283
③ 354
④ 565

해설 $K_2Cr_2O_7$ 분자량 $= (2 \times 39) + (2 \times 52) + (16 \times 7)$
　　　　$= 294g$
$K_2Cr_2O_7$을 전리시켜 Cr을 생성시키면 2mL의 Cr이온이 생성됨
$294g : 2 \times 52g$
$X(mg) : 1,000mg/L \times 100mL \times L/1,000mL$

정답 　72 ③　73 ③　74 ③　75 ①　76 ③　77 ②

$$X(\text{mg}) = \frac{294\text{g} \times 100\text{mg}}{2 \times 52\text{g}} = 282.69\text{mg}$$

[Note] $K_2Cr_2O_7 : 2Cr^{3+}$

78 폐기물 용출조작에 관한 내용으로 (   )에 옳은 것은?

> 시료용액 조제가 끝난 혼합액을 상온, 상압에서 진탕
> 횟수가 매분당 약 200회, 진폭 (   )의 진탕기를 사용하
> 여 (   ) 연속 진탕한 다음 여과하고 여과액을 적당량 취
> 하여 용출시험용 시료용액으로 한다.

① 4~5cm, 4시간　　② 4~5cm, 6시간
③ 5~6cm, 4시간　　④ 5~6cm, 6시간

해설　**용출시험방법(용출조작)**
① 진탕 : 혼합액을 상온·상압에서 진탕 횟수가 매분당 약 200
　회, 진폭이 4~5cm인 진탕기를 사용하여 6시간 연속 진탕
　⇩
② 여과 : $1.0\mu m$의 유리섬유여과지로 여과
　⇩
③ 여과액을 적당량 취하여 용출실험용 시료용액으로 함

79 폐기물 중 크롬을 자외선/가시선 분광법으로 측정하는 방
법에 대한 내용으로 틀린 것은?

① 흡광도는 540nm에서 측정한다.
② 총크롬을 다이페닐카바자이드를 사용하여 6가크롬으
　로 전환시킨다.
③ 흡광도의 측정값이 0.2~0.8의 범위에 들도록 실험용
　액의 농도를 조절한다.
④ 크롬의 정량한계는 0.002mg이다.

해설　**크롬(자외선/가시선 분광법)**
시료 중에 총크롬을 과망간산칼륨을 사용하여 6가 크롬으로 산
화시킨 다음 산성에서 다이페닐카바자이드와 반응하여 생성되
는 적자색 착화합물의 흡광도를 540nm에서 측정하여 총크롬을
정량하는 방법이다.

80 정량한계(LOQ)에 관한 설명으로 (   )에 내용으로 옳은
것은?

> 정량한계란 시험분석 대상을 정량화할 수 있는 측정값
> 으로서 제시된 정량한계 부근의 농도를 포함하도록 시
> 료를 준비하고 이를 반복 측정하여 얻은 결과의 표준편
> 차에 (   )한 값을 사용한다.

① 3배　　　　　　② 3.3배

③ 5배　　　　　　④ 10배

해설　정량한계(LOQ) = 표준편차 × 10

제5과목　**폐기물관계법규**

81 의료폐기물의 수집·운반 차량의 차체는 어떤색으로 색
칠하여야 하는가?

① 청색　　　　　　② 흰색
③ 황색　　　　　　④ 녹색

해설　의료폐기물의 수집·운반 차량의 차체는 흰색으로 색칠하여야
한다.

82 과징금으로 징수한 금액의 사용 용도로 알맞지 않은 것은?

① 불법 투기된 폐기물의 처리 비용
② 폐기물처리시설의 지도·점검에 필요한 시설·장비
　의 구입 및 운영
③ 폐기물처리기준에 적합하지 아니하게 처리한 폐기물 중
　그 폐기물을 처리한 자 또는 그 폐기물의 처리를 위탁한
　자를 확인할 수 없는 폐기물로 인하여 예상되는 환경상
　위해의 제거를 위한 처리
④ 광역폐기물처리시설의 확충

해설　**과징금의 사용 용도**
① 광역폐기물 처리시설의 확충
② 공공 재활용기반시설의 확충
③ 폐기물재활용 신고자가 적합하게 재활용하지 아니한 폐기물의
　처리
④ 폐기물을 재활용하는 자의 지도·점검에 필요한 시설·장비의
　구입 및 운영

83 폐기물처리시설(소각시설, 소각열회수시설이나 멸균
분쇄시설)의 검사를 받으려는 자가 해당 검사기관에 검사
신청서와 함께 첨부하여 제출하여야 하는 서류와 가장 거
리가 먼 것은?

① 설계도면
② 폐기물조성비 내용
③ 설치 및 장비확보 명세서
④ 운전 및 유지관리계획서

정답　78 ②　79 ②　80 ④　81 ②　82 ①　83 ③

검사신청서 첨부서류(소각시설, 소각열회수시설, 멸균분쇄시설)
① 설계도면
② 폐기물조성비 내용
③ 운전 및 유지관리계획서

84 대통령령으로 정하는 폐기물처리시설을 설치, 운영하는 자는 그 처리시설에서 배출되는 오염물질을 측정하거나 환경부령으로 정하는 측정기관으로 하여금 측정하게 하고, 그 결과를 환경부장관에게 보고하여야 한다. 다음 중 환경부령으로 정하는 측정기관과 가장 거리가 먼 것은?

① 수도권매립지관리공사　② 보건환경연구원
③ 국립환경과학원　　　　④ 한국환경공단

환경부령으로 정하는 오염물질 측정기관
① 보건환경연구원
② 한국환경공단
③ 수질오염물질 측정대행업의 등록을 한 자
④ 수도권매립지관리공사
⑤ 폐기물분석전문기관

85 폐기물처리업자나 폐기물처리 신고자가 휴업, 폐업 또는 재개업을 한 경우에 휴업, 폐업 또는 재개업을 한 날부터 며칠 이내에 신고서(서류 첨부)를 시·도지사나 지방환경관서의 장에게 제출하여야 하는가?

① 3일　　　　　② 10일
③ 20일　　　　④ 30일

폐기물처리업자나 폐기물처리 신고자가 휴업, 폐업 또는 재개업을 한 경우에 휴업, 폐업 또는 재개업을 한 날부터 20일 이내에 신고서를 시·도지사나 지방환경관서의 장에게 제출하여야 한다.

86 폐기물 처리시설의 유지·관리에 관한 기술관리를 대행할 수 있는 자는?

① 환경보전협회　　　② 환경관리인협회
③ 폐기물처리협회　　④ 한국환경공단

폐기물처리시설의 유지·관리에 관한 기술관리대행자
① 한국환경공단
② 엔지니어링 사업자
③ 기술사사무소
④ 그 밖에 환경부장관이 기술관리를 대행할 능력이 있다고 인정하여 고시하는 자

87 기술관리인을 두어야 할 폐기물처리시설이 아닌 것은?

① 시간당 처리능력이 120킬로그램인 감염성 폐기물 대상 소각시설
② 면적이 3천5백 제곱미터인 지정폐기물 매립시설
③ 절단시설로서 1일 처리능력이 150톤인 시설
④ 연료화시설로서 1일 처리능력이 8톤인 시설

기술관리인을 두어야 하는 폐기물처리시설
① 매립시설의 경우
　㉠ 지정폐기물을 매립하는 시설로서 면적이 3천 300제곱미터 이상인 시설. 다만, 차단형 매립시설에서는 면적이 330제곱미터 이상이거나 매립용적이 1천 세제곱미터 이상인 시설로 한다.
　㉡ 지정폐기물 외의 폐기물을 매립하는 시설로서 면적이 1만 제곱미터 이상이거나 매립용적이 3만 세제곱미터 이상인 시설
② 소각시설로서 시간당 처리능력이 600킬로그램(감염성 폐기물을 대상으로 하는 소각시설의 경우에는 200킬로그램) 이상인 시설
③ 압축·파쇄·분쇄 또는 절단시설로서 1일 처리능력 또는 재활용시설이 100톤 이상인 시설
④ 사료화·퇴비화 또는 연료화 시설로서 1일 재활용능력이 5톤 이상인 시설
⑤ 멸균·분쇄시설로서 시간당 처리능력이 100킬로그램 이상인 시설
⑥ 시멘트 소성로
⑦ 용해로(폐기물에 비철금속을 추출하는 경우로 한정한다.)로서 시간당 재활용능력이 600킬로그램 이상인 시설
⑧ 소각열회수시설로서 시간당 재활용능력이 600킬로그램 이상인 시설

88 다음 중 사업장폐기물에 해당되지 않는 것은?

① 대기환경보전법에 따라 배출시설을 설치 운영하는 사업장에서 발생하는 폐기물
② 물환경보전법에 따라 배출시설을 설치 운영하는 사업장에서 발생하는 폐기물
③ 소음진동법관리법에 따라 배출시설을 설치 운영하는 사업장에서 발생하는 폐기물
④ 환경부장관이 정하는 사업장에서 발생하는 폐기물

"사업장폐기물"이란 「대기환경보전법」, 「물환경보전법」 또는 「소음·진동관리법」에 따라 배출시설을 설치·운영하는 사업장이나 그 밖에 대통령령으로 정하는 사업장에서 발생하는 폐기물을 말한다.

89 폐기물처리시설을 설치하고자 하는 자가 제출하여야 하는 폐기물처분시설 설치승인 신청서에 첨부되는 서류로 틀린 것은?

① 처분 대상 폐기물의 처분계획서
② 폐기물처분 시 소요되는 예산계획서
③ 폐기물 처분시설의 설계도서
④ 처분 후에 발생하는 폐기물의 처분계획서

해설 **폐기물처분시설 설치승인서 첨부서류**
① 처분 또는 재활용대상 폐기물 배출업체의 제조공정도 및 폐기물배출명세서(사업장폐기물배출자가 설치하는 경우만 제출한다)
② 폐기물의 종류, 성질 · 상태 및 예상 배출량명세서(사업장폐기물배출자가 설치하는 경우만 제출한다)
③ 처분 또는 재활용대상 폐기물의 처분계획서
④ 폐기물처분시설 또는 재활용시설의 설치 및 장비확보 계획서
⑤ 폐기물처분시설 또는 재활용시설의 설계도서(음식물류 폐기물을 처분 또는 재활용하는 시설의 경우에는 물질수지도를 포함한다)
⑥ 처분 또는 재활용 후에 발생하는 폐기물의 처분계획서
⑦ 공동폐기물처분시설 또는 재활용시설의 설치 · 운영에 드는 비용부담 등에 관한 규약(폐기물처리시설을 공동으로 설치 · 운영하는 경우만 제출한다)
⑧ 폐기물매립시설의 사후관리계획서
⑨ 환경부장관이 고시하는 사항을 포함한 시설설치의 환경성조사서[면적이 1만 제곱미터 이상이거나 매립용적이 3만 세제곱미터 이상인 매립시설, 1일 처분능력이 100톤 이상(지정폐기물의 경우에는 10톤 이상)인 소각시설, 1일 재활용능력이 100톤 이상인 소각열회수시설이나 폐기물을 연료로 사용하는 시멘트 소성로의 경우만 제출한다]. 다만, 「환경영향평가법」에 따른 전략환경영향평가 대상사업, 환경영향평가 대상사업 또는 소규모 환경영향평가 대상사업의 경우에는 전략환경영향평가서, 환경영향평가서나 소규모 환경영향평가서로 대체할 수 있다.
⑩ 배출시설의 설치허가 신청 또는 신고 시의 첨부서류(배출시설에 해당하는 폐기물 처분시설 또는 재활용시설을 설치하는 경우만 제출하며 제1호부터 제8호까지의 서류와 중복되면 그 서류는 제출하지 아니할 수 있다)

90 다음 용어의 정의로 틀린 것은?

① 환경용량이란 일정한 지역에서 환경오염 또는 환경훼손에 대하여 환경이 스스로 수용 · 정화 및 복원하여 환경의 질을 유지할 수 있는 한계를 말한다.
② 생활환경이란 인공적이지 않은 대기, 물, 토양에 관한 자연과 관련된 주변 환경을 말한다.

③ 자연환경이란 지하 · 지표(해양을 포함한다.) 및 지상의 모든 생물과 이들을 둘러싸고 있는 비생물적인 것을 포함한 자연의 상태(생태계 및 자연경관을 포함한다.)를 말한다.
④ 환경보전이란 환경오염 및 환경훼손으로부터 환경을 보호하고 오염되거나 훼손된 환경을 개선함과 동시에 쾌적한 환경의 상태를 유지 · 조성하기 위한 행위를 말한다.

해설 "생활환경"이란 대기, 물, 토양, 폐기물, 소음 · 진동, 악취, 일조, 인공조명, 화학물질 등 사람의 일상생활과 관계되는 환경을 말한다.

91 다음 중 5년 이하의 징역이나 5천만 원 이하의 벌금에 처하는 경우가 아닌 것은?

① 허가를 받지 아니하고 폐기물처리업을 한 자
② 폐쇄명령을 이행하지 아니한 자
③ 대행계약을 체결하지 아니하고 종량제 봉투 등을 제작 · 유통한 자
④ 영업정지 기간 중에 영업행위를 한 자

해설 폐기물관리법 제64조 참조

92 지정폐기물 중 부식성 폐기물(폐알칼리) 기준으로 옳은 것은?

① 액체상태의 폐기물로서 수소이온 농도지수가 12.0 이상인 것으로 한정하며 수산화칼륨 및 수산화나트륨을 포함한다.
② 액체상태의 폐기물로서 수소이온 농도지수가 12.0 이상인 것으로 한정하며 수산화칼륨 및 수산화나트륨은 제외한다.
③ 액체상태의 폐기물로서 수소이온 농도지수가 12.5 이상인 것으로 한정하며 수산화칼륨 및 수산화나트륨을 포함한다.
④ 액체상태의 폐기물로서 수소이온 농도지수가 12.5 이상인 것으로 한정하며 수산화칼륨 및 수산화나트륨은 제외한다.

해설 **폐알칼리(부식성 폐기물)**
액체상태의 폐기물로서 수소이온 농도지수가 12.5 이상인 것으로 한정하며 수산화칼륨 및 수산화나트륨을 포함한다.

정답 89 ②　90 ②　91 ④　92 ③

93 '대통령령으로 정하는 폐기물처리시설'을 설치·운영하는 자는 그 폐기물 처리시설의 설치·운영이 주변지역에 미치는 영향을 3년마다 조사하여 그 결과를 환경부장관에게 제출하여야 한다. 다음 중 대통령령으로 정하는 폐기물처리시설 기준으로 틀린 것은?

① 매립면적 1만 제곱미터 이상의 사업장 지정폐기물 매립시설

② 매립면적 15만 제곱미터 이상의 사업장 일반폐기물 매립시설

③ 시멘트 소성로(폐기물을 연료로 하는 경우로 한정한다.)

④ 1일 처분능력이 10톤 이상인 사업장폐기물 소각시설

해설 주변지역 영향 조사대상 폐기물처리시설 기준

① 1일 처리능력이 50톤 이상인 사업장폐기물 소각시설(같은 사업장에 여러 개의 소각시설이 있는 경우에는 각 소각시설의 1일 처리능력의 합계가 50톤 이상인 경우를 말한다.)

② 매립면적 1만 제곱미터 이상의 사업장 지정폐기물 매립시설

③ 매립면적 15만 제곱미터 이상의 사업장 일반폐기물 매립시설

④ 시멘트 소성로(폐기물을 연료로 사용하는 경우로 한정한다.)

⑤ 1일 재활용능력이 50톤 이상인 사업장폐기물 소각열회수시설(같은 사업장에 여러 개의 소각열회수시설이 있는 경우에는 각 소각열회수시설의 1일 재활용능력의 합계가 50톤 이상인 경우를 말한다)

94 폐기물 중간처분업자가 폐기물처리업의 변경허가를 받아야 할 중요사항으로 틀린 것은?

① 처분대상 폐기물의 변경

② 운반차량(임시차량은 제외한다)의 증차

③ 처분용량의 100분의 30 이상의 변경

④ 폐기물 재활용시설의 신설

해설 폐기물처리업의 변경허가를 받아야 할 중요사항

폐기물 중간처분업, 폐기물 최종처분업 및 폐기물 종합처분업

① 처분 대상 폐기물의 변경

② 폐기물 처분시설 소재지의 변경

③ 운반차량(임시차량은 제외한다.)의 증차

④ 폐기물 처분시설의 신설

⑤ 처분용량의 100분의 30 이상의 변경(허가 또는 변경허가를 받은 후 변경되는 누계를 말한다.)

⑥ 주요 설비의 변경(다만 다음 ㉠부터 ㉣까지의 경우만 해당한다.)

㉠ 폐기물 처분시설의 구조 변경으로 인하여 별표 9 제1호 나목 2) 가)의 (1)·(2), 나)의 (1)·(2), 다)의 (2)·(3), 라)의 (1)·(2)의 기준이 변경되는 경우

㉡ 차수시설·침출수 처리시설이 변경되는 경우

㉢ 별표 9 제2호 나목 2) 바)에 따른 가스처리시설 또는 가스활용시설이 설치되거나 변경되는 경우

㉣ 배출시설의 변경허가 또는 변경신고의 대상이 되는 경우

⑦ 매립시설 제방의 증·개축

⑧ 허용보관량의 변경

95 폐기물 재활용을 금지하거나 제한하는 항목 기준으로 옳지 않은 것은?

① 폴리클로리네이티드비페닐(PCBs)을 환경부령으로 정하는 농도 이상 함유하는 폐기물

② 폐유독물 등 인체나 환경에 미치는 위해가 매우 높을 것으로 우려되는 폐기물 중 대통령령으로 정하는 폐기물

③ 태반을 포함한 의료폐기물

④ 폐석면

해설 재활용을 금지하거나 제한하는 폐기물

① 폐석면

② 폴리클로리네이티드비페닐(PCBs)을 환경부령으로 정하는 농도 이상 함유하는 폐기물

③ 의료폐기물(태반은 제외한다)

④ 폐유독물 등 인체나 환경에 미치는 위해가 매우 높을 것으로 우려되는 폐기물 중 대통령령으로 정하는 폐기물

96 폐기물관리법에서 사용하는 용어의 정의로 틀린 것은?

① 생활폐기물이란 사업장폐기물 외의 폐기물을 말한다.

② 폐기물이란 쓰레기, 연소재, 오니, 폐유, 폐산, 폐알칼리 및 동물의 사체 등으로서 사람의 생활이나 사업활동에 필요하지 아니하게 된 물질을 말한다.

③ 지정폐기물이란 사업장폐기물 중 폐유·폐산 등 주변환경을 오염시킬 수 있거나 의료폐기물 등 인체에 위해를 줄 수 있는 해로운 물질로서 대통령령으로 정하는 폐기물을 말한다.

④ 폐기물처리시설이란 폐기물의 최초 및 중간처리시설과 최종처리시설로서 환경부령으로 정하는 시설을 말한다.

해설 폐기물처리시설

폐기물의 중간처분시설, 최종처분시설 및 재활용시설로서 대통령령으로 정하는 시설을 말한다.

정답 **93** ④ **94** ④ **95** ③ **96** ④

2020

97 폐기물관리법을 적용하지 아니하는 물질에 대한 내용으로 옳지 않은 것은?

① 용기에 들어 있지 아니한 기체상의 물질
② 물환경보전법에 의한 오수 · 분뇨 및 가축분뇨
③ 하수도법에 따른 하수
④ 원자력안전법에 따른 방사성물질과 이로 인하여 오염된 물질

해설 **폐기물관리법을 적용하지 않는 물질**
① 「원자력안전법」에 따른 방사성 물질과 이로 인하여 오염된 물질
② 용기에 들어 있지 아니한 기체상태의 물질
③ 「물환경보전법」에 따른 수질오염 방지시설에 유입되거나 공공수역(수역)으로 배출되는 폐수
④ 「가축분뇨의 관리 및 이용에 관한 법률」에 따른 가축분뇨
⑤ 「하수도법」에 따른 하수 · 분뇨
⑥ 「가축전염병예방법」이 적용되는 가축의 사체, 오염 물건, 수입 금지 물건 및 검역 불합격품
⑦ 「수산생물질병 관리법」에 적용되는 수산동물의 사체, 오염된 시설 또는 물건, 수입 금지 물건 및 검역 불합격품
⑧ 「군수품관리법」에 따라 폐기되는 탄약

98 방치폐기물의 처리를 폐기물처리 공제조합에 명할 수 있는 방치폐기물 처리량 기준으로 (   )에 옳은 것은?

> 폐기물처리 신고자가 방치한 폐기물의 경우 : 그 폐기물처리 신고자의 폐기물 보관량의 (   ) 이내

① 1.5배
② 2배
③ 2.5배
④ 3배

해설 ※ 법규 변경사항이므로 해설의 내용으로 학습 부탁드립니다.

방치폐기물의 처리량과 처리기간
① 폐기물처리 공제조합에 처리를 명할 수 있는 방치폐기물의 처리량은 다음 각 호와 같다.
  ㉠ 폐기물처리업자가 방치한 폐기물의 경우 : 그 폐기물처리업자의 폐기물 허용보관량의 2배 이내
  ㉡ 폐기물처리 신고자가 방치한 폐기물의 경우 : 그 폐기물처리 신고자의 폐기물 보관량의 2배 이내
② 환경부장관이나 시 · 도지사는 폐기물처리 공제조합에 방치폐기물의 처리를 명하려면 주변환경의 오염 우려 정도와 방치폐기물의 처리량 등을 고려하여 2개월의 범위에서 그 처리기간을 정하여야 한다. 다만, 부득이한 사유로 처리기간 내에 방치폐기물을 처리하기 곤란하다고 환경부장관이나 시 · 도지사가 인정하면 1개월의 범위에서 한 차례만 그 기간을 연장할 수 있다.

99 국가 차원의 환경보전을 위한 종합계획인 국가환경종합계획의 수립 주기는?

① 20년
② 15년
③ 10년
④ 5년

해설 국가환경종합계획의 수립 주기 : 20년

100 생활폐기물 처리대행자(대통령령이 정하는 자)에 대한 기준으로 틀린 것은?

① 폐기물처리업자
② 폐기물관리법에 따른 건설폐기물 재활용업의 허가를 받은 자
③ 자원의 절약과 재활용촉진에 관한 법률에 따른 재활용센터를 운영하는 자(같은 법에 따른 대형폐기물을 수집 · 운반 및 재활용하는 것만 해당한다.)
④ 폐기물처리 신고자

해설 **생활폐기물 처리대행자**
① 폐기물처리업자
② 폐기물처리 신고자
③ 「한국환경공단법」에 따른 한국환경공단
④ 전기 · 전자제품 재활용의무생산자 또는 전기 · 전자제품 판매업자(전기 · 전자제품 재활용의무생산자 또는 전기 · 전자제품 판매업자로부터 회수 · 재활용을 위탁받은 자를 포함한다) 중 전기 · 전자제품을 재활용하기 위하여 스스로 회수하는 체계를 갖춘 자
⑤ 재활용센터를 운영하는 자(대형폐기물을 수집 · 운반 및 재활용하는 것만 해당한다)
⑥ 재활용의무생산자 중 제품 · 포장재를 스스로 회수하여 재활용하는 체계를 갖춘 자(재활용의무생산자로부터 재활용을 위탁받은 자를 포함한다)
⑦ 「건설폐기물 재활용촉진에 관한 법률」에 따라 건설폐기물처리업의 허가를 받은 자(공사 · 작업 등으로 인하여 5톤 미만으로 발생되는 생활폐기물을 재활용하기 위하여 수집 · 운반하거나 재활용하는 경우만 해당한다)

정답 **97** ②   **98** 해설 확인   **99** ①   **100** ②

제1과목 폐기물개론

01 슬러지를 처리하기 위하여 생슬러지를 분석한 결과 수분은 90%, 총고형물 중 휘발성 고형물은 70%, 휘발성 고형물의 비중은 1.1, 무기성 고형물의 비중은 2.2일 때 생슬러지의 비중은?(단, 무기성 고형물 + 휘발성 고형물 = 총고형물)

① 1.023 ② 1.032
③ 1.041 ④ 1.053

해설
$$\frac{100}{슬러지\ 비중} = \frac{(10 \times 0.7)}{1.1} + \frac{(10 \times 0.3)}{2.2} + \frac{90}{1.0}$$
슬러지 비중=1.023

02 폐기물처리장치 중 쓰레기를 물과 섞어 잘게 부순 뒤 다시 물과 분리시키는 습식 처리장치는?

① Baler ② Compactor
③ Pulverizer ④ Shredder

해설 펄버라이저(Pulverizer)
① 분쇄기의 일종으로 습식 방법을 이용하기 때문에 폐수가 다량 발생한다.
② 쓰레기를 물과 섞어 잘게 부순 뒤 다시 물과 분리시키는 습식 처리장치로 미분기라고도 한다.

03 폐기물 파쇄기에 대한 설명으로 틀린 것은?

① 회전드럼식 파쇄기는 폐기물의 강도차를 이용하는 파쇄장치이며 파쇄와 분별을 동시에 수행할 수 있다.
② 일반적으로 전단파쇄기는 충격파쇄기보다 파쇄속도가 느리다.
③ 압축파쇄기는 기계의 압착력을 이용하여 파쇄하는 장치로 파쇄기의 마모가 적고 비용도 적다.
④ 해머밀 파쇄기는 고정칼, 왕복 또는 회전칼과의 교합에 의하여 폐기물을 전단하는 파쇄기이다.

해설 충격파쇄기
① 원리
충격파쇄기(해머밀 파쇄기)에 투입된 폐기물은 중심축의 주위를 고속회전하고 있는 회전해머의 충격에 의해 파쇄된다.
② 특징
㉠ 충격파쇄기는 주로 회전식이다.
㉡ 해머밀(Hammermill)이 대표적이며 Hazemag식도 이에 속한다.
㉢ Hammer나 Impeller의 마모가 심하다.

04 폐기물의 관거(Pipeline)을 이용한 수송방법 중 공기를 이용한 방법이 아닌 것은?

① 진공수송 ② 가압수송
③ 슬러리수송 ④ 캡슐수송

해설 관거(pipeline) 수송방법
① 공기수송(진공수송, 가압수송)
② 슬러리수송
③ 캡슐수송

05 고정압축기의 작동에 대한 용어로 가장 거리가 먼 것은?

① 적하(Loading)
② 카세트용기(Cassettes Containing Bag)
③ 충전(Fill Charging)
④ 램압축(Ram Compacts)

해설 고정압축기의 작동
호퍼(적하 : Loading) → 투입/충진(충전 : Fill Charging) → 압축(램압축 : Ram Compacts)

06 쓰레기를 압축시킨 후 용적이 45% 감소되었다면 압축비는?

① 1.4 ② 1.6
③ 1.8 ④ 2.0

해설
$$압축비(CR) = \frac{V_i}{V_f} = \frac{100}{100 - VR} = \frac{100}{100 - 45} = 1.82$$

07 4%의 고형물을 함유하는 슬러지 300m³를 탈수시켜 70%의 함수율을 갖는 케이크를 얻었다면 탈수된 케이크의 양(m³)은?(단, 슬러지의 밀도 = 1ton/m³)

① 50　　　② 40　　　③ 30　　　④ 20

해설 $300\text{m}^3 \times 0.04 = $탈수 후 케이크양$\times (1-0.7)$

탈수 후 케이크양$= \dfrac{300\text{m}^3 \times 0.04}{0.3} = 40\text{m}^3$

08 폐기물의 발생량 예측방법이 아닌 것은?

① Load-Count Analysis Method
② Trend Method
③ Multiple Regression Model
④ Dynamic Simulation Model

해설 **폐기물 발생량 예측방법**

방법(모델)	내용
경향법 (Trend Method) 경향예측모델	• 최저 5년 이상의 과거 처리 실적을 수식 model에 대하여 과거의 경향을 가지고 장래를 예측하는 방법 • 단지 시간과 그에 따른 쓰레기 발생량(또는 성상) 간의 상관관계만을 고려하며 이를 수식으로 표현하면 $x = f(t)$ • $x = f(t)$는 선형, 지수형, 대수형 등에서 가장 근사한 형태를 택함
다중회귀모델 (Multiple Regression Model)	• 하나의 수식으로 각 인자들의 효과를 총괄적으로 나타내어 복잡한 시스템의 분석에 유용하게 사용할 수 있는 쓰레기 발생량 예측방법 • 각 인자마다 효과를 파악하기보다는 전체 인자의 효과를 총괄적으로 파악하는 것이 간편하고 유용한 예측방법으로 시간을 단순히 하나의 독립된 종속인자로 대입 • 수식 $x = f(X_1 X_2 X_3 \cdots X_n)$, 여기서 $X_1 X_2 X_3 \cdots X_n$은 쓰레기 발생량에 영향을 주는 인자 ※ 인자 : 인구, 지역소득(GNP 또는 GRP), 자원회수량, 상품 소비량 또는 매출액 (자원회수량, 사회적·경제적 특성이 고려됨)
동적모사모델 (Dynamic Simulation Model)	• 쓰레기 발생에 영향을 주는 모든 인자를 시간에 대한 함수로 나타낸 후 시간에 대한 함수로 표현된 각 영향인자들 간의 상관관계를 수식화하는 방법 • 시간만을 고려하는 경향법과 시간을 단순히 하나의 독립적인 종속인자로 고려하는 다중회귀모델의 문제점을 보완한 예측방법 • Dynamo 모델 등이 있음

09 쓰레기 발생량 예측방법 중 모든 인자를 시간에 대한 함수로 나타낸 후, 시간에 대한 함수로 표현된 각 영향 인자들 간의 상관관계를 수식화하는 방법은?

① 경향법
② 다중회귀모델
③ 회귀직선모델
④ 동적모사모델

해설 문제 8번 해설 참조

10 쓰레기의 관리체계를 순서대로 올바르게 나열한 것은?

① 발생-적환-수집-처리 및 회수-처분
② 발생-적환-수집-처리 및 회수-수송-처분
③ 발생-수집-적환-수송-처리 및 회수-처분
④ 발생-수집-적환-처리 및 회수-수송-처분

해설 **쓰레기 관리체계 순서**

발생 → 수집 → 적환 → 처리 및 회수 → 처분

11 폐기물의 성상분석의 절차로 알맞은 것은?

① 시료 → 물리적 조성 파악 → 밀도 측정 → 분류 → 원소분석
② 시료 → 밀도 측정 → 물리적 조성 파악 → 전처리 → 원소분석
③ 시료 → 전처리 → 밀도 측정 → 물리적 조성 파악 → 원소분석
④ 시료 → 분류 → 전처리 → 물리적 조성 파악 → 원소분석

해설 **폐기물 시료 분석절차**

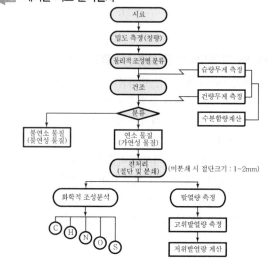

12 폐기물의 함수율이 25%이고, 건조기준으로 연소성분은 탄소 55%, 수소 18%이고 건조폐기물은 열량계에 의한 열량이 2,800kcal/kg일 때 저위발열량(kcal/kg)은?

① 1,521kcal/kg

② 1,721kcal/kg

③ 1,921kcal/kg

④ 2,121kcal/kg

해설 $H_l(\text{kcal/kg})$

$= H_h - 600(9H + W)$

$= 2,800\text{kcal/kg} - 600[(9 \times 0.18 \times 0.75) + 0.25]$

$= 1,921\text{kcal/kg}$

13 환경경영체제(ISO – 14000)에 대한 설명으로 가장 거리가 먼 내용은?

① 기업이 환경문제의 개선을 위해 자발적으로 도입하는 제도이다.

② 환경사업을 기업 영업의 최우선 과제 중의 하나로 삼는 경영체제이다.

③ 기업의 친환경성 이미지에 대한 광고 효과를 위해 도입할 수 있다.

④ 전과정평가(LCA)를 이용하여 기업의 환경성과를 측정하기도 한다.

해설 환경경영체제(ISO – 14000)

① ISO 14000(14001) 환경경영시스템은 조직의 활동, 서비스 및 제품과 관련된 환경위험요소를 사전에 충분히 식별하고, 평가함으로써 적절한 대응방안을 수립하여 이행하고, 지속적 개선을 통해 환경보존, 비용절감, 기업경쟁력 향상, 법규 준수 및 이해관계자와의 좋은 관계 유지를 할 수 있도록 하는 시스템이다.

② 기업의 환경문제를 지속적으로 개선시키는 것이 목적이며, 기업활동이 환경에 미치는 부정적인 영향을 최소화하는 경영체제이다.

14 투입량이 1ton/hr이고 회수량이 600kg/hr(그중 회수 대상물질은 500kg/hr)이며, 제거량은 400kg/hr(그중 회수대상물질은 100kg/hr)일 때 선별효율(%)은?(단, Worrell 식 적용)

① 약 63

② 약 69

③ 약 74

④ 약 78

해설 $E(\%) = \left[\left(\dfrac{x_1}{x_0} \right) \times \left(\dfrac{y_2}{y_0} \right) \right] \times 100$

x_1이 500kg/hr → y_1은 100kg/hr

x_2가 100kg/hr

→ y_2는 $(1{,}000 - 600 - 100)$

$= 300$kg/hr

$x_0 = x_1 + x_2 = 600$kg/hr

$y_0 = y_1 + y_2 = 400$kg/hr

$= \left[\left(\dfrac{500}{600} \right) \times \left(\dfrac{300}{400} \right) \right] \times 100 = 62.5\%$

15 LCA의 구성요소로 가장 거리가 먼 것은?

① 자료 평가

② 개선 평가

③ 목록 분석

④ 목적 및 범위의 설정

해설 전과정평가(LCA) 4단계

① 목적 및 범위의 설정(Goal Definition Scoping) : 1단계 [LCA 사용목적]

㉠ 복수제품 간의 비교선택

㉡ 제품 및 공정의 개선효과 파악

㉢ 목표치를 달성하기 위한 제품의 점검

㉣ 개선점의 추출(우선순위 결정)

㉤ 제품에 관계되는 주체 간의 의사전달 촉진

② 목록분석(Inventory Analysis) : 2단계
상품, 포장, 공정, 물질, 원료 및 활동에 의해 발생하는 에너지 및 천연원료 요구량, 대기, 수질 오염물질 배출, 고형폐기물과 기타 기술적 자료구축 과정이다.

③ 영향평가(Impact Analysis or Assessment) : 3단계
조사분석과정에서 확정된 자원요구 및 환경부하에 대한 영향을 평가하는 기술적, 정량적, 정성적 과정이다.

④ 개선평가 및 해석(Improvement Assessment) : 4단계
전 과정에 대한 해석을 실시하는 과정이다.

16 폐기물의 파쇄목적이 잘못 기술된 것은?

① 입자 크기의 균일화

② 밀도의 증가

③ 유가물의 분리

④ 비표면의 감소

해설 폐기물의 파쇄목적(기대효과)

① 겉보기비중의 증가(수송, 매립지 수명 연장)

② 유가물의 분리, 회수

③ 비표면적의 증가(미생물 분해속도 증가)

④ 입경분포의 균일화(저장, 압축, 소각 용이)

⑤ 용적감소(부피감소 ; 무게변화)

정답 12 ③ 13 ② 14 ① 15 ① 16 ④

17 쓰레기 수거효율이 가장 좋은 방식은?

① 타종식 수거방식

② 문전 수거(플라스틱 자루)방식

③ 문전 수거(재사용 가능한 쓰레기통)방식

④ 대형 쓰레기통 이용 수거방식

[해설] **수거형태에 따른 수거효율**

① 타종 수거 → 0.84MHT

② 대형 쓰레기통 수거 → 1.1MHT

③ 플라스틱 자루 수거 → 1.35MHT

④ 집밖 이동식 수거 → 1.47MHT

⑤ 집안 이동식 수거 → 1.86MHT

⑥ 집밖 고정식 수거 → 1.96MHT

⑦ 문전 수거 → 2.3MHT

⑧ 벽면 부착식 수거 → 2.38MHT

18 스크린상에서 비중이 다른 입자의 층을 통과하는 액류를 상하로 맥동시켜서 층의 팽창수축을 반복하여 무거운 입자는 하층으로, 가벼운 입자는 상층으로 이동시켜 분리하는 중력분리방법은?

① Secators

② Jigs

③ Melt Separation

④ Air Stoners

[해설] **수중체(Jigs) 선별법**

① 물에 잠겨 있는 스크린 위에 분류하려는 폐기물을 넣고 수위를 변화(1초당 2.5회가량 0.5~5cm의 폭)시켜 흔들층을 침투하는 능력의 차이로 가벼운 물질과 무거운 물질을 분류하는 원리이며 사금선별을 위해 오래전부터 사용되던 습식 선별방법이다.

② 스크린상에서 비중이 다른 입자의 토층을 통과하는 액류를 상하로 맥동시켜서 층의 팽창수축을 반복하여 무거운 입자는 하층으로, 가벼운 입자는 상층으로 이동시켜 분리하는 중력분리방법이다.

19 도시에서 폐기물 발생량이 185,000톤/년, 수거 인부는 1일 550명, 인구는 250,000명이라고 할 때 1인 1일 폐기물 발생량(kg/인·day)은?(단, 1년 365일 기준)

① 2.03

② 2.35

③ 2.45

④ 2.77

[해설] 폐기물 발생량(kg/인·일)

$$= \frac{\text{발생폐기물량}}{\text{대상 인구수}}$$

$$= \frac{185,000\text{ton/year} \times \text{year}/365\text{day} \times 10^3\text{kg/ton}}{250,000\text{인}}$$

$$= 2.03\text{kg/인·일}$$

20 폐기물 수집·운반을 위한 노선 설정 시 유의할 사항으로 가장 거리가 먼 것은?

① 될 수 있는 한 반복 운행을 피한다.

② 가능한 한 언덕길은 올라가면서 수거한다.

③ U자형 회전을 피해 수거한다.

④ 가능한 한 시계방향으로 수거노선을 정한다.

[해설] **효과적·경제적인 수거노선 결정 시 유의(고려)사항 : 수거노선 설정요령**

① 지형이 언덕인 지역에서는 언덕의 위에서부터 내려가며 적재하면서 차량을 진행하도록 한다.(안전성, 연료비 절약)

② 수거인원 및 차량형식이 같은 기존 시스템의 조건들을 서로 관련시킨다.

③ 출발점은 차고와 가깝게 하고 수거된 마지막 컨테이너가 처분지의 가장 가까이에 위치하도록 배치한다.

④ 가능한 한 지형지물 및 도로경계와 같은 장벽을 사용하여 간선도로 부근에서 시작하고 끝나야 한다.(도로경계 등을 이용)

⑤ 가능한 한 시계방향으로 수거노선을 정한다.

⑥ 적은 양의 쓰레기가 발생하나 동일한 수거빈도를 받기 원하는 적재지점(수거지점)은 가능한 한 같은 날 왕복 내에서 수거한다.

⑦ 아주 많은 양의 쓰레기가 발생되는 발생원은 하루 중 가장 먼저 수거한다.

⑧ 될 수 있는 한 한 번 간 길은 다시 가지 않는다.

⑨ 반복운행 또는 U자형 회전은 피하여 수거한다.

⑩ 교통량이 많거나 출퇴근시간은 피하여 수거한다.

⑪ 수거지점과 수거빈도 결정 시 기존정책이나 규정을 참고한다.

제2과목   폐기물처리기술

21 매립지 입지선정절차 중 후보지 평가단계에서 수행해야 할 일로 가장 거리가 먼 것은?

① 경제성 분석

② 후보지 등급 결정

③ 현장조사(보링조사 포함)

④ 입지선정기준에 의한 후보지 평가

[해설] **매립지 입지선정절차 중 후보지 평가단계**

① 현장조사(보링조사 포함)

② 입지선정기준에 의한 후보지 평가

③ 후보지 등급 결정

[Note] 경제성 분석은 최종입지 결정단계

---

22 저항성 탐사에서의 토양의 저항성(R)을 나타내는 식은?(단, I는 전류, s는 전극간격, V는 측정전압을 의미한다.)

① $R = \dfrac{2\pi s\,V}{I}$ 　　② $R = \dfrac{2\pi s\,I}{V}$

③ $R = \dfrac{s\,V}{2\pi I}$ 　　④ $R = \dfrac{s\,I}{2\pi V}$

　토양의 저항성(R) : 겉보기비저항

$R = \dfrac{2\pi s\,V}{I}$: Wenner Array(Ω − cm)

여기서, I : 전류

S : 전극간격

V : 측정전압(전위차)

23 친산소성 퇴비화 과정의 온도와 유기물의 분해속도에 대한 일반적인 상관관계로 옳은 것은?

① 40℃ 이하에서 가장 분해속도가 빠르다.

② 40~55℃ 정도에서 가장 분해속도가 빠르다.

③ 55~60℃ 정도에서 가장 분해속도가 빠르다.

④ 60℃ 이상에서 가장 분해속도가 빠르다.

　퇴비단의 온도는 초기 며칠간은 50~55℃를 유지하여야 하며 활발한 분해를 위해서는 55~60℃가 적당하다.

24 침출수의 혐기성 처리에 대한 설명으로 옳지 않은 것은?

① 고농도의 침출수를 희석 없이 처리할 수 있다.

② 미생물의 낮은 증식으로 슬러지 발생량이 적다.

③ 온도, 중금속 등의 영향이 호기성 공정에 비해 크다.

④ 호기성 공정에 비해 높은 영양물질 요구량을 가진다.

　호기성 공정에 비해 낮은 영양물질 요구량을 가진다(인부족 현상을 일으킬 가능성이 적음).

25 스크린 선별에 대한 설명으로 옳은 것은?

① 트롬멜 스크린의 경사도는 2~3°가 적정하다.

② 파쇄 후에 설치되는 스크린은 파쇄설비 보호가 목적이다.

③ 트롬멜 스크린의 회전속도가 증가할수록 선별효율이 증가한다.

④ 회전 스크린은 주로 골재분리에 흔히 이용되며 구멍이 막히는 문제가 자주 발생한다.

　② 파쇄 전에 설치되는 스크린은 파쇄설비 보호가 목적이다.

③ 트롬멜 스크린의 회전속도가 증가할수록 선별효율이 저하한다.

④ 회전 스크린은 선별효율이 좋고 유지관리상 문제가 적어 도시폐기물의 선별작업에서 가장 많이 사용되며 회전속도가 크게 증가하면 원심력에 의해 막힘현상이 일어난다.

26 용적이 1,000m³인 슬러지 혐기성 소화조에서 함수율 95%의 슬러지를 하루에 20m³를 소화시킨다면 이 소화조의 유기물 부하율(kgVS/m³·day)은?(단, 슬러지 고형물 중 무기물 비율은 40%이고, 슬러지의 비중은 1.0으로 가정한다.)

① 0.2 　② 0.4 　③ 0.6 　④ 0.8

　유기물 부하율(kgVS/m³·day)

$= \dfrac{20\text{m}^3/\text{day} \times (1-0.95) \times (1-0.4) \times 1{,}000\text{kg/m}^3}{1{,}000\text{m}^3}$

$= 0.6\text{kgVS/m}^3 \cdot \text{day}$

27 유기성 폐기물의 C/N비는 미생물의 분해 대상인 기질의 특성으로 효과적인 퇴비화를 위해 가장 직접적인 중요 인자이다. 일반적으로 초기 C/N비로 가장 적합한 것은?

① 5~15 　　② 25~35

③ 55~65 　　④ 85~100

　퇴비화 시 초기 C/N비는 25~40 정도가 적당하고 적정 C/N비는 25~50 정도이다.

28 3,785m³/일 규모의 하수처리장에 유입되는 BOD와 SS 농도가 각각 200mg/L이다. 1차 침전에 의하여 SS는 60%가 제거되고, 이에 따라 BOD도 30% 제거된다. 후속처리인 활성슬러지공법(폭기조)에 의해 남은 BOD의 90%가 제거되며 제거된 kgBOD당 0.2kg의 슬러지가 생산된다면 1차 침전에서 발생한 슬러지와 활성슬러지 공법에 의해 발생된 슬러지양의 총합(kg/일)은?(단, 비중은 1.0 기준, 기타 조건은 고려 안 함)

① 약 530 　② 약 550 　③ 약 570 　④ 약 590

　1차 침전 발생 슬러지양

$= 3{,}785\text{m}^3/\text{day} \times 200\text{mg/L} \times 1{,}000\text{L/m}^3$

$\quad \times \text{kg}/10^6\text{mg} \times 0.6$

$= 454.2\text{kg/day}$

활성슬러지 발생 슬러지양
$$= 3,785 \text{m}^3/\text{day} \times 200 \text{mg/L} \times 1,000 \text{L/m}^3$$
$$\times \text{kg}/10^6 \text{mg} \times 0.7 \times 0.9$$
$$\times 0.2 \text{kg슬러지/BOD} \cdot \text{kg}$$
$$= 95.38 \text{kg/day}$$

총 발생 슬러지양
$$= 454.2 + 95.38 = 549.56 \text{kg/day}$$

29 매립지 차수막으로서의 점토조건으로 적합하지 않은 것은?

① 액성한계 : 60% 이상
② 투수계수 : 10^{-7}cm/sec 미만
③ 소성지수 : 10% 이상 30% 미만
④ 자갈 함유량 : 10% 미만

해설 **차수막 적합조건(점토)**

항목	적합기준
투수계수	10^{-7}cm/sec 미만
점토 및 미사토 함량	20% 이상
소성지수(PI)	10% 이상 30% 미만
액성한계(LL)	30% 이상
자갈 함유량	10% 미만
직경 2.5cm 이상 입자 함유량	0%

30 고형화 처리 중 시멘트 기초법에서 가장 흔히 사용되는 포틀랜드 시멘트 화합물 조성 중 가장 많은 부분을 차지하고 있는 것은?

① $2SiO_2 \cdot Fe_2O_3$
② $3CaO \cdot SiO_2$
③ $2CaO \cdot MgO$
④ $3CaO \cdot Fe_2O_3$

해설 **포틀랜드 시멘트의 주성분**
$CaO \cdot SiO_2$(규산염)이며, 그 외에 CaO(60~65%), SiO_2(22%), 기타(13%)

31 분뇨를 호기성 소화방식으로 일 500m³ 부피를 처리하고자 한다. 1차 처리에 필요한 산기관 수는?(단, 분뇨 BOD 20,000mg/L, 1차 처리효율 60%, 소요 공기량 50m³/BODkg, 산기관 통풍량 0.5m³/min·개)

① 347
② 417
③ 694
④ 1,157

해설 산기관 수(개)
$$= \frac{\text{BOD 처리 필요 폭기량(공기량)}}{\text{1개 산기관의 송풍량}}$$
$$= \frac{500 \text{m}^3/\text{day} \times 20,000 \text{mg/L} \times 1,000 \text{L/m}^3 \times 1\text{kg}/10^6 \text{mg} \times 50\text{m}^3/\text{BOD} \cdot \text{kg} \times 0.6 \times \text{day}/24\text{hr} \times 1\text{hr}/60\text{min}}{0.5 \text{m}^3/\text{min} \cdot \text{개}}$$
$$= 416.67(417개)$$

32 컬럼의 유입구와 유출구 사이에 수리학적 수두의 차이가 없을 때 오염물질은 무엇에 따라 다공성 매체를 이동하는가?

① 농도 경사
② 이류 이동
③ 기계적 분산
④ Darcy 플럭스

해설 수리학적 수두의 차이가 없을 때 오염물질은 확산, 즉 오염물질의 농도가 불균일할 때 농도가 높은 곳으로부터 낮은 곳으로 물질이 이동하는 현상에 의해 오염물질이 다공성 매체를 이동한다.

33 6가크롬을 함유한 유해폐기물의 처리방법으로 가장 적절한 것은?

① 양이온교환수지법
② 황산제1철 환원법
③ 화학추출분해법
④ 전기분해법

해설 **6가크롬 함유 유해폐기물 처리방법**
6가크롬은 독성이 강하므로 3가크롬으로 환원시킨 후 침전시켜 제거한다. 환원제로는 $FeSO_4$, Na_2SO_3 등을 사용한다.

34 유기염소계 화학물질을 화학적 탈염소화 분해할 경우 적합한 기술이 아닌 것은?

① 화학 추출 분해법
② 알칼리 촉매 분해법
③ 초임계 수산화 분해법
④ 분별 증류촉매 수소화 탈염소법

해설 **화학적 탈염소화 분해기술**
① 화학추출분해법
② 알칼리촉매분해법
③ 분별 증류촉매 수소화 탈염소법

[Note] 초임계 수산화 분해법은 난분해성 유기물질이 포함된 폐액을 처리하는 방법이다.

35 매립지 기체 발생단계를 4단계로 나눌 때 매립초기의 호기성 단계(혐기성 전 단계)에 대한 설명으로 옳지 않은 것은?

① 폐기물 내 수분이 많은 경우에는 반응이 가속화된다.
② 주요 생성기체는 CO_2이다.
③ O_2가 급격히 소모된다.
④ N_2가 급격히 발생한다.

해설 제1단계[호기성 단계 : 초기조절 단계]
① 호기성 유지상태(친산소성 단계)이다.
② 질소(N_2)와 산소(O_2)는 급격히 감소하고, 탄산가스(CO_2)는 서서히 증가하는 단계이며 가스의 발생량은 적다.
③ 산소는 대부분 소모한다. (O_2 대부분 소모, N_2 감소 시작)
④ 매립물의 분해속도에 따라 수일에서 수개월 동안 지속된다.
⑤ 폐기물 내 수분이 많은 경우에는 반응이 가속화되어 용존산소가 고갈되어 다음 단계로 빨리 진행된다.

36 매립지의 표면차수막에 관한 설명으로 옳지 않은 것은?

① 매립지 지반의 투수계수가 큰 경우에 사용한다.
② 지하수 집배수시설이 필요하다.
③ 단위면적당 공사비는 비싸나 총공사비는 싸다.
④ 보수는 매립전에는 용이하나 매립 후는 어렵다.

해설 표면차수막
① 적용조건
　㉠ 매립지반의 투수계수가 큰 경우에 사용
　㉡ 매립지의 필요한 범위에 차수재료로 덮인 바닥이 있는 경우에 사용
② 시공 : 매립지 전체를 차수재료로 덮는 방식으로 시공
③ 지하수 집배수시설 : 원칙적으로 지하수 집배수시설을 시공하므로 필요함
④ 차수성 확인 : 시공 시에는 차수성이 확인되지만 매립 후에는 곤란함
⑤ 경제성 : 단위면적당 공사비는 저가이나 전체적으로 비용이 많이 듦
⑥ 보수 : 매립 전에는 보수, 보강 시공이 가능하나 매립 후에는 어려움
⑦ 공법 종류
　㉠ 지하연속벽
　㉡ 합성고무계 시트
　㉢ 합성수지계 시트
　㉣ 아스팔트계 시트

37 매립지에서 유기물의 완전분해식을 $C_{68}H_{111}O_{50}N + \alpha H_2O \rightarrow \beta CH_4 + 33CO_2 + NH_3$로 가정할 때 유기물 200kg을 완전분해 시 소모되는 물의 양(kg)은?

① 16　　　② 21
③ 25　　　④ 33

해설 $C_{68}H_{111}O_{50}N + \alpha H_2O$

$= \left(\dfrac{4a - b - 2c + 3d + 2e}{4} \right) H_2O$

$= \left[\dfrac{(4 \times 68) - 111 - (2 \times 50) + (2 \times 1)}{4} \right] H_2O$

$= 15.75 H_2O$

$1,741 kg : 15.75 \times 18 kg$

$200 kg : H_2O(kg)$

$H_2O(kg) = \dfrac{200 kg \times (15.75 \times 18) kg}{1.741 kg} = 32.57 kg\ H_2O$

38 재활용을 위한 매립가스의 회수조건으로 거리가 먼 것은?

① 발생기체의 50% 이상을 포집할 수 있어야 한다.
② 폐기물 1kg당 $0.37m^3$ 이상의 기체가 생성되어야 한다.
③ 폐기물 속에는 약 15~40%의 분해 가능한 물질이 포함되어 있어야 한다.
④ 생성된 기체의 발열량은 2,200kcal/Sm^3 이상이어야 한다.

해설 매립가스(LFG)의 회수 및 재활용기준
① 폐기물에 50% 이상의 분해 가능한 물질이 포함되어, 실제 분해하여 기체를 발생시킬 것
② 발생기체의 50% 이상 포집이 가능할 것
③ 폐기물 1kg당 $0.37m^3$ 이상의 가스를 생성할 수 있을 것
④ 기체의 발열량이 2,200kcal/m^3 이상일 것

39 매립지의 침출수의 농도가 반으로 감소하는데 약 3년이 걸렸다면 이 침출수의 농도가 99% 감소하는 데 걸리는 시간(년)은?(단, 1차 반응 기준)

① 10　　　② 15
③ 20　　　④ 25

해설 $\ln \left(\dfrac{C_t}{C_o} \right) = -kt$

$\ln 0.5 = -k \times 3 year$, $k = 0.231 year^{-1}$

$\ln \left(\dfrac{1}{100} \right) = -0.231 year^{-1} \times t$

$t = 19.94 year$

40 생활폐기물 소각시설의 폐기물 저장조에 대한 설명 중 틀린 것은?

① 500톤 이상의 폐기물 조장조의 용량은 원칙적으로 계획 1일 최대 처리량의 3배 이상의 용량(중량기준)으로 설치한다.

② 저장조의 용량 산정은 실측자료가 없는 경우 우리나라 평균 밀도인 0.22ton/m^3를 적용한다.

③ 저장조 내에서 자연발화 등에 의한 화재에 대비하여 소화기 등 화재대비시설을 검토한다.

④ 폐기물 저장조의 설치 시 가능한 한 깊이보다 넓이를 최소화하여 오염되는 면적을 줄이도록 한다.

> 해설 폐기물 저장조의 설치 시 가능한 한 깊이는 최소화하여 효율적인 크레인작업을 알 수 있도록 한다.

제3과목 폐기물소각 및 열회수

41 다단소각로에 대한 설명 중 옳지 않은 것은?

① 휘발성이 적은 폐기물 연소에 유리하다.

② 용융제를 포함한 폐기물이나 대형 폐기물의 소각에는 부적당하다.

③ 타 소각로에 비해 체류시간이 길어 수분함량이 높은 폐기물의 소각이 가능하다.

④ 온도반응이 늦기 때문에 보조연료사용량의 조절이 용이하다.

> 해설 **다단로 소각방식(Multiple Hearth)의 장단점**
> ① 장점
>   ㉠ 타 소각로에 비해 체류시간이 길어 연소효율이 높고, 특히 휘발성이 낮은 폐기물 연소에 유리하다.
>   ㉡ 다량의 수분이 증발되므로 수분함량이 높은 폐기물도 연소가 가능하다.
>   ㉢ 물리·화학적 성분이 다른 각종 폐기물을 처리할 수 있다. 즉, 다양한 질의 폐기물에 대하여 혼소가 가능하다.
>   ㉣ 많은 연소영역이 있으므로 연소효율을 높일 수 있다.(국소 연소를 피할 수 있음)
>   ㉤ 보조연료로 다양한 연료(천연가스, 프로판, 오일, 석탄가루, 폐유 등)를 사용할 수 있다.
>   ㉥ 클링커 생성을 방지할 수 있다.
>   ㉦ 온도제어가 용이하고 동력이 적게 들며 운전비가 저렴하다.
> ② 단점
>   ㉠ 체류시간이 길어 온도반응이 느리다.(휘발성이 적은 폐기물 연소에 유리)

㉡ 늦은 온도반응 때문에 보조연료 사용을 조절하기 어렵다.
㉢ 분진발생률이 높다.
㉣ 열적 충격이 쉽게 발생하고 내화물이나 상에 손상을 초래한다.(내화재의 손상을 방지하기 위해 1,000℃ 이상으로 운전하지 않는 것이 좋음)
㉤ 가동부(교반팔, 회전중심축)가 있으므로 유지비가 높다.
㉥ 유해폐기물의 완전분해를 위해서는 2차 연소실이 필요하다.

42 사이클론(cyclone) 집진장치에 대한 설명 중 틀린 것은?

① 원심력을 활용하는 집진장치이다.

② 설치면적이 작고 운전비용이 비교적 적은 편이다.

③ 온도가 높을수록 포집효율이 높다.

④ 사이클론 내부에서 먼지는 벽면과 마찰을 일으켜 운동에너지를 상실한다.

> 해설 온도가 증가하면 가스점도가 증가하여 포집효율은 낮아진다.

43 탄소 1kg을 완전연소하는 데 소요되는 이론 공기량(Sm^3)은?(단, 공기는 이상기체로 가정하고, 공기의 분자량은 28.84g/mol이다.)

① 1.866
② 5.848
③ 8.889
④ 17.544

> 해설 $\quad C \quad + \quad O_2 \quad \rightarrow \quad CO_2$
> $12\text{kg} : 22.4\text{Sm}^3$
> $\quad 1\text{kg} : O_o(\text{Sm}^3)$
>
> $O_o(\text{Sm}^3) = \dfrac{1\text{kg} \times 22.4\text{Sm}^3}{12\text{kg}} = 1.867\text{Sm}^3$
>
> $A_o(\text{Sm}^3) = \dfrac{1.867\text{Sm}^3}{0.21} = 8.89\text{Sm}^3$

44 절대온도의 눈금은 어느 법칙에서 유도된 것인가?

① Raoult의 법칙
② Henry의 법칙
③ 에너지보존의 법칙
④ 열역학 제2법칙

> 해설 **열역학적 온도눈금**
> 열역학 제2법칙에서 흡열량 Q_1과 저온부에서 발열량 Q_2의 비는 고열원 온도 θ_1과 저열원 온도 θ_2의 비와 같은 것이 유도되는데, 이 온도를 열역학적 온도라고 한다. 이 열역학적 온도의 눈금으로는 대기압에서 물의 빙점과 비점의 차를 1/100로 한 것을 1K로 사용하고 있었지만, 현재는 물의 3중점이 273.16K이 되도록 눈금이 정해져 있다. 이것을 열역학적 온도눈금이라고 한다.

45 도시쓰레기를 소각방법으로 처리할 때의 장점이 아닌 것은?

① 쓰레기의 최종처분 단계이다.
② 쓰레기의 부피를 감소시킬 수 있다.
③ 발생되는 폐열을 회수할 수 있다.
④ 병원성 생물을 분해, 제거, 사멸시킬 수 있다.

폐기물 소각의 장점
부피 감소, 위생적 처리(병원성 생물을 분해, 제거, 사멸), 폐열 회수 가능
※ 폐기물의 최종처분 단계가 아니고 중간처분 단계이다.

46 소각 시 유해가스 처리방법 중 건식, 습식, 반건식의 장·단점에 대한 설명으로 옳지 않은 것은?

① 유해가스 제거효율 : 건식법은 비교적 낮으나 습식법은 매우 높다.
② 백연 대책 : 건식법과 반건식법은 대책이 불필요하나 습식법은 배기가스 냉각 등 백연 대책이 필요하다.
③ 운전비 및 건설비 : 건식법은 낮으나 습식법은 높은 편이다.
④ 운전 및 유지관리 : 건식법은 재처리, 부식방지 등 관리가 어려우나 습식법은 폐수로 처리되어 건식법에 비해 유지관리가 용이하다.

건식법은 재처리, 부식방지 등 관리가 쉬우나, 습식법은 폐수가 발생되고 건식법에 비해 유지관리가 어렵다.

47 물질의 연소특성에 대한 설명으로 가장 거리가 먼 것은?

① 탄소의 착화온도는 700℃이다.
② 황의 착화온도는 목재의 경우보다 낮다.
③ 수소의 착화온도는 장작의 경우보다 높다.
④ 용광로가스의 착화온도는 700~800℃ 부근이다.

황의 착화온도는 약 630℃로 장작의 착화온도인 250~300℃보다 높다.

48 전기집진기의 집진성능에 영향을 주는 인자에 관한 설명 중 틀린 것은?

① 수분함량이 증가할수록 집진효율이 감소한다.
② 처리가스양이 증가하면 집진효율이 감소한다.
③ 먼지의 전기비저항이 $10^4 \sim 5 \times 10^{10} \Omega \cdot cm$ 이상에서 정상적인 집진성능을 보인다.
④ 먼지입자의 직경이 작으면 집진효율이 감소한다.

수분함량이 증가할수록 전기비저항이 낮아져 집진효율이 증가하나 저온부식에 유의하여야 한다.

49 용적밀도가 800kg/m³인 폐기물을 처리하는 소각로에서 질량감소율과 부피감소율이 각각 90%, 95%인 경우 이 소각로에서 발생하는 소각재의 밀도(kg/m³)는?

① 1,500
② 1,600
③ 1,700
④ 1,800

밀도 $= 800 kg/m^3 \times \dfrac{(100-90)}{(100-95)} = 1,600 kg/m^3$

50 연소가스 흐름에 따라 소각로의 형식을 분류한다. 폐기물의 이송방향과 연소가스의 흐름방향이 반대로 향하고, 폐기물의 질이 나쁜 경우에 적당한 방식은?

① 향류식
② 병류식
③ 교류식
④ 2회류식

역류식(향류식)
① 폐기물의 이송방향과 연소가스의 흐름을 반대로 하는 형식이다.
② 난연성 또는 착화하기 어려운 폐기물 소각에 가장 적합한 방식이다.
③ 열가스에 의한 방사열이 폐기물에 유효하게 작용하므로 수분이 많다.
④ 후연소 내의 온도저하나 불완전연소가 발생할 수 있다.
⑤ 복사열에 의한 건조에 유리하며 저위발열량이 낮은 폐기물에 적합하다.

51 다음과 같은 조건으로 연소실을 설계할 때 필요한 연소실의 크기(m³)는?

• 연소실 열부하 : $8.2 \times 10^4 kcal/m^3 \cdot hr$
• 저위발열량 : 300kcal/kg
• 폐기물 : 200ton/day
• 작업시간 : 8hr

① 76
② 86
③ 92
④ 102

소각로부피(m³)
$= \dfrac{소각량 \times 쓰레기발열량}{연소실\ 열부하}$
$= \dfrac{200ton/day \times day/8hr \times 1,000kg/ton \times 300kcal/kg}{8.2 \times 10^4 kcal/m^3 \cdot hr}$
$= 91.46 m^3$

52 폐기물의 물리화학적 분석 결과가 아래와 같을 때, 이 폐기물의 저위발열량(kcal/kg)은?(단, Dulong 식 적용)

(단위 : wt %)

수분	회분	가연분							소계
		C	H	O	N	Cl	S		
65	12	11.7	1.81	8.76	0.39	0.31	0.03		23
가연분의 원소조정		50.87	7.85	38.08	1.70	1.35	0.15		100

① 약 700   ② 약 950
③ 약 1,200   ④ 약 1,450

해설 H_h (kcal/kg)

$= 8,100C + 34,000\left(H - \dfrac{O}{8}\right) + 2,500S$

$= (8,100 \times 0.23 \times 0.5087) + 34,000$

$\left[(0.23 \times 0.0785) - \left(\dfrac{0.23 \times 0.3808}{8}\right)\right]$

$+ (2,500 \times 0.23 \times 0.0015)$

$= 1,190.21 \text{kcal/kg}$

H_l (kcal/kg)

$= H_h - 600(9H + W)$

$= 1,190.21 - 600[(9 \times 0.23 \times 0.0785) + 0.65]$

$= 702.71 \text{kcal/kg}$

53 폐기물 소각공정에서 발생하는 소각재 중 비산재(Fly Ash)의 안정화 처리기술과 가장 거리가 먼 것은?

① 산용매추출   ② 이온고정화
③ 약제처리   ④ 용융고화

해설 비산재(Fly Ash)의 안정화 처리기술
① 용융고화
② 약제처리
③ 산용매추출

54 소각공정과 비교하였을 때, 열분해공정이 갖는 단점이라 볼 수 없는 것은?

① 반응이 활발치 못하다.
② 환원성 분위기로 Cr^{+3}가 Cr^{+6}로 전환되지 않는다.
③ 흡열반응이므로 외부에서 열을 공급시켜야 한다.
④ 반응생성물을 연료로서 이용하기 위해서는 별도의 정제장치가 필요하다.

해설 열분해공정이 소각에 비하여 갖는 장점
① 대기로 방출하는 배기가스양이 적게 배출된다.(가스처리장치가 소형화)
② 황, 중금속분이 Ash(회분) 중에 고정되는 비율이 크다.
③ 상대적으로 저온이기 때문에 NOx(질소산화물), 염화수소의 발생량이 적다.
④ 환원기가 유지되므로 Cr^{3+}이 Cr^{6+}으로 변화하기 어려우며 대기오염물질의 발생이 적다.(크롬산화 억제)
⑤ 폐플라스틱, 폐타이어, 오니류 등 스토커 소각처리가 곤란한 물질도 처리 가능하다.
⑥ 공기공급장치의 소형화 및 감량화로 매립용량이 감소한다.
⑦ 소각에 비교하여 생성물의 정제장치가 필요하다.
⑧ 고온용융식을 이용하면 재를 고형화할 수 있고 중금속의 용출이 없어서 자원으로 활용할 수 있다.
⑨ 저장 및 수송이 가능한 연료를 회수할 수 있다.

55 Thermal NOx에 대한 설명 중 틀린 것은?

① 연소를 위하여 주입되는 공기에 포함된 질소와 산소의 반응에 의해 형성된다.
② Fuel NOx와 함께 연소 시 발생하는 대표적인 질소산화물의 발생원이다.
③ 연소 전 폐기물로부터 유기질소원을 제거하는 발생원 분리가 효과적인 통제방법이다.
④ 연소통제와 배출가스 처리에 의해 통제할 수 있다.

해설 연소 전 폐기물로부터 유기질소원을 제거하는 발생원 분리가 효과적인 통제방법은 Fuel NOx에 적용된다.

56 황 성분이 0.8%인 폐기물을 20ton/hr 성능의 소각로로 연소한다. 배출되는 배기가스 중 SO_2를 $CaCO_3$로 완전히 탈황하려 할 때, 하루에 필요한 $CaCO_3$의 양(ton/day)은?(단, 폐기물 중의 S는 모두 SO_2로 전환되며 소각로의 1일 가동시간은 16시간, Ca 원자량은 40이다.)

① 1.0   ② 2.0
③ 4.0   ④ 8.0

해설 $CaCO_3 + SO_2 \rightarrow CaSO_3 + CO_2$

$\quad\quad S \quad\quad \rightarrow CaCO_3$

$\quad 32kg \quad\quad : 100kg$

$20ton/hr \times 0.008 : CaCO_3 (ton/day)$

$CaCO_3 (ton/day)$

$= \dfrac{20ton/hr \times 0.008 \times 100kg \times 16hr/day}{32kg}$

$= 8.0 ton/day$

57 소각로 공사 및 운전과정에서 발생하는 악취, 소음, 배출 가스 등의 발생원인별 개선방안으로 거리가 먼 것은?

① 쓰레기 반입장의 악취 : Air Curtain 설비를 설치 후 가동상태 및 효과점검 등으로 외부확산을 근본적으로 방지

② 쓰레기 저장조 및 반입장의 악취 : 흡착탈취 및 미생물 분해, 탈취제 살포 등으로 악취 원인물질 제거

③ 쓰레기 수거차량의 침출수 : 수거차량의 정기세차 및 소내 차량운행 속도를 증가시켜 쓰레기 침출수의 외부누출 방지

④ 소음 차단용 수립대 조성 : 소음원의 공학적 분석에 의한 소음발생 저지

📝 **쓰레기 수거차량의 침출수**
수거차량의 정기세차 및 소내 차량운행 속도를 감소하여 쓰레기 침출수의 외부누출을 방지한다.

58 초기 다단로 소각로(Multiple Hearth)의 설계 시 목적 소각물은?

① 하수슬러지
② 타르
③ 입자상 물질
④ 폐유

📝 다단로 소각로는 다량의 수분이 증발되므로 수분함량이 높은 폐기물(하수슬러지)도 연소가 가능하다.

59 화격자에 대한 설명 중 틀린 것은?

① 노 내의 폐기물 이동을 원활하게 해 준다.
② 화격자의 폐기물 이동방향은 주로 하단부에서 상단부 방향으로 이동시킨다.
③ 화격자는 폐기물을 잘 연소하도록 교반시키는 역할을 한다.
④ 화격자는 아래에서 연소에 필요한 공기가 공급되도록 설계하기도 한다.

📝 화격자의 폐기물 이동방향은 주로 상단부에서 하단부 방향으로 이동시킨다.

60 소각로에서 하루 10시간 조업에 10,000kg의 폐기물을 소각 처리한다. 소각로 내의 열부하는 30,000kcal/m^3·hr 이고 노의 체적은 15m^3일 때 폐기물의 발열량(kcal/kg)은?

① 150
② 300
③ 450
④ 600

📝 발열량(kcal/kg)

$$= \frac{\left[\begin{array}{c} \text{열발생률(kcal/}m^3\text{·hr)} \\ \times \text{연소실 부피(}m^3\text{)} \end{array}\right]}{\text{시간당 연소량(kg/hr)}}$$

$$= \frac{30,000\text{kcal/}m^3\text{·hr} \times 15m^3}{10,000\text{kg/10hr}} = 450\text{kcal/kg}$$

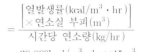

제4과목 폐기물공정시험기준(방법)

61 다음 중 1μg/L와 동일한 농도는?(단, 액상의 비중 = 1)

① 1pph
② 1ppt
③ 1ppm
④ 1ppb

📝 **십억분율(ppb)**
① μg/L
② μg/kg

62 유기물 함량이 비교적 높지 않고 금속의 수산화물, 산화물, 인산염 및 황화물을 함유하고 있는 시료에 적용되는 전처리방법은?

① 질산 – 염산 분해법
② 질산 – 황산 분해법
③ 질산 – 과염소산 분해법
④ 질산 – 불화수소산 분해법

📝 **질산 – 염산 분해법**
① 적용 : 유기물 함량이 비교적 높지 않고 금속의 수산화물, 산화물, 인산염 및 황화물을 함유하고 있는 시료에 적용한다.
② 용액 산농도 : 약 0.5N

63 정도보증/정도관리에 적용하는 기기검출한계에 관한 내용으로 (   )에 옳은 것은?

> 바탕시료를 반복 측정 분석한 결과의 표준편차에 (   ) 한 값

① 2배
② 3배
③ 5배
④ 10배

정답 57 ③ 58 ① 59 ② 60 ③ 61 ④ 62 ① 63 ②

해설 기기검출한계(IDL ; Instrument Detection Limit)
① 시험분석 대상물질을 기기가 검출할 수 있는 최소한의 농도 또는 양
② S/N비의 2~5배 농도
③ 표준편차×3

64 자외선/가시선 분광법으로 구리를 측정할 때 알칼리성에서 다이에틸다이티오카르바민산나트륨과 반응하여 생성되는 킬레이트 화합물의 색으로 옳은 것은?

① 적자색 　　② 청색
③ 황갈색 　　④ 적색

해설 구리 – 자외선/가시선 분광법
시료 중에 구리이온이 알칼리성에서 다이에틸다이티오카르바민산나트륨과 반응하여 생성하는 황갈색의 킬레이트 화합물을 아세트산부틸로 추출하여 흡광도를 440nm에서 측정하는 방법이다.

65 환경측정의 정도보증/정도관리(QA/AC)에서 검정곡선 방법으로 옳지 않은 것은?

① 절대검정곡선법 　　② 표준물질첨가법
③ 상대검정곡선법 　　④ 외부표준법

해설 검정곡선 작성방법
① 절대검정곡선법(External Standard Method)
시료의 농도와 지시값의 상관성을 검정곡선 식에 대입하여 작성하는 방법이다.
② 표준물질첨가법(Standard Addition Method)
㉠ 시료와 동일한 매질에 일정량의 표준물질을 첨가하여 검정곡선을 작성하는 방법이다.
㉡ 매질효과가 큰 시험분석방법에서 분석 대상 시료와 동일한 매질의 표준시료를 확보하지 못한 경우 매질효과를 보정하여 분석할 수 있는 방법이다.
③ 상대검정곡선법(Internal Standard Calibration)
검정곡선 작성용 표준용액과 시료에 동일한 양의 내부표준물질을 첨가하여 시험분석절차, 기기 또는 시스템의 변동으로 발생하는 오차를 보정하기 위해 사용하는 방법이다.

66 온도에 관한 기준으로 옳지 않은 것은?

① 찬 곳은 따로 규정이 없는 한 0~15℃의 곳을 뜻한다.
② 각각의 시험은 따로 규정이 없는 한 실온에서 조작한다.
③ 온수는 60~70℃로 한다.
④ 냉수는 15℃ 이하로 한다.

해설 온도 관련 기준
① 온도 용어

용어	온도(℃)
표준온도	0
상온	15~25
실온	1~35
찬 곳	0~15의 곳 (따로 규정이 없는 경우)
냉수	15 이하
온수	60~70℃
열수	≒100℃

② 수욕상 또는 수욕 중에서 가열한다.
규정이 없는 한 수온 100℃에서 가열함을 뜻하고 약 100℃의 증기욕을 쓸 수 있다는 의미
③ 시험은 따로 규정이 없는 한 상온에서 조작(단, 온도의 영향이 있는 것의 판정은 표준온도를 기준으로 함)

67 환원기화법(원자흡수분광광도법)으로 수은을 측정할 때 시료 중에 염화물이 존재할 경우에 대한 설명으로 옳지 않은 것은?

① 시료 중의 염소는 산화조작 시 유리염소를 발생시켜 253.7nm에서 흡광도를 나타낸다.
② 시료 중의 염소는 과망간산칼륨으로 분해 후 헥산으로 추출 제거한다.
③ 유리염소는 과량의 염산하이드록실아민 용액으로 환원시킨다.
④ 용액 중에 잔류하는 염소는 질소가스를 통기시켜 축출한다.

해설 과망간산칼륨 분해 후 헥산으로 벤젠, 아세톤 등 휘발성 유기물질을 추출 분리한 다음 실험한다.

68 수은을 원자흡수분광광도법으로 정량하고자 할 때 정량한계(mg/L)는?

① 0.0005 　　② 0.002
③ 0.05 　　④ 0.5

해설 수은(환원기화) 원자흡수분광광도법
정량한계 : 0.0005mg/L

69 자외선/가시선 분광법에 의한 납의 측정시료에 비스무스(Bi)가 공존하면 시안화칼륨 용액으로 수회 씻어도 무색이 되지 않는다. 이때 납과 비스무스를 분리하기 위해 추출된 사염화탄소층에 가해 주는 시약으로 적절한 것은?

① 프탈산수소칼륨 완충액
② 구리아민동 혼합액
③ 수산화나트륨 용액
④ 염산히드록실아민 용액

해설 납 – 자외선/가시선 분광법의 간섭물질
① 전처리를 하지 않고 직접 시료를 사용하는 경우
시료 중에 시안화합물이 함유되어 있으면 염산 산성으로 끓여 시안화물을 완전히 분해 제거한 다음 실험한다.
② 시료에 다량의 비스무트(Bi)가 공존하면 시안화칼륨용액으로 수회 씻어도 무색이 되지 않는 경우
다음과 같이 납과 비스무트를 분리하여 실험한다. 추출하여 10~20mL로 한 사염화탄소층에 프탈산수소칼륨 완충용액(pH 3.4) 20mL씩을 2회 역추출하고 전체수층을 합하여 분별깔대기에 옮긴다. 암모니아수(1 + 1)를 넣어 약알칼리성으로 하고 시안화칼륨용액(5W/V%) 5mL 및 정제수를 넣어 약 100mL로 한 다음 이하 시료의 시험기준에 따라 추출조작부터 다시 실험한다.
③ 흡수셀이 더러워 측정값에 오차가 발생한 경우
㉠ 탄산나트륨용액(2W/V%)에 소량의 음이온 계면활성제를 가한 용액에 흡수셀을 담가 놓고 필요하면 40~50℃로 약 10분간 가열한다.
㉡ 흡수셀을 꺼내 정제수로 씻은 후 질산(1 + 5)에 소량의 과산화수소를 가한 용액에 약 30분간 담가 놓았다가 꺼내어 정제수로 잘 씻는다. 깨끗한 가제나 흡수지 위에 거꾸로 놓아 물기를 제거하고 실리카겔을 넣은 데시케이터 중에서 건조하여 보존한다.
㉢ 급히 사용하고자 할 때는 물기를 제거한 후 에틸알코올로 씻고 다시 에틸에테르로 씻은 다음 드라이어로 건조해서 사용한다.

70 시료 채취에 관한 내용으로 (   )에 옳은 것은?

> 회분식 연소방식의 소각재 반출설비에서 채취하는 경우에는 하루 동안의 운전횟수에 따라 매 운전 시마다 (㉠) 이상 채취하는 것을 원칙으로 하고, 시료의 양은 1회에 (㉡) 이상으로 한다..

① ㉠ 2회, ㉡ 100g
② ㉠ 4회, ㉡ 100g
③ ㉠ 2회, ㉡ 500g
④ ㉠ 4회, ㉡ 500g

해설 회분식 연소방식의 소각재 반출설비에서 시료채취
① 하루 동안의 운전횟수에 따라 매 운전 시마다 2회 이상 채취
② 시료의 양은 1회에 500g 이상

71 함수율 85%인 시료인 경우, 용출시험 결과에 시료 중의 수분함량 보정을 위하여 곱하여야 하는 값은?

① 0.5
② 1.0
③ 1.5
④ 2.0

해설 용출시험 결과 보정
① 용출시험의 결과는 시료 중의 수분함량 보정을 위해 함수율 85% 이상인 시료에 한하여 보정한다. (시료의 수분함량이 85% 이상이면 용출시험결과를 보정하는 이유는 매립을 위한 최대함수율 기준이 정해져 있기 때문)
② 보정값 $= \dfrac{15}{100 - 시료의\ 함수율(\%)}$
③ 설정계수 $= \dfrac{15}{100 - 85} = 1.0$

72 청석면의 형태와 색상으로 옳지 않은 것은?(단, 편광현미경법 기준)

① 꼬인 물결 모양의 섬유
② 다발 끝은 분산된 모양
③ 긴 섬유는 만곡
④ 특징적인 청색과 다색성

해설 석면의 대표적 종류 및 특성

석면의 종류	형태와 색상
백석면 (Chrysotile)	• 꼬인 물결 모양의 섬유 • 다발의 끝은 분산 • 가열되면 무색~밝은 갈색 • 다색성 • 종횡비는 전형적으로 10 : 1 이상
갈석면 (Amosite)	• 곧은 섬유와 섬유 다발 • 다발 끝은 빗자루 같거나 분산된 모양 • 가열하면 무색~갈색 • 약한 다색성 • 종횡비는 전형적으로 10 : 1 이상
청석면 (Crocidolite)	• 곧은 섬유와 섬유 다발 • 긴 섬유는 만곡 • 다발 끝은 분산된 모양 • 특징적인 청색과 다색성 • 종횡비는 전형적으로 10 : 1 이상

정답 69 ① 70 ③ 71 ② 72 ①

2020

275

73 세균배양 검사법에 의한 감염성 미생물 분석 시 시료의 채취 및 보존방법에 관한 내용으로 ( )에 적절한 것은?

> 시료의 채취는 가능한 한 무균적으로 하고 멸균된 용기에 넣어 1시간 이내에 실험실로 운반 · 실험하여야 하며, 그 이상의 시간이 소요될 경우에는 (㉠) 이하로 냉장하여 (㉡) 이내에 실험실로 운반하여 실험실에 도착한 후 (㉢) 이내에 배양조작을 완료하여야 한다.

① ㉠ 4℃, ㉡ 6시간, ㉢ 2시간
② ㉠ 4℃, ㉡ 2시간, ㉢ 6시간
③ ㉠ 10℃, ㉡ 6시간, ㉢ 2시간
④ ㉠ 10℃, ㉡ 2시간, ㉢ 6시간

해설 **감염성 미생물 – 세균배양 검사법(시료채취 및 관리)**
시료의 채취는 가능한 한 무균적으로 하고 멸균된 용기에 넣어 1시간 이내에 실험실로 운반 · 실험하여야 하며, 그 이상의 시간이 소요될 경우에는 10℃ 이하로 냉장하여 6시간 이내에 실험실로 운반하고 실험실에 도착한 후 2시간 이내에 배양조작을 완료하여야 한다.(다만, 8시간 이내에 실험이 불가능할 경우에는 현지 실험용 기구세트를 준비하여 현장에서 배양조작을 하여야 함)

74 자외선/가시선분광법으로 크롬을 측정할 때 시료 중 총 크롬을 6가크롬으로 산화시키는 데 사용되는 시약은?

① 과망간산칼륨
② 이염화주석
③ 시안화칼륨
④ 디티오황산나트륨

해설 **크롬 – 자외선/가시선 분광법**
시료 중에 총크롬을 과망간산칼륨을 사용하여 6가크롬으로 산화시킨 다음 산성에서 다이페닐카바자이드와 반응하여 생성되는 적자색 착화합물의 흡광도를 540nm에서 측정하여 총 크롬을 정량하는 방법이다.

75 다음 시약 제조방법 중 틀린 것은?

① 1M−NaOH 용액은 NaOH 42g을 정제수 950 mL를 넣어 녹이고 새로 만든 수산화바륨 용액(포화)을 침전이 생기지 않을 때까지 한 방울씩 떨어뜨려 잘 섞고 마개를 하여 24시간 방치한 다음 여과하여 사용한다.
② 1M−HCl 용액은 염산 120mL에 정제수를 넣어 1,000mL로 한다.

③ 20W/V%−KI(비소시험용) 용액은 KI 20g을 정제수에 녹여 100mL로 하며 사용할 때 조제한다.
④ 1M−H_2SO_4 용액은 황산 60mL를 정제수 1L 중에 섞으면서 천천히 넣어 식힌다.

해설 1M−HCl 용액은 염산 90mL에 정제수를 넣어 1,000mL로 한다.

76 원자흡수분광광도계에 대한 설명으로 틀린 것은?

① 광원부, 시료원자화부, 파장선택부 및 측광부로 구성되어 있다.
② 일반적으로 가연성 기체로 아세틸렌을, 조연성 기체로 공기를 사용한다.
③ 단광속형과 복광속형으로 구분된다.
④ 광원으로 넓은 선폭과 낮은 휘도를 갖는 스펙트럼을 방사하는 납 음극램프를 사용한다.

해설 광원으로 좁은 선폭과 높은 휘도를 갖는 스펙트럼을 방사하는 납 속빈음극램프를 사용한다.

77 폐기물 시료에 대해 강열감량과 유기물함량을 조사하기 위해 다음과 같은 실험을 하였다. 아래와 같은 결과를 이용한 강열감량(%)은?

> 1) 600±25℃에서 30분간 강열하고 데시케이터 안에서 방랭 후 접시의 무게(W_1) : 48.256g
> 2) 여기에 시료를 취한 후 접시와 시료의 무게(W_2) : 73.352g
> 3) 여기에 25% 질산암모늄용액을 넣어 시료를 적시고 천천히 가열하여 탄화시킨 다음 600±25℃에서 3시간 강열하고 데시케이터 안에서 방랭 후 무게(W_3) : 52.824g

① 약 74%   ② 약 76%
③ 약 82%   ④ 약 89%

해설 강열감량(%) $= \dfrac{W_2 - W_3}{W_2 - W_1} \times 100$

$= \dfrac{(73.352 - 52.824)g}{(73.352 - 48.256)g} \times 100 = 81.80\%$

정답 **73** ③ **74** ① **75** ② **76** ④ **77** ③

78 기체크로마토그래피를 적용한 유기인 분석에 관한 내용으로 틀린 것은?

① 유기인 화합물 중 이피엔, 파라티온, 메틸디메톤, 다이아지논 및 펜토에이트의 측정에 이용된다.

② 유기인의 정량분석에 사용되는 검출기는 질소인검출기 또는 불꽃광도검출기이다.

③ 정량한계는 사용하는 장치 및 측정조건에 따라 다르나 각 성분당 0.0005mg/L이다.

④ 유기인을 정량할 때 주로 사용하는 정제용 컬럼은 활성알루미나컬럼이다.

해설 유기인 정제용 컬럼
① 실리카겔컬럼
② 플로리실컬럼
③ 활성탄컬럼

79 밀도가 0.3ton/m³인 쓰레기 1,200m³가 발생되어 있다면 폐기물의 성상분석을 위한 최소 시료 수(개)는?

① 20
② 30
③ 36
④ 50

해설 대상폐기물의 양(ton) $= 1,200 \text{m}^3 \times 0.3 \text{t/m}^3$
$= 360 \text{ton}$
100ton 이상~500ton 미만이므로 최소 시료 수는 30이다.

80 자외선/가시선 분광광도계에서 사용하는 흡수셀의 준비 사항으로 가장 거리가 먼 것은?

① 흡수셀은 미리 깨끗하게 씻은 것을 사용한다.

② 흡수셀의 길이(L)를 따로 지정하지 않았을 때는 10mm 셀을 사용한다.

③ 시료셀에는 실험용액을, 대조셀에는 따로 규정이 없는 한 정제수를 넣는다.

④ 시료용액의 흡수파장이 약 370nm 이하일 때는 경질유리 흡수셀을 사용한다.

해설 자외선/가시선 분광법에서 시료액의 흡수파장 370nm 이상은 석영 또는 경질유리 흡수셀을 사용하고, 370nm 이하는 석영 흡수셀을 사용한다.

제5과목 폐기물관계법규

81 폐기물 처리시설의 중간처분시설 중 화학적 처분시설에 해당되는 것은?

① 정제시설
② 연료화시설
③ 응집 · 침전시설
④ 소멸화시설

해설 화학적 처분시설
① 고형화 · 고화 · 안정화시설
② 반응시설(중화 · 산화 · 환원 · 중합 · 축합 · 치환 등의 화학반응을 이용하여 폐기물을 처분하는 단위시설을 포함한다.)
③ 응집 · 침전시설

82 환경부령으로 정하는 폐기물처리시설의 설치를 마친 자는 환경부령으로 정하는 검사기관으로부터 검사를 받아야 한다. 검사를 받으려는 자가 검사를 받기 위해 검사기관에 제출하는 검사신청서에 첨부하여야 하는 서류가 아닌 것은?(단, 음식물류 폐기물 처리시설의 경우)

① 설계도면
② 폐기물 성질, 상태, 양, 조성비 내용
③ 재활용제품의 사용 또는 공급계획서(재활용의 경우만 제출한다.)
④ 운전 및 유지관리계획서(물질수지도를 포함한다.)

해설 검사신청서 첨부서류(음식물류 폐기물 처리시설)
① 설계도면
② 운전 및 유지관리계획서(물질수지도를 포함한다.)
③ 재활용제품의 사용 또는 공급계획서(재활용의 경우만 제출한다.)

83 폐기물처리업의 변경허가를 받아야 하는 중요사항에 관한 내용으로 틀린 것은?(단, 폐기물 수집 · 운반업 기준)

① 운반차량(임시 차량 제외)의 증차
② 수집 · 운반 대상 폐기물의 변경
③ 영업구역의 변경
④ 수집 · 운반시설 소재지 변경

해설 폐기물처리업의 변경허가를 받아야 할 중요사항
[폐기물 수집 · 운반업]
① 수집 · 운반 대상 폐기물의 변경
② 영업구역의 변경

정답 78 ④ 79 ② 80 ④ 81 ③ 82 ② 83 ④

③ 주차장 소재지의 변경(지정폐기물을 대상으로 하는 수집 · 운반업만 해당한다)

④ 운반차량(임시차량은 제외한다)의 증차

84 폐기물의 수집 · 운반 · 보관 · 처리에 관한 구체적 기준 및 방법에 관한 설명으로 옳지 않은 것은?

① 사업장일반폐기물 배출자는 그의 사업장에서 발생하는 폐기물을 보관이 시작되는 날부터 15일을 초과하여 보관하여서는 아니 된다.

② 지정폐기물(의료폐기물 제외) 수집 · 운반차량의 차체는 노란색으로 색칠하여야 한다.

③ 음식물류 폐기물 처리 시 가열에 의한 건조에 의하여 부산물의 수분함량을 25% 미만으로 감량하여야 한다.

④ 폐합성고분자화합물은 소각하여야 하지만, 소각이 곤란한 경우에는 최대 지름 15센티미터 이하의 크기로 파쇄 · 절단 또는 용융한 후 관리형 매립시설에 매립할 수 있다.

해설 사업장일반폐기물 배출자는 그의 사업장에서 발생하는 폐기물을 보관이 시작되는 날부터 90일을 초과하여 보관하여서는 아니 된다.

85 폐기물의 광역관리를 위해 광역폐기물처리시설의 설치 · 운영을 위탁할 수 있는 자에 해당되지 않는 것은?

① 해당 광역 폐기물처리시설을 발주한 지자체

② 한국환경공단

③ 수도권매립지관리공사

④ 폐기물의 광역처리를 위해 설립된 지방자치단체조합

해설 광역폐기물처리시설의 설치 · 운영의 위탁자
① 한국환경공단
② 수도권매립지관리공사
③ 지방자치단체조합으로서 폐기물의 광역처리를 위하여 설립된 조합
④ 해당 광역폐기물처리시설을 시공한 자(그 시설의 운영을 위탁하는 경우에만 해당한다.)

86 폐기물처리시설의 사용종료 또는 폐쇄신고를 한 경우에 사후관리 기간의 기준은 사용종료 또는 폐쇄신고를 한 날부터 몇 년 이내인가?

① 10년 ② 20년
③ 30년 ④ 50년

해설 폐기물처리시설의 사용종료 또는 폐쇄신고를 한 경우에 사후관리 기간의 기준
사용종료 또는 폐쇄신고를 한 날부터 30년 이내로 한다.

87 폐기물처리업에 종사하는 기술요원, 폐기물처리시설의 기술관리인, 그 밖에 대통령령으로 정하는 폐기물처리담당자는 환경부령으로 정하는 교육기관이 실시하는 교육을 받아야 함에도 불구하고 이를 위반하여 교육을 받지 아니한 자에 대한 과태료 처분기준은?

① 100만 원 이하의 과태료 부과

② 200만 원 이하의 과태료 부과

③ 300만 원 이하의 과태료 부과

④ 500만 원 이하의 과태료 부과

해설 폐기물관리법 제68조 참조

88 주변지역 영향 조사대상 폐기물처리시설 기준으로 옳은 것은?(단, 동일 사업장에 1개의 소각시설이 있는 경우)

① 1일 처리능력이 5톤 이상인 사업장 폐기물 소각 시설

② 1일 처리 능력이 10톤 이상인 사업장 폐기물 소각 시설

③ 1일 처리 능력이 30톤 이상인 사업장 폐기물 소각 시설

④ 1일 처리 능력이 50톤 이상인 사업장 폐기물 소각 시설

해설 주변지역 영향 조사대상 폐기물처리시설 기준
① 1일 처리능력이 50톤 이상인 사업장폐기물 소각시설(같은 사업장에 여러 개의 소각시설이 있는 경우에는 각 소각시설의 1일 처리능력의 합계가 50톤 이상인 경우를 말한다.)
② 매립면적 1만 제곱미터 이상의 사업장 지정폐기물 매립시설
③ 매립면적 15만 제곱미터 이상의 사업장 일반폐기물 매립시설
④ 시멘트 소성로(폐기물을 연료로 사용하는 경우로 한정한다.)
⑤ 1일 재활용능력이 50톤 이상인 사업장폐기물 소각열회수시설(같은 사업장에 여러 개의 소각열회수시설이 있는 경우에는 각 소각열회수시설의 1일 재활용능력의 합계가 50톤 이상인 경우를 말한다)

89 환경정책기본법에 따른 용어의 정의로 옳지 않은 것은?

① "환경용량"이란 일정한 지역에서 환경오염 또는 환경 훼손에 대하여 환경이 스스로 수용, 정화 및 복원하여 환경의 질을 유지할 수 있는 한계를 말한다.

② "생활환경"이란 지상의 모든 생물과 이들을 둘러싸고 있는 비생물적인 것을 포함한 자연의 상태를 말한다.

③ "환경훼손"이란 야생동식물의 남획 및 그 서식지의 파괴, 생태계질서의 교란, 자연경관의 훼손, 표토의 유실 등으로 자연환경의 본래적 기능에 중대한 손상을 주는 상태를 말한다.

④ "환경보전"이란 환경오염 및 환경훼손으로부터 환경을 보호하고 오염되거나 훼손된 환경을 개선함과 동시에 쾌적한 환경상태를 유지·조성하기 위한 행위를 말한다.

환경정책기본법상 용어
① '환경'이란 자연환경과 생활환경을 말한다.
② '자연환경'이란 지하·지표(해양을 포함한다.) 및 지상의 모든 생물과 이들을 둘러싸고 있는 비생물적인 것을 포함한 자연의 상태(생태계 및 자연경관을 포함한다.)를 말한다.
③ '생활환경'이란 대기, 물, 토양, 폐기물, 소음·진동, 악취, 일조(日照) 등 사람의 일상생활과 관계되는 환경을 말한다.
④ '환경오염'이란 사업활동 및 그 밖의 사람의 활동에 의하여 발생하는 대기오염, 수질오염, 토양오염, 해양오염, 방사능오염, 소음·진동, 악취, 일조 방해 등으로서 사람의 건강이나 환경에 피해를 주는 상태를 말한다.
⑤ '환경훼손'이란 야생동식물의 남획(濫獲) 및 그 서식지의 파괴, 생태계 질서의 교란, 자연경관의 훼손, 표토(表土)의 유실 등으로 자연환경의 본래적 기능에 중대한 손상을 주는 상태를 말한다.
⑥ '환경보전'이란 환경오염 및 환경훼손으로부터 환경을 보호하고 오염되거나 훼손된 환경을 개선함과 동시에 쾌적한 환경 상태를 유지·조성하기 위한 행위를 말한다.
⑦ '환경용량'이란 일정한 지역에서 환경오염 또는 환경훼손에 대하여 환경이 스스로 수용, 정화 및 복원하여 환경의 질을 유지할 수 있는 한계를 말한다.
⑧ '환경기준'이란 국민의 건강을 보호하고 쾌적한 환경을 조성하기 위하여 국가가 달성하고 유지하는 것이 바람직한 환경상의 조건 또는 질적인 수준을 말한다.

90 환경부장관이나 시·도지사가 폐기물처리업자에게 영업의 정지를 명령하고자 할 때 천재지변이나 그 밖의 부득이한 사유로 해당 영업을 계속하도록 할 필요가 있다고 인정되는 경우 영업정지에 갈음하여 부과할 수 있는 과징금의 범위기준으로 옳은 것은?

매출액에 ( )를 곱한 금액을 초과하지 아니하는 범위

① 100분의 3   ② 100분의 5
③ 100분의 7   ④ 100분의 9

폐기물처리업자에 대한 과징금
대통령령으로 정하는 매출액에 100분의 5를 곱한 금액을 초과하지 아니하는 범위에서 영업의 정지를 갈음하여 과징금을 부과할 수 있다.

91 폐기물처리시설의 사후관리업무를 대행할 수 있는 자로 옳은 것은?(단, 그 밖에 환경부장관이 사후관리 업무를 대행할 능력이 있다고 인정하고 고시하는 자는 고려하지 않음)

① 폐기물관리학회   ② 환경보전협회
③ 한국환경공단   ④ 폐기물처리협의회

폐기물매립시설의 사후관리 업무를 대행할 수 있는 자는 한국환경공단이다.

92 폐기물처리시설의 유지·관리를 위해 기술관리인을 두어야 하는 폐기물처리시설의 기준으로 옳지 않은 것은? (단, 폐기물처리업자가 운영하는 폐기물처리시설은 제외한다.)

① 멸균·분쇄시설로서 시간당 처리능력이 100킬로그램 이상인 시설

② 압축, 파쇄, 분쇄 또는 절단시설로서 1일 처리능력이 10톤 이상인 시설

③ 사료화, 퇴비화 또는 연료화시설로서 1일 처리능력이 5톤 이상인 시설

④ 의료폐기물을 대상으로 하는 소각시설로서 시간당 처리능력이 200킬로그램 이상인 시설

기술관리인을 두어야 하는 폐기물처리시설
① 매립시설의 경우
  ㉠ 지정폐기물을 매립하는 시설로서 면적이 3천300제곱미터 이상인 시설. 다만, 차단형 매립시설에서는 면적이 330제곱미터 이상이거나 매립용적이 1천 세제곱미터 이상인 시설로 한다.
  ㉡ 지정폐기물 외의 폐기물을 매립하는 시설로서 면적이 1만 제곱미터 이상이거나 매립용적이 3만 세제곱미터 이상인 시설
② 소각시설로서 시간당 처리능력이 600킬로그램(감염성 폐기물을 대상으로 하는 소각시설의 경우에는 200킬로그램) 이상

정답 89 ② 90 ② 91 ③ 92 ②

인 시설
③ 압축 · 파쇄 · 분쇄 또는 절단시설로서 1일 처리능력 또는 재활용시설이 100톤 이상인 시설
④ 사료화 · 퇴비화 또는 연료화 시설로서 1일 재활용능력이 5톤 이상인 시설
⑤ 멸균 · 분쇄시설로서 시간당 처리능력이 100킬로그램 이상인 시설
⑥ 시멘트 소성로
⑦ 용해로(폐기물에 비철금속을 추출하는 경우로 한정한다.)로서 시간당 재활용능력이 600킬로그램 이상인 시설
⑧ 소각열회수시설로서 시간당 재활용능력이 600킬로그램 이상인 시설

93 폐기물관리법에서 용어의 정의로 옳지 않은 것은?

① 생활폐기물 : 사업장폐기물 외의 폐기물을 말한다.
② 사업장폐기물 : 대기환경보전법, 물환경보전법 또는 소음 · 진동관리법에 따라 배출시설을 설치 · 운영하는 사업장이나 그 밖에 대통령령으로 정하는 사업장에서 발생하는 폐기물을 말한다.
③ 폐기물처리시설 : 폐기물의 중간처분시설, 최종처분시설 및 재활용시설로서 대통령령으로 정하는 시설을 말한다.
④ 처리 : 폐기물의 수거, 운반, 중화, 파쇄, 고형화 등의 중간처분과 매립하거나 해역으로 배출하는 등의 활동을 말한다.

해설 처리
폐기물의 수집, 운반, 보관, 재활용, 처분을 말한다.

94 폐기물처리 신고자에게 처리금지를 갈음하여 부과할 수 있는 최대 과징금은?

① 1천만 원 ② 2천만 원
③ 5천만 원 ④ 1억 원

해설 폐기물처리 신고자에 대한 과징금 처분
시 · 도지사는 폐기물처리 신고자가 처리금지를 명령하여야 하는 경우 그 처리금지가 다음 각 호의 어느 하나에 해당한다고 인정되면 대통령령으로 정하는 바에 따라 그 처리금지를 갈음하여 2천만 원 이하의 과징금을 부과할 수 있다.
① 해당 재활용사업의 정지로 인하여 그 재활용사업의 이용자가 폐기물을 위탁처리하지 못하여 폐기물이 사업장 안에 적체됨으로써 이용자의 사업활동에 막대한 지장을 줄 우려가 있는 경우
② 해당 재활용사업체에 보관 중인 폐기물 또는 그 재활용사업의 이용자가 보관 중인 폐기물의 적체에 따른 환경오염으로

인하여 인근지역 주민의 건강에 위해가 발생되거나 발생될 우려가 있는 경우
③ 천재지변이나 그 밖의 부득이한 사유로 해당 재활용사업을 계속하도록 할 필요가 있다고 인정되는 경우

95 폐기물처리업의 업종이 아닌 것은?

① 폐기물 재생처리업
② 폐기물 종합처분업
③ 폐기물 중간처분업
④ 폐기물 수집 · 운반업

해설 폐기물처리업의 업종 구분과 영업내용
① 폐기물 수집 · 운반업
폐기물을 수집하여 재활용 또는 처분 장소로 운반하거나 폐기물을 수출하기 위하여 수집 · 운반하는 영업
② 폐기물 중간처분업
폐기물 중간처분시설을 갖추고 폐기물을 소각 처분, 기계적 처분, 화학적 처분, 생물학적 처분, 그 밖에 환경부장관이 폐기물을 안전하게 중간처분할 수 있다고 인정하여 고시하는 방법으로 중간처분하는 영업
③ 폐기물 최종처분업
폐기물 최종처분시설을 갖추고 폐기물을 매립 등(해역 배출은 제외한다.)의 방법으로 최종처분하는 영업
④ 폐기물 종합처분업
폐기물 중간처분시설 및 최종처분시설을 갖추고 폐기물의 중간처분과 최종처분을 함께하는 영업
⑤ 폐기물 중간재활용업
폐기물 재활용시설을 갖추고 중간가공 폐기물을 만드는 영업
⑥ 폐기물 최종재활용업
폐기물 재활용시설을 갖추고 중간가공 폐기물을 용도 또는 방법으로 재활용하는 영업
⑦ 폐기물 종합재활용업
폐기물 재활용시설을 갖추고 중간재활용업과 최종재활용업을 함께하는 영업

96 사후관리이행보증금의 사전적립 대상이 되는 폐기물을 매립하는 시설의 규모기준으로 옳은 것은?

① 면적 3천300m² 이상인 시설
② 면적 1만 m² 이상인 시설
③ 용적 3천300m³ 이상인 시설
④ 용적 1만 m³ 이상인 시설

해설 사후관리이행보증금의 사전 적립
① 사후관리이행보증금의 사전 적립 대상이 되는 폐기물을 매립하는 시설은 면적이 3천300제곱미터 이상인 시설로 한다.

② 매립시설의 설치자는 폐기물처리업의 허가 · 변경허가 또는 폐기물처리시설의 설치 승인 · 변경승인을 받아 그 시설의 사용을 시작한 날부터 1개월 이내에 환경부령으로 정하는 바에 따라 사전적립금 적립계획서에 관련 서류를 첨부하여 환경부장관에게 제출하여야 한다.

97 폐유기용제 중 할로겐족에 해당되는 물질이 아닌 것은?

① 디클로로에탄
② 트리클로로트리플루오로에탄
③ 트리클로로프로펜
④ 디클로로디플루오로메탄

[해설] **폐유기용제 중 할로겐족에 해당하는 물질**
① 디클로로메탄(Dichloromethane)
② 트리클로로메탄(Trichloromethane)
③ 테트라클로로메탄(Tetrachloromethane)
④ 디클로로디플루오로메탄 (Dichlorodifluoromethane)
⑤ 트리클로로플루오로메탄 (Trichlorofluoromethane)
⑥ 디클로로에탄(Dichloroethane)
⑦ 트리클로로에탄(Trichloroethane)
⑧ 트리클로로트리플루오로에탄 (Trichlorotrifluoroethane)
⑨ 트리클로로에틸렌(Trichloroethylene)
⑩ 테트라클로로에틸렌(Tetrachloroethylene)
⑪ 클로로벤젠(Chlorobenzene)
⑫ 디클로로벤젠(Dichlorobenzene)
⑬ 모노클로로페놀(Monochlorophenol)
⑭ 디클로로페놀(Dichlorophenol)
⑮ 1,1-디클로로에틸렌(1,1-Dichloroethylene)
⑯ 1,3-디클로로프로펜(1,3-Dichloropropene)
⑰ 1,1,2-트리클로로-1,2,2-트리플루오로에탄(1,1,2-Trichloro-1,2,2-Trifluoroethane)

98 폐기물처리시설을 사용종료하거나 폐쇄하고자 하는 자는 사용종료, 폐쇄신고서에 폐기물처리시설 사후관리계획서(매립시설에 한함)를 첨부하여 제출하여야 하는 폐기물매립시설 사후관리계획서에 포함되어야 할 사항으로 거리가 먼 것은?

① 지하수 수질조사계획
② 구조물 및 지반 등의 안정도 유지계획
③ 빗물배제계획
④ 사후환경영향 평가계획

[해설] **폐기물매립시설 사후관리계획서의 포함사항**
① 폐기물처리시설 설치 · 사용 내용
② 사후관리 추진일정
③ 빗물배제계획
④ 침출수 관리계획(차단형 매립시설은 제외한다.)
⑤ 지하수 수질조사계획
⑥ 발생가스 관리계획(유기성 폐기물을 매립하는 시설만 해당한다.)
⑦ 구조물과 지반 등의 안정도 유지계획

99 폐기물관리법상의 의료폐기물의 종류가 아닌 것은?

① 격리의료폐기물   ② 일반의료폐기물
③ 유사의료폐기물   ④ 위해의료폐기물

[해설] **의료폐기물의 종류**
① 격리의료폐기물
② 위해의료폐기물
③ 일반의료폐기물

100 폐기물관리법의 적용범위에 해당하는 물질은?

① 대기환경보전법에 의한 대기오염방지시설에 유입되어 포집된 물질
② 용기에 들어 있지 아니한 기체상태의 물질
③ 하수도법에 의한 하수
④ 물환경보전법에 따른 수질오염방지시설에 유입되거나 공공수역으로 배출되는 폐수

[해설] **폐기물관리법을 적용하지 않는 물질**
① 「원자력안전법」에 따른 방사성 물질과 이로 인하여 오염된 물질
② 용기에 들어 있지 아니한 기체상태의 물질
③ 「물환경보전법」에 따른 수질오염방지시설에 유입되거나 공공수역(수역)으로 배출되는 폐수
④ 「가축분뇨의 관리 및 이용에 관한 법률」에 따른 가축분뇨
⑤ 「하수도법」에 따른 하수 · 분뇨
⑥ 「가축전염병 예방법」이 적용되는 가축의 사체, 오염 물건, 수입 금지 물건 및 검역 불합격품
⑦ 「수산생물질병 관리법」에 적용되는 수산동물의 사체, 오염된 시설 또는 물건, 수입 금지 물건 및 검역 불합격품
⑧ 「군수품관리법」에 따라 폐기되는 탄약

[정답] 97 ③   98 ④   99 ③   100 ①

제1과목 폐기물개론

01 플라스틱 폐기물의 유효이용 방법으로 가장 거리가 먼 것은?

① 분해 이용법
② 미생물 이용법
③ 용융고화 재생 이용법
④ 소각폐열 이용법

> **해설** **플라스틱 자원화 방법**
> ① 재이용법(주 : 용융고화 재생이용법)
> ② 분해 이용법
> ③ 소각에 의한 폐열회수 이용법

02 폐기물관리법에서 폐기물을 고형물 함량에 따라 액상, 반고상, 고상폐기물로 구분할 때 액상폐기물의 기준으로 옳은 것은?

① 고형물 함량이 3% 미만인 것
② 고형물 함량이 5% 미만인 것
③ 고형물 함량이 10% 미만인 것
④ 고형물 함량이 15% 미만인 것

> **해설** **고형물 함량에 따른 폐기물 분류**
> ① 액상폐기물 : 고형물의 함량이 5% 미만
> ② 반고상폐기물 : 고형물의 함량이 5% 이상 15% 미만
> ③ 고상폐기물 : 고형물의 함량이 15% 이상

03 일반적인 폐기물관리 우선순위로 가장 적합한 것은?

① 재사용 → 감량 → 물질재활용 → 에너지 회수 → 최종처분
② 재사용 → 감량 → 에너지 회수 → 물질재활용 → 최종처분
③ 감량 → 재사용 → 물질재활용 → 에너지 회수 → 최종처분
④ 감량 → 물질재활용 → 재사용 → 에너지 회수 → 최종처분

> **해설** **폐기물관리 순서**
> 감량화 → 재이용 → 재활용 → 에너지 회수 → 최종처분(소각, 매립)

04 1년 연속 가동하는 폐기물 소각시설의 저장용량을 결정하고자 한다. 폐기물 수거인부가 주 5일, 일 8시간 근무할 때 필요한 저장시설의 최소용량은?(단, 토요일 및 일요일을 제외한 공휴일에도 폐기물 수거는 시행된다고 가정한다.)

① 1일 소각용량 이하
② 1~2일 소각용량
③ 2~3일 수거용량
④ 3~4일 수거용량

> **해설** 폐기물 소각시설 최소 저장용량(1년, 주 5일 8시간 근무) : 2~3일 수거용

05 폐기물의 화학적 특성 중 3성분에 속하지 않는 것은?

① 가연분
② 무기물질
③ 수분
④ 회분

> **해설** **폐기물의 화학적 3성분**
> ① 가연분, ② 수분, ③ 회분

06 쓰레기 종량제 봉투의 재질 중 LDPE의 설명으로 맞는 것은?

① 여름철에만 적합하다.
② 약간 두껍게 제작된다.
③ 잘 찢어지기 때문에 분해가 잘된다.
④ MDPE와 함께 매립지의 Liner용으로 적합하다.

> **해설** LDPE는 약간 두껍게 제작된다. 즉, 강도가 높고 접합상태가 양호하다.

07 소비자 중심의 쓰레기 발생 Mechanism 그림에서 폐기물이 발생되는 시점과 재활용이 가능한 구간을 각각 가장 적절하게 나타낸 것은?

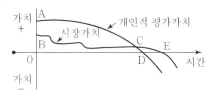

① C, DE
② D, DE
③ E, CE
④ E, DE

🗨 ① 폐기물이 발생되는 시점 : 시장가치보다 개인적 평가가치가 낮은 상태를 의미함
② 재활용이 가능한 구간 : 시장가치가 어느 정도 유지하는 기간을 의미함

08 폐기물 관리차원의 3R에 해당하지 않는 것은?

① Resource
② Recycle
③ Reduction
④ Reuse

🗨 폐기물 관리차원의 3R
① Reduction(감량화)
② Recycle(재활용)
③ Reuse(재이용)

09 $X_{90} = 5.75\text{cm}$로 생활폐기물을 파쇄할 때, Rosin-Rammler 모델에 의한 특성입자크기 $X_o(\text{cm})$는?(단, $n = 1$)

① 1.0
② 1.5
③ 2.0
④ 2.5

🗨 $Y = 1 - \exp\left[-\left(\dfrac{X}{X_o}\right)^n\right]$

$0.9 = 1 - \exp\left[-\left(\dfrac{5.75}{X_o}\right)^1\right]$, $-\dfrac{5.75}{X_o} = \ln 0.1$

$X_o(\text{특성입자크기 : cm}) = \dfrac{5.75}{2.3} = 2.5\text{cm}$

10 폐기물 발생량 조사 및 예측에 대한 설명으로 틀린 것은?

① 생활폐기물 발생량은 지역규모나 지역특성에 따라 차이가 크기 때문에 주로 kg/인·일로 표기한다.
② 사업장폐기물 발생량은 제품제조공정에 따라 다르며 원단위로 ton/종업원수, ton/면적 등이 사용된다.

③ 물질수지법은 주로 사업장폐기물의 발생량을 추산할 때 사용한다.
④ 폐기물 발생량 예측방법으로 적재차량 계수법, 직접 계근법, 물질수지법이 있다.

🗨 ① 쓰레기 발생량 조사방법
  ㉠ 적재차량 계수분석법
  ㉡ 직접계근법
  ㉢ 물질수지법
  ㉣ 통계조사(표본조사, 전수조사)
② 쓰레기 발생량 예측방법
  ㉠ 경향법
  ㉡ 다중회귀모델
  ㉢ 동적모사모델

11 단열열량계로 측정할 때 얻어지는 발열량에 대한 설명으로 옳은 것은?

① 습량기준 저위발열량
② 습량기준 고위발열량
③ 건량기준 저위발열량
④ 건량기준 고위발열량

🗨 단열열량계로 측정할 때 얻어지는 발열량은 건량기준 고위발열량이다. 이를 기초로 습윤발열량으로 환산한다.

12 투입량 1.0ton/hr, 회수량 600kg/hr(그중 회수대상물질 = 550kg/hr), 제거량 400kg/hr(그중 회수대상물질 = 70kg/hr)일 때 선별효율(%)은?(단, Worrell 식 적용)

① 77
② 79
③ 81
④ 84

🗨 $E(\%) = \left[\left(\dfrac{x_1}{x_o}\right) \times \left(\dfrac{y_2}{y_o}\right)\right] \times 100$

x_1이 550kg/hr → $y_1 = 50$kg/hr

x_2가 70kg/hr → $y_2 = (1,000 - 600 - 70)$
$\qquad\qquad\qquad = 330\text{kg/hr}$

$x_o = x_1 + x_2 = 550 + 70 = 620\text{kg/hr}$

$y_o = y_1 + y_2 = 50 + 330 = 380\text{kg/hr}$

$= \left[\left(\dfrac{550}{620}\right) \times \left(\dfrac{330}{380}\right)\right] \times 100 = 77.04\%$

13 도시폐기물의 수거노선 설정방법으로 가장 거리가 먼 것은?

① 언덕인 경우 위에서 내려가며 수거한다.
② 반복운행을 피한다.
③ 출발점은 차고와 가까운 곳으로 한다.
④ 가능한 한 반시계방향으로 설정한다.

해설 효과적 · 경제적인 수거노선 결정 시 유의(고려)사항 : 수거노선 설정요령

① 지형이 언덕인 지역에서는 언덕의 위에서부터 내려가며 적재하면서 차량을 진행하도록 한다.(안전성, 연료비 절약)

② 수거인원 및 차량형식이 같은 기존 시스템의 조건들을 서로 관련시킨다.

③ 출발점은 차고와 가깝게 하고 수거된 마지막 컨테이너가 처분지의 가장 가까이에 위치하도록 배치한다.

④ 가능한 한 지형지물 및 도로경계와 같은 장벽을 사용하여 간선도로 부근에서 시작하고 끝나야 한다.(도로경계 등을 이용)

⑤ 가능한 한 시계방향으로 수거노선을 정한다.

⑥ 적은 양의 쓰레기가 발생하나 동일한 수거빈도를 받기 원하는 적재지점(수거지점)은 가능한 한 같은 날 왕복 내에서 수거한다.

⑦ 아주 많은 양의 쓰레기가 발생되는 발생원은 하루 중 가장 먼저 수거한다.

⑧ 될 수 있는 한 한 번 간 길은 다시 가지 않는다.

⑨ 반복운행 또는 U자형 회전은 피하여 수거한다.

⑩ 교통량이 많거나 출퇴근시간은 피하여 수거한다.

⑪ 수거지점과 수거빈도 결정 시 기존정책이나 규정을 참고한다.

14 3.5%의 고형물을 함유하는 슬러지 300m³를 탈수시켜 70%의 함수율을 갖는 케이크를 얻었다면 탈수된 케이크의 양(m³)은?(단, 슬러지의 밀도 = 1ton/m³)

① 35
② 40
③ 45
④ 50

해설 탈수 전 슬러지부피 × 0.035 = 탈수 후 케이크양 × (1 − 0.7)

300m³ × 0.035 = 탈수 후 케이크양 × 0.3

탈수 후 케이크양(m³) = $\dfrac{300\text{m}^3 \times 0.035}{0.3}$ = 35m³

15 플라스틱 폐기물 중 할로겐화합물이 포함된 것은?

① 멜라민수지
② 폴리염화비닐
③ 규소수지
④ 폴리아크릴로니트릴

해설 염소계 물질이 할로겐화합물이므로 할로겐화합물을 함유하고 있는 것은 폴리염화비닐이다.

16 폐기물 관로수송시스템에 대한 설명으로 틀린 것은?

① 폐기물의 발생밀도가 높은 지역이 보다 효과적이다.

② 대용량 수송과 장거리 수송에 적합하다.

③ 조대폐기물은 파쇄 등의 전처리가 필요하다.

④ 자동집하시설로 투입하는 폐기물의 종류에 제한이 있다.

해설 관거(Pipe Line) 수송의 장 · 단점

① 장점

㉠ 자동화, 무공해화, 안전화가 가능하다.

㉡ 눈에 띄지 않는다.(미관, 경관 좋음)

㉢ 에너지 절약이 가능하다.

㉣ 교통소통이 원활하여 교통체증 유발이 없다.(수거차량에 의한 도심지 교통량 증가 없음)

㉤ 투입 용이, 수집이 편리하다.

㉥ 인건비 절감의 효과가 있다.

② 단점

㉠ 대형 폐기물(조대폐기물)에 대한 전처리 공정(파쇄, 압축)이 필요하다.

㉡ 가설(설치) 후에 경로변경이 곤란하고 설치비가 비싸다.

㉢ 잘못 투입된 폐기물은 회수하기 곤란하다.

㉣ 2.5km 이내의 거리에서만 이용된다.(장거리, 즉 2.5km 이상에서는 사용 곤란)

㉤ 단거리에 현실성이 있다.

㉥ 사고발생 시 시스템 전체가 마비되며 대체시스템으로 전환이 필요하다.(고장 및 긴급사고 발생에 대한 대처방법이 필요함)

㉦ 초기투자 비용이 많이 소요된다.

㉧ Pipe 내부 진공도에 한계가 있다.(최대 0.5kg/cm²)

17 쓰레기통의 위치나 형태에 따른 MHT가 가장 낮은 것은?

① 집안 고정식
② 벽면 부착식
③ 문전 수거식
④ 집밖 이동식

해설 수거형태에 따른 수거효율

① 타종 수거 → 0.84MHT

② 대형 쓰레기통 수거 → 1.1MHT

③ 플라스틱 자루 수거 → 1.35MHT

④ 집밖 이동식 수거 → 1.47MHT

⑤ 집안 이동식 수거 → 1.86MHT

⑥ 집밖 고정식 수거 → 1.96MHT

⑦ 문전 수거 → 2.3MHT

⑧ 벽면 부착식 수거 → 2.38MHT

18 폐기물의 함수율은 25%이고, 건조기준으로 원소 성분 및 고위발열량은 다음과 같다. 이 폐기물의 저위발열량(kcal/kg)은?(단, C = 55%, H = 18%, 고위발열량 = 2,800kcal/kg)

① 1,921
② 2,100
③ 2,218
④ 2,602

해설 Hl(kcal/kg) = Hh − 600(9H + W)

$\qquad\qquad$ = 2,800 − 600[(9 × 0.18 × 0.75) + 0.25]

$\qquad\qquad$ = 1,921kcal/kg

19 선별기의 종류 및 습식선별의 형태가 아닌 것은?

① Stoners
② Jigs
③ Flotation
④ Wet Classifiers

Stoners
공기가 유입되는 다공판으로 구성되어 있으며 약간 경사진 판에 진동을 줄 때 무거운 것이 빨리 판의 경사면 위로 올라가는 원리의 건식선별기이다.

20 폐기물의 성분을 조사한 결과 플라스틱의 함량이 20%(중량비)로 나타났다. 이 폐기물의 밀도가 $300kg/m^3$라면 $5m^3$ 중에 함유된 플라스틱의 양(kg)은?

① 200
② 300
③ 400
④ 500

무게(kg) = (밀도 × 부피) × 플라스틱 함유비율
$= 300kg/m^3 × 5m^3 × 0.2 = 300kg$

제2과목 폐기물처리기술

21 처리용량이 50kL/day인 분뇨처리장에 가스저장탱크를 설치하고자 한다. 가스 저류시간을 8시간 생성가스량을 투입 분뇨량의 6배로 가정한다면 가스탱크의 저장용량(m^3)은?

① 90
② 100
③ 110
④ 120

가스탱크용량(m^3)
= 처리용량 × 저류시간
$= (50kL/24hr × 8hr × 1,000L/kL × m^3/1,000L) × 6$
$= 100m^3$

22 유기물($C_6H_{12}O_6$)을 혐기성(피산소성) 소화시킬 때 반응에 대한 설명으로 옳지 않은 것은?

① 유기물 1kg 분해 시 메탄이 $0.37Sm^3$ 생성된다.
② 유기물 1kg 분해 시 이산화탄소가 $0.37Sm^3$ 생성된다.
③ 유기물 90kg 분해 시 메탄이 24kg 생성된다.
④ 유기물 90kg 분해 시 이산화탄소가 24kg 생성된다.

완전분해 반응식
$C_6H_{12}O_6 \rightarrow 3CO_2 + 3CH_4$
180kg : (3 × 44)kg
90kg : CO_2(kg)

$CO_2(kg) = \dfrac{90kg × (3 × 44)kg}{180kg} = 66kg$

23 1일 수거 분뇨투입량은 300kL, 수거차 용량이 3.0kL/대, 수거차 1대의 투입시간은 20분이 소요되며 분뇨처리장 작업시간은 1일 8시간으로 계획하면 분뇨투입구 수(개)는?(단, 최대 수거율을 고려하여 안전율 = 1.2배)

① 2
② 5
③ 8
④ 13

분뇨투입구 수
$= \dfrac{수거분뇨량}{차량용량 × 작업시간 × 분뇨투입시간} × 안전율$
$= \dfrac{300kL/day}{3.0kL/대 × 8hr/day × 대/20min × 60min/hr} × 1.2 = 5개$

24 호기성 퇴비화공정의 가장 오래된 방법 중 하나로 설치비용과 운영비용은 낮으나 부지소요가 크고 유기물이 완전히 분해되는 데 3~5년이 소요되는 퇴비화 공법은?

① 뒤집기식 퇴비단 공법
② 통기식 정체퇴비단 공법
③ 플러그형 기계식 퇴비화 공법
④ 교반형 기계식 퇴비화 공법

뒤집기식 퇴비단 공법
① 퇴비단이 완전히 분해되는 데 3~5년이 걸리므로 병원균파괴율이 낮다.
② 건조가 빠르고 많은 양을 다룰 수 있으며 상대적으로 투자비가 낮다.
③ 부지소요가 많이 요구된다.

25 매립지에서 침출된 침출수 농도가 반으로 감소하는 데 약 3.5년이 걸렸다면 이 침출수 농도가 95% 분해되는 데 소요되는 시간(년)은?(단, 침출수 분해 반응은 1차 반응)

① 약 5
② 약 10
③ 약 15
④ 약 20

$\ln\left(\dfrac{C_t}{C_o}\right) = -kt$
$\ln 0.5 = -k × 3.5year, \ k = 0.198year^{-1}$
$\ln\dfrac{5}{100} = -0.198year^{-1} × t$
$t = 15.13year$

정답 19 ① 20 ② 21 ② 22 ④ 23 ② 24 ① 25 ③

26 차단형 매립지에서 차수 설비에 쓰이는 재료 중 투수율이 상대적으로 높고 불투수층을 균일하게 시공하기가 어려운 단점이 있지만, 침출수 중의 오염물질 흡착능력이 우수한 장점이 있는 차수제는?

① CSPE　　　　　　② Soil Mixture
③ HDPE　　　　　　④ Clay Soil

> 해설 **점토(Clay Soil)층**
> ① 장점
> 　침출수 내의 오염물질 흡착능력이 우수(고유의 흡착성과 양이온 교환능력(CEC)을 가지고 있으므로)
> ② 단점
> 　㉠ 재료의 취득이 용이하지 못함
> 　㉡ 투수율이 타 차수재료에 비해 상대적으로 높음
> 　㉢ 균등질의 불투수층 시공이 용이하지 못함
> 　㉣ 바닥처리가 나쁘면 부동침하 및 균열위험이 있음
> 　㉤ 포설두께가 합성차수막에 비해 상대적으로 두꺼움

27 점토의 수분함량과 관계되는 지표로서 점토의 수분함량이 일정수준 미만이 되면 플라스틱 상태를 유지하지 못하고 부스러지는 상태에서의 수분함량을 의미하는 것은?

① 소성한계　　　　② 약성한계
③ 소성지수　　　　④ 극성한계

> 해설 **점토의 수분함량과 관계되는 지표**
> ① 액성한계(LL)
> 　점토의 수분함량이 그 이상이 되면 상태가 더 이상 선명화(플라스틱과 같이)되지 못하고 액체상태로 되는 수분함량(Liquid Limit)
> ② 소성한계(PL)
> 　점토의 수분함량이 일정수준 미만이 되면 성형상태를 유지하지 못하고 부스러지는 상태에서의 수분함량(Plastic Limit)
> ③ 소성지수(PI)=LL−PL(소성지수 : 점토의 수분함량 지표)

28 폐기물 매립지로 사용할 수 있는 곳은?

① 산림조성지로 부적격지
② 습지대 또는 단층지역
③ 100년 빈도의 홍수범람지역
④ 지하수위가 1.5미터 미만인 곳

> 해설 **폐기물 매립지 입지배제 기준**
> ① 100년 빈도 홍수범람지역 및 습지대
> ② 지하수위가 지표면으로부터 1.5m 미만인 지역
> ③ 단층지역

④ 일정거리 이내 지역(호소 300m, 음용수 수원 60m, 비행장 3,000m, 공원 및 주요 도로 300m)
⑤ 고고학적 또는 역사학적으로 중요한 지역, 생태학적 보호지역

29 정상적으로 운전되고 있는 혐기성 소화조에서 발생되는 가스의 구성비에 대하여 알맞은 것은?

① $CH_4 > CO_2 > H_2 > O_2$
② $CH_4 > CO_2 > O_2 > H_2$
③ $CH_4 > H_2 > CO_2 > O_2$
④ $CH_4 > O_2 > CO_2 > H_2$

> 해설 **혐기성 소화조의 정상운영 시 가스구성비**
> $CH_4 > CO_2 > H_2 > O_2$

30 매립지의 4단계 분해과정 중 이산화탄소 농도가 최대이고 침출수의 pH가 가장 낮은 분해단계는?

① 1단계 : 호기성 단계
② 2단계 : 혐기성 단계
③ 3단계 : 산생성 단계
④ 4단계 : 메탄생성 단계

> 해설 **제3단계[혐기성 메탄생성축적 단계 : 산형성 단계]**
> ① 피산소성 단계로 메탄생성균과 메탄과 이산화탄소로 분해되는 미생물로 인해 메탄이 생성된다.(혐기성 단계로 CH_4 가스가 생성되기 시작)
> ② 가스 내의 CH_4 함량이 증가하기 시작하며 H_2, CO_2의 비율은 낮아진다.
> ③ 55℃ 정도까지 온도가 증가한다.
> ④ pH는 6.8~8.0 정도이고 매립 후 약 25~55주 경과된 단계이다.
> ⑤ 일반적으로 산형성 단계에서 매립지 침출수 중 중금속, BOD, COD의 농도가 가장 높다.(침출수의 pH가 5~6 이하로 감소함)

31 토양오염물질 중 BTEX에 포함되지 않는 것은?

① 벤젠　　　　　　② 톨루엔
③ 에틸렌　　　　　④ 자일렌

> 해설 **토양오염물질 중 BTEX**
> ① B : Benzene(벤젠)
> ② T : Toluene(톨루엔)
> ③ E : Ethylbenzene(에틸벤젠)
> ④ X : Xylene(크실렌, 자일렌)

32 매립지 내의 물의 이동을 나타내는 Darcy의 법칙을 기준으로 침출수의 유출을 방지하기 위한 방법으로 옳은 것은?

① 투수계수는 감소, 수두차는 증가시킨다.
② 투수계수는 증가, 수두차는 감소시킨다.
③ 투수계수 및 수두차를 증가시킨다.
④ 투수계수 및 수두차를 감소시킨다.

침출수 이동속도(V) : Darcy 법칙에 의한 속도계산식

$$V(\text{cm/sec}) = KI = K\frac{dH}{dL} = K\frac{h_2 - h_1}{L_2 - L_1}$$

여기서, K : 투수계수(cm/sec)(액체밀도에 반비례)
V : 침출수 유속(침투율 : 투수계수)(cm/sec)
dH : 수위차(수두차)(cm)
dL : 수평방향 두 지점 사이 거리
$\quad$ (L_2와 L_1 사이 거리)(cm)
$I\left(\dfrac{dH}{dL}\right)$: 두 지점 사이 수리경사

33 시료의 성분분석결과 수분 10%, 회분 44%, 고정 탄소 36%, 휘발분 10%이고, 원소분석 결과 휘발분 중 수소 20%, 황 10%, 산소 30%, 탄소 40%일 때 저위발열량(kcal/kg)은?(단, 각 원소의 단위질량당 열량은 C : 8,100, H : 34,000, S : 2,500kcal/kg이다.)

① 2,650
② 3,650
③ 4,650
④ 5,560

$H_h (\text{kcal/kg}) = 8,100\text{C} + 34,000\left(\text{H} - \dfrac{\text{O}}{8}\right) + 2,500\text{S}$
$\qquad = 8,100 \times [(0.4 \times 0.1) + 0.36]$
$\qquad\quad + \left\{34,000 \times \left[(0.2 \times 0.1) - \left(\dfrac{0.3 \times 0.1}{8}\right)\right]\right\}$
$\qquad\quad + [2,500 \times (0.1 \times 0.1)]$
$\qquad = 3,817.5\text{kcal/kg}$
$H_l (\text{kcal/kg}) = H_h - 600(9\text{H} + \text{W})$
$\qquad = 3,817.5 - 600[(9 \times 0.2 \times 0.1) + 0.1]$
$\qquad = 3,649.5\text{kcal/kg}$

34 결정도(Crystallinity)가 증가할수록 합성차수막에 나타나는 성질이라 볼 수 없는 것은?

① 인장강도 증가
② 열에 대한 저항성 증가
③ 화학물질에 대한 저항성 증가
④ 투수계수 증가

결정도(Crystallinity)가 증가할수록 합성차수막에 나타나는 성질
① 열에 대한 저항도 증가
② 화학물질에 대한 저항성 증가
③ 투수계수의 감소
④ 인장강도의 증가
⑤ 충격에 약해짐
⑥ 단단해짐

35 유기성의 폐기물의 생물분해성을 추정하는 식은 BF = 0.83 − 0.028LC로 나타낼 수 있다. 여기에서 LC가 의미하는 것은?

① 휘발성 고형물 함량
② 고정탄소분 중 리그닌 함량
③ 휘발성 고형분 중 리그닌 함량
④ 생물분해성 분율

유기성 폐기물의 생물분해성 추정식
$BF = 0.83 - (0.028 \times LC)$
여기서, BF : 생분해성 분율
$\quad$ LC : 휘발성 고형분 중 리그닌 함량
$\quad$ (건조무게 %로 표시)

36 퇴비화 과정의 영향인자에 대한 설명으로 가장 거리가 먼 것은?

① 슬러지 입도가 너무 작으면 공기유동이 나빠져 혐기성 상태가 될 수 있다.
② 슬러지를 퇴비화할 때 Bulking Agent를 혼합하는 주 목적은 산소와 접촉면적을 넓히기 위한 것이다.
③ 숙성퇴비를 반송하는 것은 Seeding과 pH조정이 목적이다.
④ C/N비가 너무 높으면 유기물의 암모니아화로 악취가 발생한다.

C/N비가 높으면 유기산 등이 퇴비의 pH를 낮추고 미생물의 성장과 활동도 억제되며 질소 부족(C/N비 80 이상이면 질소결핍현상)으로 퇴비화가 잘 형성되지 않아 퇴비화의 소요기간이 길어진다.(폐기물 내 질소함량이 적은 것은 퇴비화가 잘 되지 않는다.)

정답 32 ④ 33 ② 34 ④ 35 ③ 36 ④

37 진공여과기 1대를 사용하여 슬러지를 탈수하고 있다. 다음 조건에서 건조고형물 기준의 여과속도 $27kg/m^2 \cdot h$인 진공여과기의 1일 운전시간(h)은?

> • 폐수유입량 = 20,000m³/day
> • 유입 SS농도 = 300mg/L
> • SS 제거율 = 85%
> • 약품첨가량 = 제거 SS양의 20%
> • 여과면적 = 20m²
> • 건조고형물 여과회수율 = 100%
> • 제거 SS양 + 약품첨가량 = 총 건조고형물량
> • 비중은 1.0 기준

① 15.4   ② 13.2
③ 11.3   ④ 9.5

해설 진공여과기 1일 운전시간(hr)

$= \dfrac{\text{제거 SS양}}{\text{여과속도} \times \text{여과면적}}$

$= \dfrac{\begin{array}{c}20,000\text{m}^3/\text{day} \times 300\text{mg/L} \times \text{kg}/10^6\text{mg} \times 0.85 \\ \times 1,000\text{L/m}^3 \times 1.2\end{array}}{27\text{kg/m}^2 \cdot \text{hr} \times 20\text{m}^2} = 11.33\text{hr}$

38 유해 폐기물 고화처리방법 중 대표적인 방법인 시멘트기초법에 가장 많이 쓰이는 고화제는?

① 알루미나 포틀랜드 시멘트
② 보통 포틀랜드 시멘트
③ 황산염 저항 포틀랜드 시멘트
④ 일반 조강 포틀랜드 시멘트

해설 시멘트기초법에 가장 많이 쓰이는 고화제는 보통 포틀랜드 시멘트로 고농도의 중금속 폐기물을 고형화시킨다.

39 토양의 양이온치환용량(CEC)이 10meq/100g이고, 염기포화도가 70%라면, 이 토양에서 H^+이 차지하는 양(meq/100g)은?

① 3   ② 5
③ 7   ④ 10

해설 염기포화도(%) $= \dfrac{\text{교환성 염기의 총량}}{\text{양이온 교환용량}} \times 100$

여기서, 교환성 염기는 Ca, Mg, K, Na이고, H, Al은 제외됨

$70 = \dfrac{10 - H^+}{10} \times 100$

$H^+ = 3\text{meq/100g}$

40 지하수의 특성으로 가장 거리가 먼 것은?

① 무기이온 함유량이 높고, 경도가 높다.
② 광범위한 지역의 환경조건에 영향을 받는다.
③ 미생물이 거의 없고 자정속도가 느리다.
④ 유속이 느리고 수온변화가 적다.

해설 지하수는 국지적인 지역의 환경조건에 영향을 받는다. 즉, 오염 영역이 좁은 편이다.

제3과목 **폐기물소각 및 열회수**

41 백필터를 통과한 가스의 분진농도가 $8mg/Sm^3$이고 분진의 통과율이 10%라면 백필터를 통과하기 전 가스 중의 분진농도(g/m^3)는?

① 0.08   ② 0.88
③ 0.80   ④ 8.8

해설 $P(\text{통과율}) = \dfrac{\text{통과 후 농도}}{\text{통과 전 농도}}$

$0.1 = \dfrac{8\text{mg/Sm}^3}{\text{통과 전 농도}}$

통과 전 농도$(g/m^3) = \dfrac{8\text{mg/Sm}^3 \times \text{g}/1,000\text{mg}}{0.1} = 0.08\text{g/m}^3$

42 열분해시설의 전처리단계를 옳게 나타낸 것은?

① 파쇄 → 건조 → 선별 → 2차 파쇄
② 파쇄 → 2차 파쇄 → 건조 → 선별
③ 파쇄 → 선별 → 건조 → 2차 선별
④ 선별 → 파쇄 → 건조 → 2차 선별

해설 **열분해시설의 전처리단계**
파쇄 → 선별 → 건조 → 2차 선별

43 화격자(Stoker)식 소각로에서 쓰레기저장조(Pit)로부터 크레인에 의하여 소각로 안으로 쓰레기를 주입하는 방식은?

① 상부투입식   ② 하부투입식
③ 강제유입식   ④ 자연유하식

해설 **화격자 소각로의 쓰레기 주입형식 중 자연유하식**
쓰레기저장조(Pit)로부터 크레인에 의하여 소각로 안으로 쓰레기를 주입하는 형식이다.

정답   37 ③   38 ②   39 ①   40 ②   41 ①   42 ③   43 ④

44 소각 시 탈취방법인 촉매연소법에 대한 설명으로 가장 거리가 먼 것은?

① 제거효율이 높다.
② 처리경비가 저렴하다.
③ 처리대상가스의 제한이 없다.
④ 저농도 유해물질에도 적합하다.

해설 촉매연소법
① 배출가스량이 적은 경우와 악취물질의 종류 및 농도변화가 적은 시설에 적합하다.(일반 연소법으로 처리가 어려운 저농도의 경우에도 효과를 얻을 수 있음)
② 촉매를 사용하여 연소에 필요한 활성화 에너지를 낮춤으로써 연소가 효과적으로 일어난다.
③ 장치의 부식과 처리대상가스의 제한이 있다.
④ 운전비용이 저렴하고 자동제어가 가능하며 질소산화물의 생성이 거의 없다.
⑤ 반응속도가 낮은 경우 장치의 대형화로 인하여 부식 등 관리 문제가 있다.

45 플라스틱 재질 중 발열량(kcal/kg)이 가장 낮은 것은?

① 폴리에틸렌(PE)
② 폴리프로필렌(PP)
③ 폴리스티렌(PS)
④ 폴리염화비닐(PVC)

해설 플라스틱의 발열량
① 폴리에틸렌(PE) : 10,400kcal/kg
② 폴리프로필렌(PP) : 11,500kcal/kg
③ 폴리스티렌(PS) : 9,500kcal/kg
④ 폴리염화비닐(PVC) : 4,100kcal/kg

46 액체연료의 연소속도에 영향을 미치는 인자로 거리가 먼 것은?

① 분무입경
② 충분한 체류시간
③ 연료의 예열온도
④ 기름방울과 공기의 혼합률

해설 연소속도란 가연물과 산소의 반응속도를 의미하며 산소농도, 촉매, 반응제 연료의 예열, 온도, 분무기 확산 및 혼합, 반응계 농도, 활성화 에너지, 분무입경 등에 영향을 받는다.

47 폐기물 소각시설로부터 생성되는 고형잔류물에 대한 설명이 틀린 것은?

① 고형잔류물의 관리는 폐기물 소각로 설계와 운전 시에 매우 중요하다.
② 소각로 연소능력 평가는 재연소지수(ABI)를 이용하여 평가한다.
③ 가스세정기 슬러지(잔류물)는 질소산화물 세정에서 발생되는 고형잔류물이다.
④ 비산재는 전기집진기나 백필터에 의해 99% 이상 제거가 가능하다.

해설 가스세정기 슬러지(잔류물)는 비산재 세정에서 발생되는 고형잔류물이다.

48 연소조건 중 온도에 대한 설명으로 옳은 것은?

① 도시폐기물의 발화온도는 260~370℃ 정도되나 필요한 연소기의 최소온도는 850℃이다.
② 연소온도가 너무 높아지면 질소산화물(NOx)이나 산화물(Ox)이 억제된다.
③ 연소기로부터의 에너지 회수방법 중 스팀생산을 효과적으로 하기 위해 연소온도를 450℃로 높인다.
④ 연소온도가 높으면 연소에 필요한 소요 시간이 짧아지고 어느 일정 온도 이상에서는 연소시간이 중요하지 않게 된다.

해설 ① 도시폐기물의 발화온도는 260~370℃ 정도되나 필요한 연소기의 출구온도는 850℃ 이상이다.
② 연소온도가 너무 높아지면 질소산화물(NOx)이나 산화물(Ox)이 증가된다.
③ 연소기로부터의 에너지 회수방법 중 스팀생산을 효과적으로 하기 위한 보일러의 배출가스온도는 150~350℃ 정도이다.

49 저위발열량이 8,000kcal/kg의 중유를 연소시키는 데 필요한 이론공기량(Sm^3/kg)은?(단, Rosin 식 적용)

① 8.8
② 9.6
③ 10.5
④ 11.5

해설 Rosin 식 - 액체연료 이론공기량(A_o)

$$A_o(\text{Sm}^3/\text{kg}) = 0.85 \times \frac{H_l}{1,000} + 2$$

$$= 0.85 \times \left(\frac{8,000}{1,000}\right) + 2 = 8.8(\text{Sm}^3/\text{kg})$$

50 화격자(Grate System)에 대한 설명 중 틀린 것은?

① 노 내의 폐기물 이동을 원활하게 해준다.

② 화격자는 폐기물을 잘 연소하도록 교반시키는 역할을 한다.

③ 화격자는 아래에서 연소에 필요한 공기가 공급되도록 설계하기도 한다.

④ 화격자의 폐기물 이동방향은 주로 하단부에서 상단부 방향으로 이동시킨다.

해설 화격자의 폐기물 이동방향은 주로 상단부에서 하단부 방향으로 이동시킨다.

51 연소실의 주요 재질 중 내화재로써 거리가 먼 것은?

① 캐스터블   ② 아우스테니트

③ 점토질 내화벽돌   ④ 고알루미나, SiC 벽돌

해설 **내화재(내화물)**
① 내화벽돌(점토질, 내화단열재, 고알루미나재)
② 부정형 내화물(플라스틱, 캐스터블)
③ 내화모르타르
④ 단열보드

52 페놀 188g을 무해화하기 위하여 완전연소시켰을 때 발생되는 CO_2의 발생량(g)은?

① 132   ② 264

③ 528   ④ 1,056

해설
$$C_6H_5OH \rightarrow C_6H_6O$$
$$C_6H_6O + O_2 \rightarrow 6CO_2 + 3H_2O$$
$$94g \quad : \quad 6 \times 44g$$
$$188g \quad : \quad CO_2(g)$$
$$CO_2(g) = \frac{188g \times (6 \times 44)kg}{94g} = 528g$$

53 연소가스에 대한 설명으로 틀린 것은?

① 연소가스 – 연료가 연소하여 생성되는 고온가스

② 배출가스 – 연소가스가 피열물에 열을 전달한 후 연노로 방출되는 가스

③ 습윤연소가스 – 연소배기가스 내에 포화상태의 수증기를 포함한 가스

④ 연소배기가스의 분석 결과치 – 건조가스를 기준으로 조성비율을 나타냄

해설 습윤연소가스란 연소대상물질의 원소조성비에 따라 자체적으로 생성되는 수소 또는 수분을 포함하는 연소가스를 말한다.

54 폐기물관리법령상 고온용융시설의 개별기준으로 옳은 것은?

① 잔재물의 강열감량은 5% 이하이어야 한다.

② 잔재물의 강열감량은 10% 이하이어야 한다.

③ 연소실은 연소가스가 1초 이상 체류할 수 있어야 한다.

④ 연소실은 연소가스가 2초 이상 체류할 수 있어야 한다.

해설 **고온용융시설의 개별기준**
① 출구온도 : 섭씨 1,200℃ 이상
② 체류시간 : 1초 이상
③ 잔재물의 강열감량 : 1% 이하

55 전기집진기의 특징으로 거리가 먼 것은?

① 회수가치성이 있는 입자포집이 가능하다.

② 압력손실이 적고 미세입자까지도 제거할 수 있다.

③ 유지관리가 용이하고 유지비가 저렴하다.

④ 전압변동과 같은 조건변동에 적용하기가 용이하다.

해설 **전기집진장치(EP)**
① 장점
  ㉠ 집진효율이 높다.(0.01μm 정도 포집 용이, 99.9% 정도 고집진 효율)
  ㉡ 대량의 분진함유가스의 처리가 가능하다.
  ㉢ 압력손실이 적고 미세한 입자까지도 처리가 가능하다.
  ㉣ 운전, 유지ㆍ보수비용이 저렴하다.
  ㉤ 고온(500℃ 전후)가스 및 대량가스 처리가 가능하다.
  ㉥ 광범위한 온도범위에서 적용이 가능하며 폭발성 가스의 처리도 가능하다.
  ㉦ 회수가치 입자포집에 유리하고 압력손실이 적어 소요동력이 적다.
  ㉧ 배출가스의 온도강하가 적다.
② 단점
  ㉠ 분진의 부하변동(전압변동)에 적용하기 곤란하고, 고전압으로 안전사고의 위험성이 높다.
  ㉡ 분진의 성상에 따라 전처리시설이 필요하다.
  ㉢ 설치비용이 많이 소요되고 설치공간을 많이 차지한다.
  ㉣ 특정물질을 함유한 분진제거에는 곤란하다.
  ㉤ 가연성 입자의 처리가 곤란하다.

정답 **50** ④   **51** ②   **52** ③   **53** ③   **54** ③   **55** ④

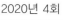

56 습식(액체)연소법의 설명으로 옳은 것은?

① 분무연소법과 증발연소법이 있다.

② 압력과 온도를 낮출수록 산화가 촉진된다.

③ Winkler 가스 발생로서 공업화가 이루어졌다.

④ 가연성물질의 함량에 관계없이 보조연료가 필요하다.

② 압력과 온도를 높일수록 산화가 촉진된다.
③ Winkler 가스 발생로서 공업화가 이루어진 것은 기체연소법이다.
④ 가연성물질의 함량에 따라 보조연료가 필요하다.

57 소각로 종류별 장점과 단점에 대한 설명이 틀린 것은?

① 회전로방식 : 설치비가 저렴하나 수분함량이 많은 폐기물은 처리할 수 없다.

② 다단로방식 : 수분함량이 높은 폐기물도 연소가 가능하나 온도반응이 더디다.

③ 고정상방식 : 화격자에 적재가 불가능한 폐기물을 소각할 수 있으나 연소효율이 나쁘다.

④ 화격자방식 : 연속적인 소각과 배출이 가능하나 체류시간이 길고 국부가열이 발생할 염려가 있다.

회전로방식
① 처리량이 적을 경우 설치비가 높다.
② 넓은 범위의 액상 및 고상폐기물을 소각할 수 있다.

58 CH_3OH 2kg을 연소시키는 데 필요한 이론공기량의 부피(Sm^3)는?

① 7　　② 8　　③ 9　　④ 10

$CH_3OH + 1.5O_2 \rightarrow CO_2 + 2H_2O$
　32kg　:　$1.5 \times 22.4Sm^3$
　2kg　:　$O_o(Sm^3)$

$O_o(Sm^3) = \dfrac{2kg \times (1.5 \times 22.4)Sm^3}{32kg} = 2.1Sm^3$

$A_o(Sm^3) = \dfrac{2.1Sm^3}{0.21} = 10Sm^3$

59 폐기물의 소각과정에서 연소효율을 높이기 위한 방법으로 보조연료를 사용하는 경우 보조연료의 특징으로 옳은 것은?

① 매연생성도는 방향족, 나프텐계, 올레핀계, 파라핀계 순으로 높다.

② C/H비가 클수록 비교적 비점이 높은 연료이며 매연발생이 쉽다.

③ C/H비가 클수록 휘발성이 낮고 방사율이 작다.

④ 중질유의 연료일수록 C/H비가 작다.

① 탄화수소(CH)의 종류에 따라 매연량이 달라지며 분자량이 클수록 매연 발생량이 많다.(파라핀계 탄화수소가 매연 발생량이 가장 적음)
③ C/H비가 클수록 휘발성이 높고 방사율이 크다.
④ 중질유의 연료일수록 C/H비가 크다.

60 RDF(Refuse Derived Fuel)가 갖추어야 하는 조건에 관한 설명으로 옳지 않은 것은?

① 제품의 함수율이 낮아야 한다.

② RDF용 소각로 제작이 용이하도록 발열량이 높지 않아야 한다.

③ 원료 중에 비가연성 성분이나 연소 후 잔류하는 재의 양이 적어야 한다.

④ 조성 배합률이 균일하여야 하고 대기오염이 적어야 한다.

RDF의 구비조건
① 발열량(칼로리)이 높을 것
② 함수율이 낮을 것
③ 쓰레기 원료 중에 비가연성 성분이나 연소 후 잔류하는 재의 양이 적을 것
④ 대기오염이 적을 것
⑤ 배합률이 균일할 것(조성이 균일할 것)
⑥ 저장 및 이송이 용이할 것
⑦ 기존 고체연료 사용시설에 사용 가능할 것

제4과목　폐기물공정시험기준(방법)

61 원자흡수분광광도법에 의한 검량선 작성방법 중 분석시료의 조성은 알고 있으나 공존성분이 복잡하거나 불분명한 경우, 공존성분의 영향을 방지하기 위해 사용하는 방법은?

① 검량선법　　② 표준첨가법
③ 내부표준법　　④ 외부표준법

표준첨가법
같은 양의 분석시료를 여러 개 취하고 여기에 표준물질이 각각 다른 농도로 함유되도록 표준용액을 첨가하여 용액열을 만든다. 이어 각각의 용액에 대한 흡광도를 측정하여 가로대에 용액영역

중의 표준물질 농도를, 세로대에는 흡광도를 취하여 그래프용지에 그려 검량선을 작성한다.

62 시료채취 시 대상폐기물의 양과 최소시료 수가 옳게 짝지어진 것은?

① 1ton 미만 : 6
② 1ton 이상 5ton 미만 : 12
③ 5ton 이상 30ton 미만 : 15
④ 30ton 이상 100ton 미만 : 30

해설 **대상 폐기물의 양과 시료의 최소 수**

대상 폐기물의 양(단위 : ton)	시료의 최소 수
~1 미만	6
1 이상~5 미만	10
5 이상~30 미만	14
30 이상~100 미만	20
100 이상~500 미만	30
500 이상~1,000 미만	36
1,000 이상~5,000 미만	50
5,000 이상~	60

63 노말헥산 추출물질 시험결과가 다음과 같을 때 노말헥산 추출물질량(mg/L)은?

- 건조 증발용 플라스크 무게 : 42.0424g
- 추출건조 후 증발용 플라스틱 무게와 잔류물질 무게 : 42.0748g
- 시료량 : 200mL

① 152   ② 162   ③ 252   ④ 272

해설 노말헥산 추출물질(mg/L)

$$= \frac{(\text{시료} + \text{용기무게}) - \text{용기무게}}{\text{시료량}}$$

$$= \frac{(42.0748 - 42.0424)\text{g} \times 1,000\text{mg/g}}{0.2\text{L}}$$

$$= 162\text{mg/L}$$

64 감염성 미생물 검사법과 가장 거리가 먼 것은?

① 아포균 검사법   ② 최적확수 검사법
③ 세균배양 검사법   ④ 멸균테이프 검사법

해설 **감염성 미생물 분석방법**
① 아포균 검사법
② 세균배양 검사법
③ 멸균테이프 검사법

65 정도보증/정도관리를 위한 현장 이중시료에 관한 내용으로 ( )에 알맞은 것은?

현장 이중시료는 동일 위치에서 동일한 조건으로 중복 채취한 시료로서 독립적으로 분석하여 비교한다. 현장 이중시료는 필요시 하루에 ( ) 이하의 시료를 채취할 경우에는 1개를, 그 이상의 시료를 채취할 때에는 시료 ( )당 1개를 추가로 채취한다.

① 5개   ② 10개
③ 15개   ④ 20개

해설 **현장 이중시료(Field Duplicate)**
① 동일 위치에서 동일한 조건으로 중복 채취한 시료를 말한다.
② 필요시 하루에 20개 이하의 시료를 채취할 경우에는 1개를, 그 이상의 시료를 채취할 때에는 시료 20개당 1개를 추가로 채취한다.

66 자외선/가시선 분광법으로 카드뮴을 정량 시 사용하는 시약과 그 용도가 잘못 짝지어진 것은?

① 발색시약 : 디티존
② 시료의 전처리 : 질산－황산
③ 추출용매 : 사염화탄소
④ 억제제 : 황화나트륨

해설 **카드뮴 – 자외선/가시선 분광법(디티존법)**
시료 중에 카드뮴 이온을 시안화칼륨이 존재하는 알칼리성에서 디티존과 반응시켜 생성하는 카드뮴착염을 사염화탄소로 추출하고, 추출한 카드뮴착염을 타타르산용액으로 역추출한 다음 수산화나트륨과 시안화칼륨을 넣어 디티존과 반응하여 생성하는 적색의 카드뮴착염을 사염화탄소로 추출하여 그 흡광도를 520nm에서 측정하는 방법이다.

67 HCl(비중 1.18) 200mL를 1L의 메스플라스크에 넣은 후 증류수로 표선까지 채웠을 때 이 용액의 염산농도(W/V%)는?

① 19.6   ② 20.0
③ 23.1   ④ 23.6

해설 염산농도(W/V%) $= \dfrac{\text{용질}}{\text{용질} + \text{용매}}$

$$= \frac{200\text{mL} \times 1.18\text{g/mL}}{200\text{mL} + 800\text{mL}} \times 100$$

$$= 23.6\text{W/V}\%$$

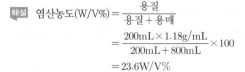

정답   **62** ①   **63** ②   **64** ②   **65** ④   **66** ④   **67** ④

68 유기인의 정제용 컬럼으로 적절하지 않은 것은?

① 실리카겔컬럼 　② 플로리실컬럼
③ 활성탄컬럼 　④ 실리콘컬럼

유기인 정제용 컬럼
① 실리카겔컬럼
② 플로리실컬럼
③ 활성탄컬럼

69 지정폐기물에 함유된 유해물질의 기준으로 옳은 것은?

① 납＝3mg/L
② 카드뮴＝3mg/L
③ 구리＝0.3mg/L
④ 수은＝0.0005mg/L

② 카드뮴 : 0.3mg/L
③ 구리 : 3mg/L
④ 수은 : 0.005mg/L

70 자외선/가시선 분광법을 적용한 구리 측정에 관한 내용으로 옳은 것은?

① 정량한계는 0.002mg이다.
② 적갈색의 킬레이트 화합물이 생성된다.
③ 흡광도는 520nm에서 측정한다.
④ 정량범위는 0.01~0.05mg/L이다.

② 황갈색의 킬레이트 화합물 생성
③ 흡광도 440nm
④ 정량범위 0.002~0.03mg

71 기체크로마토그래피법에서 사용하는 열전도도검출기(TCD)에서 사용되는 가스의 종류는?

① 질소 　② 헬륨
③ 프로판 　④ 아세틸렌

열전도도 검출기(TCD : Thermal Conductivity Detector)
열전도도 검출기는 금속 필라멘트(Filament) 또는 전기저항체(Thermister)를 검출소자로 하여 금속판(Block) 안에 들어 있는 본체와 여기에 안정된 직류전기를 공급하는 전원회로, 전류조절부, 신호검출 전기회로, 신호감쇄부 등으로 구성된다.(운반가스 99.99% 이상의 수소 또는 헬륨)

72 폐기물공정시험기준에 적용되는 관련 용어에 관한 내용으로 틀린 것은?

① 반고상폐기물 : 고형물의 함량이 5% 이상 15% 미만인 것을 말한다.
② 비함침성 고상폐기물 : 금속판, 구리선 등 기름을 흡수하지 않는 평면 또는 비평면형태의 변압기 내부부재를 말한다.
③ 바탕시험을 하여 보정한다 : 규정된 시료로 같은 방법으로 실험하여 측정치를 보정하는 것을 말한다.
④ 정밀히 단다 : 규정된 양의 시료를 취하여 화학저울 또는 미량저울로 칭량함을 말한다.

바탕시험을 하여 보정한다
시료에 대한 처리 및 측정을 할 때, 시료를 사용하지 않고 같은 방법으로 조작한 측정치를 빼는 것을 의미한다.

2020

73 기기검출한계(IDL)에 관한 설명으로 ( )에 옳은 것은?

> 시험분석 대상물질을 기기가 검출할 수 있는 최소한의 농도 또는 양으로서 바탕시료를 반복 측정 분석한 결과의 표준편차에 (   )배한 값을 말한다.

① 2 　② 3
③ 5 　④ 10

기기검출한계(IDL ; Instrument Detection Limit)
① 시험분석 대상물질을 기기가 검출할 수 있는 최소한의 농도 또는 양
② S/N비의 2~5배 농도
③ 표준편차×3

74 강열 전의 접시와 시료의 무게 200g, 강열 후의 접시와 시료의 무게 150g, 접시 무게 100g일 때 시료의 강열감량(%)은?

① 40 　② 50
③ 60 　④ 70

$$강열감량(\%) = \frac{W_2 - W_3}{W_2 - W_1} \times 100$$
$$= \frac{(200-150)g}{(200-100)g} \times 100 = 50\%$$

정답　68 ④　69 ①　70 ①　71 ②　72 ③　73 ②　74 ②

75 유도결합플라스마 – 원자발광분광법의 장치에 포함되지 않는 것은?

① 시료주입부, 고주파전원부

② 광원부, 분광부

③ 운반가스유로, 가열오븐

④ 연산처리부

[해설] 유도결합플라스마 – 원자발광분광기(KP – AES)

① 구성
  ㉠ 시료도입부
  ㉡ 고주파전원부
  ㉢ 광원부
  ㉣ 분광부
  ㉤ 연산처리부 및 기록부

② 분광부 구분
  ㉠ 연속주사형 단원소 측정장치
  ㉡ 다원소 동시측정장치

76 온도에 대한 규정에서 14℃가 포함되지 않은 것은?

① 상온   ② 실온

③ 냉수   ④ 찬 곳

[해설] 온도 관련 기준

① 온도 용어

용어	온도(℃)
표준온도	0
상온	15~25
실온	1~35
찬 곳	0~15의 곳 (따로 규정이 없는 경우)
냉수	15 이하
온수	60~70℃
열수	≒100℃

② 수욕상 또는 수욕 중에서 가열한다.
  규정이 없는 한 수온 100℃에서 가열함을 뜻하고 약 100℃의 증기욕을 쓸 수 있다는 의미

③ 시험은 따로 규정이 없는 한 상온에서 조작(단, 온도의 영향이 있는 것의 판정은 표준온도를 기준으로 함)

77 시료 준비를 위한 회화법에 관한 기준으로 (   )에 옳은 것은?

> 목적성분이 (㉠) 이상에서 (㉡)되지 않고 쉽게 (㉢) 될 수 있는 시료에 적용

① ㉠ 400℃, ㉡ 회화, ㉢ 휘산

② ㉠ 400℃, ㉡ 휘산, ㉢ 회화

③ ㉠ 800℃, ㉡ 회화, ㉢ 휘산

④ ㉠ 800℃, ㉡ 휘산, ㉢ 회화

[해설] 회화법

① 적용
  목적성분이 400℃ 이상에서 휘산되지 않고 쉽게 회화될 수 있는 시료에 적용한다.

② 주의
  ㉠ 시료 중에 염화암모늄, 염화마그네슘, 염화칼슘 등이 다량 함유된 경우에는 납, 철, 주석, 아연, 안티몬 등이 휘산되어 손실을 가져오므로 주의한다.
  ㉡ 액상폐기물 시료 또는 용출용액 적당량을 취하여 백금, 실리카 또는 사기제 증발접시에 넣고 수욕 또는 열판에서 가열하여 증발 건조한다. 용기를 회화로에 옮기고 400~500℃에서 가열하여 잔류물을 회화시킨 다음 방랭하고 염산(1+1) 10mL를 넣어 열판에서 가열한다.

78 자외선/가시선 분광법에서 시료액의 흡수파장이 약 370nm 이하일 때 일반적으로 사용하는 흡수셀은?

① 젤라틴셀   ② 석영셀

③ 유리셀   ④ 플라스틱셀

[해설] 자외선/가시선 분광법에서 시료액의 흡수파장 370nm 이상은 석영 또는 경질유리 흡수셀을 사용하고, 370nm 이하는 석영 흡수셀을 사용한다.

79 중량법으로 기름성분을 측정할 때 시료채취 및 관리에 관한 내용으로 (   )에 옳은 것은?

> 시료는 (㉠) 이내 증발 처리를 하여야 하나 최대한 (㉡)을 넘기지 말아야 한다.

① ㉠ 6시간, ㉡ 24시간

② ㉠ 8시간, ㉡ 24시간

③ ㉠ 12시간, ㉡ 7일

④ ㉠ 24시간, ㉡ 7일

[해설] 중량법 – 기름성분

① 채취 : 유리병에 채취하고 가능한 빨리 측정

② 보관 : 미생물에 의한 분해방지를 위해 0~4℃로 보관

③ 기간 : 24시간 이내에 증발 처리하여야 하나 최대한 7일을 넘기지 말아야 함

④ 온도 : 분석 전 상온이 되게 함

80 시료의 전처리(산분해법)방법 중 유기물 등을 많이 함유하고 있는 대부분의 시료에 적용하는 것은?

① 질산 – 염산 분해법
② 질산 – 황산 분해법
③ 염산 – 황산 분해법
④ 염산 – 과염소산 분해법

질산 – 황산 분해법
유기물 등을 많이 함유하고 있는 대부분의 시료에 적용하며 칼슘, 바륨, 납 등을 다량 함유한 시료는 난용성의 황산염을 생성하여 다른 금속성분을 흡착하므로 주의하여야 한다.

제5과목 **폐기물관계법규**

81 폐기물 처분시설 중 차단형 매립시설의 정기검사 항목이 아닌 것은?

① 소화장비 설치 · 관리실태
② 축대벽의 안정성
③ 사용종료매립지 밀폐상태
④ 침출수 집배수시설의 기능

차단형 매립시설의 정기검사 항목
① 소화장비 설치 · 관리실태
② 축대벽의 안정성
③ 빗물 · 지하수 유입방지 조치
④ 사용종료매립지 밀폐상태

82 폐기물관리법의 적용을 받지 않는 물질에 관한 내용으로 틀린 것은?

① 대기환경보전법에 의한 대기오염방지시설에 유입되어 포집된 물질
② 하수도법에 의한 하수 · 분뇨
③ 용기에 들어 있지 아니한 기체상태의 물질
④ 원자력안전법에 따른 방사성 물질과 이로 인하여 오염된 물질

폐기물관리법을 적용하지 않는 물질
① 「원자력안전법」에 따른 방사성 물질과 이로 인하여 오염된 물질
② 용기에 들어 있지 아니한 기체상태의 물질
③ 「물환경보전법」에 따른 수질오염 방지시설에 유입되거나 공공수역(수역)으로 배출되는 폐수
④ 「가축분뇨의 관리 및 이용에 관한 법률」에 따른 가축분뇨

⑤ 「하수도법」에 따른 하수 · 분뇨
⑥ 「가축전염병예방법」이 적용되는 가축의 사체, 오염 물건, 수입 금지 물건 및 검역 불합격품
⑦ 「수산생물질병 관리법」에 적용되는 수산동물의 사체, 오염된 시설 또는 물건, 수입 금지 물건 및 검역 불합격품
⑧ 「군수품관리법」에 따라 폐기되는 탄약

83 폐기물처리시설의 설치 · 운영을 위탁받을 수 있는 자의 기준 중 음식물류 폐기물 처분시설 또는 재활용시설 설치 · 운영을 위탁받을 수 있는 자의 기준에 해당되지 않는 기술인력은?

① 폐기물처리기사
② 수질환경기사
③ 기계정비산업기사
④ 위생사

폐기물처리시설의 설치 · 운영 위탁자 기준(음식물류 폐기물 처분시설 또는 재활용시설)
① 폐기물처리기사 1명
② 수질환경기사 또는 대기환경기사 1명
③ 기계정비산업기사 1명
④ 1일 50톤 이상의 음식물류 폐기물 처분시설 또는 재활용시설 (위탁대상시설과 같은 종류의 시설만 해당한다)의 시공분야에서 2년 이상 근무한 자 2명(폐기물 처분시설 또는 재활용시설의 설치를 위탁받으려는 경우에만 해당한다)
⑤ 1일 50톤 이상의 음식물류 폐기물 처분시설 또는 재활용시설 (위탁대상시설과 같은 종류의 시설만 해당한다)의 운전분야에서 2년 이상 근무한 자 2명(폐기물 처분시설 또는 재활용시설의 운영을 위탁받으려는 경우에만 해당한다)

84 사업장폐기물을 배출하는 사업장 중 대통령령으로 정하는 사업장의 범위에 해당되지 않는 것은?

① 지정폐기물을 배출하는 사업장
② 폐기물을 1일 평균 300킬로그램 이상 배출하는 사업장
③ 폐기물을 1회에 200킬로그램 이상 배출하는 사업장
④ 일련의 공사 또는 작업으로 폐기물을 5톤(공사를 착공하거나 작업을 시작할 때부터 마칠 때까지 발생하는 폐기물의 양을 말한다) 이상 배출하는 사업장

사업장의 범위
① 「물환경보전법」에 따라 공공폐수처리시설을 설치 · 운영하는 사업장
② 「하수도법」에 따라 공공하수처리시설을 설치 · 운영하는 사업장

정답 **80** ② **81** ④ **82** ① **83** ④ **84** ③

③ 「하수도법」에 따른 분뇨처리시설을 설치 · 운영하는 사업장

④ 「가축분뇨의 관리 및 이용에 관한 법률」에 따라 공공처리시설을 설치 · 운영하는 사업장

⑤ 폐기물처리시설(폐기물처리업의 허가를 받은 자가 설치하는 시설을 포함한다)을 설치 · 운영하는 사업장

⑥ 지정폐기물을 배출하는 사업장

⑦ 폐기물을 1일 평균 300킬로그램 이상 배출하는 사업장

⑧ 「건설산업기본법」에 따른 건설공사로 폐기물을 5톤(공사를 착공할 때부터 마칠 때까지 발생되는 폐기물의 양을 말한다) 이상 배출하는 사업장

⑨ 일련의 공사(제8호에 따른 건설공사는 제외한다) 또는 작업으로 폐기물을 5톤(공사를 착공하거나 작업을 시작할 때부터 마칠 때까지 발생하는 폐기물의 양을 말한다) 이상 배출하는 사업장

85 관리형 매립시설에서 발생하는 침출수의 배출허용기준 중 청정지역의 부유물질량에 대한 기준으로 옳은 것은? (단, 침출수매립시설환경정화설비를 통하여 매립시설로 주입되는 침출수의 경우에는 제외한다.)

① 20mg/L 이하 ② 30mg/L 이하

③ 40mg/L 이하 ④ 50mg/L 이하

해설 **관리형 매립시설 침출수의 배출허용기준**

구분	생물 화학적 산소 요구량 (mg/L)	화학적 산소요구량(mg/L)			부유물 질량 (mg/L)
		과망간산칼륨법에 따른 경우		중크롬산 칼륨법에 따른 경우	
		1일 침출수 배출량 2,000m³ 이상	1일 침출수 배출량 2,000m³ 미만		
청정 지역	30	50	50	400 (90%)	30
가 지역	50	80	100	600 (85%)	50
나 지역	70	100	150	800 (80%)	70

86 지정폐기물의 분류번호가 07 – 00 – 00과 같이 07로 시작되는 폐기물은?

① 폐유기용제

② 유해물질 함유 폐기물

③ 폐석면

④ 부식성 폐기물

해설 **지정폐기물의 세부분류**

① 01 : 특정시설에서 발생하는 폐기물

② 02 : 부식성폐기물

③ 03 : 유해물질 함유 폐기물

④ 04 : 폐유기용제

⑤ 05 : 폐페인트 및 폐래커

⑥ 06 : 폐유

⑦ 07 : 폐석면

⑧ 08 : 폴리클로리네이티드비페닐 함유 폐기물

⑨ 09 : 폐유독물질

⑩ 10 : 의료폐기물

87 의료폐기물을 제외한 지정폐기물의 보관에 관한 기준 및 방법으로 틀린 것은?

① 지정폐기물은 지정폐기물 외의 폐기물과 구분하여 보관하여야 한다.

② 폐유기용제는 폭발의 위험이 있으므로 밀폐된 용기에 보관하지 않는다.

③ 흩날릴 우려가 있는 폐석면은 습도 조절 등의 조치 후 고밀도 내수성재질의 포대로 2중 포장하거나 견고한 용기에 밀봉하여 흩날리지 아니하도록 보관하여야 한다.

④ 지정폐기물은 지정폐기물에 의하여 부식되거나 파손되지 아니하는 재질로 된 보관시설 또는 보관용기를 사용하여 보관하여야 한다.

해설 폐유기용제는 휘발되지 아니하도록 밀폐된 용기에 보관하여야 한다.

88 생활폐기물 수집 · 운반 대행자에 대한 대행실적 평가 실시기준으로 옳은 것은?

① 분기에 1회 이상

② 반기에 1회 이상

③ 매년 1회 이상

④ 2년간 1회 이상

해설 생활폐기물 수집 · 운반 대행자에 대한 대행실적 평가기준(주민 만족도와 환경미화원의 근로조건을 포함한다)을 해당 지방자치단체의 조례로 정하고, 평가기준에 따라 매년 1회 이상 평가를 실시하여야 한다. 이 경우 대행실적 평가는 민간전문가 등으로 평가단을 구성하여 실시하여야 한다.

89 폐기물의 처리에 관한 구체적 기준 및 방법에서 지정폐기물 중 의료폐기물의 기준 및 방법으로 옳지 않은 것은? (단, 의료폐기물 전용용기 사용의 경우)

① 한 번 사용한 전용용기는 다시 사용하여서는 아니 된다.

② 전용용기는 봉투형 용기 및 상자형 용기로 구분하되, 봉투형 용기의 재질은 합성수지류로 한다.

③ 봉투형 용기에 담은 의료폐기물의 처리를 위탁하는 경우에는 상자형 용기에 다시 담아 위탁하여야 한다.

④ 봉투형 용기에는 그 용량의 90퍼센트 미만으로 의료폐기물을 넣어야 한다.

📝 봉투형 용기에는 그 용량의 75퍼센트 미만으로 의료폐기물을 넣어야 한다.

90 관련 법을 위반한 폐기물처리업자로부터 과징금으로 징수한 금액의 사용용도로서 적합하지 않은 것은?

① 광역 폐기물처리시설의 확충

② 폐기물처리 관리인의 교육

③ 폐기물처리시설의 지도 · 점검에 필요한 시설 · 장비의 구입 및 운영

④ 폐기물의 처리를 위탁한 자를 확인할 수 없는 폐기물로 인하여 예상되는 환경상 위해를 제거하기 위한 처리

📝 폐기물처리업자의 과징금 사용용도

① 광역 폐기물처리시설(지정폐기물 공공 처리시설을 포함한다)의 확충

② 공공 재활용기반시설의 확충

③ 법 제13조 또는 제13조의2를 위반하여 처리한 폐기물 중 그 폐기물을 처리한 자나 그 폐기물의 처리를 위탁한 자를 확인할 수 없는 폐기물로 인하여 예상되는 환경상 위해를 제거하기 위한 처리

④ 폐기물처리업자나 폐기물처리시설의 지도 · 점검에 필요한 시설 · 장비의 구입 및 운영

91 방치폐기물의 처리를 폐기물처리 공제조합에 명할 수 있는 방치폐기물의 처리량 기준으로 옳은 것은?(단, 폐기물처리업자가 방치한 폐기물의 경우)

① 그 폐기물처리업자의 폐기물 허용보관량의 1.2배 이내

② 그 폐기물처리업자의 폐기물 허용보관량의 1.5배 이내

③ 그 폐기물처리업자의 폐기물 허용보관량의 2배 이내

④ 그 폐기물처리업자의 폐기물 허용보관량의 3배 이내

📝 ※ 법규 변경사항이므로 해설의 내용으로 학습 부탁드립니다.

방치폐기물의 처리량과 처리기간

① 폐기물처리 공제조합에 처리를 명할 수 있는 방치폐기물의 처리량은 다음 각 호와 같다.

㉠ 폐기물처리업자가 방치한 폐기물의 경우 : 그 폐기물처리업자의 폐기물 허용보관량의 2배 이내

㉡ 폐기물처리 신고자가 방치한 폐기물의 경우 : 그 폐기물처리 신고자의 폐기물 보관량의 2배 이내

② 환경부장관이나 시 · 도지사는 폐기물처리 공제조합에 방치폐기물의 처리를 명하려면 주변환경의 오염 우려 정도와 방치폐기물의 처리량 등을 고려하여 2개월의 범위에서 그 처리기간을 정하여야 한다. 다만, 부득이한 사유로 처리기간 내에 방치폐기물을 처리하기 곤란하다고 환경부장관이나 시 · 도지사가 인정하면 1개월의 범위에서 한 차례만 그 기간을 연장할 수 있다.

92 의료폐기물의 종류 중 위해의료폐기물에 해당하지 않는 것은?

① 조직물류 폐기물   ② 격리계 폐기물

③ 생물 · 화학폐기물   ④ 혈액오염폐기물

📝 **위해의료폐기물의 종류**

① 조직물류 폐기물 : 인체 또는 동물의 조직 · 장기 · 기관 · 신체의 일부, 동물의 사체, 혈액 · 고름 및 혈액생성물질(혈청, 혈장, 혈액 제제)

② 병리계 폐기물 : 시험 · 검사 등에 사용된 배양액, 배양용기, 보관균주, 폐시험관, 슬라이드 커버글라스 폐배지, 폐장갑

③ 손상성 폐기물 : 주삿바늘, 봉합바늘, 수술용 칼날, 한방침, 치과용 침, 파손된 유리재질의 시험기구

④ 생물 · 화학폐기물 : 폐백신, 폐항암제, 폐화학치료제

⑤ 혈액오염폐기물 : 폐혈액백, 혈액투석 시 사용된 폐기물, 그 밖에 혈액이 유출될 정도로 포함되어 있는 특별한 관리가 필요한 폐기물

93 폐기물처리업에 관한 설명으로 틀린 것은?

① 폐기물 수집 · 운반업 : 폐기물을 수집하여 재활용 또는 처분 장소로 운반하거나 폐기물을 수출하기 위하여 수집 · 운반하는 영업

② 폐기물 중간재활용법 : 폐기물 재활용시설을 갖추고 중간가공 폐기물을 만드는 영업

③ 폐기물 최종처분업 : 폐기물 최종처분시설을 갖추고 폐기물을 매립 등(해역 배출은 제외한다)의 방법으로 최종처분하는 영업

④ 폐기물 종합처분업 : 폐기물 재활용시설을 갖추고 중간재활용업과 최종재활용업을 함께 하는 영업

[해설] **폐기물처리업의 업종 구분과 영업내용**
① 폐기물 수집 · 운반업
　폐기물을 수집하여 재활용 또는 처분 장소로 운반하거나 폐기물을 수출하기 위하여 수집 · 운반하는 영업
② 폐기물 중간처분업
　폐기물 중간처분시설을 갖추고 폐기물을 소각 처분, 기계적 처분, 화학적 처분, 생물학적 처분, 그 밖에 환경부장관이 폐기물을 안전하게 중간처분할 수 있다고 인정하여 고시하는 방법으로 중간처분하는 영업
③ 폐기물 최종처분업
　폐기물 최종처분시설을 갖추고 폐기물을 매립 등(해역 배출은 제외한다)의 방법으로 최종처분하는 영업
④ 폐기물 종합처분업
　폐기물 중간처분시설 및 최종처분시설을 갖추고 폐기물의 중간처분과 최종처분을 함께하는 영업
⑤ 폐기물 중간재활용업
　폐기물 재활용시설을 갖추고 중간가공 폐기물을 만드는 영업
⑥ 폐기물 최종재활용업
　폐기물 재활용시설을 갖추고 중간가공 폐기물을 용도 또는 방법으로 재활용하는 영업
⑦ 폐기물 종합재활용업
　폐기물 재활용시설을 갖추고 중간재활용업과 최종재활용업을 함께하는 영업

94 폐기물관리법에서 사용하는 용어의 정의로 옳지 않은 것은?

① 생활폐기물이란 사업장폐기물 외의 폐기물을 말한다.
② 폐기물처리시설이란 폐기물의 중간처분시설과 최종처분시설 및 재활용시설로서 대통령령으로 정하는 시설을 말한다.
③ 재활용이란 생산 공정에서 발생하는 폐기물의 양을 줄이고 재사용, 재생을 통하여 폐기물 배출을 최소화하는 활동을 말한다.
④ 처분이란 폐기물의 소각 · 중화 · 파쇄 · 고형화 등의 중간처분과 매립하거나 해역으로 배출하는 등의 최종처분을 말한다.

[해설] "재활용"이란 다음의 어느 하나에 해당하는 활동을 말한다.
① 폐기물을 재사용 · 재생이용하거나 재사용 · 재생이용할 수 있는 상태로 만드는 활동
② 폐기물로부터 「에너지법」에 따른 에너지를 회수 또는 회수할 수 있는 상태로 만들거나 폐기물을 연료로 사용하는 활동으로서 환경부령으로 정하는 활동

95 환경부장관이나 시 · 도지사가 폐기물처리업자에게 영업정지에 갈음하여 과징금을 부과할 때, 폐기물처리업자가 매출액이 없거나 매출액을 산정하기 곤란한 경우로서 대통령령으로 정하는 경우에 부과할 수 있는 과징금의 최대 액수는?

① 5천만 원　　　　② 1억 원
③ 2억 원　　　　④ 3억 원

[해설] **폐기물처리업자에 대한 과징금**
환경부장관이나 시 · 도지사는 사업장의 사업규모, 사업지역의 특수성, 위반행위의 정도 및 횟수 등을 고려하여 과징금 금액의 2분의 1 범위에서 가중하거나 감경할 수 있다. 다만, 가중하는 경우에는 과징금 총액이 1억 원을 초과할 수 없다.

96 다음 조항을 위반하여 설치가 금지되는 폐기물소각시설을 설치, 운영한 자에 대한 벌칙기준은?

> 폐기물처리시설은 환경부령으로 정하는 기준에 맞게 설치하되, 환경부령으로 정하는 규모 미만의 폐기물 소각시설을 설치 운영하여서는 아니 된다.

① 2년 이하의 징역이나 2천만 원 이하의 벌금
② 3년 이하의 징역이나 3천만 원 이하의 벌금
③ 5년 이하의 징역이나 5천만 원 이하의 벌금
④ 7년 이하의 징역이나 7천만 원 이하의 벌금

[해설] 폐기물관리법 제66조 참조

97 환경부령으로 정하는 지정폐기물을 배출하는 사업자가 그 지정폐기물을 처리하기 전에 환경부장관에게 제출하여 확인받아야 할 서류가 아닌 것은?

① 폐기물 수집 · 운반 계획서
② 폐기물처리계획서
③ 법에 따른 폐기물분석전문기관의 폐기물분석결과서
④ 지정폐기물의 처리를 위탁하는 경우에는 수탁처리자의 수탁확인서

[해설] **지정폐기물 처리계획 확인(사전 제출서류)**
① 수탁처리자의 수탁확인서
② 폐기물전문분석기관의 폐기물분석결과서
③ 폐기물처리계획서
④ 처리업자의 허가증사본

98 폐기물처리시설 주변지역 영향조사기준 중 조사횟수에 관한 내용으로 괄호에 알맞은 내용이 순서대로 짝지어진 것은?

> 각 항목당 계절을 달리하여 ( ) 이상 측정하되, 악취는 여름(6월부터 8월까지)에 ( ) 이상 측정해야 한다.

① 4회, 2회　　　　② 4회, 1회
③ 2회, 2회　　　　④ 2회, 1회

주변지역 영향조사의 조사횟수
각 항목당 계절을 달리하여 2회 이상 측정하되, 악취는 여름(6월부터 8월까지)에 1회 이상 측정하여야 한다.

99 폐기물 중간처분시설 중 기계적 처분시설에 속하는 것은?
① 증발 · 농축시설
② 고형화 시설
③ 소멸화 시설
④ 응집 · 침전시설

중간처분시설(기계적 처분시설)의 종류
① 압축시설(동력 7.5kW 이상인 시설로 한정한다)
② 파쇄 · 분쇄시설(동력 15kW 이상인 시설로 한정한다)
③ 절단시설(동력 7.5kW 이상인 시설로 한정한다)
④ 용융시설(동력 7.5kW 이상인 시설로 한정한다)
⑤ 증발 · 농축시설
⑥ 정제시설(분리 · 증류 · 추출 · 여과 등의 시설을 이용하여 폐기물을 처분하는 단위시설을 포함한다)
⑦ 유수 분리시설
⑧ 탈수 · 건조시설
⑨ 멸균분쇄시설

100 주변지역 영향 조사대상 폐기물처리시설 기준으로 옳은 것은?
① 매립면적 3천300제곱미터 이상의 사업장 지정폐기물 매립시설
② 매립용적 1천 세곱미터 이상의 사업장 지정폐기물 매립시설
③ 매립면적 1만 제곱미터 이상의 사업장 지정폐기물 매립시설
④ 매립용적 3만 세제곱미터 이상의 사업장 지정폐기물 매립시설

주변지역 영향 조사대상 폐기물처리시설 기준
① 1일 처리능력이 50톤 이상인 사업장폐기물 소각시설(같은 사업장에 여러 개의 소각시설이 있는 경우에는 각 소각시설의 1일 처리능력의 합계가 50톤 이상인 경우를 말한다)
② 매립면적 1만 제곱미터 이상의 사업장 지정폐기물 매립시설
③ 매립면적 15만 제곱미터 이상의 사업장 일반폐기물 매립시설
④ 시멘트 소성로(폐기물을 연료로 사용하는 경우로 한정한다)
⑤ 1일 재활용능력이 50톤 이상인 사업장폐기물 소각열회수시설(같은 사업장에 여러 개의 소각열회수시설이 있는 경우에는 각 소각열회수시설의 1일 재활용능력의 합계가 50톤 이상인 경우를 말한다)

제1과목 폐기물개론

01 적환장(Transfer Station)을 설치하는 일반적인 경우와 가장 거리가 먼 것은?

① 불법 투기 쓰레기들이 다량 발생할 때
② 고밀도 거주지역이 존재할 때
③ 상업지역에서 폐기물 수집에 소형 용기를 많이 사용할 때
④ 슬러지 수송이나 공기수송방식을 사용할 때

해설 적환장 설치가 필요한 경우
① 작은 용량의 수집차량을 사용할 때(15m³ 이하)
② 저밀도 거주지역이 존재할 때
③ 불법투기와 다량의 어질러진 쓰레기들이 발생할 때
④ 슬러지 수송이나 공기수송방식을 사용할 때
⑤ 처분지가 수집장소로부터 멀리 떨어져 있을 때
⑥ 상업지역에서 폐기물 수집에 소형 용기를 많이 사용하는 경우
⑦ 쓰레기 수송 비용절감이 필요한 경우
⑧ 압축식 수거 시스템인 경우

02 유해폐기물 성분물질 중 As에 의한 피해 증세로 가장 거리가 먼 것은?

① 무기력증 유발
② 피부염 유발
③ Fanconi씨 증상
④ 암 및 돌연변이 유발

해설 판코니 증후군
① 신장기능의 재흡수 이상으로 발생하는 유전병이다.
② 카드뮴, 납, 우라늄, 백금, 수은과 같은 중금속이 원인이다.

03 전과정평가(LCA)는 4부분으로 구성된다. 그중 상품, 포장, 공정, 물질, 원료 및 활동에 의해 발생하는 에너지 및 천연원료 요구량, 대기, 수질오염물질 배출, 고형폐기물과 기타 기술적 자료구축 과정에 속하는 것은?

① scoping analysis
② inventory analysis
③ impact analysis
④ improvement analysis

해설 전과정평가(LCA) 4단계
① 목적 및 범위의 설정(Goal Definition Scoping) : 1단계
[LCA 사용목적]
㉠ 복수제품 간의 비교선택
㉡ 제품 및 공정의 개선효과 파악
㉢ 목표치를 달성하기 위한 제품의 점검
㉣ 개선점의 추출(우선순위 결정)
㉤ 제품에 관계되는 주체 간의 의사전달 촉진
② 목록분석(Inventory Analysis) : 2단계
상품, 포장, 공정, 물질, 원료 및 활동에 의해 발생하는 에너지 및 천연원료 요구량, 대기, 수질 오염물질 배출, 고형폐기물과 기타 기술적 자료구축 과정이다.
③ 영향평가(Impact Analysis or Assessment) : 3단계
조사분석과정에서 확정된 자원요구 및 환경부하에 대한 영향을 평가하는 기술적, 정량적, 정성적 과정이다.
④ 개선평가 및 해석(Improvement Assessment) : 4단계
전 과정에 대한 해석을 실시하는 과정이다.

04 분뇨처리를 위한 혐기성 소화조의 운영과 통제를 위하여 사용하는 분석항목과 직접적 관계가 없는 것은?

① 휘발성 산의 농도
② 소화가스 발생량
③ 세균 수
④ 소화조 온도

해설 혐기성 소화조의 운영과 통제을 위한 분석항목
① 소화가스 발생량
② 소화가스 중 메탄과 이산화탄소의 함량
③ 휘발성 산의 농도
④ 소화조온도
⑤ 소화시간

05 관로를 이용한 쓰레기의 수송에 관한 설명으로 옳지 않은 것은?

① 잘못 투입된 물건은 회수하기가 어렵다.
② 가설 후에 경로 변경이 곤란하고 설치비가 높다.
③ 조대쓰레기의 파쇄 등 전처리가 필요 없다.
④ 쓰레기의 발생밀도가 높은 인구밀집지역에서 현실성이 있다.

관거(Pipe Line) 수송의 장·단점
① 장점
  ㉠ 자동화, 무공해화, 안전화가 가능하다.
  ㉡ 눈에 띄지 않는다.(미관, 경관 좋음)
  ㉢ 에너지 절약이 가능하다.
  ㉣ 교통소통이 원활하여 교통체증 유발이 없다.(수거차량에 의한 도심지 교통량 증가 없음)
  ㉤ 투입 용이, 수집이 편리하다.
  ㉥ 인건비 절감의 효과가 있다.
② 단점
  ㉠ 대형 폐기물(조대폐기물)에 대한 전처리 공정(파쇄, 압축)이 필요하다.
  ㉡ 가설(설치) 후에 경로변경이 곤란하고 설치비가 비싸다.
  ㉢ 잘못 투입된 폐기물은 회수하기 곤란하다.
  ㉣ 2.5km 이내의 거리에서만 이용된다.(장거리, 즉 2.5km 이상에서는 사용 곤란)
  ㉤ 단거리에 현실성이 있다.
  ㉥ 사고발생 시 시스템 전체가 마비되며 대체시스템으로 전환이 필요하다.(고장 및 긴급사고 발생에 대한 대처방법이 필요함)
  ㉦ 초기투자 비용이 많이 소요된다.
  ㉧ Pipe 내부 진공도에 한계가 있다.(최대 $0.5kg/cm^2$)

06 쓰레기 발생량 조사방법이라 볼 수 없는 것은?
① 적재차량 계수분석법
② 물질수지법
③ 성상분류법
④ 직접계근법

해설 ① 쓰레기 발생량 조사방법
  ㉠ 적재차량 계수분석법
  ㉡ 직접계근법
  ㉢ 물질수지법
  ㉣ 통계조사(표본조사, 전수조사)
② 쓰레기 발생량 예측방법
  ㉠ 경향법
  ㉡ 다중회귀모델
  ㉢ 동적모사모델

07 분쇄기들 중 그 분쇄물의 크기가 큰 것에서부터 작아지는 순서로 옳게 나열한 것은?
① Jaw Crusher – Cone Crusher – Ball Mill
② Cone Crusher – Jaw Crusher – Ball Mill
③ Ball Mill – Cone Crusher – Jaw Crusher
④ Cone Crusher – Ball Mill – Jaw Crusher

해설 ① Jaw Crusher : 암석의 조쇄용으로 사용
② Cone Crusher : 암석의 중쇄용으로 사용
③ Ball Mill : 암석의 미쇄용으로 사용

08 단열열량계를 이용하여 측정한 폐기물의 건량기준 고위발열량이 8,000kcal/kg이었을 때 폐기물의 습량기준 고위발열량(kcal/kg)과 저위발열량(kcal/kg)은?(단, 폐기물의 수분함량은 20%이고, 수분함량 외 기타 항목에 따른 수분 발생은 고려하지 않음)
① 1,600, 1,480
② 3,200, 3,080
③ 6,400, 6,280
④ 7,800, 7,680

해설 습량기준 고위발열량(kcal/kg)
$$= 건량기준\ 고위발열량 \times \frac{100 - 수분}{100}$$
$$= 8,000kcal/kg \times \frac{100 - 20}{100} = 6,400kcal/kg$$

습량기준 저위발열량(kcal/kg)
$$= 습량기준\ 고위발열량 - 600(9H + W)$$
$$= 6,400kcal/kg - (600 \times 0.2) = 6,280kcal/kg$$

09 수송설비를 하수도처럼 개설하여 각 가정의 쓰레기를 최종 처분장까지 운반할 수 있으나 전력비, 내구성 및 미생물의 부착 등이 문제가 되는 쓰레기 수송방법은?
① Monorail 수송
② Container 수송
③ Conveyor 수송
④ 철도수송

해설 컨베이어(Conveyer) 수송
① 지하에 설치된 컨베이어에 의해 쓰레기를 수송하는 방법이다.
② 컨베이어 수송설비를 하수도처럼 배치하여 각 가정의 쓰레기를 처분장까지 운반할 수 있다.
③ 악취문제를 해결하고 경관을 보전할 수 있는 장점이 있다.
④ 전력비, 시설비, 내구성, 미생물 부착 등이 문제가 되며 고가의 시설비와 정기적인 정비로 인한 유지비가 많이 소요되는 단점이 있다.

10 쓰레기를 체분석하여 $D_{10} = 0.01mm$, $D_{30} = 0.05mm$, $D_{60} = 0.25mm$으로 결과를 얻었을 때 곡률계수는?(단, D_{10}, D_{30}, D_{60}은 쓰레기시료의 체중량통과백분율이 각각 10%, 30%, 60%에 해당되는 직경임)
① 0.5
② 0.85
③ 1.0
④ 1.25

해설 곡률계수 $= \dfrac{D_{30}^2}{D_{10} \times D_{60}} = \dfrac{(0.05mm)^2}{0.01mm \times 0.25mm} = 1.0$

정답 06 ③ 07 ① 08 ③ 09 ③ 10 ③

11 폐기물의 발열량 분석법으로 타당하지 않은 방법은?

① 폐기물의 원소분석값을 이용
② 폐기물의 물리적 조성을 이용
③ 열량계에 의한 방법
④ 고정탄소 함유량을 이용

해설 **폐기물의 발열량 분석법**
① 단열열량계에 의한 측정
② 원소분석에 의한 방식
③ 3성분 추정식에 의한 방법
④ 물리적 조성 분석치에 의한 방법
⑤ 기체의 발열량을 이용한 계산식에 의한 방법

12 쓰레기 관리체계에서 비용이 가장 많이 드는 단계는?

① 저장   ② 매립
③ 퇴비화   ④ 수거

해설 폐기물 관리에 소요되는 총비용 중 수거 및 운반단계가 60% 이상을 차지한다. 즉, 폐기물 관리체계에서 비용이 가장 많이 든다.

13 인력선별에 관한 설명으로 옳지 않은 것은?

① 사람의 손을 통한 수동 선별이다.
② 컨베이어 벨트의 한쪽 또는 양쪽에서 사람이 서서 선별한다.
③ 기계적인 선별보다 작업량이 떨어질 수 있다.
④ 선별의 정확도가 낮고 폭발가능물질 분류가 어렵다.

해설 **인력 선별**
선별의 정확도가 높고 파쇄공정으로 유입되기 전에 폭발가능물질의 분류가 가능하다.

14 폐기물 보관을 위한 폐기물 전용 컨테이너에 관한 설명으로 옳지 않은 것은?

① 폐기물 수집 작업을 자동화 및 기계화할 수 있다.
② 언제라도 폐기물을 투입할 수 있고 주변 미관을 크게 해치지 않는다.
③ 폐기물 수집차와 결합하여 운용이 가능하므로 효율적이다.
④ 폐기물의 선별보관, 분리수거가 어려운 단점이 있다.

해설 폐기물 보관 전용 컨테이너는 폐기물의 선별보관 및 분리수거가 쉽다.

15 폐기물처리와 관련된 설명 중 틀린 것은?

① 지역사회효과지수(CEI)는 청소상태 평가에 사용되는 지수이다.
② 컨테이너 철도수송은 광대한 지역에서 효율적으로 적용될 수 있는 방법이다.
③ 폐기물 수거노동력을 비교하는 지표로는 MHT(man/hr·ton)를 주로 사용한다.
④ 직접저장투하 결합방식에서 일반 부패성 폐기물은 직접 상차 투입구로 보낸다.

해설 폐기물 수거노동력을 비교하는 지표로는 MHT(man·hr/ton)를 주로 사용한다.

16 쓰레기 수거노선 설정에 대한 설명으로 가장 거리가 먼 것은?

① 출발점은 차고와 가까운 곳으로 한다.
② 언덕지역의 경우 내려가면서 수거한다.
③ 발생량이 많은 곳은 하루 중 가장 나중에 수거한다.
④ 될 수 있는 한 시계방향으로 수거한다.

해설 **효과적·경제적인 수거노선 결정 시 유의(고려)사항 : 수거노선 설정요령**
① 지형이 언덕인 지역에서는 언덕의 위에서부터 내려가며 적재하면서 차량을 진행하도록 한다.(안전성, 연료비 절약)
② 수거인원 및 차량형식이 같은 기존 시스템의 조건들을 서로 관련시킨다.
③ 출발점은 차고와 가깝게 하고 수거된 마지막 컨테이너가 처분지의 가장 가까이에 위치하도록 배치한다.
④ 가능한 한 지형지물 및 도로경계와 같은 장벽을 사용하여 간선도로 부근에서 시작하고 끝나야 한다.(도로경계 등을 이용)
⑤ 가능한 한 시계방향으로 수거노선을 정한다.
⑥ 적은 양의 쓰레기가 발생하나 동일한 수거빈도를 받기 원하는 적재지점(수거지점)은 가능한 한 같은 날 왕복 내에서 수거한다.
⑦ 아주 많은 양의 쓰레기가 발생되는 발생원은 하루 중 가장 먼저 수거한다.
⑧ 될 수 있는 한 한 번 간 길은 다시 가지 않는다.
⑨ 반복운행 또는 U자형 회전은 피하여 수거한다.
⑩ 교통량이 많거나 출퇴근시간은 피하여 수거한다.
⑪ 수거지점과 수거빈도 결정 시 기존정책이나 규정을 참고한다.

17 함수율 95%인 폐기물 10톤을 탈수공정을 통해 함수율을 각각 85% 및 75%로 감소시킨 경우, 각각 탈수 후 남은 무게(ton)는?(단, 비중=1.0 기준)

① 3.33, 2.00
② 3.33, 2.50
③ 5.33, 3.00
④ 5.33, 3.50

함수율 85%로 감소시킨 경우

$$10ton \times 0.05 \times \frac{100}{100-85} = 3.33ton$$

함수율 75%로 감소시킨 경우

$$10ton \times 0.05 \times \frac{100}{100-75} = 2.0ton$$

18 한 해 동안 폐기물 수거량이 253,000톤, 수거 인부는 1일 850명, 수거대상 인구는 250,000명이라고 할 때 1인 1일 폐기물 발생량(kg/인 · day)은?

① 1.87
② 2.77
③ 3.15
④ 4.12

폐기물 발생량(kg/인 · day)

$$= \frac{수거폐기물량}{대상\ 인구수}$$

$$= \frac{253,000ton/year \times year/365day \times 10^3 kg/ton}{250,000인}$$

$$= 2.77kg/인 \cdot day$$

19 밀도가 a인 도시쓰레기를 밀도가 $b(a < b)$인 상태로 압축시킬 경우 부피 감소(%)는?

① $100\left(1 - \dfrac{a}{b}\right)$
② $100\left(1 - \dfrac{b}{a}\right)$
③ $100\left(a - \dfrac{a}{b}\right)$
④ $100\left(b - \dfrac{b}{a}\right)$

부피감소율(%) $= \left(1 - \dfrac{a}{b}\right) \times 100 = \left(1 - \dfrac{처음밀도}{나중밀도}\right) \times 100$

20 폐기물의 화학적 특성 분석에 사용되는 성분항목이 아닌 것은?

① 탄소성분
② 수소성분
③ 질소성분
④ 수분성분

폐기물 화학적 특성분석 성분항목
① 탄소(C)
② 수소(H)
③ 산소(O)
④ 황(S)
⑤ 질소(N)

제2과목 **폐기물처리기술**

21 다이옥신을 제어하는 촉매로 가장 비효과적인 것은?

① Al_2O_3
② V_2O_5
③ TiO_2
④ Pd

다이옥신은 TiO_2, WO_3, V_2O_5, 금속촉매(Pd)의 함량을 높이고, 210~260℃에서 다이옥신의 산화효과를 이용하여 SCR로 제거한다.

22 펄프공장의 폐수를 생물학적으로 처리한 결과 매일 500kg의 슬러지가 발생하였다. 함수율이 80%이면 건조 슬러지 중량(kg/일)은?(단, 비중=1.0 기준)

① 50
② 100
③ 200
④ 400

건조슬러지 중량(kg/일) $= 500kg/일 \times (1 - 0.8)$
$= 100kg/일$

23 매립방식 중 Cell 방식에 대한 내용으로 가장 거리가 먼 것은?

① 일일복토 및 침출수 처리를 통해 위생적인 매립이 가능하다.
② 쓰레기의 흩날림을 방지하며, 악취 및 해충의 발생을 방지하는 효과가 있다.
③ 일일복토와 bailing을 통한 폐기물 압축으로 매립부피를 줄일 수 있다.
④ cell마다 독립된 매립층이 완성되므로 화재 확산 방지에 유리하다.

셀 공법 매립(Cell Method)
① 매립된 쓰레기 및 비탈에 복토를 실시하여 셀모양으로 셀마다 일일복토를 해나가는 방식이며 현재 가장 많이 이용된다(쓰레기 비탈면 경사각도 : 15~25%).
② 장점
  ㉠ 현재 가장 위생적인 방법이다(장래 토지이용이 가장 유리).
  ㉡ 화재의 발생 및 확산을 방지할 수 있다.
  ㉢ 폐기물의 흩날림을 방지한다.
  ㉣ 해충의 발생을 방지할 수 있다.
  ㉤ 고밀도 매립이 가능하다.
  ㉥ 침출수 처리시설 및 발생가스 처리시설의 장점을 충분히 이용한다.

③ 단점
  ㉠ 복토비용 및 유지관리비가 많이 든다.
  ㉡ 침출수 처리시설 및 발생가스 처리시설 설치 시 매립층 내 수분, 발생가스의 이동이 억제되어 충분한 고려가 요구된다.

[Note] 일일복토와 bailing을 통한 폐기물압축으로 매립부피를 줄일 수 있는 매립방식은 압축매립공법이다.

24 사료화 기계설비의 구비요건으로 가장 거리가 먼 것은?
  ① 사료화의 소요시간이 길고 우수한 품질의 사료 생산이 가능해야 한다.
  ② 오수 발생, 소음 등의 2차 환경오염이 없어야 한다.
  ③ 미생물첨가제 등 발효제의 안정적 공급과 일정 시간 미생물 활성이 유지되어야 한다.
  ④ 내부식성이 있고 소요부지가 적어야 한다.

해설 사료화의 소요시간이 짧고 우수한 품질의 사료 생산이 가능해야 한다.

25 혐기성 소화법의 특성에 관한 설명으로 틀린 것은?
  ① 탈수성이 호기성에 비해 양호하다.
  ② 부패성 유기물 안정화시킨다.
  ③ 암모니아, 인산 등 영양염류의 제거율이 높다.
  ④ 슬러지 양을 감소시킨다.

해설 ① 혐기성 소화의 장점
  ㉠ 호기성 처리에 비해 슬러지 발생량(소화 슬러지)이 적다.
  ㉡ 동력시설의 소모가 적어 운전비용(동력비)이 저렴하다. (산소공급 불필요)
  ㉢ 생성슬러지의 탈수 및 건조가 쉽다.(탈수성 양호)
  ㉣ 메탄가스 회수가 가능하다.(회수된 가스를 연료로 사용 가능함)
  ㉤ 병원균이나 기생충란의 사멸이 가능하다.(부패성, 유기물을 안정화시킴)
  ㉥ 고농도 폐수처리가 가능하다.(국내 대부분의 하수처리장에서 적용 중)
  ㉦ 소화 슬러지의 탈수성이 좋다.
  ㉧ 암모니아, 인산 등 영양염류의 제거율이 낮다.
② 혐기성 소화의 단점
  ㉠ 호기성 소화공법보다 운전이 용이하지 않다.(운전이 어려우므로 유지관리에 숙련이 필요함)
  ㉡ 소화가스는 냄새(NH_3, H_2S)가 문제 된다.(악취 발생 문제)
  ㉢ 부식성이 높은 편이다.
  ㉣ 높은 온도가 요구되며 미생물 성장속도가 느리다.

㉤ 상등수의 농도가 높고 반응이 더디어 소화기간이 비교적 오래 걸린다.
㉥ 처리효율이 낮고 시설비가 많이 든다.

26 쓰레기의 퇴비화가 가장 빨리 형성되는 탈질비(C/N비)의 범위는?(단, 기타 조건은 모두 동일)
  ① 25~50   ② 50~80
  ③ 80~100   ④ 100~150

해설 퇴비화 시 초기 C/N비는 25~40 정도가 적당하고 적정 C/N비는 25~50 정도이다.

27 슬러지를 처리하기 위해 하수처리장 활성슬러지 1% 농도의 폐액 100m³를 농축조에 넣었더니 5% 농도의 슬러지로 농축되었다. 농축조에 농축되어 있는 슬러지 양(m³)은?(단, 상징액의 농도는 고려하지 않으며, 비중=1.0)
  ① 35   ② 30
  ③ 25   ④ 20

해설 $SL_1\,TS_1 = SL_2\,TS_2$ (농축 전후의 고형물량은 불변)
$100m^3 \times 0.01 \times 10^3 kg/m^3$
$= SL_2(m^3) \times 50{,}000 mg/L \times 1kg/10^6 mg \times 10^3 L/m^3$
$SL_2(m^3) = 20m^3 [SL_2$는 농축된 슬러지양$]$

28 고농도 액상폐기물의 혐기성 소화 공정 중 중온소화와 고온소화의 비교에 관한 내용으로 옳지 않은 것은?
  ① 부하능력은 고온소화가 우수하다.
  ② 탈수여액의 수질은 고온소화가 우수하다.
  ③ 병원균의 사멸은 고온소화가 유리하다.
  ④ 중온소화에서 미생물의 활성이 쉽다.

해설 ① 중온소화
  소화의 최적온도는 35℃ 정도이며 우리나라에서 대부분 이용하고 고온소화에 비해 미생물 활성이 용이하다. 또한 탈수여액의 수질이 고온소화에 비해 우수하다.
② 고온소화
  일반적으로 고온박테리아의 적절한 조건인 온도 50~55℃ 정도에서 일어나며 부하능력 및 병원균 사멸에 유리하고 빠른 반응으로 인한 다량의 가스가 생성된다.

29 토양오염물질 중 BTEX에 포함되지 않는 것은?

① 벤젠　　　　　② 톨루엔
③ 에틸렌　　　　④ 자일렌

토양오염물질 중 BTEX
① B : Benzene(벤젠)
② T : Toluene(톨루엔)
③ E : Ethylbenzene(에틸벤젠)
④ X : Xylene(크실렌, 자일렌)

30 토양오염복원기법 중 Bioventing에 관한 설명으로 옳지 않은 것은?

① 토양 투수성은 공기를 토양 내에 강제순환시킬 때 매우 중요한 영향인자이다.
② 오염부지 주변의 공기 및 물의 이동에 의한 오염물질의 확산의 염려가 있다.
③ 현장 지반구조 및 오염물 분포에 따른 처리기간의 변동이 심하다.
④ 용해도가 큰 오염물질은 많은 양이 토양수분 내에 용해상태로 존재하게 되어 처리효율이 좋아진다.

Bioventing(생물주입 배출법)의 특징
① 휘발성이 강한 유기물질 이외에도 중간 정도의 휘발성을 가지는 분자량이 다소 큰 유기물질도 처리할 수 있다.
② 용해도가 큰 오염물질은 많은 양이 토양수분 내에 용해상태로 존재하게 되어 처리효율이 떨어지나 장치가 간단하고 설치가 용이하다.
③ 오염부지 주변의 공기 및 물의 이동에 의한 오염물질이 확산될 수 있다.
④ 일반적으로 토양증기추출에 비하여 토양공기의 추출량은 약 1/10 수준이다.
⑤ 기술적용 시에는 대상부지에 대한 정확한 산소소모율의 산정이 중요하다.
⑥ 토양투수성은 공기를 토양 내에 강제순환시킬 때 매우 중요한 영향인자이다.
⑦ 현장지반구조 및 오염물 분포에 따른 처리기간의 변동이 심하다.
⑧ 배출가스 처리의 추가비용이 없으나 추가적인 영양염류의 공급은 필요하다.

31 1일 처리량이 100kL인 분뇨처리장에서 중온소화방식을 택하고자 한다. 소화 후 슬러지양(m^3/day)은?

- 투입분뇨의 함수율 = 98%
- 고형물 중 유기물 함유율 = 70%, 그중 60%가 액화 및 가스화
- 소화슬러지 함수율 = 96%
- 슬러지 비중 = 1.0

① 15　　　　　② 29
③ 44　　　　　④ 53

소화 후 슬러지양(m^3/day)

$$= (VS' + FS) \times \frac{100}{100 - X_w}$$

$$FS = 100 m^3/day \times 0.02 \times 0.3 = 0.6 m^3/day$$

$$VS' = 100 m^3/day \times 0.02 \times 0.7 \times 0.4 = 0.56 m^3/day$$

$$= (0.6 + 0.56) \times \frac{100}{100 - 96}$$

$$= 29 m^3/day$$

[Note] VS'(잔류유기물), FS(무기물)

2019

32 강우량으로부터 매립지 내의 지하침투량(C)을 산정하는 식으로 옳은 것은?(단, P=총강우량, R=유출률, S=폐기물의 수분저장량, E=증발량)

① $C = P(1-R) - S - E$
② $C = P(1-R) + S - E$
③ $C = P - R + S - E$
④ $C = P - R - S - E$

강우량으로부터 매립지 내의 지하침투량(C) 산정식
C=총강우량$(1 -$유출률$)$ - 폐기물의 수분저장량 - 증산량

33 유해물질별 처리 가능 기술로 가장 거리가 먼 것은?

① 납 - 응집　　　　② 비소 - 침전
③ 수은 - 흡착　　　④ 시안 - 용매 추출

유해물질 별 처리가능 기술
① 납 - 응집, 침전, 이온교환
② 비소 - 침전
③ 수은 - 흡착, 침전, 이온교환
④ 시안 - 알칼리염소처리, 오존처리
⑤ 카드뮴 - 응집, 침전, 이온교환

정답　29 ③　30 ④　31 ②　32 ①　33 ④

34 토양 층위에 해당하지 않는 것은?

① O층
② B층
③ R층
④ D층

해설 토양 층위(지표면으로부터 지하로)
O층(유기물층) → A층(표층) → B층(집적층) → C층(모재층) → R층(기반암)

35 바이오리액터형 매립공법의 장점이 아닌 것은?

① 침출수 재순환에 의한 염분 및 암모니아성 질소 농축
② 매립지 가스 회수율의 증대
③ 추가공간 확보로 인한 매립지 수명 연장
④ 폐기물의 조기안정화

해설 바이오리액터형 매립공법
① 정의
폐기물의 생물학적 안정화를 가속시키기 위하여 매립지의 폐기물 내로 잘 통제된 방법에 의해 침출수와 매립가스 응축수를 비롯한 수분이나 공기를 주입하는 폐기물 매립지
② 장점
㉠ 매립지 가스 회수율의 증대
㉡ 추가 공간확보로 인한 매립지 수명 연장
㉢ 폐기물의 조기 안정화
㉣ 침출수 재순환에 의한 염분 및 암모니아성 질소 감소

36 분뇨를 1차 처리한 후 BOD 농도가 4,000mg/L이었다. 이를 약 20배로 희석한 후 2차 처리를 하려 한다. 분뇨의 방류수 허용기준 이하로 처리하려면 2차 처리공정에 요구되는 BOD 제거 효율은?(단, 분뇨 BOD 방류수 허용기준=40mg/L, 기타 조건은 고려하지 않음)

① 50% 이상
② 60% 이상
③ 70% 이상
④ 80% 이상

해설 BOD 제거율(%)
$$= \left(1 - \frac{BOD_o}{BOD_i}\right) \times 100$$
$BOD_o = 40mg/L$
$BOD_i = BOD \times 1/P = 4,000mg/L \times 1/20 = 200mg/L$
$$= \left(1 - \frac{40}{200}\right) \times 100 = 80\%$$

37 폐기물매립지에 설치되어 있는 침출수 유량조정설비의 기능 설명으로 가장 거리가 먼 것은?

① 침출수의 수질 균등화
② 호우 시 또는 계절적 수량 변동의 조정
③ 수처리설비의 전처리 기능
④ 매립지의 부등침하 최소화

해설 침출수 유량조정조의 기능
① 침출수의 수질균등화(균일화)
② 호우 시 또는 계절적 유입수 수량 변동 조정
③ 수처리설비(침출수 처리)의 전처리 기능

38 매립지 주위의 우수를 배수하기 위한 배수관의 결정에 관한 사항으로 틀린 것은?

① 수로의 형상은 장방형 또는 사다리꼴이 좋으며 조도계수 또한 크게 하는 것이 좋다.
② 유수단면적은 토사의 혼입으로 인한 유량증가 및 여유고를 고려하여야 한다.
③ 우수의 배수에 있어서 토수로의 경우는 평균유속이 3m/sec 이하가 좋다.
④ 우수의 배수에 있어서 콘크리트 수로의 경우는 평균유속이 8m/sec 이하가 좋다.

해설 수로의 형상은 장방형 또는 원형이 좋으며 조도계수는 작게 하는 것이 좋다.

39 안정화된 도시폐기물 매립장에서 발생되는 주요 가스성분인 메탄가스와 탄산가스에 대하여 올바르게 설명한 것은?

① 혐기성 상태가 된 매립지에서 메탄가스와 탄산가스의 무게 구성비는 50%, 50%이다.
② 탄산가스나 메탄가스 모두 공기보다 가벼워 매립지 지표면으로 상승한다.
③ 탄산가스는 침출수의 산도를 높인다.
④ 메탄가스는 악취 성분을 가지고 있고, 일반적으로 유기성 토양으로 복토하면 대부분 제어될 수 있다.

해설 ① 혐기성 상태가 된 매립지에서 메탄가스와 탄산가스의 무게구성비는 약 55% : 40% 정도이다.
② 탄산가스는 공기보다 무겁고 메탄가스는 공기보다 가볍다.
④ 메탄가스는 색과 냄새(악취)가 없다.

40 퇴비화에 사용되는 통기개량제의 종류별 특성으로 옳지 않은 것은?

① 볏짚 : 칼륨분이 높다.

② 톱밥 : 주성분이 분해성 유기물이기 때문에 분해가 빠르다.

③ 파쇄목편 : 폐목재 내 퇴비화에 영향을 줄 수 있는 유해물질의 함유 가능성이 있다.

④ 왕겨(파쇄) : 발생기간이 한정되어 있기 때문에 저류공간이 필요하다.

🖎 톱밥은 난분해성 유기물이기 때문에 분해가 느리다.

제3과목 폐기물소각 및 열회수

41 가스연료의 저위발열량이 15,000kcal/Sm^3, 이론연소가스양 20Sm^3/Sm^3, 공기온도 20℃일 때 연료의 이론연소온도(℃)는?(단, 연료연소가스의 평균정압비열 =0.75kcal/Sm^3·℃, 공기는 예열되지 않으며 연소가스는 해리되지 않음)

① 720 ② 880
③ 920 ④ 1,020

🖎 이론연소온도(℃)

$$= \frac{저위발열량}{이론연소가스양 \times 연소가스\ 평균정압비열} + 실제온도$$

$$= \frac{15,000kcal/Sm^3}{20Sm^3/Sm^3 \times 0.75kcal/Sm^3 \cdot ℃} + 20℃$$

$$= 1,020℃$$

42 소각 연소공정에서 발생하는 질소산화물(NOx)의 발생억제에 관한 설명으로 틀린 것은?

① 이단연소법은 열적 NOx 및 연료 NOx의 억제에 효과가 있다.

② 저산소 운전법으로 연소실 내 연소가스 온도를 최대한 높게 하는 것이 NOx의 억제에 효과가 있다.

③ 화염온도의 저하는 열적 NOx의 억제에 효과가 있다.

④ 저 NOx 버너는 열적 NOx의 억제에 효과가 있다.

🖎 연소조절에 의한 질소산화물의 저감방법(연소개선에 의한 NOx 억제방법)

① 저산소 연소

㉠ 낮은 공기비로 연소시키는 방법이다. 즉, 연소로 내로 과잉공기의 공급량을 줄여 질소와 산소가 반응할 수 있는 기회를 적게 하는 것이다.

㉡ 낮은 공기비일 경우 CO 및 검댕의 발생이 증가하고, 노 내의 온도가 상승하므로 주의를 요한다.

② 저온도 연소

에너지 절약, 건조 및 착화성 향상을 위해 사용하는 예열공기의 온도를 조절하여 열적 NOx 생성량을 조절한다.(예열온도를 맞춰 연소온도를 낮춤)

③ 연소부분의 냉각

연소실의 열부하를 낮춤으로써 NOx 생성을 저감할 수 있다.

④ 배기가스의 재순환

냉각된 배기가스 일부를 연소실로 재순환하여 온도 및 산소농도를 낮춤으로써 NOx 생성을 저감할 수 있다.

⑤ 2단 연소

1차 연소실에서 가스온도 상승을 억제하면서 운전하여 열적 및 연료 NOx의 생성을 줄이고 불완전연소가스는 2차 연소실에서 완전연소시키는 방법이다.

⑥ 버너 및 연소실의 구조 개선

저 NOx 버너를 사용하고 버너의 위치를 적정하게 설치하여 열적 NOx 생성을 저감할 수 있다.

⑦ 수증기 및 물분사 방법

물분자의 흡열반응을 이용하여 온도를 저하시켜 NOx 생성을 저감할 수 있다.

43 열효율이 65%인 유동층 소각로에서 15℃의 슬러지 2톤을 소각시켰다. 배기온도가 400℃라면 연소온도(℃)는?(단, 열효율은 배기온도 만을 고려한다.)

① 955 ② 988
③ 1,015 ④ 1,115

🖎 열효율(%) = $\dfrac{연소온도 - 배기온도}{연소온도 - 소각물온도}$

$0.65 = \dfrac{연소온도 - 400}{연소온도 - 15}$

$0.65 \times (연소온도 - 15) = 연소온도 - 400$

연소온도 × 0.35 = 390.25

연소온도 = 1,115℃

44 1차 반응에서 1,000초 동안 반응물의 1/2이 분해되었다면 반응물이 1/10 남을 때까지 소요되는 시간(sec)은?

① 3,923 ② 3,623
③ 3,323 ④ 3,023

해설

$$\ln \frac{C_t}{C_o} = -k \times t$$

$$\ln 0.5 = -k \times 1,000 \text{sec}, \quad k = 0.000693 \text{sec}^{-1}$$

$$\ln \frac{1/10}{1} = -0.000693 \text{sec}^{-1} \times t$$

$$t = 3,322.63 \text{sec}$$

45 열분해 발생 가스 중 온도가 증가할수록 함량이 증가하는 것은?

① 메탄　　　　　　　② 일산화탄소
③ 이산화탄소　　　　④ 수소

해설 온도가 증가할수록 수소 함량은 증가, 이산화탄소 함량은 감소한다.

46 석탄의 재성분에 다량 포함되어 있고, 재의 융점이 높은 것은?

① Fe_2O_3　　　　　② MgO
③ Al_2O_3　　　　　④ CaO

해설 석탄 재의 주성분은 Al_2O_3이며, 이는 융점이 높으며 백색을 띤다.

47 유동층 소각로의 특징으로 옳지 않은 것은?

① 가스의 온도가 높고 과잉공기량이 많아 NOx 배출이 많다.
② 투입이나 유동화를 위해 파쇄가 필요하다.
③ 연소효율이 높아 미연소분의 배출이 적다.
④ 반응시간이 빨라 소각시간이 짧다.(노 부하율이 높다.)

해설 **유동층 소각로**
① 장점
　㉠ 유동매체의 열용량이 커서 액상, 기상, 고형 폐기물의 전소 및 혼소, 균일한 연소가 가능하다.
　㉡ 반응시간이 빨라 소각시간이 짧다.(노 부하율이 높다.)
　㉢ 연소효율이 높아 미연소분이 적고 2차 연소실이 불필요하다.
　㉣ 가스의 온도가 낮고 과잉공기량이 낮다. 따라서 NOx도 적게 배출된다.
　㉤ 기계적 구동부분이 적어 고장률이 낮아 유지관리가 용이하다.
　㉥ 노 내 온도의 자동제어로 열회수가 용이하다.
　㉦ 유동매체의 축열량이 높은 관계로 단시간 정지 후 가동 시 보조연료 사용 없이 정상가동이 가능하다.

　㉧ 과잉공기량이 적으므로 다른 소각로보다 보조연료 사용량과 배출가스양이 적다.
　㉨ 석회 또는 반응물질을 유동매체에 혼입시켜 노 내에서 산성가스의 제거가 가능하다.
② 단점
　㉠ 층의 유동으로 상으로부터 찌꺼기의 분리가 어려우며 운전비, 특히 동력비가 높다.
　㉡ 폐기물의 투입이나 유동화를 위해 파쇄가 필요하다.
　㉢ 상재료의 용융을 막기 위해 연소온도는 $816℃$를 초과할 수 없다.
　㉣ 유동매체의 손실로 인한 보충이 필요하다.
　㉤ 고점착성의 반유동상 슬러지는 처리하기 곤란하다.
　㉥ 소각로 본체에서 압력손실이 크고 유동매체의 비산 또는 분진의 발생량이 가장 많다.
　㉦ 조대한 폐기물은 전처리가 필요하다. 즉, 폐기물의 투입이나 유동화를 위해 파쇄공정이 필요하다.

48 H_2S의 완전연소 시 이론공기량 $A_o(Sm^3/Sm^3)$은?

① 6.14　　　　　② 7.14
③ 8.14　　　　　④ 9.14

해설
$$2H_2S + 3O_2 \rightarrow 2H_2O + 2SO_2$$
$$2 \times 22.4Sm^3 : 3 \times 22.4Sm^3$$
$$1Sm^3 \quad : \quad O_o(Sm^3)$$
$$O_o(Sm^3) = 1.5Sm^3$$
$$A_o(Sm^3) = \frac{1.5}{0.21} = 7.14Sm^3$$

49 보일러 전열면을 통하여 연소가스의 여열로 보일러 급수를 예열하여 보일러 효율을 높이는 열교환장치는?

① 공기 예열기　　　② 절탄기
③ 과열기　　　　　④ 재열기

해설 **절탄기(이코노마이저)**
① 폐열회수를 위한 열교환기, 연도에 설치하며 보일러 전열면을 통과한 연소가스의 예열로 보일러 급수를 예열하여 보일러 효율을 높이는 장치이다.
② 급수예열에 의해 보일러수와의 온도차가 감소되므로 보일러 드럼에 발생하는 열응력이 감소된다.
③ 급수온도가 낮을 경우, 연소가스 온도가 저하되면 절탄기 저온부에 접하는 가스온도가 노점에 대하여 절탄기를 부식시키는 것을 주의하여야 한다.
④ 절탄기 자체로 인한 통풍저항 증가와 연도의 가스온도 저하로 인한 연도통풍력의 감소를 주의하여야 한다.

50 폐기물의 건조과정에서 함수율과 표면온도의 변화에 대한 설명으로 잘못된 것은?

① 폐기물의 건조방식은 쓰레기의 허용온도, 형태, 물리적 및 화학적 성질 등에 의해 결정된다.

② 수분을 함유한 폐기물의 건조과정은 예열건조기간 → 항률건조기간 → 감률건조기간 순으로 건조가 이루어진다.

③ 항률건조기간에는 건조시간에 비례하여 수분감량과 함께 건조속도가 빨라진다.

④ 감률건조기간에는 고형물의 표면온도 상승 및 유입되는 열량 감소로 건조속도가 느려진다.

해설 항률건조기간에는 건조시간에 비례하여 수분 함량과 함께 건조속도가 일정하다.

51 화격자 연소 중 상부 투입 연소에 대한 설명으로 잘못된 것은?

① 공급공기는 우선 재층을 통과한다.

② 연료와 공기의 흐름이 반대이다.

③ 하부 투입 연소보다 높은 연소온도를 얻는다.

④ 착화면 이동방향과 공기 흐름방향이 반대이다.

해설 **상부 투입방식**

① 투입되는 연료와 공기흐름이 반대방향이다.

② 착화면의 이동방향과 공기의 흐름이 같다.

③ 화층은 하부로부터 화격자 → 회층 → 산화층 → 환원층 → 건류층 → 연료층 순으로 구성된다.

④ 하부 투입방식보다 더 고온이 되고 CO_2에서 CO로 변화속도가 빠르다.

⑤ 공급공기는 고온의 회(재)층을 통과하므로 고온가스를 형성하여 착화속도를 빠르게 한다.

52 착화온도에 관한 설명으로 옳지 않은 것은?

① 화학반응성이 클수록 착화온도는 낮다.

② 분자구조가 간단할수록 착화온도는 높다.

③ 화학결합의 활성도가 클수록 착화온도는 낮다.

④ 화학적 발열량이 클수록 착화온도는 높다.

해설 **낮은 착화온도를 가질 수 있는 물질의 조건**

① 연료의 분자구조가 간단할수록 착화온도는 높아진다.

② 연료의 화학결합의 활성도가 클수록 착화온도는 낮아진다.

③ 연료의 화학반응성이 클수록 착화온도는 낮아진다.

④ 동질물질인 경우 화학적으로 발열량이 클수록 착화온도는 낮아진다.

⑤ 공기 중의 산소농도 및 압력이 높을수록 착화온도는 낮아진다.

⑥ 석탄의 탄화도가 작을수록 착화온도는 낮아진다.

⑦ 비표면적이 클수록 착화온도는 낮아진다.

53 소각대상물 중 함수율이 높은 폐기물을 소각 시 유의할 내용이 아닌 것은?

① 가능한 한 연소속도를 느리게 한다.

② 함수율이 높은 폐기물의 종류에는 주방쓰레기 및 하수슬러지 등이 있다.

③ 건조장치 설치 시 건조효율이 높은 기기를 선정한다.

④ 폐기물의 교란, 반전, 유동 등의 조작을 겸할 수 있는 기종을 선정한다.

해설 함수율이 높은 폐기물은 가능한 한 연소속도를 빠르게 한다.

54 소각로의 종류 중 유동층 소각로(Fluidized Bed Incinerator)를 구성하고 있는 구성인자가 아닌 것은?

① Wind Box

② 역동식 화격자

③ Tuyeres

④ Free Board 층

해설 역동식 화격자는 화격자 소각로의 구성이다.

55 매시간 4톤의 폐유를 소각하는 소각로에서 발생하는 황산화물을 접촉산화법으로 탈황하고 부산물로 50%의 황산을 회수한다면 회수되는 부산물의 양(kg/h)은?(단, 폐유 중 황성분=3%, 탈황률=95%)

① 약 500

② 약 600

③ 약 700

④ 약 800

해설

$$S \rightarrow H_2SO_4$$
$$32kg : 98kg$$
$$4ton/hr \times 0.03 \times 0.95 : H_2SO_4(kg/hr) \times 0.5$$
$$H_2SO_4(kg/hr) = \frac{4ton/hr \times 0.03 \times 0.95 \times 98kg \times 1{,}000kg/ton}{32kg \times 0.5}$$
$$= 698.25kg/hr$$

정답 50 ③　51 ④　52 ④　53 ①　54 ②　55 ③

56 스토커식 도시폐기물 소각로에서 유기물을 완전연소시키기 위한 3T 조건으로 옳지 않은 것은?

① 혼합
② 체류시간
③ 온도
④ 압력

해설 3T(완전연소)
① 온도(Temperature)
② 체류시간(Time)
③ 혼합(Turbulence)

57 소각로에서 쓰레기의 소각과 동시에 배출되는 가스 성분을 분석한 결과 N_2 85%, O_2 6%, CO 1%와 같은 조성일 때 소각로의 공기비는?

① 1.25
② 1.32
③ 1.81
④ 2.28

해설 $m = \dfrac{N_2}{N_2 - 3.76(O_2 - 0.5CO)}$

$= \dfrac{85}{85 - 3.76[6 - (0.5 \times 1)]} = 1.32$

58 증기터빈을 증기 이용 방식에 따라 분류했을 때의 형식이 아닌 것은?

① 반동터빈(Reaction Turbine)
② 복수터빈(Condensing Turbine)
③ 혼합터빈(Mixed Pressure Turbine)
④ 배압터빈(Back Pressure Turbine)

해설 ① 증기작동방식
ㄱ 충동터빈(Impulse Turbine)
ㄴ 반동터빈(Reaction Turbine)
ㄷ 혼합식 터빈(Combination Turbine)
② 증기이용방식
ㄱ 배압터빈(Back Pressure Turbine)
ㄴ 추기배압터빈(Back Pressure Extraction Turbine)
ㄷ 복수터빈(Condensing Turbine)
ㄹ 추기복수터빈(Condensing Extraction Turbine)
ㅁ 혼합터빈(Mixed Pressure Turbine)
③ 증기유동 방향
ㄱ 축류 터빈(Axial Flow Turbine)
ㄴ 반경류 터빈(Radial Flow Turbine)

59 메탄의 고위발열량이 9,000kcal/Sm^3이라면 저위발열량(kcal/Sm^3)은?

① 8,640
② 8,440
③ 8,240
④ 8,040

해설 $CH_4 + 2O_2 \rightarrow CO_2 + 2H_2O$
$H_l = H_h - 480\Sigma H_2O$
$= 9,000kcal/Sm^3 - (480 \times 2)$
$= 8,040kcal/Sm^3$

60 액체 주입형 연소기에 관한 설명으로 옳지 않은 것은?

① 소각재 배출설비가 있어 회분 함량이 높은 액상폐기물에도 널리 사용된다.
② 구동장치가 없어도 고장이 적다.
③ 고형분의 농도가 높으면 버너가 막히기 쉽다.
④ 하방점화방식의 경우에는 염이나 입상물질을 포함한 폐기물의 소각이 가능하다.

해설 액체 주입형 연소기(소각로)는 소각재 배출설비가 필요 없고 회분 함량이 낮은 액상폐기물에 사용한다.

제4과목 **폐기물공정시험기준(방법)**

61 이온전극법으로 분석이 가능한 것은?(단, 폐기물공정시험기준 적용)

① 시안
② 비소
③ 유기인
④ 크롬

해설 시안 분석방법
① 자외선/가시선 분광법
② 이온전극법

[Note]
① 비소(원자흡수분광법, 유도결합플라스마 – 원자발광분광법, 자외선/가시선분광법)
② 유기인(기체크로마토그래피법)
③ 크롬(원자흡수분광법, 유도결합플라스마 – 원자발광분광법, 자외선/가시선분광법)

62 용출시험방법의 용출조작을 나타낸 것으로 옳지 않은 것은?

① 혼합액을 상온, 상압에서 진탕 횟수가 매분당 약 200회가 되도록 한다.

② 진폭이 7~9cm의 진탕기를 사용한다.

③ 6시간 연속 진탕한 다음 1.0μm의 유리 섬유 여과지로 여과한다.

④ 여과가 어려운 경우 원심분리기를 사용하여 매분당 3,000회전 이상으로 20분 이상 원심분리한다.

해설 용출시험방법(용출조작)

① 진탕 : 혼합액을 상온·상압에서 진탕 횟수가 매분당 약 200회, 진폭이 4~5cm인 진탕기를 사용하여 6시간 연속 진탕

⇩

② 여과 : 1.0μm의 유리섬유여과지로 여과

⇩

③ 여과액을 적당량 취하여 용출실험용 시료용액으로 함

63 원자흡수분광광도법(AAS)을 이용하여 중금속을 분석할 때 중금속의 종류와 측정파장이 옳지 않은 것은?

① 크롬 – 357.9nm ② 6가 크롬 – 253.7nm

③ 카드뮴 – 228.8nm ④ 납 – 283.3nm

해설 원자흡수분광광도법(AAS)을 이용한 중금속 분석 시 측정파장

① 크롬 – 357.9nm

② 6가크롬 – 357.9nm

③ 카드뮴 – 228.8nm

④ 납 – 283.3nm

⑤ 구리 – 324.7nm

⑥ 비소 – 193.7nm

⑦ 수은 – 253.7nm

64 시안(CN)을 분석하기 위한 자외선/가시선분광법에 대한 설명으로 옳지 않은 것은?

① 클로라민 – T와 피리딘·피라졸론 혼합액을 넣어 나타나는 청색을 620nm에서 측정한다.

② 정량한계는 0.01mg/L이다.

③ pH 2 이하 산성에서 피리딘·피라졸론을 넣고 가열 증류한다.

④ 유출되는 시안화수소를 수산화나트륨용액으로 포집한 다음 중화한다.

해설 시안 – 자외선/가시선 분광법

시료를 pH 2 이하의 산성으로 조절한 후에 에틸렌다이아민테트라아세트산나트륨을 넣고 가열 증류하여 시안화합물을 시안화수소로 유출시켜 수산화나트륨용액을 포집한 다음 중화하고 클로라민 – T와 피리딘·피라졸론 혼합액을 넣어 나타나는 청색을 620nm에서 측정하는 방법이다.

65 유해특성(재활용환경성 평가) 중 폭발성 시험방법에 대한 설명으로 옳지 않은 것은?

① 격렬한 연소반응이 예상되는 경우에는 시료의 양을 0.5g으로 하여 시험을 수행하며, 폭발성 폐기물로 판정될 때까지 시료의 양을 0.5g씩 점진적으로 늘려준다.

② 시험결과는 게이지 압력이 690kPa에서 2,070kPa까지 상승할 때 걸리는 시간과 최대 게이지 압력 2,070kPa에 도달 여부로 해석한다.

③ 최대 연소속도는 산화제를 무게비율로서 10~90%를 포함한 혼합물질의 연소속도 중 가장 빠른 측정값을 의미한다.

④ 최대 게이지 압력이 2,070kPa이거나 그 이상을 나타내는 폐기물은 폭발성 폐기물로 간주하며, 점화 실패는 폭발성이 없는 것으로 간주한다.

해설 ③항은 폭발성 시험방법과는 무관하며 산화성 시험방법에 관한 내용이다.

66 유리전극법에 의한 수소이온농도 측정 시 간섭물질에 관한 설명으로 옳지 않은 것은?

① pH 10 이상에서 나트륨에 의해 오차가 발생할 수 있는데 이는 "낮은 나트륨 오차전극"을 사용하여 줄일 수 있다.

② 유리전극은 일반적으로 용액의 색도, 탁도, 염도, 콜로이드성 물질들, 산화 및 환원성 물질들 등에 의해 간섭을 많이 받는다.

③ 기름층이나 작은 입자상이 전극을 피복하여 pH 측정을 방해할 경우에는 세척제로 닦아낸 후 정제수로 세척하고 부드러운 천으로 수분을 제거하여 사용한다.

④ 피복물을 제거할 때는 염산(1+9) 용액을 사용할 수 있다.

해설 유리전극은 용액의 색도, 탁도, 콜로이드성 물질들, 산화 및 환원성 물질들, 염도에 의해 간섭을 받지 않는다.

정답 62 ② 63 ② 64 ③ 65 ③ 66 ②

311

67 폐기물공정시험기준에 따라 용출시험한 결과는 함수율 85% 이상인 시료에 한하여 시료의 수분 함량을 보정한다. 수분 함량이 90%일 때 보정계수는?

① 0.67
② 0.9
③ 1.5
④ 2.0

해설 **용출시험결과보정**
① 용출시험의 결과는 시료 중의 수분함량 보정을 위해 함수율 85% 이상인 시료에 한하여 보정한다.(시료의 수분함량이 85% 이상이면 용출시험결과를 보정하는 이유는 매립을 위한 최대함수율 기준이 정해져 있기 때문)

② 보정값 $= \dfrac{15}{100 - 시료의\ 함수율(\%)}$

③ 보정계수 $= \dfrac{15}{100 - 90} = 1.5$

68 기체크로마토그래피로 유기인을 분석할 때 시료관리 기준으로 (   )에 옳은 것은?

시료채취 후 추출하기 전까지 (㉠) 보관하고 7일 이내에 추출하고 (㉡) 이내에 분석한다.

① ㉠ 4℃ 냉암소에서, ㉡ 21일
② ㉠ 4℃ 냉암소에서, ㉡ 40일
③ ㉠ pH 4 이하로, ㉡ 21일
④ ㉠ pH 4 이하로, ㉡ 40일

해설 **유기인 – 기체크로마토그래피법(시료채취 및 관리)**
① 시료채취는 유리병을 사용하며 채취 전에 시료로서 세척하지 말아야 한다.
② 모든 시료는 시료채취 후 추출하기 전까지 4℃ 냉암소에서 보관한다.
③ 7일 이내에 추출하고 40일 이내에 분석한다.

69 취급 또는 저장하는 동안에 기체 또는 미생물이 침입하지 않도록 내용물을 보호하는 용기는?

① 차광용기
② 밀봉용기
③ 기밀용기
④ 밀폐용기

해설 **용기**
시험용액 또는 시험에 관계된 물질을 보존, 운반 또는 조작하기 위하여 넣어두는 것

구분	정의
밀폐 용기	취급 또는 저장하는 동안에 이물질이 들어가거나 또는 내용물이 손실되지 아니하도록 보호하는 용기
기밀 용기	취급 또는 저장하는 동안에 밖으로부터의 공기 또는 다른 가스가 침입하지 아니하도록 내용물을 보호하는 용기
밀봉 용기	취급 또는 저장하는 동안에 기체 또는 미생물이 침입하지 아니하도록 내용물을 보호하는 용기
차광 용기	광선이 투과하지 않는 용기 또는 투과하지 않게 포장한 용기이며 취급 또는 저장하는 동안에 내용물이 광화학적 변화를 일으키지 아니하도록 방지할 수 있는 용기

70 폐기물 내 납을 5회 분석한 결과 각각 1.5, 1.8, 2.0, 1.4, 1.6mg/L를 나타내었다. 분석에 대한 정밀도(%)는?(단, 표준편차=0.241)

① 약 1.66
② 약 2.41
③ 약 14.5
④ 약 16.6

해설 정밀도(%) $= \dfrac{표준편차}{평균값} \times 100$

평균 $= \dfrac{1.5 + 1.8 + 2.0 + 1.4 + 1.6}{5} = 1.66\,mg/L$

$= \dfrac{0.241}{1.66} \times 100 = 14.52\%$

71 중금속 분석의 전처리인 질산 – 과염소산 분해법에서 진한 질산이 공존하지 않는 상태에서 과염소산을 넣을 경우 발생되는 문제점은?

① 킬레이트 형성으로 분해효율이 저하됨
② 급격한 가열반응으로 휘산됨
③ 폭발 가능성이 있음
④ 중금속의 응집침전이 발생함

해설 **질산 – 과염소산 분해법**
① 적용 : 유기물을 다량 함유하고 있으면서 산화분해가 어려운 시료에 적용한다.
② 주의
  ㉠ 과염소산을 넣을 경우 진한 질산이 공존하지 않으면 폭발 위험이 있으므로 반드시 진한 질산을 먼저 넣어야 한다.
  ㉡ 어떠한 경우에도 유기물을 함유한 뜨거운 용액에 과염소산을 넣어서는 안 된다.
  ㉢ 납을 측정할 경우 시료 중에 황산이온(SO_4^{2-})이 다량 존재하면 불용성의 황산납이 생성되어 측정치에 손실을 가져온다. 이때는 분해가 끝난 액에 물 대신 아세트산암모늄 용액(5+6) 50mL를 넣고 가열하여 액이 끓기 시작하면

킬달플라스크를 회전시켜 내벽을 액으로 충분히 씻어준 다음 약 5분 동안 가열을 계속하고 공기 중에서 식혀 여과한다.

② 유기물의 분해가 완전히 끝나지 않아 액이 맑지 않을 때에는 다시 질산 5mL를 넣고 가열을 반복한다.

⑩ 질산 5mL와 과염소산 10mL를 넣고 가열을 계속하여 과염소산이 분해되어 백연이 발생하기 시작하면 가열을 중지한다.

ⓑ 유기물 분해 시에 분해가 끝나면 공기 중에서 식히고 정제수 50mL을 넣어 서서히 끓이면서 질소산화물 및 유리염소를 완전히 제거한다.

72 휘발성 저급염소화 탄화수소류의 기체크로마토그래피법에 대한 설명으로 옳지 않은 것은?

① 검출기는 전자포획검출기 또는 전해전도검출기를 사용한다.

② 시료 중의 트리클로로에틸렌 및 테트라클로로에틸렌 성분은 염산으로 추출한다.

③ 운반기체는 부피백분율 99.999% 이상의 헬륨(또는 질소)을 사용한다.

④ 시료 도입부 온도는 150~250℃ 범위이다.

해설 시료 중의 트리클로로에틸렌 및 테트라클로로에틸렌 성분은 핵산으로 추출한다.

73 시료 채취를 위한 용기 사용에 관한 설명으로 옳지 않은 것은?

① 시료 용기는 무색 경질의 유리병 또는 폴리에틸렌병, 폴리에틸렌백을 사용한다.

② 시료 중에 다른 물질의 혼입이나 성분의 손실을 방지하기 위하여 밀봉할 수 있는 마개를 사용하며 코르크 마개를 사용하여서는 안 된다. 다만 고무나 코르크 마개에 파라핀지, 유지 또는 셀로판지를 씌워 사용할 수도 있다.

③ 휘발성 저급 염소화 탄화수소류 실험을 위한 시료의 채취 시에는 폴리에틸렌병을 사용하여야 한다.

④ 시료 용기는 시료를 변질시키거나 흡착하지 않는 것이어야 하며 기밀하고 누수나 흡습성이 없어야 한다.

시료 용기

① 무색경질의 유리병

② 폴리에틸렌 병

③ 폴리에틸렌 백

④ 갈색경질 유리병 사용 채취 물질

  ㉠ 노말핵산 추출 물질

  ㉡ 유기인

  ㉢ 폴리클로리네이티드비페닐(PCBs)

  ㉣ 휘발성 저급 염소화 탄화수소류

74 액상폐기물에서 유기인을 추출하고자 하는 경우 가장 적합한 추출용매는?

① 아세톤　　　　② 노말핵산

③ 클로로포름　　④ 아세토니트릴

해설 유기인 추출용매에는 크로마토그래피용 노말핵산을 사용한다.

75 수산화나트륨(NaOH) 40%(무게 기준) 용액을 조제한 후 100mL를 취하여 다시 물에 녹여 2,000mL로 하였을 때 수산화나트륨의 농도(N)는?(단, Na원자량=23)

① 0.1　　　　② 0.5

③ 1　　　　　④ 2

해설 $N(eq/L) = 40g/100mL \times \dfrac{100mL}{2L} \times \dfrac{1eq}{40g} = 0.5eq/L(N)$

76 폐기물 중에 포함된 수분과 고형물을 정량하여 다음과 같은 결과를 얻었을 때 수분 함량(%)과 고형물 함량(%)은?(단, 수분 함량 − 고형물 함량 순서)

  1) 미리 105~110℃에서 1시간 건조시킨 증발접시의 무게(W_1) = 48.953g

  2) 이 증발접시에 시료를 담은 후 무게(W_2) = 68.057g

  3) 수욕상에서 수분을 거의 날려 보내고 105~110℃에서 4시간 건조시킨 후 무게(W_3) = 63.125g

① 25.82, 74.18　　② 74.18, 25.82

③ 34.80, 65.20　　④ 65.20, 34.80

해설 $수분(\%) = \dfrac{W_2 - W_3}{W_2 - W_1} \times 100 = \dfrac{(68.057 - 63.125)g}{(68.057 - 48.953)g} \times 100$

　　　 $= 25.82\%$

2019

$$고형물(\%) = \frac{W_3 - W_1}{W_2 - W_1} \times 100 = \frac{(63.125 - 48.953)g}{(68.057 - 48.953)g} \times 100$$
$$= 74.18\%$$

[Note] 고형물(%) = 100 − 수분 = 100 − 25.82 = 74.18%

77 pH 표준용액 조제에 대한 설명으로 옳지 않은 것은?

① 염기성 표준용액은 산화칼슘(생석회) 흡수관을 부착하여 2개월 이내에 사용한다.

② 조제한 pH 표준용액은 경질 유리병에 보관한다.

③ 산성표준용액은 3개월 이내에 사용한다.

④ 조제한 pH 표준용액은 폴리에틸렌병에 보관한다.

해설 pH 표준용액 사용기간
① 산성 표준용액 : 3개월
② 염기성 표준용액 : 산화칼슘(생석회) 흡수관을 부착하여 1개월 이내에 사용

78 5톤 이상의 차량에서 적재폐기물의 시료를 채취할 때 평면상에서 몇 등분하여 채취하는가?

① 3등분
② 5등분
③ 6등분
④ 9등분

해설 폐기물이 적재되어 있는 운반차량에서 시료를 채취할 경우 적재폐기물의 성상이 균일하다고 판단되는 깊이에서 시료 채취
① 5ton 미만의 차량에 적재되어 있는 경우
적재폐기물을 평면상에서 6등분한 후 각 등분마다 시료 채취
② 5ton 이상의 차량에 적재되어 있는 경우
적재폐기물을 평면상에서 9등분한 후 각 등분마다 시료 채취

79 수질오염공정시험기준 총칙에서 규정하고 있는 사항 중 옳은 것은?

① '약'이라 함은 기재된 양에 대하여 ±5% 이상의 차이가 있어서는 안 된다.

② '감압 또는 진공'이라 함은 따로 규정이 없는 한 15mmH$_2$O 이하를 말한다.

③ 무게를 '정확히 단다'라 함은 규정된 수치의 무게를 0.1mg까지 다는 것을 말한다.

④ '정확히 취하여'라 함은 규정한 양의 검체 또는 시액을 뷰렛으로 취하는 것을 말한다.

해설
① '약'이라 함은 기재된 양에 대하여 ±10% 이상의 차이가 있어서는 안 된다는 의미이다.
② '감압 또는 진공'이라 함은 따로 규정이 없는 한 15mmHg 이하를 말한다.
④ '정확히 취하여'라 함은 규정된 양의 액체를 홀피펫으로 눈금까지 취하는 것을 말한다.

80 자외선/가시선 분광법으로 비소를 측정할 때 비화수소를 발생시키기 위해 시료 중의 비소를 3가비소로 환원한 다음 넣어 주는 시약은?

① 아연
② 이염화주석
③ 염화제일주석
④ 시안화칼륨

해설 비소 − 지외선/가시선 분광법
시료 중의 비소를 3가 비소로 환원시킨 다음 아연을 넣어 발생되는 비화수소를 다이에틸다이티오카르바민산은의 피리딘 용액에 흡수시켜 이때 나타나는 적자색의 흡광도를 530nm에서 측정하는 방법

제5과목 **폐기물관계법규**

81 폐기물관리법에 사용하는 용어 설명으로 잘못된 것은?

① "지정폐기물"이란 사업장폐기물 중 폐유 · 폐산 등 주변 환경을 오염시킬 수 있거나 유해폐기물 등 인체에 위해를 줄 수 있는 해로운 물질로서 환경부령으로 정하는 폐기물을 말한다.

② "의료폐기물"이란 보건 · 의료기관, 동물병원, 시험 · 검사기관 등에서 배출되는 폐기물 중 인체에 감염 등 위해를 줄 우려가 있는 폐기물과 인체 조직 등 적출물(摘出物), 실험동물의 사체 등 보건 · 환경보호상 특별한 관리가 필요하다고 인정되는 폐기물로서 대통령령으로 정하는 폐기물을 말한다.

③ "처리"란 폐기물의 수집, 운반, 보관, 재활용, 처분을 말한다.

④ "처분"이란 폐기물의 소각 · 중화 · 파쇄 · 고형화 등의 중간 처분과 매립하거나 해역으로 배출하는 등의 최종 처분을 말한다.

해설 지정폐기물
사업장 폐기물 중 폐유 · 폐산 등 주변 환경을 오염시킬 수 있거나 의료폐기물 등 인체에 위해를 줄 수 있는 해로운 물질로서 대통령령으로 정하는 폐기물을 말한다.

82 폐기물처리업에 대한 과징금에 관한 내용으로 (   )에 옳은 내용은?

> 환경부장관이나 시 · 도지사는 사업장의 사업규모, 사업지역의 특수성, 위반행위의 정도 및 횟수 등을 고려하여 법의 규정에 따른 과징금 금액의 (   ) 범위에서 가중하거나 감경할 수 있다. 다만, 가중하는 경우에는 과징금 총액이 1억 원을 초과할 수 없다.

① 2분의 1 ② 3분의 1 ③ 4분의 1 ④ 5분의 1

폐기물처리업자에 대한 과징금
환경부장관이나 시 · 도지사는 사업장의 사업규모, 사업지역의 특수성, 위반행위의 정도 및 횟수 등을 고려하여 과징금 금액의 2분의 1 범위에서 가중하거나 감경할 수 있다. 다만, 가중하는 경우에는 과징금 총액이 1억 원을 초과할 수 없다.

83 폐기물수집 · 운반업의 변경허가를 받아야 할 중요사항으로 틀린 것은?

① 수집 · 운반 대상 폐기물의 변경
② 영업구역의 변경
③ 처분시설 소재지의 변경
④ 운반차량(임시차량은 제외한다)의 증차

폐기물처리업의 변경허가를 받아야 할 중요사항
[폐기물 수집 · 운반업]
① 수집 · 운반 대상 폐기물의 변경
② 영업구역의 변경
③ 주차장 소재지의 변경(지정폐기물을 대상으로 하는 수집 · 운반업만 해당한다)
④ 운반차량(임시차량은 제외한다)의 증차

84 폐기물 감량화 시설의 종류로 틀린 것은?

① 폐기물 자원화시설   ② 폐기물 재이용시설
③ 폐기물 재활용시설   ④ 공정 개선시설

폐기물 감량화 시설의 종류
① 공정 개선시설   ② 폐기물 재이용시설
③ 폐기물 재활용시설   ④ 그 밖의 폐기물 감량화 시설

85 폐기물을 매립하는 시설 중 사후관리 이행 보증금의 사전 적립대상인 시설의 면적기준은?

① 3,000m² 이상   ② 3,300m² 이상
③ 3,600m² 이상   ④ 3,900m² 이상

사후관리이행보증금의 사전적립대상이 되는 폐기물을 매립하는 시설은 면적이 3천 300제곱미터(3,300m²) 이상인 시설로 한다.

86 특별자치시장, 특별자치도지사, 시장 · 군수 · 구청장이 관할구역의 음식물류 폐기물의 발생을 최대한 줄이고 발생한 음식물류 폐기물을 적절하게 처리하기 위하여 수립하는 음식물류 폐기물 발생 억제계획에 포함되어야 하는 사항으로 틀린 것은?

① 음식물류 폐기물 처리기술의 개발계획
② 음식물류 폐기물의 발생 억제목표 및 목표 달성방안
③ 음식물류 폐기물의 발생 및 처리현황
④ 음식물류 폐기물 처리시설의 설치현황 및 향후 설치계획

음식물류 폐기물 발생 억제계획의 포함사항
① 음식물류 폐기물의 발생 및 처리현황
② 음식물류 폐기물의 향후 발생 예상량 및 적정처리계획
③ 음식물류 폐기물의 발생 억제목표 및 목표달성 방안
④ 음식물류 폐기처리시설의 설치현황 및 향후 설치계획
⑤ 음식물류 폐기물의 발생억제 및 적정처리를 위한 기술적 · 재정적 지원방안(재원의 확보계획을 포함한다.)

87 주변지역 영향 조사대상 폐기물처리시설(폐기물 처리업자가 설치, 운영하는 시설) 기준으로 (   )에 알맞은 것은?

> 매립면적 (   )제곱미터 이상의 사업장 일반폐기물 매립시설

① 3만   ② 5만
③ 10만   ④ 15만

주변지역 영향 조사대상 폐기물처리시설 기준
① 1일 처리능력이 50톤 이상인 사업장폐기물 소각시설(같은 사업장에 여러 개의 소각시설이 있는 경우에는 각 소각시설의 1일 처리능력의 합계가 50톤 이상인 경우를 말한다.)
② 매립면적 1만 제곱미터 이상의 사업장 지정폐기물 매립시설
③ 매립면적 15만 제곱미터 이상의 사업장 일반폐기물 매립시설
④ 시멘트 소성로(폐기물을 연료로 사용하는 경우로 한정한다.)
⑤ 1일 재활용능력이 50톤 이상인 사업장폐기물 소각열회수시설(같은 사업장에 여러 개의 소각열회수시설이 있는 경우에는 각 소각열회수시설의 1일 재활용능력의 합계가 50톤 이상인 경우를 말한다)

정답 82 ①   83 ③   84 ①   85 ②   86 ①   87 ④

2019

88 토지 이용의 제한기간은 폐기물매립시설의 사용이 종료되거나 그 시설의 폐쇄된 날부터 몇 년 이내로 하는가?

① 15년   ② 20년   ③ 25년   ④ 30년

해설 토지이용의 제한기간은 폐기물매립시설의 사용이 종료되거나 그 시설의 폐쇄된 날부터 30년 이내로 한다.

89 환경부장관 또는 시·도지사가 폐기물처리 공제조합에 방치폐기물의 처리를 명할 때에는 처리량과 처리기간에 대하여 대통령령으로 정하는 범위 안에서 할 수 있도록 명하여야 한다. 이와 같이 폐기물처리 공제조합에 처리를 명할 수 있는 방치폐기물의 처리량에 대한 기준으로 옳은 것은?(단, 폐기물처리업자가 방치한 폐기물의 경우)

① 그 폐기물처리업자의 폐기물 허용보관량의 1.5배 이내
② 그 폐기물처리업자의 폐기물 허용보관량의 2.0배 이내
③ 그 폐기물처리업자의 폐기물 허용보관량의 2.5배 이내
④ 그 폐기물처리업자의 폐기물 허용보관량의 3.0배 이내

해설 ※ 법규 변경사항이므로 해설의 내용으로 학습 부탁드립니다.

방치폐기물의 처리량과 처리기간
① 폐기물처리 공제조합에 처리를 명할 수 있는 방치폐기물의 처리량은 다음 각 호와 같다.
   ㉠ 폐기물처리업자가 방치한 폐기물의 경우 : 그 폐기물처리업자의 폐기물 허용보관량의 2배 이내
   ㉡ 폐기물처리 신고자가 방치한 폐기물의 경우 : 그 폐기물처리 신고자의 폐기물 보관량의 2배 이내
② 환경부장관이나 시·도지사는 폐기물처리 공제조합에 방치폐기물의 처리를 명하려면 주변환경의 오염 우려 정도와 방치폐기물의 처리량 등을 고려하여 2개월의 범위에서 그 처리기간을 정하여야 한다. 다만, 부득이한 사유로 처리기간 내에 방치폐기물을 처리하기 곤란하다고 환경부장관이나 시·도지사가 인정하면 1개월의 범위에서 한 차례만 그 기간을 연장할 수 있다.

90 폐기물매립시설의 사후관리계획서에 포함되어야 할 내용으로 틀린 것은?

① 토양조사계획
② 지하수 수질조사계획
③ 빗물배제계획
④ 구조물 및 지반 등의 안정도 유지계획

해설 **폐기물 매립시설 사후관리계획서의 포함사항**
① 폐기물처리시설 설치·사용 내용

② 사후관리 추진일정
③ 빗물배제계획
④ 침출수 관리계획(차단형 매립시설은 제외한다.)
⑤ 지하수 수질조사계획
⑥ 발생가스 관리계획(유기성 폐기물을 매립하는 시설만 해당한다.)
⑦ 구조물과 지반 등의 안정도 유지계획

91 3년 이하의 징역이나 3천만 원 이하의 벌금에 해당하는 벌칙기준에 해당하지 않는 것은?

① 고의로 사실과 다른 내용의 폐기물 분석 결과서를 발급한 폐기물 분석 전문기관
② 승인을 받지 아니하고 폐기물처리시설을 설치한 자
③ 다른 사람에게 자기의 성명이나 상호를 사용하여 폐기물을 처리하게 하거나 그 허가증을 다른 사람에게 빌려준 자
④ 폐기물처리시설의 설치 또는 유지·관리가 기준에 맞지 아니하여 지시된 개선명령을 이행하지 아니하거나 사용중지 명령을 위반한 자

해설 폐기물관리법 제65조 참조
③항은 2년 이하의 징역이나 2천만 원 이하의 벌금에 해당한다.

92 영업정지 기간에 영업을 한 자에 대한 벌칙기준은?

① 1년 이하의 징역이나 1천만 원 이하의 벌금
② 2년 이하의 징역이나 2천만 원 이하의 벌금
③ 3년 이하의 징역이나 3천만 원 이하의 벌금
④ 5년 이하의 징역이나 5천만 원 이하의 벌금

해설 폐기물관리법 제65조 참조

93 음식물류 폐기물 배출자는 음식물류 폐기물의 발생억제 및 처리계획을 환경부령으로 정하는 바에 따라 특별자치시장, 특별자치도지사, 시장·군수·구청장에게 신고하여야 한다. 이를 위반하여 음식물류 폐기물의 발생억제 및 처리계획을 신고하지 아니한 자에 대한 과태료 부과기준은?

① 100만 원 이하   ② 300만 원 이하
③ 500만 원 이하   ④ 1,000만 원 이하

해설 폐기물관리법 제68조 제3항 참조

정답   88 ④   89 해설 확인   90 ①   91 ③   92 ③   93 ①

94 폐기물처리시설 설치 · 운영자, 폐기물처리업자, 폐기물과 관련된 단체, 그 밖에 폐기물과 관련된 업무에 종사하는 자가 폐기물에 관한 조사연구 · 기술개발 · 정보보급 등 폐기물 분야의 발전을 도모하기 위하여 환경부장관의 허가를 받아 설립할 수 있는 단체는?

① 한국폐기물협회　　② 한국폐기물학회
③ 폐기물관리공단　　④ 폐기물처리공제조합

해설　폐기물처리시설 설치 · 운영자, 폐기물처리업자, 폐기물과 관련된 단체, 그 밖에 폐기물과 관련된 업무에 종사하는 자는 폐기물에 관한 조사연구 · 기술개발 · 정보보급 등 폐기물분야의 발전을 도모하기 위하여 환경부장관의 허가를 받아 한국폐기물협회를 설립할 수 있다.

95 폐기물처리시설의 사후관리이행보증금은 사후관리기간에 드는 비용을 합산하여 산출한다. 산출 시 합산되는 비용과 가장 거리가 먼 것은?(단, 차단형 매립시설은 제외)

① 지하수정 유지 및 지하수 오염처리에 드는 비용
② 매립시설 제방, 매립가스 처리시설, 지하수 검사정 등의 유지 · 관리에 드는 비용
③ 매립시설 주변의 환경오염 조사에 드는 비용
④ 침출수처리시설의 가동과 유지 · 관리에 드는 비용

해설　사후관리에 드는 비용(다음 내용을 합산하여 산출)
① 침출수 처리시설의 가동과 유지 · 관리에 드는 비용
② 매립시설 제방, 매립가스처리시설, 지하수 검사정 등의 유지 · 관리에 드는 비용
③ 매립시설 주변의 환경오염 조사에 드는 비용
④ 정기검사에 드는 비용

96 폐기물처리 신고자의 준수사항에 관한 내용으로 (　)에 알맞은 것은?

> 폐기물처리 신고자는 폐기물의 재활용을 위탁한 자와 폐기물 위탁재활용(운반)계약서를 작성하고, 그 계약서를 (　) 보관하여야 한다.

① 1년간　　② 2년간　　③ 3년간　　④ 5년간

해설　폐기물처리 신고자의 준수사항
① 폐기물처리 신고자는 폐기물의 재활용을 위탁한 자와 폐기물 위탁재활용(운반)계약서를 작성하고, 그 계약서를 3년간 보관하여야 한다.
② 정당한 사유 없이 계속하여 1년 이상 휴업하여서는 아니 된다.

97 재활용활동 중에는 폐기물(지정폐기물 제외)을 시멘트 소성로 및 환경부장관이 정하여 고시하는 시설에서 연료로 사용하는 활동이 있다. 이 시멘트 소성로 및 환경부장관이 정하여 고시하는 시설에서 연료로 사용하는 폐기물(지정폐기물 제외)이 아닌 것은?(단, 그 밖에 환경부장관이 고시하는 폐기물 제외)

① 폐타이어　　② 폐유
③ 폐섬유　　④ 폐합성 고무

해설　시설에서 연료로 사용하는 폐기물
① 폐타이어　　② 폐섬유
③ 폐목재　　④ 폐합성수지
⑤ 폐합성고무
⑥ 분진(중유회, 코크스 분진만 해당한다)
⑦ 그 밖에 환경부장관이 정하여 고시하는 폐기물

98 기술관리인을 두어야 할 폐기물처리시설 기준으로 옳은 것은?(단, 폐기물처리업자가 운영하는 폐기물처리시설은 제외)

① 시멘트 소성로서 시간당 처분능력이 600킬로그램 이상인 시설
② 멸균분쇄시설로서 시간당 처분능력이 600킬로그램 이상인 시설
③ 사료화 · 퇴비화 또는 연료화시설로서 1일 재활용능력이 1톤 이상인 시설
④ 압축 · 파쇄 · 분쇄 또는 절단시설로서 1일 처분능력 또는 재활용능력이 100톤 이상인 시설

해설　기술관리인을 두어야 하는 폐기물 처리시설
① 매립시설의 경우
　㉠ 지정폐기물을 매립하는 시설로서 면적이 3천 300제곱미터 이상인 시설. 다만, 차단형 매립시설에서는 면적이 330제곱미터 이상이거나 매립용적이 1천 세제곱미터 이상인 시설로 한다.
　㉡ 지정폐기물 외의 폐기물을 매립하는 시설로서 면적이 1만 제곱미터 이상이거나 매립용적이 3만 세제곱미터 이상인 시설
② 소각시설로서 시간당 처리능력이 600킬로그램(감염성 폐기물을 대상으로 하는 소각시설의 경우에는 200킬로그램) 이상인 시설
③ 압축 · 파쇄 · 분쇄 또는 절단시설로서 1일 처리능력 또는 재활용시설이 100톤 이상인 시설
④ 사료화 · 퇴비화 또는 연료화 시설로서 1일 재활용능력이 5톤 이상인 시설

정답　94 ①　95 ①　96 ③　97 ②　98 ④

⑤ 멸균 · 분쇄시설로서 시간당 처리능력이 100킬로그램 이상인 시설
⑥ 시멘트 소성로
⑦ 용해로(폐기물에 비철금속을 추출하는 경우로 한정한다.)로서 시간당 재활용능력이 600킬로그램 이상인 시설
⑧ 소각열회수시설로서 시간당 재활용능력이 600킬로그램 이상인 시설

99 폐기물처리업의 업종 구분에 따른 영업 내용으로 틀린 것은?

① 폐기물 종합처분업 : 폐기물 최종처분시설을 갖추고 폐기물을 매립 등의 방법으로 최종처분하는 영업
② 폐기물 중간재활용업 : 폐기물 재활용시설을 갖추고 중간가공 폐기물을 만드는 영업
③ 폐기물 최종재활용업 : 폐기물 재활용시설을 갖추고 중간가공 폐기물을 폐기물의 재활용원칙 및 준수사항에 따라 재활용하는 영업
④ 폐기물 종합재활용업 : 폐기물 재활용시설을 갖추고 중간재활용업과 최종재활용업을 함께하는 영업

해설 **폐기물처리업의 업종 구분과 영업내용**
① 폐기물 수집 · 운반업
폐기물을 수집하여 재활용 또는 처분 장소로 운반하거나 폐기물을 수출하기 위하여 수집 · 운반하는 영업
② 폐기물 중간처분업
폐기물 중간처분시설을 갖추고 폐기물을 소각 처분, 기계적 처분, 화학적 처분, 생물학적 처분, 그 밖에 환경부장관이 폐기물을 안전하게 중간처분할 수 있다고 인정하여 고시하는 방법으로 중간처분하는 영업
③ 폐기물 최종처분업
폐기물 최종처분시설을 갖추고 폐기물을 매립 등(해역 배출은 제외한다.)의 방법으로 최종처분하는 영업
④ 폐기물 종합처분업
폐기물 중간처분시설 및 최종처분시설을 갖추고 폐기물의 중간처분과 최종처분을 함께하는 영업
⑤ 폐기물 중간재활용업
폐기물 재활용시설을 갖추고 중간가공 폐기물을 만드는 영업
⑥ 폐기물 최종재활용업
폐기물 재활용시설을 갖추고 중간가공 폐기물을 용도 또는 방법으로 재활용하는 영업
⑦ 폐기물 종합재활용업
폐기물 재활용시설을 갖추고 중간재활용업과 최종재활용업을 함께하는 영업

100 폐기물처리시설의 사후관리이행보증금과 사전적립금의 용도로 가장 적합한 것은?

① 매립시설의 사후 주변경관 조성 비용
② 폐기물처리시설 설치비용의 지원
③ 사후관리이행보증금과 매립시설의 사후관리를 위한 사전적립금의 환불
④ 매립시설에서 발생하는 침출수 처리시설 비용

해설 **사후관리 이행보조금의 용도**
사후관리 이행보조금과 사전적립금은 다음의 용도에 사용한다.
① 사후관리 이행보조금과 매립시설의 사후관리를 위한 사전적립금의 환불
② 매립시설의 사후관리 대행
③ 최종복토 등 폐쇄절차 대행
④ 그 밖에 대통령령으로 정하는 용도

제1과목 폐기물개론

01 폐기물 수거체계 방식 가운데 하나인 HCS(견인식 컨테이너 시스템)의 장점으로 옳지 않은 것은?

① 미관상 유리하다.
② 손작업 운반이 용이하다.
③ 시간 및 경비 절약이 가능하다.
④ 비위생의 문제를 제거할 수 있다.

📝 **견인식 컨테이너 시스템(HCS)**
폐기물 저장용 용기를 적환장 또는 최종처분지역까지 운반하는 방법으로 손작업 운반은 용이하지 않다.

02 적환장의 위치를 결정하는 사항으로 옳지 못한 것은?

① 건설과 운용이 가장 경제적인 곳
② 수거해야 할 쓰레기 발생지역의 무게가 중심에 가까운 곳
③ 적환장의 운용에 있어서 공중의 반대가 적고 환경적 영향이 최소인 곳
④ 쉽게 간선도로에 연결될 수 있고 2차 보조 수송수단과는 관련이 없는 곳

📝 **적환장 위치결정 시 고려사항**
① 적환장의 설치장소는 수거하고자 하는 개별적 고형폐기물 발생지역의 하중중심(무게중심)과 되도록 가까운 곳이어야 함
② 쉽게 간선도로에 연결되며, 2차 보조수송수단의 연결이 쉬운 곳
③ 건설비와 운영비가 적게 들고 경제적인 곳
④ 최종 처리장과 수거지역의 거리가 먼 경우(≒16km 이상)
⑤ 주도로의 접근이 용이하고 2차 또는 보조수송수단의 연결이 쉬운 지역
⑥ 주민의 반대가 적고 주위환경에 대한 영향이 최소인 곳
⑦ 설치 및 작업이 쉬운 곳(설치 및 작업조작이 경제적인 곳)
⑧ 적환작업 중 공중위생 및 환경피해 영향이 최소인 곳

03 생활 쓰레기 감량화에 대한 설명으로 가장 거리가 먼 것은?

① 가정에서의 물품 저장량을 적정 수준으로 유지한다.
② 깨끗하게 다듬은 채소의 시장 반입량을 증가시킨다.
③ 백화점의 무포장센터 설치를 증가시킨다.
④ 상품의 포장공간 비율을 증가시킨다.

📝 감량화를 위해서는 상품의 포장공간 비율을 감소시킨다.

04 관거(Pipeline)를 이용한 폐기물의 수거방식에 대한 설명으로 옳지 않은 것은?

① 장거리 수송이 곤란하다.
② 전처리 공정이 필요 없다.
③ 가설 후에 경로 변경이 곤란하고 설치비가 비싸다.
④ 쓰레기 발생밀도가 높은 곳에서만 사용이 가능하다.

📝 관거(Pipeline) 수송은 대형 폐기물(조대폐기물)에 대한 전처리 공정(파쇄, 압축)이 필요하다.

05 쓰레기 발생량 예측방법으로 적절하지 않은 것은?

① 물질수지법
② 경향법
③ 다중회귀모델
④ 동적모사모델

📝 **쓰레기 발생량 조사방법**
① 적재차량 계수분석법
② 직접계근법
③ 물질수지법
④ 통계조사(표본조사, 전수조사)

06 폐기물의 수거노선 설정 시 고려해야 할 사항과 가장 거리가 먼 것은?

① 지형이 언덕인 경우는 내려가면서 수거한다.
② 발생량이 적으나 수거빈도가 동일하기를 원하는 곳은 같은 날 왕복하면서 수거한다.
③ 가능한 한 시계방향으로 수거노선을 정한다.
④ 발생량이 가장 적은 곳부터 시작하여 많은 곳으로 수거노선을 정한다.

📝 발생량이 많은 곳은 하루 중 가장 먼저 수거한다.

2019

정답 **01** ② **02** ④ **03** ④ **04** ② **05** ① **06** ④

07 유해폐기물을 소각하였을 때 발생하는 물질로서 광화학 스모그의 주된 원인이 되는 물질은?

① 염화수소　　　　② 일산화탄소
③ 메탄　　　　　　④ 일산화질소

해설 소각 발생물질 중 NO(NOx)는 자외선과 반응하여 옥시던트를 생성, 광화학스모그를 유발시킨다.

08 강열감량(열작감량)의 정의에 대한 설명으로 가장 거리가 먼 것은?

① 강열감량이 높을수록 연소효율이 좋다.
② 소각잔사의 매립 처분에 있어서 중요한 의미가 있다.
③ 3성분 중에서 가연분이 타지 않고 남는 양으로 표현된다.
④ 소각로의 연소효율을 판정하는 지표 및 설계 인자로 사용된다.

해설 **강열감량(열작감량)**
① 소각재 중 미연분의 양을 중량 백분율로 표시한다. (강열감량＝수분함량＋가연분함량)
② 소각로의 연소효율을 판정하는 지표 및 설계인자로 사용한다.(소각로의 운전상태를 파악할 수 있는 중요한 지표)
③ 소각잔사의 매립처분에 있어서 중요한 의미가 있다.
④ 3성분 중에서 가연분이 타지 않고 남는 양으로 표현된다.
⑤ 강열감량이 낮을수록 연소효율이 좋다.
⑥ 소각로의 종류, 처리용량에 따른 화격자의 면적을 산정하는 데 중요한 자료이다.
⑦ 쓰레기의 가연분, 소각잔사의 미연분, 고형물 중의 유기분을 측정하기 위한 열작감량(완전연소가능량, Ignition Loss)

09 쓰레기 발생량이 6배로 증가하였으나 쓰레기 수거노동력(MHT)은 그대로 유지시키고자 한다. 수거시간을 50% 증가시키는 경우 수거인원을 몇 배로 증가시켜야 하는가?

① 2.0배　　　　　　② 3.0배
③ 3.5배　　　　　　④ 4.0배

해설 $MHT = \dfrac{\text{수거인부} \times \text{수거인부 총 수거시간}}{\text{쓰레기 총 발생량}}$

$MHT = \dfrac{\text{수거인부} \times 1.5\text{배}}{6\text{배}}$, MHT는 변화가 없으므로

$6 = \text{수거인부} \times 1.5$
수거인부＝4배

10 적환장을 이용한 수집, 수송에 관한 설명으로 가장 거리가 먼 것은?

① 소형의 차량으로 폐기물을 수거하여 대형차량에 적환 후 수송하는 시스템이다.
② 처리장이 원거리에 위치할 경우에 적환장을 설치한다.
③ 적환장은 수송차량에 싣는 방법에 따라서 직접투하식, 간접투하식으로 구별된다.
④ 적환장 설치장소는 쓰레기 발생지역의 무게 중심에 되도록 가까운 곳이 알맞다.

해설 적환장은 소형차량에서 대형차량으로 적재하는 방법에 따라서 직접투하방식, 저장투하방식, 직접 · 저장투하방식으로 구별된다.

11 물렁거리는 가벼운 물질로부터 딱딱한 물질을 선별하는데 사용하며 경사진 컨베이어를 통해 폐기물을 주입시켜 천천히 회전하는 드럼 위에 떨어뜨려서 분류하는 것은?

① Stoners　　　　② Jigs
③ Secators　　　　④ Table

해설 **스케터(Secators)**
경사진 컨베이어를 통해 폐기물을 주입시켜 천천히 회전하는 드럼 위에 떨어뜨려서 선별하는 장치이다. 물렁거리는 가벼운 물질(가볍고 탄력 없는 물질)로부터 딱딱한 물질(무겁고 탄력 있는 물질)을 선별하는 데 사용되며, 주로 퇴비 중의 유리조각을 추출할 때 이용되는 선별장치이다.

12 도시쓰레기 중 비가연성 부분이 중량비로 약 60%를 차지하였다. 밀도가 450kg/m³인 쓰레기 8m³가 있을 때 가연성 물질의 양(kg)은?

① 270　　② 1,440　　③ 2,160　　④ 3,600

해설 가연성물질의 양(kg)
＝쓰레기부피(m³)×밀도(kg/m³)×가연성물질의 함유비율
$= 8\text{m}^3 \times 450\text{kg/m}^3 \times \left(\dfrac{100-60}{100}\right) = 1,440\text{kg}$

13 퇴비화 과정의 초기단계에서 나타나는 미생물은?

① Bacillus sp.
② Streptomyces sp.
③ Asperqillus fumigatus
④ Fungi

해설 퇴비화 초기단계 전반기에는 진균(Fungi) 및 세균(Bacteria)이 주로 유기물을 분해하며 탄수화물, 지방, 아미노산 등으로 흡수된다.

14 철, 구리, 유리가 혼합된 폐기물로부터 3가지를 각각 따로 분리할 수 있는 방법은?

① 정전기 선별
② 전자석 선별
③ 광학 선별
④ 와전류 선별

해설 **와전류 선별법**
① 연속적으로 변화하는 자장 속에 비극성(비자성)이고 전기전도도가 우수한 물질(구리, 알루미늄, 아연 등)을 넣으면 금속 내에 소용돌이 전류가 발생하는 와전류현상에 의하여 반발력이 생기는데 이 반발력의 차를 이용하여 다른 물질로부터 분리하는 방법이다.
② 폐기물 중 철금속(Fe), 비철금속(Al, Cu), 유리병의 3종류를 각각 분리할 경우 와전류 선별법이 가장 적절하다.

15 고형물의 함량이 30%, 수분함량이 70%, 강열감량이 85%인 폐기물의 유기물 함량(%)은?

① 40
② 50
③ 60
④ 65

해설 유기물 함량$(\%) = \dfrac{\text{휘발성 고형물}}{\text{고형물}} \times 100$

$$\text{휘발성 고형물} = \text{강열감량} - \text{수분}$$
$$= 85 - 70 = 15\%$$
$$= \dfrac{15}{30} \times 100 = 50\%$$

16 쓰레기 발생량 조사방법이 아닌 것은?

① 적재차량 계수분석법
② 직접 계근법
③ 물질수지법
④ 경향법

해설 **쓰레기 발생량 조사방법**
① 적재차량 계수분석법
② 직접계근법
③ 물질수지법
④ 통계조사(표본조사, 전수조사)

17 건조된 쓰레기 성상분석 결과가 다음과 같을 때 생물분해성 분율(BF)은?(단, 휘발성 고형물량=80%, 휘발성 고형물 중 리그닌 함량=25%)

① 0.785
② 0.823
③ 0.915
④ 0.985

해설 생물분해성 분율$(BF) = 0.83 - (0.028 \times L_c)$
$$= 0.83 - (0.028 \times 0.25) = 0.823$$

18 MBT에 관한 설명으로 맞는 것은?

① 생물학적 처리가 가능한 유기성 폐기물이 적은 우리나라는 MBT 설치 및 운영이 적합하지 않다.
② MBT는 지정폐기물의 전처리 시스템으로서 폐기물 무해화에 효과적이다.
③ MBT는 주로 기계적 선별, 생물학적 처리 등을 통해 재활용 물질을 회수하는 시설이다.
④ MBT는 생활폐기물 소각 후 잔재물을 대상으로 재활용 물질을 회수하는 시설이다.

해설 **MBT(Mechanical Biological Treatment)의 특징**
① 주로 기계적 선별, 생물학적 처리 등을 통해 재활용 물질을 회수하는 시설이다.
② 생물학적 처리가 가능한 유기성 폐기물이 많은 우리나라는 MBT 설치 및 운영이 적합하다.
③ MBT는 생활폐기물 전처리 시스템으로서 재활용 가치가 있는 물질을 회수하는 시설이다.

19 국내에서 발생되는 사업장폐기물 및 지정폐기물의 특성에 대한 설명으로 가장 거리가 먼 것은?

① 사업장폐기물 중 가장 높은 증가율을 보이는 것은 폐유이다.
② 지정폐기물은 사업장폐기물의 한 종류이다.
③ 일반사업장폐기물 중 무기물류가 가장 많은 비중을 차지하고 있다.
④ 지정폐기물 중 그 배출량이 가장 많은 것은 폐산ㆍ폐알칼리이다.

해설 사업장폐기물 중 가장 높은 증가율을 보이는 것은 폐유기용제이다.

정답 **14** ④ **15** ② **16** ④ **17** ② **18** ③ **19** ①

20 하수처리장에서 발생되는 슬러지와 비교한 분뇨의 특성이 아닌 것은?

① 질소의 농도가 높음 ② 다량의 유기물을 포함
③ 염분농도가 높음 ④ 고액분리가 쉬움

해설 **분뇨의 특성**
① 유기물 함유도와 점도가 높아서 쉽게 고액분리되지 않는다. (다량유기물을 포함하여 고액분리 곤란)
② 토사 및 협잡물이 많고 분뇨 내 협잡물의 양과 질은 도시, 농촌, 공장지대 등 발생지역에 따라 그 차이가 크다.
③ 분뇨는 외관상 황색~다갈색이고 비중은 1.02 정도이며 악취를 유발한다.
④ 분뇨는 하수슬러지에 비해 질소의 농도가 높다.[NH_4HCO_3 및 $(NH_4)_2CO_3$ 형태로 존재]
⑤ 분뇨 중 질소산화물의 함유형태를 보면 분은 VS의 12~20% 정도이고 뇨는 VS의 80~90%이다. 즉, 질소화합물 함유도가 높다.
⑥ 협잡물의 함유율이 높고 염분의 농도도 비교적 높다.
⑦ 일반적으로 1인 1일 평균 100g의 분과 800g의 뇨를 배출한다.
⑧ 고형물 중 휘발성 고형물 농도가 높다.
⑨ COD 함량이 높고 BOD는 COD의 약 1/3 정도이다.

제2과목 폐기물처리기술

21 분진 제거를 위한 집진시설에 대한 설명으로 틀린 것은?

① 중력식 집진장치는 내부 가스유속을 5~10m/sec 정도로 유지하는 것이 바람직하다.
② 관성력식 집진장치는 10~100μm 이상의 분진을 50~70%까지 집진할 수 있다.
③ 여과식 집진장치는 운전비가 많이 들고 고온다습한 가스에는 부적합하다.
④ 전기식 집진장치는 집진효율이 좋으며, 고온(350℃)에서도 운전이 가능하다.

해설 중력집진장치는 내부 가스유속을 1~2m/sec 정도로 유지하는 것이 바람직하다.

22 매립가스 이용을 위한 정제기술 중 흡착법(PSA)의 장점으로 가장 거리가 먼 것은?

① 다양한 가스 조성에 적용이 가능함
② 고농도 CO_2 처리에 적합함

③ 대용량의 가스처리에 유리함
④ 공정수 및 폐수 발생이 없음

해설 **매립가스 정제기술 중 흡착법(PSA)의 특징**
① 다양한 가스 조성에 적용이 가능하다.
② 고농도 CO_2 처리에 적합하다.
③ 소용량의 가스 처리에 유리하다.
④ 공정수 및 폐수 발생이 없다.

23 합성차수막의 종류 중 PVC의 장점에 관한 설명으로 틀린 것은?

① 가격이 저렴하다.
② 접합이 용이하다.
③ 강도가 높다.
④ 대부분의 유기화학물질에 강하다.

해설 **합성차수막 종류 중 PVC**
① 장점
 ㉠ 작업이 용이함
 ㉡ 강도가 높음
 ㉢ 접합이 용이함
 ㉣ 가격이 저렴함
② 단점
 ㉠ 자외선, 오존, 기후에 약함
 ㉡ 대부분 유기화학물질(기름 등)에 약함

24 유기물($C_6H_{12}O_6$) 0.1ton을 혐기성 소화할 때 생성될 수 있는 최대 메탄의 양(kg)은?

① 12.5 ② 26.7
③ 37.3 ④ 42.9

해설 $C_6H_{12}O_6 \rightarrow 3CH_4 + 3CO_2$
180kg : (3×16)kg
100kg : CH_4(kg)
$CH_4(kg) = \dfrac{100kg \times (3\times16)kg}{180kg} = 26.67kg$

[Note]
혐기성 완전분해식
$$C_aH_bC_rN_d + \left(\frac{4a-b-2c+3d}{4}\right)H_2O$$
$$\rightarrow \left(\frac{4a+b-2c-3d}{8}\right)CH_4 + \left(\frac{4a-b+2c+3d}{8}\right)CO_2 + dNH_3$$

25 내륙매립방법인 셀(Cell) 공법에 관한 설명으로 옳지 않은 것은?

① 화재의 확산을 방지할 수 있다.
② 쓰레기 비탈면의 경사는 15~25%의 기울기로 하는 것이 좋다.
③ 1일 작업하는 셀 크기는 매립장 면적에 따라 결정된다.
④ 발생가스 및 매립층 내 수분의 이동이 억제된다.

해설 1일 작업하는 셀 크기는 매립처분량에 따라 결정된다.

26 VS 75%를 함유하는 슬러지고형물을 1ton/day로 받아들일 경우 소화조의 부하율(kg VS/m³ · day)은?(단, 슬러지의 소화용적 = 550m³, 비중 = 1.0)

① 1.26 ② 1.36
③ 1.46 ④ 1.56

해설 소화조부하율(kg VS/m³ · day)

$$= \frac{VS}{소화조\ 용적} = \frac{1,000kg/day \times 0.75VS}{550m^3}$$

$$= 1.36kg\ VS/m^3 \cdot day$$

27 매립지에서 폐기물의 생물학적 분해과정(5단계) 중 산 형성단계(제3단계)에 대한 설명으로 가장 거리가 먼 것은?

① 호기성 미생물에 의한 분해가 활발함
② 침출수의 pH가 5 이하로 감소함
③ 침출수의 BOD와 COD는 증가함
④ 매립가스의 메탄 구성비가 증가함

해설 산 형성단계(제3단계)에서는 혐기성 미생물에 의한 분해가 활발하다.

[Note]
① 1단계(호기성 단계 : 초기조절 단계)
② 2단계(혐기성 비메탄화 단계 : 전이 단계)
③ 3단계(혐기성 메탄생성 축적 단계 : 산형성 단계)
④ 4단계(혐기성 정상상태 단계 : 메탄발효 단계)
⑤ 5단계(숙성 단계)

28 도시쓰레기 위생 매립 시 고려하여야 할 사항으로 가장 거리가 먼 것은?

① 지반의 침하
② 침출수에 의한 지하수오염

③ CH₄ 가스 발생
④ CO₂ 가스 발생

해설 **위생매립(Sanitary Landfill)**
일반폐기물 매립에 가장 경제적이고 널리 이용되는 방법으로 (복토＋침출수처리)가 이루어지며 지반의 침하, 침출수에 의한 지하수 오염, CH₄ 가스 발생 등을 고려하여야 한다.

29 분뇨를 혐기성 소화법으로 처리하는 경우, 정상적인 작동 여부를 파악할 때 꼭 필요한 조사항목으로 가장 거리가 먼 것은?

① 분뇨의 투입량에 대한 발생 가스량
② 발생 가스 중 CH₄와 CO₂의 비
③ 슬러지 내의 유기산 농도
④ 투입 분뇨의 비중

해설 분뇨를 혐기성 소화법으로 처리 시 정상적인 작동 여부 확인 시 조사항목
① 소화가스량
② 소화가스 중 메탄과 이산화탄소의 함량(비)
③ 슬러지 내의 유기산 농도
④ 소화시간, 온도 및 체류시간
⑤ 휘발성 유기산, 알칼리도, pH

30 하수처리장에서 발생한 생슬러지 내 고형물은 유기물(VS) 85%, 무기물(FS) 15%로 되어 있으며, 이를 혐기소화조에서 처리하여 소화슬러지 내 고형물은 유기물(VS) 70%, 무기물(FS) 30%로 되었을 때 소화율(%)은?

① 45.8 ② 48.8
③ 54.8 ④ 58.8

해설 소화율(%) $= \left(1 - \frac{VS_2/FS_2}{VS_1/FS_1}\right) \times 100$

$$= \left(1 - \frac{0.7/0.3}{0.85/0.15}\right) \times 100 = 58.8\%$$

31 토양이 휘발성 유기물에 의해 오염되었을 경우 가장 적합한 공정은?

① 토양세척법 ② 토양증기추출법
③ 열탈착법 ④ 이온교환수지법

2019

정답 25 ③ 26 ② 27 ① 28 ④ 29 ④ 30 ④ 31 ②

토양증기추출법(SVE : Soil Vapor Extraction)
① 불포화 대수층에서 토양을 진공상태로 만들어 줌으로써 토양으로부터 휘발성, 준휘발성 오염물질을 제거하는 기술로 토양증기추출 시 공기는 지하수면 위에 주입되고, 배출정에서 휘발성 화합물질을 수집한다.
② 압력 및 농도구배를 형성하기 위하여 추출정을 굴착하여 진공상태로 만들어 줌으로써 토양 내의 휘발성 오염물질을 휘발·추출하는 원리의 기술이다.
③ 하나의 추출정의 영향 반경은 6~45m 정도이다.

32 유해폐기물의 고형화 방법 중 열가소성 플라스틱법에 관한 설명으로 옳지 않은 것은?
① 고온에서 분해되는 물질에는 사용할 수 없다.
② 용출손실률이 시멘트 기초법보다 낮다.
③ 혼합률(MR)이 비교적 낮다.
④ 고화처리된 폐기물 성분을 나중에 회수하여 재활용할 수 있다.

해설 **열가소성 플라스틱법(Thermoplastic Techniques)**
① 열(120~150℃)을 가했을 때 액체상태로 변화하는 열가소성 플라스틱을 폐기물과 혼합한 후 냉각화하여 고형화하는 방법이다.
② 장점
 ㉠ 용출 손실률이 시멘트기초법에 비하여 상당히 작다.
 ㉡ 고화 처리된 폐기물 성분을 회수하여 재활용이 가능하다.
 ㉢ 수용액의 침투에 저항성이 매우 크다.
③ 단점
 ㉠ 광범위하고 복잡한 장치로 인한 숙련된 기술이 필요하다.
 ㉡ 처리과정에서 화재의 위험성이 있다.
 ㉢ 고온에서 분해·반응되는 물질에는 적용하지 못한다.
 ㉣ 폐기물을 건조시켜야 하며 에너지 요구량이 크다.
 ㉤ 혼합률(MR)이 비교적 높다.

33 매립지에서 침출된 침출수 농도가 반으로 감소하는 데 약 3년이 걸린다면 이 침출수 농도가 90% 분해되는 데 걸리는 시간(년)은?
① 6　　② 8　　③ 10　　④ 12

해설 $\ln\left(\frac{C_t}{C_o}\right)=-kt$

$\ln 0.5 = -k\times 3,\ k=0.231\text{year}^{-1}$

$\ln\left(\frac{10}{100}\right)=-0.231\text{year}^{-1}\times t$

$t=9.97\text{year}$

34 차수설비는 표면차수막과 연직차수막으로 구분되는데 연직차수막에 대한 일반적인 내용으로 가장 거리가 먼 것은?
① 지중에 수평방향의 차수층이 존재하는 경우에 작용한다.
② 지하수 집배수시설이 필요하다.
③ 지하에 매설하기 때문에 차수성 확인이 어렵다.
④ 차수막 단위면적당 공사비가 비싸지만 총공사비는 싸다.

해설 **연직차수막**
① 적용조건 : 지중에 수평방향의 차수층이 존재할 때 사용
② 시공 : 수직 또는 경사시공
③ 지하수 집배수시설 : 불필요
④ 차수성 확인 : 지하매설로서 차수성 확인이 어려움
⑤ 경제성 : 단위면적당 공사비는 많이 소요되나 총 공사비는 적게 듦
⑥ 보수 : 지중이므로 보수가 어렵지만 차수막 보강시공이 가능
⑦ 공법 종류
 ㉠ 어스 댐 코어 공법
 ㉡ 강널말뚝(Sheet Pile) 공법
 ㉢ 그라우트 공법
 ㉣ 차수시트 매설 공법
 ㉤ 지중 연속벽 공법

35 고형물의 농도 10kg/m³, 함수율 98%, 유량 700m³/day인 슬러지를 고형물 농도 50kg/m³이고, 함수율 95%인 슬러지로 농축시키고자 하는 경우 농축조의 소요 단면적(m²)은?(단, 침강속도=10m/day)
① 51　　② 56　　③ 60　　④ 72

해설 농축 전 고형물의 양=농축 전 고형물 농도×유량
　　=10kg/m³×700m³/day=7,000kg/day
농축 후 유량=$\frac{\text{농축 전 고형물의 양}}{\text{농축 후 고형물 농도}}=\frac{7,000\text{kg/day}}{50\text{kg/m}^3}$
　　=140m³/day
농축조 소요단면적(m²)=$\frac{Q}{V}=\frac{(700-140)\text{m}^3/\text{day}}{10\text{m/day}}=56\text{m}^2$

36 슬러지 수분 결합상태 중 탈수하기 가장 어려운 형태는?

① 모관결합수　　　　② 간극모관결합수
③ 표면부착수　　　　④ 내부수

해설 슬러지 내 탈수성 용이 정도
모관결합수 > 간극모관결합수 > 쐐기상모관결합수 > 표면부착수 > 내부수

37 가연성 물질의 연소 시 연소효율은 완전연소량에 비하여 실제 연소되는 양의 백분율로 표시한다. 관계식을 옳게 나타낸 것은?(단, η_0=연소효율(%), Hl=저위발열량, Lc=미연소손실, Li=불완전연소손실)

① $\eta_0(\%) = \dfrac{H_l - (L_c + L_i)}{H_l} \times 100$

② $\eta_0(\%) = \dfrac{(L_c + L_i) - H_l}{H_l} \times 100$

③ $\eta_0(\%) = \dfrac{(L_c + L_i) - H_l}{(L_c + L_i)} \times 100$

④ $\eta_0(\%) = \dfrac{H_l - (L_c + L_i)}{(L_c + L_i)} \times 100$

해설 연소효율$(\eta) = \dfrac{H_l - (L_1 + L_2)}{H_l} \times 100(\%)$

여기서, H_l : 저위발열량(kcal/kg)
L_1 : 미연소손실(kcal/kg)
L_2 : 불완전연소손실(kcal/kg)

38 다음의 조건에서 침출수 통과 연수(년)는?(단, 점토층의 두께=1m, 유효공극률=0.40, 투수계수=10^{-7}cm/sec, 상부침출수 수두=0.4m)

① 약 7　　　　② 약 8
③ 약 9　　　　④ 약 10

해설 통과시간(year) $= \dfrac{d^2 \eta}{k(d+h)}$

$= \dfrac{(1.0\text{m})^2 \times 0.40}{10^{-7}\text{cm/sec} \times \text{m}/100\text{cm} \times (1.0 + 0.4)\text{m}}$

$= 285,714,285.7\text{sec} \times \text{year}/31,536,000\text{sec}$

$= 9.06\text{year}$

39 분뇨슬러지를 퇴비화할 때 고려하여야 할 사항이 아닌 것은?

① 자연상태에서 생화학적으로 안정되어야 함
② 병원균, 회충란 등의 유무는 무관함
③ 악취 등의 발생이 없어야 함
④ 취급이 용이한 상태이어야 함

해설 분뇨슬러지를 퇴비화할 때 병원균, 회충란 등의 유무와 관련이 있다. 즉 병원균, 회충란은 없어야 한다.

40 주유소에서 오염된 토양을 복원하기 위해 오염 정도 조사를 실시한 결과, 토양오염 부피는 5,000m³, BTEX는 평균 300mg/kg으로 나타났다. 이때 오염토양에 존재하는 BTEX의 총 함량(kg)은?(단, 토양의 Bulk Density = 1.9g/cm³)

① 2,650　　　　② 2,850
③ 3,050　　　　④ 3,250

해설 BTEX의 총 함량(kg) = 300mg/kg × 5,000m³ × 1.9g/cm³
　　　　× 10⁶cm³/m³ × kg/10³g × kg/10⁶mg
　　　　= 2,850kg

제3과목 **폐기물소각 및 열회수**

41 탄소(C) 10kg을 완전 연소시키는 데 필요한 이론적 산소량(Sm³)은?

① 약 7.8　　　　② 약 12.6
③ 약 15.5　　　　④ 약 18.7

해설 $C + O_2 \rightarrow CO_2$
12kg　:　22.4Sm³
10kg　:　O_o(Sm³)

O_o(이론산소량, Sm³) $= \dfrac{10\text{kg} \times 22.4\text{Sm}^3}{12\text{kg}} = 18.67\text{Sm}^3$

42 도시폐기물의 연속소각로 과잉공기비로 가장 적당한 것은?

① 0.1~1.0　　　　② 1.5~2.5
③ 5~10　　　　④ 25~35

해설 도시폐기물의 연속소각로 과잉공기비(m)는 1.5~2.5 정도가 가장 적당하다.

43 유동층 소각로의 Bad(층) 물질이 갖추어야 하는 조건으로 틀린 것은?

① 비중이 클 것
② 입도분포가 균일할 것
③ 불활성일 것
④ 열충격에 강하고 융점이 높을 것

해설 **유동층 매체의 구비조건**
① 불활성일 것
② 열충격에 강하고 융점이 높을 것
③ 내마모성일 것
④ 비중이 작을 것
⑤ 공급안정 및 가격이 저렴할 것
⑥ 입도 분포가 균일할 것

44 다음 조건과 같은 함유성분의 폐기물을 연소처리할 때 저위발열량(kcal/kg)은?(단, 수분 : 30%, 불활성분 : 14%, 탄소 : 20%, 수소 : 10%, 산소 : 24%, 유황 : 2%, Dulong 식 기준)

① 약 2,400
② 약 3,300
③ 약 4,200
④ 약 4,600

해설
$$H_h \text{(kcal/kg)} = (8,100 \times 0.2) + \left[34,000\left(0.1 - \frac{0.24}{8}\right)\right]$$
$$+ (2,500 \times 0.02)$$
$$= 4,050\text{kcal/kg}$$

$$H_l \text{(kcal/kg)} = Hh - 600(9H + W)$$
$$= 4,050 - 600[(9 \times 0.1) + 0.3]$$
$$= 3,330\text{kcal/kg}$$

45 배가스 세정 흡수탑의 조건에 관한 설명으로 가장 거리가 먼 것은?

① 흡수장치에 들어가는 가스의 온도는 일정하게 높게 유지시켜 주어야 한다.
② 세정액에 중화제액 혼입에 의한 화학반응 속도를 향상시킬 필요가 있다.
③ 세정액과 가스의 접촉면적을 크게 잡고 교란에 의한 기체/액체 접촉을 높여야 한다.
④ 비교적 물에 대한 용해도가 낮은 CO, NO, H_2S 등의 흡수 평행조건은 헨리의 법칙을 따른다.

해설 흡수장치에 들어가는 가스의 온도는 낮고 일정하게 유지시켜 주어야 한다.

46 스토커식 소각로에 있어서 여러 개의 부채형 화격자를 노폭 방향으로 조합하고, 한 조의 화격자를 형성하여 편심 캠에 의한 역주행 Grate로 되어 있는 연소장치의 종류는?

① 반전식(Traveling back Stoker)
② 계단식(Multistepped pushing grate Stoker)
③ 병렬계단식(Rows forced feed grate Stoker)
④ 역동식(Pushing back grate Stoker)

해설 **부채형 반전식 화격자**
① 교반력이 커서 저질쓰레기의 소각에 적당하며 부채형 화격자의 90° 왕복운동에 의해 폐기물을 이송시킨다.
② 여러 개의 부채형 화격자를 노폭방향으로 병렬로 조합하고, 한 조의 화격자를 형성하여 편심캠에 의한 역주행 Grate로 되어 있다.

47 밀도가 600kg/m³인 도시쓰레기 100ton을 소각시킨 결과 밀도가 1,200kg/m³인 재 10ton이 남았다. 이 경우 부피 감소율과 무게 감소율에 관한 설명으로 옳은 것은?

① 부피 감소율이 무게 감소율보다 크다.
② 무게 감소율이 부피 감소율보다 크다.
③ 부피 감소율과 무게 감소율은 동일하다.
④ 주어진 조건만으로는 알 수 없다.

해설 부피감소율(VR)
$$VR = \left(1 - \frac{V_f}{V_i}\right) \times 100(\%)$$
$$V_i = \frac{100\text{ton} \times 1,000\text{kg/ton}}{600\text{kg/m}^3} = 166.67\text{m}^3$$
$$V_f = \frac{10\text{ton} \times 1,000\text{kg/ton}}{1,200\text{kg/m}^3} = 8.33\text{m}^3$$
$$= \left(1 - \frac{8.33}{166.67}\right) \times 100 = 95\%$$

무게감소율(WR)
$$WR = \left(1 - \frac{W_f}{W_i}\right) \times 100(\%) = \left(1 - \frac{10}{100}\right) \times 100 = 90\%$$

48 폐기물의 연소실에 관한 설명으로 적절치 않은 것은?

① 연소실은 폐기물을 건조, 휘발, 점화시켜 연소시키는 1차 연소실과 여기서 미연소될 것을 연소시키는 2차 연소실로 구성된다.
② 연소실의 온도는 1,500~2,000℃ 정도이다.

③ 연소실의 크기는 주입폐기물의 무게(ton)당 $0.4\sim0.6m^3$/day로 설계되고 있다.

④ 연소로의 모형은 직사각형, 수직원통형, 혼합형, 로터리킬른형 등이 있다.

📝 폐기물 연소실의 연소온도는 800~1,000℃ 정도이다.

49 유동층 소각로 특성에 대한 설명으로 옳지 않은 것은?

① 미연소분 배출이 많아 2차 연소실이 필요하다.

② 반응시간이 빨라 소각시간이 짧다.

③ 기계적 구동부분이 상대적으로 적어 고장률이 낮다.

④ 소량의 과잉공기량으로도 연소가 가능하다.

📝 유동층 소각로는 연소효율이 높아 미연소분이 적고 2차 연소실이 불필요하다.

50 소각로 본체 내부는 내화벽돌로 구성되어 있다. 내부에서 차례로 두께가 114, 65, 230mm이고 또 k의 값은 0.104, 0.0595, 1.04kcal/m · hr · ℃이다. 내부온도 900℃, 외벽온도 40℃일 경우 단위면적당 전체 열저항 $(m^2 \cdot hr \cdot ℃/kcal)$은?

① 1.42　　② 1.52　　③ 2.42　　④ 2.52

📝 단위면적당 전체 열저항$(m^2 \cdot hr \cdot ℃/kcal)$

$$= \sum \frac{두께}{상수(k)}$$

$$= \frac{0.114m}{0.104kcal/m^2 \cdot hr \cdot ℃} + \frac{0.065m}{0.0595kcal/m^2 \cdot hr \cdot ℃}$$

$$+ \frac{0.23m}{1.04kcal/m^2 \cdot hr \cdot ℃} = 2.41m^2 \cdot hr \cdot ℃/kcal$$

51 소각로 설계에 필요한 쓰레기의 발열량 분석방법이 아닌 것은?

① 단열 열량계에 의한 방법

② 원소분석에 의한 방법

③ 추정식에 의한 방법

④ 상온상태하의 수분증발 잠열에 의한 방법

📝 **발열량 분석방법**
① 단열 열량계에 의한 측정방법
② 원소분석에 의한 방법
③ 3성분 추정식에 의한 방법
④ 물리적 조성 분석치에 의한 방법

52 탄소 및 수소의 중량조성이 각각 80%, 20%인 액체연료를 매 시간 200kg씩 연소시켜 배기가스의 조성을 분석한 결과 CO_2 12.5%, O_2 3.5%, N_2 84%였다. 이 경우 시간당 필요한 공기량(Sm^3)은?

① 약 3,450　　　② 약 2,950

③ 약 2,450　　　④ 약 1,950

📝 $A = m \times A_o$

$$m = \frac{N_2}{N_2 - 3.76O_2} = \frac{84}{84 - (3.76 \times 3.5)} = 1.186$$

$$A_o = \frac{1}{0.21}[(1.867 \times 0.8) + (5.6 \times 0.2)] = 12.45 Sm^3/kg$$

$$= 1.186 \times 12.45 Sm^3/kg \times 200kg/hr$$

$$= 2,953.14 Sm^3/hr$$

53 연소기 내에 단회로(Short - Circuit)가 형성되면 불완전 연소된 가스가 외부로 배출된다. 이를 방지하기 위한 대책으로 가장 적절한 것은?

① 보조버너를 가동시켜 연소온도를 증대시킨다.

② 2차연소실에서 체류시간을 늘린다.

③ Grate의 간격을 줄인다.

④ Baffle을 설치한다.

📝 단회로 현상은 어느 한 부분이 다른 부분에 비해 빠른 속도로 운동하는 것으로 Baffle을 설치하여 대책을 세운다.

54 황화수소 $1Sm^3$의 이론연소공기량(Sm^3)은?

① 7.1　　② 8.1　　③ 9.1　　④ 10.1

📝 완전연소반응식

$$2H_2S + 3O_2 \longrightarrow 2H_2O + 2SO_2$$

$$2 \times 22.4Sm^3 \; : \; 3 \times 22.4Sm^3$$

$$1Sm^3 \quad : \quad O_o(Sm^3)$$

$$O_o(Sm^3) = \frac{1Sm^3 \times (3 \times 22.4)Sm^3}{2 \times 22.4Sm^3} Sm^3 = 1.5Sm^3$$

$$이론공기량(A_o) = \frac{1.5Sm^3}{0.21} = 7.14Sm^3$$

55 화격자 연소 중 상부투입 연소에 대한 설명으로 잘못된 것은?

① 공급연기는 우선 재층을 통과한다.

② 연료와 공기의 흐름이 반대이다.

2019

③ 하부투입 연소보다 높은 연소온도를 얻는다.

④ 착화면 이동방향과 공기의 흐름방향이 반대이다.

해설 상부투입연소는 착화면의 이동방향과 공기의 흐름이 같다.

56 소각공정에서 발생하는 다이옥신에 관한 설명으로 가장 거리가 먼 것은?

① 쓰레기 중 PVC 또는 플라스틱류 등을 포함하고 있는 합성물질을 연소시킬 때 발생한다.

② 연소 시 발생하는 미연분의 양과 비산재의 양을 줄여 다이옥신을 저감할 수 있다.

③ 다이옥신 재형성 온도구역을 최대화하여 재합성 양을 줄일 수 있다.

④ 활성탄과 백필터를 적용하여 다이옥신을 제거하는 설비가 많이 이용된다.

해설 다이옥신 재형성 온도구역을 최소화하여 재합성 양을 줄일 수 있다.

57 오리피스 구멍에서 유량과 유압의 관계로 옳은 것은?

① 유량은 유압에 정비례한다.

② 유량은 유압의 세제곱근에 비례한다.

③ 유량은 유압의 제곱근에 비례한다.

④ 유량은 유압의 제곱에 비례한다.

해설 오리피스 유량$(Q) = \dfrac{2}{d^2}\sqrt{P}$

여기서, d : 오리피스 지름

P : 유압

58 소각로의 연소온도에 관한 설명으로 가장 거리가 먼 것은?

① 연소온도가 너무 높아지면 NOx 또는 SOx가 생성된다.

② 연소온도가 낮게 되면 불완전연소로 HC 또는 CO 등이 생성된다.

③ 연소온도는 600~1,000℃ 정도이다.

④ 연소실에서 굴뚝으로 유입되는 온도는 700~800℃ 정도이다.

해설 연소실에서 굴뚝으로 유입되는 온도는 250~300℃ 정도이다.

59 소각로로부터 폐열을 회수하는 경우의 장점에 해당되지 않는 것은?

① 열회수로 연소가스의 온도와 부피를 줄일 수 있다.

② 과잉 공기량이 비교적 적게 요구된다.

③ 소각로의 연소실 크기가 비교적 크지 않다.

④ 조작이 간단하며 수증기 생산설비가 필요 없다.

해설 소각로로부터 폐열을 회수하는 경우 조작이 복잡하며 수증기 생산설비가 필요하다.

60 소각로의 연소효율을 증대시키는 방법이 아닌 것은?

① 적절한 연소시간

② 적절한 온도 유지

③ 적절한 공기공급과 연료비

④ 연소조건은 층류

해설 **연소효율 증대방법**

① 온도(Temperature)

② 체류시간(Time)

③ 혼합(적절한 공기공급과 연료비 : Turbulence)

제4과목 폐기물공정시험기준(방법)

61 다음에 설명한 시료 축소방법은?

> ㉠ 모아진 대시료를 네모꼴로 엷게 균일한 두께로 편다.
> ㉡ 이것을 가로 4등분, 세로 5등분하여 20개의 덩어리로 나눈다.
> ㉢ 20개의 각 부분에서 균등량씩 취하여 혼합하여 하나의 시료로 한다.

① 구획법

② 등분법

③ 균등법

④ 분할법

해설 **구획법**

① 모아진 대시료를 네모꼴로 엷게 균일한 두께로 편다.

② 이것을 가로 4등분, 세로 5등분하여 20개의 덩어리로 나눈다.

③ 20개의 각 부분에서 균등량을 취한 후 혼합하여 하나의 시료로 만든다.

①   ②   ③

62 폐기물공정시험기준의 용어 정의로 틀린 것은?

① 시험조작 중 '즉시'란 30초 이내에 표시된 조작을 하는 것을 뜻한다.
② 감압 또는 진공이라 함은 따로 규정이 없는 한 15mmHg 이하를 말한다.
③ '항량으로 될 때까지 건조한다'라 함은 같은 조건에서 1시간 더 건조할 때 전후 무게의 차가 g당 0.1mg 이하일 때를 말한다.
④ '비함침성 고상폐기물'이라 함은 금속판, 구리선 등 기름을 흡수하지 않는 평면 또는 비평면 형태의 변압기 내부부재를 말한다.

해설 '항량으로 될 때까지 건조한다.'라 함은 같은 조건에서 1시간 더 건조할 때 전후 무게의 차가 g당 0.3mg 이하일 때를 말한다.

63 pH가 각각 10과 12인 폐액을 동일 부피로 혼합하면 pH는?

① 10.3 ② 10.7 ③ 11.3 ④ 11.7

해설
$pH = 14 - pOH$

$[OH^-] = \dfrac{(1 \times 10^{-4}) + (1 \times 10^{-2})}{1+1} = 0.00505$

$pOH = \log \dfrac{1}{[OH^-]} = \log \dfrac{1}{0.00505} = 2.3$

$pH = 14 - 2.3 = 11.7$

64 수소이온농도(유리전극법) 측정을 위한 표준용액 중 가장 강한 산성을 나타내는 것은?

① 수산염 표준액 ② 인산염 표준액
③ 붕산염 표준액 ④ 탄산염 표준액

해설 0℃에서 표준액의 pH 값
① 수산염 표준액 : 1.67   ② 프탈산염 표준액 : 4.01
③ 인산염 표준액 : 6.98   ④ 붕산염 표준액 : 9.46
⑤ 탄산염 표준액 : 10.32 ⑥ 수산화칼슘 표준액 : 13.43

65 자외선/가시선분광법과 원자흡수분광광도법의 두 가지 시험방법으로 모두 분석할 수 있는 항목은?(단, 폐기물공정시험기준에 준함)

① 시안
② 수은
③ 유기인
④ 폴리클로리네이티드비페닐

해설 수은에 적용 가능한 시험방법
① 원자흡수분광광도법(환원기화법)
② 자외선/가시선분광법(디티존법)

66 원자흡수분광광도법에 의한 분석 시 일반적으로 일어나는 간섭과 가장 거리가 먼 것은?

① 장치나 불꽃의 성질에 기인하는 분광학적 간섭
② 시료용액의 점성이나 표면장력 등에 의한 물리적 간섭
③ 시료 중에 포함된 유기물 함량, 성분 등에 의한 유기적 간섭
④ 불꽃 중에서 원자가 이온화하거나 공존물질과 작용하여 해리하기 어려운 화합물을 생성, 기저상태 원자 수가 감소되는 것과 같은 화학적 간섭

해설 원자흡광광도법에서 일어나는 간섭
① 분광학적 간섭
② 물리적 간섭
③ 화학적 간섭

67 시료 중 수분 함량 및 고형물 함량을 정량한 결과가 다음과 같다면 고형물 함량(%)은?(단, 증발접시의 무게(W_1) = 245g, 건조 전의 증발접시와 시료의 무게(W_2 = 260g), 건조 후의 증발접시와 시료의 무게(W_3) = 250g)

① 약 21 ② 약 24 ③ 약 28 ④ 약 33

해설
고형물 함량(%) $= \dfrac{W_3 - W_1}{W_2 - W_1} \times 100$

$= \dfrac{250 - 245}{260 - 245} \times 100 = 33.33\%$

[Note] 다른 풀이
수분함량(%) $= \left(\dfrac{W_2 - W_3}{W_2 - W_1} \right) \times 100 = \left(\dfrac{260 - 250}{260 - 245} \right) \times 100$
$= 66.67\%$
고형물함량(%) $= 100 - $ 수분함량 $= 100 - 66.67 = 33.33\%$

68 기름 성분을 중량법으로 측정할 때 정량한계 기준은?

① 0.1% 이하 ② 1.0% 이하
③ 3.0% 이하 ④ 5.0% 이하

해설 기름성분 – 중량법
정량한계 : 0.1% 이하(정량범위 5~200mg, 표준편차율 5~20%)

정답 62 ③ 63 ④ 64 ① 65 ② 66 ③ 67 ④ 68 ①

69 운반가스로 순도 99.99% 이상의 질소 또는 헬륨을 사용하여야 하는 기체크로마토그래피의 검출기는?

① 열전도도형 검출기 ② 알칼리열이온화 검출기
③ 염광광도형 검출기 ④ 전자포획형 검출기

해설 전자포획형 검출기(ECD)는 운반가스로 순도 99.99% 이상의 질소 또는 헬륨을 사용한다.

70 시료의 용출시험방법에 관한 설명으로 ( )에 옳은 것은?(단, 상온·상압 기준)

> 용출조작은 진폭이 4~5cm인 진탕기로 (㉠)회/min로 (㉡)시간 연속 진탕한다.

① ㉠ 200 ㉡ 6 ② ㉠ 200 ㉡ 8
③ ㉠ 300 ㉡ 6 ④ ㉠ 300 ㉡ 8

해설 **용출시험방법(용출조작)**
① 진탕 : 혼합액을 상온·상압에서 진탕 횟수가 매분당 약 200회, 진폭이 4~5cm인 진탕기를 사용하여 6시간 연속 진탕
⇩
② 여과 : 1.0μm의 유리섬유여과지로 여과
⇩
③ 여과액을 적당량 취하여 용출실험용 시료용액으로 함

71 폐기물 시료 20g에 고형물 함량이 1.2g이었다면 다음 중 어떤 폐기물에 속하는가?(단, 폐기물의 비중=1.0)

① 액상폐기물 ② 반액상폐기물
③ 반고상폐기물 ④ 고상폐기물

해설 고형물 함량 $= \dfrac{1.2}{20} \times 100 = 6\%$
고형물의 함량이 5% 이상 15% 미만인 경우이므로 반고상폐기물에 속한다.

72 다음은 자외선/가시선 분광법으로 비소를 측정하는 방법이다. ( )에 옳은 것은?

> 시료 중의 비소를 3가비소로 환원시킨 다음 ( )을 넣어 발생되는 비화수소를 다이에틸다이티오카르바민산의 피리딘용액에 흡수시켜 이때 나타나는 적자색의 흡광도를 측정한다.

① 과망간산칼륨 용액 ② 과산화수소수 용액
③ 요오드 ④ 아연

해설 **비소 - 지외선/가시선 분광법**
시료 중의 비소를 3가 비소로 환원시킨 다음 아연을 넣어 발생되는 비화수소를 다이에틸다이티오카르바민산은의 피리딘 용액에 흡수시켜 이때 나타나는 적자색의 흡광도를 530nm에서 측정하는 방법

73 자외선/가시선 분광광도계의 광원에 관한 설명으로 ( )에 알맞은 것은?

> 광분원의 광원으로 가시부와 근적외부의 광원으로는 주로 (㉠)를 사용하고 자외부의 광원으로는 주로 (㉡)을 사용한다.

① ㉠ 텅스텐 램프 ㉡ 중수소 방전관
② ㉠ 중수소 방전관 ㉡ 텅스텐 램프
③ ㉠ 할로겐 램프 ㉡ 헬륨 방전관
④ ㉠ 헬륨 방전관 ㉡ 할로겐 램프

해설 **자외선/가시선 분광광도계 광원부의 광원**
① 가시부, 근적외부 : 텅스텐 램프
② 자외부 : 중수소 방전관

74 용출시험 대상의 시료용액 조제에 있어서 사용하는 용매의 pH 범위는?

① 4.8~5.3 ② 5.8~6.3
③ 6.8~7.3 ④ 7.8~8.3

해설 **용출시험 시료용액 조제**
① 시료의 조제 방법에 따라 조제한 시료 100g 이상을 정확히 단다.
⇩
② 용매 : 정제수에 염산을 넣어 pH를 5.8~6.3으로 한다.
⇩
③ 시료 : 용매=1 : 10(w/v)의 비로 2,000mL 삼각 플라스크에 넣어 혼합한다.

75 반고상폐기물이라 함은 고형물의 함량이 몇 %인 것을 말하는가?

① 5% 이상 10% 미만 ② 5% 이상 15% 미만
③ 5% 이상 20% 미만 ④ 5% 이상 25% 미만

해설 ① 액상폐기물 : 고형물의 함량이 5% 미만
② 반고상폐기물 : 고형물의 함량이 5% 이상 15% 미만
③ 고상폐기물 : 고형물의 함량이 15% 이상

정답 69 ④ 70 ① 71 ③ 72 ④ 73 ① 74 ② 75 ②

76 용출액 중의 PCBs 시험방법(기체크로마토그래피법)을 설명한 것으로 틀린 것은?

① 용출액 중의 PCBs를 헥산으로 추출한다.
② 전자포획형 검출기(ECD)를 사용한다.
③ 정제는 활성탄컬럼을 사용한다.
④ 용출용액의 정량한계는 0.0005mg/L이다.

시료 중의 폴리클로리네이티드비페닐(PCBs)을 헥산으로 추출하여 실리카겔 컬럼 등을 통과시켜 정제한다.

77 폐기물 소각시설의 소각재 시료채취에 관한 내용 중 회분식 연소방식의 소각재 반출 설비에서의 시료채취 내용으로 옳은 것은?

① 하루 동안의 운행시간에 따라 매시간마다 2회 이상 채취하는 것을 원칙으로 한다.
② 하루 동안의 운행시간에 따라 매시간마다 3회 이상 채취하는 것을 원칙으로 한다.
③ 하루 동안의 운전횟수에 따라 매 운전 시마다 2회 이상 채취하는 것을 원칙으로 한다.
④ 하루 동안의 운전횟수에 따라 매 운전 시마다 3회 이상 채취하는 것을 원칙으로 한다.

회분식 연소방식의 소각재 반출설비에서 시료채취
① 하루 동안의 운전횟수에 따라 매 운전 시마다 2회 이상 채취
② 시료의 양은 1회에 500g 이상

78 다음 중 HCl의 농도가 가장 높은 것은?(단, HCl 용액의 비중=1.18)

① 14W/W%
② 15W/V%
③ 155g/L
④ 1.3×10^5ppm

① 14W/W%
② $15\text{W/V}\% = \dfrac{15}{1.18}\text{W/W}\% = 12.71\text{W/W}\%$
③ $155\text{g/L} \times 10^3\text{mg/g} = 155 \times 10^3\text{mg/L(ppm)} = 15.5\text{W/V}\%$
$= \dfrac{15.5\text{W/V}\%}{1.18} = 13.14\text{W/W}\%$
④ $1.3 \times 10^5\text{ppm} \times \dfrac{\%}{10,000\text{ppm}} = 13\%$

79 수소이온농도를 유리전극법으로 측정할 때 적용범위 및 간섭물질에 관한 설명으로 옳지 않은 것은?

① 적용범위 : 시험기준으로 pH를 0.01까지 측정한다.
② pH 10 이상에서 나트륨에 의해 오차가 발생할 수 있는데 이는 '낮은 나트륨 오차 전극'을 사용하여 줄일 수 있다.
③ 유리전극은 일반적으로 용액의 색도, 탁도에 영향을 받지 않는다.
④ 유리전극은 산화 및 환원성 물질이나 염도에는 간섭을 받는다.

유리전극은 용액의 색도, 탁도, 콜로이드성 물질들, 산화 및 환원성 물질들, 염도에 의해 간섭을 받지 않는다.

80 정도관리 요소 중 다음이 설명하고 있는 것은?

동일한 매질의 인증시료를 확보할 수 있는 경우에는 표준절차서에 따라 인증표준 물질을 분석한 결과값과 인증값과의 상대백분율로 구한다.

① 정확도
② 정밀도
③ 검출한계
④ 정량한계

정확도 $= \dfrac{\text{인증표준물질을 분석한 결과값}}{\text{인증표준물질을 분석한 인증값}} \times 100$

제5과목 **폐기물관계법규**

81 사업장폐기물 배출자는 사업장폐기물의 종류와 발생량 등을 환경부령으로 정하는 바에 따라 신고하여야 한다. 이를 위반하여 신고를 하지 아니하거나 거짓으로 신고를 한 자에 대한 과태료 처분기준은?

① 200만 원 이하
② 300만 원 이하
③ 500만 원 이하
④ 1천 만 원 이하

폐기물관리법 제68조 참조

82 폐기물처리시설의 사용개시 신고 시에 첨부하여야 하는 서류는?

① 해당 시설의 유지관리계획서
② 폐기물의 처리계획서
③ 예상배출내역서
④ 처리 후 발생되는 폐기물의 처리계획서

해설 **폐기물처리시설의 사용개시 신고 시 첨부서류**
① 해당 시설의 유지관리계획서
② 다음 각 목의 어느 하나에 해당하는 시설의 경우에는 제3항에 따른 검사기관에서 발행한 그 시설의 검사결과서
  ㉠ 소각시설(법 제29조 제2항 제1호에 따른 시설은 제외한다.)
  ㉡ 매립시설
  ㉢ 멸균분쇄시설에 해당하는 시설로서 의료폐기물을 대상으로 하는 시설을 포함한다. 이하 이 조에서 같다.
  ㉣ 음식물류 폐기물을 처리하는 시설로서 1일 처리능력 100 킬로그램 이상인 시설(이하 "음식물류 폐기물 처리시설"이라 한다). 다만, 1일 재활용능력이 100킬로그램 이상 200킬로그램 미만인 음식물류 폐기물 소멸화 시설은 2015년 7월 1일부터 2017년 6월 30일까지 제외한다.
  ㉤ 시멘트 소성로(폐기물을 연료로 사용하는 경우로 한정한다.)
  ㉥ 소각열회수시설

83 매립시설의 사후관리이행보증금의 산출기준 항목으로 틀린 것은?

① 침출수 처리시설의 가동 및 유지·관리에 드는 비용
② 매립시설 제방 등의 유실 방지에 드는 비용
③ 매립시설 주변의 환경오염조사에 드는 비용
④ 매립시설에 대한 민원 처리에 드는 비용

해설 **사후관리에 드는 비용(사후관리이행보증금의 산출기준)**
① 침출수 처리시설의 가동과 유지·관리에 드는 비용
② 매립시설 제방, 매립가스 처리시설, 지하수 검사정(檢査井) 등의 유지·관리에 드는 비용
③ 매립시설 주변의 환경오염조사에 드는 비용
④ 정기검사에 드는 비용

84 음식물류 폐기물 발생억제 계획의 수립주기는?

① 1년   ② 2년
③ 3년   ④ 5년

해설 음식물류 폐기물 발생억제 계획의 수립주기는 5년으로 하되, 그 계획에는 연도별 세부추진계획을 포함하여야 한다.

85 사후관리이행보증금의 사전 적립에 관한 설명으로 ( )에 알맞은 것은?

> 사후관리이행보증금의 사전적립 대상이 되는 폐기물을 매립하는 시설은 면적이 (㉠)인 시설로 한다. 이에 따른 매립시설의 설치자는 그 시설의 사용을 시작한 날부터 (㉡)에 환경부령으로 정하는 바에 따라 사전적립금 적립계획서를 환경부장관에게 제출하여야 한다.

① ㉠ 1만 제곱미터 이상, ㉡ 1개월 이내
② ㉠ 1만 제곱미터 이상, ㉡ 15일 이내
③ ㉠ 3천 300제곱미터 이상, ㉡ 1개월 이내
④ ㉠ 3천 300제곱미터 이상, ㉡ 15일 이내

해설 **사후관리이행보증금의 사전 적립**
① 사후관리이행보증금의 사전 적립 대상이 되는 폐기물을 매립하는 시설은 면적이 3천 300제곱미터 이상인 시설로 한다.
② 매립시설의 설치자는 폐기물처리업의 허가·변경허가 또는 폐기물처리시설의 설치 승인·변경승인을 받아 그 시설의 사용을 시작한 날부터 1개월 이내에 환경부령으로 정하는 바에 따라 사전적립금 적립계획서에 관련 서류를 첨부하여 환경부장관에게 제출하여야 한다.

86 지정폐기물을 배출하는 사업자가 지정폐기물을 처리하기 전에 환경부장관에게 제출하여야 하는 서류가 아닌 것은?

① 폐기물 감량화 및 재활용 계획서
② 수탁처리자의 수탁확인서
③ 폐기물 전문분석기관의 폐기물 분석결과서
④ 폐기물처리계획서

해설 **지정폐기물 처리계획 확인(사전 제출서류)**
① 수탁처리자의 수탁확인서
② 폐기물전문분석기관의 폐기물분석결과서
③ 폐기물처리계획서
④ 처리업자의 허가증사본

87 폐기물처리업의 변경허가를 받아야 하는 중요사항으로 틀린 것은?(단, 폐기물 중간처분업, 폐기물 최종처분업 및 폐기물 종합처분업인 경우)

① 주차장 소재지의 변경
② 운반차량(임시차량은 제외한다.)의 증차
③ 처분대상 폐기물의 변경
④ 폐기물 처분시설의 신설

💬 **폐기물처리업의 변경허가를 받아야 할 중요사항**

폐기물 중간처분업, 폐기물 최종처분업 및 폐기물 종합처분업
① 처분 대상 폐기물의 변경
② 폐기물 처분시설 소재지의 변경
③ 운반차량(임시차량은 제외한다.)의 증차
④ 폐기물 처분시설의 신설
⑤ 처분용량의 100분의 30 이상의 변경(허가 또는 변경허가를 받은 후 변경되는 누계를 말한다.)
⑥ 주요 설비의 변경(다만 다음 ㉠부터 ㉣까지의 경우만 해당한다.)
  ㉠ 폐기물 처분시설의 구조 변경으로 인하여 별표 9 제1호 나목 2) 가)의 (1)·(2), 나)의 (1)·(2), 다)의 (2)·(3), 라)의 (1)·(2)의 기준이 변경되는 경우
  ㉡ 차수시설·침출수 처리시설이 변경되는 경우
  ㉢ 별표 9 제2호 나목 2) 바)에 따른 가스처리시설 또는 가스 활용시설이 설치되거나 변경되는 경우
  ㉣ 배출시설의 변경허가 또는 변경신고의 대상이 되는 경우
⑦ 매립시설 제방의 증·개축
⑧ 허용보관량의 변경

88 폐기물처리담당자가 받아야 할 교육과정이 아닌 것은?

① 폐기물처리 신고자 과정
② 폐기물 재활용 신고자 과정
③ 폐기물처리업 기술요원 과정
④ 폐기물 재활용시설 기술담당자 과정

💬 **폐기물처리담당자 이수 교육과정**
① 사업장폐기물 배출자 과정
② 폐기물처리업 기술요원 과정
③ 폐기물처리 신고자 과정
④ 폐기물처분시설 또는 재활용시설 기술담당자 과정
⑤ 폐기물분석전문기관 기술요원과정
⑥ 재활용환경성평가기관 기술인력과정

89 폐기물처리시설 중 기계적 재활용시설이 아닌 것은?

① 연료화 시설
② 탈수·건조 시설
③ 응집·침전 시설
④ 증발·농축 시설

💬 **폐기물처리시설의 종류 : 재활용시설**
① 기계적 재활용시설
  ㉠ 압축·압출·성형·주조시설(동력 7.5kW 이상인 시설로 한정한다.)
  ㉡ 파쇄·분쇄·탈피시설(동력 15kW 이상인 시설로 한정한다.)
  ㉢ 절단시설(동력 15kW 이상인 시설로 한정한다.)
  ㉣ 용융·용해시설(동력 7.5kW 이상인 시설로 한정한다.)

  ㉤ 연료화시설
  ㉥ 증발·농축시설
  ㉦ 정제시설(분리·증류·추출·여과 등의 시설을 이용하여 폐기물을 재활용하는 단위시설을 포함한다.)
  ㉧ 유수 분리시설
  ㉨ 탈수·건조시설
  ㉩ 세척시설(철도용 폐목재 받침목을 재활용하는 경우로 한정한다.)
② 화학적 재활용시설
  ㉠ 고형화·고화시설
  ㉡ 반응시설(중화·산화·환원·중합·축합·치환 등의 화학반응을 이용하여 폐기물을 재활용하는 단위시설을 포함한다.)
  ㉢ 응집·침전시설
③ 생물학적 재활용시설
  ㉠ 사료화·퇴비화(지렁이 분변토 생산시설 및 생석회 처리시설을 포함한다)·소멸화·부숙토 생산시설(1일 재활용능력 100킬로그램 이상인 시설로 한정하며, 건조에 의한 사료화·퇴비화시설을 포함한다.)
  ㉡ 호기성·혐기성 분해시설
  ㉢ 버섯재배시설

2019

90 폐기물처리업의 시설·장비·기술능력의 기준 중 폐기물 수집·운반업(지정 폐기물 중 의료폐기물을 수집·운반하는 경우) 장비 기준으로 (   )에 옳은 것은?

> 적재능력 (㉠) 이상의 냉장차량(섭씨 4도 이하인 것을 말한다.) (㉡) 이상

① ㉠ 0.25톤 ㉡ 5대　　② ㉠ 0.25톤 ㉡ 3대
③ ㉠ 0.45톤 ㉡ 5대　　④ ㉠ 0.45톤 ㉡ 3대

💬 **지정폐기물 중 의료폐기물을 수집·운반하는 경우 기준**
① 장비
  ㉠ 적재능력 0.45톤 이상의 냉장차량(섭씨 4도 이하인 것을 말한다. 이하 같다) 3대 이상
  ㉡ 약물소독장비 1식 이상
② 주차장 : 모든 차량을 주차할 수 있는 규모
③ 연락장소 또는 사무실

91 폐기물관리법에서 사용하는 용어 설명으로 틀린 것은?

① 지정폐기물이란 사업장폐기물 중 폐유·폐산 등 주변 환경을 오염시킬 수 있거나 유해폐기물 등 인체에 위해를 줄 수 있는 해로운 물질로서 환경부령으로 정하는 폐기물을 말한다.

② 의료폐기물이란 보건·의료기관, 동물병원, 시험·검사기관 등에서 배출되는 폐기물 중 인체에 감염 등 위해를 줄 우려가 있는 폐기물과 인체조직 등 적출물, 실험동물의 사체 등 보건·환경보호상 특별한 관리가 필요하다고 인정되는 폐기물로서 대통령령으로 정하는 폐기물을 말한다.

③ 처리란 폐기물의 수집, 운반, 보관, 재활용, 처분을 말한다.

④ 처분이란 폐기물의 소각·중화·파쇄·고형화 등의 중간처분과 매립하거나 해역으로 배출하는 등의 최종처분을 말한다.

해설 '지정폐기물'
사업장폐기물 중 폐유·폐산 등 주변환경을 오염시킬 수 있거나 의료폐기물 등 인체에 위해를 줄 수 있는 해로운 물질로서 대통령령으로 정하는 폐기물을 말한다.

92 폐기물 처리시설의 설치 및 운영을 하려는 자가 처리시설별로 검사를 받아야 하는 기관연결이 틀린 것은?

① 소각시설 : 한국산업기술시험원
② 매립시설 : 한국농어촌공사
③ 멸균분쇄시설 : 한국건설기술연구원
④ 음식물류 폐기물 처리시설 : 한국산업기술시험원

해설 ※ 법규 변경사항이므로 해설의 내용으로 학습 부탁드립니다.

환경부령으로 정하는 폐기물처리시설 검사기관 또는 단체
① 한국환경공단
② 국·공립연구기관
③ 「국가표준기본법」에 따라 인정받은 시험·검사기관
④ 「과학기술분야 정부출연연구기관 등의 설립·운영 및 육성에 관한 법률」에 따라 설립된 기관
⑤ 「폐기물관리법」에 따른 폐기물분석전문기관
⑥ 「환경분야 시험·검사 등에 관한 법률」에 따라 등록된 측정대행업자
⑦ 그 밖에 국립환경과학원장이 폐기물처리시설 검사에 관한 업무를 수행할 수 있는 인적·물적 기준을 갖추었다고 인정하여 고시하는 기관 또는 단체

93 매립지의 사후관리 기준방법에 관한 내용 중 토양 조사횟수 기준(토양조사방법)으로 옳은 것은?

① 월 1회 이상 조사
② 매 분기 1회 이상 조사
③ 매 반기 1회 이상 조사
④ 연 1회 이상 조사

해설 **매립지의 사후관리 기준 및 방법(토양조사방법)**
① 토양오염물질을 연 1회 이상 조사하여야 한다.
② 토양조사시점은 4개소 이상으로 하고 환경부장관이 정하여 고시하는 토양정밀조사방법에 따라 폐기물 매립 및 재활용 지역의 시료채취시점의 표토에서 시료를 채취한다.

94 관리형 매립시설에서 발생하는 침출수의 배출허용기준으로 옳은 것은?(단, 청정지역, 단위 mg/L, 중크롬산칼륨법에 의한 화학적 산소요구량 기준이며 ( ) 안의 수치는 처리효율을 표시함)

① 200(90%)
② 300(90%)
③ 400(90%)
④ 500(90%)

해설 **관리형 매립시설 침출수의 배출허용기준**

구분	생물화학적 산소요구량 (mg/L)	화학적 산소요구량(mg/L)			부유물질량 (mg/L)
		과망간산칼륨법에 따른 경우		중크롬산칼륨법에 따른 경우	
		1일 침출수 배출량 2,000m³ 이상	1일 침출수 배출량 2,000m³ 미만		
청정 지역	30	50	50	400 (90%)	30
가 지역	50	80	100	600 (85%)	50
나 지역	70	100	150	800 (80%)	70

95 기술관리인을 두어야 하는 폐기물 처리시설이 아닌 것은?

① 폐기물에서 비철금속을 추출하는 용해로로서 시간당 재활용능력이 600킬로그램 이상인 시설
② 소각열회수시설로서 시간당 재활용능력이 500킬로그램 이상인 시설
③ 압축·파쇄·분쇄 또는 절단시설로서 1일 처분능력 또는 재활용 능력이 100톤 이상인 시설
④ 사료화·퇴비화 또는 연료화시설로서 1일 재활용능력이 5톤 이상인 시설

기술관리인을 두어야 하는 폐기물 처리시설
① 매립시설의 경우
　㉠ 지정폐기물을 매립하는 시설로서 면적이 3천 300제곱미터 이상인 시설. 다만, 차단형 매립시설에서는 면적이 330제곱미터 이상이거나 매립용적이 1천 세제곱미터 이상인 시설로 한다.
　㉡ 지정폐기물 외의 폐기물을 매립하는 시설로서 면적이 1만 제곱미터 이상이거나 매립용적이 3만 세제곱미터 이상인 시설
② 소각시설로서 시간당 처리능력이 600킬로그램(감염성 폐기물을 대상으로 하는 소각시설의 경우에는 200킬로그램) 이상인 시설
③ 압축·파쇄·분쇄 또는 절단시설로서 1일 처리능력 또는 재활용시설이 100톤 이상인 시설
④ 사료화·퇴비화 또는 연료화 시설로서 1일 재활용능력이 5톤 이상인 시설
⑤ 멸균·분쇄시설로서 시간당 처리능력이 100킬로그램 이상인 시설
⑥ 시멘트 소성로
⑦ 용해로(폐기물에 비철금속을 추출하는 경우로 한정한다.)로서 시간당 재활용능력이 600킬로그램 이상인 시설
⑧ 소각열회수시설로서 시간당 재활용능력이 600킬로그램 이상인 시설

96 특별자치시장, 특별자치도지사, 시장·군수·구청장이 관할 구역의 음식물류 폐기물의 발생을 최대한 줄이고 발생한 음식물류 폐기물을 적절하게 처리하기 위하여 수립하는 음식물류 폐기물 발생 억제계획에 포함되어야 하는 사항과 가장 거리가 먼 것은?
① 음식물류 폐기물 재활용 및 재이용 방안
② 음식물류 폐기물의 발생 억제 목표 및 목표 달성 방안
③ 음식물류 폐기물의 발생 및 처리현황
④ 음식물류 폐기물 처리시설의 설치현황 및 향후 설치계획

음식물류 폐기물 발생 억제계획 포함사항
① 음식물류 폐기물의 발생 및 처리현황
② 음식물류 폐기물의 향후 발생 예상량 및 적정 처리계획
③ 음식물류 폐기물의 발생 억제 목표 및 목표 달성 방안
④ 음식물류 폐기물 처리시설의 설치현황 및 향후 설치계획
⑤ 음식물류 폐기물의 발생억제 및 적정처리를 위한 기술적·재정적 지원방안(재원의 확보계획을 포함한다.)

97 폐기물 관리의 기본원칙으로 틀린 것은?
① 사업자는 제품의 생산방식 등을 개선하여 폐기물의 발생을 최대한 억제해야 한다.
② 폐기물은 우선적으로 소각, 매립 등의 처분을 한다.
③ 폐기물로 인하여 환경오염을 일으킨 자는 오염된 환경을 복원할 책임을 져야 한다.
④ 누구든지 폐기물을 배출하는 경우에는 주변 환경이나 주민의 건강에 위해를 끼치지 아니하도록 사전에 적절한 조치를 하여야 한다.

폐기물 관리의 기본원칙
① 사업자는 제품의 생산방식 등을 개선하여 폐기물의 발생을 최대한 억제하고, 발생한 폐기물을 스스로 재활용함으로써 폐기물의 배출을 최소화하여야 한다.
② 누구든지 폐기물을 배출하는 경우에는 주변 환경이나 주민의 건강에 위해를 끼치지 아니하도록 사전에 적절한 조치를 하여야 한다.
③ 폐기물은 그 처리과정에서 양과 유해성(有害性)을 줄이도록 하는 등 환경보전과 국민건강보호에 적합하게 처리되어야 한다.
④ 폐기물로 인하여 환경오염을 일으킨 자는 오염된 환경을 복원할 책임을 지며, 오염으로 인한 피해의 구제에 드는 비용을 부담하여야 한다.
⑤ 국내에서 발생한 폐기물은 가능하면 국내에서 처리되어야 하고, 폐기물의 수입은 되도록 억제되어야 한다.
⑥ 폐기물은 소각, 매립 등의 처분을 하기보다는 우선적으로 재활용함으로써 자원생산성의 향상에 이바지하도록 하여야 한다.

98 정기적으로 주변지역에 미치는 영향을 조사하여야 할 폐기물처리시설에 해당하는 것은?
① 1일 처분능력이 30톤 이상인 사업장폐기물 소각시설
② 1일 재활용능력이 30톤 이상인 사업장폐기물 소각열회수시설
③ 매립면적이 1만 제곱미터 이상의 사업장 지정폐기물 매립시설
④ 매립면적이 10만 제곱미터 이상의 사업장 일반폐기물 매립시설

주변지역 영향 조사대상 폐기물처리시설 기준
① 1일 처리능력이 50톤 이상인 사업장폐기물 소각시설(같은 사업장에 여러 개의 소각시설이 있는 경우에는 각 소각시설의 1일 처리능력의 합계가 50톤 이상인 경우를 말한다.)
② 매립면적 1만 제곱미터 이상의 사업장 지정폐기물 매립시설

③ 매립면적 15만 제곱미터 이상의 사업장 일반폐기물 매립시설
④ 시멘트 소성로(폐기물을 연료로 사용하는 경우로 한정한다.)
⑤ 1일 재활용능력이 50톤 이상인 사업장폐기물 소각열회수시설(같은 사업장에 여러 개의 소각열회수시설이 있는 경우에는 각 소각열회수시설의 1일 재활용능력의 합계가 50톤 이상인 경우를 말한다)

99 의료폐기물(위해의료폐기물) 중 시험·검사 등에 사용된 배양액, 배양용기, 보관균주, 폐시험관, 슬라이드, 커버글라스, 폐배지, 폐장갑이 해당되는 것은?

① 병리계 폐기물
② 손상성 폐기물
③ 위생계 폐기물
④ 보건성 폐기물

해설 **위해의료폐기물의 종류**
① 조직물류 폐기물 : 인체 또는 동물의 조직·장기·기관·신체의 일부, 동물의 사체, 혈액·고름 및 혈액생성물질(혈청, 혈장, 혈액 제제)
② 병리계 폐기물 : 시험·검사 등에 사용된 배양액, 배양용기, 보관균주, 폐시험관, 슬라이드 커버글라스 폐배지, 폐장갑
③ 손상성 폐기물 : 주삿바늘, 봉합바늘, 수술용 칼날, 한방침, 치과용 침, 파손된 유리재질의 시험기구
④ 생물·화학폐기물 : 폐백신, 폐항암제, 폐화학치료제
⑤ 혈액오염폐기물 : 폐혈액백, 혈액투석 시 사용된 폐기물, 그 밖에 혈액이 유출될 정도로 포함되어 있는 특별한 관리가 필요한 폐기물

100 폐기물 처리신고와 광역 폐기물처리시설 설치·운영자의 폐기물 처리기간에 대한 설명으로 ( )에 순서대로 알맞게 나열한 것은?(단, 폐기물관리법 시행규칙 기준)

> "환경부령으로 정하는 기간"이란 (㉠)을 말한다. 다만 폐기물처리 신고자가 고철을 재활용하는 경우에는 (㉡)을 말한다.

① ㉠ 10일 ㉡ 30일
② ㉠ 15일 ㉡ 30일
③ ㉠ 30일 ㉡ 60일
④ ㉠ 60일 ㉡ 90일

해설 **폐기물재활용 신고자와 광역 폐기물처리시설 설치·운영자의 폐기물처리기간**
"환경부령으로 정하는 기간"이란 30일을 말한다. 다만, 폐기물처리 신고자가 고철을 재활용하는 경우에는 60일을 말한다.

제1과목 폐기물개론

01 종이, 천, 돌, 철, 나무조각, 구리, 알루미늄이 혼합된 폐기물 중에서 재활용 가치가 높은 구리, 알루미늄만을 따로 분리, 회수하는 데 가장 적절한 기계적 선별법은?

① 자력 선별법 ② 트롬멜 선별법
③ 와전류 선별법 ④ 정전기 선별법

와전류 선별법
① 연속적으로 변화하는 자장 속에 비극성(비자성)이고 전기전도도가 우수한 물질(구리, 알루미늄, 아연 등)을 넣으면 금속 내에 소용돌이 전류가 발생하는 와전류현상에 의하여 반발력이 생기는데 이 반발력의 차를 이용하여 다른 물질로부터 분리하는 방법이다.
② 폐기물 중 철금속(Fe), 비철금속(Al, Cu), 유리병의 3종류를 각각 분리할 경우 와전류 선별법이 가장 적절하다.

02 폐기물의 관리정책에서 중점을 두어야 할 우선순위로 가장 적당한 것은?

① 감량화(발생원) > 처리(소각 등) > 재활용 > 최종처분
② 감량화(발생원) > 재활용 > 처리(소각 등) > 최종처분
③ 처리(소각 등) > 감량화(발생원) > 재활용 > 최종처분
④ 재활용 > 처리(소각 등) > 감량화(발생원) > 최종처분

폐기물관리 순서
감량화 → 재이용 → 재활용 → 에너지 회수 → 최종처분(소각, 매립)

03 폐기물에 관한 설명으로 맞는 것은?

① 음식폐기물을 분리수거하면 유기물 감소로 인해 생활폐기물의 발열량은 감소한다.
② 일반적으로 생활폐기물의 화학성분 중에 제일 많은 것 2개는 산소(O)와 수소(H)이다.
③ 소각로 설계 시 기준 발열량은 고위발열량이다.
④ 폐기물의 비중은 일반적으로 겉보기 비중을 말한다.

① 음식폐기물을 분리수거하면 유기물 증가로 인해 생활폐기물의 발열량은 증가한다.

② 일반적으로 생활폐기물의 화학성분 중에 제일 많은 것 2개는 탄소(C)와 수소(H)이다.
③ 소각로 설계 시 기준 발열량은 저위발열량이다.

04 폐기물 저장시설과 컨베이어 설계 시 고려할 사항으로 가장 거리가 먼 것은?

① 수분함량 ② 안식각
③ 입자크기 ④ 화학조성

화학조성은 폐기물 저장시설과 컨베이어 설계 시 고려사항과는 무관하며 화학조성은 소각시설 등에서 고려사항이다.

05 $X_{90} = 3.0\text{cm}$로 도시폐기물을 파쇄하고자 한다. 90% 이상을 3.0cm보다 작게 파쇄하고자 할 때 Rosin-Rammler 모델에 의한 특성입자크기(cm)는?(단, $n = 1$)

① 1.30 ② 1.42 ③ 1.74 ④ 1.92

$$Y = 1 - \exp\left[-\left(\frac{X}{X_0}\right)^n\right]$$

$$0.9 = 1 - \exp\left[-\left(\frac{3.0}{X_0}\right)^1\right], \quad -\frac{3.0}{X_0} = \ln 0.1$$

$$X_0(\text{특성입자크기 : cm}) = \frac{3.0}{2.3} = 1.30\text{cm}$$

06 폐기물의 소각 시 소각로의 설계기준이 되는 발열량은?

① 고위발열량 ② 전수발열량
③ 저위발열량 ④ 부분발열량

폐기물 소각로 설계 시 설계기준 발열량은 저위발열량이다.

07 도시쓰레기의 특성에 대한 설명으로 옳지 않은 것은?

① 배출량은 생활수준의 향상, 생활양식, 수집형태 등에 따라 좌우된다.
② 도시쓰레기의 처리에 있어서 그 성상은 크게 문제시 되지 않는다.
③ 쓰레기의 질은 지역, 계절, 기후 등에 따라 달라진다.

④ 계절적으로 연말이나 여름철에 많은 양의 쓰레기가 배출된다.

해설 도시쓰레기의 처리에 있어서 그 성상은 크게 문제시된다.

08 폐기물의 기계적 처리 중 폐기물을 물과 섞어 잘게 부순 뒤 물과 분리하는 장치는?

① Grinder　　　　② Hammer Mill
③ Balers　　　　　④ Pulverizer

해설 펄버라이저(Pulverizer)
① 분쇄기의 일종으로 습식 방법을 이용하기 때문에 폐수가 다량 발생한다.
② 쓰레기를 물과 섞어 잘게 부순 뒤 다시 물과 분리시키는 습식 처리장치로 미분기라고도 한다.

09 납과 구리의 합금 제조 시 첨가제로 사용되며 발암성과 돌연변이성이 있으며 장기적인 노출 시 피로와 무기력증을 유발하는 성분은?

① As　　② Pb　　③ 벤젠　　④ 린덴

해설 비소(As)의 피해
① 무기력증 유발
② 피부염 유발
③ 암, 돌연변이 유발

10 폐기물의 수거노선 설정 시 고려해야 할 내용으로 옳지 않은 것은?

① 언덕지역에서는 언덕의 꼭대기에서부터 시작하여 적재하면서 차량이 아래로 진행하도록 한다.
② U자 회전을 피하여 수거한다.
③ 아주 많은 양의 쓰레기가 발생되는 발생원은 하루 중 가장 나중에 수거한다.
④ 가능한 한 시계방향으로 수거노선을 정한다.

해설 효과적·경제적인 수거노선 결정 시 유의(고려)사항 : 수거노선 설정요령
① 지형이 언덕인 지역에서는 언덕의 위에서부터 내려가며 적재하면서 차량을 진행하도록 한다.(안전성, 연료비 절약)
② 수거인원 및 차량형식이 같은 기존 시스템의 조건들을 서로 관련시킨다.
③ 출발점은 차고와 가깝게 하고 수거된 마지막 컨테이너가 처분지의 가장 가까이에 위치하도록 배치한다.

④ 가능한 한 지형지물 및 도로경계와 같은 장벽을 사용하여 간선도로 부근에서 시작하고 끝나야 한다.(도로경계 등을 이용)
⑤ 가능한 한 시계방향으로 수거노선을 정한다.
⑥ 적은 양의 쓰레기가 발생하나 동일한 수거빈도를 받기 원하는 적재지점(수거지점)은 가능한 한 같은 날 왕복 내에서 수거한다.
⑦ 아주 많은 양의 쓰레기가 발생되는 발생원은 하루 중 가장 먼저 수거한다.
⑧ 될 수 있는 한 한번 간 길은 다시 가지 않는다.
⑨ 반복운행 또는 U자형 회전은 피하여 수거한다.
⑩ 교통량이 많거나 출퇴근시간은 피하여 수거한다.
⑪ 수거지점과 수거빈도 결정 시 기존정책이나 규정을 참고한다.

11 1,000세대(세대당 평균 가족 수 5인) 아파트에서 배출하는 쓰레기를 3일마다 수거하는 데 적재용량 11.0m³의 트럭 5대(1회 기준)가 소요된다. 쓰레기 단위 용적당 중량이 210kg/m³라면 1인 1일당 쓰레기 배출량(kg/인·일)은?

① 2.31　　　　② 1.38
③ 1.12　　　　④ 0.77

해설 쓰레기 배출량(kg/인·일)
$$= \frac{쓰레기\ 수거량}{인구수}$$
$$= \frac{11.0\text{m}^3/대 \times 5대 \times 210\text{kg/m}^3}{1,000세대 \times 5인/세대 \times 3일} = 0.77\text{kg/인·일}$$

12 50ton/hr 규모의 시설에서 평균크기가 30.5cm인 혼합된 도시폐기물을 최종크기 5.1cm로 파쇄하기 위해 필요한 동력(kW)은?(단, 평균크기를 15.2cm에서 5.1cm로 파쇄하기 위한 에너지 소모율=15kW·h/t, 킥의 법칙 적용)

① 약 1,033　　　② 약 1,156
③ 약 1,228　　　④ 약 1,345

해설 $E = C\ln\left(\frac{L_1}{L_2}\right)$

$15\text{kW·hr/ton} = C\ln\left(\frac{15.2}{5.1}\right)$, $C = 13.74\text{kW·hr/ton}$

$E = 13.74\text{kW·hr/ton} \times \ln\left(\frac{30.5}{5.1}\right) = 24.57\text{kW·hr/ton}$

동력(kW) = 24.57kW·hr/ton × 50ton/hr = 1,228.30kW

13 완전히 건조시킨 폐기물 20g을 취해 회분량을 조사하니 5g이었다. 폐기물의 함수율이 40%이었다면, 습량기준 회분 중량비(%)는?(단, 비중=1.0)

① 5　　　　② 10　　　　③ 15　　　　④ 20

해설　습량기준 회분 중량비
$$= \left(\frac{전체 \ 회분중량}{전체 \ 건조중량} \times \frac{100 - 함수율}{100} \right) \times 100$$
$$= \left[\left(\frac{5}{20} \right) \times \left(\frac{100 - 40}{100} \right) \right] \times 100 = 15\%$$

14 적환장의 설치가 필요한 경우와 가장 거리가 먼 것은?

① 고밀도 거주지역이 존재할 때
② 작은 용량의 수집차량을 사용할 때
③ 슬러지수송이나 공기수송 방식을 사용할 때
④ 불법투기와 다량의 어질러진 쓰레기들이 발생할 때

해설　적환장 설치가 필요한 경우
① 작은 용량의 수집차량을 사용할 때($15m^3$ 이하)
② 저밀도 거주지역이 존재할 때
③ 불법투기와 다량의 어질러진 쓰레기들이 발생할 때
④ 슬러지 수송이나 공기수송방식을 사용할 때
⑤ 처분지가 수집장소로부터 멀리 떨어져 있을 때
⑥ 상업지역에서 폐기물 수집에 소형 용기를 많이 사용하는 경우
⑦ 쓰레기 수송 비용절감이 필요한 경우
⑧ 압축식 수거 시스템인 경우

15 함수율 97%인 분뇨와 함수율 30%인 쓰레기를 무게비 1 : 3으로 혼합하여 퇴비화하고자 할 때 함수율(%)은? (단, 분뇨와 쓰레기의 비중은 같다고 가정함)

① 약 62　　　② 약 57　　　③ 약 52　　　④ 약 47

해설　혼합함수율(%)$= \frac{(1 \times 0.97) + (3 \times 0.3)}{1 + 3} \times 100 = 46.75\%$

16 쓰레기 발생량 조사방법에 관한 설명으로 틀린 것은?

① 직접계근법 : 적재차량 계수분석에 비하여 작업량이 많고 번거롭다는 단점이 있다.
② 물질수지법 : 주로 산업폐기물 발생량 추산에 이용한다.
③ 물질수지법 : 비용이 많이 들어 특수한 경우에 사용한다.
④ 적재차량 계수분석 : 쓰레기의 밀도 또는 압축 정도를 정확하게 파악할 수 있다.

해설　적재차량 계수분석법의 단점은 쓰레기의 밀도 또는 압축 정도에 따라 오차가 크다는 것이다.

17 유기물을 혐기성 및 호기성으로 분해시킬 때 공통적으로 생성되는 물질은?

① N_2와 H_2O　　　　② NH_3와 CH_4
③ CH_4와 H_2S　　　　④ CO_2와 H_2O

해설　CO_2와 H_2O는 유기물을 혐기성 및 호기성으로 분해 시 공통적으로 생성된다.
① 혐기성 분해 반응식
$$C_a H_b C_c N_d + \left(\frac{4a - b - 2c + 3d}{4} \right) H_2O$$
$$\rightarrow \left(\frac{4a + b - 2c - 3d}{8} \right) CH_4 + \left(\frac{4a - b + 2c + 3d}{8} \right) CO_2 + dNH_3$$
② 호기성 분해 반응식
$$C_a H_b C_c N_d + \left(\frac{4a + b - 2c - 3d}{4} \right) O_2$$
$$\rightarrow aCO_2 + \left(\frac{b - 3d}{2} \right) H_2O + dNH_3$$

18 관거 수거에 대한 설명으로 옳지 않은 것은?

① 현탁물 수송은 관의 마모가 크고 동력소모가 많은 것이 단점이다.
② 캡슐수송은 쓰레기를 충전한 캡슐을 수송관 내에 삽입하여 공기나 물의 흐름을 이용하여 수송하는 방식이다.
③ 공기수송은 공기의 동압에 의해 쓰레기를 수송하는 것으로서 진공수송과 가압수송이 있다.
④ 공기수송은 고층주택밀집지역에 적합하며 소음방지 시설 설치가 필요하다.

해설　현탁물 수송(슬러리 수송)은 관 마모가 적고 동력도 적게 소모된다.

19 파쇄에 따른 문제점은 크게 공해발생상의 문제와 안전상의 문제로 나눌 수 있는데 안전상의 문제에 해당하는 것은?

① 폭발　　　　　　　② 진동
③ 소음　　　　　　　④ 분진

해설　폭발은 파쇄의 안전상 문제이고 진동, 소음, 분진은 공해발생상의 문제이다.

정답　**13** ③　**14** ①　**15** ④　**16** ④　**17** ④　**18** ①　**19** ①

20 청소상태를 평가하는 방법 중 서비스를 받는 사람들의 만족도를 설문조사하여 계산하는 '사용자 만족도 지수'는?

① USI ② UAI
③ CEI ④ CDI

해설 **사용자 만족도 지수(USI : User Satisfaction Index)**
서비스를 받는 사람들의 만족도를 설문조사하여 계산하는 방법으로 설문 문항은 6개로 구성되어 있으며 총점은 100점이다.

$$USI = \frac{\sum_{i=1}^{N} R_i}{N}$$

여기서, N : 총 설문회답자의 수
R : 설문지 점수의 합계

제2과목 폐기물처리기술

21 소각공정에 비해 열분해 과정의 장점이라 볼 수 없는 것은?

① 배기가스가 적다.
② 보조연료의 소비량이 적다.
③ 크롬의 산화가 억제된다.
④ NOx의 발생량이 억제된다.

해설 열분해는 예열, 건조과정을 거치므로 보조연료의 소비량이 증가되어 유지관리비가 많이 소요된다.

22 아래와 같은 조건일 때 혐기성 소화조의 용량(m³)은? (단, 유기물량의 50%가 액화 및 가스화된다고 한다. 방식은 2조식이다.)

〈조건〉
• 분뇨투입량 = 1,000kL/day
• 투입 분뇨 함수율 = 95%
• 유기물농도 = 60%
• 소화일수 = 30일
• 인발 슬러지 함수율 = 90%

① 12,350 ② 17,850
③ 20,250 ④ 25,500

해설 소화조용량(m³)
$$= \frac{Q_1 + Q_2}{2} \times T$$

Q_1(소화 전 분뇨) = 1,000kL/day
Q_2(소화 후 분뇨) = $1,000$kL/day$\times 0.05 \times [0.4 + (0.6 \times 0.5)]$
$$\times \frac{100}{100 - 90} = 350$kL/day$$
$$= \frac{(1,000 + 350)\text{m}^3/\text{day}}{2} \times 30\text{일}$$
$$= 20,250\text{m}^3/\text{day}$$

23 소각로의 백연(White Plum) 방지시설의 역할로 가장 옳게 설명된 것은?

① 배출가스 중 수증기 응축을 방지하여 지역주민의 대기오염 피해의식을 줄이기 위해
② 먼지 제거
③ 폐열 회수
④ 질소산화물 제거

해설 소각로의 백연 방지시설의 역할은 배출가스 중 수증기 응축을 방지하여 지역주민의 대기오염 피해의식을 줄이기 위함이며 일반적으로 재가열시설을 설치한다.

24 토양 복원기술 중 압력 및 농도구배를 형성하기 위하여 추출정을 굴착하여 진공상태로 만들어 줌으로써 토양 내의 휘발성 오염물질을 휘발, 추출하는 기술은?

① Biopile
② Bioaugmentation
③ Soil Vapor Extraction
④ Thermal Decomposition

해설 **토양증기추출법(SVE : Soil Vapor Extraction)**
① 불포화 대수층에서 토양을 진공상태로 만들어 줌으로써 토양으로부터 휘발성, 준휘발성 오염물질을 제거하는 기술로 토양증기추출 시 공기는 지하수면 위에 주입되고, 배출정에서 휘발성 화합물질을 수집한다.
② 압력 및 농도구배를 형성하기 위하여 추출정을 굴착하여 진공상태로 만들어 줌으로써 토양 내의 휘발성 오염물질을 휘발·추출하는 원리의 기술이다.
③ 하나의 추출정의 영향 반경은 6~45m 정도이다.

정답 **20** ① **21** ② **22** ③ **23** ① **24** ③

25 소각로의 부식에 대한 설명으로 틀린 것은?

① 480~700℃ 사이에서는 염화철이나 알칼리철 황산염 분해에 의한 부식이 발생된다.

② 저온부식은 100~150℃ 사이에서 부식속도가 가장 느리고, 고온부식은 600~700℃에서 가장 부식이 잘된다.

③ 150~320℃에서는 부식이 잘 일어나지 않고, 고온부식은 320℃ 이상에서 소각재가 침착된 금속면에서 발생된다.

④ 320~480℃ 사이에서는 염화철이나 알칼리철 황산염 생성에 의한 부식이 발생된다.

저온부식은 100~150℃에서 가장 심하고 150~320℃ 사이에서는 일반적으로 부식이 잘 일어나지 않으며, 고온부식은 600~700℃에서 가장 심하고 700℃ 이상에서는 완만한 속도로 진행된다.

26 함수율이 96%인 슬러지 10L에 응집제를 가하여 침전 농축시킨 결과 상층액과 침전 슬러지의 용적비가 2 : 1이었다면 침전 슬러지의 함수율(%)은?(단, 비중=1.0 기준, 상층액 SS, 응집제량 등 기타사항은 고려하지 않음)

① 84 　　② 88 　　③ 92 　　④ 94

$10L \times 0.04 = \left(10L \times \dfrac{1}{3}\right) \times$ 농축 후 고형물 함량

농축 후 고형물 함량 = 0.12 × 100 = 12%

농축 후 슬러지 함수율 = 100 − 12 = 88%

27 피부염, 피부궤양을 일으키며 흡입으로 코, 폐, 위장에 점막을 생성하고 폐암을 유발하는 중금속은?

① 비소 　　　　　　② 납

③ 6가 크롬 　　　　④ 구리

6가 크롬의 인체에의 영향
① 점막장애
② 피부장애(피부궤양, 피부암)
③ 발암작용(폐암)

28 폐기물부담금제도에 해당되지 않는 품목은?

① 500mL 이하의 살충제 용기

② 자동차 타이어

③ 껌

④ 1회용 기저귀

폐기물부담금제도 해당품목
① 살충제, 유독물제품 　　② 부동액
③ 껌 　　　　　　　　　④ 1회용 기저귀
⑤ 담배 　　　　　　　　⑥ 플라스틱 제품

29 매립지 가스발생량의 추정방법으로 가장 거리가 먼 것은?

① 화학양론적인 접근에 의한 폐기물 조성으로부터 추정

② BMP(Biological Methane Potential)법에 의한 메탄가스 발생량 조사법

③ 라이지미터(Lysimeter)에 의한 가스 발생량 추정법

④ 매립지에 화염을 접근시켜 화력에 의해 추정하는 방법

매립지 가스발생량의 추정방법
① 화학양론적인 접근에 의한 폐기물 조성으로부터 추정
② BMP(Biological Methane Potential)법에 의한 메탄가스 발생량 조사법
③ 라이지미터(Lysimeter)에 의한 가스 발생량 추정법

30 퇴비화의 장단점과 가장 거리가 먼 것은?

① 병원균 사멸이 가능한 장점이 있다.

② 다양한 재료를 이용하므로 퇴비제품의 품질표준화가 어려운 단점이 있다.

③ 퇴비화가 완성되어도 부피가 크게 감소(50% 이하)하지 않는 단점이 있다.

④ 생산된 퇴비는 비료가치가 높은 장점이 있다.

① 퇴비화 장점
　㉠ 유기성 폐기물을 재활용함으로써, 폐기물의 감량화가 가능하다.
　㉡ 생산품인 퇴비는 토양의 이화학성질을 개선시키는 토양 개량제로 사용할 수 있다.(Humus는 토양개량제로 사용)
　㉢ 운영 시 에너지가 적게 소요된다.
　㉣ 초기의 시설투자비가 낮다.
　㉤ 다른 폐기물처리에 비해 고도의 기술수준이 요구되지 않는다.
② 퇴비화 단점
　㉠ 생산된 퇴비는 비료가치로서 경제성이 낮다.(시장 확보가 어려움)
　㉡ 다양한 재료를 이용하므로 퇴비제품의 품질표준화가 어렵다.
　㉢ 부지가 많이 필요하고 부지선정에 어려움이 많다.
　㉣ 퇴비가 완성되어도 부피가 크게 감소되지는 않는다.(완성된 퇴비의 감용률은 50% 이하로서 다른 처리방식에 비하여 낮다.)
　㉤ 악취발생의 문제점이 있다.

정답 25 ② 　26 ② 　27 ③ 　28 ② 　29 ④ 　30 ④

31 침출수가 점토층을 통과하는 데 소요되는 시간을 계산하는 식으로 옳은 것은?(단, t=통과시간(year), d=점토층 두께(m), h=침출수 수두(m), K=투수계수(m/year), m=유효공극률)

① $t = \dfrac{\eta d^2}{K(d+h)}$ ② $t = \dfrac{d\eta}{K(d+h)}$

③ $t = \dfrac{\eta d^2}{K(2d+h)}$ ④ $t = \dfrac{d\eta}{K(2h+d)}$

해설 점토층 통과 소요시간(t) : Darcy 법칙

$$t = \frac{d^2\eta}{k(d+h)}$$

여기서, t : 침출수의 점토층 통과시간(year)
d : 점토층 두께(m)
h : 침출수 수두(m)
k : 투수계수(m/year)
η : 유효공극률(공극용적/흙입자용적)

32 수분함량 95%(무게%)의 슬러지에 응집제를 소량 가해 농축시킨 결과 상등액과 침전슬러지의 용적비가 3 : 5이었다. 이 침전슬러지의 함수율(%)은?(단, 응집제의 주입량은 소량이므로 무시, 농축전후 슬러지 비중=1)

① 94   ② 92

③ 90   ④ 88

해설 초기 슬러지양을 100m^3으로 가정

$100\text{m}^3 \times 0.05 = 100\text{m}^3 \times \dfrac{5}{8} \times$농축 후 고형물함량

농축 후 고형물함량$=0.08 \times 100 = 8\%$
농축 후 슬러지 함수율(%)$=100-$농축 후 고형물함량
$=100-8=92\%$

33 매립지에서 침출된 침출수의 농도가 반으로 감소하는 데 약 3.3년이 걸린다면 이 침출수의 농도가 90% 분해되는 데 걸리는 시간(년)은?(단, 1차 반응 기준)

① 약 7   ② 약 9

③ 약 11   ④ 약 13

해설 $\ln = \dfrac{C_t}{C_o} = -k \times t$

$\ln 0.5 = -k \times 3.3\text{year}$, $k = 0.21\text{year}^{-1}$
90% 분해 소요시간
$\ln\left(\dfrac{10}{100}\right) = -0.21\text{year}^{-1} \times t$
t(소요시간)$=10.96\text{year}$(약 11year)

34 폐기물의 퇴비화에 관한 설명으로 옳지 않은 것은?

① C/D비가 클수록 퇴비화에 시간이 많이 요하게 된다.
② 함수율이 높을수록 미생물의 분해속도는 빠르다.
③ 공기가 과잉공급되면 열손실이 생겨 미생물의 대사열을 빼앗겨서 동화작용이 저해된다.
④ 공기공급이 부족하면 혐기성분해에 의해 퇴비화 속도의 저하를 초래하고 악취발생의 원인이 된다.

해설 폐기물 퇴비화 적정함수율은 50~60%가 적합하며 함수율 높을수록 미생물의 분해속도는 느려진다.

35 함수율이 95%이고 고형물 중 유기물이 70%인 하수슬러지 $300\text{m}^3/\text{day}$를 소화시켜 유기물의 2/3가 분해되고 함수율 90%인 소화슬러지를 얻었다. 소화슬러지의 양(m^3/day)은?(단, 슬러지 비중=1.0)

① 80   ② 90   ③ 100   ④ 110

해설 FS(무기물)$=300\text{m}^3/\text{day} \times 0.05 \times 0.3 = 4.5\text{m}^3/\text{day}$

VS'(잔류유기물)$=300\text{m}^3/\text{day} \times 0.05 \times 0.7 \times \dfrac{1}{3} = 3.5\text{m}^3/\text{day}$

소화 후 슬러지양(m^3/day)$=FS + VS' \times \dfrac{100}{100-\text{함수율}}$

$= (4.5+3.5)\text{m}^3/\text{day} \times \dfrac{100}{100-90}$

$= 80\text{m}^3/\text{day}$

36 매립지 바닥이 두껍고(지하수면이 지표면으로부터 깊은 곳에 있는 경우), 복토로 적합한 지역에 이용하는 방법으로 거의 단층매립만 가능한 공법은?

① 도랑굴착매립공법   ② 압축매립공법
③ 샌드위치공법   ④ 순차투입공법

해설 도랑형 방식매립(Trench System : 도랑굴착매립공법)
① 도랑을 파고 폐기물을 매립한 후 다짐 후 다시 복토하는 방법이다.
② 매립지 바닥이 두껍고(지하수면이 지표면으로부터 깊은 곳에 있는 경우) 또한 복토로 적합한 지역에 이용하는 방법으로 거의 단층매립만 가능한 공법이다.
③ 도랑의 깊이는 약 2.5~7m(10m)로 하고 폭은 20m 정도이고 파낸 흙을 복토재로 이용 가능한 경우 경제적이다.(소규모 도랑 : 폭 5~8m, 깊이 1~2m)
④ 도랑에서 굴착된 토사는 매일 또는 중간복토로 사용하여 쓰레기의 날림을 최소화할 수 있다.
⑤ 매립종료 후 토지이용 효율이 증대된다.

정답 **31** ①   **32** ②   **33** ③   **34** ②   **35** ①   **36** ①

37 폐기물 매립지에서 매립시간 경과에 따라 크게 초기조절 단계, 전이 단계, 산 형성 단계, 메탄발효 단계, 숙성 단계의 총 5단계로 구분이 되는데, 4단계인 메탄발효 단계에서 나타나는 현상과 가장 근접한 것은?

① 수소농도가 증가함
② 산 형성 속도가 상대적으로 증가함
③ 침출수의 전도도가 증가함
④ pH가 중성값보다 약간 증가함

메탄발효 단계에서는 CO_2가 침출수의 산도를 높여 pH가 중성값보다 약간 증가한다.

38 토양세척법의 처리효과가 가장 높은 토양입경정도는?

① 슬러지　　② 점토　　③ 미사　　④ 자갈

토양세척법은 점토와 같은 미세입자에 흡착된 유기오염물질 제거는 어려우며 자갈이 처리효과가 가장 높다.

39 폐기물 매립지에서 나오는 침출수에 관한 설명으로 가장 거리가 먼 것은?

① 폐기물을 통과하면서 폐기물 내의 성분을 용해시키거나 부유 물질을 함유하기도 한다.
② 가스발생량이 많을수록 침출수 내 유기물질농도는 증가한다.
③ 외부에서 침투하는 물과 내부에 있는 물이 유출되어 형성된다.
④ 매립지의 침출수의 이동은 서서히 이동된다고 한다.

가스발생량이 많을수록 유기물 분해가 많이 진행된 것이므로 침출수 내 유기물질 농도는 감소한다.

40 폐기물 매립 시 매립된 물질의 분해과정은?

① 혐기성 → 호기성 → 메탄생성 → 산성물질형성
② 호기성 → 혐기성 → 산성물질형성 → 메탄생성
③ 호기성 → 혐기성 → 메탄생성 → 산성물질형성
④ 혐기성 → 호기성 → 산성물질형성 → 메탄생성

폐기물 매립 시 매립물질의 분해과정
① 호기성 단계
② 혐기성 비메탄화 단계
③ 산 형성 단계(혐기성 메탄생성 축적 단계)
④ 메탄생성 단계(메탄발효 단계)

41 폐기물의 이송과 연소가스의 유동방향에 의해 소각로의 형상을 구분해 볼 때 난연성 또는 착화하기 어려운 폐기물에 적합한 방식은?

① 병류식　　　　　② 하향식
③ 향류식　　　　　④ 중간류식

역류식(향류식)
① 폐기물의 이송방향과 연소가스의 흐름을 반대로 하는 형식이다.
② 난연성 또는 착화하기 어려운 폐기물 소각에 가장 적합한 방식이다.
③ 열가스에 의한 방사열이 폐기물에 유효하게 작용하므로 수분이 많다.
④ 후연소 내의 온도저하나 불완전연소가 발생할 수 있다.
⑤ 복사열에 의한 건조에 유리하며 저위발열량이 낮은 폐기물에 적합하다.

42 폐기물의 열분해 시 저온열분해의 온도 범위는?

① 100~300℃　　　　② 500~900℃
③ 1,100~1,500℃　　④ 1,300~1,900℃

폐기물의 열분해 온도 범위
① 저온열분해 : 500~900℃
② 고온열분해 : 1,100~1,800℃

43 폐기물조성이 $C_{760}H_{1980}O_{870}N_{12}S$일 때 고위발열량(kcal/kg)은?(단, Dulong 식을 이용하여 계산한다.)

① 약 5,860　　　　② 약 4,560
③ 약 3,260　　　　④ 약 2,860

$H_h = 8,100C + 34,000\left(H - \dfrac{O}{8}\right) + 2,500S$

$C_{760}H_{1,980}O_{870}N_{12}S$ 분자량
$= (12 \times 760) + (1 \times 1,980) + (16 \times 870) + (14 \times 12) + 32$
$= 25,220$

각 성분 구성비 $C = \dfrac{9,120}{25,220} = 0.362$, $H = \dfrac{1,980}{25,220} = 0.079$

$O = \dfrac{13,920}{25,220} = 0.552$, $S = \dfrac{32}{25,220} = 0.001$

$= (8,100 \times 0.362)$
$\quad + \left[34,000\left(0.079 - \dfrac{0.552}{8}\right)\right]$
$\quad + (2,500 \times 0.001) = 3,274.7 kcal/kg$

정답　37 ④　38 ④　39 ②　40 ②　41 ③　42 ②　43 ③

44 고체 및 액체연료의 이론적인 습윤연소가스량을 산출하는 계산식이다. ㉠, ㉡의 값으로 적당한 것은?

$$G_{ow} = 8.89C + 32.3H + 3.3S + 0.8N$$
$$+ (\text{㉠})W - (\text{㉡})O(Sm^3/kg)$$

① ㉠ 1.12, ㉡ 1.32
② ㉠ 1.24, ㉡ 2.64
③ ㉠ 2.48, ㉡ 5.28
④ ㉠ 4.96, ㉡ 10.56

해설 $G_{ow} = A_o + 5.6H + 0.7O + 0.8N + 1.244W[Sm^3/kg]$
　　$= 0.79A_o + 1.867C + 0.7S + 0.8N + 11.2H + 1.244W$
　　$= 8.89C + 32.3H + 3.3S + 0.8N + 1.24W - 2.64O$

45 폐기물의 연소 및 열분해에 관한 설명으로 잘못된 것은?

① 열분해는 무산소 또는 저산소 상태에서 유기성 폐기물을 열분해시키는 방법이다.
② 습식산화는 젖은 폐기물이나 슬러지를 고온, 고압에서 산화시키는 방법이다.
③ Steam Reforming은 산화 시에 스팀을 주입하여 일산화탄소와 수소를 생성시키는 방법이다.
④ 가스화는 완전연소에 필요한 양보다 과잉 공기 상태에서 산화시키는 방법이다.

해설 **가스화**
열분해 고온법을 의미하며 무산소, 산소가 부족한 상태, 고온의 범위 1,100~1,500℃에서 유기물질로부터 연료를 생산하는 공정이다.

46 연소를 위한 공기의 상태로 가장 좋은 것은?

① 연소용 공기를 직접 이용한다.
② 연소용 공기를 예열한다.
③ 연소용 공기를 냉각시켜 온도를 낮춘다.
④ 연소용 공기에 벙커의 폐수를 분사하여 습하게 하여 주입시킨다.

해설 연소용 공기를 예열하면 연소온도를 높일 수 있어 완전연소를 할 수 있다.

47 소각로에서 배출되는 비산재(Fly Ash)에 대한 설명으로 옳지 않은 것은?

① 입자크기가 바닥재보다 미세하다.
② 유해물질을 함유하고 있지 않아 일반폐기물로 취급된다.
③ 폐열보일러 및 연소가스 처리설비 등에서 포집된다.
④ 시멘트 제품 생산을 위한 보조원료로 사용 가능하다.

해설 비산재는 유해물질을 함유하고 있어 지정폐기물로 취급된다.

48 도시생활폐기물을 대상으로 하는 소각방법에 많이 이용되는 형식이 아닌 것은?

① Stoker Type Incinerator
② Multiple Hearth Incinerator
③ Rotary Kiln Incinerator
④ Fluidized Bed Incinerator

해설 ① Multiple Hearth Incinerator(다단로)는 불규칙적인 대형 폐기물, 용융성재 포함 폐기물, 높은 분해 온도를 요하는 폐기물 처리에는 부적합하다.
② 도시생활폐기물 대상 소각방법 형식은 스토커, 회전로, 유동층식 등이 사용된다.

49 연소실 내 가스와 폐기물의 흐름에 관한 설명으로 가장 거리가 먼 것은?

① 병류식은 폐기물의 발열량이 낮은 경우에 적합한 형식이다.
② 교류식은 향류식과 병류식의 중간적인 형식이다.
③ 교류식은 중간 정도의 발열량을 가지는 폐기물에 적합하다.
④ 역류식은 폐기물의 이송방향과 연소가스의 흐름이 반대로 향하는 형식이다.

해설 ① 폐기물의 질이나 저위발열량의 변동이 심한 경우에 사용하는 것은 복류식(2회류식)이다.
② 병류식은 수분이 적고 발열량이 높은 폐기물소각에 적합하다.

50 폐기물의 소각시설에서 발생하는 분진의 특징에 대한 설명으로 가장 거리가 먼 것은?

① 흡수성이 작고 냉각되면 고착하기 어렵다.

② 부피에 비해 비중이 작고 가볍다.

③ 입자가 큰 분진은 가스 냉각장치 등의 비교적 가스 통과속도가 느린 부분에서 침강하기 때문에 분진의 평균입경이 작다.

④ 염화수소나 황산화물로 인한 설비의 부식을 방지하기 위해 일반적으로 가스냉각장치 출구에서 250℃ 정도의 온도가 되어야 한다.

🔲 폐기물의 소각시설에서 발생하는 분진은 흡수성이 크며 응집 및 부착의 성질이 있어 냉각되면 고착하기 쉽다.

51 연소실의 부피를 결정하려고 한다. 연소실의 부하율은 $3.6 \times 10^5 \text{kcal/m}^3 \cdot \text{hr}$이고 발열량이 1,600kcal/kg인 쓰레기를 1일 400ton 소각시킬 때 소각로의 연소실 부피(m^3)는?(단, 소각로는 연속가동한다.)

① 74 　　　　　　　② 84

③ 104 　　　　　　　④ 974

🔲 소각로 부피(m^3) $= \dfrac{\text{소각량} \times \text{쓰레기 발열량}}{\text{연소실 부하율}}$

$$= \dfrac{\begin{array}{c}400\text{ton/day} \times \text{day/24hr} \\ \times 1,000\text{kg/ton} \times 1,600\text{kcal/kg}\end{array}}{3.6 \times 10^5 \text{kcal/m}^3 \cdot \text{hr}}$$

$$= 74.07\text{m}^3$$

52 원소분석으로부터 미지의 쓰레기 발열량은 듀롱(Dulong)식으로부터 계산될 수 있다. 계산식에서 $\left[\text{H} - \dfrac{\text{O}}{8}\right]$가 의미하는 것은?

$$H_h = 8,100\text{C} + 34,000\left(\text{H} - \dfrac{\text{O}}{8}\right) + 2,500\text{S}\,[\text{kcal/kg}]$$

① 유효수소 　　　　② 무효수소

③ 이론수소 　　　　④ 과잉수소

🔲 **유효수소**

$\left(\text{H} - \dfrac{\text{O}}{8}\right)$는 유효수소이다. 연료 중에 산소가 함유되어 있을 때 수소 중 일부는 이 산소와 결합하여 결합수(H_2O)를 생성하므로 전부 연소되지 않고 $\dfrac{\text{O}}{8}$만큼 연소가 되지 않는다는 의미이며

연료 중에 함유된 산소량을 보정하기 위해 사용된다. 즉, 유효수소는 실제 연소에 참여할 수 있는 수소의 양으로 전체 수소에서 산소와 결합된 수소량을 제외한 양을 의미한다.(연료 중의 산소가 결합수의 상태로 있기 때문에 전 수소에서 연소에 이용되지 않는 수소분을 공제한 수소)

53 원심력식 집진장치의 장점이 아닌 것은?

① 조작이 간단하고 유지관리가 용이하다.

② 건식 포집 및 제진이 가능하다.

③ 고온가스의 처리가 가능하다.

④ 분진량과 유량의 변화에 민감하다.

🔲 **원심력식 집진장치(Cyclone)**

① 설치비가 낮고 고온에서 운전 가능하다.

② 내통의 관경이 작을수록 미세입자의 분리포집이 가능하다.

③ 입구유속이 클수록 압력손실은 커지나 집진효율은 높아진다.

④ 미세한 입자를 원심분리하고자 할 때 가장 큰 영향인자는 사이클론의 직경이다.

⑤ Blow Down 방식을 적용하면 먼지제거효율을 향상시킬 수 있다.

⑥ 전기집진장치 및 여과집진장치의 전처리용으로 사용된다.

⑦ 직렬, 병렬로 연결하여 사용이 가능하다.

⑧ 비교적 압력손실은 적으나(80~100mmH₂O) 미세입자의 집진효율은 낮다.

⑨ 수분함량이 높은 먼지의 집진이 어렵고 분진량과 유량의 변화에 민감하다.

⑩ 조작이 간단하고 유지관리가 용이하며 운전비용이 저렴하다.

54 다음 중 불연성분에 해당하는 것은?

① H(수소) 　② O(산소) 　③ N(질소) 　④ S(황)

🔲 ① 연료의 가연성 성분 : 탄소(C), 수소(H), 황(S)

② 연료의 불연성 성분 : 질소(N)

③ 연료의 조연성 성분 : 산소(O)

55 폐플라스틱 소각에 대한 설명으로 틀린 것은?

① 열가소성 폐플라스틱은 열분해 휘발분이 매우 많고 고정탄소는 적다.

② 열가소성 폐플라스틱은 분해 연소를 원칙으로 한다.

③ 열경화성 폐플라스틱은 일반적으로 연소성이 우수하고 점화가 용이하여 수열에 의한 팽윤 균열이 적다.

④ 열경화성 폐플라스틱의 노 형식은 전처리 파쇄 후 유동층 방식에 의한 것이 좋다.

해설 열경화성 폐플라스틱은 일반적으로 연소성이 불량하고 점화도 곤란하여 수열에 의한 팽윤 균열을 일으킨다.

56 연소속도에 영향을 미치는 요인으로 가장 거리가 먼 것은?

① 산소의 농도 ② 촉매

③ 반응계의 온도 ④ 연료의 발열량

해설 **연소속도에 영향을 미치는 요인**
① 공기 중 산소의 확산속도
② 연료용 공기 중의 산소농도
③ 반응계의 온도 및 농도
④ 활성화에너지
⑤ 산소화의 혼합비
⑥ 촉매

57 유동층 소각로에서 슬러지의 온도가 30℃, 연소온도 850℃, 배기온도 450℃일 때, 유동층 소각로의 열효율(%)은?

① 49 ② 51

③ 62 ④ 77

해설 $$열효율(\%) = \frac{연소온도 - 배기온도}{연소온도 - 소각물온도} \times 100$$
$$= \frac{850 - 450}{850 - 30} \times 100 = 48.78\%$$

58 SO_2 100kg의 표준상태에서 부피(m^3)는?(단, SO_2는 이상기체, 표준상태로 가정한다.)

① 63.3 ② 59.5

③ 44.3 ④ 35.0

해설 $$표준상태부피(Sm^3) = 100kg \times \frac{22.4Sm^3}{64kg} = 35Sm^3$$

59 기체연료에 관한 내용으로 옳지 않은 것은?

① 적은 과잉공기(10~20%)로 완전연소가 가능하다.

② 유황 함유량이 적어 SO_2 발생량이 적다.

③ 저질연료로 고온 얻기와 연료의 예열이 어렵다.

④ 취급 시 위험성이 크다.

해설 **기체연료의 연소**
① 장점
  ㉠ 적은 과잉공기비(10~20%)로 완전연소가 가능하여 연소효율이 높다.

ㄴ 회분 및 SO_2, 매연 발생이 없다.(연료의 예열이 쉽고 유황 함유량이 적어 SOx 발생량이 적다.)

ㄷ 점화·소화가 용이하고 연소조절이 쉽다.(안정된 연소가 가능)

ㄹ 발열량이 크며 회분이 없고 균일가열된다.

ㅁ 연소율의 가연범위(Turn-down Ratio, 부하변동범위)가 넓다.

② 단점
  ㉠ 시설비(저장, 이송)가 크고 폭발위험성이 있다.
  ㉡ 실내에서 누설될 경우 위험하다.
  ㉢ 다른 연료에 비해 취급이 곤란(위험성)하다.

60 소각로의 완전연소 조건에 고려되어야 할 사항으로 가장 거리가 먼 것은?

① 소각로 출구온도 850℃ 이상 유지

② 연소 시 CO 농도 30ppm 이하 유지

③ O_2 농도 6~12% 유지(화격자식)

④ 강열감량(미연분) 5% 이상 유지

해설 **소각로의 완전연소 조건**
① 소각로 출구온도 850℃ 이상 유지
② 연소 시 CO 농도 30ppm 이하 유지
③ O_2 농도 6~12% 유지(화격자식)
④ 강열감량(미연분) 5% 이하 유지
⑤ 연소온도 850℃ 이상에서 2초 이상 체류시간 유지
⑥ 중금속 등 불연물질 소각 전 제거

제4과목 **폐기물공정시험기준(방법)**

61 시안을 자외선/가시선 분광법으로 측정할 때 발색된 색은?

① 적자색 ② 황갈색

③ 적색 ④ 청색

해설 **시안 – 자외선/가시선 분광법**
시료를 pH 2 이하의 산성으로 조절한 후에 에틸렌다이아민테트라아세트산나트륨을 넣고 가열 증류하여 시안화합물을 시안화수소로 유출시켜 수산화나트륨용액을 포집한 다음 중화하고 클로라민-T와 피리딘·피라졸론 혼합액을 넣어 나타나는 청색을 620nm에서 측정하는 방법이다.

62 Lambert – Beer 법칙에 관한 설명으로 틀린 것은?(단, A : 흡광도, ε : 흡광계수, c : 농도, l : 빛의 투과거리)

① 흡광도는 광이 통과하는 용액층의 두께에 비례한다.
② 흡광도는 광이 통과하는 용액층의 농도에 비례한다.
③ 흡광도는 용액층의 투과도에 비례한다.
④ 램버트 – 비어의 법칙을 식으로 표현하면 $A = \varepsilon \times c \times l$ 이다.

해설 흡광도$(A) = \log \dfrac{1}{\text{투과도}}$

흡광도는 용액층의 투과도에 반비례한다.

63 대상 폐기물의 양이 450톤인 경우, 현장 시료의 최소 수는?

① 14 ② 20
③ 30 ④ 36

해설 **대상 폐기물의 양과 시료의 최소 수**

대상 폐기물의 양(단위 : ton)	시료의 최소 수
~ 1 미만	6
1 이상~5 미만	10
5 이상~30 미만	14
30 이상~100 미만	20
100 이상~500 미만	30
500 이상~1,000 미만	36
1,000 이상~5,000 미만	50
5,000 이상~	60

64 액상폐기물 중 PCBs를 기체크로마토그래피로 분석 시 사용되는 시약이 아닌 것은?

① 수산화칼슘 ② 무수황산나트륨
③ 실리카겔 ④ 노말헥산

해설 **PCBs – 기체크로마토그래피 분석 시 시약**
① 아세톤
② 노말헥산
③ 무수황산나트륨
④ 실리카겔
⑤ 플로리실
⑥ 수산화칼륨/에틸알코올용액(1M)
⑦ 헥산세정수
⑧ 황산
⑨ 에틸에테르($C_2H_5OC_2H_5$, 분자량 74.12)
⑩ 에틸에테르/노말헥산용액(15W/V%)

65 다음 pH 표준액 중 pH 값이 가장 높은 것은?(단, 0℃ 기준)

① 붕산염 표준액 ② 인산염 표준액
③ 프탈산염 표준액 ④ 수산염 표준액

해설 **온도별 표준액의 pH 값 크기**
수산화칼슘 표준액 > 탄산염 표준액 > 붕산염 표준액 > 인산염 표준액 > 프탈산염 표준액 > 수산염 표준액

66 0.1N HCl 표준용액 50mL를 반응시키기 위해 0.1M $Ca(OH)_2$를 사용하였다. 이때 사용된 $Ca(OH)_2$의 소비량(mL)은?(단, HCl과 $Ca(OH)_2$의 역가는 각각 0.995와 1.005이다.)

① 24.75 ② 25.00
③ 49.50 ④ 50.00

해설 $NVf = N'V'f'$
$0.1 \times 50 \times 0.995 = 0.2 \times Ca(OH)_2 \times 1.005$
$Ca(OH)_2 = 24.75mL$
$[0.1M\ Ca(OH)_2 \to 0.2N\ Ca(OH)_2]$
$Ca(OH)_2$은 OH^-가 2가이므로 $0.1M \times 2 = 0.2N$

67 기체크로마토그래피를 이용하면 물질의 정량 및 정성 분석이 가능하다. 이 중 정량 및 정성 분석을 가능하게 하는 측정치는?

① 정량 – 유지시간, 정성 – 피크의 높이
② 정량 – 유지시간, 정성 – 피크의 폭
③ 정량 – 피크의 높이, 정성 – 유지시간
④ 정량 – 피크의 폭, 정성 – 유지시간

해설 ① 정성분석 : 동일조건하에서 특정한 미지성분의 머무른값(유지시간)과 예측되는 물질의 봉우리의 머무른값(유지시간)을 비교하여야 한다.
② 정량분석 : 크로마토그램의 재현성, 시료분석의 양, 봉우리의 면적 또는 높이(피크의 높이)와의 관계를 검토하여 분석한다.

68 중금속시료(염화암모늄, 염화마그네슘, 염화칼슘 등이 다량 함유된 경우)의 전처리 시, 회화에 의한 유기물의 분해과정 중에 휘산되어 손실을 가져오는 중금속으로 거리가 가장 먼 것은?

① 크롬 ② 납 ③ 철 ④ 아연

정답 62 ③ 63 ③ 64 ① 65 ① 66 ① 67 ③ 68 ①

2019

해설 **회화법**

① 적용

목적성분이 400℃ 이상에서 휘산되지 않고 쉽게 회화될 수 있는 시료에 적용한다.

② 주의

㉠ 시료 중에 염화암모늄, 염화마그네슘, 염화칼슘 등이 다량 함유된 경우에는 납, 철, 주석, 아연, 안티몬 등이 휘산되어 손실을 가져오므로 주의한다.

㉡ 액상폐기물 시료 또는 용출용액 적당량을 취하여 백금, 실리카 또는 사기제 증발접시에 넣고 수욕 또는 열판에서 가열하여 증발 건조한다. 용기를 회화로에 옮기고 400~500℃에서 가열하여 잔류물을 회화시킨 다음 방랭하고 염산(1+1) 10mL를 넣어 열판에서 가열한다.

69 폐기물로부터 유류 추출 시 에멀전을 형성하여 액층이 분리되지 않을 경우, 조작법으로 옳은 것은?

① 염화제이철 용액 4mL를 넣고 pH를 7~9로 하여 자석교반기로 교반한다.

② 메틸오렌지를 넣고 황색이 적색이 될 때까지 (1+1) 염산을 넣는다.

③ 노말헥산층에 무수황산나트륨을 넣어 수분간 방치한다.

④ 에멀전층 또는 헥산층에 적당량의 황산암모늄을 넣고 환류냉각관을 부착한 후 80℃ 물중탕에서 가열한다.

해설 추출 시 에멀전을 형성하여 액층이 분리되지 않거나 노말헥산층이 탁할 경우에는 분별깔때기 안의 수층을 원래의 시료용기에 옮기고, 에멀전층 또는 헥산층에 약 10g의 염화나트륨 또는 황산암모늄을 넣어 환류냉각관(약 300mm)을 부착하고 80℃ 물중탕에서 약 10분간 가열 분해한 다음 시험기준에 따라 시험한다.

70 시료의 전처리 방법 중 유기물 등을 많이 함유하고 있는 대부분의 시료에 적용되는 방법은?

① 질산 분해법

② 질산-염산 분해법

③ 질산-황산 분해법

④ 질산-과염소산 분해법

해설 **질산-황산 분해법**

유기물 등을 많이 함유하고 있는 대부분의 시료에 적용하며 칼슘, 바륨, 납 등을 다량 함유한 시료는 난용성의 황산염을 생성하여 다른 금속성분을 흡착하므로 주의하여야 한다.

71 원자흡수분광광도계의 구성 순서로 가장 알맞은 것은?

① 시료원자화부-광원부-단색화부-측광부

② 시료원자화부-광원부-측광부-단색화부

③ 광원부-시료원자화부-단색화부-측광부

④ 광원부-시료원자화부-측광부-단색화부

해설 원자흡광 분석장치는 일반적으로 광원부, 시료원자화부, 파장선택부(분광부) 및 측광부로 구성되어 있고, 단광속형과 복광속형이 있다.

72 자외선/가시선 분광법을 적용한 시안화합물 측정에 관한 내용으로 틀린 것은?

① 시안화합물을 측정할 때 방해물질들은 증류하면 대부분 제거된다.

② 황화합물이 함유된 시료는 아세트산용액을 넣어 제거한다.

③ 잔류염소가 함유된 시료는 L-아스코빈산용액을 넣어 제거한다.

④ 잔류염소가 함유된 시료는 이산화비소산나트륨 용액을 넣어 제거한다.

해설 황화합물이 함유된 시료는 아세트산아연용액(10w/v%) 2mL를 넣어 제거한다.

73 폐기물공정시험기준상의 규정이다. A+B+C+D의 합을 구한 것은?

- 방울수는 20℃에서 정제수 (A) 방울을 적하 시, 부피가 약 1mL가 되는 것을 뜻한다.
- 항량은 건조 시 같은 조건에서 1시간 더 건조할 때 전후 무게의 차가 g당 (B)mg 이하일 때다.
- 상온의 최저 온도는 (C)℃ 이다.
- ppm은 pphb의 (D)배이다.

① 31.3   ② 45.3

③ 58.3   ④ 68.3

해설 A(20)+B(0.3)+C(15)+D(10)=45.3

74 시안의 분석에 사용되는 방법으로 적당한 것은?

① 피리딘 · 피라졸론법

② 디페닐카르바지드법

③ 디에틸디티오카르바민산법

④ 디티존법

시안 – 자외선/가시선 분광법

시료를 pH 2 이하의 산성으로 조절한 후에 에틸렌다이아민테트라아세트산나트륨을 넣고 가열 증류하여 시안화합물을 시안화수소로 유출시켜 수산화나트륨용액을 포집한 다음 중화하고 클로라민 – T와 피리딘 · 피라졸론 혼합액을 넣어 나타나는 청색을 620nm에서 측정하는 방법이다.

75 일정량의 유기물을 질산 – 과염소산법으로 전처리하여 최종적으로 50mL로 하였다. 용액의 납을 분석한 결과 농도가 2.0mg/L이었다면, 유기물의 원래의 농도 (mg/L)는?

① 0.1   ② 1.0

③ 2.0   ④ 4.0

원래 농도(mg/L) $= 2.0\text{mg/L} \times \dfrac{100\text{mL}}{50\text{mL}} = 4.0\text{mg/L}$

76 원자흡수분광광도법으로 구리를 측정할 때 정밀도(RDS)는?(단, 정량한계는 0.008mg/L)

① ±10% 이내   ② ±15% 이내

③ ±20% 이내   ④ ±25% 이내

구리의 적용가능한 시험방법

구분	정량한계	정밀도(RSD)
원자흡수분광도법	0.008mg/L	25% 이내
유도결합플라스마 – 원자발광분광법	0.006mg/L	25% 이내
자외선/가시선 분광법	0.002mg	25% 이내

77 다음 설명 중 틀린 것은?

① 공정시험기준에서 사용하는 모든 기구 및 기기는 측정결과에 대한 오차가 허용되는 범위 이내인 것을 사용하여야 한다.

② 연속측정 또는 현장측정의 목적으로 사용하는 측정기기는 공정시험기준에 의한 측정치와의 정확한 보정을 행한 후 사용할 수 있다.

③ 각각의 시험은 따로 규정이 없는 한 실온에서 실시하고 조작 직후에 그 결과를 관찰한다. 단, 온도의 영향이 있는 것의 판정은 상온을 기준으로 한다.

④ 비함침성 고상폐기물이라 함은 금속판, 구리선 등 기름을 흡수하지 않는 평면 또는 비평면형태의 변압기 내부부재를 말한다.

각각의 시험은 따로 규정이 없는 한 상온에서 실시하고 조작 직후에 그 결과를 관찰한다. 단, 온도의 영향이 있는 것의 판정은 표준온도를 기준으로 한다.

78 기체크로마토그래피법에 대한 설명으로 틀린 것은?

① 일반적으로 유기화합물에 대한 정성 및 정량분석에 이용한다.

② 일정유량으로 유지되는 운반가스는 시료도입부로부터 분리관 내를 흘러서 검출기를 통하여 외부로 방출된다.

③ 정성분석은 동일조건하에서 특정한 미지성분의 머무른값과 예측되는 물질의 피크의 머무른값을 비교하여야 한다.

④ 분리관은 충전물질을 채운 내경 2~7mm의 시료에 대하여 활성금속, 유리 또는 합성수지관으로 각 분석방법에 사용한다.

분리관은 충전물질을 채운 내경 2~7mm의 시료에 대하여 불활성금속, 유리 또는 합성수지관으로 각 분석방법에 사용한다.

79 자외선/가시선 분광광도계의 흡수셀 중에서 자외부의 파장범위를 측정할 때 사용하는 것은?

① 유리   ② 석영

③ 플라스틱   ④ 광전판

흡수셀의 재질과 파장범위

① 유리셀 : 가시 및 근적외부

② 석영셀 : 자외부

③ 플라스틱셀 : 근적외부

80 시료 채취 시 시료용기에 기재하는 사항으로 가장 거리가 먼 것은?

① 폐기물의 명칭   ② 폐기물의 성분

③ 채취 책임자 이름   ④ 채취 시간 및 일기

정답   74 ①   75 ④   76 ④   77 ③   78 ④   79 ②   80 ②

2019

해설 **시료용기 기재사항**
① 폐기물의 명칭
② 대상 폐기물의 양
③ 채취장소
④ 채취시간 및 일기
⑤ 시료번호
⑥ 채취책임자 이름
⑦ 시료의 양
⑧ 채취방법
⑨ 기타 참고자료(보관상태 등)

제5과목 · 폐기물관계법규

81 폐기물의 수집 · 운반, 재활용 또는 처분을 업으로 하려는 경우와 '환경부령으로 정하는 중요 사항'을 변경하려는 때에도 폐기물처리사업계획서를 제출해야 한다. 폐기물 수집 · 운반업의 경우 '환경부령으로 정하는 중요 사항'의 변경 항목에 해당하지 않는 것은?

① 영업구역(생활폐기물의 수집 · 운반업만 해당한다.)
② 수집 · 운반 폐기물의 종류
③ 운반차량의 수 또는 종류
④ 폐기물 처분시설 설치 예정지

해설 **폐기물 수집 · 운반업에서 환경부령으로 정하는 중요사항**
① 대표자 또는 상호
② 연락장소 또는 사무실 소재지(지정폐기물 수집 · 운반업의 경우에는 주차장 소재지를 포함한다)
③ 영업구역(생활폐기물의 수집 · 운반업만 해당한다)
④ 수집 · 운반 폐기물의 종류
⑤ 운반차량의 수 또는 종류

82 폐기물 처리시설의 종류 중 재활용시설에 해당하지 않는 것은?

① 용해로(폐기물에서 비철금속을 추출하는 경우로 한정한다.)
② 소성(시멘트 소성로는 제외한다.) · 탄화 시설
③ 골재세척시설(동력 7.5kW 이상인 시설로 한정한다.)
④ 의약품 제조시설

해설 **재활용시설의 종류**
① 기계적 재활용시설
② 화학적 재활용시설
③ 생물학적 재활용시설
④ 시멘트 소성로
⑤ 용해로(폐기물에서 비철금속을 추출하는 경우로 한정한다)
⑥ 소성(시멘트 소성로는 제외한다.) · 탄화시설
⑦ 골재가공시설
⑧ 의약품 제조시설
⑨ 소각열회수시설(시간당 재활용능력이 200킬로그램 이상인 시설로서 에너지를 회수하기 위하여 설치하는 시설만 해당한다.)
⑩ 그 밖에 환경부장관이 폐기물을 안전하게 재활용할 수 있다고 인정하여 고시하는 시설

83 환경부령으로 정하는 폐기물처리시설의 설치를 마친 자는 환경부령으로 정하는 검사기관으로부터 검사를 받아야 한다. 이 검사 중 소각시설의 검사기관과 가장 거리가 먼 것은?

① 한국환경공단   ② 한국건설기술연구원
③ 한국기계연구원   ④ 한국산업기술시험원

해설 ※ 법규 변경사항이므로 해설의 내용으로 학습 부탁드립니다.

환경부령으로 정하는 폐기물처리시설 검사기관 또는 단체
① 한국환경공단
② 국 · 공립연구기관
③ 「국가표준기본법」에 따라 인정받은 시험 · 검사기관
④ 「과학기술분야 정부출연연구기관 등의 설립 · 운영 및 육성에 관한 법률」에 따라 설립된 기관
⑤ 「폐기물관리법」에 따른 폐기물분석전문기관
⑥ 「환경분야 시험 · 검사 등에 관한 법률」에 따라 등록된 측정대행업자
⑦ 그 밖에 국립환경과학원장이 폐기물처리시설 검사에 관한 업무를 수행할 수 있는 인적 · 물적 기준을 갖추었다고 인정하여 고시하는 기관 또는 단체

84 설치신고대상 폐기물처리시설 기준으로 ( )에 옳은 것은?

> 생물학적 처분시설 또는 재활용시설로서 1일 처분능력 또는 재활용 능력이 ( ) 미만인 시설

① 5톤   ② 10톤
③ 50톤   ④ 100톤

설치신고대상 폐기물처리시설의 규모기준
① 일반소각시설로서 1일 처리능력이 100톤(지정폐기물의 경우에는 10톤) 미만인 시설
② 고온소각시설·열분해시설·고온용융시설 또는 열처리조합시설로서 시간당 처리능력이 100킬로그램 미만인 시설
③ 기계적 처분시설 또는 재활용시설 중 증발·농축·정제 또는 유수분리시설로서 시간당 처리능력이 125킬로그램 미만인 시설
④ 기계적 처분시설 또는 재활용시설 중 압축·파쇄·분쇄·절단·용융 또는 연료화 시설로서 1일 처리능력이 100톤 미만인 시설
⑤ 기계적 처분시설 또는 재활용시설 중 탈수·건조시설, 멸균분쇄시설 및 화학적 처리시설
⑥ 생물학적 처분시설 또는 재활용시설로서 1일 처리능력이 100톤 미만인 시설
⑦ 소각열회수시설로서 1일 재활용능력이 100톤 미만인 시설

85 폐기물처리시설 중 화학적 처분시설에 해당되지 않는 것은?

① 연료화시설
② 고형화시설
③ 응집·침전시설
④ 안정화시설

화학적 처분시설
① 고형화·고화·안정화 시설
② 반응시설(중화·산화·환원·중합·축합·치환 등의 화학반응을 이용하여 폐기물을 처분하는 단위시설을 포함한다.)
③ 응집·침전 시설

86 환경상태의 조사·평가에서 국가 및 지방자치단체가 상시 조사·평가하여야 하는 내용으로 틀린 것은?

① 환경의 질의 변화
② 환경오염원 및 환경훼손 요인
③ 환경오염지역의 원상회복실태
④ 자연환경 및 생활환경 현황

환경정책기본법(환경상태의 조사·평가)상 국가 및 지방자치단체가 상시 조사·평가하는 내용
① 자연환경 및 생활환경 현황
② 환경오염 및 환경훼손 실태
③ 환경오염원 및 환경훼손 요인
④ 환경의 질의 변화
⑤ 그 밖에 국가환경종합계획의 수립·시행에 필요한 사항

87 환경부령으로 정하는 재활용시설과 가장 거리가 먼 것은?

① 재활용가능자원의 수집·운반·보관을 위하여 특별히 제조 또는 설치되어 사용되는 수집·운반 장비 또는 보관시설
② 재활용제품의 제조에 필요한 전처리 장치·장비·설비
③ 유기성 폐기물을 이용하여 퇴비·사료를 제조하는 퇴비화·사료화 시설 및 에너지화 시설
④ 생활폐기물 중 혼합폐기물의 소각시설

환경부령으로 정하는 재활용시설
[자원의 절약과 재활용촉진에 관한 법률 시행규칙]
① 재활용가능자원의 수집·운반·보관을 위하여 특별히 제조 또는 설치되어 사용되는 수집·운반 장비 또는 보관시설
② 재활용가능자원의 효율적인 운반 또는 가공을 위한 압축시설, 파쇄시설, 용융시설 등의 중간가공시설
③ 재활용제품의 제조에 필요한 전처리 장치·장비·설비
④ 재활용제품을 제조·가공·보관하는 데 사용되는 장치·장비·시설
⑤ 유기성 폐기물을 이용하여 퇴비·사료를 제조하는 퇴비화·사료화 시설 및 에너지화 시설
⑥ 폐기물 중간재활용업, 폐기물 최종재활용업, 폐기물 종합재활용업의 허가를 받은 자와 폐기물처리 신고자가 폐기물의 재활용에 사용하는 시설 및 장비
⑦ 건설폐기물 중간처리업 허가를 받은 자가 건설폐기물의 재활용에 사용하는 시설 및 장비

88 환경부령으로 정하는 가연성고형폐기물로부터 에너지를 회수하는 활동기준으로 틀린 것은?

① 다른 물질과 혼합하고 해당 폐기물의 고위발열량이 킬로그램당 3천 킬로칼로리 이상일 것
② 에너지 회수효율(회수에너지 총량을 투입에너지 총량으로 나눈 비율을 말한다.)이 75% 이상일 것
③ 회수열을 모두 열원, 전기 등의 형태로 스스로 이용하거나 다른 사람에게 공급할 것
④ 환경부장관이 정하여 고시하는 경우에는 폐기물의 30% 이상을 원료나 재료로 재활용하고 그 나머지 중에서 에너지의 회수에 이용할 것

에너지 회수기준
① 다른 물질과 혼합하지 아니하고 해당 폐기물의 저위발열량이 킬로그램당 3천 킬로칼로리 이상일 것
② 에너지의 회수효율(회수에너지 총량을 투입에너지 총량으로 나눈 비율을 말한다.)이 75퍼센트 이상일 것

정답 85 ① 86 ③ 87 ④ 88 ①

③ 회수열을 모두 열원(熱源)으로 스스로 이용하거나 다른 사람에게 공급할 것

④ 환경부장관이 정하여 고시하는 경우에는 폐기물의 30퍼센트 이상을 원료나 재료로 재활용하고 그 나머지 중에서 에너지의 회수에 이용할 것

89 시·도지사나 지방환경관서의 장이 폐기물처리시설의 개선명령을 명할 때 개선 등에 필요한 조치의 내용, 시설의 종류 등을 고려하여 정하여야 하는 기간은?(단, 연장기간은 고려하지 않음)

① 3개월   ② 6개월

③ 1년   ④ 1년 6개월

해설 **폐기물 처리시설의 개선명령에 따른 개선기간**
① 개선명령 : 1년의 범위
② 사용중지명령 : 6개월의 범위
③ 기간연장 : 6개월의 범위

90 폐기물 운반자는 배출자로부터 폐기물을 인수받은 날로부터 며칠 이내에 전자정보처리프로그램에 입력하여야 하는가?

① 1일   ② 2일

③ 3일   ④ 5일

해설 폐기물 운반자는 배출자로부터 폐기물을 인수받은 날로부터 2일 이내에 전자정보처리프로그램에 입력하여야 한다.

91 폐기물처리시설의 유지·관리에 관한 기술관리를 대행할 수 있는 자는?

① 한국환경공단

② 국립환경연구원

③ 시·도 보건환경연구원

④ 지방환경관리청

해설 **폐기물처리시설의 유지·관리에 관한 기술관리대행자**
① 한국환경공단
② 엔지니어링 사업자
③ 기술사사무소
④ 그 밖에 환경부장관이 기술관리를 대행할 능력이 있다고 인정하여 고시하는 자

92 생활폐기물처리에 관한 설명으로 틀린 것은?

① 시·군수·구청장은 관할구역에서 배출되는 생활폐기물을 처리하여야 한다.

② 시·군수·구청장은 해당 지방자치단체의 조례로 정하는 바에 따라 대통령령으로 정하는 자에게 생활폐기물 수집, 운반, 처리를 대행하게 할 수 있다.

③ 환경부장관은 지역별 수수료 차등을 방지하기 위하여 지방자치단체에 수수료 기준을 권고할 수 있다.

④ 시·군수·구청장은 생활폐기물을 처리할 때에는 배출되는 생활폐기물의 종류, 양 등에 따라 수수료를 징수할 수 있다.

해설 특별자치시장, 특별자치도지사, 시·군수·구청장은 생활폐기물을 처리할 때에는 배출되는 생활폐기물의 종류, 양 등에 따라 수수료를 징수할 수 있다. 이 경우 수수료는 해당 지방자치단체의 조례로 정하는 바에 따라 폐기물 종량제 봉투 또는 폐기물임을 표시하는 표지 등(이하 "종량제 봉투 등"으로 한다.)을 판매하는 방법으로 징수하되, 음식물류 폐기물의 경우에는 배출량에 따라 산출한 금액을 부과하는 방법으로 징수할 수 있다.

93 폐기물처리업의 업종 구분과 영업 내용의 범위를 벗어나는 영업을 한 자에 대한 벌칙 기준은?

① 1년 이하의 징역이나 5백만 원 이하의 벌금

② 1년 이하의 징역이나 1천만 원 이하의 벌금

③ 2년 이하의 징역이나 2천만 원 이하의 벌금

④ 3년 이하의 징역이나 3천만 원 이하의 벌금

해설 폐기물관리법 제66조 참조

94 폐기물매립시설의 사후관리 업무를 대행할 수 있는 자는?(단, 그 밖에 환경부장관이 사후관리를 대행할 능력이 있다고 인정하여 고시하는 자의 경우 제외)

① 유역·지방 환경청

② 국립환경과학원

③ 한국환경공단

④ 시·도 보건환경연구원

해설 폐기물매립시설의 사후관리 업무를 대행할 수 있는 자는 한국환경공단이다.

95 폐기물관리법에서 사용되는 용어의 정의로 틀린 것은?

① 의료폐기물 : 보건 · 의료기관, 동물병원, 시험 · 검사기관 등에서 배출되어 인간에게 심각한 위해를 초래하는 폐기물로 환경부령으로 정하는 폐기물을 말한다.

② 생활폐기물 : 사업장폐기물 외의 폐기물을 말한다.

③ 지정폐기물 : 사업장폐기물 중 폐유 · 폐산 등 주변환경을 오염시킬 수 있거나 의료폐기물 등 인체에 위해를 줄 수 있는 해로운 물질로서 대통령령으로 정하는 폐기물을 말한다.

④ 폐기물처리시설 : 폐기물의 중간처분시설, 최종처분시설 및 재활용시설로서 대통령령으로 정하는 시설을 말한다.

의료폐기물

보건 · 의료기관, 동물병원, 시험 · 검사기관 등에서 배출되는 폐기물 중 인체에 감염 등 위해를 줄 우려가 있는 폐기물과 인체조직 등 적출물, 실험동물의 사체 등 보건 · 환경보호상 특별한 관리가 필요하다고 인정되는 폐기물로서 대통령령으로 정하는 폐기물을 말한다.

96 최종처분시설 중 관리형 매립시설의 관리 기준에 관한 내용으로 ( )에 옳은 내용은?

매립시설 주변의 지하수 검사정 및 빗물 · 지하수배제시설의 수질검사 또는 해수수질검사는 해당 매립시설의 사용시작 신고일 2개월 전부터 사용시작 신고일까지의 기간 중에는 (㉠), 사용시작 신고일 후부터는 (㉡) 각각 실시하여야 하며, 검사 실적을 매년 (㉢)까지 시 · 도지사 또는 지방환경관서의 장에게 보고하여야 한다.

① ㉠ 월 1회 이상, ㉡ 분기 1회 이상, ㉢ 1월 말

② ㉠ 월 1회 이상, ㉡ 반기 1회 이상, ㉢ 12월 말

③ ㉠ 월 2회 이상, ㉡ 분기 1회 이상, ㉢ 1월 말

④ ㉠ 월 2회 이상, ㉡ 반기 1회 이상, ㉢ 12월 말

관리형 매립시설의 관리기준

매립시설 주변의 지하수 검사정 및 빗물 · 지하수배제시설의 수질검사 또는 해수수질검사는 해당 매립시설의 사용시작 신고일 2개월 전부터 사용시작 신고일까지의 기간 중에는 월 1회 이상, 사용시작 신고일 후부터는 분기 1회 이상 각각 실시하여야 하며, 검사실적을 매년 1월 말까지 시 · 도지사나 지방환경관서의 장에게 보고하여야 한다.

97 폐기물관리법에 적용되지 않는 물질의 기준으로 틀린 것은?

① 하수도법에 따른 하수

② 용기에 들어 있지 아니한 기체상태의 물질

③ 원자력법에 따른 방사성물질과 이로 인하여 오염된 물질

④ 물환경보전법에 따른 오수 · 분뇨

폐기물관리법을 적용하지 않는 물질

① 「원자력안전법」에 따른 방사성 물질과 이로 인하여 오염된 물질

② 용기에 들어 있지 아니한 기체상태의 물질

③ 「물환경보전법」에 따른 수질오염 방지시설에 유입되거나 공공수역(수역)으로 배출되는 폐수

④ 「가축분뇨의 관리 및 이용에 관한 법률」에 따른 가축분뇨

⑤ 「하수도법」에 따른 하수 · 분뇨

⑥ 「가축전염병예방법」이 적용되는 가축의 사체, 오염 물건, 수입 금지 물건 및 검역 불합격품

⑦ 「수산생물질병 관리법」에 적용되는 수산동물의 사체, 오염된 시설 또는 물건, 수입 금지 물건 및 검역 불합격품

⑧ 「군수품관리법」에 따라 폐기되는 탄약

98 위해의료폐기물의 종류 중 시험 · 검사 등에 사용된 배양액, 배양용기, 보관균주, 폐시험관, 슬라이드, 커버글라스, 폐배지, 폐장갑이 해당하는 폐기물 분류는?

① 생물 · 화학폐기물

② 손상성 폐기물

③ 병리계 폐기물

④ 조직물류 폐기물

위해의료폐기물의 종류

① 조직물류 폐기물 : 인체 또는 동물의 조직 · 장기 · 기관 · 신체의 일부, 동물의 사체, 혈액 · 고름 및 혈액생성물질(혈청, 혈장, 혈액 제제)

② 병리계 폐기물 : 시험 · 검사 등에 사용된 배양액, 배양용기, 보관균주, 폐시험관, 슬라이드, 커버글라스 폐배지, 폐장갑

③ 손상성 폐기물 : 주삿바늘, 봉합바늘, 수술용 칼날, 한방침, 치과용 침, 파손된 유리재질의 시험기구

④ 생물 · 화학폐기물 : 폐백신, 폐항암제, 폐화학치료제

⑤ 혈액오염폐기물 : 폐혈액백, 혈액투석 시 사용된 폐기물, 그 밖에 혈액이 유출될 정도로 포함되어 있는 특별한 관리가 필요한 폐기물

정답 95 ① 96 ① 97 ④ 98 ③

99 생활폐기물배출자는 특별자치시, 특별자치도, 시·군·구의 조례로 정하는 바에 따라 스스로 처리할 수 없는 생활폐기물을 종류별, 성질·상태별로 분리하여 보관하여야 한다. 이를 위반한 자에 대한 과태료 부과 기준은?

① 100만 원 이하의 과태료
② 200만 원 이하의 과태료
③ 300만 원 이하의 과태료
④ 500만 원 이하의 과태료

해설 폐기물관리법 제68조 참조

100 폐기물처리시설의 종류에 따른 분류가 틀리게 짝지어진 것은?

① 용융시설(동력 7.5kW 이상인 시설로 한정한다.) − 기계적 처분시설 − 중간처분시설
② 사료화시설(건조에 의한 사료화시설은 제외) − 생물학적 처분시설 − 중간처분시설
③ 관리형매립시설(침출수처리시설, 가스 소각·발전·연료화 시설 등 부대시설을 포함한다.) − 매립시설 − 최종처분시설
④ 열분해시설(가스화시설을 포함한다.) − 소각시설 − 중간처분시설

해설 사료화시설(건조에 의한 사료화시설을 포함한다.) − 생물학적 재활용시설 − 재활용시설

제1과목 폐기물개론

01 적정한 수집·운반시스템에 대한 대책을 수립하는 과정에서 검토해야 할 항목으로 가장 거리가 먼 것은?

① 수집구역
② 배출방법
③ 수집빈도
④ 최종처분

해설 최종처분은 매립 등을 말하며, 즉 최종처분은 적정한 수집·운반시스템에 대한 대책과는 관련이 없다.

02 혐기성 소화에 대한 설명으로 틀린 것은?

① 가수분해, 산생성, 메탄생성 단계로 구분된다.
② 처리속도가 느리고 고농도 처리에 적합하다.
③ 호기성 처리에 비해 동력비 및 유지관리비가 적게 든다.
④ 유기산의 농도가 높을수록 처리효율이 좋아진다.

해설 혐기성 소화(산 생성 단계)
유기산(Formic Acid, Propionic Acid, Butyric Acid) 형성과정, 즉 산성소화 과정으로 유기산균에 의해 유기물이 알코올로 변화되는 단계로 유기산의 농도가 높을수록 처리효율이 낮아진다.

03 폐기물 선별 과정에서 회전방식에 의해 폐기물을 크기에 따라 분리하는 데 사용되는 장치는?

① Reciprocating Screen
② Air Classifier
③ Ballistic Separator
④ Trommel Screen

해설 트롬멜 스크린(Trommel Screen)
폐기물이 경사진 회전 트롬멜 스크린에 투입되면 스크린의 회전으로 인해 폐기물이 혼합되며, 길이방향으로 밀려나가면서 스크린 체의 규격에 따라 선별된다.(원통의 체로 수평방향으로부터 5° 전후로 경사된 축을 중심으로 회전시켜 체분리함)

04 수거차의 대기시간이 없이 빠른 시간 내에 적하를 마치므로 적환장 내·외에서 교통체증현상을 감소시켜 주는 적환시스템은?

① 직접투하방식
② 저장투하방식
③ 간접투하방식
④ 압축투하방식

해설 저장투하방식(Storage - discharge Transfer station)
쓰레기를 저장 피트(Pit)나 플랫폼에 저장한 후 압축기등으로 적환하는 방법으로 대도시의 대용량 쓰레기에 적합하며 수거차가 대기시간 없이 빠른 시간 내에 적하를 마치므로 교통체증 현상을 없애주는 효과가 있다.

05 트롬멜 스크린에 대한 설명으로 틀린 것은?

① 수평으로 회전하는 직경 3m 정도의 원통형태이며 가장 널리 사용되는 스크린의 하나이다.
② 최적 회전속도는 임계회전속도의 45% 정도이다.
③ 도시폐기물 처리 시 적정 회전속도는 100~180rpm이다.
④ 경사도는 대개 2~3°를 채택하고 있다.

해설 트롬멜 스크린의 운전특성
① 스크린 개방면적(53%)
② 경사도(2~3°)
③ 회전속도(11~30rpm)
④ 길이(4.0m)

06 굴림통 분쇄기(Roll Crusher)에 관한 설명으로 틀린 것은?

① 재회수과정에서 유리같이 깨지기 쉬운 물질을 분쇄할 때 이용된다.
② 퍼짐성이 있는 금속캔류는 단순히 납작하게 된다.
③ 유리와 금속류가 섞인 폐기물을 굴림통 분쇄기에 투입하면 분쇄된 유리를 체로 쳐서 쉽게 분리할 수 있다.
④ 분쇄는 투입물의 선별 과정과 이것을 압축시키는 두 가지 과정으로 구성된다.

해설 분쇄는 투입물을 포집하는 과정과 이것을 굴림통 사이로 통과시키는 두 가지 과정으로 구분된다.

2018

정답 01 ④ 02 ④ 03 ④ 04 ② 05 ③ 06 ④

07 도시폐기물의 물리적 특성 중 하나인 겉보기 밀도의 대푯값이 가장 높은 것은?(단, 비압축 상태 기준)

① 재
② 고무류
③ 가죽류
④ 알루미늄캔

> 해설 **겉보기 밀도의 대푯값**
> [가벼운 물질이 일반적으로 겉보기 밀도가 큼]
> ① 재 : $480kg/m^3$
> ② 고무류 : $130kg/m^3$
> ③ 가죽류 : $160kg/m^3$
> ④ 알루미늄캔(비철금속) : $160kg/m^3$

08 분뇨처리 결과를 나타낸 그래프의 ( )에 들어갈 말로 가장 알맞은 것은?(단, S_e : 유출수의 휘발성 고형물질 농도(mg/L), SRT : 고형물질의 체류시간, S_o : 유입수의 휘발성고형물질농도(mg/L))

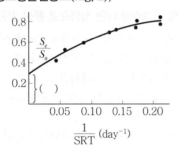

① 생물학적 분해 가능한 유기물질 분율
② 생물학적 분해 불가능한 휘발성 고형물질 분율
③ 생물학적 분해 가능한 무기물질 분율
④ 생물학적 분해 불가능한 유기물질 분율

> 해설 $\left(\dfrac{\text{유출수의 휘발성 고형물질 농도}}{\text{유입수의 휘발성 고형물질 농도}}\right)$의 비가 0.3 이하는 생물학적 분해 불가능한 휘발성 고형물질 분율을 의미한다.

09 다음 유기물 중 분해가 가장 빠른 것은?

① 리그닌
② 단백질
③ 셀룰로오스
④ 헤미셀룰로오스

> 해설 단백질은 생분해성 물질이므로 분해가 가장 빠르며 리그닌, 셀룰로오스, 헤미셀룰로오스는 난분해성 유기물질이다.

10 분뇨를 혐기성 소화공법으로 처리할 때 발생하는 CH_4가스의 부피는 분뇨투입량의 약 8배라고 한다. 1일 분뇨 500kL/day씩 처리하는 소화시설에서 발생하는 CH_4가스를 포함하여 24시간 균등연소시킬 때 시간당 발열량(kcal/hr)은?(단, CH_4가스의 발열량=약 $5,500kcal/m^2$)

① 5.5×10^5
② 2.5×10^5
③ 9.2×10^5
④ 1.5×10^5

> 해설 시간당 발열량(kcal/hr)
> =500kL/day×5,500kcal/m³×1,000L/kL×m³/1,000L
>   ×day/24hr×8
> =9.17×10⁵kcal/hr

11 발열량에 대한 설명으로 옳지 않은 것은?

① 우리나라 소각로의 설계 시 이용하는 열량은 저위발열량이다.
② 수분을 50% 이상 함유하는 쓰레기는 삼성분조성비를 바탕으로 발열량을 측정하여야 오차가 적다.
③ 폐기물의 가연분, 수분, 회분의 조성비로 저위발열량을 추정할 수 있다.
④ Dulong 공식에 의한 발열량 계산은 화학적 원소분석을 기초로 한다.

> 해설 쓰레기 자체가 불균일성 물질이고 수분을 50% 이상 함유하고 있는 경우에는 상당한 오차가 발생할 수 있다.

12 적환장에 대한 설명으로 가장 거리가 먼 것은?

① 적환장의 위치는 주민들의 생활환경을 고려하여 수거지역의 무게중심과 되도록 멀리 설치하여야 한다.
② 최종처분지와 수거지역의 거리가 먼 경우 적환장을 설치한다.
③ 작은 용량의 차량을 이용하여 폐기물을 수집해야 할 때 필요한 시설이다.
④ 폐기물의 수거와 운반을 분리하는 기능을 한다.

> 해설 **적환장 위치결정 시 고려사항**
> ① 적환장의 설치장소는 수거하고자 하는 개별적 고형폐기물 발생지역의 하중중심(무게중심)과 되도록 가까운 곳이어야 함
> ② 쉽게 간선도로에 연결되며, 2차 보조수송수단의 연결이 쉬운 곳
> ③ 건설비와 운영비가 적게 들고 경제적인 곳
> ④ 최종 처리장과 수거지역의 거리가 먼 경우(≒16km 이상)

⑤ 주도로의 접근이 용이하고 2차 또는 보조수송수단의 연결이 쉬운 지역

⑥ 주민의 반대가 적고 주위환경에 대한 영향이 최소인 곳

⑦ 설치 및 작업이 쉬운 곳(설치 및 작업조작이 경제적인 곳)

⑧ 적환작업 중 공중위생 및 환경피해 영향이 최소인 곳

13 쓰레기의 성상분석 절차로 가장 옳은 것은?

① 시료 → 전처리 → 물리적 조성 분류 → 밀도 측정 → 건조 → 분류

② 시료 → 전처리 → 건조 → 분류 → 물리적 조성 분류 → 밀도 측정

③ 시료 → 밀도 측정 → 건조 → 분류 → 전처리 → 물리적 조성 분류

④ 시료 → 밀도 측정 → 물리적 조성 분류 → 건조 → 분류 → 전처리

폐기물 시료 분석절차

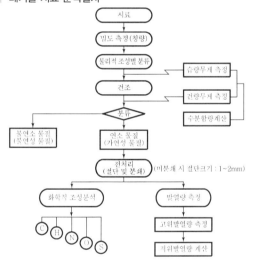

14 폐기물의 운송기술에 대한 설명으로 틀린 것은?

① 파이프라인(Pipe-Line) 수송은 폐기물의 발생빈도가 높은 곳에서는 현실성이 있다.

② 모노레일(Mono-Rail) 수송은 가설이 곤란하고 설치비가 고가이다.

③ 컨베이어(Conveyor) 수송은 넓은 지역에서 사용되고 사용 후 세정에 많은 물을 사용해야 한다.

④ 파이프라인(Pipe-Line) 수송은 장거리 이송이 곤란하고 투입구를 이용한 범죄나 사고의 위험이 있다.

③의 설명은 컨테이너 수송을 말하며, 컨베이어 수송은 지하에 설치된 컨베이어에 의해 쓰레기를 수송하는 방법으로 악취문제를 해결하고 경관을 보전할 수 있는 장점이 있다.

15 고형분이 20%인 폐기물 12ton을 건조시켜 함수율이 40%가 되도록 하였을 때 감량된 무게(ton)는?(단, 비중은 1.0 기준)

① 5 ② 6
③ 7 ④ 8

12ton×0.2=건조 후 폐기물 중량×(1-0.4)

건조 후 폐기물 중량=$\frac{12ton \times 0.2}{0.6}$=4ton

감량된 무게(ton)=12-4=8ton

16 환경경영체제(ISO-14000)에 대한 설명으로 가장 거리가 먼 내용은?

① 기업이 환경문제의 개선을 위해 자발적으로 도입하는 제도이다.

② 환경사업을 기업 영업의 최우선 과제 중의 하나로 삼는 경영체제이다.

③ 기업의 친환경성 이미지에 대한 광고효과를 위해 도입할 수 있다.

④ 전과정평가(LCA)를 이용하여 기업의 환경성과를 측정하기도 한다.

① ISO 14000(14001) 환경경영시스템은 조직의 활동, 서비스 및 제품과 관련된 환경위험요소를 사전에 충분히 식별하고, 평가함으로써 적절한 대응방안을 수립하여 이행하고, 지속적 개선을 통해 환경보존, 비용절감, 기업경쟁력 향상, 법규준수 및 이해관계자와의 좋은 관계 유지를 할 수 있도록 하는 시스템이다.

② 기업의 환경문제를 지속적으로 개선시키는 것이 목적이며, 기업활동이 환경에 미치는 부정적인 영향을 최소화하는 경영체제이다.

17 폐기물 발생량 조사방법에 관한 설명으로 틀린 것은?

① 물질수지법은 일반적인 생활폐기물 발생량을 추산할 때 주로 이용한다.

② 적재차량 계수분석법은 일정기간 동안 특정지역의 폐기물 수거, 운반차량의 대수를 조사하여, 이 결과에 밀도를 이용하여 질량으로 환산하는 방법이다.

③ 직접계근법은 비교적 정확한 폐기물 발생량을 파악할
수 있다.
④ 직접계근법은 적재차량 계수 분석에 비하여 작업량이
많고 번거롭다는 단점이 있다.

해설 물질수지법은 주로 산업폐기물 발생량을 추산할 때 이용하는 방법이다.

18 폐기물의 성분을 조사한 결과 플라스틱의 함량이 20%(중량비)로 나타났다. 이 폐기물의 밀도가 300kg/m³라면 6.5m³ 중에 함유된 플라스틱의 양(kg)은?

① 300
② 340
③ 390
④ 415

해설 무게(kg)＝(밀도×부피)×플라스틱 함유비율
＝$300kg/m^3 × 6.5m^3 × 0.2 = 390kg$

19 폐기물 연소 시 저위발열량과 고위발열량의 차이를 결정짓는 물질은?

① 물
② 탄소
③ 소각재의 양
④ 유기물의 총량

해설 고위발열량에서 수분(물)의 응축잠열을 제외한 열량을 저위발열량이라 한다.

20 전과정평가(LCA)를 4단계로 구성할 때 다음 중 가장 거리가 먼 것은?

① 영향평가
② 목록분석
③ 해석(개선평가)
④ 현황조사

해설 전과정평가(LCA) 4단계
① 목적 및 범위의 설정(Goal Definition Scoping) : 1단계
[LCA 사용목적]
㉠ 복수제품 간의 비교선택
㉡ 제품 및 공정의 개선효과 파악
㉢ 목표치를 달성하기 위한 제품의 점검
㉣ 개선점의 추출(우선순위 결정)
㉤ 제품에 관계되는 주체 간의 의사전달 촉진
② 목록분석(Inventory Analysis) : 2단계
상품, 포장, 공정, 물질, 원료 및 활동에 의해 발생하는 에너지 및 천연원료 요구량, 대기, 수질 오염물질 배출, 고형폐기물과 기타 기술적 자료구축 과정이다.

③ 영향평가(Impact Analysis or Assessment) : 3단계
조사분석과정에서 확정된 자원요구 및 환경부하에 대한 영향을 평가하는 기술적, 정량적, 정성적 과정이다.
④ 개선평가 및 해석(Improvement Assessment) : 4단계
전 과정에 대한 해석을 실시하는 과정이다.

제2과목 폐기물처리기술

21 흔히 사용되는 폐기물 고화처리방법은 보통 포틀랜드 시멘트를 이용한 방법이다. 보통 포틀랜드 시멘트에서 가장 많이 함유한 성분은?

① SiO_2
② Al_2O_3
③ Fe_2O_3
④ CaO

해설 포틀랜드 시멘트의 주성분
$CaO · SiO_2$(규산염)이며, 그 외에 CaO(60~65%), SiO_2(22%), 기타(13%)

22 합성차수막인 CSPE에 관한 설명으로 옳지 않은 것은?

① 미생물에 강하다.
② 강도가 약하다.
③ 접합이 용이하다.
④ 산과 알칼리에 약하다.

해설 CSPE
① 장점
㉠ 미생물에 강함
㉡ 접합이 용이함
㉢ 산과 알칼리에 특히 강함
② 단점
㉠ 기름, 탄화수소, 용매류에 약함
㉡ 강도가 낮음

23 다음 조건의 관리형 매립지에서 침출수의 통과 연수는? (단, 점토층 두께 1.0m, 유효공극률 0.2, 투수계수 10^{-7}cm/sec, 침출수수두 0.4m, 기타 조건은 고려하지 않음)

① 약 6.33년
② 약 5.24년
③ 약 4.53년
④ 약 3.81년

해설 소요시간$(t : year) = \dfrac{d^2\eta}{k(d+h)}$

$= \dfrac{1.0^2m^2 × 0.2}{10^{-7}cm/sec × 1m/100cm × (1.0+0.4)m}$
$= 142,857,142.9sec(4.53year)$

정답 18 ③　19 ①　20 ④　21 ④　22 ④　23 ③

24 수중 유기화합물의 활성탄 흡착에 관한 사항으로 틀린 것은?

① 가지구조의 화합물이 직선구조의 화합물보다 잘 흡착된다.

② 기공확산이 율속단계인 경우, 분자량이 클수록 흡착속도는 늦다.

③ 불포화탄화수소가 포화탄화수소보다 잘 흡착된다.

④ 물에 대한 용해도가 높은 화합물이 낮은 화합물보다 잘 흡착된다.

해설 수중 유기화합물의 활성탄 흡착은 물에 대한 용해도가 낮은 화합물이 높은 화합물보다 잘 흡착된다. 즉, 활성탄은 소수성이며 비극성물질을 흡착한다.

25 토양수분장력이 100,000cm의 물기둥 높이의 압력과 같다면 pF(Potential Force)의 값은?

① 4.5 ② 5.0 ③ 5.5 ④ 6.0

해설 $pF = \log[H : 물기둥 높이(cmH_2O)]$
$= \log(100,000) = 5.0$

26 수거분뇨 1kL를 전처리(SS제거용 30%)하여 발생한 슬러지를 수분함량 80%로 탈수한 슬러지(kg)는?(단, 수거분뇨 SS농도=4%, 비중=1.0 기준)

① 20 ② 40 ③ 60 ④ 80

해설 탈수슬러지양(kg)
$= 1kL \times 0.3 \times 1,000L/kL \times 1kg/1L \times 0.04 \times \frac{100}{100-80}$
$= 60kg$

[Note] 1kL = 1000kg

27 다이옥신과 퓨란에 대한 설명으로 틀린 것은?

① PVC 또는 플라스틱 등을 포함하는 합성물질을 연소시킬 때 발생한다.

② 여러 개의 염소원자와 1~2개의 수소원자가 결합된 두 개의 벤젠고리를 포함하고 있다.

③ 다이옥신의 이성체는 75개이고, 퓨란은 135개이다.

④ 2,3,7,8 PCDD의 독성계수가 1이며 여타 이성체는 1보다 작은 등가계수를 갖는다.

해설 다이옥신과 퓨란은 하나 또는 두 개의 산소원자와 1~8개의 염소원자가 결합된 두 개의 벤젠고리를 포함하고 있다.

28 뒤집기 퇴비단공법의 장점이 아닌 것은?

① 건조가 빠르다.
② 병원균 파괴율이 높다.
③ 많은 양을 다룰 수 있다.
④ 상대적으로 투자비가 낮다.

해설 뒤집기식 퇴비단공법은 퇴비단이 완전히 분해되는 데 3~5년이 걸리므로 병원균 파괴율이 낮다.

29 혐기성 분해 시 메탄균은 pH에 민감하다. 메탄균의 최적 환경으로 가장 적합한 것은?

① 강산성 상태 ② 약산성 상태
③ 약알칼리성 상태 ④ 강알칼리성 상태

해설 혐기성 분해 시 메탄균의 최적 pH는 약알칼리성 상태(pH 7~7.5)이다.

30 고형물 농도 80kg/m³의 농축슬러지를 1시간에 8m³ 탈수시키려고 한다. 슬러지 중의 고형물당 소석회 첨가량을 중량기준으로 20%로 했을 때 함수율 90%의 탈수 Cake가 얻어졌다. 이 탈수 Cake의 겉보기 비중량을 1,000kg/m³로 할 경우 발생 Cake의 부피(m³/hr)는?

① 약 5.5 ② 약 6.6
③ 약 7.7 ④ 약 8.8

해설 Cake 부피(m³/hr) $= 80kg/m^3 \times 8m^3/hr \times m^3/1,000kg$
$\times \left(\frac{100+20}{100}\right) \times \left(\frac{100}{100-90}\right)$
$= 7.68m^3/hr$

31 6.3%의 고형물을 함유한 150,000kg의 슬러지를 농축한 후 소화조로 이송할 경우 농축슬러지의 무게는 70,000kg이다. 이때 소화조로 이송한 농축된 슬러지의 고형물 함유율(%)은?(단, 슬러지의 비중=1.0, 상등액의 고형물 함량은 무시)

① 11.5 ② 13.5
③ 15.5 ④ 17.5

해설 $150,000kg \times 0.063 = 70,000kg \times 농축슬러지의 고형물 함유율$
농축슬러지의 고형물 함유율(%) $= 0.135 \times 100 = 13.5\%$

32 일반적인 폐기물의 매립방법에 관한 설명 중 틀린 것은?

① 폐기물은 매일 1.8~2.4m의 높이로 매립한다.

② 중간복토는 30cm의 흙으로 덮고 최종복토는 60cm의 흙으로 덮는다.

③ 다짐 후 폐기물 밀도가 390~740kg/m^{3}가 되도록 한다.

④ 폐기물을 충분히 다짐하면 공기함유량이 감소되어 CH_4의 생성이 감소한다.

해설 폐기물을 충분히 다짐하면 공기함유량이 감소되어 혐기성상태의 분해가 진행되어 CH_4 생성이 증가한다.

33 차수설비인 복합차수층에서 일반적으로 합성차수막 바로 상부에 위치하는 것은?

① 점토층 ② 침출수 집배수층

③ 차수막 지지층 ④ 공기층(완충지층)

해설 **복합차수층 단면**

| 침출수 집배수층(상부) |
| 합성차수막 |
| 점토층 |

34 오염토의 토양증기추출법 복원기술에 대한 장단점으로 옳은 것은?

① 증기압이 낮은 오염물질의 제거효율이 높다.

② 다른 시약이 필요 없다.

③ 추출된 기체의 대기오염 방지를 위한 후처리가 필요 없다.

④ 유지 및 관리비가 많이 소요된다.

해설 **토양증기추출법**

① 장점
  ㉠ 비교적 기계 및 장치가 간단 · 단순함
  ㉡ 지하수의 깊이에 대한 제한을 받지 않음
  ㉢ 유지, 관리비가 적으며 굴착이 필요 없음
  ㉣ 생물학적 처리효율을 보다 높여줌
  ㉤ 단기간에 설치가 가능함
  ㉥ 가장 많은 적용사례가 있음
  ㉦ 즉시 결과를 얻을 수 있고 영구적 재생이 가능함
  ㉧ 다른 시약이 필요 없음

② 단점
  ㉠ 지반구조의 복잡성으로 인해 총 처리기간을 예측하기 어려움
  ㉡ 오염물질의 증기압이 낮은 경우 오염물질의 제거효율이 낮음
  ㉢ 토양의 침투성이 양호하고 균일하여야 적용 가능함
  ㉣ 토양층이 치밀하여 기체흐름의 정도가 어려운 곳에서는 사용이 곤란함
  ㉤ 추출 기체는 후처리를 위해 대기오염 방지장치가 필요함
  ㉥ 오염물질의 독성은 처리 후에도 변화가 없음

35 혐기성 소화공법에 비해 호기성 소화공법이 갖는 장단점이라 볼 수 없는 것은?

① 상등액의 BOD 농도가 낮다.

② 소화 슬러지양이 많다.

③ 소화 슬러지의 탈수성이 좋다.

④ 운전이 용이하다.

해설 **호기성 소화공법**

① 장점
  ㉠ 혐기성 소화보다 운전이 용이하다.
  ㉡ 상등액(상층액)의 BOD와 SS 농도가 낮아 수질이 양호하며 암모니아 농도도 낮다.
  ㉢ 초기시공비가 적고 악취발생이 저감된다.
  ㉣ 처리수 내 유지류의 농도가 낮다.

② 단점
  ㉠ 소화 슬러지양이 많다.
  ㉡ 소화 슬러지의 탈수성이 불량하다.
  ㉢ 설치부지가 많이 소요되고 폭기에 소요되는 동력비가 상승한다.
  ㉣ 유기물 저감률이 낮고 연료가스 등 부산물의 가치가 낮다.(메탄가스 발생 없음)

36 매립가스 추출에 대한 설명으로 틀린 것은?

① 매립가스에 의한 환경영향을 최소화하기 위해 매립지 운영 및 사용 종료 후에도 지속적으로 매립가스를 강제적으로 추출하여야 한다.

② 굴착정의 깊이는 매립깊이의 75% 수준으로 하며, 바닥 차수층이 손상되지 않도록 주의하여야 한다.

③ LFG 추출에는 공기 중의 산소가 충분히 유입되도록 일정 깊이(6m)까지는 유공부위를 설치하지 않고 그 자리에 유공부위를 설치한다.

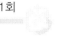

④ 여름철 집중 호우 시 지표면에서 6m 이내에 있는 포집정 주위에는 매립지 내 지하수위가 상승하여 LFG 진공 추출 시 지하수도 함께 빨려 올라올 수 있으므로 주의하여야 한다.

LFG 추출에는 공기 중의 산소가 유입되지 않게 차단하고 추출정의 가스추출을 용이하게 하기 위하여 관의 유공부위를 설치하고, 그 주위에 투과성이 높은 자갈로 되메우기를 실시한다.

37 육상매립공법에 대한 설명으로 틀린 것은?

① 트렌치 굴착방식(Trench Method)은 폐기물을 일정한 두께로 매립한 다음 인접 도랑에서 굴착된 복토재로 복토하는 방법이다.

② 지역적 매립(Area Method)은 바닥을 파지 않고 제방을 쌓아 입지조건과 규모에 따라 매립지의 길이를 정한다.

③ 트렌치 굴착은 지하수위가 높은 지역에서 가능하다.

④ 지역식 매립은 해당 지역이 트렌치 굴착을 하기에 적당하지 않은 지역에 적용할 수 있다.

트렌치 굴착은 매립지 바닥이 두껍고(지하수면이 지표면으로부터 깊은 곳에 있는 경우) 또한 복토를 적합한 지역에 이용하는 방법으로 거의 단층매립만 가능한 공법이다.

38 매립지 침하에 영향을 미치는 내용과 가장 관계가 없는 것은?

① 다짐 정도　　　　② 폐기물의 성상
③ 생물학적 분해 정도　④ 차수제 종류

매립지 침하에 영향을 미치는 인자
① 다짐 정도(초기 다짐)
② 폐기물 성상 및 성분 정도
③ 압밀의 효과
④ 생물학적 분해 정도

39 체의 통과 백분율이 10%, 30%, 50%, 60%인 입자의 직경이 크기 0.05mm, 0.15mm, 0.45mm, 0.55mm일 때 곡률계수는?

① 0.82　　② 1.32　　③ 2.76　　④ 3.71

곡률계수$(Z) = \dfrac{(D_{30})^2}{D_{10}D_{60}} = \dfrac{0.15^2}{0.05 \times 0.55} = 0.82$

40 소각로에서 발생되는 다이옥신을 저감하기 위한 방법으로 잘못 설명된 것은?

① 쓰레기 조성 및 공급 특성을 일정하게 유지하여 정상 소각이 되도록 한다.

② 미국 EPA에서는 다이옥신 처리를 위해 완전혼합 상태에서 평균 980℃ 이상으로 소각하도록 권장하고 있다.

③ 쓰레기 소각로로부터 빠져나가는 이월(Carry Over) 입자의 양을 최대화하도록 한다.

④ 연소기 출구의 굴뚝 사이의 후류온도를 조절하여 다이옥신이 재형성되지 않도록 한다.

입자이월(소각로 내 부유분진이 연소기 밖으로 빠져나가는 입자)은 다이옥신류의 저온 형성에 참여하는 전구물질 역할을 하기 때문에 최소화한다. 즉, 소각로를 벗어나는 비산재의 양이 최대한 적도록 한다.

제3과목 **폐기물소각 및 열회수**

41 폐기물을 소각할 때 발생하는 폐열을 회수하여 이용할 수 있는 보일러에 대한 설명으로 틀린 것은?

① 보일러의 배출가스 온도는 대략 100~200℃이다.

② 보일러는 연료의 연소열을 압력용기 속의 물로 전달하여 소요압력의 증기를 발생시키는 장치이다.

③ 보일러의 용량 표시는 정격증발량으로 나타내는 경우와 환산증발량으로 나타내는 경우가 있다.

④ 보일러의 효율은 연료의 연소에 의한 화학에너지가 열에너지로 전달되었는가를 나타내는 것이다.

보일러의 배출가스 온도는 대략 250~300℃이다.

42 유동상 소각로의 특징으로 옳지 않은 것은?

① 과잉공기율이 작아도 된다.
② 층 내 압력손실이 작다.
③ 층 내 온도의 제어가 용이하다.
④ 노 부하율이 높다.

정답　37 ③　38 ④　39 ①　40 ③　41 ①　42 ②

해설 **유동층 소각로**

① 장점
- ㉠ 유동매체의 열용량이 커서 액상, 기상, 고형 폐기물의 전소 및 혼소, 균일한 연소가 가능하다.
- ㉡ 반응시간이 빨라 소각시간이 짧다.(노 부하율이 높다.)
- ㉢ 연소효율이 높아 미연소분이 적고 2차 연소실이 불필요하다.
- ㉣ 가스의 온도가 낮고 과잉공기량이 낮다. 따라서 NOx도 적게 배출된다.
- ㉤ 기계적 구동부분이 적어 고장률이 낮아 유지관리가 용이하다.
- ㉥ 노 내 온도의 자동제어로 열회수가 용이하다.
- ㉦ 유동매체의 축열량이 높은 관계로 단시간 정지 후 가동 시 보조연료 사용 없이 정상가동이 가능하다.
- ㉧ 과잉공기량이 적으므로 다른 소각로보다 보조연료 사용량과 배출가스량이 적다.
- ㉨ 석회 또는 반응물질을 유동매체에 혼입시켜 노 내에서 산성가스의 제거가 가능하다.

② 단점
- ㉠ 층의 유동으로 상으로부터 찌꺼기의 분리가 어려우며 운전비, 특히 동력비가 높다.
- ㉡ 폐기물의 투입이나 유동화를 위해 파쇄가 필요하다.
- ㉢ 상재료의 용융을 막기 위해 연소온도는 816℃를 초과할 수 없다.
- ㉣ 유동매체의 손실로 인한 보충이 필요하다.
- ㉤ 고점착성의 반유동상 슬러지는 처리하기 곤란하다.
- ㉥ 소각로 본체에서 압력손실이 크고 유동매체의 비산 또는 분진의 발생량이 가장 많다.
- ㉦ 조대한 폐기물은 전처리가 필요하다. 즉, 폐기물의 투입이나 유동화를 위해 파쇄공정이 필요하다.

43 저위발열량 10,000kcal/Sm^3 기체연료 연소 시 이론습연소가스량이 20Sm^3/Sm^{3}이고 이론연소온도는 2,500℃라고 한다. 연료 연소가스의 평균 정압비열(kcal/Sm^3 · ℃)은?(단, 연소용 공기, 연료 온도=15℃)

① 0.2   ② 0.3
③ 0.4   ④ 0.5

해설 평균정압비열 $= \dfrac{\text{저위발열량}}{(\text{이론연소온도} - \text{실제온도}) \times \begin{smallmatrix}\text{이론연소}\\\text{가스량}\end{smallmatrix}}$

$= \dfrac{10,000\text{kcal/Sm}^3}{(2,500-15)℃ \times 20\text{Sm}^3/\text{Sm}^3}$

$= 0.20\text{kcal/Sm}^3 \cdot ℃$

44 폐기물 소각로의 종류 중 회전로식 소각로(Rotary Kiln Incinerator)의 장점이 아닌 것은?

① 소각대상물에 관계없이 소각이 가능하며 또한 연속적으로 재배출이 가능하다.
② 연소실 내 폐기물의 체류시간은 노의 회전속도를 조절함으로써 가능하다.
③ 연소효율이 높으며, 비연소분의 배출이 적고 2차 연소실이 불필요하다.
④ 소각대상물의 전처리 과정이 불필요하다.

해설 **회전로식 소각로(Rotary Kiln Incinerator)**

① 장점
- ㉠ 넓은 범위의 액상 및 고상폐기물을 소각할 수 있다.
- ㉡ 전처리(예열, 혼합, 파쇄) 없이 소각물 주입이 가능하다.
- ㉢ 소각에 방해 없이 연속으로 재의 배출이 가능하다.
- ㉣ 동력비 및 운전비가 적다.
- ㉤ 소각물 부하변동에 적응이 가능하다.

② 단점
- ㉠ 처리량이 적을 경우 설치비가 높다.
- ㉡ 후처리장치(대기오염방지장치)에 대한 분진부하율이 높다.
- ㉢ 비교적 열효율이 낮은 편이다.
- ㉣ 구형 및 원통형 폐기물은 완전연소 전에 화상에서 이탈할 수 있다.
- ㉤ 노에서의 공기유출이 크므로 종종 대량의 과잉공기 및 2차연소실이 필요하다.

45 메탄 80%, 에탄 11%, 프로판 6%, 나머지는 부탄으로 구성된 기체연료의 고위발열량이 10,000kcal/Sm^{3}이다. 기체연료의 저위발열량(kcal/Sm^3)은?

① 약 8,100   ② 약 8,300
③ 약 8,500   ④ 약 8,900

해설 $CH_4 + 2O_2 \rightarrow CO_2 + 2H_2O$
$H_l = 10,000 - (480 \times 2) = 9,040\text{kcal/Sm}^3$

$C_2H_6 + 3.5O_2 \rightarrow 2CO_2 + 3H_2O$
$H_l = 10,000 - (480 \times 3) = 8,560\text{kcal/Sm}^3$

$C_3H_8 + 5O_2 \rightarrow 3CO_2 + 4H_2O$
$H_l = 10,000 - (480 \times 4) = 8,080\text{kcal/Sm}^3$

$C_4H_{10} + 6.5O_2 \rightarrow 4CO_2 + 5H_2O$
$H_l = 10,000 - (480 \times 5) = 7,600\text{kcal/Sm}^3$

기체연료 저위발열량 $= (9,040 \times 0.8) + (8,560 \times 0.11)$
$\qquad\qquad + (8,080 \times 0.06) + (7,600 \times 0.03)$
$\qquad\qquad = 8,886.4\text{kcal/Sm}^3$

46 표면연소에 대한 설명으로 옳은 것은?

① 코크스나 목탄과 같은 휘발성 성분이 거의 없는 연료의 연소형태를 말한다.

② 휘발유와 같이 끓는점이 낮은 기름의 연소나 왁스가 액화하여 다시 기화되어 연소하는 것을 말한다.

③ 기체연료와 같이 공기의 확산에 의한 연소를 말한다.

④ 니트로글리세린 등과 같이 공기 중 산소를 필요로 하지 않고 분자 자신 속의 산소에 의해서 연소하는 것을 말한다.

해설 ① 표면연소   ② 증발연소
③ 확산연소   ④ 자기연소

47 슬러지 소각에 부적합한 소각로는?

① 고정상 소각로   ② 다단로 소각로
③ 유동층 소각로   ④ 화격자 소각로

해설 화격자 소각로는 수분이 많은 슬러지 소각에는 부적당하다.

48 수분함량이 30%인 폐기물의 발열량을 단열열량계로 분석한 결과가 1,560kcal/kg이라면 저위발열량(kcal/kg)은?

① 1,320   ② 1,380
③ 1,410   ④ 1,500

해설 $H_l = H_h - 600(9H + W) = 1,560 - (600 \times 0.3) = 1,380$kcal/kg

49 소각로에 폐기물을 연속적으로 주입하기 위해서는 충분한 저장시설을 확보하여야 한다. 연속 주입을 위한 폐기물의 일반적인 저장시설 크기로 정당한 것은?

① 24~30시간분   ② 2~3일분
③ 7~10일분   ④ 15~20일분

해설 연속주입을 위한 폐기물의 일반적인 저장시설 크기는 2~3일분 이상 저장할 수 있는 충분한 크기이어야 한다.

50 열분해에 의한 에너지 회수법의 단점으로 옳지 않은 것은?

① 보일러 튜브가 쉽게 부식된다.

② 초기 시설비가 매우 높다.

③ 열 공급에 대한 확실성이 없으며 또한 시장의 절대적 확보가 어렵다.

④ 지역난방에 효과적이지 못하다.

해설 열분해에 의한 기체물질(CH_4)은 지역난방에 효과적이다.

51 액체 주입형 소각로의 단점이 아닌 것은?

① 대기오염 방지시설 이외에 소각재 처리설비가 필요하다.

② 완전히 연소시켜 주어야 하며 내화물의 파손을 막아 주어야 한다.

③ 고농도 고형분으로 인하여 버너가 막히기 쉽다.

④ 대량 처리가 어렵다.

해설 액체 분무 주입형 소각로(Liquid Injection Incinerator)
① 장점
  ㉠ 광범위한 종류의 액상폐기물을 연소할 수 있다.
  ㉡ 대기오염방지시설 이외에 소각재처리시설이 필요 없다.
  ㉢ 구동장치가 간단하고 고장이 적다.
  ㉣ 운영비가 저렴하다.
  ㉤ 기술개발이 잘 되어 있고 자동화가 용이하다.(가동 이외의 경우 무인운전이 가능)
② 단점
  ㉠ 버너노즐을 이용하여 액체를 미립화하여야 한다.
  ㉡ 완전연소시켜야 하며 내화물의 파손을 막아야 한다.
  ㉢ 고농도 고형분의 농도가 높으면 버너가 막히기 쉽다.
  ㉣ 대량처리가 어렵다.

52 소각능력이 1,200kg/m²·hr인 스토커형 소각로에서 1일 80톤의 폐기물을 소각시킨다. 이 소각로의 화격자 면적(m²)은?(단, 소각로는 1일 16시간 가동한다.)

① 약 2.1   ② 약 2.8
③ 약 4.2   ④ 약 6.6

해설 화격자 면적(m²) = $\dfrac{\text{시간당 소각량}}{\text{화상부하율(소각능력)}}$

$= \dfrac{80\text{ton/day} \times \text{day/16hr} \times 1,000\text{kg/ton}}{1,200\text{kg/m}^2 \cdot \text{hr}}$

$= 4.17\text{m}^2$

53 표준상태(0℃, 1기압)에서 어떤 배기가스 내에 CO_2 농도가 0.05%라면 몇 mg/m³에 해당되는가?

① 832   ② 982   ③ 1,124   ④ 1,243

정답 46 ①   47 ④   48 ②   49 ②   50 ④   51 ①   52 ③   53 ②

2018

해설 $0.05\% \times \dfrac{10{,}000\text{ppm}}{1\%} = 500\text{ppm}$

농도$(\text{mg/m}^3) = 500\text{ppm}(\text{mL/m}^3) \times \dfrac{44\text{mg}}{22.4\text{mL}}$

$\qquad\qquad\qquad = 982.14\text{mg/m}^3$

54 열분해 방법을 습식산화법, 저온열분해, 고온열분해로 구분할 때 각각의 온도영역을 순서대로 나열한 것은?

① $100 \sim 200\,^\circ\!\text{C}$, $300 \sim 400\,^\circ\!\text{C}$, $700 \sim 800\,^\circ\!\text{C}$
② $200 \sim 300\,^\circ\!\text{C}$, $400 \sim 600\,^\circ\!\text{C}$, $900 \sim 1{,}000\,^\circ\!\text{C}$
③ $200 \sim 300\,^\circ\!\text{C}$, $500 \sim 900\,^\circ\!\text{C}$, $1{,}100 \sim 1{,}800\,^\circ\!\text{C}$
④ $300 \sim 500\,^\circ\!\text{C}$, $700 \sim 900\,^\circ\!\text{C}$, $1{,}100 \sim 1{,}500\,^\circ\!\text{C}$

해설 **열분해 방법의 온도영역**
① 습식산화법(Wet Oxidation) : $200 \sim 300\,^\circ\!\text{C}$
② 저온열분해법(Pyroysis) : $500 \sim 900\,^\circ\!\text{C}$
③ 고온열분해법(Gasification) : $1{,}100 \sim 1{,}500\,^\circ\!\text{C}$

55 폐기물 소각·연소과정에서 연소효율을 향상시키는 대책이 아닌 것은?

① 복사전열에 의한 방열손실을 최대로 줄인다.
② 연소생성열량을 피연물에 유효하게 전달하고 배기가스에 의한 열손실을 줄인다.
③ 연소과정에서 발생하는 배기가스를 재순환시켜 전열효율을 높이고, 최종 배출가스 온도를 높인다.
④ 연소잔사에 의한 열손실을 줄인다.

해설 ① 폐기물의 소각·연소과정에서 최종 배출가스 온도를 낮춤으로써 연소효율이 향상된다.
② 배기가스를 재순환시켜 전열효율을 높인다.

56 연소시키는 물질의 발화온도, 함수량, 공급공기량, 연소기의 형태에 따라 연소온도가 변화된다. 연소온도에 관한 설명 중 옳지 않은 것은?

① 연소온도가 낮아지면 불완전 연소로 HC나 CO 등이 생성되며 냄새가 발생된다.
② 연소온도가 너무 높아지면 NOx나 SOx가 생성되며 냉각공기의 주입량이 많아지게 된다.
③ 소각로의 최소온도는 $650\,^\circ\!\text{C}$ 정도이지만 스팀으로 에너지를 회수하는 경우에는 연소온도를 $870\,^\circ\!\text{C}$ 정도로 높인다.

④ 함수율이 높으면 연소온도가 상승하며, 연소물질의 입자가 커지면 연소시간이 짧아진다.

해설 함수율이 높으면 연소온도가 낮아지며, 연소물질의 입자가 커지면 연소시간이 길어진다.

57 폐기물 소각 후 발생하는 소각재의 처리방법에는 여러 가지가 있다. 소각재 고형화 처리방식이 아닌 것은?

① 전기를 이용한 포졸란 고화방식
② 시멘트를 이용한 콘크리트 고화방식
③ 아스팔트를 이용한 아스팔트 고화방식
④ 킬레이트 등 약제를 이용한 고화방식

해설 포졸란 고화방식은 석회 – 포졸란 화학반응으로 소각재, 폐기물을 동시에 처리할 수 있다.

58 폐기물 중 가연물을 셀룰로오스로 간주하여 계산하는 값은?

① 최대이산화탄소 발생량
② 이론산소량
③ 이론공기량
④ 과잉공기계수

해설 이론공기량(A_o)을 산정하는 방법은 원소 조성에 의한 방법, 발열량에 의한 방법, 셀룰로오스 치환법에 의한 방법이 있다.

59 도시폐기물 성분 중 수소 5kg이 완전연소되었을 때 필요로 한 이론적 산소요구량(kg)과 연소생성물인 수분의 양(kg)은?(단, 산소(O_2), 수분(H_2O) 순서)

① 25, 30 ② 30, 35 ③ 35, 40 ④ 40, 45

해설 **이론적 산소요구량**
$H_2 + \dfrac{1}{2}O_2 \rightarrow H_2O$
2kg : 16kg
5kg : $O_o(\text{kg})$
이론산소량$(O_o : \text{kg}) = \dfrac{5\text{kg} \times 16\text{kg}}{2\text{kg}} = 40\text{kg}$

수분의 양
$H_2 + \dfrac{1}{2}O_2 \rightarrow H_2O$
2kg : 18kg
5kg : $H_2O(\text{kg})$
$H_2O(\text{kg}) = \dfrac{5\text{kg} \times 18\text{kg}}{2\text{kg}} = 45\text{kg}$

60 폐기물의 조성이 $C_8H_{20}O_{15}N_2S$이라면 고위발열량을 Dulong 식을 이용하여 계산한 값(kcal/kg)은?

① 약 1,000 ② 약 1,240

③ 약 1,300 ④ 약 1,440

$$H_h = 8,100C + 34,000\left(H - \frac{O}{8}\right) + 2,500S$$

$C_8H_{20}O_{15}N_2S$의 분자량에 대한 각 성분 구성비

분자량 = $(12\times8) + (1\times20) + (16\times15) + (14\times2) + 32 = 416$

$$C = \frac{96}{416} = 0.231, \quad H = \frac{20}{416} = 0.048$$

$$O = \frac{240}{416} = 0.577, \quad S = \frac{32}{416} = 0.077$$

$$= (8,100\times0.231) + \left[34,000\left(0.048 - \frac{0.577}{8}\right)\right]$$

$$+ (2,500\times0.077)$$

$$= 1,243.35 \text{kcal/kg}$$

제4과목 **폐기물공정시험기준(방법)**

61 시료의 전처리방법 중 질산 황산에 의한 유기물분해에 해당되는 항목들로 짝지어진 것은?

㉠ 시료를 서서히 가열하여 액체의 부피가 약 15mL가 될 때까지 증발 농축한 후 공기 중에서 식힌다.

㉡ 용액의 산 농도는 약 0.8N이다.

㉢ 염산(1 + 1) 10mL와 물 15mL를 넣고 약 15분간 가열하여 잔류물을 녹인다.

㉣ 분해가 끝나면 공기 중에서 식히고 정제수 50mL를 넣어 끓기 직전까지 서서히 가열하여 침전된 용해성 염 등을 녹인다.

㉤ 유기물 등을 많이 함유하고 있는 대부분의 시료에 적용된다.

① ㉡, ㉢, ㉣ ② ㉢, ㉣, ㉤

③ ㉠, ㉣, ㉤ ④ ㉠, ㉡, ㉤

질산 – 황산 분해법

① 적용

유기물 등을 많이 함유하고 있는 대부분의 시료

② 주의

㉠ 칼슘, 바륨, 납 등을 다량 함유한 시료는 난용성의 황산염을 생성하여 다른 금속성분을 흡착하므로 주의한다.

㉡ 분해가 끝나면 공기 중에서 식히고 정제수 50mL을 넣어 끓기 직전까지 서서히 가열하여 침전된 용해성염 등을 녹인다.

㉢ 시료를 서서히 가열하여 액체의 부피가 15mL가 될 때까지 증발 농축한 후 공기 중에서 서서히 식힌다.

③ 용액 산농도

약 1.5~3.0N

62 기체크로마토그래피로 유기인 분석 시 검출기에 관한 설명으로 (   )에 알맞은 것은?

질소인 검출기(NPD) 또는 불꽃광도 검출기(FPD)는 질소나 인이 불꽃 또는 열에서 생성된 이온이 (   )염과 반응하여 전자를 전달하며, 이때 흐르는 전자가 포착되어 전류의 흐름으로 바꾸어 측정하는 방법으로, 유기인화합물 및 유기질소화합물을 선택적으로 검출할 수 있다.

① 세슘 ② 루비듐 ③ 프란슘 ④ 니켈

유기인 – 기체크로마토그래피 검출기

① 검출기

㉠ 질소인 검출기(NPD)

㉡ 불꽃광도 검출기(FPD)

② NPD 및 FPD는 질소나 인이 불꽃 또는 열에서 생성된 이온이 루비듐염과 반응하여 전자를 전달하며 이때 흐르는 전자가 포착되어 전류의 흐름으로 바꾸어 측정하는 방법으로, 유기인화합물 및 유기질소화합물을 선택적으로 검출할 수 있다.

63 금속류 원자흡수분광광도법에 대한 설명으로 옳지 않은 것은?

① 폐기물 중의 구리, 납, 카드뮴 등의 측정 방법으로, 질산을 가한 시료 또는 산 분해 후 농축시료를 직접 불꽃으로 주입하여 원자화한 후 원자흡수분광광도법으로 분석한다.

② 정확도는 첨가한 표준물질의 농도에 대한 측정 평균값의 상대 백분율로 나타내고 그 값이 75~125% 이내이어야 한다.

③ 원자흡수분광광도계(AAS)는 일반적으로 광원부, 시료원자화부, 파장선택부 및 측광부로 구성되어 있으며 단광속형과 복광속형으로 구분된다.

④ 원자흡수분광광도계에 불꽃을 만들기 위해 가연성 기체와 조연성 기체를 사용하는데, 일반적으로 조연성 기체로 아세틸렌을 가연성기체로 공기를 사용한다.

정답 60 ② 61 ③ 62 ② 63 ④

해설 **금속류 원자흡수분광광도법**
불꽃(조연성 가스와 가연성 가스의 조합)
① 수소 – 공기와 아세틸렌 – 공기 : 거의 대부분의 원소분석에 유효하게 사용
② 수소 – 공기 : 원자 외 영역에서의 불꽃 자체에 의한 흡수가 적기 때문에 이 파장영역에서 분석선을 갖는 원소의 분석
③ 아세틸렌 – 아산화질소(일산화이질소) : 불꽃의 온도가 높기 때문에 불꽃 중에서 해리하기 어려운 내화성 산화물을 만들기 쉬운 원소의 분석
④ 프로판 – 공기 : 불꽃온도가 낮고 일부 원소에 대하여 높은 감도를 나타냄

64 총칙의 용어 설명으로 옳지 않은 것은?
① 액상폐기물이라 함은 고형물의 함량이 5% 미만인 것을 말한다.
② 방울수라 함은 20℃에서 정제수 20방울을 적하할 때, 그 부피가 약 0.1mL 되는 것을 뜻한다.
③ 시험조작 중 즉시란 30초 이내에 표시된 조작을 하는 것을 뜻한다.
④ 고상폐기물이라 함은 고형물의 함량이 15% 이상인 것을 말한다.

해설 방울수라 함은 20℃에서 정제수 20방울을 적하할 때, 그 부피가 약 1mL 되는 것을 의미한다.

65 유도결합플라스마 원자발광분광법(ICP)에 의한 중금속 측정 원리에 대한 설명으로 옳은 것은?
① 고온(6,000∼8,000K)에서 들뜬 원자가 바닥상태로 이동할 때 방출하는 발광강도를 측정한다.
② 고온(6,000∼8,000K)에서 들뜬 원자가 바닥상태로 이동할 때 흡수되는 흡광강도를 측정한다.
③ 바닥상태의 원자가 고온(5,000∼8,000K)의 들뜬 상태로 이동할 때 방출되는 발광강도를 측정한다.
④ 바닥상태의 원자가 고온(5,000∼8,000K)의 들뜬 상태로 이동할 때 흡수되는 흡광강도를 측정한다.

해설 **유도결합플라스마 – 원자발광분광법(금속류)**
시료를 고주파유도코일에 의하여 형성된 아르곤 플라스마에 주입하여 6,000∼8,000K에서 들뜬 원자가 바닥상태로 이동할 때 방출하는 발광선 및 발광강도를 측정하여 원소를 정성 및 정량 분석하는 방법이다.

66 PCBs를 기체크로마토그래피로 분석할 때 실리카겔 컬럼에 무수황산나트륨을 첨가하는 이유는?
① 유분 제거　　② 수분 제거
③ 미량 중금속 제거　　④ 먼지 제거

해설 무수황산나트륨의 용도는 탈수작업, 즉 수분 제거이다.

67 용제 추출 후 기체크로마토그래피를 이용하여 휘발성 저급염소화 탄화수소수 분석 시 가장 적합한 물질은?
① Dioxin
② Polychlorinated Biphenyl
③ Trichloroethylene
④ Polyvinylchloride

해설 **휘발성 저급염소화탄화수소류 – 기체크로마토그래피 적용범위**
① 트리클로로에틸렌(C_2HCl_3)
② 테트라클로로에틸렌(C_2Cl_4)

68 유도결합플라스마 – 원자발광광도계 구성 장치로 가장 옳은 것은?
① 시료 도입부, 고주파전원부, 광원부, 분광부, 연산처리부, 기록부
② 시료 도입부, 시료 원자화부, 광원부, 측광부, 연산처리부, 기록부
③ 시료 도입부, 고주파전원부, 광원부, 파장선택부, 연산처리부, 기록부
④ 시료 도입부, 시료 원자화부, 파장선택부, 측광부, 연산처리부, 기록부

해설 **유도결합플라스마 – 원자발광분광기(KP – AES)**
① 구성
　㉠ 시료도입부
　㉡ 고주파전원부
　㉢ 광원부
　㉣ 분광부
　㉤ 연산처리부 및 기록부
② 분광부 구분
　㉠ 연속주사형 단원소 측정장치
　㉡ 다원소 동시측정장치

정답 64 ② 65 ① 66 ② 67 ③ 68 ①

366

69 발색 용액의 흡광도를 10mm셀을 사용하여 측정한 결과 흡광도는 0.8이었다. 이 정색액에 5mm의 셀을 사용한다면 흡광도는?

① 0.3
② 0.4
③ 1.0
④ 2.0

흡광도와 셀의 길이는 비례($A = \varepsilon cd$)하므로

10mm : 0.8 = 5mm : 흡광도

흡광도 $= \dfrac{0.8 \times 5mm}{10mm} = 0.4$

70 자외선/가시선 분광법에서 램버트 – 비어의 법칙을 올바르게 나타내는 것은?(단, I_o=입사광도, I_t=투사광도, l=셀의 두께, ε=상수, C=농도)

① $I_t = I_o \cdot 10^{-\varepsilon cl}$
② $I_t = I_o \cdot 10^{\varepsilon cl}$
③ $I_t = CI_o \cdot 10^{\varepsilon l}$
④ $I_t = l I_o \cdot 10^{\varepsilon c}$

램버트 – 비어(Lambert – Beer)의 법칙

강도 I_o 되는 단색광속이 그림과 같이 농도 C, 길이 l이 되는 용액층을 통과하면 이 용액에 빛이 흡수되어 입사광의 강도가 감소한다.

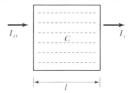

[흡광광도 분석방법 원리도]

$I_t = I_o \cdot 10^{-\varepsilon cl}$

여기서, I_o : 입사광의 강도

I_t : 투사광의 강도

C : 농도

l : 빛의 투사거리

ε : 비례상수로서 흡광계수라 하고, C=1mol, l=10mm일 때의 ε의 값을 몰흡광계수라 하며 K로 표시한다.

71 강열 감량 및 유기물 함량을 중량법으로 분석 시 이에 대한 설명으로 옳지 않은 것은?

① 시료에 질산암모늄용액(25%)을 넣고 가열한다.
② 600±25℃의 전기로 안에서 1시간 강열한다.
③ 시료는 24시간 이내에 증발 처리를 하는 것이 원칙이며, 부득이한 경우에는 최대 7일을 넘기지 말아야 한다.

④ 용기 벽에 부착하거나 바닥에 가라앉는 물질이 있을 경우에는 시료를 분석하는 과정에서 오차가 발생할 수 있다.

강열 감량 및 유기물 함량 – 중량법

질산암모늄용액(25%)을 넣고 가열하여 탄화시킨 다음 (600±25)℃의 전기로 안에서 3시간 강열한 다음 데시케이터에서 식힌 후 무게를 달아 증발접시의 무게차로부터 구한다.

72 원자흡수분광광도법 분석 시, 질산 – 염산법으로 유기물을 분해시켜 분석한 결과 폐기물시료량 5g, 최종 여액량 100mL, Pb 농도가 20mg/L였다면, 이 폐기물의 Pb 함유량(mg/kg)은?

① 100
② 200
③ 300
④ 400

Pb 함유량(mg/kg) $= \dfrac{20mg/L \times 0.1L}{5g \times 1kg/1,000g} = 400mg/kg$

73 '항량으로 될 때까지 건조한다.'라 함은 같은 조건에서 1시간 더 건조할 때 전후 무게의 차가 g당 몇 mg 이하일 때를 말하는가?

① 3.01mg
② 0.03mg
③ 0.1mg
④ 0.3mg

항량으로 될 때까지 건조한다.

같은 조건에서 1시간 더 건조할 때 전후 무게의 차가 g당 0.3mg 이하를 말한다.

74 pH가 2인 용액 2L와 pH가 1인 용액 2L를 혼합하였을 때 pH는?

① 약 1.0
② 약 1.3
③ 약 1.5
④ 약 1.8

pH 2($H^+ = 10^{-2}M$)

pH 1($H^+ = 10^{-1}M$)

$[H^+] = \dfrac{(2 \times 10^{-2}) + (2 \times 10^{-1})}{2+2} = 0.055$

$pH = \log \dfrac{1}{[H^+]} = \log \dfrac{1}{0.055} = 1.26$

2018

75 자외선/가시선 분광법으로 납을 측정할 때 전처리를 하지 않고 직접 시료를 사용하는 경우 시료 중에 시안화칼륨이 함유되었을 때 조치사항으로 옳은 것은?

① 염산 산성으로 끓여 시안화물을 완전히 분해 제거한다.
② 사염화탄소로 추출하고 수층을 분리하여 시안화물을 완전히 제거한다.
③ 음이온 계면활성제와 소량의 활성탄을 주입하여 시안화물을 완전히 흡착 제거한다.
④ 질산(1+5)와 과산화수소를 가하여 시안화물을 완전히 제거한다.

해설 **납－자외선/가시선 분광법**
전처리를 하지 않고 직접 시료를 사용하는 경우 시료 중에 시안화합물이 함유되어 있으면 염산 산성으로 끓여 시안화물을 완전히 분해 제거한 다음 실험한다.

76 환경 측정의 정도보증/정도관리(QA/AC)에서 검정곡선 방법으로 옳지 않은 것은?

① 절대검정곡선법   ② 표준물질첨가법
③ 상대검정곡선법   ④ 외부표준법

해설 **검정곡선 작성법**
① 절대검정곡선법
② 표준물질첨가법
③ 상대검정곡선법

77 용출시험방법에서 함수율 95%인 시료와 용출시험 결과에 수분함량 보정을 위하여 곱해야 하는 값은?

① 1.5   ② 3.0
③ 4.5   ④ 6.0

해설 수분함량 보정 $= \dfrac{15}{100 - \text{함수율}(\%)} = \dfrac{15}{100 - 95} = 3.0$

78 원자흡수분광광도법으로 수은을 측정하고자 한다. 분석절차(전처리) 과정 중 과잉의 과망간산칼륨을 분해하기 위해 사용하는 용액은?

① 10W/V% 염화하이드록시 암모늄용액
② (1+4) 암모니아수
③ 10W/V% 이염화주석용액
④ 10W/V% 과황산칼륨

해설 **수은－원자흡수분광광도법**
과잉의 망간산칼륨을 분해하기 위해 사용하는 용액은 10W/V% 염화하이드록시 암모늄용액이다.

79 시료의 조제방법으로 옳지 않은 것은?

① 돌멩이 등의 이물질을 제거하고, 입경이 5mm 이상인 것은 분쇄하여 체로 거른 후 입경을 0.5~5mm로 한다.
② 시료의 축소방법으로는 구획법, 교호삽법, 원추4분법이 있다.
③ 원추4분법을 3회 시행하면 원래 양의 1/3이 된다.
④ 교호삽법과 원추4분법은 축소과정에서 공히 원추를 쌓는다.

해설 $\left(\dfrac{1}{2}\right)^3 = \dfrac{1}{8}$, 즉 원추4분법으로 3회 시행하면 원래 양의 $\dfrac{1}{8}$이 된다.

80 아래와 같은 방식으로 폐기물 시료의 크기를 줄이는 방법은?

> 분쇄한 대시료를 단단하고 깨끗한 평면 위에 원추형으로 쌓는다. → 원추를 장소를 바꾸어 다시 쌓는다. → 원추에서 일정한 양을 취하여 장방형으로 도포하고 계속해서 일정한 양을 취하여 그 위에 입체로 쌓는다. → 육면체의 측면을 교대로 돌면서 각각 균등한 양을 취하여 두 개의 원추를 쌓는다. → 이 중 하나는 버린다. → 조작을 반복하면서 적당한 크기까지 줄인다.

① 원추2분법   ② 원추4분법
③ 교호삽법   ④ 구획법

해설 **교호삽법**
① 분쇄한 대시료를 단단하고 깨끗한 평면 위에 원추형으로 쌓는다.
② 원추를 장소를 바꾸어 다시 쌓는다.
③ 원추에서 일정한 양을 취하여 장방형으로 도포하고 계속해서 일정한 양을 취하여 그 위에 입체로 쌓는다.
④ 육면체의 측면을 교대로 돌면서 각각 균등한 양을 취하여 두 개의 원추를 쌓는다.
⑤ 하나의 원추는 버리고 나머지 원추를 앞의 조작을 반복하면서 적당한 크기까지 줄인다.

제5과목 폐기물관계법규

81 환경부령으로 정하는 폐기물처리시설의 설치를 마친 자는 환경부령으로 정하는 검사기관으로부터 검사를 받아야 한다. 멸균분쇄시설의 검사기관이 아닌 것은?

① 한국기계연구원
② 보건환경연구원
③ 한국산업기술시험원
④ 한국환경공단

※ 법규 변경사항이므로 해설의 내용으로 학습 부탁드립니다.

환경부령으로 정하는 폐기물처리시설 검사기관 또는 단체
① 한국환경공단
② 국·공립연구기관
③「국가표준기본법」에 따라 인정받은 시험·검사기관
④「과학기술분야 정부출연연구기관 등의 설립·운영 및 육성에 관한 법률」에 따라 설립된 기관
⑤「폐기물관리법」에 따른 폐기물분석전문기관
⑥「환경분야 시험·검사 등에 관한 법률」에 따라 등록된 측정대행업자
⑦ 그 밖에 국립환경과학원장이 폐기물처리시설 검사에 관한 업무를 수행할 수 있는 인적·물적 기준을 갖추었다고 인정하여 고시하는 기관 또는 단체

82 폐기물관리법의 제정 목적으로 가장 거리가 먼 것은?

① 폐기물 발생을 최대한 억제
② 발생한 폐기물을 친환경적으로 처리
③ 환경보전과 국민생활의 질적 향상에 이바지
④ 발생 폐기물의 신속한 수거·이송처리

폐기물처리법 제정 목적
폐기물의 발생을 최대한 억제하고 발생한 폐기물을 친환경적으로 처리함으로써 환경보전과 국민생활의 질적 향상에 이바지하는 것을 목적으로 한다.

83 관리형 매립시설에서 발생하는 침출수의 배출허용기준(BOD – SS 순서)은?(단, 가 지역, 단위 mg/L)

① 30 – 30
② 30 – 50
③ 50 – 50
④ 50 – 70

관리형 매립시설 침출수의 배출허용기준

구분	생물화학적산소요구량(mg/L)	화학적 산소요구량(mg/L)			부유물질량(mg/L)
		과망간산칼륨법에 따른 경우			
		1일 침출수 배출량 2,000m³ 이상	1일 침출수 배출량 2,000m³ 미만	중크롬산칼륨법에 따른 경우	
청정지역	30	50	50	400 (90%)	30
가 지역	50	80	100	600 (85%)	50
나 지역	70	100	150	800 (80%)	70

84 폐기물부담금 및 재활용부과금의 용도로 틀린 것은?

① 재활용 가능자원의 구입 및 비축
② 자원재활용을 촉진하기 위한 사업의 지원
③ 폐기물부담금(가산금을 제외한다.) 또는 재활용부과금(가산금을 제외한다.)의 징수비용 교부
④ 폐기물의 재활용을 위한 사업 및 폐기물처리시설의 설치 지원

[자원의 절약과 재활용 촉진에 관한 법률] 폐기물부담금 및 재활용부과금의 용도
① 폐기물의 재활용을 위한 사업 및 폐기물처리시설의 설치 지원
② 폐기물의 효율적 재활용 및 줄이기를 위한 연구 및 기술개발
③ 지방자치단체에 대한 폐기물의 회수·재활용 및 처리지원
④ 재활용가능자원의 구입 및 비축
⑤ 자원재활용을 촉진하기 위한 사업의 지원

85 폐기물처리업의 업종구분과 영업내용을 연결한 것으로 틀린 것은?

① 폐기물 수집·운반업 : 폐기물을 수집하여 재활용 또는 처분 장소로 운반하거나 폐기물을 수출하기 위하여 수집·운반하는 영업
② 폐기물 중간처분업 : 폐기물 중간처분시설 및 최종처분시설을 갖추고 폐기물을 소각·중화·파쇄·고형화 등의 방법에 의하여 중간처분 및 중간가공 폐기물을 만드는 영업
③ 폐기물 최종처분업 : 폐기물 최종처분시설을 갖추고 폐기물을 매립 등(해역 배출은 제외한다.)의 방법으로 최종처분하는 영업

정답 81 해설 확인 82 ④ 83 ③ 84 ③ 85 ②

④ 폐기물 종합처분업 : 폐기물 중간처분시설 및 최종처분시설을 갖추고 폐기물의 중간처분과 최종처분을 함께 하는 영업

해설 **폐기물처리업의 업종 구분과 영업내용**
① 폐기물 수집 · 운반업
폐기물을 수집하여 재활용 또는 처분 장소로 운반하거나 폐기물을 수출하기 위하여 수집 · 운반하는 영업
② 폐기물 중간처분업
폐기물 중간처분시설을 갖추고 폐기물을 소각 처분, 기계적 처분, 화학적 처분, 생물학적 처분, 그 밖에 환경부장관이 폐기물을 안전하게 중간처분할 수 있다고 인정하여 고시하는 방법으로 중간처분하는 영업
③ 폐기물 최종처분업
폐기물 최종처분시설을 갖추고 폐기물을 매립 등(해역 배출은 제외한다.)의 방법으로 최종처분하는 영업
④ 폐기물 종합처분업
폐기물 중간처분시설 및 최종처분시설을 갖추고 폐기물의 중간처분과 최종처분을 함께하는 영업
⑤ 폐기물 중간재활용업
폐기물 재활용시설을 갖추고 중간가공 폐기물을 만드는 영업
⑥ 폐기물 최종재활용업
폐기물 재활용시설을 갖추고 중간가공 폐기물을 용도 또는 방법으로 재활용하는 영업
⑦ 폐기물 종합재활용업
폐기물 재활용시설을 갖추고 중간재활용업과 최종재활용업을 함께하는 영업

86 폐기물 재활용업자가 시 · 도지사로부터 승인받은 임시보관시설에 태반을 보관하는 경우, 시 · 도지사가 임시보관시설을 승인할 때 따라야 하는 기준으로 틀린 것은?(단, 폐기물처리사업장 외의 장소에서의 폐기물 보관시설 기준)
① 폐기물 재활용업자는 약사법에 따른 의약품제조업 허가를 받은 자일 것
② 태반의 배출장소와 그 태반 재활용시설이 있는 사업장의 거리가 100킬로미터 이상일 것
③ 임시보관시설에서의 태반 보관 허용량은 1톤 미만일 것
④ 임시보관시설에서의 태반 보관기간은 태반이 임시보관시설에 도착한 날부터 5일 이내일 것

해설 임시보관시설에서의 태반 보관 허용량은 5톤 미만이다.

87 환경부장관 또는 시 · 도지사가 폐기물처리공제조합에 처리를 명할 수 있는 방치폐기물의 처리량 기준으로 ( )에 맞는 것은?

> 폐기물처리업자가 방치한 폐기물의 경우 그 폐기물처리업자의 폐기물 허용보관량의 ( ) 이내

① 1.5배   ② 2.0배
③ 2.5배   ④ 3.0배

해설 ※ 법규 변경사항이므로 해설의 내용으로 학습 부탁드립니다.

방치폐기물의 처리량과 처리기간
① 폐기물처리 공제조합에 처리를 명할 수 있는 방치폐기물의 처리량은 다음 각 호와 같다.
㉠ 폐기물처리업자가 방치한 폐기물의 경우 : 그 폐기물처리업자의 폐기물 허용보관량의 2배 이내
㉡ 폐기물처리 신고자가 방치한 폐기물의 경우 : 그 폐기물처리 신고자의 폐기물 보관량의 2배 이내
② 환경부장관이나 시 · 도지사는 폐기물처리 공제조합에 방치폐기물의 처리를 명하려면 주변환경의 오염 우려 정도와 방치폐기물의 처리량 등을 고려하여 2개월의 범위에서 그 처리기간을 정하여야 한다. 다만, 부득이한 사유로 처리기간 내에 방치폐기물을 처리하기 곤란하다고 환경부장관이나 시 · 도지사가 인정하면 1개월의 범위에서 한 차례만 그 기간을 연장할 수 있다.

88 매립시설의 사후관리 기준 및 방법에 관한 내용 중 발생가스 관리방법(유기성 폐기물을 매립한 폐기물매립시설만 해당된다.)에 관한 내용이다. ( )에 공통으로 들어갈 내용은?

> 외기온도, 가스온도, 메탄, 이산화탄소, 암모니아, 황화수소 등의 조사항목을 매립 종료 후 ( )까지는 분기 1회 이상, ( )이 지난 후에는 연 1회 이상 조사하여야 한다.

① 1년   ② 2년   ③ 3년   ④ 5년

해설 **매립시설의 사후관리 기준 및 방법**
발생가스 관리방법(유기성폐기물을 매립한 폐기물매립시설만 해당한다)
① 외기온도, 가스온도, 메탄, 이산화탄소, 암모니아, 황화수소 등의 조사항목을 매립종료 후 5년까지는 분기 1회 이상, 5년이 지난 후에는 연 1회 이상 조사하여야 한다.
② 발생가스는 포집하여 소각처리하거나 발전 · 연료 등으로 재활용하여야 한다.

89 해당 폐기물처리 신고자가 보관 중인 폐기물 또는 그 폐기물처리의 이용자가 보관 중인 폐기물의 적체에 따른 환경오염으로 인하여 인근지역 주민의 건강에 위해가 발생하거나 발생될 우려가 있는 경우, 그 처리금지를 갈음하여 부과할 수 있는 과징금은?

① 2천만 원 이하　　② 5천만 원 이하
③ 1억 원 이하　　④ 2억 원 이하

폐기물처리 신고자에 대한 과징금 처분
시·도지사는 폐기물처리 신고자가 처리금지를 명령하여야 하는 경우 그 처리금지가 다음 각 호의 어느 하나에 해당한다고 인정되면 대통령령으로 정하는 바에 따라 그 처리금지를 갈음하여 2천만 원 이하의 과징금을 부과할 수 있다.
① 해당 재활용사업의 정지로 인하여 그 재활용사업의 이용자가 폐기물을 위탁처리하지 못하여 폐기물이 사업장 안에 적체됨으로써 이용자의 사업활동에 막대한 지장을 줄 우려가 있는 경우
② 해당 재활용사업체에 보관 중인 폐기물 또는 그 재활용사업의 이용자가 보관 중인 폐기물의 적체에 따른 환경오염으로 인하여 인근지역 주민의 건강에 위해가 발생되거나 발생될 우려가 있는 경우
③ 천재지변이나 그 밖의 부득이한 사유로 해당 재활용사업을 계속하도록 할 필요가 있다고 인정되는 경우

90 폐기물의 에너지 회수기준으로 옳지 않은 것은?

① 에너지 회수효율(회수에너지 총량을 투입에너지 총량으로 나눈 비용)이 75퍼센트 이상일 것
② 다른 물질과 혼합하지 아니하고 해당 폐기물의 저위발열량이 킬로그램당 3천 킬로칼로리 이상일 것
③ 폐기물의 50% 이상을 원료 또는 재료로 재활용하고 나머지를 에너지 회수에 이용할 것
④ 회수열을 모두 열원으로 스스로 이용하거나 다른 사람에게 공급할 것

에너지 회수기준
① 다른 물질과 혼합하지 아니하고 해당 폐기물의 저위발열량이 킬로그램당 3천 킬로칼로리 이상일 것
② 에너지의 회수효율(회수에너지 총량을 투입에너지 총량으로 나눈 비율을 말한다.)이 75퍼센트 이상일 것
③ 회수열을 모두 열원(熱源)으로 스스로 이용하거나 다른 사람에게 공급할 것
④ 환경부장관이 정하여 고시하는 경우에는 폐기물의 30퍼센트 이상을 원료나 재료로 재활용하고 그 나머지 중에서 에너지의 회수에 이용할 것

91 폐기물처리시설의 설치·운영을 위탁받을 수 있는 자의 기준 중 소각시설인 경우 보관하여야 하는 기술인력 기준에 포함되지 않는 것은?

① 폐기물처리기술사 1명
② 폐기물처리기사 또는 대기환경기사 1명
③ 토목기사 1명
④ 시공분야에서 2년 이상 근무한 자 2명(폐기물 처분시설의 설치를 위탁받으려는 경우에만 해당된다.)

소각시설의 설치·운영을 위탁받을 수 있는 기술인력 기준
① 폐기물처리기술사 1명
② 폐기물처리기사 또는 대기환경기사 1명
③ 일반기계기사 1급 1명
④ 시공분야에서 2년 이상 근무한 자 2명(폐기물 처분시설의 설치를 위탁받으려는 경우에만 해당한다.)
⑤ 1일 50톤 이상의 폐기물소각시설에서 천정크레인을 1년 이상 운전한 자 1명과 천정크레인 외의 처분시설의 운전분야에서 2년 이상 근무한 자 2명(폐기물 처분시설의 운영을 위탁받으려는 경우에만 해당한다.)

92 폐기물처리시설 주변지역 영향조사 기준 중 조사지침에 관한 사항으로 (　　)에 맞는 것은?

> 토양조사 시점은 매립시설에 인접하여 토양오염이 우려되는 (　　　) 이상의 일정한 곳으로 한다.

① 2개소　　② 3개소
③ 4개소　　④ 5개소

매립지의 사후관리 기준 및 방법(토양조사방법)
① 토양 오염물질을 연 1회 이상 조사하여야 한다.
② 토양조사시점은 4개소 이상으로 하고 환경부장관이 정하여 고시하는 토양정밀조사 방법에 따라 폐기물 매립 및 재활용 지역의 시료채취 시점의 표토에서 시료를 채취한다.

93 폐기물의 광역관리를 위해 광역폐기물처리시설의 설치 또는 운영을 위탁할 수 없는 자는?

① 해당 광역 폐기물처리시설을 발주한 지자체
② 한국환경공단
③ 수도권매립지관리공사
④ 폐기물의 광역처리를 위해 설립된 지방자치단체조합

정답　89 ①　90 ③　91 ③　92 ③　93 ①

해설 **광역폐기물처리시설의 설치 · 운영의 위탁자**
① 한국환경공단
② 수도권매립지관리공사
③ 지방자치단체조합으로서 폐기물의 광역처리를 위하여 설립된 조합
④ 해당 광역폐기물처리시설을 시공한 자(그 시설의 운영을 위탁하는 경우에만 해당한다.)

94 설치신고 대상 폐기물처분시설 규모기준으로 ( )에 맞는 것은?

> 생물학적 처분시설로서 1일 처분능력이 ( ) 미만인 시설

① 5톤　　② 10톤　　③ 50톤　　④ 100톤

해설 **설치신고 대상 폐기물 처리시설**
① 일반소각시설로서 1일 처리능력이 100톤(지정폐기물의 경우에는 10톤) 미만인 시설
② 고온소각시설 · 열분해시설 · 고온용융시설 또는 열처리조합시설로서 시간당 처리능력이 100킬로그램 미만인 시설
③ 기계적 처분시설 또는 재활용시설 중 증발 · 농축 · 정제 또는 유수분리시설로서 시간당 처리능력이 125킬로그램 미만인 시설
④ 기계적 처분시설 또는 재활용시설 중 압축 · 파쇄 · 분쇄 · 절단 · 용융 또는 연료화 시설로서 1일 처리능력이 100톤 미만인 시설
⑤ 기계적 처분시설 또는 재활용시설 중 탈수 · 건조시설, 멸균분쇄시설 및 화학적 처리시설
⑥ 생물학적 처분시설 또는 재활용시설로서 1일 처리능력이 100톤 미만인 시설
⑦ 소각열회수시설로서 1일 재활용능력이 100톤 미만인 시설

95 기술관리인을 두어야 할 폐기물처리시설이 아닌 것은?

① 시간당 처분능력이 120킬로그램인 의료폐기물 대상 소각시설
② 면적이 4천 제곱미터인 지정폐기물 매립시설
③ 절단시설로서 1일 처분능력이 200톤인 시설
④ 연료화시설로서 1일 처분능력이 7톤인 시설

해설 **기술관리인을 두어야 하는 폐기물 처리시설**
① 매립시설의 경우
　㉠ 지정폐기물을 매립하는 시설로서 면적이 3천 300제곱미터 이상인 시설. 다만, 차단형 매립시설에서는 면적이 330제곱미터 이상이거나 매립용적이 1천 세제곱미터 이상인 시설로 한다.
　㉡ 지정폐기물 외의 폐기물을 매립하는 시설로서 면적이 1만

제곱미터 이상이거나 매립용적이 3만 세제곱미터 이상인 시설
② 소각시설로서 시간당 처리능력이 600킬로그램(감염성 폐기물을 대상으로 하는 소각시설의 경우에는 200킬로그램) 이상인 시설
③ 압축 · 파쇄 · 분쇄 또는 절단시설로서 1일 처리능력 또는 재활용시설이 100톤 이상인 시설
④ 사료화 · 퇴비화 또는 연료화 시설로서 1일 재활용능력이 5톤 이상인 시설
⑤ 멸균 · 분쇄시설로서 시간당 처리능력이 100킬로그램 이상인 시설
⑥ 시멘트 소성로
⑦ 용해로(폐기물에 비철금속을 추출하는 경우로 한정한다.)로서 시간당 재활용능력이 600킬로그램 이상인 시설
⑧ 소각열회수시설로서 시간당 재활용능력이 600킬로그램 이상인 시설

96 폐기물관리의 기본원칙으로 틀린 것은?

① 폐기물은 소각, 매립 등의 처분을 하기보다는 우선적으로 재활용함으로써 자원생산성의 향상에 이바지하도록 하여야 한다.
② 국내에서 발생한 폐기물은 가능하면 국내에서 처리되어야 하고, 폐기물을 수입할 수 없다.
③ 누구든지 폐기물을 배출하는 경우에는 주변 환경이나 주민의 건강에 위해를 끼치지 아니하도록 사전에 적절한 조치를 하여야 한다.
④ 사업자는 제품의 생산방식 등을 개선하여 폐기물의 발생을 최대한 억제하고 발생한 폐기물을 스스로 재활용함으로써 폐기물의 배출을 최소화하여야 한다.

해설 **폐기물 관리의 기본원칙**
① 사업자는 제품의 생산방식 등을 개선하여 폐기물의 발생을 최대한 억제하고, 발생한 폐기물을 스스로 재활용함으로써 폐기물의 배출을 최소화하여야 한다.
② 누구든지 폐기물을 배출하는 경우에는 주변 환경이나 주민의 건강에 위해를 끼치지 아니하도록 사전에 적절한 조치를 하여야 한다.
③ 폐기물은 그 처리과정에서 양과 유해성(有害性)을 줄이도록 하는 등 환경보전과 국민건강보호에 적합하게 처리되어야 한다.
④ 폐기물로 인하여 환경오염을 일으킨 자는 오염된 환경을 복원할 책임을 지며, 오염으로 인한 피해의 구제에 드는 비용을 부담하여야 한다.
⑤ 국내에서 발생한 폐기물은 가능하면 국내에서 처리되어야 하고, 폐기물의 수입은 되도록 억제되어야 한다.

⑤ 폐기물은 소각, 매립 등의 처분을 하기보다는 우선적으로 재활용함으로써 자원생산성의 향상에 이바지하도록 하여야 한다.

97 폐기물처리시설 설치에 있어서 승인을 받았거나 신고한 사항 중 환경부령으로 행하는 주요사항을 변경하려는 경우, 변경승인을 받지 아니하고 승인받은 사항을 변경한 자에 대한 벌칙 기준은?

① 5년 이하의 징역 또는 5천만 원 이하의 벌금
② 3년 이하의 징역 또는 3천만 원 이하의 벌금
③ 2년 이하의 징역 또는 2천만 원 이하의 벌금
④ 1년 이하의 징역 또는 1천만 원 이하의 벌금

📝 폐기물관리법 제66조 참고

98 주변지역 영향 조사대상 폐기물처리시설에 해당하지 않는 것은?(단, 대통령령으로 정하는 폐기물처리시설로 폐기물처리업자가 설치·운영하는 시설)

① 시멘트 소성로(폐기물을 연료로 사용하는 경우는 제외한다.)
② 매립면적 15만 제곱미터 이상의 사업장 일반폐기물 매립시설
③ 매립면적 1만 제곱미터 이상의 사업장 지정폐기물 매립시설
④ 1일 처분능력이 50톤 이상인 사업장폐기물 소각시설(같은 사업장에 여러 개의 소각시설이 있는 경우에는 각 소각시설의 1일 처분능력의 합계가 50톤 이상인 경우를 말한다.)

📝 **주변지역 영향 조사대상 폐기물처리시설 기준**
① 1일 처리능력이 50톤 이상인 사업장폐기물 소각시설(같은 사업장에 여러 개의 소각시설이 있는 경우에는 각 소각시설의 1일 처리능력의 합계가 50톤 이상인 경우를 말한다.)
② 매립면적 1만 제곱미터 이상의 사업장 지정폐기물 매립시설
③ 매립면적 15만 제곱미터 이상의 사업장 일반폐기물 매립시설
④ 시멘트 소성로(폐기물을 연료로 사용하는 경우로 한정한다.)
⑤ 1일 재활용능력이 50톤 이상인 사업장폐기물 소각열회수시설(같은 사업장에 여러 개의 소각열회수시설이 있는 경우에는 각 소각열회수시설의 1일 재활용능력의 합계가 50톤 이상인 경우를 말한다)

99 폐기물 처리시설의 사후관리에 대한 내용으로 틀린 것은?

① 폐기물을 매립하는 시설을 사용 종료하거나 폐쇄하려는 자는 검사기관으로부터 환경부령으로 정하는 검사에서 적합판정을 받아야 한다.
② 매립시설의 사용을 끝내거나 폐쇄하려는 자는 그 시설의 사용종료일 또는 폐쇄예정일 1개월 이전에 사용종료·폐쇄신고서를 시·도지사나 지방환경관서의 장에게 제출하여야 한다.
③ 폐기물 매립시설을 사용종료하거나 폐쇄한 자는 그 시설로 인한 주민의 피해를 방지하기 위해 환경부령으로 정하는 침출수 처리시설을 설치·가동하는 등의 사후관리를 하여야 한다.
④ 시·도지사나 지방환경관서의 장이 사후관리 시정명령을 하려면 그 시점에 필요한 조치의 난이도 등을 고려하여 6개월 범위에서 그 이행기간을 정하여야 한다.

📝 폐기물처리시설의 사용을 끝내거나 폐쇄하려는 자(폐쇄절차를 대행하는 자 포함) 그 시설의 사용종료일(매립면적을 구획하여 단계적으로 매립하는 시설은 구획별 사용종료일) 또는 폐쇄예정일 1개월(매립시설의 경우는 3개월) 이전에 사용종료·폐쇄신고서에 서류(매립시설인 경우만 해당한다)를 첨부하여 시·도지사나 지방환경관서의 장에게 제출하여야 한다.

100 한국폐기물협회에 관한 내용으로 틀린 것은?

① 환경부장관의 허가를 받아 한국폐기물협회를 설립할 수 있다.
② 한국폐기물협회는 법인으로 한다.
③ 한국폐기물협회의 업무, 조직, 운영 등에 관한 사항은 환경부령으로 정한다.
④ 폐기물산업의 발전을 위한 지도 및 조사·연구 업무를 수행한다.

📝 협회의 조직·운영, 그 밖에 필요한 사항은 그 설립목적을 달성하기 위하여 필요한 범위에서 대통령령으로 정한다.

제1과목 · 폐기물개론

01 인구 50만 명인 도시의 쓰레기발생량이 연간 165,000톤일 경우 MHT는?(단, 수거인부수=148명, 1일 작업시간 8시간, 연간휴가일수=90일)

① 1.5   ② 2
③ 2.5   ④ 3

해설
$$MHT = \frac{수거인부 \times 수거인부\ 총\ 수거시간}{총\ 수거량}$$
$$= \frac{148인 \times 8hr/day \times 275day/year}{165,000ton/year}$$
$$= 1.97man \cdot hr/ton$$

02 쓰레기의 발열량을 구하는 식 중 Dulong식에 대한 설명으로 맞는 것은?

① 고위발열량은 저위발열량, 수소함량, 수분함량만으로 구할 수 있다.
② 원소분석에서 나온 C, H, O, N 및 수분함량으로 계산할 수 있다.
③ 목재나 쓰레기와 같은 셀룰로오스의 연소에서는 발열량이 약 10% 높게 추정된다.
④ Bomb 열량계로 구한 발열량에 근사시키기 위해 Dulong의 보정식이 사용된다.

해설
① 저위발열량은 고위발열량, 수소함량, 수분함량만으로 구할 수 있다.
② 원소분석에서 나온 C, H, O, N, S 및 수분함량으로 계산할 수 있다.
③ 목재나 쓰레기와 같은 셀룰로오스의 연소에서는 발열량이 약 10% 낮게 추정된다.

03 도시폐기물을 $X_{90} = 2.5cm$로 파쇄하고자 할 때 Rosin–Rammler 모델에 의한 특성입자 크기(X_0, cm)는? (단, $n = 1$로 가정)

① 1.09   ② 1.18   ③ 1.22   ④ 1.34

해설
$$Y = 1 - \exp\left[-\left(\frac{X}{X_0}\right)^n\right]$$
$$0.9 = 1 - \exp\left[-\left(\frac{2.5}{X_0}\right)^1\right], \quad -\frac{2.5}{X_0} = \ln 0.1$$
특성입자 크기$(X_0 : cm) = \frac{2.5}{2.3} = 1.09cm$

04 쓰레기 발생량을 예측하는 방법이 아닌 것은?

① Trend Method
② Material Balance Method
③ Multiple Regression Model
④ Dynamic Simulation Model

해설
① 쓰레기 발생량 조사방법
    ㉠ 적재차량 계수분석법
    ㉡ 직접계근법
    ㉢ 물질수지법
    ㉣ 통계조사(표본조사, 전수조사)
② 쓰레기 발생량 예측방법
    ㉠ 경향법
    ㉡ 다중회귀모델
    ㉢ 동적모사모델

05 쓰레기소각로에서 효율의 향상인자가 아닌 것은?

① 적당한 압력   ② 적당한 온도
③ 적당한 연소시간   ④ 적당한 공연비

해설 **쓰레기소각로 효율향상인자**
① 적당한 온도(Temperature)
② 적당한 연소시간(Time)
③ 적당한 공연비(Turbulence)

06 도시폐기물의 화학적 특성 중 재의 융점을 설명한 것으로 ( )에 알맞은 것은?

> 재의 융점은 폐기물 소각으로부터 생긴 재가 용융, 응고되어 고형물을 형성시키는 온도로 정의된다. 폐기물로부터 클링크가 생성되는 대표적인 융점의 범위는 ( )이다.

① 700~800℃

② 900~1,000℃

③ 1,100~1,200℃

④ 1,300~1,400℃

해설 고온연소부(1,100~1,200℃)에서 재의 접촉에 의하여 클링커가 생성된다.

07 폐기물의 성상조사 결과, 다음 표와 같은 결과를 구했다. 이 지역에 Home Compaction Unit(가정용 부피 축소기)를 설치하고 난 후의 폐기물 전체의 밀도가 400kg/m³으로 예상된다면 부피 감소율(%)은?

성분	중량비(%)	밀도(kg/m³)
음식물	20	280
종이	50	80
골판지	10	50
기타	20	150

① 약 62　　② 약 67

③ 약 74　　④ 약 78

해설 $VR = \left(1 - \dfrac{V_f}{V_i}\right) \times 100$

압축 전 전체밀도 $= (280kg/m^3 \times 0.2) + (80kg/m^3 \times 0.5) + (50kg/m^3 \times 0.1) + (150kg/m^3 \times 0.2)$
$= 131kg/m^3$

압축 후 전체밀도 $= 400kg/m^3$

$V_i = \dfrac{1kg}{131kg/m^3} = 0.0076m^3$

$V_f = \dfrac{1kg}{400kg/m^3} = 0.0025m^3$

$= \left(1 - \dfrac{0.0025}{0.0076}\right) \times 100 = 67.11\%$

08 인구 15만 명, 쓰레기발생량 1.4kg/인·일, 쓰레기 밀도 400kg/m³, 운반거리 6km, 적재 용량 12m³, 1회 운반 소요시간 60분(적재시간, 수송시간 등 포함)일 때 운반에 필요한 일일 소요 차량대수(대)는?(단, 대기차량 포함, 대기 차량=3대, 압축비=2.0, 일일 운전시간 6시간)

① 6　　② 7

③ 8　　④ 11

해설 소요차량(대) $= \dfrac{\text{하루폐기물 수거량}}{\text{1일 1대당 운반량}}$

하루폐기물수거량 $= 1.4kg/인 \cdot 일 \times 150,000인$
$= 210,000kg/일$

1일 1대당 운반량 $= \dfrac{12m^3/대 \times 6hr/대 \cdot 일 \times 400kg/m^3 \times 2.0}{60min/대 \times hr/60min}$
$= 57,600kg/일 \cdot 대$

소요차량(대) $= \dfrac{210,000kg/일}{57,600kg/일 \cdot 대} = 3.65대 + 3대$
$= 6.75대(7대)$

09 쓰레기 수거계획 수립 시 가장 우선되어야 할 항목은?

① 수거빈도　　② 수거노선

③ 차량의 적재량　　④ 인부수

해설 도시쓰레기 수거계획 수립 시 가장 중요하게 고려해야 할 사항은 수거노선이다.

10 폐기물의 열분해에 관한 설명으로 틀린 것은?

① 폐기물의 입자 크기가 작을수록 열분해가 조성된다.

② 열분해장치로는 고정상, 유동상, 부유상태 등의 장치로 구분될 수 있다.

③ 연소가 고도의 발열반응임에 비해 열분해는 고도의 흡열반응이다.

④ 폐기물에 충분한 산소를 공급해서 가열하여 가스, 액체 및 고체의 3성분으로 분리하는 방법이다.

해설 **열분해(Pyrolysis)**

① 열분해란 공기가 부족한 상태(무산소 혹은 저산소 분위기)에서 가연성 폐기물을 연소시켜(간접가열에 의해) 유기물질로부터 가스, 액체 및 고체상태의 연료를 생산하는 공정을 의미하며 흡열반응을 한다.

② 예열, 건조과정을 거치므로 보조연료의 소비량이 증가되어 유지관리비가 많이 소요된다.

③ 폐기물을 산소의 공급 없이 가열하여 가스, 액체, 고체의 3성분으로 분리한다.(연소가 고도의 발열반응인 데 비해 열분해는 고도의 흡열반응이다.)

④ 분해와 응축반응이 일어난다.

⑤ 필요한 에너지를 외부에서 공급해 주어야 한다.

정답 **07** ②　**08** ②　**09** ②　**10** ④

11 일반 폐기물의 수집운반 처리 시 고려사항으로 가장 거리가 먼 것은?

① 지역별, 계절별 발생량 및 특성 고려
② 다른 지역의 경유 시 밀폐차량 이용
③ 해충방지를 위해서 약제살포 금지
④ 지역여건에 맞게 기계식 상차방법 이용

해설 일반폐기물의 수집운반 처리 시 해충방지를 위해서 약제살포를 해야 한다.

12 비자성이고 전기전도성이 좋은 물질(동, 알루미늄, 아연)을 다른 물질로부터 분리하는 데 가장 적절한 선별방식은?

① 와전류 선별   ② 자기 선별
③ 자장 선별   ④ 정전기 선별

해설 와전류 선별법
연속적으로 변화하는 자장 속에 비극성(비자성)이고, 전기전도도가 우수한 물질(구리, 알루미늄, 아연 등)을 넣으면 금속 내에 소용돌이 전류가 발생하는 와전류 현상에 의하여 반발력이 생기는데, 이 반발력의 차를 이용하여 다른 물질로부터 분리하는 방법이다.

13 폐기물의 파쇄에 대한 설명으로 틀린 것은?

① 파쇄하면 부피가 커지는 경우도 있다.
② 파쇄를 통해 조성이 균일해진다.
③ 매립작업 시 고밀도 매립이 가능하다.
④ 압축 시 밀도 증가율이 감소하므로 운반비가 감소된다.

해설 압축 시 밀도증가율이 크므로 운반비가 감소한다.

14 폐기물을 분류하여 철금속류를 회수하려고 할 때 가장 적당한 분리방법은?

① Air separation   ② Screening
③ Floatation   ④ Magnetic Separation

해설 철금속류를 회수하려고 할 때는 자석 선별(Magnetic Separation)이 가장 적당하다.

15 폐기물과 관련된 설명 중 맞는 것은?

① 쓰레기 종량제는 1992년에 전국적으로 실시하였다.
② SRF(Solid Refuse Fuel)를 통해 폐기물로부터 에너지를 회수할 수 있다.

③ 쓰레기 수거 노동력을 표시하는 단위로 시간당 필요 인원(man/hour)을 사용한다.
④ 고로(高爐)에서는 고철을 재활용하여 철강재를 생산한다.

해설 ① 쓰레기 종량제는 1995년에 전국적으로 실시하였다.
③ 쓰레기 수거노동력을 표시하는 단위로 폐기물 1ton당 인력소요시간(man · hr/ton)을 사용한다.
④ 고로의 상부를 통하여 철광석, 소결광, 코크스가 투입되고 하부에서 고온의 열풍을 불어넣어 코크스를 연소시킨다.

16 쓰레기의 발생량에 가장 관계가 적은 것은?

① 주민의 생활법 및 문화수준
② 분리수거제도의 정책 정도
③ 수거차량의 용적 및 처리시설
④ 법규 및 제도

해설 쓰레기 발생량에 영향을 주는 요인

영향요인	내용
도시규모	도시의 규모가 커질수록 쓰레기 발생량 증가
생활수준	생활수준이 높아지면 발생량이 증가하고 다양해짐(증가율 10% 내외)
계절	겨울철에 발생량 증가
수집빈도	수집빈도가 높을수록 발생량 증가
쓰레기통 크기	쓰레기통이 클수록 유효용적이 증가하여 발생량 증가
재활용품 회수 및 재이용률	재활용품의 회수 및 재이용률이 높을수록 쓰레기 발생량 감소
법규	쓰레기 관련 법규는 쓰레기 발생량에 중요한 영향을 미침
장소	상업지역, 주택지역, 공업지역 등, 장소에 따라 발생량과 성상이 달라짐
사회구조	도시의 평균연령층, 교육수준에 따라 발생량은 달라짐

17 쓰레기에서 타는 성분의 화학적 성상 분석 시 사용되는 자동원소분석기에 의해 동시 분석이 가능한 항목을 모두 알맞게 나열한 것은?

① 질소, 수소, 탄소   ② 탄소, 황, 수소
③ 탄소, 수소, 산소   ④ 질소, 황, 산소

해설 폐기물 원소분석에 있어 별도의 장치나 기기(연소관, 환원관 및 흡수관의 충전물 교환 등)를 필요로 하지 않고, 자동원소분석기를 이용하여 동시에 분석 가능한 항목은 C. H. N이다.

18 수분함량이 20%인 쓰레기의 수분함량을 10%로 감소시키면 감소 후 쓰레기 중량은 처음 중량의 몇 %가 되겠는가?(단, 쓰레기의 비중=1.0)

① 87.6% ② 88.9% ③ 90.3% ④ 92.9%

$$\frac{\text{처리 후 쓰레기량}}{\text{초기 쓰레기량}} = \frac{(1-0.2)}{(1-0.1)} = 0.8888 \times 100 = 88.89\%$$

19 적환장에 대한 설명으로 틀린 것은?

① 폐기물의 수거와 운반을 분리하는 기능을 한다.
② 적환장에서 재생 가능한 물질의 선별을 고려하도록 한다.
③ 최종처분지와 수거지역의 거리가 먼 경우에 설치 운영한다.
④ 고밀도 거주지역이 존재할 때 설치 운영한다.

적환장은 저밀도 거주지역이 존재할 때 설치 운영한다.

20 입자성 물질의 겉보기 비중을 구할 때 맞지 않는 것은?

① 미리 부피를 알고 있는 용기에 시료를 넣는다.
② 60cm 높이에서 2회 낙하시킨다.
③ 낙하시켜 감소하면 감소된 양만큼 추가하여 반복한다.
④ 단위는 kg/m^3 또는 ton/m^3로 나타낸다.

겉보기 비중 측정방법
미리 부피를 알고 있는 용기(일반적으로 부피 50L 용기)에 시료를 넣고 30cm 높이의 위치에서 3회 낙하시키고 눈금이 감소하면 감소된 분량만큼 시료를 추가하며, 이 작업을 눈금이 감소하지 않을 때까지 반복한다.

제2과목 폐기물처리기술

21 슬러지를 개량하는 목적으로 가장 적합한 것은?

① 슬러지의 탈수가 잘 되게 하기 위해서
② 탈리액의 BOD를 감소시키기 위해서
③ 슬러지 건조를 촉진하기 위해서
④ 슬러지의 악취를 줄이기 위해서

슬러지 개량목적
① 슬러지의 탈수성 향상(주된 목적)
② 슬러지의 안정화
③ 탈수 시 약품 소모량 및 소요동력을 줄임

22 침출수 중에 함유된 고농도의 질소를 제거하기 위해 적용되는 생물학적 처리방법의 MLE(Modified Ludzack Ettinger) 공정에서 내부 반송비가 300%인 경우 이론적인 탈질효율(%)은?(단, 탈질조로 내부반송되는 질소산화물은 전량 탈질된다고 가정)

① 50 ② 67 ③ 75 ④ 80

$$\text{MLE 공정 탈질효율(\%)} = \text{내부반송비} \times 0.25 = 300 \times 0.25 = 75\%$$

23 폐기물 매립장의 복토에 대한 설명으로 틀린 것은?

① 폐기물을 덮어 주어 미관을 보존하고 바람에 의한 날림을 방지한다.
② 매립가스에 의한 악취 및 화재발생 등을 방지한다.
③ 강우의 지하침투를 방지하여 침출수 발생을 최소화할 수 있다.
④ 복토재로 부숙토(콤포스트)나 생물발효를 시킨 오니를 사용하면 폐기물의 분해를 저해할 수 있다.

복토재로 부숙토나 생물발효를 시킨 오니를 사용하면 폐기물의 분해를 증가시킬 수 있다. 즉, 복토재는 생분해 가능성이 있어야 한다.

24 유동상식 소각로의 특징과 거리가 먼 것은?

① 반응시간이 빠르고 연소효율이 높다.
② 2차연소실이 필요하다.
③ 과잉공기량이 낮아 NOx가 적게 배출된다.
④ 유동매체의 손실로 인한 보충이 필요하다.

유동상식 소각로는 연소효율이 높아 미연소분이 적고 2차연소실이 불필요하다.

25 함수율이 99%인 슬러지와 함수율이 40%인 톱밥을 2:3으로 혼합하여 복합비료로 만들고자 할 때 함수율(%)은?

① 약 61 ② 약 64 ③ 약 67 ④ 약 70

$$\text{함수율(\%)} = \frac{(2 \times 0.99) + (3 \times 0.4)}{2+3} = 0.636 \times 100 = 63.60\%$$

정답 18 ② 19 ④ 20 ② 21 ① 22 ③ 23 ④ 24 ② 25 ②

26 폐수유입량이 10,000m³/day이고 유입폐수의 SS가 400mg/L이라면 이것을 alum(Al₂(SO₄)₃·18H₂O) 350mg/L로 처리할 때 1일 발생하는 침전슬러지(건조 고형물 기준)의 양(kg)은?(단, 응집침전 시 유입 SS의 75%가 제거되며 생성되는 Al(OH)₃는 모두 침전하고 CaSO₄는 용존 상태로 존재, Al : 27, S : 32, Ca : 40)

> [반응식]
> $Al_2(SO_4)_3 \cdot 18H_2O + 3Ca(HCO_3)_2$
> $\rightarrow 2Al(OH)_3 + 3CaSO_4 + 6CO_2 + 18H_2O$

① 약 3,520   ② 약 3,620
③ 약 3,720   ④ 약 3,820

해설 침전슬러지양＝제거 SS양＋Al(OH)₃
$Al_2(SO_4)_3 \cdot 18H_2O \simeq 2Al(OH)_3$
제거 SS양(kg/day)＝10,000m³/day×0.4kg/m³×0.75
               ＝3,000kg/day
Al(OH)₃양

$Al_2(SO_4)_3 \cdot 18H_2O \quad \simeq \quad 2Al(OH)_3$
     666kg   :   2×78=156kg
10,000m³/day×0.35kg/m³ :   Al(OH)₃
Al(OH)₃＝819.92kg/day
침전슬러지양(kg/day)＝3,000＋819.92＝3,819.92kg/day

27 석면해체 및 제조작업의 조치기준으로 적합하지 않은 것은?

① 건식으로 작업할 것
② 당해 장소를 음압으로 유지시킬 것
③ 당해 장소를 밀폐시킬 것
④ 신체를 감싸는 보호의를 착용할 것

해설 석면해체 및 제조사업의 조치기준
① 해체 및 제조 작업장소를 밀폐할 것
② 습식작업으로 할 것
③ 해당 장소를 음압으로 유지할 것
④ 개인보호구(보호의 등)를 착용할 것

28 토양오염처리기술 중 화학적 처리기술이 아닌 것은?

① 토양증기 추출   ② 용매 추출
③ 토양 세척   ④ 열탈착법

해설 토양오염물질의 화학적 처리기술
① 토양증기 추출법
② 용매 추출법

③ 토양 세척법
④ 고형화/안정화 처리법

[Note] 열탈착법은 소각법과 같이 열적처리기술이다.

29 용매추출처리에 이용 가능성이 높은 유해폐기물과 가장 거리가 먼 것은?

① 미생물에 의해 분해가 힘든 물질
② 활성탄을 이용하기에는 농도가 너무 높은 물질
③ 낮은 휘발성으로 인해 스트리핑하기 곤란한 물질
④ 물에 대한 용해도가 높아 회수성이 낮은 물질

해설 용매추출 대상 폐기물
① 미생물에 의한 분해가 힘든 물질
② 활성탄을 사용하기에는 농도가 너무 높은 물질
③ 낮은 휘발성으로 인해 스트리핑으로 처리하기 곤란한 물질
④ 물에 대한 용해도가 낮은 물질

30 중유연소 시 황산화물을 탈황시키는 방법이 아닌 것은?

① 미생물에 의한 탈황
② 방사선에 의한 탈황
③ 금속산화물 흡착에 의한 탈황
④ 질산염 흡수에 의한 탈황

해설 중유탈황방법
① 미생물에 의한 탈황
② 방사선에 의한 탈황
③ 금속산화물 흡착에 의한 탈황
④ 접촉 수소화 탈황

31 부식질(Humus)의 특징으로 옳지 않은 것은?

① 뛰어난 토양 개량제이다.
② C/N비가 30~50 정도로 높다.
③ 물 보유력과 양이온 교환능력이 좋다.
④ 짙은 갈색이다.

해설 부식질의 특징
① 악취가 없으며 흙냄새가 난다.
② 물 보유력 및 양이온 교환능력이 좋다.
③ C/N비는 낮은 편이며 10~20 정도이다.
④ 짙은 갈색 또는 검은색을 띤다.
⑤ 병원균이 거의 사멸되어 토양개량제로서 품질이 우수하다.

32 매립지 침출수의 발생량을 추정하는 일일강우량에 의한 식을 이용하는 경우 다음 조건에서 일일 발생하는 침출수의 양(m^3/day)은?(단, 침투된 강우는 모두 침출수로 발생되며 기타 조건은 고려하지 않음)

- 침투율 : 0.3
- 연평균 일강우량 : 5mm
- 매립지 면적 : 300,000m^2

① 450m^3/day
② 540m^3/day
③ 560m^3/day
④ 650m^3/day

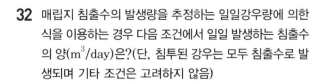 침출수량(m^3/day) $= \dfrac{CIA}{1,000} = \dfrac{0.3 \times 5 \times 300,000}{1,000}$
$= 450m^3$/day

33 COD/TOC < 2.0, BOD/COD < 0.1인 매립지에서 발생하는 침출수 처리에 가장 효과적이지 못한 공정은?(단, 매립연한이 10년 이상, COD(mg/L)=500 이하)

① 생물학적 처리공정
② 역삼투공정
③ 이온교환공정
④ 활성탄흡착공정

침출수 특성에 따른 처리공정 구분

항목		I	II	III
침출수특성	COD(mg/L)	10,000 이상	500~10,000	500 이하
	COD/TOC	2.7(2.8) 이상	2.0~2.7	2.0 이하
	BOD/COD	0.5 이상	0.1~0.5	0.1 이하
	매립연한	초기 (5년 이하)	중간 (5~10년)	오래(고령)됨 (10년 이상)
주처리공정	생물학적 처리	좋음 (양호)	보통	나쁨 (불량)
	화학적 응집·침전 (화학적 침전 : 석회투여)	보통·불량	나쁨 (불량)	나쁨 (불량)
	화학적 산화	보통·나쁨 (불량)	보통	보통
	역삼투(R.O)	보통	좋음 (양호)	좋음 (양호)
	활성탄 흡착	보통·좋음 (양호)	보통·좋음 (양호)	좋음 (양호)
	이온교환 수지	나쁨 (불량)	보통·좋음 (양호)	보통

34 슬러지를 안정화시키는 데 사용되는 첨가제는?

① 시멘트
② 포졸란
③ 석회
④ 용해성 규산염

슬러지 안정화 첨가제는 석회이며 시멘트, 포졸란, 용해성 규산염은 고형화 첨가제이다.

35 고형 폐기물의 매립 시 10kg의 $C_6H_{12}O_6$가 혐기성 분해를 한다면 이론적 가스발생량(L)은?(단, 밀도 : CH_4 0.7167g/L, CO_2 1.9768g/L)

① 약 7,131
② 약 7,431
③ 약 8,131
④ 약 8,831

혐기성 완전분해 반응식
$C_6H_{12}O_6 \rightarrow 3CO_2 + 3CH_4$
$- CO_2$
180kg : 3×44kg
10kg : CO_2(kg)
$CO_2 = \dfrac{10kg \times (3 \times 44)kg}{180kg} = 7.33kg$
$= \dfrac{7.33kg}{0.0019768kg/L} = 3,708.01L$
$- CH_4$
180kg : 3×16kg
10kg : CH_4(kg)
$CH_4(L) = \dfrac{10kg \times (3 \times 16)kg}{180kg} = 2.67kg$
$= \dfrac{2.67kg}{0.0007167kg/L} = 3,725.41L$
가스발생량(L) $= 3,708.01 + 3,725.41 = 7,433.42L$

36 포졸란(Pozzolan)에 관한 설명으로 알맞지 않은 것은?

① 포졸란의 실질적인 활성에 기여하는 부분은 CaO이다.
② 규소를 함유하는 미분상태의 물질이다.
③ 대표적인 포졸란으로는 분말성이 좋은 Flyash가 있다.
④ 포졸란은 석회와 결합하면 불용성·수밀성 화합물을 형성한다.

포졸란의 실질적인 활성에 기여하는 부분은 실리카 물질(SiO_2)이다.

37 매립의 종류 중 매립구조에 따른 분류가 아닌 것은?

① 혐기성 위생매립 ② 위생매립

③ 혐기성 매립 ④ 호기성 매립

해설 ① 매립구조에 따른 분류
  ㉠ 혐기성 매립 ㉡ 혐기성 위생매립
  ㉢ 개량혐기성 매립 ㉣ 준호기성 매립
  ㉤ 호기성 매립
② 매립방법에 따른 구분
  ㉠ 단순 매립 ㉡ 위생 매립
  ㉢ 안전 매립

38 토양의 현장처리기법 중 토양세척법의 장점이 아닌 것은?

① 유기물 함량이 높을수록 세척효율이 높아진다.

② 오염토양의 부피를 급격히 줄일 수 있다.

③ 무기물과 유기물을 동시에 처리할 수 있다.

④ 다양한 오염토양 농도에 적용가능하다.

해설 토양세척력의 주요인자는 지하수 차단벽의 유무, 투수계수, 분배계수, 알칼리도, 양이온 및 음이온의 존재 유무 등이며 유기물 함량이 높을수록 세척효율이 낮아진다.

39 퇴비화 과정에서 필수적으로 필요한 공기 공급에 관한 내용 중 알맞지 않은 것은?

① 온도조절 역할을 수행한다.

② 일반적으로 5~15%의 산소가 퇴비물질 공극 내에 잔재하도록 해야 한다.

③ 공기주입률은 일반적으로 15~20L/min·m³ 정도가 적합하다.

④ 수분증발 역할을 수행하며 자연순환 공기공급이 가장 바람직하다.

해설 퇴비화의 공기주입률은 일반적으로 50~200L/min·m³ 정도가 적합하다.

40 인구 100만 명인 도시의 쓰레기 발생률은 2.0kg/인·일이다. 아래의 조건들에 따라 쓰레기를 매립하고자 할 때 연간 매립지의 소요면적(m²)은?(단, 매립쓰레기 압축밀도=500kg/m³, 매립지 Cell 1층의 높이=5m, 총 8개의 층으로 매립, 기타 조건은 고려하지 않음)

① 32,500 ② 34,200 ③ 36,500 ④ 38,200

해설 연간 매립면적(m²/year)
$$= \frac{\text{쓰레기 발생량}}{\text{밀도} \times \text{매립지 높이}}$$
$$= \frac{2.0\text{kg/인·일} \times 1,000,000\text{인} \times 365\text{day/year}}{500\text{kg/m}^3 \times (5\text{m} \times 8)}$$
$$= 36,500\text{m}^2/\text{year}$$

제3과목 폐기물소각 및 열회수

41 고체 및 액체 연료의 연소이론산소량을 중량으로 구하는 경우 산출식으로 옳은 것은?

① $2.67C + 8H + O + S(\text{kg/kg})$

② $3.67C + 8H + O + S(\text{kg/kg})$

③ $2.67C + 8H - O + S(\text{kg/kg})$

④ $3.67C + 8H - O + S(\text{kg/kg})$

해설 **고체 및 액체연료**
고체, 액체연료 1kg의 연소 시 이론산소량(O_o)
㉠ 중량
$O_o = 32/12C + 16/2(H - O/8) + 32/32S$
$= 2.667C + 8H - O + S(\text{kg/kg})$
㉡ 부피(용량)
$O_o = 22.4/12C + 11.2/2(H - O/8) + 22.4/32S$
$= 1.867C + 5.6H - 0.7O + 0.7S(\text{Nm}^3/\text{kg})$

42 고체연료의 장점이 아닌 것은?

① 점화와 소화가 용이하다.

② 인화, 폭발의 위험성이 적다.

③ 가격이 저렴하다.

④ 저장, 운반 시 노천 야적이 가능하다.

해설 **고체연료**
① 장점
  ㉠ 저장, 취급(수송)이 편리하다.
  ㉡ 야적이 가능하다.
  ㉢ 연소장치가 간단하고 가격이 저렴하다.
  ㉣ 매장량이 풍부하며 연소성이 느린 점을 이용하여 특수목적에 사용할 수 있다.
  ㉤ 인화, 폭발의 위험성이 적다.
② 단점
  ㉠ 전처리가 필요하다.
  ㉡ 완전연소가 곤란하여 회분이 남게 된다.
  ㉢ 연소효율이 낮고 고온을 얻기 어렵다.

ⓔ 연소조절이 어렵고 매연이 발생된다.
ⓜ 착화연소가 곤란하며 연료의 배관수송이 어렵다.
ⓗ 점화와 소화가 용이하지 않다.

43 폐기물의 저위발열량을 폐기물 3성분 조성비를 바탕으로 추정할 때 3가지 성분에 포함되지 않는 것은?

① 수분　　　　　　　　② 회분
③ 가연분　　　　　　　④ 휘발분

폐기물 3성분
① 가연분　② 수분　③ 회분

44 기체연료 중 건성 가스의 주성분은?

① H_2　　　　　　　　② CO
③ CO_2　　　　　　　④ CH_4

건성 가스는 천연가스를 의미하므로 주성분은 메탄(CH_4)이다.

45 저위발열량이 8,000kcal/Sm^3인 가스연료의 이론연소온도(℃)는?(단, 이론연소가스량은 10Sm^3/Sm^3, 연료 연소가스의 평균정압비열은 0.35kcal/Sm^3℃, 기준온도는 실온(15℃), 지금 공기는 예열되지 않으며, 연소가스는 해리되지 않는 것으로 한다.)

① 약 2,100　　　　　　② 약 2,200
③ 약 2,300　　　　　　④ 약 2,400

이론연소온도(℃)

$$= \frac{저위발열량}{이론연소가스량 \times 연소가스\ 평균\ 정압비열} + 실제온도$$

$$= \frac{8,000kcal/Sm^3}{10Sm^3/Sm^3 \times 0.35kcal/Sm^3 \cdot ℃} + 15℃$$

$$= 2,300.71℃$$

46 다단로 소각로방식에 대한 설명으로 옳지 않은 것은?

① 온도제어가 용이하고 동력이 적게 들며 운전비가 저렴하다.
② 수분이 적고 혼합된 슬러지 소각에 적합하다.
③ 가동부분이 많아 고장률이 높다.
④ 24시간 연속운전을 필요로 한다.

해설 다단로 소각방식(Multiple Hearth)
① 장점
　ⓐ 타 소각로에 비해 체류시간이 길어 연소효율이 높고, 특히 휘발성이 낮은 폐기물 연소에 유리하다.
　ⓑ 다량의 수분이 증발되므로 수분함량이 높은 폐기물도 연소가 가능하다.
　ⓒ 물리 · 화학적 성분이 다른 각종 폐기물을 처리할 수 있다. 즉, 다양한 질의 폐기물에 대하여 혼소가 가능하다.
　ⓓ 많은 연소영역이 있으므로 연소효율을 높일 수 있다.(국소 연소를 피할 수 있음)
　ⓔ 보조연료로 다양한 연료(천연가스, 프로판, 오일, 석탄가루, 폐유 등)를 사용할 수 있다.
　ⓗ 클링커 생성을 방지할 수 있다.
　ⓘ 온도제어가 용이하고 동력이 적게 들며 운전비가 저렴하다.
② 단점
　ⓐ 체류시간이 길어 온도반응이 느리다.(휘발성이 적은 폐기물 연소에 유리)
　ⓑ 늦은 온도반응 때문에 보조연료 사용을 조절하기 어렵다.
　ⓒ 분진발생률이 높다.
　ⓓ 열적 충격이 쉽게 발생하고 내화물이나 상에 손상을 초래한다.(내화재의 손상을 방지하기 위해 1,000℃ 이상으로 운전하지 않는 것이 좋음)
　ⓔ 가동부(교반팔, 회전중심축)가 있으므로 유지비가 높다.
　ⓗ 유해폐기물의 완전분해를 위해서는 2차 연소실이 필요하다.

47 폐타이어를 소각 전에 분석한 결과, C 78%, H 6.7%, O 1.9%, S 1.9%, N 1.1%, Fe 9.3%, Zn 1.1%의 조성을 보였다. 공기비(m)가 2.2일 때, 연소 시 발생되는 질소의 양(Sm^3/kg)은?

① 약 15.16　　　　　　② 약 25.16
③ 약 35.16　　　　　　④ 약 45.16

$$A_o = \frac{(1.867C + 5.6H + 0.7S - 0.7O)}{0.21}$$

$$= \frac{(1.867 \times 0.78) + (5.6 \times 0.067) + (0.7 \times 0.019) - (0.7 \times 0.019)}{0.21}$$

$$= 8.72Sm^3/kg$$

$$A = m \times A_o$$

$$= 2.2 \times 8.72Sm^3/kg = 19.184Sm^3/kg$$

공기 중 질소(Sm^3/kg) = $A \times 0.79$

$$= 19.184 \times 0.79 = 15.16Sm^3/kg$$

48 주성분이 $C_{10}H_{17}O_6N$인 활성슬러지 폐기물을 소각처리하려고 한다. 폐기물 5kg당 필요한 이론적 공기의 무게(kg)는?(단, 공기 중 산소량은 중량비로 23%)

① 약 12　② 약 22　③ 약 32　④ 약 42

해설 $C_{10}H_{17}O_6N$의 분자량

$[C_{10}+H_{17}+O_6+N$
$=(12\times10)+(1\times17)+(16\times6)+(14)=247]$

각 성분의 구성비 : $C=\dfrac{120}{247}=0.486$

$H=\dfrac{17}{247}=0.069$

$O=\dfrac{96}{247}=0.388$

$A_0=\dfrac{O_0}{0.23}$

$A_o=11.5C+34.63H-4.31O+4.31S(kg/kg)$
$=[(11.5\times0.486)+(34.63\times0.069)-(4.31\times0.388)]$
$=6.32kg/kg\times5kg=31.6kg$

49 폐열회수를 위한 열교환기 중 연도에 설치하며, 보일러 전열면을 통하여 연소가스의 여열로 보일러 급수를 예열하여 보일러 효율을 높이는 장치는?

① 재열기　② 절탄기
③ 공기예열기　④ 과열기

해설 **절탄기(이코노마이저)**
① 폐열회수를 위한 열교환기, 연도에 설치하며 보일러 전열면을 통과한 연소가스의 예열로 보일러 급수를 예열하여 보일러 효율을 높이는 장치이다.
② 급수예열에 의해 보일러수와의 온도차가 감소되므로 보일러 드럼에 발생하는 열응력이 감소된다.
③ 급수온도가 낮을 경우, 연소가스 온도가 저하되면 절탄기 저온부에 접하는 가스온도가 노점에 대하여 절탄기를 부식시키는 것을 주의하여야 한다.
④ 절탄기 자체로 인한 통풍저항 증가와 연도의 가스온도 저하로 인한 연도통풍력의 감소를 주의하여야 한다.

50 30ton/day의 폐기물을 소각한 후 남은 재는 전체 질량의 20%이다. 남은 재의 용적이 $10.3m^3$일 때 재의 밀도(ton/m^3)는?

① 0.32　② 0.58　③ 1.45　④ 2.30

해설 재의 밀도(ton/m^3)$=\dfrac{질량}{부피}=\dfrac{30ton\times0.2}{10.3m^3}=0.58ton/m^3$

51 통풍에 관한 설명으로 옳지 않은 것은?

① 자연통풍은 연돌에만 의존하는 통풍이다.
② 흡인통풍의 경우 일반적으로 연소실 내 압력을 (−)로 유지한다.
③ 평형통풍은 냉공기의 침입 및 화염의 손실을 방지하는 이점이 있다.
④ 연돌고를 2배 증가시키면 통풍력은 2배로 향상된다.

해설 평형통풍은 연소실 전면·후면에 각각 송풍기를 부착한 통풍방식으로 통풍 및 노 내 압력의 조절이 용이하다.

52 가로 1.2m, 세로 2.0m, 높이 11.5m의 연소실에서 저위발열량 10,000kcal/kg의 중유를 1시간에 100kg 연소한다. 연소실의 열발생률($kcal/m^3\cdot h$)은?

① 약 29,200　② 약 36,200
③ 약 43,200　④ 약 51,200

해설 열발생률($kcal/m^3\cdot hr$)

$=\dfrac{저위발열량(kcal/kg)\times시간당\ 연소량(kg/hr)}{연소실\ 부피(m^3)}$

$=\dfrac{10,000kcal/kg\times100kg/hr}{(1.2\times2.0\times11.5)m^3}$

$=36,231.88kcal/m^3\cdot hr$

53 유동층 소각로의 장점이 아닌 것은?

① 연소효율이 높아 미연소분의 배출이 적고 2차 연소실이 불필요하다.
② 유동매체의 열용량이 커서 액상, 기상, 고형폐기물의 전소 및 혼소가 가능하다.
③ 유동매체의 축열량이 높은 관계로 단기간 정지 후 가동 시 보조연료 사용 없이 정상가동이 가능하다.
④ 층의 유동으로 상(床)으로부터 찌꺼기 분리가 용이하다.

해설 **유동층 소각로**
① 장점
　㉠ 유동매체의 열용량이 커서 액상, 기상, 고형 폐기물의 전소 및 혼소, 균일한 연소가 가능하다.
　㉡ 반응시간이 빨라 소각시간이 짧다.(노 부하율이 높다.)
　㉢ 연소효율이 높아 미연소분이 적고 2차 연소실이 불필요하다.
　㉣ 가스의 온도가 낮고 과잉공기량이 낮다. 따라서 NOx도 적게 배출된다.

ⓜ 기계적 구동부분이 적어 고장률이 낮아 유지관리가 용이하다.
ⓗ 노 내 온도의 자동제어로 열회수가 용이하다.
ⓢ 유동매체의 축열량이 높은 관계로 단시간 정지 후 가동 시 보조연료 사용 없이 정상가동이 가능하다.
ⓞ 과잉공기량이 적으므로 다른 소각로보다 보조연료 사용량과 배출가스량이 적다.
ⓩ 석회 또는 반응물질을 유동매체에 혼입시켜 노 내에서 산성가스의 제거가 가능하다.
② 단점
   ㉠ 층의 유동으로 상으로부터 찌꺼기의 분리가 어려우며 운전비, 특히 동력비가 높다.
   ㉡ 폐기물의 투입이나 유동화를 위해 파쇄가 필요하다.
   ㉢ 상재료의 용융을 막기 위해 연소온도는 816℃를 초과할 수 없다.
   ㉣ 유동매체의 손실로 인한 보충이 필요하다.
   ㉤ 고점착성의 반유동상 슬러지는 처리하기 곤란하다.
   ㉥ 소각로 본체에서 압력손실이 크고 유동매체의 비산 또는 분진의 발생량이 가장 많다.
   ㉦ 조대한 폐기물은 전처리가 필요하다. 즉, 폐기물의 투입이나 유동화를 위해 파쇄공정이 필요하다.

ⓛ 낮은 공기비일 경우 CO 및 검댕의 발생이 증가하고, 노 내의 온도가 상승하므로 주의를 요한다.
② 저온도 연소
   에너지 절약, 건조 및 착화성 향상을 위해 사용하는 예열공기의 온도를 조절하여 열적 NOx 생성량을 조절한다.(예열온도를 맞춰 연소온도를 낮춤)
③ 연소부분의 냉각
   연소실의 열부하를 낮춤으로써 NOx 생성을 저감할 수 있다.
④ 배기가스의 재순환
   냉각된 배기가스 일부를 연소실로 재순환하여 온도 및 산소 농도를 낮춤으로써 NOx 생성을 저감할 수 있다.
⑤ 2단 연소
   1차 연소실에서 가스온도 상승을 억제하면서 운전하여 열적 및 연료 NOx의 생성을 줄이고 불완전연소가스는 2차 연소실에서 완전연소시키는 방법이다.
⑥ 버너 및 연소실의 구조 개선
   저 NOx 버너를 사용하고 버너의 위치를 적정하게 설치하여 열적 NOx 생성을 저감할 수 있다.
⑦ 수증기 및 물분사 방법
   물분자의 흡열반응을 이용하여 온도를 저하시켜 NOx 생성을 저감할 수 있다.

54 폐기물 내 유기물을 완전연소시키기 위해서는 3T라는 조건이 구비되어야 한다. 3T에 해당하지 않는 것은?

① 충분한 온도
② 충분한 연소시간
③ 충분한 연료
④ 충분한 혼합

해설 완전연소의 조건(3T)
① Temperature(온도)
② Time(체류시간, 연소시간)
③ Turbulence(혼합)

55 소각로에 발생하는 질소산화물의 발생억제방법으로 옳지 않은 것은?

① 버너 및 연소실의 구조를 개선한다.
② 배기가스를 재순환한다.
③ 예열온도를 높여 연소온도를 상승시킨다.
④ 2단 연소시킨다.

해설 연소조절에 의한 질소산화물의 저감방법(연소개선에 의한 NOx 억제방법)
① 저산소 연소
   ㉠ 낮은 공기비로 연소시키는 방법이다. 즉, 연소로 내로 과잉공기의 공급량을 줄여 질소와 산소가 반응할 수 있는 기회를 적게 하는 것이다.

56 폐기물 1톤을 소각처리하고자 한다. 폐기물의 조성이 C : 70%, H : 20%, O : 10%일 때 이론공기량(Sm^3)은?

① 약 6,200
② 약 8,200
③ 약 9,200
④ 약 11,200

해설
$$A_0(Sm^3) = \frac{1}{0.21}(1.867C + 5.6H - 0.7O)$$
$$= \frac{1}{0.21}\left[\begin{array}{c}(1.867 \times 0.7) + (5.6 \times 0.2) \\ - (0.7 \times 0.1)\end{array}\right]$$
$$= 11.223 Sm^3/kg \times 1,000kg$$
$$= 11,223.33 Sm^3$$

57 발열량 계산의 대표적인 공식인 Dulong식의 (H − O/8)과 (9H + W)의 의미로 가장 알맞게 짝지어진 것은?

① 이론수소 − 총수분량
② 결합수소 − 증발잠열
③ 과잉수소 − 증발잠열
④ 유효수소 − 총수분량

해설 ① $\left(H - \dfrac{O}{8}\right)$: 유효수소
② (9H + W) : 총수분량

58 폐기물 50ton/day를 소각로에서 1일 24시간 연속가동하여 소각처리할 때 화상면적(m^2)은?(단, 화상부하=150kg/m^2 · hr)

① 약 14
② 약 18
③ 약 22
④ 약 26

해설 화상면적(m^2) = $\dfrac{\text{시간당 소각량}}{\text{화상부하율}}$

$= \dfrac{50\text{ton/day} \times \text{day/24hr} \times 1{,}000\text{kg/ton}}{150\text{kg/}m^2 \cdot \text{hr}}$

$= 13.89m^2$

59 배연탈황법에 대한 설명으로 가장 거리가 먼 것은?

① 석회석 슬러리를 이용한 흡수법은 탈황률의 유지 및 스케일 형성을 방지하기 위해 흡수액의 pH를 6으로 조정한다.
② 활성탄흡착법에서 SO_2는 활성탄 표면에서 산화된 후 수증기와 반응하여 황산으로 고정된다.
③ 수산화나트륨용액 흡수법에서는 탄산나트륨의 생성을 억제하기 위해 흡수액의 pH를 7로 조정한다.
④ 활성산화망간은 상온에서 SO_2 및 O_2와 반응하여 황산망간을 생성한다.

해설 활성산화망간은 135~150℃에서 SO_2 및 O_2와 반응하여 황산망간을 생성한다.

60 소각로에서 고체, 액체 및 기체 연료가 잘 연소되기 위한 조건이 아닌 것은?

① 공기연료비가 잘 맞아야 한다.
② 충분한 산소가 공급되어야 한다.
③ 점화를 위해 혼합도가 높아야 한다.
④ 노 내의 체류시간은 가급적 짧아야 한다.

해설 완전연소가 되기 위해서는 노 내의 체류시간은 가급적 길게 하여야 한다.

---

61 자외선/가시선 분광법으로 시안을 분석할 때 간섭물질을 제거하는 방법으로 옳지 않은 것은?

① 시안화합물을 측정할 때 방해물질들은 증류하면 대부분 제거된다. 그러나 다량의 지방성분, 잔류염소, 황화합물은 시안화합물을 분석할 때 간섭할 수 있다.
② 황화합물이 함유된 시료는 아세트산아연 용액(10W/V%) 2mL를 넣어 제거한다.
③ 다량의 지방성분을 함유한 시료는 아세트산 또는 수산화나트륨 용액으로 pH 6~7로 조절한 후 노말헥산 또는 클로로폼을 넣어 추출하여 수층은 버리고 유기물층을 분리하여 사용한다.
④ 잔류염소가 함유된 시료는 잔류염소 20mg당 L－아스코빈산(10W/V%) 0.6mL 또는 이산화비소산나트륨용액(10W/V%) 0.7mL를 넣어 제거한다.

해설 **다량의 지방성분을 함유한 시료의 제거방법**
아세트산 또는 수산화나트륨 용액으로 pH 6~7로 조절한 후 시료의 약 2%에 해당하는 부피의 노말헥산 또는 클로로폼을 넣어 추출하여 유기물층은 버리고 수층을 분리하여 사용한다.

62 용출시험방법의 용출조작기준에 대한 설명으로 옳은 것은?

① 진탕기의 진폭은 5~10cm로 한다.
② 진탕기의 진탕횟수는 매분당 약 100회로 한다.
③ 진탕기를 사용하여 6시간 연속 진탕한 다음 1.0μm의 유리섬유여과지로 여과한다.
④ 시료 : 용매＝1 : 20(W : V)의 비로 2,000mL 삼각플라스크에 넣어 혼합한다.

해설 ① 진탕기의 진폭은 4~5cm로 한다.
② 진탕기의 진탕횟수는 매분당 약 200회로 한다.
④ 시료 : 용매＝1 : 10(W/V)의 비로 2,000mL 삼각플라스크에 넣어 혼합한다.

63 기체크로마토그래피법을 이용하여 폴리클로리네이티드비페닐(PCBs)을 분석할 때 사용되는 검출기로 가장 적당한 것은?

① ECD
② TCD
③ FPD
④ FID

해설 PCBs 분석법 기체크로마토그래피의 검출기는 전자포획검출기(ECD)이다.

---

64 정량한계에 대한 설명으로 ( )에 알맞은 것은?

> 정량한계(LOQ ; Limit Of Quantification)란 시험분석 대상을 정량화할 수 있는 측정값으로서, 제시된 정량한계 부근의 농도를 포함하도록 시료를 준비하고 이를 반복 측정하여 얻은 결과의 표준편차에 ( )배한 값을 사용한다.

① 2   ② 5

③ 10   ④ 20

정량한계(LOQ) = 표준편차 × 10

65 휘발성 저급염소화 탄화수소류를 기체크로마토그래피로 정량분석 시 검출기와 운반기체로 옳게 짝지어진 것은?

① ECD – 질소   ② TCD – 질소

③ ECD – 아세틸렌   ④ TCD – 헬륨

휘발성 저급염소화 탄화수소류(기체크로마토그래피)
① 운반기체 : 부피백분율 99.999% 이상의 헬륨(또는 질소)
② 검출기 : 전자포획 검출기(ECD)

66 흡광도를 이용한 자외선/가시선 분광법에 대한 내용으로 옳지 않은 것은?

① 흡광도는 투과도의 역수이다.

② 램버트 – 비어 법칙에서 흡광도는 농도에 비례한다는 의미이다.

③ 흡광계수가 증가하면 흡광도도 증가한다.

④ 검량선을 얻으면 흡광계수 값을 몰라도 농도를 알 수 있다.

흡광도는 투과도를 그 역수의 상용대수로 나타낸 값이다. 즉, A(흡광도) $= \log \dfrac{1}{\text{투과도}}$ 이다.

67 원자흡수분광광도법에 있어서 간섭이 발생되는 경우가 아닌 것은?

① 불꽃의 온도가 너무 낮아 원자화가 일어나지 않는 경우

② 불안정한 환원물질로 바뀌어 불꽃에서 원자화가 일어나지 않는 경우

③ 염이 많은 시료를 분석하여 버너 헤드 부분에 고체가 생성되는 경우

④ 시료 중에 알칼리금속의 할로겐 화합물을 다량 함유하는 경우

금속류 – 원자흡수분광광도법(간섭물질)
① 화학물질이 공기 – 아세틸렌 불꽃에서 분자상태로 존재하여 낮은 흡광도를 보일 경우의 원인
  ㉠ 불꽃의 온도가 너무 낮아 원자화가 일어나지 않는 경우
  ㉡ 안정한 산화물질로 바뀌어 불꽃에서 원자화가 일어나지 않는 경우
② 염이 많은 시료를 분석하면 버너헤드 부분에 고체가 생성되어 불꽃이 자주 꺼질 때 버너헤드를 청소해야 할 경우의 대책
  ㉠ 시료를 묽혀 분석
  ㉡ 메틸아이소부틸케톤 등을 사용하여 추출, 분석
③ 시료 중에 칼륨, 나트륨, 리튬, 세슘과 같이 쉽게 이온화되는 원소가 1,000mg/L 이상의 농도로 존재 시 금속측정을 간섭할 경우의 대책
  검정곡선용 표준물질에 시료의 매질과 유사하게 첨가하여 보정
④ 시료 중에 알칼리금속의 할로겐 화합물을 다량 함유하는 경우에는 분자흡수나 광란에 의하여 오차발생 대책
  추출법으로 카드뮴을 분리하여 실험

68 원자흡수분광광도법으로 크롬 정량 시 공기 – 아세틸렌 불꽃에서 철, 니켈 등의 공존물질에 의한 방해영향을 최소화하기 위해 첨가하는 물질은?

① 수산화나트륨   ② 시안화칼륨

③ 황산나트륨   ④ L – 아스코르빈산

공기 – 아세틸렌 불꽃에서 철, 니켈 등의 공존물질에 의한 방해영향이 클 경우 대책으로 황산나트륨을 1% 정도 넣어서 측정한다.

69 기체크로마토그래피법에 대한 설명으로 옳지 않은 것은?

① 일정 유량으로 유지되는 운반가스는 시료도입부로부터 분리관 내를 흘러서 검출기를 통하여 외부로 방출된다.

② 할로겐 화합물을 다량 함유하는 경우에는 분자 흡수나 광산란에 의하여 오차가 발생하므로 추출법으로 분리하여 실험한다.

③ 유기인 분석 시 추출 용매 안에 함유하고 있는 불순물이 분석을 방해할 수 있으므로 바탕시료나 시약바탕시료를 분석하여 확인할 수 있다.

④ 장치의 기본구성은 압력조절밸브, 유량조절기, 압력계, 유량계, 시료도입부, 분리관, 검출기 등으로 되어 있다.

②항은 원자흡수분광광도법과 관련된 내용이다.

정답   64 ③   65 ①   66 ①   67 ②   68 ③   69 ②

70 폐기물공정시험기준 중 수소이온농도 시험방법에 관한 내용 중 옳지 않은 것은?

① pH는 수소이온농도를 그 역수의 상용대수로서 나타내는 값이다.

② 유리전극을 정제수로 잘 씻고 남아 있는 물을 여과지 등으로 조심하여 닦아낸 다음 측정값이 0.5 이하의 pH 차이를 보일 때까지 반복 측정한다.

③ 산성표준용액은 3개월, 염기성 표준용액은 산화칼슘 흡수관을 부착하여 1개월 이내에 사용한다.

④ pH미터는 임의의 한 종류의 표준용액에 대하여 검출부를 정제수로 잘 씻은 다음 5회 되풀이하여 측정하였을 때 재현성이 ±0.05 이내의 것을 쓴다.

해설 유리전극을 정제수로 잘 씻고 남아 있는 물을 여과지 등으로 조심하여 닦아낸 다음 시료에 담가 측정값을 읽는다. 이때 온도를 함께 측정하고 측정값이 0.05 이하의 pH 차이를 보일 때까지 반복 측정한다.

71 폴리클로리네이티드비페닐(PCBs)의 기체크로마토그래피법 분석에 대한 설명으로 옳지 않은 것은?

① 운반기체는 부피백분율 99.999% 이상의 아세틸렌을 사용한다.

② 고순도의 시약이나 용매를 사용하여 방해물질을 최소화하여야 한다.

③ 정제컬럼으로는 플로리실 컬럼과 실리카겔 컬럼을 사용한다.

④ 농축장치로 구데르나다니쉬(KD) 농축기 또는 회전증발농축기를 사용한다.

해설 PCBs의 기체크로마토그래피법 분석에서 운반기체는 부피백분율 99.999% 이상의 헬륨을 사용한다.

72 용출시험방법에 관한 설명으로 (   )에 옳은 내용은?

> 시료의 조제방법에 따라 조제한 시료 100g 이상을 정확히 달아 정제수에 염산을 넣어 (   )(으)로 한 용매(mL)를 시료 : 용매 = 1 : 10(W : V)의 비로 2,000mL 삼각플라스크에 넣어 혼합한다.

① pH 4 이하
② pH 4.3~5.8
③ pH 5.8~6.3
④ pH 6.3~7.2

해설 용출시험 시료용액 조제

① 시료의 조제 방법에 따라 조제한 시료 100g 이상을 정확히 단다.

⇩

② 용매 : 정제수에 염산을 넣어 pH를 5.8~6.3으로 한다.

⇩

③ 시료 : 용매＝1 : 10(w/v)의 비로 2,000mL 삼각 플라스크에 넣어 혼합한다.

73 대상 폐기물의 양이 5,400톤인 경우 채취해야 할 시료의 최소 수는?

① 20
② 40
③ 60
④ 80

해설 대상 폐기물의 양과 시료의 최소 수

대상 폐기물의 양(단위 : ton)	시료의 최소 수
~ 1 미만	6
1 이상~5 미만	10
5 이상~30 미만	14
30 이상~100 미만	20
100 이상~500 미만	30
500 이상~1,000 미만	36
1,000 이상~5,000 미만	50
5,000 이상~	60

74 감염성 미생물의 분석방법으로 가장 거리가 먼 것은?

① 아포균 검사법
② 열멸균 검사법
③ 세균배양 검사법
④ 멸균테이프 검사법

해설 감염성 미생물 분석방법

① 아포균 검사법
② 세균배양 검사법
③ 멸균테이프 검사법

75 수분함량이 94%인 시료의 카드뮴(Cd)을 용출하여 실험한 결과 농도가 1.2mg/L이었다면 시료의 수분함량을 보정한 농도(mg/L)는?

① 1.2
② 2.4
③ 3.0
④ 3.4

해설 보정농도$(mg/L) = 1.2mg/L \times \dfrac{15}{100-94}$

$$= 3mg/L$$

정답 **70** ② **71** ① **72** ③ **73** ③ **74** ② **75** ③

76 강도 I_o의 단색광이 발색 용액을 통과할 때 그 빛의 30%가 흡수되었다면 흡광도는?

① 0.155
② 0.181
③ 0.216
④ 0.283

흡광도 $= \log\dfrac{1}{투과도} = \log\dfrac{1}{(1-0.3)} = 0.155$

77 다음 ( )에 들어갈 적절한 내용은?

기체크로마토그래피 분석에서 머무름시간을 측정할 때는 (㉠)회 측정하여 그 평균치를 구한다. 일반적으로 (㉡)분 정도에서 측정하는 피크의 머무름시간은 반복시험을 할 때 (㉢)% 오차범위 이내이어야 한다.

① ㉠ 3, ㉡ 5~30, ㉢ ±3
② ㉠ 5, ㉡ 5~30, ㉢ ±5
③ ㉠ 3, ㉡ 5~15, ㉢ ±3
④ ㉠ 5, ㉡ 5~15, ㉢ ±5

기체크로마토그래피 분석에서 머무름시간을 측정할 때는 3회 측정하여 그 평균치를 구한다. 일반적으로 5~30분 정도에서 측정하는 피크의 머무름시간은 반복시험을 할 때 ±3% 오차범위 이내이어야 한다.

78 기체크로마토그래피법의 정량분석에 관한 설명으로 ( )에 옳지 않은 것은?

각 분석방법에서 규정하는 방법에 따라 시험하여 얻어진 ( ), ( ), ( )와의 관계를 검토하여 분석한다.

① 크로마토그램의 재현성
② 시료성분의 양
③ 분리관의 검출한계
④ 피크의 면적 또는 높이

기체크로마토그래피법의 정량분석
각 분석방법에서 규정하는 방법에 따라 시험하여 얻어진 크로마토그램의 재현성, 시료성분의 양, 피크의 면적 또는 높이와의 관계를 검토하여 분석한다.

79 수소이온농도$[H^+]$와 pH의 관계가 올바르게 설명된 것은?

① pH는 $[H^+]$의 역수의 상용대수이다.
② pH는 $[H^+]$의 상용대수의 절대상수이다.
③ pH는 $[H^+]$의 상용대수이다.
④ pH는 $[H^+]$의 상용대수의 역이다.

$pH = \log\dfrac{1}{[H^+]}$

80 마이크로파에 의한 유기물 분해방법으로 옳지 않은 것은?

① 밀폐용기 내의 최고압력은 약 120~200psi이다.
② 분해가 끝난 후 충분히 용기를 냉각시키고 용기 내에 남아 있는 질산가스를 제거한다. 필요하면 여과하고 거름종이를 정제수로 2~3회 씻는다.
③ 시료는 고체 0.25g 이하 또는 용출액 50mL 이하를 정확하게 취하여 용기에 넣고 수산화나트륨 10~20mL를 넣는다.
④ 마이크로파 전력은 밀폐 용기 1~3개는 300W, 4~6개는 600W, 7개 이상은 1,200W로 조정한다.

시료는 고체 0.25g 이하 또는 용출액 50mL 이하를 정확하게 취하여 용기에 넣고 질산 10~20mL를 넣는다.

제5과목 **폐기물관계법규**

81 생활폐기물 수집·운반 대행자에 대한 대행실적 평가 실시 기준으로 옳은 것은?

① 분기에 1회 이상
② 반기에 1회 이상
③ 매년 1회 이상
④ 2년간 1회 이상

생활폐기물 수집·운반 대행자에 대한 대행실적 평가기준(주민만족도와 환경미화원의 근로조건을 포함한다)을 해당 지방자치단체의 조례로 정하고, 평가기준에 따라 매년 1회 이상 평가를 실시하여야 한다. 이 경우 대행실적 평가는 해당 지방자치단체가 민간전문가 등으로 평가단을 구성하여 실시하여야 한다.

82 위해의료폐기물 중 조직물류 폐기물에 해당되는 것은?

① 폐혈액백
② 혈액투석 시 사용된 폐기물
③ 혈액, 고름 및 혈액생성물(혈청, 혈장, 혈액제제)
④ 폐항암제

정답 76 ① 77 ① 78 ③ 79 ① 80 ③ 81 ③ 82 ③

해설 **위해의료폐기물의 종류**
① 조직물류 폐기물 : 인체 또는 동물의 조직·장기·기관·신체의 일부, 동물의 사체, 혈액·고름 및 혈액생성물질(혈청, 혈장, 혈액 제제)
② 병리계 폐기물 : 시험·검사 등에 사용된 배양액, 배양용기, 보관균주, 폐시험관, 슬라이드 커버글라스 폐배지, 폐장갑
③ 손상성 폐기물 : 주삿바늘, 봉합바늘, 수술용 칼날, 한방침, 치과용 침, 파손된 유리재질의 시험기구
④ 생물·화학폐기물 : 폐백신, 폐항암제, 폐화학치료제
⑤ 혈액오염폐기물 : 폐혈액백, 혈액투석 시 사용된 폐기물, 그 밖에 혈액이 유출될 정도로 포함되어 있는 특별한 관리가 필요한 폐기물

83 폐기물을 매립하는 시설의 사후관리기준 및 방법 중 발생가스 관리방법(유기성 폐기물을 매립한 폐기물 매립시설만 해당됨)에 관한 내용으로 ( )에 옳은 것은?

> 외기온도, 가스온도, 메탄, 이산화탄소, 암모니아, 황화수소 등의 조사항목을 매립 종료 후 5년까지는 (㉠), 5년이 지난 후에는 (㉡) 조사하여야 한다.

① ㉠ 주 1회 이상, ㉡ 월 1회 이상
② ㉠ 월 1회 이상, ㉡ 연 2회 이상
③ ㉠ 분기 1회 이상, ㉡ 연 2회 이상
④ ㉠ 분기 1회 이상, ㉡ 연 1회 이상

해설 **매립시설 사후관리기준 중 발생가스 관리방법**
외기온도, 가스온도, 메탄, 이산화탄소, 암모니아, 황화수소 등의 조사항목을 매립 종료 후 5년까지는 분기 1회 이상, 5년이 지난 후에는 연 1회 이상 조사하여야 한다.

84 폐기물 발생 억제지침 준수의무 대상 배출자의 규모기준으로 ( )에 옳은 것은?

> 최근 3년간의 연평균 배출량을 기준으로 (㉠)을 (㉡) 이상 배출하는 자

① ㉠ 지정폐기물, ㉡ 300톤
② ㉠ 지정폐기물, ㉡ 500톤
③ ㉠ 지정폐기물 외의 폐기물, ㉡ 500톤
④ ㉠ 지정폐기물 외의 폐기물, ㉡ 1,000톤

해설 **폐기물 발생 억제지침 준수의무 대상 배출자의 규모**
① 최근 3년간 연평균 배출량을 기준으로 지정폐기물을 100톤 이상 배출하는 자
② 최근 3년간 연평균 배출량을 기준으로 지정폐기물 외의 폐기물을 1천 톤 이상 배출하는 자

85 폐기물처리업자 중 폐기물 재활용업자의 준수사항에 관한 내용으로 ( )에 옳은 것은?

> 유기성 오니를 화력발전소에서 연료로 사용하기 위해 가공하는 자는 유기성 오니 연료의 저위발열량, 수분 함유량, 회분 함유량, 황분 함유량, 길이 및 금속성분을 ( ) 이상 측정하여 그 결과를 시·도지사에게 제출하여야 한다.

① 매년당 1회
② 매 분기당 1회
③ 매월당 1회
④ 매주당 1회

해설 유기성 오니를 화력발전소에서 연료로 사용하기 위하여 가공하는 자는 유기성 오니 연료의 저위발열량, 수분 함유량, 회분 함유량, 황분 함유량, 길이 및 금속성분을 매 분기당 1회 이상 측정하여 그 결과를 시·도지사에게 제출하여야 한다.

86 폐기물 수집·운반업자가 의료폐기물을 임시보관장소에 보관할 수 있는 환경조건과 기간은?

① 섭씨 6도 이하의 일반보관시설에서 8일 이내
② 섭씨 4도 이하의 일반보관시설에서 5일 이내
③ 섭씨 6도 이하의 전용보관시설에서 8일 이내
④ 섭씨 4도 이하의 전용보관시설에서 5일 이내

해설 **폐기물 수집·운반업자가 임시보관장소에 폐기물을 보관하는 경우**
① 의료폐기물
냉장 보관할 수 있는 섭씨 4도 이하의 전용보관시설에서 보관하는 경우 5일 이내, 그 밖의 보관시설에서 보관하는 경우에는 2일 이내. 다만, 격리의료폐기물의 경우에서 보관시설과 무관하게 2일 이내로 한다.
② 의료폐기물 외의 폐기물
중량 450톤 이하이고 용적이 300세제곱미터 이하, 5일 이내

정답 83 ④ 84 ④ 85 ② 86 ④

87 폐기물처리시설에 대한 기술관리대행계약에 포함될 점검항목으로 틀린 것은?(단, 중간처분시설 중 소각시설 및 고온열분해시설)

① 안전설비의 정상가동 여부
② 배출가스 중의 오염물질의 농도
③ 연도 등의 기밀유지상태
④ 유해가스처리시설의 정상가동 여부

해설 소각시설 및 고온열분해시설에 대한 기술관리대행계약에 포함될 점검항목
① 내화물의 파손 여부
② 연소버너·보조버너의 정상가동 여부
③ 안전설비의 정상가동 여부
④ 방지시설의 정상가동 여부
⑤ 배출가스 중의 오염물질 농도
⑥ 연소실 등의 청소 실시 여부
⑦ 냉각펌프의 정상가동 여부
⑧ 연도 등의 기밀유지상태
⑨ 정기성능검사 실시 여부
⑩ 시설가동 개시 시 적절온도까지 높인 후 폐기물 투입 여부 및 시설가동 중단방법의 적절성 여부
⑪ 온도·압력 등의 적절한 유지 여부

88 설치신고대상 폐기물처리시설기준으로 알맞지 않은 것은?

① 지정폐기물소각시설로서 1일처리능력이 10톤 미만인 시설
② 열처리조합시설로서 시간당 처리능력이 100킬로그램 미만인 시설
③ 유수분리시설로서 1일 처리능력이 100톤 미만인 시설
④ 연료화시설로서 1일 처리능력이 100톤 미만인 시설

해설 설치신고대상 폐기물처리시설의 규모기준
① 일반소각시설로서 1일 처리능력이 100톤(지정폐기물의 경우에는 10톤) 미만인 시설
② 고온소각시설·열분해시설·고온용융시설 또는 열처리조합시설로서 시간당 처리능력이 100킬로그램 미만인 시설
③ 기계적 처분시설 또는 재활용시설 중 증발·농축·정제 또는 유수분리시설로서 시간당 처리능력이 125킬로그램 미만인 시설
④ 기계적 처분시설 또는 재활용시설 중 압축·파쇄·분쇄·절단·용융 또는 연료화 시설로서 1일 처리능력이 100톤 미만인 시설
⑤ 기계적 처분시설 또는 재활용시설 중 탈수·건조시설, 멸균분쇄시설 및 화학적 처리시설

⑥ 생물학적 처분시설 또는 재활용시설로서 1일 처리능력이 100톤 미만인 시설
⑦ 소각열회수시설로서 1일 재활용능력이 100톤 미만인 시설

89 대통령령으로 정하는 폐기물처리시설을 설치·운영하는 자는 그 폐기물처리시설의 설치·운영이 주변 지역에 미치는 영향을 3년마다 조사하고, 그 결과를 환경부장관에게 제출하여야 한다. 대통령령으로 정하는 폐기물처리시설과 가장 거리가 먼 것은?

① 1일 처분능력이 50톤 이상인 사업장 폐기물소각시설
② 매립면적 1만 제곱미터 이상의 사업장 지정폐기물 매립시설
③ 매립면적 10만 제곱미터 이상의 사업장 일반폐기물 매립시설
④ 시멘트 소성로(폐기물을 연료로 사용하는 경우로 한정한다.)

해설 주변지역 영향 조사대상 폐기물처리시설 기준
① 1일 처리능력이 50톤 이상인 사업장폐기물 소각시설(같은 사업장에 여러 개의 소각시설이 있는 경우에는 각 소각시설의 1일 처리능력의 합계가 50톤 이상인 경우를 말한다.)
② 매립면적 1만 제곱미터 이상의 사업장 지정폐기물 매립시설
③ 매립면적 15만 제곱미터 이상의 사업장 일반폐기물 매립시설
④ 시멘트 소성로(폐기물을 연료로 사용하는 경우로 한정한다.)
⑤ 1일 재활용능력이 50톤 이상인 사업장폐기물 소각열회수시설(같은 사업장에 여러 개의 소각열회수시설이 있는 경우에는 각 소각열회수시설의 1일 재활용능력의 합계가 50톤 이상인 경우를 말한다)

90 폐기물처리시설인 재활용시설 중 화학적 재활용시설이 아닌 것은?

① 고형화·고화 시설
② 반응시설(중화·산화·환원·중합·축합·치환 등의 화학반응을 이용하여 폐기물을 재활용하는 단위시설을 포함한다.)
③ 연료화 시설
④ 응집·침전 시설

해설 폐기물처리시설의 종류(재활용시설)
① 기계적 재활용시설
　㉠ 압축·압출·성형·주조시설(동력 7.5kW 이상인 시설로 한정한다.)

ⓛ 파쇄 · 분쇄 · 탈피시설(동력 15kW 이상인 시설로 한정한다.)
ⓒ 절단시설(동력 15kW 이상인 시설로 한정한다.)
ⓓ 용융 · 용해시설(동력 7.5kW 이상인 시설로 한정한다.)
ⓜ 연료화시설
ⓗ 증발 · 농축시설
ⓢ 정제시설(분리 · 증류 · 추출 · 여과 등의 시설을 이용하여 폐기물을 재활용하는 단위시설을 포함한다.)
ⓞ 유수 분리시설
ⓩ 탈수 · 건조시설
ⓩ 세척시설(철도용 폐목재 받침목을 재활용하는 경우로 한정한다.)
② 화학적 재활용시설
ⓖ 고형화 · 고화시설
ⓛ 반응시설(중화 · 산화 · 환원 · 중합 · 축합 · 치환 등의 화학반응을 이용하여 폐기물을 재활용하는 단위시설을 포함한다.)
ⓒ 응집 · 침전시설
③ 생물학적 재활용시설
ⓖ 1일 재활용 능력이 100kg 이상인 시설(부숙시설, 사료화시설, 퇴비화시설, 동애등에 분변토 생산시설, 부숙토 생산시설)
ⓛ 호기성 · 혐기성 분해시설
ⓒ 버섯재배시설

91 폐기물관리법에서 사용하는 용어의 뜻으로 틀린 것은?
① 폐기물 : 쓰레기, 연소재, 오니, 폐유, 폐산, 폐알칼리 및 동물의 사체 등으로서 사람의 생활이나 사업활동에 필요하지 아니하게 된 물질을 말한다.
② 폐기물처리시설 : 폐기물의 중간처분시설 및 최종처분시설 중 재활용처리시설을 제외한 환경부령으로 정하는 시설을 말한다.
③ 지정폐기물 : 사업장폐기물 중 폐유 · 폐산 등 주변환경을 오염시킬 수 있거나 의료폐기물 등 인체에 위해를 줄 수 있는 해로운 물질로서 대통령령으로 정하는 폐기물을 말한다.
④ 폐기물감량화시설 : 생산공정에서 발생하는 폐기물의 양을 줄이고, 사업장 내 재활용을 통하여 폐기물 배출을 최소화하는 시설로서 대통령령으로 정하는 시설을 말한다.

해설 **폐기물 처리시설**
폐기물의 중간처분시설, 최종처분시설 및 재활용시설로서 대통령령으로 정하는 시설을 말한다.

92 기술관리인을 두어야 하는 폐기물처리시설이라 볼 수 없는 것은?
① 1일 처리능력이 120톤인 절단시설
② 1일 처리능력이 150톤인 압축시설
③ 1일 처리능력이 10톤인 연료화시설
④ 1일 처리능력이 50톤인 파쇄시설

해설 **기술관리인을 두어야 하는 폐기물 처리시설**
① 매립시설의 경우
ⓖ 지정폐기물을 매립하는 시설로서 면적이 3천 300제곱미터 이상인 시설. 다만, 차단형 매립시설에서는 면적이 330제곱미터 이상이거나 매립용적이 1천 세제곱미터 이상인 시설로 한다.
ⓛ 지정폐기물 외의 폐기물을 매립하는 시설로서 면적이 1만 제곱미터 이상이거나 매립용적이 3만 세제곱미터 이상인 시설
② 소각시설로서 시간당 처리능력이 600킬로그램(감염성 폐기물을 대상으로 하는 소각시설의 경우에는 200킬로그램) 이상인 시설
③ 압축 · 파쇄 · 분쇄 또는 절단시설로서 1일 처리능력 또는 재활용시설이 100톤 이상인 시설
④ 사료화 · 퇴비화 또는 연료화 시설로서 1일 재활용능력이 5톤 이상인 시설
⑤ 멸균 · 분쇄시설로서 시간당 처리능력이 100킬로그램 이상인 시설
⑥ 시멘트 소성로
⑦ 용해로(폐기물에 비철금속을 추출하는 경우로 한정한다.)로서 시간당 재활용능력이 600킬로그램 이상인 시설
⑧ 소각열회수시설로서 시간당 재활용능력이 600킬로그램 이상인 시설

93 폐기물관리법령상 폐기물 중간처분시설의 분류 중 기계적 처분시설에 해당되지 않는 것은?
① 멸균분쇄시설 ② 세척시설
③ 유수 분리시설 ④ 탈수 · 건조시설

해설 **중간처분시설(기계적 처분시설)의 종류**
① 압축시설(동력 7.5kW 이상인 시설로 한정한다.)
② 파쇄 · 분쇄시설(동력 15kW 이상인 시설로 한정한다.)
③ 절단시설(동력 7.5kW 이상인 시설로 한정한다.)
④ 용융시설(동력 7.5kW 이상인 시설로 한정한다.)
⑤ 증발 · 농축시설
⑥ 정제시설(분리 · 증류 · 추출 · 여과 등의 시설을 이용하여 폐기물을 처분하는 단위시설을 포함한다.)
⑦ 유수 분리시설
⑧ 탈수 · 건조시설
⑨ 멸균분쇄시설

94 폐기물처리시설 주변지역 영향조사 기준 중 조사방법(조사지점)에 관한 기준으로 옳은 것은?

> 미세먼지와 다이옥신 조사지점은 해당 시설에 인접한 주거지역 중 (　　) 이상의 일정한 곳으로 한다.

① 2개소　　　　② 3개소
③ 4개소　　　　④ 5개소

주변지역 영향조사의 조사지점
① 미세먼지와 다이옥신 조사지점은 해당 시설에 인접한 주거지역 중 3개소 이상 지역의 일정한 곳으로 한다.
② 악취 조사지점은 매립시설에 가장 인접한 주거지역에서 냄새가 가장 심한 곳으로 한다.
③ 지표수 조사지점은 해당 시설에 인접하여 폐수, 침출수 등이 흘러들거나 흘러들 것으로 우려되는 지역의 상·하류 각 1개소 이상의 일정한 곳으로 한다.
④ 지하수 조사지점은 매립시설의 주변에 설치된 3개의 지하수 검사정으로 한다.
⑤ 토양조사지점은 4개소 이상으로 하고 토양정밀조사의 방법에 따라 폐기물매립 및 재활용지역의 시료채취지점의 표토와 심토에서 각각 시료를 채취해야 하며, 시료채취지점의 지형 및 하부토양의 특성을 고려하여 시료를 채취해야 한다.

95 관리형 매립시설에서 발생하는 침출수의 부유물질 허용기준(mg/L 이하)은?(단, 가 지역 기준)

① 20　　　　② 30
③ 50　　　　④ 70

관리형 매립시설 침출수의 배출허용기준(규칙 별표 10)

구분	생물화학적 산소요구량 (mg/L)	화학적 산소요구량(mg/L)			부유물질량 (mg/L)
		과망간산칼륨법에 따른 경우		중크롬산칼륨법에 따른 경우	
		1일 침출수 배출량 2,000m³ 이상	1일 침출수 배출량 2,000m³ 미만		
청정지역	30	50	50	400 (90%)	30
가지역	50	80	100	600 (85%)	50
나지역	70	100	150	800 (80%)	70

96 폐기물관리법상 대통령령으로 정하는 사업장의 범위에 해당하지 않는 것은?

① 하수도법에 따라 공공하수처리시설을 설치·운영하는 사업장
② 폐기물을 1일 평균 300킬로그램 이상 배출하는 사업장
③ 건설산업법에 따른 건설공사로 폐기물을 3톤(공사를 착공할 때부터 마칠 때까지 발생되는 폐기물의 양을 말한다) 이상 배출하는 사업장
④ 폐기물관리법에 따른 지정폐기물을 배출하는 사업장

사업장의 범위
① 「물환경보전법」에 따라 공공폐수처리시설을 설치·운영하는 사업장
② 「하수도법」에 따라 공공하수처리시설을 설치·운영하는 사업장
③ 「하수도법」에 따른 분뇨처리시설을 설치·운영하는 사업장
④ 「가축분뇨의 관리 및 이용에 관한 법률」에 따라 공공처리시설을 설치·운영하는 사업장
⑤ 폐기물처리시설(폐기물처리업의 허가를 받은 자가 설치하는 시설을 포함한다)을 설치·운영하는 사업장
⑥ 지정폐기물을 배출하는 사업장
⑦ 폐기물을 1일 평균 300킬로그램 이상 배출하는 사업장
⑧ 「건설산업기본법」에 따른 건설공사로 폐기물을 5톤(공사를 착공할 때부터 마칠 때까지 발생되는 폐기물의 양을 말한다) 이상 배출하는 사업장
⑨ 일련의 공사(제8호에 따른 건설공사는 제외한다) 또는 작업으로 폐기물을 5톤(공사를 착공하거나 작업을 시작할 때부터 마칠 때까지 발생하는 폐기물의 양을 말한다) 이상 배출하는 사업장

97 에너지 회수기준을 측정하는 기관이 아닌 것은?

① 한국환경공단　　　② 한국기계연구원
③ 한국산업기술시험원　④ 한국시설안전공단

에너지 회수 측정기관
① 한국환경공단
② 한국기계연구원 및 한국에너지기술연구원
③ 한국산업기술시험원
④ 국가표준기본법에 따라 인정받은 시험·검사기관 중 환경부장관이 지정하는 기관

98 의료폐기물 전용 용기 검사기관으로 옳은 것은?

① 한국의료기기시험연구원
② 환경보전협회
③ 한국건설생활환경시험연구원
④ 한국화학시험원

해설 **의료폐기물 전용 용기 검사기관**
① 한국환경공단
② 한국화학융합시험원
③ 한국건설생활환경시험연구원
④ 그 밖에 국립환경과학원장이 의료폐기물 전용용기에 대한 검사능력이 있다고 인정하여 고시하는 기관

99 광역폐기물처리시설의 설치·운영을 위탁받은 자가 보유하여야 할 기술인력에 대한 설명으로 틀린 것은?

① 매립시설 : 9,900제곱미터 이상의 지정폐기물 또는 33,000제곱미터 이상의 생활폐기물을 매립하는 시설에서 2년 이상 근무한 자 2명
② 소각시설 : 1일 50톤 이상의 폐기물 소각시설에서 폐기물 처분시설의 운영을 위탁받으려고 할 경우 천정크레인을 1년 이상 운전한 자 2명
③ 음식물류 폐기물 처분시설 : 1일 50톤 이상의 음식물류 폐기물 처분시설의 설치를 위탁받으려고 할 경우에는 시공분야에서 2년 이상 근무한 자 2명
④ 음식물류 폐기물 재활용시설 : 1일 50톤 이상의 음식물류 폐기물 재활용시설의 운영을 위탁받으려고 할 경우에는 운전분야에서 2년 이상 근무한 자 2명

해설 **소각시설(설치·운영을 위탁받을 수 있는 자의 기준)**
1일 50톤 이상의 폐기물소각시설에서 천정크레인을 1년 이상 운전한 자 1명과 천정크레인 외의 처분시설의 운전분야에서 2년 이상 근무한 자 2명

100 폐기물처리업자는 장부를 갖추어 두고 폐기물의 발생·배출·처리상황 등을 기록하고, 보존하여야 한다. 장부를 보존해야 할 기간으로 (　)에 맞는 것은?

> 마지막으로 기록한 날로부터 (　)간 보존

① 1년
② 3년
③ 5년
④ 7년

해설 폐기물처리업자는 마지막으로 기록한 날부터 3년간 보존하여야 한다.

제1과목 폐기물개론

01 폐기물 수거방법 중 수거효율이 가장 높은 방법은?

① 대형 쓰레기통 수거   ② 문전식 수거

③ 타종식 수거   ④ 적환식 수거

수거형태에 따른 수거효율
① 타종 수거 → 0.84MHT
② 대형 쓰레기통 수거 → 1.1MHT
③ 플라스틱 자루 수거 → 1.35MHT
④ 집밖 이동식 수거 → 1.47MHT
⑤ 집안 이동식 수거 → 1.86MHT
⑥ 집밖 고정식 수거 → 1.96MHT
⑦ 문전 수거 → 2.3MHT
⑧ 벽면 부착식 수거 → 2.38MHT

02 관거를 이용한 공기수송에 관한 설명으로 틀린 것은?

① 공기의 동압에 의해 쓰레기를 수송한다.

② 고층주택밀집지역에 적합하다.

③ 지하매설로 수송관에서 발생되는 소음에 대한 방지시설이 필요 없다.

④ 가압수송은 송풍기로 쓰레기를 불어서 수송하는 것으로 진공수송보다 수송거리를 길게 할 수 있다.

공기수송(관거 이용)
① 공기의 속도압(동압)에 의해 쓰레기를 수송하며 진공수송과 가압수송이 있다.
② 공기수송은 고층주택밀집지역에 현실성이 있으며 소음(관내 통과소음, 기타 기계음)에 대한 방지시설을 해야 한다.
(고층주택밀집지역＝발생밀도가 높은 지역)
③ 진공수송은 쓰레기를 받는 쪽에서 흡인하여 수송하는 방법이다.
④ 진공수송의 경제적인 수송거리는 약 2km 정도이다.
⑤ 진공수송에 있어서 진공압력은 최대 0.5kg/cm² Vac 정도이다.
⑥ 가압수송은 송풍기로 쓰레기를 불어서 수송하는 방법이다.
⑦ 가압수송은 진공수송보다 수송거리를 더 길게 할 수 있다.
(최고 5km가 경제적 거리이다.)

⑧ 가압수송은 연속수송을 하고자 할 경우에는 크기가 불균일해서 부착되기 쉽고 유동성이 나쁜 쓰레기를 정압으로 연속 정량공급하는 것이 곤란하다.
⑨ 공기수송에 소요되는 동력은 캡슐수송에 소요되는 동력보다 훨씬 많이 소요된다.

03 발생 쓰레기 밀도 500kg/m³, 차량적재용량 6m³, 압축비 2.0, 발생량 1.1kg/인·일, 차량적재함 이용률 85%, 차량수 3대, 수거대상인구 15,000명, 수거인부 5명의 조건에서 차량을 동시 운행할 때, 쓰레기 수거는 일주일에 최소 몇 회 이상 하여야 하는가?

① 4   ② 6

③ 8   ④ 10

$$운행횟수(회/주) = \frac{1.1kg/인·일 \times 15,000인 \times 7일/주}{6m³/대 \times 3대/회 \times 500kg/m³ \times 0.85 \times 2.0}$$
$$= 7.55(8회/주)$$

04 적환장에 관한 설명으로 옳지 않은 것은?

① 공중위생을 위하여 수거지로부터 먼 곳에 설치한다.

② 소형 수거를 대형 수송으로 연결해주는 장치이다.

③ 적환장에서 재생 가능한 물질의 선별을 고려하도록 한다.

④ 간선도로에 쉽게 연결될 수 있는 곳에 설치한다.

적환장은 적환작업 중 공중위생과 환경피해의 영향이 최소인 곳에 설치한다.

05 2차 파쇄를 위해 6cm의 폐기물을 1cm로 파쇄하는 데 소요되는 에너지(kW·hr/ton)는? (단, Kick의 법칙을 이용, 동일한 파쇄기를 이용하여 10cm의 폐기물을 2cm로 파쇄하는 데 에너지가 50kW·hr/ton 소모됨)

① 55.66   ② 57.66

③ 59.66   ④ 61.66

해설 $E = C\ln\left(\dfrac{L_1}{L_2}\right)$

$50\text{kW} \cdot \text{hr/ton} = C\ln\left(\dfrac{10}{2}\right)$

$C = 31.07\text{kW} \cdot \text{hr/ton}$

$E = 31.07\text{kW} \cdot \text{hr/ton} \times \ln\left(\dfrac{6}{1}\right) = 55.66\text{kW} \cdot \text{hr/ton}$

06 전과정평가(LCA)를 구성하는 4부분 중, 조사분석과정에서 확정된 자원요구 및 환경부하에 대한 영향을 평가하는 기술적, 정량적, 정성적 과정인 것은?

① Impact Analysis
② Initiation Analysis
③ Inventory Analysis
④ Improvement Analysis

해설 **전과정평가(LCA) 4단계**
① 목적 및 범위의 설정(Goal Definition Scoping) : 1단계
 [LCA 사용목적]
  ㉠ 복수제품 간의 비교선택
  ㉡ 제품 및 공정의 개선효과 파악
  ㉢ 목표치를 달성하기 위한 제품의 점검
  ㉣ 개선점의 추출(우선순위 결정)
  ㉤ 제품에 관계되는 주체 간의 의사전달 촉진
② 목록분석(Inventory Analysis) : 2단계
 상품, 포장, 공정, 물질, 원료 및 활동에 의해 발생하는 에너지 및 천연원료 요구량, 대기, 수질 오염물질 배출, 고형폐기물과 기타 기술적 자료구축 과정이다.
③ 영향평가(Impact Analysis or Assessment) : 3단계
 조사분석과정에서 확정된 자원요구 및 환경부하에 대한 영향을 평가하는 기술적, 정량적, 정성적 과정이다.
④ 개선평가 및 해석(Improvement Assessment) : 4단계
 전 과정에 대한 해석을 실시하는 과정이다.

07 폐기물 발생량 예측 시 고려되는 직접적인 인자로 가장 거리가 먼 것은?

① 인구
② GNP
③ 쓰레기통 위치
④ 자원회수량

해설 **폐기물 발생량 예측 시 고려되는 직접인자**
① 인구
② 지역소득(GNP 또는 GRP)
③ 자원회수량
④ 상품소비량 또는 매출액

[Note] 폐기물 발생량은 쓰레기통 크기에 비례한다.

08 쓰레기 수거차 5대가 각각 10m^3의 쓰레기를 운반하였다. 쓰레기의 밀도를 0.5ton/m^3이라고 하면 운반된 쓰레기의 총 중량(ton)은?

① 5
② 15
③ 25
④ 35

해설 총 중량(ton) = 밀도 × 부피 × 대수
 $= 0.5\text{ton/m}^3 \times 10\text{m}^3 \times 5 = 25\text{ton}$

09 쓰레기의 발생량 예측에 적용하는 방법이 아닌 것은?

① 경향법
② 물질수지법
③ 동적모사모델
④ 다중회귀모델

해설 ① 쓰레기 발생량 조사방법
  ㉠ 적재차량 계수분석법
  ㉡ 직접계근법
  ㉢ 물질수지법
  ㉣ 통계조사(표본조사, 전수조사)
② 쓰레기 발생량 예측방법
  ㉠ 경향법
  ㉡ 다중회귀모델
  ㉢ 동적모사모델

10 쓰레기의 겉보기 비중과 관계 없는 것은?

① 밀도
② 진비중
③ 시료중량/용기부피
④ ton/m^3

해설 겉보기 비중(겉보기 밀도) $= \dfrac{\text{시료의 중량(ton)}}{\text{시료의 부피(m}^3)}$

11 청소상태의 평가방법에 관한 설명으로 옳지 않은 것은?

① 지역사회 효과지수는 가로 청소상태의 문제점이 관찰되는 경우 각 10점씩 감점한다.
② 지역사회 효과지수에서 가로 청결상태의 Scale은 1~10로 정하여 각각 10점 범위로 한다.
③ 사용자 만족도 지수는 서비스를 받는 사람들의 만족도를 설문조사하여 계산되며 설문 문항은 6개로 구성되어 있다.
④ 사용자 만족도 설문지 문항의 총점은 100점이다.

해설 지역사회 효과지수(CEI)에서 가로 청결상태의 Scale은 1~4로 정하여 각각 100, 75, 50 25, 0점으로 한다.

정답 06 ① 07 ③ 08 ③ 09 ② 10 ② 11 ②

12 와전류선별기에 관한 설명으로 옳지 않은 것은?

① 비철금속의 분리, 회수에 이용된다.

② 자력선을 도체가 스칠 때에 진행방향과 직각방향으로 힘이 작용하는 것을 이용해서 분리한다.

③ 연속적으로 변화하는 자장 속에 비자성이며 전기전도성이 좋은 금속을 넣어 분리시킨다.

④ 와전류 선별기는 자기드럼식, 자기벨트식, 자기전도식으로 대별된다.

해설 와전류선별기는 리어모터방식, 영구자석방식, 드럼방식 등으로 대별되며 자기드럼식, 자기벨트식, 자기전도식은 자력선별기의 종류이다.

13 쓰레기의 발생량 조사방법이 아닌 것은?

① 직접계근법   ② 경향법

③ 적재차량계수분석법   ④ 물질수지법

해설 ① 쓰레기 발생량 조사방법
- ㉠ 적재차량 계수분석법
- ㉡ 직접계근법
- ㉢ 물질수지법
- ㉣ 통계조사(표본조사, 전수조사)

② 쓰레기 발생량 예측방법
- ㉠ 경향법
- ㉡ 다중회귀모델
- ㉢ 동적모사모델

14 파쇄시설의 에너지 소모량은 평균크기 비의 상용로그값에 비례한다. 에너지 소모량에 대한 자료가 다음과 같을 때 평균크기가 10cm인 혼합도시폐기물을 1cm로 파쇄하는 데 필요한 에너지 소모율(kW·시간/톤)은?(단, kick 법칙 적용)

파쇄 전 크기	파쇄 후 크기	에너지 소모량
2cm	1cm	3.0kW·시간/톤
6cm	2cm	4.8kW·시간/톤
20cm	4cm	7.0kW·시간/톤

① 7.82   ② 8.61   ③ 9.97   ④ 12.83

해설 $E = C\ln\left(\dfrac{L_1}{L_2}\right)$

$3.0\text{kW}\cdot\text{hr/ton} = C\ln\left(\dfrac{2}{1}\right)$, $C = 4.33\text{kW}\cdot\text{hr/ton}$

$E = 4.33\text{kW}\cdot\text{hr/ton} \times \ln\left(\dfrac{10}{1}\right) = 9.97\text{kW}\cdot\text{hr/ton}$

15 슬러지 수분 중 가장 용이하게 분리할 수 있는 수분의 형태로 옳은 것은?

① 모관결합수   ② 세포수

③ 표면부착수   ④ 내부수

해설 탈수성이 용이한 수분형태의 순서
모관결합수＞표면부착수＞내부수

16 수거대상 인구가 10,000명인 도시에서 발생되는 폐기물의 밀도는 0.5ton/m³이고, 하루 폐기물 수거를 위해 차량적재 용량이 10m³인 차량 10대가 사용된다면 1일 1인당 폐기물 발생량(kg/인·일)은?(단, 차량은 1일 1회 운행기준)

① 2   ② 3   ③ 4   ④ 5

해설 폐기물 발생량(kg/인·일)

$= \dfrac{\text{폐기물 발생량}}{\text{수거대상 인구 수}}$

$= \dfrac{10\text{m}^3/\text{대}\times10\text{대}/\text{회}\times500\text{kg/m}^3\times\text{회}/\text{일}}{10000\text{인}} = 5\text{kg/인}\cdot\text{일}$

17 함수율 95% 분뇨의 유기탄소량이 TS의 35%, 총질소량은 TS의 10%이다. 이와 혼합할 함수율 20%인 볏짚의 유기탄소량이 TS의 80%이고, 총질소량이 TS의 4%라면 분뇨와 볏짚을 1:1로 혼합했을 때 C/N비는?

① 17.8   ② 28.3

③ 31.3   ④ 41.3

해설

구분	함수율	유기탄소/TS	총질소량/TS
분뇨	95	35%	10%
볏짚	20	80%	4%

$\text{C/N비} = \dfrac{\text{혼합물 중 탄소의 양}}{\text{혼합물 중 질소의 양}}$

혼합물 중 탄소의 양

$= \left|\left(\dfrac{1}{1+1}\times(1-0.95)\times0.35\right)+\left(\dfrac{1}{1+1}\times(1-0.20)\times0.80\right)\right|$
$= 0.3287$

혼합물 중 질소의 양

$= \left|\left(\dfrac{1}{1+1}\times(1-0.95)\times0.1\right)+\left(\dfrac{1}{1+1}\times(1-0.20)\times0.04\right)\right|$
$= 0.0185$

$\text{C/N} = \dfrac{0.3287}{0.0185} = 17.77$

정답   12 ④   13 ②   14 ③   15 ①   16 ④   17 ①

18 폐기물의 성분을 조사한 결과 플라스틱의 함량이 30%(중량비)로 나타났다. 이 폐기물의 밀도가 300kg/m³라면 10m³ 중에 함유된 플라스틱의 양(kg)은?

① 300   ② 600   ③ 900   ④ 1,000

> **해설** 플라스틱양(kg)=밀도×부피× 함량비
> $= 300kg/m^3 \times 10m^3 \times 0.3 = 900kg$

19 플라스틱 폐기물 중 할로겐 화합물을 함유하고 있는 것은?

① 폴리에틸렌   ② 멜라민수지
③ 폴리염화비닐   ④ 폴리아크릴로니트릴

> **해설** 염소계 물질이 할로겐화합물이므로 할로겐화합물을 함유하고 있는 것은 폴리염화비닐이다.

20 사업장 내에서 폐기물의 발생량을 억제하기 위한 방안으로 가장 거리가 먼 것은?

① 자원, 원료의 선택   ② 제조, 가공공정의 선택
③ 제품 사용연수의 감안   ④ 최종처분의 체계화

> **해설** 최종처분의 체계화는 발생량 억제와 관련이 없고 발생 후 대책에 해당한다.

제2과목 폐기물처리기술

21 유기성 폐기물의 퇴비화 과정(초기단계 – 고온단계 – 숙성단계) 중 고온단계에서 주된 역할을 담당하는 미생물은?

① 전반기 : Pseudomonas
　 후반기 : Bacillus
② 전반기 : Thermoactinomyces
　 후반기 : Enterbacter
③ 전반기 : Enterbacter
　 후반기 : Pseudomonas
④ 전반기 : Bacillus
　 후반기 : Thermoactinomyces

> **해설** **퇴비화의 고온단계**
> ① 퇴비온도가 50~60℃를 계속 유지(60~65℃까지 오르면 미생물 사멸, 열에 강한 포자형 세균만 남아 퇴비화효율이 급격히 떨어진다.)
> ② 전반기에는 Bacillus(세균)가 유기물 분해를 한다.

③ 후반기에는 Thermoactinomyces(방선균), 진균이 유기물 분해를 한다.
④ pH는 8.0 정도이다.

22 매립지 중간복토에 관한 설명으로 틀린 것은?

① 복토는 메탄가스가 외부로 나가는 것을 방지한다.
② 폐기물이 바람에 날리는 것을 방지한다.
③ 복토재로는 모래나 점토질을 사용하는 것이 좋다.
④ 지반의 안정과 강도를 증가시킨다.

> **해설** **중간복토**
> ① 최소두께는 7일 이상 방치 시 30cm 이상 실시
> ② 쓰레기 운반차량을 위한 도로지반 제공 및 장기간 방치되는 매립부분의 우수배제를 목적으로 함
> ③ 화재예방, 악취발산 억제 및 가스배출 억제
> ④ 우수침투 방지, 쓰레기가 바람에 날리는 것 방지
> ⑤ 차수성이 좋고, 통기성이 안 좋은 점토계 토양이 적합
> ⑥ 지반의 안정과 강도를 증가

23 매립가스의 강제포집방식 중 수직포집방식의 장점과 거리가 먼 것은?

① 폐기물 부등침하에 영향이 적음
② 파손된 포집정의 교환이나 추가시공이 가능함
③ 포집공의 압력 조절이 가능함
④ 포집효율이 비교적 낮음

> **해설** 수직포집방식은 포집효율이 비교적 높다.

24 합성차수막 중 CR의 장단점에 관한 설명으로 가장 거리가 먼 것은?

① 가격이 비싸다.
② 마모 및 기계적 충격에 약하다.
③ 접합이 용이하지 못하다.
④ 대부분의 화학물질에 대한 저항성이 높다.

> **해설** **합성차수막 중 CR**
> ① 장점
> 　㉠ 대부분의 화학물질에 대한 저항성이 높음
> 　㉡ 마모 및 기계적 충격에 강함
> ② 단점
> 　㉠ 접합이 용이하지 못함
> 　㉡ 가격이 고가임

정답 18 ③　19 ③　20 ④　21 ④　22 ③　23 ④　24 ②

25 고형폐기물을 매립 처리할 때 $C_6H_{12}O_6$ 성분 1톤(ton)의 폐기물이 혐기성 분해를 한다면 이론적 메탄가스 발생량(m^3)은?(단, 메탄가스 밀도 : 0.7167g/L)

① 약 280 ② 약 370 ③ 약 450 ④ 약 560

$C_6H_{12}O_6 \rightarrow 3CH_4 + 3CO_2$

180kg : 3×16kg

1,000kg : CH_4(kg)

$CH_4(kg) = \dfrac{1,000kg \times (3 \times 16)kg}{180kg} = 266.67kg$

$CH_4(L) = 266.67kg \times \dfrac{1L}{0.7167g \times kg/10^3 g}$

$= 372.080L \times m^3/1,000L = 372m^3$

26 일반적으로 C/N비가 가장 높은 것은?

① 신문지 ② 톱밥 ③ 잔디 ④ 낙엽

C/N비

① 신문지 : 900~1,000 : 1 ② 톱밥 : 300~1,000 : 1

③ 잔디 : 25 : 1 ④ 낙엽 : 30~80 : 1

27 퇴비화 대상 유기물질의 화학식이 ($C_{99}H_{148}O_{59}N$)이라고 하면, 이 유기물질의 C/N비는?

① 64.9 ② 84.9 ③ 104.9 ④ 124.9

$C/N비 = \dfrac{탄소의 양}{질소의 양} = \dfrac{(12 \times 99)}{14} = 84.86$

28 매립지 바닥에 복토가 충분할 때 사용하는 내륙매립방법은?

① 계곡매립법 ② 지역법

③ 경사법 ④ 도랑법

도랑형 방식매립(Trench System : 도랑 굴착 매립공법)
① 도랑을 파고 폐기물을 매립한 후 다짐 후 다시 복토하는 방법이다.
② 매립지 바닥이 두껍고(지하수면이 지표면으로부터 깊은 곳에 있는 경우) 또한 복토를 적합한 지역에 이용하는 방법으로 거의 단층매립만 가능한 공법이다.
③ 도랑의 깊이는 약 2.5~7m(10m)로 하고 폭은 20m 정도이고 파낸 흙을 복토재로 이용 가능한 경우 경제적이다.(소규모 도랑 : 폭 5~8m, 깊이 1~2m)
④ 도랑에서 굴착된 토사는 매일 또는 중간복토로 사용하여 쓰레기의 날림을 최소화할 수 있다.
⑤ 매립종료 후 토지이용 효율이 증대된다.

⑥ 도랑은 합성수지나 점토를 이용하여 차수시설을 하여 가스나 침출수의 이동을 최소화시킨다.
⑦ 사전 정비작업이 필요하지 않으나 단층매립으로 매립용량의 낭비가 크다.
⑧ 사전작업 시 침출수 수집장치나 차수막 설치가 용이하지 못하다.

29 폐기물 건조기 중 기류건조기의 특징과 거리가 먼 것은?

① 건조시간이 짧다.
② 고온의 건조가스 사용이 가능하다.
③ 가연성 재료에서는 분진폭발 및 화재의 위험성이 있다.
④ 작은 입경의 폐기물 건조에는 적합하지 않다.

기류건조기의 특징
① 장점
  ㉠ 건조시간이 짧다.
  ㉡ 고온의 건조가스 사용이 가능하다.
  ㉢ 가연성 재료에서는 분진폭발 및 화재의 위험성이 있다.
  ㉣ 작은 입경의 폐기물 건조에 적합하다.
② 단점
  ㉠ 설계 및 청소방법이 어렵다.
  ㉡ 운전폭이 좁으며 운전비용이 많이 소요된다.
  ㉢ 재료가 가연성물질일 경우 폭발, 화재 등의 위험이 있다.

30 분뇨저장탱크 내의 악취 발생 공간 체적이 $40m^3$이고, 이를 시간당 5차례 교환하고자 한다. 발생된 악취공기를 퇴비 여과방식을 채택하여 투과속도 20m/hr로 처리하고자 할 때 필요한 퇴비여과상의 면적(m^2)은?

① 6 ② 8
③ 10 ④ 12

$여과상 면적(m^2) = \dfrac{체적}{투과속도} = \dfrac{40m^3 \times 5/hr}{20m/hr} = 10m^2$

31 관리형 폐기물매립지에서 발생하는 침출수의 주된 발생원은?

① 주위의 지하수로부터 유입되는 물
② 주변으로부터의 유입 지표수(Run-on)
③ 강우에 의하여 상부로부터 유입되는 물
④ 폐기물 자체의 수분 및 분해에 의하여 생성되는 물

정답 25 ② 26 ① 27 ② 28 ④ 29 ④ 30 ③ 31 ③

해설 ① 관리형 폐기물매립지에서 발생하는 침출수의 주된 발생원은 강우에 의하여 상부로부터 유입되는 물이다.
② 일반적으로 매립장침출수 생성에 가장 큰 영향을 미치는 인자는 지표로 침투되는 강수이다.
(영향인자 : 강수량, 폐기물의 매립 정도, 복토재의 재질 등)

32 폐기물 매립 시 사용되는 인공복토재의 조건으로 옳지 않은 것은?

① 연소가 잘 되지 않아야 한다.
② 살포가 용이하여야 한다.
③ 투수계수가 높아야 한다.
④ 미관상 좋아야 한다.

해설 **인공복토재의 구비조건**
① 투수계수가 낮을 것(우수침투량 감소)
② 병원균 매개체 서식방지, 악취제거, 종이흩날림을 방지할 수 있을 것
③ 미관상 좋고 연소가 잘 되지 않으며 독성이 없어야 할 것
④ 생분해가 가능하고 저렴할 것
⑤ 악천후에도 시공 가능하고 살포가 용이하며 적은 두께로 효과가 있어야 할 것

33 열분해와 운전인자에 대한 설명으로 틀린 것은?

① 열분해는 무산소 상태에서 일어나는 반응이며 필요한 에너지를 외부에서 공급해 주어야 한다.
② 열분해가스 중 CO, H_2, CH_4 등의 생성률은 열공급속도가 커짐에 따라 증가한다.
③ 열분해반응에서는 열공급속도가 커짐에 따라 유기성 액체와 수분, 그리고 Char의 생성량은 감소한다.
④ 산소가 일부 존재하는 조건에서 열분해가 진행되면 CO_2의 생성량이 최대가 된다.

해설 산소가 일부 존재하는 조건에서 열분해가 진행되면 CO의 생성량의 최대가 된다.

34 폐기물처리시설 설치의 환경성조사서에 포함되어야 할 사항이 아닌 것은?

① 지역의 폐기물 처리에 관한 사항
② 처리시설 입지에 관한 사항
③ 처리시설에 관한 사항
④ 소요사업비 및 재원조달계획

해설 **폐기물처리시설 설치의 환경성조사서 포함사항**
① 지역현황
② 지역의 폐기물처리에 관한 사항
③ 처리시설 입지에 관한 사항
④ 처리시설에 관한 사항
⑤ 처리시설 주변에 미치는 환경영향 및 저감대책

35 Soil Washing 기법을 적용하기 위하여 토양의 입도분포를 조사한 결과가 다음과 같을 경우, 유효입경(mm)과 곡률 계수는?(단, D_{10}, D_{30}, D_{60}는 각각 통과백분율 10%, 30%, 60%에 해당하는 입자 직경이다.)

	D_{10}	D_{30}	D_{60}
입자의 크기(mm)	0.25	0.60	0.90

① 유효입경 : 0.25, 곡률계수 : 1.6
② 유효입경 : 3.60, 곡률계수 : 1.6
③ 유효입경 : 0.25, 곡률계수 : 2.6
④ 유효입경 : 3.60, 곡률계수 : 2.6

해설 곡률계수$= \dfrac{D_{30}{}^2}{D_{10} \times D_{60}} = \dfrac{0.60^2}{0.25 \times 0.90} = 1.6$

유효입경$= D_{10} = 0.25$

36 호기성 소화공법이 혐기성 소화공법에 비하여 갖고 있는 장점이라고 할 수 없는 것은?

① 반응시간이 짧아 시설비가 저렴할 수 있다.
② 운전이 용이하고 악취 발생이 적다.
③ 생산된 슬러지의 탈수성이 우수하다.
④ 반응조의 가온이 불필요하다.

해설 **호기성 소화공법**
① 장점
  ㉠ 혐기성 소화보다 운전이 용이하다.
  ㉡ 상등액(상층액)의 BOD와 SS 농도가 낮아 수질이 양호하며 암모니아 농도도 낮다.
  ㉢ 초기시공비가 적고 악취발생이 저감된다.
  ㉣ 처리수 내 유지류의 농도가 낮다.
② 단점
  ㉠ 소화 슬러지양이 많다.
  ㉡ 소화 슬러지의 탈수성이 불량하다.
  ㉢ 설치부지가 많이 소요되고 폭기에 소요되는 동력비가 상승한다.
  ㉣ 유기물 저감률이 낮고 연료가스 등 부산물의 가치가 낮다.(메탄가스 발생 없음)

37 분뇨처리 프로세스 중 습식 고온고압 산화처리방식에 대한 설명 중 옳지 않은 것은?

① 일반적으로 70기압과 210℃로 가동된다.
② 처리시설의 수명이 짧다.
③ 완전멸균이 되고, 질소 등 영양소의 제거율이 높다.
④ 탈수성이 좋고 고액분리가 잘된다.

해설 습식산화처리는 완전멸균되지 않아 악취가 나며 산화 후 액체처리문제로 인하여 잘 사용되지는 않는다.

38 폐기물의 고화처리방법 중 피막형성법의 장점으로 옳은 것은?

① 화재위험성이 없다. ② 혼합률이 높다.
③ 에너지 소비가 적다. ④ 침출성이 낮다.

해설 **피막형성법**
① 장점
  ㉠ 혼합률(MR)이 비교적 낮다.
  ㉡ 침출성이 고형화방법 중 가장 낮다.
② 단점
  ㉠ 많은 에너지가 요구된다.
  ㉡ 값비싼 시설과 숙련된 기술을 요한다.
  ㉢ 피막형성용 수지값이 비싸다.
  ㉣ 화재위험성이 있다.

39 위생매립의 장점이 아닌 것은?

① 타 방법과 비교하여 초기 투자비용이 높다.
② 부지 확보가 가능할 경우 가장 경제적인 방법이다.
③ 거의 모든 종류의 폐기물 처분이 가능하다.
④ 사후 부지는 공원, 운동장 등으로 이용될 수 있다.

해설 **위생매립**
① 장점
  ㉠ 부지 확보가 가능할 경우 가장 경제적인 방법이다.(소각, 퇴비화의 비교)
  ㉡ 거의 모든 종류의 폐기물처분이 가능하다.
  ㉢ 처분대상 폐기물의 증가에 따른 추가인원 및 장비가 크지 않다.
  ㉣ 매립 후에 일정기간이 지난 후 토지로 이용될 수 있다.(주차시설, 운동장, 골프장, 공원)
  ㉤ 추가적인 처리과정이 요구되는 소각이나 퇴비화와는 달리 위생매립은 완전한 최종적인 처리법이다.
  ㉥ 분해가스(LFG) 회수이용이 가능하다.
  ㉦ 다른 방법에 비해 초기투자 비용이 낮다.

④ 단점
  ㉠ 경제적 수송거리 내에서 매립지 확보가 곤란하다.(인구밀집지역, 거주자 등의 문제점)
  ㉡ 매립이 종료된 매립지역에서의 건축을 위해서는 지반침하에 대비한 특수설계와 시공이 요구된다.(유지관리도 요구됨)
  ㉢ 유독성 폐기물처리에 부적합하다.(방사능, 폐유폐기물, 병원폐기물 등)
  ㉣ 폐기물 분해 시 발생하는 폭발성 가스인 메탄과 가스가 나쁜 영향을 미칠 수 있다.
  ㉤ 적절한 위생매립기준이 매일 지켜지지 않으면 불법투기와 차이가 없다.

40 다음 조건으로 분뇨를 소화시킨 후 소화조 내 전체에 대한 함수율(%)은?(단, 생분뇨의 함수율 95%, 분뇨 내 고형물 중 유기물량 60%, 소화 시 유기물 감량 60%(가스화), 비중 1.0, 처리방식 Batch식, 탈리액을 인출하지 않음)

① 95.6 ② 96.8 ③ 97.5 ④ 98.6

해설 처음 분뇨 양을 100으로 가정
소화 후 분뇨 = 수분 + 고형물 중 무기물 + 잔류유기물
$= (100 \times 0.95) + (100 \times 0.05 \times 0.4)$
$+ (100 \times 0.05 \times 0.6 \times 0.4) = 98.2\%$

함수율 $= \dfrac{95}{98.2} \times 100 = 96.74\%$

제3과목 폐기물소각 및 열회수

41 화상부하율(연소량/화상면적)에 대한 설명으로 옳지 않은 것은?

① 화상부하율을 크게 하기 위해서는 연소량을 늘리거나 화상면적을 줄인다.
② 화상부하율이 너무 크면 노내 온도가 저하하기도 한다.
③ 화상부하율이 작아질수록 화상면적이 축소되어 Compact화 된다.
④ 화상부하율이 너무 커지면 불완전연소의 문제를 야기시킨다.

해설 ① 화상부하율이 커질수록 화상면적이 축소되어 compact화 된다.
② 화상부하율(화격자 연소율)

화격자 연소율$(kg/m^2 \cdot hr) = \dfrac{\text{시간당 폐기물의 연소량}(kg/hr)}{\text{화격자(화상) 면적}(m^2)}$

42 폐기물 처리방법 중 소각공정에 대한 열분해공정의 비교 설명으로 옳은 것은?

① 열분해공정은 소각공정에 비해 배기가스량이 많다.

② 열분해공정은 소각공정에 비해 황 및 중금속이 회분 속에 고정되는 비율이 많다.

③ 열분해공정은 소각공정에 비해 질소산화물 발생량이 적다.

④ 열분해공정은 소각공정에 비해 산화성 분위기를 유지한다.

해설 ① 열분해공정은 소각공정에 비해 배기가스량이 적다.

② 열분해공정은 소각공정에 비해 황 및 중금속이 회분 속에 고정되는 비율이 크다.

④ 열분해공정은 소각공정에 비해 환원성 분위기를 유지한다.

43 폐플라스틱 소각처리 시 발생되는 문제점 중 옳은 것은?

① 플라스틱은 용융점이 높아 화격자나 구동장치 등에 고장을 일으킨다.

② 플라스틱 발열량은 보통 3,000~5,000kcal/kg 범위로 도시폐기물 발열량의 2배 정도이다.

③ 플라스틱 자체의 열전도율이 낮아 온도분포가 불균일하다.

④ PVC 연소 시 HCN이 다량 발생되어 시설의 부식을 일으킨다.

해설 ① 플라스틱은 용융점이 낮아 화격자나 구동장치 등에 고장을 일으킨다.

② 플라스틱 발열량은 보통 5,000~11,000kcal/kg 범위로 도시폐기물 발열량의 6~7배 정도이다.

④ 질소를 함유한 플라스틱에서는 불완전연소 시 HCN이 다량 발생한다.

44 유동상식 소각로의 장단점에 대한 설명으로 틀린 것은?

① 반응시간이 빨라 소각시간이 짧다.(노 부하율이 높다.)

② 연소효율이 높아 미연소분 배출이 적고 2차 연소실이 불필요하다.

③ 기계적 구동부분이 많아 고장률이 높다.

④ 상(床)으로부터 찌꺼기의 분리가 어려우며 운전비 특히 동력비가 높다.

해설 **유동층 소각로**

① 장점

㉠ 유동매체의 열용량이 커서 액상, 기상, 고형 폐기물의 전소 및 혼소, 균일한 연소가 가능하다.

㉡ 반응시간이 빨라 소각시간이 짧다.(노 부하율이 높다.)

㉢ 연소효율이 높아 미연소분이 적고 2차 연소실이 불필요하다.

㉣ 가스의 온도가 낮고 과잉공기량이 낮다. 따라서 NOx도 적게 배출된다.

㉤ 기계적 구동부분이 적어 고장률이 낮아 유지관리가 용이하다.

㉥ 노 내 온도의 자동제어로 열회수가 용이하다.

㉦ 유동매체의 축열량이 높은 관계로 단시간 정지 후 가동 시 보조연료 사용 없이 정상가동이 가능하다.

㉧ 과잉공기량이 적으므로 다른 소각로보다 보조연료 사용량과 배출가스량이 적다.

㉨ 석회 또는 반응물질을 유동매체에 혼입시켜 노 내에서 산성가스의 제거가 가능하다.

② 단점

㉠ 층의 유동으로 상으로부터 찌꺼기의 분리가 어려우며 운전비, 특히 동력비가 높다.

㉡ 폐기물의 투입이나 유동화를 위해 파쇄가 필요하다.

㉢ 상재료의 용융을 막기 위해 연소온도는 816℃를 초과할 수 없다.

㉣ 유동매체의 손실로 인한 보충이 필요하다.

㉤ 고점착성의 반유동상 슬러지는 처리하기 곤란하다.

㉥ 소각로 본체에서 압력손실이 크고 유동매체의 비산 또는 분진의 발생량이 가장 많다.

㉦ 조대한 폐기물은 전처리가 필요하다. 즉, 폐기물의 투입이나 유동화를 위해 파쇄공정이 필요하다.

45 폐기물 소각에 따른 문제점은 지구온난화 가스의 형성이다. 다음 배가스 성분 중 온실가스는?

① CO_2 ② NOx   ③ SO_2 ④ HCl

해설 CO_2는 완전연소 생성물이며 지구온난화의 대표적 물질이다.

46 준연속 연소식 소각로의 가동시간으로 적당한 설계조건은?

① 8시간   ② 12시간   ③ 16시간   ④ 18시간

해설 **준연속식 소각로**

소각설비를 완전자동화하여 연속식으로 할 경우 설치비나 유지관리비가 많이 소요되기 때문에 부분적으로 간소화하여 수동운전을 하도록 하는 소각로로서 일반적으로 16시간 정도의 운전시간을 목표로 설치한다.

[Note] ① 전연속 연소식 소각로 가동시간(24시간)

② 고정화격자 회분연소식 소각로 가동시간(8시간)

47 폐기물 소각 시 발생되는 질소산화물 저감 및 처리방법이 아닌 것은?

① 알칼리 흡수법　　② 산화 흡수법
③ 접촉 환원법　　　④ 디메틸아닐린법

질소산화물 저감 및 처리방법
① 선택적 촉매 환원법(SCR)
② 선택적 무촉매 환원법(SNCR)
③ 접촉분해법
④ 흡착법
⑤ 전자선 조사법
⑥ 물, 알카리흡수법
⑦ 황산흡수법
⑧ 산화흡수법

[Note] 디메틸아닐린법은 황화수소(H_2S) 저감방법이다.

48 폐기물 소각로에서 배출되는 연소공기의 조성이 아래와 같을 때 연소가스의 평균분자량은?(단, CO_2=13.0% O_2=8%, H_2O=10%, N_2=69%)

① 27.4　　　　　　② 28.4
③ 28.8　　　　　　④ 29.4

연소가스 평균분자량
$= (44 \times 0.13) + (32 \times 0.08) + (18 \times 0.1) + (28 \times 0.69) = 29.4$

49 소각 과정에 대한 설명으로 틀린 것은?

① 수분이 적을수록 착화도달시간이 적다.
② 회분이 많을수록 발열량이 낮아진다.
③ 폐기물의 건조는 자유건조 → 항률건조 → 감률건조 순으로 이루어진다.
④ 발열량이 작을수록 연소온도가 높아진다.

발열량이 작을수록 연소온도가 낮아진다.

50 수소 22.0%, 수분 0.7%인 중유의 고위발열량이 12,600kcal/kg일 때 저위발열량(kcal/kg)은?

① 11,408　　　　　② 17,425
③ 19,328　　　　　④ 20,314

$H_l = H_h - 600(9H + W)$
$= 12,600\text{kcal/kg} - 600[(9 \times 0.22) + 0.007]$
$= 11,107.8\text{kcal/kg}$

51 아세틸렌(C_2H_2) 100kg을 완전연소시킬 때 필요한 이론적 산소요구량(kg)은?

① 약 123　　　　　② 약 214
③ 약 308　　　　　④ 약 415

$C_2H_2 + 2.5O_2 \rightarrow 2CO_2 + H_2O$
$26\text{kg} : 2.5 \times 32\text{kg}$
$100\text{kg} : O_o(\text{kg})$

$O_o(\text{kg}) = \dfrac{100\text{kg} \times (2.5 \times 32)\text{kg}}{26\text{kg}} = 307.69\text{kg}$

52 에틸렌(C_2H_4)의 고위발열량이 15,280kcal/Sm^3이라면 저위발열량(kcal/Sm^3)은?

① 14,920　　　　　② 14,800
③ 14,680　　　　　④ 14,320

$C_2H_4 + 3O_2 \rightarrow 2CO_2 + 2H_2O$
$H_l = H_h - 480 \times nH_2O$
$= 15,280\text{kcal/Sm}^3 - (480 \times 2)\text{kcal/Sm}^3$
$= 14,320\text{kcal/Sm}^3$

53 화격자 연소기(Grate or Stoker)에 대한 설명으로 옳은 것은?

① 휘발성분이 많고 열분해하기 쉬운 물질을 소각할 경우 상향식 연소방식을 쓴다.
② 이동식 화격자는 주입폐기물을 잘 운반시키거나 뒤집지 못하는 문제점이 있다.
③ 수분이 많거나 플라스틱과 같이 열에 쉽게 용해되는 물질에 의한 화격자 막힘의 우려가 없다.
④ 체류시간이 짧고 교반력이 강하여 국부가열이 발생할 우려가 있다.

① 화격자 연소기 휘발성분이 많고 열분해하기 쉬운 물질을 소각할 경우 하향식 연소방식을 쓴다.
③ 수분이 많거나 플라스틱과 같이 열에 쉽게 용해되는 물질에 의한 화격자 막힘의 우려가 있다.
④ 체류시간이 길고 교반력이 약하여 국부가열이 발생할 염려가 있다.

정답 47 ④　48 ④　49 ④　50 ①　51 ③　52 ④　53 ②

54 폐기물 소각과 매립 설계과정에서 중요한 인자로 작용하고 있는 강열감열(Ignition Loss)에 대한 설명으로 틀린 것은?

① 소각로의 운전상태를 파악할 수 있는 중요한 지표
② 소각로의 종류나 처리용량에 따른 화격자의 면적을 산정하는 데 중요한 자료
③ 소각잔사 중 가연분을 중량 백분율로 나타낸 수치
④ 폐기물의 매립처분에 있어서 중요한 지표

해설 강열감량은 소각재 중 미연분의 양을 중량백분율로 나타낸 수치이다.

55 표준상태에서 배기가스 내에 존재하는 CO_2 농도가 0.01%일 때 이것은 몇 mg/m^3인가?

① 146   ② 196
③ 266   ④ 296

해설 $CO_2 = 0.01\% \times 10^4 ppm/\% = 100 ppm$

$농도(mg/m^3) = 100 ppm(mL/m^3) \times \dfrac{44mg}{22.4mL} = 196.43 mg/m^3$

56 스크러버는 액적 또는 액막을 형성시켜 함진가스와의 접촉에 의해 오염물질을 제거시키는 장치이다. 다음 중 스크러버의 장점 및 단점에 대한 설명이 아닌 것은?

① 2차적 분진처리가 불필요하다.
② 냉한기에 세정수의 동결에 의한 대책수립이 필요하다.
③ 좁은 공간에도 설치가 가능하다.
④ 부식성 가스의 흡수로 재료 부식이 방지된다.

해설 세정식 집진시설(Wet Scrubber)
① 장점
  ㉠ 미세분진 채취효율이 높고 2차적 분진처리가 불필요하다.
  ㉡ 설치비용이 저렴하고 전기 여과집진장치보다 좁은 공간에도 설치가 가능하다.
  ㉢ 부식성 가스의 회수가 가능하고 가스에 의한 폭발위험이 없다.
  ㉣ 분진과 유해가스의 동시처리가 단일장치로 가능하며 한번 제거된 입자는 다시 처리가스 속으로 재비산되지 않는다.
  ㉤ Demistor 사용으로 미스트 처리가 가능하다.
  ㉥ 고온다습한 가스나 연소성 및 폭발성 가스의 처리가 가능하다.

② 단점
  ㉠ 유지관리비가 높고 부식성 가스로 인한 부식잠재성이 있다.
  ㉡ 폐수가 발생하며 공업용수를 과잉 사용한다.
  ㉢ 추운 겨울에 동결방지장치를 필요로 한다.
  ㉣ 장치류에 Plugging을 유발할 수 있다.
  ㉤ 고온다습한 가스에는 부적합하다.
  ㉥ 2차적 분진처리가 필요하다.

57 화격자 연소기의 장단점에 대한 설명으로 옳지 않은 것은?

① 연속적인 소각과 배출이 가능하다.
② 수분이 많거나 열에 쉽게 용해되는 물질의 소각에 주로 적용된다.
③ 체류시간이 길고 교반력이 약하여 국부가열의 염려가 있다.
④ 고온 중에서 기계적으로 구동하기 때문에 금속부의 마모손실이 심하다.

해설 화격자 연소기(Grate or Stoker)
① 장점
  ㉠ 연속적인 소각과 배출이 가능하다.
  ㉡ 용량부하가 크며 전자동운전이 가능하다.
  ㉢ 폐기물 전처리(파쇄)가 불필요하다.
  ㉣ 배기가스에 의한 폐기물 건조가 가능하다.
  ㉤ 악취 발생이 적고 유동층식에 비해 내구연한이 길다.
② 단점
  ㉠ 수분이 많거나 용융소각물(플라스틱 등)의 소각에는 화격자 막힘의 염려가 있어 부적합하다.
  ㉡ 국부가열 발생 가능성이 있고 체류시간이 길며 교반력이 약하다.
  ㉢ 고온으로 인한 화격자 및 금속부 과열 가능성이 있다.
  ㉣ 투입호퍼 및 공기출구의 폐쇄 가능성이 있다.
  ㉤ 연소용 공기예열이 필요하다.

58 폐기물 소각로의 화상부하율이 $600kg/m^2 \cdot hr$, 하루에 소각할 폐기물 양이 200ton일 경우 요구되는 화상면적(m^2)은?(단, 소각로 전연속식, 가동시간=24hr/일)

① 6.91   ② 8.54
③ 10.27   ④ 13.89

해설 $화상면적(m^2) = \dfrac{시간당 \ 소각량}{화상부하율}$

$= \dfrac{200ton/day \times day/24hr \times 1,000kg/ton}{600kg/m^2 \cdot hr}$

$= 13.89 m^2$

59 중유에 대한 설명으로 옳지 않은 것은?

① 중유의 탄수소비(C/H)가 증가하면 비열은 감소한다.

② 중유의 유동점은 일정 시험기에서 온도와 유동상태를 관찰하여 측정하며, 고온에서 취급 시 난이도를 표시하는 척도이다.

③ 비중이 큰 중유는 일반적으로 발열량이 낮고 비중이 작을수록 연소성이 양호하다.

④ 잔류탄소가 많은 중유는 일반적으로 점도가 높으며, 일반적으로 중질유일수록 잔류탄소가 많다.

중유의 유동점은 중유를 저온에서 취급 시 난이도를 나타내는 척도이며 점도가 낮을수록 유동점은 낮아진다.

60 도시폐기물의 중량 조성이 C 65%, H 6%, O 8%, S 3%, 수분 3%였으며, 각 원소의 단위 질량당 열량은 C 8,100kcal/kg, H 34,000kcal/kg, S 2,200kcal/kg 이었다. 이 도시폐기물의 저위발열량(H_l, kcal/kg)은? (단, 연소조건은 상온으로 보고 상온상태의 물의 증발잠열은 600kcal/kg으로 함)

① 5,473 　　　② 6,689
③ 7,135 　　　④ 8,288

$H_h = 8.100C + 34.000\left(H - \dfrac{O}{8}\right) + 2.200S$

$= (8.100 \times 0.65) + \left[34.000\left(0.06 - \dfrac{0.08}{8}\right)\right] + (2.200 \times 0.03)$

$= 7.031\text{kcal/kg}$

$H_l = H_h - 600(9H + W)$

$= 7.031\text{kcal/kg} - 600[(9 \times 0.06) + 0.03] = 6.689\text{kcal/kg}$

제4과목 **폐기물공정시험기준(방법)**

61 자외선/가시선 분광광도계 광원부의 광원 중 자외부의 광원으로 주로 사용하는 것은?

① 속빈음극램프 　　　② 텅스텐램프
③ 광전도도관 　　　④ 중수소 방전관

자외선/가시선 분광광도계 광원부의 광원
① 가시부, 근적외부 : 텅스텐 램프
② 자외부 : 중수소 방전관

62 폐기물 시료의 용출시험 방법에 대한 설명으로 틀린 것은?

① 지정폐기물의 판정이나 매립방법을 결정하기 위한 시험에 적용한다.

② 시료 100g 이상을 정밀히 달아 정제수에 염산을 넣어 pH를 4.5~5.3 정도로 조절한 용매와 1 : 5의 비율로 혼합한다.

③ 진탕여과한 액을 검액으로 사용하나 여과가 어려운 경우 원심분리기를 이용한다.

④ 용출시험 결과는 수분함량 보정을 위해 함수율 85% 이상인 시료에 한하여 [15/(100 − 시료의 함수율(%))]을 곱하여 계산된 값으로 한다.

시료용액의 조제(용출시험)
㉠ 시료의 조제방법에 따라 조제한 시료 100g 이상을 정확히 단다.
⬇
㉡ 용매 : 정제수에 염산을 넣어 pH를 5.8~6.3으로 조절한다.
⬇
㉢ 시료 : 용매=1 : 10(w/v)의 비로 2,000mL 삼각플라스크에 넣어 혼합한다.

63 원자흡수분광광도법에서 일어나는 분광학적 간섭에 해당하는 것은?

① 불꽃 중에서 원자가 이온화하는 경우

② 시료용액의 점성이나 표면장력 등에 의하여 일어나는 경우

③ 분석에 사용하는 스펙트럼선이 다른 인접선과 완전히 분리되지 않는 경우

④ 공존물질과 작용하여 해리하기 어려운 화합물이 생성되어 흡광에 관계하는 기저상태의 원자 수가 감소하는 경우

분광학적 간섭
① 분석에 사용하는 스펙트럼선이 다른 인접선과 완전히 분리되지 않는 경우 : 파장선택부의 분해능이 충분하지 않기 때문에 일어나며 검량선의 직선영역이 좁고 구부러져 있어 분석감도 정밀도도 저하된다. 이때는 다른 분석선을 사용하여 재분석하는 것이 좋다.
② 분석에 사용하는 스펙트럼의 불꽃 중에서 생성되는 목적원소의 원자증기 이외의 물질에 의하여 흡수되는 경우 : 표준시료와 분석시료의 조성을 더욱 비슷하게 하며 간섭의 영향을 어느 정도까지 피할 수 있다.

정답　59 ②　　60 ②　　61 ④　　62 ②　　63 ③

64 시료의 조제방법에 대한 내용으로 틀린 것은?

① 폐기물 중 입경이 5mm 미만인 것은 그대로, 입경이 5mm 이상인 것은 분쇄하여 입경을 0.5~5mm로 한다.

② 구획법 – 20개의 각 부분에서 균등량을 취해 혼합하여 하나의 시료로 한다.

③ 교호삽법 – 일정 양을 장방형으로 도포하고 균등량씩 취하여 하나의 시료로 한다.

④ 원추4분법 – 원추의 꼭지를 눌러 평평하게 한 후 균등량씩 취하여 하나의 시료로 한다.

해설 **원추사분법**
① 분쇄한 대시료를 단단하고 깨끗한 평면 위에 원추형으로 쌓아 올린다.
② 앞의 원추를 장소를 바꾸어 다시 쌓는다.
③ 원추의 꼭지를 수직으로 눌러서 평평하게 만들고 이것을 부채꼴로 4등분한다.
④ 마주보는 두 부분을 취하고 반은 버린다.
⑤ 반으로 줄어든 시료를 앞의 조작을 반복하여 적당한 크기까지 줄인다.

65 강열감량 및 유기물 함량 분석에 관한 내용으로 (   )에 알맞은 것은?

> 도가니 또는 접시를 미리 (㉠)에서 30분 동안 강열하고 데시케이터 안에서 식힌 후 사용하기 직전에 무게를 단다. 수분을 제거한 시료 적당량(㉡)을 취하여 도가니 또는 접시와 시료의 무게를 정확히 단다. 여기에 (㉢)을 넣어 시료를 적시고 서서히 가열하여 (㉣)의 전기로 안에서 3시간 동안 강열하고 데시케이터 안에 넣어 식힌 후 무게를 정확히 단다.

① ㉠ (550±25)℃
② ㉡ 10g 이상
③ ㉢ 25% 황산암모늄용액
④ ㉣ (600±25)℃

해설 ㉠ : 600±25℃
㉡ : 20g 이상
㉢ : 25% 질산암모늄용액

66 석면의 종류 중 백석면의 형태와 색상에 관한 내용으로 가장 거리가 먼 것은?

① 곧은 물결모양의 섬유
② 다발의 끝은 분산

③ 다색성
④ 가열되면 무색~밝은 갈색

해설 **백석면(Chrysotile)의 형태와 색상**
① 꼬인 물결 모양의 섬유
② 다발의 끝은 분산
③ 가열되면 무색~밝은 갈색
④ 다색성
⑤ 종횡비는 전형적으로 10 : 1 이상

67 노말헥산 추출물질을 측정하기 위해 시료 30g을 사용하여 공정시험기준에 따라 실험하였다. 실험 전후 증발용기의 무게 차는 0.0176g이고 바탕실험 전후의 증발용기의 무게 차가 0.0011g이었다면 이를 적용하여 계산된 노말헥산 추출물질(%)은?

① 0.035
② 0.055
③ 0.075
④ 0.095

해설 노말헥산 추출물질의 농도(%)
$$= (a-b) \times \frac{100}{V}$$
$$= (0.0176 - 0.0011)\text{g} \times \frac{100}{30\text{g}} = 0.055\%$$

68 기체 중의 농도는 표준상태로 환산 표시한다. 이때 표준상태를 바르게 표현한 것은?

① 25℃, 1기압
② 25℃, 0기압
③ 0℃, 1기압
④ 0℃, 0기압

해설 **기체 중의 농도**
표준상태(0℃, 1기압)로 환산 표시

69 0.1N – AgNO₃ 규정액 1mL는 몇 mg의 NaCl과 반응하는가?(단, 분자량 : AgNO₃=169.87, NaCl=58.5)

① 0.585
② 5.85
③ 58.5
④ 585

해설 $0.1\text{N} = 0.1\text{eq/L} = 0.1\text{eq/1,000mL}$
$\text{NaCl(mg)} = 0.1\text{eq/1,000mL} \times 1\text{mL} \times 58.5\text{g/1eq} \times 1,000\text{mg/g}$
$= 5.85\text{mg}$

정답 64 ④   65 ④   66 ①   67 ②   68 ③   69 ②

70 음식물 폐기물의 수분을 측정하기 위해 실험하였더니 다음과 같은 결과를 얻었을 때 수분(%)은?(단, 건조 전 시료의 무게=50g, 증발접시의 무게=7.25g, 증발접시 및 시료의 건조 후 무게=15.75g)

① 87% ② 83%

③ 78% ④ 74%

해설 $수분(\%) = \dfrac{W_2 - W_3}{W_2 - W_1} \times 100 = \dfrac{57.25 - 15.75}{57.25 - 7.25} \times 100 = 83\%$

71 ICP(유도결합플라스마 – 원자발광분광법)의 특징을 설명한 것으로 틀린 것은?

① 6,000~8,000℃에서 여기된 원자가 바닥 상태에서 방출하는 발광선 및 발광광도를 측정하여 정성 및 정량 분석하는 방법이다.

② 아르곤가스를 플라스마 가스로 사용하여 수정발진식 고주파발생기로부터 27.13MHz 영역에서 유도코일에 의하여 플라스마를 발생시킨다.

③ 토치는 3중으로 된 석영관이 이용되며 제일 안쪽이 운반가스, 중간이 보조가스, 그리고 제일 바깥쪽이 냉각가스가 도입된다.

④ ICP 구조는 중심에 저온, 저전자밀도의 영역이 도너츠 형태로 형성된다.

해설 **금속류 : 유도결합플라스마 – 원자발광분광법**
시료를 고주파유도코일에 의하여 형성된 아르곤 플라스마에 주입하여 6,000~8,000K에서 들뜬 원자가 바닥상태로 이동할 때 방출하는 발광선 및 발광강도를 측정하여 원소의 정성 및 정량 분석하는 방법이다.

72 자외선/가시선 분광법으로 크롬을 정량할 때 $KMnO_4$를 사용하는 목적은?

① 시료 중의 총 크롬을 6가크롬으로 하기 위해서이다.

② 시료 중의 총 크롬을 3가크롬으로 하기 위해서이다.

③ 시료 중의 총 크롬을 이온화하기 위해서이다.

④ 다이페닐카바자이드와 반응을 최적화하기 위해서이다.

해설 **크롬 – 자외선/가시선 분광법**
시료 중에 총 크롬을 과망간산칼륨을 사용하여 6가크롬으로 산화시킨 다음 산성에서 다이페닐카바자이드와 반응하여 생성되는 적자색 착화합물의 흡광도를 540nm에서 측정하여 총 크롬을 정량하는 방법이다.

73 대상 폐기물의 양이 1,100톤인 경우 현장 시료의 최소 수 (개)는?

① 40 ② 50

③ 60 ④ 80

해설 **대상 폐기물의 양과 시료의 최소 수**

대상 폐기물의 양(단위 : ton)	시료의 최소 수
~ 1 미만	6
1 이상~5 미만	10
5 이상~30 미만	14
30 이상~100 미만	20
100 이상~500 미만	30
500 이상~1,000 미만	36
1,000 이상~5,000 미만	50
5,000 이상~	60

74 기체크로마토그래피법에 의한 유기인 정량에 관한 설명으로 가장 부적합한 것은?

① 검출기는 수소염 이온화 검출기 또는 질소 · 인 검출기(NPD)를 사용한다.

② 운반기체는 질소 또는 헬륨을 사용한다.

③ 시료전처리를 위한 추출용매로는 주로 노말헥산을 사용한다.

④ 방해물질을 함유하지 않은 시료일 경우는 정제 조작을 생략할 수 있다.

해설 **기체크로마토그래피(유기인) 검출기**
㉠ 질소인 검출기(NPD)
㉡ 불꽃광도 검출기(FPD)
㉢ NPD 및 FPD는 질소나 인이 불꽃 또는 열에서 생성된 이온이 루비듐염과 반응하여 전자를 전달하며 이때 흐르는 전자가 포착되어 전류의 흐름으로 바꾸어 측정하는 방법으로, 유기인 화합물 및 유기질소화합물을 선택적으로 검출할 수 있다.

정답 **70** ② **71** ① **72** ① **73** ② **74** ①

75 총칙에서 규정하고 있는 내용으로 틀린 것은?

① 표준온도 0℃, 찬 곳은 1~15℃, 열수는 약 100℃, 온수는 50~60℃를 말한다.
② "약"이라 함은 기재된 양에 대하여 ±10% 이상의 차기 있어서는 안 된다.
③ 무게를 "정확히 단다"라 함은 규정된 수치의 무게를 0.1mg까지 다는 것을 말한다.
④ "감압 또는 진공"이라 함은 따로 규정이 없는 한 15mmHg 이하를 뜻한다.

해설

용어	온도(℃)
표준온도	0
상온	15~25
실온	1~35
찬 곳	0~15의 곳(따로 규정이 없는 경우)
냉수	15 이하
온수	60~70
열수	≒100

76 원자흡수분광도계에서 해리하기 어려운 내화성 산화물을 만들기 쉬운 원소의 분석에 적당한 불꽃은?

① 아세틸렌-공기
② 프로판-공기
③ 아세틸렌-아산화질소(일산화이질소)
④ 수소-공기

해설 아세틸렌-아산화질소(일산화이질소) 불꽃은 온도가 높기 때문에 불꽃 중에서 해리하기 어려운 내화성 산화물을 만들기 쉬운 원소의 분석에 적당하다.

77 자외선/가시선 분광법에 의한 시안시험법에 대한 옳은 설명은?

① 염소이온을 제거하기 위하여 황산을 첨가한다.
② 시안측정용 시료를 보관할 경우 황산을 넣어서 pH 2로 만든다.
③ 클로라민-T용액 및 피리딘·피라졸론 혼합용액은 사용할 때 조제한다.
④ 클로라민-T를 첨가하는 목적은 중금속을 제거하기 위해서이다.

해설 **시안-자외선/가시선 분광법**
시료를 pH 2 이하의 산성으로 조절한 후에 에틸렌다이아민테트라아세트산 나트륨을 넣고 가열 증류하여 시안화합물을 시안화수소로 유출시켜 수산화나트륨 용액을 포집한 다음 중화하고 클로라민-T와 피리딘·피라졸론 혼합액을 넣어 나타나는 청색을 620nm에서 측정하는 방법이다.

78 기체크로마토그래피에서 일반적으로 전자포획형 검출기에서 사용하는 운반가스는?

① 순도 99.9% 이상의 수소나 헬륨
② 순도 99.9% 이상의 질소 또는 헬륨
③ 순도 99.999% 이상의 질소 또는 헬륨
④ 순도 99.999% 이상의 수소 또는 헬륨

해설 운반가스는 충전물이나 시료에 대하여 불활성이고 사용하는 검출기의 작동에 적합한 것을 사용한다. 일반적으로 열전도도 검출기(TCD)에서는 순도 99.99% 이상의 수소나 헬륨을, 불꽃이온화 검출기(FID)에서는 99.99% 이상의 질소 또는 헬륨을 사용하며 기타 검출기에서는 각각 규정하는 가스를 사용한다. 단, 전자포획검출기(ECD)의 경우에는 순도 99.999% 이상의 질소 또는 헬륨을 사용하여야 한다.

79 휘발성 저급염소화 탄화수소류 정량을 위해 사용하는 기체크로마토그래피의 검출기로 가장 알맞은 것은?

① 열전도도 검출기(TCD)
② 불꽃이온화 검출기(FID)
③ 불꽃광도 검출기(FPD)
④ 전해전도 검출기(HECD)

해설 기체크로마토그래피법으로 휘발성 저급염소화 탄화수소류를 측정하는 데 사용되는 검출기로는 전자포획검출기(ECD)가 적합하다.

80 다음 완충용액 중 pH 4.0 부근에서 조제되는 것은?

① 수산염 표준액　　② 프탈산염 표준액
③ 인산염 표준액　　④ 붕산염 표준액

해설 **표준액의 pH값(0℃ 기준)**
① 수산염 표준액 : 1.67
② 프탈산염 표준액 : 4.01
③ 인산염 표준액 : 6.98
④ 붕산염 표준액 : 9.46

제5과목 폐기물관계법규

81 폐기물처리업 중 폐기물중간처분업, 폐기물최종처분업 및 폐기물종합처분업의 변경허가를 받아야 하는 중요사항과 가장 거리가 먼 것은?

① 운반차량(임시차량 제외)의 주차장 소재지 변경
② 처분대상 폐기물의 변경
③ 매립시설의 제방의 증·개축
④ 폐기물 처분시설의 신설

폐기물처리업의 변경허가를 받아야 할 중요사항
1) 폐기물 수집·운반업
　① 수집·운반 대상 폐기물의 변경
　② 영업구역의 변경
　③ 주차장 소재지의 변경(지정폐기물을 대상으로 하는 수집·운반업만 해당한다)
　④ 운반차량(임시차량은 제외한다)의 증차
2) 폐기물 중간처분업, 폐기물 최종처분업 및 폐기물 종합처분업
　① 처분 대상 폐기물의 변경
　② 폐기물 처분시설 소재지나 영업구역의 변경
　③ 운반차량(임시차량은 제외한다)의 증차
　④ 폐기물 처분시설의 신설
　⑤ 처분용량의 100분의 30 이상의 변경(허가 또는 변경허가를 받은 후 변경되는 누계를 말한다)
　⑥ 주요 설비의 변경. 다만, 다음 ㉠부터 ㉣까지의 경우만 해당한다.
　　㉠ 폐기물 처분시설의 구조 변경으로 인하여 별표 9 제1호 나목 2) 가)의 (1)·(2), 나)의 (1)·(2), 다)의 (2)·(3), 라)의 (1)·(2)의 기준이 변경되는 경우
　　㉡ 차수시설·침출수 처리시설이 변경되는 경우
　　㉢ 별표 9 제2호 나목 2) 바)에 따른 가스처리시설 또는 가스활용시설이 설치되거나 변경되는 경우
　　㉣ 배출시설의 변경허가 또는 변경신고의 대상이 되는 경우
　⑦ 매립시설 제방의 증·개축
　⑧ 허용보관량의 변경
3) 폐기물 중간재활용업, 폐기물 최종재활용업 및 폐기물 종합재활용업
　① 재활용 대상 폐기물의 변경
　② 재활용 용도 또는 방법의 변경
　③ 폐기물 재활용시설 소재지나 영업구역의 변경
　④ 운반차량(임시차량은 제외한다)의 증차
　⑤ 폐기물 재활용시설의 신설
　⑥ 허가 또는 변경허가를 받은 재활용 용량의 100분의 30 이상(금속을 회수하는 최종재활용업 또는 종합재활용업의 경우에는 100분의 50 이상)

　⑦ 주요 설비의 변경. 다만, 다음 ㉠ 및 ㉡의 경우만 해당한다.
　　㉠ 폐기물 재활용시설의 구조 변경으로 인하여 기준이 변경되는 경우
　　㉡ 배출시설의 변경허가 또는 변경신고의 대상이 되는 경우
　⑧ 허용보관량의 변경

82 폐기물처리시설의 사후관리업무를 대행할 수 있는 자는?

① 시·도 보건환경연구원
② 국립환경연구원
③ 한국환경공단
④ 지방환경관리청

폐기물매립시설의 사후관리업무를 대행할 수 있는 자는 한국환경공단이다.

83 동물성 잔재물과 의료폐기물 중 조직물류 폐기물 등 부패나 변질의 우려가 있는 폐기물인 경우 처리명령 대상이 되는 조업 중단기간은?

① 5일　　② 10일　　③ 15일　　④ 30일

폐기물의 처리명령 대상이 되는 조업 중단기간
① 동물성 잔재물과 의료성 폐기물 중 조직물류 등 부패나 변질의 우려가 있는 폐기물인 경우 : 15일
② 폐기물의 방치로 생활환경 보전상 중대한 위해가 발생하거나 발생할 우려가 있는 경우 : 폐기물의 처리를 명할 수 있는 권한을 가진 자가 3일 이상 1개월 이내에서 정하는 기간

84 폐기물처리업의 업종 구분과 영업내용의 범위를 벗어나는 영업을 한 자에 대한 벌칙기준으로 옳은 것은?

① 1년 이하의 징역 또는 5백만 원 이하의 벌금
② 1년 이하의 징역 또는 1천만 원 이하의 벌금
③ 2년 이하의 징역 또는 1천만 원 이하의 벌금
④ 2년 이하의 징역 또는 2천만 원 이하의 벌금

폐기물관리법 제66조 참조

85 폐기물처리시설의 종류인 재활용시설 중 기계적 재활용시설이 아닌 것은?

① 연료화시설
② 고형화·고화시설

정답 81 ①　82 ③　83 ③　84 ④　85 ②

③ 세척시설(철도용 폐목재 침목을 재활용하는 경우로 한정한다.)

④ 절단시설(동력 10마력 이상인 시설로 한정한다.)

> **해설** 재활용시설 중 기계적 재활용시설
> ① 압축·압출·성형·주조시설(동력 10마력(7.5kW) 이상인 시설로 한정한다)
> ② 파쇄·분쇄·탈피 시설(동력 20마력(15kW) 이상인 시설로 한정한다)
> ③ 절단시설(동력 10마력(7.5kW) 이상인 시설로 한정한다)
> ④ 용융·용해시설(동력 10마력(7.5kW) 이상인 시설로 한정한다)
> ⑤ 연료화시설
> ⑥ 증발·농축시설
> ⑦ 정제시설(분리·증류·추출·여과 등의 시설을 이용하여 폐기물을 재활용하는 단위시설을 포함한다)
> ⑧ 유수 분리시설
> ⑨ 탈수·건조시설
> ⑩ 세척시설(철도용 폐목재 받침목을 재활용하는 경우로 한정한다.)

86 폐기물관리법 벌칙 중에서 5년 이하의 징역이나 5천만 원 이하의 벌금에 처할 수 있는 경우가 아닌 자는?

① 허가를 받지 아니하고 폐기물처리업을 한 자

② 승인을 받지 아니하고 폐기물처리시설을 설치한 자

③ 대행계약을 체결하지 아니하고 종량제 봉투 등을 제작·유통한 자

④ 거짓이나 그 밖의 부정한 방법으로 폐기물처리업의 허가를 받은 자

> **해설** 폐기물관리법 제64조 참조
> ②항은 3년 이하의 징역이나 3천만 원 이하의 벌금에 해당한다.

87 지정폐기물 배출자는 그의 사업장에서 발생되는 지정폐기물 중 폐산, 폐알칼리를 최대 며칠까지 보관할 수 있는가?(단, 보관개시일부터)

① 120일   ② 90일

③ 60일   ④ 45일

> **해설** 지정폐기물 배출자는 그의 사업장에서 발생하는 지정폐기물 중 폐산·폐알칼리·폐유·폐유기용제·폐촉매·폐흡착제·폐흡수제·폐농약, 폴리클로리네이티드비페닐 함유 폐기물, 폐수처리 오니 중 유기성 오니는 보관이 시작된 날부터 45일을 초과하여 보관하여서는 아니 되며, 그 밖의 지정폐기물은 60일을 초

과하여 보관하여서는 아니 된다. 다만, 천재지변이나 그 밖에 부득이한 사유로 장기보관할 필요성이 있다고 관할 시·도지사나 지방환경관서의 장이 인정하는 경우와 1년간 배출하는 지정폐기물의 총량이 3톤 미만인 사업장의 경우에는 1년의 기간 내에서 보관할 수 있다.

88 폐기물 처리시설을 설치하고자 하는 자는 폐기물 처분시설 또는 재활용시설 설치승인신청서를 누구에게 제출하여야 하는가?

① 환경부장관 또는 지방환경관서의 장

② 시·도지사 또는 지방환경관서의 장

③ 국립환경연구원장 또는 지방자치단체의 장

④ 보건환경연구원장 또는 지방자치단체의 장

> **해설** 폐기물처리업을 하려는 자는 폐기물처리 사업계획서에 다음 각 호의 구분에 따른 서류를 첨부하여 폐기물 중간처분시설 및 최종처분시설(이하 "폐기물 처분시설"이라 한다) 또는 재활용시설 설치예정지(지정폐기물 수집·운반업의 경우에는 주차장 소재지, 지정폐기물 외 폐기물 수집·운반업의 경우에는 연락장소 또는 사무실 소재지)를 관할하는 시·도지사 또는 지방환경관서의 장에게 제출하여야 한다.

89 폐기물처리업의 업종이 아닌 것은?

① 폐기물 최종처리업   ② 폐기물 수집·운반업

③ 폐기물 중간처분업   ④ 폐기물 중간재활용업

> **해설** 폐기물 처리업의 업종 구분
> ① 폐기물 수집·운반업   ② 폐기물 중간처분업
> ③ 폐기물 최종처분업   ④ 폐기물 종합처분업
> ⑤ 폐기물 중간재활용업   ⑥ 폐기물 최종재활용업
> ⑦ 폐기물 종합재활용업

90 에너지 회수기준을 측정하는 기관과 가장 거리가 먼 것은?

① 한국산업기술시험원   ② 한국에너지기술연구원

③ 한국기계연구원   ④ 한국화학기술연구원

> **해설** 에너지 회수기준 측정기관
> ① 한국환경공단
> ② 한국기계연구원 및 한국에너지기술연구원
> ③ 한국산업기술시험원
> ④ 국가표준기본법에 따라 인정받은 시험·검사기관 중 환경부장관이 지정하는 기관

정답 86 ② 87 ④ 88 ② 89 ① 90 ④

91 특별자치시장, 특별자치도지사, 시장·군수·구청장이 생활폐기물 수집·운반 대행자에게 영업의 정지를 명하려는 경우 그 영업정지를 갈음하여 부과할 수 있는 최대 과징금은?

① 2천만 원 　　　　② 5천만 원
③ 1억 원 　　　　　④ 2억 원

📖 **폐기물처리업자에 대한 과징금 처분**
환경부장관이나 시·도지사는 폐기물처리업자에게 영업의 정지를 명령하려는 때 그 영업의 정지가 다음 각 호의 어느 하나에 해당한다고 인정되면 대통령령으로 정하는 바에 따라 그 영업의 정지를 갈음하여 1억 원 이하의 과징금을 부과할 수 있다.
① 해당 영업의 정지로 인하여 그 영업의 이용자가 폐기물을 위탁처리하지 못하여 폐기물이 사업장 안에 적체됨으로써 이용자의 사업활동에 막대한 지장을 줄 우려가 있는 경우
② 해당 폐기물처리업자가 보관 중인 폐기물이나 그 영업의 이용자가 보관 중인 폐기물의 적체에 따른 환경오염으로 인하여 인근지역 주민의 건강에 위해가 발생되거나 발생될 우려가 있는 경우
③ 천재지변이나 그 밖의 부득이한 사유로 해당 영업을 계속하도록 할 필요가 있다고 인정되는 경우

92 폐기물관리법에서 사용하는 용어의 정의로 틀린 것은?

① 처리란 폐기물의 수집, 운반, 보관, 재활용, 처분을 말한다.
② 생활폐기물이란 사업장폐기물 외의 폐기물을 말한다.
③ 폐기물처리시설이란 폐기물의 중간처분시설과 최종처분시설로서 대통령령이 정하는 시설을 말한다.
④ 재활용이란 폐기물을 재사용, 재생하거나 대통령령이 정하는 에너지 회수활동을 말한다.

📖 "재활용"이란 다음의 어느 하나에 해당하는 활동을 말한다.
① 폐기물을 재사용·재생이용하거나 재사용·재생이용할 수 있는 상태로 만드는 활동
② 폐기물로부터 「에너지법」에 따른 에너지를 회수 또는 회수할 수 있는 상태로 만들거나 폐기물을 연료로 사용하는 활동으로서 환경부령으로 정하는 활동

93 재활용의 에너지 회수기준 등에서 환경부령으로 정하는 활동 중 가연성 고형폐기물로부터 규정된 기준에 맞게 에너지를 회수하는 활동이 아닌 것은?

① 다른 물질과 혼합하지 아니하고 해당 폐기물의 고위발열량이 킬로그램당 4천킬로칼로리 이상일 것

② 에너지의 회수효율(회수에너지 총량을 투입에너지 총량으로 나눈 비율을 말한다.)이 75퍼센트 이상일 것
③ 회수열을 모두 열원으로 스스로 이용하거나 다른 사람에게 공급할 것
④ 환경부장관이 정하여 고시하는 경우에는 폐기물의 30퍼센트 이상을 원료나 재료로 재활용하고 그 나머지 중에서 에너지의 회수에 이용할 것

📖 **에너지 회수기준**
① 다른 물질과 혼합하지 아니하고 해당 폐기물의 저위발열량이 킬로그램당 3천 킬로칼로리 이상일 것
② 에너지의 회수효율(회수에너지 총량을 투입에너지 총량으로 나눈 비율을 말한다.)이 75퍼센트 이상일 것
③ 회수열을 모두 열원(熱源)으로 스스로 이용하거나 다른 사람에게 공급할 것
④ 환경부장관이 정하여 고시하는 경우에는 폐기물의 30퍼센트 이상을 원료나 재료로 재활용하고 그 나머지 중에서 에너지의 회수에 이용할 것

94 국민의 책무가 아닌 것은?

① 자연환경과 생활환경을 청결히 유지
② 폐기물의 분리수거 노력
③ 폐기물의 감량화 노력
④ 폐기물의 자원화 노력

📖 **국민의 책무**
① 모든 국민은 자연환경과 생활환경을 청결히 유지하고, 폐기물의 감량화와 자원화를 위하여 노력하여야 한다.
② 토지나 건물의 소유자·점유자 또는 관리자는 그가 소유·점유 또는 관리하고 있는 토지나 건물의 청결을 유지하도록 노력하여야 하며, 특별자치시장, 특별자치도지사, 시장·군수·구청장이 정하는 계획에 따라 대청소를 하여야 한다.

95 폐기물처리시설의 종류 중 중간 처분시설이 아닌 것은?

① 관리형 매립시설 　　　② 고온소각시설
③ 파쇄·분쇄시설 　　　　④ 고형화·안정화시설

📖 관리형 매립시설은 최종 처분시설이다.

96 기술관리인을 두어야 할 폐기물처리시설에 해당하는 것은?

① 면적이 3천 제곱미터인 차단형 지정폐기물 매립시설
② 매립면적 5천 제곱미터인 일반폐기물 매립시설

정답　91 ③　92 ④　93 ①　94 ②　95 ①　96 ①

③ 소각시설로서 시간당 500킬로그램을 처리하는 시설

④ 압축 · 파쇄 · 분쇄시설로 1일 처리능력이 50톤인 시설

해설 **기술관리인을 두어야 하는 폐기물 처리시설**
① 매립시설의 경우
　㉠ 지정폐기물을 매립하는 시설로서 면적이 3천 300제곱미터 이상인 시설. 다만, 차단형 매립시설에서는 면적이 330제곱미터 이상이거나 매립용적이 1천 세제곱미터 이상인 시설로 한다.
　㉡ 지정폐기물 외의 폐기물을 매립하는 시설로서 면적이 1만 제곱미터 이상이거나 매립용적이 3만 세제곱미터 이상인 시설
② 소각시설로서 시간당 처리능력이 600킬로그램(감염성 폐기물을 대상으로 하는 소각시설의 경우에는 200킬로그램) 이상인 시설
③ 압축 · 파쇄 · 분쇄 또는 절단시설로서 1일 처리능력 또는 재활용시설이 100톤 이상인 시설
④ 사료화 · 퇴비화 또는 연료화 시설로서 1일 재활용능력이 5톤 이상인 시설
⑤ 멸균 · 분쇄시설로서 시간당 처리능력이 100킬로그램 이상인 시설
⑥ 시멘트 소성로
⑦ 용해로(폐기물에 비철금속을 추출하는 경우로 한정한다.)로서 시간당 재활용능력이 600킬로그램 이상인 시설
⑧ 소각열회수시설로서 시간당 재활용능력이 600킬로그램 이상인 시설

97 음식물류 폐기물 발생 억제계획의 수립주기는?

① 1년　　　② 2년　　　③ 3년　　　④ 5년

해설 음식물류 폐기물 발생 억제계획의 수립주기는 5년으로 하되, 그 계획에는 연도별 세부추진계획을 포함하여야 한다.

98 관리형 매립시설에서 발생되는 침출수의 배출량이 1일 2,000세제곱미터 이상인 경우 오염물질 측정주기 기준은?

- 화학적 산소요구량 : ㉠
- 화학적 산소요구량 외의 오염물질 : ㉡

① ㉠ 매일 2회 이상, ㉡ 주 1회 이상
② ㉠ 매일 1회 이상, ㉡ 주 1회 이상
③ ㉠ 주 2회 이상, ㉡ 월 1회 이상
④ ㉠ 주 1회 이상, ㉡ 월 1회 이상

해설 **관리형 매립시설 오염물질 측정주기**
① 침출수 배출량이 1일 2천 세제곱미터 이상인 경우
　㉠ 화학적 산소요구량 : 매일 1회 이상
　㉡ 화학적 산소량 외의 오염물질 : 주 1회 이상
② 침출수 배출량이 1일 2천 세제곱미터 미만인 경우 : 월 1회 이상

99 폐기물처리업자가 방치한 폐기물의 처리량과 처리기간으로 옳은 것은?(단, 폐기물처리 공제조합에 처리를 명하는 경우이며 연장처리기간은 고려하지 않음)

① 폐기물처리업자의 폐기물 허용보관량의 1.5배 이내, 1개월 범위
② 폐기물처리업자의 폐기물 허용보관량의 1.5배 이내, 2개월 범위
③ 폐기물처리업자의 폐기물 허용보관량의 2.0배 이내, 1개월 범위
④ 폐기물처리업자의 폐기물 허용보관량의 2.0배 이내, 2개월 범위

해설 ※ 법규 변경사항이므로 해설의 내용으로 학습 부탁드립니다.

방치폐기물의 처리량 기준
① 폐기물처리업자가 방치한 폐기물의 경우 그 폐기물처리업자의 폐기물 허용보관량의 2배 이내
② 폐기물처리 신고자가 방치한 폐기물의 경우 그 폐기물처리 신고자의 폐기물 보관량의 2배 이내

100 음식물류 폐기물 처리시설의 검사기관으로 옳은 것은?

① 보건환경연구원　　　② 한국산업기술시험원
③ 한국농어촌공사　　　④ 수도권매립지관리공사

해설 ※ 법규 변경사항이므로 해설의 내용으로 학습 부탁드립니다.

환경부령으로 정하는 폐기물처리시설 검사기관 또는 단체
① 한국환경공단
② 국 · 공립연구기관
③ 「국가표준기본법」에 따라 인정받은 시험 · 검사기관
④ 「과학기술분야 정부출연연구기관 등의 설립 · 운영 및 육성에 관한 법률」에 따라 설립된 기관
⑤ 「폐기물관리법」에 따른 폐기물분석전문기관
⑥ 「환경분야 시험 · 검사 등에 관한 법률」에 따라 등록된 측정대행업자
⑦ 그 밖에 국립환경과학원장이 폐기물처리시설 검사에 관한 업무를 수행할 수 있는 인적 · 물적 기준을 갖추었다고 인정하여 고시하는 기관 또는 단체

정답 **97** ④　　**98** ②　　**99** 해설 확인　　**100** 해설 확인

제1과목 폐기물개론

01 폐기물 파쇄의 이점으로 가장 거리가 먼 것은?

① 압축 시에 밀도증가율이 크므로 운반비가 감소된다.
② 대형쓰레기에 의한 소각로의 손상을 방지할 수 있다.
③ 매립 시 폐기물 입자의 표면적 감소로 매립지의 조기 안정화를 꾀할 수 있다.
④ 곱게 파쇄하면 매립 시 복토가 필요 없거나 복토요구량이 절감된다.

💬 **폐기물 파쇄의 이점(기대효과)**
① 겉보기 비중의 증가(수송, 매립지 수명 연장)
② 유가물의 분리, 회수
③ 비표면적의 증가(미생물 분해속도 증가)
④ 입경분포의 균일화(저장, 압축, 소각 용이)
⑤ 용적감소(부피감소 ; 무게변화)
⑥ 취급의 용이 및 운반비 감소
⑦ 매립을 위한 전처리
⑧ 소각을 위한 전처리

02 도시 쓰레기 수거계획을 수립할 때 가장 우선으로 고려하여야 할 사항은?

① 수거노선
② 수거빈도
③ 수거지역 특성
④ 수거인부의 수

💬 도시쓰레기 수거계획 수립 시 가장 중요하게 고려해야 할 사항은 수거노선이다.

03 쓰레기의 가연분, 소각잔사의 미연분, 고형물 중의 유기분을 측정하기 위한 열작감량(완전연소가능량, Ignition Loss)에 대한 설명으로 가장 거리가 먼 것은?

① 고형물 중 탄산염, 염화물, 황산염 등과 같은 무기물의 감량은 없다.
② 소각잔사는 매립처분에 있어 중요한 의미를 갖는다.
③ 소각로의 운전상태를 파악할 수 있는 중요한 지표이다.

④ 소각로의 종류, 처리용량에 따른 화격자면적을 설정하는 데 참고가 된다.

💬 고형물 중 탄산염, 염화물, 황산염 등과 같이 무기물의 감량이 발생된다.

04 돌, 코르크 등의 불투명한 것과 유리 같은 투명한 것의 분리에 이용되는 선별방법은?

① Floatation
② Optical Sorting
③ Inertial Separation
④ Electrostatic Sepatation

💬 **광학선별법(Optical Sorting)**
물질이 가진 광학적 특성의 차를 이용하여 분리하는 기술로 투명과 불투명 폐기물의 선별에 이용되는 방법이다. 즉, 돌, 코르크 등의 불투명한 것과 유리처럼 투명한 것의 분리에 이용된다.

05 도시폐기물을 파쇄할 경우 $X_{90}=2.5cm$로 하여 구한 X_0(특성입자, cm)는?(단, Rosin-Rammler 모델 적용, $n=1$)

① 약 1.1 ② 약 1.3 ③ 약 1.5 ④ 약 1.7

💬 $$Y = 1 - \exp\left[-\left(\frac{X}{X_0}\right)^n\right]$$

$$0.9 = 1 - \exp\left[-\left(\frac{2.5}{X_0}\right)^1\right], \quad -\frac{2.5}{X_0} = \ln 0.1$$

$$X_0(특성입자\ 크기) = \frac{2.5}{2.3} = 1.09cm$$

06 쓰레기를 소각한 후 남은 재의 중량은 소각 전 쓰레기 중량의 약 1/5이다. 재의 밀도가 $2.5ton/m^3$이고, 재의 용적이 $3.3m^3$가 될 때 소각 전 원래 쓰레기의 중량(ton)은?

① 12.3 ② 23.6 ③ 34.8 ④ 41.3

💬 쓰레기 중량(ton) = 밀도 × 부피
$$= 2.5ton/m^3 \times 3.3m^3 \times 5 = 41.25ton$$

정답 **01** ③ **02** ① **03** ① **04** ② **05** ① **06** ④

2017

07 폐기물 생산량의 결정방법으로 적합하지 않은 것은?

① 생산량을 직접 추정하는 방법
② 도시의 규모가 커짐을 이용하여 추정하는 방법
③ 주민의 수입 또는 매상고와 같은 이차적인 자료를 이용하여 추정하는 방법
④ 원자재 사용으로부터 추정하는 방법

해설 **폐기물의 발생량(생산량) 추정(결정) 방법**
① 발생량을 직접 측정(생산량을 직접 추정하는 방법)
② 원자재의 사용량으로부터 추정하는 방법
③ 주민의 수입이나 매상고와 같은 2차적인 자료로 추정하는 방법

08 투입량이 1ton/hr이고 회수량이 600kg/hr(그중 회수 대상물질은 500kg/hr)이며, 제거량은 400kg/hr(그중 회수대상물질은 100kg/hr)일 때 선별효율(%)은?(단, Worrell 식 적용)

① 약 63   ② 약 69
③ 약 74   ④ 약 78

해설 $E(\%) = \left[\left(\dfrac{x_1}{x_0}\right) \times \left(\dfrac{y_2}{y_0}\right)\right] \times 100$

x_1이 500kg/hr → y_1은 100kg/hr
x_2가 100kg/hr
  → y_2는 $(1,000 - 600 - 100) = 300$kg/hr
$x_0 = x_1 + x_2 = 600$kg/hr
$y_0 = y_1 + y_2 = 400$kg/hr
$= \left[\left(\dfrac{500}{600}\right) \times \left(\dfrac{300}{400}\right)\right] \times 100 = 62.5\%$

09 함수율이 77%인 하수슬러지 20ton을 함수율 26%인 1,000ton의 폐기물과 섞어서 함께 처리하고자 한다. 이 혼합폐기물의 함수율(%)은?(단, 비중은 1.0 기준)

① 27   ② 29
③ 31   ④ 34

해설 혼합함수율 $= \dfrac{(20 \times 0.77) + (1,000 \times 0.26)}{20 + 1,000} \times 100 = 27\%$

10 적환장에 관한 설명으로 가장 거리가 먼 것은?

① 수거지점으로부터 처리장까지의 거리가 먼 경우 중간에 설치한다.
② 슬러지 수송이나 공기수송방식을 사용할 때에는 설치가 어렵다.
③ 작은 용기로 수거한 쓰레기를 대형트럭에 옮겨 싣는 곳이다.
④ 저밀도 주거지역이 존재할 때 설치한다.

해설 **적환장 설치가 필요한 경우**
① 작은 용량의 수집차량을 사용할 때(15m^3 이하)
② 저밀도 거주지역이 존재할 때
③ 불법투기와 다량의 어질러진 쓰레기들이 발생할 때
④ 슬러지 수송이나 공기수송방식을 사용할 때
⑤ 처분지가 수집장소로부터 멀리 떨어져 있을 때
⑥ 상업지역에서 폐기물 수집에 소형 용기를 많이 사용하는 경우
⑦ 쓰레기 수송 비용절감이 필요한 경우
⑧ 압축식 수거 시스템인 경우

11 쓰레기의 입도를 분석하였더니 입도누적곡선상의 10%, 30%, 60%, 90%의 입경이 각각 2, 6, 16, 25mm이었다면 이 쓰레기의 균등계수는?

① 2.0   ② 3.0
③ 8.0   ④ 13.0

해설 균등계수(U)
$= \dfrac{D_{60}(입도누적곡선상 60\% 입경)}{D_{10}(입도누적곡선상 10\% 입경)} = \dfrac{16mm}{2mm} = 8.0$

12 파쇄기의 마모가 적고 비용이 적게 소요되는 장점이 있으나 금속, 고무의 파쇄는 어렵고, 나무나 플라스틱류, 콘크리트덩이, 건축폐기물의 파쇄에 이용되며, Rotary Mill식, Impact Crusher 등이 해당되는 파쇄기는?

① 충격파쇄기   ② 습식파쇄기
③ 왕복전단파쇄기   ④ 압축파쇄기

해설 **압축파쇄기**
① 원리
   압착력을 이용하는 일반유압장비로 폐기물을 파쇄하는 장치이다.
② 특징
   ㉠ 파쇄기의 마모가 적고 기구적으로 가장 간단하고 튼튼하다고 할 수 있다.
   ㉡ 파쇄비용이 적게 든다.

ⓒ 구조상 큰 덩어리의 폐기물 파쇄에 적합하다.
ⓔ 금속, 고무, 연질플라스틱류의 파쇄는 어렵다.
ⓜ 나무나 플라스틱류, 콘크리트 덩이, 건축 폐기물의 파쇄에 이용한다.
③ 종류
  ㉠ Rotary Mill식
  ㉡ Impact Crusher식
  ㉢ 터브 그라인더(Tub Grinder)

13 침출수의 처리에 대한 설명으로 가장 거리가 먼 것은?

① BOD/COD > 0.5인 초기 매립지에선 생물학적 처리가 효과적이다.
② BOD/COD < 0.1인 오래된 매립지에선 물리화학적 처리가 효과적이다.
③ 매립지의 매립대상물질이 가연성 쓰레기가 주종인 경우 물리화학적 처리가 주로 이루어진다.
④ 매립 초기에는 생물학적 처리가 주체가 되지만 유기물질의 안정화가 이루어지는 매립 후기에는 물리화학적 처리가 주로 이루어진다.

매립지의 매립대상물질이 가연성쓰레기(주로 유기물)가 주종인 경우 생물학적 처리가 주로 이루어진다.

14 LCA의 구성요소로 가장 거리가 먼 것은?

① 자료평가　② 개선평가
③ 목록분석　④ 목적 및 범위의 선정

전과정평가(LCA) 4단계
① 목적 및 범위의 설정(Goal Definition Scoping) : 1단계
  [LCA 사용목적]
  ㉠ 복수제품 간의 비교선택
  ㉡ 제품 및 공정의 개선효과 파악
  ㉢ 목표치를 달성하기 위한 제품의 점검
  ㉣ 개선점의 추출(우선순위 결정)
  ㉤ 제품에 관계되는 주체 간의 의사전달 촉진
② 목록분석(Inventory Analysis) : 2단계
  상품, 포장, 공정, 물질, 원료 및 활동에 의해 발생하는 에너지 및 천연원료 요구량, 대기, 수질 오염물질 배출, 고형폐기물과 기타 기술적 자료구축 과정이다.
③ 영향평가(Impact Analysis or Assessment) : 3단계
  조사분석과정에서 확정된 자원요구 및 환경부하에 대한 영향을 평가하는 기술적, 정량적, 정성적 과정이다.
④ 개선평가 및 해석(Improvement Assessment) : 4단계
  전 과정에 대한 해석을 실시하는 과정이다.

15 1982년 세베스 사건을 계기로 1989년 체결된 국제조약으로, 유해폐기물 국가 간 이동 및 그 처분의 규제에 관한 내용을 담고 있는 협약은?

① 리우협약　② 바젤협약
③ 베를린협약　④ 함부르크협약

바젤(Basell) 협약
유해폐기물의 국가 간 이동 및 처리에 관한 국제협약으로 유해폐기물의 수출, 수입을 통제하여 유해폐기물 불법교역을 최소화하고, 환경오염을 최소화하는 것이 목적이다.

16 가연성분이 30%(중량기준)이고, 밀도가 620kg/m³인 쓰레기 5m³ 중 가연성분의 중량(kg)은?

① 650　② 780
③ 870　④ 930

가연성분중량(kg) = 부피×밀도×성분비율
= 5m³×620kg/m³×0.3 = 930kg

17 아파트단지의 세대수 400, 한 세대당 가족수 4인, 단위용적당 쓰레기 중량 120kg/m³, 적재용량 8m³의 트럭 7대로 2일마다 수거할 때, 1인 1일당 쓰레기 배출량(kg)은?

① 약 2.1　② 약 2.5
③ 약 3.1　④ 약 3.5

쓰레기 배출량(kg/인·일) = 쓰레기 수거량 / 쓰레기 배출량
= (8.0m³/대×7대×120kg/m³) / (400세대×4인/세대×2일)
= 2.1kg/인·일

18 폐기물의 성상분석 단계로 가장 알맞은 것은?

① 건조 → 물리적 조성분석 → 분류(가연, 불연성) → 절단 및 분쇄 → 화학적 조성분석
② 건조 → 분류(가연, 불연성) → 물리적 조성분석 → 발열량 측정 → 화학적 조성분석
③ 밀도측정 → 물리적 조성분석 → 건조 → 분류(가연, 불연성) → 절단 및 분쇄 → 화학적 조성분석
④ 밀도측정 → 전처리 → 물리적 조성분석 → 분류(가연, 불연성) → 건조 → 화학적 조성분석

정답 13 ③　14 ①　15 ②　16 ④　17 ①　18 ③

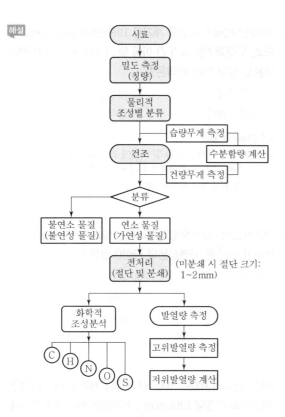

19 쓰레기의 발생량 조사법에 대한 설명으로 옳은 것은?

① 적재차량 계수분석은 쓰레기의 밀도 또는 압축 정도를 정확히 파악할 수 있는 장점이 있다.

② 직접계근법은 적재차량 계수분석에 비해 작업량은 적지만 정확한 쓰레기 발생량의 파악이 어렵다.

③ 물질수지법은 산업폐기물의 발생량 추산 시 많이 사용되는 방법이다.

④ 쓰레기의 발생량은 각 지역의 규모나 특성에 따라 많은 차이가 있어 주로 총발생량으로 표기한다.

해설 ① 적재차량계수분석은 쓰레기의 밀도 또는 압축 정도에 따라 오차가 큰 단점이 있다.

② 직접계근법은 비교적 정확한 쓰레기 발생량을 파악할 수 있는 방법이며 적재차량 계수분석에 비하여 작업량이 많고 번거로움이 있다.

④ 쓰레기 발생량은 각 지역의 규모나 특성에 따라 많은 차이가 있어 주로 총발생량보다는 단위발생량(kg/인 · 일)으로 표기한다.

20 인구 100,000인 어느 도시의 1인 1일 쓰레기 배출량이 1.8kg이다. 쓰레기 밀도가 0.5ton/m³라면 적재량 15m³의 트럭이 처리장으로 한 달 동안 운반해야 할 횟수(회)는?(단, 한 달은 30일, 트럭은 1대 기준)

① 510 ② 620
③ 720 ④ 840

해설 $$운반횟수(회/일) = \frac{1.8\text{kg}/\text{인} \cdot \text{일} \times 100,000 \times 30\text{일}/\text{달}}{15\text{m}^3/\text{대} \times \text{대}/\text{회} \times 500\text{kg}/\text{m}^3}$$
$$= 720\text{회}/\text{달}$$

제2과목 **폐기물처리기술**

21 혐기성 소화단계를 가스분해단계, 산 생성단계, 메탄 생성단계로 나눌 때 산 생성단계에서 생성되는 물질과 가장 거리가 먼 것은?

① 글리세린 ② 케톤
③ 알코올 ④ 알데하이드

해설 1) 혐기성 분해의 산 생성단계
　① 산 생성단계
　　유기산 형성과정, 즉 산성소화과정으로 유기산균에 의해 유기물이 알코올로 변화하는 단계이다.
　② 생성물질
　　㉠ 휘발성 유기산(아세트 알데하이드)
　　㉡ 알코올, 케톤 및 NH_3, H_2, CO_2, H_2O
2) 글리세린은 가수분해단계의 생성물이다.

22 소각장에서 발생하는 비산재를 매립하기 위해 소각재 매립지를 설계하고자 한다. 내부마찰각 ϕ는 30°, 부착도 c는 1kPa, 소각재의 유해성과 특성변화 때문에 안정에 필요한 안전인자 FS는 2.0일 때, 소각재 매립지의 최대 경사각 $\beta(°)$는?

① 14.7 ② 16.1
③ 17.5 ④ 18.5

해설 $$최대경사각 = \tan^{-1}\left(\frac{내부마찰각}{안전인자}\right) = \tan^{-1}\left(\frac{\tan 30°}{2}\right) = 16.10°$$

23 Belt Press를 이용한 탈수에 영향을 주는 운전요소와 가장 거리가 먼 것은?

① 벨트의 종류

② 세척수의 유량과 압력

③ 폴리머 주입량과 주입 지점

④ Bowl 최대속도 유지시간

Belt Press 탈수에 영향을 주는 운전요소

① 벨트 종류

② 세척수 유량과 압력

③ 폴리머 주입량과 유지시간

24 퇴비화 공정의 설계 및 조작인자에 대한 설명으로 가장 거리가 먼 것은?

① 공급원료의 C/N비는 대략 30 : 1 정도이다.

② 포기, 혼합, 온도조절 등이 필요조건이다.

③ 퇴비화의 유기물 분해반응은 혐기성이 가장 빠르다.

④ 함수율은 50~60% 정도이다.

퇴비화의 유기물 분해반응은 호기성이 가장 빠르다.

25 매립지 기체의 회수 및 재활용을 위한 조건으로 알맞은 것은?

① 폐기물 1kg당 $0.5m^3$ 이상의 기체가 생성되어야 한다.

② 폐기물 속에 약 60% 이상의 분해 가능한 물질이 포함되어야 한다.

③ 발생기체의 70% 이상을 포집할 수 있어야 한다.

④ 기체의 발열량이 $2,200kcal/Sm^3$ 이상이어야 한다.

매립가스(LFG)의 회수 및 재활용 기준

① 폐기물에 50% 이상의 분해가능한 물질이 포함되어, 실제 분해하여 기체를 발생시킬 것

② 발생기체의 50% 이상 포집이 가능할 것

③ 폐기물 1kg당 $0.37m^3$ 이상의 가스를 생성할 수 있을 것

④ 기체의 발열량이 $2,200kcal/m^3$ 이상일 것

26 매립방법에서 침출수 유량조정조의 기능에 대한 설명으로 잘못된 것은?

① 침출수처리 전처리 기능   ② 침출수 수질 균일화

③ 우수배제기능   ④ 유입수 수량 변동 조정

우수배제기능은 유량조정조와 관련이 없고 우수집배수 설비와 관련이 있다.

27 쓰레기와 하수처리장에서 얻어진 슬러지를 함께 매립하려고 한다. 쓰레기와 슬러지의 고형물 함량이 각각 80%, 30%라고 하면 쓰레기와 슬러지를 8 : 2로 섞었을 때, 이 혼합폐기물의 함수율(%)은?(단, 무게 기준이며 비중은 1.0으로 가정함)

① 30   ② 50

③ 70   ④ 80

혼합폐기물의 함수율(%) $= \dfrac{(8 \times 0.2) + (2 \times 0.7)}{8 + 2} \times 100 = 30\%$

28 호기성 퇴비화 공정 설계인자에 대한 설명으로 틀린 것은?

① 퇴비화에 적당한 수분함량은 50~60%로 40% 이하가 되면 분해율이 감소한다.

② 온도는 55~60℃로 유지시켜야 하며 70℃를 넘어서면 공기공급량을 증가시켜 온도를 적정하게 조절한다.

③ C/N비가 20 이하이면 질소가 암모니아로 변하여 pH를 증가시켜 악취를 유발시킨다.

④ 산소요구량은 체적당 20~30%의 산소를 공급하는 것이 좋다.

① 퇴비화에 가장 적합한 공기공급 범위는 5~15%(산소농도)이며 공기주입률은 약 50~200L/min · m^3 정도이다.

② 산소농도가 5~15%보다 크게 되면 온도저하로 인한 퇴비화가 저하된다.

29 매립지에서 침출된 침출수의 농도가 반으로 감소하는 데 약 3.3년이 걸린다면 이 침출수의 농도가 90% 분해되는데 걸리는 시간(년)은?

① 약 7   ② 약 9

③ 약 11   ④ 약 13

$\ln \dfrac{C_t}{C_o} = -kt$

$\ln 0.5 = -k \times 3.3year$, $k = 0.21year^{-1}$

90% 분해 소요시간

$\ln\left(\dfrac{10}{100}\right) = -0.21year^{-1} \times t$

t (소요시간) $= 10.96year$(약 11year)

정답   23 ④   24 ③   25 ④   26 ③   27 ①   28 ④   29 ③

30 소각공정에 비해 열분해과정의 장점이라 볼 수 없는 것은?

① 배기가스가 적다.
② 보조연료의 소비량이 적다.
③ 크롬의 산화가 억제된다.
④ NOx의 발생량이 억제된다.

해설 **열분해공정이 소각에 비하여 갖는 장점**
① 배기가스양이 적게 배출된다.(가스처리장치가 소형화)
② 황, 중금속분이 Ash(회분) 중에 고정되는 비율이 크다.
③ 상대적으로 저온이기 때문에 NOx(질소산화물), 염화수소의 발생량이 적다.
④ 환원기가 유지되므로 Cr^{3+}이 Cr^{6+}으로 변화하기 어려우며 대기오염물질의 발생이 적다.(크롬산화 억제)
⑤ 폐플라스틱, 폐타이어, 오니류 등 스토커 소각처리가 곤란한 물질도 처리 가능하다.
⑥ 공기공급장치의 소형화 및 감량화로 매립용량이 감소한다.

[Note] 열분해는 예열, 건조과정을 거치므로 보조연료의 소비량이 증가되어 유지관리비가 많이 소요된다.

31 침출수가 점토층을 통과하는 데 소요되는 시간을 계산하는 식으로 옳은 것은?(단, t=통과시간(year), d=점토층 두께(m), h=침출수 수두(m), K=투수계수(m/year), η=유효공극률)

① $t = \dfrac{\eta d^2}{K(d+h)}$ ② $t = \dfrac{d\eta}{K(d+h)}$

③ $t = \dfrac{\eta d^2}{K(2d+h)}$ ④ $t = \dfrac{d\eta}{K(2h+d)}$

해설 점토층 통과 소요시간(t) : Darcy 법칙

$t = \dfrac{d^2\eta}{k(d+h)}$

여기서, t : 침출수의 점토층 통과시간(year)
d : 점토층 두께(m)
h : 침출수 수두(m)
k : 투수계수(m/year)
η : 유효공극률(공극용적/흙입자 용적)

32 토양의 양이온치환용량(CEC)이 10meq/100g이고, 염기포화도가 70%라면, 이 토양에서 H^+이 차지하는 양(meq/100g)은?

① 3   ② 5
③ 7   ④ 10

해설 염기포화도(%) $= \dfrac{\text{교환성 염기의 총량}}{\text{양이온 교환용량}} \times 100$

여기서, 교환성 염기는 Ca, Mg, K, Na이고, H, Al은 제외됨

$70 = \dfrac{10 - H^+}{10} \times 100$

$H^+ = 3meq/100g$

33 토양증기추출공정에서 발생되는 2차 오염 배가스 처리를 위한 흡착방법에 대한 설명으로 옳지 않은 것은?

① 배가스의 온도가 높을수록 처리성능은 향상된다.
② 배가스 중의 수분을 전단계에서 최대한 제거해 주어야 한다.
③ 흡착제의 교체주기는 파과지점을 설계하여 정한다.
④ 흡착반응기 내 채널링(Channeling) 현상을 최소화하기 위하여 배가스의 선속도를 적정하게 조절한다.

해설 배가스의 온도가 높을수록 처리성능은 저감되며 활성탄 흡착탑 유입가스의 온도가 약 50℃ 이상일 때는 배기가스를 냉각시켜야 한다.

34 수분함량 95%(무게%)의 슬러지에 응집제를 소량 가해 농축시킨 결과 상등액과 침전 슬러지의 용적비가 3 : 5이었다. 이 침전 슬러지의 함수율(%)은?(단, 응집제의 주입량은 소량이므로 무시, 농축 전후 슬러지 비중=1)

① 94   ② 92
③ 90   ④ 88

해설 **고형물 물질수지**
초기 슬러지양 100m³, 슬러지 비중 1.0으로 가정

$100m^3 \times 0.05 = 100m^3 \times \dfrac{5}{8} \times$ 농축 후 고형물 함량

농축 후 고형물 함량 $= 0.08 \times 100 = 8\%$
농축 후 슬러지 함수율 + 농축 후 고형물 함량 $= 100\%$
농축 후 슬러지 함수율 $= 100 - 8 = 92\%$

35 혐기성 소화조에서 일반적으로 사용되는 단위용적에 대한 유기물 부하율은 $kg \cdot VS/m^3 \cdot day$로 표시하는데 고율소화조의 유기물 부하율로 가장 적절한 것은?

① 0.2   ② 0.6
③ 1.1   ④ 1.8

해설 고율소화조의 유기물 부하율은 $1.8kg \cdot VS/m^3 \cdot day$이다.

36 침출수 처리를 위한 Fenton 산화법에 관한 설명으로 틀린 것은?

① 여분의 과산화수소수는 후처리의 미생물 성장에 영향을 줄 수 있다.

② 최적반응을 위해 침출수 pH를 9~10으로 조정한다.

③ Fenton액을 첨가하여 난분해성 유기물질을 산화시킨다.

④ Fenton액은 철염과 과산화수소수를 포함한다.

펜톤(Fenton) 산화법

① Fenton액을 첨가하여 난분해성 유기물질을 생분해성 유기물질로 전환(산화)시킨다.

② OH 라디칼에 의한 산화반응으로 철(Fe)촉매하에서 과산화수소(H_2O_2)를 분해시켜 OH 라디칼을 생성하고 이들이 활성화되어 수중의 각종 난분해성 유기물질을 산화분해시키는 처리공정이다. (난분해성 유기물질 → 생분해성 유기물질)

③ 펜톤 산화제의 조성은 [과산화수소수 + 철(염) : H_2O_2 + $FeSO_4$]이며 펜톤시약의 반응시간은 철염과 과산화수소의 주입농도에 따라 변화되며 여분의 과산화수소수는 후처리의 미생물성장에 영향을 미칠 수 있다.

④ 펜톤 산화반응의 최적 침출수 pH는 3~3.5(4) 정도에서 가장 효과적이다.

⑤ 펜톤 산화법의 공정순서
pH 조정조 → 급속교반조(산화) → 중화조 → 완속교반조 → 침전조 → 생물학적 처리(RBC) → 방류조

37 폐기물부담금제도에 해당되지 않는 품목은?

① 500mL 이하의 살충제 용기
② 자동차 타이어
③ 껌
④ 1회용 기저귀

폐기물부담금제도 해당품목

① 살충제, 유독물제품 ② 부동액
③ 껌 ④ 1회용 기저귀
⑤ 담배 ⑥ 플라스틱 제품

38 침출수 집배수 설비에 대한 설명으로 가장 거리가 먼 것은?

① 집배수층은 일반적으로 자갈을 많이 사용한다.
② 집배수관의 최소직경은 30cm 이상이다.
③ 집배수설비는 발생하는 침출수를 차수설비로부터 제거시키는 설비이다.
④ 집배수층의 바닥경사는 2~4% 정도이다.

침출수 집배수 설비

① 집배수층은 일반적으로 자갈을 많이 사용한다.
② 집배수관의 최소직경은 15cm 이상이다.
③ 집배수설비는 발생하는 침출수를 차수설비로부터 제거시키는 설비이다.
④ 집배수층의 바닥경사는 2~4% 정도이며 두께는 최소 30cm이다.
⑤ 투수계수는 최소 1cm/sec이고 집배수층 재료의 입경은 10~13mm 또는 16~32mm이다.

39 유기적 고형화 기술에 대한 설명으로 틀린 것은?(단, 무기적 고형화 기술과 비교)

① 수밀성이 크며, 처리비용이 고가이다.
② 미생물, 자외선에 대한 안정성이 강하다.
③ 방사성 폐기물처리에 적용한다.
④ 최종 고화체의 체적 증가가 다양하다.

유기성(유기적) 고형화 기술

① 요소수지, 폴리부타디엔, 폴리에스테르, 에폭시, 아스팔트 등을 이용하여 주로 방사성 폐기물 등을 안정화시키는 방법이다.
② 일반적으로 물리적으로 봉입한다.
③ 처리비용이 고가이다.
④ 최종 고화체의 체적 증가가 다양하다.
⑤ 수밀성이 매우 크고 다양한 폐기물에 적용 용이하다.
⑥ 미생물, 자외선에 대한 안정성이 약하다.
⑦ 일반 폐기물보다 방사선 폐기물 처리에 적용한다. 즉, 방사성 폐기물을 제외한 기타 폐기물에 대한 적용사례가 제한되어 있다.
⑧ 상업화된 처리법의 현장자료가 미비하다.
⑨ 고도 기술을 필요로 하며 촉매 등 유해물질이 사용된다.
⑩ 역청, 파라핀, PE, UPE 등을 이용한다.

40 폐기물 매립지에서 매립시간 경과에 따라 크게 초기 조절단계, 전이단계, 산 형성단계, 메탄발효단계, 숙성단계의 총 5단계로 구분이 되는데, 4단계인 메탄발효단계에서 나타나는 현상과 가장 근접한 것은?

① 수소농도가 증가함
② 산 형성속도가 상대적으로 증가함
③ 침출수의 전도도가 증가함
④ pH가 중성값보다 약간 증가함

메탄발효 단계에서는 CO_2는 침출수의 산도를 높이어 pH가 중성값보다 약간 증가한다.

제3과목　폐기물소각 및 열회수

41 메탄을 공기비 1.1에서 완전연소시킬 경우 건조연소가스 중의 $CO_{2\,max}$(%, vol)는?

① 약 10.6　　　　② 약 12.3
③ 약 14.5　　　　④ 약 15.4

해설 $CO_{2\,max} = \dfrac{CO_2양}{G_d} \times 100(\%)$

$$G_d = (m - 0.21)A_o + CO_2$$

$$A_o = \frac{O_o}{0.21} = \frac{2}{0.21} = 9.52\,m^3/m^3$$

$$CH_4 + 2O_2 \rightarrow CO_2 + 2H_2O$$
$$1m^3 : 2m^3 \;\; : \;\; 1m^3 : 2m^3$$

$$= [(1.1 - 0.21) \times 9.52] + 1 = 9.47\,m^3/m^3$$

$$= \frac{1}{9.47} \times 100 = 10.56\%$$

42 로터리 킬른식(Rotary Kiln) 소각로의 단점으로 옳지 않은 것은?

① 처리량이 적은 경우 설치비가 높다.
② 구형 및 원통형 물질은 완전연소가 끝나기 전에 굴러떨어질 수 있다.
③ 노에서의 공기유출이 크므로 종종 대량의 과잉공기가 필요하다.
④ 습식가스 세정시스템과 함께 사용할 수 없다.

해설 회전로식 소각로(Rotary Kiln Incinerator)
① 장점
　㉠ 넓은 범위의 액상 및 고상폐기물을 소각할 수 있다.
　㉡ 전처리(예열, 혼합, 파쇄) 없이 소각물 주입이 가능하다.
　㉢ 소각에 방해 없이 연속으로 재의 배출이 가능하다.
　㉣ 동력비 및 운전비가 적다.
　㉤ 소각물 부하변동에 적응이 가능하다.
　㉥ 습식가스 세정시스템과 함께 사용할 수 있다.
② 단점
　㉠ 처리량이 적을 경우 설치비가 높다.
　㉡ 후처리장치(대기오염방지장치)에 대한 분진부하율이 높다.
　㉢ 비교적 열효율이 낮은 편이다.
　㉣ 구형 및 원통형 폐기물은 완전연소 전에 화상에서 이탈할 수 있다.
　㉤ 노에서의 공기유출이 크므로 종종 대량의 과잉공기 및 2차연소실이 필요하다.

43 액체연료의 연소속도에 영향을 미치는 인자로 거리가 먼 것은?

① 분무입경
② 기름방울과 공기의 혼합률
③ 충분한 체류시간
④ 연료의 예열온도

해설 연소속도란 가연물과 산소의 반응속도를 의미하며 산소농도, 촉매, 반응제 연료의 예열, 온도, 분무기 확산 및 혼합, 반응계 농도, 활성화 에너지, 분무입경 등에 영향을 받는다.

44 연소에 대한 설명으로 틀린 것은?

① 연소공정은 폐기물 주입 → 연소 → 연소가스처리 → 재의 처분 등으로 구성되어 있다.
② 연소기 설계 시 폐기물의 예상 생산량보다 2배 이상을 처리할 수 있는 크기로 설계하여야 한다.
③ 폐기물을 연소기에 주입시키는 방법에는 회분식과 연속식이 있다.
④ 폐기물은 강우에 의해 젖지 않도록 지붕을 씌워서 보관한다.

해설 연소기 설계 시 폐기물 저장조의 크기는 2~3일분 이상 저장할 수 있는 충분한 크기로 설계하여야 한다.

45 CH_4 75%, CO_2 5%, N_2 8%, O_2 12%로 조성된 기체연료 $1\,Sm^3$을 $10\,Sm^3$의 공기로 연소한다면 이때 공기비는?

① 1.22　　　　② 1.32
③ 1.42　　　　④ 1.52

해설 $CH_4 + 2O_2 \rightarrow CO_2 + 2H_2O$
$1\,Sm^3 \quad : \quad 2\,Sm^3$
$0.75\,Sm^3 : O_o(CH_4\ 연소\ 시\ 이론산소량)$
CH_4 연소 시 이론산소량$(O_o) = 1.5\,Sm^3$
필요이론산소량 $= 1.5 - 0.12 = 1.38\,Sm^3$

이론공기량 $= \dfrac{1.38}{0.21} = 6.57\,Sm^3$

공기비$(m) = \dfrac{10}{6.57} = 1.52$

46 RDF(Refuse Derived Fuel)가 갖추어야 하는 조건에 관한 설명으로 옳지 않은 것은?

① 제품의 함수율이 낮아야 한다.

② RDF용 소각로 제작이 용이하도록 발열량이 높지 않아야 한다.

③ 원료 중에 비가연성 성분이나 연소 후 잔류하는 재의 양이 적어야 한다.

④ 조성 배합률이 균일하여야 하고 대기오염이 적어야 한다.

해설 RDF용 소각로 제작이 용이하도록 발열량이 높아야 한다.

47 폐기물의 소각시설에서 발생하는 분진의 특징에 대한 설명으로 틀린 것은?

① 흡수성이 작고 냉각되면 고착하기 어렵다.

② 부피에 비해 비중이 작고 가볍다.

③ 입자가 큰 분진은 가스냉각장치 등의 비교적 가스 통과속도가 느린 부분에서 침강하기 때문에 분진의 평균입경이 작다.

④ 염화수소나 황산화물을 포함하기 때문에 설비의 부식을 방지하기 위해 일반적으로 가스냉각장치 출구에서 250℃ 정도의 온도가 되어야 한다.

해설 폐기물의 소각시설에서 발생하는 분진은 흡수성이 크고 냉각되면 고착하기 쉽다.

48 폐기물의 연소 및 열분해에 관한 설명으로 잘못된 것은?

① 열분해는 무산소 또는 저산소 상태에서 유기성 폐기물을 열분해시키는 방법이다.

② 습식산화는 젖은 폐기물이나 슬러지를 고온, 고압하에서 산화시키는 방법이다.

③ Steam Reforming은 산화 시에 스팀을 주입하여 일산화탄소와 수소를 생성시키는 방법이다.

④ 가스화는 완전연소에 필요한 양보다 과잉 공기 상태에서 산화시키는 방법이다.

해설 가스화는 열분해 고온법을 의미하며 무산소, 산소가 부족한 상태, 고온의 범위 1,100~1,500℃에서 유기물질로부터 연료를 생산하는 공정이다.

49 증기터빈의 분류관점에 따른 터빈형식이 잘못 연결된 것은?

① 증기 작동방식 – 충동 터빈, 반동 터빈, 혼합식 터빈

② 흐름수 – 단류 터빈, 복류 터빈

③ 피구동기(발전용) – 직결형 터빈, 감속형 터빈

④ 증기 이용방식 – 반경류 터빈, 축류 터빈

해설 ① 증기작동방식
ⓐ 충동터빈(Impulse Turbine)
ⓑ 반동터빈(Reaction Turbine)
ⓒ 혼합식 터빈(Combination Turbine)
② 증기이용방식
ⓐ 배압터빈(Back Pressure Turbine)
ⓑ 추기배압터빈(Back Pressure Extraction Turbine)
ⓒ 복수터빈(Condensing Turbine)
ⓓ 추기복수터빈(Condensing Extraction Turbine)
ⓔ 혼합터빈(Mixed Pressure Turbine)
③ 증기유동 방향
ⓐ 축류 터빈(Axial Flow Turbine)
ⓑ 반경류 터빈(Radial Flow Turbine)

50 유동층 소각로의 Bed(층) 물질이 갖추어야 하는 조건으로 틀린 것은?

① 비중이 클 것

② 입도분포가 균일할 것

③ 불활성일 것

④ 열충격에 강하고 융점이 높을 것

해설 **유동층 매체의 구비조건**
① 불활성일 것
② 열충격에 강하고 융점이 높을 것
③ 내마모성일 것
④ 비중이 작아야 할 것
⑤ 공급안정 및 가격이 저렴할 것
⑥ 입도 분포가 균일할 것

51 탄소 85%, 수소 14%, 황 1% 조성의 중유 연소 시 배기가스 조성은 $(CO_2) + (SO_2)$이 13%, (O_2)가 3%, (CO)가 0.5%였다. 건조연소가스 중 SO_2 농도(ppm)는?

① 약 525   ② 약 575

③ 약 625   ④ 약 675

해설 $SO_2(ppm) = \dfrac{SO_2(0.7 \times S)}{G_d} \times 10^6$

$G_d = mA_0 - 5.6H + 0.7O + 0.8(Sm^3/kg)$

$m = \dfrac{N_2}{N_2 - 3.76(O_2 - 0.5CO)}$

$\quad = \dfrac{83.5}{83.5 - 3.76[3 - (0.5 \times 0.5)]} = 1.1413$

$A_0 = \dfrac{1}{0.21}(1.867C + 5.6H + 0.7S)$

$\quad = \dfrac{1}{0.21}[(1.867 \times 0.85) + (5.6 \times 0.14) + (0.7 \times 0.01)]$

$\quad = 11.324 Sm^3/kg$

$\quad = (1.1413 \times 11.324) - (5.6 \times 0.14) = 12.14 Sm^3/kg$

$= \dfrac{0.7 \times 0.01}{12.14} \times 10^6 = 576.61 ppm$

---

52 황화수소 $1Sm^3$의 이론연소공기량(Sm^3)은?

① 7.1   ② 8.1

③ 9.1   ④ 10.1

해설 완전연소반응식

$2H_2S + 3O_2 \rightarrow 2H_2O + 2SO_2$

$2 \times 22.4 Sm^3 : 3 \times 22.4 Sm^3$

$\qquad 1 Sm^3 \quad : \quad O_o(Sm^3)$

$O_o(Sm^3) = 1.5 Sm^3$

$이론공기량(A_o) = \dfrac{1.5}{0.21} = 7.14 Sm^3$

---

53 배기가스 성분 중 O_2 양이 5.25%(부피기준)였을 때 완전연소로 가정한다면 공기비는?(단, N_2는 79%)

① 1.33   ② 1.54

③ 1.84   ④ 1.94

해설 $공기비(m) = \dfrac{21}{21 - O_2} = \dfrac{21}{21 - 5.25} = 1.33$

---

54 유동층 소각로(Fluidized Bed Incinerator)의 특성에 대한 설명으로 옳지 않은 것은?

① 미연소분 배출이 많아 2차 연소실이 필요하다.

② 반응시간이 빨라 소각시간이 짧다.

③ 기계적 구동부분이 상대적으로 적어 고장률이 낮다.

④ 소량의 과잉공기량으로도 연소가 가능하다.

해설 **유동층 소각로**

① 장점

ⓐ 유동매체의 열용량이 커서 액상, 기상, 고형 폐기물의 전소 및 혼소, 균일한 연소가 가능하다.

ⓑ 반응시간이 빨라 소각시간이 짧다.(노 부하율이 높다.)

ⓒ 연소효율이 높아 미연소분이 적고 2차 연소실이 불필요하다.

ⓓ 가스의 온도가 낮고 과잉공기량이 낮다. 따라서 NOx도 적게 배출된다.

ⓔ 기계적 구동부분이 적어 고장률이 낮아 유지관리가 용이하다.

ⓕ 노 내 온도의 자동제어로 열회수가 용이하다.

ⓖ 유동매체의 축열량이 높은 관계로 단시간 정지 후 가동 시 보조연료 사용 없이 정상가동이 가능하다.

ⓗ 과잉공기량이 적으므로 다른 소각로보다 보조연료 사용량과 배출가스량이 적다.

ⓙ 석회 또는 반응물질을 유동매체에 혼입시켜 노 내에서 산성가스의 제거가 가능하다.

② 단점

ⓐ 층의 유동으로 상으로부터 찌꺼기의 분리가 어려우며 운전비, 특히 동력비가 높다.

ⓑ 폐기물의 투입이나 유동화를 위해 파쇄가 필요하다.

ⓒ 상재료의 용융을 막기 위해 연소온도는 816℃를 초과할 수 없다.

ⓓ 유동매체의 손실로 인한 보충이 필요하다.

ⓔ 고점착성의 반유동상 슬러지는 처리하기 곤란하다.

ⓕ 소각로 본체에서 압력손실이 크고 유동매체의 비산 또는 분진의 발생량이 가장 많다.

ⓖ 조대한 폐기물은 전처리가 필요하다. 즉, 폐기물의 투입이나 유동화를 위해 파쇄공정이 필요하다.

---

55 소각로를 이용하여 폐기물을 소각할 때의 장점으로 옳지 않은 것은?

① 폐기물의 부피를 최대한 감소시켜 매립지 면적을 감소

② 폐기물 중의 부패성 유기물, 병원균 등을 완전 산화를 통한 무해화

③ 소각공정을 통해 발생된 열에너지를 회수

④ 2차 오염물질을 발생시키지 않음

해설 일반적으로 폐기물 소각의 장점은 부피감소, 위생적 처리, 폐열 이용이 가능하다는 것이지만 2차 대기오염물질이 발생한다는 단점이 있다.

---

56 연소실 내 가스와 폐기물의 흐름에 관한 설명으로 가장 거리가 먼 것은?

① 병류식은 폐기물의 발열량이 낮은 경우에 적합한 형식이다.

② 교류식은 향류식과 병류식의 중간적인 형식이다.

③ 교류식은 중간 정도의 발열량을 가지는 폐기물에 적합하다.

④ 역류식은 폐기물의 이송방향과 연소가스의 흐름이 반대로 향하는 형식이다.

소각로 내 연소가스와 폐기물 흐름에 따른 구분

① 역류식(향류식)
  ㉠ 폐기물의 이송방향과 연소가스의 흐름을 반대로 하는 형식이다.
  ㉡ 난연성 또는 착화하기 어려운 폐기물 소각에 가장 적합한 방식이다.
  ㉢ 열가스에 의한 방사열이 폐기물에 유효하게 작용하므로 수분이 많다.
  ㉣ 후연소 내의 온도저하나 불완전연소가 발생할 수 있다.
  ㉤ 복사열에 의한 건조에 유리하며 저위발열량이 낮은 폐기물에 적합하다.

② 병류식
  ㉠ 폐기물의 이송방향과 연소가스의 흐름방향이 같은 형식이다.
  ㉡ 수분이 적고(착화성이 좋고) 저위발열량이 높을 때 적용한다.
  ㉢ 폐기물의 발열량이 높을 경우 적당한 형식이다.
  ㉣ 건조대에서의 건조효율이 저하될 수 있다.

③ 교류식(중간류식)
  ㉠ 역류식과 병류식의 중간적인 형식이다.
  ㉡ 중간 정도의 발열량을 가지는 폐기물에 적합하다.
  ㉢ 두 흐름이 교차하여 폐기물 질의 변동이 클 때 적합하다.

④ 복류식(2회류식)
  ㉠ 2개의 출구를 가지고 있는 댐퍼의 개폐로 역류식, 병류식, 교류식으로 조절할 수 있는 형식이다.
  ㉡ 폐기물의 질이나 저위발열량의 변동이 심할 경우에 적합하다.

57 기체연료에 관한 내용으로 옳지 않은 것은?

① 적은 과잉공기(10~20%)로 완전연소가 가능하다.

② 유황 함유량이 적어 SO_2 발생량이 적다.

③ 저질연료로 고온 얻기와 연료의 예열이 어렵다.

④ 취급 시 위험성이 크다.

기체연료의 연소

① 장점
  ㉠ 적은 과잉공기비(10~20%)로 완전연소가 가능하여 연소효율이 높다.
  ㉡ 회분 및 SO_2, 매연 발생이 없다.(연료의 예열이 쉽고 유황 함유량이 적어 SOx 발생량이 적다.)
  ㉢ 점화·소화가 용이하고 연소조절이 쉽다.(안정된 연소가 가능)
  ㉣ 발열량이 크며 회분이 없고 균일가열된다.
  ㉤ 연소율의 가연범위(Turn-down Ratio, 부하변동범위)가 넓다.

② 단점
  ㉠ 시설비(저장, 이송)가 크고 폭발위험성이 있다.
  ㉡ 실내에서 누설될 경우 위험하다.
  ㉢ 다른 연료에 비해 취급이 곤란(위험성)하다.

[Note] ③항은 고체연료에 관한 내용이다.

58 연소에 대한 설명으로 옳지 않은 것은?

① 증발연소는 비교적 용융점이 낮은 고체가 연소되기 이전에 용융되어 액체와 같이 표면에서 증발되는 기체가 연소하는 현상

② 분해연소는 가열에 의해 열분해된 휘발하기 쉬운 성분이 표면으로부터 떨어진 곳에서 연소하는 현상

③ 액면연소는 산소나 산화가스가 고체 표면이나 내부의 빈 공간에 확산되어 표면반응하는 현상

④ 내부연소는 물질 자체가 포함하고 있는 산소에 의해서 연소하는 현상

액면연소는 화염으로부터 복사 등에 의해 연료액면에서 증발시켜 확산연소시키는 방법으로 포트버너가 대표적이다.
[Note] ③항은 표면연소에 관한 내용이다.

59 연소기 내에 단회로(Short-Circuit)가 형성되면 불완전 연소된 가스가 외부로 배출된다. 이를 방지하기 위한 대책으로 가장 적절한 것은?

① 보조버너를 가동시켜 연소온도를 증대시킨다.

② 2차 연소실에서 체류시간을 늘린다.

③ Grate의 간격을 줄인다.

④ Baffle을 설치한다.

단회로 현상은 어느 한 부분이 다른 부분에 비해 빠른 속도로 운동하는 것으로 Baffle을 설치하여 대책을 세운다.

정답 56 ① 57 ③ 58 ③ 59 ④

60 착화온도에 대한 설명으로 옳지 않은 것은?

① 화학결합의 활성도가 클수록 착화온도는 낮다.

② 분자구조가 간단할수록 착화온도는 낮다.

③ 화학반응성이 클수록 착화온도는 낮다.

④ 화학적으로 발열량이 클수록 착화온도는 낮다.

해설 **낮은 착화온도를 가질 수 있는 물질의 조건**

① 연료의 분자구조가 간단할수록 착화온도는 높아진다.

② 연료의 화학결합의 활성도가 클수록 착화온도는 낮아진다.

③ 연료의 화학반응성이 클수록 착화온도는 낮아진다.

④ 동일물질인 경우 화학적으로 발열량이 클수록 착화온도는 낮아진다.

⑤ 공기 중의 산소농도 및 압력이 높을수록 착화온도는 낮아진다.

⑥ 석탄의 탄화도가 작을수록 착화온도는 낮아진다.

⑦ 비표면적이 클수록 착화온도는 낮아진다.

제4과목 | **폐기물공정시험기준(방법)**

---

61 검정곡선 작성용 표준용액과 시료에 동일한 양의 내부표준물질을 첨가하여 시험분석 절차, 기기 또는 시스템의 변동으로 발생하는 오차를 보정하기 위해 사용하는 방법은?

① 절대검정곡선법(External Standard Method)

② 표준물질첨가법(Standard Addition Method)

③ 상대검정곡선법(Internal Standard Calibration)

④ 백분율법

해설 **상대검정곡선법(Internal Standard Calibration)**

검정곡선 작성용 표준용액과 시료에 동일한 양의 내부표준물질을 첨가하여 시험분석 절차, 기기 또는 시스템의 변동으로 발생하는 오차를 보정하기 위해 사용하는 방법이다.

62 유도결합플라스마발광광도법(ICP)에 관한 설명 중 틀린 것은?

① ICP는 시료를 고주파유도코일에 의하여 형성된 아르곤 플라스마에 도입하여 4,000~6,000K에서 기저된 원자가 여기상태로 이동할 때 방출하는 발광선 및 발광광도를 측정하여 원소의 정성 및 정량분석에 이용하는 방법이다.

② ICP는 아르곤가스를 플라스마 가스로 사용하여 수정발진식 고주파 발생기로부터 발생된 27.13MHz 주파수 영역에서 유도코일에 의하여 플라스마를 발생시킨다.

③ ICP의 구조는 중심에 저온, 저전자 밀도의 영역이 형성되어 도너츠 형태로 되는데, 이 도너츠 모양의 구조가 ICP의 특성이다.

④ 플라스마의 온도는 최고 15,000K까지 이른다.

해설 **유도결합플라스마 – 원자발광분광법(ICP)**

시료를 고주파유도코일에 의하여 형성된 아르곤 플라스마에 주입하여 6,000~8,000K에서 들뜬 원자가 바닥상태로 이동할 때 방출하는 발광선 및 발광강도를 측정하여 원소의 정성 및 정량분석에 이용하는 방법이다.

63 폐기물 시료용기에 기재해야 할 사항으로 틀린 것은?

① 시료번호　　　　② 채취시간 및 일기

③ 채취책임자 이름　④ 채취장비

해설 **시료용기 기재사항**

① 폐기물의 명칭　　　② 대상 폐기물의 양

③ 채취장소　　　　　④ 채취시간 및 일기

⑤ 시료번호　　　　　⑥ 채취책임자 이름

⑦ 시료의 양　　　　　⑧ 채취방법

⑨ 기타 참고자료(보관상태 등)

64 기름성분 – 중량법(노말헥산 추출방법)에 대한 설명 중 옳지 않은 것은?

① 폐기물 중 비교적 휘발되지 않는 탄화수소 및 탄화수소유도체, 그리스 유상물질 등을 측정하기 위한 시험이다.

② 시료 중에 있는 기름 성분의 분해 방지를 위하여 수산화나트륨(0.1N)을 사용하여 pH 11 이상으로 조정한다.

③ 시료를 노말헥산으로 추출한 후 무수황산나트륨으로 수분을 제거하여야 한다.

④ 노말헥산을 휘산하기 위해 알맞은 온도는 80℃ 정도이다.

해설 **기름성분 – 중량법**

① 노말헥산 추출물질의 함량이 5mg/L 이하로 낮은 경우에는 5L 부피 시료병에 시료 4L를 채취하여 염화철(III) 용액 4mL를 넣고 자석교반기로 교반하면서 탄산나트륨용액(20W/V%)을 넣어 pH 7~9로 조절한다. 5분간 세게 교반한 다음 방치하여 침전물이 전체액량의 약 1/10이 되도록 침강하면 상층액을 조심하여 흡인하여 버린다. 잔류 침전 층

에 염산(1 + 1)으로 pH를 약 1로 하여 침전을 녹이고 분별깔때기에 옮긴다.

② 염산을 가하는 이유는 지방산 중의 금속을 분해하여 유리시키고 또한 미생물에 의한 분해 등을 방지하기 위함이다.

65 유기인 정량 시 검량선을 작성하기 위해 사용되는 표준용액이 아닌 것은?

① 이피엔 표준액
② 파라티온 표준액
③ 다이아지논 표준액
④ 바비트레이트 표준액

유기인 정량 시 사용되는 표준용액
① 이피엔 표준액
② 파라티온 표준액
③ 메틸디메톤 표준액
④ 다이아지논 표준액
⑤ 펜토에이트 표준액

66 유기인을 기체크로마토그래피로 분석할 때 헥산으로 추출하면 메틸디메톤의 추출률이 낮아질 수 있으므로 이에 대체하여 사용하는 물질로 가장 적합한 것은?

① 다이클로로메탄과 헥산의 혼합액(15 : 85)
② 메틸에틸케톤과 에탄올의 혼합액(15 : 85)
③ 메틸에틸케톤과 헥산의 혼합액(15 : 85)
④ 다이클로로메탄과 에탄올의 혼합액(15 : 85)

헥산으로 추출할 경우 메틸디메톤의 추출률이 낮아질 수 있다. 이때에는 헥산 대신 다이클로로메탄과 헥산의 혼합액(15 : 85)을 사용한다.

67 흡광광도법에서 기본원리인 Lambert – Beer 법칙에 관한 설명으로 틀린 것은?

① 흡광도는 광이 통과하는 용액층의 두께에 비례한다.
② 흡광도는 광이 통과하는 용액층의 농도에 비례한다.
③ 흡광도는 용액층의 투광도에 비례한다.
④ 램버트 – 비어의 법칙을 식으로 표현하면 $A = \varepsilon cl$ 이다.(단, A : 흡광도, ε : 흡광계수, c : 농도, l : 빛의 투과거리)

흡광도는 광이 통과하는 투광도에 반비례한다.
$$흡광도(A) = \log \frac{1}{투광도}$$

68 다음에 설명한 시료 축소방법은?

> ㉠ 모아진 대시료를 네모꼴로 엷게 균일한 두께로 편다.
> ㉡ 이것을 가로 4등분, 세로 5등분하여 20개의 덩어리로 나눈다.
> ㉢ 20개의 각 부분에서 균등량씩을 취하여 혼합하여 하나의 시료로 한다.

① 구획법
② 등분법
③ 균등법
④ 분할법

구획법
① 모아진 대시료를 네모꼴로 엷게 균일한 두께로 편다.
② 이것을 가로 4등분, 세로 5등분하여 20개의 덩어리로 나눈다.
③ 20개의 각 부분에서 균등량을 취한 후 혼합하여 하나의 시료로 만든다.

①　　　②　　　③

69 소각재 5g의 Pb 함유량을 측정하기 위해 질산 – 염산분해법의 전처리 과정을 거친 100mL 용액의 Pb 농도를 원자흡수분광광도계를 이용하여 측정하였더니 10mg/L이었을 때, 소각재의 Pb 함유량(mg/kg)은?

① 100
② 200
③ 300
④ 400

Pb 함유량(mg/kg) $= \dfrac{10\text{mg/L} \times 0.1\text{L}}{5\text{g} \times \text{kg}/1,000\text{g}} = 200\text{mg/kg}$

70 원자흡수분광광도법에 의한 수은 분석방법에 관한 설명으로 틀린 것은?

① 수은증기를 253.7nm 파장에서 측정한다.
② 시료 중 수은을 이염화주석을 넣어 금속수은으로 환원시킨다.
③ 시료 중 염화물이온이 다량 함유된 경우에는 과망간산칼륨 분해 후 헥산으로 이들 물질을 추출 분리한 다음 실험한다.
④ 이 실험에 의한 폐기물 중 수은의 정량한계는 0.0005mg/L이다.

시료 중 염화물이온이 다량 함유된 경우에는 염산하이드록실 아민용액을 과잉으로 넣어 유리염소를 환원시키고 용기 중에 잔류하는 염소는 질소가스를 통과시켜 추출한다.

정답 65 ④　66 ①　67 ③　68 ①　69 ②　70 ③

71 수분 및 고형물을 중량법으로 측정할 때 사용하는 데시케이터에 관한 내용으로 옳은 것은?

① 실리카겔과 묽은 황산을 넣어 사용한다.
② 실리카겔과 염화칼슘이 담겨 있는 것을 사용한다.
③ 무수황산나트륨이 담겨 있는 것을 사용한다.
④ 활성탄 분말과 염화칼슘을 넣어 사용한다.

해설 데시케이터는 실리카겔과 염화칼슘이 담겨 있는 것을 사용한다.

72 중금속 분석에 있어, 산화분해가 어려운 유기물을 다량 함유하고 있는 시료의 전처리 방법으로 적당한 것은?

① 질산 분해법
② 질산 – 염산 분해법
③ 질산 – 과염소산 분해법
④ 질산 – 과염소산 – 불화수소산 분해법

해설 질산 – 과염소산 분해법(전처리 방법)
유리물을 다량 함유하고 있으면서 산화분해가 어려운 시료에 적용한다.

73 유도결합플라스마발광광도기계의 토치에 흐르는 운반물질, 보조물질, 냉각물질의 종류는 몇 종류의 물질로 구성되는가?

① 2종의 액체와 1종의 기체
② 1종의 액체와 2종의 기체
③ 1종의 액체와 1종의 기체
④ 1종의 기체

해설 ICP의 토치(Torch)는 3중으로 된 석영관이 이용되며 제일 안쪽으로는 시료가 운반가스(아르곤, 0.4~2.0L/min)와 함께 흐르며, 가운데 관으로는 보조가스(아르곤, 플라스마 가스, 0.5~2.0L/min), 제일 바깥쪽 관에는 냉각가스(아르곤, 10~20L/min)가 주입되는데, 토치(Torch)의 상단부분에는 물을 순환시켜 냉각시키는 유도코일이 감겨 있다.

74 자외선/가시선분광법에 의한 수은 측정 시, 전처리된 시료에서 수은의 분리추출을 위하여 사용되는 용액은?

① 과망간산칼륨
② 염산히드록실아민
③ 염화제일주석
④ 디티존사염화탄소

해설 수은(자외선/가시선 분광법) 분석
수은을 황산 산성에서 디티존사염화탄소로 일차 추출하고 브로모화칼륨 존재하에 황산 산성으로 역추출하여 방해성분과 분리한 다음 알칼리성에서 디티존사염화탄소로 수은을 추출하여 490nm에서 흡광도를 측정하는 방법이다.

75 성상에 따른 시료의 채취방법에 대한 설명으로 틀린 것은?

① 콘크리트 고형화물이 소형일 때는 적당한 채취도구를 사용하며, 한 번에 일정량씩을 채취하여야 한다.
② 고상혼합물의 경우, 시료는 적당한 시료채취 도구를 사용하여 한 번에 일정량씩을 채취하여야 한다.
③ 액상혼합물이 용기에 들어 있을 때에는 교란되어 혼합되지 않도록 하여 균일한 상태로 채취한다.
④ 액상혼합물의 경우는 원칙적으로 최종지점의 낙하구에서 흐르는 도중에 채취한다.

해설 액상혼합물 시료채취
① 원칙적으로 최종 지점의 낙하구에서 흐르는 도중에 채취한다.
② 용기에 들어 있을 경우에는 잘 혼합하여 균일한 상태로 하여 채취한다.

76 폐기물공정시험기준에서 규정하고 있는 진공에 해당되지 않는 것은?

① 10mmHg
② 13torr
③ 0.03atm
④ 0.18mH₂O

해설 진공 또는 감압은 15mmHg 이하를 말한다.
① 10mmHg
② 13torr = 13mmHg
③ $0.03atm \times \frac{760mmHg}{1atm} = 22.8mmHg$
④ $0.18mmH_2O \times \frac{760mmHg}{10,332mmH_2O} = 0.013mmHg$

77 이온전극법에 관한 설명으로 ( )에 옳은 내용은?

이온전극은 [이온전극|측정용액|비교전극]의 측정계에서 측정대상 이온에 감응하여 ( )에 따라 이온활동도에 비례하는 전위차를 나타낸다.

① 네른스트(Nernst)식
② 램버트(Lambert)식
③ 패러데이식
④ 플래밍식

정답 71 ② 72 ③ 73 ④ 74 ④ 75 ③ 76 ③ 77 ①

이온전극은 [이온전극 | 측정 용액 | 비교전극]의 측정계에서 측정대상 이온에 감응하여 네른스트식에 따라 이온 활동도에 비례하는 전위차를 나타낸다.

$$E = E_0 + \left| \frac{2.303\,RT}{zF} \right| \log A$$

여기서, E : 측정 용액에서 이온전극과 비교전극 간에
생기는 전위차(mV)
E_0 : 표준전위(mV)
R : 기체상수(8.314J/K, mol)
z : 이온전극에 대하여 전위의 발생에 관계하는
전자수(이온가)
F : 페러데이(Faraday) 상수(96,480C)
A : 이온 활동도(mol/L)

78 시료 용출시험방법에 관한 설명에서 ( )에 알맞은 것은?

시료의 조제방법에 따라 조제한 시료 100g 이상을 정확히 달아 정제수에 염산을 넣어 pH를 (㉠)(으)로 한 용매(mL)를 시료 : 용매 = (㉡)(W : V)의 비로 2,000mL 삼각플라스크에 넣어 혼합한다.

① ㉠ 4.5~5.5, ㉡ 1 : 5   ② ㉠ 4.5~5.5, ㉡ 1 : 10
③ ㉠ 5.8~6.3, ㉡ 1 : 5   ④ ㉠ 5.8~6.3, ㉡ 1 : 10

시료용액의 조제(용출시험)
㉠ 시료의 조제방법에 따라 조제한 시료 100g 이상을 정확히 단다.
⇩
㉡ 용매 : 정제수에 염산을 넣어 pH를 5.8~6.3으로 조절한다.
⇩
㉢ 시료 : 용매=1 : 10(w/v)의 비로 2,000mL 삼각 플라스크에 넣어 혼합한다.

79 기름 성분을 중량법으로 분석할 때에 관련된 내용으로 ( )에 옳은 내용은?

추출 시 에멀전을 형성하여 액층이 분리되지 않거나 노말헥산층이 탁할 경우에는 분액깔때기 안의 수층을 원래의 시료용기에 옮기고 에멀전층 또는 헥산층에 약 10g의 ( ) 또는 황산암모늄을 넣어 환류냉각관을 부착하고 80℃ 물중탕에서 약 10분간 가열분해한 다음 실험한다.

① 질산암모늄   ② 염화나트륨
③ 아비산나트륨   ④ 질산나트륨

추출 시 에멀전을 형성하여 액층이 분리되지 않거나 노말헥산층이 탁할 경우에는 분별깔때기 안의 수층을 원래의 시료용기에 옮기고, 에멀전층 또는 헥산층에 약 10g의 염화나트륨 또는 황산암모늄을 넣어 환류냉각관(약 300mm)을 부착하고 80℃ 물중탕에서 약 10분간 가열 분해한 다음 시험기준에 따라 시험한다.

80 용출액 중의 PCBs 시험방법(기체크로마토그래피법)을 설명한 것으로 틀린 것은?

① 용출액 중의 PCBs를 헥산으로 추출한다.
② 전자포획형 검출기(ECD)를 사용한다.
③ 정제는 활성탄 컬럼을 사용한다.
④ 용출용액의 정량한계는 0.0005mg/L이다.

PCB의 정제컬럼
① 플로리실 컬럼
② 실리카겔 컬럼

81 폐기물처리시설을 설치·운영하는 자는 일정한 기간마다 정기검사를 받아야 한다. 소각시설의 경우 최초 정기검사는?

① 사용개시일부터 5년이 되는 날
② 사용개시일부터 3년이 되는 날
③ 사용개시일부터 2년이 되는 날
④ 사용개시일부터 1년이 되는 날

폐기물 처리시설의 검사기간
① 소각시설
최초 정기검사는 사용개시일부터 3년이 되는 날(「대기환경보전법」에 따른 측정기기를 설치하고 같은 법 시행령에 따른 굴뚝원격감시체계관제센터와 연결하여 정상적으로 운영되는 경우에는 사용개시일부터 5년이 되는 날). 2회 이후의 정기검사는 최종 정기검사일(검사결과서를 발급받은 날을 말한다)부터 3년이 되는 날
② 매립시설
최초 정기검사는 사용개시일부터 1년이 되는 날. 2회 이후의 정기검사는 최종 정기검사일부터 3년이 되는 날
③ 멸균분쇄시설
최초 정기검사는 사용개시일부터 3개월. 2회 이후의 정기검사는 최종 정기검사일부터 3개월

정답 78 ④   79 ②   80 ③   81 ②

④ 음식물류 폐기물 처리시설

　최초 정기검사는 사용개시일부터 1년이 되는 날, 2회 이후의 정기검사는 최종 정기검사일부터 1년이 되는 날

⑤ 시멘트 소성로

　최초 정기검사는 사용개시일부터 3년이 되는 날(「대기환경보전법」에 따른 측정기기를 설치하고 같은 법 시행령에 따른 굴뚝원격감시체계관제센터와 연결하여 정상적으로 운영되는 경우에는 사용개시일부터 5년이 되는 날), 2회 이후의 정기검사는 최종 정기검사일부터 3년이 되는 날

82 폐기물처리시설 중 기계적 재활용시설이 아닌 것은?

① 연료화시설
② 탈수 · 건조 시설
③ 응집 · 침전 시설
④ 증발 · 농축 시설

해설 **폐기물처리시설의 종류(재활용시설)**

① 기계적 재활용시설
　㉠ 압축 · 압출 · 성형 · 주조시설(동력 7.5kW 이상인 시설로 한정한다.)
　㉡ 파쇄 · 분쇄 · 탈피시설(동력 15kW 이상인 시설로 한정한다.)
　㉢ 절단시설(동력 15kW 이상인 시설로 한정한다.)
　㉣ 용융 · 용해시설(동력 7.5kW 이상인 시설로 한정한다.)
　㉤ 연료화시설
　㉥ 증발 · 농축시설
　㉦ 정제시설(분리 · 증류 · 추출 · 여과 등의 시설을 이용하여 폐기물을 재활용하는 단위시설을 포함한다.)
　㉧ 유수 분리시설
　㉨ 탈수 · 건조시설
　㉩ 세척시설(철도용 폐목재 받침목을 재활용하는 경우로 한정한다.)
② 화학적 재활용시설
　㉠ 고형화 · 고화시설
　㉡ 반응시설(중화 · 산화 · 환원 · 중합 · 축합 · 치환 등의 화학반응을 이용하여 폐기물을 재활용하는 단위시설을 포함한다.)
　㉢ 응집 · 침전시설
③ 생물학적 재활용시설
　㉠ 1일 재활용 능력이 100kg 이상인 시설(부숙시설, 사료화시설, 퇴비화시설, 동애등에 분변토 생산시설, 부숙토 생산시설)
　㉡ 호기성 · 혐기성 분해시설
　㉢ 버섯재배시설

83 폐기물처분시설인 매립시설의 기술관리인의 자격기준에 해당되지 않는 것은?

① 화공기사
② 대기환경기사
③ 토목기사
④ 토양환경기사

해설 **기술관리인의 자격기준**

구분	자격기준
폐기물 처분시설 또는 재활용시설	
가. 매립시설	폐기물처리기사, 수질환경기사, 토목기사, 일반기계기사, 건설기계기사, 화공기사, 토양환경기사 중 1명 이상
나. 소각시설(의료폐기물을 대상으로 하는 소각시설은 제외한다.), 시멘트 소성로 및 용해로	폐기물처리기사, 대기환경기사, 토목기사, 일반기계기사, 건설기계기사, 화공기사, 전기기사, 전기공사기사 중 1명 이상
다. 의료폐기물을 대상으로 하는 시설	폐기물처리산업기사, 임상병리사, 위생사 중 1명 이상
라. 음식물류 폐기물을 대상으로 하는 시설	폐기물처리산업기사, 수질환경산업기사, 화공기사, 토목산업기사, 대기환경산업기사, 일반기계기사, 전기기사 중 1명 이상
마. 그 밖의 시설	같은 시설의 운영을 담당하는 자 1명 이상

84 폐기물 발생억제지침 준수의무 대상 배출자의 업종으로 틀린 것은?

① 비금속 광물제품 제조업
② 전기, 가스, 증기 및 공기조절 공급업
③ 1차 금속 제조업
④ 봉제 · 의복 제품 제조업

해설 **폐기물 발생 억제지침 준수의무 대상 배출자의 업종**

① 식료품 제조업
② 음료 제조업
③ 섬유제품 제조업(의복 제외)
④ 의복, 의복액세서리 및 모피제품 제조업
⑤ 코크스, 연탄 및 석유정제품 제조업
⑥ 화학물질 및 화학제품 제조업(의약품 제외)
⑦ 의료용 물질 및 의약품 제조업
⑧ 고무제품 및 플라스틱제품 제조업
⑨ 비금속 광물제품 제조업
⑩ 1차 금속 제조업
⑪ 금속가공제품 제조업(기계 및 가구 제외)
⑫ 기타 기계 및 장비 제조업

⑬ 전기장비 제조업
⑭ 전자부품, 컴퓨터, 영상, 음향 및 통신장비 제조업
⑮ 의료, 정밀, 광학기기 및 시계 제조업
⑯ 자동차 및 트레일러 제조업
⑰ 기타 운송장비 제조업
⑱ 전기, 가스, 증기 및 공기조절 공급업

85 변경허가를 받지 아니하고 폐기물처리업의 허가사항을 변경한 자에 대한 벌칙기준으로 맞는 것은?

① 3년 이하의 징역 또는 3천만 원 이하의 벌금
② 2년 이하의 징역 또는 2천만 원 이하의 벌금
③ 1년 이하의 징역 또는 1천만 원 이하의 벌금
④ 6월 이하의 징역 또는 600만 원 이하의 벌금

폐기물관리법 제65조 참조

86 폐기물처리업의 업종 구분과 영업 내용의 범위를 벗어나는 영업을 한 자에 대한 벌칙기준은?

① 1년 이하의 징역이나 5백만 원 이하의 벌금
② 1년 이하의 징역이나 1천만 원 이하의 벌금
③ 2년 이하의 징역이나 2천만 원 이하의 벌금
④ 3년 이하의 징역이나 3천만 원 이하의 벌금

폐기물관리법 제66조 참조

87 폐기물처리업의 변경허가를 받아야 하는 중요사항으로 틀린 것은?(단, 폐기물 중간처분업, 폐기물 최종처분업 및 폐기물 종합처분업인 경우)

① 주차장 소재지의 변경
② 운반차량(임시차량은 제외한다.)의 증차
③ 처분대상 폐기물의 변경
④ 폐기물 처분시설의 신설

폐기물처리업의 변경허가를 받아야 할 중요사항
폐기물 중간처분업, 폐기물 최종처분업 및 폐기물 종합처분업
① 처분대상 폐기물의 변경
② 폐기물 처분시설 소재지나 영업구역의 변경
③ 운반차량(임시차량은 제외한다.)의 증차
④ 폐기물 처분시설의 신설
⑤ 처분용량의 100분의 30 이상의 변경(허가 또는 변경허가를 받은 후 변경되는 누계를 말한다.)
⑥ 주요 설비의 변경. 다만, 다음 ①부터 ⑥까지의 경우만 해당한다.

㉠ 폐기물 처분시설의 구조 변경으로 인하여 별표 9 제1호 나목 2) 가)의 (1)·(2), 나)의 (1)·(2), 다)의 (2)·(3), 라)의 (1)·(2)의 기준이 변경되는 경우
㉡ 차수시설·침출수 처리시설이 변경되는 경우
㉢ 별표 9 제2호 나목 2) 바)에 따른 가스처리시설 또는 가스활용시설이 설치되거나 변경되는 경우
㉣ 배출시설의 변경허가 또는 변경신고의 대상이 되는 경우
⑦ 매립시설 제방의 증·개축
⑧ 허용보관량의 변경

88 대통령령으로 정하는 폐기물처리시설을 설치·운영하는 자는 그 폐기물처리시설의 설치·운영이 주변 지역에 미치는 영향을 몇 년마다 조사하고 그 결과를 누구에게 제출하여야 하는가?

① 3년, 유역환경청장
② 3년, 환경부장관
③ 5년, 유역환경청장
④ 5년, 환경부장관

대통령령으로 정하는 폐기물처리시설을 설치·운영하는 자는 그 폐기물처리시설의 설치·운영이 주변지역에 미치는 영향을 3년마다 조사하고, 그 결과를 환경부장관에게 제출하여야 한다.

89 지정폐기물 배출자는 사업장에서 발생되는 지정폐기물인 폐산을 보관개시일부터 최소 며칠을 초과하여 보관하여서는 안 되는가?

① 90일   ② 70일   ③ 60일   ④ 45일

지정폐기물 배출자는 그의 사업장에서 발생하는 지정폐기물 중 폐산·폐알칼리·폐유·폐유기용제·폐촉매·폐흡착제·폐흡수제·폐농약, 폴리클로리네이티드비페닐 함유 폐기물, 폐수처리 오니 중 유기성 오니는 보관이 시작된 날부터 45일을 초과하여 보관하여서는 아니 된다.

90 지정폐기물 종류에 관한 설명으로 틀린 것은?

① 폐수처리 오니 : 환경부령으로 정하는 물질을 함유한 것으로 환경부장관이 고시한 시설에서 발생되는 것으로 한정한다.
② 폐산 : 액체상태의 폐기물로서 수소이온 농도지수가 2.0 이하인 것에 한정한다.
③ 폐알칼리 : 액체상태의 폐기물로서 수소이온 농도지수가 12.5 이상인 것으로 한정하며 수산화칼륨 및 수산화나트륨을 포함한다.
④ 분진 : 소각시설에서 발생된 것으로 한정하되, 대기오염 방지시설에서 포집된 것은 제외한다.

정답 85 ① 86 ③ 87 ① 88 ② 89 ④ 90 ④

해설 분진
대기오염 방지시설에서 포집된 것으로 한정하되, 소각시설에서 발생되는 것은 제외한다.

91 폐기물처리 기본계획에 포함되어야 하는 사항이 아닌 것은?

① 폐기물의 기본관리 여건 및 전망
② 폐기물의 수집 · 운반 · 보관 및 그 장비 · 용기 등의 개선에 관한 사항
③ 재원의 확보계획
④ 폐기물의 감량화와 재활용 등 자원화에 관한 사항

해설 ※ 법규 변경(삭제)사항이므로 학습 안 하셔도 무방합니다.

92 설치승인을 받아 폐기물처리시설을 설치한 자가 그 폐기물처리시설의 사용을 끝내고자 할 때는 환경부장관에게 신고하여야 하는데, 그 신고를 하지 않은 경우 과태료 부과기준은?

① 1천만 원 이하
② 500만 원 이하
③ 300만 원 이하
④ 100만 원 이하

해설 폐기물관리법 제68조 참조

93 주변지역 영향 조사대상 폐기물처리시설에 대한 기준은?(단, 폐기물처리업자가 설치, 운영함)

① 매립용량 1만 세제곱미터 이상의 사업장 지정폐기물 매립시설
② 매립용량 3만 세제곱미터 이상의 사업장 지정폐기물 매립시설
③ 매립면적 1만 제곱미터 이상의 사업장 지정폐기물 매립시설
④ 매립면적 3만 제곱미터 이상의 사업장 지정폐기물 매립시설

해설 주변지역 영향 조사대상 폐기물처리시설 기준
① 1일 처리능력이 50톤 이상인 사업장폐기물 소각시설(같은 사업장에 여러 개의 소각시설이 있는 경우에는 각 소각시설의 1일 처리능력의 합계가 50톤 이상인 경우를 말한다.)
② 매립면적 1만 제곱미터 이상의 사업장 지정폐기물 매립시설
③ 매립면적 15만 제곱미터 이상의 사업장 일반폐기물 매립시설

④ 시멘트 소성로(폐기물을 연료로 사용하는 경우로 한정한다.)
⑤ 1일 재활용능력이 50톤 이상인 사업장폐기물 소각열회수시설(같은 사업장에 여러 개의 소각열회수시설이 있는 경우에는 각 소각열회수시설의 1일 재활용능력의 합계가 50톤 이상인 경우를 말한다)

94 음식물류 폐기물 발생억제계획의 수립주기는?

① 1년
② 2년
③ 3년
④ 5년

해설 음식물류 폐기물 발생억제계획의 수립주기는 5년으로 하되, 그 계획에는 연도별 세부 추진계획을 포함하여야 한다.

95 지정폐기물 처리계획서 등을 제출하여야 하는 경우의 폐기물과 양에 대한 기준이 올바르게 연결된 것은?

① 폐농약, 광재, 분진, 폐주물사 – 각각 월 평균 100킬로그램 이상
② 고형화처리물, 폐촉매, 폐흡착제, 폐유 – 각각 월 평균 100킬로그램 이상
③ 폐합성 고분자화합물, 폐산, 폐알칼리 – 각각 월 평균 100킬로그램 이상
④ 오니 – 월 평균 300킬로그램 이상

해설 지정폐기물처리계획서를 제출하여야 하는 폐기물과 양에 대한 기준
① 오니(월 평균 500킬로그램 이상 배출되는 경우에만 해당한다.)
② 폐농약, 광재, 분진, 폐주물사, 폐사, 폐내화물, 도자기 조각, 소각재, 안정화 또는 고형화처리물, 폐촉매, 폐흡착제, 폐흡수제, 폐유기용제 또는 폐유를 월 평균 50킬로그램 또는 합계 월 평균 130킬로그램 이상 배출하는 사업자
③ 폐합성고분자화합물, 폐산, 폐알칼리, 폐페인트 또는 폐래커를 각각 월 평균 100킬로그램 또는 합계 월 평균 200킬로그램 이상 배출하는 사업자
③의2. 폐석면을 월 평균 20킬로그램 이상 배출하는 사업자. 이 경우 축사 등 환경부장관이 정하여 고시하는 시설물을 운영하는 사업자가 5톤 미만의 슬레이트 지붕 철거 · 제거 작업을 전부 도급한 경우에는 수급인(하수급인은 제외한다)이 사업자를 갈음하여 지정폐기물 처리계획의 확인을 받을 수 있다.
④ 폴리클로리네이티드비페닐 함유폐기물을 배출하는 사업자
⑤ 폐유독물질을 배출하는 사업자
⑥ 의료폐기물을 배출하는 사업자
⑦ 지정폐기물을 환경부장관이 정하여 고시하는 양 이상으로 배출하는 사업자

96 설치를 마친 후 검사기관으로부터 정기검사를 받아야 하는 환경부령으로 정하는 폐기물처리시설만을 옳게 짝지은 것은?

① 소각시설 – 매립시설 – 멸균분쇄시설 – 소각열회수시설

② 소각시설 – 매립시설 – 소각열분해시설 – 멸균분쇄시설

③ 소각시설 – 매립시설 – 분쇄 · 파쇄시설 – 열분해시설

④ 매립시설 – 증발 · 농축 · 정제 · 반응시설 – 멸균분쇄시설 – 음식물류 폐기물처리시설

정기검사 대상 폐기물처리시설
① 소각시설
② 매립시설
③ 멸균분쇄시설
④ 음식물류 폐기물처리시설
⑤ 시멘트 소성로
⑥ 소각열회수시설

97 기술관리인을 두어야 할 폐기물처리시설 기준으로 틀린 것은?(단, 폐기물처리업자가 운영하는 폐기물처리시설은 제외)

① 시멘트 소성로(폐기물을 연료로 사용하는 경우로 한정한다.)로서 1일 재활용능력이 10톤 이상인 시설

② 용해로(폐기물에서 비철금속을 추출하는 경우로 한정한다.)로서 시간당 재활용능력이 600킬로그램 이상인 시설

③ 멸균분쇄시설로서 시간당 처분능력이 100킬로그램 이상인 시설

④ 사료화 · 퇴비화 또는 연료화 시설로서 1일 재활용능력이 5톤 이상인 시설

기술관리인을 두어야 하는 폐기물 처리시설
① 매립시설의 경우
 ㉠ 지정폐기물을 매립하는 시설로서 면적이 3천 300제곱미터 이상인 시설. 다만, 차단형 매립시설에서는 면적이 330제곱미터 이상이거나 매립용적이 1천 세제곱미터 이상인 시설로 한다.
 ㉡ 지정폐기물 외의 폐기물을 매립하는 시설로서 면적이 1만 제곱미터 이상이거나 매립용적이 3만 세제곱미터 이상인 시설
② 소각시설로서 시간당 처리능력이 600킬로그램(감염성 폐기물을 대상으로 하는 소각시설의 경우에는 200킬로그램) 이상인 시설
③ 압축 · 파쇄 · 분쇄 또는 절단시설로서 1일 처리능력 또는 재활용시설이 100톤 이상인 시설

④ 사료화 · 퇴비화 또는 연료화 시설로서 1일 재활용능력이 5톤 이상인 시설

⑤ 멸균 · 분쇄시설로서 시간당 처리능력이 100킬로그램 이상인 시설

⑥ 시멘트 소성로

⑦ 용해로(폐기물에 비철금속을 추출하는 경우로 한정한다.)로서 시간당 재활용능력이 600킬로그램 이상인 시설

⑧ 소각열회수시설로서 시간당 재활용능력이 600킬로그램 이상인 시설

98 관리형 매립시설에서 발생되는 침출수의 배출허용기준으로 옳은 것은?(단, 청정지역 기준, 항목 : 부유물질량, 단위 : mg/L)

① 10
② 20
③ 30
④ 40

관리형 매립시설 침출수의 배출허용기준

구분	생물화학적 산소요구량 (mg/L)	화학적 산소요구량(mg/L)			부유물질량 (mg/L)
		과망간산칼륨법에 따른 경우		중크롬산칼륨법에 따른 경우	
		1일 침출수 배출량 2,000m³ 이상	1일 침출수 배출량 2,000m³ 미만		
청정지역	30	50	50	400 (90%)	30
가지역	50	80	100	600 (85%)	50
나지역	70	100	150	800 (80%)	70

99 다음 중 3년 이하의 징역이나 3천만 원 이하의 벌금에 처하는 경우가 아닌 것은?

① 거짓이나 그 밖의 부정한 방법으로 폐기물분석전문기관으로 지정을 받거나 변경지정을 받은 자

② 다른 자의 명의나 상호를 사용하여 재활용환경성평가를 하거나 재활용환경성평가기관지정서를 빌린 자

③ 유해성 기준에 적합하지 아니하게 폐기물을 재활용한 제품 또는 물질을 제조하거나 유통한 자

④ 고의로 사실과 다른 내용의 폐기물분석결과서를 발급한 폐기물분석전문기관

폐기물관리법 제65조 참조
③항은 1천만 원 이하의 과태료에 해당한다.

2017

96 ① 97 ① 98 ③ 99 ③

100 폐기물처리업의 업종 구분과 영업 내용으로 틀린 것은?

① 폐기물 수집 · 운반업 : 폐기물을 수집하여 재활용 또
는 처분 장소로 운반하거나 폐기물을 수출하기 위하
여 수집 · 운반하는 영업

② 폐기물 중간처분업 : 폐기물 중간처분시설을 갖추고
폐기물을 소각처분, 기계적 처분, 생물학적 처분, 그 밖
에 환경부장관이 폐기물을 안전하게 중간처분할 수 있
다고 인정하여 고시하는 방법으로 중간처분하는 영업

③ 폐기물 종합처분업 : 폐기물처분시설을 갖추고 폐기
물의 수집, 운반부터 최종처분까지 하는 영업

④ 폐기물 최종처분업 : 폐기물 최종처분시설을 갖추고
폐기물을 매립 등(해역 배출은 제외한다.)의 방법으로
최종처분하는 영업

해설 **폐기물처리업의 업종구분과 영업내용**

① 폐기물 수집 · 운반업
폐기물을 수집하여 재활용 또는 처분 장소로 운반하거나 폐
기물을 수출하기 위하여 수집 · 운반하는 영업

② 폐기물 중간처분업
폐기물 중간처분시설을 갖추고 폐기물을 소각 처분, 기계적
처분, 화학적 처분, 생물학적 처분, 그 밖에 환경부장관이 폐
기물을 안전하게 중간처분할 수 있다고 인정하여 고시하는
방법으로 중간처분하는 영업

③ 폐기물 최종처분업
폐기물 최종처분시설을 갖추고 폐기물을 매립 등(해역 배출
은 제외한다.)의 방법으로 최종처분하는 영업

④ 폐기물 종합처분업
폐기물 중간처분시설 및 최종처분시설을 갖추고 폐기물의 중
간처분과 최종처분을 함께하는 영업

⑤ 폐기물 중간재활용업
폐기물 재활용시설을 갖추고 중간가공 폐기물을 만드는 영업

⑥ 폐기물 최종재활용업
폐기물 재활용시설을 갖추고 중간가공 폐기물을 용도 또는
방법으로 재활용하는 영업

⑦ 폐기물 종합재활용업
폐기물 재활용시설을 갖추고 중간재활용업과 최종재활용업
을 함께하는 영업

제1과목 폐기물개론

01 폐기물의 수거형태 중 인부가 각 가정에 방문하여 수거하는 방식은?

① 타종수거   ② 문전수거

③ 컨테이너 수거   ④ 대형쓰레기통 수거

문전수거(Door−to−door collection)
① 수거인원이 가정 안에까지 들어와 쓰레기를 치워가는 수거방식으로 주민협조가 필요 없으며 Back−Yard Carry와 같은 의미의 수거방식
② 수거효율이 가장 낮은 수거형태(MHT : ≒2.3)

02 서비스를 받는 사람들의 만족도를 설문조사하여 지수로 나타내는 청소상태 평가법의 약자로 옳은 것은?

① SEI   ② CEI   ③ USI   ④ ESI

사용자 만족도 지수(USI ; User Satisfaction Index)
서비스를 받는 사람들의 만족도를 설문조사하여 계산하는 방법으로 설문 문항은 6개로 구성되어 있으며 총점은 100점이다.

$$USI = \frac{\sum_{i=1}^{N} R_i}{N}$$

여기서, N : 총 설문회답자의 수
R : 설문지 점수의 합계

03 도시폐기물의 유기성 성분 중 셀룰로오스에 해당하는 것은?

① 6탄당의 중합체

② 5탄당과 6탄당의 중합체

③ 아미노산 중합체

④ 방향환과 메톡실기를 포함한 중합체

① 유기물을 분류하는 기준 중 하나는 탄소골격을 구성하는 탄소의 수로 분류하며 탄소를 6개 갖고 있는 당(유기물)을 6탄당이라 부르고, 탄소 3개를 가지고 있는 3탄당과 5개를 갖는 5탄당이 흔한 당이다. 셀룰로오스는 대표적인 6탄당의 중합체이다.

② 셀룰로오스[$(C_6H_{10}O_5)_n$]는 6탄당 중합체물질이다.

③ 5탄당과 6탄당의 중합체의 대표적 물질은 헤미셀룰로오스, 아미노산 중합체의 대표적 물질은 단백질이다.

04 가정용 쓰레기를 수거할 때 쓰레기통의 위치와 구조에 따라서 수거효율이 달라진다. 다음 중 수거효율이 가장 좋은 것은?

① 집 밖 이동식   ② 집 안 이동식

③ 벽면 부착식   ④ 집 밖 고정식

수거형태에 따른 수거효율
㉠ 타종 수거 → 0.84MHT
㉡ 대형쓰레기통 수거 → 1.1MHT
㉢ 플라스틱 자루 수거 → 1.35MHT
㉣ 집밖 이동식 수거 → 1.47MHT
㉤ 집안 이동식 수거 → 1.86MHT
㉥ 집밖 고정식 수거 → 1.96MHT
㉦ 문전 수거 → 2.3MHT
㉧ 벽면 부착식 수거 → 2.38MHT

05 우리나라 폐기물관리법에서는 폐기물을 고형물 함량에 따라 액상, 반고상, 고상폐기물로 구분하고 있다. 액상폐기물의 기준으로 옳은 것은?

① 고형물 함량이 3% 미만인 것

② 고형물 함량이 5% 미만인 것

③ 고형물 함량이 10% 미만인 것

④ 고형물 함량이 15% 미만인 것

고형물 함량에 따른 폐기물 분류
① 액상폐기물 : 고형물의 함량이 5% 미만
② 반고상폐기물 : 고형물의 함량이 5% 이상 15% 미만
③ 고상폐기물 : 고형물의 함량이 15% 이상

06 함수율 50%인 폐기물을 건조시켜 함수율이 20%인 폐기물로 만들려면 쓰레기 톤당 얼마의 수분을 증발시켜야 하는가?(단, 비중은 1.0 기준)

① 255kg   ② 275kg   ③ 355kg   ④ 375kg

정답   01 ②   02 ③   03 ①   04 ①   05 ②   06 ④

해설 $1,000\text{kg} \times (1-0.5) = $ 처리 후 슬러지양 $\times (1-0.2)$

처리 후 슬러지양 $= \dfrac{1,000\text{kg} \times 0.5}{0.8} = 625\text{kg}$

증발된 수분량(kg) $= 1,000\text{kg} - 625\text{kg} = 375\text{kg}$

07 다음 중 폐기물이 거의 완전연소된다는 가정하에서 발열량을 구하는 식은?

① Dulong식 ② Sumegi식
③ Rosin – Rammler식 ④ Gumz식

해설 **Dulong식**
산소 성분(O) 전부가 수소 성분(H)과 결합하여 수분(H_2O)으로 존재한다고 가정, 즉 폐기물이 거의 완전연소된다는 가정하에서 발열량을 계산하는 식이다.

08 전과정평가(LCA)의 절차로 옳은 것은?

① 목록분석 → 목적 및 범위 설정 → 영향평가 → 결과해석
② 목적 및 범위 설정 → 목록분석 → 영향평가 → 결과해석
③ 목적 및 범위 설정 → 목록분석 → 결과해석 → 영향평가
④ 목록분석 → 목적 및 범위 설정 → 결과해석 → 영향평가

해설 **전과정평가(LCA)**
① Scoping Analysis : 설정분석(목표 및 범위)
② Inventory Analysis : 목록분석
③ Impact Analysis : 영향분석
④ Improvement Analysis : 개선분석(개선평가)

09 폐기물 파쇄기에 대한 설명으로 틀린 것은?

① 회전드럼식 파쇄기는 폐기물의 강도차를 이용하는 파쇄장치이며 파쇄와 분별을 동시에 수행할 수 있다.
② 일반적으로 전단파쇄기는 충격파쇄기보다 파쇄속도가 느리다.
③ 압축파쇄기는 기계의 압착력을 이용하여 파쇄하는 장치로 파쇄기의 마모가 적고 비용도 적다.
④ 해머밀 파쇄기는 고정칼, 왕복 또는 회전칼과의 교합에 의하여 폐기물을 전단하는 파쇄기이다.

해설 ① 해머밀 파쇄기는 충격파쇄기의 대표적인 것이다. 즉, 투입된 폐기물은 중심축의 주위를 고속회전하고 있는 회전해머의 충격에 의해 파쇄된다.
② 전단파쇄기는 고정칼, 왕복 또는 회전칼과의 교합에 의하여 폐기물을 전단하는 파쇄기이다.

10 폐기물의 일반적인 수거방법 중 관거(Pipeline)를 이용한 수거방법이 아닌 것은?

① 캡슐 수송방법 ② 슬러리 수송방법
③ 공기 수송방법 ④ 모노레일 수송방법

해설 **관거(Pipeline) 수송방법**
① 공기수송(진공수송, 가압수송)
② 슬러리 수송
③ 캡슐수송

11 돌, 코크스 등의 불투명한 것과 유리 같은 투명한 것의 분리에 이용되는 방식인 광학선별에 관한 설명으로 틀린 것은?

① 입자는 기계적으로 투입된다.
② 선별입자는 와전류 형성으로 제거된다.
③ 광학적으로 조사된다.
④ 조사결과는 전기전자적으로 평가된다.

해설 ① 광학선별의 원리
광학선별은 물질이 가진 광학적 특성의 차를 이용하여 분리하는 기술로 투명과 불투명한 폐기물의 선별에 이용되는 방법이다. 즉, 돌, 코르크 등의 불투명한 것과 유리 같은 투명한 것의 분리에 이용된다.(설정된 기준색과 다른 색의 입자를 포함한 입자의 혼합물을 투과도 차이로 분리)
② 광학선별의 절차(과정) 4단계
　㉠ 1단계 : 입자 기계적 투입
　㉡ 2단계 : 광학적 조사
　㉢ 3단계 : 조사결과는 전기 · 전자적 평가
　㉣ 4단계 : 선별대상입자는 압축공기분사에 의해 정밀하게 제거됨

12 습량기준 회분량이 16%인 폐기물의 건량기준 회분량(%)은?(단, 폐기물의 함수율=20%)

① 20 ② 18
③ 16 ④ 14

해설 건량기준 회분량(%) $= \dfrac{0.16}{(1-0.2)} \times 100 = 20\%$

13 도시폐기물의 성상분석 절차로 가장 적절한 것은?

① 시료 채취 – 절단 및 분쇄 – 건조 – 물리적 조성 분류
 – 겉보기 밀도 측정 – 화학적 조성 분석

② 시료 채취 – 절단 및 분쇄 – 건조 – 겉보기 밀도 측정
 – 물리적 조성 분류 – 화학적 조성 분석

③ 시료 채취 – 겉보기 밀도 측정 – 건조 – 절단 및 분쇄
 – 물리적 조성 분류 – 화학적 조성 분석

④ 시료 채취 – 겉보기 밀도 측정 – 물리적 조성 분류 –
 건조 – 절단 및 분쇄 – 화학적 조성 분석

폐기물 시료 분석절차

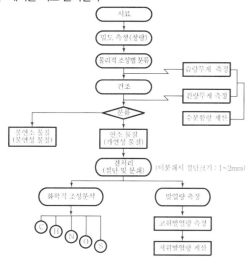

14 30만 인구규모를 갖는 도시에서 발생되는 도시쓰레기양이
 연간 40만 톤이고, 수거 인부가 하루 500명이 동원되었을
 때 MHT는?(단, 1일 작업시간=8시간, 연간 300일 근무)

① 3　　　　　　　② 4

③ 6　　　　　　　④ 7

$$MHT = \frac{수거인부 \times 수거인부 \ 총수거시간}{총수거량}$$

$$= \frac{500인 \times 8hr/day \times 300day/year}{400,000ton/year}$$

$$= 3MHT(man \cdot hr/ton)$$

15 폐기물의 관리단계 중 비용이 가장 많이 소요되는 단계는?

① 중간처리 단계

② 수거 및 운반 단계

③ 중간처리된 폐기물의 수송 단계

④ 최종처리 단계

폐기물관리에 소요되는 총비용 중 수거 및 운반단계가 60% 이상
을 차지한다. 즉 폐기물관리 시 비용이 가장 많이 든다.

16 폐기물의 밀도가 $400kg/m^3$인 것을 $800kg/m^3$의 밀도
 가 되도록 압축시킬 때 폐기물의 부피변화는?

① 30% 증가　　　　② 30% 감소

③ 40% 증가　　　　④ 50% 감소

$$부피감소율(VR) = \left(1 - \frac{V_f}{V_i}\right) \times 100(\%)$$

$$V_i = \frac{1ton}{0.4ton/m^3} = 2.5m^3$$

$$V_f = \frac{1ton}{0.8ton/m^3} = 1.25m^3$$

$$= \left(1 - \frac{1.25}{2.5}\right) \times 100 = 50\%(감소)$$

17 도시에서 폐기물 발생량이 185,000톤/년, 수거인부는 1
 일 550명, 인구는 250,000명이라고 할 때 1인 1일 폐기
 물 발생량(kg/인·day)은?(단, 1년 365일 기준)

① 2.03　　　　　　② 2.35

③ 2.45　　　　　　④ 2.77

폐기물 발생량(kg/인·일)

$$= \frac{발생폐기물량}{대상 \ 인구수}$$

$$= \frac{185,000ton/year \times year/365day \times 10^3 kg/ton}{250,000인}$$

$$= 2.03kg/인·일$$

18 폐기물 발생량 예측방법 중에서 각 인자들의 효과를 총괄
 적으로 나타내어 복잡한 시스템의 분석에 유용하게 적용
 할 있는 것은?

① 경향법

② 다중회귀모델

③ 동적모사모델

④ 인자분석모델

해설 **폐기물 발생량 예측방법**

방법(모델)	내용
경향법 (Trend Method) 경향예측모델	• 최저 5년 이상의 과거 처리 실적을 수식 model에 대하여 과거의 경향을 가지고 장래를 예측하는 방법 • 단지 시간과 그에 따른 쓰레기 발생량(또는 성상) 간의 상관관계만을 고려하며 이를 수식으로 표현하면 $x = f(t)$ • $x = f(t)$는 선형, 지수형, 대수형 등에서 가장 근사한 형태를 택함
다중회귀모델 (Multiple Regression Model)	• 하나의 수식으로 각 인자들의 효과를 총괄적으로 나타내어 복잡한 시스템의 분석에 유용하게 사용할 수 있는 쓰레기 발생량 예측방법 • 각 인자마다 효과를 파악하기보다는 전체 인자의 효과를 총괄적으로 파악하는 것이 간편하고 유용한 예측방법으로 시간을 단순히 하나의 독립된 종속인자로 대입 • 수식 $x = f(X_1 X_2 X_3 \cdots X_n)$, 여기서 $X_1 X_2 X_3 \cdots X_n$은 쓰레기 발생량에 영향을 주는 인자 ※ 인자 : 인구, 지역소득(GNP 또는 GRP), 자원회수량, 상품 소비량 또는 매출액(자원회수량, 사회적·경제적 특성이 고려됨)
동적모사모델 (Dynamic Simulation Model)	• 쓰레기 발생량에 영향을 주는 모든 인자를 시간에 대한 함수로 나타낸 후 시간에 대한 함수로 표현된 각 영향인자들 간의 상관관계를 수식화하는 방법 • 시간만을 고려하는 경향법과 시간을 단순히 하나의 독립적인 종속인자로 고려하는 다중회귀모델의 문제점을 보완한 예측방법 • Dynamo 모델 등이 있음

19 사업장에서 배출되는 폐기물을 감량화시키기 위한 대책으로 가장 거리가 먼 것은?

① 원료의 대체
② 공정 개선
③ 제품내구성 증대
④ 포장횟수의 확대 및 장려

해설 폐기물을 감량화하기 위해서는 포장횟수의 축소 및 상품의 포장공간비율을 최소화하여야 한다.

20 유기성 폐기물의 퇴비화에 있어서 초기 원료가 갖추어야 할 조건으로 가장 거리가 먼 것은?

① 적정 입자크기가 25~75mm가 적당하다.
② 공기공급은 50~200L/min · m^{3}가 적당하다.
③ 초기 수분함량은 20~30%가 적당하다.
④ 초기 C/N비는 25~50이 적당하다.

해설 **퇴비화 영향인자의 최적조건**
① C/N비 : 25~50
② 수분 : 50~60%
③ 온도 : 50~60℃(60~70℃)
④ pH : 6~8

제2과목 **폐기물처리기술**

21 점토차수층과 비교하여 합성수지계 차수막에 관한 설명으로 틀린 것은?

① 경제성 : 재료의 가격이 고가이다.
② 차수성 : Bentonite 첨가 시 차수성이 높아진다.
③ 적용지반 : 어떤 지반에도 가능하나 급경사에는 시공 시 주의가 요구된다.
④ 내구성 : 내구성은 높으나 파손 및 열화위험이 있으므로 주의가 요구된다.

해설 **합성차수막(FML ; Flexible Membrane Liner)**
① 자체의 차수성은 우수하나 파손에 의한 누수위험이 있다.
② 어떤 지반에도 적용 가능하나 시공 시 주의가 요구된다.
③ 내구성은 높으나 파손 및 열화의 위험이 있으므로 주의가 요구된다.
④ 투수계수가 낮고 점토차수재에 비해 두께가 얇아도 가능하므로 매립장 유효용량이 증가된다.
⑤ 점토에 비하여 가격은 고가이나 시공이 용이하다.
⑥ 차수설비인 복합차수층에서 일반적으로 합성차수막 바로 상부에 침출수집배수층이 위치한다.

[Note] 점토차수층은 벤토나이트(Bentonite) 첨가 시 차수성이 높아진다.

22 처리용량이 50kL/day인 혐기성 소화식 분뇨처리장에 가스저장탱크를 설치하고자 한다. 가스 저류시간을 8시간으로 하고 생성가스량을 투입 분뇨량의 6배로 가정한다면, 가스탱크의 용량(m^3)은?

① 90　　② 100　　③ 110　　④ 120

> 가스탱크용량(m^3)
> = 처리용량 × 저류시간
> = (50kL/24hr × 8hr × 1,000L/kL × m^3/1,000L) × 6
> = 100m^3

23 고형화처리방법 중 가장 흔히 사용되는 시멘트기초법의 장점에 해당하지 않는 것은?

① 원료가 풍부하고 값이 싸다.
② 다양한 폐기물을 처리할 수 있다.
③ 폐기물의 건조나 탈수가 필요하지 않다.
④ 낮은 pH에서도 폐기물 성분의 용출가능성이 없다.

> 시멘트기초법(시멘트 고형화법)
> ① 장점
>   ㉠ 재료의 값이 저렴하고 풍부하며 다양한 폐기물 처리가 가능하다.
>   ㉡ 시멘트 혼합과 처리기술이 잘 발달되어 있어 특별한 기술이 필요치 않으며 장치이용이 쉽다.
>   ㉢ 폐기물의 건조나 탈수가 불필요하다.
> ② 단점
>   ㉠ 낮은 pH에서 폐기물 성분의 용출 가능성이 있다.
>   ㉡ 시멘트 및 첨가제는 폐기물의 부피·중량을 증가시킨다.

24 함수율이 97%인 잉여슬러지 120m^3가 농축되어 함수율이 94%로 되었을 때 농축 잉여슬러지의 부피(m^3)는? (단, 슬러지 비중은 1.0)

① 40　　② 50　　③ 60　　④ 70

> 120m^3 × (1 − 0.97) = 농축 후 슬러지 부피(m^3) × (1 − 0.94)
> 농축 후 슬러지 부피 = $\frac{120m^3 \times 0.03}{0.06}$ = 60m^3

25 시멘트 고형화처리에 대한 설명으로 가장 거리가 먼 것은?

① 폐기물의 오염물질 용해도가 감소한다.
② 무기적 방법이며 대표적인 것으로 시멘트기초법, 석회기초법, 자가시멘트법이 있다.
③ 표면적 증가에 따른 운반비용이 증가한다.
④ 폐기물의 독성이 감소한다.

> 시멘트 고형화 처리로 표면적이 감소하여 운반비용이 감소한다.

26 매립지 가스발생량의 추정방법으로 가장 거리가 먼 것은?

① 화학양론적인 접근에 의한 폐기물 조성으로부터 추정
② BMP(Biological Methane Potential)법에 의한 메탄가스 발생량 조사법
③ 라이지미터(Lysimeter)에 의한 가스발생량 추정법
④ 매립지에 화염을 접근시켜 화력에 의해 추정하는 방법

> 매립지 가스발생량의 추정방법
> ① 화학양론적인 접근에 의한 폐기물 조성으로부터 추정
> ② BMP(Biological Methane Potential)법에 의한 메탄가스 발생량 조사법
> ③ 라이지미터(Lysimeter)에 의한 가스 발생량 추정법

27 매립지 기체 발생단계를 4단계로 나눌 때 매립 초기의 호기성 단계(혐기성 전단계)에 대한 설명으로 틀린 것은?

① 폐기물 내 수분이 많은 경우에는 반응 가속화된다.
② O_2가 대부분 소모된다.
③ N_2가 급격히 발생한다.
④ 주요 생성기체는 CO_2이다.

> 제1단계[호기성 단계 : 초기조절 단계]
> ① 호기성 유지상태(친산소성 단계)이다.
> ② 질소(N_2)와 산소(O_2)는 급격히 감소하고, 탄산가스(CO_2)는 서서히 증가하는 단계이며 가스의 발생량은 적다.
> ③ 산소는 대부분 소모한다. (O_2 대부분 소모, N_2 감소 시작)
> ④ 매립물의 분해속도에 따라 수일에서 수개월 동안 지속된다.
> ⑤ 폐기물 내 수분이 많은 경우에는 반응이 가속화되어 용존산소가 고갈되어 다음 단계로 빨리 진행된다.

28 육상 매립지로서 적합하지 않은 장소는?

① 표층수, 복류수가 없는 곳
② 단층지대
③ 지지력 2,400~2,900kg/m^2인 곳
④ 지하수위 1.5m 이상인 곳

> 육상매립지 선정 시 단층지대 등 자연재해 발생장소는 피한다.

2017

29 휘발성 유기화합물(VOCs)의 물리 · 화학적 특징으로 틀린 것은?

① 증기압이 높다.
② 물에 대한 용해도가 높다.
③ 생물농축계수(BCF)가 낮다.
④ 유기탄소 분배계수가 높다.

해설 휘발성 유기화합물(VOCs)의 유기탄소 분배계수는 낮다.

30 1일 쓰레기의 발생량이 10톤인 지역에서 트렌치 방식으로 매립장을 계획한다면 1년간 필요한 토지면적(m^2/년)은?(단, 도랑의 깊이=2.5m, 매립에 따른 쓰레기의 부피 감소율=60%, 매립 전 쓰레기 밀도=400kg/m^3, 기타조건을 고려하지 않음)

① 1,153
② 1,460
③ 2,410
④ 2,840

해설 연간매립면적(m^2/year)
$$= \frac{\text{폐기물발생량}}{\text{폐기물밀도} \times \text{깊이}} \times (1 - \text{부피감소율})$$
$$= \frac{10\text{ton/day} \times 365\text{day/year}}{0.4\text{ton/}m^3 \times 2.5\text{m}} \times (1 - 0.6)$$
$$= 1,460 m^2/\text{year}$$

31 침출수의 혐기성 처리에 대한 설명으로 틀린 것은?

① 고농도의 침출수를 희석 없이 처리할 수 있다.
② 온도, 중금속 등의 영향이 호기성 공정에 비해 작다.
③ 미생물의 낮은 증식으로 슬러지 발생량이 작다.
④ 호기성 공정에 비해 낮은 영양물 요구량을 가진다.

해설 침출수 혐기성 처리는 온도에 대한 영향이 크고 중금속에 의한 저해효과가 호기성 공정에 비해 크다.

32 매립공법 중 내륙매립공법에 관한 내용으로 틀린 것은?

① 셀(Cell)공법 : 쓰레기 비탈면의 경사는 15~25%의 구배로 하는 것이 좋다.
② 셀(Cell)공법 : 1일 작업하는 셀 크기는 매립처분량에 따라 결정된다.
③ 도랑형 공법 : 파낸 흙이 항상 남는데 이를 복토재로 이용할 수 있다.
④ 도랑형 공법 : 쓰레기를 투입하여 순차적으로 육지화하는 방법이다.

해설 쓰레기를 투입하여 순차적으로 육지화하는 방법은 해안매립 중 순차투입공법이다.

33 악취성 물질인 CH_3SH를 나타낸 것은?

① 메틸오닌
② 다이메틸설파이드
③ 메틸메르캅탄
④ 메틸케톤

해설 메틸메르캅탄
① 분자식 : CH_3SH
② 냄새 : 양배추 썩는 냄새
③ 발생원 : 석유정제, 가스제조, 분뇨, 축산

34 BOD가 15,000mg/L, Cl^-이 800mg/L인 분뇨를 희석하여 활성슬러지법으로 처리한 결과 BOD가 60mg/L, Cl^-이 40mg/L이었다면 활성슬러지법의 처리효율(%)은?(단, 희석수 중에 BOD, Cl^-은 없음)

① 90
② 92
③ 94
④ 96

해설 BOD 처리효율(%) $= \left(1 - \frac{BOD_o}{BOD_i}\right) \times 100$
$$BOD_o = 60\text{mg/L}$$
$$BOD_i = 15,000\text{mg/L} \times \left(\frac{40}{800}\right)$$
$$= 750\text{mg/L}$$
$$= \left(1 - \frac{60}{750}\right) \times 100 = 92\%$$

35 방사성 폐기물에 대한 설명으로 틀린 것은?

① 10Rem 이상의 고준위 폐기물과 10Rem 이하의 저준위 폐기물로 구분된다.
② 방사성폐기물은 폐기물관리법에 의하여 관리되고 있다.
③ 이들 폐기물은 감용/농축이나 고화처리를 하여 격리 처분하고 있다.
④ 외국의 경우 저준위 방사성 폐기물은 해양투기나 육지보관을 실시한다.

해설 방사성폐기물은 원자력안전법에 의하여 관리되고 있다.

36 매립지에 흔히 쓰이는 합성 차수막의 종류인 CR(Neoprene)에 관한 내용으로 가장 거리가 먼 것은?

① 대부분의 화학물질에 대한 저항성이 높다.
② 마모 및 기계적 충격에 약하다.
③ 접합이 용이하지 못하다.
④ 가격이 비싸다.

합성차수막 중 CR
① 장점
  ㉠ 대부분의 화학물질에 대한 저항성이 높음
  ㉡ 마모 및 기계적 충격에 강함
② 단점
  ㉠ 접합이 용이하지 못함
  ㉡ 가격이 고가임
[Note] 합성차수막 중 CR은 마모 및 기계적 충격에 강하다.

37 화학구조에 따른 활성탄의 흡착 정도에 대한 설명으로 가장 거리가 먼 것은?

① 수산기가 있으면 흡착률이 낮아진다.
② 불포화 유기물이 포화 유기물보다 흡착이 잘 된다.
③ 방향족의 고리수가 증가하면 일반적으로 흡착률이 증가한다.
④ 방향족 내 할로겐족의 수가 증가하면 일반적으로 흡착률이 감소한다.

방향족 내 할로겐족의 수가 증가하면 일반적으로 활성탄 흡착률이 증가한다.

38 퇴비화 과정의 영향인자에 대한 설명으로 가장 거리가 먼 것은?

① 슬러지 입도가 너무 작으면 공기유통이 나빠져 혐기성 상태가 될 수 있다.
② 슬러지를 퇴비화할 때 Bulking Agent를 혼합하는 주목적은 산소와 접촉면적을 넓히기 위한 것이다.
③ 숙성퇴비를 반송하는 것은 Seeding과 pH조정이 목적이다.
④ C/N비가 너무 높으면 유기물의 암모니아화로 악취가 발생한다.

C/N비가 높으면 유기산 등이 퇴비의 pH를 낮추고 미생물의 성장과 활동도 억제되며 질소 부족(C/N비 80 이상이면 질소결핍현상)으로 퇴비화가 잘 형성되지 않아 퇴비화의 소요기간이 길어진다.(폐기물 내 질소함량이 적은 것은 퇴비화가 잘 되지 않는다.)

39 기계식 반응조 퇴비화 공법에 관한 설명으로 가장 거리가 먼 것은?

① 퇴비화가 밀폐된 반응조 내에서 수행된다.
② 일반적으로 퇴비화 원료물질의 성분에 따라 수직형과 수평형으로 나누어 퇴비화를 수행한다.
③ 수직형 퇴비화 반응조 전체에 최적조건을 유지하기 어려워 생산된 퇴비의 질이 떨어질 수 있다.
④ 수평형 퇴비화 반응조는 수직형 퇴비화 반응조와 달리 공기흐름 경로를 짧게 유지할 수 있다.

기계식 반응조 퇴비화 공법은 일반적으로 원인물질의 혼합(교반)에 따라 수직형과 수평형으로 나누어 퇴비화를 수행한다.

40 토양오염의 예방대책으로 가장 거리가 먼 것은?

① 광산 및 채석장의 침전지 설치
② 비료의 적정량 사용
③ 토양오염 측정망 설치 · 운영
④ 상 · 하 토양의 치환

④항 상 · 하 토양의 치환은 토양오염의 사후대책이다.

제3과목 폐기물소각 및 열회수

41 소각로의 부식에 대한 설명으로 틀린 것은?

① 150~320℃에서는 부식이 잘 일어나지 않고 노점이 150℃ 이하의 온도에서는 저온부식이 발생한다.
② 320℃ 이상에서는 소각재가 침착된 금속면에서 고온부식이 발생한다.
③ 저온부식은 결로로 생성된 수분에 산성 가스 등의 부식성 가스가 용해되어 이온으로 해리되면서 금속부와 전기화학적 반응에 의한 금속염으로 부식이 진행된다.
④ 480℃까지는 염화철 또는 알칼리철 황산염 분해에 의한 부식이고, 700℃까지는 염화철 또는 알칼리철 황산염 생성에 의한 부식이 진행된다.

① 고온부식
  ㉠ 소각로화격자에서 고온부식은 국부적으로 연소가 심한 장소에서 화격자의 온도가 상승함에 따라 발생한다.
  ㉡ 소각로에서의 고온부식은 320℃ 이상에서 소각재가 침착된 금속 면에서 발생. 즉 가스 성분과 소각재 성분에 의하여 부식이 진행된다.

정답 36 ② 37 ④ 38 ④ 39 ② 40 ④ 41 ④

ⓒ 고온부식은 600~700℃에서 가장 심하고 700℃ 이상에서는 완만한 속도로 진행된다.

ⓔ 폐기물 내의 PVC는 소각로의 부식을 가속시킨다.

ⓜ 320~480℃ 사이에서는 염화철이나 알칼리철 황산염 생성에 의한 부식이 발생된다.

ⓗ 480~700℃ 사이에서는 염화철이나 알칼리철 황산염 분해에 의한 부식이 발생된다.

② 저온부식

ⓞ 소각로 내에 결로로 생성된 수분에 부식성 가스(SO_3 등)가 용해되어 이온상태로 해리되면서 금속부와 전기화학적 반응에 의해 금속염을 생성함에 따라 부식이 진행된다.

ⓛ 저온부식은 100~150℃에서 가장 심하고 150~320℃ 사이에서는 일반적으로 부식이 잘 일어나지 않는다.

ⓒ 250℃ 정도의 연소온도에서는 유황성분과 염소성분이 부식을 잘 일으킨다.

42 다이옥신(Dioxin)과 퓨란(Furan)의 생성기전에 대한 설명으로 옳지 않은 것은?

① 투입 폐기물 내에 존재하던 PCDD/PCDF가 연소 시 파괴되지 않고 배기가스 중으로 배출

② 전구물질(클로로페놀, 폴리염화바이페닐 등)이 반응을 통하여 PCDD/PCDF로 전환되어 생성

③ 여러 가지 유기물과 염소공여체로부터 생성

④ 약 800℃의 고온 촉매화 반응에 의해 분진으로부터 생성

해설 **소각로의 다이옥신류 배출경로**

① 폐기물 중에 존재하는 다이옥신류(PCDD/PCDF)가 분해되지 않고 배출

② PCDD/PCDF의 전구물질이 전환되어 배출

③ 소각과정에서 유기물에 염소공여체가 반응하여 생성 배출

④ 저온에서 촉매화 반응에 의해 분진과 결합하여 배출

43 폐기물의 소각에 따른 열 회수에 대한 설명으로 옳지 않은 것은?

① 회수된 열을 이용하여 전력만 생산할 경우 70~80%의 높은 에너지효율을 얻을 수 있다.

② 온수나 연소공기 예열 및 증기생산 등의 에너지 활용은 단순에너지 활용으로 소규모 소각방식에 적합하다.

③ 열병합방식을 활용하면 에너지의 활용을 극대화시킬 수 있다.

④ 열회수장치는 고온연소가스와 냉각수나 공기 사이에서 대류, 전도, 복사열 전달현상에 의하여 열을 회수한다.

해설 폐기물 소각에 따른 회수된 열을 이용하여 전력생산은 에너지 효율이 높지 않아 감소추세이며 지역난방열원 공급은 증가추세이다.

44 연소에 있어 검댕이의 생성에 대한 설명으로 가장 거리가 먼 것은?

① A중유<B중유<C중유 순으로 검댕이가 발생한다.

② 공기비가 매우 적을 때 다량 발생한다.

③ 중합, 탈수소축합 등의 반응을 일으키는 탄화수소가 적을수록 검댕이는 많이 발생한다.

④ 전열면 등으로 발열속도보다 방열속도가 빨라서 화염의 온도가 저하될 때 많이 발생한다.

해설 검댕(매연)은 중합, 탈수소축합 등의 반응을 일으키는 탄화수소가 클수록 많이 발생한다.

45 소각로 배출가스 중 염소(Cl_2)가스 농도가 0.5%인 배출가스 3,000Sm^3/hr를 수산화칼슘 현탁액으로 처리하고자 할 때 이론적으로 필요한 수산화칼슘의 양(kg/hr)은?(단, Ca 원자량=40)

① 약 12.4
② 약 24.8
③ 약 49.6
④ 약 62.1

해설 $2Cl_2 + 2Ca(OH)_2 \rightarrow CaCl_2 + Ca(OCl)_2 + 2H_2O$

$2 \times 22.4Sm^3 : 2 \times 74kg$

$3,000Sm^3/hr \times 5,000mL/m^3 \times m^3/10^6mL : Ca(OH)_2 (kg/hr)$

$$Ca(OH)_2 = \frac{3,000Sm^3/hr \times 5,000mL/m^3 \times m^3/10^6mL \times (2 \times 74)kg}{2 \times 22.4Sm^3} = 49.55kg/hr$$

46 소각 시 발생되는 황산화물(SOx)의 발생방지법으로 틀린 것은?

① 저황 함유연료의 사용

② 높은 굴뚝으로의 배출

③ 촉매산화법 이용

④ 입자이월의 최소화

해설 **황산화물 제거방법**

① 저황함유 연료의 사용

② 높은 굴뚝으로의 배출

③ 습식흡수법(석회의 현탁액, 암모니아수용액, 아황산나트륨 수용액 등)

④ 건식흡수법(석회흡수법, 알칼리성 알루미나법, 활성산화망 간법 등)

⑤ 전자선 조사법

⑥ 촉매산화법

[Note] 입자이월의 최소화를 통한 발생방지는 다이옥신 저감에 해당한다.

47 우리나라 폐기물관리법상 소각시설의 설치기준 중 연소실의 출구온도로 옳지 않은 것은?

① 일반소각시설 : 850℃ 이상

② 고온소각시설 : 1,100℃ 이상

③ 열분해시설 : 1,200℃ 이상

④ 고온용융시설 : 1,200℃ 이상

연소실의 출구온도(폐기물관리법)
① 일반소각 시설 : 850℃ 이상
② 고온소각 시설 : 1,100℃ 이상
③ 열분해시설 : 850℃ 이상
④ 고온용융시설 : 1,200℃ 이상

48 착화온도에 관한 설명으로 옳지 않은 것은?(단, 고체연료 기준)

① 분자구조가 간단할수록 착화온도는 낮다.

② 화학적으로 발열량이 클수록 착화온도는 낮다.

③ 화학반응성이 클수록 착화온도는 낮다.

④ 화학결합의 활성도가 클수록 착화온도는 낮다.

낮은 착화온도를 가질 수 있는 물질의 조건
① 연료의 분자구조가 간단할수록 착화온도는 높아진다.
② 연료의 화학결합의 활성도가 클수록 착화온도는 낮아진다.
③ 연료의 화학반응성이 클수록 착화온도는 낮아진다.
④ 동질물질인 경우 화학적으로 발열량이 클수록 착화온도는 낮아진다.
⑤ 공기 중의 산소농도 및 압력이 높을수록 착화온도는 낮아진다.
⑥ 석탄의 탄화도가 작을수록 착화온도는 낮아진다.
⑦ 비표면적이 클수록 착화온도는 낮아진다.

49 폐기물 소각 시 완전한 연소를 위해 필요한 조건이 아닌 것은?

① 적절히 높은 온도

② 충분한 접촉시간과 혼합이 된 상태

③ 충분한 산소 공급

④ 적절한 유동매체 보충공급

완전연소를 위한 필요조건은 3T, 즉 Time, Temperature, Turbulance이다.

50 폐기물의 원소 조성이 다음과 같을 때 완전연소에 필요한 이론공기량(Sm^3/kg)은?(단, 가연성분 : 70%(C=50%, H=10%, O=35%, S=5%), 수분 : 20%, 회분 : 10%)

① 3.4 ② 3.7 ③ 4.0 ④ 4.3

$A_o(Sm^3/kg) = \dfrac{1}{0.21}(1.867C + 5.6H + 0.7S - 0.7O)$

가연분 중 각 성분계산 :
C = 0.7×0.5 = 0.35
H = 0.7×0.1 = 0.07
O = 0.7×0.35 = 0.245
S = 0.7×0.05 = 0.035

$= \dfrac{1}{0.21}[(1.867 × 0.35) + (5.6 × 0.07) + (0.7 × 0.035) - (0.7 × 0.245)]$

$= 4.27 Sm^3/kg$

51 유동층연소의 단점 중 하나로는 부하변동에 따른 적응력이 나쁜 점이다. 이를 해결하기 위하여 연소율을 바꾸고자 할 때 적당하지 않은 것은?

① 층내의 연료비율을 변화시킨다.

② 공기분산판을 통합하여 층을 전체적으로 유동시킨다.

③ 유동층을 몇 개의 셀로 분할하여 부하에 따라 작동시키는 수를 변화시킨다.

④ 층의 높이를 변화시킨다.

유동층 연소의 부하변동에 따른 적응력이 나쁜 단점을 해결하기 위해서는 공기분산판을 분할하여 유동층에 공급하여 연소율을 변경시킨다.

52 프로판(C_3H_8)의 고위발열량이 24,300kcal/Sm^3일 때 저위발열량(kcal/Sm^3)은?

① 22,380 ② 22,840 ③ 23,340 ④ 23,820

$H_l = H_h - 480 × nH_2O$

$C_3H_8 + 5O_2 \rightarrow 3CO_2 + 4H_2O$

$= 24,300 - (480 × 4) = 22,380 kcal/Sm^3$

53 다단로소각로에 대한 설명으로 옳지 않은 것은?

① 신속한 온도반응으로 보조연료 사용 조절이 용이하다.

② 다량의 수분이 증발되므로 수분함량이 높은 폐기물의 연소가 가능하다.

③ 물리·화학적으로 성분이 다른 각종 폐기물을 처리할 수 있다.

④ 체류시간이 길어 휘발성이 적은 폐기물 연소에 유리하다.

해설 다단로 소각방식(Multiple Hearth)

① 장점

ㄱ 타 소각로에 비해 체류시간이 길어 연소효율이 높고, 특히 휘발성이 낮은 폐기물 연소에 유리하다.

ㄴ 다량의 수분이 증발되므로 수분함량이 높은 폐기물도 연소가 가능하다.

ㄷ 물리·화학적 성분이 다른 각종 폐기물을 처리할 수 있다. 즉, 다양한 질의 폐기물에 대하여 혼소가 가능하다.

ㄹ 많은 연소영역이 있으므로 연소효율을 높일 수 있다.(국소 연소를 피할 수 있음)

ㅁ 보조연료로 다양한 연료(천연가스, 프로판, 오일, 석탄가루, 폐유 등)를 사용할 수 있다.

ㅂ 클링커 생성을 방지할 수 있다.

ㅅ 온도제어가 용이하고 동력이 적게 들며 운전비가 저렴하다.

② 단점

ㄱ 체류시간이 길어 온도반응이 느리다.(휘발성이 적은 폐기물 연소에 유리)

ㄴ 늦은 온도반응 때문에 보조연료 사용을 조절하기 어렵다.

ㄷ 분진발생률이 높다.

ㄹ 열적 충격이 쉽게 발생하고 내화물이나 상에 손상을 초래한다.(내화재의 손상을 방지하기 위해 1,000℃ 이상으로 운전하지 않는 것이 좋음)

ㅁ 가동부(교반팔, 회전중심축)가 있으므로 유지비가 높다.

ㅂ 유해폐기물의 완전분해를 위해서는 2차 연소실이 필요하다.

54 폐기물의 원소조성 성분을 분석해보니 C=51.9%, H=7.62%, O=38.15%, N=2.0%, S=0.33%이었다면 고위발열량(kcal/kg)은?(단, $H_h = 8,100C + 34,000\left(H - \dfrac{O}{8}\right) + 2,500S$)

① 약 8,800 ② 약 7,200

③ 약 6,100 ④ 약 5,200

해설 H_h (kcal/kg)

$$= 8,100C + 34,000\left(H - \frac{O}{8}\right) + 2,500S$$

$$= (8,100 \times 0.519) + \left[34,000\left(0.0762 - \frac{0.3815}{8}\right)\right]$$

$$+ (2,500 \times 0.0033) = 5,181.58 \text{kcal/kg}$$

55 소각로에서 배출되는 비산재(Fly Ash)에 대한 설명으로 옳지 않은 것은?

① 입자 크기가 바닥재보다 미세하다.

② 유해물질을 함유하고 있지 않아 일반폐기물로 취급된다.

③ 폐열보일러 및 연소가스 처리설비 등에서 포집된다.

④ 시멘트 제품생산을 위한 보조원료로 사용 가능하다.

해설 비산재는 유해물질을 함유하고 있어 지정폐기물로 취급된다.

56 연소설비의 열효율 정의에 대한 설명으로 틀린 것은?

① 열효율 $\eta = \dfrac{\text{공급 열}}{\text{유효 열}} \times 100(\%)$로 표시한다.

② 공급열은 열수지에서 입열 전부를 취하는 경우와 연료의 연소열만을 취하는 경우가 있다.

③ 유효열을 연소에 의한 생성열의 증발, 건조, 가열에 이용하는 경우 100% 이용이 불가능하다.

④ 유효열은 복사전도에 의한 열손실, 배가스의 현열 손실, 불완전연소에 의한 손실열 등을 공급열에서 뺀 값이다.

해설 열효율(%) $= \dfrac{\text{유효열}}{\text{공급입열}} \times 100$

57 사이클론(Cyclone) 집진장치에 대한 설명으로 틀린 것은?

① 원심력을 활용하는 집진장치이다.

② 설치면적이 작고 운전비용이 비교적 적은 편이다.

③ 온도가 높을수록 포집효율이 높다.

④ 사이클론 내부에서 먼지는 벽면과 마찰을 일으켜 운동에너지를 상실한다.

해설 사이클론(Cyclone)의 집진효율은 온도가 낮을수록 포집효율이 높다.

58 고체 및 액체연료의 이론적인 습윤연소 가스량을 산출하는 계산식이다. ㉠, ㉡ 값으로서 적당한 것은?

$$G_{ow} = 8.89C + 32.3H + 3.3S + 0.8N + (㉠)W - (㉡)O(Sm^3/kg)$$

① ㉠ 1.12, ㉡ 1.32
② ㉠ 1.24, ㉡ 2.64
③ ㉠ 2.48, ㉡ 5.28
④ ㉠ 4.96, ㉡ 10.56

🗨 $G_{ow} = A_o + 5.6H + 0.7O + 0.8N + 1.244W[Sm^3/kg]$
$\quad = 0.79A_o + 1.867C + 0.7S + 0.8N + 11.2H + 1.244W$
$\quad = 8.89C + 32.3H + 3.3S + 0.8N + 1.24W - 2.64O$

59 폐기물 처리공정에서 소각공정과 열분해공정을 비교한 설명으로 틀린 것은?

① 소각공정은 산소가 존재하는 조건에서 시행되고, 열분해공정은 산소가 거의 없거나 무산소 상태에서 진행된다.
② 열분해공정은 소각공정에 비하여 배기가스량이 많다.
③ 열분해공정은 소각공정에 비하여 NOx(질소산화물) 발생량이 적다.
④ 소각공정은 발열반응이나 열분해공정은 흡열반응이다.

🗨 **열분해공정이 소각에 비하여 갖는 장점**
① 대기로 방출하는 배기가스양이 적게 배출된다.(가스처리장치가 소형화)
② 황, 중금속분이 Ash(회분) 중에 고정되는 비율이 크다.
③ 상대적으로 저온이기 때문에 NOx(질소산화물), 염화수소의 발생량이 적다.
④ 환원기가 유지되므로 Cr^{3+}이 Cr^{6+}으로 변화하기 어려우며 대기오염물질의 발생이 적다.(크롬산화 억제)
⑤ 폐플라스틱, 폐타이어, 오니류 등 스토커 소각처리가 곤란한 물질도 처리 가능하다.
⑥ 공기공급장치의 소형화 및 감량화로 매립용량이 감소한다.
⑦ 소각에 비교하여 생제생물의 정제장치가 필요하다.
⑧ 고온용융식을 이용하면 재를 고형화할 수 있고 중금속의 용출이 없어서 자원으로 활용할 수 있다.
⑨ 저장 및 수송이 가능한 연료를 회수할 수 있다.

60 공기비가 클 때 일어나는 현상으로 가장 거리가 먼 것은?

① 연소가스가 폭발할 위험이 커진다.
② 연소실의 온도가 낮아진다.
③ 부식이 증가한다.
④ 열손실이 커진다.

🗨 **공기비의 영향**
① m이 클 경우
 ㉠ 연소실 내에서 연소온도가 낮아진다.
 ㉡ 통풍력이 증대되어 배기가스에 의한 열손실이 커진다.
 ㉢ 배기가스 중 SOx(황산화물), NOx(질소산화물)의 함량이 증가하여 연소장치의 부식에 크게 영향을 미친다.
② m이 작을 경우
 ㉠ 배기가스 내 매연의 발생이 크다.(불완전 연소로 인함)
 ㉡ 연소가스의 폭발위험성이 크다.(불완전 연소로 인함)
 ㉢ 열손실에 큰 영향을 준다.
 ㉣ CO, HC의 오염물질 농도가 증가한다.

제4과목 **폐기물공정시험기준(방법)**

61 자외선/가시선 분광법으로 크롬을 측정할 때 시료 중 총 크롬을 6가크롬으로 산화시키는 데 사용되는 시약은?

① 과망간산칼륨
② 이염화주석
③ 시안화칼륨
④ 디티오황산나트륨

🗨 **크롬 – 자외선/가시선 분광법**
시료 중에 총 크롬을 과망간산칼륨을 사용하여 6가크롬으로 산화시킨 다음 산성에서 다이페닐카바자이드와 반응하여 생성되는 적자색 착화합물의 흡광도를 540nm에서 측정하여 총 크롬을 정량하는 방법이다.

62 폐기물로부터 유류 추출 시 에멀션을 형성하여 액층이 분리되지 않을 경우 조작법으로 옳은 것은?

① 염화제이철 용액 4mL를 넣고 pH를 7~9로 하여 자석교반기로 교반한다.
② 메틸오렌지를 넣고 황색이 적색이 될 때까지 (1+1) 염산을 넣는다.
③ 노말헥산층에 무수황산나트륨을 넣어 수분간 방치한다.
④ 에멀션층 또는 헥산층에 적당량의 황산암모늄을 넣고 환류냉각관을 부착한 후 80℃ 물중탕에서 가열한다.

🗨 **기름성분 – 중량법**
추출 시 에멀션을 형성하여 액층이 분리되지 않거나 노말헥산층이 탁할 경우에는 분별깔때기 안의 수층을 원래의 시료용기에 옮기고, 에멀션층 또는 헥산층에 약 10g의 염화나트륨 또는 황산암모늄을 넣어 환류냉각관(약 300mm)을 부착하고 80℃ 물중탕에서 약 10분간 가열 분해한 다음 시험기준에 따라 시험한다.

2017

정답 **58** ② **59** ② **60** ① **61** ① **62** ④

63 유도결합플라스마 – 원자발광분광법에 대한 설명으로 틀린 것은?

① 바닥상태의 원자가 이 원자 증기층을 투과하는 특유 파장의 빛을 흡수하는 현상을 이용한다.
② 아르곤가스를 플라스마 가스로 사용하여 수정발진식 고주파 발생기로부터 발생된 주파수 영역에서 유도코 일에 의하여 플라스마를 발생시킨다.
③ 아르곤플라스마를 점등시키려면 테슬라코일에 방전하여 알곤가스의 일부가 전리되도록 한다.
④ 유도결합플라스마의 중심부는 저온, 저전자 밀도가 형성되며 화학적으로 불활성이다.

해설 ①항은 원자흡수분광광도법의 내용이다.

64 십억분율(Parts Per Billion)을 표시하는 기호는?

① % ② g/L
③ ppm ④ μg/L

해설 십억분율(ppb)
① μg/L ② μg/kg

65 정량한계에 관한 내용으로 ( )에 옳은 것은?

정량한계란 시험분석 대상을 정량화할 수 있는 측정값으로서, 제시된 정량한계 부근의 농도를 포함하도록 시료를 준비하고 이를 반복 측정하여 얻은 결과의 표준편차(s)에 ( )한 값을 사용한다.

① 3배 ② 3.3배
③ 5배 ④ 10배

해설 정량한계(LOQ)
① 시험분석 대상을 정량화할 수 있는 측정값을 말한다.
② 표준편차×10

66 트리클로로에틸렌 정량을 위한 전처리 및 분석방법에 대한 설명으로 틀린 것은?

① 휘발성이 있으므로 마개 있는 시험관이나 삼각 플라스크를 사용한다.
② 시료의 전처리 시 진탕기를 이용하여 6시간 연속 교반한다.

③ 시료와 용매의 혼합액이 삼각플라스크의 용량과 비슷한 것을 사용하여 삼각플라스크 상부의 Headspace를 가능한 한 적게 한다.
④ 유지시간에 해당하는 크로마토그램의 피크 높이 또는 면적을 측정하여 표준액 농도와의 관계선을 작성한다.

해설 시료의 전처리는 시료약 0.5g을 정확히 달아 50mL의 부피플라스크에 넣고, 즉시 희석용 용매로 눈금까지 채운 다음 마개를 하여 흔들어 섞는다.

67 시료의 전처리 방법과 사용되는 용액의 산 농도 값과 일치하지 않는 것은?

① 질산에 의한 유기물분해 : 약 0.7M
② 질산–염산에 의한 유기물분해 : 약 0.5M
③ 질산–황산에 의한 유기물분해 : 약 0.6M
④ 질산–과염소산에 의한 유기물분해 : 약 0.8M

해설 질산–황산 분해법에 의한 용액 산 농도는 약 1.5~3.0M이다.

68 시료의 수분함량이 85% 이상이면 용출시험 결과를 보정하는 이유는?

① 수분함량에 따라 중금속농도 분석오차가 다르기 때문에
② 수분함량에 따라 유기물 농도가 변하기 때문에
③ 수분함량에 따라 소각 시 중금속 용출이 다르기 때문에
④ 매립을 위한 최대 함수율 기준이 정해져 있기 때문에

해설 용출시험은 고상 및 반고상폐기물에 대하여 폐기물관리법에서 규정하고 있는 지정폐기물의 판정 및 지정폐기물의 중간처리방법 또는 매립방법을 결정하기 위한 실험에 적용한다.

69 기체크로마토그래피를 이용한 유기인 분석에 관한 설명으로 가장 거리가 먼 것은?

① 검출기는 불꽃광도검출기(FPD)를 사용한다.
② 규산 컬럼 또는 실리카겔 컬럼을 사용하여 시료를 농축한다.
③ 컬럼온도는 40~280℃로 사용한다.
④ 유기인 화합물 중 이피엔, 파라티온, 메틸디메톤, 다이아지온, 펜토에이트의 측정에 적용된다.

해설 기체크로마토그래피(유기인 분석)에서는 구데르나다니쉬 농축기를 사용하여 시료를 농축한다.

70 폐기물 시료에 대해 강열감량과 유기물 함량을 조사하기 위해 다음과 같은 실험을 하였다. 아래와 같은 결과를 이용한 강열감량(%)은?

- 600±25℃에서 30분간 강열하고 데시케이터 안에서 방냉 후 접시의 무게(W_1) : 48.256g
- 여기에 시료를 취한 후 접시와 시료의 무게(W_2) : 73.352g
- 여기에 25% 질산암모늄용액을 넣어 시료를 적시고 천천히 가열하여 탄화시킨 다음 600±25에서 3시간 강열하고 데시케이터 안에서 방랭 후 무게(W_3) : 52.824g

① 약 74% 　　　② 약 76%
③ 약 82% 　　　④ 약 89%

강열감량(%) $= \dfrac{W_2 - W_3}{W_2 - W_1} \times 100$

$= \dfrac{(73.352 - 52.824)g}{(73.352 - 48.256)g} \times 100 = 81.80\%$

71 다음 조건에서 폐기물의 강열감량(%)과 유기물 함량(%)은?(단, 탄화(강열) 전의 도가니 + 시료 무게 : 74.59g, 탄화(강열) 후의 도가니 + 시료 무게 : 55.23g, 도가니 무게 : 50. 43g, 수분 20%, 고형물 80%)

① 강열감량 : 약 25%, 유기물 함량 : 약 75%
② 강열감량 : 약 25%, 유기물 함량 : 약 94%
③ 강열감량 : 약 80%, 유기물 함량 : 약 75%
④ 강열감량 : 약 80%, 유기물 함량 : 약 94%

강열감량(%) $= \dfrac{W_2 - W_3}{W_2 - W_1} \times 100$

$= \dfrac{(74.59 - 55.23)g}{(74.59 - 50.43)g} \times 100 = 80.13\%$

유기물 함량(%) $= \dfrac{\text{휘발성 고형물}}{\text{고형물}} \times 100$

$= \dfrac{\text{강열감량} - \text{수분}}{\text{고형물}} \times 100$

$= \dfrac{(80.13 - 20)\%}{80\%} \times 100 = 75.16\%$

72 원자흡수분광광도법에 의한 수은(Hg)의 측정방법에 관한 내용으로 틀린 것은?

① 환원기화장치를 사용하여 수은증기를 발생시킨다.
② 시료 중의 수은을 금속수은으로 환원시키려면 이염화주석용액이 필요하다.
③ 황산 산성에서 방해 성분과 분리한 다음 알칼리성에서 디티존사염화탄소로 수은을 추출한다.
④ 시료 중 벤젠, 아세톤 등의 휘발성 유기물질도 253.7nm에서 흡광도를 나타내므로 추출 분리 후 시험한다.

③의 내용은 수은의 자외선/가시선 분광법 내용이다.

73 자외선/가시선 분광법으로 카드뮴 정량 시 쓰이는 시약과 그 용도가 잘못 짝지어진 것은?

① 발색시약 : 디티존
② 시료의 전처리 : 질산－황산
③ 추출용매 : 사염화탄소
④ 억제제 : 황화나트륨

카드뮴 － 자외선/가시선 분광법(디티존법)
시료 중에 카드뮴 이온을 시안화칼륨이 존재하는 알칼리성에서 디티존과 반응시켜 생성하는 카드뮴착염을 사염화탄소로 추출하고, 추출한 카드뮴착염을 타타르산용액으로 역추출한 다음 수산화나트륨과 시안화칼륨을 넣어 디티존과 반응하여 생성하는 적색의 카드뮴착염을 사염화탄소로 추출하여 그 흡광도를 520nm에서 측정하는 방법이다.

74 pH 측정(유리전극법)의 내부정도관리 주기 및 목표 기준에 대한 설명으로 옳은 것은?

① 시료를 측정하기 전에 표준용액 2개 이상으로 보정한다.
② 시료를 측정하기 전에 표준용액 3개 이상으로 보정한다.
③ 정도관리 목표(정도관리 항목 : 정밀도)는 ±0.01 이내이다.
④ 정도관리 목표(정도관리 항목 : 정밀도)는 ±0.03 이내이다.

pH 측정(유리전극법)
① 보정 : 시료를 측정하기 전에 표준용액 2개 이상으로 보정한다.
② 정도관리 목표값
　정밀도 : ±0.05 이내

정답 **70** ③ 　**71** ③ 　**72** ③ 　**73** ④ 　**74** ①

75 원자흡수분광광도법으로 구리를 측정할 때 정밀도(RDS)는?(단, 정량한계는 0.008mg/L)

① ± 10% 이내   ② ± 15% 이내

③ ± 20% 이내   ④ ± 25% 이내

해설 구리 – 원자흡수분광광도법
① 정량한계 : 0.008mg/L
② 정밀도(RSD) : ±25% 이내

76 중금속시료(염화암모늄, 염화마그네슘, 염화칼슘 등이 다량 함유된 경우)의 전처리 시 회화에 의한 유기물의 분해과정 중에 휘산되어 손실을 가져오는 중금속으로 거리가 가장 먼 것은?

① 크롬   ② 납

③ 철   ④ 아연

해설 회화법
① 적용
목적성분이 400℃ 이상에서 휘산되지 않고 쉽게 회화될 수 있는 시료에 적용한다.
② 주의
㉠ 시료 중에 염화암모늄, 염화마그네슘, 염화칼슘 등이 다량 함유된 경우에는 납, 철, 주석, 아연, 안티몬 등이 휘산되어 손실을 가져오므로 주의한다.
㉡ 액상폐기물 시료 또는 용출용액 적당량을 취하여 백금, 실리카 또는 사기제 증발접시에 넣고 수욕 또는 열판에서 가열하여 증발 건조한다. 용기를 회화로에 옮기고 400~500℃에서 가열하여 잔류물을 회화시킨 다음 방랭하고 염산(1+1) 10mL를 넣어 열판에서 가열한다.

77 유기물 함량이 비교적 높지 않고 금속의 수산화물, 산화물, 인산염 및 황화물을 함유하고 있는 시료에 적용되는 전처리 방법으로 가장 적합한 것은?

① 질산 – 염산 분해법
② 질산 – 황산 분해법
③ 질산 – 과염소산 분해법
④ 질산 – 불화수소산 분해법

해설 질산 – 염산 분해법
① 적용
유기물 함량이 비교적 높지 않고 금속의 수산화물, 산화물, 인산염 및 황화물을 함유하고 있는 시료에 적용한다.
② 용액 산농도 : 약 0.5N

78 유도결합플라스마 – 원자발광분광법의 장치에 포함되지 않는 것은?

① 시료주입부, 고주파전원부
② 광원부, 분광부
③ 운반가스유로, 가열오븐
④ 연산처리부

해설 유도결합플라스마 – 원자발광분광법 구성장치
① 시료주입부
② 고주파 전원부
③ 광원부
④ 분광부 및 측광부
⑤ 연산처리부

79 3,000g의 시료에 대하여 원추 4분법을 5회 조작하여 최종 분취된 시료(g)는?

① 약 31.3   ② 약 62.5

③ 약 93.8   ④ 약 124.2

해설 최종시료$(g) = \left(\dfrac{1}{2}\right)^n \times$시료$= \left(\dfrac{1}{2}\right)^5 \times 3{,}000g = 93.75g$

80 10mm셀을 사용하여 흡광도를 측정한 결과 흡광도가 0.5였다. 이 정색액에 5mm의 셀을 사용한다면 흡광도는?

① 0.1   ② 0.25

③ 1   ④ 2

해설 흡광도와 셀의 길이는 비례$(A = \varepsilon d)$하므로
10mm : 0.5 = 5mm : 흡광도
흡광도$= \dfrac{0.5 \times 5mm}{10mm} = 0.25$

제5과목   폐기물관계법규

81 폐기물중간처리업의 기준에서 지정폐기물 외의 폐기물(건설폐기물은 제외한다.)을 중간처리하는 경우 시설기준으로 틀린 것은?

① 소각시설(소각전문의 경우) : 시간당 처분능력 2톤 이상
② 처분시설(기계적 처분전문의 경우) : 시간당 처분능력 200킬로그램 이상

③ 처분시설(화학적 처분 또는 생물학적 처분전문의 경우) : 1일 처리능력 10톤 이상

④ 보관시설(소각전문의 경우) : 1일 처분능력의 10일분 이상 30일분 이하의 폐기물을 보관할 수 있는 규모의 시설

폐기물 중간 처분업의 시설 · 장비 · 기술능력의 기준
지정폐기물 외의 폐기물(건설폐기물은 제외한다)을 중간처분하는 경우
① 소각전문의 경우
  ㉠ 실험실
  ㉡ 시설 및 장비
    소각시설 : 시간당 처분능력 2톤 이상
    ⓐ 보관시설 : 1일 처분능력의 10일분 이상 30일분 이하의 폐기물을 보관할 수 있는 규모의 시설
    ⓑ 계량시설 1식 이상
    ⓒ 배출가스의 오염물질 중 아황산가스 · 염화수소 · 질소산화물 · 일산화탄소 및 분진을 측정 · 분석할 수 있는 실험기기
    ⓓ 수집 · 운반차량 1대 이상(처분대상 폐기물을 스스로 수집 · 운반하는 경우만 해당한다)
  ㉢ 기술능력 : 폐기물처리산업기사 또는 대기환경산업기사 중 1명 이상
② 기계적 처분전문의 경우
  ㉠ 시설 및 장비
    ⓐ 처분시설 : 시간당 처분능력 200킬로그램 이상
    ⓑ 보관시설 : 1일 처분능력의 10일분 이상 30일분 이하의 폐기물을 보관할 수 있는 규모의 시설
    ⓒ 계량시설 1식 이상
    ⓓ 수집 · 운반차량 1대 이상(처분대상 폐기물을 스스로 수집 · 운반하는 경우만 해당한다)
  ㉡ 기술능력 : 폐기물처리산업기사 · 대기환경산업기사 · 수질환경산업기사 · 소음진동산업기사 또는 환경기능사 중 1명 이상
③ 화학적 처분 또는 생물학적 처분전문의 경우
  ㉠ 시설 및 장비
    ⓐ 처분시설 : 1일 처분능력 5톤 이상
    ⓑ 보관시설 : 1일 처분능력의 10일분 이상 30일분 이하의 폐기물을 보관할 수 있는 규모의 시설(부패와 악취 발생의 방지를 위하여 수집 · 운반 즉시 처분하는 생물학적 처분시설을 갖춘 경우 보관시설을 설치하지 아니할 수 있다)
    ⓒ 계량시설 1식 이상
    ⓓ 수집 · 운반차량 1대 이상(처분대상 폐기물을 스스로 수집 · 운반하는 경우만 해당한다)
  ㉡ 기술능력 : 폐기물처리산업기사 · 대기환경산업기사 · 수질환경산업기사 또는 공업화학산업기사 중 1명 이상

82 사후관리이행보증금의 사전적립 대상이 되는 폐기물을 매립하는 시설의 규모기준으로 가장 적합한 것은?

① 면적 3천 300m² 이상인 시설
② 면적 1만 m² 이상인 시설
③ 용적 3천 300m³ 이상인 시설
④ 용적 1만 m³ 이상인 시설

해설 사후관리이행보증금의 사전적립 대상이 되는 폐기물을 매립하는 시설은 면적이 3천 300제곱미터 이상인 시설로 한다.

83 폐기물 처리시설인 재활용시설 중 기계적 재활용시설의 종류로 틀린 것은?

① 절단시설(동력 7.5kW 이상인 시설로 한정한다.)
② 응집 · 침전시설(동력 7.5kW 이상인 시설로 한정한다.)
③ 압축 · 압출 · 성형 · 주조시설(동력 7.5kW 이상인 시설로 한정한다.)
④ 파쇄 · 분쇄 · 탈피시설(동력 15kW 이상인 시설로 한정한다.)

해설 **폐기물처리시설의 종류(재활용시설)**
① 기계적 재활용시설
  ㉠ 압축 · 압출 · 성형 · 주조시설(동력 7.5kW 이상인 시설로 한정한다.)
  ㉡ 파쇄 · 분쇄 · 탈피시설(동력 15kW 이상인 시설로 한정한다.)
  ㉢ 절단시설(동력 7.5kW 이상인 시설로 한정한다.)
  ㉣ 용융 · 용해시설(동력 7.5kW 이상인 시설로 한정한다.)
  ㉤ 연료화시설
  ㉥ 증발 · 농축시설
  ㉦ 정제시설(분리 · 증류 · 추출 · 여과 등의 시설을 이용하여 폐기물을 재활용하는 단위시설을 포함한다.)
  ㉧ 유수 분리시설
  ㉨ 탈수 · 건조시설
  ㉩ 세척시설(철도용 폐목재 받침목을 재활용하는 경우로 한정한다.)
② 화학적 재활용시설
  ㉠ 고형화 · 고화시설
  ㉡ 반응시설(중화 · 산화 · 환원 · 중합 · 축합 · 치환 등의 화학반응을 이용하여 폐기물을 재활용하는 단위시설을 포함한다.)
  ㉢ 응집 · 침전시설
③ 생물학적 재활용시설
  ㉠ 1일 재활용 능력이 100kg 이상인 시설(부숙시설, 사료화시설, 퇴비화시설, 동애등에 분변토 생산시설, 부숙토 생산시설)
  ㉡ 호기성 · 혐기성 분해시설
  ㉢ 버섯재배시설

84 환경부장관이나 시·도지사가 폐기물처리업자에게 영업의 정지를 명령하려는 때 그 영업의 정지가 천재지변이나 그 밖에 부득이한 사유로 해당 영업을 계속하도록 할 필요가 있다고 인정되는 경우에 그 영업의 정지를 갈음하여 부과할 수 있는 최대 과징금은?

① 5천만 원 ② 1억 원
③ 2억 원 ④ 3억 원

해설 **폐기물처리업자에 대한 과징금 처분**

환경부장관이나 시·도지사는 폐기물처리업자에게 영업의 정지를 명령하려는 때 그 영업의 정지가 다음 각 호의 어느 하나에 해당한다고 인정되면 대통령령으로 정하는 바에 따라 그 영업의 정지를 갈음하여 1억 원 이하의 과징금을 부과할 수 있다.
① 해당 영업의 정지로 인하여 그 영업의 이용자가 폐기물을 위탁처리하지 못하여 폐기물이 사업장 안에 적체됨으로써 이용자의 사업활동에 막대한 지장을 줄 우려가 있는 경우
② 해당 폐기물처리업자가 보관 중인 폐기물이나 그 영업의 이용자가 보관 중인 폐기물의 적체에 따른 환경오염으로 인하여 인근지역 주민의 건강에 위해가 발생되거나 발생될 우려가 있는 경우
③ 천재지변이나 그 밖의 부득이한 사유로 해당 영업을 계속하도록 할 필요가 있다고 인정되는 경우

85 다음 용어의 정의로 틀린 것은?

① "환경용량"이란 일정한 지역에서 환경오염 또는 환경훼손에 대하여 환경이 스스로 수용·정화 및 복원하여 환경의 질을 유지할 수 있는 한계를 말한다.
② "생활환경"이란 대기, 물, 토양, 폐기물, 소음·진동, 악취, 일조 등 사람의 일상생활과 관계되지 않는 환경을 말한다.
③ "자연환경"이란 지하·지표(해양을 포함한다.) 및 지상의 모든 생물과 이들을 둘러싸고 있는 비생물적인 것을 포함한 자연의 상태(생태계 및 자연경관을 포함한다.)를 말한다.
④ "환경보전"이란 환경오염 및 환경훼손으로부터 환경을 보호하고 오염되거나 훼손된 환경을 개선함과 동시에 쾌적한 환경의 상태를 유지·조성하기 위한 행위를 말한다.

해설 **환경정책기본법상 용어**
① '환경'이란 자연환경과 생활환경을 말한다.
② '자연환경'이란 지하·지표(해양을 포함한다.) 및 지상의 모든 생물과 이들을 둘러싸고 있는 비생물적인 것을 포함한 자연의 상태(생태계 및 자연경관을 포함한다.)를 말한다.
③ '생활환경'이란 대기, 물, 토양, 폐기물, 소음·진동, 악취, 일

조(日照) 등 사람의 일상생활과 관계되는 환경을 말한다.
④ '환경오염'이란 사업활동 및 그 밖의 사람의 활동에 의하여 발생하는 대기오염, 수질오염, 토양오염, 해양오염, 방사능오염, 소음·진동, 악취, 일조 방해 등으로서 사람의 건강이나 환경에 피해를 주는 상태를 말한다.
⑤ '환경훼손'이란 야생동식물의 남획(濫獲) 및 그 서식지의 파괴, 생태계 질서의 교란, 자연경관의 훼손, 표토(表土)의 유실 등으로 자연환경의 본래적 기능에 중대한 손상을 주는 상태를 말한다.
⑥ '환경보전'이란 환경오염 및 환경훼손으로부터 환경을 보호하고 오염되거나 훼손된 환경을 개선함과 동시에 쾌적한 환경 상태를 유지·조성하기 위한 행위를 말한다.
⑦ '환경용량'이란 일정한 지역에서 환경오염 또는 환경훼손에 대하여 환경이 스스로 수용, 정화 및 복원하여 환경의 질을 유지할 수 있는 한계를 말한다.
⑧ '환경기준'이란 국민의 건강을 보호하고 쾌적한 환경을 조성하기 위하여 국가가 달성하고 유지하는 것이 바람직한 환경상의 조건 또는 질적인 수준을 말한다.

86 폐기물처리 신고자에게 처리금지를 갈음하여 부과할 수 있는 최대 과징금은?

① 1천만 원 ② 2천만 원
③ 5천만 원 ④ 1억 원

해설 **폐기물처리 신고자에 대한 과징금 처분**
시·도지사는 폐기물처리 신고자가 처리금지를 명령하여야 하는 경우 그 처리금지가 다음 각 호의 어느 하나에 해당한다고 인정되면 대통령령으로 정하는 바에 따라 그 처리금지를 갈음하여 2천만 원 이하의 과징금을 부과할 수 있다.
① 해당 재활용사업의 정지로 인하여 그 재활용사업의 이용자가 폐기물을 위탁처리하지 못하여 폐기물이 사업장 안에 적체됨으로써 이용자의 사업활동에 막대한 지장을 줄 우려가 있는 경우
② 해당 재활용사업체에 보관 중인 폐기물 또는 그 재활용사업의 이용자가 보관 중인 폐기물의 적체에 따른 환경오염으로 인하여 인근지역 주민의 건강에 위해가 발생되거나 발생될 우려가 있는 경우
③ 천재지변이나 그 밖의 부득이한 사유로 해당 재활용사업을 계속하도록 할 필요가 있다고 인정되는 경우

87 폐기물관리법에서 사업장폐기물을 배출하는 사업장 범위의 기준으로 맞는 것은?

① 건설공사로 인하여 폐기물을 1일 평균 500kg 이상 배출하는 사업장
② 수질 및 수생태계 보전에 관한 법률 규정에 의한 가축분뇨 처리시설을 관리하는 사업장

③ 폐기물을 1일 평균 300kg 이상을 배출하는 사업장

④ 폐기물을 일련의 공사, 작업 등으로 인하여 1일 평균 1톤 이상을 배출하는 사업장

해설 **사업장의 범위**
① 「물환경보전법」에 따라 공공폐수처리시설을 설치·운영하는 사업장
② 「하수도법」에 따라 공공하수처리시설을 설치·운영하는 사업장
③ 「하수도법」에 따른 분뇨처리시설을 설치·운영하는 사업장
④ 「가축분뇨의 관리 및 이용에 관한 법률」에 따라 공공처리시설을 설치·운영하는 사업장
⑤ 폐기물처리시설(폐기물처리업의 허가를 받은 자가 설치하는 시설을 포함한다)을 설치·운영하는 사업장
⑥ 지정폐기물을 배출하는 사업장
⑦ 폐기물을 1일 평균 300킬로그램 이상 배출하는 사업장
⑧ 「건설산업기본법」에 따른 건설공사로 폐기물을 5톤(공사를 착공할 때부터 마칠 때까지 발생되는 폐기물의 양을 말한다) 이상 배출하는 사업장
⑨ 일련의 공사(제8호에 따른 건설공사는 제외한다) 또는 작업으로 폐기물을 5톤(공사를 착공하거나 작업을 시작할 때부터 마칠 때까지 발생하는 폐기물의 양을 말한다) 이상 배출하는 사업장

88 방치폐기물의 처리를 폐기물처리 공제조합에 명할 수 있는 방치폐기물 처리량 기준으로 ( )에 옳은 것은?

> 폐기물처리 신고자가 방치한 폐기물의 경우 : 그 폐기물처리 신고자의 폐기물 보관량의 ( ) 이내

① 1.5배 　　　　　② 2배
③ 2.5배 　　　　　④ 3배

해설 ※ 법규 변경사항이므로 해설의 내용으로 학습 부탁드립니다.

방치폐기물의 처리량과 처리기간
① 폐기물처리 공제조합에 처리를 명할 수 있는 방치폐기물의 처리량은 다음 각 호와 같다.
　㉠ 폐기물처리업자가 방치한 폐기물의 경우 : 그 폐기물처리업자의 폐기물 허용보관량의 2배 이내
　㉡ 폐기물처리 신고자가 방치한 폐기물의 경우 : 그 폐기물처리 신고자의 폐기물 보관량의 2배 이내
② 환경부장관이나 시·도지사는 폐기물처리 공제조합에 방치폐기물의 처리를 명하려면 주변환경의 오염 우려 정도와 방치폐기물의 처리량 등을 고려하여 2개월의 범위에서 그 처리기간을 정하여야 한다. 다만, 부득이한 사유로 처리기간 내에 방치폐기물을 처리하기 곤란하다고 환경부장관이나 시·도지사가 인정하면 1개월의 범위에서 한 차례만 그 기간을 연장할 수 있다.

89 폐기물 처리시설의 유지·관리에 관한 기술관리를 대행할 수 있는 자는?

① 환경보전협회 　　　② 환경관리인협회
③ 폐기물처리협회 　　　④ 한국환경공단

해설 **폐기물처리시설의 유지·관리에 관한 기술관리대행자**
① 한국환경공단
② 엔지니어링 사업자
③ 기술사사무소
④ 그 밖에 환경부장관이 기술관리를 대행할 능력이 있다고 인정하여 고시하는 자

90 폐기물관리법을 적용하지 아니하는 물질에 대한 내용을 틀린 것은?

① 원자력안전법에 따른 방사성 물질과 이로 인하여 오염된 물질
② 용기에 들어 있는 기체상의 물질
③ 하수도법에 따른 하수
④ 수질 및 수생태계 보전에 관한 법률에 따른 수질오염 방지시설에 유입되거나 공공수역으로 배출되는 폐수

해설 **폐기물관리법을 적용하지 않는 해당 물질**
① 원자력안전법에 따른 방사성 물질과 이로 인하여 오염된 물질
② 용기에 들어 있지 아니한 기체상태의 물질
③ 「물환경보전법」에 따른 수질오염 방지시설에 유입되거나 공공수역(수역)으로 배출되는 폐수
④ 「가축분뇨의 관리 및 이용에 관한 법률」에 따른 가축분뇨
⑤ 「하수도법」에 따른 하수·분뇨
⑥ 「가축전염병예방법」이 적용되는 가축의 사체, 오염 물건, 수입 금지 물건 및 검역 불합격품
⑦ 「수산생물질병관리법」에 적용되는 수산동물의 사체, 오염된 시설 또는 물건, 수입 금지 물건 및 검역 불합격품
⑧ 「군수품관리법」에 따라 폐기되는 탄약

91 폐기물처리 신고자의 준수사항에 관한 내용으로 ( )에 옳은 내용은?

> 폐기물처리 신고자는 폐기물의 재활용을 위탁한 자와 폐기물 위탁재활용(운반)계약서를 작성하고, 그 계약서를 ( ) 보관하여야 한다.

① 1년간 　　　　　② 2년간
③ 3년간 　　　　　④ 5년간

정답 88 해설 확인　89 ④　90 ②　91 ③

해설 폐기물처리 신고자의 준수사항

① 폐기물처리 신고자는 폐기물의 재활용을 위탁한 자와 폐기물 위탁재활용(운반)계약서를 작성하고, 그 계약서를 3년간 보관하여야 한다.
② 정당한 사유 없이 계속하여 1년 이상 휴업하여서는 아니 된다.

92 위해의료폐기물의 종류에 해당되지 않는 것은?

① 접촉성 폐기물　　② 손상성 폐기물
③ 병리계 폐기물　　④ 조직물류 폐기물

해설 위해의료폐기물의 종류

① 조직물류 폐기물 : 인체 또는 동물의 조직·장기·기관·신체의 일부, 동물의 사체, 혈액·고름 및 혈액생성물질(혈청, 혈장, 혈액 제제)
② 병리계 폐기물 : 시험·검사 등에 사용된 배양액, 배양용기, 보관균주, 폐시험관, 슬라이드 커버글라스 폐배지, 폐장갑
③ 손상성 폐기물 : 주삿바늘, 봉합바늘, 수술용 칼날, 한방침, 치과용 침, 파손된 유리재질의 시험기구
④ 생물·화학폐기물 : 폐백신, 폐항암제, 폐화학치료제
⑤ 혈액오염폐기물 : 폐혈액백, 혈액투석 시 사용된 폐기물, 그 밖에 혈액이 유출될 정도로 포함되어 있는 특별한 관리가 필요한 폐기물

93 의료폐기물 발생 의료기관 및 시험·검사기관에 대한 기준으로 틀린 것은?

① 의료법에 따라 설치된 기업체의 부속의료기관으로서 면적이 100제곱미터 이상인 의무시설
② 군통합병원령에 따른 연대급 이상 군부대에 설치된 의무시설
③ 수의사법에 따른 동물병원
④ 노인복지법에 따른 노인요양시설

해설 의료폐기물 발생 의료기관 및 시험·검사기관 기준

① 「의료법」에 따른 의료기관
② 「지역보건법」에 따른 보건소 및 보건지소
③ 「농어촌 등 보건의료를 위한 특별조치법」에 따른 보건진료소
④ 「혈액관리법」에 혈액원
⑤ 「검역법」에 따른 검역소 및 「가축전염병예방법」에 따른 동물검역기관
⑥ 「수의사법」에 따른 동물병원
⑦ 국가나 지방자치단체의 시험·연구기관(의학·치과의학·한의학·약학 및 수의학에 관한 기관을 말한다)
⑧ 대학·산업대학·전문대학 및 그 부속시험·연구기관(의학·치과의학·한의학·약학 및 수의학에 관한 기관을 말한다)
⑨ 학술연구나 제품의 제조·발명에 관한 시험·연구를 하는 연

구소(의학·치과의학·한의학·약학 및 수의학에 관한 연구소를 말한다)
⑩ 「장사 등에 관한 법률」에 따른 장례식장
⑪ 「형의 집행 및 수용자의 처우에 관한 법률」의 교도소·소년교도소·구치소 등에 설치된 의무시설
⑫ 「의료법」에 따라 설치된 기업체의 부속 의료기관으로서 면적이 100제곱미터 이상인 의무시설
⑬ 「국군의무사령부령」에 따라 사단급 이상 군부대에 설치된 의무시설
⑭ 「노인복지법」에 따른 노인요양시설
⑮ 의료폐기물 중 태반을 대상으로 법 제25조 제5항 제5호부터 제7호까지의 규정 중 어느 하나에 해당하는 폐기물 재활용업의 허가를 받은 사업장
⑯ 「인체조직 안전 및 관리 등에 관한 법률」에 따른 조직은행
⑰ 그 밖에 환경부장관이 정하여 고시하는 기관

94 폐기물처리시설을 설치·운영하는 자는 환경부령으로 정하는 기간마다 검사기관으로부터 정기검사를 받아야 한다. 환경부령으로 정하는 폐기물처리시설(멸균분쇄시설 기준)의 정기검사기간 기준으로 ( )에 옳은 것은?

> 최초 정기검사는 사용개시일부터 (㉠), 2회 이후의 정기검사는 최종 정기검사일부터 (㉡)

① ㉠ 1개월, ㉡ 3개월　　② ㉠ 3개월, ㉡ 3개월
③ ㉠ 3개월, ㉡ 6개월　　④ ㉠ 6개월, ㉡ 6개월

해설 폐기물 처리시설의 검사기간

① 소각시설
최초 정기검사는 사용개시일부터 3년이 되는 날(「대기환경보전법」에 따른 측정기기를 설치하고 같은 법 시행령에 따른 굴뚝원격감시체계관제센터와 연결하여 정상적으로 운영되는 경우에는 사용개시일부터 5년이 되는 날), 2회 이후의 정기검사는 최종 정기검사일(검사결과서를 발급받은 날을 말한다)부터 3년이 되는 날
② 매립시설
최초 정기검사는 사용개시일부터 1년이 되는 날, 2회 이후의 정기검사는 최종 정기검사일부터 3년이 되는 날
③ 멸균분쇄시설
최초 정기검사는 사용개시일부터 3개월, 2회 이후의 정기검사는 최종 정기검사일부터 3개월
④ 음식물류 폐기물 처리시설
최초 정기검사는 사용개시일부터 1년이 되는 날, 2회 이후의 정기검사는 최종 정기검사일부터 1년이 되는 날
⑤ 시멘트 소성로
최초 정기검사는 사용개시일부터 3년이 되는 날(「대기환경보전법」에 따른 측정기기를 설치하고 같은 법 시행령에 따른

굴뚝원격감시체계관제센터와 연결하여 정상적으로 운영되는 경우에는 사용개시일부터 5년이 되는 날), 2회 이후의 정기검사는 최종 정기검사일부터 3년이 되는 날

95 생활폐기물이 배출되는 토지나 건물의 소유자 · 점유자 또는 관리자는 관할 특별자치시, 특별자치도, 시 · 군 · 구의 조례로 정하는 바에 따라 생활환경 보전상 지장이 없는 방법으로 그 폐기물을 스스로 처리하거나 양을 줄여서 배출하여야 한다. 이를 위반한 자에 대한 과태료 부과 기준은?

① 100만 원　　　　② 200만 원
③ 300만 원　　　　④ 500만 원

해설 폐기물관리법 제68조 참조

96 의료폐기물 전용용기 검사기관으로 옳은 것은?

① 한국화학융합시험연구원
② 한국건설환경기술시험원
③ 한국의료기기시험연구원
④ 한국건설환경시설공단

해설 **의료폐기물 전용 용기 검사기관**
① 한국환경공단
② 한국화학융합시험원
③ 한국건설생활환경시험연구원
④ 그 밖에 국립환경과학원장이 의료폐기물 전용용기에 대한 검사능력이 있다고 인정하여 고시하는 기관

97 설치신고대상 폐기물처리시설 기준으로 틀린 것은?

① 기계적 처분시설 중 증발, 농축, 정제 또는 유수분리시설로서 시간당 처분능력이 125킬로그램 미만인 시설
② 생물학적 처분시설로서 1일 처분능력이 100톤 미만인 시설
③ 기계적 처분시설 중 압축, 파쇄, 분쇄, 절단, 용융 또는 연료화시설로서 1일 처분능력이 100톤 미만인 시설
④ 소각열회수시설로서 재활용능력이 100톤 이상인 시설

해설 **설치신고대상 폐기물 처리시설**
① 일반소각시설로서 1일 처리능력이 100톤(지정폐기물의 경우에는 10톤) 미만인 시설
② 고온소각시설 · 열분해시설 · 고온용융시설 또는 열처리조합시설로서 시간당 처리능력이 100킬로그램 미만인 시설
③ 기계적 처분시설 또는 재활용시설 중 증발 · 농축 · 정제 또는

유수분리시설로서 시간당 처리능력이 125킬로그램 미만인 시설
④ 기계적 처분시설 또는 재활용시설 중 압축 · 파쇄 · 분쇄 · 절단 · 용융 또는 연료화 시설로서 1일 처리능력이 100톤 미만인 시설
⑤ 기계적 처분시설 또는 재활용시설 중 탈수 · 건조시설, 멸균분쇄시설 및 화학적 처리시설
⑥ 생물학적 처분시설 또는 재활용시설로서 1일 처리능력이 100톤 미만인 시설
⑦ 소각열회수시설로서 1일 재활용능력이 100톤 미만인 시설

98 폐기물관리법에서 사용하는 용어와 뜻으로 틀린 것은?

① 생활폐기물 : 사업장폐기물 외의 폐기물을 말한다.
② 폐기물감량화시설 : 생산공정에서 발생하는 폐기물의 양을 줄이고, 사업장 내 재활용을 통하여 폐기물 배출을 최소화하는 시설로서 대통령령으로 정하는 시설을 말한다.
③ 처분 : 폐기물의 소각 · 중화 · 파쇄 · 고형화 등의 중간처분과 매립하는 등의 최종처분을 위해 대통령령으로 정하는 활동을 말한다.
④ 폐기물 : 쓰레기, 연소재, 오니, 폐유, 폐산, 폐알칼리 및 동물의 사체 등으로서 사람의 생활이나 사업활동에 필요하지 아니하게 된 물질을 말한다.

해설 **처분**
폐기물의 소각 · 중화 · 파쇄 · 고형화 등의 중간처분과 매립하거나 해역으로 배출하는 등의 최종처분을 말한다.

99 폐기물 통계조사 중 폐기물 발생원 등에 관한 조사의 실시 주기는?

① 3년　　② 5년　　③ 7년　　④ 10년

해설 ※ 법규 변경(삭제)사항이므로 학습 안 하셔도 무방합니다.

100 폐기물 처리 담당자 등은 3년마다 교육을 받아야 하는데 폐기물처분시설의 기술관리인이나 폐기물처분시설의 설치자로서 스스로 기술 관리를 하는 자에 대한 교육기관에 해당하지 않는 것은?

① 국립환경과학원　　　② 한국폐기물협회
③ 국립환경인력개발원　④ 한국환경공단

정답 95 ①　96 ①　97 ④　98 ③　99 ②　100 ①

해설 **교육기관**

① 국립환경인력개발원, 한국환경공단 또는 한국폐기물협회
   ㉠ 폐기물처분시설 또는 재활용시설의 기술관리인이나 폐기물처리시설의 설치자로서 스스로 기술관리를 하는 자
   ㉡ 폐기물처리시설의 설치·운영자 또는 그가 고용한 기술담당자
② 「환경정책기본법」에 따른 환경보전협회 또는 한국폐기물협회
   ㉠ 사업장폐기물배출자 신고를 한 자 및 법 제17조 제3항에 따른 서류를 제출한 자 또는 그가 고용한 기술담당자
   ㉡ 폐기물처리업자(폐기물 수집·운반업자는 제외한다)가 고용한 기술요원
   ㉢ 폐기물처리시설의 설치·운영자 또는 그가 고용한 기술담당자
   ㉣ 폐기물 수집·운반업자 또는 그가 고용한 기술담당자
   ㉤ 폐기물재활용신고자 또는 그가 고용한 기술담당자
③ 한국환경산업기술원
   재활용환경성평가기관의 기술인력
④ 국립환경인력개발원, 한국환경공단
   폐기물분석전문기관의 기술요원

제1과목 폐기물개론

01 일반적인 폐기물관리 우선순위로 가장 옳은 것은?

① 재사용 → 감량 → 물질 재활용 → 에너지 회수 → 최종처분

② 재사용 → 감량 → 에너지 회수 → 물질 재활용 → 최종처분

③ 감량 → 재사용 → 물질 재활용 → 에너지 회수 → 최종처분

④ 감량 → 물질 재활용 → 재사용 → 에너지 회수 → 최종처분

폐기물 관리 순서

감량화 → 재이용 → 재활용 → 에너지 회수 → 최종처분(소각, 매립)

02 폐기물처리장치 중 쓰레기를 물과 섞어 잘게 부순 뒤 다시 물과 분리시키는 습식 처리장치는?

① Baler ② Compactor

③ Pulverizer ④ Shredder

펄버라이저(Pulverizer)

① 분쇄기의 일종으로 습식 방법을 이용하기 때문에 폐수가 다량 발생한다.

② 쓰레기를 물과 섞어 잘게 부순 뒤 다시 물과 분리시키는 습식 처리장치로 미분기라고도 한다.

03 2015년 폐기물 발생량이 1,100ton인 도시의 연간 폐기물 발생 증가율이 10%라고 할 때 2020년의 폐기물 예측 발생량(ton)은?

① 1,671.6 ② 1,771.6

③ 1,871.6 ④ 1,971.6

폐기물 예측발생량(ton)

= 폐기물발생량 × (1 + 폐기물발생 증가율)^n

= $1,100ton × (1 + 0.1)^5 = 1,771.56ton$

04 도시폐기물의 수거노선 설정방법으로 가장 거리가 먼 것은?

① 언덕인 경우 위에서 내려가며 수거한다.

② 반복운행을 피한다.

③ 출발점은 차고와 가까운 곳으로 한다.

④ 가능한 한 반시계방향으로 설정한다.

효과적 · 경제적인 수거노선 결정 시 유의(고려)사항 : 수거노선 설정요령

① 지형이 언덕인 지역에서는 언덕의 위에서부터 내려가며 적재하면서 차량을 진행하도록 한다.(안전성, 연료비 절약)

② 수거인원 및 차량형식이 같은 기존 시스템의 조건들을 서로 관련시킨다.

③ 출발점은 차고와 가깝게 하고 수거된 마지막 컨테이너가 처분지의 가장 가까이에 위치하도록 배치한다.

④ 가능한 한 지형지물 및 도로경계와 같은 장벽을 사용하여 간선도로 부근에서 시작하고 끝나야 한다.(도로경계 등을 이용)

⑤ 가능한 한 시계방향으로 수거노선을 정한다.

⑥ 적은 양의 쓰레기가 발생하나 동일한 수거빈도를 받기 원하는 적재지점(수거지점)은 가능한 한 같은 날 왕복 내에서 수거한다.

⑦ 아주 많은 양의 쓰레기가 발생되는 발생원은 하루 중 가장 먼저 수거한다.

⑧ 될 수 있는 한 한 번 간 길은 다시 가지 않는다.

⑨ 반복운행 또는 U자형 회전은 피하여 수거한다.

⑩ 교통량이 많거나 출퇴근시간은 피하여 수거한다.

⑪ 수거지점과 수거빈도 결정 시 기존정책이나 규정을 참고한다.

05 퇴비화의 진행시간에 따른 온도의 변화 단계가 순서대로 연결된 것은?

① 고온단계 – 중온단계 – 냉각단계 – 숙성단계

② 중온단계 – 고온단계 – 냉각단계 – 숙성단계

③ 숙성단계 – 고온단계 – 중온단계 – 냉각단계

④ 숙성단계 – 중온단계 – 고온단계 – 냉각단계

퇴비화 진행에 따른 온도의 변화단계

중온단계 → 고온단계 → 냉각단계 → 숙성단계

정답 01 ③ 02 ③ 03 ② 04 ④ 05 ②

06 함수율이 97%인 수거분뇨를 55% 함수율로 건조하였다면 그 부피변화는?(단, 비중은 1.0)

① 1/5로 감소
② 1/10로 감소
③ 1/15로 감소
④ 1/20로 감소

해설 초기 분뇨량$\times(1-0.97) =$ 건조 후 분뇨량$\times(1-0.55)$

$$\frac{건조\ 후\ 분뇨량}{초기\ 분뇨량}$$

$$= \frac{1-0.97}{1-0.55} = 0.067\left(\frac{1}{15}\right)$$

07 밀도가 $200kg/m^3$인 폐기물을 압축하여 밀도가 $500kg/m^3$가 되도록 하였다면 압축된 폐기물의 부피는?

① 초기 부피의 25%
② 초기 부피의 30%
③ 초기 부피의 40%
④ 초기 부피의 45%

해설 초기 부피$(V_i) = \frac{1ton}{0.2ton/m^3} = 5m^3$

압축 후 부피$(V_f) = \frac{1ton}{0.5ton/m^3} = 2m^3$

$\frac{V_f}{V_i} \times 100 = \frac{2}{5} \times 100 = 40\%$(초기 부피의 40%)

08 폐기물 관리차원의 3R에 해당하지 않는 것은?

① Resource
② Recycle
③ Reduction
④ Reuse

해설 폐기물 관리차원의 3R
① Reduction(감량화)
② Recycle(재활용)
③ Reuse(재이용)

09 폐기물 적환장의 필요성에 대한 설명으로 틀린 것은?

① 고밀도 주거지역이 존재할 때 필요하다.
② 작은 용량의 수집차량을 사용할 때 필요하다.
③ 상업지역에서 폐기물 수집에 소형 용기를 많이 사용할 때 필요하다.
④ 불법투기와 다량의 어지러진 폐기물이 발생할 때 필요하다.

해설 적환장 설치가 필요한 경우
① 작은 용량의 수집차량을 사용할 때($15m^3$ 이하)
② 저밀도 거주지역이 존재할 때
③ 불법투기와 다량의 어질러진 쓰레기들이 발생할 때

④ 슬러지 수송이나 공기수송방식을 사용할 때
⑤ 처분지가 수집장소로부터 멀리 떨어져 있을 때
⑥ 상업지역에서 폐기물 수집에 소형 용기를 많이 사용하는 경우
⑦ 쓰레기 수송 비용절감이 필요한 경우
⑧ 압축식 수거 시스템인 경우

10 수중에 용해되어 있거나 고체상태로 부유하고 있는 유기물을 고온, 고압하에 공기에 의해 산화시키는 처리방법은?

① Hydrogasification
② Hydrogenation
③ Wet Air Oxidation
④ Air Stripping

해설 습식 고온·고압 산화처리(Wet Air Oxidation)
① 수중에 용해되어 있거나 고체상태로 부유하고 있는 유기물(젖은 폐기물이나 슬러지)을 공기에 의하여 산화시키는 방법으로 Zimmerman Process라고 한다.
② 일반적으로 210℃, 70atm 정도에서 운전된다.

11 폐기물 관로수송시스템에 대한 설명으로 틀린 것은?

① 폐기물의 발생밀도가 높은 지역이 보다 효과적이다.
② 대용량 수송과 장거리 수송에 적합하다.
③ 조대폐기물은 파쇄 등의 전처리가 필요하다.
④ 자동집하시설로 투입하는 폐기물의 종류에 제한이 있다.

해설 관거(Pipeline) 수송의 장·단점
① 장점
  ㉠ 자동화, 무공해화, 안전화가 가능하다.
  ㉡ 눈에 띄지 않는다.(미관, 경관 좋음)
  ㉢ 에너지 절약이 가능하다.
  ㉣ 교통소통이 원활하여 교통체증 유발이 없다.(수거차량에 의한 도심지 교통량 증가 없음)
  ㉤ 투입 용이, 수집이 편리하다.
  ㉥ 인건비 절감의 효과가 있다.
② 단점
  ㉠ 대형 폐기물(조대폐기물)에 대한 전처리 공정(파쇄, 압축)이 필요하다.
  ㉡ 가설(설치) 후에 경로변경이 곤란하고 설치비가 비싸다.
  ㉢ 잘못 투입된 폐기물은 회수하기 곤란하다.
  ㉣ 2.5km 이내의 거리에서만 이용된다.(장거리, 즉 2.5km 이상에서는 사용 곤란)
  ㉤ 단거리에 현실성이 있다.
  ㉥ 사고발생 시 시스템 전체가 마비되며 대체시스템으로 전환이 필요하다.(고장 및 긴급사고 발생에 대한 대처방법이 필요함)
  ㉦ 초기투자 비용이 많이 소요된다.
  ㉧ pipe 내부 진공도에 한계가 있다(최대 $0.5kg/cm^2$)

정답 06 ③ 07 ③ 08 ① 09 ① 10 ③ 11 ②

12 지정폐기물인 폐석면의 입도를 분석한 결과가 $d_{10}=$ 3mm, $d_{30}=6$mm, $d_{60}=12$mm, $d_{90}=15$mm이었을 때 균등계수와 곡률계수는?

① 1, 0.5 ② 1, 1.0
③ 4, 0.5 ④ 4, 1.0

① 균등계수 $= \dfrac{D_{60}}{D_{10}} = \dfrac{12}{3} = 4$

② 곡률계수 $= \dfrac{D_{30}{}^2}{D_{10} \times D_{60}} = \dfrac{6^2}{3 \times 12} = 1.0$

13 폐기물 성상분석에 대한 분석절차로 옳은 것은?

① 물리적 조성 → 밀도 측정 → 건조 → 절단 및 분쇄 → 발열량 분석
② 밀도 측정 → 물리적 조성 → 건조 → 절단 및 분쇄 → 발열량 분석
③ 물리적 조성 → 밀도 측정 → 절단 및 분쇄 → 건조 → 발열량 분석
④ 밀도 측정 → 물리적 조성 → 절단 및 분쇄 → 건조 → 발열량 분석

폐기물 시료 분석절차

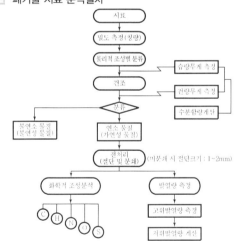

14 물렁거리는 가벼운 물질로부터 딱딱한 물질을 선별하는 데 사용되는 선별장치는?

① Secators ② Stoners
③ Jigs ④ Tables

스케터(Secators)

경사진 컨베이어를 통해 폐기물을 주입시켜 천천히 회전하는 드럼 위에 떨어뜨려서 선별하는 장치이다. 물렁거리는 가벼운 물질(가볍고 탄력 없는 물질)로부터 딱딱한 물질(무겁고 탄력 있는 물질)을 선별하는 데 사용되며, 주로 퇴비 중의 유리조각을 추출할 때 이용되는 선별장치이다.

15 폐기물 발생량 조사 및 예측에 대한 설명으로 틀린 것은?

① 생활폐기물 발생량은 지역규모나 지역특성에 따라 차이가 크기 때문에 주로 kg/인 · 일으로 표기한다.
② 사업장폐기물 발생량은 제품제조공정에 따라 다르며 원단위로 ton/종업원 수, ton/면적 등이 사용된다.
③ 우리나라 폐기물관리법상 폐기물관리 종합계획은 10년을 주기로 한다.
④ 폐기물 발생량 예측방법으로 적재차량 계수법, 직접 계근법, 물질수지법이 있다.

① 쓰레기 발생량 조사방법
 ㉠ 적재차량 계수분석법
 ㉡ 직접계근법
 ㉢ 물질수지법
 ㉣ 통계조사(표본조사, 전수조사)
② 쓰레기 발생량 예측방법
 ㉠ 경향법
 ㉡ 다중회귀모델
 ㉢ 동적모사모델

16 적환장(Transfer Station)에서 수송차량에 옮겨 싣는 방식이 아닌 것은?

① 직접 투하 방식
② 저장 투하 방식
③ 연속 투하 방식
④ 직접 · 저장 투하 결합방식

적환장에서 수송차량에 옮겨 싣는 방식(적환방식)
① 직접 투하 방식
② 저장 투하 방식
③ 직접 · 저장 투하 결합방식

17 직경이 1.0m인 트롬멜스크린의 최적 회전속도(rpm)는?

① 약 63 ② 약 42
③ 약 19 ④ 약 8

해설 최적 회전속도(rpm) = 임계속도(η_c) × 0.45

$$\eta_c = \frac{1}{2\pi}\sqrt{\frac{g}{r}} = \frac{1}{2\pi}\sqrt{\frac{9.8}{0.5}}$$

$$= 0.705\,\text{cycle/sec} \times 60\,\text{sec/min} = 42.30\,\text{cycle/min(rpm)}$$

$$= 42.30\,\text{rpm} \times 0.45 = 19.03\,\text{rpm}$$

18 폐기물의 분석 결과 가연성 물질의 함유율이 35%이었다. 밀도가 250kg/m³인 폐기물 16m³에 포함된 가연성 물질의 양(kg)은?

① 1,200 ② 1,400
③ 1,600 ④ 1,800

해설 가연성 물질의 양(kg) = (밀도×부피)×가연성 물질 함유비율
$$= (250\text{kg/m}^3 \times 16\text{m}^3) \times 0.35$$
$$= 1,400\text{kg}$$

19 단열열량계로 측정할 때 얻어지는 발열량에 대한 설명으로 가장 적절한 것은?

① 습량기준 저위발열량 ② 습량기준 고위발열량
③ 건량기준 저위발열량 ④ 건량기준 고위발열량

해설 단열열량계로 측정할 때 얻어지는 발열량은 건량기준 고위발열량이다. 이를 기초로 습윤발열량으로 환산한다.

20 관거(Pipeline)를 이용한 수거방식인 공기수송에 관한 내용으로 틀린 것은?

① 공기수송은 고층주택밀집지역에서 적합하다.
② 공기수송은 소음 방지시설을 설치해야 한다.
③ 공기수송에 소요되는 동력은 캡슐수송에 소요되는 동력보다 훨씬 적게 소요된다.
④ 공기수송 방법 중 가압수송은 진공수송보다 수송거리를 더 길게 할 수 있다.

해설 **공기수송(관거 이용)**
① 공기의 속도압(동압)에 의해 쓰레기를 수송하며 진공수송과 가압수송이 있다.
② 공기수송은 고층주택밀집지역에 현실성이 있으며 소음(관내 통과소음, 기타 기계음)에 대한 방지시설을 해야 한다.(고층주택밀집지역=발생밀도가 높은 지역)
③ 진공수송은 쓰레기를 받는 쪽에서 흡인하여 수송하는 방법이다.
④ 진공수송의 경제적인 수송거리는 약 2km 정도이다.
⑤ 진공수송에 있어서 진공압력은 최대 0.5kg/cm² Vac 정도이다.

⑥ 가압수송은 송풍기로 쓰레기를 불어서 수송하는 방법이다.
⑦ 가압수송은 진공수송보다 수송거리를 더 길게 할 수 있다. (최고 5km가 경제적 거리이다.)
⑧ 가압수송은 연속수송을 하고자 할 경우에는 크기가 불균일해서 부착되기 쉽고 유동성이 나쁜 쓰레기를 정압으로 연속 정량공급하는 것이 곤란하다.
⑨ 공기수송에 소요되는 동력은 캡슐수송에 소요되는 동력보다 훨씬 많이 소요된다.

제2과목 폐기물처리기술

21 지정폐기물을 고화처리 후 적정 처리 여부를 시험·조사하는 항목이 아닌 것은?

① 압축강도 ② 인장강도
③ 투수율   ④ 용출시험

해설 **고화처리 후 적정 처리 여부 시험·조사항목**
① 물리적 시험
  ㉠ 압축강도시험   ㉡ 투수율시험
  ㉢ 내수성 검사   ㉣ 밀도 측정
② 화학적 시험 : 용출시험

22 토양오염의 영향에 대한 설명으로 가장 거리가 먼 것은?

① 분해되지 않는 농약의 토양 축적
② 비료 속의 중금속으로 인한 농경지의 오염
③ 오염된 토양 인근 하천의 부영양화
④ 홑알구조(단립구조) → 떼알구조(입단구조)로의 변화

해설 토양오염의 영향으로 떼알구조(입단구조)에서 홑알구조(단립구조)로 토양이 변화한다.

23 분뇨 소화조에서 소화 슬러지를 1일 투입량 이상 과다하게 인출하면 소화조 내의 상태는?

① 산성화된다.
② 알칼리성으로 된다.
③ 중성을 유지한다.
④ pH의 변동은 없다.

해설 분뇨소화조에서 소화슬러지를 1일 투입량 이상 과다하게 인출하면 산생성이 증가되어 소화조는 산성화된다.

24 함수율이 95%이고 고형물 중 유기물이 70%인 하수슬러지 300m³/day를 소화시켜 유기물의 2/3가 분해되고 함수율 90%인 소화슬러지를 얻었다. 소화슬러지의 양(m³/day)은?(단, 슬러지 비중=1.0)

① 80   ② 90   ③ 100   ④ 110

FS(무기물) $= 300\text{m}^3/\text{day} \times 0.05 \times 0.3 = 4.5\text{m}^3/\text{day}$

VS'(잔류유기물) $= 300\text{m}^3/\text{day} \times 0.05 \times 0.7 \times \dfrac{1}{3} = 3.5\text{m}^3/\text{day}$

소화 후 슬러지양$(\text{m}^3/\text{day}) = FS + VS' \times \dfrac{100}{100 - \text{함수율}}$

$\qquad\qquad = (4.5 + 3.5)\text{m}^3/\text{day} \times \dfrac{100}{100 - 90}$

$\qquad\qquad = 80\text{m}^3/\text{day}$

25 소각시설에서 다이옥신 생성에 미치는 영향인자가 아닌 것은?

① 투입되는 폐기물 종류   ② 질소산화물 농도
③ 배출(후류)가스 온도   ④ 연소공기의 양 및 분포

다이옥신과 퓨란류의 농도는 연소기 출구와 굴뚝 사이에서 증가하며, 산소과잉 조건에서 연소가 진행될 때 크게 증가한다. 즉 소각시설에서 다이옥신 생성에 영향을 주는 인자는 투입 폐기물 종류, 배출(후류)가스 온도, 연료공기의 양 및 분포 등이다.

26 지하수 상·하류 두 지점의 수두차 1m, 두 지점 사이의 수평거리 500m, 투수계수 200m/day일 때 대수층의 두께 2m, 폭 1.5m인 지하수의 유량(m³/day)은?

① 1.2   ② 2.4   ③ 3.6   ④ 4.8

유량$(\text{m}^3/\text{day}) = A \times V$

$V = K\left(\dfrac{dH}{dL}\right) = 200\text{m/day} \times \left(\dfrac{1\text{m}}{500\text{m}}\right)$

$\qquad = 0.4\text{m/day}$

$\qquad = (2 \times 1.5)\text{m}^2 \times 0.4\text{m/day} = 1.2\text{m}^3/\text{day}$

27 퇴비화 과정에서 총 질소 농도의 비율이 증가되는 원인으로 가장 알맞은 것은?

① 퇴비화 과정에서 미생물의 활동으로 질소를 고정시킨다.
② 퇴비화 과정에서 원래의 질소분이 소모되지 않으므로 생긴 결과이다.
③ 질소분의 소모에 비해 탄소분이 급격히 소모되므로 생긴 결과이다.
④ 단백질의 분해로 생긴 결과이다.

퇴비화 과정에서 총 질소 농도의 비율이 증가되는 원인은 질소분의 소모에 비해 탄소분이 급격히 소모되므로, 즉 탄소분에 비해 질소의 소모가 적기 때문이다.

28 다음 물질을 같은 조건하에서 혐기성 처리할 때 슬러지 생산량이 가장 많은 것은?

① Protein   ② Amino acid
③ Carbohydrate   ④ Lipid

혐기성 처리 시 탄수화물(Carbohydrate)은 혐기성 소화 시 소화효율이 작아 슬러지생산량이 단백질(Protein), 아미노산(Amino acid), 지방(Lipid)보다 비교적 많다.

29 COD/TOC < 2.0, BOD/COD < 0.1, COD가 500mg/L 미만이며 매립연한이 10년 이상 된 곳에서 발생된 침출수의 처리공정 효율성을 틀리게 나타낸 것은?

① 활성탄 – 불량
② 이온교환수지 – 보통
③ 화학적 침전(석회 투여) – 불량
④ 화학적 산화 – 보통

침출수 특성에 따른 처리공정 구분

	항목	I	II	III
침출수특성	COD(mg/L)	10,000 이상	500~10,000	500 이하
	COD/TOC	2.7(2.8) 이상	2.0~2.7	2.0 이하
	BOD/COD	0.5 이상	0.1~0.5	0.1 이하
	매립연한	초기 (5년 이하)	중간 (5~10년)	오래(고령)됨 (10년 이상)
주처리공정	생물학적 처리	좋음 (양호)	보통	나쁨 (불량)
	화학적 응집·침전 (화학적 침전 : 석회투여)	보통·불량	나쁨 (불량)	나쁨 (불량)
	화학적 산화	보통·나쁨 (불량)	보통	보통
	역삼투(R.O)	보통	좋음 (양호)	좋음 (양호)
	활성탄 흡착	보통·좋음 (양호)	보통·좋음 (양호)	좋음 (양호)
	이온교환 수지	나쁨 (불량)	보통·좋음 (양호)	보통

정답 **24** ①   **25** ②   **26** ①   **27** ③   **28** ③   **29** ①

30 진공 여과 탈수기로 투입되는 슬러지 양이 240m³/hr이고 슬러지 함수율이 98%, 여과율(고형물 기준)이 120kg/m² · hr의 조건을 가질 때 여과 면적(m²)은?(단, 탈수기는 연속가동, 슬러지 비중=1.0)

① 40   ② 50

③ 60   ④ 70

해설 여과면적(m²) = $\dfrac{\text{탈수량}}{\text{여과율(여과속도)}}$

$$= \dfrac{240\text{m}^3/\text{hr}}{120\text{kg/m}^2 \cdot \text{hr} \times \text{m}^3/1{,}000\text{kg}} \times (1-0.98)$$

$$= 40\text{m}^2$$

31 폐기물 매립지의 중간 복토재 또는 당일 복토재로서 점토를 사용할 경우, 기능상 가장 취약한 것은?

① 외관 및 쓰레기 비산 방지
② 위생 해충 서식 억제
③ 수분 보유능력
④ 표면수 침투 억제

해설 복토는 우수의 이동 및 침투방지로 침출수량이 최소화되어야 하므로 복토재료로 점토를 사용할 경우 수분보유능력이 증가되어 기능상 취약하다.

32 매립 시 폐기물 분해과정을 시간 순으로 옳게 나열한 것은?

① 혐기성 분해 → 호기성 분해 → 메탄 생성 → 유기산 형성
② 호기성 분해 → 혐기성 분해 → 산성 물질 생성 → 메탄 생성
③ 호기성 분해 → 유기산 생성 → 혐기성 분해 → 메탄 생성
④ 혐기성 분해 → 호기성 분해 → 산성 물질 생성 → 메탄 생성

해설 ① 1단계(호기성 단계 : 초기조절 단계)
② 2단계(혐기성 비메탄화 단계 : 전이 단계)
③ 3단계(혐기성 메탄생성 축적 단계 : 산 형성 단계)
④ 4단계(혐기성 정상상태 단계 : 메탄발효 단계)
⑤ 5단계(숙성 단계)

33 수은을 함유한 폐액 처리방법으로 가장 알맞은 것은?

① 황화물침전법
② 열가수분해법
③ 산화제에 의한 습식 산화분해법
④ 자외선 오존 산화처리

해설 수은함유 폐액처리방법은 수은화합물에 황화나트륨을 첨가하여 황화수은(HgS)으로 생성, 침전처리하며 이 외에도 이온교환, 흡착 등으로도 처리한다.

34 C/N 비가 낮은 경우(20 이하)에 대한 설명이 아닌 것은?

① 암모니아 가스가 발생할 가능성이 높아진다.
② 질소원의 손실이 커서 비료효과가 저하될 가능성이 높다.
③ 유기산 생성양의 증가로 pH가 저하된다.
④ 퇴비화 과정 중 좋지 않은 냄새가 발생된다.

해설 ① C/N비가 높으면 유기산 등이 퇴비의 pH를 낮추고 미생물의 성장과 활동도 억제되며 질소 부족(C/N비 80 이상이면 질소 결핍현상)으로 퇴비화가 잘 형성되지 않아 퇴비화의 소요기간이 길어진다.(폐기물 내 질소함량이 적은 것은 퇴비화가 잘 되지 않는다.)
② C/N비가 20보다 낮으면 질소가 암모니아로 변하여 pH를 증가시키고, 이로 인해 암모니아 가스가 발생되어 퇴비화과정 중 악취가 생긴다.

35 지정폐기물의 고화처리에 대한 설명으로 알맞지 않은 것은?

① 고화의 비용은 다른 처리에 비하여 일반적으로 저렴하다.
② 처리공정은 다른 처리공정에 비하여 비교적 간단하다.
③ 고화처리 후 폐기물의 밀도가 커지고 부피가 줄어 운반비를 절감할 수 있다.
④ 고화처리 후 유해물질의 용해도는 감소한다.

해설 고화처리 후 폐기물의 밀도가 커지고 부피가 증가되어 운반비도 증가한다.

36 매립방법의 분류에 관한 설명으로 가장 알맞은 것은?

① 폐기물의 유·무해성에 따른 분류는 혐기성 매립구조, 혐기성 위생매립, 준호기성 매립 등으로 나눌 수 있다.

② 폐기물 분해성상에 따른 분류는 차단형, 안정형, 관리형 매립 등으로 나눌 수 있다.

③ 폐기물 매립방법에 따라 단순매립, 위생매립, 안전매립 등으로 나눌 수 있다.

④ 폐기물 매립 형상에 따른 분류는 도랑식, 지역식 등으로 나눌 수 있다.

해설 ① 매립구조에 따른 분류
　㉠ 혐기성 매립　　㉡ 혐기성 위생매립
　㉢ 개량혐기성 매립　㉣ 준호기성 매립
　㉤ 호기성 매립
② 매립방법에 따른 구분
　㉠ 단순 매립　　㉡ 위생 매립
　㉢ 안전 매립

37 다음은 분뇨를 혐기성 소화와 활성슬러지 공법을 연계하여 처리할 때의 공정들이다. 가장 합리적인 처리 계통 순서는?

㉠ 1차 소화조	㉡ 2차 소화조
㉢ 폭기조	㉣ 소독조
㉤ 저류조	㉥ 투입조
㉦ 희석조	㉧ 침전조

① ㉤ → ㉥ → ㉠ → ㉡ → ㉢ → ㉧ → ㉣ → ㉦
② ㉥ → ㉧ → ㉤ → ㉠ → ㉡ → ㉦ → ㉢ → ㉣
③ ㉥ → ㉤ → ㉧ → ㉠ → ㉡ → ㉢ → ㉣ → ㉦
④ ㉥ → ㉤ → ㉠ → ㉡ → ㉦ → ㉢ → ㉧ → ㉣

해설 분뇨를 '혐기성 소화＋활성슬러지공법'과 연계처리 시 공정순서
공정투입조 → 저류조 → 1차 소화조 → 2차 소화조 → 희석조 → 침전조 → 소독조

38 폐기물을 위생매립하여 처리할 때 가장 큰 단점은?

① 다른 방법에 비해 초기 투자비가 높다.
② 처분대상 폐기물의 증가에 따른 추가인원 및 장비가 크다.
③ 인구밀집 지역에서는 경제적 수송거리 내에서 부지 확보 문제가 있다.
④ 폐기물의 분류가 선행되어야 한다.

해설 위생매립은 인구밀집지역, 거주자 등으로 인하여 경제적 수송거리 내에서 매립부지 확보가 곤란하다.

39 매립 후 중기 단계(10년 정도)에서 배출되는 매립가스의 주요 성분은?

① CO_2, CH_4
② CO, CH_4
③ H_2, CO_2
④ CO, H_2

해설 매립 후 2년이 경과하면 완전한 혐기성 단계, 발생되는 CO_2 및 CH_4 가스의 구성비가 거의 일정한 정상상태가 된다.

40 쓰레기 수거차의 적재능력은 $10m^3$이고 또한 8톤을 적재할 수 있다. 밀도가 $0.7ton/m^3$인 폐기물 $3,000m^3$를 동시에 수거하려고 할 때 필요한 수거차(대)는?

① 200 ② 250 ③ 300 ④ 350

해설 소요차량(대) $= \dfrac{\text{폐기물 발생량}}{\text{1대당 운반량}} = \dfrac{3,000m^3}{10m^3/\text{대}} = 300$대

제3과목　폐기물소각 및 열회수

41 탄소 80%, 수소 10%, 산소 8%, 황 2%로 조성된 중유 1kg을 공기비 1.2로 완전연소시킬 때 필요한 실제 공기량(Sm^3/kg)은?

① 8.5 ② 9.5 ③ 10.5 ④ 11.5

해설 $A = m \times A_o$
$A_o = \dfrac{1}{0.21}(1.867C + 5.6H + 0.7S - 0.7O)$
$= \dfrac{1}{0.21}[(1.867 \times 0.8) + (5.6 \times 0.1) + (0.7 \times 0.02) - (0.7 \times 0.08)] = 9.58Sm^3/kg$
$= 1.2 \times 9.58Sm^3/kg = 11.49Sm^3/kg$

42 폐기물 소각시설의 연소실에 대한 설명으로 틀린 것은?

① 연소실은 내화재를 충전한 연소로와 Water Wall 연소기로 구분된다.
② 연소로의 모양은 대부분 직사각형인 Box 형식이다.

정답　36 ③　37 ④　38 ③　39 ①　40 ③　41 ④　42 ③

③ Water Wall 연소기는 여분의 공기가 많이 소요되므로 대기오염 방지시설의 규모가 커진다.

④ 대체로 주입되는 공기량은 폐기물 주입량의 13~17배 정도가 된다.

해설 Water wall(수랭식) 연소기는 여분의 공기가 많이 소요되지 않으므로 대기오염물질 방지장치 규모가 크지 않다.

43 전처리기술에 해당되는 것은?

① 열분해   ② 용융

③ 발효   ④ 파쇄

해설 전처리기술에는 압축, 선별, 파쇄 등이 있다.

44 다음 연소장치 중 가장 적은 공기비의 값을 요구하는 것은?

① 가스 버너   ② 유류 버너

③ 미분탄 버너   ④ 수동수평화격자

해설 연소장치의 공기비
① 가스 버너 : 1.1~1.2
② 유류 버너 : 1.2~1.4
③ 미분탄 버너 : 1.2~1.4
④ 수동수평화격자 : 1.5~2.0

45 NOx 처리를 위하여 사용되는 선택적 촉매환원 기술(SCR)에 대한 설명으로 틀린 것은?

① SCR은 촉매하에서 NH_3, CO 등의 환원제를 사용하여 NOx를 N_2로 전환시키는 기술이다.

② 연소방법의 개선이나 저농도 NOx 연소기의 사용은 공정상에서 직접 이루어지는 질소산화물 저감방법이다.

③ 촉매독과 분진의 부착에 따른 폐색과 압력손실을 방지하기 위하여 유해가스 제거 및 분진제거장치 후단에 설치되는 것이 일반적이다.

④ 분진제거 SCR로 유입되는 배출가스의 온도가 150~200℃이므로 제거효율의 저하 및 저온부식의 우려가 있다.

해설 ②항은 연소조절에 의한 질소산화물 저감방법이다.

46 화씨온도 100°F는 몇 ℃인가?

① 35.2   ② 37.8   ③ 39.7   ④ 41.3

해설 $℃ = \dfrac{5}{9} \times (°F - 32) = \dfrac{5}{9} \times (100 - 32) = 37.78℃$

47 소각로의 설계기준이 되고 있는 저위발열량에 대한 설명으로 옳은 것은?

① 쓰레기 속의 수분과 연소에 의해 생성된 수분의 응축열을 포함한 열량

② 고위발열량에서 수분의 응축열을 빼고 남는 열량

③ 쓰레기를 연소할 때 발생되는 열량으로 수분의 수증기 열량이 포함된 열량

④ 연소 배출가스 속의 수분에 의한 응축열

해설 저위발열량(H_l)은 연료가 완전연소 후 연소과정에서 수증기(수분)의 증발잠열(응축열)을 제외한 열량, 즉 고위발열량에서 수분의 응축열을 빼고 남은 열량을 말한다.

48 소각로의 화격자에서 고온부식 방지대책으로 틀린 것은?

① 화격자의 냉각률을 올린다.

② 부식되는 부분으로 고온 공기를 주입하지 않는다.

③ 화격자 재질을 고크롬강, 저니켈강으로 한다.

④ 공기 주입량을 감소시켜 화격자를 가온시킨다.

해설 고온부식의 대책
① 고온부식 발생 금속표면에 피복 및 표면온도를 내린다.
② 화격자의 냉각효율을 올린다.
③ 화격자 냉각을 위하여 공기주입량을 늘린다.
④ 부식이 이루어지는 부분에 고온공기를 주입하지 않는다.
⑤ 화격자 재질 선정에 유의한다.(고크롬강 및 저니켈강 사용 : 내식성 재료)
⑥ 퇴적 및 침적된 먼지 제거 및 부식성 가스농도를 낮춘다.

49 CO 100kg을 이론적으로 완전연소시킬 때 필요한 O_2 부피(Sm^3)와 생성되는 CO_2 부피(Sm^3)는?

① 20, 40   ② 40, 80

③ 60, 120   ④ 80, 160

해설 ① O_2 부피
$$2CO + O_2 \rightarrow 2CO_2$$
$$2 \times 28kg : 22.4Sm^3$$
$$100kg : O_2(Sm^3)$$
$$O_2(Sm^3) = \frac{100kg \times 22.4Sm^3}{2 \times 28kg} = 40Sm^3$$

정답   43 ④   44 ①   45 ②   46 ②   47 ②   48 ④   49 ②

② $2CO + O_2 \rightarrow 2CO_2$

$2 \times 28kg$: $2 \times 22.4Sm^3$

$100kg$: $CO_2(Sm^3)$

$$CO_2(Sm^3) = \frac{100kg \times (2 \times 22.4)Sm^3}{2 \times 28kg} = 80Sm^3$$

50 소각로 설계에서 중요하게 활용되고 있는 저위발열량을 추정하는 방법에 대한 설명으로 옳지 않은 것은?

① 폐기물의 입자분포에 의한 방법

② 단열열량계에 의한 방법

③ 물리적 조성에 의한 방법

④ 원소분석에 의한 방법

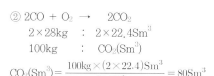 폐기물의 입자분포에 의해서는 저위발열량을 추정할 수 없다.

51 플라스틱 처리에 가장 유리한 소각방식은?

① Grate 방식 　　② 고정상 방식

③ 로터리킬른 방식 　　④ Stoker 방식

고정상 소각로(Fixed Bed Incinerator)

① 소각로 내의 화상 위에서 소각물을 태우는 방식의 화격자로 서는 적재가 불가능한 슬러지(오니), 입자상 물질, 열을 받아 용융해서 착화연소하는 물질(플라스틱)의 연소에 적합하며 초기 가온 시 또는 저열량 폐기물에는 보조연료가 필요하다.

② 장점

　㉠ 열에 열화, 용해되는 소각물(플라스틱)을 잘 소각할 수 있다.

　㉡ 화격자에 적재가 불가능한 슬러지, 입자상 물질의 폐기물 을 소각할 수 있다.

③ 단점

　㉠ 체류시간이 길고 교반력이 약하여 국부가열이 발생할 수 있다.

　㉡ 연소효율이 나쁘고 잔사용량이 많이 발생된다.

52 다음 집진장치 중 압력손실이 가장 큰 것은?

① Venturi Scrubber

② Cyclone Scrubber

③ Packed Tower

④ Jet Scrubber

세정집진장치 중 Venturi Scrubber는 압력손실이 300~ 800mmH_2O로 가장 크다.

53 유동층 소각로에서 슬러지의 온도가 30℃, 연소온도가 850℃, 배기온도가 450℃일 때, 유동층 소각로의 열효 율(%)은?

① 49 　　② 51 　　③ 62 　　④ 77

$$열효율(\%) = \frac{배기온도 - 소각물온도}{연소온도} \times 100$$

$$= \frac{450 - 30}{850} \times 100 = 49.41\%$$

54 다음 공법을 비교 설명한 내용으로 옳은 것은?

> 폐기물 소각시스템에서 발생하는 질소산화물(NOx)을 저감시키는 방법에는 일반적으로 선택적 비촉매환원 법(SNCR, 요소수 사용)과 선택적 촉매환원법(SCR, 암 모니아수 사용) 등을 많이 이용하고 있다.

① 소요공사비는 선택적 촉매환원법이 선택적 비촉매환 원법보다 저렴하다.

② 유지관리비는 선택적 촉매환원법이 선택적 비촉매환 원법보다 저렴하다.

③ 질소산화물 제거율은 선택적 촉매환원법이 선택적 비 촉매환원법보다 높다.

④ 취급약품의 안전성은 선택적 촉매환원법이 선택적 비 촉매환원법보다 안전하다.

① 소요공사비는 SCR이 SNCR보다 많이 든다.

② 유지관리비는 SCR이 SNCR보다 많이 든다.

④ 취급약품의 안전성은 SNCR이 SCR보다 안전하다.

55 소각에 대한 설명으로 틀린 것은?

① 1차 연소실은 폐기물을 건조, 휘발, 점화시키는 기능 을, 2차 연소실은 1차 연소실의 미연소분을 연소시키 는 기능을 한다.

② 연소기 내 격벽(baffle)을 설치함으로써 불완전연소 에 의한 가스가 유출되는 문제를 예방할 수 있다.

③ 폐기물의 이송방향과 연소가스의 흐름방향에 따라 노 본체의 형식을 구분하며, 소각폐기물의 성상과 수분 에 따라 형식을 달리 적용한다.

④ 불완전연소 가능량이란 연소율 및 소각잔사의 중량비 를 나타내는 척도로서 소각재 잔사 중에 존재하는 미 연소 분량을 표시한다.

2017

해설 연소율 및 소각잔사의 중량비를 나타내는 척도로서 소각재 잔사 중에 존재하는 미연소 분량을 표시하는 것은 강열감량이다.

56 다음 조건일 때 도시 폐기물의 저위발열량(H_l, kcal/kg)은?(단, 도시폐기물의 중량 조성(C=65%, H=6%, O=8%, S=3%, 수분=3%), 각 원소의 단위질량당 열량(C=8,100kcal/kg, H=34,000kcal/kg, S=2,200kcal/kg), 연소조건은 상온, 상온상태의 물의 증발잠열=600kcal/kg)

① 5,473   ② 6,689
③ 7,135   ④ 8,288

해설 H_h (kcal/kg)

$$= 8,100C + 34,000\left(H - \frac{O}{8}\right) + 2,200S$$

$$= (8,100 \times 0.65) + \left[34,000\left(0.06 - \frac{0.08}{8}\right)\right] + (2,200 \times 0.03)$$

$$= 7,031 \text{kcal/kg}$$

H_l(kcal/kg)

$$= H_h - 600(9H + W)$$

$$= 7,031 - 600[(9 \times 0.06) + 0.03] = 6,689 \text{kcal/kg}$$

57 소각로 내의 온도가 너무 높으면 NOx나 Ox가 많이 생성되지만 반대로 온도가 너무 낮을 경우, 불완전연소에 의해 생성되는 물질은?

① H_2O와 CO_2 ② HC와 CO
③ $Ca(OH)_2$와 SO_2 ④ Cl과 CH_4

해설 연소온도
① 연소물질의 발화온도, 수분함량, 공기량, 연소기기의 모양에 따라 연소온도가 변한다.
② 연소온도가 너무 높아지면 NOx 및 Ox가 형성된다.
③ 연소온도가 낮으면 HC, CO 발생 및 악취가 난다. (불완전연소)
④ 연소온도가 높게 되면 연소시간이 짧아진다.
⑤ 연소물질 입자 직경이 크면 클수록 장시간이 소요된다.
⑥ 수분함량이 크면 연소온도가 저하된다.

58 질소산화물의 제거 처리를 위한 선택적 촉매환원법(SCR)과 비교한 선택적 비촉매 환원법(SNCR)에 대한 설명으로 틀린 것은?

① 운전온도는 850~950℃ 정도로 고온이다.
② 다이옥신의 제거는 매우 어렵다.
③ 설치공간이 작고 설치비도 저렴하다.
④ 암모니아 슬립(Slip)이 적다.

해설 SCR과 SNCR의 비교

비교 항목	SNCR	SCR
NOx 저감한계	50ppm	20~40ppm
제거효율	30~70%	90%
운전온도	850~950℃	300~400℃
소요면적	설치공간이 작다.	촉매탑 설치
암모니아 슬립	10~100ppm	5~10ppm
PCDD 제거	거의 없음	가능성 있음
경제성	설치비가 저렴하다.	수명이 짧다.
고려사항	• 투입온도, 혼합 • 암모니아 슬립(상대적으로 많음) • 효율	• 운전온도 • 배기가스 가열비용 • 촉매독 • 암모니아 슬립(매우 적음) • 설치공간 • 촉매 교체비
장점	• 다양한 가스성상에 적용 가능 • 장치가 간단 • 운전보수 용이	• 높은 탈질효과 • 암모니아 슬립이 매우 적다.
단점	• 백연현상 • 암모니아 슬립	• 유지비가 많이 든다.(촉매비용) • 운전비가 많이 든다. • 압력손실이 크다. • 먼지, SOx 등에 의해 방해를 받는다.

59 소각로 본체의 형식 중 병류식에 관한 설명으로 틀린 것은?

① 폐기물의 이송방향과 연소가스의 흐름방향이 같은 형식이다.
② 수분이 적고 저위발열량이 높은 폐기물에 적합하다.
③ 건조대에서의 건조효율이 저하될 수 있다.
④ 폐기물의 질이나 저위발열량 변동이 심한 경우에 사용한다.

해설 소각로 내 연소가스와 폐기물 흐름에 따른 구분
① 역류식(향류식)
   ㉠ 폐기물의 이송방향과 연소가스의 흐름을 반대로 하는 형식이다.
   ㉡ 난연성 또는 착화하기 어려운 폐기물 소각에 가장 적합한 방식이다.

정답 56 ②   57 ②   58 ④   59 ④

ⓒ 열가스에 의한 방사열이 폐기물에 유효하게 작용하므로 수분이 많다.
ⓔ 후연소 내의 온도저하나 불완전연소가 발생할 수 있다.
ⓜ 복사열에 의한 건조에 유리하며 저위발열량이 낮은 폐기물에 적합하다.
② 병류식
  ⓐ 폐기물의 이송방향과 연소가스의 흐름방향이 같은 형식이다.
  ⓑ 수분이 적고(착화성이 좋고) 저위발열량이 높을 때 적용한다.
  ⓒ 폐기물의 발열량이 높을 경우 적당한 형식이다.
  ⓓ 건조대에서의 건조효율이 저하될 수 있다.
③ 교류식(중간류식)
  ⓐ 역류식과 병류식의 중간적인 형식이다.
  ⓑ 중간 정도의 발열량을 가지는 폐기물에 적합하다.
  ⓒ 두 흐름이 교차하여 폐기물 질의 변동이 클 때 적합하다.
④ 복류식(2회류식)
  ⓐ 2개의 출구를 가지고 있는 댐퍼의 개폐로 역류식, 병류식, 교류식으로 조절할 수 있는 형식이다.
  ⓑ 폐기물의 질이나 저위발열량의 변동이 심할 경우에 적합하다.

60 탄소분 50wt%, 불연분 50wt%인 고형 폐기물 100kg을 완전연소시킬 때 필요한 이론공기량(Sm^3)은?

① 약 93 ② 약 256 ③ 약 445 ④ 약 577

$A_o(Sm^3/kg) = \dfrac{1}{0.21}(1.867 \times C)$

$= \dfrac{1}{0.21}(1.867 \times 0.5) = 4.445 Sm^3/kg$

이론공기량(Sm^3) $= 4.445 Sm^3/kg \times 100kg = 444.5 Sm^3$

제4과목 폐기물공정시험기준(방법)

61 유기인과 PCBs 실험에서 사용하는 구데르나다니쉬 농축기의 용도는?

① n-hexane을 휘산시킨다.
② 디클로로 메탄을 휘산시킨다.
③ 수분을 휘발시킨다.
④ 염분을 휘발시킨다.

구데르나다니쉬 농축기는 40℃ 이하 감압상태에서 핵산층의 대부분을 증발시킨다.

62 유도결합 플라스마 원자 발광광도법(ICP)에 대한 설명 중 틀린 것은?

① 시료 중의 원소가 여기되는 데 필요한 온도는 6,000~8,000K이다.
② ICP 분석장치에서 에어로졸 상태로 분무된 시료는 가장 안쪽의 관을 통하여 도넛 모양의 플라스마 중심부에 도달한다.
③ 시료측정에 따른 정량분석은 검량선법, 내부표준법, 표준첨가법을 사용한다.
④ 플라스마는 그 자체가 광원으로 이용되기 때문에 매우 좁은 농도범위의 시료를 측정하는 데 주로 사용된다.

플라스마는 그 자체가 광원으로 이용되기 때문에 매우 넓은 농도범위에서 시료를 측정할 수 있다.

63 폐기물공정시험기준의 총칙에서 규정하고 있는 사항 중 옳은 내용은?

① '약'이라 함은 기재된 양에 대하여 15% 이상의 차가 있어서는 안 된다.
② '정밀히 단다'라 함은 규정된 양의 시료를 취하여 화학 저울 또는 미량저울로 칭량함을 말한다.
③ '정확히 취하여'라 하는 것은 규정한 양의 액체를 메스플라스크로 눈금까지 취하는 것을 말한다.
④ '정량적으로 씻는다'라 함은 사용된 용기 등에 남은 대상성분을 수돗물로 씻어냄을 말한다.

용어 정리
① 액상폐기물 : 고형물의 함량이 5% 미만
② 반고상폐기물 : 고형물의 함량이 5% 이상 15% 미만
③ 고상폐기물 : 고형물의 함량이 15% 이상
④ 함침성 고상폐기물 : 종이, 목재 등 기름을 흡수하는 변압기 내부부재(종이, 나무와 금속이 서로 혼합되어 분리가 어려운 경우 포함)를 말함
⑤ 비함침성, 고상폐기물 : 금속판, 구리선 등 기름을 흡수하지 않는 평면 또는 비평면형태의 변압기 내부부재를 말함
⑥ 즉시 : 30초 이내에 표시된 조작을 하는 것을 의미
⑦ 감압 또는 진공 : 15mmHg 이하
⑧ 이상과 초과, 이하, 미만
  ⓐ "이상"과 "이하"는 기산점 또는 기준점인 숫자를 포함
  ⓑ "초과"와 "미만"은 기산점 또는 기준점인 숫자를 불포함
  ⓒ a~b → a 이상 b 이하
⑨ 바탕시험을 하여 보정한다. : 시료에 대한 처리 및 측정을 할 때, 시료를 사용하지 않고 같은 방법으로 조작한 측정치를 빼는 것을 의미
⑩ 방울 수 : 20℃에서 정제수 20방울을 적하할 때, 그 부피가

약 1mL 되는 것을 의미

⑪ 항량으로 될 때까지 건조한다. : 같은 조건에서 1시간 더 건조할 때 전후 무게의 차가 g당 0.3mg 이하

⑫ 용액의 산성, 중성 또는 알칼리성 검사 시 : 유리전극법에 의한 pH 미터로 측정

⑬ 용기 : 시험용액 또는 시험에 관계된 물질을 보존, 운반 또는 조작하기 위하여 넣어두는 것

구분	정의
밀폐 용기	취급 또는 저장하는 동안에 이물질이 들어가거나 또는 내용물이 손실되지 아니하도록 보호하는 용기
기밀 용기	취급 또는 저장하는 동안에 밖으로부터의 공기 또는 다른 가스가 침입하지 아니하도록 내용물을 보호하는 용기
밀봉 용기	취급 또는 저장하는 동안에 기체 또는 미생물이 침입하지 아니하도록 내용물을 보호하는 용기
차광 용기	광선이 투과하지 않는 용기 또는 투과하지 않게 포장한 용기이며 취급 또는 저장하는 동안에 내용물이 광화학적 변화를 일으키지 아니하도록 방지할 수 있는 용기

⑭ 여과한다. : KSM 7602 거름종이 5종 또는 이와 동등한 여과지를 사용하여 여과함을 말함

⑮ 정밀히 단다. : 규정된 양의 시료를 취하여 화학저울 또는 미량저울로 칭량함

⑯ 정확히 단다. : 규정된 수치의 무게를 0.1mg까지 다는 것

⑰ 정확히 취하여 : 규정된 양의 액체를 홀피펫으로 눈금까지 취하는 것

⑱ 정량적으로 씻는다. : 어떤 조작으로부터 다음 조작으로 넘어갈 때 사용한 비커, 플라스크 등의 용기 및 여과막 등에 부착한 정량대상 성분을 사용한 용매로 씻어 그 씻어낸 용액을 합하고 먼저 사용한 같은 용매를 채워 일정용량으로 하는 것

⑲ 약 : 기재된 양에 대하여 ±10% 이상의 차가 있어서는 안 되는 것

⑳ 냄새가 없다. : 냄새가 없거나 또는 거의 없는 것을 표시하는 것

㉑ 시험에 쓰는 물 : 정제수를 말함

64 함수율이 95%인 시료의 용출시험 결과를 보정하기 위해 곱하여야 하는 값은?

① 1.5　　　　　　② 2.0

③ 2.5　　　　　　④ 3.0

해설 **용출시험결과보정**

① 용출시험의 결과는 시료 중의 수분함량 보정을 위해 함수율 85% 이상인 시료에 한하여 보정한다.(시료의 수분함량이 85% 이상이면 용출시험결과를 보정하는 이유는 매립을 위한 최대함수율 기준이 정해져 있기 때문)

② 보정값 $= \dfrac{15}{100 - \text{시료의 함수율}(\%)}$

③ 보정계수 $= \dfrac{15}{100-95} = 3.0$

65 유기인 시험법에서 유기인의 정제용 컬럼으로 사용되지 않는 것은?

① 실리카겔컬럼　　　② 플로리실컬럼

③ 활성탄컬럼　　　　④ 활성규산마그네슘컬럼

해설 **유기인 정제용 컬럼**

① 실리카겔컬럼　② 플로리실컬럼　③ 활성탄컬럼

66 단색광이 임의의 시료용액을 통과할 때 그 빛의 80%가 흡수되었다면 흡광도는?

① 약 0.5　　　　　　② 약 0.6

③ 약 0.7　　　　　　④ 약 0.8

해설 흡광도 $= \log \dfrac{1}{\text{투과율}} = \log \dfrac{1}{(1-0.8)} = 0.70$

67 기체크로마토그래피에 의한 정성분석에 관한 설명으로 틀린 것은?

① 유지치의 표시는 무효부피의 보정 유무를 기록하여야 한다.

② 일반적으로 5~30분 정도에서 측정하는 피크의 머무름 시간은 반복시험을 할 때 ±3% 오차범위 이내이어야 한다.

③ 유지시간을 측정할 때는 3회 측정하여 그중 최대치로 정한다.

④ 유지치의 종류로는 유지시간, 유지용량, 비유지용량, 유지비, 유지지표 등이 있다.

해설 유지시간을 측정할 때는 3회 측정하여 그 평균치를 구한다.

68 0.002N NaOH 용액의 pH는?

① 11.3　　　　　　② 11.5

③ 11.7　　　　　　④ 11.9

해설 $0.002\text{eq}/\text{L} \times 1\text{mol/eq} = 0.002\text{N}$

$\text{NaOH} \rightarrow \text{Na}^+ + \text{OH}^-$

$\text{pOH} = -\log 0.002 = 2.70$

$\text{pH} + \text{pOH} = 14$

$\text{pH} = 14 - \text{pOH} = 14 - 2.7 = 11.3$

[Note] $[\text{OH}^-] = 0.002\text{N} = 0.002\text{M}$

69 중량법에 의해 기름 성분을 측정할 때 필요한 기구 또는 기기와 가장 거리가 먼 것은?

① 전기열판 또는 전기멘틀
② 분액깔때기
③ 회전증발농축기
④ 리비히 냉각관

📖 기름 성분 – 중량법의 분석기구(기기)
① 전기열판 또는 전기멘틀
② 증발접시
③ ㅏ자형 연결관 및 리비히 냉각관
④ 분액깔때기

70 일반적으로 기체크로마토그래피에 사용하는 분배형 충전물질 중에서 고정상 액체의 종류와 물질명이 바르게 짝지어진 것은?

① 탄화수소계 – 폴리페닐에테르
② 실리콘계 – 불화규소
③ 에스테르계 – 스쿠아란
④ 폴리글리콜계 – 고진공 그리스

📖 일반적으로 사용하는 고정상 액체의 종류

종류	물질명
탄화수소계	• 헥사데칸 • 스쿠아란(Squalane) • 고진공 그리이스
실리콘계	• 메틸실리콘 • 페닐실리콘 • 시아노실리콘 • 불화규소
폴리글리콜계	• 폴리에틸렌글리콜 • 메톡시폴리에틸렌글리콜
에스테르계	이염기산디에스테르
폴리에스테르계	이염기산폴리글리콜디에스테르
폴리아미드계	폴리아미드수지
에테르계	폴리페닐에테르
기타	• 인산트리크레실 • 디에틸포름아미드 • 디메틸술포란

71 기체크로마토그래피 분석에 사용하는 검출기에 대한 설명으로 틀린 것은?

① 열전도도 검출기(TCD) – 유기할로겐화합물
② 전자포획 검출기(ECD) – 니트로화합물 및 유기금속화합물
③ 불꽃광도 검출기(FPD) – 유기질소 화합물 및 유기인화합물

④ 불꽃열이온 검출기(FTD) – 유기질소 화합물 및 유기염소 화합물

📖 전자포획검출기(ECD)
유기할로겐화합물, 니트로화합물 및 유기금속화합물을 선택적으로 검출한다.

72 강열감량 측정 실험에서 다음 데이터를 얻었을 때 유기물 함량(%)은?

- 접시무게(W_1) = 30.5238g
- 접시와 시료의 무게(W_2) = 58.2695g
- 항량으로 건조, 방랭 후 무게(W_3) = 57.1253g
- 강열, 방랭 후 무게(W_4) = 43.3767g

① 49.56 ② 51.68 ③ 53.68 ④ 95.88

📖 강열감량 $= \dfrac{58.2695 - 43.3767}{58.2695 - 30.5238} \times 100 = 53.68\%$

수분 $= \dfrac{58.2695 - 57.1253}{58.2695 - 30.5238} \times 100 = 4.12\%$

고형물 $= \dfrac{57.1253 - 30.5238}{58.2695 - 30.5238} \times 100 = 95.88\%$

휘발성 고형물 = 강열감량 – 수분 = 53.68 – 4.12 = 49.56%

유기물 함량 $= \dfrac{\text{휘발성 고형물}}{\text{고형물}} \times 100 = \dfrac{49.56}{95.88} \times 100 = 51.68\%$

[Note] 다른 풀이

$$유기물함량(\%) = \dfrac{\text{휘발성고형물}}{\text{고형물}} \times 100$$
$$= \dfrac{(57.1253 - 43.3767)}{(57.1253 - 30.5238)} \times 100 = 51.68\%$$

73 시료 준비를 위한 회화법에 관한 기준으로 옳은 것은?

① 목적성분이 400℃ 이상에서 회화되지 않고 쉽게 휘산될 수 있는 시료에 적용
② 목적성분이 400℃ 이상에서 휘산되지 않고 쉽게 회화될 수 있는 시료에 적용
③ 목적성분이 800℃ 이상에서 회화되지 않고 쉽게 휘산될 수 있는 시료에 적용
④ 목적성분이 800℃ 이상에서 휘산되지 않고 쉽게 회화될 수 있는 시료에 적용

📖 회화법
① 적용 : 목적성분이 400℃ 이상에서 휘산되지 않고 쉽게 회화될 수 있는 시료에 적용한다.

정답 69 ③ 70 ② 71 ① 72 ② 73 ②

② 주의
ㄱ 시료 중에 염화암모늄, 염화마그네슘, 염화칼슘 등이 다량 함유된 경우에는 납, 철, 주석, 아연, 안티몬 등이 휘산되어 손실을 가져오므로 주의한다.
ㄴ 액상폐기물 시료 또는 용출용액 적당량을 취하여 백금, 실리카 또는 사기제 증발접시에 넣고 수욕 또는 열판에서 가열하여 증발 건조한다. 용기를 회화로에 옮기고 400~500℃에서 가열하여 잔류물을 회화시킨 다음 방랭하고 염산(1+1) 10mL를 넣어 열판에서 가열한다.

74 중량법에 의한 기름성분 분석방법에 관한 설명으로 옳지 않은 것은?

① 시료를 직접 사용하거나, 시료에 적당한 응집제 또는 흡착제 등을 넣어 노말헥산 추출물질을 포집한 다음 노말헥산으로 추출한다.
② 시험기준의 정량한계는 0.1% 이하로 한다.
③ 폐기물 중의 휘발성이 높은 탄화수소, 탄화수소유도체, 그리스 유상물질 중 노말헥산에 용해되는 성분에 적용한다.
④ 눈에 보이는 이물질이 들어 있을 때에는 제거해야 한다.

해설 기름 성분-중량법은 비교적 휘발되지 않는 탄화수소, 탄화수소유도체, 그리스 유상물질 중 노말헥산에 용해되는 성분에 적용한다.

75 자외선/가시선 분광법에서 시료액의 흡수파장이 약 370nm 이하일 때 일반적으로 사용하는 흡수셀은?

① 젤라틴셀　② 석영셀
③ 유리셀　④ 플라스틱셀

해설 자외선/가시선 분광법에서 시료액의 흡수파장 370nm 이상은 석영 또는 경질유리 흡수셀을 사용하고, 370nm 이하는 석영 흡수셀을 사용한다.

76 시료의 전처리(산분해법)방법 중 유기물 등을 많이 함유하고 있는 대부분의 시료에 적용하는 것은?

① 질산-염산 분해법
② 질산-황산 분해법
③ 염산-황산 분해법
④ 염산-과염소산 분해법

해설 질산-황산 분해법
① 적용 : 유기물 등을 많이 함유하고 있는 대부분의 시료
② 주의
ㄱ 칼슘, 바륨, 납 등을 다량 함유한 시료는 난용성의 황산염을 생성하여 다른 금속성분을 흡착하므로 주의
ㄴ 분해가 끝나면 공기 중에서 식히고 정제수 50mL을 넣어 끓기 직전까지 서서히 가열하여 침전된 용해성염 등을 녹임
ㄷ 시료를 서서히 가열하여 액체의 부피가 15mL가 될 때까지 증발 농축한 후 공기 중에서 서서히 식힌다.
③ 용액 산농도 : 약 1.5~3.0N

77 회분식 연소방식의 소각재 반출설비에서의 시료 채취에 관한 내용으로 ( )에 옳은 내용은?

회분식 연소방식의 소각재 반출설비에서 채취하는 경우에는 하루 동안의 운전횟수에 따라 매 운전 시마다 (ㄱ) 이상 채취하는 것을 원칙으로 하고, 시료의 양은 1회에 (ㄴ) 이상으로 한다.

① ㄱ 2회, ㄴ 100g
② ㄱ 4회, ㄴ 100g
③ ㄱ 2회, ㄴ 500g
④ ㄱ 4회, ㄴ 500g

해설 회분식 연소방식의 소각재 반출설비에서 시료 채취
① 하루 동안의 운전 횟수에 따라 매 운전 시마다 2회 이상 채취
② 시료의 양은 1회에 500g 이상

78 폐기물이 적재되어 있는 운반차량에서 시료를 채취할 경우 5톤 이상의 차량에 적재되어 있을 때에는 적재폐기물을 평면 상에서 몇 등분한 후 각 등분마다 시료를 채취하는가?

① 3등분　② 6등분
③ 9등분　④ 12등분

해설 폐기물이 적재되어 있는 운반차량에서 시료를 채취할 경우 적재폐기물의 성상이 균일하다고 판단되는 깊이에서 시료 채취
① 5ton 미만의 차량에 적재되어 있는 경우 적재폐기물을 평면 상에서 6등분한 후 각 등분마다 시료 채취
② 5ton 이상의 차량에 적재되어 있는 경우 적재폐기물을 평면 상에서 9등분한 후 각 등분마다 시료 채취

79 시료의 조제방법에 관한 설명으로 틀린 것은?

① 시료의 축소방법에는 구획법, 교호삽법, 원추 4분법이 있다.

② 소각잔재, 슬러지 또는 입자상 물질 중 입경이 5mm 이상인 것은 분쇄하여 체로 걸러서 입경을 0.5~5mm로 한다.

③ 시료의 축소방법 중 구획법은 대시료를 네모꼴로 옆게 균일한 두께로 편 후, 가로 4등분, 세로 5등분하여 20개의 덩어리로 나누어 20개의 각 부분에서 균등량씩을 취해 혼합하여 하나의 시료로 한다.

④ 축소라 함은 폐기물에서 시료를 채취할 경우 혹은 조제된 시료의 양이 많은 경우에 모은 시료의 평균적 성질을 유지하면서 양을 감소시켜 측정용 시료를 만드는 것을 말한다.

시료 조제방법(전처리)
① 시료의 분할채취방법에 따라 균일화한다.
② 소각잔재, 슬러지, 입자상 물질은 그 상태로 채취한다.
③ 작은 돌멩이 등은 제거하고 채취한다.
④ 폐기물 중 입경이 5mm 미만인 것은 그 상태로 채취한다.
⑤ 폐기물 중 입경이 5mm 이상인 것은 분쇄하여 체로 걸러서 입경 0.5~5mm로 한다.

80 정도보증/정도관리를 위한 검정곡선 작성법 중 검정곡선 작성용 표준용액과 시료에 동일한 양의 내부표준물질을 첨가하여 시험분석 절차, 기기 또는 시스템의 변동으로 발생하는 오차를 보정하기 위해 사용하는 방법은?

① 상대검정곡선법
② 표준검정곡선법
③ 절대검정곡선법
④ 보정검정곡선법

검정곡선 작성방법
① 절대검정곡선법(External Standard Method)
　시료의 농도와 지시값과는 상관성을 검정곡선 식에 대입하여 작성하는 방법이다.
② 표준물질첨가법(Standard Addition Method)
　㉠ 시료와 동일한 매질에 일정량의 표준물질을 첨가하여 검정곡선을 작성하는 방법이다.
　㉡ 매질효과가 큰 시험분석방법에서 분석 대상 시료와 동일한 매질의 표준시료를 확보하지 못한 경우 매질효과를 보정하여 분석할 수 있는 방법이다.

③ 상대검정곡선법(Internal Standard Calibration)
검정곡선 작성용 표준용액과 시료에 동일한 양의 내부표준물질을 첨가하여 시험분석절차, 기기 또는 시스템의 변동으로 발생하는 오차를 보정하기 위해 사용하는 방법이다.

제5과목 **폐기물관계법규**

81 폐기물처리업의 업종구분과 영업내용의 범위를 벗어나는 영업을 한 자에 대한 벌칙 기준은?

① 7년 이하의 징역 또는 7천만 원 이하의 벌금
② 5년 이하의 징역 또는 5천만 원 이하의 벌금
③ 3년 이하의 징역 또는 3천만 원 이하의 벌금
④ 2년 이하의 징역 또는 2천만 원 이하의 벌금

폐기물관리법 제66조 참조

82 사후관리 이행보증금과 사전적립금의 용도에 관한 설명으로 ( )에 맞는 내용은?

사후관리 이행보증금과 매립시설의 사후관리를 위한 사전적립금의 ( )

① 융자　　　　② 지원
③ 납부　　　　④ 환불

사후관리 이행보조금의 용도
사후관리 이행보조금과 사전적립금은 다음의 용도에 사용한다.
① 사후관리 이행보조금과 매립시설의 사후관리를 위한 사전적립금의 환불
② 매립시설의 사후관리 대행
③ 최종복토등 폐쇄절차 대행
④ 그 밖에 대통령령으로 정하는 용도

83 폐기물처리시설(멸균분쇄시설)의 설치를 마친 자가 검사를 받아야 하는 기관으로 틀린 것은?

① 보건환경연구원
② 한국환경공단
③ 한국기계연구원
④ 한국산업기술시험원

해설 ※ 법규 변경사항이므로 해설의 내용으로 학습 부탁드립니다.

환경부령으로 정하는 폐기물처리시설 검사기관 또는 단체
① 한국환경공단
② 국·공립연구기관
③「국가표준기본법」에 따라 인정받은 시험·검사기관
④「과학기술분야 정부출연연구기관 등의 설립·운영 및 육성에 관한 법률」에 따라 설립된 기관
⑤「폐기물관리법」에 따른 폐기물분석전문기관
⑥「환경분야 시험·검사 등에 관한 법률」에 따라 등록된 측정대행업자
⑦ 그 밖에 국립환경과학원장이 폐기물처리시설 검사에 관한 업무를 수행할 수 있는 인적·물적 기준을 갖추었다고 인정하여 고시하는 기관 또는 단체

84 「폐기물관리법」에서 정하고 있는 폐기물처리시설의 정기검사주기로 맞는 것은?

① 소각시설의 최초 정기검사 : 사용개시일부터 2년
② 매립시설의 최초 정기검사 : 사용개시일부터 2년
③ 멸균분쇄시설의 최초 정기검사 : 사용개시일부터 3개월
④ 음식물류 폐기물처리시설의 최초 정기검사 : 사용개시일부터 6월

해설 **폐기물 처리시설의 검사기간**
① 소각시설 : 최초 정기검사는 사용개시일부터 3년이 되는 날(「대기환경보전법」에 따른 측정기기를 설치하고 같은 법 시행령에 따른 굴뚝원격감시체계관제센터와 연결하여 정상적으로 운영되는 경우에는 사용개시일부터 5년이 되는 날), 2회 이후의 정기검사는 최종 정기검사일(검사결과서를 발급받은 날을 말한다)부터 3년이 되는 날
② 매립시설 : 최초 정기검사는 사용개시일부터 1년이 되는 날, 2회 이후의 정기검사는 최종 정기검사일부터 3년이 되는 날
③ 멸균분쇄시설 : 최초 정기검사는 사용개시일부터 3개월, 2회 이후의 정기검사는 최종 정기검사일부터 3개월
④ 음식물류 폐기물 처리시설 : 최초 정기검사는 사용개시일부터 1년이 되는 날, 2회 이후의 정기검사는 최종 정기검사일부터 1년이 되는 날
⑤ 시멘트 소성로 : 최초 정기검사는 사용개시일부터 3년이 되는 날(「대기환경보전법」에 따른 측정기기를 설치하고 같은 법 시행령에 따른 굴뚝원격감시체계관제센터와 연결하여 정상적으로 운영되는 경우에는 사용개시일부터 5년이 되는 날), 2회 이후의 정기검사는 최종 정기검사일부터 3년이 되는 날

85 「폐기물관리법」상 지정폐기물의 보관창고에 표지판을 설치할 때 표지판의 색깔은?(단, 감염성 폐기물 제외)

① 노란색 바탕에 하얀색 선 및 하얀색 글자
② 빨간색 바탕에 파란색 선 및 파란색 글자
③ 노란색 바탕에 검은색 선 및 검은색 글자
④ 노란색 바탕에 빨간색 선 및 빨간색 글자

해설 지정폐기물의 보관창고에는 보관 중인 지정폐기물의 종류, 보관 기능용량, 취급 시 주의사항 및 관리책임자 등을 적어 넣은 표지판을 다음과 같이 설치하여야 한다. 다만, 드럼 등 보관용기를 사용하여 보관하는 경우에는 용기별로 폐기물의 종류·양 및 배출업소 등을 지정폐기물의 종류가 같은 용기가 여러 개 있는 경우에는 폐기물의 종류별로 폐기물의 종류·양 및 배출업소 등을 각각 알 수 있도록 표지판에 적어 넣어야 한다.
① 보관창고에는 표지판을 사람이 쉽게 볼 수 있는 위치에 설치하여야 한다.
② 표지의 규격
가로 60센티미터 이상×세로 40센티미터 이상(드럼 등 소형 용기에 붙이는 경우에는 가로 15센티미터 이상×세로 10센티미터 이상)
③ 표지의 색깔
노란색 바탕에 검은색 선 및 검은색 글자

86 기술관리인을 두지 않아도 되는 폐기물 처리시설은?

① 면적이 2,000m²인 지정폐기물 매립시설(단, 차단형 매립시설은 제외)
② 시간당 처리능력이 660kg인 소각시설
③ 면적 12,000m²의 지정폐기물 외의 폐기물을 매립하는 시설
④ 면적이 340m² 이상인 지정폐기물을 매립하는 차단형 매립시설

해설 **기술관리인을 두어야 하는 폐기물 처리시설**
① 매립시설의 경우
  ㉠ 지정폐기물을 매립하는 시설로서 면적이 3천 300제곱미터 이상인 시설. 다만, 차단형 매립시설에서는 면적이 330제곱미터 이상이거나 매립용적이 1천 세제곱미터 이상인 시설로 한다.
  ㉡ 지정폐기물 외의 폐기물을 매립하는 시설로서 면적이 1만 제곱미터 이상이거나 매립용적이 3만 세제곱미터 이상인 시설
② 소각시설로서 시간당 처리능력이 600킬로그램(감염성 폐기물을 대상으로 하는 소각시설의 경우에는 200킬로그램) 이상인 시설

③ 압축·파쇄·분쇄 또는 절단시설로서 1일 처리능력 또는 재활용시설이 100톤 이상인 시설

④ 사료화·퇴비화 또는 연료화 시설로서 1일 재활용능력이 5톤 이상인 시설

⑤ 멸균·분쇄시설로서 시간당 처리능력이 100킬로그램 이상인 시설

⑥ 시멘트 소성로

⑦ 용해로(폐기물에 비철금속을 추출하는 경우로 한정한다.)로서 시간당 재활용능력이 600킬로그램 이상인 시설

⑧ 소각열회수시설로서 시간당 재활용능력이 600킬로그램 이상인 시설

87 「폐기물관리법」에 적용되지 않는 물질에 대한 설명으로 틀린 것은?

① 하수도법에 의한 하수·분뇨

② 가축분뇨의 관리 및 이용에 관한 법률에 따른 가축분뇨

③ 용기에 들어 있지 아니한 기체상태의 물질

④ 수질오염 방지시설에 유입되지 아니하거나 공공 수역으로 배출되는 폐수

해설 「폐기물관리법」을 적용하지 않는 물질

① 「원자력안전법」에 따른 방사성 물질과 이로 인하여 오염된 물질

② 용기에 들어 있지 아니한 기체상태의 물질

③ 「물환경보전법」에 따른 수질오염 방지시설에 유입되거나 공공수역(수역)으로 배출되는 폐수

④ 「가축분뇨의 관리 및 이용에 관한 법률」에 따른 가축분뇨

⑤ 「하수도법」에 따른 하수·분뇨

⑥ 「가축전염병예방법」이 적용되는 가축의 사체, 오염 물건, 수입 금지 물건 및 검역 불합격품

⑦ 「수산생물질병 관리법」에 적용되는 수산동물의 사체, 오염된 시설 또는 물건, 수입 금지 물건 및 검역 불합격품

⑧ 「군수품관리법」에 따라 폐기되는 탄약

88 폐기물처분시설인 멸균분쇄시설의 설치검사 항목으로 틀린 것은?

① 분쇄시설의 작동상태

② 밀폐형으로 된 자동제어에 의한 처리방식인지 여부

③ 악취 방지시설·건조장치의 작동상태

④ 계량·투입시설의 설치 여부 및 작동상태

해설 멸균분쇄시설의 설치검사항목

① 멸균능력의 적절성 및 멸균조건의 적절 여부(멸균검사 포함)

② 분쇄시설의 작동상태

③ 밀폐형으로 된 자동제어에 의한 처리방식인지 확인

④ 자동기록장치의 작동상태

⑤ 폭발사고와 화재 등에 대비한 구조인지 확인

⑥ 자동투입장치와 투입량 자동계측장치의 작동상태

⑦ 악취 방지시설·건조장치의 작동상태

89 폐기물처리시설을 설치·운영하는 자는 그 폐기물처리시설의 설치·운영이 주변 지역에 미치는 영향을 몇 년마다 조사하여 그 결과를 누구에게 제출하여야 하는가?

① 1년, 시·도지사
② 3년, 시·도지사
③ 1년, 환경부장관
④ 3년, 환경부장관

해설 대통령령으로 정하는 폐기물처리시설을 설치·운영하는 자는 그 폐기물처리시설의 설치·운영이 주변 지역에 미치는 영향을 3년마다 조사하고, 그 결과를 환경부장관에게 제출하여야 한다.

90 폐기물 인계·인수 내용의 입력방법 및 절차로 ( )에 알맞은 것은?

사업장폐기물운반자는 배출자로부터 폐기물을 인수받은 날부터 (㉠)에 전달받은 인계번호를 확인하여 전자정보처리프로그램에 입력하여야 한다. 다만, 적재능력이 작은 차량으로 폐기물을 수집하여 적재능력이 큰 차량으로 옮겨 싣기 위하여 임시보관장소를 경유하여 운반하는 경우에는 처리자에게 인계한 후 (㉡)에 입력하여야 한다.

① ㉠ 1일 이내, ㉡ 1일 이내
② ㉠ 3일 이내, ㉡ 1일 이내
③ ㉠ 1일 이내, ㉡ 3일 이내
④ ㉠ 2일 이내, ㉡ 2일 이내

해설 운반자는 배출자로부터 폐기물을 인수받은 날부터 2일 이내에 전달받은 인계번호를 확인하여 전자정보처리프로그램에 입력하여야 한다. 다만, 적재능력이 작은 차량으로 폐기물을 수집하여 적재능력이 큰 차량으로 옮겨 싣기 위하여 임시보관장소를 경유하여 운반하는 경우에는 처리자에게 인계한 후 2일 이내에 입력하여야 한다.

2017

정답 87 ④ 88 ④ 89 ④ 90 ④

91 영업의 정지에 갈음하여 징수할 수 있는 최대 과징금 액수는?

① 1억 원   ② 2억 원
③ 3억 원   ④ 5억 원

해설 **폐기물처리업자에 대한 과징금 처분**
환경부장관이나 시·도지사는 폐기물처리업자에게 영업의 정지를 명령하려는 때 그 영업의 정지가 다음 각 호의 어느 하나에 해당한다고 인정되면 대통령령으로 정하는 바에 따라 그 영업의 정지를 갈음하여 1억 원 이하의 과징금을 부과할 수 있다.
① 해당 영업의 정지로 인하여 그 영업의 이용자가 폐기물을 위탁처리하지 못하여 폐기물이 사업장 안에 적체됨으로써 이용자의 사업활동에 막대한 지장을 줄 우려가 있는 경우
② 해당 폐기물처리업자가 보관 중인 폐기물이나 그 영업의 이용자가 보관 중인 폐기물의 적체에 따른 환경오염으로 인하여 인근지역 주민의 건강에 위해가 발생되거나 발생될 우려가 있는 경우
③ 천재지변이나 그 밖의 부득이한 사유로 해당 영업을 계속하도록 할 필요가 있다고 인정되는 경우

92 광역폐기물처리시설의 설치·운영을 위탁할 수 있는 자로 틀린 것은?

① 한국에너지기술연구원
② 한국환경공단
③ 지방자치단체조합으로서 폐기물의 광역처리를 위하여 설립된 조합
④ 해당 광역폐기물처리시설을 시공한 자(그 시설의 운영을 위탁하는 경우에만 해당한다.)

해설 **광역폐기물처리시설의 설치·운영 위탁자**
① 한국환경공단
② 수도권매립지관리공사
③ 지방자치단체조합으로서 폐기물의 광역처리를 위하여 설립된 조합
④ 해당 광역폐기물처리시설을 시공한 자(그 시설의 운영을 위탁하는 경우에만 해당한다.)

93 폐기물처리기본계획에 포함되어야 할 사항으로 틀린 것은?

① 폐기물 관리 여건 및 전망
② 폐기물의 종류별 발생량과 장래의 발생예상량
③ 폐기물의 수집·운반·보관 및 그 장비·용기 등의 개선에 관한 사항
④ 재원의 확보계획

해설 ※ 법규 변경(삭제)사항이므로 학습 안 하셔도 무방합니다.

94 제출된 폐기물 처리사업계획서의 적합통보를 받은 자가 천재지변이나 그 밖의 부득이한 사유로 정해진 기간 내에 허가신청을 하지 못한 경우에 실시하는 연장기간에 대한 설명으로 ( )에 기간이 옳게 나열된 것은?

> 환경부장관 또는 시·도지사는 신청에 따라 폐기물 수집·운반업의 경우에는 총 연장기간 (㉠), 폐기물 최종처리업과 폐기물종합처리업의 경우에는 총 연장기간 (㉡)의 범위에서 허가신청기간을 연장할 수 있다.

① ㉠ 6개월, ㉡ 1년
② ㉠ 6개월, ㉡ 2년
③ ㉠ 1년, ㉡ 2년
④ ㉠ 1년, ㉡ 3년

해설 환경부장관 또는 시·도지사는 천재지변이나 그 밖의 부득이한 사유로 기간 내에 허가신청을 하지 못한 자에 대하여는 신청에 따라 총 연장기간 1년(폐기물 수집·운반업의 경우에는 총 연장기간 6개월, 폐기물 최종처분업과 폐기물 종합처분업의 경우에는 총 연장기간 2년)의 범위에서 허가신청기간을 연장할 수 있다.

95 기술관리인을 임명하지 아니하고 기술관리 대행 계약을 체결하지 아니한 자에 대한 과태료 처분기준은?

① 100만 원 이하의 과태료
② 300만 원 이하의 과태료
③ 500만 원 이하의 과태료
④ 1,000만 원 이하의 과태료

해설 폐기물관리법 제68조 참조

96 환경부장관이 고시하는 폐기물을 수출하려고 하는 자가 폐기물의 발생지를 관할하는 지방환경관서의 장에게 제출하여야 하는 서류가 아닌 것은?

① 수출가격이 본선 인도가격(FOB)으로 명시된 수출계약서나 주문서 사본
② 수출폐기물의 운반계획서
③ 폐기물분석전문기관에서 작성한 수출폐기물의 분석결과서
④ 수출폐기물의 처리계획서

① 폐기물 수출신고를 하려는 자는 다음의 서류를 첨부하여 폐기물의 발생지를 관할하는 지방환경관서의 장에게 제출하여야 한다.
ㄱ. 수출가격이 본선 인도가격(FOB)으로 명시된 수출계약서나 주문서 사본
ㄴ. 수출폐기물의 운반계획서
ㄷ. 수출폐기물의 운반계약서 사본(위탁운반하는 경우에만 첨부한다.)
ㄹ. 폐기물 분석기관에서 발행한 수출폐기물의 분석결과서

② 폐기물 수입신고를 하려는 자는 다음의 서류를 첨부하여 폐기물처리시설이 설치된 장소를 관할하는 지방환경관서의 장에게 제출하여야 한다.
ㄱ. 수입가격이 선적가격(CIF)으로 명시된 수입계약서 또는 주문서 사본
ㄴ. 수입폐기물의 운반계획서
ㄷ. 수입폐기물의 운반계약서 사본(위탁운반하는 경우에만 첨부한다.)
ㄹ. 수입폐기물의 처리계획서
ㅁ. 수탁처리능력 확인서 사본(위탁처리하는 경우에만 첨부한다.)
ㅂ. 수입폐기물의 분석결과서
ㅅ. 수입폐기물의 종류를 확인할 수 있는 사진

97 폐기물처리업의 허가를 받은 자가 변경허가를 받지 아니하고 폐기물처리업의 허가사항을 변경한 경우의 벌칙기준으로 옳은 것은?

① 1년 이하의 징역이나 1천만 원 이하의 벌금
② 2년 이하의 징역이나 2천만 원 이하의 벌금
③ 3년 이하의 징역이나 3천만 원 이하의 벌금
④ 5년 이하의 징역이나 5천만 원 이하의 벌금

폐기물관리법 제65조 참조

98 매립지에서 침출수량 등의 변동에 대응하기 위한 침출수 유량조정조의 설치규모 기준으로 ( )에 순서대로 나열된 것은?(단, 관리형 매립시설)

최근 (㉠) 1일 강우량이 (㉡) 이상인 강우 일수 중 최다빈도의 1일 강우량의 (㉢) 이상에 해당하는 침출수를 저장할 수 있는 규모

① ㉠ 7년간, ㉡ 20밀리미터, ㉢ 10배
② ㉠ 7년간, ㉡ 10밀리미터, ㉢ 10배
③ ㉠ 10년간, ㉡ 20밀리미터, ㉢ 7배
④ ㉠ 10년간, ㉡ 10밀리미터, ㉢ 7배

침출수량 등의 변동에 대응하기 위하여 침출수유량조정조를 설치하여야 하며, 침출수유량조정조는 최근 10년간 1일 강우량이 10밀리미터 이상인 강우일수 중 최다빈도의 1일 강우량의 7배 이상에 해당하는 침출수를 저장할 수 있는 규모로 설치하되, 유량조정조 내부를 방수처리하고 유량조정조 유입구에는 유량계를 설치하여야 한다.

99 「폐기물관리법」상 용어의 정의로 옳지 않은 것은?

① 지정폐기물 : 사업장폐기물 중 폐유 · 폐산 등 주변 환경을 오염시킬 수 있거나 의료폐기물 등 인체에 위해를 줄 수 있는 해로운 물질로서 대통령령으로 정하는 폐기물
② 폐기물처리시설 : 폐기물의 중간처분시설, 최종처분시설 및 재활용시설로서 대통령령으로 정하는 시설
③ 처리 : 폐기물 수거, 운반에 의한 중간처리와 매립, 해역 배출 등에 의한 최종처리
④ 생활폐기물 : 사업장폐기물 외의 폐기물

처리
폐기물의 수집, 운반, 보관, 재활용, 처분을 말한다.

100 폐기물처리업의 허가를 받을 수 없는 자에 대한 기준으로 틀린 것은?

① 미성년자
② 파산선고를 받고 복권된 날부터 2년이 지나지 아니한 자
③ 폐기물처리업의 허가가 취소된 자로선 그 허가가 취소된 날부터 2년이 지나지 아니한 자
④ 폐기물관리법을 위반하여 징역 이상의 형의 집행유예를 선고받고 그 집행유예 기간이 지나지 아니한 자

※ 법규 변경사항이므로 해설의 내용으로 학습 부탁드립니다.

폐기물처리업의 허가를 받을 수 없는 자
① 미성년자, 피성년후견인 또는 피한정후견인
② 파산선고를 받고 복권되지 아니한 자
③ 이 법을 위반하여 금고 이상의 실형을 선고받고 그 형의 집행이 끝나거나 집행을 받지 아니하기로 확정된 후 10년이 지나지 아니한 자
③의2. 이 법을 위반하여 금고 이상의 형의 집행유예를 선고받고 그 집행유예 기간이 끝난 날부터 5년이 지나지 아니한 자
④ 이 법을 위반하여 대통령령으로 정하는 벌금형 이상을 선고받고 그 형이 확정된 날부터 5년이 지나지 아니한 자

2017

⑤ 폐기물처리업의 허가가 취소되거나 전용용기 제조업의 등록이 취소된 자로서 그 허가 또는 등록이 취소된 날부터 10년이 지나지 아니한 자

⑤의2. 허가취소자 등과의 관계에서 자신의 영향력을 이용하여 허가취소자 등에게 업무집행을 지시하거나 허가취소자 등의 명의로 직접 업무를 집행하는 등의 사유로 허가취소자 등에게 영향을 미쳐 이익을 얻는 자 등으로서 환경부령으로 정하는 자

⑥ 임원 또는 사용인 중에 ①부터 ⑤까지 및 ⑤의2의 어느 하나에 해당하는 자가 있는 법인 또는 개인사업자

제1과목 폐기물개론

01 쓰레기 발생량 예측방법이 아닌 것은?

① 물질수지법   ② 경향법

③ 다중회귀모델   ④ 동적 모사모델

① 쓰레기 발생량 조사방법
    ㉠ 적재차량 계수분석법
    ㉡ 직접계근법
    ㉢ 물질수지법
    ㉣ 통계조사(표본조사, 전수조사)
② 쓰레기 발생량 예측방법
    ㉠ 경향법
    ㉡ 다중회귀모델
    ㉢ 동적모사모델

02 쓰레기 발생량에 영향을 미치는 요인에 관한 설명으로 틀린 것은?

① 수거빈도가 잦거나 쓰레기통의 크기가 크면 쓰레기 발생량이 증가한다.

② 재활용품의 회수 및 재이용률이 높을수록 쓰레기 발생량이 감소한다.

③ 쓰레기 관련 법규는 쓰레기 발생량에 중요한 영향을 미친다.

④ 생활수준이 높은 주민들의 쓰레기 발생량은 그렇지 않은 주민들보다 적고 종류 또한 단순하다.

쓰레기 발생량에 영향을 주는 요인

영향요인	내용
도시규모	도시의 규모가 커질수록 쓰레기 발생량 증가
생활수준	생활수준이 높아지면 발생량이 증가하고 다양해짐(증가율 10% 내외)
계절	겨울철에 발생량 증가
수집빈도	수집빈도가 높을수록 발생량 증가
쓰레기통 크기	쓰레기통이 클수록 유효용적이 증가하여 발생량 증가
재활용품 회수 및 재이용률	재활용품의 회수 및 재이용률이 높을수록 쓰레기 발생량 감소
법규	쓰레기 관련 법규는 쓰레기 발생량에 중요한 영향을 미침
장소	상업지역, 주택지역, 공업지역 등, 장소에 따라 발생량과 성상이 달라짐
사회구조	도시의 평균연령층, 교육수준에 따라 발생량은 달라짐

03 발열량의 관계식이 맞는 것은?

① 고위발열량 = 저위발열량 + 수분의 응축열

② 고위발열량 = 저위발열량 − 수분의 응축열

③ 고위발열량 = 저위발열량 + 회분(재)의 잠열

④ 고위발열량 = 저위발열량 − 회분(재)의 잠열

$H_h = H_l + 600(9H + W)(\text{kcal/kg})$

$H_h = H_l + 480 \sum H_2O(\text{kcal/Sm}^3)$

04 폐기물 압축기에 관한 설명으로 틀린 것은?

① 고정압축기는 주로 수압으로 압축시킨다.

② 고정압축기는 압축방법에 따라 수평식과 수직식 압축기로 나눌 수 있다.

③ 백(Bag) 압축기는 회전판 위에 열린 상태로 놓여 있는 백과 압축피스톤의 조합으로 구성된다.

④ 백(Bag) 압축기 중 회분식이란 투입량을 일정량씩 수회 분리하여 간헐적인 조작을 행하는 것을 말한다.

회전판 위에 Open 상태로 있는 종이나 휴지로 만든 Bag이고 비교적 부피가 적은 폐기물을 넣어 포장하는 압축피스톤의 조합으로 구성된 압축기는 회전식 압축기이다.

05 오니의 혐기성 소화과정에서 메탄발효단계에서의 반응속도가 2차 반응일 경우, 반응속도상수의 단위는?

① 시간/농도   ② 농도×시간

③ 1/시간   ④ 1/(농도×시간)

2016

정답   01 ①   02 ④   03 ①   04 ③   05 ④

해설 2차반응은 반응속도가 반응물의 농도 제곱에 비례하여 진행하는 반응식이다.

$$\frac{1}{c_t} - \frac{1}{c_o} = kt$$

$$k = \frac{\left(\frac{1}{c_t} - \frac{1}{c_o}\right)}{t} = \frac{\left(\frac{1}{\text{mg/L}}\right)}{\text{hr}} = \frac{1}{(\text{mg/L} \times \text{hr})} = \frac{1}{(\text{농도} \times \text{시간})}$$

06 폐기물로부터 불연성 폐기물을 제거한 후 연료로 이용한 방법으로 열용량이 가장 낮고 회분이 많으며 수분함량이 15~20%인 RDF의 종류는?

① Power RDF ② Pellet RDF
③ Powder RDF ④ Fluff RDF

해설 **RDF의 종류 및 특성**

종류	Powder RDF	Pellet RDF	Fluff RDF
함수율(%)	4% 이하	12~18%	15~20%
회분량(%)	10~20%	12~25%	22~30%
연료형태	분말 (0.5mm 이하)	원통 (직경 10~20mm, 길이 30~50mm)	사각 (25~50mm)
열용량	4,300 kcal/kg	3,300~4,000 kcal/kg	2,500~3,500 kcal/kg
이송방법	공기	제약 없음	공기

07 한 해 동안 A시에서 발생한 폐기물의 성분 중 비가연성이 중량비로서 67.5%였다. 밀도가 650kg/m³인 폐기물 2m³ 있을 때 가연성 물질의 양(kg)은?(단, 폐기물은 비연성과 가연성으로 나눈다.)

① 423 ② 578 ③ 635 ④ 782

해설 가연성물질의 양(kg) = 밀도 × 부피 × 비율

$$= 650\text{kg/m}^3 \times 2\text{m}^3 \times \left(\frac{100-67.5}{100}\right)$$
$$= 422.5\text{kg}$$

08 건식 전단파쇄기에 관한 설명으로 가장 거리가 먼 것은?

① 고정칼, 왕복 또는 회전칼의 교합에 의하여 폐기물을 전단한다.
② 충격파쇄기에 비하여 파쇄속도가 느리다.
③ 충격파쇄기에 비하여 이물질의 혼입에 강하다.
④ 충격파쇄기에 비하여 파쇄물의 크기를 고르게 할 수 있다.

해설 **전단파쇄기**

① 원리
고정칼의 왕복 또는 회전칼(가동칼)의 교합에 의하여 폐기물을 전단한다.
② 특징
㉠ 충격파쇄기에 비하여 파쇄속도가 느리다.
㉡ 충격파쇄기에 비하여 이물질의 혼입에 취약하다.
㉢ 충격파쇄기에 비하여 파쇄물의 입도(크기)를 고르게 할 수 있다.(장점)
㉣ 전단파쇄기는 해머밀 파쇄기보다 저속으로 운전된다.
㉤ 소각로 전처리에 많이 이용되나 처리용량이 작아 대량이나 연쇄파쇄에 부적합하다.
㉥ 분진, 소음, 진동이 적고 폭발위험이 거의 없다.
③ 종류
㉠ Van Roll식 왕복전단 파쇄기
㉡ Lindemann식 왕복전단 파쇄기
㉢ 회전식 전단 파쇄기
㉣ Tollemacshe
④ 대상 폐기물
목재류, 플라스틱류, 종이류, 폐타이어(연질플라스틱과 종이류가 혼합된 폐기물을 파쇄하는 데 효과적)

09 국내에서 발생되는 사업장폐기물의 특성에 대한 설명으로 가장 거리가 먼 것은?

① 사업장폐기물 중 가장 높은 증가율을 보이는 것은 폐유이다.
② 사업장폐기물의 대부분은 일반사업장폐기물이다.
③ 일반사업장폐기물 중 무기물류가 가장 많은 비중을 차지하고 있다.
④ 지정폐기물 중 배출량이 가장 많은 것은 폐산·폐알칼리이다.

해설 사업장폐기물 중 가장 높은 증가율을 보이는 것은 폐산·폐알칼리, 유기용제이다.

10 폐기물의 관거(Pipe-line)를 이용한 수거 방식에 관한 설명으로 가장 거리가 먼 것은?

① 자동화, 무공해화가 가능하다.
② 잘못 투입된 폐기물의 즉시 회수가 용이하다.
③ 가설 후에 경로 변경이 곤란하고 설치비가 높다.
④ 장거리 수송이 곤란하다.

관거(Pipeline) 수송의 장단점

① 장점
　㉠ 자동화, 무공해화, 안전화가 가능하다.
　㉡ 눈에 띄지 않는다.(미관, 경관 좋음)
　㉢ 에너지 절약이 가능하다.
　㉣ 교통소통이 원활하여 교통체증 유발이 없다.(수거차량에 의한 도심지 교통량 증가 없음)
　㉤ 투입 용이, 수집이 편리하다.
　㉥ 인건비 절감의 효과가 있다.
② 단점
　㉠ 대형 폐기물(조대폐기물)에 대한 전처리 공정(파쇄, 압축)이 필요하다.
　㉡ 가설(설치) 후에 경로변경이 곤란하고 설치비가 비싸다.
　㉢ 잘못 투입된 폐기물은 회수하기 곤란하다.
　㉣ 2.5km 이내의 거리에서만 이용된다.(장거리, 즉 2.5km 이상에서는 사용 곤란)
　㉤ 단거리에 현실성이 있다.
　㉥ 사고발생 시 시스템 전체가 마비되며 대체시스템으로 전환이 필요하다.(고장 및 긴급사고 발생에 대한 대처방법이 필요함)
　㉦ 초기투자 비용이 많이 소요된다.
　㉧ pipe 내부 진공도에 한계가 있다.(최대 0.5kg/cm²)

11 도시 쓰레기 수거계획 수립 시 가장 중요하게 고려하여야 할 사항은?

① 수거 인부　　　　② 수거 빈도
③ 수거 노선　　　　④ 수거 장비

도시쓰레기 수거계획 수립 시 가장 중요하게 고려할 사항은 수거 노선이다.

12 다음의 지정폐기물 중 연중 발생량이 가장 많은 것은?

① 분진　　　　　　② 슬러지
③ 폐유기용제　　　④ 폐합성고분자화합물

지정폐기물 중 연중발생량이 가장 많은 것은 폐유기용제, 폐산, 폐알칼리이다.

13 고정압축기의 작동에 대한 용어로 가장 거리가 먼 것은?

① 적하(Loading)
② 카세트용기(Cassettes Containing Bag)
③ 충전(Fill Charging)
④ 램압축(Ram Compacts)

고정압축기의 작동

호퍼(적하 ; Loading) → 투입/충진(충전 ; Fill Charging) → 압축(램압축 ; Ram Compacts)

14 폐기물의 관리 계획 시 조사 및 예측하여야 할 항목으로 가장 거리가 먼 것은?

① 배출원에 따른 폐기물의 배출량과 시간적 변동량을 파악한다.
② 수집 및 운반, 처리방법과 처분방법 등에 따른 소요비용을 검토한다.
③ 폐기물의 재활용 또는 자원화 여부를 검토한다.
④ 중간처리 과정에서 배출되는 폐기물의 질과 양을 예측한다.

중간처리과정에서 배출되는 폐기물의 질과 양 예측은 조사 및 예측 항목과는 거리가 있다.

15 전과정평가(LCA)의 구성요소로 가장 거리가 먼 내용은?

① 개선평가　　　　② 영향평가
③ 과정분석　　　　④ 목록분석

전과정평가(LCA)의 구성요소
① 목적 및 범위의 설정　　② 목록 분석
③ 영향 평가　　　　　　　④ 개선 평가 및 해석

16 폐기물을 Proximate Analysis 분석 대상성분으로만 짝지어진 것은?

① 수분 함량, 가연성 물질, 고정산소, 회분
② 고정산소, 고정질소, 고정황, 고정탄소
③ 고정탄소, 회분, 휘발성 고형물, 수분 함량
④ 수분 함량, 회분, 가연분, 고정원소분

Proximate Analysis(개략분석, 근사분석) 성분
고정탄소, 회분, 휘발성고형물, 수분함량

17 쓰레기 수송방법 중 가장 위생적인 수송방법은?

① Mono-rail　　　② Conveyer
③ Container　　　 ④ Pipeline

쓰레기 수송방법 중 가장 위생적인 수송방법은 관거(Pipeline) 수송이다.

18 파쇄기로 20cm의 폐기물을 5cm로 파쇄하는 데 에너지가 40kWh/ton 소요되었다. 15cm의 폐기물을 5cm로 파쇄 시 톤당 소요되는 에너지량(kWh/ton)은?(단, Kick의 법칙을 이용할 것)

① 30.4   ② 31.7
③ 34.6   ④ 36.8

해설 $E = C\ln\left(\dfrac{L_1}{L_2}\right)$

$40\text{kWh/ton} = C\ln\left(\dfrac{20}{5}\right)$, $C = 28.854\text{kWh/ton}$

$E = 28.854\text{kWh/ton} \times \ln\left(\dfrac{15}{5}\right) = 31.7\text{kWh/ton}$

19 함수율이 70%인 하수슬러지 50m³와 함수율이 36%인 1,200m³의 쓰레기를 혼합했을 때 함수율은?

① 35%   ② 37%   ③ 39%   ④ 41%

해설 혼합함수율(%) $= \dfrac{(50\text{m}^3 \times 0.7) + (1{,}250\text{m}^3 \times 0.36)}{(50 + 1{,}250)\text{m}^3} \times 100$

$= 37.3\%$

20 밀도가 a인 도시쓰레기를 밀도가 $b(a < b)$인 상태로 압축시킬 경우 부피(%)는?

① $100\left(1 - \dfrac{a}{b}\right)$ ② $100\left(1 - \dfrac{b}{a}\right)$

③ $100\left(a - \dfrac{a}{b}\right)$ ④ $100\left(b - \dfrac{b}{a}\right)$

해설 부피감소율(%) $= \left(1 - \dfrac{a}{b}\right) \times 100 = \left(1 - \dfrac{\text{처음밀도}}{\text{나중밀도}}\right) \times 100$

제2과목   **폐기물처리기술**

21 시멘트 고형화 방법 중 연소가스 탈황 시 발생된 슬러지 처리에 주로 적용되는 것은?

① 시멘트기초법   ② 석회기초법
③ 포졸란첨가법   ④ 자가시멘트법

해설 **자가시멘트법**
FGD 슬러지 중 일부(10%)를 생석회화한 후 여기에 소량의 물(수분량 조절역할)과 첨가제를 가하여 폐기물이 스스로 고형화되는 성질을 이용하는 방법이다. 즉, 연소가스 탈황 시 발생된 높

은 황화물을 함유한 슬러지 처리에 사용된다.

22 소각로에서 열효율 향상의 대책으로 가장 거리가 먼 것은?

① 열분해 생성물의 완전연소화
② 배기가스의 현열배출 손실의 저감
③ 연소잔사의 현열손실 감소
④ 전열 효율의 감소

해설 소각로 열효율 향상을 위해서는 배기가스 재순환에 의해 전열 효율을 향상시킨다.

23 최종처분장의 지하수 오염 방지를 위한 지중배수시설(Subsurface Drainage System)에 관한 설명으로 가장 거리가 먼 것은?

① 유해폐기물 매집장에 널리 이용된다.
② 반응성 화학물질(철, 망간, 칼슘)의 침적으로 막힘이 발생하기 쉽다.
③ 연직차수시설과 함께 사용되어야 한다.
④ 주로 12m 이하의 얕은 깊이에 설치된다.

해설 최종처분장의 지하수 오염 방지를 위한 지중배수시설은 표면차수시설과 함께 사용되어야 한다.

24 관리형 폐기물매립지에서 발생하는 침출수의 주된 발생원은?

① 주위의 지하수로부터 유입되는 물
② 주변으로부터의 유입지표수(Run-on)
③ 강우에 의하여 상부로부터 유입되는 물
④ 폐기물 자체의 수분 및 분해에 의하여 생성되는 물

해설 관리형 폐기물매립지에서 발생하는 침출수의 주된 발생원은 강우에 의하여 상부로부터 유입되는 물이다.

25 분뇨 투입량이 50kL/일인 소화조가 있다. 온도 20℃에서 온도를 중온(35℃) 소화의 적정한계에 맞추려고 한다. 소화조의 열손실이 30%라면 소요열량(kcal/day)은?(단, 소화조의 분뇨 비열 1.2, 분뇨 비중 1)

① 1.3×10^6 ② 3.3×10^6
③ 4.3×10^6 ④ 7.3×10^6

정답   **18** ②   **19** ②   **20** ①   **21** ④   **22** ④   **23** ③   **24** ③   **25** ①

소요열량(kcal)

$$= 분뇨투입량 \times 비열 \times 온도차 \times \frac{100}{열효율}$$

$$= 50 \times 10^3 kg/day \times 1.2 kcal/kg \cdot ℃ \times (35-20)℃ \times \frac{100}{70}$$

$$= 1.29 \times 10^6 kcal/day$$

26 평균입경이 10cm인 플라스틱을 재활용하기 위하여 2cm로 파쇄하는 데 20kWh/ton이 소요된다면, 입경이 20cm인 플라스틱을 2cm로 파쇄하는 데 소요되는 에너지(kWh/ton)는?(단, Kick의 법칙에 의하여 에너지량 $W = C \log(X_i / X_f)$이다.)

① 약 28 ② 약 32 ③ 약 36 ④ 약 40

$$E = C \log\left(\frac{L_1}{L_2}\right)$$

$$20kWh/ton = C \log\left(\frac{10}{2}\right), \quad C = 28.614 kWh/ton$$

$$E = 28.614 \log\left(\frac{20}{2}\right) = 28.61 kWh/ton$$

27 유기성 폐기물의 처리방법 중 퇴비화의 장단점으로 가장 거리가 먼 것은?

① 생산된 퇴비는 비료가치가 낮다.
② 퇴비제품의 품질 표준화가 어렵다.
③ 생산품인 퇴비는 토양의 이화학성질을 개선시키는 토양개량제로 사용할 수 있다.
④ 퇴비화 과정 중 80% 이상 부피가 크게 감소된다.

퇴비가 완성되어도 부피가 크게 감소되지는 않는다. 즉, 완성된 퇴비의 감용률은 50% 이하로서 다른 처리방식에 비하여 낮다.

28 퇴비생산 공정에 관한 설명으로 가장 거리가 먼 것은?

① 퇴비 생산에 수분함량, 온도, pH, 영양소함량, 산소 농도 등이 영향을 준다.
② 슬러지 수분함량이 크면 Bulking Agent를 섞는다.
③ 최소의 수분함량은 12~15%이나 최적수분함량은 70%가량이다.
④ 온도 55~65℃로 유지시켜야 하며 80℃ 이상은 좋지 않다.

퇴비화에 영향을 주는 적정 수분함량은 50~60%이다.

29 매립지에서 발생하는 메탄가스를 메탄산화세균을 이용하여 처리하고자 한다. 메탄산화세균에 의한 메탄 처리에 관한 설명으로 가장 거리가 먼 것은?

① 메탄산화세균은 혐기성 미생물이다.
② 메탄산화세균은 자가영양미생물이다.
③ 메탄산화세균은 주로 복토층 부근에서 많이 발견된다.
④ 메탄은 메탄산화세균에 의해 산화되며, 이산화탄소로 바뀐다.

메탄산화세균은 호기성 미생물이다.

30 토양오염 물질 중 BTEX에 포함되지 않는 것은?

① 벤젠 ② 톨루엔
③ 에틸렌 ④ 자일렌

토양오염 물질 중 BTEX
① B : Benzene(벤젠)
② T : Toluene(톨루엔)
③ E : Ethylbenzene(에틸벤젠)
④ X : Xylene(크실렌 : 자일렌)

31 분뇨의 슬러지 건량은 5m³이며 함수율이 90%이다. 함수율을 80%까지 농축하면 농축조에서의 분리액은?(단, 비중은 1.0 기준)

① 15m³ ② 20m³ ③ 25m³ ④ 30m³

$$분리액(m^3) = \left|\frac{건조슬러지}{(1-초기 함수율)} - \frac{건조슬러지}{(1-처리 후 함수율)}\right|$$

$$= \frac{5}{(1-0.9)} - \frac{5}{(1-0.8)} = 25m^3$$

32 매립공법 중 압축매립공법(Baling System)에 관한 설명으로 가장 거리가 먼 것은?

① 쓰레기를 매립 후 다짐기계를 이용하여 일정한 압축을 실시한다.
② 쓰레기의 운반이 쉽다.
③ 지가(地價)가 비쌀 경우에 유효한 방법이다.
④ 층별로 정렬하는 것이 보편적이며 매립 각층별로 일일복토를 실시하여야 한다.

압축방식매립(Baling System)
① 쓰레기를 매립하기 전에 감량화를 목적으로 먼저 쓰레기를 일정한 더미형태로 압축하여 부피를 감소시킨 후 포장을 실

정답 26 ① 27 ④ 28 ③ 29 ① 30 ③ 31 ③ 32 ①

2016

시하는 매립방법으로 층별로 정렬하는 것이 보편적이며 매립
각 층별로 일일복토(5~10cm)를 실시하여야 한다.
② 장점
　㉠ 운반이 쉽고 안정성이 유리하다.
　㉡ 지반의 침하가 거의 없고 복토재의 양이 적게 든다.
　㉢ 매립지 소요면적이 적게 들고 수명을 연장시킬 수 있다.
③ 단점
　㉠ 비용이 많이 소요된다.
　㉡ 중간처리시설(파쇄기, 압축기 등)이 필요하다.
　㉢ 더미 덩어리 취급, 운반 시 파손에 주의하여야 한다.

33 인구 600,000명에 1인당 하루 1.3kg의 쓰레기를 배출
하는 지역에 면적이 500,000m² 인 매립장을 건설하려고
한다. 강우량이 1,350mm/year인 경우 침출수 발생량
은?(단, 강우량 중 60%는 증발되고 40%만 침출수로 발
생된다고 가정하고, 침출수 비중은 1, 기타 조건은 고려
하지 않음)

① 약 140,000톤/년　　② 약 180,000톤/년
③ 약 240,000톤/년　　④ 약 270,000톤/년

해설 침출수량(ton/year) $= \dfrac{CIA}{1,000}$

$$= \dfrac{0.4 \times 1,350 \times 500,000}{1,000}$$

$$= 270,000 \text{ton/year}$$

34 폐기물 매립지의 매립구조를 분류하면 여러 방법이 있다.
다음 설명에 해당하는 매립구조 방법은?

> 혐기성 위생매립 바닥 저부에 침출수 배제 집수관을 설
> 치하여 오수대책을 세운 구조이다. 일반적으로 매립지
> 장외에 저류조를 설치하고 침출수를 집수하고 오수를
> 관리하는 구조로 되어 있으며, 현재 시행되고 있는 위
> 생매립의 대부분이 이에 속한다.

① 개량형 혐기성 위생매립
② 준통기성 위생매립
③ 혐기성 관리 위생매립
④ 준호기성 위생매립

해설 **개량형 혐기성 위생매립(개량형 피산소성 위생매립)**
혐기성 위생매립시설의 저부에 배수용 집수관 및 차수막을 설치
한 구조로 오수대책을 세운 방법으로 현행되고 있는 위생매립은
대부분 이에 속하며 공사비가 다소 많이 소요된다.

35 고화 처리방법인 석회기초법의 장단점으로 가장 거리가
먼 것은?

① pH가 낮을 때 폐기물 성분의 용출 가능성이 증가한다.
② 탈수가 필요하다.
③ 석회 가격이 싸고 널리 이용된다.
④ 두 가지 폐기물을 동시에 처리할 수 있다.

해설 **석회기초법(Lime Based Processes)**
① $Ca(OH)_2$나 Lime을 사용하여 고형화하는 방법이다.(석회＋
포졸란＋폐기물)
② 장점
　㉠ 공정운전이 간단하고 용이함
　㉡ 석회 가격이 매우 저렴하고 광범위하게 이용 가능함
　㉢ 탈수가 필요하지 않음
　㉣ 동시에 두 가지 폐기물 처리가 가능함
　㉤ 석회－포졸란 화학반응이 간단하고 기술이 잘 발달되어
있음
③ 단점
　㉠ pH가 낮을 때 폐기물 성분의 용출가능성이 증가함
　㉡ 최종 폐기물질의 양이 증가됨

36 폐기물 고화 처리에 주로 사용되는 보통 포틀랜드 시멘트
의 주성분을 옳게 나열한 것은?

① Al_2O_3 65%, MgO 22%
② MgO 65%, Al_2O_3 22%
③ SiO_2 65%, CaO 22%
④ CaO 65%, SiO_2 22%

해설 포틀랜드 시멘트의 주성분은 CaO, SiO_2(규산염)이며 CaO(60
~65%), SiO_2(22%), 기타(13%)로 구성된다.

37 매립기간에 따른 침출수의 성상 변화를 나타낸 다음 그림
에서 A에 해당하는 수질인자는?

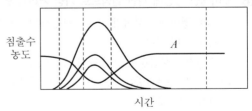

① COD　　　　　　　② NH_4^+
③ pH　　　　　　　④ 휘발성 유기산

해설 매립 초기에는 pH 6~7의 약산성, 나중에는 약알칼리성(pH 7
~8)을 나타낸다.

38 A 매립지의 경우 COD를 기준 이내로 처리하기 위해 기존 공정에 펜톤 처리공정과 RBC 공정을 추가하여 운전하고 있다면 다음 중 공정 추가 원인으로 가장 적합한 것은?

① 난분해성 유기물질의 과다유입
② 휘발성 유기화합물의 과다유입
③ 질소 성분의 과다유입
④ 용존고형물의 과다유입

해설 매립지 침출수를 처리하기 위한 펜톤 처리공정에 RBC 처리공정을 추가한 것은 난분해성 유기물질의 과다유입을 처리하기 위한 것이다.

39 유기성 폐기물의 퇴비화 과정(초기단계 – 고온단계 – 숙성단계) 중 고온단계에서 주된 역할을 담당하는 미생물은?

① 전반기 : Pseudomonas
후반기 : Bacillus
② 전반 : Thermoactinomyces
후반 : Enterbacter
③ 전반 : Enterbacter
후반 : Pseudomonas
④ 전반기 : Bacillus
후반기 : Thermoactinomyces

해설 **퇴비화 고온단계**
① 퇴비온도 $50 \sim 60℃$가 계속 유지된다.($60 \sim 65℃$까지 오르면 미생물 사멸, 열에 강한 포자형 세균만 남아 퇴비화 효율이 급격히 떨어진다.)
② 전반기에는 Bacillus가 유기물 분해를 한다.
③ 후반기에는 Thermoactinomyces(방선균), 진균이 유기물 분해를 한다.
④ pH는 8.0 정도이다.

40 토양세척법 처리에 가장 부적합한 토양입경의 정도는?

① 자갈　　　② 중간 모래
③ 점토　　　④ 미사

해설 토양세척법은 점토와 같은 미세입자에 흡착된 유기오염물질의 제거가 어려우며, 가장 적합한 토양은 자갈이다.

---

41 C_3H_8 $1Sm^3$를 연소시킬 때 이론건조연소가스량은?

① $17.8Sm^3$　　　② $19.8Sm^3$
③ $21.8Sm^3$　　　④ $23.8Sm^3$

해설 **이론건조연소가스량(G_{od})**
$$G_{od} = 0.79A_o + (x)$$
$$A_o = \frac{\left(m + \frac{n}{4}\right)}{0.21} = 4.76m + 1.19n\,(Sm^3/Sm^3)$$
$$= (4.76 \times 3) + (1.19 \times 8) = 23.8Sm^3/Sm^3$$
$$= (0.79 \times 23.8) + 3 = 21.80Sm^3/Sm^3$$
$$= 21.80Sm^3/Sm^3 \times 1Sm^3 = 21.80Sm^3$$

42 다이옥신을 억제시키는 방법이 아닌 것은?

① 제1차적(사전 방지) 방법
② 제2차적(노 내) 방법
③ 제3차적(후처리) 방법
④ 제4차적 전자선 조사법

해설 **다이옥신류 제어**
① 제1차적(사전, 연소 전) 제어방법
② 제2차적(노 내, 연소과정) 제어방법
③ 제3차적(후처리, 연소 후) 제어방법

43 가로 1.5m, 세로 2.0m, 높이 15.0m의 연소실에서 저위발열량 10,000kcal/kg의 중유를 1시간에 200kg씩 연소한다. 연소실 열발생률($Kcal/m^3 \cdot hr$)은?

① 약 2.2×10^4　　　② 약 4.4×10^4
③ 약 6.6×10^4　　　④ 약 8.8×10^4

해설 열발생률$(kcal/m^3 \cdot hr) = \dfrac{저위발열량 \times 시간당 연소량}{연소실 부피}$
$$= \frac{10,000kcal/kg \times 200kg/hr}{(1.5 \times 2.0 \times 15)m^3}$$
$$= 44,444.44kcal/m^3\,hr$$

44 스토커식 소각로에 있어서 여러 개의 부채형 화격자를 로폭(爐幅) 방향으로 병렬로 조합하고, 한 조의 화격자를 형성하여 편심캠에 의한 역주행 Grate로 되어 있는 연소 장치의 종류는?

① 반전식(Traveling back Stoker)

② 계단식(Multistepped pushing grate Stoker)

③ 병렬계단식(Rows forced feed grate Stoker)

④ 역동식(Pushing back grate Stoker)

해설 **부채형 반전식 화격자(Traveling Back Stoker)**
① 교반력이 커서 저질쓰레기의 소각에 적당하며 부채형 화격자의 90° 왕복운동에 의해 폐기물을 이송시킨다.
② 여러 개의 부채형 화격자를 노폭방향으로 병렬로 조합하고, 한 조의 화격자를 형성하여 편심캠에 의한 역주행 Grate로 되어 있다.

45 연소기 중 다단로의 장단점으로 틀린 것은?

① 열용량이 높아 분진 발생률이 낮다.

② 체류시간이 길어 휘발성이 적은 폐기물 연소에 유리하다.

③ 늦은 온도반응 때문에 보조연료 사용을 조절하기가 어렵다.

④ 많은 연소영역이 있어 연소효율을 높일 수 있다.

해설 **다단로 소각방식(Multiple Hearth)**
① 장점
ㄱ 타 소각로에 비해 체류시간이 길어 연소효율이 높고, 특히 휘발성이 낮은 폐기물 연소에 유리하다.
ㄴ 다량의 수분이 증발되므로 수분함량이 높은 폐기물도 연소가 가능하다.
ㄷ 물리·화학적 성분이 다른 각종 폐기물을 처리할 수 있다. 즉, 다양한 질의 폐기물에 대하여 혼소가 가능하다.
ㄹ 많은 연소영역이 있으므로 연소효율을 높일 수 있다.(국소 연소를 피할 수 있음)
ㅁ 보조연료로 다양한 연료(천연가스, 프로판, 오일, 석탄가루, 폐유 등)를 사용할 수 있다.
ㅂ 클링커 생성을 방지할 수 있다.
ㅅ 온도제어가 용이하고 동력이 적게 들며 운전비가 저렴하다.
② 단점
ㄱ 체류시간이 길어 온도반응이 느리다.(휘발성이 적은 폐기물 연소에 유리)
ㄴ 늦은 온도반응 때문에 보조연료 사용을 조절하기 어렵다.
ㄷ 분진발생률이 높다.
ㄹ 열적 충격이 쉽게 발생하고 내화물이나 상에 손상을 초래한다.(내화재의 손상을 방지하기 위해 1,000℃ 이상으로 운전하지 않는 것이 좋음)
ㅁ 가동부(교반팔, 회전중심축)가 있으므로 유지비가 높다.
ㅂ 유해폐기물의 완전분해를 위해서는 2차 연소실이 필요하다.

46 밀도가 $500kg/m^3$인 도시형 쓰레기 50ton을 소각한 결과 밀도가 $1,500kg/m^3$인 소각재가 15ton 발생되었다면 소각 시 용량감소율(%)은?

① 80 ② 85

③ 90 ④ 95

해설 $VR = \left(1 - \dfrac{V_f}{V_i}\right) \times 100(\%)$

$V_i = \dfrac{50ton}{0.5ton/m^3} = 100m^3$

$V_f = \dfrac{15ton}{1.5ton/m^3} = 10m^3$

$= \left(1 - \dfrac{10}{100}\right) \times 100 = 90\%$

47 반응속도가 빨라 폐기물의 수분함량 변화에도 큰 문제없이 운전되지만 열손실이 크며 운전이 까다로운 단점을 가진 열분해 장치는?

① 유동상 열분해 장치

② 부유상태 열분해 장치

③ 고정상 열분해 장치

④ 회전상 열분해 장치

해설 **유동상 열분해 장치**
① 고정상과 부유상태의 열분해장치의 중간단계이다.
② 장점으로는 반응시간이 빨라 폐기물의 수분함량 변화에도 큰 문제 없이 운전되는 점이다.
③ 단점으로는 열손실이 크며 운전이 까다롭다는 점이다

48 황 성분이 2%인 중유 300ton/hr를 연소하는 열 설비에서 배기가스 중 SO_2를 $CaCO_3$로 완전 탈황하는 경우 이론상 필요한 $CaCO_3$의 양은?(단, Ca : 40, 중유 중 S는 모두 SO_2로 산화)

① 약 13ton/hr ② 약 19ton/hr

③ 약 24ton/hr ④ 약 27ton/hr

해설 $CaCO_3 + SO_2 \rightarrow CaSO_3 + CO_2$

$\quad\quad S \quad\quad \rightarrow CaCO_3$

$\quad 32kg \quad\quad : \quad 100kg$

$300ton/hr \times 0.02 : \quad CaCO_3(ton/hr)$

$CaCO_3(ton/hr) = \dfrac{(300ton/hr \times 0.02) \times 100kg}{32kg}$

$\quad\quad = 18.75ton/hr$

49 탄소 70%, 수소 30%로 구성된 액상폐기물을 완전연소할 때 CO_{2max}은?(단, 표준상태, 이론 건조가스 기준)

① 약 9.1%　　　　　② 약 10.4%

③ 약 13.1%　　　　④ 약 14.8%

해설 $CO_{2max} = \dfrac{1.867C}{G_{od}} \times 100$

$$G_{od} = 1.867C + 0.7S + 0.8N + 0.79A_0$$

$$A_0 = \frac{O_0}{0.21}$$

$$= \frac{1}{0.21}[(1.867 \times 0.7) + (5.6 \times 0.3)]$$

$$= 14.22 m^3/kg$$

$$= (1.867 \times 0.7) + (0.79 \times 14.22) = 12.54 m^3/kg$$

$$= \frac{(1.867 \times 0.7)}{12.54} \times 100 = 10.42\%$$

50 폐기물 열분해 연소공정에 대한 설명으로 틀린 것은?

① 열분해 공정 중 고온법이란 열분해 온도가 $1,100 \sim 1,500℃$인 고온에서 행하는 방법이다.

② 열분해 공정 중 저온법이란 고온법에 비해 타르(Tar), 유기산, 탄화물(Char) 및 액체상태의 연료가 적게 생성되는 방법이다.

③ 폐기물 내 수분함량이 많을수록 열분해에 소요되는 시간이 길어진다.

④ 폐기물의 입경이 미세할수록 열분해가 쉽게 일어난다.

해설 열분해 공정 중 저온법은 타르, 탄화물, 액상 상태의 연료가 고온법에 비해 많이 생성된다.

51 폐기물 연소 후 배출되는 배기가스 중 염화수소 농도가 361ppm이고, 배기가스 부피가 $2,900Sm^3/hr$일 때, 배기가스 내 염화수소를 $Ca(OH)_2$로 처리 시 필요한 $Ca(OH)_2$ 양은?(단, 표준상태를 기준으로 하고, Ca 원자량 : 40, 처리반응률은 100%로 한다.)

① 1.73kg/hr　　　② 2.82kg/hr

③ 3.64kg/hr　　　④ 4.81kg/hr

해설 반응식

$2HCl + Ca(OH)_2 \rightarrow CaCl_2 + 2H_2O$

$2 \times 22.4sm^3 : 74kg$

$2,900sm^3/hr \times 361mL/m^3 \times m^3/10^6 mL : Ca(OH)_2(kg/hr)$

$$Ca(OH)_2(kg/hr) = \frac{2,900sm^3/hr \times 361mL/m^3 \times m^3/10^6 mL \times 74kg}{2 \times 22.4sm^3} = 1.73kg/hr$$

52 폐기물 소각능력이 $600kg/m^2 \cdot hr$인 소각로를 1일 8시간 동안 운전 시, 로스톨의 면적(m^2)은?(단, 소각량은 1일 40톤이다.)

① 8.3　　　　　② 9.5

③ 10.7　　　　④ 12.9

해설 로스톨 면적(화상면적 : m^2)

$$= \frac{시간당 소각량}{화상부하율(소각능력)}$$

$$= \frac{40ton/day \times day/8hr \times 1,000kg/ton}{600kg/m^2 \cdot hr} = 8.33m^2$$

53 고체연료의 연소 형태에 대한 설명 중 가장 거리가 먼 것은?

① 증발연소는 비교적 용융점이 높은 고체연료가 용융되어 액체연료와 같은 방식으로 증발되어 연소하는 현상을 말한다.

② 분해연소는 증발온도보다 분해온도가 낮은 경우에, 가열에 의하여 열분해가 일어나고 휘발하기 쉬운 성분이 표면에서 떨어져 나와 연소하는 것을 말한다.

③ 표면연소는 휘발분을 거의 포함하지 않는 목탄이나 코크스 등의 연소로서, 산소나 산화성 가스가 고체 표면이나 내부의 빈공간에 확산되어 표면반응을 하는 것을 말한다.

④ 열분해로 발생된 휘발분이 점화되지 않고 다량의 발연(發煙)을 수반하며 표면반응을 일으키면서 연소하는 것을 발연연소라 한다.

해설 증발연소

① 화염으로부터 열을 받으면 가연성 증기가 발생하는 연소, 즉 액체연료가 액면에서 증발하여 가연성 증기로 되어 산소와 반응, 착화되어 화염이 발생하고 증발이 촉진되면서 연소가 이루어진다.

② 증발연소는 비교적 용융점이 낮은 고체가 연소되기 전에 용융되어 액체와 같이 표면에서 증발되어 연소하는 현상이다.

③ 끓는점이 낮은 기름(휘발유, 등유, 알코올)의 연소는 증발연소이다.

④ 왁스가 액화 후 다시 기화되어 증기가 연소되는 형태도 증발연소이다.

2016

⑤ 고체 및 액체연료 가연물의 연소형태이다.
⑥ 연료의 증발속도가 연소속도보다 빠르면 불완전연소가 되며 증발온도가 열분해온도보다 낮은 경우 증발연소된다.

54 폐기물의 연소열을 나타내는 발열량에 대한 설명으로 틀린 것은?

① 폐기물의 저위발열량은 가연분, 수분, 회분의 조성비에 의해 추정할 수 있다.
② 고위발열량은 수분의 응축잠열을 뺀 것으로 소각로의 설계기준이 된다.
③ 단열열량계로 폐기물의 발열량을 측정 시 폐기물의 성상은 습량 기준이다.
④ 폐기물을 자체 소각처리하기 위해서는 약 1,500kcal/kg의 자체열량이 있어야 한다.

해설 저위발열량은 수분의 응축잠열을 뺀 것으로 소각로의 설계기준이 된다.

55 석탄계 가스연료를 다음과 같은 조건으로 완전연소시켰을 경우 이론연소온도(℃)는?(단, 저위 발열량 4,500kcal/Sm³, 이론연소가스량 20Sm³/Sm³, 연소가스 평균정압비열 0.35kcal/Sm³·℃, 실온 20℃이다.)

① 약 660   ② 약 720
③ 약 780   ④ 약 840

해설 이론연소온도(℃)
$$=\frac{저위발열량}{이론연소가스량\times연소가스\ 평균정압비열}+실제\ 온도$$
$$=\frac{4,500\text{kcal/sm}^3}{20\text{sm}^3/\text{sm}^3\times0.35\text{kcal/sm}^3\cdot℃}+20℃=662.86℃$$

56 액체 주입형 연소기(Liquid InjectionIncinerator)에 대한 설명으로 틀린 것은?

① 고형분의 농도가 높으면 버너가 막히기 쉽다.
② 광범위한 종류의 액상폐기물을 연소할 수 있다.
③ 소각재의 처리설비가 필요하다.
④ 구동장치가 없어 고장이 적다.

해설 액체 분무 주입형 소각로(Liquid Injection Incinerator)
① 장점
㉠ 광범위한 종류의 액상폐기물을 연소할 수 있다.
㉡ 대기오염방지시설 이외에 소각재처리시설이 필요 없다.
㉢ 구동장치가 간단하고 고장이 적다.
㉣ 운영비가 저렴하다.
㉤ 기술개발이 잘 되어 있고 자동화가 용이하다.(가동 이외의 경우 무인운전이 가능)
② 단점
㉠ 버너노즐을 이용하여 액체를 미립화하여야 한다.
㉡ 완전 연소시켜야 하며 내화물의 파손을 막아야 한다.
㉢ 고농도 고형분의 농도가 높으면 버너가 막히기 쉽다.
㉣ 대량처리가 어렵다.

57 이론공기량(A_o)과 이론연소가스량(G_o)은 연료 종류에 따라 특유한 값을 취하며, 연료 중의 탄소분은 저위발열량에 대략 비례한다고 나타낸 식은?

① Bragg의 식   ② Rosin의 식
③ Pauli의 식   ④ Lewis의 식

해설 발열량을 이용한 간이식(Rosin 식)
이론공기량(A_o)과 이론연소가스량(G_o)은 연료 종류에 따라 특유한 값을 취하며, 연료 중의 탄소분은 저위발열량에 대략 비례한다고 나타낸 식이 Rosin식이다.
① 고체연료(m³/kg)
$$이론공기량(A_o)=1.01\times\frac{H_l}{1,000}+0.5$$
$$이론가스량(G_o)=0.89\times\frac{H_l}{1,000}+1.65$$
② 액체연료(m³/kg)
$$이론공기량(A_o)=0.85+\frac{H_l}{1,000}+2$$
$$이론가스량(G_o)=1.11\times\frac{H_l}{1,000}$$

58 어떤 연료를 분석한 결과 C 80%, H 14%였다면 건조연료 1kg의 연소에 필요한 이론공기량은?

① 7.5Sm³/kg   ② 9.5Sm³/kg
③ 10.9Sm³/kg   ④ 13.5Sm³/kg

해설 $A_0(\text{sm}^3/\text{kg})=\frac{1}{0.21}(1.867C+5.6H)$
$$=\frac{1}{0.21}[(1.867\times0.8)+(5.6\times0.14)]$$
$$=10.85\text{Sm}^3/\text{kg}$$

59 스토커식 일반생활폐기물 소각로를 설계할 경우 폐기물 소각설비 설계 기준으로 거리가 가장 먼 것은?(단, 소각 규모 기준은 1일 200톤 규모임)

① 연소실의 출구 온도는 850℃ 이상
② 연소실의 체류시간은 2초 이상
③ 연소실의 내부 연소상태를 볼 수 있는 구조
④ 바닥재의 강열감량은 20% 이하

일반소각시설에서 바닥재의 강열감량 설계기준은 10% 이하이나 지정폐기물 이외 폐기물을 소각하는 시설로서 시간당 200kg 미만인 소각시설의 경우에는 15% 이하로 한다.

60 소각 시 탈취방법 중 직접연소법을 적용할 때의 주의사항으로 틀린 것은?

① 연소반응은 연료가 폭발한계보다 약간 적을 때 일어나며 폭발한계를 넘으면 일어나지 않는다.
② 오염물의 발열량이 연소에 필요한 전체 열량의 50% 이상일 때 경제적으로 타당하다.
③ 연소장치 설계 시 오염물의 폭발한계점 또는 인화점을 잘 알아야 한다.
④ 화염온도가 1,400℃ 이상이 되면 질소산화물이 생성될 염려가 있다.

연소반응은 연료가 폭발범위 내에서 연소가 일어나며 폭발하한계 이하 또는 폭발상한계 이상에서는 연소가 곤란하다.

제4과목   폐기물공정시험기준(방법)

61 기체크로마토그래피법에 의한 PCBs 분석과정에 대한 설명으로 틀린 것은?(단, 용출용액 중의 PCBs 기준)

① 검출기는 전자포획검출기(ECD) 또는 이와 동등 이상의 검출성능을 가진 것을 사용한다.
② 컬럼은 안지름 0.20~0.53mm, 필름 두께 0.1~0.5 μm, 길이 30~100m의 DB-1, DB-5, DB-608 등의 모세관이나 동등한 분리성능을 가진 것을 사용한다.
③ 농축기는 구데르나다니쉬 농축기 또는 회전증발 농축기를 사용한다.

④ PCBs를 사염화탄소로 추출하여 알루미나컬럼을 통과시켜 정제한다.

시료 중의 폴리클로리네이티드비페닐을 헥산으로 추출하여 실리카겔 컬럼 등을 통과시켜 정제한다.

62 고상폐기물의 pH 측정방법에 관한 설명으로 옳은 것은?

① 시료 5g과 증류수 25mL를 잘 교반하여 20분 이상 방치 후 이 현탁액을 검액으로 함
② 시료 5g과 증류수 25mL를 잘 교반하여 30분 이상 방치 후 이 현탁액을 검액으로 함
③ 시료 10g과 증류수 25mL를 잘 교반하여 20분 이상 방치 후 이 현탁액을 검액으로 함
④ 시료 10g과 증류수 25mL를 잘 교반하여 30분 이상 방치 후 이 현탁액을 검액으로 함

반고상 또는 고상폐기물 분석방법
시료 10g을 50mL 비커에 취한 다음 증류수(정제수) 25mL를 넣고 잘 교반하여 30분 이상 방치한 후 이 현탁액을 시료 용액으로 하거나 원심분리한 후 상층액을 시료 용액으로 한다.

63 석면의 종류 중 백석면의 형태와 색상에 관한 내용으로 가장 거리가 먼 것은?

① 곧은 물결 모양의 섬유
② 다발의 끝은 분산
③ 다색성
④ 가열되면 무색~밝은 갈색

백석면(Chrysotile)의 형태와 색상
① 꼬인 물결 모양의 섬유
② 다발의 끝은 분산
③ 가열되면 무색~밝은 갈색
④ 다색성
⑤ 종횡비는 전형적으로 10 : 1 이상

64 원자흡수분광광도계에서 해리하기 어려운 내화성 산화물을 만들기 쉬운 원소의 분석에 적당한 불꽃은?

① 아세틸렌-공기
② 프로판-공기
③ 아세틸렌-일산화이질소
④ 수소-공기

정답   59 ④   60 ①   61 ④   62 ④   63 ①   64 ③

해설 **금속류 원자흡수분광광도법**
불꽃(조연성 가스와 가연성 가스의 조합)
① 수소 – 공기와 아세틸렌 – 공기 : 거의 대부분의 원소분석에 유효하게 사용
② 수소 – 공기 : 원자 외 영역에서의 불꽃 자체에 의한 흡수가 적기 때문에 이 파장영역에서 분석선을 갖는 원소의 분석
③ 아세틸렌 – 아산화질소(일산화이질소) : 불꽃의 온도가 높기 때문에 불꽃 중에서 해리하기 어려운 내화성 산화물을 만들기 쉬운 원소의 분석
④ 프로판 – 공기 : 불꽃온도가 낮고 일부 원소에 대하여 높은 감도를 나타냄

65 30% 수산화나트륨(NaOH)은 몇 몰(M)인가?(단, NaOH의 분자량 40)

① 4.5M ② 5.5M ③ 6.5M ④ 7.5M

해설 NaOH 1mol = 40g

$$M(mol/L) = \frac{30g}{100mL} \times \frac{1mol}{40g} \times \frac{10^3 mL}{1L} = 7.5 mol/L(M)$$

66 순수한 물 1,000mL에 비중이 1.18인 염산 100mL를 혼합하였을 때, 염산의 W/V% 농도는?

① 10.55 ② 10.61
③ 10.73 ④ 10.86

해설 염산농도(W/V%) = $\frac{용질}{용질 + 용매}$

$$= \frac{100mL \times 1.18g/mL}{100mL + 1,000mL} \times 100 = 10.73 W/V\%$$

67 질산 – 과염소산 분해법에 대한 설명으로 ( ) 안에 알맞은 것은?

> 질산 – 과염소산에 의하여 유기물 분해 시에 분해가 끝나면 공기 중에서 식히고 정제수 50mL를 넣어 서서히 끓이면서 (㉠) 및 (㉡)을/를 완전히 제거한다. 납의 분석 시에는 황산이온이 존재하면 물 대신 (㉢) 50mL를 넣고 가열하여 전처리한다.

① ㉠ 유기물 ㉡ 수산화물 ㉢ 황산
② ㉠ 질소산화물 ㉡ 유리염소 ㉢ 황산
③ ㉠ 유기물 ㉡ 수산화물 ㉢ 아세트산암모늄 용액
④ ㉠ 질소산화물 ㉡ 유리염소 ㉢ 아세트산암모늄 용액

해설 **질산 – 과염소산 분해법**
① 적용 : 유기물을 다량 함유하고 있으면서 산화분해가 어려운 시료에 적용한다.
② 주의
 ㉠ 과염소산을 넣을 경우 진한 질산이 공존하지 않으면 폭발할 위험이 있으므로 반드시 진한 질산을 먼저 넣어야 한다.
 ㉡ 어떠한 경우에도 유기물을 함유한 뜨거운 용액에 과염소산을 넣어서는 안 된다.
 ㉢ 납을 측정할 경우 시료 중에 황산이온(SO_4^{2-})이 다량 존재하면 불용성의 황산납이 생성되어 측정치에 손실을 가져온다. 이때는 분해가 끝난 액에 물 대신 아세트산암모늄 용액(5+6) 50mL를 넣고 가열하여 액이 끓기 시작하면 킬달플라스크를 회전시켜 내벽을 액으로 충분히 씻어준 다음 약 5분 동안 가열을 계속하고 공기 중에서 식혀 여과한다.
 ㉣ 유기물의 분해가 완전히 끝나지 않아 액이 맑지 않을 때에는 다시 질산 5mL를 넣고 가열을 반복한다.
 ㉤ 질산 5mL와 과염소산 10mL를 넣고 가열을 계속하여 과염소산이 분해되어 백연을 발생하기 시작하면 가열을 중지한다.
 ㉥ 유기물 분해 시에 분해가 끝나면 공기 중에서 식히고 정제수 50mL을 넣어 서서히 끓이면서 질소산화물 및 유리염소를 완전히 제거한다.

68 흡광광도계에서 광원으로부터 나오는 빛의 30%를 흡수하였다면 흡광도는?

① 0.273 ② 0.245
③ 0.155 ④ 0.124

해설 흡광도(A) = $\log \frac{1}{투과율} = \log \frac{1}{1-0.3} = 0.155$

69 폐기물공정시험기준(방법)에서 규정하고 있는 유기인화합물(기체크로마토그래피법)의 측정대상 성분으로 거리가 먼 것은?

① 이피엔 ② 펜토에이트
③ 디티온 ④ 다이아지논

해설 **측정 유기인 화합물**
① 이피엔 ② 파라티온
③ 메틸디메톤 ④ 다이아지논
⑤ 펜토에이트

70 수분 측정 시 사용하는 평량병 또는 증발접시(하부면적이 넓은 것)에 넣는 시료 양의 기준으로 적합한 것은?

① 두께 5mm 이하로 넓게 펼 수 있을 정도
② 두께 10mm 이하로 넓게 펼 수 있을 정도
③ 두께 15mm 이하로 넓게 펼 수 있을 정도
④ 두께 20mm 이하로 넓게 펼 수 있을 정도

수분 측정 시 평량병 또는 증발접시의 시료 양은 시료의 두께를 10mm 이하로 넓게 펼 수 있는 정도로 하부 면적이 넓은 것을 사용한다.

71 다음 중 농도가 가장 낮은 것은?

① 수산화나트륨(1 → 10)
② 수산화나트륨(1 → 20)
③ 수산화나트륨(5 → 100)
④ 수산화나트륨(3 → 100)

(3 → 100)이란 3g(3mL)을 용매에 녹여 전체 양을 100mL로 하는 비율이므로 가장 작다.

① 수산화나트륨(1 → 10) : $\frac{1}{10} = 0.1\text{g/mL}$
② 수산화나트륨(1 → 20) : $\frac{1}{20} = 0.05\text{g/mL}$
③ 수산화나트륨(5 → 100) : $\frac{5}{100} = 0.05\text{g/mL}$
④ 수산화나트륨(3 → 100) : $\frac{3}{100} = 0.03\text{g/mL}$

72 다음 pH 표준액 중 pH 값이 가장 높은 것은?

① 붕산염 표준액
② 인산염 표준액
③ 프탈산염 표준액
④ 수산염 표준액

온도별 표준액의 pH 값 크기
수산화칼슘 표준액 > 탄산염 표준액 > 붕산염 표준액 > 인산염 표준액 > 프탈산염 표준액 > 수산염 표준액

73 6가 크롬(자외선/가시선 분광법)의 측정원리에 관한 내용으로 ( ) 안에 알맞은 것은?

시료 중에 6가 크롬을 다이페닐카바자이드와 반응시켜 생성되는 (㉠) 착화합물의 흡광도를 (㉡)에서 측정하여 6가 크롬을 정량한다.

① ㉠ 적자색 ㉡ 540nm   ② ㉠ 적자색 ㉡ 460nm
③ ㉠ 황갈색 ㉡ 520nm   ④ ㉠ 황갈색 ㉡ 420nm

6가크롬 – 자외선/가시선 분광법
시료 중에 6가크롬을 나이페닐카바자이드와 반응시켜 생성하는 적자색의 착화합물의 흡광도를 540nm에서 측정하여 6가크롬을 정량하는 방법이다.

74 인 또는 유황화합물을 선택적으로 검출할 수 있는 기체크로마토그래피 검출기는?

① TCD   ② FID
③ ECD   ④ FPD

불꽃광도 검출기(FPD ; Flame Photometric Detector)
불꽃광도 검출기는 수소염에 의하여 시료성분을 연소시키고 이 때 발생하는 염광의 광도를 분광학적으로 측정하는 방법으로서 인 또는 유황화합물을 선택적으로 검출할 수 있다. 운반가스와 조연가스의 혼합부, 수소공급구, 연소노즐, 광학필터, 광전자증배관 및 전원 등으로 구성되어 있다.

75 휘발성 저급염소화 탄화수소류 측정을 위한 기체크로마토그래피 정량방법에 관한 설명으로 틀린 것은?

① 시료 중의 트리클로로에틸렌, 테트라클로로에틸렌을 헥산으로 추출하여 기체크로마토그래피법으로 정량하는 방법이다.
② 이 시험기준에 의해 시료 중에 트리클로로에틸렌(C_2HCl_3)의 정량한계는 0.008mg/L이다.
③ 검출기는 전자포획 검출기 또는 전해전도검출기를 사용한다.
④ 질량분석계로는 자기장형과 사중극자형 등을 사용한다.

기체크로마토그래피 – 질량분석법이 아니므로 질량분석계와는 관계없다.

76 가열속도가 빠르고 재현성이 좋으며 폐유 등 유기물이 다량 함유된 시료의 전처리에 이용되는 방법으로 가장 적절한 것은?

① 회화에 의한 유기물 분해방법
② 질산-과염소산-불화수소산에 의한 유기물 분해방법
③ 마이크로파에 의한 유기물 분해방법
④ 질산에 의한 유기물 분해방법

정답 70 ② 71 ④ 72 ① 73 ① 74 ④ 75 ④ 76 ③

해설 **마이크로파 산분해법**

① 마이크로파영역에서 극성분자나 이온이 쌍극자 모멘트(Dipole Moment)와 이온전도(Ionic Conductance)를 일으켜 온도가 상승하는 원리를 이용하여 시료를 가열하는 방법이다.

② 산과 함께 시료를 용기에 넣어 마이크로파를 가하면 강산에 의해 시료가 산화되면서 극성성분들의 빠른 진동과 충돌에 의하여 시료의 분자 결합이 절단되어 시료가 이온상태의 수용액으로 분해된다.

③ 가열속도가 빠르고 재현성이 좋으며 폐유 등 유기물이 다량 함유된 시료의 전처리에 이용된다.

④ 마이크로파는 전자파 에너지의 일종으로서 빛의 속도(약 300,000km/s)로 이동하는 교류와 자기장(또는 파장)으로 구성되어 있다.

⑤ 마이크로파 주파수는 300~300,000MHz이다.

⑥ 시료의 분해에 이용되는 대부분의 마이크로파장치는 12.2cm 파장의 2,450MHz의 마이크로파 주파수를 갖는다.

⑦ 물질이 마이크로파 에너지를 흡수하게 되면 온도가 상승하며 가열속도는 가열되는 물질의 절연손실에 좌우된다.

77 크롬(자외선/가시선 분광법)을 측정할 때 크롬이온 전체를 6가 크롬으로 산화시키는데 이때 사용되는 시약은?

① 염화제일주석산
② 중크롬산칼륨
③ 과망간산칼륨
④ 아연 분말

해설 **크롬(자외선/가시선 분광법)**

시료 중에 총 크롬을 과망간산칼륨을 사용하여 6가 크롬으로 산화시킨 다음 산성에서 다이페닐카바자이드와 반응하여 생성되는 적자색 착화합물의 흡광도를 540nm에서 측정하여 총 크롬을 정량하는 방법이다.

78 원자흡수분광광도법에 의한 비소 측정에 관한 설명으로 틀린 것은?

① 정량한계는 0.005mg/L이다.
② 일반적으로 가연성 기체로 아세틸렌을 조연성 기체로 공기를 사용한다.
③ 아르곤−수소 불꽃에서 원자화시켜 340nm 흡광도를 측정하고 비소를 정량하는 방법이다.
④ 이염화주석으로 시료 중의 비소를 3가 비소로 환원한다.

해설 **비소(원자흡수분광광도법)**

이염화주석으로 시료 중의 비소를 3가 비소로 환원한 다음 아연을 넣어 발생되는 비화수소를 통기하여 아르곤−수소 불꽃에서 원자화시켜 193.7nm에서 흡광도를 측정하고 비소를 정량하는 방법이다.

79 자외선/가시선 분광광도계의 광원부의 광원 중 자외부의 광원으로 주로 사용되는 것은?

① 중수소 방전관
② 텅스텐 램프
③ 나트륨 램프
④ 중곡음극 램프

해설 **자외선/가시선 분광광도계 광원부의 광원**

① 가시부, 근적외부 : 텅스텐 램프
② 자외부 : 중수소 방전관

80 감염성 미생물 검사법과 가장 거리가 먼 것은?

① 아포균 검사법
② 최적확수 검사법
③ 세균배양 검사법
④ 멸균테이프 검사법

해설 **감염성 미생물 검사법**

① 아포균 검사법
② 세균배양 검사법
③ 멸균테이프 검사법

제5과목 **폐기물관계법규**

81 생활폐기물 수집 · 운반 대행자에게 영업의 정지를 명하려는 경우에 그 영업의 정지로 인하여 생활폐기물이 처리되지 아니하고 쌓여 지역주민의 건강에 위해가 발생하거나 발생할 우려가 있다. 이런 경우 그 영업의 정지에 갈음하여 부과할 수 있는 과징금의 최대액수는?

① 5천만 원
② 1억 원
③ 2억 원
④ 3억 원

해설 **폐기물처리업자에 대한 과징금 처분**

환경부장관이나 시 · 도지사는 폐기물처리업자에게 영업의 정지를 명령하려는 때 그 영업의 정지가 다음 각 호의 어느 하나에 해당한다고 인정되면 대통령령으로 정하는 바에 따라 그 영업의 정지를 갈음하여 1억 원 이하의 과징금을 부과할 수 있다.

① 해당 영업의 정지로 인하여 그 영업의 이용자가 폐기물을 위탁처리하지 못하여 폐기물이 사업장 안에 적체됨으로써 이용자의 사업활동에 막대한 지장을 줄 우려가 있는 경우

② 해당 폐기물처리업자가 보관 중인 폐기물이나 그 영업의 이용자가 보관 중인 폐기물의 적체에 따른 환경오염으로 인하여 인근지역 주민의 건강에 위해가 발생되거나 발생될 우려가 있는 경우

③ 천재지변이나 그 밖의 부득이한 사유로 해당 영업을 계속하도록 할 필요가 있다고 인정되는 경우

82 폐기물처리시설 주변지역 영향 조사기준 중 조사방법(조사지점)에 관한 내용으로 옳은 것은?

① 미세먼지와 다이옥신 조사지점은 해당 시설에 인접한 주거지역 중 2개소 이상 지역의 일정한 곳으로 한다.

② 미세먼지와 다이옥신 조사지점은 해당 시설에 인접한 주거지역 중 3개소 이상 지역의 일정한 곳으로 한다.

③ 미세먼지와 다이옥신 조사지점은 해당 시설에 인접한 주거지역 중 4개소 이상의 지역의 일정한 곳으로 한다.

④ 미세먼지와 다이옥신 조사지점은 해당 시설에 인접한 주거지역 중 5개소 이상 지역의 일정한 곳으로 한다.

주변지역 영향조사의 조사지점

① 미세먼지와 다이옥신 조사지점은 해당 시설에 인접한 주거지역 중 3개소 이상 지역의 일정한 곳으로 한다.

② 악취 조사지점은 매립시설에 가장 인접한 주거지역에서 냄새가 가장 심한 곳으로 한다.

③ 지표수 조사지점은 해당 시설에 인접하여 폐수, 침출수 등이 흘러들거나 흘러들 것으로 우려되는 지역의 상·하류 각 1개소 이상의 일정한 곳으로 한다.

④ 지하수 조사지점은 매립시설의 주변에 설치된 3개의 지하수 검사정으로 한다.

⑤ 토양조사지점은 4개소 이상으로 하고 토양정밀조사의 방법에 따라 폐기물매립 및 재활용지역의 시료채취지점의 표토와 심토에서 각각 시료를 채취해야 하며, 시료채취지점의 지형 및 하부토양의 특성을 고려하여 시료를 채취해야 한다.

83 매립시설의 기술관리인 자격기준으로 틀린 것은?

① 수질환경기사 ② 대기환경기사
③ 토양환경기사 ④ 토목기사

기술관리인의 자격기준

구분	자격기준
폐기물 처분시설 또는 재활용시설	
가. 매립시설	폐기물처리기사, 수질환경기사, 토목기사, 일반기계기사, 건설기계기사, 화공기사, 토양환경기사 중 1명 이상
나. 소각시설(의료폐기물을 대상으로 하는 소각시설은 제외한다.), 시멘트 소성로 및 용해로	폐기물처리기사, 대기환경기사, 토목기사, 일반기계기사, 건설기계기사, 화공기사, 전기기사, 전기공사기사 중 1명 이상
다. 의료폐기물을 대상으로 하는 시설	폐기물처리산업기사, 임상병리사, 위생사 중 1명 이상
라. 음식물류 폐기물을 대상으로 하는 시설	폐기물처리산업기사, 수질환경산업기사, 화공기사, 토목산업기사, 대기환경산업기사, 일반기계기사, 전기기사 중 1명 이상
마. 그 밖의 시설	같은 시설의 운영을 담당하는 자 1명 이상

84 폐기물관리법상 벌칙기준 중 7년 이하의 징역이나 7천만 원 이하의 벌금에 처하는 행위를 한 자는?

① 대행계약을 체결하지 아니하고 종량제 봉투를 제작·유통한 자

② 폐기물처리시설의 사후관리를 제대로 하지 않아 받은 시정명령을 이행하지 않은 자

③ 지정된 장소 외에 사업장폐기물을 매립하거나 소각한 자

④ 거짓이나 그 밖의 부정한 방법으로 폐기물처리업 허가를 받은 자

폐기물관리법 제63조 참조

85 폐기물 처리 기본계획에 포함되어야 하는 사항으로 틀린 것은?

① 폐기물의 수집·운반·보관 및 그 장비·용기 등의 개선에 관한 사항

② 재원의 확보 계획

③ 폐기물처리시설의 설치 현황과 향후 설치 계획

④ 폐기물 발생 현황과 향후 관리 계획

※ 법규 변경(삭제)사항이므로 학습 안 하셔도 무방합니다.

86 동물성 잔재물과 의료폐기물 중 조직물류폐기물 등 부패나 변질의 우려가 있는 폐기물인 경우 처리 명령 대상이 되는 조업 중단 기간은?

① 5일 ② 10일
③ 15일 ④ 30일

폐기물의 처리명령 대상이 되는 조업 중단 기간

① 동물성 잔재물과 의료성 폐기물 중 조직물류 등 부패나 변질의 우려가 있는 폐기물인 경우 : 15일

② 폐기물의 방치로 생활환경 보전상 중대한 위해가 발생하거나 발생할 우려가 있는 경우 : 폐기물의 처리를 명할 수 있는 권

한을 가진 자가 3일 이상 1개월 이내에서 정하는 기간
③ ①, ② 외의 경우 : 1개월

87 폐기물관리법상 용어의 뜻으로 틀린 것은?

① "폐기물감량화시설"이란 생산 공정에서 발생하는 폐기물의 양을 줄이고 사업장 내 재활용을 통하여 폐기물 배출을 최소화하는 시설로서 대통령령으로 정하는 시설을 말한다.

② "처분"이란 폐기물의 소각 · 중화 · 파쇄 · 고형화 등의 중간처분과 매립하거나 해역으로 배출하는 등의 최종처분을 말한다.

③ "의료폐기물"이란 보건 · 의료기관, 동물병원, 시험 · 검사기관 등에서 배출되는 폐기물로 환경보호상 관리가 필요하다고 인정되는 폐기물로서 보건복지부령으로 정하는 폐기물을 말한다.

④ "폐기물"이란 쓰레기, 연소재, 오니, 폐유, 폐산, 폐알칼리 및 동물의 사체 등으로서 사람의 생활이나 사업활동에 필요하지 아니하게 된 물질을 말한다.

해설 **의료폐기물**
보건 · 의료기관, 동물병원, 시험 · 검사기관 등에서 배출되는 폐기물 중 인체에 감염 등 위해를 줄 우려가 있는 폐기물과 인체 조직 등 적출물, 실험동물의 사체 등 보건 · 환경보호상 특별한 관리가 필요하다고 인정되는 폐기물로서 대통령령으로 정하는 폐기물을 말한다.

88 폐기물처리담당자 등이 받아야 할 교육과정으로 틀린 것은?

① 폐기물처리업자(폐기물 수집 · 운반업자는 제외한다.) 과정

② 사업장폐기물배출자 과정

③ 폐기물처리업 기술요원 과정

④ 폐기물처분시설 또는 재활용시설 기술담당자 과정

해설 **폐기물처리담당자 등이 받아야 할 교육과정**
① 사업장폐기물배출자 과정
② 폐기물처리업 기술요원 과정
③ 폐기물처리신고자 과정
④ 폐기물처분시설 또는 재활용시설 기술담당자 과정
⑤ 재활용환경성평가기관 기술인력 과정
⑥ 폐기물분석전문기관 기술요원 과정

89 위해의료폐기물의 종류별 해당 폐기물이 잘못 연결된 것은?

① 손상성 폐기물 : 파손된 유리재질의 시험기구

② 혈액오염폐기물 : 혈액이 함유되어 있는 탈지면

③ 병리계 폐기물 : 시험 · 검사 등에 사용된 배양액

④ 생물 · 화학폐기물 : 폐백신

해설 **위해의료폐기물의 종류**
① 조직물류 폐기물 : 인체 또는 동물의 조직 · 장기 · 기관 · 신체의 일부, 동물의 사체, 혈액 · 고름 및 혈액 생성 물질(혈청, 혈장, 혈액 제제)
② 병리계 폐기물 : 시험 · 검사 등에 사용된 배양액, 배양용기, 보관균주, 폐시험관, 슬라이드 커버글라스 폐배지, 폐장갑
③ 손상성 폐기물 : 주사바늘, 봉합바늘, 수술용 칼날, 한방침, 치과용 침, 파손된 유리 재질의 시험기구
④ 생물 · 화학폐기물 : 폐백신, 폐항암제, 폐화학치료제
⑤ 혈액오염폐기물 : 폐혈액백, 혈액투석 시 사용된 폐기물, 그 밖에 혈액이 유출될 정도로 포함되어 있는 특별한 관리가 필요한 폐기물

90 기술관리인을 두어야 할 폐기물처리시설 중 "대통령령으로 정하는 폐기물처리시설"에 포함되지 않는 것은?

① 소각시설로 시간당 처리능력이 100킬로그램 이상인 시설

② 지정폐기물을 매립하는 시설로서 면적이 3천300제곱미터 이상인 시설

③ 압축 · 파쇄 · 분쇄 또는 절단시설로서 1일 처리능력이 100톤 이상인 시설

④ 사료화 · 퇴비화 또는 연료화 시설로서 1일 처리능력이 5톤 이상인 시설

해설 **기술관리인을 두어야 하는 폐기물 처리시설**
① 매립시설의 경우
　㉠ 지정폐기물을 매립하는 시설로서 면적이 3천 300제곱미터 이상인 시설. 다만, 차단형 매립시설에서는 면적이 330제곱미터 이상이거나 매립용적이 1천 세제곱미터 이상인 시설로 한다.
　㉡ 지정폐기물 외의 폐기물을 매립하는 시설로서 면적이 1만 제곱미터 이상이거나 매립용적이 3만 세제곱미터 이상인 시설
② 소각시설로서 시간당 처리능력이 600킬로그램(감염성 폐기물을 대상으로 하는 소각시설의 경우에는 200킬로그램) 이상인 시설
③ 압축 · 파쇄 · 분쇄 또는 절단시설로서 1일 처리능력 또는 재활용시설이 100톤 이상인 시설

④ 사료화 · 퇴비화 또는 연료화 시설로서 1일 재활용능력이 5톤 이상인 시설

⑤ 멸균 · 분쇄시설로서 시간당 처리능력이 100킬로그램 이상인 시설

⑥ 시멘트 소성로

⑦ 용해로(폐기물에 비철금속을 추출하는 경우로 한정한다.)로서 시간당 재활용능력이 600킬로그램 이상인 시설

⑧ 소각열회수시설로서 시간당 재활용능력이 600킬로그램 이상인 시설

91 방치폐기물의 처리기간에 관한 내용으로 ( ) 안에 알맞은 것은?

환경부장관이나 시 · 도지사는 폐기물처리공제조합에 방치폐기물의 처리를 명하려면 주변환경의 오염 우려 정도와 방치폐기물의 처리량 등을 고려하여 (㉠)의 범위에서 그 처리기간을 정하여야 한다. 다만, 부득이한 사유로 처리기간 내에 방치폐기물을 처리하기 곤란하다고 환경부장관이나 시 · 도지사가 인정하면 (㉡)의 범위에서 한 차례만 그 기간을 연장할 수 있다.

① ㉠ 1개월, ㉡ 1개월　　② ㉠ 2개월, ㉡ 1개월
③ ㉠ 3개월, ㉡ 1개월　　④ ㉠ 3개월, ㉡ 2개월

방치폐기물의 처리량과 처리기간
① 폐기물처리 공제조합에 처리를 명할 수 있는 방치폐기물의 처리량은 다음 각 호와 같다.
　㉠ 폐기물처리업자가 방치한 폐기물의 경우 : 그 폐기물처리업자의 폐기물 허용보관량의 2배 이내
　㉡ 폐기물처리 신고자가 방치한 폐기물의 경우 : 그 폐기물처리 신고자의 폐기물 보관량의 2배 이내
② 환경부장관이나 시 · 도지사는 폐기물처리 공제조합에 방치폐기물의 처리를 명하려면 주변환경의 오염 우려 정도와 방치폐기물의 처리량 등을 고려하여 2개월의 범위에서 그 처리기간을 정하여야 한다. 다만, 부득이한 사유로 처리기간 내에 방치폐기물을 처리하기 곤란하다고 환경부장관이나 시 · 도지사가 인정하면 1개월의 범위에서 한 차례만 그 기간을 연장할 수 있다.

92 폐기물통계조사 중 폐기물 발생원 등에 관한 조사는 몇 년마다 실시하는 것을 원칙으로 하는가?

① 2년　　　　　　② 3년
③ 5년　　　　　　④ 7년

※ 법규 변경(삭제)사항이므로 학습 안 하셔도 무방합니다.

93 폐기물처리시설 중 사후관리를 하는 시설은?

① 소각시설　　　　② 멸균분해시설
③ 매립시설　　　　④ 탈수시설

폐기물처리시설 중 사후관리를 하는 시설은 매립시설이다.

94 생활폐기물 처리대행자(대통령령이 정하는 자)에 대한 기준으로 틀린 것은?

① 폐기물처리업자
② 한국환경공단(농업활동으로 발생하는 폐플라스틱 필름 · 시트류를 재활용하거나 폐농약용기 등 폐농약포장재를 재활용 또는 소각하는 것은 제외한다.)
③ 「자원의 절약과 재활용 촉진에 관한 법률」에 따른 재활용센터를 운영하는 자(같은 법에 따른 대형폐기물을 수집 · 운반 및 재활용하는 것만 해당한다.)
④ 폐기물처리 신고자

※ 법규 변경(삭제)사항이므로 학습 안 하셔도 무방합니다.

95 폐기물처리시설에 대한 환경부령으로 정하는 검사기관이 잘못 연결된 것은?

① 소각시설의 검사기관 : 한국기계연구원
② 음식물류 폐기물 처리시설의 검사기관 : 보건환경연구원
③ 멸균분쇄시설의 검사기관 : 한국산업기술시험원
④ 매립시설의 검사기관 : 한국환경공단

음식물류 폐기물 처리시설의 검사기관
① 한국환경공단
② 한국산업기술시험원
③ 그 밖에 환경부장관이 정하여 고시하는 기관

96 다음 중 액체 상태의 것은 고온 소각하거나 고온 용융처분하고, 고체 상태의 것은 고온 소각 또는 고온 용융처분하거나 차단형 매립시설에 매립하여야 하는 것은?

① 폐농약　　　　　② 폐촉매
③ 폐주물사　　　　④ 광재

폐농약의 경우
액체상태의 것은 고온소각하거나 고온용융처분하고, 고체상태의 것은 고온소각 또는 고온용융처분하거나 차단형 매립시설에 매립하여야 한다.

정답　91 ②　92 ③　93 ③　94 ②　95 ②　96 ①

97 환경부령으로 정하는 음식물류 폐기물 배출자(농·수·축산물류 폐기물을 포함)에 포함되지 않는 자는?

① 「식품위생법」에 따른 집단급식소(「사회복지사업법」에 다른 사회복지시설의 집단급식소를 포함) 중 1일 평균 총 급식인원이 50명 이상인 집단급식소를 운영하는 자
② 「유통산업발전법」에 따른 대규모 점포를 개설한 자
③ 「관광진흥법」에 따른 관광숙박업을 경영하는 자
④ 「농수산물 유통 및 가격안정에 관한 법률」에 따른 농수산물도매시장·농수산물공판장 또는 농수산물종합유통센터를 개설·운영하는 자

해설 「식품위생법」에 따른 집단급식소(「사회복지사업법」에 따른 사회복지시설의 집단급식소는 제외) 중 1일 평균 총 급식인원이 100명 이상인 집단급식소를 운영하는 자

98 「폐기물관리법」상 폐기물처리시설 중 중간처분시설에 대하여 잘못 연결된 것은?

① 생물학적 처분시설 : 호기성·혐기성 분해시설
② 기계적 처분시설 : 탈수·건조시설
③ 화학적 처분시설 : 응집·침전시설
④ 소각시설 : 탈수·건조시설

해설 폐기물 처리시설 중 중간처분 시설(소각시설)
① 일반 소각시설
② 고온 소각시설
③ 열 분해시설(가스화시설을 포함한다.)
④ 고온 용융시설
⑤ 열처리 조합시설[①~④까지의 시설 중 둘 이상의 시설이 조합된 시설]

99 지정폐기물의 분류번호로 지정되어 있는 폐농약이 아닌 것은?(단, 특정 시설에서 발생하는 폐기물, 그 밖의 농약으로 분류되는 것은 제외함)

① 유기인계 농약   ② 시안계 농약
③ 유기염소계 농약   ④ 카바메이트계 농약

해설 지정폐기물의 분류번호(폐농약 : 01-03-00)
① 유기인계 농약
② 유기염소계 농약
③ 카바메이트계 농약

100 토지이용의 제한기간은 폐기물매립시설의 사용이 종료되거나 그 시설이 폐쇄된 날부터 몇 년 이내로 하는가?

① 15년   ② 20년
③ 25년   ④ 30년

해설 토지이용의 제한기간은 폐기물매립시설의 사용이 종료되거나 그 시설이 폐쇄된 날부터 30년 이내로 한다.

제1과목　폐기물개론

01 수송설비를 하수도처럼 개설하여 각 가정의 쓰레기를 최종 처리처분장까지 운반할 수 있으나 전력비, 내구성 및 미생물의 부착 등이 문제가 되는 쓰레기 수송방법은?

① Monorail 수송
② Container 수송
③ Conveyer 수송
④ 철도수송

> **컨베이어(Conveyer) 수송**
> ① 지하에 설치된 컨베이어에 의해 쓰레기를 수송하는 방법이다.
> ② 컨베이어 수송설비를 하수도처럼 배치하여 각 가정의 쓰레기를 처분장까지 운반할 수 있다.
> ③ 악취문제를 해결하고 경관을 보전할 수 있는 장점이 있다.
> ④ 전력비, 시설비, 내구성, 미생물 부착 등이 문제가 되며 고가의 시설비와 정기적인 정비로 인한 유지비가 많이 소요되는 단점이 있다.

02 트롬멜 스크린에 관한 설명으로 틀린 것은?

① 회전속도는 임계속도 이상으로 운전할 때가 최적이다.
② 선별효율이 좋고 유지관리상의 문제가 적다.
③ 경사도가 크면 효율도 떨어지고 부하율도 커지며 대개 2~3° 정도이다.
④ 길이가 길면 효율은 증진되나 동력 소모가 많다.

> 트롬멜 스크린의 회전속도의 경우 어느 정도까지는 증가할수록 선별효율이 증가하나 그 이상이 되면 원심력에 의해 막힘 현상이 일어난다.

03 쓰레기 파쇄(Shredding)에 대한 설명으로 가장 거리가 먼 것은?

① 압축 시 밀도증가율이 크므로 운반비가 감소된다.
② 조대쓰레기에 의한 소각로의 손상을 방지해 준다.
③ 곱게 파쇄하면 매립 시 복토요구량이 증가된다.
④ 파쇄에 의한 물질별 분리로 고순도의 유가물 회수가 가능하다.

> 쓰레기를 곱게 파쇄하면 매립 시 복토가 필요 없거나 복토요구량이 절감된다.

04 쓰레기를 소각했을 때 남은 재의 중량은 쓰레기의 30%이다. 쓰레기 10ton을 태웠을 때 남은 재의 부피가 2m³ 라고 하면 재의 밀도(ton/m³)는?

① 1.0
② 1.5
③ 2.0
④ 2.5

> 재의 밀도(ton/m³) $= \dfrac{중량}{부피} = \dfrac{10ton}{2m^3} \times 0.3 = 1.5ton/m^3$

05 쓰레기 수집방법 중 Pipe-line 방식에 관한 설명으로 가장 거리가 먼 것은?

① 고장 및 긴급사고 발생에 대한 대처방법이 필요하다.
② 쓰레기 발생 빈도가 낮아야 현실성이 있다.
③ 장거리 수송이 곤란하다.
④ 가설 후 경로변경이 곤란하고 설치비가 높다.

> 관거(Pipe-line) 수송은 폐기물 발생밀도가 상대적으로 높은 인구 밀집지역 및 아파트 지역에서 현실성이 있다.

06 도시쓰레기 중 가연성 쓰레기를 선별하여 분석한 후 250℃ 정도로 가열하고 길이 1m, 지름 15cm 정도로 만든 연료는?

① RDF
② Shredder
③ Ryrolysis
④ Composting

> RDF는 폐기물 중 플라스틱, 종이, 고무 등의 가연성 물질을 선별하여 분쇄한 후 250℃ 정도로 가열하고 길이 1m, 지름 15cm 정도의 폐연료 형태로 재활용하는 것을 의미한다.

07 폐기물의 수거 및 운반 시 중계소의 설치가 필요할 경우가 아닌 사항은?

① 처리장이 멀리 떨어져 있을 경우
② 압축식 수거 시스템인 경우

③ 수거차량이 대형인 경우

④ 쓰레기 수송비용 절감이 필요한 경우

해설 적은 용량의 수집차량(15m³ 이하)을 사용할 경우 적환장 설치가 필요하다.

08 쓰레기 배출량을 추정하는 방법으로 시간만 고려하는 방법과 시간을 단순히 하나의 독립적인 종속인자로 고려하는 방법의 문제점을 보완할 수 있도록 고안된 것은?

① 시간상관모델　　　② 다중회귀모델

③ 동적 모사모델　　　④ 경향법

해설 폐기물 발생량 예측방법

방법(모델)	내용
경향법 (Trend Method) 경향예측모델	• 최저 5년 이상의 과거 처리 실적을 수식 model에 대하여 과거의 경향을 가지고 장래를 예측하는 방법 • 단지 시간과 그에 따른 쓰레기 발생량(또는 성상) 간의 상관관계만을 고려하며 이를 수식으로 표현하면 $x = f(t)$ • $x = f(t)$는 선형, 지수형, 대수형 등에서 가장 근사한 형태를 택함
다중회귀모델 (Multiple Regression Model)	• 하나의 수식으로 각 인자들의 효과를 총괄적으로 나타내어 복잡한 시스템의 분석에 유용하게 사용할 수 있는 쓰레기 발생량 예측방법 • 각 인자마다 효과를 파악하기보다는 전체 인자의 효과를 총괄적으로 파악하는 것이 간편하고 유용한 예측방법으로 시간을 단순히 하나의 독립된 종속인자로 대입 • 수식 $x = f(X_1 X_2 X_3 \cdots X_n)$ 여기서, $X_1 X_2 X_3 \cdots X_n$은 쓰레기 발생량에 영향을 주는 인자 ※ 인자 : 인구, 지역소득(GNP 또는 GRP), 자원회수량, 상품 소비량 또는 매출액(자원회수량, 사회적·경제적 특성이 고려됨)
동적모사모델 (Dynamic Simulation Model)	• 쓰레기 발생량에 영향을 주는 모든 인자를 시간에 대한 함수로 나타낸 후 시간에 대한 함수로 표현된 각 영향인자들 간의 상관관계를 수식화하는 방법 • 시간만을 고려하는 경향법과 시간을 단순히 하나의 독립적인 종속인자로 고려하는 다중회귀모델의 문제점을 보안한 예측방법 • Dynamo 모델 등이 있음

09 해안매립공법에 대한 설명으로 가장 거리가 먼 것은?

① 순차투입공법은 호안 측에서부터 쓰레기를 투입하여 순차적으로 육지화하는 방법이다.

② 수중투기공법은 고립된 매립지 내의 해수를 그대로 둔 채 쓰레기를 투기하는 매립방법이다.

③ 해안매립공법은 매립작업이 연속적인 투입방법으로 이루어지므로 완전한 샌드위치 방식의 매립에 적합하다.

④ 박층뿌리공법은 밑면이 뚫린 바지선 등으로 쓰레기를 박층으로 떨어뜨려 뿌려줌으로써 바닥지반의 하중을 균등하게 해주는 방법이다.

해설 해안매립공법은 처분장의 면적이 크고, 1일 처분량이 많으나 완전한 샌드위치 방식에 의한 매립이 곤란하다.

10 스크린상에서 비중이 다른 입자의 층을 초과하는 액류를 상하로 맥동시켜서 층의 팽창·수축을 반복하여 무거운 입자는 하층으로, 가벼운 입자는 상층으로 이동시켜 분리하는 중력분리 방법은?

① Secators　　　② Jigs

③ Melt separation　　　④ Air stoners

해설 수중체(Jigs) 선별법

물에 잠겨 있는 스크린 위에 분류하려는 폐기물을 넣고 수위를 변화(1초당 2.5회 가량 0.5~5cm의 폭)시켜 흔들층을 침투하는 능력의 차이로 가벼운 물질과 무거운 물질을 분류하는 원리이며, 사금 선별을 위해 오래전부터 사용되던 습식 선별방법이다.

11 폐기물관리의 우선순위를 순서대로 나열한 것은?

① 에너지 회수－감량화－재이용－재활용－소각－매립

② 재이용－재활용－감량화－에너지 회수－소각－매립

③ 감량화－재이용－재활용－에너지 회수－소각－매립

④ 소각－감량화－재이용－재활용－에너지 회수－매립

해설 폐기물관리의 우선순위

감량화 > 재이용 > 재활용 > 에너지 회수 > 소각 > 매립

12 적환 및 적환장에 관한 내용으로 알맞지 않은 것은?

① 수송차량 종류에 따라 직접적환, 간접적환, 저장적환으로 구분할 수 있다.

② 적환을 시행하는 주된 이유는 폐기물 운반거리가 연장되었기 때문이다.

③ 적환장 설계 시 사용하고자 하는 적환작업의 종류, 용량 소요량, 환경요건 등을 고려하여야 한다.

④ 적환장 설치장소는 수거하고자 하는 개별적 고형물 발생지역의 하중 중심에 되도록 가까운 곳에 설치한다.

🔲 적환장의 형식은 소형 차량에서 대형 차량으로 적재하는 방법을 기준으로 직접투하방식, 저장투하방식, 직접·저장투하 결합방식으로 구분할 수 있다.

13 폐기물의 발생량을 추정하는 방법으로 가장 거리가 먼 것은?

① 재생 또는 재활용 되는 양에 의하여 추정한다.

② 발생량을 직접 측정한다.

③ 원자재의 사용량으로부터 추정한다.

④ 주민의 수입이나 매상고와 같은 2차 적인 자료로 추정한다.

🔲 재생 또는 재활용되는 양에 의하여 폐기물의 발생량을 추정할 수는 없다.

14 쓰레기의 분석결과가 다음과 같을 때 함수비(%)는?

구성	구성비	함수비
연탄재	50%	5%
음식물찌꺼기	20%	60%
기타	30%	30%

① 18.5

② 23.5

③ 24.7

④ 26.5

🔲 함수비(%) $= \dfrac{(50 \times 0.05) + (20 \times 0.6) + (30 \times 0.3)}{50 + 20 + 30} \times 100$
$= 23.5\%$

15 쓰레기의 용적을 감소시키는 방법이 아닌 것은?

① 압축

② 매립

③ 소각

④ 열분해

🔲 매립은 쓰레기의 용적을 감소시키는 방법은 아니며 최종처리 방법이다.

16 도시폐기물을 원소 분석한 결과가 다음과 같을 때 이 도시 폐기물의 저위발열량(kcal/kg)은?(단, C=24%, H=3%, O=10%, S=0.5%, 수분=15%)

① 253

② 756

③ 2,299.5

④ 2,551.5

🔲 H_h (kcal/kg)
$= 8,100\mathrm{C} + 34,000\left(\mathrm{H} - \dfrac{\mathrm{O}}{8}\right) + 2,500\mathrm{S}$
$= (8,100 \times 0.24) + \left[34,000\left(0.03 - \dfrac{0.1}{8}\right)\right] + (2,500 \times 0.005)$
$= 2,551.5 \mathrm{kcal/kg}$

H_l (kcal/kg) $= H_h - 600(9\mathrm{H} + \mathrm{W})$
$= 2,551.5 - 600[(9 \times 0.03) + 0.15]$
$= 2,299.5 \mathrm{kcal/kg}$

17 쓰레기 발생량이 5백만 톤/년인 지역의 수거인부의 하루 작업시간이 10시간이고, 1년의 작업일수는 300일이며, 수거효율(MHT)은 1.8로 운영되고 있다면, 필요한 수거인부의 수(명)는?

① 3,000

② 3,100

③ 3,200

④ 3,300

🔲 MHT $= \dfrac{\text{수거인부 수} \times \text{수거인부 작업시간}}{\text{쓰레기 발생량(수거량)}}$
$1.8 = \dfrac{\text{수거인부 수} \times (10\mathrm{hr/day} \times 300\mathrm{day/year})}{5,000,000\mathrm{ton/year}}$
수거인부 수$= 3,000$명(인)

18 쓰레기를 압축시켜 부피감소율이 55%인 경우 압축비는?

① 약 2.2

② 약 2.8

③ 약 3.2

④ 약 3.6

🔲 압축비(CR) $= \dfrac{V_i}{V_f} = \dfrac{100}{100 - VR} = \dfrac{100}{100 - 55} = 2.22$

19 수분이 96%인 슬러지를 수분 60%로 탈수했을 때 탈수 후 슬러지의 체적(m³)은?(단, 탈수 전 슬러지의 체적은 500m³)

① 30

② 50

③ 70

④ 90

🔲 $500\mathrm{m}^3 \times (1 - 0.96) =$ 탈수 후 슬러지의 체적 $\times (1 - 0.6)$
탈수 후 슬러지의 체적(m³) $= \dfrac{500\mathrm{m}^3 \times 0.04}{0.4} = 50\mathrm{m}^3$

정답 **13** ① **14** ② **15** ② **16** ③ **17** ① **18** ① **19** ②

20 1년 연속 가동하는 폐기물 소각시설의 저장용량을 결정하고자 한다. 폐기물 수거인부가 주 5일, 일 8시간 근무할 때 필요한 저장시설의 최소 용량은?(단, 토요일 및 일요일을 제외한 공휴일에도 폐기물 수거는 시행된다고 가정한다.)

① 1일 소각용량 이하　　② 1~2일 소각용량
③ 2~3일 수거용량　　④ 3~4일 수거용량

해설 폐기물 소각시설 최소 저장용량(1년, 주 5일 8시간 근무) : 2~3일 수거용

제2과목 **폐기물처리기술**

21 화강암에서 유래된 토양의 용적밀도가 1.4g/cm이었다면 공극률(%)은?(단, 입자의 밀도는 2.85g/cm³이다.)

① 42　　② 46
③ 51　　④ 58

해설 공극률(%) $= \left(1 - \dfrac{\text{용적밀도}}{\text{입자밀도}}\right) \times 100$

$= \left(1 - \dfrac{1.4}{2.85}\right) \times 100 = 50.88\%$

22 침출수의 특성이 다음과 같을 때 처리공정의 효율성 연결이 순서대로 나열된 것은?

> [침출수의 특성]
> • COD/TOC > 2.8
> • BOD/COD > 0.5
> • 매립연한 : 5년 이하
> • COD : 10,000mg/L 이상
>
> [처리공정의 효율성]
> • 생물학적 처리 : (㉠)
> • 화학적 침전(석회 투여) : (㉡)
> • 화학적 산화 : (㉢)
> • 이온교환수지 : (㉣)

① ㉠ 양호, ㉡ 양호, ㉢ 불량, ㉣ 불량
② ㉠ 양호, ㉡ 불량, ㉢ 불량, ㉣ 양호
③ ㉠ 양호, ㉡ 불량, ㉢ 양호, ㉣ 양호
④ ㉠ 양호, ㉡ 불량, ㉢ 불량, ㉣ 불량

해설 침출수 특성에 따른 처리공정 구분

	항목	I	II	III
침출수특성	COD(mg/L)	10,000 이상	500~10,000	500 이하
	COD/TOC	2.7(2.8) 이상	2.0~2.7	2.0 이하
	BOD/COD	0.5 이상	0.1~0.5	0.1 이하
	매립연한	초기 (5년 이하)	중간 (5~10년)	오래(고령)됨 (10년 이상)
주처리공정	생물학적 처리	좋음 (양호)	보통	나쁨 (불량)
	화학적 응집·침전 (화학적 침전 : 석회투여)	보통·불량	나쁨 (불량)	나쁨 (불량)
	화학적 산화	보통·나쁨 (불량)	보통	보통
	역삼투(R.O)	보통	좋음 (양호)	좋음 (양호)
	활성탄 흡착	보통·좋음 (양호)	보통·좋음 (양호)	좋음 (양호)
	이온교환 수지	나쁨 (불량)	보통·좋음 (양호)	보통

23 매립지의 총 면적은 100km²이고 연간 평균강수량이 1,100mm가 될 때 그 매립지에서 침출수로의 유출률이 0.6이었다고 한다. 이때 침출수의 일 평균 처리계획 수량(m³/day)은?(단, 강우강도 대신에 평균 강수량으로 계산)

① 171,000　　② 181,000
③ 191,000　　④ 201,000

해설 침출수량(m³/day)

$= \dfrac{CIA}{1,000}$

$= \dfrac{0.6 \times 1,100\text{mm/year} \times \text{year}/365\text{day} \times 100\text{km}^2 \times 10^6\text{m}^2/\text{km}^2}{1,000}$

$= 180,821.92\text{m}^3/\text{day}$

24 Crystallinity가 증가할수록 합성차수막이 나타내는 성질이라 볼 수 없는 것은?

① 인장강도 증가
② 열에 대한 저항성 증가
③ 화학물질에 대한 저항성 증가
④ 투수계수의 증가

정답 **20** ③　**21** ③　**22** ④　**23** ②　**24** ④

Crystallinity(결정도)가 증가할수록 합성차수막에 나타나는 성질
① 열에 대한 저항도 증가
② 화학물질에 대한 저항성 증가
③ 투수계수의 감소
④ 인장강도의 증가
⑤ 충격에 약해짐
⑥ 단단해짐

25 매립지에서 침출된 침출수 농도가 반으로 감소하는 데 5년이 소요되었다면 이 침출수 농도의 90%가 감소하는 데 소요되는 시간(년)은?(단, 1차 반응 기준)

① 약 14.7 ② 약 16.6
③ 약 18.2 ④ 약 19.1

$$\ln\left(\frac{C_t}{C_o}\right) = -kt$$

$\ln 0.5 = -k \times 5, \ k = 0.1386 \text{year}^{-1}$

90% 감소 소요시간

$$\ln\left(\frac{10}{100}\right) = 0.1386 \text{year}^{-1} \times t$$

t(소요시간) $= 16.61 \text{year}$

26 수분함량이 90%인 슬러지를 수분함량 60%로 낮추기 위해 톱밥을 첨가하였다면 슬러지 톤당 소요되는 톱밥의 양(kg)은?(단, 비중 1.0, 톱밥의 수분함량 20%라 가정함)

① 650 ② 750
③ 850 ④ 950

$$60\% = \frac{(1 \times 0.9) + (x \times 0.2)}{1 + x} \times 100$$

$0.6(1 + x) = 0.9 + 0.2x$
$0.4x = 0.3$
x(톱밥양) $= 0.75 \text{ton} \times 1,000 \text{kg/ton} = 750 \text{kg}$

27 총 고형물 중 유기물이 60%이고 함수율이 98%인 슬러지를 소화조에 100m³/day를 투입하여 30일 소화시켰더니 유기물의 2/3가 가스화 또는 액화하여 함수율 90%인 소화 슬러지가 얻어졌다고 한다. 소화 후 슬러지양(m³/day)은?(단, 슬러지의 비중 1.0)

① 8 ② 12
③ 16 ④ 20

FS(무기물) $= 100 \text{m}^3/\text{day} \times 0.02 \times 0.4 = 0.8 \text{m}^3/\text{day}$

VS'(잔류유기물) $= 100 \text{m}^3/\text{day} \times 0.02 \times 0.6 \times \dfrac{1}{3}$

$\qquad\qquad = 0.4 \text{m}^3/\text{day}$

소화 후 슬러지양(m³/day) $= FS + VS' \times \dfrac{100}{100 - \text{함수율}}$

$\qquad\qquad = (0.8 + 0.4) \text{m}^3/\text{day} \times \dfrac{100}{100 - 90}$

$\qquad\qquad = 12 \text{m}^3/\text{day}$

28 진공여과기로 슬러지를 탈수하여 Cake의 회수율을 80%로 할 때 여과속도는 20kg/m² h(고형물 기준), 여과면적은 50m²인 조건에서 5시간 동안의 Cake 발생량(ton)은?(단, 비중은 1.0으로 가정한다.)

① 약 10 ② 약 15
③ 약 20 ④ 약 25

Cake 발생량(ton)
$= \text{여과속도}(\text{kg/m}^2 \cdot \text{hr}) \times \text{여과면적}(\text{m}^2) \times \text{함수율 보정}$
$= 20 \text{kg/m}^2 \cdot \text{hr} \times 50 \text{m}^2 \times 5 \text{hr}$
$= 5,000 \text{kg}(5 \text{ton}) \times \dfrac{100}{100 - 80} = 25 \text{ton}$

29 시멘트 고형화법 중 자가시멘트법에 대한 설명으로 가장 거리가 먼 것은?

① 혼합률이 낮고 중금속 저지에 효과적이다.
② 탈수 등 전처리와 보조에너지가 필요하다.
③ 장치비가 크고 숙련된 기술을 요한다.
④ 연소가스 탈황 시 발생된 슬러지 처리에 사용된다.

자가시멘트법(Self-Cementing Techniques)
① FGD 슬러지 중 일부(10%)를 생석회화한 후 여기에 소량의 물(수분량 조절역할)과 첨가제를 가하여 폐기물이 스스로 고형화되는 성질을 이용하는 방법이다. 즉, 연소가스 탈황 시 발생된 높은 황화물을 함유한 슬러지 처리에 사용된다.
② 장점
  ㉠ 혼합률(MR)이 비교적 낮다.
  ㉡ 중금속의 고형화 처리에 효과적이다.
  ㉢ 전처리(탈수 등)가 필요 없다.
③ 단점
  ㉠ 장치비가 크며 숙련된 기술이 요구된다.
  ㉡ 보조에너지가 필요하다.
  ㉢ 많은 황화물을 가지는 폐기물에 적합하다.

2016

정답 25 ②   26 ②   27 ②   28 ④   29 ②

30 도시에서 1일 쓰레기 발생량이 200톤이다. 이를 Trench 법으로 매립하는 데 압축에 따른 부피감소율이 40%이고, Trench의 깊이가 2.5m라면 1년간 매립부지면적 (m^2)은?(단, 발생쓰레기 밀도 600kg/m^3, 도랑 점유율 60%이다.)

① 약 42,667
② 약 44,667
③ 약 46,667
④ 약 48,667

해설 연간 매립면적(m^2/year)
$$= \frac{\text{매립폐기물의 양}}{\text{폐기물 밀도} \times \text{매립깊이}}$$
$$= \frac{200\text{ton/day} \times 365\text{day/year} \times (1-0.4)}{0.6\text{ton/m}^3 \times 2.5\text{m} \times 0.6} = 48,666.67\text{m}^2/\text{year}$$

31 초산(CH$_3$COOH)과 포도당(C$_6$H$_{12}$O$_6$)을 각각 1몰씩 혐기성 소화하였을 때 양론적 메탄발생량을 비교한 것으로 옳은 것은?

① 포도당 1몰 혐기성 소화 시, 초산 1몰 혐기성 소화 시보다 메탄발생량은 2배 많다.
② 포도당 1몰 혐기성 소화 시, 초산 1몰 혐기성 소화 시보다 메탄발생량은 3배 많다.
③ 포도당 1몰 혐기성 소화 시, 초산 1몰 혐기성 소화 시보다 메탄발생량은 4배 많다.
④ 포도당 1몰 혐기성 소화 시, 초산 1몰 혐기성 소화 시보다 메탄발생량은 6배 많다.

해설 **초산의 메탄 발생량**
$$CH_3COOH \rightarrow C_2H_4O_2$$
$$\left(\frac{4a+b-2c}{8}\right)CH_4 = \left[\frac{(4\times2)+4-(2\times2)}{8}\right]CH_4 = CH_4$$

포도당의 메탄 발생량
$$C_6H_{12}O_6$$
$$\left(\frac{4a+b-2c}{8}\right)CH_4 = \left[\frac{(4\times6)+12-(2\times6)}{8}\right]CH_4 = 3CH_4$$

$$CH_4 : 3CH_4 = 1몰 : 3몰$$

32 고형물 4.2%를 함유한 슬러지 150,000kg을 농축조로 이송한다. 농축조에서 농축 후 고형물의 손실 없이 농축 슬러지를 소화조로 이송할 경우 슬러지의 무게가 70,000kg이라면 농축된 슬러지의 고형물 함유율(%)은?(단, 슬러지 비중은 1.0으로 가정함)

① 6.0
② 7.0
③ 8.0
④ 9.0

해설 $4.2\% \times 150,000\text{kg} = \text{농축 후 고형물 함유율}(\%) \times 70,000\text{kg}$
농축 후 고형물 함유율(%) $= \frac{4.2\% \times 150,000\text{kg}}{70,000\text{kg}} = 9\%$

33 연직차수막 공법의 종류가 아닌 것은?

① Earth Dam 코어 공법
② 지하연속벽공법
③ 강널말뚝공법
④ Grout 공법

해설 **연직차수막 공법**
① 어스댐코어 공법
② 강널말뚝공법
③ 그라우트 공법
④ 굴착에 의한 차수시트 매설공법

34 퇴비화의 장점과 가장 거리가 먼 것은?

① 운영 시에 소요되는 에너지가 낮다.
② 다른 폐기물 처리 기술에 비해 고도의 기술수준을 요구하지 않는다.
③ 생산된 퇴비의 비교가치가 높다.
④ 초기의 시설투자비가 낮다.

해설 ① 퇴비화 장점
ㄱ 유기성 폐기물을 재활용함으로써, 폐기물의 감량화가 가능하다.
ㄴ 생산품인 퇴비는 토양의 이화학성질을 개선시키는 토양개량제로 사용할 수 있다.(Humus는 토양개량제로 사용)
ㄷ 운영 시 에너지가 적게 소요된다.
ㄹ 초기의 시설투자비가 낮다.
ㅁ 다른 폐기물처리에 비해 고도의 기술수준이 요구되지 않는다.
② 퇴비화 단점
ㄱ 생산된 퇴비는 비료가치로서 경제성이 낮다.(시장 확보가 어려움)
ㄴ 다양한 재료를 이용하므로 퇴비제품의 품질표준화가 어렵다.
ㄷ 부지가 많이 필요하고 부지선정에 어려움이 많다.
ㄹ 퇴비가 완성되어도 부피가 크게 감소되지는 않는다.(완성된 퇴비의 감용률은 50% 이하로서 다른 처리방식에 비하여 낮다.)
ㅁ 악취발생의 문제점이 있다.

35 3,785m³/일 규모의 하수처리장의 유입수의 BOD와 SS 농도가 각각 200mg/L라고 하고, 1차 침전에 의하여 SS는 60%, 이에 따라 BOD도 30% 제거된다. 후속처리인 활성슬러지공법(폭기조)에 의해 남은 BOD의 90%가 제거되고 제거된 kgBOD당 0.2kg의 슬러지가 생산된다면 1차 침전에서 발생한 슬러지와 활성슬러지공법에 의해 발생된 슬러지양의 총합(kg/일)은?(단, 비중은 1.0 기준, 기타 조건은 고려하지 않음)

① 약 530 ② 약 550
③ 약 570 ④ 약 590

💬 1차 침전 발생 슬러지양
$= 3,785\text{m}^3/\text{day} \times 200\text{mg/L} \times 1,000\text{L/m}^3 \times \text{kg}/10^6\text{mg} \times 0.6$
$= 454.2\text{kg/day}$

활성슬러지 발생 슬러지양
$= 3,785\text{m}^3/\text{day} \times 200\text{mg/L} \times 1,000\text{L/m}^3 \times \text{kg}/10^6\text{mg}$
$\times 0.7 \times 0.9 \times 0.2\text{kg슬러지/BOD} \cdot \text{kg} = 95.38\text{kg/day}$
총 발생 슬러지양 $= 454.2 + 95.38 = 549.56\text{kg/day}$

36 매립지에 쓰이는 합성차수막의 재료별 장단점에 관한 설명으로 틀린 것은?

① PVC : 가격은 저렴하나 자외선, 오존, 기후에 약하다.
② HDPE : 온도에 대한 저항성이 높으나 접합상태가 양호하지 못하다.
③ CSPE : 산과 알칼리에 특히 강하나 기름, 탄화수소 및 용매류에 약하다.
④ CPE : 강도가 높으나 방향족탄화수소 및 기름 종류에 약하다.

💬 HDPE, LDPE
① 장점
  ㉠ 대부분의 화학물질에 대한 저항성이 큼
  ㉡ 온도에 대한 저항성이 높음
  ㉢ 강도가 높음
  ㉣ 접합상태가 양호
② 단점
  유연하지 못하여 구멍 등 손상을 입을 우려가 있음

37 토양오염 처리방법인 Air Sparging의 적용조건에 관한 설명으로 틀린 것은?

① 오염물질의 용해도가 높은 경우에 적용이 유리하다.
② 자유면 대수층 조건에서 적용이 유리하다.
③ 오염물질의 호기성 생분해능이 높은 경우에 적용이 유리하다.
④ 토양의 종류가 사질토, 균질토일 때 적용이 유리하다.

💬 Air Sparging(공기살포기법)은 오염물질의 용해도가 낮은 경우에 적용이 유리하다.

38 함수율 97%의 슬러지를 농축하였더니 부피가 처음 부피의 1/3로 줄어들었다. 이때 농축슬러지의 함수율(%)은?(단, 비중은 1.0 기준)

① 95 ② 93
③ 91 ④ 89

💬 $1 \times 0.03 = \dfrac{1}{3} \times (1 - \text{슬러지 함수율})$

$\dfrac{1}{3} \times \text{슬러지 함수율} = \dfrac{1}{3} - 0.03$

슬러지 함수율 $= 0.91 \times 100 = 91\%$

39 BOD 농도 15,000mg/L인 생분뇨를 투입하여 1차 소화를 거친 다음, 30배 희석한 후 2차 처리를 하여 방류수 BOD 농도를 27mg/L로 하고자 한다. 1차 소화조에서의 BOD 제거율이 65%, 희석수의 BOD 농도가 4mg/L라면 2차 처리장치에서의 BOD 제거율(%)은?

① 약 55 ② 약 65
③ 약 75 ④ 약 85

💬 BOD 제거율(%) $= \left(1 - \dfrac{\text{BOD}_o}{\text{BOD}_i}\right) \times 100$

$\text{BOD}_o = 27\text{mg/L}$
$\text{BOD}_i = \text{BOD} \times (1 - \eta_1) \times 1/P$
$= 15,000\text{mg/L} \times (1 - 0.65) \times 1/30$
$= 175\text{mg/L}$
$= \left(1 - \dfrac{27}{175}\right) \times 100 = 84.57\%$

정답 **35** ② **36** ② **37** ① **38** ③ **39** ④

40 총 고형물이 36,500mg/L, 휘발성 고형물이 총 고형물 중 64.5%인 폐기물 100m³/day를 혐기성 소화조에서 소화시켰을 때 1일 가스발생량(m³/day)은?(단, 폐기물 비중 1.0, 가스발생량 0.35m³/kg(vs))

① 약 764
② 약 784
③ 약 804
④ 약 824

해설 가스발생량(m³/day)
$= 0.35\text{m}^3/\text{kg} \cdot \text{vs} \times 36,500\text{mg/L} \times 0.645 \times 100\text{kL/day}$
$\times 1,000\text{L/kL} \times \text{kg}/10^6\text{mg}$
$= 823.99\text{m}^3/\text{day}$

제3과목 폐기물소각 및 열회수

41 연소장치에서 공기비가 큰 경우에 나타나는 현상과 가장 거리가 먼 것은?

① 연소실에서 연소온도가 낮아진다.
② 배기가스 중 질소산화물 양이 증가한다.
③ 불완전연소로 일산화탄소 양이 증가한다.
④ 통풍력이 강하여 배기가스에 의한 열손실이 크다.

해설 불완전연소로 인한 CO 양이 증가하는 경우는 공기비가 작을 때이다.

42 도시생활폐기물을 대상으로 하는 소각방법에 많이 이용되는 형식이 아닌 것은?

① Stoker Type Incinerator
② Multiple Hearth Incinerator
③ Rotary Kiln Incinerator
④ Fluidized Bed Incinerator

해설 ① Multiple Hearth Incinerator(다단로)는 불규칙적인 대형 폐기물, 용용성재 포함 폐기물, 높은 분해 온도를 요하는 폐기물 처리에는 부적합하다.
② 도시생활폐기물 대상 소각방법 형식은 스토커, 회전로, 유동 층식 등이 사용된다.

43 아래 반응은 수소의 연소반응식이다. 여기서, 141.8MJ/kg을 가장 적절하게 표현한 것은?

$$H_2 + \frac{1}{2}O_2 \rightarrow H_2O + 141.8\text{MJ/kg}$$

① 수소의 흡수열이다.
② 수소의 고위발열량이다.
③ 수소의 저위발열량이다.
④ 수소의 비열이다.

해설 수소의 연소반응식에서 141.8MJ/kg은 수소의 고위발열량을 의미한다.

44 소각로의 소각능률이 170kg/m² · hr이며 쓰레기의 양이 20,000kg/일이다. 1일 8시간 소각하면 화격자 면적(m²)은?

① 약 7.2
② 약 10.4
③ 약 12.4
④ 약 14.7

해설 화격자 면적(m²) $= \dfrac{\text{시간당 소각량}}{\text{화상부하율(소각능력)}}$
$= \dfrac{20,000\text{kg/day} \times \text{day/8hr}}{170\text{kg/m}^2 \cdot \text{hr}} = 14.7\text{m}^2$

45 소각로 화격자에서 고온부식은 국부적으로 연소가 심한 장소에서 화격자의 온도가 상승함에 따라 발생한다. 방식대책으로 틀린 것은?

① 화격자의 냉각률을 올린다.
② 공기주입량을 줄여 화격자의 과열을 막는다.
③ 부식되는 부분에 고온 공기를 주입하지 않는다.
④ 화격자의 재질을 고크롬강, 저니켈강으로 한다.

해설 **고온부식의 대책**
① 고온부식 발생 금속 표면의 피복 및 표면온도를 내린다.
② 화격자의 냉각효율을 올린다.
③ 화격자 냉각을 위하여 공기주입량을 늘린다.
④ 부식이 이루어지는 부분에 고온공기를 주입하지 않는다.
⑤ 화격자 재질 선정에 유의한다.(고크롬강 및 저니켈강 사용 : 내식성 재료)
⑥ 퇴적 및 침적된 먼지 제거 및 부식성 가스농도를 낮춘다.

46 고위발열량이 16,820kcal/Sm³인 에탄(C₂H₆)을 연소시킬 때 이론 연소온도(℃)는?(단, 이론습연소가스량 21Sm³/Sm³, 연소가스 정압비열 0.63kcal/Sm³ · ℃, 연소용 공기, 연료온도는 15℃, 공기는 예열하지 않으며, 연소가스는 해리되지 않음)

① 약 1,132　　　② 약 1,154
③ 약 1,178　　　④ 약 1,196

이론연소온도(℃)

$= \dfrac{\text{저위발열량}}{\text{이론연소가스량} \times \text{연소가스 평균정압비열}} + \text{실제온도}$

$\text{지위발열량}(H_l) = H_h - 480\left[\dfrac{y}{2}(C_xH_y)\right]$

$= 16,820 - 480\left[\dfrac{6}{2}(C_2H_6)\right]$

$= 15,380\text{kcal/sm}^3$

$= \dfrac{15,380\text{kcal/Sm}^3}{21\text{Sm}^3/\text{sm}^3 \times 0.63\text{kcal/Sm}^3 \cdot \text{℃}} + 15\text{℃}$

$= 1,177.51\text{℃}$

47 이론공기량을 산정하는 방법과 가장 거리가 먼 것은?

① 원소 조성에 의한 방법
② 발열량에 의한 방법
③ 실측치에 의한 방법
④ 셀룰로오스 치환법에 의한 방법

이론공기량 산정방법
① 원소 조성에 의한 방법
② 발열량에 의한 방법
③ 셀룰로오스 치환법에 의한 방법

48 열분해방법 중 산소흡입고온 열분해법의 특징에 대한 설명으로 가장 거리가 먼 것은?

① 폐플라스틱, 폐타이어 등의 열분해시설로 많이 사용된다.
② 분해온도는 높지만 공기를 공급하지 않기 때문에 질소산화물의 발생량이 적다.
③ 이동바닥로의 밑으로부터 소량의 순산소를 주입, 노 내의 폐기물 일부를 연소, 강열시켜 이때 발생되는 열을 이용해 상부의 쓰레기를 열분해한다.
④ 폐기물을 선별, 파쇄 등 전처리과정을 하지 않거나 간단히 하여도 된다.

산소흡입고온 열분해법
① 분해온도는 높지만 공기를 공급하지 않기 때문에 질소산화물의 발생량이 적다.
② 이동바닥로의 밑으로부터 소량의 순산소를 주입, 노내의 폐기물 일부를 연소, 강열시켜 이때 발생하는 열을 이용해 상부의 쓰레기를 열분해한다.
③ 폐기물을 선별, 파쇄 등 전처리 과정을 하지 않거나 간단히 하여도 된다.
④ 도시폐기물의 열분해 장치로 이용된다.

49 저위발열량 10,000kcal/kg의 중유를 연소시키는 데 필요한 이론공기량(Sm³/kg)은?(단, Rosin식 적용)

① 8.5　　　② 10.5
③ 12.5　　　④ 14.5

Rosin식 - 액체연료 이론공기량(A_0)

$A_0(\text{Sm}^3/\text{kg}) = 0.85 \times \dfrac{H_l}{1,000} + 2$

$= 0.85 \times \left(\dfrac{10,000}{1,000}\right) + 2 = 10.5\text{Sm}^3/\text{kg}$

50 수분이 적고 저위발열량이 높은 폐기물에 적합하며 폐기물의 이송방향과 연소가스 흐름방향이 같은 소각방식은?

① 향류식　　　② 병류식
③ 교류식　　　④ 복류식

소각로 내 연소가스와 폐기물 흐름에 따른 구분
① 역류식(향류식)
　㉠ 폐기물의 이송방향과 연소가스의 흐름을 반대로 하는 형식이다.
　㉡ 난연성 또는 착화하기 어려운 폐기물 소각에 가장 적합한 방식이다.
　㉢ 열가스에 의한 방사열이 폐기물에 유효하게 작용하므로 수분이 많다.
　㉣ 후연소 내의 온도저하나 불완전연소가 발생할 수 있다.
　㉤ 복사열에 의한 건조에 유리하며 저위발열량이 낮은 폐기물에 적합하다.
② 병류식
　㉠ 폐기물의 이송방향과 연소가스의 흐름방향이 같은 형식이다.
　㉡ 수분이 적고(착화성이 좋고) 저위발열량이 높을 때 적용한다.
　㉢ 폐기물의 발열량이 높을 경우 적당한 형식이다.
　㉣ 건조대에서의 건조효율이 저하될 수 있다.

③ 교류식(중간류식)
  ㉠ 역류식과 병류식의 중간적인 형식이다.
  ㉡ 중간 정도의 발열량을 가지는 폐기물에 적합하다.
  ㉢ 두 흐름이 교차하여 폐기물 질의 변동이 클 때 적합하다.
④ 복류식(2회류식)
  ㉠ 2개의 출구를 가지고 있는 댐퍼의 개폐로 역류식, 병류식, 교류식으로 조절할 수 있는 형식이다.
  ㉡ 폐기물의 질이나 저위발열량의 변동이 심할 경우에 적합하다.

51 중유연소에서 보일러의 경우, 배기가스 중의 CO_2 농도범위는?

① 1~3%
② 5~8%
③ 11~14%
④ 16~20%

해설 중유연소에서 보일러의 경우 배출가스 중의 CO_2 농도범위는 11~14% 정도이다.

52 물질의 연소특성에 대한 설명으로 가장 거리가 먼 것은?

① 탄소의 착화온도는 700℃이다.
② 황의 착화온도는 장작의 경우보다 낮다.
③ 수소의 착화온도는 장작의 경우보다 높다.
④ 용광로 가스의 착화온도는 700~800℃ 부근이다.

해설 황의 착화온도는 약 630℃로 장작의 착화온도 250~300℃보다 높다.

53 유동층 소각로방식에 대한 설명으로 틀린 것은?

① 반응시간이 빨라 소각시간이 짧다.(노 부하율이 높다.)
② 기계적 구동부분이 많아 고장률이 높다.
③ 폐기물의 투입이나 유동화를 위해 파쇄가 필요하다.
④ 가스온도가 낮고 과잉공기량이 적어 NO_x도 적게 배출된다.

해설 **유동층 소각로**
① 장점
  ㉠ 유동매체의 열용량이 커서 액상, 기상, 고형 폐기물의 전소 및 혼소, 균일한 연소가 가능하다.
  ㉡ 반응시간이 빨라 소각시간이 짧다.(노 부하율이 높다.)
  ㉢ 연소효율이 높아 미연소분이 적고 2차 연소실이 불필요하다.
  ㉣ 가스의 온도가 낮고 과잉공기량이 낮다. 따라서 NO_x도 적게 배출된다.

㉤ 기계적 구동부분이 적어 고장률이 낮아 유지관리가 용이하다.
㉥ 노 내 온도의 자동제어로 열회수가 용이하다.
㉦ 유동매체의 축열량이 높은 관계로 단시간 정지 후 가동 시 보조연료 사용 없이 정상가동이 가능하다.
㉧ 과잉공기량이 적으므로 다른 소각로보다 보조연료 사용량과 배출가스량이 적다.
㉨ 석회 또는 반응물질을 유동매체에 혼입시켜 노 내에서 산성가스의 제거가 가능하다.
② 단점
  ㉠ 층의 유동으로 상으로부터 찌꺼기의 분리가 어려우며 운전비, 특히 동력비가 높다.
  ㉡ 폐기물의 투입이나 유동화를 위해 파쇄가 필요하다.
  ㉢ 상재료의 용융을 막기 위해 연소온도는 816℃를 초과할 수 없다.
  ㉣ 유동매체의 손실로 인한 보충이 필요하다.
  ㉤ 고점착성의 반유동상 슬러지는 처리하기 곤란하다.
  ㉥ 소각로 본체에서 압력손실이 크고 유동매체의 비산 또는 분진의 발생량이 가장 많다.
  ㉦ 조대한 폐기물은 전처리가 필요하다. 즉 폐기물의 투입이나 유동화를 위해 파쇄공정이 필요하다.

54 소각로에 폐기물을 투입하는 1시간 중 투입작업시간을 40분, 나머지 20분은 정리시간과 휴식시간으로 한다. 크레인 버킷 용량 4m³, 1회에 투입하는 시간을 120초, 버킷으로 폐기물을 들어 올렸을 때 용적중량을 최대 0.4ton/m³로 본다면 폐기물의 1일 최대 공급능력(ton/day)은?(단, 소각로는 24시간 연속가동)

① 524
② 684
③ 768
④ 874

해설 최대공급능력(ton/day)
$= 0.4ton/m^3 \times 4m^3/회 \times 회/120sec \times 60sec/min$
$\times 40min/hr \times 24hr/day$
$= 768ton/day$

55 다이옥신의 노 내 제어방법이 맞는 것은?

① 온도는 300~400℃ 유지
② 연소가스는 400℃ 이하에서 연소실 체류시간 2초 이상 유지
③ 2차 공기 공급에 의한 미연분의 완전연소
④ O_2의 농도를 25~30%로 지속 유지

해설 다이옥신의 노 내 제어의 적절한 온도범위는 850~950℃ 정도 이상이며 체류시간은 적절한 온도범위에서 2초 이상 유지한다.

56 다단로 소각로의 설명으로 틀린 것은?

① 다단로 소각로는 건조영역, 연소 및 탈취 영역, 냉각 영역으로 나눌 수 있다.

② 물리·화학적 성분이 다른 각종 폐기물을 처리할 수 있다.

③ 분진발생률이 높다.

④ 단계적 온도반응으로 보조연료 이용 조절이 용이하다.

다단로 소각방식(Multiple Hearth)

① 장점

㉠ 타 소각로에 비해 체류시간이 길어 연소효율이 높고, 특히 휘발성이 낮은 폐기물 연소에 유리하다.

㉡ 다량의 수분이 증발되므로 수분함량이 높은 폐기물도 연소가 가능하다.

㉢ 물리·화학적 성분이 다른 각종 폐기물을 처리할 수 있다. 즉, 다양한 질의 폐기물에 대하여 혼소가 가능하다.

㉣ 많은 연소영역이 있으므로 연소효율을 높일 수 있다.(국소 연소를 피할 수 있음)

㉤ 보조연료로 다양한 연료(천연가스, 프로판, 오일, 석탄가루, 폐유 등)를 사용할 수 있다.

㉥ 클링커 생성을 방지할 수 있다.

㉦ 온도제어가 용이하고 동력이 적게 들며 운전비가 저렴하다.

② 단점

㉠ 체류시간이 길어 온도반응이 느리다.(휘발성이 적은 폐기물 연소에 유리)

㉡ 늦은 온도반응 때문에 보조연료 사용을 조절하기 어렵다.

㉢ 분진발생률이 높다.

㉣ 열적 충격이 쉽게 발생하고 내화물이나 상에 손상을 초래한다.(내화재의 손상을 방지하기 위해 1,000℃ 이상으로 운전하지 않는 것이 좋음)

㉤ 가동부(교반팔, 회전중심축)가 있으므로 유지비가 높다.

㉥ 유해폐기물의 완전분해를 위해서는 2차 연소실이 필요하다.

57 매시간 4ton의 폐유를 소각하는 소각로에서 발생하는 황산화물을 접촉산화법으로 탈황하고 부산물로 50%의 황산을 회수한다면 회수되는 부산물의 양(kg/hr)은?(단, 폐유 중 황 성분 3%, 탈황률 95%라 가정함)

① 약 500

② 약 600

③ 약 700

④ 약 800

$S \longrightarrow H_2SO_4$

$32kg : 98kg$

$4ton/hr \times 0.03 \times 0.95 : H_2SO_4(kg/hr) \times 0.5$

$$H_2SO_4(kg/hr) = \frac{4ton/hr \times 0.03 \times 0.95 \times 98kg \times 1,000kg/ton}{32kg \times 0.5}$$

$$= 698.25kg/hr$$

58 에탄(C_2H_6)의 이론적 연소 시 부피기준 AFR(Air – Fuel Ratio, mols air/mol fuel)는?

① 약 10.5

② 약 12.5

③ 약 14.2

④ 약 16.7

C_2H_6의 연소반응식

$C_2H_6 + 3.5O_2 \rightarrow 3H_2O + 2CO_2$

1mole : 3.5mole

$$AFR = \frac{\frac{1}{0.21} \times 3.5}{1} = 16.67mols\ air/mol\ fuel$$

59 소각 시 탈취방법 중 직접연소법에 관한 설명으로 가장 거리가 먼 것은?

① 유독성 가스의 제거법으로 사용하며 촉매 사용 없이 직접연소하는 방법이다.

② 연소장치 설계 시 오염물의 폭발한계점 또는 인화점을 잘 알아야 한다.

③ 오염물의 발열량이 연소에 필요한 전체 열량의 50% 이상일 때 경제적으로 타당하다.

④ 반응속도가 낮은 경우 장치의 대형화로 인하여 부식 등 관리문제가 있다.

④항은 촉매연소법에 관한 내용이다.

60 폐기물 소각, 매립 설계과정에서 중요한 인자로 작용하고 있는 강열감량(Ignition Loss)에 대한 설명으로 틀린 것은?

① 소각로의 운전상태를 파악할 수 있는 중요한 지표

② 소각로의 종류, 처리용량에 따른 화격자의 면적을 산정하는 데 중요 자료

③ 소각잔사 중 가연분을 중량 백분율로 나타낸 수치

④ 폐기물의 매립처분에 있어서 중요한 지표

강열감량은 3성분 중에서 가연분이 타지 않고 남는 양으로 표현된다.

정답 56 ④   57 ③   58 ④   59 ④   60 ③

제4과목 폐기물공정시험기준(방법)

61 시료의 전처리 방법으로 많은 시료를 동시에 처리하기 위하여 회화에 의한 유기물 분해방법을 이용하고자 하며, 시료 중에는 염화칼슘이 다량 함유되어 있는 것으로 조사되었다. 아래 보기 중 회화에 의한 유기물 분해방법이 적용 가능한 중금속은?

① 납(Pb)　　　　　　② 철(Fe)
③ 안티몬(Sb)　　　　④ 크롬(Cr)

해설 **회화법**
① 적용
　목적성분이 400℃ 이상에서 휘산되지 않고 쉽게 회화될 수 있는 시료에 적용한다.
② 주의
　㉠ 시료 중에 염화암모늄, 염화마그네슘, 염화칼슘 등이 다량 함유된 경우에는 납, 철, 주석, 아연, 안티몬 등이 휘산되어 손실을 가져오므로 주의한다.
　㉡ 액상폐기물 시료 또는 용출용액 적당량을 취하여 백금, 실리카 또는 사기제 증발접시에 넣고 수욕 또는 열판에서 가열하여 증발 건조한다. 용기를 회화로에 옮기고 400~500℃에서 가열하여 잔류물을 회화시킨 다음 방랭하고 염산(1+1) 10mL를 넣어 열판에서 가열한다.

62 노말헥산 추출시험방법에 의한 유분함량측정 시 증발용기는 실리카겔 데시케이터에 넣고 정확히 얼마 동안 방랭한 후 무게를 다는가?

① 30분　　　　　　　② 1시간
③ 3시간　　　　　　　④ 5시간

해설 증발용기 외부의 습기를 닦아 (80 ± 5)℃의 건조기 중에 30분간 건조하고 실리카겔 데시케이터에 넣어 정확히 30분간 식힌 후 무게를 단다.

63 $K_2Cr_2O_7$을 사용하여 1,000mg/L의 Cr 표준원액 100mL를 제조하려면 필요한 $K_2Cr_2O_7$의 양(mg)은?(단, 원자량은 K=39, Cr=52, O=16이다.)

① 141　　　　　　　　② 283
③ 354　　　　　　　　④ 565

해설 $K_2Cr_2O_7$ 분자량 $=(2\times39)+(2\times52)+(16\times7)=294g$
$K_2Cr_2O_7$을 전리시켜 Cr을 생성시키면 2mL의 Cr이온이 생성됨
$294g : 2\times52g$

$X(mg) : 1,000mg/L\times100mL\times L/1,000mL$

$X(mg)=\dfrac{294g\times100mg}{2\times52g}=282.69mg$

[Note] $K_2Cr_2O_7 : 2Cr^{3+}$

64 함수량이 90%인 시료를 용출시험하여 분석한 결과, 나트륨의 함량이 5ppm이었다. 수분함량을 보정하여 계산하면 카드뮴의 함량(ppm)은?

① 5.5　　　　　　　　② 7.5
③ 10.5　　　　　　　④ 12.5

해설 카드뮴 함량(ppm)$=5ppm\times\dfrac{15}{100-시료함수율(\%)}$
$\qquad\qquad\qquad=5ppm\times\dfrac{15}{100-90}=7.5ppm$

65 원자흡광분석에서 검량선 작성법에 해당되지 않는 것은?

① 검량선법　　　　　② 표준첨가법
③ 검량표준법　　　　④ 내부표준법

해설 **검량선 작성법(원자흡광 분석)**
① 검량선법(검정곡선법)
② 표준첨가법
③ 내부표준법(내부표준물질법)

66 다음 시약 제조방법 중 틀린 것은?

① 1N-NaOH 용액은 NaOH 42g을 물 950mL에 넣어 녹이고 새로 만든 수산화바륨 용액(포화)을 침전이 생기지 않을 때까지 한 방울씩 떨어뜨려 잘 섞고 마개를 하여 24시간 방치한 다음 여과하여 사용한다.
② 1N-HCl 용액은 염산(35% 이상) 120mL를 물에 넣어 1,000mL로 한다.
③ 20W/V%-KI(비소시험용) 용액은 KI 20g을 물에 녹여 100mL로 하며 사용할 때 조제한다.
④ 2N-H_2SO_4 용액은 황산(95.0% 이상) 60mL를 물 1L 중에 섞으면서 천천히 넣어 식힌다.

해설 염산용액은 염산 90mL에 정제수를 넣어 1,000mL로 한다.

67 공정시험방법에서의 용출시험방법 중 진탕횟수와 진탕시간으로 적절한 것은?

① 진탕횟수 : 매분당 약 100회
진탕시간 : 4시간 연속

② 진탕횟수 : 매분당 약 200회
진탕시간 : 6시간 연속

③ 진탕횟수 : 매분당 약 300회
진탕시간 : 8시간 연속

④ 진탕횟수 : 매분당 약 400회
진탕시간 : 10시간 연속

용축조작 시 혼합액을 상온, 상압에서 진탕횟수가 매분당 약 200회, 진폭이 4~5cm인 진탕기를 사용하여 6시간 동안 연속 진탕한다.

68 자외선/가시선 분광법에 의한 크롬 분석에 관한 내용으로 가장 거리가 먼 것은?

① 과망간산칼륨으로 크롬이온 전체를 6가 크롬으로 산화시킨다.

② 알칼리성에서 다이페닐카바자이드와 반응하여 생성되는 적자색의 착화합물의 흡광도를 540nm에서 측정한다.

③ 시료 중 철이 2.5mg 이하로 공존할 경우에는 다이페닐카바자이드 용액을 넣기 전에 피로인산나트륨 · 10수화물용액(5%) 2mL를 넣어주면 간섭을 줄일 수 있다.

④ 정량범위는 0.002~0.05mg 범위이다.

크롬 – 자외선/가시선 분광법
산성에서 다이페닐카바자이드와 반응하여 생성되는 적자색 착화합물의 흡광도를 540nm에서 측정하여 총 크롬을 정량하는 방법이다.

69 기름 성분을 노말헥산추출시험방법에 따라 정량할 때 분석시료의 pH 범위는?

① 염산(1+1)을 넣어 pH 4 이하로 조절한다.

② 염산(1+1)을 넣어 pH 6 이하로 조절한다.

③ 수산화나트륨(1+1)을 넣어 pH 8 이상으로 조절한다.

④ 수산화나트륨(1+1)을 넣어 pH 10 이상으로 조절한다.

기름 성분 분석시료 pH 범위는 시료 적당량을 분별깔때기에 넣고 메틸오렌지 용액(0.1w/v%)을 2~3방울 넣은 후 황색이 적색으로 변할 때까지 염산(1+1)을 넣어 pH 4 이하로 조절한다.

70 회화에 의한 유기물 분해 시 회화로서의 가열온도로서 적당한 것은?

① 200~300℃   ② 300~400℃
③ 400~500℃   ④ 500~600℃

회화법
① 적용
목적성분이 400℃ 이상에서 휘산되지 않고 쉽게 회화될 수 있는 시료에 적용한다.

② 주의
㉠ 시료 중에 염화암모늄, 염화마그네슘, 염화칼슘 등이 다량 함유된 경우에는 납, 철, 주석, 아연, 안티몬 등이 휘산되어 손실을 가져오므로 주의한다.

㉡ 액상폐기물 시료 또는 용출용액 적당량을 취하여 백금, 실리카 또는 사기제 증발접시에 넣고 수욕 또는 열판에서 가열하여 증발 건조한다. 용기를 회화로에 옮기고 400~500℃에서 가열하여 잔류물을 회화시킨 다음 방랭하고 염산(1+1) 10mL를 넣어 열판에서 가열한다.

71 수은의 원자흡수분광광도법(원자흡광광도법)에 관한 시험방법으로 옳은 것은?

① 시료에 이염화주석을 넣어 금속수은으로 환원시킨다.

② 시료에 아연을 넣어 수은증기를 발생시킨다.

③ 정량제는 0.05mL이다.

④ 벤젠 등 휘발성 유기물질의 방해를 방지하기 위해 염산으로 분해시킨 후 시험한다.

① 시료 중 수은을 이염화주석에 넣어 금속수은으로 환원시킨 다음 이 용액에 통기하여 발생하는 수은 증기를 253.7nm의 파장에서 원자흡수분광광도법에 따라 정량하는 방법이다.

② 정량한계는 0.0005mg/L이다.

③ 벤젠, 아세톤 등 휘발성 유기물질이 253.7nm에서 흡광도를 나타내는 경우에는 과망간산칼륨 분해 후 헥산으로 이들 물질을 추출 분리한 다음 실험한다.

72 흡광광도법에서 자외부 파장부분을 사용할 경우에 해당되지 않는 것은?

① 중수소 방전관 광원을 사용한다.

② 플라스틱제 흡수셀을 사용한다.

③ 측광부에는 광전자 증배관을 사용한다.

④ 파장선택부로는 모노크로메타를 사용한다.

370nm 이상에서는 석영 또는 경질유리 흡수셀, 370nm 이하에서는 석영흡수셀을 사용한다.

정답   67 ②   68 ②   69 ①   70 ③   71 ①   72 ②

73 0.1N – AgNO₃ 규정액 1mL는 몇 mg의 NaCl과 반응하는가?(단, 분자량은 AgNO₃ 169.87, NaCl 58.5이다.)

① 0.585 　　　　　　② 5.85
③ 58.5 　　　　　　 ④ 585

해설 $AgNO_3$: $NaCl$
169.87g : 58.5g
0.1eq/L×169.87g/1eq×1mL : X

$$X(NaCl) = \frac{0.1eq/L×169.87g/1eq×1mL×58.5g}{169.87g} = 5.85mg$$

74 자외선/가시선 분광광도계에서 사용하는 흡수셀의 준비사항으로 가장 거리가 먼 것은?

① 흡수셀은 미리 깨끗하게 씻은 것을 사용한다.
② 흡수셀의 길이(L)를 따로 지정하지 않았을 때는 10mm 셀을 사용한다.
③ 시료셀에는 실험용액을, 대조셀에는 따로 규정이 없는 한 정제수를 넣는다.
④ 시료용액의 흡수파장이 약 370nm 이하일 때는 경질유리 흡수셀을 사용한다.

해설 **흡수파장에 따른 사용 흡수셀**
① 370nm 이상 : 석영 또는 경질유리 흡수셀
② 370nm 이하 : 석영흡수셀

75 휘발성 저급염소화 탄화수소류를 기체크로마토그래피로 정량하는 방법에 관한 설명으로 틀린 것은?

① 시료 중 트리클로로에틸렌 및 테트라클로로에틸렌을 헥산으로 추출하여 기체크로마토그래피법으로 정량한다.
② 휘발성 저급염소화 탄화수소류는 휘발성이 높기 때문에 시료를 채취할 때 유리제 용기에 상부공간이 없도록 채취하여야 한다.
③ 트리클로로에틸렌의 정량한계는 0.008mg/L, 테트라클로로에틸렌의 정량한계는 0.002mg/L이다.
④ FID(수소염이온화 검출기) 또는 HECD(전해전도 검출기)를 주로 사용한다.

해설 휘발성 저급염소화 탄화수소류-기체크로마토그래피로 정량 시 전자포획검출기(ECD)를 주로 사용한다.

76 총칙에서 규정하고 있는 용기에 대한 설명으로 옳은 것은?

① 기밀용기라 함은 기체 또는 미생물이 침입하지 아니하도록 내용물을 보호하는 용기를 말한다.
② 밀봉용기라 함은 이물이 들어가거나 또는 내용물이 손실되지 아니하도록 보호하는 용기를 말한다.
③ 밀폐용기라 함은 공기 또는 다른 가스가 침입하지 아니하도록 내용물을 보호하는 용기를 말한다.
④ 차광용기라 함은 내용물이 광화학적 변화를 일으키지 아니하도록 방지할 수 있는 용기를 말한다.

해설

구분	정의
밀폐용기	취급 또는 저장하는 동안에 이물질이 들어가거나 또는 내용물이 손실되지 아니하도록 보호하는 용기
기밀용기	취급 또는 저장하는 동안에 밖으로부터의 공기 또는 다른 가스가 침입하지 아니하도록 내용물을 보호하는 용기
밀봉용기	취급 또는 저장하는 동안에 기체 또는 미생물이 침입하지 아니하도록 내용물을 보호하는 용기
차광용기	광선이 투과하지 않는 용기 또는 투과하지 않게 포장한 용기이며 취급 또는 저장하는 동안에 내용물이 광화학적 변화를 일으키지 아니하도록 방지할 수 있는 용기

77 용출시험법 중 시료용액의 조제에 관한 설명으로 옳은 것은?

① 용매의 pH는 5.8~6.3으로 조절한다.
② 시료와 용매의 비율은 1 : 20(W/V)의 비로 한다.
③ 시료와 용매를 1,000mL 삼각플라스크에 넣어 혼합한다.
④ 용매의 pH를 조절하기 위해 질산을 사용한다.

해설 **시료용액의 조제(용출시험)**
㉠ 시료의 조제방법에 따라 조제한 시료 100g 이상을 정확히 단다.
　⇩
㉡ 용매 : 정제수에 염산을 넣어 pH를 5.8~6.3으로 조절한다.
　⇩
㉢ 시료 : 용매=1 : 10(w/v)의 비로 2,000mL 삼각 플라스크에 넣어 혼합한다.

78 기체크로마토그래피의 검출기 중 인 또는 유황화합물을 선택적으로 검출할 수 있는 것으로 운반가스와 조연가스의 혼합부, 수소공급구, 연소노즐, 광학필터, 광전자 증배관 및 전원 등으로 구성된 것은?

① TCD(Thermal Conductivity Detector)
② FID(Flame Ionization Detector)

③ FPD(Flame Photometric Detector)

④ FTD(Flame Thermionic Detector)

불꽃광도 검출기(FPD ; Flame Photometric Detector)
불꽃광도 검출기는 수소염에 의하여 시료성분을 연소시키고 이때 발생하는 염광의 광도를 분광학적으로 측정하는 방법으로서 인 또는 유황화합물을 선택적으로 검출할 수 있다. 운반가스와 조연가스의 혼합부, 수소공급구, 연소노즐, 광학필터, 광전자증배관 및 전원 등으로 구성되어 있다.

79 흡광도의 눈금을 보정하기 위하여 사용되는 시약은?

① 과망간산칼륨을 N/20 수산화나트륨 용액에 녹여 사용

② 과망간산칼륨을 N/20 수산화칼륨 용액에 녹여 사용

③ 중크롬산칼륨을 N/20 수산화나트륨 용액에 녹여 사용

④ 중크롬산칼륨을 N/20 수산화칼륨 용액에 녹여 사용

흡광도 눈금보정은 110℃에서 3시간 이상 건조한 중크롬산칼륨(1급 이상)을 N/20 수산화칼륨 용액에 녹여 중크롬산칼륨 용액을 만들어 사용한다.

80 흡광광도법에서 투과도가 0.24일 경우 흡광도는?

① 0.32

② 0.42

③ 0.52

④ 0.62

흡광도 $= \log \dfrac{1}{투과율} = \log \dfrac{1}{0.24} = 0.62$

제5과목 **폐기물관계법규**

81 기술관리인의 자격 · 기술관리 대행계획 등에 관한 필요한 사항은 무엇으로 정하는가?

① 시 · 도지사령

② 유역환경청장령

③ 환경부령

④ 대통령령

기술관리인의 자격 · 기술관리대행계획 등에 관한 필요한 사항은 환경부령으로 정한다.

82 폐기물 수집 · 운반 · 보관 · 처리에 관한 구체적 기준 · 방법에 관한 설명으로 옳지 않은 것은?

① 사업장일반폐기물 배출자는 그의 사업장에서 발생하는 폐기물을 보관이 시작되는 날부터 90일을 초과하

여 보관하여서는 아니 된다.

② 지정폐기물(의료폐기물 제외) 수집 · 운반차량의 차체는 노란색으로 색칠하여야 한다.

③ 음식물류 폐기물 처리 시 가열에 의한 건조에 의하여 부산물의 수분함량을 50% 미만으로 감량하여야 한다.

④ 폐합성고분자화합물은 소각하여야 하지만, 소각이 곤란한 경우에는 최대지름 15센티미터 이하의 크기로 파쇄 · 절단 또는 용융한 후 관리형 매립시설에 매립할 수 있다.

음식물류 폐기물 처리 시 가열에 의한 건조의 방법으로 부산물의 수분 함량을 25% 미만으로 감량하여야 한다.

83 환경부 장관이 수립하는 폐기물관리 종합계획에 포함되어야 하는 사항과 가장 거리가 먼 것은?

① 종합계획 평가 전망

② 부분별 폐기물 관리정책

③ 종합계획의 기조

④ 자본 조달 계획

※ 법규 변경(삭제)사항이므로 학습 안 하셔도 무방합니다.

84 폐기물관리법에서 적용하는 용어의 뜻으로 가장 거리가 먼 것은?

① 폐기물감량화시설 : 생산 공정에서 발생하는 폐기물의 양을 줄이고, 사업장 내 재활용을 통하여 폐기물 배출을 최소화하는 시설로서 대통령령으로 정하는 시설을 말한다.

② 지정폐기물 : 사업장 폐기물 중 사람의 건강과 재산 및 주변환경에 위해를 주는 물질이 포함된 폐기물로 대통령령으로 정하는 폐기물을 말한다.

③ 사업장폐기물 : 대기환경보전법, 수질 및 수생태계 보전에 관한 법률 또는 소음 · 진동관리법에 따라 배출시설을 설치 · 운영하는 사업장이나 그 밖에 대통령령으로 정하는 사업장에서 발생하는 폐기물을 말한다.

④ 폐기물처리시설 : 폐기물의 중간처분시설과 최종처분시설로서 대통령령으로 정하는 시설을 말한다.

지정폐기물
사업장폐기물 중 폐유 · 폐산 등 주변 환경을 오염시킬 수 있거나 의료폐기물 등 인체에 위해를 줄 수 있는 해로운 물질로서 대통령령으로 정하는 폐기물을 말한다.

2016

정답 79 ④   80 ④   81 ③   82 ③   83 ①   84 ②

85 폐기물처리시설을 사용종료하거나 폐쇄하고자 하는 자는 사용종료ㆍ폐쇄신고서에 폐기물처리시설 사후관리계획서(매립시설에 한함)를 첨부하여 제출하여야 한다. 다음 중 폐기물처리시설 사후관리계획서에 포함된 사항과 가장 거리가 먼 것은?

① 지하수 수질조사계획
② 구조물 및 지반 등의 안정도 유지계획
③ 빗물배제계획
④ 사후 환경영향평가 계획

해설 **폐기물 매립시설 사후관리계획서의 포함사항**
① 폐기물처리시설 설치ㆍ사용내용
② 사후관리 추진일정
③ 빗물배제계획
④ 침출수 관리계획(차단형 매립시설은 제외한다.)
⑤ 지하수 수질조사계획
⑥ 발생가스 관리계획(유기성 폐기물을 매립하는 시설만 해당한다.)
⑦ 구조물과 지반 등의 안정도 유지계획

86 위해의료폐기물의 종류 중 시험, 검사 등에 사용된 배양액, 배양용기, 보관균주, 폐시험관, 슬라이드, 커버글라스, 폐배지, 폐장갑이 해당되는 것은?

① 생물ㆍ화학폐기물
② 손상성 폐기물
③ 병리계 폐기물
④ 조직물류 폐기물

해설 **위해의료폐기물의 종류**
① 조직물류 폐기물 : 인체 또는 동물의 조직ㆍ장기ㆍ기관ㆍ신체의 일부, 동물의 사체, 혈액ㆍ고름 및 혈액생성물질(혈청, 혈장, 혈액 제제)
② 병리계 폐기물 : 시험ㆍ검사 등에 사용된 배양액, 배양용기, 보관균주, 폐시험관, 슬라이드 커버글라스 폐배지, 폐장갑
③ 손상성 폐기물 : 주삿바늘, 봉합바늘, 수술용 칼날, 한방침, 치과용 침, 파손된 유리재질의 시험기구
④ 생물ㆍ화학폐기물 : 폐백신, 폐항암제, 폐화학치료제
⑤ 혈액오염폐기물 : 폐혈액백, 혈액투석 시 사용된 폐기물, 그 밖에 혈액이 유출될 정도로 포함되어 있는 특별한 관리가 필요한 폐기물

87 폐기물처리 기본계획에 포함되어야 하는 사항과 가장 거리가 먼 것은?

① 재원의 확보 계획
② 폐기물의 처리 현황과 향후 처리 계획
③ 폐기물의 감량화와 재활용 등 자원화에 관한 사항
④ 폐기물의 종류별 관리 여건 및 전망

해설 ※ 법규 변경(삭제)사항이므로 학습 안 하셔도 무방합니다.

88 지정폐기물의 종류에 관한 설명으로 틀린 것은?

① 폐산 : 액체상태의 폐기물로서 수소이온농도지수가 2.0 이하인 것에 한한다.
② 폐농약 : 농약의 제조, 판매업소에서 발생되는 것에 한한다.
③ 광재 : 철광원석의 사용으로 인한 고로슬래그에 한한다.
④ 환경부령이 정하는 물질이 함유된 분진 : 대기오염 방지시설에서 포집된 것에 한하되, 소각시설에서 발생되는 것을 제외한다.

해설 광재 : 철광원석의 사용으로 인한 고로슬래그는 제외한다.

89 폐기물의 국가 간 이동 및 그 처리에 관한 법률은 폐기물의 수출ㆍ수입 등을 규제함으로써 폐기물의 국가 간 이동으로 인한 환경오염을 방지하고자 제정되었는데, 관련된 국제적인 협약은?

① 기후변화협약
② 바젤협약
③ 몬트리올의정서
④ 비엔나협약

해설 **바젤(Basell)협약**
유해폐기물의 국가 간 이동 및 처리에 관한 국제협약으로 유해폐기물의 수출, 수입을 통제하여 유해폐기물 불법교역을 최소화하고, 환경오염을 최소화하는 것이 목적이다.

90 폐기물처리시설 중 중간처리시설인 기계적 처리시설에 대한 기준으로 옳지 않은 것은?

① 절단시설(동력 15kW 이상인 시설로 한정한다.)
② 압축시설(동력 7.5kW 이상인 시설로 한정한다.)
③ 멸균ㆍ분쇄시설
④ 연료화 시설

해설 절단시설(동력 7.5kW 이상인 시설로 한정한다.)

91 환경부령이 정하는 양 이상의 지정폐기물을 배출하는 자가 당해 지정폐기물을 처리하기 전에 환경부장관의 확인을 받기 위해 제출하여야 하는 서류가 아닌 것은?

① 배출자의 폐기물처리계획서(수집·운반자가 확인을 받아야 하는 경우는 수집·운반자의 것)
② 폐기물인계서
③ 폐기물분석결과서(환경부령이 정하는 폐기물분석전문기관의 것)
④ 처리를 위탁받은 처리자의 수탁확인서

해설 환경부령으로 정하는 지정폐기물을 배출하는 사업자는 그 지정폐기물을 처리하기 전에 다음 각 호의 서류를 환경부장관에게 제출하여 확인을 받아야 한다. 다만, 자동차정비업을 하는 자 등 환경부령으로 정하는 자가 지정폐기물을 공동으로 수집·운반하는 경우에는 그 대표자가 환경부장관에게 제출하여 확인을 받아야 한다.
① 폐기물처리계획서(수집·운반자가 확인을 받아야 하는 경우는 수집·운반자의 것)
② 환경부령으로 정하는 폐기물분석전문기관의 폐기물분석결과서
③ 지정폐기물의 처리를 위탁하는 경우에는 수탁처리자의 수탁확인서

92 다음 중 광역폐기물처리시설 설치·운영의 위탁자 범위에 포함되지 않는 것은?

① 한국환경공단
② 한국환경자원공사
③ 지방자치법에 따른 지방자치단체조합으로서 폐기물의 광역처리를 위하여 설립된 조합
④ 해당 광역폐기물처리시설을 시공한 자(그 시설의 운영을 위탁하는 경우에만 해당한다.)

해설 광역폐기물처리시설의 설치·운영의 위탁
① 한국환경공단
② 수도권매립지관리공사
③ 지방자치단체조합으로서 폐기물의 광역처리를 위하여 설립된 조합
④ 해당 광역 폐기물처리시설을 시공한 자(그 시설의 운영을 위탁하는 경우에만 해당한다.)

93 특정 시설에서 발생되는 지정폐기물 중 오니류에 대한 설명으로 가장 알맞은 것은?

① 수분함량이 85퍼센트 미만이거나 고형물함량이 15퍼센트 이상인 것
② 수분함량이 90퍼센트 미만이거나 고형물함량이 10퍼센트 이상인 것
③ 수분함량이 95퍼센트 미만이거나 고형물함량이 5퍼센트 이상인 것
④ 수분함량이 99퍼센트 미만이거나 고형물함량이 1퍼센트 이상인 것

해설 특정 시설에서 발생되는 폐기물
① 폐합성 고분자화합물
　㉠ 폐합성 수지(고체상태의 것은 제외한다)
　㉡ 폐합성 고무(고체상태의 것은 제외한다)
② 오니류(수분함량이 95퍼센트 미만이거나 고형물함량이 5퍼센트 이상인 것으로 한정한다)
　㉠ 폐수처리 오니(환경부령으로 정하는 물질을 함유한 것으로 환경부장관이 고시한 시설에서 발생되는 것으로 한정한다)
　㉡ 공정 오니(환경부령으로 정하는 물질을 함유한 것으로 환경부장관이 고시한 시설에서 발생되는 것으로 한정한다)
③ 폐농약(농약의 제조·판매업소에서 발생되는 것으로 한정한다)

94 변경허가를 받지 아니하고 폐기물처리업의 허가사항을 변경한 자에게 주어지는 벌칙은?

① 2년 이하의 징역 또는 2,000만 원 이하의 벌금
② 3년 이하의 징역 또는 3,000만 원 이하의 벌금
③ 5년 이하의 징역 또는 5,000만 원 이하의 벌금
④ 7년 이하의 징역 또는 7,000만 원 이하의 벌금

해설 폐기물관리법 제65조 참조

95 주변지역 영향 조사대상 폐기물처리시설(폐기물처리업자가 설치·운영하는 시설) 기준으로 옳은 것은?

① 매립면적 3만 제곱미터 이상의 사업장 일반폐기물 매립시설
② 매립면적 5만 제곱미터 이상의 사업장 일반폐기물 매립시설
③ 매립면적 10만 제곱미터 이상의 사업장 일반폐기물 매립시설
④ 매립면적 15만 제곱미터 이상의 사업장 일반폐기물 매립시설

정답 91 ② 92 ② 93 ③ 94 ① 95 ④

해설 **주변지역 영향 조사대상 폐기물처리시설 기준**
① 1일 처리능력이 50톤 이상인 사업장폐기물 소각시설(같은 사업장에 여러 개의 소각시설이 있는 경우에는 각 소각시설의 1일 처리능력의 합계가 50톤 이상인 경우를 말한다.)
② 매립면적 1만 제곱미터 이상의 사업장 지정폐기물 매립시설
③ 매립면적 15만 제곱미터 이상의 사업장 일반폐기물 매립시설
④ 시멘트 소성로(폐기물을 연료로 사용하는 경우로 한정한다.)
⑤ 1일 재활용능력이 50톤 이상인 사업장폐기물 소각열회수시설(같은 사업장에 여러개의 소각열회수시설이 있는 경우에는 각 소각열회수시설의 1일 재활용능력의 합계가 50톤 이상인 경우를 말한다)

96 폐기물처리 신고자의 준수사항으로 옳은 것은?

① 정당한 사유 없이 계속하여 1년 이상 휴업하여서는 아니 된다.
② 정당한 사유 없이 계속하여 2년 이상 휴업하여서는 아니 된다.
③ 정당한 사유 없이 계속하여 3년 이상 휴업하여서는 아니 된다.
④ 정당한 사유 없이 계속하여 5년 이상 휴업하여서는 아니 된다.

해설 폐기물처리 신고자는 정당한 사유 없이 계속하여 1년 이상 휴업하여서는 아니 된다.

97 기술관리인을 두어야 할 폐기물처리시설기준으로 틀린 것은?(단, 폐기물처리업자가 운영하는 폐기물처리시설 제외)

① 시멘트 소성로
② 사료화, 퇴비화 또는 연료화 시설로서 1일 처분능력 10톤 이상인 시설
③ 소각로시설로서 시간당 처분능력이 600킬로그램(의료폐기물을 대상으로 하는 소각시설의 경우에는 200킬로그램) 이상인 시설
④ 용해로(폐기물에서 비철금속을 추출하는 경우로 한정한다.)로서 시간당 재활용능력이 600킬로그램 이상인 시설

해설 **기술관리인을 두어야 하는 폐기물 처리시설**
① 매립시설의 경우
ㄱ 지정폐기물을 매립하는 시설로서 면적이 3천 300제곱미터 이상인 시설. 다만, 차단형 매립시설에서는 면적이

330제곱미터 이상이거나 매립용적이 1천 세제곱미터 이상인 시설로 한다.
ㄴ 지정폐기물 외의 폐기물을 매립하는 시설로서 면적이 1만 제곱미터 이상이거나 매립용적이 3만 세제곱미터 이상인 시설
② 소각시설로서 시간당 처리능력이 600킬로그램(감염성 폐기물을 대상으로 하는 소각시설의 경우에는 200킬로그램) 이상인 시설
③ 압축 · 파쇄 · 분쇄 또는 절단시설로서 1일 처리능력 또는 재활용시설이 100톤 이상인 시설
④ 사료화 · 퇴비화 또는 연료화 시설로서 1일 재활용능력이 5톤 이상인 시설
⑤ 멸균 · 분쇄시설로서 시간당 처리능력이 100킬로그램 이상인 시설
⑥ 시멘트 소성로
⑦ 용해로(폐기물에 비철금속을 추출하는 경우로 한정한다.)로서 시간당 재활용능력이 600킬로그램 이상인 시설
⑧ 소각열회수시설로서 시간당 재활용능력이 600킬로그램 이상인 시설

98 지정폐기물(의료폐기물은 제외)의 보관창고에 보관 중인 지정폐기물의 종류, 보관가능 용량, 취급 시 주의사항 및 관리책임자 등을 적은 후 설치하는 표지판 표지의 색깔로 옳은 것은?

① 녹색 바탕에 빨간색 선 및 빨간색 글자
② 녹색 바탕에 노란색 선 및 노란색 글자
③ 노란색 바탕에 검은색 선 및 검은색 글자
④ 노란색 바탕에 청색 선 및 청색 글자

해설 지정폐기물의 보관창고에는 보관 중인 지정폐기물의 종류, 보관가능용량, 취급 시 주의사항 및 관리책임자 등을 적어 넣은 표지판을 다음과 같이 설치하여야 한다. 다만, 드럼 등 보관용기를 사용하여 보관하는 경우에는 용기별로 폐기물의 종류 · 양 및 배출업소 등을 지정폐기물의 종류가 같은 용기가 여러 개 있는 경우에는 폐기물의 종류별로 폐기물의 종류 · 양 및 배출업소 등을 각각 알 수 있도록 표지판에 적어 넣어야 한다.
① 보관창고에는 표지판을 사람이 쉽게 볼 수 있는 위치에 설치하여야 한다.
② 표지의 규격
가로 60센티미터 이상×세로 40센티미터 이상(드럼 등 소형용기에 붙이는 경우에는 가로 15센티미터 이상×세로 10센티미터 이상)
③ 표지의 색깔
노란색 바탕에 검은색 선 및 검은색 글자

99 다음 중 시장 · 군수 · 구청장(지방자치단체인 구의 구청장)의 책무와 가장 거리가 먼 것은?

① 지정폐기물의 적정 처리를 위한 조치 강구
② 폐기물처리시설 설치 · 운영
③ 주민과 사업자의 청소의식 함양
④ 폐기물의 수집 · 운반 · 처리방법의 개선 및 관계인의 자질 향상

특별자치시장 특별자치도지사, 시장 · 군수 · 구청장(자치구의 구청장을 말한다. 이하 같다)은 관할 구역의 폐기물의 배출 및 처리상황을 파악하여 폐기물이 적정하게 처리될 수 있도록 폐기물 처리시설을 설치 · 운영하여야 하며, 폐기물의 수집 · 운반 · 처리방법의 개선 및 관계인의 자질 향상으로 폐기물 처리사업을 능률적으로 수행하는 한편, 주민과 사업자의 청소 의식 함양과 폐기물 발생 억제를 위하여 노력하여야 한다.

100 폐기물 배출자 변경신고 대상이 아닌 것은?

① 상호 또는 사업장의 소재지를 변경한 경우
② 대상사업장의 수 및 대상폐기물의 종류가 변경된 경우(공동처리하는 경우는 제외)
③ 신고한 사업장폐기물의 월 평균 배출량이 100분의 50 이상 증가한 경우
④ 사업장폐기물의 종류별 처리계획을 변경한 경우(폐기물의 처리방법이 동일한 경우로서 처리장소만을 변경한 경우는 제외)

사업장 폐기물 공동처리 운영기구의 대표자, 대상 사업장의 수 또는 대상 폐기물의 종류가 변경된 경우(사업장 폐기물 공동 처리의 경우만 해당)

2016

제1과목 폐기물개론

01 최근 10년 동안 우리나라 생활폐기물 처리방법 중 처리비율이 증가하는 것과 감소하는 것의 바른 조합은?

① 증가 : 매립, 감소 : 소각
② 증가 : 재활용, 감소 : 매립
③ 증가 : 소각, 감소 : 재활용
④ 증가 : 매립, 감소 : 재활용

해설 최근 생활폐기물 처리방법에서 매립방법은 감소하고 재활용방법은 증가하는 추세다.

02 용매추출(Solvent Extraction)공정을 적용하기 어려운 폐기물은?

① 분배계수가 높은 폐기물
② 물에 대한 용해도가 높은 폐기물
③ 끓는점이 낮은 폐기물
④ 물에 대한 밀도가 낮은 폐기물

해설 **용매추출방법을 적용하기 유용한 폐기물의 특징**
① 추출법에 사용되는 용매는 비극성이어야만 한다.
② 용매회수가 가능하여야 한다(방법 : 증류 등).
③ 높은 분배계수(선택성이 큼)를 가지는 것이어야 한다.
④ 낮은 끓는점(회수성 높음)을 가지는 것이어야 한다.
⑤ 물에 대한 용해도가 낮은 것이어야 한다.
⑥ 밀도가 물과 다른 것이어야 한다.

03 분뇨의 특성으로 가장 거리가 먼 것은?

① 분뇨에 포함된 협잡물의 양은 발생지역에 따라 차이가 크다.
② 고액 분리가 용이하다.
③ 분과 뇨(분 : 뇨)의 고형질의 비는 7 : 1 정도이다.
④ 분뇨의 비중은 1.02 정도이며 질소화합물 함유도가 높다.

해설 **분뇨의 특성**
① 유기물 함유도와 점도가 높아서 쉽게 고액분리되지 않는다. (다량유기물을 포함하여 고액분리 곤란)
② 토사 및 협착물이 많고 분뇨 내 협잡물의 양과 질은 도시, 농촌, 공장지대 등 발생지역에 따라 그 차이가 크다.
③ 분뇨는 외관상 황색~다갈색이고 비중은 1.02 정도이며 악취를 유발한다.
④ 분뇨는 하수슬러지에 비해 질소의 농도가 높다.[NH_4HCO_3 및 $(NH_4)_2CO_3$ 형태로 존재]
⑤ 분뇨 중 질소산화물의 함유형태를 보면 분은 VS의 12~20% 정도이고 뇨는 VS의 80~90%이다. 즉, 질소 화합물 함유도가 높다.
⑥ 협잡물의 함유율이 높고 염분의 농도도 비교적 높다.
⑦ 일반적으로 1인 1일 평균 100g의 분과 800g의 뇨를 배출한다.
⑧ 고형물 중 휘발성 고형물 농도가 높다.
⑨ COD 함량이 높고 BOD는 COD의 약 1/3 정도이다.

04 파쇄에너지 계산과 관련된 이론이 아닌 것은?

① Rittinger의 법칙
② Kick의 법칙
③ Bond의 법칙
④ Worrell의 법칙

해설 Worrell 및 Rietema 식은 선별과 관련된 이론이다.

05 새로운 쓰레기 수거 시스템인 관거수거방법 중 공기수송에 대한 설명으로 가장 거리가 먼 것은?

① 공기수송은 고층주택 밀집지역에 적합하며 소음방지시설이 필요하다.
② 진공수송은 쓰레기를 받는 쪽에서 흡인하여 수송하는 것으로 진공압력은 최소 $1.5kgf/cm^2$ 이상이다.
③ 진공수송의 경제적인 수집거리는 약 2km 정도이다.
④ 가압수송은 쓰레기를 불어서 수송하는 방법으로 진공수송보다는 수송거리를 더 길게 할 수 있다.

공기수송(관거 이용)

① 공기의 속도압(동압)에 의해 쓰레기를 수송하며 진공수송과 가압수송이 있다.

② 공기수송은 고층주택밀집지역에 현실성이 있으며 소음(관내 통과소음, 기타 기계음)에 대한 방지시설을 해야 한다.
(고층주택밀집지역＝발생밀도가 높은 지역)

③ 진공수송은 쓰레기를 받는 쪽에서 흡인하여 수송하는 방법이다.

④ 진공수송의 경제적인 수송거리는 약 2km 정도이다.

⑤ 진공수송에 있어서 진공압력은 최대 $0.5kg/cm^2$ Vac 정도이다.

⑥ 가압수송은 송풍기로 쓰레기를 불어서 수송하는 방법이다.

⑦ 가압수송은 진공수송보다 수송거리를 더 길게 할 수 있다.
(최고 5km가 경제적 거리이다.)

⑧ 가압수송은 연속수송을 하고자 할 경우에는 크기가 불균일해서 부착되기 쉽고 유동성이 나쁜 쓰레기를 정압으로 연속 정량공급하는 것이 곤란하다.

⑨ 공기수송에 소요되는 동력은 캡슐수송에 소요되는 동력보다 훨씬 많이 소요된다.

06 적환장에 대한 설명으로 틀린 것은?

① 직접투하방식은 건설비 및 운영비가 다른 방법에 비해 모두 적다.

② 저장투하방식은 수거차의 대기시간이 직접투하방식보다 길다.

③ 직접저장투하 결합방식은 재활용품의 회수율을 증대시킬 수 있는 방법이다.

④ 적환장의 위치는 해당 지역의 발생 폐기물의 무게 중심에 가까운 곳이 유리하다.

저장투하방식은 직접투하방식에 비하여 수거차의 대기시간 없이 빠른 시간 내에 적하를 마치므로 적환 내외의 교통체증 현상을 없애주는 효과가 있다.

07 3.5%의 고형물을 함유하는 슬러지 300m³를 탈수시켜 70%의 함유율을 갖는 케이크를 얻었다면 탈수된 케이크의 양(m³)은?(단, 슬러지의 밀도 1ton/m³)

① 35
② 40
③ 45
④ 50

탈수 전 슬러지부피×0.035＝탈수 후 케이크양×(1−0.7)

300m³×0.035＝탈수 후 케이크양×0.3

$$탈수\ 후\ 케이크양(m^3) = \frac{300m^3 \times 0.035}{0.3} = 35m^3$$

08 도시 쓰레기 중 비가연성 부분이 중량비로 약 60%를 차지하였다. 밀도가 450kg/m³인 쓰레기 8m³가 있을 때 가연성 물질의 양(kg)은?

① 270
② 1,440
③ 2,160
④ 3,600

가연성물질의 양(kg)＝밀도×부피×가연성물질의 비율

$$= 450kg/m^3 \times 8m^3 \times \left(\frac{100-60}{100}\right)$$

$$= 1,440kg$$

09 원소분석에 의한 발열량(kcal/kg) 계산 방법 중에서 O의 절반이 CO의 형으로, 나머지 절반은 H_2O의 형으로 되어 있다고 가정한 Steuer 식을 가장 바르게 나타낸 것은?

① $H(L) = 81(C-3\times O/8) + 57(3\times O/8)$
   $+345(H-O/16) + 25S - 6(9H+W)$

② $H(L) = 81(C-3\times O/8) + 80(3\times O/16)$
   $+245(H-O/8) + 35S - 9(6H+W)$

③ $H(L) = 81(C-3\times O/8) + 345H + 35S$
   $+80(3\times O/4) - 9(6H+W)$

④ $H(L) = 81(C-3\times O/8) + 245H + 25S$
   $+57(3\times O/4) - 6(9H+W)$

스튜어(Steuer)의 식

O의 $\frac{1}{2}$ 의 H_2O, 나머지 $\frac{1}{2}$ 이 CO로 존재하는 것으로 가정한 식

$$H_h = 8,100\left(C-\frac{3}{8}O\right) + 5,700 \times \frac{3}{8}O$$
$$+ 34,500\left(H-\frac{O}{16}\right) + 2,500S$$

$$H_l = 8,100\left(C-\frac{3}{8}O\right) + 5,700 \times \frac{3}{8}O$$
$$+ 34,500\left(H-\frac{O}{16}\right) + 2,500S - 600(9H+W)$$

정답 **06** ② **07** ① **08** ② **09** ①

10 폐기물 소각처리에 비해 Pyrolysis가 가지는 장점으로 틀린 것은?

① 배기가스량이 상대적으로 적다.
② 중금속 성분이 재에 고정되는 확률이 크다.
③ 질소산화물의 발생량이 적다.
④ 산화성 분위기를 유지할 수 있다.

> **해설** 열분해(Pyrolysis) 공정은 소각처리에 비해 상대적으로 환원기가 유지되므로 Cr^{+3}이 Cr^{+6}으로 변화하기 어려우며 대기오염물질의 발생이 적다.

11 쓰레기 수거노선 설정요령으로 가장 거리가 먼 것은?

① 지형이 언덕인 경우는 내려가면서 수거한다.
② U자 회전을 피하여 수거한다.
③ 아주 많은 양의 쓰레기가 발생되는 발생원은 하루 중 가장 나중에 수거한다.
④ 가능한 한 시계 방향으로 수거노선을 설정한다.

> **해설** 효과적 · 경제적인 수거노선 결정 시 유의(고려)사항 : 수거노선 설정요령
> ① 지형이 언덕인 지역에서는 언덕의 위에서부터 내려가며 적재하면서 차량을 진행하도록 한다.(안전성, 연료비 절약)
> ② 수거인원 및 차량형식이 같은 기존 시스템의 조건들을 서로 관련시킨다.
> ③ 출발점은 차고와 가깝게 하고 수거된 마지막 컨테이너가 처분지의 가장 가까이에 위치하도록 배치한다.
> ④ 가능한 한 지형지물 및 도로경계와 같은 장벽을 사용하여 간선도로 부근에서 시작하고 끝나야 한다.(도로경계 등을 이용)
> ⑤ 가능한 한 시계방향으로 수거노선을 정한다.
> ⑥ 적은 양의 쓰레기가 발생하나 동일한 수거빈도를 받기 원하는 적재지점(수거지점)은 가능한 한 같은 날 왕복 내에서 수거한다.
> ⑦ 아주 많은 양의 쓰레기가 발생되는 발생원은 하루 중 가장 먼저 수거한다.
> ⑧ 될 수 있는 한 한 번 간 길은 다시 가지 않는다.
> ⑨ 반복운행 또는 U자형 회전은 피하여 수거한다.
> ⑩ 교통량이 많거나 출퇴근시간은 피하여 수거한다.
> ⑪ 수거지점과 수거빈도 결정 시 기존정책이나 규정을 참고한다.

12 도시의 쓰레기 수거대상 인구가 648,825명이며 이 도시의 쓰레기 배출량은 1.15kg/인 · 일이다. 수거인부는 233명이며, 이들이 1일에 8시간을 작업한다면 이때 MHT는?

① 2.5   ② 3.2   ③ 3.8   ④ 4.2

> **해설** $MHT = \dfrac{수거인부 \times 수거인부\ 총\ 수거시간}{총\ 수거량}$
> $= \dfrac{233인 \times 8hr/day}{1.15kg/인 \cdot 일 \times 648,825인 \times ton/1,000kg}$
> $= 2.5 MHT$

13 우리나라 쓰레기 수거 형태 중 효율이 가장 나쁜 것은?

① 타종 수거   ② 손수레 문전 수거
③ 대형 쓰레기통 수거   ④ 블록식 수거

> **해설** 우리나라 쓰레기 수거 형태별 MHT

수거 형태	수거 효율	비고
타종 수거	0.84MHT	가장 높음
대형 쓰레기통	1.1MHT	
플라스틱 자루	1.35MHT	
집밖 이동식	1.47MHT	
집 안 이동식	1.86MHT	
집밖 고정식	1.96MHT	
문전 수거	2.3MHT	
벽면 부착식	2.38MHT	가장 낮음

14 최소 크기가 10cm인 폐기물을 2cm로 파쇄하고자 할 때 Kick's 법칙에 의한 소요 동력은 동일 폐기물을 4cm로 파쇄할 때 소요되는 동력의 몇 배인가?(단, n=1로 가정)

① 1.76배   ② 1.62배
③ 1.56배   ④ 1.42배

> **해설** $E_1 = C\ln\left(\dfrac{10}{2}\right) = C\ln 5$
> $E_2 = C\ln\left(\dfrac{10}{4}\right) = C\ln 2.5$
> 동력비$\left(\dfrac{E_1}{E_2}\right) = \dfrac{\ln 5}{\ln 2.5} = 1.76배$

15 생활쓰레기 감량화에 대한 설명으로 가장 거리가 먼 것은?

① 가정에서의 물품 저장량을 적정 수준으로 유지한다.
② 깨끗하게 다듬은 채소의 시장 반입량을 증가시킨다.
③ 백화점의 무포장센터 설치를 증가시킨다.
④ 상품의 포장 공간 비율을 증가시킨다.

> **해설** 생활쓰레기 감량화를 위해서는 상품의 포장 공간비율을 감소시켜야 한다.

16 탄소를 함유한 폐기물의 연소 시 탄소 1kg당 발열량이 가장 작은 경우는?

① C가 CO_2와 반응해 2CO로 될 때

② C가 H_2O와 반응해 CO와 H_2로 될 때

③ C가 $0.5O_2$와 반응해 CO로 될 때

④ C가 O_2와 반응해 CO_2로 될 때

해설 ① $C + CO_2 \rightarrow 2CO(-3,100kcal/kg)$

② $C + H_2O \rightarrow CO + H_2(-2,300kcal/kg)$

③ $C + 1/2O_2 \rightarrow CO(2,400kcal/kg)$

④ $C + O_2 \rightarrow CO_2(8,100kcal/kg)$

17 폐타이어의 이용, 처리방법으로 가장 거리가 먼 것은?

① 시멘트킬린 열이용 : 시멘트킬린 연료인 유연탄의 일부를 폐타이어로 대체하여 시멘트 제조 보조연료로 이용

② 토목공사 : 폐타이어 내부에 흙과 골재를 투입하여 사방공사에 이용

③ 건류소각재 이용 : 폐타이어 원형을 소각한 후 발생한 소각재를 이용하여 카본블랙 제조

④ 고무분말 : 폐타이어를 분쇄하여 고무분말을 만들고 고무분말을 탈황하여 재생고무를 생산

해설 폐타이어를 건류 시 폐타이어에 함유되어 있는 휘발성분은 다 휘발하고 철심으로 사용한 철사류가 고철로 얻어지며 첨가물로 사용된 폐카본이 발생된다. 폐카본을 이용하여 타이어의 원료인 카본블랙으로 재사용할 수 없어 폐카본을 해결하는 방법은 소각방법밖에 없다.

18 폐기물의 화학적 성분에는 3성분이 있다. 3성분에 속하지 않는 것은?

① 가연분

② 무기물질

③ 수분

④ 회분

해설 폐기물의 화학적 3성분

① 가연분, ② 수분, ③ 회분

19 퇴비화 과정의 초기단계에서 나타나는 미생물은?

① Bacillus sp.

② Streptomyces sp.

③ Aspergillus fumigatus

④ Fungi

해설 퇴비화 초기단계 전반기에는 진균(Fungi), 세균(Bacteria)이 주로 유기물을 분해하며 탄수화물, 지방, 아미노산 등으로 흡수된다.

20 함수율 50%인 폐기물을 건조시켜 함수율이 20%인 폐기물로 만들려면 쓰레기 톤당 얼마의 수분을 증발시켜야 하는가?(단, 비중은 1.0 기준)

① 255kg

② 275kg

③ 355kg

④ 375kg

해설 $1,000kg \times (1-0.5) = $ 처리 후 슬러지양 $\times (1-0.2)$

처리 후 슬러지양 $= \dfrac{1,000kg \times 0.5}{0.8} = 625kg$

증발된 수분량(kg) $= 1,000kg - 625kg = 375kg$

제2과목 폐기물처리기술

21 평균온도가 20℃인 수거분뇨 20kL/일을 처리하는 혐기성 소화조의 소화온도를 외부가온에 의해 35℃로 유지하고자 한다. 이때 소요되는 열량(kcal/일)은?(단, 소화조의 열손실은 없는 것으로 간주, 분뇨의 비열=1.1kcal/kg · ℃, 비중=1.02)

① 2.4×10^5

② 3.4×10^5

③ 4.4×10^5

④ 5.4×10^5

해설 열량(kcal/day) = 슬러지양 × 비열 × 온도차

$= 20kL/day \times 1.1kcal/kg · ℃ \times (35-20)℃$

$\times 1.02kg/L \times 1000L/kL$

$= 3.4 \times 10^5 kcal/day$

22 합성차수막인 CSPE에 관한 설명으로 틀린 것은?

① 미생물에 강하다.

② 강도가 높다.

③ 산과 알칼리에 특히 강하다.

④ 기름, 탄화수소 및 용매류에 약하다.

해설 합성차수막(CSPE)

① 장점

㉠ 미생물에 강함

㉡ 접합이 용이함

㉢ 산과 알칼리에 특히 강함

② 단점

㉠ 기름, 탄화수소, 용매류에 약함

㉡ 강도가 낮음

정답 16 ③ 17 ③ 18 ② 19 ④ 20 ④ 21 ② 22 ②

23 합성차수막의 Crystallinity가 증가하면 나타나는 성질로 가장 거리가 먼 것은?

① 화학물질에 대한 저항성이 커짐
② 충격에 약해짐
③ 열에 대한 저항성이 감소됨
④ 투수계수가 감소됨

해설 Crystallinity(결정도)가 증가할수록 합성차수막에 나타나는 성질
① 열에 대한 저항도 증가
② 화학물질에 대한 저항성 증가
③ 투수계수의 감소
④ 인장강도의 증가
⑤ 충격에 약해짐
⑥ 단단해짐

24 매립지 침출수 처리에 관한 설명으로 틀린 것은?

① 고농도의 TDS(50,000mg/L 이상)를 포함한 침출수는 생물학적 처리가 곤란하다.
② 많은 생물학적 처리시설에 있어서는 중금속의 독성이 문제가 되기도 한다.
③ 황화물의 농도가 높으면 혐기성 처리 시 악취 문제가 발생할 수 있다.
④ 높은 COD의 침출수는 호기성 처리하는 것이 혐기성 처리보다 경제적이다.

해설 높은 COD의 침출수는 혐기성 처리하는 것이 호기성 처리보다 경제적이다.

25 해안매립공법 중 순차투입방법에 관한 설명으로 가장 거리가 먼 것은?

① 호안 측으로부터 순차적으로 쓰레기를 투입하여 육지화하는 방법이다.
② 부유성 쓰레기의 수면확산에 의해 수면부와 육지부의 경계 구분이 어려워 매립장비가 매몰되기도 한다.
③ 바닥지반이 연약한 경우 쓰레기 하중으로 연약층이 유동하거나 국부적으로 두껍게 퇴적되기도 한다.
④ 수심이 깊은 처분장은 내수를 완전히 배제한 후 순차투입방법을 택하는 경우가 많다.

해설 수심이 깊은 처분장에서는 건설비 과다로 내수를 완전히 배제하기가 곤란한 경우가 많기 때문에 순차투입공법을 택하는 경우가 많다.

26 용적 200m³인 혐기성 소화조가 휘발성 고형물(VS)을 70% 함유하는 슬러지고형물을 하루 100kg 받아들인다면 이 소화조의 휘발성 고형물 부하율(kg VS/m³ · d)은?

① 0.35   ② 0.55
③ 0.75   ④ 0.95

해설 휘발성 고형물 부하율 $= \dfrac{100\text{kg/day} \times 0.7\text{VS}}{200\text{m}^3}$
$= 0.35\text{kgVS/m}^3 \cdot \text{day}$

27 혐기성 소화공법에 관한 설명으로 틀린 것은?

① 호기성 소화에 비하여 소화 슬러지의 발생량이 적다.
② 오랜 소화기간으로 소화 슬러지 탈수 및 건조가 어렵다.
③ 소화 가스는 냄새가 나고 부식성이 높은 편이다.
④ 고농도 폐수나 분뇨를 비교적 낮은 에너지 비용으로 처리할 수 있다.

해설
① 혐기성 소화의 장점
 ㉠ 호기성 처리에 비해 슬러지 발생량이 적다.
 ㉡ 동력시설의 소모가 적어 운전비용이 저렴하다.
 ㉢ 생성슬러지의 탈수 및 건조가 쉽다.(탈수성 양호)
 ㉣ 메탄가스 회수가 가능하여 회수된 가스를 연료로 사용 가능하다.
 ㉤ 기생충란이나 전염병균이 사멸한다.
 ㉥ 고농도 폐수 및 분뇨를 낮은 비용으로 처리할 수 있다.
② 혐기성 소화의 단점
 ㉠ 호기성 소화공법보다 운전이 용이하지 않다.(운전이 어려우므로 유지관리에 숙련이 필요함)
 ㉡ 소화가스는 냄새(NH_3, H_2S)가 문제 된다.(악취 발생 문제)
 ㉢ 부식성이 높은 편이다.
 ㉣ 높은 온도가 요구되며 미생물 성장속도가 느리다.

28 BOD 농도가 30,000ppm인 생분뇨를 1차 처리(소화)하여 BOD를 75% 제거하였다. 이 1차 처리수를 20배 희석하여 2차 처리하였을 때 방류수의 BOD 농도가 20ppm이었다면, 2차 처리에서의 BOD 제거율(%)은?(단, 희석수의 BOD=0ppm 가정)

① 90.8   ② 92.2
③ 94.7   ④ 98.3

해설
$$BOD \text{ 제거율}(\%) = \left(1 - \frac{BOD_o}{BOD_i}\right) \times 100$$

$$BOD_o = 20ppm$$

$$BOD_i = BOD \times (1 - \eta_1) \times \frac{1}{p}$$

$$= 30.000ppm \times (1 - 0.75) \times \frac{1}{20}$$

$$= 375ppm$$

$$= \left(1 - \frac{20}{375}\right) \times 100 = 94.67\%$$

29 시멘트 기초법에 의한 폐기물고화처리 시 액상규산소다를 첨가하는 이유를 가장 옳게 설명한 것은?

① 액상 규산소다가 일종의 폐기물이며 두 가지 폐기물을 동시에 처리할 목적으로 첨가한다.

② 수분함량이 낮은 폐기물을 고화처리하기 위하여 사용한다.

③ 폐기물 성분의 분해를 촉진시켜 고화효율을 증진시킬 목적으로 첨가한다.

④ 폐기물, 시멘트 반죽을 교화질로 만들어 주기 위하여 첨가한다.

해설 시멘트기초법에 의한 폐기물고화처리 시 액상규산소다를 첨가하는 이유는 폐기물, 시멘트 반죽을 교화질로 만들어 주기 위함이다.

30 친산소성 퇴비화 공정의 설계 운영고려 인자에 관한 내용으로 틀린 것은?

① 공기의 채널링이 원활하게 발생하도록 반응기간 동안 규칙적으로 교반하거나 뒤집어 주어야 한다.

② 퇴비단의 온도는 초기 며칠간은 $50{\sim}55^\circ\text{C}$를 유지하여야 하며 활발한 분해를 위해서는 $55{\sim}60^\circ\text{C}$가 적당하다.

③ 퇴비화 기간 동안 수분함량은 $50{\sim}60\%$ 범위에서 유지되어야 한다.

④ 초기 C/N비는 $25{\sim}50$이 적정하다.

해설 퇴비단이 건조해지거나 덩어리지고 공기의 채널링 현상을 방지하기 위하여 반응기간 동안 필요에 따라 규칙적으로 교반하거나 뒤집어준다.

31 육상 및 해안매립지 선정 시 고려사항에 관한 내용으로 가장 거리가 먼 것은?

① 육상매립 : 경관의 손상이 적을 것

② 육상매립 : 집수면적이 클 것

③ 해안매립 : 조류 특성에 변화를 주기 쉬운 장소를 피할 것

④ 해안매립 : 물질확산에 영향을 주는 장소를 피할 것

해설 육상매립지 선정 시 고려사항
① 지하수가 흐르거나 지하수맥이 존재하지 않을 것
② 경관의 손상이 적을 것
③ 집수면적이 작을 것
④ 계곡구배의 안정도가 높을 것

32 침출수의 물리·화학적 처리 방법에 포함되지 않는 것은?

① 중화 침전법 ② 황화물 침전법

③ 이온 교환법 ④ 습식 산화법

해설 습식 산화법은 습식 고온고압 산화처리 방법으로 열분해기법이다.

33 함수율이 96%인 슬러지 10L에 응집제를 가하여 침전 농축시킨 결과 상등액과 침전슬러지의 용적비가 2 : 1이었다면 침전 슬러지의 함수율(%)은?(단, 비중=1.0 기준, 상층액 SS, 응집제량 등 기타 사항은 고려하지 않음)

① 84% ② 88%

③ 92% ④ 94%

해설 $10L \times 0.04 = \left(10L \times \frac{1}{3}\right) \times$ 농축 후 고형물 함량

농축 후 고형물 함량 $= 0.12 \times 100 = 12\%$
농축 후 슬러지 함수율(%) $= 100 - 12 = 88\%$

34 다이옥신을 제어하는 촉매로 효과적이지 못한 것은?

① Al_2O_3 ② V_2O_5

③ TiO_2 ④ Pd

해설 다이옥신제어 SCR(선택적 촉매환원장치)의 촉매
① 귀금속 촉매(Pt, Pd)
② $V_2O_5 - TiO_2$계 촉매

정답 29 ④ 30 ① 31 ② 32 ④ 33 ② 34 ①

35 일반적으로 방사성 폐기물을 고준위 및 저준위로 나누는 기준은?

① 5rem
② 10rem
③ 15rem
④ 20rem

해설 방사성 폐기물을 고준위 및 저준위로 구분하는 기준은 10rem이며 rem이란 전리방사선의 흡수선량이 생체에 영향을 주는 정도를 표시하는 선당량의 단위이다.

36 30ton의 음식물쓰레기를 볏짚과 혼합하여 C/N비 30으로 조정하여 퇴비화하고자 한다. 이때 볏짚의 필요량(ton)은?(단, 음식물쓰레기와 볏짚의 C/N비는 각각 20과 100이고, 다른 조건은 고려하지 않음)

① 약 4.3
② 약 7.3
③ 약 9.3
④ 약 11.3

해설 음식물 쓰레기를 x_1, 볏짚을 x_2로 하고 합이 1이라고 가정

혼합 C/N비 $= \dfrac{20x_1 + 100x_2}{x_1 + x_2}$ $(x_1 + x_2 = 1)$

$30 = \dfrac{20(1 - x_2) + 100x_2}{(1 - x_2) + x_2}$

x_2(볏짚) $= 0.125$

x_1(음식쓰레기) $= 1 - 0.125 = 0.875$

볏짚(ton) : $0.125 = 30$ton : 0.875

볏짚(ton) $= \dfrac{0.125 \times 30\text{ton}}{0.875} = 4.29$ton

[Note]

$30 = \dfrac{(\text{음식쓰레기양} \times \text{C/N비}) + (\text{볏짚양} \times \text{C/N비})}{\text{음식쓰레기양} + \text{볏짚양}}$

$30 = \dfrac{(30\text{ton} \times 20) + (\text{볏짚양} \times 100)}{30\text{ton} + \text{볏짚양}}$

볏짚양 $= 4.29$ton

37 슬러지에 포함된 물의 형태 중 탈수성이 가장 용이한 것은?

① 모관결합수
② 표면부착수
③ 내부수
④ 입자경계수

해설 **탈수성이 용이한(분리하기 쉬운) 수분 형태 순서**
모관결합수 ← 간극모관결합수 ← 쐐기상 모관결합수 ← 표면부착수 ← 내부수

38 음식물쓰레기 처리방법으로 가장 부적당한 것은?

① 호기성 퇴비화
② 사료화
③ 감량 및 소멸화
④ 고형화

해설 음식물쓰레기는 수분함량이 높아 고형화처리는 곤란하다.

39 연직차수막에 대한 설명으로 가장 거리가 먼 것은?

① 지중에 수평방향의 차수층이 존재할 경우 사용 가능하다.
② 단위면적당 공사비는 고가이나 총 공사비는 싸다.
③ 지중이므로 보수가 어렵지만 차수막 보강시공이 가능하다.
④ 지하수 집배수 시설이 필요하다.

해설 **연직차수막**
① 적용조건 : 지중에 수평방향의 차수층이 존재할 때 사용
② 시공 : 수직 또는 경사시공
③ 지하수 집배수시설 : 불필요
④ 차수성 확인 : 지하매설로서 차수성 확인이 어려움
⑤ 경제성
　단위면적당 공사비는 많이 소요되나 총 공사비는 적게 듦
⑥ 보수
　지중이므로 보수가 어렵지만 차수막 보강시공이 가능
⑦ 공법 종류
　㉠ 어스 댐 코어 공법
　㉡ 강널말뚝(sheet pile) 공법
　㉢ 그라우트 공법
　㉣ 차수시트 매설 공법
　㉤ 지중 연속벽 공법

40 복합퇴비화 시 함유율 85%인 슬러지와 함수율 40%인 톱밥을 1 : 2로 혼합한 후의 함수율과 퇴비화의 적정성 여부에 관한 설명으로 옳은 것은?

① 혼합 후 함수율은 65%로 퇴비화에 부적절한 함수율이라 판단된다.
② 혼합 후 함수율은 65%로 퇴비화에 적절한 함수율이라 판단된다.
③ 혼합 후 함수율은 55%로 퇴비화에 부적절한 함수율이라 판단된다.
④ 혼합 후 함수율은 55%로 퇴비화에 적절한 함수율이라 판단된다.

혼합함수율 $= \dfrac{(1\times85)+(2\times40)}{1+2} = 55\%$

퇴비화에 적당한 원료의 수분함량 : 50~60%

제3과목 폐기물소각 및 열회수

41 RDF에 관한 설명으로 틀린 것은?

① RDF 내 염소함량이 크면 연료로 사용 시 다이옥신의 발생 등이 문제가 된다.

② RDF의 조성은 셀룰로오스가 주성분이므로 수분에 따른 부패의 우려가 없다.

③ RDF를 대량으로 사용하기 위해서는 배합률(조성)이 일정하여야 하며 재의 양이 적어야 한다.

④ RDF의 종류에는 Power RDF, Pellet RDF, Fluff RDF가 있다.

RDF의 조성은 주로 유기물질이므로 수분함량이 증가하면 부패하여 연료로서의 가치를 상실한다.

42 공기를 사용하여 C_4H_{10}을 완전연소시킬 때 건조 연소가스 중의 $(CO_2)_{max}(\%)$는?

① 12.4 ② 14.1

③ 16.6 ④ 18.3

$CO_{2max} = \dfrac{CO_2\text{양}}{G_{od}} \times 100$

$C_4H_{10} + 6.5O_2 \rightarrow 4CO_2 + 5H_2O$

$22.4Sm^3 \quad : \quad 6.5 \times 22.4Sm^3$

$G_{od} = (1-0.21)A_o + CO_2$

$\qquad = \left[(1-0.21)\times\dfrac{6.5}{0.21}\right] + 4 = 28.45 Sm^3/Sm^3$

$\qquad = \dfrac{4}{28.45} \times 100 = 14.06\%$

43 연료 중의 산소가 결합수의 상태로 있기 때문에 전수소에서 연소에 이용되지 않는 수소분을 공제한 수소는?

① 결합수 ② 고립수

③ 유효수소 ④ 자유수소

유효수소

$(H-O/8)$는 유효수소이다. 연료 중에 산소가 함유되어 있을 때 수소 중 일부는 이 산소와 결합하여 결합수(H_2O)를 생성하므로 전부 연소되지 않고 $\dfrac{O}{8}$만큼 연소가 되지 않는다는 의미이며 연료 중에 함유된 산소량을 보정하기 위해 사용된다. 즉, 유효수소는 실제 연소에 참여할 수 있는 수소의 양으로 전체 수소에서 산소와 결합된 수소량을 제외한 양을 의미한다.(연료 중의 산소가 결합수의 상태로 있기 때문에 전 수소에서 연소에 이용되지 않는 수소분을 공제한 수소)

44 증기 터빈의 형식이 잘못 연결된 것은?

① 증기작동방식 - 충동, 반동, 혼합식 터어빈

② 증기이용방식 - 배압, 복수, 혼합 터어빈

③ 증기유동방향 - 단류, 복류 터어빈

④ 케이싱 수 - 1케이싱, 2케이싱 터어빈

① 증기작동방식
  ㉠ 충동터빈(Impulse Turbine)
  ㉡ 반동터빈(Reaction Turbine)
  ㉢ 혼합식 터빈(Combination Turbine)
② 증기이용방식
  ㉠ 배압터빈(Back Pressure Turbine)
  ㉡ 추기배압터빈(Back Pressure Extraction Turbine)
  ㉢ 복수터빈(Condensing Turbine)
  ㉣ 추기복수터빈(Condensing Extraction Turbine)
  ㉤ 혼합터빈(Mixed Pressure Turbine)
③ 증기유동 방향
  ㉠ 축류 터빈(Axial Flow Turbine)
  ㉡ 반경류 터빈(Radial Flow Turbine)

45 폐기물 소각에 필요한 이론공기량이 $1.49Nm^3/kg$이고 공기비는 1.2이었다. 하루 폐기물 소각량이 200ton일 때 실제 필요한 공기량(Nm^3/hr)은?(단, 24시간 연속 소각 기준)

① 약 15,000 ② 약 20,000

③ 약 25,000 ④ 약 30,000

실제공기량$(A) = m \times A_o$

$\qquad = 1.2 \times 1.49 Nm^3/kg \times 200 ton/day$

$\qquad \times 1,000kg/ton \times day/24hr$

$\qquad = 14,900 Nm^3/hr$

46 쓰레기를 소각 후 남은 재의 중량은 소각 전 쓰레기 중량의 1/4이다. 쓰레기 30ton을 소각하였을 때 재의 용량이 $4m^3$라면 재의 밀도(ton/m^3)는?

① 1.3   ② 1.6

③ 1.9   ④ 2.1

해설 재의 밀도(ton/m^3)$=\dfrac{중량}{부피}=\dfrac{30ton}{4m^3}\times\dfrac{1}{4}=1.88ton/m^3$

47 폐플라스틱 소각에 대한 설명으로 틀린 것은?

① 열가소성 폐플라스틱은 열분해 휘발분이 매우 많고 고정탄소는 적다.

② 열가소성 폐플라스틱은 분해 연소를 원칙으로 한다.

③ 열경화성 폐플라스틱은 일반적으로 연소성이 우수하고 점화가 용이하여 수열에 의한 팽윤균열이 적다.

④ 열경화성 폐플라스틱의 적당한 노 형식은 전처리 파쇄 후 유동층 방식에 의한 것이 좋다.

해설 열경화성 폐플라스틱은 일반적으로 연소성이 불량하고 점화성도 곤란하여 수열에 의한 팽윤균열을 일으킨다.

48 소각공정에서 발생하는 다이옥신에 관한 설명으로 가장 거리가 먼 것은?

① 쓰레기 중 PVC 또는 플라스틱류 등을 포함하고 있는 합성물질을 연소시킬 때 발생한다.

② 연소 시 발생하는 미연분의 양과 비산재의 양을 줄여 다이옥신을 저감할 수 있다.

③ 다이옥신 재형성 온도구역을 설정하여 재합성을 유도함으로써 제거할 수 있다.

④ 활성탄과 백필터를 적용하여 다이옥신을 제거하는 설비가 많이 이용된다.

해설 다이옥신 재형성은 저온(약 300℃)에서 촉매화 반응에 의해 분진과 결합하여 재합성되므로 운전 시 온도에 주의하여야 한다.

49 착화온도에 관한 일반적인 설명으로 가장 거리가 먼 것은?

① 연료의 분자구조가 간단할수록 착화온도는 높다.

② 연료의 화학적 발열량이 클수록 착화온도는 낮다.

③ 연료의 화학결합 활성도가 작을수록 착화온도는 낮다.

④ 연료의 화학반응성이 클수록 착화온도는 낮다.

해설 **낮은 착화온도를 가질 수 있는 물질의 조건**

① 연료의 분자구조가 간단할수록 착화온도는 높아진다.

② 연료의 화학결합의 활성도가 클수록 착화온도는 낮아진다.

③ 연료의 화학반응성이 클수록 착화온도는 낮아진다.

④ 동질물질인 경우 화학적으로 발열량이 클수록 착화온도는 낮아진다.

⑤ 공기 중의 산소농도 및 압력이 높을수록 착화온도는 낮아진다.

⑥ 석탄의 탄화도가 작을수록 착화온도는 낮아진다.

⑦ 비표면적이 클수록 착화온도는 낮아진다.

50 소각 연소가스 중 질소산화물(NOx)을 제거하는 방법이 아닌 것은?

① 촉매(TiO_2, V_2O_5)를 이용하여 제거하는 방법

② 촉매를 이용하지 않고 암모니아수 또는 요소수를 주입하여 제거하는 방법

③ 연소용 공기의 예열온도를 높여 제거하는 방법

④ 연소가스를 소각로로 재순환시키는 방법

해설 에너지 절약, 건조 및 착화성 향상을 위해 사용하는 예열공기의 온도를 조절하여 열적 NOx 생성량을 조절한다.(예열온도를 맞추어 연소온도를 낮춤)

51 다음 공식은 무엇을 구하는 식인가?(단, H_l : 연료의 저위발열량, G : 이론 연소가스량, t_o : 실제온도, C_p : 연소가스의 정압비열)

$$X=(H_l/(G\cdot C_p))+t_o$$

① 이론 연소온도   ② 이론 착화온도

③ 이론 고위발열량   ④ 이론 인화점온도

해설 이론연소온도(t_2)$=\dfrac{H_l}{G_0 C_p}+t_1$

여기서, H_l : 저위발열량(kcal/Sm^3)

G_0 : 이론연소가스량(Sm^3/Sm^3)

C_p : 연소가스량의 평균정압비율(kcal/$Sm^3\cdot$℃)

t_1 : 실제온도(℃)

t_2 : 이론온도(℃)

52 화상부하율이 300kg/$m^2\cdot$hr인 연소실에서 가연성 폐기물을 하루 7ton 소각시킬 때 필요한 연소실의 화상면적(m^2)은?(단, 하루 8시간 소각을 행한다.)

① 약 2   ② 약 3   ③ 약 4   ④ 약 5

정답 46 ③   47 ③   48 ③   49 ③   50 ③   51 ①   52 ②

해설 화상면적$(m^2) = \dfrac{\text{시간당 소각량}}{\text{화상부하율}}$

$= \dfrac{7\text{ton/day} \times \text{day/8hr} \times 1,000\text{kg/ton}}{300\text{kg/m}^2 \cdot \text{hr}}$

$= 2.92m^2$

53 20m³ 용적의 소각로에서 연소실 열발생률이 20,000kcal/m³·hr로 하기 위한 저위발열량이 8,000kcal/kg인 폐기물 투입량(kg/hr)은?

① 100
② 75
③ 50
④ 25

해설 폐기물 투입 양$(kg/hr) = \dfrac{\text{연소실 열 발생률} \times \text{연소실 용적}}{\text{쓰레기 발열량}}$

$= \dfrac{20,000\text{kcal/m}^3 \cdot \text{hr} \times 20m^3}{8,000\text{kcal/kg}}$

$= 50\text{kg/hr}$

54 도시폐기물의 소각으로 인하여 배출되는 다이옥신과 퓨란에 대한 설명으로 적합하지 않은 것은?

① 일반적으로 860~920℃에 도달하면 파괴
② 여러 가지 유기물과 염소공여체로부터 생성
③ 다이옥신의 이성체는 75개이고, 퓨란은 135개
④ 600℃ 이상에서 촉매화 반응에 의해 분진과 결합하여 생성

해설 입자 이월은 다이옥신류의 저온형성에 참여하는 전구물질 역할을 하기 때문에 최소화하여야 하며 다이옥신 재합성에 주의하여야 한다.

55 탄소(C) 10kg을 완전연소시키는 데 필요한 이론적 산소량(Sm³)은?

① 약 7.8
② 약 12.6
③ 약 15.5
④ 약 18.7

해설 $C + O_2 \rightarrow CO_2$
12kg : 22.4Sm³
10kg : $O_2(Sm^3)$

$O_2(Sm^3) = \dfrac{10\text{kg} \times 22.4Sm^3}{12\text{kg}} = 18.67Sm^3$

56 플라스틱 재질 중 발열량(kcal/kg)이 가장 낮은 것은?

① 폴리에틸렌(PE)
② 폴리프로필렌(PP)
③ 폴리스티렌(PS)
④ 폴리염화비닐(PVC)

해설 플라스틱의 발열량
① 폴리에틸렌(PE) : 10,400kcal/kg
② 폴리프로필렌(PP) : 11,500kcal/kg
③ 폴리스티렌(PS) : 9,500kcal/kg
④ 폴리염화비닐(PVC) : 4,100kcal/kg

57 고체연료의 연소 중 표면연소의 설명으로 가장 거리가 먼 것은?

① 목탄, 코크스, 챠 등이 연소하는 형식이다.
② 고체를 열분해하여 발생한 휘발분을 연소시킨다.
③ 고체표면에서 연소하는 현상으로 불균일 연소라고도 한다.
④ 연소속도는 산소의 연료표면으로의 확산속도와 표면에서의 화학반응속도에 의해 영향을 받는다.

해설 표면연소
① 고체연료 표면에 고온을 유지시켜 표면에서 반응을 일으켜 내부로 연소가 진행되는 형태이며 숯불연소, 불균일연소라고도 한다.
② 코크스 또는 분해연소가 끝난 석탄은 열분해가 일어나기 어려운 탄소가 주성분으로 그것 자체가 연소하는 과정으로 연소되면 적열할 뿐 화염이 없는 연소형태이다. 즉, 코크스나 목탄과 같은 휘발성 성분이 거의 없는 연료의 연소형태를 말한다.
③ 산소나 산화가스가 고체표면 및 내부 공간에 확산되어 표면반응을 하며 연소하는 형태이다.(열분해에 의하여 가연성 가스를 발생하지 않고 물질 그 자체가 연소)
④ 열분해가 끝난 코크스는 열분해가 어려운 고정탄소로 그 자체가 연소한다.
⑤ 연소속도는 산소의 연료표면으로의 확산속도와 표면에서의 화학반응속도에 의해 영향을 받는다.

[Note] ②항은 발연연소의 내용이다.

58 에탄(C_2H_6)의 고위발열량이 16,620kcal/Sm³이라면 저위발열량(kcal/Sm³)은?

① 14,880 ② 14,980 ③ 15,180 ④ 15,380

해설 $H_l(\text{kcal/Sm}^3) = H_h - 480 \times nH_2O$
$C_2H_6 + 3.5O_2 \rightarrow 2CO_2 + 3H_2O$
$= 16,620 - (480 \times 3) = 15,180\text{kcal/Sm}^3$

59 완전연소가능량에 관한 설명으로 가장 거리가 먼 것은?

① 소각로의 연소율 등 소각로를 설계할 때 중요한 설계 지표가 된다.

② 완전연소가능량은 소각잔사의 무해화를 판단하는 척도가 된다.

③ 완전연소가능량이라는 항목을 위생상태의 판단근거로 삼는 것이 반드시 적당하다고 할 수 없다.

④ 소각회 잔사 중에 존재하는 연소 분량을 백분율로 나타낸 것이다.

`해설` ④항의 내용은 강열감량이다.

60 로터리 킬른식(Rotary Kiln) 소각로의 특징에 대한 설명으로 틀린 것은?

① 습식가스 세정시스템과 함께 사용할 수 있다.

② 넓은 범위의 액상 및 고상폐기물을 소각할 수 있다.

③ 용융상태의 물질에 의하여 방해받지 않는다.

④ 예열, 혼합, 파쇄 등 전처리 후 주입한다.

`해설` 회전로식 소각로(Rotary Kiln Incinerator)
① 장점
　㉠ 넓은 범위의 액상 및 고상폐기물을 소각할 수 있다.
　㉡ 전처리(예열, 혼합, 파쇄) 없이 소각물 주입이 가능하다.
　㉢ 소각에 방해 없이 연속으로 재의 배출이 가능하다.
　㉣ 동력비 및 운전비가 적다.
　㉤ 소각물 부하변동에 적응이 가능하다.
② 단점
　㉠ 처리량이 적을 경우 설치비가 높다.
　㉡ 후처리장치(대기오염방지장치)에 대한 분진부하율이 높다.
　㉢ 비교적 열효율이 낮은 편이다.
　㉣ 구형 및 원통형 폐기물은 완전연소 전에 화상에서 이탈할 수 있다.
　㉤ 노에서의 공기유출이 크므로 종종 대량의 과잉공기 및 2차연소실이 필요하다.

제4과목　　**폐기물공정시험기준(방법)**

61 취급 또는 저장하는 동안에 밖으로부터의 공기 또는 다른 가스가 침입하지 아니하도록 내용물을 보호하는 용기는?

① 기밀용기　　　　② 밀폐용기

③ 밀봉용기　　　　④ 차광용기

`해설` 용기
시험용액 또는 시험에 관계된 물질을 보존, 운반 또는 조작하기 위하여 넣어두는 것

구분	정의
밀폐용기	취급 또는 저장하는 동안에 이물질이 들어가거나 또는 내용물이 손실되지 아니하도록 보호하는 용기
기밀용기	취급 또는 저장하는 동안에 밖으로부터의 공기 또는 다른 가스가 침입하지 아니하도록 내용물을 보호하는 용기
밀봉용기	취급 또는 저장하는 동안에 기체 또는 미생물이 침입하지 아니하도록 내용물을 보호하는 용기
차광용기	광선이 투과하지 않는 용기 또는 투과하지 않게 포장한 용기이며 취급 또는 저장하는 동안에 내용물이 광화학적 변화를 일으키지 아니하도록 방지할 수 있는 용기

62 폐기물공정시험기준에서 규정하고 있는 대상폐기물의 양과 시료의 최소 수가 잘못 연결된 것은?

① 1톤 미만 : 6

② 5톤 이상~30톤 미만 : 14

③ 100톤 이상~500톤 미만 : 20

④ 500톤 이상~1,000톤 미만 : 36

`해설` 대상폐기물의 양과 시료의 최소 수

대상 폐기물의 양(단위 : ton)	시료의 최소 수
~ 1 미만	6
1 이상~5 미만	10
5 이상~30 미만	14
30 이상~100 미만	20
100 이상~500 미만	30
500 이상~1,000 미만	36
1,000 이상~5,000 미만	50
5,000 이상~	60

63 자외선/가시선 분광법을 이용한 6가 크롬의 측정에 관한 설명으로 틀린 것은?

① 6가 크롬에 다이페닐카바자이드와 반응시켜 생성되는 적자색의 착화합물의 흡광도를 측정한다.

② 정량범위는 0.002~0.05mg이고 정량한계는 0.002mg이다.

③ 시료 중에 잔류염소가 공존하면 발색을 방해한다.

④ 시료 중 3가 크롬이 다량 포함되어 있을 경우는 수산화나트륨용액으로 pH 12 이상으로 조절한다.

시료 중에 잔류염소가 포함되어 있을 경우는 시료에 수산화나트륨 용액(20W/V%)을 넣어 pH 12 정도로 조절한다.

64 pH 측정에 관한 설명으로 틀린 것은?

① 수소이온 전극의 기전력은 온도에 의하여 변화한다.
② pH 측정 시 pH 11 이상의 시료는 오차가 크므로 알칼리에서 오차가 적은 특수전극을 쓰고 필요한 보정을 한다.
③ 조제한 pH 표준용액 중 산성표준용액은 보통 1개월, 염기성 표준용액은 산화칼슘(생석회) 흡수관을 부착하여 3개월 이내에 사용한다.
④ pH 미터는 임의의 한 종류의 pH 표준용액에 대하여 검출부를 정제수로 잘 씻은 다음 5회 되풀이하여 측정하였을 때 그 재현성 ±0.05 이내이어야 한다.

표준용액 사용기간
① 산성 표준용액 : 3개월
② 염기성 표준용액 : 산화칼슘(생석회) 흡수관을 부착하여 1개월 이내에 사용

65 카드뮴을 유도결합플라스마 – 원자발광광도법에 따라 정량 시 일반적인 발광측정 파장(nm)은?

① 226.5
② 440
③ 490
④ 530

유도결합플라스마 – 원자발광광도법에 의한 금속별 측정 파장 정량한계 및 정량범위

금속 종류	측정파장 (nm)	제2측정파장 (nm)	정량한계 (mg/L)	정량범위 (mg/L)
구리	324.75	219.96	0.006	0.006~50
납	220.35	217.00	0.040	0.040~100
비소	193.70	189.04	0.050	0.050~100
카드뮴	226.50	214.44	0.004	0.004~50
크롬	267.72	206.15	0.007	0.007~50
6가 크롬	267.72	206.15	0.007	0.0073~50

66 정량한계(LOQ)에 관한 설명으로 ( )에 내용으로 옳은 것은?

정량한계란 시험분석 대상을 정량화할 수 있는 측정값으로서 제시된 정량한계 부근의 농도를 포함하도록 시료를 준비하고 이를 반복 측정하여 얻은 결과의 표준편차에 ( )한 값을 사용한다.

① 3배
② 2.2배
③ 5배
④ 10배

정량한계(LOQ) = 표준편차×10

67 액상폐기물 중 PCBs를 기체크로마토그래피로 분석 시 사용되는 시약이 아닌 것은?

① 수산화칼슘
② 무수황산나트륨
③ 실리카겔
④ 노말헥산

PCBs – 기체크로마토그래피 분석 시 시약
① 아세톤
② 노말헥산
③ 무수황산나트륨
④ 실리카겔
⑤ 플로리실
⑥ 수산화칼륨/에틸알코올용액(1M)
⑦ 헥산세정수
⑧ 황산
⑨ 에틸에테르($C_2H_5OC_2H_5$, 분자량 74.12)
⑩ 에틸에테르/노말헥산용액(15W/V%)

68 시안 측정을 위한 이온전극법을 적용 시 내부정도관리 주기 기준에 관한 설명으로 옳은 것은?

① 방법검출한계, 정량한계, 정밀도 및 정확도는 2월 1회 이상 산정하는 것을 원칙으로 한다.
② 방법검출한계, 정량한계, 정밀도 및 정확도는 분기 1회 이상 산정하는 것을 원칙으로 한다.
③ 방법검출한계, 정량한계, 정밀도 및 정확도는 반기 1회 이상 산정하는 것을 원칙으로 한다.
④ 방법검출한계, 정량한계, 정밀도 및 정확도는 연 1회 이상 산정하는 것을 원칙으로 한다.

시안 – 이온전극법
방법검출한계, 정량한계, 정밀도 및 정확도는 연 1회 이상 산정하는 것을 원칙으로 한다.

정답 64 ③ 65 ① 66 ④ 67 ① 68 ④

69 폐기물 시료 20g에 고형물 함량이 1.2g이었다면 다음 중 어떤 폐기물에 속하는가?(단, 폐기물의 비중=1.0)

① 액상폐기물　　　② 반액상폐기물
③ 반고상폐기물　　④ 고상폐기물

해설 고형물 함량 $= \dfrac{1.2g}{20g} \times 100 = 6\%$

고형물의 함량이 5% 이상 15% 미만이므로 반고상폐기물이다.

[Note] ① 액상폐기물(고형물의 함량이 5% 미만)
② 반고상폐기물(고형물의 함량이 5% 이상 15% 미만)
③ 고상폐기물(고형물의 함량이 15% 이상)

70 원자흡수분광광도법으로 비소를 분석하려고 한다. 시료 중의 비소를 3가 비소로 환원하기 위하여 사용하는 시약은?

① 아연　　　　　　② 이염화주석
③ 요오드화칼륨　　④ 과망간산칼륨

해설 **비소 – 원자흡수분광광도법**
이염화주석으로 시료 중의 비소를 3가 비소로 환원한 다음 아연을 넣어 발생되는 비화수소를 통기하여 아르곤 – 수소불꽃에서 원자화시켜 193.7nm에서 흡광도를 측정하고 비소를 정량하는 방법이다.

71 시료전처리 방법에 대한 설명으로 틀린 것은?

① 다량의 점토질을 함유한 시료는 질산 – 과염소산 – 불화수소산에 의한 전처리가 적용된다.
② 유기물 함량이 비교적 높지 않고 금속의 수산화물, 산화물, 인산염 및 황화물을 함유하고 있는 시료는 질산 – 염산에 의한 전처리가 적용된다.
③ 회화에 의한 유기물 분해법은 400℃ 이상에서 쉽게 휘산되는 유기물에 적용된다.
④ 마이크로파에 의한 유기물분해는 가열속도가 빠르고 재현성이 좋으며 폐유 등 유기물이 다량 함유된 시료의 전처리에 적용된다.

해설 **회화법**
① 적용
목적성분이 400℃ 이상에서 휘산되지 않고 쉽게 회화될 수 있는 시료에 적용한다.
② 주의
㉠ 시료 중에 염화암모늄, 염화마그네슘, 염화칼슘 등이 다량 함유된 경우에는 납, 철, 주석, 아연, 안티몬 등이 휘산되어 손실을 가져오므로 주의한다.

㉡ 액상폐기물 시료 또는 용출용액 적당량을 취하여 백금, 실리카 또는 사기제 증발접시에 넣고 수욕 또는 열판에서 가열하여 증발 건조한다. 용기를 회화로에 옮기고 400~500℃에서 가열하여 잔류물을 회화시킨 다음 방랭하고 염산(1+1) 10mL를 넣어 열판에서 가열한다.

72 가스체의 농도는 표준상태로 환산 표시한다. 이 조건에 해당되지 않는 것은?

① 상대습도 : 100%　　② 온도 : 0℃
③ 기압 : 760mmHg　　④ 온도 : 273K

해설 **기체 중의 농도 표준상태**
0℃(273K), 1atm(760mmHg)

73 대상폐기물의 양이 15,000kg인 경우 현장 시료의 최소 수는?

① 4　　② 6　　③ 10　　④ 14

해설 **대상폐기물의 양과 시료의 최소 수**

대상 폐기물의 양(단위 : ton)	시료의 최소 수
~ 1 미만	6
1 이상~5 미만	10
5 이상~30 미만	14
30 이상~100 미만	20
100 이상~500 미만	30
500 이상~1,000 미만	36
1,000 이상~5,000 미만	50
5,000 이상~	60

74 크롬 표준원액(100mg Cr/L) 1,000mL를 만들기 위하여 필요한 다이크롬산칼륨(표준시약)의 양(g)은?(단, K : 39, Cr : 52)

① 0.213　② 0.283　③ 0.353　④ 0.393

해설 다이크롬산칼륨을 전리시켜 크롬을 생성하면 2mL의 크롬이온이 생성된다.
$K_2Cr_2O_7$ 분자량 $(2\times39)+(2\times52)+(16\times7)=294g$
$K_2Cr_2O_7 \rightarrow 2Cr$
질량비례식
$294g : (2\times52)g = x(g) : 0.1g/L\times1L$
다이크롬산칼륨(g) $= \dfrac{294g\times0.1g/L\times1L}{(2\times52)g} = 0.283g$

[Note] $K_2Cr_2O_7 : 2Cr^{3+}$

정답 69 ③　70 ②　71 ③　72 ①　73 ④　74 ②

75 자외선/가시선 분광법을 적용한 구리 측정에 관한 내용으로 옳은 것은?

① 정량한계는 0.002mg이다.
② 적갈색의 킬레이트 화합물이 생성된다.
③ 흡광도는 520nm에서 측정한다.
④ 정량범위는 0.01~0.05mg/L이다.

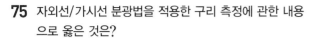 구리 – 자외선/가시선 분광법
② 황갈색의 킬레이트 화합물 생성
③ 흡광도 440nm
④ 정량범위 0.002~0.03mg

76 함수율이 90%인 슬러지를 용출 시험하여 납의 농도를 측정하니 0.02mg/L로 나타났다. 수분함량을 보정한 용출시험 결과치(mg/L)는?

① 0.03　　② 0.05　　③ 0.07　　④ 0.09

보정 농도(mg/L) = $0.02\text{mg/L} \times \dfrac{15}{100-90} = 0.03\text{mg/L}$

77 총칙에 관한 내용으로 틀린 것은?

① "정밀히 단다"라 함은 규정된 수치의 무게를 0.1mg까지 다는 것을 말한다.
② "정확히 취하여"라 하는 것은 규정한 양의 액체를 홀피펫으로 눈금까지 취하는 것을 말한다.
③ "냄새가 없다"라고 기재한 것은 냄새가 없거나, 또는 거의 없는 것을 표시하는 것이다.
④ 방울수라 함은 20℃에서 정제수 20방울을 적하할 때, 그 부피가 약 1mL 되는 것을 뜻한다.

정확히 단다
규정된 수치의 무게를 0.1mg까지 다는 것을 말한다.

78 용출시험의 시료액 조제에 관한 설명으로 (　)에 알맞은 것은?

> 조제한 시료 100g 이상을 정밀히 달아 정제수에 염산을 넣어 (　)으로 한 용매(mL)를 1 : 10(W : V)의 비율로 넣어 혼합한다.

① pH 8.8~9.3　　② pH 7.8~8.3
③ pH 6.8~7.3　　④ pH 5.8~6.3

용출시험 시료용액 조제
① 시료의 조제 방법에 따라 조제한 시료 100g 이상을 정확히 단다.
　　⇩
② 용매 : 정제수에 염산을 넣어 pH를 5.8~6.3으로 한다.
　　⇩
③ 시료 : 용매＝1 : 10(w/v)의 비로 2,000mL 삼각 플라스크에 넣어 혼합한다.

79 자외선/가시선 분광법과 원자흡수분광광도법의 두 가지 시험방법으로 모두 분석할 수 있는 항목은?(단, 폐기물 공정시험기준에 준함)

① 시안
② 수은
③ 유기인
④ 폴리클로리네이티드비페닐

수은의 적용 가능한 시험방법
① 원자흡수광광도법(환원기화법)
② 자외선/가시선분광법(디티존법)

80 원자흡수분광광도법에서 사용되는 용어 중 파장에 대한 스펙트럼선의 강도를 나타내는 곡선으로 정의되는 것은?

① 선속밀도　　　　② 공명선
③ 선프로파일　　　④ 근접선

① 공명선 : 원자가 외부로부터 빛을 흡수했다가 다시 먼저 상태로 돌아갈 때 방사하는 스펙트럼선
② 선프로파일 : 파장에 대한 스펙트럼선의 강도를 나타내는 곡선
③ 근접선 : 목적하는 스펙트럼선에 가까운 파장을 갖는 다른 스펙트럼선

2016

정답　75 ①　76 ①　77 ①　78 ④　79 ②　80 ③

제5과목 **폐기물관계법규**

81 관리형 매립시설에서 발생되는 침출수의 배출량이 1일 2,000세제곱미터 이상인 경우 오염물질 측정주기 기준은?

① 화학적 산소요구량 : 매일 2회 이상
   화학적 산소요구량 외의 오염물질 : 주 1회 이상
② 화학적 산소요구량 : 매일 1회 이상
   화학적 산소요구량 외의 오염물질 : 주 1회 이상
③ 화학적 산소요구량 : 주 2회 이상
   화학적 산소요구량 외의 오염물질 : 월 1회 이상
④ 화학적 산소요구량 : 주 1회 이상
   화학적 산소요구량 외의 오염물질 : 월 1회 이상

해설 관리형 매립시설 오염물질 측정주기
① 침출수 배출량이 1일 2천 세제곱미터 이상인 경우
   ㉠ 화학적 산소요구량 : 매일 1회 이상
   ㉡ 화학적 산소량 외의 오염물질 : 주 1회 이상
② 침출수 배출량이 1일 2천 세제곱미터 미만인 경우 : 월 1회 이상

82 사후관리이행보증금의 사전적립에 관한 설명으로 (   )에 알맞은 것은?

> 사후관리이행보증금의 사전적립 대상이 되는 폐기물을 매립하는 시설은 면적이 (㉠)인 시설로 한다. 이에 따른 매립시설의 설치자는 그 시설의 사용을 시작한 날부터 (㉡)에 환경부령으로 정하는 바에 따라 사전적립금 적립계획서를 환경부장관에게 제출하여야 한다.

① ㉠ 1만 제곱미터 이상, ㉡ 1개월 이내
② ㉠ 1만 제곱미터 이상, ㉡ 15일 이내
③ ㉠ 3천 300제곱미터 이상, ㉡ 1개월 이내
④ ㉠ 3천 300제곱미터 이상, ㉡ 15일 이내

해설 사후관리이행보증금의 사전적립
① 사후관리이행보증금의 사전적립 대상이 되는 폐기물을 매립하는 시설은 면적이 3천 300제곱미터 이상인 시설로 한다.
② 매립시설의 설치자는 폐기물처리업의 허가·변경허가 또는 폐기물처리시설의 설치 승인·변경승인을 받아 그 시설의 사용을 시작한 날부터 1개월 이내에 환경부령으로 정하는 바에 따라 사전적립금 적립계획서에 관련 서류를 첨부하여 환경부장관에게 제출하여야 한다.

83 한국환경공단, 특별시장·광역시장·도지사 및 특별자치도지사 또는 시장·군수·구청장이 실시하는 폐기물 통계조사 중 폐기물 발생원 등에 관한 조사(5년마다 현장조사에 기초하여 작성) 항목으로 틀린 것은?

① 발생원별·계절별 폐기물의 수분, 가연분, 회분과 발열량 및 원소분석
② 가정부문과 비가정부문의 발생원별 폐기물 조성비
③ 발생원별·계절별 폐기물의 탄소, 수소, 질소 등의 원소분석
④ 폐기물 처분시설 및 재활용 시설 설치·운영 현황

해설 ※ 법규 변경(삭제)사항이므로 학습 안 하셔도 무방합니다.

84 폐기물관리법이 적용되지 아니하는 물질에 대한 기준으로 틀린 것은?

① 용기에 들어 있지 아니한 기체상태의 물질
② 하수도법에 따라 공공수역으로 배출되는 폐수
③ 군수품관리법에 따라 폐기되는 탄약
④ 원자력안전법에 따른 방사성 물질과 이로 인하여 오염된 물질

해설 폐기물관리법을 적용하지 않는 해당 물질
① 원자력안전법에 따른 방사성 물질과 이로 인하여 오염된 물질
② 용기에 들어 있지 아니한 기체상태의 물질
③ 「물환경보전법」에 따른 수질오염 방지시설에 유입되거나 공공수역(수역)으로 배출되는 폐수
④ 「가축분뇨의 관리 및 이용에 관한 법률」에 따른 가축분뇨
⑤ 「하수도법」에 따른 하수·분뇨
⑥ 「가축전염병예방법」이 적용되는 가축의 사체, 오염 물건, 수입 금지 물건 및 검역 불합격품
⑦ 「수산생물질병 관리법」에 적용되는 수산동물의 사체, 오염된 시설 또는 물건, 수입 금지 물건 및 검역 불합격품
⑧ 「군수품관리법」에 따라 폐기되는 탄약

85 매립지의 사후관리기준 및 방법에 관한 내용 중 토양조사 횟수기준(토양조사방법)에 관한 내용으로 알맞은 것은?

① 월 1회 이상 조사   ② 매 분기 1회 이상 조사
③ 매 반기 1회 이상 조사 ④ 연 1회 이상 조사

해설 매립지의 사후관리 기준 및 방법(토양조사방법)
① 토양 오염물질을 연 1회 이상 조사하여야 한다.
② 토양조사시점은 4개소 이상으로 하고 환경부장관이 정하여 고시하는 토양정밀조사 방법에 따라 폐기물 매립 및 재활용 지역의 시료채취 시점의 표토에서 시료를 채취한다.

정답 81 ② 82 ③ 83 ② 84 ② 85 ④

86 폐기물처리시설을 설치·운영하는 기관은 그 폐기물처리시설에 반입되는 폐기물의 처리를 위하여 반입수수료를 징수할 수 있는데, 반입수수료 금액 결정에 관한 내용으로 맞는 것은?

① 징수기관이 국가이면 대통령령으로, 지방자치단체이면 조례로 정한다.

② 징수기관이 국가이면 환경부령으로, 지방자치단체이면 조례로 정한다.

③ 징수기관에 관계없이 대통령령으로 정한다.

④ 징수기관에 관계없이 환경부령으로 정한다.

🗒 **폐기물처리시설 반입수수료**
반입수수료의 금액은 징수기관이 국가이면 환경부령으로, 지방자치단체이면 조례로 정한다.

87 지정폐기물인 유해물질함유 폐기물(환경부령이 정하는 물질을 함유한 것임)에 속하지 않는 것은?

① 광재(철광 원석의 사용으로 인한 고로슬래그는 제외한다.)

② 분진(대기오염 방지시설에서 포집된 것과 소각시설에서 발생되는 것을 모두 포함한다.)

③ 폐내화물 및 재벌구이 전에 유약을 바른 도자기 조각

④ 폐흡착제 및 폐흡수제(광물유·동물유 및 식물유의 정제에 사용된 폐토사를 포함한다.)

🗒 분진(대기오염방지시설에서 포집된 것으로 한정하되, 소각시설에서 발생되는 것은 제외한다.)

88 폐기물처리시설에 대한 기술관리대행계약에 포함될 점검항목으로 옳은 것은?(단, 시설명 : 중간처분시설 – 안정화시설 기준)

① 안전설비의 정상가동 여부

② 혼합장치의 정상가동 여부

③ 자동기록장치의 정상가동 여부

④ 유해가스처리설비의 정상가동 여부

🗒 안정화시설의 기술관리대행계약의 점검항목은 유해가스처리설비의 정상가동 여부이다.

89 사후관리기준 및 방법 중 침출수 관리방법에 관한 설명으로 ( )에 알맞은 내용은?

> 매립시설의 차수시설 상부에 모여 있는 침출수의 수위는 시설의 안정 등을 고려하여 ( )로 유지되도록 관리하여야 한다.

① 0.3미터 이하   ② 0.6미터 이하

③ 1.0미터 이하   ④ 2.0미터 이하

🗒 매립시설의 차수시설 상부에 모여 있는 침출수의 수위는 시설의 안정 등을 고려하여 2미터 이하로 유지되도록 관리하여야 한다.

90 폐기물관리법에서 사용하는 용어의 설명으로 틀린 것은?

① 생활폐기물 : 사업장 폐기물 외의 폐기물을 말한다.

② 폐기물처리시설 : 폐기물의 중간처분시설, 최종처분시설 및 재활용시설로서 대통령령으로 정하는 시설을 말한다.

③ 폐기물감량화시설 : 생산공정에서 발생하는 폐기물의 양을 줄이고 사업장 내 재활용을 통하여 폐기물배출을 최소화하는 시설로서 대통령령이 정하는 시설을 말한다.

④ 의료폐기물 : 보건·의료기관, 동물병원, 시험·검사기관 등에서 배출되어 인간에게 심각한 위해를 줄 수 있다고 인정되는 폐기물로 대통령령으로 정하는 폐기물을 말한다.

🗒 **의료폐기물**
보건·의료기관, 동물병원, 시험·검사기관 등에서 배출되는 폐기물 중 인체에 감염 등 위해를 줄 우려가 있는 폐기물과 인체조직 등 적출물, 실험동물의 사체 등 보건·환경보호상 특별한 관리가 필요하다고 인정되는 폐기물로서 대통령령으로 정하는 폐기물을 말한다.

91 사업장폐기물의 종류별 분류번호로 옳은 것은?(단, 지정폐기물 외의 사업장폐기물의 분류번호)

① 유기성 오니류 : 31 – 01 – 00

② 유기성 오니류 : 41 – 01 – 00

③ 유기성 오니류 : 51 – 01 – 00

④ 유기성 오니류 : 61 – 01 – 00

🗒 **사업장 일반 폐기물의 분류**
① 51 – 01 : 유기성 오니류
② 51 – 02 : 무기성 오니류
③ 51 – 03 : 폐합성고분자화합물
④ 51 – 04 : 광재류 등

정답   86 ②   87 ②   88 ④   89 ④   90 ④   91 ③

92 폐기물 수집 · 운반증을 부착한 차량으로 운반해야 될 경우가 아닌 것은?

① 사업장폐기물배출자가 그 사업장에서 발생한 폐기물을 사업장 밖으로 운반하는 경우

② 재활용시설의 설치 · 운영자가 폐기물을 수집 · 운반하는 경우

③ 폐기물처리업자가 폐기물을 수집 · 운반하는 경우

④ 광역폐기물처리시설의 설치 · 운영자가 생활폐기물을 수집 · 운반하는 경우

해설 **폐기물 수집 · 운반증을 부착한 차량으로 운반해야 하는 경우**
① 광역 폐기물 처분시설 또는 재활용시설의 설치 · 운영자가 폐기물을 수집 · 운반하는 경우(생활폐기물을 수집 · 운반하는 경우는 제외한다.)
② 음식물류 폐기물 배출자가 그 사업장에서 발생한 음식물류 폐기물을 사업장 밖으로 운반하는 경우
③ 음식물류 폐기물을 공동으로 수집 · 운반 또는 재활용하는 자가 음식물류 폐기물을 수집 · 운반하는 경우
④ 사업장폐기물배출자가 그 사업장에서 발생한 폐기물을 사업장 밖으로 운반하는 경우
⑤ 사업장폐기물을 공동으로 수집 · 운반, 처분 또는 재활용하는 자가 수집 · 운반하는 경우
⑥ 폐기물처리업자가 폐기물을 수집 · 운반하는 경우
⑦ 폐기물처리 신고자가 재활용 대상폐기물을 수집 · 운반하는 경우
⑧ 폐기물을 수출하거나 수입하는 자가 그 폐기물을 운반하는 경우(컨테이너를 이용하여 운반하는 경우를 포함한다.)

93 폐기물처리시설을 설치 · 운영하는 자는 소각시설의 경우 최초 정기검사를 사용개시일로부터 몇 년 이내에 받아야 하는가?

① 1년 ② 3년
③ 5년 ④ 10년

해설 **폐기물 처리시설의 검사기간**
① 소각시설
최초 정기검사는 사용개시일부터 3년이 되는 날(「대기환경보전법」에 따른 측정기기를 설치하고 같은 법 시행령에 따른 굴뚝원격감시체계관제센터와 연결하여 정상적으로 운영되는 경우에는 사용개시일부터 5년이 되는 날), 2회 이후의 정기검사는 최종 정기검사일(검사결과서를 발급받은 날을 말한다)부터 3년이 되는 날
② 매립시설
최초 정기검사는 사용개시일부터 1년이 되는 날, 2회 이후의 정기검사는 최종 정기검사일부터 3년이 되는 날

③ 멸균분쇄시설
최초 정기검사는 사용개시일부터 3개월, 2회 이후의 정기검사는 최종 정기검사일부터 3개월
④ 음식물류 폐기물 처리시설
최초 정기검사는 사용개시일부터 1년이 되는 날, 2회 이후의 정기검사는 최종 정기검사일부터 1년이 되는 날
⑤ 시멘트 소성로
최초 정기검사는 사용개시일부터 3년이 되는 날(「대기환경보전법」에 따른 측정기기를 설치하고 같은 법 시행령에 따른 굴뚝원격감시체계관제센터와 연결하여 정상적으로 운영되는 경우에는 사용개시일부터 5년이 되는 날), 2회 이후의 정기검사는 최종 정기검사일부터 3년이 되는 날

94 폐기물 중간처분시설 중 화학적 처리시설에 해당되는 것은?

① 정제시설 ② 연료화 시설
③ 응집, 침전시설 ④ 소멸화 시설

해설 **폐기물 중간처분시설(화학적 처리시설)**
① 고형화 · 고화 · 안정화 시설
② 반응시설(중화 · 산화 · 환원 · 중합 · 축합 · 치환 등의 화학반응을 이용하여 폐기물을 처분하는 단위시설을 포함한다.)
③ 응집 · 침전 시설

95 폐기물처리업자 등이 보존하여야 하는 폐기물 발생, 배출, 처리상황 등에 관한 내용을 기록한 장부의 보존 기간(최종기재일 기준)으로 옳은 것은?

① 1년 ② 2년 ③ 3년 ④ 5년

해설 폐기물처리업자는 마지막으로 기록한 날부터 3년간 보존하여야 한다.

96 지정폐기물의 수집, 운반, 보관기준 및 방법으로서 지정폐기물의 수집, 운반차량의 차체는 어느 색으로 도색하여야 하는가?(단, 의료폐기물은 제외한다.)

① 붉은색 ② 노란색 ③ 흰색 ④ 파란색

해설 지정폐기물 수집 · 운반차량의 차체는 노란색으로 색칠하여야 한다. 다만, 임시로 사용하는 운반차량인 경우에는 그러하지 아니하다.

97 방치폐기물의 처리기간에 대한 내용으로 ( )에 옳은 내용은?(단, 연장 기간은 고려하지 않음)

> 환경부장관이나 시도지사는 폐기물처리공제조합에 방치폐기물의 처리를 명하려면 주변 환경의 오염우려 정도와 방치폐기물의 처리량 등을 고려하여 ( ) 범위에서 그 처리기간을 정하여야 한다.

① 3개월   ② 2개월
③ 1개월   ④ 15일

방치폐기물의 처리량과 처리기간
① 폐기물처리 공제조합에 처리를 명할 수 있는 방치폐기물의 처리량은 다음 각 호와 같다.
  ㉠ 폐기물처리업자가 방치한 폐기물의 경우 : 그 폐기물처리업자의 폐기물 허용보관량의 2배 이내
  ㉡ 폐기물처리 신고자가 방치한 폐기물의 경우 : 그 폐기물처리 신고자의 폐기물 보관량의 2배 이내
② 환경부장관이나 시·도지사는 폐기물처리 공제조합에 방치폐기물의 처리를 명하려면 주변환경의 오염 우려 정도와 방치폐기물의 처리량 등을 고려하여 2개월의 범위에서 그 처리기간을 정하여야 한다. 다만, 부득이한 사유로 처리기간 내에 방치폐기물을 처리하기 곤란하다고 환경부장관이나 시·도지사가 인정하면 1개월의 범위에서 한 차례만 그 기간을 연장할 수 있다.

98 폐기물처리업체에 종사하는 폐기물 처리 담당자 등은 교육기관에서 실시하는 교육을 몇 년마다 받아야 하는가?

① 1년마다   ② 2년마다
③ 3년마다   ④ 5년마다

폐기물처리 담당자 등은 3년마다 교육을 받아야 한다.

99 폐기물처리 신고자가 갖추어야 할 보관시설과 재활용시설에 관한 내용 중 폐기물을 재활용하는 자의 기준(보관시설)에 관한 내용으로 ( )에 옳은 내용은?

> 1일 처리능력의 ( )의 폐기물을 보관할 수 있는 보관용기 또는 보관시설. 다만, 시·도지사의 인정을 받아 위탁받은 폐기물을 보관하지 아니하고 곧바로 재활용시설로 운반하는 경우에는 보관용기나 보관시설을 갖추지 아니할 수 있다.

① 1일분 이상 30일분 이하
② 5일분 이상 30일분 이하
③ 1일분 이상 60일분 이하
④ 5일분 이상 60일분 이하

보관시설
1일 처리능력의 1일분 이상 30일분 이하의 폐기물을 보관할 수 있는 보관용기 또는 보관시설. 다만, 시·도지사의 인정을 받아 위탁받은 폐기물을 보관하지 아니하고 곧바로 재활용시설로 운반하는 경우에는 보관용기나 보관시설을 갖추지 아니할 수 있다.

100 폐기물처리업의 변경허가를 받아야 할 중요사항에 관한 내용으로 틀린 것은?

① 매립시설 제방의 증·개축
② 허용보관량의 변경
③ 임시차량의 증차 또는 운반차량의 감차
④ 주차장 소재지의 변경(지정폐기물을 대상으로 하는 수집·운반업만 해당한다.)

폐기물처리업의 변경허가를 받아야 할 중요사항
폐기물 중간처분업, 폐기물 최종처분업 및 폐기물 종합처분업
① 처분대상 폐기물의 변경
② 폐기물 처분시설 소재지나 영업구역의 변경
③ 운반차량(임시차량은 제외한다.)의 증차
④ 폐기물 처분시설의 신설
⑤ 처분용량의 100분의 30 이상의 변경(허가 또는 변경허가를 받은 후 변경되는 누계를 말한다.)
⑥ 주요 설비의 변경. 다만, 다음 ㉠부터 ㉣까지의 경우만 해당한다.
  ㉠ 폐기물 처분시설의 구조 변경으로 인하여 별표 9 제1호 나목 2) 가)의 (1)·(2), 나)의 (1)·(2), 다)의 (2)·(3), 라)의 (1)·(2)의 기준이 변경되는 경우
  ㉡ 차수시설·침출수 처리시설이 변경되는 경우
  ㉢ 별표 9 제2호 나목 2) 바)에 따른 가스처리시설 또는 가스활용시설이 설치되거나 변경되는 경우
  ㉣ 배출시설의 변경허가 또는 변경신고의 대상이 되는 경우
⑦ 매립시설 제방의 증·개축
⑧ 허용보관량의 변경

2016

제1과목 폐기물개론

01 완전히 건조시킨 폐기물 20g을 취해 회분량을 조사하니 5g이었다. 이 폐기물의 원래 함수율이 40%였다면, 이 폐기물의 습량기준 회분 중량비(%)는?(단, 비중은 1.0 기준)

① 5   ② 10

③ 15   ④ 20

해설 습량기준 회분 중량비

$$= \left(\frac{전체\ 회분중량}{전체\ 건조중량} \times \frac{100 - 함수율}{100} \right) \times 100$$

$$= \left[\left(\frac{5}{20} \right) \times \left(\frac{100 - 40}{100} \right) \right] \times 100 = 15\%$$

02 도시폐기물을 X_{90}=2.5cm로 파쇄하고자 할 때 Rosin – Rammler 모델에 의한 특성입자 크기(X_0)는?(단, n=1로 가정한다.)

① 1.09cm   ② 1.18cm

③ 1.22cm   ④ 1.34cm

해설 $Y = 1 - \exp\left[-\left(\frac{X}{X_0} \right)^n \right]$

$0.9 = 1 - \exp\left[-\left(\frac{2.5}{X_0} \right)^1 \right]$, $-\frac{2.5}{X_0} = \ln 0.1$

X_0(특성입자 크기) = 1.09cm

03 쓰레기의 성상분석 절차로 가장 옳은 것은?

① 시료 → 전처리 → 물리적 조성 → 밀도측정 → 건조 → 분류

② 시료 → 전처리 → 건조 → 분류 → 물리적 조성 → 밀도측정

③ 시료 → 밀도측정 → 건조 → 분류 → 전처리 → 물리적 조성

④ 시료 → 밀도측정 → 물리적 조성 → 건조 → 분류 → 전처리

해설

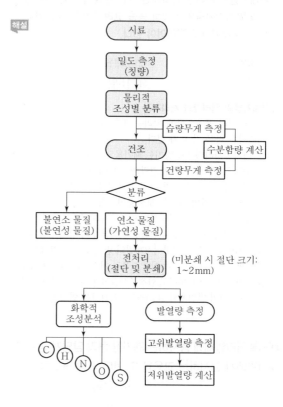

04 쓰레기의 수거노선을 설정할 때 유의할 사항으로 옳지 않은 것은?

① 많은 양의 쓰레기 발생원은 하루 중 가장 나중에 수거한다.

② U자형 회전을 피하여 수거한다.

③ 적은 양의 쓰레기가 발생하나 동일한 수거빈도를 받기를 원하는 적재지점은 가능한 한 같은 날 왕복 내에서 수거하도록 한다.

④ 가능한 한 시계방향으로 수거노선을 정한다.

해설 **효과적·경제적인 수거노선 결정 시 유의(고려)사항 : 수거노선 설정요령**

① 지형이 언덕인 지역에서는 언덕의 위에서부터 내려가며 적재하면서 차량을 진행하도록 한다.(안전성, 연료비 절약)

② 수거인원 및 차량형식이 같은 기존 시스템의 조건들을 서로 관련시킨다.

③ 출발점은 차고와 가깝게 하고 수거된 마지막 컨테이너가 처분지의 가장 가까이에 위치하도록 배치한다.
④ 가능한 한 지형지물 및 도로경계와 같은 장벽을 사용하여 간선도로 부근에서 시작하고 끝나야 한다.(도로경계 등을 이용)
⑤ 가능한 한 시계방향으로 수거노선을 정한다.
⑥ 적은 양의 쓰레기가 발생하나 동일한 수거빈도를 받기 원하는 적재지점(수거지점)은 가능한 한 같은 날 왕복 내에서 수거한다.
⑦ 아주 많은 양의 쓰레기가 발생되는 발생원은 하루 중 가장 먼저 수거한다.
⑧ 될 수 있는 한 한 번 간 길은 다시 가지 않는다.
⑨ 반복운행 또는 U자형 회전은 피하여 수거한다.
⑩ 교통량이 많거나 출퇴근시간은 피하여 수거한다.
⑪ 수거지점과 수거빈도 결정 시 기존정책이나 규정을 참고한다.

05 새로운 쓰레기 수집시스템에 관한 설명으로 틀린 것은?

① 모노레일 수송 : 쓰레기를 적환장에서 최종처분장까지 수송하는 데 적용할 수 있다.
② 컨베이어 수송 : 광대한 지역에 적용될 수 있는 방법으로 컨베이어 세정에 문제가 있다.
③ 관거 수송 : 쓰레기 발생밀도가 높은 곳에서 현실성이 있으며 조대쓰레기는 파쇄, 압축 등의 전처리가 필요하다.
④ 관거 수송 : 잘못 투입된 물건은 회수하기가 곤란하며 가설 후에 경로변경이 어렵다.

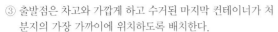 광대한 지역에 적용될 수 있는 방법으로 컨베이어 세정에 문제가 있는 방법은 컨테이너 수송이다.

06 유기물(포도당 $C_6H_{12}O_6$) 2kg을 혐기성분해로 완전히 안정시키는 경우 이론적으로 생성되는 메탄의 체적은? (단, 표준상태 기준)

① 약 $0.25m^3$
② 약 $0.45m^3$
③ 약 $0.75m^3$
④ 약 $1.35m^3$

완전분해 반응식

$C_6H_{12}O_6 \rightarrow 3CO_2 + 3CH_4$
$[(C_6H_{12}O_6 \rightarrow 12 \times 6 + 12 + (16 \times 2) = 180)]$
180kg : $3 \times 22.4Sm^3$
2kg : $CH_4(Sm^3)$

$CH_4(Sm^3) = \dfrac{2kg \times (3 \times 22.4)Sm^3}{180kg} = 0.75Sm^3$

07 어느 폐기물의 밀도가 $0.32ton/m^3$이던 것을 압축기로 압축하여 $0.8ton/m^3$로 하였다. 부피감소율은?

① 40%
② 50%
③ 60%
④ 70%

부피감소율 $= \left(1 - \dfrac{V_f}{V_i}\right) \times 100$

$$V_i = \dfrac{1ton}{0.32ton/m^3} = 3.125m^3$$

$$V_f = \dfrac{1ton}{0.8ton/m^3} = 1.25m^3$$

$$= \left(1 - \dfrac{1.25}{3.125}\right) \times 100 = 60\%$$

08 파쇄장치 중 전단파쇄기에 관한 설명으로 틀린 것은?

① 고정칼이나 왕복 또는 회전칼과의 교합에 의하여 폐기물을 전단한다.
② 충격파쇄기에 비하여 대체로 파쇄속도가 느리다.
③ 충격파쇄기에 비하여 파쇄물의 크기를 고르게 할 수 있는 장점이 있다.
④ 충격파쇄기에 비하여 이물질 혼입에 강하다.

전단파쇄기

① 원리
고정칼의 왕복 또는 회전칼(가동칼)의 교합에 의하여 폐기물을 전단한다.
② 특징
㉠ 충격파쇄기에 비하여 파쇄속도가 느리다.
㉡ 충격파쇄기에 비하여 이물질의 혼입에 취약하다.
㉢ 충격파쇄기에 비하여 파쇄물의 입도(크기)를 고르게 할 수 있다.(장점)
㉣ 전단파쇄기는 해머밀 파쇄기보다 저속으로 운전된다.
㉤ 소각로 전처리에 많이 이용되나 처리용량이 작아 대량이나 연쇄파쇄에 부적합하다.
㉥ 분진, 소음, 진동이 적고 폭발위험이 거의 없다.
③ 종류
㉠ Van Roll식 왕복전단 파쇄기
㉡ Lindemann식 왕복전단 파쇄기
㉢ 회전식 전단 파쇄기
㉣ Tollemacshe
④ 대상 폐기물
목재류, 플라스틱류, 종이류, 폐타이어(연질플라스틱과 종이류가 혼합된 폐기물을 파쇄하는 데 효과적)

정답 05 ② 06 ③ 07 ③ 08 ④

09 함수율 80%(중량비)인 슬러지 내 고형물은 비중 2.5인 FS 1/3과 비중이 1.0인 VS 2/3로 되어 있다. 이 슬러지의 비중은?(단, 물의 비중은 1.0이다.)

① 1.04　　　　　　　② 1.08
③ 1.12　　　　　　　④ 1.16

해설
$$\frac{슬러지량}{슬러지\ 비중} = \frac{유기물}{유기물\ 비중} + \frac{무기물}{무기물\ 비중} + \frac{함수량}{함수\ 비중}$$

$$\frac{100}{슬러지\ 비중} = \frac{\left(20 \times \frac{2}{3}\right)}{1.0} + \frac{\left(20 \times \frac{1}{3}\right)}{2.5} + \frac{80}{1.0}$$

슬러지 비중 = 1.04

10 함수율 40%인 쓰레기를 건조시켜 함수율이 15%인 쓰레기를 만들었다면, 쓰레기 톤당 증발되는 수분량은?(단, 비중은 1.0 기준)

① 약 185kg　　　　　② 약 294kg
③ 약 326kg　　　　　④ 약 425kg

해설
$1,000\text{kg}(1-0.4) = 처리\ 후\ 슬러지량(1-0.15)$
처리 후 슬러지량 = 705.88kg
증발된 수분량(kg) = 1,000kg − 705.88kg = 294.12kg

11 다음 중 쓰레기 발생량을 예측하는 방법이 아닌 것은?

① Trend Method
② Material Balance Method
③ Multiple Regression Model
④ Dynamic Simulation Model

해설
① 쓰레기 발생량 조사방법
　㉠ 적재차량 계수분석법
　㉡ 직접계근법
　㉢ 물질수지법
　㉣ 통계조사(표본조사, 전수조사)
② 쓰레기 발생량 예측방법
　㉠ 경향법
　㉡ 다중회귀모델
　㉢ 동적모사모델

12 폐기물적재차량 중량이 28,500kg, 빈 차의 중량이 15,000kg, 적재함의 크기는 가로 300cm, 세로 150cm, 높이 500cm일 때 단위 용적당 적재량(t/m³)은?

① 0.22　　② 0.46　　③ 0.60　　④ 0.81

해설
$$차량적재계수(\text{ton/m}^3) = \frac{적재폐기물의\ 중량}{적재함의\ 부피}$$

$$= \frac{(28,500-15,000)\text{kg} \times \text{ton}/1,000\text{kg}}{(3 \times 1.5 \times 5)\text{m}^3}$$

$$= 0.60\text{ton/m}^3$$

13 고형분 20%인 폐기물 10톤을 소각하기 위해 함수율이 15%가 되도록 건조시켰다. 이 건조폐기물의 중량은? (단, 비중은 1.0 기준)

① 약 1.8톤　　　　　② 약 2.4톤
③ 약 3.3톤　　　　　④ 약 4.3톤

해설
$10\text{ton} \times (1-0.8) = 건조폐기물(\text{ton}) \times (1-0.15)$

$$건조폐기물(\text{ton}) = \frac{10\text{ton} \times 0.2}{0.85} = 2.35\text{ton}$$

14 서비스를 받는 사람들의 만족도를 설문조사하여 지수로 나타내는 청소상태 평가법의 약자로 옳은 것은?

① SEI　　　　　　　② CEI
③ USI　　　　　　　④ ESI

해설
사용자 만족도 지수(USI ; User Satisfaction Index)
서비스를 받는 사람들의 만족도를 설문조사하여 계산하는 방법으로 설문 문항은 6개로 구성되어 있으며 총점은 100점이다.

$$\text{USI} = \frac{\sum_{i=1}^{N} R_i}{N}$$

여기서, N : 총 설문회답자의 수
　　　　R : 설문지 점수의 합계

15 pH가 2인 폐산용액은 pH가 4인 폐산용액에 비해 수소이온이 몇 배 더 함유되어 있는가?

① 5배　　　　　　　② 2배
③ 100배　　　　　　④ 10배

해설
$$\text{pH} = \log\frac{1}{[\text{H}^+]}$$

수소이온농도$[\text{H}^+] = 10^{-\text{pH}}$
pH 2인 경우 $[\text{H}^+] = 10^{-2}\text{mol/L}$
pH 4인 경우 $[\text{H}^+] = 10^{-4}\text{mol/L}$
비 $= \dfrac{10^{-2}}{10^{-4}} = 100$배

16 수거대상 인구가 10,000명인 도시에서 발생되는 폐기물의 밀도는 0.5ton/m^3이고, 하루 폐기물 수거를 위해 차량적재 용량이 10m^3인 차량 10대가 사용된다면 1일 1인당 폐기물 발생량은?(단, 차량은 1일 1회 운행 기준)

① 2kg/인 · 일　　　　② 3kg/인 · 일
③ 4kg/인 · 일　　　　④ 5kg/인 · 일

폐기물 발생량(kg/인 · 일)
$= \dfrac{\text{수거폐기물량}}{\text{대상인구수}}$
$= \dfrac{10\text{m}^3/\text{대} \cdot \text{일} \times 10\text{대} \times 0.5\text{ton/m}^3 \times 1,000\text{kg/ton}}{10,000\text{인}}$
$= 5\text{kg/인} \cdot \text{일}$

17 함수율 82%의 하수슬러지 80m^3와 함수율 15%의 톱밥 120m^3을 혼합했을 때의 함수율은?(단, 비중은 1.0 기준)

① 42%　　　　② 45%
③ 48%　　　　④ 55%

혼합함수율(%) $= \dfrac{(80 \times 0.82) + (120 \times 0.15)}{80 + 120} \times 100 = 41.8\%$

18 3,000,000ton/year의 쓰레기 수거에 4,000명의 인부가 종사한다면 MHT값은?(단, 수거인부의 1일 작업시간은 8시간이고 1년 작업일수는 300일이다.)

① 2.4　　　　② 3.2
③ 4.0　　　　④ 5.6

$\text{MHT} = \dfrac{\text{수거인부} \times \text{수거인부 총 수거시간}}{\text{총 수거량}}$
$= \dfrac{4,000\text{인} \times (8\,\text{hr/day} \times 300\,\text{day/year})}{3,000,000\,\text{ton/year}} = 3.2\,\text{MHT}$

19 지정폐기물인 폐석면의 입도를 분석한 결과에 의하면 d_{10}=3mm, d_{30}=6mm, d_{60}=12mm 그리고 d_{90}=15mm였다. 이때 균등계수와 곡률계수는 각각 얼마인가?

① 1, 0.5　　　　② 1, 1.0
③ 4, 0.5　　　　④ 4, 1.0

균등계수 $= \dfrac{D_{60}}{D_{10}} = \dfrac{12}{3} = 4$
곡률계수 $= \dfrac{(D_{30})^2}{D_{10} \cdot D_{60}} = \dfrac{6^2}{3 \times 12} = 1.0$

20 다음 조건을 가진 지역의 일일 최소 쓰레기 수거횟수는?

[조건]
• 발생쓰레기 밀도 : 500kg/m^3
• 발생량 : 1.5kg/인 · 일
• 수거대상 : 200,000인
• 차량대수 : 4(동시 사용)
• 차량 적재 용적 : 50m^3
• 적재함 이용률 : 80%
• 압축비 : 2
• 수거인부 : 20명

① 2회　　　　② 4회
③ 6회　　　　④ 8회

수거횟수(회/일) $= \dfrac{\text{총 배출량(kg/일)}}{\text{1회 수거량(kg/회)}}$
$= \dfrac{1.5\text{kg/인} \cdot \text{일} \times 200,000\text{인}}{50\text{m}^3/\text{대} \times 4\text{대/회} \times 500\text{kg/m}^3 \times 0.8 \times 2}$
$= 1.88(2\text{회/일})$

제2과목　폐기물처리기술

21 슬러지 매립지 침출수에 함유되어 있는 암모니아를 염소로 처리하려고 한다. 침출수 발생량은 $3,780\text{m}^3/\text{d}$이고, 이를 처리하기 위해 7.7kg/d의 염소를 주입하고 잔류염소농도는 0.2mg/L였다면 염소요구량은 몇 mg/L인가?

① 약 4.31　　　　② 약 3.83
③ 약 2.21　　　　④ 약 1.84

잔류염소농도 = 염소주입량 − 염소요구량
염소요구량 = 염소주입량 − 잔류염소량
염소주입량 $= \dfrac{7.7\,\text{kg/day} \times 10^6\,\text{mg/kg}}{3,780\,\text{m}^3/\text{day} \times 1,000\,\text{L/m}^3}$
$= 2.037\,\text{mg/L}$
$= 2.037 - 0.2 = 1.84\,\text{mg/L}$

22 최근 국내에서도 도입되고 있는 폐기물 소각재의 용융고화방식에 대한 설명 중 옳지 않은 것은?

① 용융방식에는 코크스 베드식, 아크 용융, 플라스마 용융 등이 있다.
② 최종 처분되는 폐기물의 부피는 크게 감소시키고, 2차 오염의 가능성을 감소시킨다.

정답　16 ④　17 ①　18 ②　19 ④　20 ①　21 ④　22 ③

③ 용융되어 생성되는 슬래그에서 다량의 중금속이 용출
된다.

④ 생성된 슬래그는 도로포장재 등 자원으로 활용이 가
능하다.

<u>해설</u> 기물 소각재의 용융고화방식은 재를 고형화할 수 있고 중금속 용
출이 없어서 자원으로 활용할 수 있는 방법이다.

23 매립지 선정에 있어서 고려하여야 하는 항목과 가장 거리
가 먼 것은?

① 매립지로 유입되는 쓰레기 성상

② 사후 매립지 이용 계획

③ 주변 환경 조건

④ 운반도로의 확보 및 지형지질

<u>해설</u> **매립지 선정 시 고려사항**
① 계획 매립용량 확보
② 경제성, 거리(수집, 운반, 도로, 교통량)
③ 침출수의 공공수역의 오염관계(수원지와 위치조사)
④ 자연재해 발생장소(지진, 단층지대, 화재 등)
⑤ 장래이용성(지지력)
⑥ 복토문제 및 생태보존문제
⑦ 기상요소(풍향, 기상변화, 강우량)

24 다음 중 합성차수막의 분류가 틀린 것은?

① PVC − Thermoplastics

② CR − Elastomer

③ EDPM − Crystalline Thermoplastics

④ CPE − Thermoplastic Elastomers

<u>해설</u> **합성차수막 세부분류**
① Thermoplastics : PVC
② Crystalline Thermoplastics : HDPE, LDPE
③ Thermoplastic Elastomers : CPE, CSPE
④ Elastomer Thermoplastics : EDPM, IIR, CR

25 침출수의 혐기성 처리에 대한 설명으로 틀린 것은?

① 고농도의 침출수를 희석 없이 처리할 수 있다.

② 중금속에 의해 저해효과가 호기성 공정에 비해 작다.

③ 미생물의 낮은 증식으로 슬러지 처리 비용이 감소된다.

④ 호기성 공정에 비해 낮은 영양물 요구량을 가진다.

<u>해설</u> 침출수의 혐기성 처리는 중금속에 의한 저해효과가 호기성 공정
에 비해 크다.

26 밀도가 $2.0g/cm^3$인 폐기물 20kg에 고형화 재료를
20kg 첨가하여 고형화시킨 결과 밀도가 $2.8g/cm^3$으로
증가하였다면 부피변화율(VCF)은?

① 1.04 ② 1.17

③ 1.27 ④ 1.43

<u>해설</u> $VCF = \dfrac{V_s}{V_r}$

$$V_r = \frac{M_r}{\rho_r} = \frac{20kg}{2.0g/cm^3 \times kg/1,000\,g} = 10,000cm^3$$

$$V_s = \frac{M_s}{\rho_s} = \frac{(20+20)kg}{2.8g/cm^3 \times kg/1,000g} = 14,285.71cm^3$$

$$= \frac{14,285.71}{10,000} = 1.43$$

27 공극률이 0.4인 토양이 깊이 5m까지 오염되어 있다면
오염된 토양의 m^2당 공극의 체적은 몇 m^3인가?

① 1.0 ② 1.5

③ 2.0 ④ 2.5

<u>해설</u> 공극체적(m^3) = 면적 × 깊이 × 공극률
$$= 1m^2 \times 5m \times 0.4 = 2.0m^3$$

28 고형물 농도가 80,000ppm인 농축 슬러지양 $20m^3/hr$
를 탈수하기 위해 개량제$(Ca(OH)_2)$를 고형물당 10wt%
주입하여 함수율 85wt%인 슬러지 Cake를 얻었다면 예
상 슬러지 Cake의 양(m^3/hr)은?(단, 비중은 1.0 기준)

① 약 7.3 ② 약 9.6

③ 약 11.7 ④ 약 13.2

<u>해설</u> Cake 양(m^3/hr)
= 고형물 농축슬러지양 × 응집제첨가량 × 함수율보정
$= 20m^3/hr \times 80,000mg/L \times 1kg/10^6mg$
$\times L/kg \times \left(\dfrac{100+10}{100}\right) \times \left(\dfrac{100}{100-85}\right)$
$= 11.74m^3/hr$

29 인구가 400,000명인 어느 도시의 쓰레기배출 원단위가 1.2kg/인·일이고, 밀도는 0.45 t/m³으로 측정되었다. 이러한 쓰레기를 분쇄하여 그 용적이 2/3로 되었으며 이 분쇄된 쓰레기를 다시 압축하면서 또다시 1/3 용적이 축소되었다. 분쇄만 하여 매립할 때와 분쇄·압축한 후에 매립할 때의 양자 간의 연간 매립소요면적의 차이는?(단, Trench 깊이는 4m이며 기타 조건은 고려 안 함)

① 약 12,820m²
② 약 16,230m²
③ 약 21,630m²
④ 약 28,540m²

해설 분쇄만 한 경우의 매립면적(m²/year)

$$= \frac{1.2\text{kg/인·일} \times 400,000\text{인} \times 365\text{일/year}}{450\text{kg/m}^3 \times 4\text{m}} \times \frac{2}{3}$$

$$= 64,888.88 \text{m}^2/\text{year}$$

분쇄 후 압축한 경우의 매립면적(m²/year)

$$= 64,888.88\text{m}^2/\text{year} \times \left(1 - \frac{1}{3}\right) = 43,259.25\text{m}^2/\text{year}$$

소요면적 차이(m²/year)

$$= 64,888.88 - 43,259.25 = 21,629.63\text{m}^2/\text{year}$$

30 퇴비화는 도시폐기물 중 음식찌꺼기, 낙엽 또는 하수처리장 찌꺼기와 같은 유기물을 안정한 상태의 부식질(Humus)로 변화시키는 공정이다. 다음 중 부식질의 특징으로 옳지 않은 것은?

① 병원균이 사멸되어 거의 없다.
② C/N비가 높아져 토양개량제로 사용된다.
③ 물 보유력과 양이온교환능력이 좋다.
④ 악취가 없는 안정된 유기물이다.

해설 부식질의 특징
① 악취가 없으며 흙냄새가 난다.
② 물 보유력 및 양이온 교환능력이 좋다.
③ C/N비는 낮은 편이며 10~20 정도이다.
④ 짙은 갈색 또는 검은색을 띤다.
⑤ 병원균이 거의 사멸되어 토양개량제로서 품질이 우수하다.
⑥ 안전한 유기물이다.

31 플라스틱을 다시 활용하는 방법과 가장 거리가 먼 것은?

① 열분해 이용법
② 용융고화재생 이용법
③ 유리화 이용법
④ 파쇄 이용법

해설 플라스틱 재활용 방법
① 열분해 이용법(용해 재생)
② 용융고화재생 이용법
③ 파쇄 이용법

[Note] 유리화법은 폐기물을 유리물질(SiO_2, NO_2CO_3, CaO) 안에 고정화시키는 방법이다.

32 건조된 고형물의 비중이 1.42이고 건조 이전의 슬러지 내 고형물 함량이 40%, 건조중량이 400kg이라고 할 때 건조 이전의 슬러지 케이크의 부피는?

① 약 0.5m³
② 약 0.7m³
③ 약 0.9m³
④ 약 1.2m³

해설

$$\frac{100}{\text{슬러지 비중}} = \frac{40}{1.42} + \frac{60}{1.0}$$

슬러지 비중 = 1.134

$$\text{슬러지 부피} = \frac{0.4\text{ton}}{1.134\text{ton/m}^3} \times \frac{100}{100-60} = 0.88\text{m}^3$$

33 가장 흔히 사용되는 고화처리방법 중 하나이며 무기성 고화재를 사용하여 고농도의 중금속의 폐기에 적합한 화학적 처리방법은?

① 피막형성법
② 유리화법
③ 시멘트 기초법
④ 열가소성 플라스틱법

해설 시멘트기초법은 염기성물질이므로 산성폐기물의 처리 및 방사성폐기물, 중금속에 적합하다.

34 포도당($C_6H_{12}O_6$)만으로 된 유기물 3.0kg이 혐기성 상태에서 완전분해된다면 생산되는 메탄의 용적(Sm^3)은?

① 약 0.66
② 약 1.12
③ 약 1.43
④ 약 1.86

해설 완전분해 반응식

$$C_6H_{12}O_6 \rightarrow 3CO_2 + 3CH_4$$

180 kg : 3 × 22.4 Sm³
3 kg : CH_4(Sm³)

$$CH_4(\text{Sm}^3) = \frac{3\text{kg} \times (3 \times 22.4)\text{Sm}^3}{180\text{kg}} = 1.12\text{Sm}^3$$

35 퇴비생산에 영향을 주는 요소에 대한 설명으로 옳지 않은 것은?

① 수분이 많으면 공극개량제를 이용하여 조절한다.
② 온도는 55~65℃ 이내로 유지시켜야 병원균을 죽일 수 있다.
③ pH는 미생물의 활발한 활동을 위하여 5.5~8.0 범위가 적당하다.
④ C/N비가 너무 크면 퇴비화기간이 짧게 소요된다.

해설 퇴비생산에 있어서 C/N비가 높으면 유기산 등이 퇴비의 pH를 낮추고 미생물의 성장과 활동도 억제되며 질소부족으로 퇴비화가 잘 형성되지 않아 퇴비화의 소요기간이 길어진다.

36 토양오염의 특성에 관한 설명으로 옳지 않은 것은?

① 오염경로가 다양하다.
② 피해발현이 완만하다.
③ 오염의 인지가 용이하다.
④ 원상복구가 어렵다.

해설 **토양오염의 특징**
① 오염경로의 다양성
② 피해발현의 완만성 및 만성적인 형태
③ 오염영향의 국지성
④ 오염의 비인지성 및 타 환경 인자와의 영향관계의 모호성
⑤ 원상복구의 어려움

37 수거대상인구가 350,000명인 도시에서 일주일간 수거한 쓰레기의 양이 13,000m³이다. 쓰레기 발생량은? (단, 쓰레기의 밀도는 0.35t/m³이다.)

① 약 0.005kg/인·일
② 약 0.54kg/인·일
③ 약 1.86kg/인·일
④ 약 13.0kg/인·일

해설 쓰레기발생량(kg/인·일)
$$= \frac{수거쓰레기\ 양}{수거대상\ 인구\ 수}$$
$$= \frac{13,000m^3 \times 0.35ton/m^3 \times 10^3kg/ton}{350,000인 \times 7일} = 1.86kg/인·일$$

38 체의 통과 백분율이 10%, 30%, 50%, 60%인 입자의 직경이 각각 0.05mm, 0.15mm, 0.45mm, 0.55mm일 때 곡률계수는?

① 0.82
② 1.32
③ 2.76
④ 3.71

해설 곡률계수$= \frac{(D_{30})^2}{D_{10} \times D_{60}} = \frac{(0.15)^2}{0.05 \times 0.55} = 0.82$

39 COD/TOC < 2.0, BOD/COD < 0.1, COD는 500mg/L 미만인 매립연한 10년 이상 된 곳에서 발생된 침출수의 처리공정의 효율성을 틀리게 나타낸 것은?

① 활성탄 – 불량
② 이온교환수지 – 보통
③ 화학적 침전(석회투여) – 불량
④ 화학적 산화 – 보통

해설 **침출수 특성에 따른 처리공정 구분**

	항목	I	II	III
침출수특성	COD(mg/L)	10,000 이상	500~10,000	500 이하
	COD/TOC	2.7(2.8) 이상	2.0~2.7	2.0 이하
	BOD/COD	0.5 이상	0.1~0.5	0.1 이하
	매립연한	초기 (5년 이하)	중간 (5~10년)	오래(고령)됨 (10년 이상)
주처리공정	생물학적 처리	좋음 (양호)	보통	나쁨 (불량)
	화학적 응집·침전 (화학적 침전: 석회투여)	보통·불량	나쁨 (불량)	나쁨 (불량)
	화학적 산화	보통·나쁨 (불량)	보통	보통
	역삼투(R.O)	보통	좋음 (양호)	좋음 (양호)
	활성탄 흡착	보통·좋음 (양호)	보통·좋음 (양호)	좋음 (양호)
	이온교환 수지	나쁨 (불량)	보통·좋음 (양호)	보통

40 토양오염복원기법 중 Bioventing에 관한 설명으로 옳지 않은 것은?

① 토양 투수성은 공기를 토양 내에 강제 순환시킬 때 매우 중요한 영향인자이다.
② 오염부지 주변의 공기 및 물의 이동에 의한 오염물질 확산의 염려가 있다.
③ 현장 지반구조 및 오염물 분포에 따른 처리기간의 변동이 심하다.

④ 용해도가 큰 오염물질은 많은 양이 토양수분 내에 용해상태로 존재하게 되어 처리효율이 좋아진다.

해설 생물주입 배출법(Bioventing)의 경우 용해도가 큰 오염물질은 많은 양이 토양수분 내에 용해상태로 존재하게 되어 처리효율이 떨어지나 장치가 간단하고 설치가 용이하다.

제3과목 · 폐기물소각 및 열회수

41 가정에서 발생되는 쓰레기를 소각시킨 후 남은 재의 중량은 소각된 쓰레기의 1/5이다. 쓰레기 100톤을 소각하여 소각재 부피가 20m³이 되었다면 소각재의 밀도는?

① 2.0톤/m³
② 1.5톤/m³
③ 1.0톤/m³
④ 0.5톤/m³

해설 소각재의 밀도$(ton/m^3) = \dfrac{중량}{부피} = \dfrac{100\,t\,on}{20\,m^3} \times \dfrac{1}{5}$

$= 1.0\,ton/m^3$

42 완전연소일 경우 $(CO_2)_{max}$의 값(%)은?(단, CO_2 : 배출가스 중 CO_2양(Sm³/Sm³), O_2 : 배출가스 중 O_2양(Sm³/Sm³), N_2 : 배출가스 중 N_2양(Sm³/Sm³))

① $\dfrac{0.21(CO_2)}{0.21 - (O_2)} \times 100$

② $\dfrac{(O_2)}{1 - 0.21(CO_2)} \times 100$

③ $\dfrac{0.21(CO_2)}{(CO_2) + (N_2)} \times 100$

④ $\dfrac{0.21(CO_2)}{0.21(N_2) - 0.79(O_2)} \times 100$

해설 완전연소(CO=O)

$CO_{2max}(\%) = \dfrac{CO_2 \times 100}{100 - \left(\dfrac{O_2}{0.21}\right)} = \dfrac{21 \times CO_2}{21 - O_2} = m \times CO_2$

43 열분해방법이 소각방법에 비교해서 공해물질 발생 면에서 유리한 점이라 볼 수 없는 것은?

① 중금속의 최소부분만이 재(Ash) 속에 고정되며 나머지는 쉽게 분리된다.
② 대기로 방출되는 가스가 적다.
③ 고온용융식을 이용하면 재를 고형화할 수 있고 중금속의 용출은 없어서 자원으로 활용할 수 있다.
④ 배기가스 중 질소산화물, 염화수소의 양이 적다.

해설 **열분해공정이 소각에 비하여 갖는 장점**
① 대기로 방출하는 배기가스양이 적게 배출된다.(가스처리장치가 소형화)
② 황, 중금속분이 Ash(회분) 중에 고정되는 비율이 크다.
③ 상대적으로 저온이기 때문에 NOx(질소산화물), 염화수소의 발생량이 적다.
④ 환원기가 유지되므로 Cr^{3+}이 Cr^{6+}으로 변화하기 어려우며 대기오염물질의 발생이 적다.
(크롬산화 억제)
⑤ 폐플라스틱, 폐타이어, 오니류 등 스토커 소각처리가 곤란한 물질도 처리 가능하다.
⑥ 공기공급장치의 소형화 및 감량화로 매립용량이 감소한다.
⑦ 소각에 비교하여 생성물의 정제장치가 필요하다.
⑧ 고온용융식을 이용하면 재를 고형화할 수 있고 중금속의 용출이 없어서 자원으로 활용할 수 있다.
⑨ 저장 및 수송이 가능한 연료를 회수할 수 있다.

44 다음 중 표면연소에 대한 설명으로 가장 적합한 것은?

① 코크스나 목탄과 같은 휘발성 성분이 거의 없는 연료의 연소형태를 말한다.
② 휘발유와 같이 끓는점이 낮은 기름의 연소나 왁스가 액화하여 다시 기화되어 연소하는 것을 말한다.
③ 기체연료와 같이 공기의 확산에 의한 연소를 말한다.
④ 니트로글리세린 등과 같이 공기 중 산소를 필요로 하지 않고 분자 자신 속의 산소에 의해서 연소하는 것을 말한다.

해설 **표면연소**
① 고체연료 표면에 고온을 유지시켜 표면에서 반응을 일으켜 내부로 연소가 진행되는 형태이며 숯불연소, 불균일연소라고도 한다.
② 코크스 또는 분해연소가 끝난 석탄은 열분해가 일어나기 어려운 탄소가 주성분으로 그것 자체가 연소하는 과정으로 연소되면 적열할 뿐 화염이 없는 연소형태이다. 즉, 코크스나 목탄과 같은 휘발성 성분이 거의 없는 연료의 연소형태를 말한다.

③ 산소나 산화가스가 고체표면 및 내부 공간에 확산되어 표면 반응을 하며 연소하는 형태이다.(열분해에 의하여 가연성 가스를 발생하지 않고 물질 그 자체가 연소)

④ 열분해가 끝난 코크스는 열분해가 어려운 고정탄소로 그 자체가 연소한다.

⑤ 연소속도는 산소의 연료표면으로의 확산속도와 표면에서의 화학반응속도에 의해 영향을 받는다.

[Note] ②항 내용(증발연소)
　　　　③항 내용(확산연소)
　　　　④항 내용(자기연소)

45 발열량 1,000kcal/kg인 쓰레기의 발생량이 20ton/day 인 경우, 소각로 내 열부하가 50,000 kcal/m³ · hr인 소각로의 용적은?(단, 1일 가동시간은 8hr이다.)

① $50m^3$　　　　　　　② $60m^3$
③ $70m^3$　　　　　　　④ $80m^3$

해설 $소각로 용적(m^3) = \dfrac{소각량 \times 쓰레기 발열량}{연소실 열부하율}$

$$= \dfrac{\begin{array}{c}20ton/day \times day/8hr \times 1,000kg/ton\\ \times 1,000kcal/kg\end{array}}{50,000kcal/m^3 \cdot hr}$$

$$= 50m^3$$

46 다음의 조건에서 화격자 연소율(kg/m² · hr)은?(쓰레기 소각량 : 100,000kg/d, 1일 가동시간 : 8시간, 화격자 면적 : 50m²)

① 185kg/m² · h　　　　② 250kg/m² · h
③ 320kg/m² · h　　　　④ 2,300kg/m² · h

해설 $화격자연소율(kg/m^2 \cdot hr) = \dfrac{시간당\ 소각량}{화격자\ 면적}$

$$= \dfrac{100,000kg/day \times day/8hr}{50m^2}$$

$$= 250kg/m^2 \cdot hr$$

47 다단로 소각로방식에 대한 설명으로 틀린 것은?

① 온도제어가 용이하고 동력이 적게 들어 운전비가 저렴하다.

② 수분이 적고 혼합된 슬러지 소각에 적합하다.

③ 가동부분이 많아 고장률이 높다.

④ 24시간 연속운전을 필요로 한다.

해설 **다단로 소각방식(Multiple Hearth)**
① 장점
　㉠ 타 소각로에 비해 체류시간이 길어 연소효율이 높고, 특히 휘발성이 낮은 폐기물 연소에 유리하다.
　㉡ 다량의 수분이 증발되므로 수분함량이 높은 폐기물도 연소가 가능하다.
　㉢ 물리 · 화학적 성분이 다른 각종 폐기물을 처리할 수 있다. 즉, 다양한 질의 폐기물에 대하여 혼소가 가능하다.
　㉣ 많은 연소영역이 있으므로 연소효율을 높일 수 있다.(국소 연소를 피할 수 있음)
　㉤ 보조연료로 다양한 연료(천연가스, 프로판, 오일, 석탄가루, 폐유 등)를 사용할 수 있다.
　㉥ 클링커 생성을 방지할 수 있다.
　㉦ 온도제어가 용이하고 동력이 적게 들며 운전비가 저렴하다.
② 단점
　㉠ 체류시간이 길어 온도반응이 느리다.(휘발성이 적은 폐기물 연소에 유리)
　㉡ 늦은 온도반응 때문에 보조연료 사용을 조절하기 어렵다.
　㉢ 분진발생률이 높다.
　㉣ 열적 충격이 쉽게 발생하고 내화물이나 상에 손상을 초래한다.(내화재의 손상을 방지하기 위해 1,000℃ 이상으로 운전하지 않는 것이 좋음)
　㉤ 가동부(교반팔, 회전중심축)가 있으므로 유지비가 높다.
　㉥ 유해폐기물의 완전분해를 위해서는 2차 연소실이 필요하다.

48 고체 및 액체 연료의 연소 이론 산소량을 중량으로 구하는 경우, 산출식으로 적절한 것은?

① 2.67C+8H+O+S(kg/kg)
② 3.67C+8H+O+S(kg/kg)
③ 2.67C+8H−O+S(kg/kg)
④ 3.67C+8H−O+S(kg/kg)

해설 **고체, 액체연료 1kg의 연소 시 이론산소량(O_o)**
① 중량
　$O_o = 32/12C + 16/2(H-O/8) + 32/32S$
　　　$= 2.667C + 8H - O + S(kg/kg)$
② 부피(용량)
　$O_o = 22.4/12C + 11.2/2(H-O/8) + 22.4/32S$
　　　$= 1.867C + 5.6H - 0.7O + 0.7S(Nm^3/kg)$

49 플라스틱 폐기물의 소각 및 열분해에 대한 설명으로 옳지 않은 것은?

① 감압증류법은 황의 함량이 낮은 저유황유를 회수할 수 있다.

② 멜라민 수지를 불완전 연소하면 HCN과 NH_3가 생성된다.

③ 열분해에 의해 생성된 모노머는 발화성이 크고, 생성 가스의 연소성도 크다.

④ 고온열분해법에서는 타르, char 및 액체상태의 연료가 많이 생성된다.

① 저온열분해방법에서는 타르(Tar), 탄화물(Char), 액체상태의 연료가 많이 생성된다.

② 고온열분해법에서는 가스상태의 연료가 많이 생성된다.

50 유동층 소각로에서 슬러지의 온도가 30℃, 연소온도 850℃, 배기온도 450℃일 때, 유동층 소각로의 열효율은?

① 49%
② 51%
③ 62%
④ 77%

열효율(%) = $\dfrac{\text{유효열}}{\text{공급입열}} \times 100 = \dfrac{\text{연소온도} - \text{배기온도}}{\text{연소온도} - \text{슬러지온도}} \times 100$

$= \dfrac{(850 - 450)℃}{(850 - 30)℃} \times 100 = 48.78\%$

51 연소에 있어 검댕의 생성에 대한 설명 중 가장 거리가 먼 것은?

① A중유 < B중유 < C중유 순으로 검댕이 발생한다.

② 공기비가 매우 적을 때 다량 발생한다.

③ 중합, 탈수소축합 등의 반응을 일으키는 탄화수소가 적을수록 검댕은 많이 발생한다.

④ 전열면 등으로 발열속도 보다 방열속도가 빨라서 화염의 온도가 저하될 때 많이 발생한다.

검댕(매연)

① 전열면 등으로 발열속도보다 방열속도가 빨라서 화염의 온도가 저하될 때 많이 발생한다.

② 중합, 탈수소축합 등의 반응을 일으키는 탄화수소가 클수록 많이 발생한다.

③ 공기비가 매우 적을 때 다량 발생한다.

④ A중유 < B중유 < C중유 순으로 많이 발생한다.

52 소각로에서 쓰레기의 소각과 동시에 배출되는 가스성분을 분석한 결과 N_2 : 85%, O_2 : 6%, CO : 1%와 같은 조성을 나타냈다. 이때 이 소각로의 공기비는?(단, 쓰레기에는 질소, 산소 성분이 없다고 가정함)

① 1.25
② 1.32
③ 1.81
④ 2.28

불완전연소 시 공기비(m) = $\dfrac{N_2}{N_2 - 3.76(O_2 - 0.5CO)}$

$= \dfrac{85}{85 - 3.76[6 - (0.5 \times 1)]} = 1.32$

53 공기비가 클 때 일어나는 현상으로 가장 거리가 먼 것은?

① 연소가스가 폭발할 위험이 커진다.

② 연소실의 온도가 낮아진다.

③ 부식이 증가한다.

④ 열손실이 커진다.

공기비의 영향

① m이 클 경우

㉠ 연소실 내에서 연소온도가 낮아진다.

㉡ 통풍력이 증대되어 배기가스에 의한 열손실이 커진다.

㉢ 배기가스 중 SOx(황산화물), NOx(질소산화물)의 함량이 증가하여 연소장치의 부식에 크게 영향을 미친다.

② m이 작을 경우

㉠ 배기가스 내 매연의 발생이 크다.(불완전 연소로 인함)

㉡ 연소가스의 폭발위험성이 크다.(불완전 연소로 인함)

㉢ 열손실에 큰 영향을 준다.

㉣ CO, HC의 오염물질 농도가 증가한다.

54 연소공정 중 연소실에 대한 설명으로 틀린 것은?

① 연소실의 운전척도는 공기/연료비, 혼합 정도, 연소온도 등이 있고 연소실의 크기는 충분히 커야 한다.

② 연소실은 1차 및 2차 연소실로 구성되는데 주입폐기물을 건조, 휘발, 점화시켜 연소시키는 곳은 2차 연소실이다.

③ 연소실의 연소온도는 600~1,000℃이며, 연소실의 크기는 주입폐기물 톤당 $0.4\sim0.6m^3$/일로 설계한다.

④ 연소로 모양은 직사각형, 수직원통형, 혼합형, 로터리 킬른형 등이 있는데, 대부분이 직사각형 연소로이다.

연소실은 주입폐기물을 건조, 휘발, 점화시켜 연소시키는 1차 연소실과 미연소분을 연소시키는 2차 연소실로 구성된다.

정답 49 ④ 50 ① 51 ③ 52 ② 53 ① 54 ②

55 전기집진기에 대한 설명으로 틀린 것은?

① 회수가치성이 있는 입자 포집이 가능하다.

② 고온가스, 대량의 가스처리가 가능하다.

③ 전압변동과 같은 조건변동에 쉽게 적응하기 어렵다.

④ 유지관리가 어렵고 유지비가 많이 소요된다.

[해설] 전기집진장치(EP)

① 장점

    ㉠ 집진효율이 높다.(0.01μm 정도 포집 용이, 99.9% 정도 고집진 효율)

    ㉡ 대량의 분진함유가스의 처리가 가능하다.

    ㉢ 압력손실이 적고 미세한 입자까지도 처리가 가능하다.

    ㉣ 운전, 유지ㆍ보수비용이 저렴하다.

    ㉤ 고온(500℃ 전후)가스 및 대량가스 처리가 가능하다.

    ㉥ 광범위한 온도범위에서 적용이 가능하며 폭발성 가스의 처리도 가능하다.

    ㉦ 회수가치 입자포집에 유리하고 압력손실이 적어 소요동력이 적다.

    ㉧ 배출가스의 온도강하가 적다.

② 단점

    ㉠ 분진의 부하변동(전압변동)에 적응하기 곤란하고, 고전압으로 안전사고의 위험성이 높다.

    ㉡ 분진의 성상에 따라 전처리시설이 필요하다.

    ㉢ 설치비용이 많이 소요되고 설치공간을 많이 차지한다.

    ㉣ 특정물질을 함유한 분진제거에는 곤란하다.

    ㉤ 가연성 입자의 처리가 곤란하다.

56 연소방법에 따른 소각로 종류 중 설명이 잘못된 것은?

① 준연속식 소각로는 회분식 소각로와 같이 쓰레기를 간헐적으로 투입하나 화격자를 건조층과 연소층으로 구분하여 건조 및 연소속도를 향상시킨 소각로이다.

② 회분식 기계화 소각로는 재나 불연잔사물의 배출을 자동화하여 회분식 소각로의 단점을 보완한 것이다.

③ 회분식 소각로는 간단한 구조를 갖는 것이 일반적이며 처리량은 노당 20ton/day가 일반적이다.

④ 완전연소식 소각로는 계장장비를 완비하고 적은 작업 인원으로 24시간 연속운전이 가능한 소각로이다.

[해설] 준연속식 소각로

소각설비를 안전자동화하여 연속식으로 할 경우 설치비나, 유지ㆍ관리비가 많이 소요되기 때문에 부분적으로 간소화하여 수동운전을 하도록 하는 소각로로서 일반적으로 16시간 정도의 운전시간을 목표로 설치한다.

57 분자식 C_mH_n인 탄화수소가스 $1Sm^3$의 완전연소에 필요한 이론공기량(Sm^3)은?

① $4.76m + 1.19n$ ② $5.67m + 0.73n$

③ $8.89m + 2.67n$ ④ $1.867m + 5.67n$

[해설] C_mH_n의 완전연소 반응식

$$C_mH_n + \left(m + \frac{n}{4}\right)O_2 \rightarrow mCO_2 + \frac{n}{2}H_2O$$

이론공기량(A_o)

$$A_o = \frac{O_o}{0.21}$$

    O_o(이론산소량) ⇨ 기체연료 $1Sm^3$에 필요한 이론산소량은 $\left(m + \frac{n}{4}\right)Sm^3$

$$\begin{bmatrix} 22.4Sm^3 & : & \left(m + \frac{n}{4}\right) \times 22.4Sm^3 \\ 1Sm^3 & : & O_o \\ O_o = \left(m + \frac{n}{4}\right) & & \end{bmatrix}$$

$$A_o(Sm^3/Sm^3) = \frac{\left(m + \frac{n}{4}\right)}{0.21} = 4.76m + 1.19n \, (Sm^3/Sm^3)$$

58 10g의 RDF를 열용량이 $8,600cal/℃$인 열량계에서 연소하였다. 감지된 온도상승은 $4.72℃$이다. 이 시료의 발열량은 얼마인가?

① $3,544cal/℃$ ② $3,672cal/℃$

③ $4,059cal/℃$ ④ $4,201cal/℃$

[해설] 시료의 발열량$(cal/℃) = \dfrac{8,600cal/℃ \times 4.72℃}{10g \times 1℃/g}$

         $= 4,059.2cal/℃$

59 완전건조된 폐기물 $10,000kg/h$을 소각할 때 폐기물 중 유기물성분이 60%이면 굴뚝으로부터 배출되는 배기가스의 열량은 약 몇 kJ/h인가?(단, 건조기준으로 유기물의 연소열은 $19,193kJ/kg$으로 가정하며, 복사에 의한 열손실은 입력의 5%이고, 발생열의 10%가 소각재에 잔존한다고 가정한다.)

① 98×10^6 ② 109×10^6

③ 116×10^6 ④ 125×10^6

[해설] 배기가스의 열량

    = 폐기물연소열 − (복사손실열 + 소각재잔존열)

페기물연소열 $= 19.193kJ/kg \times 10.000kg/hr \times 0.6$
$= 115.158.000kJ/hr$

복사손실열 $= 115.158.000kJ/hr \times 0.05 = 5.757.900kJ/hr$

소각재잔존열 $= 115.158.000kJ/hr \times 0.1 = 11.515.800kJ/hr$

$= 115.158.000 - (5.757.900 + 11.515.800)$

$= 97.884.300kJ/hr$

60 소각로에 열교환기를 설치, 배기가스의 열을 회수하여 급수 예열에 사용할 때 급수 출구온도는 몇 ℃인가?(단, 배기가스량 : 100kg/hr, 급수량 : 200kg/hr, 배기가스 열교환기 유입온도 : 500℃, 출구온도 : 200℃, 급수의 입구온도 : 10℃, 배기가스 정압비열 : 0.24kcal/kg · ℃)

① 26 　　　　② 36
③ 46 　　　　④ 56

열량 = 물질의 양 × 비열 × 온도차
　　수온상승에 기여하는 열량
　　　$= 200\,kg/hr \times 1.0\,kcal/kg \cdot ℃ \times (t_o - 10)℃$
　　　$= 200\,kcal/hr \times (t_o - 10)$
　　가스의 열교환 열량
　　　$= 100\,kg/hr \times 0.24\,kcal/kg \cdot ℃ \times (500 - 200)$
　　　$= 7.200kcal/hr$
$200kcal/hr \times (t_o - 10) = 7.200kcal/hr$
t_o(출구온도) $= 46\,℃$

제4과목　폐기물공정시험기준(방법)

61 마이크로파 분해장치에 대한 설명 중 옳지 않은 것은?

① 산과 함께 시료를 용기에 넣어 마이크로파를 가하면 강산에 의해 시료가 산화된다.
② 극성성분들의 빠른 진동과 충돌에 의하여 시료의 분자 결합이 절단되어 시료가 이온상태의 수용액으로 분해된다.
③ 유기물이 소량 함유된 시료의 전처리에 자주 이용된다.
④ 이 장치는 가열속도가 빠르고 재현성이 좋다.

마이크로파 산분해법
① 마이크로파영역에서 극성분자나 이온이 쌍극자 모멘트(Dipole Moment)와 이온전도(Ionic Conductance)를 일으켜 온도가 상승하는 원리를 이용하여 시료를 가열하는 방법이다.
② 산과 함께 시료를 용기에 넣어 마이크로파를 가하면 강산에 의해 시료가 산화되면서 극성성분들의 빠른 진동과 충돌에

의하여 시료의 분자 결합이 절단되어 시료가 이온상태의 수용액으로 분해된다.
③ 가열속도가 빠르고 재현성이 좋으며 폐유 등 유기물이 다량 함유된 시료의 전처리에 이용된다.
④ 마이크로파는 전자파 에너지의 일종으로서 빛의 속도(약 300.000km/s)로 이동하는 교류와 자기장(또는 파장)으로 구성되어 있다.
⑤ 마이크로파 주파수는 300~300.000MHz이다.
⑥ 시료의 분해에 이용되는 대부분의 마이크로파장치는 12.2cm 파장의 2.450MHz의 마이크로파 주파수를 갖는다.
⑦ 물질이 마이크로파 에너지를 흡수하게 되면 온도가 상승하며 가열속도는 가열되는 물질의 절연손실에 좌우된다.

62 자외선/가시선 분광법에서 시료액의 흡수파장이 약 370nm 이하일 때 어떤 흡수셀을 일반적으로 사용하는가?

① 10nm셀 　　　② 석영흡수셀
③ 경질유리흡수셀 　④ 플라스틱셀

흡수파장에 따른 사용 흡수셀
① 370nm 이상 : 석영 또는 경질유리 흡수셀
② 370nm 이하 : 석영흡수셀

63 폐기물공정시험기준(방법)에서 시안분석방법으로 맞는 것은?

① 원자흡수분광광도법
② 이온전극법
③ 기체크로마토그래피
④ 유도결합플라스마 – 원자발광분광법

시안분석방법
① 자외선/가시선 분광법
② 이온전극법

64 다음은 자외선/가시선 분광광도계의 광원에 관한 설명이다. ( ) 안에 알맞은 것은?

> 광원부의 광원으로 가시부와 근적외부의 광원으로는 주로 (㉠)을 사용하고 자외부의 광원으로는 주로 (㉡)을 사용한다.

① ㉠ 텅스텐램프, ㉡ 중수소 방전관
② ㉠ 중수소 방전관, ㉡ 텅스텐램프
③ ㉠ 할로겐램프, ㉡ 헬륨 방전관
④ ㉠ 헬륨 방전관, ㉡ 할로겐램프

정답　60 ③　61 ③　62 ②　63 ②　64 ①

해설 **광원부의 광원**
① 가시부와 근적외부 : 텅스텐 램프
② 자외부 : 중수소 방전관

65 용출시험방법의 용출조작에 관한 설명으로 옳지 않은 것은?

① 시료액의 조제가 끝난 혼합액은 유리섬유 여과지로 여과하여 진탕용 시료로 사용한다.
② 진탕용 시료는 분당 약 200회, 진폭 4~5cm인 진탕기를 사용하여 6시간 연속 진탕한다.
③ 원심분리기를 사용할 필요가 있는 경우는 3,000rpm 이상으로 20분 이상 원심분리한다.
④ 시료를 원심분리한 경우 상징액을 적당량 취하여 용출시험용 시료용액으로 한다.

해설 시료액의 조제가 끝난 혼합액은 유리섬유 여과지로 여과하고, 여과액을 적당량 취하여 용출실험용 시료용액으로 한다.

66 유리전극법을 이용한 수소이온농도를 측정할 때 적용범위 기준으로 옳은 것은?

① pH를 0.01까지 측정한다.
② pH를 0.05까지 측정한다.
③ pH를 0.1까지 측정한다.
④ pH를 0.5까지 측정한다.

해설 **수소이온농도 – 유리전극법**
적용범위 : pH를 0.01까지 측정

67 pH 표준용액 조제에 대한 설명으로 틀린 것은?

① 염기성 표준용액은 산화칼슘(생석회) 흡수관을 부착하여 2개월 이내에 사용한다.
② 조제한 pH 표준용액은 경질유리병에 보관한다.
③ 산성표준용액은 3개월 이내에 사용한다.
④ 조제한 pH 표준용액은 폴리에틸렌병에 보관한다.

해설 염기성 표준용액은 산화칼륨(생석회) 흡수관을 부착하여 1개월 이내에 사용한다.

68 크롬함량을 자외선/가시선 분광법에 의해 정량하고자 할 때 다음 설명 중 옳지 않은 것은?

① 흡광도는 540nm에서 측정한다.
② 발색 시 황산의 최적농도는 0.1M이다.
③ 시료 중 철이 20mg 이하로 공존할 경우에는 다이페닐카바자이드용액을 넣기 전에 피로인산나트륨 – 10수화물용액(5%) 2mL를 넣어 주면 간섭을 줄일 수 있다.
④ 시료의 전처리에서 다량의 황산을 사용하였을 경우에는 시료에 무수황산나트륨 20mg을 넣고 가열하여 황산의 백연을 발생시켜 황산을 제거한 후 황산(1+9) 3mL를 넣고 실험한다.

해설 시료 중 철이 2.5mg 이하로 공존할 경우에는 다이페닐카르바지드용액을 넣기 전에 피로인산나트륨 – 10수화물용액(5%) 2ml를 넣어주면 영향이 없다.

69 시료채취 시 대상폐기물의 양이 10톤인 경우 시료의 최소 수는?

① 10
② 14
③ 20
④ 24

해설 **대상폐기물의 양과 시료의 최소 수**

대상 폐기물의 양(단위 : ton)	시료의 최소 수
~ 1 미만	6
1 이상~5 미만	10
5 이상~30 미만	14
30 이상~100 미만	20
100 이상~500 미만	30
500 이상~1,000 미만	36
1,000 이상~5,000 미만	50
5,000 이상~	60

70 크롬의 원자흡수분광광도법에 의한 측정에서 공기 – 아세틸렌 불꽃으로는 철, 니켈 등에 기인한 방해영향이 크다. 이때의 대책으로 가장 적절한 것은?

① 황산나트륨을 1% 정도 넣어서 측정한다.
② 수소 – 공기 – 아르곤 불꽃으로 바꾸어 측정한다.
③ 수소 – 산소 불꽃으로 바꾸어 측정한다.
④ 이소부틸케톤 용액 20mL를 넣어 측정한다.

크롬 – 원자흡수분광광도법(간섭물질)

① 공기 – 아세틸렌으로는 아세틸렌 유량이 많은 쪽이 감도가 높지만 철, 니켈의 방해가 많다.

② 아세틸렌 – 일산화질소는 방해는 적으나 감도가 낮다.

③ 시료 중에 칼륨, 나트륨, 리튬, 세슘과 같이 쉽게 이온화되는 원소가 1,000mg/L 이상의 농도로 존재 시 금속측정을 간섭하는 경우 대책
시료와 표준물질 모두에 이온 억제제로 염화칼륨을 첨가하거나 간섭이온을 매질과 유사하게 표준물질에 넣어 보정한다.

④ 공기 – 아세틸렌 불꽃에서 철, 니켈 등의 공존물질에 의한 방해영향이 클 경우 대책
황산나트륨을 1% 정도 넣어서 측정한다.

71 유기인의 정제용 컬럼으로 적절치 않은 것은?

① 실리카겔 컬럼 　　② 플로리실 컬럼

③ 활성탄 컬럼 　　④ 실리콘 컬럼

유기인의 정제용 컬럼
① 실리카겔 컬럼
② 플로리실 컬럼
③ 활성탄 컬럼

72 다량의 점토질 또는 규산염을 함유한 시료에 적용되는 시료의 전처리 방법으로 가장 옳은 것은?

① 질산 – 과염소산 – 불화수소산에 의한 유기물 분해

② 질산 – 염산에 의한 유기물 분해

③ 질산 – 과염소산에 의한 유기물 분해

④ 질산 – 황산에 의한 유기물 분해

질산 – 과염소산 – 불화수소산 분해법
① 적용 : 다량의 점토질 또는 규산염을 함유한 시료
② 용액 산농도 : 약 0.8N

73 원자흡수분광광도계에 대해 설명한 내용 중 틀린 것은?

① 광원부, 시료원자화부, 파장선택부 및 측광부로 구성되어 있다.

② 일반적으로 가연성 기체로 아세틸렌을, 조연성 기체로 공기를 사용한다.

③ 단광속형과 복광속형으로 구분된다.

④ 광원으로 좁은 선폭과 낮은 휘도를 갖는 스펙트럼을 방사하는 납 음극램프를 사용한다.

광원으로 좁은 선폭과 높은 휘도를 갖는 스펙트럼을 방사하는 납 속 빈 음극램프를 사용한다.

74 폐기물분석을 위한 일반적 총칙에 관한 설명으로 옳지 않은 것은?

① 천분율을 표시할 때는 g/L, g/kg의 기호를 쓴다.

② '바탕시험을 하여 보정한다.'라 함은 시료에 대한 처리 및 측정을 할 때, 시료를 사용하지 않고 같은 방법으로 조작한 측정치를 빼는 것을 말한다.

③ 진공이라 함은 따로 규정이 없는 한 15mmH₂O 이하를 말한다.

④ 방울수라 함은 20℃에서 정제수 20방울을 적하할 때, 그 부피가 약 1mL 되는 것을 뜻한다.

감압 또는 진공이라 함은 따로 규정이 없는 한 15mmHg 이하를 말한다.

75 온도의 표시방법으로 옳지 않은 것은?

① 실온은 1~25℃로 한다.

② 찬 곳은 따로 규정이 없는 한 0~15℃인 곳을 뜻한다.

③ 온수는 60~70℃를 말한다.

④ 냉수는 15℃ 이하를 말한다.

실온은 1~35℃로 한다.

76 총칙에 관한 내용으로 옳은 것은?

① '고상폐기물'이라 함은 고형물 함량이 5% 이상인 것을 말한다.

② '반고상폐기물'이라 함은 고형물의 함량이 10% 미만인 것을 말한다.

③ '방울수'라 함은 4℃에서 정제수 20방울을 적하할 때 그 부피가 약 1mL 되는 것을 뜻한다.

④ '온수'는 60~70℃를 말한다.

① '고상폐기물'이라 함은 고형물의 함량이 15% 이상인 것을 말한다.
② '반고상폐기물'이라 함은 고형물의 함량이 5% 이상, 15% 미만인 것을 말한다.
③ '방울수'라 함은 20℃에서 정제수 20방울을 적하할 때 그 부피가 약 1mL 되는 것을 의미한다.

정답 71 ④　72 ①　73 ④　74 ③　75 ①　76 ④

77 감염성 미생물의 분석방법과 가장 거리가 먼 것은?

① 아포균 검사법   ② 열멸균 검사법
③ 세균배양 검사법   ④ 멸균테이프 검사법

해설 **감염성 미생물 검사법**
① 아포균 검사법
② 세균배양 검사법
③ 멸균테이프 검사법

78 유도결합플라스마 – 원자발광분광기의 일반적인 구성으로 옳은 것은?

① 광원부, 파장선택부, 시료부 및 측광부로 구성된다.
② 시료도입부, 고주파전원부, 광원부, 분광부, 연산처리부 및 기록부로 구성된다.
③ 시료도입부, 시료원자화부, 분광부, 측광부, 연산처리부로 구성된다.
④ 광원부, 분광부, 단색화부, 고주파전원부, 측광부 및 기록부로 구성된다.

해설 **유도결합플라스마 – 원자발광분광기(KP – AES)**
① 구성
  ㉠ 시료도입부
  ㉡ 고주파전원부
  ㉢ 광원부
  ㉣ 분광부
  ㉤ 연산처리부 및 기록부
② 분광부 구분
  ㉠ 연속주사형 단원소 측정장치
  ㉡ 다원소 동시측정장치

79 X선 회절기법으로 석면 측정 시 X선 회절기로 판단할 수 있는 석면의 정량범위는?

① 0.1~100.0wt%   ② 1.0~100.0wt%
③ 0.1~10.0wt%   ④ 1.0~10.0wt%

해설 **석면의 분석방법에 따른 정량범위**
① X선회절법 : 0.1~100.0wt%
② 편광현미경법 : 1~100.0wt%

80 강열감량 측정 실험에서 다음 데이터를 얻었다. 유기물 함량은 몇 %인가?

• 접시무게(W_1)=30.5238g
• 접시와 시료의 무게(W_2)=58.2695g
• 항량으로 건조, 방냉 후 무게(W_3)=57.1253g
• 강열, 방랭 후 무게(W_4)=43.3767g

① 49.56%   ② 51.68%   ③ 53.68%   ④ 95.88%

해설 강열감량$= \dfrac{58.2695 - 43.3767}{58.2695 - 30.5238} \times 100 = 53.68\%$

수분$= \dfrac{58.2695 - 57.1253}{58.2695 - 30.5238} \times 100 = 4.12\%$

고형물$= \dfrac{57.1253 - 30.5238}{58.2695 - 30.5238} \times 100 = 95.88\%$

휘발성 고형물$=$ 강열감량 $-$ 수분 $= 53.68 - 4.12 = 49.56\%$

유기물 함량$= \dfrac{\text{휘발성 고형물}}{\text{고형물}} \times 100 = \dfrac{49.56}{95.88} \times 100 = 51.68\%$

제5과목   폐기물관계법규

[Note] 2012~2015년 폐기물관계법규 관련 문제는 법규의 변경 사항이 많으므로 문제유형만 학습하시기 바랍니다.

81 다음 중 환경정책기본법에 의한 환경보전협회에서 교육을 받아야 하는 대상자와 거리가 먼 것은?

① 폐기물 처분시설의 설치자로서 스스로 기술 관리를 하는 자
② 폐기물 처리업자(폐기물 수집 · 운반업자는 제외한다.)가 고용한 기술요원
③ 폐기물 수집 · 운반업자 또는 그가 고용한 기술담당자
④ 폐기물 처리 신고자 또는 그가 고용한 기술담당자

82 다음은 방치폐기물의 처리이행보증보험에 관한 내용이다. ( ) 안에 옳은 내용은?

방치폐기물의 처리이행보증보험의 가입기간은 1년 이상 연 단위로 하며 보증기간은 보험 종료일에 ( )을 가산한 기간으로 하여야 한다.

① 15일   ② 30일   ③ 60일   ④ 90일

83 폐기물관리법 시행령에서 '폐기물처리시설의 종류' 중 재활용시설에 해당하지 않는 것은?

① 용해로(폐기물에서 비철금속을 추출하는 경우로 한정함)
② 소성(시멘트 소성로는 제외함) · 탄화시설
③ 골재가공시설(1일 재활용능력 10톤 이상인 시설로 한정함)
④ 의약품 제조시설

84 중간처분시설 중 소각시설과 가장 거리가 먼 것은?

① 열처리시설
② 열분해시설(가스화시설 포함)
③ 고온소각시설
④ 고온용융시설

85 폐기물관리법에서 적용되는 용어의 뜻으로 옳지 않은 것은?

① '지정폐기물'이란 사업장폐기물 중 폐유 · 폐산 등 주변 환경을 오염시킬 수 있거나 의료폐기물 등 인체에 위해를 줄 수 있는 해로운 물질로서 대통령령으로 정하는 폐기물을 말한다.
② '생활폐기물'이란 사업장폐기물 외의 폐기물을 말한다.
③ '폐기물감량화시설'이란 생산공정에서 발생하는 폐기물의 양을 줄이고 사업장 내 재활용을 통하여 폐기물 배출을 최소화 하는 시설로서 대통령령으로 정하는 시설을 말한다.
④ '폐기물처리시설'이라 함은 폐기물의 수집, 운반시설, 폐기물의 중간처리시설, 최종처리시설로서 대통령령으로 정하는 시설을 말한다.

86 폐기물관리법에서는 폐기물처리담당자등은 3년마다 지정교육기관에서 실시하는 보수 교육을 받도록 하고 있는데 이에 대한 내용으로 옳지 않은 것은?

① 폐기물처리시설의 기술관리인은 국립환경인력개발원에서 교육을 받을 수 있다.

② 시 · 도지사나 지방환경관서의 장은 관할구역의 교육대상자를 선발하여 그 명단을 해당 교육과정이 시작되기 30일 전까지 교육기관의 장에게 알려야 한다.
③ 교육과정은 사업장폐기물배출자과정, 폐기물처리업 기술요원과정, 폐기물재활용신고자과정, 폐기물처리시설기술담당자과정이 있다.
④ 환경보전협회에서 실시하는 교육과정의 교육기간은 1일 이내로 한다.

87 폐기물의 에너지 회수기준으로 틀린 것은?

① 다른 물질과 혼합하지 아니하고 해당 폐기물의 저위발열량이 킬로그램당 3천 킬로칼로리 이상일 것
② 에너지 회수효율(회수에너지 총량을 투입에너지 총량으로 나눈 비율을 말한다.)이 75퍼센트 이상일 것
③ 회수열을 전량 열원으로 스스로 이용하거나 다른 사람에게 공급할 것
④ 환경부장관이 정하여 고시하는 경우에는 폐기물의 50% 이상을 원료 또는 재료로 재활용하고 그 나머지 중에 에너지의 회수에 이용할 것

88 기술관리인을 두어야 할 폐기물처리시설은?

① 지정폐기물 외의 폐기물을 매립하는 시설로 면적이 5천 제곱미터인 시설
② 멸균분쇄시설로 시간당 처리능력이 200킬로그램인 시설
③ 지정폐기물 외의 폐기물을 매립하는 시설로 매립용적이 1만 세제곱미터인 시설
④ 소각시설로서 감염성 폐기물을 시간당 100킬로그램 처리하는 시설

89 폐기물처리 기본계획에 포함되어야 하는 내용과 가장 거리가 먼 것은?

① 폐기물처리시설의 설치 현황과 향후 설치 계획
② 재원의 확보 계획
③ 폐기물의 감량화와 재활용 등 자원화에 관한 사항
④ 폐기물별 관리 여건 및 전망

정답 **83** ③ **84** ① **85** ④ **86** ② **87** ④ **88** ② **89** ④

90 특별자치도지사, 시장·군수·구청장이나 공원·도로 등 시설의 관리자가 폐기물의 수집을 위하여 마련한 장소나 설비 외의 장소에 사업장폐기물을 버리거나 매립한자에게 부과되는 벌칙기준으로 옳은 것은?

① 5년 이하의 징역 또는 5천만 원 이하의 벌금
② 7년 이하의 징역 또는 7천만 원 이하의 벌금
③ 5년 이하의 징역 또는 7천만 원 이하의 벌금
④ 7년 이하의 징역 또는 9천만 원 이하의 벌금

91 폐기물처리시설 중 환경부령이 정한 멸균분쇄시설의 검사기관이 아닌 것은?

① 한국산업기술시험원　② 한국환경공단
③ 보건환경연구원　　　④ 수도권매립지관리공사

92 주변지역 영향 조사대상 폐기물처리시설 기준으로 틀린 것은?(단, 폐기물처리업자가 설치, 운영)

① 시멘트 소성로(폐기물을 연료로 사용하는 경우로 한정한다.)
② 매립면적 15만 제곱미터 이상의 사업장 일반폐기물 매립시설
③ 매립면적 3만 제곱미터 이상의 사업장 지정폐기물 매립시설
④ 1일 처리능력이 50톤 이상인 사업장폐기물 소각시설 (같은 사업장에 여러 개의 소각시설이 있는 경우에는 각 소각시설의 1일 처리능력의 합계가 50톤 이상인 경우를 말한다.)

93 폐기물부담금 및 재활용부과금의 용도로 옳지 않은 것은?

① 재활용 가능 자원의 구입 및 비축
② 재활용을 촉진하기 위한 사업의 지원
③ 재활용품의 검사를 위한 장비구입 및 기술지원
④ 폐기물의 재활용을 위한 사업 및 폐기물 처리시설의 설치지원

94 의료폐기물을 대상으로 폐기물처리시설이 갖추어야 하는 기술관리인의 자격기준이 아닌 것은?

① 수질환경산업기사　② 폐기물처리산업기사
③ 임상병리사　　　　④ 위생사

95 폐기물처리시설의 설치기준에서 고온용융시설의 출구온도는 섭씨 몇 도 이상이어야 하는가?

① 1,100℃　　　　② 1,200℃
③ 1,300℃　　　　④ 1,400℃

96 사용 종료되거나 폐쇄된 매립시설이 소재한 토지의 소유권 또는 소유권 외의 권리를 가지고 있는 자는 그 토지를 이용하려면 토지이용계획서에 환경부령으로 정하는 서류를 첨부하여 환경부장관에게 제출하여야 한다. '환경부령으로 정하는 서류'와 가장 거리가 먼 것은?

① 이용하려는 토지의 도면
② 매립폐기물의 종류·양 및 복토상태를 적은 서류
③ 지적도
④ 매립가스 발생량 및 사용계획서

97 다음 중 '3년 이하의 징역이나 3천만 원 이하의 벌금'에 해당하는 벌칙기준에 해당하지 않는 것은?

① 수입폐기물을 수입 당시의 성질과 상태 그대로 수출한 자
② 승인을 받지 아니하고 폐기물처리시설을 설치한 자
③ 다른 사람에게 자기의 성명이나 상호를 사용하여 폐기물을 처리하게 하거나 그 허가증을 다른 사람에게 빌려준 자
④ 폐기물처리시설의 설치 또는 유지·관리가 기준에 맞지 아니하여 지시된 개선명령을 이행하지 아니하거나 사용중지 명령을 위반한 자

98 다음 중 폐기물 감량화시설의 종류와 가장 거리가 먼 것은?

① 폐기물 선별시설　　② 폐기물 재활용시설
③ 폐기물 재이용시설　④ 공정 개선시설

99 폐기물 통계조사를 위한 폐기물 발생 및 처리 현황은 몇 년마다 조사하여야 하는가?

① 1년마다　　　　　② 2년마다
③ 3년마다　　　　　④ 5년마다

100 환경부장관이나 시도지사가 폐기물처리업자에게 영업정지를 갈음하여 부과할 수 있는 과징금의 최대액수는?

① 1억 원　　　　　② 2억 원
③ 3억 원　　　　　④ 5억 원

제1과목 | 폐기물개론

01 생활폐기물 중 포장폐기물 감량화에 대한 설명으로 옳은 것은?

① 포장지의 무료 제공
② 상품의 포장공간비율 감소화
③ 백화점 자체 봉투 사용 장려
④ 백화점에서 구매 직후 상품 겉포장 벗기는 행위 금지

〔해설〕 ① 포장지의 무료 제공 금지
③ 백화점 자체 봉투 사용 금지
④ 백화점 구매상품 겉포장 행위 금지

02 적환장의 설치가 필요한 경우와 가장 거리가 먼 것은?

① 고밀도 거주지역이 존재할 때
② 작은 용량의 수집차량을 사용할 때
③ 슬러지 수송이나 공기수송 방식을 사용할 때
④ 불법투기와 다량의 어지러진 쓰레기들이 발생할 때

〔해설〕 적환장 설치가 필요한 경우
① 작은 용량의 수집차량을 사용할 때(15m³ 이하)
② 저밀도 거주지역이 존재할 때
③ 불법투기와 다량의 어질러진 쓰레기들이 발생할 때
④ 슬러지 수송이나 공기수송방식을 사용할 때
⑤ 처분지가 수집장소로부터 멀리 떨어져 있을 때
⑥ 상업지역에서 폐기물 수집에 소형 용기를 많이 사용하는 경우
⑦ 쓰레기 수송 비용절감이 필요한 경우
⑧ 압축식 수거 시스템인 경우

03 1일 폐기물의 발생량이 2,880m³인 도시에서 3m³ 용적의 차량으로 쓰레기를 매립장까지 운반하고자 한다. 운전시간 16시간, 운반거리 2km, 적재시간 25분, 운송(왕복)시간 25분, 적하시간 10분, 대기차량 2대를 고려하여 소요차량 수(대/일)를 구하면?

① 60
② 62
③ 64
④ 66

〔해설〕 소요차량(대)

$$= \frac{하루\ 폐기물\ 수거량}{1일\ 1대당\ 운반량}$$

하루 폐기물 발생량 $= 2,880\text{m}^3/$일

$$1일\ 1대당\ 운반량 = \frac{3\text{m}^3/대 \times 16\text{hr}/일 \cdot 대}{(25+25+10)\min \times \text{hr}/60\min}$$

$$= 48\text{m}^3/일 \cdot 대$$

$$= \frac{2,880\text{m}^3/일}{48\text{m}^3/일 \cdot 대} = 60 + 2(예비차량) = 62대$$

04 밀도가 350kg/m³인 쓰레기 12m³ 중 비가연성 부분이 중량비로 약 65%를 차지하고 있을 때, 가연성 물질의 양은?

① 1.32톤
② 1.38톤
③ 1.43톤
④ 1.47톤

〔해설〕 가연성물질의 양(ton) = 밀도 × 부피 × 가연성물질 함유비율

$$= 0.35\text{ton/m}^3 \times 12\text{m}^3 \times \left(\frac{100-65}{100}\right)$$

$$= 1.47\text{ton}$$

05 폐기물의 재활용 기술 중에 RDF(Refuse Derived Fuel)가 있다. RDF를 만들기 위한 조건으로 적당하지 않은 것은?

① 칼로리가 높아야 하므로 고분자 물질인 PVC 함량을 높여야 한다.
② 재의 함량이 적어야 한다.
③ 저장 및 운반이 용이하여야 한다.
④ 대기오염도가 낮아야 한다.

〔해설〕 RDF를 만들 경우 PVC 등이 함유되면 연소 시 배기가스처리에 유의하여야 하며 Cl 함량의 영향으로 다이옥신 발생 위험성이 높다.

06 폐기물 발생량을 예측하는 방법 중 단지 시간과 그에 따른 쓰레기 발생량(또는 성상) 간의 상관관계만을 고려하는 것은?

① 동적모사모델
② 발생량 관계 변수법
③ 경향법
④ 다중회귀모델

〔정답〕 **01** ② **02** ① **03** ② **04** ④ **05** ① **06** ③

폐기 폐기물 발생량 예측방법

방법(모델)	내용
경향법 (Trend Method) 경향예측모델	• 최저 5년 이상의 과거 처리 실적을 수식 model에 대하여 과거의 경향을 가지고 장래를 예측하는 방법 • 단지 시간과 그에 따른 쓰레기 발생량(또는 성상) 간의 상관관계만을 고려하며 이를 수식으로 표현하면 $x = f(t)$ • $x = f(t)$는 선형, 지수형, 대수형 등에서 가장 근사한 형태를 택함
다중회귀모델 (Multiple Regression Model)	• 하나의 수식으로 각 인자들의 효과를 총괄적으로 나타내어 복잡한 시스템의 분석에 유용하게 사용할 수 있는 쓰레기 발생량 예측방법 • 각 인자마다 효과를 파악하기보다는 전체 인자의 효과를 총괄적으로 파악하는 것이 간편하고 유용한 예측방법으로 시간을 단순히 하나의 독립된 종속인자로 대입 • 수식 $x = f(X_1 X_2 X_3 \cdots X_n)$, 여기서 $X_1 X_2 X_3 \cdots X_n$은 쓰레기 발생량에 영향을 주는 인자 ※ 인자 : 인구, 지역소득(GNP 또는 GRP), 자원회수량, 상품 소비량 또는 매출액(자원회수량, 사회적·경제적 특성이 고려됨)
동적모사모델 (Dynamic Simulation Model)	• 쓰레기 발생량에 영향을 주는 모든 인자를 시간에 대한 함수로 나타낸 후 시간에 대한 함수로 표현된 각 영향인자들 간의 상관관계를 수식화하는 방법 • 시간만을 고려하는 경향법과 시간을 단순히 하나의 독립적인 종속인자로 고려하는 다중회귀모델의 문제점을 보완한 예측방법 • Dynamo 모델 등이 있음

07 다음과 같은 조성의 폐기물의 저위발열량(kcal/kg)을 Dulong 식을 이용하여 계산한 값은?(단, 탄소, 수소, 황의 연소발열량은 각각 8,100kcal/kg, 34,000kcal/kg, 2,500kcal/kg으로 한다.)

조성(%) : 휘발성 고형물 = 50, 회분 = 50이며, 휘발성 고형물의 원소분석결과는 C = 50, H = 30, O = 10, N = 10이다.

① 약 5,200kcal/kg ② 약 5,700kcal/kg
③ 약 6,100kcal/kg ④ 약 6,400kcal/kg

해설 H_h (kcal/kg)

$= 8,100C + 34,000\left(H - \dfrac{O}{8}\right) + 2,500S$

$= 8,100 \times (0.5 \times 0.5) + 34,000\left[(0.3 \times 0.5) - \left(\dfrac{0.1 \times 0.5}{8}\right)\right]$

$\quad + (2,500 \times 0) = 6,912.5\text{kcal/kg}$

H_l (kcal/kg)

$= H_h - 600(9H + W)(\text{kcal/kg})$

$= 6,912.5 - 600[(9 \times 0.3 \times 0.5) + 0] = 6,102.5\text{kcal/kg}$

08 쓰레기 시료 100kg의 습윤조건 무게 및 함수율 측정결과가 다음과 같을 때, 이 시료의 건조 중량은 얼마인가?

성분	습윤상태의 무게(kg)	함수율(%)
음식류	70	60
목재류	13	18
종이류	9	12
기타	8	10

① 39kg ② 46kg
③ 54kg ④ 62kg

해설 건조중량(kg) $= \sum\left[\text{수분상태 무게} \times \dfrac{(100 - \text{함수율})}{100}\right]$

$= \left[\left(70 \times \dfrac{100 - 60}{100}\right) + \left(13 \times \dfrac{100 - 18}{100}\right)\right.$

$\left. + \left(9 \times \dfrac{100 - 12}{100}\right) \times \left(8 \times \dfrac{100 - 10}{100}\right)\right] = 53.78\text{kg}$

09 분뇨의 함수율이 95%이고 유기물 함량이 고형물 질량의 60%를 차지하고 있다. 소화조를 거친 뒤 유기물량을 조사하였더니 원래의 반으로 줄었다고 한다. 소화된 분뇨의 함수율(%)은?(단, 소화 시 수분의 변화는 없다고 가정한다. 분뇨 비중은 1.0으로 가정함)

① 95.5% ② 96.0%
③ 96.5% ④ 97.0%

해설 $SL = TS + W$

$W = SL - TS(VS + FS)$

$\quad FS = 100SL \times \dfrac{(100 - 95)\,TS}{100SL} \times 0.4 = 2\%$

$\quad VS = 100SL \times \dfrac{(100 - 95)\,TS}{100SL} \times 0.6 \times 0.5 = 1.5\%$

$\quad = 100 - (2 + 1.5) = 96.5\%$

10 폐기물을 Ultimate Analysis에 의해 분석할 때 분석대상 항목이 아닌 것은?

① 질소(N)   ② 황(S)
③ 인(P)   ④ 산소(O)

해설 원소분석(Ultimate Analysis)에 의한 분석대상 항목
C, H, N, O, S, H₂O, Cl

11 분리수거제도에서 감량화대책으로서 옳지 않은 것은?

① 수익성, 채산성이 있는 것은 민간이, 민간이 기피하는 것은 공공부문이 역할분담
② 분리대상 재활용품의 품목을 지정
③ 쓰레기 수집 · 운반장비의 기계화 · 현대화
④ 각종 상품구매 시에 봉투사용 권장

해설 각종 상품 구매 시에 봉투사용을 금지한다.

12 파쇄 시의 에너지 소모량을 예측하기 위한 여러 모델들 중 다음 식의 형태로 요약되는 법칙과 거리가 먼 것은?

$$\frac{dE}{dL} = -CL^{-n}$$

(단, E : 폐기물 파쇄에너지, L : 입자의 크기
n : 상수, C : 상수)

① Rittinger의 법칙   ② Kick의 법칙
③ Caster의 법칙   ④ Bond의 법칙

해설 파쇄와 관련 법칙
① Kick의 법칙   ② Rittinger의 법칙   ③ Bond의 법칙

13 밀도가 200kg/m³인 폐기물을 압축하여 밀도가 500kg/m³가 되도록 하였다면 압축된 폐기물 부피는?

① 초기부피의 25%   ② 초기부피의 30%
③ 초기부피의 40%   ④ 초기부피의 45%

해설 초기부피(V_i) $= \dfrac{1\text{ton}}{0.2\text{ton/m}^3} = 5\text{m}^3$

압축 후 부피(V_f) $= \dfrac{1\text{ton}}{0.5\text{ton/m}^3} = 2\text{m}^3$

$\dfrac{V_f}{V_i} \times 100 = \dfrac{2}{5} \times 100 = 40\%$

14 다음 중 유해폐기물의 불법매립과 가장 관련이 깊은 사건은?

① 러브커넬 사건   ② 도노라 사건
③ 뮤즈계곡 사건   ④ 포자리카 사건

해설 러브커넬 사건(1940~1952)은 미국 후커 케미칼사의 유해폐기물 불법매립으로 일어난 환경재난사건이다.

15 투입량이 1.0t/hr이고, 회수량이 600kg/hr(그중 회수대상물질은 550kg/hr)이며 제거량은 400kg/hr(그중 회수대상물질은 70kg/hr)일 때 선별효율은?(단, Rietema 식 적용)

① 87%   ② 84%
③ 79%   ④ 76%

해설 $x_1 = 550\text{kg/hr}$
$y_1 = 50\text{kg/hr}$
$x_2 = 70\text{kg/hr}$
$y_2 = (1{,}000 - 600 - 70)330\text{kg/hr}$
$x_0 = x_1 + x_2 = 550 + 70 = 620\text{kg}$
$y_0 = y_1 + y_2 = 50 + 330 = 380\text{kg/hr}$

Rietema식
$$E(\%) = \left|\left|\frac{x_1}{x_0} - \frac{y_1}{y_0}\right|\right| \times 100 = \left|\left|\frac{550}{620} - \frac{50}{380}\right|\right| \times 100 = 75.55\%$$

[Note] x_0(투입량 중 회수대상물질)
y_0(제거량 중 비회수대상물질)
x_1(회수량 중 회수대상물질)
y_1(회수량 중 비회수대상물질)
x_2(제거량 중 회수대상물질)
y_2(제거량 중 비회수대상물질)

16 4%의 고형물을 함유하는 슬러지 300m³를 탈수시켜 70%의 함수율을 갖는 케이크를 얻었다면 탈수된 케이크의 양은 몇 m³인가?(단, 슬러지의 밀도는 1ton/m³이다.)

① 50m³   ② 40m³
③ 30m³   ④ 20m³

해설 $300\text{m}^3 \times 0.04 = $ 탈수된 케이크 양$(\text{m}^3) \times (1-0.7)$
탈수된 케이크양$(\text{m}^3) = \dfrac{300\text{m}^3 \times 0.04}{0.3} = 40\text{m}^3$

정답 10 ③   11 ④   12 ③   13 ③   14 ①   15 ④   16 ②

17 퇴비화의 진행 시간에 따른 온도의 변화 단계가 순서대로 연결된 것은?

① 고온단계 – 중온단계 – 냉각단계 – 숙성단계
② 중온단계 – 고온단계 – 냉각단계 – 숙성단계
③ 숙성단계 – 고온단계 – 중온단계 – 냉각단계
④ 숙성단계 – 중온단계 – 고온단계 – 냉각단계

💬 퇴비화 온도변화단계
중온단계 → 고온단계 → 냉각단계 → 숙성단계

18 파쇄장치 중 전단식 파쇄기에 관한 설명으로 옳지 않은 것은?

① 고정칼이나 왕복칼 또는 회전칼을 이용하여 폐기물을 절단한다.
② 충격파쇄기에 비해 대체적으로 파쇄속도가 빠르다.
③ 충격파쇄기에 비해 이물질의 혼입에 대하여 약하다.
④ 파쇄물의 크기를 고르게 할 수 있다.

💬 전단파쇄기
① 원리
고정칼의 왕복 또는 회전칼(가동칼)의 교합에 의하여 폐기물을 전단한다.
② 특징
㉠ 충격파쇄기에 비하여 파쇄속도가 느리다.
㉡ 충격파쇄기에 비하여 이물질의 혼입에 취약하다.
㉢ 충격파쇄기에 비하여 파쇄물의 입도(크기)를 고르게 할 수 있다.(장점)
㉣ 전단파쇄기는 해머밀 파쇄기보다 저속으로 운전된다.
㉤ 소각로 전처리에 많이 이용되나 처리용량이 작아 대량이나 연쇄파쇄에 부적합하다.
㉥ 분진, 소음, 진동이 적고 폭발위험이 거의 없다.
③ 종류
㉠ Van Roll식 왕복전단 파쇄기
㉡ Lindemann식 왕복전단 파쇄기
㉢ 회전식 전단 파쇄기
㉣ Tollemacshe
④ 대상 폐기물
목재류, 플라스틱류, 종이류, 페타이어(연질플라스틱과 종이류가 혼합된 폐기물을 파쇄하는 데 효과적)

19 발열량 분석에 대한 설명 중 옳지 않은 것은?

① 저위발열량은 소각로 설계기준이 된다.
② 원소분석방법에 의하여 저위발열량을 추정할 수 있다.
③ 단열열량계에 의하여 저위발열량을 추정할 수 있다.

④ 원소분석방법 중 Steuer의 식은 O가 전부 CO의 형태로 되어 있다고 가정한 경우이다.

💬 스튜어(Steuer) 식은 O의 1/2이 H_2O, 나머지 1/2이 CO로 존재하는 것으로 가정한 식이다.

20 관거 수거에 대한 다음 설명 중 옳지 않은 것은?

① 현탁물 수송은 관의 마모가 크고 동력소모가 많은 것이 단점이다.
② 캡슐수송은 쓰레기를 충전한 캡슐을 수송관내에 삽입하여 공기나 물의 흐름을 이용하여 수송하는 방식이다.
③ 공기수송은 공기의 동압에 의해 쓰레기를 수송하는 것으로서 진공수송과 가압수송이 있다.
④ 공기수송은 고층주택밀집지역에 적합하며 소음방지시설 설치가 필요하다.

💬 현탁물 수송(슬러리 수송)은 관 마모가 적고 동력도 적게 소모된다.

제2과목 폐기물처리기술

21 밀도가 $1.5g/cm^3$인 폐기물 10kg에 고형물재료를 5kg 첨가하여 고형화시킨 결과 밀도가 $6.0g/cm^3$으로 증가하였다면 폐기물의 부피변화율(VCF)은?

① 0.48 ② 0.42 ③ 0.38 ④ 0.32

💬 $VCF = \dfrac{V_s}{V_r}$

$V_r = \dfrac{M_r}{\rho_r} = \dfrac{10kg}{1.5g/cm^3 \times kg/1,000g} = 6,666.67m^3$

$V_s = \dfrac{M_s}{\rho_s} = \dfrac{(10+5)kg}{6.0g/cm^3 \times kg/1,000g} = 2,500m^3$

$= \dfrac{2,500}{6,666.67} = 0.38$

22 쓰레기 수거차의 적재능력은 $10m^3$이고, 8톤을 적재할 수 있다. 밀도가 $0.75ton/m^3$인 폐기물 $3,000m^3$을 동시에 수거하려면 몇 대의 수거차가 필요한가?

① 200대 ② 250대 ③ 300대 ④ 350대

정답 17 ② 18 ② 19 ④ 20 ① 21 ③ 22 ③

2015

해설 소요차량(대) $= \dfrac{\text{폐기물 발생량}}{\text{1대당 운반량}} = \dfrac{3{,}000\text{m}^3}{10\text{m}^3/\text{대}} = 300$ 대

23 매립지의 표면차수막에 관한 설명으로 옳지 않은 것은?

① 매립지 지반의 투수계수가 큰 경우에 사용한다.

② 지하수 집배수시설이 필요하다.

③ 단위면적당 공사비는 비싸나 총 공사비는 싸다.

④ 보수는 매립 전에는 용이하나 매립 후는 어렵다.

해설 **표면차수막**

① 적용조건
 ㉠ 매립지반의 투수계수가 큰 경우에 사용
 ㉡ 매립지의 필요한 범위에 차수재료로 덮인 바닥이 있는 경우에 사용

② 시공
 매립지 전체를 차수재료로 덮는 방식으로 시공

③ 지하수 집배수시설
 원칙적으로 지하수 집배수시설을 시공하므로 필요함

④ 차수성 확인
 시공 시에는 차수성이 확인되지만 매립 후에는 곤란함

⑤ 경제성
 단위면적당 공사비는 저가이나 전체적으로 비용이 많이 듦

⑥ 보수
 매립 전에는 보수, 보강 시공이 가능하나 매립 후에는 어려움

⑦ 공법 종류
 ㉠ 지하연속벽 　㉡ 합성고무계 시트
 ㉢ 합성수지계 시트 　㉣ 아스팔트계 시트

24 유기물($C_6H_{12}O_6$) 8kg을 혐기성으로 완전 분해할 때 생성될 수 있는 이론적 메탄의 양(Sm^3)은?

① 약 2.0

② 약 3.0

③ 약 4.0

④ 약 5.0

해설 $C_6H_{12}O_6 \longrightarrow 3CH_4 + 3CO_2$

180kg　:　$3 \times 22.4 Sm^3$

8kg　:　$CH_4(Sm^3)$

$CH_4(Sm^3) = \dfrac{8kg \times (3 \times 22.4)Sm^3}{180kg} = 2.99 Sm^3$

25 매립지에서 침출된 침출수 농도가 반으로 감소하는 데 약 3년이 걸린다면 이 침출수 농도가 90% 분해되는 데 걸리는 시간(년)은?(단, 일차반응 기준)

① 6년　　② 8년　　③ 10년　　④ 12년

해설 $\ln\dfrac{C_t}{C_o} = -kt$

$\ln 0.5 = -k \times 3\text{year}, \quad k = 0.2310\text{year}^{-1}$

$\ln\left(\dfrac{10}{100}\right) = -0.2310\text{year}^{-1} \times t$

$t = 9.97\text{year}$

26 폐기물의 퇴비화에 대한 설명 중 가장 거리가 먼 내용은?

① 탄질률(C/N)은 퇴비화가 진행되면서 점차 낮아져 최종적으로 30 정도가 된다.

② 폐기물 내에 질소함량이 적은 것은 퇴비화가 잘 되지 않는다.

③ pH는 운전 초기에는 5~6 정도로 떨어졌다가 퇴비화됨에 따라 증가하여 최종적으로 8~9가량이 된다.

④ 온도가 서서히 내려가 40℃ 이하 정도가 되면 퇴비화가 거의 완성된 상태로 간주한다.

해설 C/N비는 분해가 진행될수록 점점 낮아져 최종적으로 10 정도가 된다.

27 다량의 분뇨를 일시에 소화조에 투입할 때 일반적으로 나타나는 장해라 볼 수 없는 것은?

① 스컴(Scum)의 발생 증가

② pH 저하

③ 유기산의 저하

④ 탈리액의 인출 불균등

해설 **다량분뇨를 일시에 소화조에 투입 시 장해**

① 스컴(Scum)의 발생 증가

② 소화조 내의 pH 및 온도 저하

③ 유기산농도 및 가스압 증가

④ 탈리액의 인출 불균형

28 슬러지 개량(Conditioning)에 관한 설명 중 틀린 것은?

① 주로 슬러지의 탈수 성질을 향상시키기 위하여 시행한다.

② 주로 화학약품처리, 열처리를 행하며, 수세나 물리적인 세척방법 등도 효과가 있다.

③ 슬러지를 열처리함으로써 슬러지 내의 Colloid와 미세입자 결합을 유도, 고액분리를 쉽게 한다.

④ 수세는 주로 혐기성 소화된 슬러지 대상으로 실시하며 소화슬러지의 알칼리도를 낮춘다.

해설 열처리는 슬러지액을 밀폐된 상황에서 150~200℃ 정도의 온도로 반 시간~한 시간 정도 처리함으로써 슬러지 내의 콜로이드와 겔구조를 파괴하여 탈수성을 개량한다.

29 1일 폐기물 배출량이 700t인 도시에서 도랑(Trench)법으로 매립지를 선정하려 한다. 쓰레기의 압축이 30%가 가능하다면 1일 필요한 면적은?(단, 발생된 쓰레기의 밀도는 250kg/m^3, 매립지의 깊이는 2.5m)

① 약 634m^2 ② 약 784m^2
③ 약 854m^2 ④ 약 964m^2

해설
$$\text{매립 면적}(m^2/day) = \frac{\text{매립폐기물의 양}}{\text{폐기물 밀도} \times \text{매립 깊이}}$$
$$= \frac{700\text{ton/day}}{0.25\text{ton/m}^3 \times 2.5\text{m}} \times (1-0.3)$$
$$= 784m^2/day$$

30 다음 유해성 물질 중 침전, 이온교환기술을 적용하여 처리하기에 가장 어려운 것은?

① As   ② CN
③ Pb   ④ Hg

해설 CN은 주로 알칼리염소법, 오존처리를 이용하여 처리한다.

31 쓰레기의 퇴비화 과정에서 총 질소 농도의 비율이 증가되는 원인으로 가장 알맞은 것은?

① 퇴비화 과정에서 미생물의 활동으로 질소를 고정시킨다.

② 퇴비화 과정에서 원래의 질소분이 소모되지 않으므로 생긴 결과이다.

③ 질소분의 소모에 비해 탄소분이 급격히 소모되므로 생긴 결과이다.

④ 단백질의 분해로 생긴 결과이다.

해설 퇴비화 과정에서 총 질소 농도의 비율이 증가되는 원인은 질소분의 소모에 비해 탄소분이 급격히 소모되므로 즉 탄소분에 비해 질소의 소모가 적기 때문이다.

32 Soil Vapor Extraction(SVE) 기술에 대한 내용으로 옳지 않은 것은?

① 토양층이 치밀하여 기체 흐름이 어려운 곳에서는 적용이 어렵다.

② 지반구조에 상관없이 총 처리시간을 예측하기가 용이하다.

③ 생물학적 처리효율을 높여준다.

④ 오염물질의 독성은 변화가 없다.

해설 토양증기추출법
① 장점
　㉠ 비교적 기계 및 장치가 간단·단순함
　㉡ 지하수의 깊이에 대한 제한을 받지 않음
　㉢ 유지, 관리비가 적으며 굴착이 필요 없음
　㉣ 생물학적 처리효율을 보다 높여줌
　㉤ 단기간에 설치가 가능함
　㉥ 가장 많은 적용사례가 있음
　㉦ 즉시 결과를 얻을 수 있고 영구적 재생이 가능함
　㉧ 다른 시약이 필요 없음
② 단점
　㉠ 지반구조의 복잡성으로 인해 총 처리기간을 예측하기 어려움
　㉡ 오염물질의 증기압이 낮은 경우 오염물질의 제거효율이 낮음
　㉢ 토양의 침투성이 양호하고 균일하여야 적용 가능함
　㉣ 토양층이 치밀하여 기체흐름의 정도가 어려운 곳에서는 사용이 곤란함
　㉤ 추출 기체는 후처리를 위해 대기오염 방지장치가 필요함
　㉥ 오염물질의 독성은 처리 후에도 변화가 없음

33 폐기물 최종처분장의 매립시설에서 저류구조물의 종류 및 특징을 설명한 내용으로 옳은 것은?

① 중력식 콘크리트 제방－기초지반이 견고해야 한다. －내진성이 우수해야 한다. －콘크리트 사용량이 많이 소요된다.

② 아치(Arch)식 콘크리트 제방－기초 및 양안이 견고한 암반이어야 한다. －콘크리트 사용량이 많이 소요된다.

③ 균일형 성토 제방－시공이 복잡하다. －배수구를 설치해야 한다. －안정성이 낮다.

④ 존(Zone)형 성토 제방－안정성이 낮다. －제방높이가 높은 경우에 적합하다. －시공속도가 느리다.

정답   **29** ②   **30** ②   **31** ③   **32** ②   **33** ③

해설 ① 중력식 콘크리트 제방

기초암반 등 지질조건이 양호하고, 제체의 축조에 사용될 골재(자갈, 모래 등)의 취득이 용이한 곳에 선정한다.

② 아치(Arch)식 콘크리트 제방

하상부에 대해서는 중력식 제방보다 전단강도에 대한 제약이 적지만 상부까지 암반이 견고하고 아치추력에 충분히 저항할 수 있는 강도가 필요하다.

④ 존(Zone)형 성토제방

기초지반 또는 제방 자체의 침하에 충분히 안정된 상태를 유지할 수 있다.

34 매립장에서 침출된 침출수가 다음과 같은 점토로 이루어진 90cm의 차수층을 통과하는데 걸리는 시간은 얼마인가?

- 유효 공극률 = 0.5
- 점토층 하부의 수두 = 점토층 아랫면과 일치
- 점토층 투수계수 = 10^{-7}cm/sec
- 점토층 위의 침출수 수두 = 40cm

① 약 8년　　　　　② 약 10년
③ 약 12년　　　　④ 약 14년

해설 소요시간(year) $= \dfrac{d^2 \eta}{k(d+h)}$ (sec)

$$= \dfrac{0.9^2 \mathrm{m}^2 \times 0.5}{10^{-7} \mathrm{cm/sec} \times \mathrm{m}/100\mathrm{cm} \times (0.9+0.4)\mathrm{m}}$$

$= 311,538,461.5 \mathrm{sec} \times \mathrm{year}/31,536,000\mathrm{sec}$

$= 9.88 \mathrm{year}$

35 폐기물매립지에서 우수 집배수시설의 기능에 대한 설명으로 옳지 않은 것은?

① 침출수의 유출이나 누수 및 지하수의 침입을 방지
② 미 매립구역의 우수 등이 매립구역 내로 유입되는 것을 방지
③ 기 매립구역의 우수 등이 매립구역 내로 유입되는 것을 방지
④ 매립지 주변의 강우 등이 매립지에 유입되는 것을 방지

해설 ①항은 차수시설의 기능이다.

36 매립지 주위의 우수를 배수하기 위한 배수관의 결정에서 틀린 사항은?

① 수로의 형상은 장방형 또는 사다리꼴이 좋으며 조도계수 또한 크게 하는 것이 좋다.
② 유수단면적은 토사의 혼입으로 인한 유량증가 및 여유고를 고려하여야 한다.
③ 우수의 배수에 있어서 토수로의 경우는 평균유속이 3m/sec 이하가 좋다.
④ 우수의 배수에 있어서 콘크리트수로의 경우는 평균유속이 8m/sec 이하가 좋다.

해설 수로의 형상은 장방형 또는 원형이 좋으며 조도계수는 작게 하는 것이 좋다.

37 매립지의 침출수의 특성이 COD/TOC=1.0, BOD/COD=0.03이라면 효율성이 가장 양호한 처리공정은? (단, 매립연한은 15년 정도, COD는 400mg/L)

① 역삼투　　　　　② 화학적 침전(석회 투여)
③ 화학적 산화　　　④ 이온교환수지

해설 **침출수 특성에 따른 처리공정 구분**

	항목	I	II	III
침출수 특성	COD(mg/L)	10,000 이상	500~10,000	500 이하
	COD/TOC	2.7(2.8) 이상	2.0~2.7	2.0 이하
	BOD/COD	0.5 이상	0.1~0.5	0.1 이하
	매립연한	초기 (5년 이하)	중간 (5~10년)	오래(고령)됨 (10년 이상)
주 처리 공정	생물학적 처리	좋음 (양호)	보통	나쁨 (불량)
	화학적 응집·침전 (화학적 침전 : 석회투여)	보통·불량	나쁨 (불량)	나쁨 (불량)
	화학적 산화	보통·나쁨 (불량)	보통	보통
	역삼투(R.O)	보통	좋음 (양호)	좋음 (양호)
	활성탄 흡착	보통·좋음 (양호)	보통·좋음 (양호)	좋음 (양호)
	이온교환 수지	나쁨 (불량)	보통·좋음 (양호)	보통

38 일반적으로 매립지 침출수 중 중금속의 농도가 가장 높게 나타나는 시기는?

① 호기성 단계　　　　② 산 형성 단계
③ 메탄 발효 단계　　　④ 숙성 단계

해설 **중금속**
① 일반적으로 매립지 침출수 중 중금속의 농도가 가장 높게 나타나는 시기는 산형성 단계이다.
② 산 형성 단계에서는 5 이하의 낮은 pH값을 나타내며 BODs, COD, TOC, 영양염 및 중금속 농도는 높게 측정된다.

39 고형화 처리 중 시멘트 기초법에서 가장 흔히 사용되는 보통 포틀랜드 시멘트 성상의 주 성분은?

① CaO, Al_2O_3　　② CaO, SiO_2
③ CaO, MgO　　　④ CaO, Fe_2O_3

해설 **포틀랜드 시멘트 주성분**
① CaO(60~65%) : 석회　　② SiO_2(22%) : 실리카
③ 기타(13%)
　㉠ 알루미나(Al_2O_3)
　㉡ 산화철(Fe_2O_3)

40 어느 하수처리장에서 발생한 생슬러지 내 고형물은 유기물(VS)이 85%, 무기물(FS)이 15%로 구성되어 있으며, 이를 혐기 소화조에서 처리하자 소화 슬러지 내 고형물은 유기물(VS)이 70%, 무기물(FS)이 30%로 되었다면 이때 소화율은?

① 45.8%　　　　② 48.8%
③ 54.8%　　　　④ 58.8%

해설 소화율(%) $= \left(1 - \dfrac{VS_2/FS_2}{VS_1/FS_1}\right) \times 100$

$= \left(1 - \dfrac{0.7/0.3}{0.85/0.15}\right) \times 100 = 58.82\%$

41 쓰레기의 발열량을 H, 불완전연소에 의한 열손실을 Q, 태우고 난 후 재의 열손실을 R이라 할 때 연소효율 η을 구하는 공식 중 옳은 것은?

① $\eta = \dfrac{H - Q - R}{H}$　　② $\eta = \dfrac{H + Q + R}{H}$

③ $\eta = \dfrac{H - Q + R}{H}$　　④ $\eta = \dfrac{H + Q - R}{H}$

해설 **연소효율의 발열량 표현식**

연소효율(η) $= \dfrac{H_l - (L_1 + L_2)}{H_l} \times 100(\%)$

여기서, H_l : 저위 발열량(kcal/kg)
　　　　L_1 : 미연 손실(kcal/kg)
　　　　L_2 : 불완전연소 손실(kcal/kg)

42 유동층 소각로의 장단점을 설명한 것 중 틀린 것은?

① 기계적 구동부분이 많아 고장률이 높다.
② 연소효율이 높아 미연소분이 적고 2차 연소실이 불필요하다.
③ 상(床)으로부터 찌꺼기의 분리가 어렵다.
④ 반응시간이 빨라 소각시간이 짧다.(노 부하율이 높다.)

해설 **유동층 소각로**
① 장점
　㉠ 유동매체의 열용량이 커서 액상, 기상, 고형 폐기물의 전소 및 혼소, 균일한 연소가 가능하다.
　㉡ 반응시간이 빨라 소각시간이 짧다.(노 부하율이 높다.)
　㉢ 연소효율이 높아 미연소분이 적고 2차 연소실이 불필요하다.
　㉣ 가스의 온도가 낮고 과잉공기량이 낮다. 따라서 NO_x도 적게 배출된다.
　㉤ 기계적 구동부분이 적어 고장률이 낮아 유지관리가 용이하다.
　㉥ 노 내 온도의 자동제어로 열회수가 용이하다.
　㉦ 유동매체의 축열량이 높은 관계로 단시간 정지 후 가동 시 보조연료 사용 없이 정상가동이 가능하다.
　㉧ 과잉공기량이 적으므로 다른 소각로보다 보조연료 사용량과 배출가스량이 적다.
　㉨ 석회 또는 반응물질을 유동매체에 혼입시켜 노 내에서 산성가스의 제거가 가능하다.

② 단점

　㉠ 층의 유동으로 상으로부터 찌꺼기의 분리가 어려우며 운전비, 특히 동력비가 높다.

　㉡ 폐기물의 투입이나 유동화를 위해 파쇄가 필요하다.

　㉢ 상재료의 용융을 막기 위해 연소온도는 816℃를 초과할 수 없다.

　㉣ 유동매체의 손실로 인한 보충이 필요하다.

　㉤ 고점착성의 반유동상 슬러지는 처리하기 곤란하다.

　㉥ 소각로 본체에서 압력손실이 크고 유동매체의 비산 또는 분진의 발생량이 가장 많다.

　㉦ 조대한 폐기물은 전처리가 필요하다. 즉, 폐기물의 투입이나 유동화를 위해 파쇄공정이 필요하다.

43 배연탈황법에 대한 설명으로 옳지 않은 것은?

① 석회석 슬러리를 이용한 흡수법은 탈황률의 유지 및 스케일 형성을 방지하기 위해 흡수액의 pH를 6으로 조정한다.

② 활성탄 흡착법에서 SO_2는 활성탄 표면에서 산화된 후 수증기와 반응하여 황산으로 고정된다.

③ 수산화나트륨용액 흡수법에서는 탄산나트륨의 생성을 억제하기 위해 흡수액의 pH를 7로 조정한다.

④ 활성산화망간은 상온에서 SO_2 및 O_2와 반응하여 황산망간을 생성한다.

해설 **활성망간법**

활성산화망간($MnOx \cdot nH_2O$)의 분말을 흡수탑 내에서 SO_2 및 O_2와 반응시켜 황산망간($MnSO_4$)을 생성시키며 부산물로서 황산암모늄$[(NH_4)_2SO_2]$이 발생한다.

44 소각할 쓰레기의 양이 12,760kg/day이다. 1일 10시간 소각로를 가동시키고 화격자의 면적이 7.25m²일 경우 이 쓰레기 소각로의 소각능력(kg/m² · hr)은?

① 116　　　　　　　② 138

③ 176　　　　　　　④ 189

해설 소각능력(화상부하율 : kg/m² · hr)

$= \dfrac{\text{시간당 소각량}}{\text{화격자 면적}}$

$= \dfrac{12,760\text{kg/day} \times \text{day/10hr}}{7.25\text{m}^2} = 176\text{kg/m}^2 \cdot \text{hr}$

45 액상폐기물의 소각처리를 위하여 액체 주입형 연소기(Liquid Injection Incinerator)를 사용하고자 할 때 장점으로 적당하지 않은 것은?

① 광범위한 종류의 액상폐기물을 연소할 수 있다.

② 대기오염 방지시설 이외에 소각재의 처리설비가 필요 없다.

③ 구동장치가 없어서 고장이 적다.

④ 대량처리가 가능하다.

해설 **액체 분무 주입형 소각로(Liquid Injection Incinerator)**

① 장점

　㉠ 광범위한 종류의 액상폐기물을 연소할 수 있다.

　㉡ 대기오염방지시설 이외에 소각재처리시설이 필요 없다.

　㉢ 구동장치가 간단하고 고장이 적다.

　㉣ 운영비가 저렴하다.

　㉤ 기술개발이 잘 되어 있고 자동화가 용이하다.(가동 이외의 경우 무인운전이 가능)

② 단점

　㉠ 버너노즐을 이용하여 액체를 미립화하여야 한다.

　㉡ 완전 연소시켜야 하며 내화물의 파손을 막아야 한다.

　㉢ 고농도 고형분의 농도가 높으면 버너가 막히기 쉽다.

　㉣ 대량처리가 어렵다.

46 어떤 폐기물의 원소조성이 다음과 같을 때 연소 시 필요한 이론공기량(kg/kg)은?(단, 중량 기준, 표준상태 기준으로 계산함)

・가연성분 : 70%(C 60%, H 10%, O 25%, S 5%)
・회분 : 30%

① 4.65　　　　　　　② 7.15

③ 8.35　　　　　　　④ 9.45

해설 $A_o(\text{kg/kg}) = \dfrac{1}{0.232}(1.867C + 5.6H + 0.7S - 0.7O)$

　　가연분 중 각 성분

　　$C = 0.7 \times 0.6 = 0.42$

　　$H = 0.7 \times 0.1 = 0.07$

　　$O = 0.7 \times 0.25 = 0.175$

　　$S = 0.7 \times 0.05 = 0.035$

　　$= \dfrac{1}{0.232}[(1.867 \times 0.42) + (5.6 \times 0.07)$

　　　　$+ (0.7 \times 0.035) - (0.7 \times 0.175)]$

　　$= 4.65\text{kg/kg}$

정답 　43 ④　 44 ③　 45 ④　 46 ①

47 폐기물 소각공정에서 주요 공정상태를 감시하기 위하여 CCTV(감시용 폐쇄회로 카메라)를 설치한다. CCTV 위치별 설치 목적으로 틀린 것은?

[조건]
스토커식 소각로, 1일 200톤 소각규모, 1일 24시간 가동기준

① 소각로 - 노 내 연소상태 및 화염감시
② 연돌 - 연돌매연 배출감시
③ 보일러 드럼 - 보일러 내부 화염상태 감시
④ 쓰레기 투입 호퍼 - 호퍼의 투입구 레벨상태 감시

CCTV(감시용 폐쇄회로카메라) 설치위치

Monitor 위치	CCTV 위치	설치 목적
쓰레기 크레인조작실	투입 Hopper	호퍼의 투입구 레벨상태감시
	Reception Hall	쓰레기 투입상태 확인
	소각로(노 내)	노 내 연소상태 및 화염감시
중앙제어실	연돌	연돌매연 배출감시
	보일러 수면계	보일러 수위감시

[Note] 보일러 내부 화염상태는 보일러의 화염검출기를 이용하여 감시한다.

48 일반적으로 과열기의 중간 또는 뒤쪽에 배치되어 증기터빈 속에서 팽창하여 포화증기에 도달한 증기를 도중에서 이끌어내어 그 압력으로 다시 가열하여 터빈에 되돌려 팽창시키는 열교환기는?

① 재열기
② 절탄기
③ 공기예열기
④ 압열기

재열기
① 과열기와 같은 구조로 되어 있으며 설치위치는 대개 과열기 중간 또는 뒤쪽에 배치한다.
② 보일러(증기) 터빈에서 팽창하여 포화증기에 가까워진 증기를 도중에서 이끌어 내어 그 압력으로 다시 예열하여 터빈에 되돌려 팽창시키는 역할을 한다.

49 다단로 연소방식의 설명 중 옳지 않은 것은?

① 다단로는 내화물을 입힌 가열판, 중앙의 회전축, 일련의 평판상을 구성하는 교반팔로 구성되어 있다.
② 천연가스, 프로판, 오일, 폐유 등 다양한 연료를 사용할 수 있다.
③ 물리, 화학적 성분이 다른 각종 폐기물을 처리할 수 있다.
④ 온도반응이 신속하여 보조연료사용 조절이 용이하다.

다단로 소각방식(Multiple Hearth)
① 장점
    ㉠ 타 소각로에 비해 체류시간이 길어 연소효율이 높고, 특히 휘발성이 낮은 폐기물 연소에 유리하다.
    ㉡ 다량의 수분이 증발되므로 수분함량이 높은 폐기물도 연소가 가능하다.
    ㉢ 물리·화학적 성분이 다른 각종 폐기물을 처리할 수 있다. 즉, 다양한 질의 폐기물에 대하여 혼소가 가능하다.
    ㉣ 많은 연소영역이 있으므로 연소효율을 높일 수 있다.(국소 연소를 피할 수 있음)
    ㉤ 보조연료로 다양한 연료(천연가스, 프로판, 오일, 석탄가루, 폐유 등)를 사용할 수 있다.
    ㉥ 클링커 생성을 방지할 수 있다.
    ㉦ 온도제어가 용이하고 동력이 적게 들며 운전비가 저렴하다.
② 단점
    ㉠ 체류시간이 길어 온도반응이 느리다.(휘발성이 적은 폐기물 연소에 유리)
    ㉡ 늦은 온도반응 때문에 보조연료 사용을 조절하기 어렵다.
    ㉢ 분진발생률이 높다.
    ㉣ 열적 충격이 쉽게 발생하고 내화물이나 상에 손상을 초래한다.(내화재의 손상을 방지하기 위해 1,000℃ 이상으로 운전하지 않는 것이 좋음)
    ㉤ 가동부(교반팔, 회전중심축)가 있으므로 유지비가 높다.
    ㉥ 유해폐기물의 완전분해를 위해서는 2차 연소실이 필요하다.

50 소각로에서 하루 10시간 조업에 10,000kg의 폐기물을 소각처리한다. 소각로 내의 열부하는 30,000kcal/m³·hr이고, 노의 체적은 15m³이다. 이 폐기물의 발열량(kcal/kg)은?

① 150
② 300
③ 450
④ 600

발열량(kcal/kg)
$$= \frac{[열발생률(kcal/m^3 \cdot hr) \times 연소실\ 부피(m^3)]}{시간당\ 연소량(kg/hr)}$$
$$= \frac{30,000kcal/m^3 \cdot hr \times 15m^3}{10,000kg/10hr} = 450kcal/kg$$

정답 47 ③ 48 ① 49 ④ 50 ③

2015

51 메탄 80%, 에탄 11%, 프로판 6%, 나머지는 부탄으로 구성된 기체연료의 고위발열량이 $10,000\text{kcal/Sm}^3$이다. 기체연료의 저위발열량(kcal/Sm^3)은?(단, 메탄 : CH_4, 에탄 : C_2H_6, 프로판 : C_3H_8, 부탄 : C_4H_{10}, 부피 기준)

① 약 8,100　　　　② 약 8,300
③ 약 8,500　　　　④ 약 8,900

해설 CH_4 저위발열량(kcal/Sm^3)
$= H_h - 480 \times n H_2O$
$CH_4 + 2O_2 \rightarrow 2H_2O + CO_2$
$= 10,000 - (480 \times 2) = 9,040\text{kcal/Sm}^3$
C_2H_6 저위발열량(kcal/Sm^3), $C_2H_6 + 3.5O_2 \rightarrow 3H_2O + 2CO_2$
$= 10,000 - (480 \times 3) = 8,560\text{kcal/Sm}^3$
C_3H_8 저위발열량(kcal/Sm^3), $C_3H_8 + 5O_2 \rightarrow 4H_2O + 3CO_2$
$= 10,000 - (480 \times 4) = 8,080\text{kcal/Sm}^3$
C_4H_{10} 저위발열량(kcal/Sm^3), $C_4H_{10} + 6.5O_2 \rightarrow 5H_2O + 4CO_2$
$= 10,000 - (480 \times 5) = 7,600\text{kcal/Sm}^3$
혼합기체저위발열량(kcal/Sm^3)
$= (9,040 \times 0.8) + (8,560 \times 0.11) + (8,080 \times 0.06) + (7,600 \times 0.03)$
$= 8,918.4\text{kcal/Sm}^3$

52 SO_2 100kg의 표준상태에서 부피(m^3)는?(단, SO_2는 이상기체이고, 표준상태로 가정한다.)

① 63.3　　　　② 59.5
③ 44.3　　　　④ 35.0

해설 이상기체 방정식 이용
$$PV = \frac{W}{M}RT$$
$1\text{atm} \times V = \dfrac{100 \times 10^3\text{g}}{64\text{g}} \times 0.082\text{atm} \cdot \text{L/mol} \cdot \text{K} \times (273+0)\text{K}$
$V(\text{m}^3) = 34,978.13\text{L} \times \text{m}^3/1,000\text{L} = 34.98\text{m}^3$

[Note] 다른 풀이 : 부피$(\text{m}^3) = 100\text{kg} \times \dfrac{22.4\text{m}^3}{64\text{kg}} = 35\text{m}^3$

53 폐기물 소각시스템에서 연소가스 냉각설비로 폐열보일러를 많이 채택하고 있다. 이 폐열보일러의 구성요소가 아닌 것은?

① 슈트 블로어　　　　② 증기 복수설비
③ 절탄기　　　　④ 이류체 압력분무 Nozzle

해설 폐열보일러 구성요소
① 슈트블로어
② 증기복수설비
③ 절탄기, 과열기, 재열기, 공기예열기

54 다음 중 폐기물의 발열량을 계산하는 공식은?

① 듀롱(Dulong)의 식
② 보상케 – 사툰(Bosanquet – Sutton)의 식
③ 브리그(Briggs)의 식
④ 베르누이(Bernoulli)의 식

해설 듀롱(Dulong)의 식
산소성분(O) 전부가 수소성분(H)과 결합하여 수분(H_2O)으로 존재한다고 가정하고 발열량을 산정하는 식으로 Bomb 열량계로 구한 발열량에 근사시키기 위해 Dulong 보정식을 사용한다.

55 다음 중 소각로의 설계공정에서 소각 연소효율(연소성능)의 영향인자로 가장 거리가 먼 것은?

① 열 부하율　　　　② 소각온도
③ 체류시간　　　　④ 산소공급과 난류혼합

해설 완전연소 조건(3T)
① 온도(Temperature)
② 시간(Time)
③ 혼합(Turbulence)

56 옥탄(C_8H_{18})이 완전연소할 때 AFR은?(단, $\text{kg mol}_{air}/\text{kg mol}_{fuel}$)

① 15.1　　　　② 29.1
③ 32.5　　　　④ 59.5

해설 C_8H_{18}의 연소반응식
$C_8H_{18} + 12.5O_2 \rightarrow 8CO_2 + 9H_2O$
1mole : 12.5mole
부피기준 AFR $= \dfrac{\dfrac{1}{0.21} \times 12.5}{1} = 59.5\text{moles air/moles fuel}$

57 준연속 연소식 소각로의 가동시간으로 적당한 설계조건은?

① 8시간　　　　② 12시간
③ 16시간　　　　④ 18시간

 **준연속 연소식 소각로**

소각설비를 완전자동화하여 연속식으로 할 경우 설치비나, 유지관리비가 많이 소요되기 때문에 부분적으로 간소화하여 수동운전을 하도록 하는 소각로로서 일반적으로 16시간 정도의 운전시간을 목표로 설치한다.

[Note] ① 전연속 연소식 소각로 가동시간(24시간)
② 고정화격자 회분연소식 소각로 가동시간(8시간)

58 폐기물의 저위발열량을 폐기물 3성분 조성비를 바탕으로 추정할 때 다음 중 3가지 성분에 포함되지 않는 것은?

① 수분   ② 회분
③ 가연성분   ④ 휘발분

폐기물 3성분 조성
① 수분   ② 회분   ③ 가연성분

59 열분해공정에 대한 설명으로 옳지 않은 것은?

① 배기가스량이 적다.
② 환원성 분위기를 유지할 수 있어 3가 크롬이 6가 크롬으로 변화하지 않는다.
③ 황분, 중금속분이 재 중에 고정되는 확률이 적다.
④ 질소산화물의 발생량이 적다.

열분해공정이 소각에 비하여 갖는 장점
① 대기로 방출하는 배기가스량이 적게 배출된다.(가스처리장치가 소형화)
② 황, 중금속분이 Ash(회분) 중에 고정되는 비율이 크다.
③ 상대적으로 저온이기 때문에 NOx(질소산화물), 염화수소의 발생량이 적다.
④ 환원기가 유지되므로 Cr^{3+}이 Cr^{6+}으로 변화하기 어려우며 대기오염물질의 발생이 적다.(크롬산화 억제)
⑤ 폐플라스틱, 폐타이어, 오니류 등 스토커 소각처리가 곤란한 물질도 처리 가능하다.
⑥ 공기공급장치의 소형화 및 감량화로 매립용량이 감소한다.
⑦ 소각에 비교하여 생성물의 정제장치가 필요하다.
⑧ 고온용융식을 이용하면 재를 고형화할 수 있고 중금속의 용출이 없어서 자원으로 활용할 수 있다.
⑨ 저장 및 수송이 가능한 연료를 회수할 수 있다.

60 기체연료의 장단점으로 틀린 것은?

① 연소 효율이 높고 안정된 연소가 된다.
② 완전연소 시 많은 과잉공기(200~300%)가 소요된다.
③ 설비비가 많이 들고 비싸다.
④ 연료의 예열이 쉽고 유황 함유량이 적어 SOx 발생량이 적다.

기체연료의 연소
① 장점
  ㉠ 적은 과잉공기비(10~20%)로 완전연소가 가능하여 연소 효율이 높다.
  ㉡ 회분 및 SO_2, 매연 발생이 없다.(연료의 예열이 쉽고 유황 함유량이 적어 SOx 발생량이 적다.)
  ㉢ 점화·소화가 용이하고 연소조절이 쉽다.(안정된 연소가 가능)
  ㉣ 발열량이 크며 회분이 없고 균일가열된다.
  ㉤ 연소율의 가연범위(Turn-down Ratio, 부하변동범위)가 넓다.
② 단점
  ㉠ 시설비(저장, 이송)가 크고 폭발위험성이 있다.
  ㉡ 실내에서 누설될 경우 위험하다.
  ㉢ 다른 연료에 비해 취급이 곤란(위험성)하다.

제4과목   폐기물공정시험기준(방법)

61 pH가 각각 10과 12인 폐액을 동일 부피로 혼합하면 pH는 얼마가 되는가?

① 10.3   ② 10.7
③ 11.3   ④ 11.7

$pH = \log \dfrac{1}{[H^+]}$, $[H^+] = 10^{-pH}(mol/L)$

$pH = 14 - pOH$

$[OH^-] = \dfrac{(1 \times 10^{-4}) + (1 \times 10^{-2})}{1 + 1} = 0.00505$

$pOH = \log \dfrac{1}{[OH^-]} = \log \dfrac{1}{0.00505} = 2.3$

$pH = 14 - 2.3 = 11.7$

62 도시에서 밀도가 $0.3t/m^3$인 쓰레기 $1,200m^3$가 발생되어 있다면 폐기물의 성상분석을 위한 최소 시료 수는?

① 20　　② 30　　③ 36　　④ 50

해설 대상폐기물의 양(ton) $= 1,200m^3 \times 0.3t/m^3 = 360ton$
100ton 이상~500ton 미만이므로 최소 시료 수는 30이다.

63 다음은 기체크로마토그래피에 사용되는 검출기에 관한 설명이다. ( ) 안에 알맞은 것은?

> 질소인 검출기(NPD) 또는 불꽃광도 검출기(FPD)는 질소나 인이 불꽃 또는 열에서 생성된 이온이 ( ) 염과 반응하여 전자를 전달하여 이때 흐르는 전자가 포착되어 전류의 흐름으로 바꾸어 측정하는 방법으로 유기인화합물 및 유기질소화합물을 선택적으로 검출할 수 있다.

① 세슘　　　　② 루비듐
③ 프란슘　　　④ 니켈

해설 질소인 검출기(NPD) 또는 불꽃광도 검출기(FPD)에 관한 내용이다.

64 다음의 폐기물 중 금속류 중 유도결합플라스마 원자발광분광법으로 측정하지 않는 것은?

① 납　　　　② 비소
③ 카드뮴　　④ 수은

해설 **수은 분석방법**
① 원자흡수 분광 광도법(환원 기화법)
② 자외선/가시선 분광법(디티존법)

납, 비소, 카드뮴 분석방법
① 원자흡수분광광도법
② 유도결합플라스마－원자발광분광법
③ 자외선/가시선 분광법

65 중량법에 의한 기름성분 시험방법에 대한 설명 중 옳지 않은 것은?

① 폐기물 중의 비교적 휘발되지 않는 탄화수소, 탄화수소유도체, 그리스유상물질이 노말헥산층에 용해되는 성질을 이용한 방법이다.
② 정량범위는 5~200mg이고, 표준편차율은 5~20%이다.

③ 중량법만으로도 광물유류와 동식물 유지류를 분별하여 정량할 수 있다.
④ 시료 중에 염산을 가하는 이유는 지방산 중의 금속을 분해하여 유리시키고, 또한 미생물에 의한 분해 등을 방지하기 위한 것이다.

해설 중량법만으로는 광물유류와 동식물 유지류를 분별하여 정량할 수 없다.

66 시안(CN)을 자외선/가시선 분광법에 의한 방법으로 분석할 때에 관한 설명으로 옳지 않은 것은?

① 클로라민－T와 피리딘·피라졸론 혼합액을 넣어 나타나는 청색을 620nm에서 측정한다.
② 정량한계는 0.01mg/L 이다.
③ pH 2 이하 산성에서 피리딘·피라졸론을 넣고 가열 증류한다.
④ 유출되는 시안화수소를 수산화나트륨용액으로 포집한다.

해설 **시안－자외선/가시선 분광법**
시료를 pH 2 이하의 산성으로 조절한 후에 에틸렌다이아민테트라아세트산나트륨을 넣고 가열 증류하여 시안화합물을 시안화수소로 유출시켜 수산화나트륨용액을 포집한 다음 중화하고 클로라민－T와 피리딘·피라졸론 혼합액을 넣어 나타나는 청색을 620nm에서 측정하는 방법이다.

67 용매추출법에 의한 휘발성 저급염소화 탄화수소류 분석방법은 다음 어느 물질의 분석에 이용 가능한가?

① Dioxin
② Polychlorinated Biphenyl
③ Trichloroethylene
④ Polyvinylchloride

해설 **측정 휘발성 저급염소화 탄화수소류**
① 트리클로로 에틸렌
② 테트라클로로 에틸렌

68 원자흡광광도법에 의한 분석에서 일반적으로 일어나는 간섭과 가장 거리가 먼 것은?

① 장치나 불꽃의 성질에 기인하는 분광학적 간섭
② 시료용액의 점성이나 표면장력 등에 의한 물리적 간섭

③ 시료 중에 포함된 유기물 함량, 성분 등에 의한 유기적 간섭

④ 불꽃 중에서 원자가 이온화하거나 공존물질과 작용하여 해리하기 어려운 화합물을 생성, 기저상태 원자수가 감소되는 것과 같은 화학적 간섭

원자흡광광도법에서 일어나는 간섭
① 분광학적 간섭
② 물리적 간섭
③ 화학적 간섭

69 노말헥산 추출물질시험에서 다음과 같은 결과를 얻었다. 이때 노말헥산 추출물질량은 몇 mg/L인가?

> [결과]
> • 건조증발용 플라스크 무게 : 52.0424g
> • 추출건조 후 증발용 플라스크의 무게와 잔류물질 무게 : 52.0748g
> • 시료량 : 400mL

① 81   ② 93   ③ 108   ④ 113

노말헥산 추출물질$(mg/L) = \dfrac{[(시료 + 용기무게) - 용기무게]}{시료량}$

$= \dfrac{(52.0748 - 52.0424)g \times 1,000mg/g}{0.4L}$

$= 81mg/L$

70 시료의 전처리 방법 중 유기물 등을 많이 함유하고 있는 대부분의 시료에 적용되는 방법은?

① 질산에 의한 유기물 분해
② 질산 – 염산에 의한 유기물 분해
③ 질산 – 황산에 의한 유기물 분해
④ 질산 – 과염소산에 의한 유기물 분해

질산 – 황산 분해법
① 적용 : 유기물 등을 많이 함유하고 있는 대부분의 시료
② 주의
  ㉠ 칼슘, 바륨, 납 등을 다량 함유한 시료는 난용성의 황산염을 생성하여 다른 금속성분을 흡착하므로 주의
  ㉡ 분해가 끝나면 공기 중에서 식히고 정제수 50mL을 넣어 끓기 직전까지 서서히 가열하여 침전된 용해성염 등을 녹임
  ㉢ 시료를 서서히 가열하여 액체의 부피가 15mL가 될 때까지 증발 농축한 후 공기 중에서 서서히 식힌다.
③ 용액 산농도 : 약 1.5~3.0N

71 다음의 실험 총칙에 관한 내용 중 틀린 것은?

① 연속측정 또는 현장측정의 목적으로 사용하는 측정기기는 공정시험기준에 의한 측정치와의 정확한 보정을 행한 후 사용할 수 있다.

② 분석용 저울은 0.1mg까지 달 수 있는 것이어야 하며 분석용 저울 및 분동은 국가검정을 필한 것을 사용하여야 한다.

③ 공정시험기준에 각 항목의 분석에 사용되는 표준물질은 특급시약으로 제조하여야 한다.

④ 시험에 사용하는 시약은 따로 규정이 없는 한 1급 이상의 시약 또는 동등한 규격의 시약을 사용하여 각 시험항목별 '시약 및 표준용액'에 따라 조제하여야 한다.

공정시험기준에 각 항목의 분석에 사용되는 표준물은 국가표준에 소급성이 인증된 인증표준물질을 사용한다.

72 폐기물공정시험기준(방법)에 적용되는 관련 용어에 관한 내용으로 틀린 것은?

① 반고상폐기물 : 고형물의 함량이 5% 이상 15% 미만인 것을 말한다.

② 비함침성 고상폐기물 : 금속판, 구리선 등 기름을 흡수하지 않는 평면 또는 비평면형태의 변압기 내부부재를 말한다.

③ 바탕시험을 하여 보정한다 : 규정된 시료로 같은 방법으로 실험하여 측정치를 보정하는 것을 말한다.

④ 정밀히 단다 : 규정된 양의 시료를 취하여 화학저울 또는 미량저울로 칭량함을 말한다.

바탕시험을 하여 보정한다
시료에 대한 처리 및 측정을 할 때, 시료를 사용하지 않고 같은 방법으로 조작한 측정치를 빼는 것을 의미한다.

73 비소시험법에서 비화수소 발생장치의 반응용기에 무엇을 넣어 비화수소를 발생시키는가?

① 아연(Zn) 분말   ② 알루미늄(Al) 분말
③ 철(Fe) 분말   ④ 비스무스(Bi) 분말

비소 – 자외선/가시선 분광법
시료 중의 비소를 3가비소로 환원시킨 다음 아연을 넣어 발생되는 비화수소를 다이에틸다이티오카르바민산은의 피리딘용액에 흡수시켜 이때 나타나는 적자색의 흡광도를 530nm에서 측정하는 방법이다.(흡광도의 눈금보정 시약 : 수산화 중크롬산칼륨을 N/20 수산화칼륨용액에 녹여 사용)

정답 69 ① 70 ③ 71 ③ 72 ③ 73 ①

74 다음은 구리(자외선/가시선 분광법 기준) 측정에 관한 내용이다. ( ) 안에 옳은 내용은?

> 폐기물 중에 구리를 자외선/가시선 분광법으로 측정하는 방법으로 시료 중에 구리이온이 알칼리성에서 다이에틸다이티오카르바민산나트륨과 반응하여 생성하는 황갈색의 킬레이트 화합물을 ( )(으)로 추출하여 흡광도를 440nm에서 측정하는 방법이다.

① 아세트산부틸　　　② 사염화탄소
③ 벤젠　　　　　　　④ 노말헥산

해설 **구리 – 자외선/가시선 분광법**
시료 중에 구리이온이 알칼리성에서 다이에틸다이티오카르바민산나트륨과 반응하여 생성하는 황갈색의 킬레이트 화합물을 아세트산부틸로 추출하여 흡광도를 440nm에서 측정하는 방법이다.

75 분석하고자 하는 대상폐기물의 양이 100톤 이상 500톤 미만인 경우에 채취하는 시료의 최소수는?

① 30개　　　　　　　② 36개
③ 45개　　　　　　　④ 50개

해설 **대상폐기물의 양과 시료의 최소 수**

대상 폐기물의 양(단위 : ton)	시료의 최소 수
~ 1 미만	6
1 이상~5 미만	10
5 이상~30 미만	14
30 이상~100 미만	20
100 이상~500 미만	30
500 이상~1,000 미만	36
1,000 이상~5,000 미만	50
5,000 이상~	60

76 기체크로마토그래피법의 정량분석에 대한 설명으로 옳지 않은 것은?

① 곡선 면적 또는 피크 높이를 측정하여 분석한다.
② 얻어진 정량치는 중량%, 부피%, 몰%, ppm 등으로 표시한다.
③ 검출한계는 각 분석 방법에서 규정하고 있는 잡음신호(Noise)의 1/2배의 신호로 한다.
④ 동일 시료의 재현성 시험 시 평균치 차이가 허용차를 초과해서는 안 된다.

해설 검출한계는 각 분석방법에서 규정하는 조건에서 출력신호를 기록할 때 잡음신호(Noise)의 2배의 신호를 검출한계로 한다.

77 수소이온농도(pH)시험방법에 관한 설명으로 틀린 것은?(단, 유리전극법 기준)

① pH를 0.1까지 측정한다.
② 기준전극은 은 – 염화은의 칼로멜 전극 등으로 구성된 전극으로 pH 측정기에서 측정 전위값의 기준이 된다.
③ 유리전극은 일반적으로 용액의 색도, 탁도, 콜로이드성 물질들, 산화 및 환원성 물질들 그리고 염도에 의해 간섭을 받지 않는다.
④ pH는 온도변화에 영향을 받는다.

해설 수소이온농도 – 유리전극법에서는 pH를 0.01까지 측정한다.

78 중량법을 이용하여 강열감량 및 유기물함량을 측정할 때, 전기로에서 강열하기 전에 시료와 함께 넣어주는 탄화시약은?

① 질산암모늄용액(5%)　　② 질산암모늄용액(25%)
③ 과염소산용액(5%)　　　④ 과염소산용액(25%)

해설 **강열감량 및 유기물 함량 – 중량법**
질산암모늄용액(25%)을 넣고 가열하여 탄화시킨 다음 (600±25)℃의 전기로 안에서 3시간 강열한 다음 데시케이터에서 식힌 후 무게를 달아 증발접시의 무게차로부터 구한다.

79 다음 보기들은 시료의 전처리 방법들을 설명하고 있다. 이 중에서 질산 – 황산에 의한 유기물 분해에 해당되는 항목들로 짝지어진 것은?

> [보기]
> ㉠ 시료를 서서히 가열하여 액량이 약 15mL가 될 때까지 증발 농축하고 방랭한다.
> ㉡ 용액의 산 농도는 약 0.8N이다.
> ㉢ 염산(1 + 1) 10mL와 물 15mL를 넣고 약 15분간 가열하여 잔류물을 녹인다.
> ㉣ 분해가 끝나면 공기 중에서 식히고 정제수 50mL를 넣어 끓기 직전까지 서서히 가열하여 침전된 용해성 염들을 녹인다.
> ㉤ 유기물 등을 많이 함유하고 있는 대부분의 시료에 적용된다.

① ㄴ, ㄷ, ㄹ   ② ㄷ, ㄹ, ㅁ

③ ㄱ, ㄹ, ㅁ   ④ ㄱ, ㄷ, ㅁ

질산 – 황산 분해법

① 적용

유기물 등을 많이 함유하고 있는 대부분의 시료

② 주의

ㄱ. 칼슘, 바륨, 납 등을 다량 함유한 시료는 난용성의 황산염을 생성하여 다른 금속성분을 흡착하므로 주의한다.

ㄴ. 분해가 끝나면 공기 중에서 식히고 정제수 50mL을 넣어 끓기 직전까지 서서히 가열하여 침전된 용해성염 등을 녹인다.

ㄷ. 시료를 서서히 가열하여 액체의 부피가 15mL가 될 때까지 증발 농축한 후 공기 중에서 서서히 식힌다.

③ 용액 산농도

약 1.5~3.0N

80 총칙에서 규정하고 있는 사항 중 옳은 것은?

① '약'이라 함은 기재된 양에 대하여 ±5% 이상의 차이가 있어서는 안 된다.

② '감압 또는 진공'이라 함은 따로 규정이 없는 한 15mmH₂O 이하를 말한다.

③ '정확히 단다'라 함은 규정된 양의 검체를 취하여 분석용 저울로 0.1mg까지 다는 것을 말한다.

④ '정확히 취하여'라 함은 규정한 양의 검체 또는 시액을 뷰렛으로 취하는 것을 말한다.

① '약'이라 함은 기재된 양에 대하여 ±10% 이상의 차가 있어서는 안 된다는 의미이다.

② '감압 또는 진공'이라 함은 따로 규정이 없는 한 15mmHg 이하를 말한다.

④ '정확히 취하여'라 함은 규정된 양의 액체를 홀피펫으로 눈금까지 취하는 것을 말한다.

제5과목 폐기물관계법규

[Note] 2012~2015년 폐기물관계법규 관련 문제는 법규의 변경사항이 많으므로 문제유형만 학습하시기 바랍니다.

81 환경부장관, 시·도지사 또는 시장, 군수, 구청장이 광역폐기물 처리시설의 설치 또는 운영을 위탁할 수 있는 자와 가장 거리가 먼 것은?

① 한국환경공단

② 지방자치법에 의한 지방자치단체조합으로서 폐기물의 광역처리를 위하여 설립된 조합

③ 광역폐기물처리업 영업을 허가받은 자

④ 해당 광역 폐기물처리시설을 시공한 자(그 시설의 운영을 위탁하는 경우에만 해당한다)

82 환경부령이 정하는 사업장폐기물배출자[지정폐기물 외의 사업장폐기물(폐지 및 고철(비철금속 포함)을 제외함)을 배출하는 자]의 기준으로 맞는 것은?

① 대기환경보전법·수질 및 수생태계 보전에 관한 법률 또는 소음진동관리법에 의한 배출시설을 설치·운영하는 자로서 폐기물을 1일 평균 100킬로그램 이상 배출하는 자

② 대기환경보전법·수질 및 수생태계 보전에 관한 법률 또는 소음진동관리법에 의한 배출시설을 설치 운영하는 자로서 폐기물을 1일 평균 200킬로그램 이상 배출하는 자

③ 대기환경보전법·수질 및 수생태계 보전에 관한 법률 또는 소음진동관리법에 의한 배출시설을 설치·운영하는 자로서 폐기물을 1일 평균 300킬로그램 이상 배출하는 자

④ 대기환경보전법·수질 및 수생태계 보전에 관한 법률 또는 소음진동관리법에 의한 배출시설을 설치·운영하는 자로서 폐기물을 1일 평균 400킬로그램 이상 배출하는 자

83 폐기물처리업 허가의 결격사유에 해당되지 않는 것은?

① 미성년자

② 파산선고를 받고 복권된 지 2년이 경과되지 아니한 자

③ 폐기물관리법을 위반하여 징역 이상의 형의 집행유예의 선고를 받고 그 집행유예기간이 지나지 아니한 자

④ 폐기물처리업의 허가가 취소된 자로서 그 허가가 취소된 날부터 2년이 지나지 아니한 자

2015

정답   80 ③   81 ③   82 ①   83 ②

84 사후관리이행보증금은 사후관리기간에 소요되는 비용을 합산하여 산출하는데 차단형 매립시설의 경우에도 해당되는 비용은?

① 매립시설에서 배출되는 가스의 처리에 소요되는 비용
② 침출수 처리시설의 가동과 유지 · 관리에 소요되는 비용
③ 매립시설 주변의 환경오염조사에 소요되는 비용
④ 매립시설 제방 설치에 소요되는 비용

85 폐기물(의료폐기물 제외) 중간처리업자에 대하여 환경부령이 정하는 폐기물보관량 기준은?

① 1일 처리용량의 10일분 보관량 이하
② 1일 처리용량의 15일분 보관량 이하
③ 1일 처리용량의 30일분 보관량 이하
④ 1일 처리용량의 45일분 보관량 이하

86 폐기물처리 기본계획에 포함되어야 하는 사항과 가장 거리가 먼 것은?

① 재원의 확보 계획
② 폐기물 관리 방향 및 향후 전망
③ 폐기물의 감량화와 재활용 등 자원화에 관한 사항
④ 폐기물의 수집 · 운반 · 보관 및 그 장비 · 용기 등의 개선에 관한 사항

87 ( ) 안에 알맞은 내용은?

> 폐기물처리업자 또는 폐기물재활용 신고자가 휴업 · 폐업 또는 재개업을 한 경우에는 휴업 · 폐업 또는 재개업을 한 날로부터 ( ) 이내에 신고서를 제출하여야 한다.

① 5일　　　　② 7일
③ 10일　　　④ 20일

88 폐기물 관리의 기본원칙으로 틀린 것은?

① 누구든지 폐기물을 배출하는 경우에는 주변환경이나 주민의 건강에 위해를 끼치지 아니하도록 사전에 적절한 조치를 하여야 한다.

② 폐기물 최종처분 시 매립보다는 소각처분을 우선적으로 고려하여야 한다.
③ 국내에서 발생한 폐기물은 가능하면 국내에서 처리되어야 하고, 폐기물의 수입은 되도록 억제되어야 한다.
④ 폐기물은 그 처리과정에서 양과 유해성을 줄이도록 하는 등 환경보전과 국민건강보호에 적합하게 처리되어야 한다.

89 폐기물처리업의 변경허가 사항과 가장 거리가 먼 것은? (단, 폐기물 중간처분업, 폐기물 최종처분업 및 폐기물 종합처분업인 경우)

① 처분대상 폐기물의 변경
② 주차장 소재지의 변경
③ 운반차량(임시차량은 제외한다)의 증차
④ 폐기물 처분시설의 신설

90 폴리클로리네이티드비페닐 함유 폐기물의 지정폐기물 기준으로 옳은 것은?

① 액체상태의 것 : 1리터당 0.5밀리그램 이상 함유한 것으로 한정한다.
② 액체상태의 것 : 1리터당 1밀리그램 이상 함유한 것으로 한정한다.
③ 액체상태의 것 : 1리터당 2밀리그램 이상 함유한 것으로 한정한다.
④ 액체상태의 것 : 1리터당 5밀리그램 이상 함유한 것으로 한정한다.

91 폐기물 재활용을 위한 에너지 회수기준으로 옳지 않은 것은?

① 다른 물질과 혼합하지 아니하고 해당 폐기물의 저위발열량이 킬로그램당 3천 킬로칼로리 이상일 것
② 환경부장관이 정하여 고시하는 경우에는 폐기물의 30퍼센트 이상을 에너지의 회수에 이용하고 그 나머지를 원료 또는 재료로 재활용할 것
③ 회수열을 모두 열원으로 스스로 이용하거나 다른 사람에게 공급할 것
④ 에너지의 회수효율(회수에너지 총량을 투입에너지 총량으로 나눈 비율을 말한다)이 75퍼센트 이상일 것

정답　84 ③　85 ③　86 ②　87 ④　88 ②　89 ②　90 ③　91 ②

92 사후관리 이행보증금의 사전 적립대상이 되는 폐기물을 매립하는 시설의 면적 기준은?

① 3,300m² 이상
② 5,500m² 이상
③ 10,000m² 이상
④ 30,000m² 이상

93 사용 종료되거나 폐쇄된 매립시설이 소재한 토지의 소유권 또는 소유권 외의 권리를 가지고 있는 자가 그 토지를 이용하기 위해 토지이용계획서를 환경부장관에게 제출할 때 첨부하여야 하는 서류와 가장 거리가 먼 것은?

① 이용하려는 토지의 도면
② 매립폐기물의 종류·양 및 복토상태를 적은 서류
③ 토양오염분석결과표
④ 지적도

94 의료폐기물의 종류와 가장 거리가 먼 것은?

① 병상의료폐기물
② 격리의료폐기물
③ 위해의료폐기물
④ 일반의료폐기물

95 관리형 매립시설에서 발생되는 침출수 내 오염물질의 배출허용기준이 청정지역기준으로 불검출인 오염물질은? (단, 단위 mg/L)

① 수은
② 시안
③ 카드뮴
④ 납

96 음식물류 폐기물처리시설 기술관리인의 자격기준으로 틀린 것은?

① 전기산업기사
② 토목산업기사
③ 대기환경산업기사
④ 기계기사

97 주변지역 영향 조사대상 폐기물 처리시설의 기준으로 옳은 것은?

① 1일 처리 능력이 100톤 이상인 사업장 폐기물 소각시설
② 매립면적 3,300제곱미터 이상의 사업장 지정폐기물 매립시설
③ 매립용적 3만 세제곱미터 이상의 사업장 지정폐기물 매립시설
④ 매립면적 15만 제곱미터 이상의 사업장 일반폐기물 매립시설

98 폐기물관리법상 용어의 정의로 옳지 않은 것은?

① 지정폐기물 : 사업장폐기물 중 폐유·폐산 등 주변 환경을 오염시킬 수 있거나 의료폐기물 등 인체에 위해를 줄 수 있는 해로운 물질로서 대통령령이 정하는 폐기물
② 폐기물처리시설 : 폐기물의 중간처분시설, 최종처분시설 및 재활용시설로서 대통령령이 정하는 시설
③ 처리 : 폐기물 수거, 운반에 의한 중간처리와 매립, 해역배출 등에 의한 최종처리
④ 생활폐기물 : 사업장폐기물 외의 폐기물

99 환경부장관 또는 시·도지사가 폐기물처리 공제조합에 처리를 명할 수 있는 방치폐기물의 처리량 기준은?(단, 폐기물처리업자가 방치한 폐기물의 경우)

① 그 폐기물 처리업자의 폐기물 허용보관량의 1.5배 이내
② 그 폐기물 처리업자의 폐기물 허용보관량의 2.0배 이내
③ 그 폐기물 처리업자의 폐기물 허용보관량의 2.5배 이내
④ 그 폐기물 처리업자의 폐기물 허용보관량의 3.0배 이내

100 환경상태의 조사·평가에서 국가 및 지방자치단체가 상시 조사·평가하여야 하는 내용으로 거리가 먼 것은?

① 환경의 질의 변화
② 환경오염원 및 환경훼손 요인
③ 환경오염지역의 원상회복실태
④ 자연환경 및 생활환경 현황

제1과목　폐기물개론

01 다음 국제협약 및 조약 중에서 유해폐기물의 국가 간 이동 및 그 처리의 통제를 위한 것은?

① 런던국제덤핑 협약
② GATT 협약
③ 리우(Rio) 협약
④ 바젤(Basel) 협약

해설 **바젤(Basell) 협약**
유해폐기물의 국가 간 이동 및 처리에 관한 국제협약으로 유해폐기물의 수출, 수입을 통제하여 유해폐기물 불법교역을 최소화하고, 환경오염을 최소화하는 것이 목적이다.

02 폐기물의 열분해에 관한 설명으로 틀린 것은?

① 폐기물의 입자 크기가 작을수록 열분해가 조성된다.
② 열분해 장치는 고정상, 유동상, 부유상태 등의 장치로 구분될 수 있다.
③ 연소가 고도의 발열반응임에 비해 열분해는 고도의 흡열반응이다.
④ 폐기물에 충분한 산소를 공급해서 가열하여 가스, 액체 및 고체의 3성분으로 분리하는 방법이다.

해설 **열분해**
공기가 부족한 상태(무산소 혹은 저산소 분위기)에서 가연성 폐기물을 연소시켜(간접가열에 의해) 유기물질로부터 가스, 액체 및 고체상태의 연료를 생산하는 공정을 의미하며 흡열반응을 한다.

03 효율적이고 경제적인 수거노선을 결정할 때 유의할 사항으로 틀린 것은?

① 수거인원 및 차량형식이 같은 기존 시스템의 조건들을 서로 관련시킨다.
② 아주 많은 양의 쓰레기가 발생되는 발생원은 하루 중 가장 먼저 수거한다.
③ U자형 회전을 이용하여 수거하고 가능한 한 시계방향으로 수거노선을 결정한다.
④ 출발점은 차고와 가깝게 하고 수거된 마지막 컨테이너가 처분지의 가장 가까이에 위치하도록 배치한다.

해설 **효과적·경제적인 수거노선 결정 시 유의(고려)사항 : 수거노선 설정요령**
① 지형이 언덕인 지역에서는 언덕의 위에서부터 내려가며 적재하면서 차량을 진행하도록 한다.(안전성, 연료비 절약)
② 수거인원 및 차량형식이 같은 기존 시스템의 조건들을 서로 관련시킨다.
③ 출발점은 차고와 가깝게 하고 수거된 마지막 컨테이너가 처분지의 가장 가까이에 위치하도록 배치한다.
④ 가능한 한 지형지물 및 도로경계와 같은 장벽을 사용하여 간선도로 부근에서 시작하고 끝나야 한다.(도로경계 등을 이용)
⑤ 가능한 한 시계방향으로 수거노선을 정한다.
⑥ 적은 양의 쓰레기가 발생하나 동일한 수거빈도를 받기 원하는 적재지점(수거지점)은 가능한 한 같은 날 왕복 내에서 수거한다.
⑦ 아주 많은 양의 쓰레기가 발생되는 발생원은 하루 중 가장 먼저 수거한다.
⑧ 될 수 있는 한 한 번 간 길은 다시 가지 않는다.
⑨ 반복운행 또는 U자형 회전은 피하여 수거한다.
⑩ 교통량이 많거나 출퇴근시간은 피하여 수거한다.
⑪ 수거지점과 수거빈도 결정 시 기존정책이나 규정을 참고한다.

04 쓰레기의 양이 2,000m³이며, 밀도는 0.95t/m³이다. 적재용량 20ton의 트럭이 있다면 운반하는 데 몇 대의 트럭이 필요한가?

① 100대
② 50대
③ 48대
④ 95대

해설
$$소요차량(대) = \frac{폐기물\ 발생량}{1대당\ 운반량}$$
$$= \frac{0.95ton/m^3 \times 2,000m^3}{20ton/대} = 95대$$

05 쓰레기 적환장 설치가 필요한 경우에 관한 설명으로 틀린 것은?

① 고밀도 거주 지역이 존재하는 경우

② 불법 투기와 다량의 어지러진 쓰레기가 발생하는 경우

③ 상업지역에서 폐기물 수집에 소형용기를 많이 사용하는 경우

④ 슬러지 수송이나 공기수송방식을 사용하는 경우

적환장 설치가 필요한 경우
① 작은 용량의 수집차량을 사용할 때(15m³ 이하)
② 저밀도 거주지역이 존재할 때
③ 불법투기와 다량의 어질러진 쓰레기들이 발생할 때
④ 슬러지 수송이나 공기수송방식을 사용할 때
⑤ 처분지가 수집장소로부터 멀리 떨어져 있을 때
⑥ 상업지역에서 폐기물 수집에 소형 용기를 많이 사용하는 경우
⑦ 쓰레기 수송 비용절감이 필요한 경우
⑧ 압축식 수거 시스템인 경우

06 취성도가 낮은 쓰레기는 전단파쇄가 유효하다. 취성도를 가장 바르게 나타낸 것은?

① 압축강도와 인장강도의 비로 나타낸다.

② 인장강도와 전단강도의 비로 나타낸다.

③ 충격강도와 전단강도의 비로 나타낸다.

④ 충격강도와 압축강도의 비로 나타낸다.

취성도
물체가 외부에서 힘을 받았을 때 소성변형을 거의 보이지 않고 파괴되는 정도로 압축강도와 인장강도의 비로 나타낸다.

07 다음 중 Pipe Line(관로수송)에 의한 폐기물 수송에 대한 설명으로 거리가 먼 것은?

① 단거리 수송에 적합하다.

② 잘못 투입된 물건은 회수하기가 곤란하다.

③ 조대쓰레기에 대한 파쇄, 압축 등의 전처리가 필요하다.

④ 쓰레기 발생밀도가 낮은 곳에서 사용된다.

관거(Pipe line) 수송은 폐기물 발생밀도가 상대적으로 높은 인구밀도지역 및 아파트지역 등에서 현실성이 있다.

08 채취한 쓰레기 시료에 대한 성상분석 절차 중 가장 먼저 이루어지는 것은?

① 전처리   ② 분류
③ 건조   ④ 밀도측정

폐기물 시료 분석절차

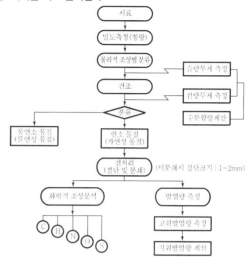

09 폐기물 발생량 예측방법 중 하나의 수식으로 쓰레기 발생량에 영향을 주는 각 인자들의 효과를 총괄적으로 나타내어 복잡한 시스템의 분석에 유용하게 사용할 수 있는 것은?

① 상관계수 분석모델

② 다중회귀 모델

③ 동적모사 모델

④ 경향법 모델

폐기물 발생량 예측방법

방법(모델)	내용
경향법 (Trend Method) 경향예측모델	• 최저 5년 이상의 과거 처리 실적을 수식 model에 대하여 과거의 경향을 가지고 장래를 예측하는 방법 • 단지 시간과 그에 따른 쓰레기 발생량(또는 성상) 간의 상관관계만을 고려하며 이를 수식으로 표현하면 $x = f(t)$ • $x = f(t)$는 선형, 지수형, 대수형 등에서 가장 근사한 형태를 택함
다중회귀모델 (Multiple Regression Model)	• 하나의 수식으로 각 인자들의 효과를 총괄적으로 나타내어 복잡한 시스템의 분석에 유용하게 사용할 수 있는 쓰레기 발생량 예측방법 • 각 인자마다 효과를 파악하기보다는 전체 인자의 효과를 총괄적으로 파악하는 것이 간편하고 유용한 예측방법으로 시간을 단순히 하나의 독립된 종속인자로 대입

정답   05 ①   06 ①   07 ④   08 ④   09 ②

| | • 수식 $x = f(X_1X_2X_3 \cdots X_n)$, 여기서 $X_1X_2X_3 \cdots X_n$은 쓰레기 발생량에 영향을 주는 인자
※ 인자 : 인구, 지역소득(GNP 또는 GRP), 자원회수량, 상품 소비량 또는 매출액(자원회수량, 사회적 · 경제적 특성이 고려됨) |
| 동적모사모델
(Dynamic
Simulation Model) | • 쓰레기 발생량에 영향을 주는 모든 인자를 시간에 대한 함수로 나타낸 후 시간에 대한 함수로 표현된 각 영향인자들 간의 상관관계를 수식화하는 방법
• 시간만을 고려하는 경향법과 시간을 단순히 하나의 독립적인 종속인자로 고려하는 다중회귀모델의 문제점을 보안한 예측방법
• Dynamo 모델 등이 있음 |

10 슬러지를 처리하기 위하여 생슬러지를 분석한 결과 수분은 90%, 총 고형물 중 휘발성 고형물은 70%, 휘발성 고형물의 비중은 1.1, 무기성 고형물의 비중은 2.2였다. 생슬러지의 비중은?(단, 무기성 고형물 + 휘발성 고형물=총 고형물)

① 1.023　　　　　② 1.032
③ 1.041　　　　　④ 1.053

 $\dfrac{100}{슬러지 비중} = \dfrac{(10 \times 0.7)}{1.1} + \dfrac{(10 \times 0.3)}{2.2} + \dfrac{90}{1.0}$

슬러지 비중 = 1.023

11 쓰레기를 파쇄하여 매립할 때의 이점과 가장 거리가 먼 것은?

① 곱게 파쇄하면 매립 시 복토가 필요 없거나 복토요구량이 절감된다.
② 매립 시 안정적인 혐기성 조건을 유지하여 냄새가 방지된다.
③ 매립작업이 용이하고 압축장비가 없어도 고밀도의 매립이 가능하다.
④ 폐기물 입자의 표면적이 증가되어 미생물작용이 촉진된다.

해설 **쓰레기 파쇄 후 매립 시 장점(이점)**
① 곱게 파쇄하면 매립 시 복토가 필요 없거나 복토요구량이 절감된다.
② 매립 시 폐기물이 잘 섞여서 호기성 조건을 유지하므로 냄새가 방지된다.
③ 매립작업이 용이하고 압축장비가 없어도 고밀도의 매립이 가능하다.
④ 폐기물 입자의 표면적이 증가되어 미생물작용이 촉진된다.(조기 안정화)
⑤ 병원균의 매개체(쥐 or 해충)의 섭취 가능 음식이 없어져 이들의 서식이 불가능하다.
⑥ 폐기물의 밀도가 증가되어 바람에 멀리 날아갈 염려가 없다.(화재위험 없음)
⑦ 압축 시 밀도증가율이 크므로 운반비가 감소한다.

12 쓰레기 발생량 및 성상변동에 관한 설명으로 틀린 것은?

① 일반적으로 도시의 규모가 커질수록 쓰레기의 발생량이 증가한다.
② 일반적으로 수집빈도가 높을수록 발생량이 증가한다.
③ 일반적으로 쓰레기통이 작을수록 발생량이 증가한다.
④ 생활수준이 높아지면 발생량이 증가하며 다양화된다.

해설 **쓰레기 발생량에 영향을 주는 요인**

영향요인	내용
도시규모	도시의 규모가 커질수록 쓰레기 발생량 증가
생활수준	생활수준이 높아지면 발생량이 증가하고 다양화됨(증가율 10% 내외)
계절	겨울철에 발생량 증가
수집빈도	수집빈도가 높을수록 발생량 증가
쓰레기통 크기	쓰레기통이 클수록 유효용적이 증가하여 발생량 증가
재활용품 회수 및 재이용률	재활용품의 회수 및 재이용률이 높을수록 쓰레기 발생량 감소
법규	쓰레기 관련 법규는 쓰레기 발생량에 중요한 영향을 미침
장소	상업지역, 주택지역, 공업지역 등, 장소에 따라 발생량과 성상이 달라짐
사회구조	도시의 평균연령층, 교육수준에 따라 발생량은 달라짐

13 어느 도시의 쓰레기 특성을 조사하기 위하여 시료 90kg에 대한 습윤상태의 무게와 함수율을 측정한 결과가 다음 표와 같을 때 이 시료의 건조중량은?

성분	습윤상태의 무게(kg)	함수율(%)
연탄재	60	24
채소·음식류	16	60
종이·목재류	9	7
고무·가죽류	3	3
금속·초자기류	2	3

① 약 50kg ② 약 65kg
③ 약 70kg ④ 약 75kg

해설 건조중량 $= \sum \left[수분상태\ 무게 \times \frac{(100-함수율)}{100} \right]$

$= \left[\left(60 \times \frac{100-24}{100}\right) + \left(16 \times \frac{100-60}{100}\right) \right.$

$+ \left(9 \times \frac{100-7}{100}\right) + \left(3 \times \frac{100-3}{100}\right)$

$\left. + \left(2 \times \frac{100-3}{100}\right) \right]$

$= 65.22\text{kg}$

14 슬러지의 수분을 결합상태에 따라 구분한 것 중에서 탈수가 가장 어려운 것은?

① 내부수 ② 간극모관결합수
③ 표면부착수 ④ 간극수

해설 탈수성이 용이한(분리하기 쉬운) 수분형태 순서
모관결합수 ← 간극모관결합수 ← 쐐기상 모관결합수 ← 표면부착수 ← 내부수

15 쓰레기 선별에 관한 설명으로 틀린 것은?

① 관성선별은 분쇄된 폐기물을 가벼운 것(유기물)과 무거운 것(무기물)으로 분리한다.
② 인력선별은 정확도가 높고 파쇄공정 유입전 폭발 가능 위험물질을 분류할 수 있다는 장점이 있다.
③ Zigzag 공기선별기는 컬럼의 층류를 발달시켜 선별효율을 증진시킨 것이다.
④ 진동 스크린 선별은 주로 골재 분리에 많이 이용하며 체경이 막히는 문제가 발생할 수 있다.

해설 지그재그(Zigzag) 공기선별기
컬럼의 난류를 높여줌으로써 선별효율을 증진시키고자 고안된 장치이다.

16 폐유리병을 크기 및 색깔별로 선별할 수 있는 방법으로 가장 적절한 것은?

① Hand Sorting ② Flotation
③ Wet-Classifier ④ Screen

해설 손선별(Hand Sorting)
컨베이어 벨트를 이용하여 손으로 종이류, 플라스틱류, 금속류, 유리류 등을 분류하며 특히 유리병은 크기 및 색깔별로 선별하는 데 유용하다.

17 쓰레기 압축기를 형태에 따라 구별한 것으로 틀린 것은?

① 소용돌이식 압축기 ② 충격식 압축기
③ 고정식 압축기 ④ 백(Bag) 압축기

해설 쓰레기 압축기의 형태별 구분
① 고정식 압축기
② 백 압축기
③ 수직 또는 소용돌이식 압축기
④ 회전식 압축기

18 함수율 90%인 폐기물에서 수분을 제거하여 처음 무게의 70%로 줄이고 싶다면 함수율을 얼마로 감소시켜야 하는가?(단, 폐기물 비중은 1.0 기준)

① 72.3% ② 77.2% ③ 81.6% ④ 85.7%

해설 $100\text{m}^3 \times (1-0.9) = 70\text{m}^3 \times (1-처리\ 후\ 함수율)$

처리 후 함수율(%) $= 1 - \frac{10}{70} = 0.8571 \times 100 = 85.71\%$

19 다음 경우의 쓰레기의 수거 노동력(MHT)은?

- 총 쓰레기 발생량 : 20,000톤/년
- 수거인원 : 20명
- 일일수거시간 : 10시간
- 연간 수거일수 : 300일

① 1 ② 2 ③ 3 ④ 4

해설 $MHT = \dfrac{\text{수거인부} \times \text{총 수거시간}}{\text{총 수거량}}$

$= \dfrac{20인 \times 10hr/day \times 300day/year}{20,000ton/year} = 3MHT$

20 쓰레기의 발열량을 구하는 식 중 Dulong 식에 대한 설명으로 맞는 것은?

① 고위발열량은 저위발열량, 수소함량, 수분함량만으로 구할 수 있다.

② 원소분석에서 나온 C, H, O, N 및 수분 함량으로 계산할 수 있다.

③ 목재나 쓰레기와 같은 셀룰로즈의 연소에서는 발열량이 약 10% 높게 추정된다.

④ Bomb 열량계로 구한 발열량에 근사시키기 위해 Dulong의 보정식이 사용된다.

해설 **듀롱(Dulong)의 식**
산소성분(O) 전부가 수소성분(H)과 결합하여 수분(H_2O)으로 존재한다고 가정하고 발열량을 산정하는 식으로 Bomb 열량계로 구한 발열량에 근사시키기 위해 Dulong 보정식을 사용한다.

제2과목 **폐기물처리기술**

21 고형물 농도 $10kg/m^3$, 함수율 98%, 유량 $700m^3/$일·인 슬러지를 고형물 농도 $50kg/m^3$이고 함수율 95%인 슬러지로 농축시키고자 하는 경우 농축조의 소요 단면적(m^2)은?(단, 침강속도는 10m/일이라고 가정한다.)

① 5.4   ② 5.6   ③ 5.8   ④ 6.0

해설 $700m^3/day \times 10kg/m^3 \times (1-0.98)$
$=$ 농축된 유량 $\times 50kg/m^3 \times (1-0.95)$
농축된 유량 $=56m^3/day$
소요단면적(m^2) $= \dfrac{Q}{V} = \dfrac{56m^3/day}{10m/day} = 5.6m^2$

22 위생매립방법 중 매립지 바닥층이 두껍고 복토로 적합한 지역에 이용하며, 거의 단층매립만 가능한 방법은?

① Trench 방식   ② Sandwich 방식
③ Area 방식   ④ Ramp 방식

해설 **도랑형 방식매립(Trench System : 도랑 굴착 매립공법)**

① 도랑을 파고 폐기물을 매립한 후 다짐 후 다시 복토하는 방법이다.

② 매립지 바닥이 두껍고(지하수면이 지표면으로부터 깊은 곳에 있는 경우) 또한 복토를 적합한 지역에 이용하는 방법으로 거의 단층매립만 가능한 공법이다.

③ 도랑의 깊이는 약 2.5~7m(10m)로 하고 폭은 20m 정도이고 파낸 흙을 복토재로 이용 가능한 경우 경제적이다.(소규모 도랑 : 폭 5~8m, 깊이 1~2m)

④ 도랑에서 굴착된 토사는 매일 또는 중간복토로 사용하여 쓰레기의 날림을 최소화할 수 있다.

⑤ 매립종료 후 토지이용 효율이 증대된다.

⑥ 도랑은 합성수지나 점토를 이용하여 차수시설을 하여 가스나 침출수의 이동을 최소화시킨다.

⑦ 사전 정비작업이 필요하지 않으나 단층매립으로 매립용량의 낭비가 크다.

⑧ 사전작업 시 침출수 수집장치나 차수막 설치가 용이하지 못하다.

23 다음과 같은 조건으로 중금속슬러지를 시멘트 고형화할 때 용적변화는?

- 고형화 처리 전 : 중금속슬러지 비중 : 1.2
- 고형화 처리 후 : 폐기물의 비중 : 1.5
- 시멘트 첨가량 : 슬러지 무게의 50%

① 20% 증가   ② 30% 증가
③ 40% 증가   ④ 50% 증가

해설 $VCR = \dfrac{V_s}{V_r}$

$V_r = \dfrac{1ton}{1.2ton/m^3} = 0.833m^3$

$V_s = \dfrac{[1+(1 \times 0.5)]ton}{1.5ton/m^3} = 1.0m^3$

$= \dfrac{1.0}{0.833} = 1.2(20\% \text{ 증가})$

24 건조된 고형분의 비중이 1.4이며 이 슬러지 케이크의 건조 이전의 고형분 함량이 50%라면 건조 이전 슬러지 케이크의 비중은?

① 1.129   ② 1.132
③ 1.143   ④ 1.167

해설 $\dfrac{100}{\text{슬러지 비중}} = \dfrac{50}{1.4} + \dfrac{(100-50)}{1.0}$
슬러지 비중 $=1.167$

25 포도당($C_6H_{12}O_6$)으로 구성된 유기물 3kg이 혐기성 미생물에 의해 완전히 분해되어 생성되는 메탄의 용적(Sm^3)은?

① 1.12 ② 1.37

③ 1.52 ④ 1.83

$C_6H_{12}O_6 \rightarrow 3CH_4$

$180kg : 3 \times 22.4 Sm^3$

$3kg : CH_4(Sm^3)$

$CH_4(Sm^3) = \dfrac{3kg \times (3 \times 22.4)Sm^3}{180kg} = 1.12 Sm^3$

26 토양오염물질 중 BTEX에 포함되지 않는 것은?

① 벤젠 ② 톨루엔 ③ 자일렌 ④ 에틸렌

토양오염물질 중 BTEX

① B : Benzene(벤젠)

② T : Toluene(톨루엔)

③ E : Ethylbenzene(에틸벤젠)

④ X : Xylene(크실렌 : 자일렌)

27 결정도(Crystallinity)에 따른 합성 차수막의 성질에 대한 설명으로 틀린 것은?

① 결정도가 증가할수록 단단해진다.

② 결정도가 증가할수록 충격에 약해진다.

③ 결정도가 증가할수록 화학물질에 대한 저항성이 증가한다.

④ 결정도가 증가할수록 열에 대한 저항성이 감소한다.

Crystallinity(결정도)가 증가할수록 합성차수막에 나타나는 성질

① 열에 대한 저항도 증가 ② 화학물질에 대한 저항성 증가

③ 투수계수의 감소 ④ 인장강도의 증가

⑤ 충격에 약해짐 ⑥ 단단해짐

28 미생물을 일단배양(Batch Culture)하는 경우 일반적인 미생물의 성장단계는?

① 대수성장단계 → 감소성장단계 → 내생성장단계

② 감소성장단계 → 대수성장단계 → 내생성장단계

③ 대수성장단계 → 내생성장단계 → 감소성장단계

④ 내생성장단계 → 대수성장단계 → 감소성장단계

미생물의 성장단계(일단배양)

유도기 → 대수성장단계 → 감소성장단계 → 내생성장단계

29 퇴비화의 영향인자인 C/N 비에 관한 내용으로 옳지 않은 것은?

① 질소는 미생물 생장에 필요한 단백질합성에 주로 쓰인다.

② 보통 미생물 세포의 탄질비는 25~50 정도이다.

③ 탄질비가 너무 낮으면 암모니아 가스가 발생한다.

④ 일반적으로 퇴비화 탄소가 많으면 퇴비의 pH를 낮춘다.

보통 미생물 세포의 탄질비는 5~15로 미생물에 의한 유기물의 분해는 탄질비가 미생물세포의 그것과 비슷해질 때까지 이루어진다.

30 매립지 내의 물의 이동을 나타내는 Darcy의 법칙을 기준으로 침출수의 유출을 방지하기 위한 옳은 방법은?

① 투수계수는 감소, 수두차는 증가시킨다.

② 투수계수는 증가, 수두차는 감소시킨다.

③ 투수계수 및 수두차를 증가시킨다.

④ 투수계수 및 수두차를 감소시킨다.

침출수 이동속도(V) : Darcy 법칙에 의한 속도계산식

$$V(cm/sec) = KI = K\frac{dH}{dL} = K\frac{h_2 - h_1}{L_2 - L_1}$$

여기서, K : 투수계수(cm/sec)

V : 침출수 유속(침투율 : 투수계수)(cm/sec)

dH : 수위차(수두차)(cm)

dL : 수평방향 두 지점 사이 거리

(L_2와 L_1 사이거리)(cm)

$I\left(\dfrac{dH}{dL}\right)$: 두 지점 사이 수리경사

31 토양오염 처리기술 중 토양증기추출법에 대한 설명으로 맞는 것은?

① 증기압이 낮은 오염물의 제거효율이 높다.

② 추출된 기체는 대기오염방지를 위해 후처리가 필요하다.

③ 필요한 기계장치가 복잡하여 유지, 관리비가 많이 소요된다.

④ 토양층이 균일하고 치밀하여 기체 흐름이 어려운 곳에서 적용이 용이하다.

토양증기추출법의 장단점

① 장점

㉠ 비교적 기계 및 장치가 간단·단순함

㉡ 지하수의 깊이에 대한 제한을 받지 않음

정답 25 ① 26 ④ 27 ④ 28 ① 29 ② 30 ④ 31 ②

ⓒ 유지, 관리비가 적으며 굴착이 필요 없음

ⓔ 생물학적 처리효율을 보다 높여줌

ⓜ 단기간에 설치가 가능함

ⓗ 가장 많은 적용사례가 있음

ⓢ 즉시 결과를 얻을 수 있고 영구적 재생이 가능함

ⓞ 다른 시약이 필요 없음

ⓛ 단점

ⓖ 지반구조의 복잡성으로 인해 총 처리기간을 예측하기 어려움

ⓛ 오염물질의 증기압이 낮은 경우 오염물질의 제거효율이 낮음

ⓒ 토양의 침투성이 양호하고 균일하여야 적용 가능함

ⓔ 토양층이 치밀하여 기체흐름의 정도가 어려운 곳에서는 사용이 곤란함

ⓜ 추출 기체는 후처리를 위해 대기오염 방지장치가 필요함

ⓗ 오염물질의 독성은 처리 후에도 변화가 없음

32 다음 중 부식질에 포함된 물질이 아닌 것은?

① 휴민(Humin) ② 풀브산(Fulvic Acid)

③ 휴믹산(Humic Acid) ④ 아세트산(Acetic Acid)

해설 **부식질에 포함된 물질**

① 휴민(Humin) : 부식탄

② 풀브산(Fulvic Acid)

③ 휴민산(Humin Acid) : 부식산

④ 울믹산(Ulmic Acid)

33 폐기물을 화학적으로 처리하는 방법 중 용매추출법에 대한 특징으로 가장 거리가 먼 것은?

① 높은 분배계수와 낮은 끓는점을 가지는 폐기물에 이용 가능성이 높다.

② 사용되는 용매는 극성이어야 한다.

③ 증류 등에 의한 방법으로 용매 회수가 가능해야 한다.

④ 물에 대한 용해도가 낮고 물과 밀도가 다른 폐기물에 이용 가능성이 높다.

해설 **이용 가능성이 높은 폐기물의 특징(용매추출법)**

① 추출법에 사용되는 용매는 비극성이어야만 한다.

② 용매회수가 가능하여야 한다(방법 : 증류 등).

③ 높은 분배계수(선택성이 큼)를 가지는 것이어야 한다.

④ 낮은 끓는점(회수성 높음)을 가지는 것이어야 한다.

⑤ 물에 대한 용해도가 낮은 것이어야 한다.

⑥ 밀도가 물과 다른 것이어야 한다.

34 매립장 침출수 차단방법인 연직차수막과 표면차수막을 비교한 것으로 틀린 것은?

① 연직차수막은 지중에 수평방향의 차수층이 존재할 때 사용한다.

② 연직차수막은 지하수 집배수 시설이 필요하다.

③ 연직차수막은 차수막 보강시공이 가능하다.

④ 연직차수막은 차수막 단위면적당 공사비가 비싸다.

해설 **연직차수막**

① 적용조건 : 지중에 수평방향의 차수층이 존재할 때 사용

② 시공 : 수직 또는 경사시공

③ 지하수 집배수시설 : 불필요

④ 차수성 확인 : 지하매설로서 차수성 확인이 어려움

⑤ 경제성

단위면적당 공사비는 많이 소요되나 총 공사비는 적게 듦

⑥ 보수

지중이므로 보수가 어렵지만 차수막 보강시공이 가능

⑦ 공법 종류

ⓖ 어스 댐 코어 공법

ⓛ 강널말뚝(sheet pile) 공법

ⓒ 그라우트 공법

ⓔ 차수시트 매설 공법

ⓜ 지중 연속벽 공법

35 함수율이 99%인 슬러지와 함수율이 40%인 톱밥을 2 : 3으로 혼합하여 복합비료로 만들고자 할 때 함수율(%)은?

① 약 61 ② 약 64

③ 약 67 ④ 약 70

해설 함수율(%) $= \dfrac{(2 \times 0.99) + (3 \times 0.4)}{2 + 3}$

$= 0.636 \times 100 = 63.60\%$

36 지하수의 두 지점 간(거리 0.5m)의 수리수두차가 0.1m이고, 투수계수는 10^{-5} m/sec일 때, 지하수의 Darcy 속도는 몇 m/sec인가?(단, 공극률은 고려하지 않음)

① 2×10^{-5} ② 2×10^{-6}

③ 3×10^{-5} ④ 3×10^{-6}

해설 Darcy 속도(m/sec) $= K\left(\dfrac{dH}{dL}\right)$

$= 10^{-5} \text{m/sec} \times \left(\dfrac{0.1}{0.5}\right) = 2.0 \times 10^{-6} \text{m/sec}$

37 매립장에서 침출된 침출수가 다음과 같은 점토로 이루어진 90cm의 차수층을 통과하는데 걸리는 시간은?

> • 유효 공극률=0.5
> • 점토층 하부의 수두=점토층 아랫면과 일치
> • 점토층 투수계수=10^{-7}cm/sec
> • 점토층 위의 침출수 수두=40cm

① 6.9년 　　　 ② 7.9년

③ 8.9년 　　　 ④ 9.9년

소요시간(year) $= \dfrac{d^2 \eta}{K(d+h)}$

$$= \dfrac{0.9^2 m^2 \times 0.5}{10^{-7} cm/sec \times 1m/100cm \times (0.9+0.4)m}$$

$$= 311,538,461.5 sec(9.9 year)$$

38 매립지 바닥이 두껍고(지하수면이 지표면으로부터 깊은 곳에 있는 경우), 복토로 적합한 지역에 이용하는 방법으로 거의 단층매립만 가능한 공법은?

① 도랑굴착매립공법 　 ② 압축매립공법

③ 샌드위치공법 　　　 ④ 순차투입공법

도랑형 방식매립(Trench System : 도랑 굴착 매립공법)
① 도랑을 파고 폐기물을 매립한 후 다짐 후 다시 복토하는 방법이다.
② 매립지 바닥이 두껍고(지하수면이 지표면으로부터 깊은 곳에 있는 경우) 또한 복토를 적합한 지역에 이용하는 방법으로 거의 단층매립만 가능한 공법이다.
③ 도랑의 깊이는 약 2.5~7m(10m)로 하고 폭은 20m 정도이고 파낸 흙을 복토재로 이용 가능한 경우 경제적이다.(소규모 도랑 : 폭 5~8m, 깊이 1~2m)
④ 도랑에서 굴착된 토사는 매일 또는 중간복토로 사용하여 쓰레기의 날림을 최소화할 수 있다.
⑤ 매립종료 후 토지이용 효율이 증대된다.
⑥ 도랑은 합성수지나 점토를 이용하여 차수시설을 하여 가스나 침출수의 이동을 최소화시킨다.
⑦ 사전 정비작업이 필요하지 않으나 단층매립으로 매립용량의 낭비가 크다.
⑧ 사전작업 시 침출수 수집장치나 차수막 설치가 용이하지 못하다.

39 슬러지를 고형화하는 목적으로 가장 거리가 먼 것은?

① 슬러지를 다루기 용이하게 함(Handling)
② 슬러지 내 오염물질의 용해도 감소(Solubility)
③ 유해한 슬러지인 경우 독성감소(Toxicity)
④ 슬러지 표면적 감소에 따른 운반 매립 비용감소(Surface)

슬러지 고형화 목적
① 유해폐기물의 불활성화(독성저하 및 폐기물 내의 오염물질 이동성 감소)
② 용출 억제(물리적으로 안정한 물질로 변화)
③ 토양 개량(토질 개량제)
④ 매립시 충분한 강도 확보
⑤ 취급을 용이하게 함
⑥ 소성 2차 제품 생산
⑦ 폐기물 내 오염물질의 용해도 감소
⑧ 폐기물 표면적의 감소에 따른 폐기물 성분의 손실을 줄임

40 일반적으로 폐기물매립지의 혐기성 상태에서 발생 가능한 가스의 종류와 가장 거리가 먼 것은?

① 이산화탄소 　　 ② 황화수소

③ 염화수소 　　　 ④ 암모니아

폐기물 매립지의 혐기성 상태에서 발생 가능한 가스
① 메탄 　　　　　　 ② 이산화탄소
③ 암모니아 　　　　 ④ 황화수소

제3과목　**폐기물소각 및 열회수**

41 메탄의 고위발열량이 11,000kcal/Sm^3이면, 저위발열량은 몇 kcal/Sm^3인가?(단, 물의 기화열은 600kcal/kg이다.)

① 7,586 　　　 ② 8,543

③ 9,800 　　　 ④ 10,036

$H_l(kcal/Sm^3) = H_h - 480 \times n H_2 O$

$$= 11,000 - (480 \times 2) = 10,040 kcal/Sm^3$$

42 옥탄($C_8 H_{18}$) 1mol을 완전연소시킬 때 공기연료비를 중량비(kg공기/kg연료)로 적절히 나타낸 것은?(단, 표준 상태 기준)

① 8.3 　　　 ② 10.5

③ 12.8 　　　 ④ 15.1

해설 C_8H_{18}의 연소반응식

$C_8H_{18} + 12.5O_2 \longrightarrow 8CO_2 + 9H_2O$

1mole : 12.5mole

부피기준 AFR $= \dfrac{\dfrac{1}{0.21} \times 12.5}{1} = 59.5$moles air/moles fuel

중량기준 AFR $= 59.5 \times \dfrac{28.95}{114} = 15.14$kg air/kg fuel

(28.95 : 건조공기분자량)

43 폐기물의 소각을 위해 원소분석을 한 결과 가연성 폐기물 1kg당 C : 50%, H : 10%, O : 16%, S : 3%, 수분 10%, 나머지는 재로 구성된 것으로 나타났다. 이 폐기물을 공기비 1.1로 연소시킬 경우 발생하는 습윤연소가스량(Sm^3/kg)은?

① 약 6.3 ② 약 6.8
③ 약 7.7 ④ 약 8.2

해설 **실제습연소가스량(G_w)**

$G_w = mA_o + 5.6H + 0.7O + 0.8N + 1.244W (Sm^3/kg)$

$A_o = \dfrac{1}{0.21}[(1.867 \times 0.5) + (5.6 \times 0.1)$

$- (0.7 \times 0.16) + (0.7 \times 0.03)] = 6.68 Sm^3/kg$

$= (1.1 \times 6.68) + (5.6 \times 0.1) + (0.7 \times 0.16)$

$+ (1.244 \times 0.1) = 8.14 Sm^3/kg$

44 저발열량이 10,000kcal/Sm^3이고, 이론습연소가스량이 15Sm^3/Sm^3인 가스 연료의 이론연소온도는?(단, 연소가스의 비열은 0.5kcal/$Sm^3 \cdot \text{℃}$이며 공급공기 및 연료온도는 25℃로 가정함)

① 1,058℃ ② 1,158℃
③ 1,258℃ ④ 1,358℃

해설 이론연소온도(℃)

$= \dfrac{\text{저위발열량}}{\text{이론연소가스량} \times \text{연소가스평균정압비열}} + \text{실제온도}$

$= \dfrac{10,000\text{kcal/}Sm^3}{15Sm^3/Sm^3 \times 0.5\text{kcal/}Sm^3 \cdot \text{℃}} + 25\text{℃}$

$= 1,358.33\text{℃}$

45 중량비로 탄소 75%, 수소 15%, 황 10%인 액체연료를 연소한 경우 최대탄산가스량(CO_2 max(%))은?

① 약 28% ② 약 22%
③ 약 18% ④ 약 14%

해설 CO_2max(%)

$= \dfrac{1.867 \times C}{G_{od}} \times 100$

$G_{od} = A_o - 5.6H$

$A_o = \dfrac{1}{0.21} \times (1.867 \times 0.75) + (5.6 \times 0.15) + (0.7 \times 0.1)$

$= 11m^3$

$= 11 - (5.6 \times 0.15) = 10.16m^3$

$= \dfrac{(1.867 \times 0.75)}{10.16} \times 100 = 13.78\%$

46 착화온도에 관한 설명으로 옳지 않은 것은?

① 화학반응성이 클수록 착화온도는 낮다.
② 분자구조가 간단할수록 착화온도는 높다.
③ 화학 결합의 활성도가 클수록 착화온도는 낮다.
④ 화학적 발열량이 클수록 착화온도는 높다.

해설 **낮은 착화온도를 가질 수 있는 물질의 조건**
① 분자구조가 간단할수록 착화온도는 높아진다.
② 화학결합의 활성도가 클수록 착화온도는 낮아진다.
③ 화학반응성이 클수록 착화온도는 낮아진다.
④ 동질물질인 경우 화학적으로 발열량이 클수록 착화온도는 낮아진다.
⑤ 공기 중의 산소농도 및 압력이 높을수록 착화온도는 낮아진다.
⑥ 석탄의 탄화도가 작을수록 착화온도는 낮아진다.
⑦ 비표면적이 클수록 착화온도는 낮아진다.

47 소각로 배기가스 중 HCl(분자량 : 36.5) 농도가 544ppm 이면 이는 몇 mg/Sm^3에 해당하는가?(단, 표준상태 기준)

① 약 655 ② 약 789
③ 약 886 ④ 약 978

해설 농도(mg/Sm^3) $= 544$ppm(mL/Sm^3) $\times \dfrac{36.5\text{mg}}{22.4\text{mL}}$

$= 886.43$mg/Sm^3

48 열분해 발생 가스 중 온도가 증가할수록 함량이 증가하는 것은?(단, 열분해 온도에 따른 가스의 구성비(%) 기준)

① 메탄
② 일산화탄소
③ 이산화탄소
④ 수소

해설 열분해 온도가 증가할수록 수소 함량은 증가, 이산화탄소 함량은 감소된다.

49 폐기물 소각 보일러에 Na_2SO_3(MW=126)을 가하여 공급수 중의 산소를 제거한다. 이때 반응식은 $2Na_2SO_3 + O_2 \rightarrow 2Na_2SO_4$이다. 보일러 공급수 3,000톤에 산소함량 6mg/L일 때 이 산소를 제거하는 데 필요한 Na_2SO_3의 이론량은?(단, 공급수 비중은 1.0)

① 약 75kg
② 약 95kg
③ 약 142kg
④ 약 193kg

해설 $2Na_2SO_3 + O_2 \rightarrow 2Na_2SO_4$
$2 \times 126kg : 32kg$
$Na_2SO_3(kg) : 3,000ton \times 6mg/L \times 1,000L/m^3 \times kg/10^6mg$

$$Na_2SO_3(kg) = \frac{\begin{bmatrix}(2 \times 126)kg \times 3,000ton \times 6mg/L \\ \times 1,000L/m^3 \times kg/10^6mg\end{bmatrix}}{32kg} = 141.75kg$$

50 유동층 소각로에 관한 설명으로 가장 거리가 먼 것은?

① 상(床)으로부터 찌꺼기의 분리가 어렵다.
② 가스의 온도가 낮고 과잉공기량이 낮다.
③ 미연소분 배출로 2차 연소실이 필요하다.
④ 기계적 구동부분이 적어 고장률이 낮다.

해설 유동층 소각로
① 장점
㉠ 유동매체의 열용량이 커서 액상, 기상, 고형 폐기물의 전소 및 혼소, 균일한 연소가 가능하다.
㉡ 반응시간이 빨라 소각시간이 짧다.(노 부하율이 높다.)
㉢ 연소효율이 높아 미연소분이 적고 2차 연소실이 불필요하다.
㉣ 가스의 온도가 낮고 과잉공기량이 낮다. 따라서 NOx도 적게 배출된다.
㉤ 기계적 구동부분이 적어 고장률이 낮아 유지관리가 용이하다.
㉥ 노 내 온도의 자동제어로 열회수가 용이하다.
㉦ 유동매체의 축열량이 높은 관계로 단시간 정지 후 가동 시 보조연료 사용 없이 정상가동이 가능하다.

㉧ 과잉공기량이 적으므로 다른 소각로보다 보조연료 사용량과 배출가스량이 적다.
㉨ 석회 또는 반응물질을 유동매체에 혼입시켜 노 내에서 산성가스의 제거가 가능하다.
② 단점
㉠ 층의 유동으로 상으로부터 찌꺼기의 분리가 어려우며 운전비 특히, 동력비가 높다.
㉡ 폐기물의 투입이나 유동화를 위해 파쇄가 필요하다.
㉢ 상재료의 용융을 막기 위해 연소온도는 816℃를 초과할 수 없다.
㉣ 유동매체의 손실로 인한 보충이 필요하다.
㉤ 고점착성의 반유동상 슬러지는 처리하기 곤란하다.
㉥ 소각로 본체에서 압력손실이 크고 유동매체의 비산 또는 분진의 발생량이 가장 많다.
㉦ 조대한 폐기물은 전처리가 필요하다. 즉 폐기물의 투입이나 유동화를 위해 파쇄공정이 필요하다.

51 화격자 연소기의 장단점에 대한 설명으로 옳지 않은 것은?

① 연속적인 소각과 배출이 가능하다.
② 수분이 많거나 열에 쉽게 용해되는 물질의 소각에 주로 적용된다.
③ 체류시간이 길고 교반력이 약하여 국부가열의 염려가 있다.
④ 고온 중에서 기계적으로 구동하기 때문에 금속부의 마모손실이 심하다.

해설 화격자 연소기(Grate or Stoker)
① 장점
㉠ 연속적인 소각과 배출이 가능하다.
㉡ 용량부하가 크며 전자동운전이 가능하다.
㉢ 폐기물 전처리(파쇄)가 불필요하다.
㉣ 배기가스에 의한 폐기물 건조가 가능하다.
㉤ 악취 발생이 적고 유동층식에 비해 내구연한이 길다.
② 단점
㉠ 수분이 많거나 용융소각물(플라스틱 등)의 소각에는 화격자 막힘의 염려가 있어 부적합하다.
㉡ 국부가열 발생 가능성이 있고 체류시간이 길며 교반력이 약하다.
㉢ 고온으로 인한 화격자 및 금속부 과열 가능성이 있다.
㉣ 투입호퍼 및 공기출구의 폐쇄 가능성이 있다.
㉤ 연소용 공기예열이 필요하다.

2015

정답 48 ④ 49 ③ 50 ③ 51 ②

52 폐기물의 이송방향과 연소가스의 흐름방향에 따라 소각로 본체의 형식을 분류한다면 폐기물의 수분이 적고 저위 발열량이 높은 경우에 사용하기 가장 적절한 형식은?

① 교차류식 소각로
② 역류식 소각로
③ 2회류식 소각로
④ 병류식 소각로

해설 **소각로 내 연소가스와 폐기물 흐름에 따른 구분**
① 역류식(향류식)
　㉠ 폐기물의 이송방향과 연소가스의 흐름을 반대로 하는 형식이다.
　㉡ 난연성 또는 착화하기 어려운 폐기물 소각에 가장 적합한 방식이다.
　㉢ 열가스에 의한 방사열이 폐기물에 유효하게 작용하므로 수분이 많다.
　㉣ 후연소 내의 온도저하나 불완전연소가 발생할 수 있다.
　㉤ 복사열에 의한 건조에 유리하며 저위발열량이 낮은 폐기물에 적합하다.
② 병류식
　㉠ 폐기물의 이송방향과 연소가스의 흐름방향이 같은 형식이다.
　㉡ 수분이 적고(착화성이 좋고) 저위발열량이 높을 때 적용한다.
　㉢ 폐기물의 발열량이 높을 경우 적당한 형식이다.
　㉣ 건조대에서의 건조효율이 저하될 수 있다.
③ 교류식(중간류식)
　㉠ 역류식과 병류식의 중간적인 형식이다.
　㉡ 중간 정도의 발열량을 가지는 폐기물에 적합하다.
　㉢ 두 흐름이 교차하여 폐기물 질의 변동이 클 때 적합하다.
④ 복류식(2회류식)
　㉠ 2개의 출구를 가지고 있는 댐퍼의 개폐로 역류식, 병류식, 교류식으로 조절할 수 있는 형식이다.
　㉡ 폐기물의 질이나 저위발열량의 변동이 심할 경우에 적합하다.

53 다음 중 전기집진기의 특징으로 거리가 먼 것은?

① 회수가치성이 있는 입자 포집이 가능하다.
② 압력손실이 적고 미세입자까지도 제거할 수 있다.
③ 유지관리가 용이하고 유지비가 저렴하다.
④ 전압변동과 같은 조건변동에 적응하기가 용이하다.

해설 **전기집진장치(EP)**
① 장점
　㉠ 집진효율이 높다.(0.01μm 정도 포집 용이, 99.9% 정도 고집진 효율)
　㉡ 대량의 분진함유가스의 처리가 가능하다.
　㉢ 압력손실이 적고 미세한 입자까지도 처리가 가능하다.

　㉣ 운전, 유지 · 보수비용이 저렴하다.
　㉤ 고온(500℃ 전후)가스 및 대량가스 처리가 가능하다.
　㉥ 광범위한 온도범위에서 적용이 가능하며 폭발성 가스의 처리도 가능하다.
　㉦ 회수가치 입자포집에 유리하고 압력손실이 적어 소요동력이 적다.
　㉧ 배출가스의 온도강하가 적다.
② 단점
　㉠ 분진의 부하변동(전압변동)에 적응하기 곤란하고, 고전압으로 안전사고의 위험성이 높다.
　㉡ 분진의 성상에 따라 전처리시설이 필요하다.
　㉢ 설치비용이 많이 소요되고 설치공간을 많이 차지한다.
　㉣ 특정물질을 함유한 분진제거에는 곤란하다.
　㉤ 가연성 입자의 처리가 곤란하다.

54 어느 도시폐기물 중 가연성 성분이 70%이고, 불연성 성분이 30%일 때 다음의 조건하에서 생활폐기물 고형연료제품(RDF)를 생산한다면 일주일 동안의 생산량(m³)은?

- 폐기물발생량 : 2kg/인 · 일
- 세대 수 : 50,000세대
- 세대당 평균 인구 수 : 3명
- RDF : 밀도 1,500kg/m³
- 가연성 성분 회수율 : 90%
- RDF는 가연성 물질 기준

① 386
② 486
③ 686
④ 882

해설 RDF 주간생산량(m³)

$$= \frac{\begin{bmatrix} 2kg/인 \cdot 일 \times 50,000세대 \times 3인/세대 \\ \times 7일/주 \times 0.7 \times 0.9 \end{bmatrix}}{1,500kg/m^3} = 882m^3$$

55 스토커식 소각로의 열부하가 40,000kcal/m³ · hr이며, 폐기물의 저위발열량이 700kcal/kg일 때 소각로의 부피는?(단, 폐기물의 소각량은 1일 10톤이며, 소각로 가동시간은 1일 10시간 가동기준이다.)

① 15.0m³
② 17.5m³
③ 20.0m³
④ 22.5m³

해설 소각로부피(m³) $= \dfrac{소각량 \times 쓰레기\ 발열량}{연소실\ 부하율}$

$$= \frac{\begin{bmatrix} 10ton/day \times day/10hr \\ \times 1,000kg/ton \times 700kcal/kg \end{bmatrix}}{40,000kcal/m^3 \cdot hr} = 17.5m^3$$

56 밀도가 600kg/m³인 도시쓰레기 100ton을 소각시킨 결과 밀도가 1,200kg/m³인 재 10ton이 남았다. 이 경우 부피 감소율과 무게 감소율에 관한 설명으로 옳은 것은?

① 부피 감소율이 무게 감소율보다 크다.
② 무게 감소율이 부피 감소율보다 크다.
③ 부피 감소율과 무게 감소율은 동일하다.
④ 주어진 조건만으로는 알 수 없다.

소각 전 부피 $\dfrac{100\text{ton}}{0.6\text{ton/m}^3}=166.67\text{m}^3$

소각 후 부피 $=\dfrac{10\text{ton}}{1.2\text{ton/m}^3}=8.33\text{m}^3$

부피 감소율 $=\left(1-\dfrac{8.33}{166.67}\right)\times100=95\%$

무게 감소율 $=\left(1-\dfrac{10}{100}\right)\times100=90\%$

부피 감소율이 무게 감소율보다 크다.

57 연료는 일반적으로 탄화수소화합물로 구성되어 있다. 어떤 액체연료의 질량조성이 C : 75%, H : 25%일 때 C/H 물질량(mole)비는?

① 0.25   ② 0.50   ③ 0.75   ④ 0.90

C/H몰비 $=\dfrac{\dfrac{75}{12}}{\dfrac{25}{1}}=0.25$

58 절탄기 설치 시 주의할 점이라 볼 수 없는 것은?

① 통풍저항 증가
② 굴뚝가스 온도의 저하로 인한 굴뚝 통풍력 감소
③ 급수온도가 낮은 경우, 굴뚝가스 온도가 저하하면 절탄 시 저온부에 접하는 가스 온도가 노점에 달하여 절탄기를 부식시킴
④ 보일러 드럼에 발생하는 열응력 증가

절탄기 설치 시 급수예열에 의해 보일러수와의 온도차가 감소되므로 보일러드럼에 발생하는 열응력 감소에 주의하여야 한다.

59 열교환기 중 과열기에 대한 설명으로 틀린 것은?

① 보일러에서 발생하는 포화증기에 다수의 수분이 함유되어 있으므로 이것을 과열하여 수분을 제거하고 과열도가 높은 증기를 얻기 위해 설치한다.

② 일반적으로 보일러 부하가 높아질수록 대류 과열기에 의한 과열 온도는 저하하는 경향이 있다.
③ 과열기는 그 부착 위치에 따라 전열형태가 다르다.
④ 방사형 과열기는 주로 화염의 방사열을 이용한다.

대류형 과열기
① 보통 제1·제2 연도의 중간에 설치한다.
② 연소가스의 대류에 의한 전달열을 받는 과열기이다.
③ 보일러의 부하가 높아질수록 과열온도는 상승한다.

60 RDF(Refuse Derived Fuel)에 관한 설명으로 틀린 것은?

① 폐기물 내의 불순물과 입자의 크기, 수분함량, 재의 함량을 조정하여 생산하는 연료이다.
② 수분함량에 따른 부패 염려가 없다.
③ RDF 내의 Cl 함량이 문제가 되는 경우가 있다.
④ 전처리에 상당한 동력 및 투자비가 소요된다.

RDF는 수분함량이 15% 이하가 되면 부패되는 문제가 발생하지 않으나 수분함량이 증가하면 부패하여 연료로서의 가치를 상실한다.

제4과목 ‖ **폐기물공정시험기준(방법)**

61 취급 또는 저장하는 동안에 밖으로부터의 공기 또는 다른 가스가 침입하지 아니하도록 내용물을 보호하는 용기를 말하는 것은?

① 밀폐용기   ② 기밀용기
③ 밀봉용기   ④ 차광용기

구분	정의
밀폐용기	취급 또는 저장하는 동안에 이물질이 들어가거나 또는 내용물이 손실되지 아니하도록 보호하는 용기
기밀용기	취급 또는 저장하는 동안에 밖으로부터의 공기 또는 다른 가스가 침입하지 아니하도록 내용물을 보호하는 용기
밀봉용기	취급 또는 저장하는 동안에 기체 또는 미생물이 침입하지 아니하도록 내용물을 보호하는 용기
차광용기	광선이 투과하지 않는 용기 또는 투과하지 않게 포장한 용기이며 취급 또는 저장하는 동안에 내용물이 광화학적 변화를 일으키지 아니하도록 방지할 수 있는 용기

정답 56 ① 57 ① 58 ④ 59 ② 60 ② 61 ②

62 원자흡수분광광도법으로 수은을 측정하고자 한다. 분석 절차(전처리) 과정 중 과잉의 과망간산칼륨을 분해하기 위해 사용하는 용액은?

① 10W/V% 염화하이드록시암모늄용액
② (1+4) 암모니아수
③ 10W/V% 이염화주석용액
④ 10W/V% 과황산칼륨

해설 **수은 – 원자흡수분광광도법(전처리)**
과잉의 과망간산칼륨을 분해하기 위해 사용하는 용액은 10W/V% 염화하이드록시암모늄용액이다.

63 백분율에 대한 내용으로 틀린 것은?

① 용액 100mL 중 성분무게(g), 또는 기체 100mL 중의 성분무게(g)를 표시할 때는 W/V%의 기호를 쓴다.
② 용액 100mL 중 성분용량(mL), 또는 기체 100mL 중 성분용량(mL)을 표시할 때는 V/V%의 기호를 쓴다.
③ 용액 100g 중 성분용량(mL)을 표시할 때는 V/W%의 기호를 쓴다.
④ 용액 100g 중 성분무게(g)를 표시할 때는 W/V%의 기호를 쓴다. 다만, 용액의 농도를 %로만 표시할 때는 W/W%를 뜻한다.

해설 **백분율(Parts Per Hundred)**
㉠ W/V% : 용액 100mL 중 성분무게(g), 또는 기체 100mL 중의 성분무게(g)
㉡ V/V% : 용액 100mL 중 성분용량(mL), 또는 기체 100mL 중 성분용량(mL)
㉢ V/W% : 용액 100g 중 성분용량(mL)
㉣ W/W% : 용액 100g 중 성분무게(g)

단, • 용액의 농도를 %로만 표시할 때는 W/V%
• A/A%(area)는 단위면적(A, area) 중 성분의 면적(A)을 표시

64 PCBs(기체크로마토그래피 – 질량분석법) 분석 시 PCBs 정량한계는?

① 0.01mg/L
② 0.05mg/L
③ 0.1mg/L
④ 1.0mg/L

해설 PCBs – 기체크로마토그래피 – 질량분석법
정량한계 : 1.0mg/L

65 폐기물 소각시설의 소각재 시료채취에 관한 내용 중 회분식 연소 방식의 소각재 반출 설비에서의 시료채취 내용으로 옳은 것은?

① 하루 동안의 운행시간에 따라 매시간마다 2회 이상 채취하는 것을 원칙으로 한다.
② 하루 동안의 운행시간에 따라 매시간마다 3회 이상 채취하는 것을 원칙으로 한다.
③ 하루 동안의 운행시간에 따라 매 운전 시마다 2회 이상 채취하는 것을 원칙으로 한다.
④ 하루 동안의 운행시간에 따라 매 운전 시마다 3회 이상 채취하는 것을 원칙으로 한다.

해설 **회분식 연소방식의 소각재 반출 설비에서 시료채취**
① 하루 동안의 운전 횟수에 따라 매 운전 시마다 2회 이상 채취
② 시료의 양은 1회에 500g 이상

66 폐기물공정시험기준에서 규정하고 있는 시료채취의 방법에 대한 설명으로 틀린 것은?

① 시료는 일반적으로 폐기물이 생성되는 단위 공정 구분 없이 성분에 따라 채취한다.
② 서로 다른 종류의 폐기물이 혼재되어 있을 경우 혼재된 폐기물의 성분별로 각각 시료를 채취한다.
③ 액상 혼합물의 경우에는 원칙적으로 최종 지점의 낙하구에서 흐르는 도중에 채취한다.
④ 대형의 콘크리트 고형화물이며 분쇄가 어려울 경우에는 임의의 5개소에서 시료를 채취하여 각각 파쇄한 후 100g씩 균등한 양을 혼합하여 채취한다.

해설 시료는 일반적으로 폐기물이 생성되는 단위공정별로 구분하여 채취한다.

67 기체크로마토그래피법으로 측정하여야 하는 시험항목이 아닌 것은?

① 시안
② PCBs
③ 유기인
④ 휘발성 저급염소화 탄화수소류

시안 분석방법
① 자외선/가시선 분광법
② 이온 전극법

68 폐기물에 함유된 오염물질을 분석하기 위한 용출시험방법 조작 시 조건으로 틀린 것은?

① 진폭 : 4~5cm
② 진탕시간 : 연속 2시간
③ 진탕 횟수 : 분당 약 200회
④ 원심분리 : 분당 3,000회전 이상, 20분 이상

용출시험방법(용출조작)
① 진탕 : 혼합액을 상온·상압에서 진탕 횟수가 매분당 약 200회, 진폭이 4~5 cm인 진탕기를 사용하여 6시간 연속 진탕
⇩
② 여과 : 1.0 μm의 유리섬유여과지로 여과
⇩
③ 여과액을 적당량 취하여 용출실험용 시료용액으로 함

69 고형물의 함량이 50%, 수분함량이 50%, 강열감량이 85%인 폐기물이 있다. 이 폐기물의 고형물 중 유기물 함량은?

① 40%
② 50%
③ 60%
④ 70%

유기물 함량(%) = $\dfrac{\text{휘발성 고형물}}{\text{고형물}} \times 100$

휘발성 고형물 = 강열감량 - 수분
$= 85 - 50 = 35\%$

$= \dfrac{35}{50} \times 100 = 70\%$

70 중량법에 의한 기름성분 시험에서 pH를 조절할 때 사용하는 지시약은?

① Methyl Violet
② Methyl Orange
③ Methyl Red
④ Phenolphthalein

시료 적당량을 분별깔때기에 넣고 메틸오렌지용액(0.1W/V%)을 2~3방울 넣은 다음 황색이 적색으로 변할 때까지 염산(1+1)을 넣어 pH 4 이하로 조절한다.(단, 반고상 또는 고상폐기물인 경우에는 폐기물의 양에 약 2.5배에 해당하는 물을 넣어 잘 혼합한 다음 pH 4 이하로 조절하여 상등액으로 한다.)

71 수분함량이 90%인 폐기물의 용출시험결과 카드뮴의 농도가 0.25mg/L이었다. 함수율을 보정한 카드뮴의 농도는?

① 0.125mg/L
② 0.295mg/L
③ 0.375mg/L
④ 0.435mg/L

보정 카드뮴 농도(mg/L) = $0.25\text{mg/L} \times \left(\dfrac{15}{100-90}\right)$

$= 0.375\text{mg/L}$

72 정도보증/정도관리를 위한 현장 이중시료에 관한 내용으로 (   )에 알맞은 것은?

> 현장 이중시료는 동일 위치에서 동일한 조건으로 중복 채취한 시료로서 독립적으로 분석하여 비교한다. 현장 이중시료는 필요시 하루에 (   ) 이하의 시료를 채취할 경우에는 1개를, 그 이상의 시료를 채취할 때에는 시료 (   )당 1개를 추가로 채취한다.

① 5개
② 10개
③ 15개
④ 20개

현장이중시료(Field Duplicate)
① 동일 위치에서 동일한 조건으로 중복 채취한 시료를 말한다.
② 필요시 하루에 20개 이하의 시료를 채취할 경우에는 1개를, 그 이상의 시료를 채취할 때에는 시료 20개당 1개를 추가로 채취한다.

73 노말 헥산 추출물질을 측정하기 위해 시료 30g을 사용하여 공정시험기준에 따라 실험하였다. 실험 전후의 증발용기의 무게 차는 0.0176g이고 바탕 실험 전후의 증발용기의 무게 차가 0.0011g이었다면 이를 적용하여 계산된 노말 헥산 추출물질(%)은?

① 0.035%
② 0.055%
③ 0.075%
④ 0.095%

노말 헥산 추출물질(%) = $(a-b) \times \dfrac{100}{V}$

$= (0.0176 - 0.0011)\text{g} \times \dfrac{100}{30\text{g}}$

$= 0.055\%$

2015

정답 68 ② 69 ④ 70 ② 71 ③ 72 ④ 73 ②

74 반고상 또는 고상폐기물의 pH 측정(유리전극법) 방법으로 가장 적절한 것은?

① 시료 5g을 50mL 비커에 취한 다음 정제수 25mL를 넣어 잘 교반하여 30분 이상 방치

② 시료 10g을 50mL 비커에 취한 다음 정제수 25mL를 넣어 잘 교반하여 30분 이상 방치

③ 시료 15g을 50mL 비커에 취한 다음 정제수 25mL를 넣어 잘 교반하여 30분 이상 방치

④ 시료 20g을 50mL 비커에 취한 다음 정제수 25mL를 넣어 잘 교반하여 30분 이상 방치

해설 반고상 또는 고상폐기물
① 시료 10g을 50mL 비커에 취한 다음 정제수(증류수) 25mL를 넣어 잘 교반하여 30분 이상 방치한 후 이 현탁액을 시료용액으로 하거나 원심분리한 후 상층액을 시료용액으로 한다.
② 이하의 시험기준은 액상폐기물에 따라 pH를 측정한다.

75 구리측정(자외선/가시선 분광법)에 관한 내용으로 ( )에 알맞은 것은?

시료 중에 구리이온이 알칼리성에서 다이에틸다이티오카르바민산나트륨과 반응하여 생성하는 황갈색의 킬레이트 화합물을 ( )(으)로 추출하여 흡광도를 440nm에서 측정한다.

① 사염화탄소   ② 아세트산부틸
③ 클로로포름   ④ 노말 헥산

해설 구리 – 자외선/가시선 분광법
시료 중에 구리이온이 알칼리성에서 다이에틸다이티오카르바민산나트륨과 반응하여 생성하는 황갈색의 킬레이트 화합물을 아세트산부틸로 추출하여 흡광도를 440nm에서 측정하는 방법이다.

76 총칙에서 규정하고 있는 내용으로 틀린 것은?

① "항량으로 될 때까지 건조한다"라 함은 같은 조건에서 10시간 더 건조할 때 전후 무게의 차가 g당 0.1mg 이하일 때를 말한다.

② "방울수"라 함은 20℃에서 정제수 20방울을 적하할 때, 그 부피가 약 1mL 되는 것을 뜻한다.

③ "감압 또는 진공"이라 함은 따로 규정이 없는 한 15mmHg 이하를 뜻한다.

④ 무게를 "정확히 단다"라 함은 규정된 수치의 무게를 0.1mg까지 다는 것을 말한다.

해설 항량으로 될 때까지 건조한다
같은 조건에서 1시간 더 건조할 때 전후 무게의 차가 g당 0.3mg 이하일 때를 말한다.

77 아래와 같은 방식으로 계속 폐기물 시료의 크기를 줄이는 방법은?

분쇄한 대시료를 단단하고 깨끗한 평면 위에 원추형으로 쌓는다. → 원추를 장소를 바꾸어 다시 쌓는다. → 원추에서 일정한 양을 취하여 장방형으로 도포하고 계속해서 일정한 양을 취하여 그 위에 입체로 쌓는다. → 육면체의 측면을 교대로 돌면서 각각 균등한 양을 취하여 두 개의 원추를 쌓는다. → 이중 하나는 버린다.

① 원추 2분법   ② 원추 4분법
③ 교호삽법   ④ 구획법

해설 교호삽법
① 분쇄한 대시료를 단단하고 깨끗한 평면 위에 원추형으로 쌓는다.
② 원추를 장소를 바꾸어 다시 쌓는다.
③ 원추에서 일정한 양을 취하여 장방형으로 도포하고 계속해서 일정한 양을 취하여 그 위에 입체로 쌓는다.
④ 육면체의 측면을 교대로 돌면서 각각 균등한 양을 취하여 두 개의 원추를 쌓는다.
⑤ 하나의 원추는 버리고 나머지 원추를 앞의 조작을 반복하면서 적당한 크기까지 줄인다.

78 시안의 측정(자외선/가시선 분광법) 시, 시료 내의 황화합물 함유로 인한 측정방해를 방지하기 위해 첨가하는 용액은?

① L – 아스코빈산용액
② 수산화나트륨용액
③ 아세트산아연용액
④ 이산화비소산나트륨용액

해설 시안 – 자외선/가시선 분광법의 간섭물질
① 시안화합물 측정 시 방해물질들은 증류하면 대부분 제거됨 (다량의 지방성분, 잔류염소, 황화물은 시안화합물 분석 시 간섭할 수 있음)
② 다량의 지방성분 함유 시료 : 아세트산 또는 수산화나트륨 용액으로 pH 6~7로 조절한 후 시료의 약 2%에 해당하는 부피의 노말헥산 또는 클로로폼을 넣어 추출하여 유기층은 버리

고 수층을 분리하여 사용함

③ 황화합물이 함유된 시료 : 아세트산아연용액(10W/V%) 2mL를 넣어 제거한다. 이 용액 1mL는 황화물이온 약 14mg에 해당됨

④ 잔류염소가 함유된 시료 : 잔류염소 20mg당 L-아스코빈산(10W/V%) 0.6mL 또는 이산화비소산나트륨용액(10W/V%) 0.7mL를 넣어 제거함

79 석면(X선 회절기법) 측정을 위한 분석절차 중 시료의 균일화에 관한 내용(기준)으로 옳은 것은?

① 정성분석용 시료의 입자크기는 $0.1\mu m$ 이하로 분쇄를 한다.

② 정성분석용 시료의 입자크기는 $1.0\mu m$ 이하로 분쇄를 한다.

③ 정성분석용 시료의 입자크기는 $10\mu m$ 이하로 분쇄를 한다.

④ 정성분석용 시료의 입자크기는 $100\mu m$ 이하로 분쇄를 한다.

석면(X선 회절기법)의 시료균일화

① 정성분석용
  ㉠ 시료의 입자크기를 $100\mu m$ 이하로 분쇄
  ㉡ 상온에서 분쇄가 어려울 경우에는 액체질소로 냉각하여 분쇄

② 정량분석용
  ㉠ 시료의 입자크기를 $10\mu m$ 이하로 분쇄
  ㉡ 상온에서 분쇄가 어려울 경우에는 액체질소로 냉각하여 분쇄

80 대상폐기물의 양이 450톤인 경우, 현장 시료의 최소 수는?

① 14 ② 20 ③ 30 ④ 36

대상폐기물의 양과 시료의 최소 수

대상 폐기물의 양(단위 : ton)	시료의 최소 수
~ 1 미만	6
1 이상~5 미만	10
5 이상~30 미만	14
30 이상~100 미만	20
100 이상~500 미만	30
500 이상~1,000 미만	36
1,000 이상~5,000 미만	50
5,000 이상~	60

[Note] 2012~2015년 폐기물관계법규 관련 문제는 법규의 변경사항이 많으므로 문제유형만 학습하시기 바랍니다.

81 폐기물관리법의 적용을 받지 않는 물질에 관한 내용으로 틀린 것은?

① 용기에 들어 있지 아니한 기체상태의 물질

② 하수도법에 따른 하수 분뇨

③ 원자력안전법에 따른 방사성 물질과 이로 인하여 오염된 물질

④ 수질 및 수생태계 보전에 관한 법률에 따른 오수, 분뇨 및 축산폐수

82 폐기물처리업의 시설·장비·기술능력의 기준 중 폐기물 수집·운반업(지정 폐기물 중 의료폐기물을 수집, 운반하는 경우) 장비 기준으로 옳은 것은?

① 적재능력 0.25톤 이상의 냉장차량(섭씨 4도 이하인 것을 말한다. 이하 같다) 5대 이상

② 적재능력 0.25톤 이상의 냉장차량(섭씨 4도 이하인 것을 말한다. 이하 같다) 3대 이상

③ 적재능력 0.45톤 이상의 냉장차량(섭씨 4도 이하인 것을 말한다. 이하 같다) 5대 이상

④ 적재능력 0.55톤 이상의 냉장차량(섭씨 4도 이하인 것을 말한다. 이하 같다) 3대 이상

83 기술관리인을 두어야 할 폐기물처리 시설에 해당하지 않는 것은?

① 소각열회수시설로서 시간당 재활용능력이 600킬로그램 이상인 시설

② 압축·파쇄·분쇄 또는 절단시설로서 1일 처분능력 또는 재활용능력이 100톤 이상인 시설

③ 멸균·분쇄시설로 1일 처리능력이 1톤 이상인 시설

④ 시멘트 소성로

정답 **79** ④ **80** ③ **81** ④ **82** ④ **83** ③

84 폐기물최종처리시설인 관리형 매립시설에 대한 기술관리 대행 계약에 포함될 점검항목으로 틀린 것은?

① 차수시설의 파손 여부
② 빗물차단용 덮개의 구비 여부
③ 침출수 처리시설의 정상가동 여부
④ 방류수의 수질

85 폐기물 감량화시설에 포함되지 않는 것은?

① 공정 개선시설
② 부산물 처리시설
③ 폐기물 재이용시설
④ 폐기물 재활용시설

86 환경부령으로 정하는 양 및 기간을 위반하여 폐기물을 보관한 자에 대한 벌칙기준으로 옳은 것은?

① 2년 이하의 징역이나 2천만 원 이하의 벌금에 처한다.
② 3년 이하의 징역이나 3천만 원 이하의 벌금에 처한다.
③ 1천만 원 이하의 과태료를 부과한다.
④ 2천만 원 이하의 과태료를 부과한다.

87 환경부령으로 정하는 폐기물처리시설의 설치를 마친 자는 환경부령으로 정하는 검사기관으로부터 검사를 받아야 한다. 다음 중 폐기물처리시설과 해당 검사기관의 연결로 가장 적합한 것은?(단, 그 밖에 환경부장관이 인정 고시하는 기관 제외)

① 소각시설 : 한국건설기술연구원
② 매립시설 : 한국기계연구원
③ 멸균분쇄시설 : 보건환경연구원
④ 음식물류 폐기물처리시설 : 한국농어촌공사

88 폐기물처리업의 허가를 받을 수 없는 자에 대한 기준으로 틀린 것은?

① 폐기물처리업의 허가가 취소된 자로서 그 허가가 취소된 날부터 2년이 지나지 아니한 자
② 파산선고를 받고 복권되지 아니한 자
③ 폐기물관리법을 위반하여 징역 이상의 형의 집행유예를 선고받고 그 집행유예 기간이 지나지 아니한 자
④ 폐기물관리법 외의 법을 위반하여 징역 이상의 형을 선고받고 그 형의 집행이 끝난 지 2년이 지나지 아니한 자

89 폐기물중간재활용업, 폐기물최종재활용업 및 폐기물종합재활용업의 변경허가를 받아야 하는 중요사항으로 틀린 것은?

① 운반차량(임시차량 포함)의 증차
② 폐기물 재활용시설의 신설
③ 허가 또는 변경허가를 받은 재활용 용량의 100분의 30 이상(금속을 회수하는 최종재활용업 또는 종합재활용업의 경우에는 100분의 50 이상)의 변경(허가 또는 변경 허가를 받은 후 변경되는 누계를 말한다)
④ 폐기물 재활용시설 소재지의 변경

90 폐기물통계조사 중 폐기물 발생원 등에 관한 조사를 위해 5년마다 현장조사를 기초로 작성하여야 하는 항목으로 틀린 것은?

① 생활폐기물 및 사업장 폐기물 관리 현황
② 폐기물 처분시설 및 재활용시설 설치·운영 현황
③ 발생원별·계절별 폐기물의 탄소, 수소, 질소 등 원소 분석
④ 가정부분과 비가정부분의 계절별 폐기물 조성비

91 위해의료폐기물 중 조직물류폐기물에 해당되는 것은?

① 폐혈액백
② 혈액투석 시 사용된 폐기물
③ 혈액, 고름 및 혈액생성물(혈청, 혈장, 혈액제제)
④ 폐항암제

92 개선명령과 사용중지 명령을 받은 자가 이를 이행하지 아니하거나 그 이행이 불가능하다는 판단에 따른 해당 시설의 폐쇄명령을 이행하지 아니한 자에 대한 벌칙 기준은?

① 5년 이하의 징역 또는 5천만 원 이하의 벌금
② 3년 이하의 징역 또는 3천만 원 이하의 벌금

③ 2년 이하의 징역 또는 2천만 원 이하의 벌금

④ 1년 이하의 징역 또는 1천만 원 이하의 벌금

93 폐기물 발생 억제 지침 준수의무 대상 배출자의 규모 기준으로 옳은 것은?

① 최근 3년간의 연평균 배출량을 기준으로 지정폐기물을 50톤 이상 배출하는 자

② 최근 3년간의 연평균 배출량을 기준으로 지정폐기물을 100톤 이상 배출하는 자

③ 최근 3년간의 연평균 배출량을 기준으로 지정폐기물 외의 폐기물을 100톤 이상 배출하는 자

④ 최근 3년간의 연평균 배출량을 기준으로 지정폐기물 외의 폐기물을 500톤 이상 배출하는 자

94 매립시설의 설치검사기준 중 차단형 매립시설에 대한 검사항목으로 틀린 것은?

① 바닥과 외벽의 압축강도 · 두께

② 내부막의 구획면적, 매립 가능 용적, 두께, 압축강도

③ 빗물유입 방지시설 및 덮개설치내역

④ 차수시설의 재질 · 두께 · 투수계수

95 폐기물 관리법상 용어의 정의로 틀린 것은?

① "생활폐기물"이란 사업장폐기물 외의 폐기물을 말한다.

② "지정폐기물"이란 사업장폐기물 중 폐유 · 폐산 등 주변 환경을 오염시킬 수 있거나 의료폐기물 등 인체에 위해를 줄 수 있는 유해한 물질로서 대통령령으로 정하는 폐기물을 말한다.

③ "처리"란 폐기물의 소각, 중화, 파쇄, 고형화 등에 의한 중간처리(재활용 제외)와 매립 등에 의한 최종처리(해역배출 제외)를 말한다.

④ "폐기물처리시설"이란 폐기물의 중간처분시설, 최종처분시설 및 재활용시설로서 대통령령으로 정하는 시설을 말한다.

96 폐기물처리시설을 설치하는 자는 그 설치공사를 끝낸 후 그 시설의 사용을 시작하려면 해당 행정기관의 장에게 신고하여야 한다. 신고를 하지 아니하고 해당 시설의 사용을 시작한 자에 대한 벌칙 또는 과태료 처분기준은?

① 100만 원 이하의 과태료 부과

② 300만 원 이하의 과태료 부과

③ 1천만 원 이하의 과태료 부과

④ 1년 이하의 징역이나 500만 원 이하의 벌금

97 발생량에 무관하게 반드시 지정폐기물의 처리계획의 확인을 받아야 하는 품목은?

① 폐농약   ② 폐사

③ 폐유독물   ④ 폐흡수제

98 폐기물처리설의 종류 중 기계적 처분시설에 포함되지 않는 것은?

① 증발 · 농축 시설   ② 고형화시설

③ 유수분리시설   ④ 멸균분쇄시설

99 주변지역 영향 조사대상 폐기물 처리시설 기준으로 옳은 것은?

① 매립면적 1만 제곱미터 이상의 사업장 일반폐기물 매립시설

② 매립면적 3만 제곱미터 이상의 사업장 일반폐기물 매립시설

③ 매립면적 5만 제곱미터 이상의 사업장 일반폐기물 매립시설

④ 매립면적 15만 제곱미터 이상의 사업장 일반폐기물 매립시설

100 한국폐기물협회의 업무와 가장 거리가 먼 것은?

① 폐기물 관련 국제교류 및 협력

② 폐기물 관련 홍보 및 교육, 연수

③ 폐기물 관련 시설 관리

④ 폐기물산업의 발전을 위한 지도 및 조사 · 연구

정답   93 ②   94 ④   95 ③   96 ①   97 ③   98 ②   99 ④   100 ③

제1과목 폐기물개론

01 $X_{90}=3.0$cm로 도시폐기물을 파쇄하고자 할 때, 즉 90% 이상을 3.0cm보다 작게 파쇄하고자 할 경우 Rosin – Rammler 모델에 의한 특성입자 크기는?(단, $n=1$로 가정)

① 1.30cm   ② 1.42cm

③ 1.74cm   ④ 1.92cm

해설 $$Y=1-\exp\left[-\left(\frac{X}{X_0}\right)^n\right]$$
$$0.9=1-\exp\left[-\left(\frac{3.0}{X_0}\right)^1\right], \quad -\frac{3.0}{X_0}=\ln 0.1$$
$$X_0(특성입자\ 크기)=\frac{3.0}{2.3}=1.30cm$$

02 투입량이 1.0t/hr이고, 회수량이 600kg/hr(그중 회수대상 물질은 550kg/hr)이며 제거량은 400kg/hr(그중 회수대상 물질은 70kg/hr)일 때 선별효율은?(단, Worrell 식 적용)

① 77%   ② 79%

③ 81%   ④ 84%

해설 x_1이 550kg/hr → y_1 : 50kg/hr
x_2가 70kg/hr → y_2 : $1,000-600-70=330$kg/hr
$x_0=x_1+x_2=550+70=620$kg/hr
$y_0=y_1+y_2=50+330=380$kg/hr

Worrel 선별효율(%) $=\left[\left(\frac{x_1}{x_0}\right)\times\left(\frac{y_2}{y_0}\right)\right]\times 100$
$=\left[\left(\frac{550}{620}\right)\times\left(\frac{330}{380}\right)\right]\times 100=77.04\%$

[Note] x_0(투입량 중 회수대상물질)
y_0(제거량 중 비회수대상물질)
x_1(회수량 중 회수대상물질)
y_1(회수량 중 비회수대상물질)
x_2(제거량 중 회수대상물질)
y_2(제거량 중 비회수대상물질)

03 인구 1천만 명인 도시를 위한 쓰레기 위생매립지(매립용 량 100,000,000m³)를 계획하였다. 매립 후 폐기물의 밀도는 500kg/m³이고 복토량은 폐기물 : 복토 부피비 율로 5 : 1이며 해당 도시 일인 일일 쓰레기 발생량이 2kg 일 경우 매립장의 수명은 몇 년인가?

① 5.7년   ② 6.8년

③ 8.3년   ④ 14.6년

해설 매립장의 수명(year)$=\dfrac{매립용적}{쓰레기\ 발생량}$

$=\dfrac{100,000,000m^3\times 500kg/m^3}{2kg/인\cdot 일\times 10,000,000인}=5.7year$
$\qquad\qquad \times 365일/year\times 1.2$

04 쓰레기를 압축시켜 부피감소율이 55%인 경우 압축비는?

① 약 2.2   ② 약 2.8

③ 약 3.2   ④ 약 3.6

해설 압축비$(CR)=\dfrac{100}{100-VR}=\dfrac{100}{100-55}=2.22$

05 함수율 95%의 슬러지를 함수율 80%인 슬러지로 만들려 면 슬러지 1ton당 얼마의 수분을 증발시켜야 하는가? (단, 비중은 1.0 기준)

① 750 kg   ② 650 kg

③ 550 kg   ④ 450 kg

해설 $1,000kg(1-0.95)=$처리 후 슬러지양$(1-0.8)$
처리 후 슬러지양$=250$kg
증발된 수분량$(kg)=1,000-250=750$kg

06 수분함량이 20%인 쓰레기의 수분함량을 10%로 감소시 키면 감소 후 쓰레기 중량은 처음 중량의 몇 %가 되겠는 가?(단, 쓰레기의 비중은 1.0 기준)

① 87.6%   ② 88.9%

③ 90.3%   ④ 92.9%

초기 쓰레기양$(1-0.2)$＝처리 후 쓰레기양$(1-0.1)$

$$\frac{처리\ 후\ 쓰레기양}{초기\ 쓰레기양}=\frac{(1-0.2)}{(1-0.1)}=0.8888$$

처리 후 쓰레기 비율＝$0.8888\times100=88.88\%$

10 다음 중에서 쓰레기 발생량 조사방법이 아닌 것은?

① 적재차량 계수분석법   ② 직접계근법

③ 물질수지법   ④ 경향법

① 쓰레기 발생량 조사방법
  ㉠ 적재차량 계수분석법
  ㉡ 직접계근법
  ㉢ 물질수지법
  ㉣ 통계조사(표본조사, 전수조사)
② 쓰레기 발생량 예측방법
  ㉠ 경향법
  ㉡ 다중회귀모델
  ㉢ 동적모사모델

07 쓰레기를 체분석하여 다음과 같은 결과를 얻었다. 곡률계수는?(단, D_{10}, D_{30}, D_{60}은 쓰레기 시료의 체 중량통과백분율이 각각 10%, 30%, 60%에 해당되는 직경을 의미함)

[결과]
D_{10} : 0.01mm, D_{30} : 0.05mm, D_{60} : 0.25mm

① 0.5   ② 0.85
③ 1.0   ④ 1.25

곡률계수$(Z)=\dfrac{(D_{30})^2}{D_{10}\times D_{60}}=\dfrac{0.05^2}{0.01\times0.25}=1.0$

11 쓰레기 수거노선 설정 요령으로 옳지 않은 것은?

① 지형이 언덕인 경우는 내려가면서 수거한다.
② U자 회전을 피하여 수거한다.
③ 아주 많은 양의 쓰레기가 발생되는 발생원은 하루 중 가장 나중에 수거한다.
④ 가능한 한 시계 방향으로 수거노선을 설정한다.

효과적·경제적인 수거노선 결정 시 유의(고려)사항 : 수거노선 설정요령
① 지형이 언덕인 지역에서는 언덕의 위에서부터 내려가며 적재하면서 차량을 진행하도록 한다.(안전성, 연료비 절약)
② 수거인원 및 차량형식이 같은 기존 시스템의 조건들을 서로 관련시킨다.
③ 출발점은 차고와 가깝게 하고 수거된 마지막 컨테이너가 처분지의 가장 가까이에 위치하도록 배치한다.
④ 가능한 한 지형지물 및 도로경계와 같은 장벽을 사용하여 간선도로 부근에서 시작하고 끝나야 한다.(도로경계 등을 이용)
⑤ 가능한 한 시계방향으로 수거노선을 정한다.
⑥ 적은 양의 쓰레기가 발생하나 동일한 수거빈도를 받기 원하는 적재지점(수거지점)은 가능한 한 같은 날 왕복 내에서 수거한다.
⑦ 아주 많은 양의 쓰레기가 발생되는 발생원은 하루 중 가장 먼저 수거한다.
⑧ 될 수 있는 한 한 번 간 길은 다시 가지 않는다.
⑨ 반복운행 또는 U자형 회전은 피하여 수거한다.
⑩ 교통량이 많거나 출퇴근시간은 피하여 수거한다.
⑪ 수거지점과 수거빈도 결정 시 기존정책이나 규정을 참고한다.

08 3.5%의 고형물을 함유하는 슬러지 $300m^3$를 탈수시켜 70%의 함수율을 갖는 케이크를 얻었다면 탈수된 케이크의 양은 몇 m^3인가?(단, 슬러지의 밀도는 $1ton/m^3$이다.)

① $35m^3$ ② $40m^3$
③ $45m^3$ ④ $50m^3$

$300m^3\times0.035=$탈수된 케이크 양$(m^3)\times(1-0.7)$

탈수된 케이크 양$(m^3)=\dfrac{300m^3\times0.035}{0.3}=35m^3$

09 폐기물에 함유된 유용 성분을 분리해 내기 위해 1,000kg의 폐기물을 처리하여 700kg과 300kg으로 분류하였다. 이들 각 폐기물에 함유된 유용 성분의 함량을 조사하였더니 각각의 무게의 30%와 0.15%를 차지하고 있음을 알았다. 그러면 전체 폐기물에 함유되어 있는 유용 성분의 함량은 약 몇 %(무게 기준)인가?

① 21%   ② 27%
③ 31%   ④ 34%

유용 성분의 함량(%)
$=\dfrac{(700kg\times0.3)+(300kg\times0.0015)}{700kg+300kg}\times100=21.05\%$

정답 **07** ③ **08** ① **09** ① **10** ④ **11** ③

12 인구 15만 명, 쓰레기발생량 1.4kg/인 · 일, 쓰레기 밀도 400kg/m³, 일일 운전시간 6시간, 운반거리 6km, 적재용량 12m³, 1회 운반 소요시간 60분(적재시간, 수송시간 등 포함)일 때 운반에 필요한 일일 소요차량 대수는?(단, 대기 차량 포함, 대기 차량 3대, 압축비 2.0)

① 6 ② 7
③ 8 ④ 11

해설 소요차량(대)

$$= \frac{\text{하루 폐기물 수거량}}{\text{1일 1대당 운반량}}$$

하루 폐기물 수거량 $= 1.4\text{kg/인 · 일} \times 150,000\text{인}$
$= 210,000\text{kg/일}$

$$\text{1일 1대당 운반량} = \frac{[12\text{m}^3/\text{대} \times 6\text{hr/대 · 일} \times 400\text{kg/m}^3 \times 2.0]}{60\text{min/대} \times \text{hr}/60\text{min}}$$
$= 57,600\text{kg/일 · 대}$

$$= \frac{210,000\text{kg/일}}{57,600\text{kg/일 · 대}} + 3\text{대} = 6.6(7\text{대})$$

13 쓰레기 선별에 사용되는 직경이 5.0m인 트롬멜 스크린의 최적 속도는?

① 약 9rpm ② 약 11rpm
③ 약 14rpm ④ 약 16rpm

해설 최적회전속도(rpm)
$= \text{임계속도}(\eta_c) \times 0.45$

$$\text{임계속도} = \frac{1}{2\pi} \sqrt{\frac{9.8}{2.5}}$$
$= 0.32\text{cycle/sec} \times 60\text{sec/min}$
$= 18.92\text{cycle/min(rpm)}$

$= 18.92\text{rpm} \times 0.45 = 8.51\text{rpm}$

14 물렁거리는 가벼운 물질로부터 딱딱한 물질을 선별하는 데 사용하며 경사진 컨베이어를 통해 폐기물을 주입시켜 천천히 회전하는 드럼 위에 떨어뜨려서 분류하는 것은?

① Stoners ② Jigs
③ Secators ④ Table

해설 Secators
① 경사진 컨베이어를 통해 폐기물을 주입시켜 천천히 회전하는 드럼 위에 떨어뜨려서 선별하는 장치이며 물렁거리는 가벼운 물질(가볍고 탄력 없는 물질)로부터 딱딱한 물질(무겁고 탄력 있는 물질)을 선별하는 데 사용한다.
② 주로 퇴비 중의 유리조각을 추출할 때 이용되는 선별장치이다.

15 청소상태의 평가방법에 관한 설명으로 옳지 않은 것은?

① 지역사회 효과지수는 가로 청소상태의 문제점이 관찰되는 경우 각 10점씩 감점한다.
② 지역사회 효과지수에서 가로 청결상태의 Scale은 1~10으로 정하여 각각 10점 범위로 한다.
③ 사용자 만족도 지수는 서비스를 받는 사람들의 만족도를 설문조사하여 계산되며 설문 문항은 6개로 구성되어 있다.
④ 사용자 만족도 설문지 문항의 총점은 100점이다.

해설 지역사회 효과지수에서 가로 청결상태의 Scale은 0~100점 범위로 한다.

16 슬러지 수분 중 가장 용이하게 분리할 수 있는 수분의 형태로 옳은 것은?

① 모관결합수 ② 세포수
③ 표면부착수 ④ 내부수

해설 탈수성이 용이한(분리하기 쉬운) 수분형태 순서
모관결합수 > 표면부착수 > 내부수

17 40ton/hr 규모의 시설에서 평균크기가 30.5cm인 혼합된 도시폐기물을 최종크기 5.1cm로 파쇄하기 위한 동력은?(단, 평균크기 15.2cm에서 5.1cm로 파쇄하기 위하여 필요한 에너지 소모율은 14.9kW · hr/ton이며 킥의 법칙을 적용함)

① 약 380kW
② 약 580kW
③ 약 780kW
④ 약 980kW

해설 $E = C\ln\left(\dfrac{L_1}{L_2}\right)$

$14.9\text{kW · hr/ton} = C\ln\left(\dfrac{15.2}{5.1}\right)$

$C = 13.64\text{kW · hr/ton}$

$E = 13.64\ln\left(\dfrac{30.5}{5.1}\right) = 24.39\text{kW · hr/ton}$

동력(kW) $= 24.39\text{kW · hr/ton} \times 40\text{ton/hr} = 975.8\text{kW}$

정답 **12** ② **13** ① **14** ③ **15** ② **16** ① **17** ④

18 1,000세대(세대당 평균 가족 수 5인)인 아파트에서 배출하는 쓰레기를 3일마다 수거하는 데 적재용량 11.0m³의 트럭 5대(1회 기준)가 소요된다. 쓰레기 단위 용적당 중량이 210kg/m³라면 1인 1일당 쓰레기 배출량은?

① 2.31kg/인 · 일　　　② 1.38kg/인 · 일
③ 1.12kg/인 · 일　　　④ 0.77kg/인 · 일

쓰레기배출량(kg/인 · 일) = $\dfrac{쓰레기\ 수거량}{수거인구\ 수}$

$= \dfrac{11.0m^3/대 \times 5대 \times 210kg/m^3}{1,000세대 \times 5인/세대 \times 3일}$

$= 0.77kg/인 · 일$

19 폐기물 차량 총 중량이 24,725kg, 공차량 중량이 13,725kg이며, 적재함의 크기 L : 400cm, W : 250cm, H : 170cm일 때 차량 적재계수(ton/m³)는?

① 0.757　　　② 0.708
③ 0.687　　　④ 0.647

적재계수(ton/m³) = $\dfrac{적재\ 폐기물의\ 중량}{적재함의\ 부피}$

$= \dfrac{(24,725 - 13,725)kg \times ton/1,000kg}{(4 \times 2.5 \times 1.7)m^3}$

$= 0.647ton/m^3$

20 인구 500,000인 어느 도시의 쓰레기 발생량 중 가연성이 60%라고 한다. 쓰레기 발생량이 1.2kg/인 · 일이고, 밀도는 0.8ton/m³, 쓰레기차의 적재용량이 15m³일 때, 가연성 쓰레기를 운반하는 데 필요한 차량은?(단, 차량은 1일 1회 운행 기준)

① 50대/일　　　② 30대/일
③ 20대/일　　　④ 10대/일

소요차량(대) = $\dfrac{가연성\ 쓰레기의\ 총량}{쓰레기차의\ 적재용량}$

$= \dfrac{1.2kg/인 · 일 \times 500,000인 \times 0.6}{15m^3/대 \times 800kg/m^3} = 30대/일$

---

21 합성차수막인 CSPE에 관한 설명으로 옳지 않은 것은?

① 미생물에 강하다.　　　② 강도가 약하다.
③ 접합이 용이하다.　　　④ 산과 알칼리에 약하다.

합성차수막 CSPE의 단점은 강도가 낮은 것이다.

22 처리용량이 50kL/day인 혐기성 소화식 분뇨처리장에 가스저장탱크를 설치하고자 한다. 가스 저류시간을 8시간으로 하고 생성 가스양을 투입 분뇨량의 6배로 가정한다면, 가스탱크의 용량은?

① 90m³　　　② 100m³
③ 110m³　　　④ 120m³

가스탱크용량(m³)
= 처리용량 × 저류시간
= 50kL/day × m³/kL × day/24hr × 8hr × 6 = 100m³

23 유해폐기물 고화 처리방법 중 자가시멘트법에 관한 설명으로 옳지 않은 것은?

① 혼합률(MR)이 일반적으로 높다.
② 장치비가 크며 숙련된 기술이 요구된다.
③ 보조에너지가 필요하다.
④ 고농도의 황화물 함유 폐기물에 적용된다.

자가시멘트법(Self - cementing Techniques)
① FGD 슬러지 중 일부(10%)를 생석회화한 후 여기에 소량의 물(수분량 조절역할)과 첨가제를 가하여 폐기물이 스스로 고형화되는 성질을 이용하는 방법이다. 즉, 연소가스 탈황 시 발생된 높은 황화물을 함유한 슬러지 처리에 사용된다.
② 장점
　㉠ 혼합률(MR)이 비교적 낮다.
　㉡ 중금속의 고형화 처리에 효과적이다.
　㉢ 전처리(탈수 등)가 필요 없다.
③ 단점
　㉠ 장치비가 크며 숙련된 기술이 요구된다.
　㉡ 보조에너지가 필요하다.
　㉢ 많은 황화물을 가지는 폐기물에 적합하다.

정답　18 ④　19 ④　20 ②　21 ④　22 ②　23 ①

24 함수율 95%인 분뇨의 유기탄소량은 30%/TS이고 총 질소량은 15%/TS이다. 이 분뇨와 혼합할 볏짚의 함수율은 30%이며 유기탄소량은 90%/TS, 총 질소량은 3%/TS이다. 분뇨 : 볏짚을 무게비 2 : 3으로 혼합했을 경우의 C/N비는?

① 약 22.6 　　　　② 약 24.6
③ 약 26.6 　　　　④ 약 28.6

해설 C/N비

$$= \frac{혼합물 \ 중 \ 탄소의 \ 양}{혼합물 \ 중 \ 질소의 \ 양}$$

혼합물 중 탄소의 양

$$= \left[\left(\frac{2}{2+3} \times (1-0.95) \times 0.3 \right) + \left(\frac{3}{2+3} \times (1-0.3) \times 0.9 \right) \right]$$

$$= 0.384$$

혼합물 중 질소의 양

$$= \left[\left(\frac{2}{2+3} \times (1-0.95) \times 0.15 \right) + \left(\frac{3}{2+3} \times (1-0.3) \times 0.03 \right) \right]$$

$$= 0.0156$$

$$= \frac{0.384}{0.0156} = 24.62$$

25 내륙매립방법인 셀(Cell) 공법에 관한 설명으로 옳지 않은 것은?

① 화재의 확산을 방지할 수 있다.
② 쓰레기 비탈면의 경사는 15~25%의 기울기로 하는 것이 좋다.
③ 1일 작업하는 셀 크기는 매립장 면적에 따라 결정된다.
④ 발생가스 및 매립층 내 수분의 이동이 억제된다.

해설 셀 매립공법으로 1일 작업하는 셀 크기는 매립처분량에 따라 결정된다.

26 토양수분의 물리학적 분류 중 수분 1,000cm의 물기둥의 압력으로 결합되어 있는 경우는 다음 중 어디에 속하는가?

① 모세관수 　　　　② 흡습수
③ 유효수분 　　　　④ 결합수

해설 **토양수분의 물리학적 분류**
① 결합수(pF 7.0 이상)　　② 흡습수(pF 4.5 이상)
③ 모세관수(pF 2.54~4.5)　④ 중력수(pF 2.54 이하)

27 친산소성 퇴비화 공정의 설계 · 운영 시 고려인자에 관한 내용으로 틀린 것은?

① 공기의 채널링이 원활하게 발생하도록 반응기간 동안 규칙적으로 교반하거나 뒤집어 주어야 한다.
② 퇴비단의 온도는 초기 며칠간은 50~55℃를 유지하여야 하며 활발한 분해를 위해서는 55~60℃가 적당하다.
③ 퇴비화 기간 동안 수분함량은 50~60% 범위에서 유지되어야 한다.
④ 초기 C/N비는 25~50이 적정하다.

해설 퇴비단의 건조, 덩어리짐, 공기의 채널링 현상을 방지하기 위하여 반응기간 동안에 필요에 따라 규칙적으로 교반하거나 뒤집어 준다.

28 쓰레기와 하수처리장에서 얻어진 슬러지를 함께 매립하려고 한다. 쓰레기와 슬러지의 고형물 함량이 각각 80%, 30%라고 하면 쓰레기와 슬러지를 8 : 2로 섞을 때의 이 혼합폐기물의 함수율은?(단, 무게 기준이며 비중은 1.0으로 가정함)

① 30% 　　　　② 50%
③ 70% 　　　　④ 80%

해설 혼합함수율(%) $= \frac{(8 \times 0.2) + (2 \times 0.7)}{8+2} \times 100 = 30\%$

29 다음 그림은 쓰레기 매립지에서 발생되는 가스의 성상이 시간에 따라 변하는 과정을 보이고 있다. 곡선 ㉠과 ㉡이 나타내는 가스의 종류로 옳은 것은?

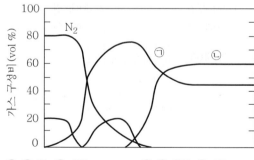

① ㉠ H_2 ㉡ CH_4 　　　② ㉠ CH_4 ㉡ CO_2
③ ㉠ CO_2 ㉡ CH_4 　　　④ ㉠ CH_4 ㉡ H_2

정답 매립기간에 따른 발생가스의 조성변화

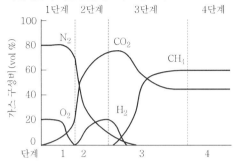

30 혐기성 소화조에서 유기물질 90%, 무기물질 10%의 슬러지(고형물 기준)를 소화 처리한 결과 소화슬러지(고형물 기준)는 유기물질 70%, 무기물질 30%로 되었다. 이때 소화율은?

① 약 54% ② 약 64%
③ 약 74% ④ 약 84%

정답 $소화율(\%) = \left(1 - \frac{VS_2/FS_2}{VS_1/FS_1}\right) \times 100$

$= \left(1 - \frac{0.7/0.3}{0.9/0.1}\right) \times 100 = 74.07\%$

31 유해폐기물을 고화처리할 때 사용하는 지표인 Mix Ratio(MR 또는 섞음률)는 고화제 첨가량과 폐기물 양의 중량비로 정의된다. 고화 처리 전 폐기물의 밀도가 $1.0g/cm^3$, 고화처리 후 폐기물의 밀도가 $1.2g/cm^3$라면 MR이 0.3일 때 고화처리 후 폐기물의 부피는 처리 전 폐기물의 부피의 몇 배로 되는가?

① 약 1.1 ② 약 1.2
③ 약 1.3 ④ 약 1.4

정답 $VCF = (1 + MR) \times \frac{\rho_r}{\rho_s} = (1 + 0.3) \times \frac{1.0}{1.2} = 1.08$

32 BOD가 15,000mg/L, Cl^-이 800ppm인 분뇨를 희석하여 활성슬러지법으로 처리한 결과 BOD가 60mg/L, Cl^-이 40ppm이었다면 활성슬러지법의 처리효율은? (단, 희석수 중에 BOD, Cl^-은 없음)

① 90% ② 92%
③ 94% ④ 96%

정답 $BOD 처리효율(\%) = \left(1 - \frac{BOD_o}{BOD_i}\right) \times 100$

$BOD_i = 15,000mg/L \times \frac{40}{800} = 750mg/L$

$= \left(1 - \frac{60}{750}\right) \times 100 = 0.92 \times 100 = 92\%$

33 매립지의 연직 차수막에 관한 설명으로 옳은 것은?

① 지중에 암반이나 점성토의 불투수층이 수직으로 깊이 분포하는 경우에 설치한다.
② 지하수 집배수시설이 불필요하다.
③ 지하에 매설되므로 차수막 보강시공이 불가능하다.
④ 차수막의 단위면적당 공사비는 적게 소요되나 총 공사비로는 비싸다.

정답 연직차수막

① 적용조건 : 지중에 수평방향의 차수층이 존재할 때 사용
② 시공 : 수직 또는 경사시공
③ 지하수 집배수시설 : 불필요
④ 차수성 확인 : 지하매설로서 차수성 확인이 어려움
⑤ 경제성 : 단위면적당 공사비는 많이 소요되나 총 공사비는 적게 듦
⑥ 보수 : 지중이므로 보수가 어렵지만 차수막 보강시공이 가능
⑦ 공법 종류
　㉠ 어스 댐 코어 공법
　㉡ 강널말뚝(sheet pile) 공법
　㉢ 그라우트 공법
　㉣ 차수시트 매설 공법
　㉤ 지중 연속벽 공법

34 슬러지를 톤당 5,000원에 위탁 처리하는 배출업소가 있다. 고성능 탈수기를 사용, 함수율을 낮추어 위탁비용을 줄이려 하는 경우 다음 조건하에서 탈수기 사용이 경제적이 되기 위해서는 탈수된 슬러지의 함수율이 얼마 이하가 되어야 하는가?

[조건]
• 탈수 전 슬러지 함수율 : 85%
• 탈수기 사용경비 : 유입슬러지 톤당 2,000원
• 위탁 비용은 슬러지의 함수율에 무관함
• 비중은 1.0 기준

① 81% ② 79%
③ 77% ④ 75%

정답 **30** ③　**31** ①　**32** ②　**33** ②　**34** ④

해설 5,000원/ton×(1−0.85)=(5,000−2,000)원/ton

$$\times(1-탈수된\ 슬러지\ 함수율)$$

$$1-탈수된\ 슬러지\ 함수율=\frac{5,000원/ton\times0.15}{3,000원/ton}$$

탈수된 슬러지 함수율=0.75×100=75%

35 평균온도가 20℃인 수거분뇨 20kL/일을 처리하는 혐기성 소화조의 소화온도를 외부 기온에 의해 35℃로 유지하고자 한다. 이때 소요되는 열량(kcal/일)은?(단, 소화조의 열손실은 없는 것으로 간주하고, 분뇨의 비열은 1.1kcal/kg · ℃, 비중은 1.02이다.)

① 293.8×10^3kcal/일   ② 336.6×10^3kcal/일

③ 489.6×10^3kcal/일   ④ 587.5×10^3kcal/일

해설 열량(kcal/일)=수거분뇨량×비열×온도차

$$=20kL/일\times1.02kg/L\times1,000L/kL$$

$$\times1.1kcal/kg\cdot℃\times(35-20)℃$$

$$=336.6\times10^3kcal/일$$

36 다음 중 C/N비가 낮은 경우(20 이하)에 대한 설명이 아닌 것은?

① 암모니아 가스가 발생할 가능성이 높아진다.

② 질소원의 손실이 커서 비료효과가 저하될 가능성이 높다.

③ 유기산 생성량의 증가로 pH가 저하된다.

④ 퇴비화 과정 중 좋지 않은 냄새가 발생된다.

해설 ① C/N비가 높으면 유기산 등이 퇴비의 pH를 낮추고 미생물의 성장과 활동도 억제되며 질소 부족(C/N비 80 이상이면 질소 결핍현상)으로 퇴비화가 잘 형성되지 않아 퇴비화의 소요기간이 길어진다.(폐기물 내 질소함량이 적은 것은 퇴비화가 잘 되지 않는다.)
② C/N비가 20보다 낮으면 유기질소가 암모니아로 변하여 pH를 증가시키고, 이로 인해 암모니아 가스가 발생되어 퇴비화 과정 중 악취가 생긴다.C/N비가 20보다 낮으면 질소가 암모니아로 변하여 pH를 증가시킨다.

37 생분뇨 농축조에서의 SS 제거량은 농축조 투입 생분뇨 1L당 50,000mg이다. 농축 후 제거된 SS를 탈수하여 감량화하는 경우 탈수기에서 발생하는 탈수액의 양은?(단, 농축조 생분뇨투입량은 100kL/일, 탈수기 유입 SS 슬러지의 수분 97%, 탈수된 SS 슬러지의 수분 70%, 모든 분뇨 및 슬러지의 비중은 1.0으로 한다.)

① 75m³/일   ② 110m³/일

③ 125m³/일   ④ 150m³/일

해설 탈수분리액(m³/day)

$$=\frac{분뇨}{(1-초기\ 함수율)}-\frac{분뇨}{(1-처리\ 후\ 함수율)}$$

$$=\left(\frac{\begin{array}{c}100kL/day\times50,000mg/L\times1,000L/kL\\\times kg/10^6mg\times m^3/1,000kg\end{array}}{1-0.97}\right)$$

$$-\left(\frac{\begin{array}{c}100kL/day\times50,000mg/L\\\times1,000L/kL\times kg/10^6mg\times m^3/1,000kg\end{array}}{1-0.7}\right)=150m^3/day$$

38 인구 10만인 도시의 폐기물 발생량이 1kg/c · d이며 발생하는 폐기물을 모두 도랑식으로 매립하려고 한다. 도랑의 깊이가 3m, 폐기물의 밀도가 400kg/m³이며, 매립 시 폐기물의 부피감소율이 40%라고 할 때 연간 필요한 매립토지의 면적은?(단, 1년은 365일이고, 복토량 등 기타 조건은 고려하지 않음)

① 15,250m²/년   ② 16,250m²/년

③ 17,250m²/년   ④ 18,250m²/년

해설 연간 매립면적(m²/year)

$$=\frac{매립폐기물의\ 양}{폐기물\ 밀도\times매립\ 깊이}$$

$$=\left(\frac{\begin{array}{c}1kg/인\cdot일\times100,000인\\\times365day/year\end{array}}{400kg/m^3\times3m}\right)\times(1-0.4)=18,250m^2/year$$

39 어느 매립지에서 침출된 침출수 농도가 반으로 감소하는데 약 3.5년이 걸렸다면 이 침출수 농도가 95% 분해되는데 소요되는 시간은?(단, 침출수 분해 반응은 1차 반응)

① 약 5년   ② 약 10년

③ 약 15년   ④ 약 20년

해설 $\ln\dfrac{C_t}{C_0}=-k\times t$

$\ln0.5=-k\times3.5year$, $k=0.198year^{-1}$

$\ln\dfrac{5}{100}=-0.198year^{-1}\times t$

$t=15.13year$

40 다음과 같은 특성을 가진 침출수의 처리에 가장 효율적인 공정은?

[침출수 특성]
COD/TOC < 2.0, BOD/COD < 0.1, 매립연한 10년 이상, COD 500 이하, 단위 mg/L

① 이온교환수지   ② 활성탄
③ 화학적 침전(석회 투여)   ④ 화학적 산화

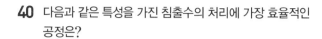 침출수 특성에 따른 처리공정 구분

항목		I	II	III
침출수특성	COD(mg/L)	10,000 이상	500~10,000	500 이하
	COD/TOC	2.7(2.8) 이상	2.0~2.7	2.0 이하
	BOD/COD	0.5 이상	0.1~0.5	0.1 이하
	매립연한	초기 (5년 이하)	중간 (5~10년)	오래(고령)됨 (10년 이상)
	생물학적 처리	좋음 (양호)	보통	나쁨 (불량)
주처리공정	화학적 응집·침전 (화학적 침전 : 석회투여)	보통·불량	나쁨 (불량)	나쁨 (불량)
	화학적 산화	보통·나쁨 (불량)	보통	보통
	역삼투(R.O)	보통	좋음 (양호)	좋음 (양호)
	활성탄 흡착	보통·좋음 (양호)	보통·좋음 (양호)	좋음 (양호)
	이온교환 수지	나쁨 (불량)	보통·좋음 (양호)	보통

제3과목   **폐기물소각 및 열회수**

41 매시간 4ton의 폐유를 소각하는 소각로에서 발생하는 황산화물을 접촉산화법으로 탈황하고 부산물로 50%의 황산을 회수한다면 회수되는 부산물량(kg/hr)은?(단, 폐유 중 황성분 3%, 탈황률 95%라 가정함)

① 약 500   ② 약 600
③ 약 700   ④ 약 800

$$\text{S} \quad \rightarrow \quad \text{H}_2\text{SO}_4$$
$$32\text{kg} \quad : \quad 98\text{kg}$$
$$4\text{ton/hr} \times 0.03 \times 0.95 \quad : \quad \text{H}_2\text{SO}_4(\text{kg/hr}) \times 0.5$$

$$\text{H}_2\text{SO}_4(\text{kg/hr}) = \frac{4\text{ton/hr} \times 0.03 \times 0.95 \times 98\text{kg} \times 1,000\text{kg/ton}}{32\text{kg} \times 0.5}$$
$$= 698.25\text{kg/hr}$$

42 폐기물을 완전연소시키기 위한 조건인 3T의 내용으로 옳은 것은?

① 온도, 압력, 연소시간   ② 온도, 압력, 연소율
③ 온도, 연소시간, 혼합   ④ 온도, 압력, 공기량

완전연소조건(3T)
① 온도(Temperature)
② 시간(Time)
③ 혼합(Turbulence)

43 소각로에서 열교환기를 이용해 배기가스의 열을 전량 회수하여 급수 예열한다면 급수 입구온도가 20℃일 경우 급수의 출구 온도(℃)는?(단, 배기가스 유량 1,000kg/hr, 급수량 1,000kg/hr, 배기가스 입구온도 400℃, 출구온도 100℃, 물비열 1.03kcal/kg · ℃, 배기가스 평균정압비열 0.25kcal/kg · ℃)

① 79   ② 82   ③ 87   ④ 93

열량＝물질의 양×비열×온도차
    수온 상승에 기여하는 열량
    ＝1,000kg/hr×1.03kcal/kg · ℃×$(t_0 - 20)$℃
    ＝1,030kcal/hr×$(t_0 - 20)$℃
    가스의 열교환열량
    ＝1,000kg/hr×0.25kcal/kg · ℃×(400－100)℃
    ＝75,000kcal/hr
1,030kcal/hr×$(t_0 - 20)$＝75,000kcal/hr
t_0(출구온도)＝92.82℃

44 어떤 1차 반응에서 1,000초 동안 반응물의 1/2이 분해되었다면 반응물이 1/10 남을 때까지는 얼마의 시간이 소요되겠는가?

① 3,923초   ② 3,623초   ③ 3,323초   ④ 3,023초

$$\ln \frac{C_t}{C_0} = -k \times t$$

$\ln 0.5 = -k \times 1,000\text{sec}, \ k = 0.000693\text{sec}^{-1}$
$\ln 0.1 = 0.000693\text{sec}^{-1} \times t$
$t = 3,322.63\text{sec}$

2014

정답   **40** ②   **41** ③   **42** ③   **43** ④   **44** ③

45 메탄올(CH_3OH) 5kg을 연소하는 데 필요한 이론공기량 (A_o)은?

① 약 $12Sm^3$ ② 약 $18Sm^3$

③ 약 $21Sm^3$ ④ 약 $25Sm^3$

해설

$CH_3OH + 1.5O_2 \rightarrow CO_2 + 2H_2O$

$32kg \quad : \quad 1.5 \times 22.4Sm^3$

$5kg \quad : \quad O_o(Sm^3)$

$O_0(Sm^3) = \dfrac{5kg \times (1.5 \times 22.4)Sm^3}{32kg} = 5.25Sm^3$

$A_0(Sm^3) = \dfrac{5.25}{0.21} = 25Sm^3$

46 증기 터빈을 증기 이용방식에 따라 분류했을 때의 종류가 아닌 것은?

① 반동 터빈(Reaction Turbine)

② 복수 터빈(Condensing Turbine)

③ 혼합 터빈(Mixed Pressure Turbine)

④ 배압 터빈(Back Pressure Turbine)

해설 ① 증기작동방식

ㄱ 충동터빈(Impulse Turbine)

ㄴ 반동터빈(Reaction Turbine)

ㄷ 혼합식 터빈(Combination Turbine)

② 증기이용방식

ㄱ 배압터빈(Back Pressure Turbine)

ㄴ 추기배압터빈(Back Pressure Extraction Turbine)

ㄷ 복수터빈(Condensing Turbine)

ㄹ 추기복수터빈(Condensing Extraction Turbine)

ㅁ 혼합터빈(Mixed Pressure Turbine)

③ 증기유동 방향

ㄱ 축류 터빈(Axial Flow Turbine)

ㄴ 반경류 터빈(Radial Flow Turbine)

47 탄소 85%, 수소 13%, 황 2%의 중유를 공기과잉계수 1.2로 연소시킬 때 건조 배기가스 중의 이산화황의 부피분율은?(단, 황성분은 전량 이산화황으로 전환, 표준상태 기준)

① 약 370ppm

② 약 880ppm

③ 약 1,110ppm

④ 약 1,440ppm

해설

$SO_2(ppm) = \dfrac{0.7S}{G_d} \times 10^6$

$G_d = 1.867C + 0.7S + 0.8N + (m - 0.21)A_o$

$A_o = 8.89C + 26.67H + 3.3S$

$\quad = (8.89 \times 0.85) + (26.67 \times 0.13) +$

$\qquad (3.3 \times 0.02) = 11.09Sm^3/kg$

$\quad = (1.867 \times 0.85) + (0.7 \times 0.02) +$

$\qquad [(1.2 - 0.21) \times 11.09] = 12.58Sm^3/kg$

$\quad = \dfrac{0.7 \times 0.02}{12.58} \times 10^6 = 1,112.88ppm$

48 로터리 킬른식(Rotary Kiln) 소각로의 단점이라 볼 수 없는 것은?

① 처리량이 적은 경우 설치비가 높다.

② 구형 및 원통형 물질은 완전연소가 끝나기 전에 굴러 떨어질 수 있다.

③ 노에서의 공기 유출이 크므로 종종 대량의 과잉공기가 필요하다.

④ 습식 가스 세정시스템과 함께 사용할 수 있다.

해설 회전로식 소각로(Rotary Kiln Incinerator)

① 장점

ㄱ 넓은 범위의 액상 및 고상폐기물을 소각할 수 있다.

ㄴ 전처리(예열, 혼합, 파쇄) 없이 소각물 주입이 가능하다.

ㄷ 소각에 방해 없이 연속으로 재의 배출이 가능하다.

ㄹ 동력비 및 운전비가 적다.

ㅁ 소각물 부하변동에 적응이 가능하다.

② 단점

ㄱ 처리량이 적을 경우 설치비가 높다.

ㄴ 후처리장치(대기오염방지장치)에 대한 분진부하율이 높다.

ㄷ 비교적 열효율이 낮은 편이다.

ㄹ 구형 및 원통형 폐기물은 완전연소 전에 화상에서 이탈할 수 있다.

ㅁ 노에서의 공기유출이 크므로 종종 대량의 과잉공기 및 2차연소실이 필요하다.

49 다음의 타는 성분(완전연소의 경우) 중 고위발열량(kcal/kg^3)이 가장 큰 것은?

① 메탄   ② 에탄   ③ 프로판   ④ 부탄

해설 ① 메탄 : 9,530kcal/kg

② 에탄 : 16,810kcal/kg

③ 프로판 : 23,700kcal/kg

④ 부탄 : 32,010kcal/kg

50 아래와 같은 조건에서 연료의 이론연소온도는?

[조건]
- 가스연료의 저발열량 : 5,000kcal/Sm³
- 이론습연소가스양 : 8Sm³/Sm³
- 평균정압비열 : 0.32kcal/Sm³ · ℃
- 연소용 공기 및 연료온도 : 10℃

① 1,923℃   ② 1,943℃
③ 1,963℃   ④ 1,983℃

이론연소온도(℃)

$$= \frac{저위발열량}{\left(\begin{array}{c}이론연소가스양\\ \times 연소가스 \ 평균정압비열\end{array}\right)} + 실제온도$$

$$= \frac{5,000\text{kcal/Sm}^3}{8\text{Sm}^3/\text{Sm}^3 \times 0.32\text{kcal/Sm}^3 \cdot ℃} + 10℃ = 1,963.13℃$$

51 다음의 집진장치 중 압력손실이 가장 큰 것은?

① 벤투리 스크러버(Venturi Scrubber)
② 사이클론 스크러버(Cyclone Scrubber)
③ 패킹 타워(Packing Tower)
④ 제트 스크러버(Jet Scrubber)

벤투리 스크러버의 압력손실은 300~800mmH₂O로 세정식 집진 시설 종류 중 가장 크다.

52 연소실 내 가스와 폐기물의 흐름에 관한 설명으로 옳지 않은 것은?

① 병류식은 폐기물의 발열량이 낮은 경우에 적합한 형식이다.
② 교류식은 향류식과 병류식의 중간적인 형식이다.
③ 교류식은 중간 정도의 발열량을 가지는 폐기물의 질에 적합하다.
④ 향류식은 폐기물의 이송방향과 연소가스의 흐름이 반대로 향하는 형식이다.

소각로 내 연소가스와 폐기물 흐름에 따른 구분
① 역류식(향류식)
　㉠ 폐기물의 이송방향과 연소가스의 흐름을 반대로 하는 형식이다.
　㉡ 난연성 또는 착화하기 어려운 폐기물 소각에 가장 적합한 방식이다.
　㉢ 열가스에 의한 방사열이 폐기물에 유효하게 작용하므로 수분이 많다.

② 후연소 내의 온도저하나 불완전연소가 발생할 수 있다.
㉤ 복사열에 의한 건조에 유리하며 저위발열량이 낮은 폐기물에 적합하다.
② 병류식
　㉠ 폐기물의 이송방향과 연소가스의 흐름방향이 같은 형식이다.
　㉡ 수분이 적고(착화성이 좋고) 저위발열량이 높을 때 적용한다.
　㉢ 폐기물의 발열량이 높을 경우 적당한 형식이다.
　㉣ 건조대에서의 건조효율이 저하될 수 있다.
③ 교류식(중간류식)
　㉠ 역류식과 병류식의 중간적인 형식이다.
　㉡ 중간 정도의 발열량을 가지는 폐기물에 적합하다.
　㉢ 두 흐름이 교차하여 폐기물 질의 변동이 클 때 적합하다.
④ 복류식(2회류식)
　㉠ 2개의 출구를 가지고 있는 댐퍼의 개폐로 역류식, 병류식, 교류식으로 조절할 수 있는 형식이다.
　㉡ 폐기물의 질이나 저위발열량의 변동이 심할 경우에 적합하다.

53 액체 주입형 연소기에 관한 설명으로 옳지 않은 것은?

① 소각재 배출설비가 있어 회분함량이 높은 액상폐기물에도 널리 사용된다.
② 구동장치가 없어서 고장이 적다.
③ 고형분의 농도가 높으면 버너가 막히기 쉽다.
④ 하방점화방식의 경우에는 염이나 입상물질을 포함한 폐기물의 소각이 가능하다.

액체 분무 주입형 소각로(Liquid Injection Incinerator)
① 장점
　㉠ 광범위한 종류의 액상폐기물을 연소할 수 있다.
　㉡ 대기오염방지시설 이외에 소각재처리시설이 필요 없다.
　㉢ 구동장치가 간단하고 고장이 적다.
　㉣ 운영비가 저렴하다.
　㉤ 기술개발이 잘 되어 있고 자동화가 용이하다.(가동 이외의 경우 무인운전이 가능)
② 단점
　㉠ 버너노즐을 이용하여 액체를 미립화하여야 한다.
　㉡ 완전 연소시켜야 하며 내화물의 파손을 막아야 한다.
　㉢ 고농도 고형분의 농도가 높으면 버너가 막히기 쉽다.
　㉣ 대량처리가 어렵다.

[Note] 액체 주입형 연소기는 소각재의 배출설비가 없으므로 회분함량이 낮은 액상폐기물에 사용한다.

2014

54 다음 중 고체연료의 장점이 아닌 것은?

① 점화와 소화가 용이하다.

② 인화, 폭발의 위험성이 적다.

③ 가격이 저렴하다.

④ 저장, 운반 시 노천 야적이 가능하다.

[해설] 고체연료

① 장점

　㉠ 저장, 취급(수송)이 편리하다.

　㉡ 야적이 가능하다.

　㉢ 연소장치가 간단하고 가격이 저렴하다.

　㉣ 매장량이 풍부하며 연소성이 느린 점을 이용하여 특수목적에 사용할 수 있다.

　㉤ 인화, 폭발의 위험성이 적다.

② 단점

　㉠ 전처리가 필요하다.

　㉡ 완전연소가 곤란하여 회분이 남게 된다.

　㉢ 연소효율이 낮고 고온을 얻기가 어렵다.

　㉣ 연소조절이 어렵고 매연이 발생된다.

　㉤ 착화연소가 곤란하며 연료의 배관수송이 어렵다.

　㉥ 점화와 소화가 용이하지 않다.

55 폐열회수를 위한 열교환기 중 연도에 설치하며, 보일러 전열면을 통하여 연소가스의 여열로 보일러 급수를 예열하여 보일러 효율을 높이는 장치는?

① 재열기　　　　　② 절탄기

③ 공기예열기　　　④ 과열기

[해설] 절탄기(이코노마이저)

① 폐열회수를 위한 열교환기, 연도에 설치하며 보일러 전열면을 통과한 연소가스의 여열로 보일러 급수를 예열하여 보일러 효율을 높이는 장치이다.

② 급수예열에 의해 보일러수와의 온도차가 감소되므로 보일러 드럼에 발생하는 열응력이 감소된다.

③ 급수온도가 낮을 경우, 연소가스 온도가 저하되면 절탄기 저온부에 접하는 가스온도가 노점에 대하여 절탄기를 부식시키는 것을 주의하여야 한다.

④ 절탄기 자체로 인한 통풍저항 증가와 연도의 가스온도 저하로 인한 연도통풍력의 감소를 주의하여야 한다.

56 소각로에 폐기물을 투입하는 1시간 중에 투입작업시간 40분, 나머지 20분은 정리시간과 휴식시간으로 한다. 크레인 버킷(Bucket) 용량 4m³, 1회에 투입하는 시간을 120초, 버킷으로 폐기물을 짚었을 때 용적중량은 최대

0.4ton/m³으로 본다면 폐기물의 1일 최대공급능력은? (단, 소각로는 24시간 연속가동)

① 524ton/day　　　② 684ton/day

③ 768ton/day　　　④ 874ton/day

[해설] 최대공급능력(ton/day)

$= 0.4\text{ton/m}^3 \times 4\text{m}^3\text{회} \times \text{회}/120\text{sec} \times 60\text{sec/min} \times$
$\quad 40\text{min/hr} \times 24\text{hr/day}$

$= 768\text{ton/day}$

57 다이옥신 방지 및 제어기술에 관한 내용으로 옳지 않은 것은?

① 활성탄과 백 필터를 같이 사용하는 경우에는 분무된 활성탄이 필터 백 표면에 코팅되어 백 필터에서도 흡착이 활발하게 일어난다.

② 활성탄과 백 필터를 같이 사용하는 경우에는 활성탄과 비산재를 분리, 재활용하기 용이하여 활성탄의 사용량이 절감되는 장점이 있다.

③ 촉매에 의한 다이옥신 분해 방식은 활성탄 흡착 처리 방법에 비해 다이옥신을 무해화하기 위한 후처리가 필요 없는 것이 장점이다.

④ 촉매에 의한 다이옥신 분해 방식에 사용되는 촉매는 반응성이 높은 금속 산화물이 주로 사용된다.

[해설] 활성탄과 백 필터를 같이 사용하는 경우에는 활성탄과 비산재를 분리, 재활용하기가 용이하지 않으면 활성탄의 사용량이 증가되는 단점이 있다.

58 열분해에 대한 설명으로 옳지 않은 것은?

① 열분해를 통한 연료의 성질을 결정짓는 요소로는 운전온도, 가열속도, 폐기물의 성질 등이다.

② 열분해공정으로부터 아세트산, 아세톤, 메탄올 등과 같은 액체상 물질을 얻을 수 있다.

③ 열분해 온도가 증가할수록 발생가스 내 수소의 구성비는 감소한다.

④ 열분해 온도가 증가할수록 발생가스 내 CO_2의 구성비는 감소한다.

[해설] 열분해 온도가 증가할수록 수소 함량은 증가, 이산화탄소 함량은 감소한다.

59 메탄의 고위발열량이 $9,000\text{kcal/Sm}^3$라면 저위발열량 (kcal/Sm^3)은?

① 8,640 ② 8,440 ③ 8,240 ④ 8,040

$H_l(\text{kcal/Sm}^3) = H_h - 480 \times n\text{H}_2\text{O}$

$$\text{CH}_4 + 2\text{O}_2 \rightarrow 2\text{H}_2\text{O} + \text{CO}_2$$

$$= 9,000 - (480 \times 2) = 8,040\text{kcal/Sm}^3$$

60 전기집진장치(EP)의 특징으로 옳지 않은 것은?

① 전압변동과 같은 조건변동에 쉽게 적응할 수 있다.
② 회수할 가치성이 있는 입자의 채취가 가능하다.
③ 유지관리가 용이하고 유지비가 저렴하다.
④ 대량의 가스처리가 가능하다.

전기집진장치(EP)
① 장점
  ㉠ 집진효율이 높다.(0.01μm 정도 포집 용이, 99.9% 정도 고집진 효율)
  ㉡ 대량의 분진함유가스의 처리가 가능하다.
  ㉢ 압력손실이 적고 미세한 입자까지도 처리가 가능하다.
  ㉣ 운전, 유지·보수비용이 저렴하다.
  ㉤ 고온(500℃ 전후)가스 및 대량가스 처리가 가능하다.
  ㉥ 광범위한 온도범위에서 적용이 가능하며 폭발성 가스의 처리도 가능하다.
  ㉦ 회수가치 입자포집에 유리하고 압력손실이 적어 소요동력이 적다.
  ㉧ 배출가스의 온도강하가 적다.
② 단점
  ㉠ 분진의 부하변동(전압변동)에 적응하기 곤란하고, 고전압으로 안전사고의 위험성이 높다.
  ㉡ 분진의 성상에 따라 전처리시설이 필요하다.
  ㉢ 설치비용이 많이 소요되고 설치공간을 많이 차지한다.
  ㉣ 특정물질을 함유한 분진제거에는 곤란하다.
  ㉤ 가연성 입자의 처리가 곤란하다.

제4과목 폐기물공정시험기준(방법)

61 3,000g의 시료에 대하여 원추 4분법을 5회 조작하면 시료는 약 몇 g이 되는가?

① 31.3 ② 62.5
③ 93.8 ④ 124.2

시료량 $=$ 전체시료량 $\times \left(\dfrac{1}{2}\right)^n = 3,000\text{g} \times \left(\dfrac{1}{2}\right)^5 = 93.75\text{g}$

62 폐기물공정시험기준(방법)에 따라 용출 시험한 결과는 함수율 85% 이상인 시료에 한하여 시료의 수분함량을 보정한다. 수분함량이 90%일 때 보정계수는?

① 0.67 ② 0.9
③ 1.5 ④ 2.0

용출시험결과보정
① 용출시험의 결과는 시료 중의 수분함량 보정을 위해 함수율 85% 이상인 시료에 한하여 보정한다.(시료의 수분함량이 85% 이상이면 용출시험결과를 보정하는 이유는 매립을 위한 최대함수율 기준이 정해져 있기 때문)
② 보정값 $= \dfrac{15}{100 - \text{시료의 함수율}(\%)}$
③ 보정계수 $= \dfrac{15}{100 - 90} = 1.5$

63 폐기물이 1톤 미만 야적되어 있는 적환장에서 채취하여야 할 최소 시료 총량은?(단, 소각재는 아님)

① 100g ② 400g
③ 600g ④ 900g

1ton 미만 시료의 최소 수 6
시료의 양은 1회에 100g 이상 채취
$6 \times 100\text{g} = 600\text{g}$

64 중량법에 의한 기름성분 분석방법에 관한 설명으로 옳지 않은 것은?

① 시료를 직접 사용하거나, 시료에 적당한 응집제 또는 흡착제 등을 넣어 노말헥산 추출물질을 포집한 다음 노말헥산으로 추출한다.
② 이 시험기준의 정량한계는 0.1% 이하로 한다.
③ 폐기물 중의 휘발성이 높은 탄화수소, 탄화수소유도체, 그리스유상물질 중 노말헥산에 용해되는 성분에 적용한다.
④ 눈에 보이는 이물질이 들어 있을 때에는 제거해야 한다.

기름성분(중량법) 적용
① 비교적 휘발되지 않는 탄화수소 중 노말헥산에 용해되는 성분
② 비교적 휘발되지 않는 탄화수소유도체 중 노말헥산에 용해되는 성분
③ 비교적 휘발되지 않는 그리스유상물질 중 노말헥산에 용해되는 성분

정답 59 ④ 60 ① 61 ③ 62 ③ 63 ③ 64 ③

65 다음은 시안 – 이온전극법에 관한 내용이다. (   ) 안에 옳은 내용은?

> 폐기물 중 시안을 측정하는 방법으로 액상폐기물과 고상폐기물을 (   )으로 조절한 후 시안 이온전극과 비교전극을 사용하여 전위를 측정하고 그 전위차로부터 시안을 정량하는 방법이다.

① pH 2 이하의 산성   ② pH 4.5~5.3의 산성
③ pH 10의 알칼리성   ④ pH 12~13의 알칼리성

해설 **시안 – 이온전극법**
액상폐기물과 고상폐기물을 pH 12~13의 알칼리성으로 조절한 후 시안 이온전극과 비교전극을 사용하여 전위를 측정하고 그 전위차로부터 시안을 정량하는 방법이다.

66 기체크로마토그래피에 의한 휘발성 저급염소화 탄화수소류 분석방법에 관한 설명과 가장 거리가 먼 것은?

① 이 실험으로 끓는점이 낮거나 비극성 유기화합물들이 함께 추출되어 간섭현상이 일어난다.
② 이 시험기준에 의해 시료 중에 트리클로로에틸렌(C_2HCl_3)의 정량한계는 0.008mg/L, 테트라클로로에틸렌(C_2Cl_4)의 정량한계는 0.002mg/L이다.
③ 디클로로메탄과 같은 휘발성 유기물은 보관이나 운반 중에 격막(Septum)을 통해 시료 안으로 확산되어 시료를 오염시킬 수 있으므로 현장 바탕시료로서 이를 점검하여야 한다.
④ 디클로로메탄과 같이 머무름 시간이 짧은 화합물은 용매의 피크와 겹쳐 분석을 방해할 수 있다.

해설 **휘발성 저급염소화 탄화수소류(기체크로마토그래피법)**
이 실험으로 끓는점이 높거나 극성 유기화합물들이 함께 추출되므로 이들 중에는 분석을 간섭하는 물질이 있을 수 있다.

67 수소이온농도(유리전극법) 측정을 위한 표준 용액 중 가장 강한 산성을 나타내는 것은?

① 수산염 표준액   ② 인산염 표준액
③ 붕산염 표준액   ④ 탄산염 표준액

해설 **0℃에서 표준액의 pH값**
① 수산염 표준액 : 1.67   ② 프탈산염 표준액 : 4.01
③ 인산염 표준액 : 6.98   ④ 붕산염 표준액 : 9.46
⑤ 탄산염 표준액 : 10.32   ⑥ 수산화칼슘 표준액 : 13.43

68 다음은 용출시험방법의 용출조작에 관한 내용이다. (   ) 안에 옳은 내용은?

> 시료용액의 조제가 끝난 혼합액을 상온, 상압에서 진탕횟수가 매분당 약 200회, 진폭이 4~5cm인 진탕기를 사용하여 6시간 연속 진탕한 다음 $1.0\mu m$의 유리섬유 여과지로 여과하고 여과액을 적당량 취하여 용출실험용 시료용액으로 한다. 다만, 여과가 어려운 경우 원심분리기를 사용하여 매분당 (   ) 원심분리한 다음 상징액을 적당량 취하여 용출실험용 시료용액으로 한다.

① 2,000회전 이상으로 20분 이상
② 2,000회전 이상으로 30분 이상
③ 3,000회전 이상으로 20분 이상
④ 3,000회전 이상으로 30분 이상

해설 **용출 조작**
① 진탕 : 혼합액을 상온, 상압에서 진탕횟수가 매분당 약 200회, 진폭이 4~5cm의 진탕기를 사용하여 6시간 동안 연속 진탕
⇩
② 여과 : $1.0\mu m$의 유리 섬유여과지로 여과
⇩
③ 여과액을 적당량 취하여 용출 실험용 시료 용액으로 함

[Note] 여과가 어려운 경우 원심분리기를 사용하여 매분당 3,000회전 이상 20분 이상 원심분리한 다음 상징액을 적당량 취하여 용출실험용 시료용액으로 한다.

69 휘발성 저급염소화 탄화수소류를 기체크로마토그래피법으로 측정 시 사용되는 기구 및 기기에 대한 설명으로 틀린 것은?

① 검출기는 전자포획검출기 또는 전해전도검출기를 사용한다.
② 컬럼은 석영제로서 내경 2~3mm, 길이 0.1m의 것을 사용한다.
③ 운반기체는 부피백분율 99.999% 이상의 헬륨(또는 질소)이다.
④ 시료 도입부 온도는 150~250℃ 범위이다.

해설 **휘발성 저급염소화 탄화수소류(기체크로마토그래피법)**
① 컬럼 안지름 : 0.20~0.35mm
② 필름 두께 : 0.1~0.5μm
③ 컬럼 길이 : 15~60m

정답 65 ④   66 ①   67 ①   68 ③   69 ②

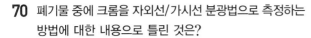

70 폐기물 중에 크롬을 자외선/가시선 분광법으로 측정하는 방법에 대한 내용으로 틀린 것은?

① 흡광도는 540nm에서 측정한다.

② 총 크롬을 다이페닐카바자이드를 사용하여 6가 크롬으로 전환시킨다.

③ 흡광도의 측정값이 0.2~0.8의 범위에 들도록 실험용액의 농도를 조절한다.

④ 크롬의 정량한계는 0.002mg이다.

💬 크롬(자외선/가시선 분광법)

시료 중에 총 크롬을 과망간산칼륨을 사용하여 6가 크롬으로 산화시킨 다음 산성에서 다이페닐카바자이드와 반응하여 생성되는 적자색 착화합물의 흡광도를 540nm에서 측정하여 총 크롬을 정량하는 방법이다.

71 유기물 함량이 비교적 높지 않고 금속의 수산화물, 산화물, 인산염 및 황화물을 함유한 시료에 적용하는 산분해법은?

① 질산 분해법

② 질산－황산 분해법

③ 질산－염산 분해법

④ 질산－과염소산 분해법

💬 질산－염산 분해법

① 적용 : 유기물 함량이 비교적 높지 않고 금속의 수산화물, 산화물, 인산염 및 황화물을 함유하고 있는 시료에 적용한다.

② 용액 산농도 : 약 0.5N

72 정도보증/정도관리를 위한 검정곡선 작성법 중 검정곡선 작성용 표준용액과 시료에 동일한 양의 내부표준물질을 첨가하여 시험분석 절차, 기기 또는 시스템의 변동으로 발생하는 오차를 보정하기 위해 사용하는 방법은?

① 상대검정곡선법

② 표준검정곡선법

③ 절대검정곡선법

④ 보정검정곡선법

💬 검정곡선 작성법

① 절대검정곡선법(External Standard Method)
ㄱ) 시료의 농도와 지시값과의 상관성을 검정곡선 식에 대입하여 작성하는 방법
ㄴ) 검정곡선은 직선성이 유지되는 농도범위 내에서 제조농도 3~5개를 사용한다.

② 표준물질첨가법(Standard Addition Method)
ㄱ) 시료와 동일한 매질에 일정량의 표준물질을 첨가하여 검정곡선을 작성하는 방법
ㄴ) 매질효과가 큰 시험분석방법에서 분석 대상 시료와 동일한 매질의 표준시료를 확보하지 못한 경우에 매질효과를 보정하여 분석할 수 있는 방법

③ 상대검정곡선법(Internal Standard Calibration)
검정곡선 작성용 표준용액과 시료에 동일한 양의 내부표준물질을 첨가하여 시험분석 절차, 기기 또는 시스템의 변동으로 발생하는 오차를 보정하기 위해 사용하는 방법

73 휘발성 고형물이 15%, 고형물이 40%인 경우 강열감량 (%) 및 유기물 함량(%)은 각각 얼마인가?

① 75 및 37.5

② 75 및 47.5

③ 85 및 37.5

④ 85 및 47.5

💬 강열감량(%) = 휘발성 고형물 + 수분 = 15 + 60 = 75%

$$유기물\ 함량(\%) = \frac{휘발성\ 고형물}{고형물} \times 100 = \frac{15}{40} \times 100 = 37.5\%$$

74 시안을 자외선/가시선 분광법으로 측정할 때 사용하는 발색 관련 시약과 발색된 색은?

① 디페닐카르바지드, 적자색

② 디에틸디티오카르바민산, 황갈색

③ 디티존, 적색

④ 피리딘 · 피라졸론, 청색

💬 시안 － 자외선/가시선 분광법

시료를 pH 2 이하의 산성으로 조절한 후에 에틸렌다이아민테트라아세트산나트륨을 넣고 가열 증류하여 시안화합물을 시안화수소로 유출시켜 수산화나트륨용액을 포집한 다음 중화하고 클로라민－T와 피리딘 · 피라졸론 혼합액을 넣어 나타나는 청색을 620nm에서 측정하는 방법이다.

75 다음 중 자외선/가시선 분광법과 원자흡수분광광도법의 두 가지 시험방법으로 모두 분석할 수 있는 항목은?(단, 폐기물공정시험기준(방법)에 준함)

① 시안

② 수은

③ 유기인

④ 폴리클로리네이티드비페닐

💬 수은 적용 가능한 시험방법

수은	정량한계	정밀도(RSD)
원자흡수분광광도법(환원기화법)	0.0005mg/L	25%
자외선/가시선 분광법(디티존법)	0.001mg	25%

정답 **70** ② **71** ③ **72** ① **73** ① **74** ④ **75** ②

76 총칙에 관한 내용으로 옳지 않은 것은?

① '정밀히 단다'라 함은 규정된 수치의 무게를 0.1mg까지 다는 것을 말한다.

② '정확히 취하여'라 하는 것은 규정한 양의 액체를 홀피펫으로 눈금까지 취하는 것을 말한다.

③ '냄새가 없다'라고 기재한 것은 냄새가 없거나, 또는 거의 없는 것을 표시하는 것이다.

④ '방울수'라 함은 20℃에서 정제수 20방울을 적하할 때, 그 부피가 약 1mL 되는 것을 뜻한다.

해설 **정밀히 단다**
규정된 양의 시료를 취하여 화학저울 또는 미량저울로 칭량함을 말한다.

77 폐기물 시료 20g에 고형물 함량이 1.2g이었다면 다음 중 어떤 폐기물에 속하는가?(단, 폐기물의 비중은 1.0)

① 액상폐기물
② 반액상폐기물
③ 반고상폐기물
④ 고상폐기물

해설 고형물 함량 $= \dfrac{1.2}{20} \times 100 = 6\%$

반고상폐기물 : 고형물의 함량이 5% 이상 15% 미만

78 총칙 내용 중 용어의 정의로 틀린 것은?

① 시험조작 중 '즉시'란 30초 이내에 표시된 조작을 하는 것을 뜻한다.

② 감압 또는 진공이라 함은 따로 규정이 없는 한 15mmHg 이하를 말한다.

③ '항량으로 될 때까지 건조한다'라 함은 같은 조건에서 1시간 더 건조할 때 전후 무게의 차가 g당 0.1mg 이하일 때를 말한다.

④ '비함침성 고상폐기물'이라 함은 금속판, 구리선 등 기름을 흡수하지 않는 평면 또는 비평면 형태의 변압기 내부 부재를 말한다.

해설 **항량으로 될 때까지 건조한다**
같은 조건에서 1시간 더 건조할 때 전후 무게의 차가 g당 0.3mg 이하를 말한다.

79 기체크로마토그래피를 적용한 유기인 분석에 관한 내용으로 틀린 것은?

① 유기인 화합물 중 이피엔, 피라티온, 메틸디메톤, 다

이아지논 및 펜토에이트의 측정에 이용된다.

② 유기인의 정량분석에 사용되는 검출기는 질소인 검출기 또는 불꽃광도 검출기이다.

③ 정량한계는 사용하는 장치 및 측정조건에 따라 다르나 각 성분당 0.0005 mg/L이다.

④ 유기인을 정량할 때 주로 사용하는 정제용 컬럼은 활성알루미나 컬럼이다.

해설 **유기인(기체크로마토그래피) 정제용 컬럼**
① 실리카겔 컬럼   ② 플로리실 컬럼   ③ 활성탄 컬럼

80 pH 측정(유리전극법)의 내부 정도관리 주기 및 목표 기준에 대한 설명으로 옳은 것은?

① 시료를 측정하기 전에 표준용액 2개 이상을 보정한다.

② 시료를 측정하기 전에 표준용액 3개 이상을 보정한다.

③ 정도관리 목표(정도관리 항목 : 정밀도)는 ±0.01 이내이다.

④ 정도관리 목표(정도관리 항목 : 정밀도)는 ±0.03 이내이다.

해설 **pH 측정(유리전극법)의 내부 정도관리 주기 및 목표**
① 시료를 측정하기 전에 표준용액 2개 이상을 보정한다.
② 정도관리 목표(정도관리 항목 : 정밀도)는 ±0.05 이내이다.

제5과목   **폐기물관계법규**

[Note] 2012~2015년 폐기물관계법규 관련 문제는 법규의 변경 사항이 많으므로 문제유형만 학습하시기 바랍니다.

81 폐기물 발생 억제 지침 준수의무 대상 배출자의 규모기준으로 옳은 것은?

① 최근 3년간 연평균 배출량을 기준으로 지정폐기물 외의 폐기물을 1톤 이상 배출하는 자

② 최근 3년간 연평균 배출량을 기준으로 지정폐기물 외의 폐기물을 10톤 이상 배출하는 자

③ 최근 3년간 연평균 배출량을 기준으로 지정폐기물 외의 폐기물을 100톤 이상 배출하는 자

④ 최근 3년간 연평균 배출량을 기준으로 지정폐기물 외의 폐기물을 1,000톤 이상 배출하는 자

정답   76 ①   77 ③   78 ③   79 ④   80 ①   81 ④

82 관리형 매립시설에서 발생되는 침출수의 배출허용기준으로 옳은 것은?(단, '청정지역' 기준, 항목 : 부유물질, 단위 : mg/L)

① 10　　　　　　② 20

③ 30　　　　　　④ 40

83 폐기물처리업의 변경허가를 받아야 하는 중요사항에 관한 내용으로 틀린 것은?(단, 폐기물 수집·운반업 기준)

① 운반차량(임시차량 제외)의 증차

② 수집·운반대상 폐기물의 변경

③ 영업구역의 변경

④ 수집·운반시설 소재지 변경

84 사용이 종료되거나 폐쇄된 매립시설이 소재한 토지의 소유권 또는 소유권 외의 권리를 가지고 있는 자는 그 토지를 이용하려면 토지이용계획서를 환경부령으로 정하는 서류를 첨부하여 환경부장관에게 제출하여야 한다. 다음 중 토지이용계획서에 첨부되는 서류가 아닌 것은?

① 이용하려는 토지의 도면

② 사후관리 환경측정 결과 서류

③ 매립폐기물의 종류·양 및 복토상태를 적은 서류

④ 지적도

85 기술관리인을 두어야 할 대통령령으로 정하는 폐기물 처리시설(기준)에 해당하지 않는 것은?(단, 폐기물 처리업자가 운영하는 폐기물 처리시설은 제외)

① 사료화·퇴비화 또는 연료화 시설로서 1일 재활용능력이 5톤 이상인 시설

② 압축·파쇄·분쇄 또는 절단시설로서 1일 처분능력 또는 재활용능력이 100톤 이상인 시설

③ 시멘트 소성로서 1일 재활용능력이 10톤 이상인 시설

④ 멸균분쇄시설로서 시간당 처분능력이 100킬로그램 이상인 시설

86 의료폐기물 전용 용기 검사기관과 가장 거리가 먼 것은?

① 한국화학융합시험연구원

② 한국환경공단

③ 한국의료기기시험연구원

④ 한국건설생활환경시험연구원

87 다음은 폐기물을 매립하는 시설의 사후관리기준 및 방법 중 발생가스 관리방법(유기성폐기물을 매립한 폐기물매립시설만 해당됨)에 관한 내용이다. ( ) 안에 옳은 내용은?

> 외기온도, 가스온도, 메탄, 이산화탄소, 암모니아, 황화수소 등의 조사항목을 매립종료 후 5년까지는 (가), 5년이 지난 후에는 (나) 조사하여야 한다.

① (가) 주 1회 이상　　(나) 월 1회 이상

② (가) 월 1회 이상　　(나) 연 2회 이상

③ (가) 분기 1회 이상　　(나) 연 2회 이상

④ (가) 분기 1회 이상　　(나) 연 1회 이상

88 폐기물관리법에서 사용하는 용어의 뜻으로 틀린 것은?

① '처리'란 폐기물의 소각·중화·파쇄·고형화 등의 중간처분과 매립하거나 해역으로 배출하는 등의 최종처분을 말한다.

② '생활폐기물'이란 사업장폐기물 외의 폐기물을 말한다.

③ '폐기물처리시설'이란 폐기물의 중간처분시설, 최종처분시설 및 재활용시설로서 대통령령으로 정하는 시설을 말한다.

④ '폐기물감량화 시설'이란 생산공정에서 발생하는 폐기물의 양을 줄이고, 사업장 내 재활용을 통하여 폐기물 배출을 최소화하는 시설로서 대통령령으로 정하는 시설을 말한다.

89 폐기물처리업의 업종 구분과 영업에 관한 내용으로 틀린 것은?

① 폐기물 수집·운반업 : 폐기물을 수집·운반시설을 갖추고 재활용 또는 처분장소로 수집·운반하는 영업

② 폐기물 최종 처분업 : 폐기물 최종처분시설을 갖추고 폐기물을 매립 등(해역 배출은 제외한다.)의 방법으로 최종 처분하는 영업

정답　82 ③　83 ④　84 ②　85 ③　86 ③　87 ④　88 ①　89 ①

③ 폐기물 종합 처분업 : 폐기물 중간처분시설 및 최종처분시설을 갖추고 폐기물의 중간처분과 최종처분을 함께 하는 영업

④ 폐기물 종합 재활용업 : 폐기물 재활용시설을 갖추고 중간재활용업과 최종재활용업을 함께 하는 영업

90 폐기물처리시설에 대한 기술관리대행계약에 포함될 점검항목으로 옳은 것은?(단, 시설명 : 중간처분시설 – 안정화 시설 기준)

① 안전설비의 정상가동 여부
② 혼합장치의 정상가동 여부
③ 자동기록장치의 정상가동 여부
④ 유해가스처리설비의 정상가동 여부

91 폐기물 중간처분시설인 생물학적 처분시설 중 소멸화 시설에 대한 기준으로 옳은 것은?

① 1일 처분능력이 100킬로그램 이상인 시설로 한정한다.
② 1일 처분능력이 200킬로그램 이상인 시설로 한정한다.
③ 1일 처분능력이 600킬로그램 이상인 시설로 한정한다.
④ 1일 처분능력이 1톤 이상인 시설로 한정한다.

92 폐기물처분시설인 소각시설의 정기검사 항목에 해당하지 않는 것은?

① 보조연소장치의 작동상태
② 배기가스온도 적절 여부
③ 표지판 부착 여부 및 기재사항
④ 소방장비 설치 및 관리실태

93 폐기물처리 신고자가 고철을 재활용하는 경우에 환경부령으로 정하는 처리기간으로 옳은 것은?

① 10일 이내   ② 30일 이내
③ 60일 이내   ④ 90일 이내

94 다음은 폐기물처리업자의 준수사항이다. ( ) 안에 옳은 내용은?(단, 폐기물 재활용업자의 경우)

> 유기성 오니를 화력발전소에서 연료로 사용하기 위해 가공하는 자는 유기성 오니 연료의 저위발열량, 수분함유량, 황분 함유량, 길이 및 금속성분을 ( ) 측정하여 그 결과를 시 · 도지사에게 제출하여야 한다.

① 매주당 1회 이상   ② 매월당 1회 이상
③ 매 분기당 1회 이상   ④ 매 반기당 1회 이상

95 폐기물처리시설(멸균분쇄시설)의 설치를 마친 자가 검사를 받아야 하는 기관으로 틀린 것은?

① 보건환경연구원   ② 한국환경공단
③ 한국기계연구원   ④ 한국산업기술시험원

96 다음의 의료폐기물 중 일반의료폐기물에 해당되는 것은?

① 시험 · 검사 등에 사용된 배양액
② 파손된 유리재질의 시험기구
③ 혈액 · 체액 · 분비물 · 배설물이 함유되어 있는 탈지면
④ 한방침

97 음식물류 폐기물 발색 억제 계획의 수립주기는?

① 1년   ② 2년
③ 3년   ④ 5년

98 지정폐기물 외의 사업장폐기물의 분류번호로 옳은 것은?

① 21 – 01 – 00 하수처리오니
② 31 – 01 – 00 공정오니
③ 41 – 01 – 00 폐수처리오니
④ 51 – 01 – 00 유기성 오니류

99 주변지역 영향 조사대상 폐기물처리시설 기준으로 옳은 것은?

① 매립용적 3,300세제곱미터 이상의 사업장 일반폐기물 매립시설

② 매립면적 1만 제곱미터 이상의 사업장 지정폐기물 매립시설

③ 1일 처분능력 200톤 이상인 사업장 폐기물 소각시설

④ 시멘트 소성로(폐기물을 연료로 사용하는 경우는 제외한다.)

100 다음은 폐기물처리 신고자가 갖추어야 할 보관시설 및 재활용시설에 관한 내용이다. (   ) 안에 옳은 내용은?(단, 폐기물을 재활용하는 자의 기준)

> 보관시설 : 1일 처리능력의 (   )의 폐기물을 보관할 수 있는 보관용기 또는 보관시설

① 1일분 이상 30일분 이하

② 5일분 이상 30일분 이하

③ 10일분 이상 30일분 이하

④ 15일분 이상 30일분 이하

정답   99 ②   100 ①

제1과목 폐기물개론

01 어떤 쓰레기의 가연분의 조성비가 60%이며 수분의 함유율이 30%라면 이 쓰레기의 저위발열량(kcal/kg)은? (단, 쓰레기 3성분의 조성비 기준의 추정식 적용)

① 약 2,520
② 약 2,440
③ 약 2,320
④ 약 2,280

해설 $H_l(kcal/kg) = 45VS - 6W = (45 \times 60) - (6 \times 30) = 2,520 kcal/kg$

02 폐기물의 수거노선 설정 시 고려해야 할 사항과 가장 거리가 먼 것은?

① 지형이 언덕인 경우는 내려가면서 수거한다.
② 발생량은 적으나 수거빈도가 동일하기를 원하는 곳은 같은 날 왕복 내에서 수거 처리한다.
③ 가능한 한 시계방향으로 수거노선을 정한다.
④ 발생량이 가장 적은 곳부터 시작하여 많은 곳으로 수거노선을 정한다.

해설 효과적 · 경제적인 수거노선 결정 시 유의(고려)사항 : 수거노선 설정요령
① 지형이 언덕인 지역에서는 언덕의 위에서부터 내려가며 적재하면서 차량을 진행하도록 한다.(안전성, 연료비 절약)
② 수거인원 및 차량형식이 같은 기존 시스템의 조건들을 서로 관련시킨다.
③ 출발점은 차고와 가깝게 하고 수거된 마지막 컨테이너가 처분지의 가장 가까이에 위치하도록 배치한다.
④ 가능한 한 지형지물 및 도로경계와 같은 장벽을 사용하여 간선도로 부근에서 시작하고 끝나야 한다.(도로경계 등을 이용)
⑤ 가능한 한 시계방향으로 수거노선을 정한다.
⑥ 적은 양의 쓰레기가 발생하나 동일한 수거빈도를 받기 원하는 적재지점(수거지점)은 가능한 한 같은 날 왕복 내에서 수거한다.
⑦ 아주 많은 양의 쓰레기가 발생되는 발생원은 하루 중 가장 먼저 수거한다.
⑧ 될 수 있는 한 한 번 간 길은 다시 가지 않는다.

⑨ 반복운행 또는 U자형 회전은 피하여 수거한다.
⑩ 교통량이 많거나 출퇴근시간은 피하여 수거한다.
⑪ 수거지점과 수거빈도 결정 시 기존정책이나 규정을 참고한다.

03 폐기물 압축기에 대한 설명으로 틀린 것은?

① 압축에 의해 부피를 1/10까지 감소시킬 수 있으며 수분이 빠지므로 중량도 감소시킬 수 있다.
② 고압력 압축기로 폐기물의 밀도를 1,600kg/m³까지 압축시킬 수 있으나 경제적 압축 밀도는 1,000kg/m³ 정도이다.
③ 고정식 압축기는 주로 유압에 의해 압축시키며 압축 방법에 따라 회분식과 연속식으로 구분된다.
④ 수직식 또는 소용돌이식 압축기는 기계적 작동이나 유압 또는 공기압에 의해 작동하는 압축피스톤을 갖고 있다.

해설 고정식 압축기는 주로 수압에 의해 압축시키고 압축방법에 따라 수평식 압축기, 수직식 압축기로 구분한다.

04 청소상태의 평가방법에 관한 설명으로 옳지 않은 것은?

① 지역사회 효과지수는 가로의 청소상태를 기준으로 평가한다.
② 사용자 만족도 지수는 서비스를 받는 사람들의 만족도를 설문조사하여 계산된다.
③ 지역사회 효과지수에서 가로 청결상태를 0~10점으로 부여하며 문제점 여부에 따라 1~2점씩 감점한다.
④ 지역사회 효과지수에서 감점이 되는 문제점은 화재 유발이 가능한 경우, 자동차와 같은 큰 폐기물이 버려져 있는 경우 등이다.

해설 지역사회 효과지수에서 가로 청결상태를 0~100점으로 부여하며 문제점 여부에 따라 1개에 10점씩 감점한다.

정답 01 ① 02 ④ 03 ③ 04 ③

05 1일 폐기물 발생량이 1,000톤인 도시에서 5톤 트럭(적재 가능량)을 이용하여 쓰레기를 매립지까지 운반하려고 한다. 다음과 같은 조건하에서 하루에 필요한 운반트럭 대수는?(단, 예비차량 포함, 기타 조건은 고려하지 않음)

[조건]
- 트럭의 하루 작업시간 : 8시간
- 운반거리 : 10km
- 왕복운반시간 : 30분
- 적재시간 : 15분
- 적하시간 : 15분
- 예비차량 : 5대

① 20대　　　　　　　② 25대
③ 30대　　　　　　　④ 35대

소요차량(대)
$$= \frac{\text{하루 폐기물 수거량}}{\text{1일 1대당 운반량}}$$
하루 폐기물 수거량 = 1,000ton/day
$$\text{1일 1대당 운반량} = \frac{5\text{ton/대} \times 8\text{hr/대} \cdot \text{day}}{(30+15+15)\text{min/대} \times \text{hr}/60\text{min}}$$
$$= 40\text{ton/day} \cdot \text{대}$$
$$= \frac{1,000\text{ton/day}}{40\text{ton/day} \cdot \text{대}} + 5\text{대(예비차량)} = 30\text{대}$$

06 다음과 같은 조건의 혼합쓰레기를 이용하여 함수량 20%의 쓰레기로 건조시켰다면 건조된 쓰레기양은?(단, 비중은 1.0 기준, 기타 조건은 고려하지 않음)

성분	쓰레기양(t)	함수량(%)
음식물류	9.5	85
계분	3.4	25
폐톱밥	1.2	10

① 6.32t　　　　　　　② 8.05t
③ 10.13t　　　　　　④ 12.38t

혼합함수율(%) $= \frac{(9.5 \times 0.85) + (3.4 \times 0.25) + (1.2 \times 0.1)}{9.5 + 3.4 + 1.2} \times 100$
$$= 64.15\%$$
14.1ton × (100 − 64.15) = 건조된 쓰레기양 × (100 − 20)
건조된 쓰레기양(ton) = 6.32ton

07 $X_{90} = 3.5\text{cm}$ 로 도시폐기물을 파쇄하고자 할 때(즉, 90% 이상을 3.5cm보다 작게 파쇄하고자 할 때) Rosin－Rammler 모델에 의한 특성입자크기 PX_o는?(단, n =1로 가정)

① 약 1.15cm　　　　② 약 1.38cm
③ 약 1.52cm　　　　④ 약 1.78cm

$$Y = 1 - \exp\left[-\left(\frac{X}{X_o}\right)^n\right]$$
$$0.9 = 1 - \exp\left[-\left(\frac{3.5}{X_o}\right)^1\right]$$
$$-\frac{3.5}{X_o} = \ln 0.1$$
X_o(특성입자 크기) = 1.52cm

08 함수율 50%인 쓰레기를 건조시켜 함수율이 20%인 쓰레기로 만들려면 쓰레기 톤당 얼마의 수분을 증발시켜야 하는가?(단, 비중은 1.0 기준)

① 255kg　　　　　　② 275kg
③ 355kg　　　　　　④ 375kg

1000kg × (1 − 0.5) = 처리 후 슬러지양 × (1 − 0.2)
처리 후 슬러지양 = 625kg
증발된 수분량(kg) = 1,000 − 625 = 375kg

09 어느 도시의 쓰레기 발생량이 6배로 증가하였으나 쓰레기 수거노동력(MHT)은 그대로 유지시키고자 한다. 수거시간을 50% 증가시키는 경우 수거인원은 몇 배로 증가되어야 하는가?

① 2.0배　　② 3.0배　　③ 3.5배　　④ 4.0배

$$MHT = \frac{\text{수거인부} \times \text{수거인부 총 수거시간}}{\text{쓰레기 총 발생량}}$$
$$MHT = \frac{\text{수거인부} \times 1.5\text{배}}{6\text{배}}$$
MHT는 변화가 없으므로
6 = 수거인부 × 1.5
수거인부 = 4배

10 폐기물의 일반적인 수거방법 중 관거(Pipe line)를 이용한 수거방법이 아닌 것은?

① 캡슐 수송방법　　　② 슬러리 수송방법
③ 공기수송방법　　　④ 모노레일 수송방법

정답　05 ③　06 ①　07 ③　08 ④　09 ④　10 ④

해설 **관거(pipe line)수거 방법**
① 공기 수송방법
② 슬러리 수송방법
③ 캡슐 수송방법

11 폐기물의 성상조사 결과, 표와 같은 결과를 구했다. 이 지역에 Home Compaction Unit(가정용 부피 축소기)을 설치하고 난 후의 폐기물 전체의 밀도가 $400kg/m^3$으로 예상된다면 부피 감소율(%)은?

성분	중량비(%)	밀도(kg/m^3)
음식물	20	280
종이	50	80
골판지	10	50
기타	20	150

① 약 62
② 약 67
③ 약 74
④ 약 78

해설 $VR = \left(1 - \dfrac{V_f}{V_i}\right) \times 100$

부피 축소 전 밀도 $= (0.2 \times 280) + (0.5 \times 80)$
$\qquad + (0.1 \times 50) + (0.2 \times 150)$
$\qquad = 131kg/m^3$

$V_i = \dfrac{1kg}{131kg/m^3} = 0.0076m^3$

$V_f = \dfrac{1kg}{400kg/m^3} = 0.0025m^3$

$= \left(1 - \dfrac{0.0025}{0.0076}\right) \times 100 = 67.11\%$

12 인구 10만 명(1인 1일 쓰레기양이 0.9kg)인 도시에서 배출하는 쓰레기를 하루 기준으로 적재용량 $10m^3$인 차량 60대를 사용하여 처리하였다면 배출 쓰레기의 밀도는? (단, 차량은 1회 운행기준, 기타 조건은 고려하지 않음)

① $125kg/m^3$
② $150kg/m^3$
③ $175kg/m^3$
④ $200kg/m^3$

해설 쓰레기밀도$(kg/m^3) = \dfrac{쓰레기 배출량}{적재용량}$

$= \dfrac{0.9kg/인 \cdot 일 \times 100,000인}{10m^3/대 \times 60대}$

$= 150kg/m^3$

13 적환장에 대한 설명으로 틀린 것은?
① 폐기물의 수거와 운반을 분리하는 기능을 한다.
② 적환장에서 재생 가능한 물질의 선별을 고려하도록 한다.
③ 최종처분지와 수거지역의 거리가 먼 경우에 설치 · 운영한다.
④ 고밀도 거주지역이 존재할 때 설치 · 운영한다.

해설 적환장은 저밀도 거주지역이 존재할 때 설치 · 운영한다.

14 굴림통 분쇄기(Roll Crusher)에 관한 설명으로 틀린 것은?
① 재회수과정에서 유리같이 깨지기 쉬운 물질을 분쇄할 때 이용된다.
② 퍼짐성이 있는 금속캔류는 단순히 납작하게 된다.
③ 유리와 금속류가 섞인 폐기물을 굴림통 분쇄기에 투입하면 분쇄된 유리를 체로 쳐서 쉽게 분리할 수 있다.
④ 분쇄는 투입물 선별 과정과 이것을 압축시키는 두 가지 과정으로 구성된다.

해설 **굴림통 분쇄기(Roll Crusher)**
① 재회수과정에서 유리같이 깨지기 쉬운 물질을 분쇄할 때 이용된다.
② 퍼짐성이 있는 금속캔류는 단순히 납작하게 된다.
③ 유리와 금속류가 섞인 폐기물을 굴림통 분쇄기에 투입하면 분쇄된 유리를 체로 쳐서 쉽게 분리할 수 있다.
④ 분쇄는 투입물을 포집하는 과정과 이것을 굴림통 사이로 통과시키는 두 가지 과정으로 구분된다.

15 어느 지역에서 1주일 동안 쓰레기 수거현황을 조사한 결과가 다음과 같았다. 쓰레기 발생량(kg/cap · day)은?

• 수거 대상 인구 : 500,000명
• 수거 용적 : $12,000m^3$
• 적재 시 밀도 : $0.5t/m^3$

① 0.75
② 1.25
③ 1.71
④ 2.14

해설 쓰레기 발생량(kg/인 · 일) $= \dfrac{쓰레기 발생량}{수거인구 수}$

$= \dfrac{12,000m^3 \times 500kg/m^3}{500,000인/일 \times 7일}$

$= 1.71kg/인 \cdot 일$

16 쓰레기 발생량 예측모델 중 모든 인자를 시간에 대한 함수로 나타낸 후 시간에 대한 함수로 표현된 각 영향인자들 간의 상관관계를 수식화하는 방법은?

① 동적 모사모델　　　② 다중인자모델
③ 다중회귀모델　　　④ 동적 인자모델

폐기물 발생량 예측방법

방법(모델)	내용
경향법 (Trend Method) 경향예측모델	• 최저 5년 이상의 과거 처리 실적을 수식 model에 대하여 과거의 경향을 가지고 장래를 예측하는 방법 • 단지 시간과 그에 따른 쓰레기 발생량(또는 성상) 간의 상관관계만을 고려하며 이를 수식으로 표현하면 $x = f(t)$ • $x = f(t)$는 선형, 지수형, 대수형 등에서 가장 근사한 형태를 택함
다중회귀모델 (Multiple Regression Model)	• 하나의 수식으로 각 인자들의 효과를 총괄적으로 나타내어 복잡한 시스템의 분석에 유용하게 사용할 수 있는 쓰레기 발생량 예측방법 • 각 인자마다 효과를 파악하기보다는 전체 인자의 효과를 총괄적으로 파악하는 것이 간편하고 유용한 예측방법으로 시간을 단순히 하나의 독립된 종속인자로 대입 • 수식 $x = f(X_1 X_2 X_3 \cdots X_n)$, 여기서 $X_1 X_2 X_3 \cdots X_n$은 쓰레기 발생량에 영향을 주는 인자 ※ 인자 : 인구, 지역소득(GNP 또는 GRP), 자원회수량, 상품 소비량 또는 매출액(자원회수량, 사회적 · 경제적 특성이 고려됨)
동적모사모델 (Dynamic Simulation Model)	• 쓰레기 발생량에 영향을 주는 모든 인자를 시간에 대한 함수로 나타낸 후 시간에 대한 함수로 표현된 각 영향인자들 간의 상관관계를 수식화하는 방법 • 시간만을 고려하는 경향법과 시간을 단순히 하나의 독립적인 종속인자로 고려하는 다중회귀모델의 문제점을 보완한 예측방법 • Dynamo 모델 등이 있음

17 건식 파쇄인 전단파쇄기에 관한 설명으로 틀린 것은?

① 주로 목재류, 플라스틱류 및 종이류를 파쇄하는 데 이용된다.
② 고정칼, 왕복 또는 회전칼과의 교합에 의하여 폐기물을 전단한다.

③ Hammermill이 대표적이며 Impact Crusher 등이 있다.
④ 충격파쇄기에 비하여 파쇄속도가 느리고 이물질의 혼입에 약하다.

전단파쇄기
① 원리
　고정칼의 왕복 또는 회전칼(가동칼)의 교합에 의하여 폐기물을 전단한다.
② 특징
　㉠ 충격파쇄기에 비하여 파쇄속도가 느리다.
　㉡ 충격파쇄기에 비하여 이물질의 혼입에 취약하다.
　㉢ 충격파쇄기에 비하여 파쇄물의 입도(크기)를 고르게 할 수 있다.(장점)
　㉣ 전단파쇄기는 해머밀 파쇄기보다 저속으로 운전된다.
　㉤ 소각로 전처리에 많이 이용되나 처리용량이 작아 대량이나 연쇄파쇄에 부적합하다.
　㉥ 분진, 소음, 진동이 적고 폭발위험이 거의 없다.
③ 종류
　㉠ Van Roll식 왕복전단 파쇄기
　㉡ Lindemann식 왕복전단 파쇄기
　㉢ 회전식 전단 파쇄기
　㉣ Tollemacshe
④ 대상 폐기물
　목재류, 플라스틱류, 종이류, 폐타이어(연질플라스틱과 종이류가 혼합된 폐기물을 파쇄하는 데 효과적)

18 쓰레기를 압축시키기 전 밀도가 0.38ton/m^3이었던 것을 압축기에 넣어 압축시킨 결과 0.57ton/m^3으로 증가하였다. 이때 부피의 감소율은?

① 24.3%　　　② 27.3%
③ 30.3%　　　④ 33.3%

$$VR = \left(1 - \frac{V_f}{V_i}\right) \times 100$$

$$V_i = \frac{1 \text{ton}}{0.38 \text{ton/m}^3} = 2.6316 \text{m}^3$$

$$V_f = \frac{1 \text{ton}}{0.57 \text{ton/m}^3} = 1.7544 \text{m}^3$$

$$= \left(1 - \frac{1.7544}{2.6316}\right) \times 100 = 33.33\%$$

2014

19 함수율이 94%인 수거분뇨 200kL/d를 70% 함수율의 건조슬지로 만들면 하루의 건조슬지 생성량은?(단, 수거분뇨의 비중은 1.0 기준)

① 30kL/d　② 35kL/d　③ 40kL/d　④ 45kL/d

해설　$200\text{kL/day} \times (1-0.94) =$ 건조슬지 생산량 $\times (1-0.7)$

건조슬지 생산량(kL/day) $= \dfrac{200\text{kL/day} \times (1-0.94)}{0.3}$

$= 40\text{kL/day}$

20 다음의 폐기물의 성상분석 절차 중 가장 먼저 이루어지는 것은?

① 절단 및 분쇄　② 건조
③ 밀도 측정　④ 전처리

해설　쓰레기 성상분석 순서
밀도 측정 → 건조 → 분류 → 절단 및 분쇄

제2과목　**폐기물처리기술**

21 유해폐기물의 고형화 방법 중 열가소성 플라스틱법에 관한 설명으로 옳지 않은 것은?

① 고온에서 분해되는 물질에는 사용할 수 없다.
② 용출손실률이 시멘트 기초법보다 낮다.
③ 혼합률(MR)이 비교적 낮다.
④ 고화처리된 폐기물 성분을 나중에 회수하여 재활용할 수 있다.

해설　**열가소성 플라스틱법(Thermoplastic Techniques)**
① 열(120~150℃)을 가했을 때 액체상태로 변화하는 열가소성 플라스틱을 폐기물과 혼합한 후 냉각화하여 고형화하는 방법이다.
② 장점
　㉠ 용출 손실률이 시멘트기초법에 비하여 상당히 적다.
　㉡ 고화 처리된 폐기물 성분을 회수하여 재활용이 가능하다.
　㉢ 수용액의 침투에 저항성이 매우 크다.
③ 단점
　㉠ 광범위하고 복잡한 장치로 인한 숙련된 기술이 필요하다.
　㉡ 처리과정에서 화재의 위험성이 있다.
　㉢ 고온에서 분해·반응되는 물질에는 적용하지 못한다.
　㉣ 폐기물을 건조시켜야 하며 에너지 요구량이 크다.
　㉤ 혼합률(MR)이 비교적 높다.

22 어느 도시의 쓰레기 발생량은 1,000t/일, 밀도는 0.5t/m³이며, Trench법으로 매립할 계획이다. 압축에 따른 부피 감소율 40%, Trench 깊이 4.0m, 매립에 사용되는 도랑면적 점유율이 전체 부지의 60%라면 연간 필요한 전체 부지 면적은?

① 182,500m²　　② 243,500m²
③ 292,500m²　　④ 325,500m²

해설　연간매립면적(m²/year)
$= \dfrac{\text{쓰레기의 양}}{\text{밀도} \times \text{깊이}}$
$= \dfrac{1,000\text{ton/day} \times 365\text{day/year}}{0.5\text{ton/m}^3 \times 4.0\text{m} \times 0.6} \times (1-0.4)$
$= 182,500\text{m}^2\text{/year}$

23 5,000m³/일의 하수를 처리하는 처리장의 1차 침전지에서 침전된 슬러지 내 고형물이 0.2톤/일, 2차 침전지에서 0.1톤/일이 제거되며, 각 슬러지의 함수율은 98%, 99.5%이다. 침전지에서 발생한 슬러지의 체류시간을 10일로 하여 농축시키려면 농축조의 크기는?(단, 슬러지의 비중은 1.0으로 가정함)

① 100m³　　② 200m³
③ 300m³　　④ 400m³

해설　1차 침전지 발생슬러지 $= 0.2\text{ton/day} \times \dfrac{100}{100-98}$
$= 10\text{ton/day}$

2차 침전지 발생슬러지 $= 0.1\text{ton/day} \times \dfrac{100}{100-99.5}$
$= 20\text{ton/day}$
농축조의 크기(m³) $= (10+20)\text{ton/day} \times 10\text{day} \times \text{m}^3\text{/ton}$
$= 300\text{m}^3$

24 다음의 조건에서 침출수 통과 연수는?

[조건]
• 점토층의 두께 : 1m
• 유효공극률 : 0.40
• 투수계수 : 10^{-7}cm/sec
• 상부침출수 수두 : 0.4m

① 약 7년　　② 약 8년
③ 약 9년　　④ 약 10년

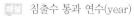 침출수 통과 연수(year)

$$= \frac{d^2\eta}{k(d+h)}$$

$$= \frac{1.0^2\text{m}^2 \times 0.4}{10^{-7}\text{cm/sec} \times 1\text{m}/100\text{cm} \times (1.0+0.4)\text{m}}$$

$$= 285,714,285.7\text{sec} \times \text{year}/31,536,000\text{sec} = 9.06\text{year}$$

25 하수처리과정에서 발생하는 슬러지의 탈수특성을 평가하기 위한 모세관 흡수시간(CST) 측정법에 대한 설명 중 틀린 것은?

① 여과지의 일정한 거리를 시료의 물이 흡수되어 전파되어 가는 시간을 측정하는 것으로 슬러지 입자의 크기 및 친수성 정도에 따라 측정되는 시간이 다르게 나타난다.

② 다른 탈수성능을 측정하는 방법에 비하여 장치가 간단하고 측정시간이 짧다는 장점이 있다.

③ 탈수성이 불량한 시료의 경우, CST 수치는 높게 나타난다.

④ 본 실험에 사용되는 장치로는 Graduated Cylinder와 Büchner Funnel이 있다.

💬 Büchner Funnel을 이용하는 것은 비저항계수 측정법이다.

26 분뇨를 1차 처리한 후 BOD 농도가 4,000mg/L이었다. 이를 약 20배로 희석한 후 2차 처리를 하려 한다. 분뇨의 방류수 허용기준 이하로 처리하려면 2차 처리 공정에서 요구되는 BOD 제거 효율은?(단, 분뇨 BOD 방류수 허용기준 : 40mg/L, 기타 조건은 고려하지 않음)

① 50% 이상
② 60% 이상
③ 70% 이상
④ 80% 이상

💬 BOD 제거효율(%) $= \left(1 - \frac{\text{BOD}_o}{\text{BOD}_i}\right) \times 100$

$$\text{BOD}_o = 40\text{mg/L}$$

$$\text{BOD}_i = \text{BOD} \times \frac{1}{P}$$

$$= 4,000\text{mg/L} \times \frac{1}{20} = 200\text{mg/L}$$

$$= \left(1 - \frac{40}{200}\right) \times 100 = 80\%$$

27 슬러지를 개량하는 목적으로 가장 적합한 것은?

① 슬러지의 탈수가 잘 되게 하기 위해서
② 탈리액의 BOD를 감소시키기 위해서
③ 슬러지 건조를 촉진하기 위해서
④ 슬러지의 악취를 줄이기 위해서

💬 **슬러지 개량목적**
① 슬러지의 탈수성 향상 : 주된 목적
② 슬러지의 안정화
③ 탈수 시 약품 소모량 및 소요동력을 줄임

28 슬러지 수분 결합상태 중 탈수하기 가장 어려운 형태는?

① 모관결합수
② 간극모관결합수
③ 표면부착수
④ 내부수

💬 **탈수가 어려운 형태 순서**
내부수 > 표면부착수 > 쐐기상 모관결합수 > 간극모관결합수 > 모관결합수

29 어느 펄프공장의 폐수를 생물학적으로 처리한 결과 매일 500kg의 슬러지가 발생하였다. 함수율이 80%이면 건조 슬러지 중량은?(단, 비중은 1.0 기준)

① 50kg/일
② 100kg/일
③ 200kg/일
④ 400kg/일

💬 $500\text{kg/day} \times (1-0.8) = $ 건조슬러지 중량 $\times 1.0$
건조슬러지 중량(kg/day) $= 100\text{kg/day}$

30 합성차수막의 종류 중 PVC의 장점에 관한 설명으로 틀린 것은?

① 가격이 저렴하다.
② 접합이 용이하다.
③ 강도가 높다.
④ 대부분의 유기화학물질에 강하다.

💬 **PVC 합성차수막**
① 장점
  ㉠ 작업이 용이함　　　㉡ 강도가 높음
  ㉢ 접합이 용이함　　　㉣ 가격이 저렴함
② 단점
  ㉠ 자외선, 오존, 기후에 약함
  ㉡ 대부분 유기화학물질에 약함

정답 **25** ④　**26** ④　**27** ①　**28** ④　**29** ②　**30** ④

2014

31 매립공법 중 내륙매립공법에 관한 내용으로 틀린 것은?

① 셀(Cell) 공법 : 쓰레기 비탈면의 경사는 15~25%의 구배로 하는 것이 좋다.

② 셀(Cell) 공법 : 1일 작업하는 셀 크기는 매립처분량에 따라 결정된다.

③ 도랑형 공법 : 파낸 흙이 항상 남는데 이를 복토재로 이용할 수 있다.

④ 도랑형 공법 : 쓰레기를 투입하여 순차적으로 육지화하는 방법이다.

해설 **순차투입 공법**

호안 측으로부터 순차적으로 쓰레기를 투입하여 순차적으로 육지화하는 방법으로 수심이 깊은 처분장에서는 건설비 과다로 내수를 완전히 배제하기 곤란한 경우가 많기 때문에 순차투입공법을 택하는 경우가 많다.

32 다음 조건의 중금속 슬러지를 시멘트 고형화할 때 부피변화율(VCF)은?

[조건]
- 고화처리 전의 중금속 슬러지 비중 : 1.1
- 고화처리 후 폐기물 비중 : 1.4
- 시멘트 첨가량 : 슬러지 무게의 60%

① 약 1.32
② 약 1.26
③ 약 1.19
④ 약 1.12

해설 $VCF = \dfrac{V_s}{V_r}$

$$V_r = \frac{1\text{ton}}{1.1\text{ton/m}^3} = 0.909\text{m}^3$$

$$V_s = \frac{[1 + (1 \times 0.6)]\text{ton}}{1.4\text{ton/m}^3} = 1.143\text{m}^3$$

$$= \frac{1.143}{0.909} = 1.26$$

33 친산소성 퇴비화 공정의 설계·운영 고려 인자에 관한 내용으로 틀린 것은?

① 수분함량 : 퇴비화 기간 동안 수분함량은 50~60% 범위에서 유지된다.

② C/N비 : 초기 C/N비는 25~50이 적당하며 C/N비가 높은 경우는 암모니아 가스가 발생한다.

③ pH 조절 : 적당한 분해작용을 위해서는 pH 7~7.5 범위를 유지하여야 한다.

④ 공기공급 : 이론적인 사소요구량은 식을 이용하여 추정 가능하다.

해설 ① C/N비가 높으면 유기산 등이 퇴비의 pH를 낮추고 미생물의 성장과 활동도 억제되며 질소 부족(C/N비 80 이상이면 질소 결핍현상)으로 퇴비화가 잘 형성되지 않아 퇴비화의 소요기간이 길어진다.(폐기물 내 질소함량이 적은 것은 퇴비화가 잘 되지 않는다.)

② C/N비가 20보다 낮으면 유기질소가 암모니아로 변하여 pH를 증가시키고, 이로 인해 암모니아 가스가 발생되어 퇴비화 과정 중 악취가 생긴다.

34 유기물($C_6H_{12}O_6$) 0.1톤(ton)에서 혐기성 소화 시 생성될 수 있는 최대 메탄의 양(kg) 및 체적(Sm^3)은?

① 12kg, 31Sm^3
② 27kg, 37Sm^3
③ 34kg, 42Sm^3
④ 42kg, 47Sm^3

해설 $C_6H_{12}O_6 \rightarrow 3CH_4 + 3CO_2$

180kg 3×16kg
100kg CH_4(kg)

$$CH_4(\text{kg}) = \frac{100\text{kg} \times (3 \times 16)\text{kg}}{180\text{kg}} = 26.67\text{kg}$$

180kg : $3 \times 22.4Sm^3$
100kg : $CH_4(Sm^3)$

$$CH_4(Sm^3) = \frac{100\text{kg} \times (3 \times 22.4)Sm^3}{180\text{kg}} = 37.33Sm^3$$

35 차수설비는 표면차수막과 연직차수막으로 구분되는데, 연직차수막에 대한 일반적인 내용과 가장 거리가 먼 것은?

① 지중에 수평방향의 차수층이 존재하는 경우에 적용한다.

② 지하수 집배수 시설이 필요하다.

③ 지하에 매설하기 때문에 차수성 확인이 어렵다.

④ 차수막 단위면적당 공사비가 비싸지만 총공사비는 싸다.

해설 **연직차수막**
① 적용조건 : 지중에 수평방향의 차수층이 존재할 때 사용
② 시공 : 수직 또는 경사시공
③ 지하수 집배수시설 : 불필요
④ 차수성 확인 : 지하매설로서 차수성 확인이 어려움

정답 **31** ④ **32** ② **33** ② **34** ② **35** ②

⑤ 경제성 : 단위면적당 공사비는 많이 소요되나 총 공사비는 적게 듦
⑥ 보수 : 지중이므로 보수가 어렵지만 차수막 보강시공이 가능
⑦ 공법 종류
　㉠ 어스 댐 코어 공법
　㉡ 강널말뚝(sheet pile) 공법
　㉢ 그라우트 공법
　㉣ 차수시트 매설 공법
　㉤ 지중 연속벽 공법

36 소화조로 유입되는 슬러지의 양이 500m³/일이고 고형물과 고형물 중 VS 함량이 각각 3.5%와 70%이다. 소화조의 VS 소화율은 60%이고, 소화조의 가스발생량은 0.75m³/kg-VS일 때 일일 생성되는 가스양은?(단, 비중은 1.0 기준)

① 약 3,510m³/일　　　② 약 4,520m³/일
③ 약 5,510m³/일　　　④ 약 6,550m³/일

해설 가스양(m³/day)=500m³/day×0.035×0.7×0.6
　　　　　　　　×0.75m³/kg-VS×1,000kg/m³
　　　　　　　=5,512.5m³/day

37 고형물의 함량이 80kg/m³인 농축슬러지를 18m³/hr 유량으로 탈수시키려 한다. 고형물 중량에 대해 25%의 소석회를 넣으면 함수율 80%의 탈수 Cake가 얻어진다고 할 때 농축 슬러지로부터 얻어지는 탈수 Cake의 양은?(단, 하루 운전시간은 24시간, Cake의 비중은 1.0)

① 약 120t/day　　　② 약 220t/day
③ 약 320t/day　　　④ 약 420t/day

해설 Cake 양(ton/day)
=고형물 농축슬러지양×응집제 첨가량×함수율 보정
=80kg/m³×18m³/hr×ton/1,000kg
　×($\frac{100+25}{100}$)×($\frac{100}{100-80}$)
=9ton/hr×24hr/day=216ton/day

38 건조된 고형분의 비중이 1.4이며 이 슬러지 케이크의 건조 이전의 고형분의 함량은 40%이다. 슬러지 건조중량이 400kg이라면 슬러지 케이크의 건조 이전의 부피(m³)는?

① 약 0.59　　　② 약 0.69
③ 약 0.79　　　④ 약 0.89

해설 $\frac{100}{슬러지비중}=\frac{40}{1.4}+\frac{60}{1.0}$
슬러지비중=1.129
슬러지부피(m³)=$\frac{고형물의\ 건조중량}{비중}$×함수율보정
　　　　=$\frac{400kg}{1.129ton/m³×1,000kg/ton}$×$\frac{100}{100-60}$
　　　　=0.886m³

39 1일 처리량이 100kL인 분뇨처리장에서 중온소화방식을 택하고자 한다. 소화 후 슬러지양은?(단, 투입분뇨의 함수율 98%, 고형물 중 유기물 함유율 70%, 그중 60%가 액화 및 가스화 되고 소화슬러지 함수율이 96%이다. 슬러지 비중 1.0으로 가정)

① 15m³/d　　　② 29m³/d
③ 44m³/d　　　④ 53m³/d

해설 소화 후 슬러지양(m³/day)
=($VS'+FS$)×$\frac{100}{100-함수율}$
　FS(무기물)=100m³/day×(1-0.98)×0.3=0.6m³/day
　VS'(잔류유기물)=100m³/day×(1-0.98)×0.7×(1-0.6)
　　　　　　　　=0.56m³/day
=(0.56+0.6)m³/day×$\frac{100}{100-96}$=29m³/day

40 용적 1,000m³인 슬러지 혐기성 소화조가 함수율 95%의 슬러지를 하루에 20m³를 소화시킨다면 이 소화조의 유기물 부하율(kgVS/m³·d)은?(단, 슬러지 고형물 중 무기물 비율은 40%이고, 슬러지의 비중은 1.0이라고 가정한다.)

① 0.2kgVS/m³·d　　　② 0.4kgVS/m³·d
③ 0.6kgVS/m³·d　　　④ 0.8kgVS/m³·d

해설 유기물 부하율(kgVS/m³·day)
=$\frac{20m³/day×(1-0.95)×(1-0.4)×1,000kg/m³}{1,000m³}$
=0.6kgVS/m³·day

정답 　36 ③　37 ②　38 ④　39 ②　40 ③

2014

해설 RDF의 연간 생산량(ton/year)
$= 1.2kg/인 \cdot 일 \times 50,000인 \times ton/1,000kg$
$\times 365day/year \times 0.7 \times 0.85$
$= 13,030.5ton/year$

제3과목 폐기물소각 및 열회수

41 유동층 소각로의 장단점으로 옳지 않은 것은?

① 반응시간이 빨라 소각시간이 짧은 장점이 있다.
② 상(床)으로부터 찌꺼기의 분리가 어려운 단점이 있다.
③ 기계적 구동부분이 많아 고장률이 높은 단점이 있다.
④ 투입이나 유동화를 위해 파쇄가 필요한 단점이 있다.

해설 유동층 소각로
① 장점
ㄱ 유동매체의 열용량이 커서 액상, 기상, 고형 폐기물의 전소 및 혼소, 균일한 연소가 가능하다.
ㄴ 반응시간이 빨라 소각시간이 짧다.(노 부하율이 높다.)
ㄷ 연소효율이 높아 미연소분이 적고 2차 연소실이 불필요하다.
ㄹ 가스의 온도가 낮고 과잉공기량이 낮다. 따라서 NOx도 적게 배출된다.
ㅁ 기계적 구동부분이 적어 고장률이 낮아 유지관리가 용이하다.
ㅂ 노 내 온도의 자동제어로 열회수가 용이하다.
ㅅ 유동매체의 축열량이 높은 관계로 단시간 정지 후 가동시 보조연료 사용 없이 정상가동이 가능하다.
ㅇ 과잉공기량이 적으므로 다른 소각로보다 보조연료 사용량과 배출가스량이 적다.
ㅈ 석회 또는 반응물질을 유동매체에 혼입시켜 노 내에서 산성가스의 제거가 가능하다.
② 단점
ㄱ 층의 유동으로 상으로부터 찌꺼기의 분리가 어려우며 운전비 특히, 동력비가 높다.
ㄴ 폐기물의 투입이나 유동화를 위해 파쇄가 필요하다.
ㄷ 상재료의 용융을 막기 위해 연소온도는 816℃를 초과할 수 없다.
ㄹ 유동매체의 손실로 인한 보충이 필요하다.
ㅁ 고점착성의 반유동상 슬러지는 처리하기 곤란하다.
ㅂ 소각로 본체에서 압력손실이 크고 유동매체의 비산 또는 분진의 발생량이 가장 많다.
ㅅ 조대한 폐기물은 전처리가 필요하다. 즉, 폐기물의 투입이나 유동화를 위해 파쇄공정이 필요하다.

42 어느 도시의 폐기물을 분석한 결과 가연성 성분이 70%, 불연성 성분이 30%였다. 이 지역의 폐기물발생량은 1일 1인 1.2kg이다. 인구 50,000명인 이곳에서 가연성 성분 85%를 회수하여 RDF를 생산한다면 RDF의 연간 생산량은?

① 약 11,000톤/연 ② 약 12,000톤/연
③ 약 13,000톤/연 ④ 약 14,000톤/연

43 황의 함량이 5%인 폐기물 30,000kg을 연소할 때 생성되는 SO_2 가스의 총 부피는 몇 Sm^3인가?(단, 표준상태를 기준으로 하며, 황성분은 전량 SO_2로 가스화되고, 완전연소이다.)

① 850 ② 950 ③ 1,050 ④ 1,150

해설
$S \quad + \quad O_2 \rightarrow SO_2$
$32kg \quad : \quad 22.4Sm^3$
$30,000kg \times 0.05 : SO_2(Sm^3)$
$SO_2(Sm^3) = \frac{30,000kg \times 0.05 \times 22.4Sm^3}{32kg} = 1,050Sm^3$

44 화씨온도 100℉는 몇 ℃인가?

① 35.2 ② 37.8 ③ 39.7 ④ 41.3

해설 $℃ = (℉ - 32)/1.8 = \frac{(100-32)}{1.8} = 37.78℃$

45 CH_3OH 2kg을 연소시키는 데 필요한 이론공기량의 부피는 몇 Sm^3인가?

① 7 ② 8 ③ 9 ④ 10

해설
$CH_3OH + 1.5O_2 \rightarrow CO_2 + 2H_2O$
$32kg \quad : \quad 1.5 \times 22.4Sm^3$
$2kg \quad : \quad O_2(Sm^3)$
$O_2(Sm^3) = \frac{2kg \times (1.5 \times 22.4)Sm^3}{32kg} = 2.1Sm^3$
$A_o(Sm^3) = \frac{2.1}{0.21} = 10Sm^3$

46 쓰레기 소각에 비하여 열분해공정의 특징이라 볼 수 없는 것은?

① 배기가스양이 적다.
② 환원성 분위기를 유지할 수 있어서 Cr^{3+}가 Cr^{6+}로 변화하지 않는다.
③ 황분, 중금속분이 Ash 중에 고정되는 비율이 작다.
④ 흡열반응이다.

🔲 **열분해공정이 소각에 비하여 갖는 장점**
① 대기로 방출하는 배기가스양이 적게 배출된다.(가스처리장치가 소형화)
② 황, 중금속분이 Ash(회분) 중에 고정되는 비율이 크다.
③ 상대적으로 저온이기 때문에 NOx(질소산화물), 염화수소의 발생량이 적다.
④ 환원기가 유지되므로 Cr^{3+}이 Cr^{6+}으로 변화하기 어려우며 대기오염물질의 발생이 적다.
(크롬산화 억제)
⑤ 폐플라스틱, 폐타이어, 오니류 등 스토커 소각처리가 곤란한 물질도 처리 가능하다.
⑥ 공기공급장치의 소형화 및 감량화로 매립용량이 감소한다.
⑦ 소각에 비교하여 생성물의 정제장치가 필요하다.
⑧ 고온용융식을 이용하면 재를 고형화할 수 있고 중금속의 용출이 없어서 자원으로 활용할 수 있다.
⑨ 저장 및 수송이 가능한 연료를 회수할 수 있다.

47 소각공정에서 발생하는 다이옥신에 관한 설명으로 옳지 않은 것은?
① 쓰레기 중 PVC 또는 플라스틱류 등을 포함하고 있는 합성물질을 연소시킬 때 발생한다.
② 연소 시 발생하는 미연분의 양과 비산재의 양을 줄여 다이옥신을 저감할 수 있다.
③ 다이옥신 재형성 온도구역을 설정하여 재합성을 유도함으로써 제거할 수 있다.
④ 활성탄과 백필터을 적용하여 다이옥신을 제거하는 설비가 많이 이용된다.

🔲 다이옥신 재형성은 저온(약 300℃)에서 촉매화 반응에 의해 분진과 결합하여 재합성되므로 운전 시 온도에 주의하여야 한다.

48 연소과정에서 등가비가 1보다 큰 경우는?
① 공기가 과잉으로 공급된 경우
② 연료가 이론적인 경우보다 적은 경우
③ 완전연소에 알맞은 연료와 산화제가 혼합된 경우
④ 연료가 과잉으로 공급된 경우

🔲 **등가비(ϕ)에 따른 특성**
① $\phi=1$
  ㉠ 완전연소에 알맞은 연료와 산화제가 혼합된 경우이다.
  ㉡ $m=1$
② $\phi>1$
  ㉠ 연료가 과잉으로 공급된 경우이다.
  ㉡ $m<1$

③ $\phi<1$
  ㉠ 과잉공기가 공급된 경우이다.
  ㉡ $m>1$
  ㉢ CO는 완전연소를 기대할 수 있어 최소가 되나 NO(질소산화물)은 증가된다.

49 연소실의 부피를 결정하려고 한다. 연소실의 부하율은 $3.6\times10^5 kcal/m^3 \cdot hr$ 이고 발열량이 1,600kcal/kg인 쓰레기를 1일 400ton 소각시킬 때 소각로의 연소실 부피(m^3)는?(단, 소각로는 연속가동한다.)
① $104m^3$ ② $974m^3$
③ $84m^3$ ④ $74m^3$

🔲 소각로 부피(m^3)
$$= \frac{\text{소각량}\times\text{쓰레기 발열량}}{\text{연소실 부하율}}$$
$$= \frac{400ton/day\times day/24hr\times1,000kg/ton\times1,600kcal/kg}{3.6\times10^5 kcal/m^3\cdot hr}$$
$$= 74.07m^3$$

50 밀도가 $600kg/m^3$인 쓰레기 100ton을 소각한 결과 밀도가 $1,200kg/m^3$인 소각재가 60ton이 발생하였다면 소각 시 쓰레기의 용적 감소율(%)은?
① 70 ② 75
③ 80 ④ 85

🔲 $$VR(\%) = \left(1-\frac{V_f}{V_i}\right)\times100$$
$$V_i = \frac{100,000kg}{600kg/m^3} = 166.67m^3$$
$$V_f = \frac{60,000kg}{1,200kg/m^3} = 50m^3$$
$$= \left(1-\frac{50}{166.67}\right)\times100 = 70\%$$

51 탄소 및 수소의 중량 조성이 각각 80%, 20%인 액체 연료를 매시간 200kg 연소시켜 배기가스의 조성을 분석한 결과 CO_2 12.5%, O_2 3.5%, N_2 84%였다. 이 경우 시간당 필요한 공기량(Sm^3)은?
① 약 3,450 ② 약 2,950
③ 약 2,450 ④ 약 1,950

해설 $A = m \times A_o$

$$m = \frac{N_2}{N_2 - 3.76O_2} = \frac{84}{84 - (3.76 \times 3.5)} = 1.186$$

$$A_o = \frac{1.867C + 5.6H}{0.21}$$

$$= \frac{(1.867 \times 0.8) + (5.6 \times 0.2)}{0.21} = 12.45Sm^3/kg$$

$$= 1.186 \times 12.45Sm^3/kg \times 200kg/hr$$

$$= 2,952.12Sm^3/hr$$

52 CH_4 80%, CO_2 5%, N_2 3%, O_2 12%로 조성된 기체연료 $1Sm^3$을 $12Sm^3$의 공기로 연소한다면 이때 공기비는?

① 1.4   ② 1.7

③ 2.1   ④ 2.3

해설 $CH_4 + 2O_2 \longrightarrow CO_2 + 2H_2O$

$\quad$ $1Sm^3$ $\quad : \quad$ $2Sm^3$

$\quad$ $0.8Sm^3$ $\quad : \quad$ $O_o(CH_4$ 연소 시 이론산소량$)$

$O_o = 1.6Sm^3$

필요이론산소량 $= 1.6 - 0.12 = 1.48Sm^3$

이론공기량 $= \frac{1.48}{0.21} = 7.05Sm^3$

공기비$(m) = \frac{A}{A_o} = \frac{12}{7.05} = 1.7$

53 다음 조건과 같은 함유성분의 폐기물을 연소 처리할 때 저위발열량은?

[조건]
함수율 : 30%, 불활성분 : 14%, 탄소 : 20%,
수소 : 10%, 산소 : 24%, 유황 : 2%, Dulong 식 기준

① 약 2,400kcal/kg   ② 약 3,300kcal/kg

③ 약 4,200kcal/kg   ④ 약 4,600kcal/kg

해설 $H_h(kcal/kg) = 8,100 \times 0.2 + \left[34,000\left(0.1 - \frac{0.24}{8}\right)\right]$

$\qquad + (2,500 \times 0.02) = 4,050kcal/kg$

$H_l(kcal/kg) = H_h - 600(9H + W)$

$\qquad = 4,050 - 600[(9 \times 0.1) + 0.3] = 3,330kcal/kg$

54 에틸렌(C_2H_4)의 고위발열량이 15,280kcal/Sm^3이라면 저발열량(kcal/Sm^3)은?

① 14,920   ② 14,800

③ 14,680   ④ 14,320

해설 $H_l(kcal/Sm^3) = H_h - 480 \times nH_2O$

$\qquad C_2H_4 + 3O_2 \longrightarrow 2CO_2 + 2H_2O$

$\qquad = 15,280kcal/Sm^3 - (480 \times 2)$

$\qquad = 14,320kcal/Sm^3$

55 저위발열량 10,000kcal/Sm^3인 기체연료를 연소 시, 이론습연소가스량이 $20Sm^3/Sm^3$이고 이론연소온도는 2,500℃라고 한다. 연료 연소가스의 평균 정압비열은? (단, 연소용 공기, 연료 온도는 15℃)

① 0.2(kcal/$Sm^3 \cdot$ ℃)   ② 0.3(kcal/$Sm^3 \cdot$ ℃)

③ 0.4(kcal/$Sm^3 \cdot$ ℃)   ④ 0.5(kcal/$Sm^3 \cdot$ ℃)

해설 평균정압비열

$$= \frac{저위발열량}{(이론연소온도 - 실제온도) \times 이론연소가스양}$$

$$= \frac{10,000kcal/Sm^3}{(2,500 - 15)℃ \times 20Sm^3/Sm^3}$$

$$= 0.2kcal/Sm^3 \cdot ℃$$

56 보일러 전열면을 통하여 연소가스의 여열로 보일러 급수를 예열하여 보일러 효율을 높이는 열교환 장치는?

① 공기 예열기   ② 절탄기

③ 과열기   ④ 재열기

해설 **절탄기(이코노마이저)**

① 폐열회수를 위한 열교환기, 연도에 설치하며 보일러 전열면을 통과한 연소가스의 예열로 보일러 급수를 예열하여 보일러 효율을 높이는 장치이다.

② 급수예열에 의해 보일러수와의 온도차가 감소되므로 보일러 드럼에 발생하는 열응력이 감소된다.

③ 급수온도가 낮을 경우, 연소가스 온도가 저하되면 절탄기 저온부에 접하는 가스온도가 노점에 대하여 절탄기를 부식시키는 것을 주의하여야 한다.

④ 절탄기 자체로 인한 통풍저항 증가와 연도의 가스온도 저하로 인한 연도통풍력의 감소를 주의하여야 한다.

정답   **52** ②   **53** ②   **54** ④   **55** ①   **56** ②

57 탄소함유율이 50wt%, 불연분이 50wt%인 고형폐기물 100kg을 완전연소시킬 때 필요한 이론공기량(Sm^3)은?

① 약 93　　　　　　② 약 256
③ 약 445　　　　　　④ 약 577

$$C + O_2 \rightarrow CO_2$$
$$12kg \quad : \quad 22.4Sm^3$$
$$100kg \times 0.5 : O_o(Sm^3)$$
$$O_o = \frac{100kg \times 0.5 \times 22.4Sm^3}{12kg} = 93.33Sm^3$$
$$A_o = \frac{93.33Sm^3}{0.21} = 444.42Sm^3$$

58 표준상태에서 한 배기가스 내에 존재하는 CO_2 농도가 0.01%일 때 이것은 몇 mg/m^3인가?

① 146　　　　　　② 196
③ 266　　　　　　④ 296

$$0.01\% \times \frac{10,000ppm}{1\%} = 100ppm$$

$$농도(mg/m^3) = 100ppm(mL/m^3) \times \frac{44mg}{22.4mL} = 196.43mg/m^3$$

59 도시쓰레기 성분 중 수소 5kg이 완전연소될 때 필요한 이론적 산소 요구량과 연생성물(Combustion Product)인 수분의 양은 각각 얼마인가?(단, 산소(O_2), 수분(H_2O) 순서)

① 25kg, 30kg　　　　② 30kg, 35kg
③ 35kg, 40kg　　　　④ 40kg, 45kg

$$H_2 + \frac{1}{2}O_2 \rightarrow H_2O$$
$$2kg \qquad : \quad 16kg$$
$$5kg \qquad : \quad O_o(kg)$$
$$O_o(kg) = \frac{5kg \times 16kg}{2kg} = 40kg$$

$$2kg \qquad : \quad 18kg$$
$$5kg \qquad : \quad H_2O(kg)$$
$$H_2O(kg) = \frac{5kg \times 18kg}{2kg} = 45kg$$

60 탄소 5kg을 완전연소할 경우 발생하는 CO_2의 가스양은?

① $3.3Sm^3$　　　　② $5.3Sm^3$
③ $7.3Sm^3$　　　　④ $9.3Sm^3$

$$C + O_2 \rightarrow CO_2$$
$$12kg \quad : \quad 22.4Sm^3$$
$$5kg \quad : \quad CO_2(Sm^3)$$
$$CO_2(Sm^3) = \frac{5kg \times 22.4Sm^3}{12kg} = 9.33Sm^3$$

제4과목 **폐기물공정시험기준(방법)**

61 이온전극법을 적용하여 분석하는 항목은?(단, 폐기물공정시험기준에 의함)

① 시안　　　　　　② 수은
③ 유기인　　　　　④ 비소

① 시안 : 자외선/가시선 분광법, 이온전극법
② 수은 : 원자흡수분광광도법, 자외선/가시선 분광법
③ 유기인 : 기체크로마토그래피법
④ 비소 : 원자흡수분광광도법, 유도결합플라스마 – 원자발광분광법, 자외선/가시선 분광법

62 다음은 시안의 자외선/가시선 분광법(흡광광도법)에 관한 내용이다. ( ) 안에 옳은 내용은?

> 클로라민 – T와 피리딘 피라졸론 혼합액을 넣어 나타나는 ( )에서 측정한다.

① 적색을 460nm　　② 황갈색을 560nm
③ 적자색을 520nm　　④ 청색을 620nm

시안 – 자외선/가시선 분광법
시료를 pH 2 이하의 산성으로 조절한 후에 에틸렌다이아민테트라아세트산나트륨을 넣고 가열 증류하여 시안화합물을 시안화수소로 유출시켜 수산화나트륨용액을 포집한 다음 중화하고 클로라민 – T와 피리딘 · 피라졸론 혼합액을 넣어 나타나는 청색을 620nm에서 측정하는 방법이다.

63 중량법으로 기름성분을 측정할 때 시료채취 및 관리에 관한 내용으로 옳은 것은?

① 시료는 6시간 이내에 증발처리를 하여야 하나 최대한 24시간을 넘기지 말아야 한다.
② 시료는 8시간 이내에 증발처리를 하여야 하나 최대한 24시간을 넘기지 말아야 한다.

정답　**57** ③　**58** ②　**59** ④　**60** ④　**61** ①　**62** ④　**63** ④

③ 시료는 12시간 이내에 증발처리를 하여야 하나 최대한 7일을 넘기지 말아야 한다.

④ 시료는 24시간 이내에 증발처리를 하여야 하나 최대한 7일을 넘기지 말아야 한다.

> 해설 **중량법 – 기름성분(시료채취)**
> 24시간 이내에 증발처리하여야 하나 최대한 7일을 넘기지 말아야 한다.

64 폐기물의 강열감량 및 유기물 함량을 중량법으로 시험 시 시료를 탄화시키기 위해 사용하는 용액으로 가장 적합한 것은?

① 15% 황산암모늄 용액　　② 15% 질산암모늄 용액
③ 25% 황산암모늄 용액　　④ 25% 질산암모늄 용액

> 해설 **강열감량 및 유기물 함량 – 중량법**
> 질산암모늄용액(25%)을 넣고 가열하여 탄화시킨 다음 (600 ± 25)℃의 전기로 안에서 3시간 강열하고 데시케이터에서 식힌 후 무게를 달아 증발접시의 무게차로부터 구한다.

65 자외선/가시선 분광법으로 크롬을 정량할 때 $KMnO_4$를 사용하는 목적은?

① 시료 중의 총 크롬을 6가 크롬으로 하기 위해서이다.
② 시료 중의 총 크롬을 3가 크롬으로 하기 위해서다.
③ 시료 중의 총 크롬을 이온화하기 위해서이다.
④ 디페닐카르바지드와의 반응을 최적화하기 위해서이다.

> 해설 **크롬(자외선/가시선 분광법)**
> 시료 중의 총 크롬을 과망간산칼륨을 사용하여 6가크롬으로 산화시킨 다음 산성에서 디페닐카르바지드와 반응하여 생성되는 적자색 착화합물의 흡광도를 540nm에서 측정하여 총 크롬을 정량하는 방법이다.

66 폐기물이 적재되어 있는 운반차량에서 시료를 채취할 경우 5톤 이상의 차량에 적재되어 있을 때에는 적재폐기물을 평면 상에서 몇 등분한 후 각 등분마다 시료를 채취하는가?

① 3등분　　　　　② 6등분
③ 9등분　　　　　④ 12등분

> 해설 ① 5ton 미만의 차량에 적개되어 있는 경우
> 　　적재폐기물을 평면상에서 6등분한 후 각 등분마다 시료 채취
> ② 5ton 이상의 차량에 적개되어 있는 경우
> 　　적재폐기물을 평면상에서 9등분한 후 각 등분마다 시료 채취

67 유도결합플라스마 – 원자발광광도기 구성 장치로 가장 옳은 것은?

① 시료 도입부, 고주파 전원부, 광원부, 분광부, 연산처리부, 기록부
② 시료 도입부, 시료 원자화부, 광원부, 측광부, 연산처리부, 기록부
③ 시료 도입부, 고주파 전원부, 광원부, 파장선택부, 연산처리부, 기록부
④ 시료 도입부, 시료 원자화부, 파장선택부, 측광부, 연산처리부, 기록부

> 해설 **유도결합플라스마 – 원자발광분광기(KP – AES)**
> ① 구성
> 　ⓐ 시료도입부　　　　　ⓑ 고주파전원부
> 　ⓒ 광원부　　　　　　　ⓓ 분광부
> 　ⓔ 연산처리부 및 기록부
> ② 분광부 구분
> 　ⓐ 연속주사형 단원소 측정장치
> 　ⓑ 다원소 동시측정장치

68 소각재 10g이 있다. 이 소각재의 pH를 측정하기 위하여 몇 mL의 정제수를 넣고 교반하는가?

① 10.0mL　　　　　② 25.0mL
③ 50.0mL　　　　　④ 100.0mL

> 해설 **pH 측정 · 분석**
> ① 액상폐기물 : 유리전극은 사용하기 수시간 전에 정재수에 담가두고, pH 측정기는 전원을 켠 다음 5분 이상 경과한 후에 사용한다.
> ② 반고상 또는 고상폐기물 : 시료 10g을 50mL 비커에 취한 다음 정제수 25mL를 넣어 잘 교반하여 30분 이상 방치한 후 이 현탁액을 사용 용액으로 하거나 원심분리한 후 상층액을 시료용액으로 한다.

69 다음 중 분석용 저울은 몇 mg까지 달 수 있는 것이어야 하는가?

① 1.0mg　　　　　② 0.1mg
③ 0.01mg　　　　④ 0.001mg

> 해설 분석용 저울은 0.1mg까지 측정할 수 있어야 한다.

70 취급 또는 저장하는 동안에 밖으로부터의 공기 또는 다른 가스가 침입하지 아니하도록 내용물을 보호하는 용기는 어떤 용기인가?

① 기밀용기 　　② 밀폐용기
③ 밀봉용기 　　④ 차광용기

구분	정의
밀폐용기	취급 또는 저장하는 동안에 이물질이 들어가거나 또는 내용물이 손실되지 아니하도록 보호하는 용기
기밀용기	취급 또는 저장하는 동안에 밖으로부터의 공기 또는 다른 가스가 침입하지 아니하도록 내용물을 보호하는 용기
밀봉용기	취급 또는 저장하는 동안에 기체 또는 미생물이 침입하지 아니하도록 내용물을 보호하는 용기
차광용기	광선이 투과하지 않는 용기 또는 투과하지 않게 포장한 용기이며 취급 또는 저장하는 동안에 내용물이 광화학적 변화를 일으키지 아니하도록 방지할 수 있는 용기

71 폐기물공정시험기준(방법)에서 규정하고 있는 대상폐기물의 양과 시료의 최소 수가 잘못 연결된 것은?

① 1톤 미만 : 6
② 5톤 이상~30톤 미만 : 14
③ 100톤 이상~500톤 미만 : 28
④ 500톤 이상~1,000톤 미만 : 36

대상폐기물의 양과 시료의 최소 수

대상 폐기물의 양(단위 : ton)	시료의 최소 수
~ 1 미만	6
1 이상~5 미만	10
5 이상~30 미만	14
30 이상~100 미만	20
100 이상~500 미만	30
500 이상~1,000 미만	36
1,000 이상~5,000 미만	50
5,000 이상~	60

72 다음은 폐기물 용출조작에 관한 내용이다. ( ) 안에 옳은 내용은?

시료용액 조제가 끝난 혼합액을 상온, 상압에서 진탕 횟수가 매분당 약 200회, 진폭 ( )의 진탕기를 사용하여 ( ) 연속 진탕한 다음 여과하고 여과액을 적당량 취하여 용출시험용 시료용액으로 한다.

① 4~5cm, 4시간 　　② 4~5cm, 6시간
③ 5~6cm, 4시간 　　④ 5~6cm, 6시간

용출시험방법(용출조작)
① 진탕 : 혼합액을 상온·상압에서 진탕 횟수가 매분당 약 200회, 진폭이 4~5cm인 진탕기를 사용하여 6시간 연속 진탕
⇩
② 여과 : $1.0\mu m$의 유리섬유여과지로 여과
⇩
③ 여과액을 적당량 취하여 용출실험용 시료용액으로 함

73 수은을 원자흡수분광광도법으로 측정할 때 시료 중 수은을 금속수은으로 환원시키기 위해 넣는 시약은?

① 아연분말 　　② 황산나트륨
③ 시안화칼륨 　　④ 이염화주석

수은 – 원자흡수분광광도법
시료 중 수은을 이염화주석을 넣어 금속수은으로 환원시킨 다음 이 용액에 통기하여 발생하는 수은 증기를 253.7nm의 파장에서 원자흡수분광광도법에 따라 정량하는 방법이다.

74 시료의 채취방법에 관한 내용으로 옳은 것은?

① 콘크리트고형화물의 경우 대형의 고형화물로서 분쇄가 어려운 경우에는 임의의 2개소에서 채취하여 각각 파쇄하여 100g씩 균등량을 혼합하여 채취한다.
② 콘크리트고형화물의 경우 대형의 고형화물로서 분쇄가 어려운 경우에는 임의의 2개소에서 채취하여 각각 파쇄하여 500g씩 균등량을 혼합하여 채취한다.
③ 콘크리트고형화물의 경우 대형의 고형화물로서 분쇄가 어려운 경우에는 임의의 5개소에서 채취하여 각각 파쇄하여 100g씩 균등량을 혼합하여 채취한다.
④ 콘크리트고형화물의 경우 대형의 고형화물로서 분쇄가 어려운 경우에는 임의의 5개소에서 채취하여 각각 파쇄하여 500g씩 균등량을 혼합하여 채취한다.

콘크리트 고형화물 시료 채취
① 소형 : 고상혼합물의 경우에 따른다.
② 대형 : 분쇄가 어려울 경우에는 임의의 5개소에서 채취하여 각각 파쇄하여 100g씩 균등량을 혼합하여 채취한다.

정답 　70 ① 　71 ③ 　72 ② 　73 ④ 　74 ③

75 수분함량이 94%인 시료의 카드뮴(Cd)을 용출하여 실험한 결과 농도가 1.2mg/L이었다면 시료의 수분함량을 보정한 농도는?

① 1.7mg/L   ② 2.4mg/L

③ 3.0mg/L   ④ 3.4mg/L

해설 **용출시험결과보정**
① 용출시험의 결과는 시료 중의 수분함량 보정을 위해 함수율 85% 이상인 시료에 한하여 보정한다. (시료의 수분함량이 85% 이상이면 용출시험결과를 보정하는 이유는 매립을 위한 최대함수율 기준이 정해져 있기 때문)

② 보정값 = $\dfrac{15}{100 - 시료의\ 함수율(\%)}$

③ 수분함량 보정농도 = $1.2mg/L \times \dfrac{15}{100-94} = 3.0mg/L$

76 '항량으로 될 때까지 건조한다.'라 함은 같은 조건에서 1시간 더 건조할 때 전후 무게의 차가 g당 몇 mg 이하일 때를 말하는가?

① 0.01mg   ② 0.03mg   ③ 0.1mg   ④ 0.3mg

해설 **항량으로 될 때까지 건조한다.**
같은 조건에서 1시간 더 건조할 때 전후 무게의 차가 g당 0.3mg 이하일 때를 말한다.

77 다음은 정량한계(LOQ)에 관한 내용이다. ( ) 안에 들어갈 내용으로 옳은 것은?

> 정량한계란 시험분석 대상을 정량화할 수 있는 측정값으로서 제시된 정량한계 부근의 농도를 포함하도록 시료를 준비하고 이를 반복 측정하여 얻은 결과의 표준편차에 ( )한 값을 사용한다.

① 3배   ② 3.3배   ③ 5배   ④ 10배

해설 정량한계(LOQ) = 표준편차 × 10

78 폐기물의 시료채취방법에 관한 설명으로 틀린 것은?

① 시료의 채취는 일반적으로 폐기물이 생성되는 단위공정별로 구분하여 채취하여야 한다.
② 폐기물소각시설의 연속식 연소방식 소각재 반출설비에서 채취할 때 소각재가 운반차량에 적재되어 있는 경우에는 적재 차량에서 채취하는 것을 원칙으로 한다.
③ 폐기물소각시설의 연속식 연소방식 소각재 반출설비에서 채취하는 경우, 비산재 저장조에서는 부설된 크레인을 이용하여 채취한다.
④ PCBs 및 휘발성 저급 염소화 탄화수소류 실험을 위한 시료의 채취 시에는 갈색경질의 유리병을 사용한다.

해설 폐기물소각시설의 연속식 연소방식 소각재 반출설비에서 채취하는 경우, 비산재 저장소에서는 낙하구 밑에서 채취한다.

79 자외선/가시선 분광법에 의하여 폐기물 내 크롬을 분석하기 위한 실험방법에 관한 설명으로 옳은 것은?

① 발색 시 수산화나트륨의 최적 농도는 0.5M이다. 만일 수산화나트륨의 양이 부족하면 5mL을 넣어 시험한다.
② 시료 중에 철이 5mg 이상으로 공존할 경우에는 다이페닐카바자이드 용액을 넣기 전에 10% 피로인산나트륨·10수화물 용액 2mL를 넣는다.
③ 적자색의 착화합물을 흡광도 540nm에서 측정한다.
④ 총 크롬을 과망간산나트륨을 사용하여 6가 크롬으로 산화시킨 다음 알칼리성에서 다이페닐카바자이드와 반응시킨다.

해설 **크롬(자외선/가시선 분광법)**
① 발색 시 황산의 최적농도는 0.1M이다.
② 시료 중 철이 2.5mg 이하로 공존할 경우에는 다이페닐카르바자이드 용액을 넣기 전에 피로인산나트륨·10수화물 용액(5%) 2mL를 넣는다.
④ 총 크롬을 과망간산칼륨을 사용하여 6가 크롬으로 산화시킨 다음 산성에서 다이페닐카바자이드와 반응시킨다.

80 음식물 폐기물의 수분을 측정하기 위해 실험하였더니 다음과 같은 결과를 얻었다. 수분은 몇 %인가?

> – 건조 전 시료의 무게 : 50g
> – 증발접시의 무게 : 7.25g
> – 증발접시 및 시료의 건조 후 무게 : 15.75g

① 87%   ② 83%   ③ 78%   ④ 74%

해설 수분(%) = $\dfrac{(W_2 - W_3)}{(W_2 - W_1)} \times 100$

$W_1 = 7.25g$

$W_2 = 7.25 + 50 = 57.25g$

$W_3 = 15.75g$

$= \dfrac{57.25 - 15.75}{57.25 - 7.25} \times 100 = 83\%$

제5과목 폐기물관계법규

[Note] 2012~2015년 폐기물관계법규 관련 문제는 법규의 변경 사항이 많으므로 문제유형만 학습하시기 바랍니다.

81 폐기물 처리 기본계획에 포함되어야 하는 사항이 아닌 것은?

① 폐기물의 기본관리여건 및 전망
② 폐기물의 수집 · 운반 · 보관 및 그 장비 · 용기 등의 개선에 관한 사항
③ 재원의 확보계획
④ 폐기물의 감량화와 재활용 등 자원화에 관한 사항

82 지정폐기물(의료폐기물은 제외) 보관창고에 설치해야 하는 지정폐기물의 종류, 보관 가능 용량, 취급 시 주의사항 및 관리책임자 등을 기재한 표지판 표지의 규격기준으로 옳은 것은?(단, 드럼 등 소형용기에 붙이는 경우가 아님)

① 가로 60센티미터 이상×세로 40센티미터 이상
② 가로 80센티미터 이상×세로 60센티미터 이상
③ 가로 100센티미터 이상×세로 80센티미터 이상
④ 가로 120센티미터 이상×세로 100센티미터 이상

83 환경부령으로 정하는 폐기물처리시설의 설치를 마친 자는 환경부령으로 정하는 검사기관으로부터 검사를 받아야 한다. 다음 중 음식물류 폐기물 처리시설의 검사기관으로 옳은 것은?(단, 그 밖에 환경부장관이 정하여 고시하는 기관 제외)

① 한국산업연구원
② 보건환경연구원
③ 한국농어촌공사
④ 한국환경공단

84 폐기물처리시설은 환경부령으로 정하는 기준에 맞게 설치하되 환경부령으로 정하는 규모 미만의 폐기물 소각 시설을 설치 · 운영하여서는 아니 된다. '환경부령으로 정하는 규모 미만의 폐기물 소각시설' 기준으로 옳은 것은?

① 시간당 폐기물 소각능력이 15킬로그램 미만인 폐기물 소각시설
② 시간당 폐기물 소각능력이 25킬로그램 미만인 폐기물 소각시설
③ 시간당 폐기물 소각능력이 50킬로그램 미만인 폐기물 소각시설
④ 시간당 폐기물 소각능력이 100킬로그램 미만인 폐기물 소각시설

85 폐기물처리업자가 방치한 폐기물의 처리량과 처리기간으로 옳은 것은?(단, 폐기물처리 공제조합에 처리를 명하는 경우이며, 연장 처리기간은 고려하지 않음)

① 폐기물처리업자의 폐기물 허용보관량의 1.5배 이내, 1개월 범위
② 폐기물처리업자의 폐기물 허용보관량의 1.5배 이내, 2개월 범위
③ 폐기물처리업자의 폐기물 허용보관량의 2.0배 이내, 1개월 범위
④ 폐기물처리업자의 폐기물 허용보관량의 2.0배 이내, 2개월 범위

86 환경부장관 또는 시 · 도지사는 폐기물처리업자나 폐기물처리 신고자가 '대통령령으로 정하는 기간'을 초과하여 휴업을 하거나 폐업 등으로 조업을 중단하면 기간을 정하여 그 폐기물처리업자나 폐기물처리 신고자에게 그가 보관하고 있는 폐기물의 처리를 명할 수 있다. 동물성 잔재물(殘宰物)과 의료폐기물 중 조직물류 폐기물 등 부패나 변질의 우려가 있는 폐기물인 경우에 '대통령령으로 정하는 기간'은?

① 5일   ② 10일   ③ 15일   ④ 20일

87 다음은 폐기물처리시설 주변지역의 영향조사 기준 중 조사방법(조사횟수)에 관한 내용이다. (   ) 안에 옳은 내용은?

각 항목당 계절을 달리하여 (가) 측정하되, 악취는 여름(6월부터 8월까지)에 (나) 측정하여야 한다.

① (가) 2회 이상, (나) 1회 이상
② (가) 4회 이상, (나) 2회 이상
③ (가) 6회 이상, (나) 3회 이상
④ (가) 8회 이상, (나) 4회 이상

88 폐기물 처분시설 또는 재활용시설의 관리기준에서 관리형 매립시설에서 발생하는 침출수의 배출허용기준으로 옳은 것은?(단, 화학적 산소요구량(mg/L), 과망간산칼륨법에 따른 경우, 1일 침출수 배출량은 2,000m³ 미만, 나 지역)

① 80   ② 100
③ 120   ④ 150

89 시·도지사가 폐기물처리 신고자에게 처리금지 명령을 하여야 하는 경우, 천재지변이나 그 밖의 부득이한 사유로 해당 폐기물처리를 계속하도록 할 필요가 인정되는 경우에 그 처리금지를 갈음하여 부과할 수 있는 과징금의 최대 액수는?

① 2천만 원   ② 5천만 원
③ 1억 원   ④ 2억 원

90 특별자치시장, 특별자치도지사, 시장, 군수, 구청장은 조례로 정하는 바에 따라 종량제 봉투 등의 제작·유통·판매를 대행하게 할 수 있다. 이러한 대행 계약을 체결하지 아니하고 종량제 봉투 등을 판매한 자에 대한 과태료 부과기준은?

① 200만 원 이하   ② 300만 원 이하
③ 500만 원 이하   ④ 1,000만 원 이하

91 폐기물 처리업자가 폐업을 한 경우 폐업 한 날부터 며칠 이내에 신고서와 구비서류를 첨부하여 시·도지사 등에게 제출하여야 하는가?

① 10일 이내   ② 15일 이내
③ 20일 이내   ④ 30일 이내

92 폐기물 처분시설 또는 재활용시설 중 의료폐기물을 대상으로 하는 시설의 기술관리인 자격기준에 해당하지 않는 자격은?

① 수질환경산업기사   ② 폐기물처리산업기사
③ 임상병리사   ④ 위생사

93 에너지 회수기준을 측정하는 기관과 가장 거리가 먼 것은?

① 한국산업기술시험원   ② 한국에너지기술연구원
③ 한국기계연구원   ④ 한국화학기술연구원

94 특별자치시장, 특별자치도지사, 시장·군수·구청장이 수립하는 음식물류 폐기물발생 억제계획의 수립주기는?

① 1년   ② 2년
③ 3년   ④ 5년

95 매립시설의 사용종료·폐쇄 신고서에 첨부하여야 하는 폐기물 매립시설의 사후관리계획서에 포함되어야 하는 내용으로 거리가 먼 것은?

① 사후관리 추진일정
② 침출수 관리계획(차단형 매립시설은 제외한다.)
③ 구조물과 지반 등의 안정도유지계획
④ 사후관리 조직 및 비용

96 폐기물 중간처분시설 중 기계적 처분시설에 해당하는 시설과 그 동력규모 기준으로 옳지 않은 것은?

① 압축시설(동력 10마력 이상인 시설로 한정)
② 파쇄·분쇄시설(동력 20마력 이상인 시설로 한정)
③ 증발·농축시설(동력 10마력 이상인 시설로 한정)
④ 용융시설(동력 10마력 이상인 시설로 한정)

97 폐기물관리법령상 다음 폐기물 중간처분시설의 분류(소각시설, 기계적 처분시설, 화학적 처분시설, 생물학적 처분시설) 중 기계적 처분시설에 해당하지 않는 것은?

① 멸균분쇄시설   ② 세척시설
③ 유수 분리시설   ④ 탈수·건조시설

98 관리형 매립시설에서 발생하는 침출수의 수소이온농도(pH) 배출허용기준은?(단, 청정지역 기준)

① 6.3~8.0   ② 6.3~8.3
③ 5.8~8.0   ④ 5.8~8.3

99 폐기물 수집 · 운반업자가 임시보관장소에 보관할 수 있는 폐기물(의료 폐기물 제외)의 허용량 기준은?

① 중량 450톤 이하이고, 용적이 300세제곱미터 이하인 폐기물

② 중량 400톤 이하이고, 용적이 250세제곱미터 이하인 폐기물

③ 중량 350톤 이하이고, 용적이 200세제곱미터 이하인 폐기물

④ 중량 300톤 이하이고, 용적이 150세제곱미터 이하인 폐기물

100 폐기물처리업의 변경신고 사항과 가장 거리가 먼 것은?

① 운반차량의 증 · 감차

② 연락장소나 사무실 소재지의 변경

③ 대표자의 변경(권리, 의무를 승계하는 경우는 제외한다.)

④ 상호의 변경

제1과목 **폐기물개론**

01 압축비가 4인 쓰레기의 부피감소율은?

① 70% ② 75%

③ 80% ④ 85%

해설 $VR = \left(1 - \dfrac{1}{CR}\right) \times 100 = \left(1 - \dfrac{1}{4}\right) \times 100 = 75\%$

02 밀도가 400kg/m³인 쓰레기 10ton을 압축시켰더니 처음 부피보다 50%가 줄었다. 이 경우 Compaction Ratio는?

① 1.5 ② 2.0

③ 2.5 ④ 3.0

해설 $CR = \left(\dfrac{100}{100 - VR}\right) = \left(\dfrac{100}{100 - 50}\right) = 2.0$

03 폐기물의 수거노선 설정 시 고려해야 할 내용으로 옳지 않은 것은?

① 언덕지역에서는 언덕의 꼭대기에서부터 시작하여 적재하면서 차량이 아래로 진행하도록 한다.

② U자 회전을 피하여 수거한다.

③ 아주 많은 양의 쓰레기가 발생되는 발생원은 하루 중 가장 나중에 수거한다.

④ 가능한 한 시계방향으로 수거노선을 정한다.

해설 **효과적 · 경제적인 수거노선 결정 시 유의(고려)사항 : 수거노선 설정요령**

① 지형이 언덕인 지역에서는 언덕의 위에서부터 내려가며 적재하면서 차량을 진행하도록 한다.(안전성, 연료비 절약)

② 수거인원 및 차량형식이 같은 기존 시스템의 조건들을 서로 관련시킨다.

③ 출발점은 차고와 가깝게 하고 수거된 마지막 컨테이너가 처분지의 가장 가까이에 위치하도록 배치한다.

④ 가능한 한 지형지물 및 도로경계와 같은 장벽을 사용하여 간선도로 부근에서 시작하고 끝나야 한다.(도로경계 등을 이용)

⑤ 가능한 한 시계방향으로 수거노선을 정한다.

⑥ 적은 양의 쓰레기가 발생하나 동일한 수거빈도를 받기 원하는 적재지점(수거지점)은 가능한 한 같은 날 왕복 내에서 수거한다.

⑦ 아주 많은 양의 쓰레기가 발생되는 발생원은 하루 중 가장 먼저 수거한다.

⑧ 될 수 있는 한 한 번 간 길은 다시 가지 않는다.

⑨ 반복운행 또는 U자형 회전은 피하여 수거한다.

⑩ 교통량이 많거나 출퇴근시간은 피하여 수거한다.

⑪ 수거지점과 수거빈도 결정 시 기존정책이나 규정을 참고한다.

04 어떤 도시에서 폐기물 발생량이 185,000톤/년이었다. 수거 인부는 1일 550명이었으며, 이 도시 인구는 250,000명이라고 할 때 1인 1일 폐기물 발생량은?(단, 1년 365일 기준)

① 2.03kg/인 · day ② 2.35kg/인 · day

③ 2.45kg/인 · day ④ 2.77kg/인 · day

해설 폐기물 발생량(kg/인 · 일)

$= \dfrac{\text{수거폐기물량}}{\text{대상인구 수}}$

$= \dfrac{185,000\text{ton/year} \times \text{year}/365\text{day} \times 1,000\text{kg/ton}}{250,000\text{인}}$

$= 2.03\text{kg/인 · 일}$

05 어느 도시의 쓰레기 특성을 조사하기 위하여 시료 100kg에 대한 습윤 상태의 무게와 함수율을 측정한 결과가 다음 표와 같을 때 이 시료의 건조중량은?

성분	습윤상태의 무게(kg)	함수율(%)
연탄재	60	20
채소, 음식물류	10	65
종이, 목재류	10	10
고무, 가죽류	15	3
금속, 초자기류	5	2

① 70kg ② 80kg

③ 90kg ④ 100kg

해설 건조중량(kg)

$$= \sum \left[습윤상태\ 무게 \times \frac{(100 - 함수율)}{100} \right]$$

$$= \left[\left(60 \times \frac{100-20}{100} \right) + \left(10 \times \frac{100-65}{100} \right) \right.$$

$$\left. + \left(10 \times \frac{100-10}{100} \right) + \left(15 \times \frac{100-3}{100} \right) + \left(5 \times \frac{100-2}{100} \right) \right]$$

$$= 79.95kg$$

06 비자성이고 전기전도성이 좋은 물질(동, 알루미늄, 아연)을 다른 물질로부터 분리하는 데 가장 적절한 선별방식은?

① 와전류선별 ② 자기선별
③ 자장선별 ④ 정전기선별

해설 와전류 선별법
① 연속적으로 변화하는 자장 속에 비극성(비자성)이고 전기전도도가 우수한 물질(구리, 알루미늄, 아연 등)을 넣으면 금속 내에 소용돌이 전류가 발생하는 와전류현상에 의하여 반발력이 생기는데 이 반발력의 차를 이용하여 다른 물질로부터 분리하는 방법이다.
② 폐기물 중 철금속(Fe), 비철금속(Al, Cu), 유리병의 3종류를 각각 분리할 경우 와전류 선별법이 가장 적절하다.

07 어느 폐기물의 성분을 조사한 결과 플라스틱의 함량이 10%(중량비)로 나타났다. 이 폐기물의 밀도가 $300kg/m^3$라면 폐기물 $10m^3$ 중에 함유된 플라스틱의 양은?

① 300kg ② 400kg ③ 500kg ④ 600kg

해설 플라스틱양 = 밀도 × 부피 × 함량
$$= 300kg/m^3 \times 10m^3 \times 0.1 = 300kg$$

08 50ton/hr 규모의 시설에서 평균크기가 30.5cm인 혼합된 도시 폐기물을 최종크기 5.1cm로 파쇄하기 위해 필요한 동력은?(단, 평균크기를 15.2cm에서 5.1cm로 파쇄하기 위한 에너지 소모율은 15kW·hr/ton이며, 킥의 법칙 적용)

① 약 1,033kW ② 약 1,156kW
③ 약 1,228kW ④ 약 1,345kW

해설 $E = C\ln\left(\frac{L_1}{L_2} \right)$

$$15kW \cdot hr/ton = C\ln\left(\frac{15.2}{5.1} \right)$$

$C = 13.74kW \cdot hr/ton$

$$E = 13.74\ln\left(\frac{30.5}{5.1} \right) = 24.57kW \cdot hr/ton$$

동력(kW) = 24.57kW · hr/ton × 50ton/hr = 1,228.5kW

09 어느 폐기물의 밀도가 $0.45ton/m^3$이던 것을 압축기로 압축하여 $0.75ton/m^3$로 하였다. 이때 부피감소율은?

① 36% ② 40%
③ 44% ④ 48%

해설 $VR = \left(1 - \frac{V_f}{V_i} \right) \times 100$

$$V_i = \frac{1ton}{0.45ton/m^3} = 2.22m^3$$

$$V_f = \frac{1ton}{0.75ton/m^3} = 1.33m^3$$

$$= \left(1 - \frac{1.33}{2.22} \right) \times 100 = 40.09\%$$

10 1일 폐기물 발생량이 1,244톤인 도시에서 6톤 트럭(적재 가능량)을 이용하여 쓰레기를 매립지까지 운반하려고 한다. 다음과 같은 조건하에서 하루에 필요한 운반트럭 대수는?(단, 예비차량 포함, 기타 조건은 고려하지 않음)

[조건]
• 트럭의 1일 작업시간 : 8시간
• 운반거리 : 10km
• 왕복운반시간 : 35분
• 적재시간 : 15분
• 적하시간 : 10분
• 예비차량 : 10대

① 25대 ② 29대
③ 31대 ④ 36대

해설 소요차량(대)
$$= \frac{하루\ 폐기물\ 수거량}{1일\ 1대당\ 운반량}$$

하루 폐기물 수거량 = 1,244ton/일

$$1일\ 1대당\ 운반량 = \frac{6ton/대 \times 8hr/대 \cdot 일}{(35+15+10)min/대 \times hr/60min}$$
$$= 48ton/일 \cdot 대$$

$$= \frac{1,244ton/일}{48ton/일 \cdot 대} + 10대(예비차량) = 35.9(36대)$$

정답 **06** ① **07** ① **08** ③ **09** ② **10** ④

11 직경이 1.0m인 트롬멜 스크린의 최적 속도는?

① 약 63rpm   ② 약 42rpm

③ 약 19rpm   ④ 약 8rpm

해설 최적속도(rpm)

= 임계속도 × 0.45

$$임계속도 = \frac{1}{2\pi}\sqrt{\frac{g}{r}} = \frac{1}{2\pi}\sqrt{\frac{9.8}{0.5}}$$
$$= 0.705\text{cycle/sec} \times 60\text{sec/min} = 42.3\text{rpm}$$

= 42.3rpm × 0.45 = 19.03rpm

12 인구가 300,000명인 도시에서 폐기물 발생량이 1.2kg/인·일이라고 한다. 수거된 폐기물의 밀도가 0.8kg/L, 수거차량의 적재용량이 12m³라면, 1일 2회 수거하기 위한 수거차량의 대수는?(단, 기타 조건은 고려하지 않음)

① 15대   ② 17대   ③ 19대   ④ 21대

해설 $수거차량(대) = \dfrac{1.2\text{kg/인}\cdot\text{일} \times 300,000\text{인}}{12\text{m}^3/\text{회} \times (0.8\text{kg}/10^{-3}\text{m}^3) \times 2\text{회/대}\cdot\text{일}}$
$= 18.75(19\text{대})$

13 함수율이 97%인 수거분뇨를 55% 함수율의 건조분뇨로 만들면 그 부피는 얼마로 감소하게 되는가?(단, 비중은 1.0)

① 1/5로 감소   ② 1/10로 감소

③ 1/15로 감소   ④ 1/20로 감소

해설 초기 분뇨량 × (1−0.97) = 건조분뇨량 × (1−0.55)

$$\frac{건조분뇨량}{초기 분뇨량} = \frac{(1-0.97)}{(1-0.55)}$$
$$= 0.0667 \times 100 = 6.67\%(약\ 1/15로\ 감소)$$

14 X_{90} = 4.6cm로 도시폐기물을 파쇄하고자 할 때 Rosin – Rammler 모델에 의한 특성입자크기 X_o는?(단, n=1로 가정)

① 1.2cm   ② 1.6cm   ③ 2.0cm   ④ 2.3cm

해설 $Y = 1 - \exp\left[-\left(\dfrac{X}{X_o}\right)^n\right]$

$0.9 = 1 - \exp\left[-\left(\dfrac{4.6}{X_o}\right)^1\right]$

$-\dfrac{4.6}{X_o} = \ln 0.1$

특성입자크기(X_o) = 2.0cm

15 채취된 쓰레기의 성상분석 절차로 가장 적절한 것은?

① 시료 – 절단 및 분쇄 – 건조 – 물리적 조성 – 밀도 측정 – 화학적 조성분석

② 시료 – 절단 및 분쇄 – 건조 – 밀도 측정 – 물리적 조성 – 화학적 조성분석

③ 시료 – 밀도 측정 – 건조 – 절단 및 분쇄 – 물리적 조성 – 화학적 조성분석

④ 시료 – 밀도 측정 – 물리적 조성 – 건조 – 절단 및 분쇄 – 화학적 조성분석

해설 폐기물 시료 분석절차

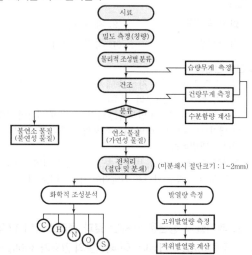

16 물렁거리는 가벼운 물질로부터 딱딱한 물질을 선별하는 데 사용하는 선별분류법으로 경사진 컨베이어를 통해 폐기물을 주입시켜 천천히 회전하는 드럼 위에 떨어뜨려서 분류하는 것은?

① Jigs   ② Table

③ Secators   ④ Stoners

해설 Secators

① 경사진 컨베이어를 통해 폐기물을 주입시켜 천천히 회전하는 드럼 위에 떨어뜨려서 선별하는 장치이며 물렁거리는 가벼운 물질(가볍고 탄력 없는 물질)로부터 딱딱한 물질(무겁고 탄력 있는 물질)을 선별하는 데 사용한다.

② 주로 퇴비 중의 유리조각을 추출할 때 이용되는 선별장치이다.

17 쓰레기 발생량 조사방법에 관한 설명으로 틀린 것은?

① 직접계근법 : 적재차량 계수분석에 비하여 작업량이 많고 번거롭다는 단점이 있다.

② 물질수지법 : 주로 산업폐기물 발생량 추산에 이용한다.

③ 물질수지법 : 비용이 많이 들어 특수한 경우에 사용한다.

④ 적재차량 계수분석 : 쓰레기의 밀도 또는 압축 정도를 정확하게 파악할 수 있다.

해설 적재차량 계수분석법의 단점은 쓰레기의 밀도 또는 압축 정도에 따라 오차가 크다는 것이다.

18 관거(Pipe line)를 이용한 수거방식인 공기수송에 관한 내용으로 틀린 것은?

① 공기수송은 고층주택밀집지역에서 적합하다.

② 공기수송은 소음방지시설을 설치해야 한다.

③ 공기수송에 소요되는 동력은 캡슐 수송에 소요되는 동력보다 훨씬 적게 소요된다.

④ 공기수송 방법 중 가압수송은 진공수송보다 수송거리를 더 길게 할 수 있다.

해설 공기수송(관거 이용)

① 공기의 속도압(동압)에 의해 쓰레기를 수송하며 진공수송과 가압수송이 있다.

② 공기수송은 고층주택밀집지역에 현실성이 있으며 소음(관내 통과소음, 기타 기계음)에 대한 방지시설을 해야 한다.(고층 주택밀집지역=발생밀도가 높은 지역)

③ 진공수송은 쓰레기를 받는 쪽에서 흡인하여 수송하는 방법이다.

④ 진공수송의 경제적인 수송거리는 약 2km 정도이다.

⑤ 진공수송에 있어서 진공압력은 최대 0.5kg/cm² Vac 정도이다.

⑥ 가압수송은 송풍기로 쓰레기를 불어서 수송하는 방법이다.

⑦ 가압수송은 진공수송보다 수송거리를 더 길게 할 수 있다.(최고 5km가 경제적 거리이다.)

⑧ 가압수송은 연속수송을 하고자 할 경우에는 크기가 불균일해서 부착되기 쉽고 유동성이 나쁜 쓰레기를 정압으로 연속 정량공급하는 것이 곤란하다.

⑨ 공기수송에 소요되는 동력은 캡슐수송에 소요되는 동력보다 훨씬 많이 소요된다.

19 폐기물을 파쇄하여 입도를 분석하였더니 폐기물 입도분 포 곡선상 통과백분율이 10%, 30%, 60%, 90%에 해당 되는 입경이 각각 2mm, 4mm, 6mm, 8mm였다. 곡률 계수는?

① 0.93 ② 1.13

③ 1.33 ④ 1.53

해설 곡률계수 $= \dfrac{D_{30}{}^2}{D_{10}D_{60}} = \dfrac{4^2}{2 \times 6} = 1.33$

20 청소상태를 평가하는 방법 중 서비스를 받는 사람들의 만 족도를 설문조사하여 계산하는 '사용자 만족도 지수'의 약자로 옳은 것은?

① USI ② UAI

③ CEI ④ CDI

해설 사용자 만족도 지수(USI ; User Satisfaction Index)
서비스를 받는 사람들의 만족도를 설문조사하여 계산하는 방법으로 설문 문항은 6개로 구성되어 있으며 총점은 100점이다.

$$USI = \frac{\sum_{i=1}^{N} R_i}{N}$$

여기서, N : 총 설문회답자의 수
R : 설문지 점수의 합계

제2과목 **폐기물처리기술**

21 다음 중 악취성 물질인 CH₃SH를 나타낸 것은?

① 메틸오닌 ② 다이메틸설파이드

③ 메틸메르캅탄 ④ 메틸케톤

해설 악취성 물질

① 메틸메르캅탄 : CH_3SH ② 스티렌 : $C_6H_5CHCH_2$

③ 황화수소 : H_2S ④ 트리메틸아민 : $(CH_3)_3N$

⑤ 아세트알데히드 : CH_3CHO

⑥ 이황화메틸 : $(CH_3)_2S_2$

⑦ 황화메틸 : CH_3SCH_3 ⑧ 암모니아 : NH_3

22 도랑식(Trench)으로 밀도가 $0.55t/m^3$인 폐기물을 매립하려고 한다. 도랑의 깊이가 3m이고, 다짐에 의해 폐기물을 2/3로 압축시킨다면 도랑 $1m^2$당 매립할 수 있는 폐기물은 몇 ton인가?(단, 기타 조건은 고려 안 함)

① 2.15 　② 2.48 　③ 3.35 　④ 3.65

해설 매립폐기물량$(ton/m^2) = 밀도 \times 깊이 \times \dfrac{1}{(1 - 부피감소율)}$

$$= 0.55ton/m^3 \times 3m \times \dfrac{1}{\left(1 - \dfrac{1}{3}\right)}$$

$$= 2.48ton/m^2$$

23 침출수가 점토층을 통과하는 데 소요되는 시간을 계산하는 식으로 옳은 것은?(단, t : 통과시간(year), d : 점토층 두께(m), h : 침출수 수두(m), K : 투수계수(m/year), m : 유효공극률)

① $t = \dfrac{\eta d^2}{K(d+h)}$ 　② $t = \dfrac{d\eta}{K(d+h)}$

③ $t = \dfrac{\eta d^2}{K(2d+h)}$ 　④ $t = \dfrac{d\eta}{K(2h+d)}$

해설 점토층 통과 소요시간(t) : Darcy 법칙

$t = \dfrac{d^2\eta}{k(d+h)}$

　　여기서, t : 침출수의 점토층 통과시간(year)
　　　　　　d : 점토층 두께(m)
　　　　　　h : 침출수 수두(m)
　　　　　　k : 투수계수(m/year)
　　　　　　η : 유효공극률(공극용적/흙입자 용적)

24 6.3%의 고형물을 함유한 150,000kg의 슬러지를 농축한 후, 농축슬러지를 소화조로 이송할 경우의 농축슬러지의 무게는 70,000kg이다. 이때 소화조로 이송된 농축된 슬러지의 고형물 함유율은?(단, 슬러지의 비중은 1.0으로 가정, 상등액의 고형물 함량은 무시한다.)

① 11.5% 　② 13.5% 　③ 15.5% 　④ 17.5%

해설 $150,000kg \times 6.3 = 70,000kg \times 농축슬러지 고형물$
농축슬러지 고형물(%) = 13.5%

25 수거분뇨 1kL를 전처리(SS 제거율 30%)하여 발생한 슬러지를 수분함량 80%로 탈수한 슬러지양은?(단, 수거분뇨의 SS 농도는 4%, 비중은 1.0 기준)

① 20kg 　② 40kg
③ 60kg 　④ 80kg

해설 탈수 슬러지양$(kg) = 제거된 슬러지양 \times \dfrac{100}{100 - 함수율}$

$$= 1kL \times m^3/kL \times ton/m^3 \times 1,000kg/ton$$
$$\times 0.04 \times 0.3 \times \dfrac{100}{100 - 80}$$

$$= 60kg$$

26 쓰레기의 밀도가 $750kg/m^3$이며 매립된 쓰레기의 총량은 30,000ton이다. 여기에서 유출되는 침출수는 약 몇 m^3/년인가?(단, 침출수 발생량은 강우량의 60%이고, 쓰레기의 매립 높이는 6m이며, 연간 강우량은 1,300mm, 기타 조건은 고려하지 않음)

① 2,600m^3/년 　② 3,200m^3/년
③ 4,300m^3/년 　④ 5,200m^3/년

해설 침출수$(m^3/year) = \dfrac{CIA}{1,000}$

$$A = \dfrac{30,000ton}{6m \times 0.75ton/m^3} = 6,666.67m^3$$

$$= \dfrac{0.6 \times 1,300 \times 6,666.67}{1,000}$$

$$= 5,200m^3/year$$

27 매립지 기체 발생단계를 4단계로 나눌 때 매립 초기의 호기성 단계(혐기성 전 단계)에 대한 설명으로 틀린 것은?

① 폐기물 내 수분이 많은 경우에는 반응이 가속화된다.
② O_2가 대부분 소모된다.
③ N_2가 급격히 발생한다.
④ 주요 생성기체는 CO_2이다.

해설 제1단계[호기성 단계 : 초기조절 단계]
① 호기성 유지상태(친산소성 단계)이다.
② 질소(N_2)와 산소(O_2)는 급격히 감소하고, 탄산가스(CO_2)는 서서히 증가하는 단계이며 가스의 발생량은 적다.
③ 산소는 대부분 소모한다.(O_2 대부분 소모, N_2 감소 시작)
④ 매립물의 분해속도에 따라 수일에서 수개월 동안 지속된다.
⑤ 폐기물 내 수분이 많은 경우에는 반응이 가속화되어 용존산소가 고갈되어 다음 단계로 빨리 진행된다.

28 연직차수막 시설에 대한 내용 중 틀린 것은?

① 차수막 보강시공이 가능하다.

② 차수막 단위면적당 공사비는 비싸지만 총 공사비는 싸다.

③ 지하수 집배수시설이 필요하다.

④ 지하매설로 차수성의 확인이 어렵다.

연직차수막

① 적용조건 : 지중에 수평방향의 차수층이 존재할 때 사용

② 시공 : 수직 또는 경사시공

③ 지하수 집배수시설 : 불필요

④ 차수성 확인 : 지하매설로서 차수성 확인이 어려움

⑤ 경제성 : 단위면적당 공사비는 많이 소요되나 총 공사비는 적게 듦

⑥ 보수 : 지중이므로 보수가 어렵지만 차수막 보강시공이 가능

⑦ 공법 종류

ㄱ 어스 댐 코어 공법

ㄴ 강널말뚝(sheet pile) 공법

ㄷ 그라우트 공법

ㄹ 차수시트 매설 공법

ㅁ 지중 연속벽 공법

29 소각장 굴뚝에서 배기가스 중의 염소(Cl_2) 농도를 측정하였더니 150mL/Sm^{3}였다. 이 배기가스 중의 염소(Cl_2) 농도를 35.5mg/Sm^{3}로 줄이기 위하여 제거해야 할 염소(Cl_2)농도(mL/Sm^3)는?(단, 염소 원자량 35.5)

① 약 102

② 약 116

③ 약 128

④ 약 139

배기가스 중 염소농도(mL/Sm^3) $= 35.5$mg/Sm$^3 \times \dfrac{22.4\text{mL}}{76\text{mg}}$

$\qquad = 10.46$mL/Sm^3

제거효율(%) $= \left(1 - \dfrac{10.46}{150}\right) \times 100 = 93\%$

제거해야 할 염소농도(mL/Sm^3) $= 150$mL/Sm$^3 \times 0.93$

$\qquad = 139.5$mL/Sm^3

30 매립지의 침출수 농도가 반으로 감소하는 데 약 3년이 걸렸다면 이 침출수 농도가 99% 감소하는 데 걸리는 시간은?(단, 1차 반응 기준)

① 약 10년

② 약 15년

③ 약 20년

④ 약 25년

$\ln \dfrac{C_t}{C_o} = -kt$

$\ln 0.5 = -k \times 3$year, $k = 0.231$year^{-1}

$\ln \left(\dfrac{1}{100}\right) = -0.231$year$^{-1} \times t$

소요시간(year) $= 19.94$year

31 어떤 도시의 폐기물 중 불연성분 70%, 가연성분 30%이고, 이 지역의 폐기물 발생량은 1.4kg/인·일이다. 인구 50,000명인 이 지역에서 불연성분 60%, 가연성분 70%를 회수하여 이 중 가연성분으로 RDF를 생산한다면 RDF의 일일 생산량은?

① 약 15톤

② 약 20톤

③ 약 25톤

④ 약 30톤

RDF 생산량(ton/day)

$= 1.4$kg인·일$\times 50,000$인$\times$ton/1,000kg$\times 0.3 \times 0.7$

$= 14.7$ton/day

32 총 질소 2%인 고형폐기물 1t을 퇴비화 했더니 총 질소는 2.5%가 되고 고형폐기물의 무게는 0.75t이 되었다. 이 고형폐기물은 결과적으로 퇴비화 과정에서 질소를 어느 정도 소비하였는가?(단, 기타 조건은 고려하지 않음)

① 1.25kg의 질소 소비

② 3.25kg의 질소 소비

③ 5.25kg의 질소 소비

④ 7.25kg의 질소 소비

질소의 소비량(kg) $= (1,000$kg$\times 0.02) - (750$kg$\times 0.025)$

$\qquad = 1.25$kg

33 고형폐기물을 매립 처분할 때 $C_6H_{12}O_6$ 성분 1톤(ton)의 폐기물이 혐기성 분해를 한다면 이론적 메탄가스 발생량은?(단, 표준상태 기준)

① 약 280m^3

② 약 370m^3

③ 약 450m^3

④ 약 560m^3

$C_6H_{12}O_6 \rightarrow 3CO_2 + 3CH_4$

180kg : 3×22.4m^3

1,000kg : CH_4(m^3)

CH_4(m^3) $= \dfrac{1,000\text{kg} \times (3 \times 22.4)\text{m}^3}{180\text{kg}} = 373.33$m^3

2014

34 퇴비화의 장단점과 가장 거리가 먼 것은?

① 운영 시에 소요되는 에너지가 낮은 장점이 있다.

② 다양한 재료를 이용하므로 퇴비제품의 품질 표준화가 어려운 단점이 있다.

③ 퇴비화가 완성되어도 부피가 크게 감소(50% 이하)하지 않는 단점이 있다.

④ 생산된 퇴비는 비료가치가 높은 장점이 있다.

해설 ① 퇴비화 장점

  ㉠ 유기성 폐기물을 재활용함으로써, 폐기물의 감량화가 가능하다.

  ㉡ 생산인 퇴비는 토양의 이화학성질을 개선시키는 토양개량제로 사용할 수 있다.(Humus는 토양개량제로 사용)

  ㉢ 운영시 에너지가 적게 소요된다.

  ㉣ 초기의 시설투자비가 낮다.

  ㉤ 다른 폐기물처리에 비해 고도의 기술수준이 요구되지 않는다.

② 퇴비화 단점

  ㉠ 생산된 퇴비는 비료가치로서 경제성이 낮다.(시장 확보가 어려움)

  ㉡ 다양한 재료를 이용하므로 퇴비제품의 품질표준화가 어렵다.

  ㉢ 부지가 많이 필요하고 부지선정에 어려움이 많다.

  ㉣ 퇴비가 완성되어도 부피가 크게 감소되지는 않는다.(완성된 퇴비의 감용률은 50% 이하로서 다른 처리방식에 비하여 낮다.)

  ㉤ 악취발생의 문제점이 있다.

35 매립지에 흔히 쓰이는 합성차수막의 종류인 CR에 관한 내용으로 옳지 않은 것은?

① 대부분의 화학물질에 대한 저항성이 높다.

② 마모 및 기계적 충격에 약하다.

③ 접합이 용이하지 못하다.

④ 가격이 비싸다.

해설 합성차수막 CR

① 장점

  ㉠ 대부분의 화학물질에 대한 저항성이 높음

  ㉡ 마모 및 기계적 충격에 강함

② 단점

  ㉠ 접합이 용이하지 못함

  ㉡ 가격이 고가임

36 BOD가 15,000mg/L, Cl^-이 800ppm인 분뇨를 희석하여 활성슬러지법으로 처리한 결과 BOD가 45mg/L, Cl^-이 40ppm이었다면 활성슬러지법의 처리효율은? (단, 희석수 중에 BOD, Cl^-은 없음)

① 92% ② 94%

③ 96% ④ 98%

해설 처리효율(%) $= \left(1 - \dfrac{BOD_o}{BOD_i}\right) \times 100$

$$BOD_i = 15,000\text{mg/L} \times \left(\frac{40}{800}\right) = 750\text{mg/L}$$

$$= \left(1 - \frac{45}{750}\right) \times 100 = 94\%$$

37 차수막 재료로서 점토의 조건으로 가장 부적합한 것은?

① 투수계수 10^{-7}cm/sec 미만

② 소성지수 10% 이상 30% 미만

③ 액성한계 10% 이상 20% 미만

④ 자갈함유량 10% 미만

해설 점토 차수막 적합조건

항목	적합기준
투수계수	10^{-7}cm/sec 미만
점토 및 마사토 함량	20% 이상
소성지수(PI)	10% 이상 30 미만
액성한계(LL)	30% 이상
자갈함유량	10% 미만
직경 2.5cm 이상 입자 함유량	0%

38 신도시에 분뇨처리장 투입시설을 설계하려고 한다. 1일 수거 분뇨투입량 300kL, 수거차 용량 3.0kL/대, 수거차 1대의 투입시간 20분, 분뇨처리장 작업시간은 1일 8시간으로 계획하면 분뇨투입구 수는?(단, 최대 수거율을 고려하여 안전율을 1.2로 한다.)

① 2개 ② 5개

③ 8개 ④ 13개

해설 분뇨투입구 수

$= \dfrac{수거분뇨량}{차량용량 \times 작업시간 \div 분뇨투입시간} \times 안전율$

$= \dfrac{300\text{kL/day}}{3.0\text{kL/대} \times 8\text{hr/day} \times 대/20\text{min} \times 60\text{min/hr}} \times 1.2 = 5$개

39 함수율이 97%, 총 고형물 중의 유기물이 80%인 슬러지를 소화조에 500m³/day의 비율로 투입하여 유기물의 2/3 가스화 또는 액화 후 함수율 95%인 소화슬러지를 얻었다고 한다. 소화 슬러지양은?(단, 비중은 1.0을 기준으로 한다.)

① 120m³/day
② 140m³/day
③ 160m³/day
④ 180m³/day

무기물(FS) $= 500\text{m}^3/\text{day} \times 0.03 \times 0.2 = 3\text{m}^3/\text{day}$

잔류 유기물(VS′) $= 500\text{m}^3/\text{day} \times 0.03 \times 0.8 \times \dfrac{1}{3} = 4\text{m}^3/\text{day}$

$$\begin{aligned}\text{소화슬러지양}(\text{m}^3/\text{day}) &= \text{FS} + \text{VS}' \times \dfrac{100}{100 - \text{함수율}} \\ &= (3+4)\text{m}^3/\text{day} \times \dfrac{100}{100-95} \\ &= 140\text{m}^3/\text{day}\end{aligned}$$

40 매일 평균 200t의 쓰레기를 배출하는 도시가 있다. 매립지의 평균 매립 두께를 5m, 매립밀도를 0.8t/m³로 가정할 때 향후 1년간(1년은 360일로 가정)의 쓰레기 매립을 위한 최소 매립지 면적은?(단, 기타 조건은 고려하지 않음)

① 12,000m²
② 15,000m²
③ 18,000m²
④ 21,000m²

$$\begin{aligned}\text{매립면적}(\text{m}^2) &= \dfrac{\text{매립폐기물의 양}}{\text{폐기물밀도} \times \text{매립깊이}} \\ &= \dfrac{200\text{ton/day} \times 360\text{day/year} \times 1\text{year}}{0.8\text{ton/m}^3 \times 5\text{m}} \\ &= 18.000\text{m}^2\end{aligned}$$

제3과목 폐기물소각 및 열회수

41 탄소(C) 10kg을 완전연소시키는 데 필요한 이론적 산소량은?

① 약 7.8Sm³
② 약 12.6Sm³
③ 약 15.5Sm³
④ 약 18.7Sm³

$$\begin{array}{cccc} \text{C} & + & \text{O}_2 & \to & \text{CO}_2 \\ 12\text{kg} & & 22.4\text{Sm}^3 \\ 10\text{kg} & & \text{O}_2(\text{Sm}^3) \end{array}$$

$$\text{O}_2(\text{Sm}^3) = \dfrac{10\text{kg} \times 22.4\text{Sm}^3}{12\text{kg}} = 18.67\text{Sm}^3$$

42 유황 함량이 2%인 벙커C유 1.0ton을 연소시킬 경우 발생되는 SO_2의 양은?(단, 황성분 전량이 SO_2로 전환됨)

① 30kg
② 40kg
③ 50kg
④ 60kg

$$\begin{array}{ccc} \text{S} & + & \text{O}_2 & \to & \text{SO}_2 \\ 32\text{kg} & & & & 64\text{kg} \\ 1,000\text{kg} \times 0.02 & & & & \text{SO}_2(\text{kg}) \end{array}$$

$$\text{SO}_2(\text{kg}) = \dfrac{1,000\text{kg} \times 0.02 \times 64\text{kg}}{32\text{kg}} = 40\text{kg}$$

43 프로판(C_3H_8)의 고위발열량이 24,300kcal/Sm³이라면 저위발열량(kcal/Sm³)은?

① 22,380kcal/Sm³
② 22,840kcal/Sm³
③ 23,340kcal/Sm³
④ 23,820kcal/Sm³

$$\begin{aligned} H_l(\text{kcal/Sm}^3) &= H_h - 480 \times n\text{H}_2\text{O} \\ & \qquad \text{C}_3\text{H}_8 + 5\text{O}_2 \to 3\text{CO}_2 + 4\text{H}_2\text{O} \\ &= 24,300\text{kcal/Sm}^3 - (480 \times 4) \\ &= 22,380\text{kcal/Sm}^3 \end{aligned}$$

44 저위발열량이 9,000kcal/Sm³인 기체연료를 연소할 때 이론습연소가스량은 25Sm³/Sm³이고, 이론연소온도는 2,000℃였다. 이때 연소가스의 평균정압비열은?(단, 연소용 공기, 연료온도는 15℃이다.)

① 0.12kcal/Sm³·℃
② 0.18kcal/Sm³·℃
③ 0.24kcal/Sm³·℃
④ 0.35kcal/Sm³·℃

$$\begin{aligned} &\text{평균정압비열} \\ &= \dfrac{\text{저위발열량}}{(\text{이론연소온도} - \text{실제온도}) \times \text{이론연소가스양}} \\ &= \dfrac{9,000\text{kcal/Sm}^3}{(2,000 - 15)℃ \times 25\text{Sm}^3/\text{Sm}^3} = 0.18\text{kcal/Sm}^3 \cdot ℃ \end{aligned}$$

45 소각과정에서 Cl_2 농도가 0.5%인 배출가스 10,000Sm³/hr를 $Ca(OH)_2$ 현탁액으로 세정 처리하여 Cl_2를 제거하려 할 때 이론적으로 필요한 $Ca(OH)_2$ 양(kg/hr)은?(단, 원자량 Cl : 35.5, Ca : 40)

$$2Cl_2 + 2Ca(OH)_2 \to CaCl_2 + Ca(OCl)_2 + 2H_2O$$

① 약 145
② 약 165
③ 약 185
④ 약 195

정답 39 ② 40 ③ 41 ④ 42 ② 43 ① 44 ② 45 ②

2014

해설 $2Cl_2 + 2Ca(OH)_2 \rightarrow CaCl_2 + Ca(OCl)_2 + 2H_2O$

$2 \times 22.4 Sm^3 : 2 \times 74 kg$

$10,000 Sm^3/hr \times 5,000 mL/m^3 \times m^3/10^6 mL : Ca(OH)_2(kg/hr)$

$Ca(OH)_2(kg/hr)$

$= \dfrac{10,000 Sm^3/hr \times 5,000 mL/m^3 \times m^3 10^6 mL \times (2 \times 74)kg}{2 \times 22.4 Sm^3}$

$= 165.18 kg/hr$

46 증기터빈의 분류관점에 따른 터빈 형식이 잘못 연결된 것은?

① 증기 작동방식 – 충동 터빈, 반동 터빈, 혼합식 터빈

② 흐름수 – 단류 터빈, 복류 터빈

③ 피구동기(발전용) – 직결형 터빈, 감속형 터빈

④ 증기 이용방식 – 반경류 터빈, 축류 터빈

해설 ① 증기작동방식
  ㉠ 충동터빈(Impulse Turbine)
  ㉡ 반동터빈(Reaction Turbine)
  ㉢ 혼합식 터빈(Combination Turbine)
② 증기이용방식
  ㉠ 배압터빈(Back Pressure Turbine)
  ㉡ 추기배압터빈(Back Pressure Extraction Turbine)
  ㉢ 복수터빈(Condensing Turbine)
  ㉣ 추기복수터빈(Condensing Extraction Turbine)
  ㉤ 혼합터빈(Mixed Pressure Turbine)
③ 증기유동 방향
  ㉠ 축류 터빈(Axial Flow Turbine)
  ㉡ 반경류 터빈(Radial Flow Turbine)

47 어느 폐기물 소각처리 시 회분의 중량이 폐기물의 15%라고 한다. 이때 회분의 밀도가 $2g/cm^3$이고 처리해야 할 폐기물이 40,000kg이라면 소각 후 남게 되는 재의 이론 체적은?

① $2.0m^3$ ② $3.0m^3$ ③ $4.0m^3$ ④ $5.0m^3$

해설 재의 이론 체적$(m^3) = \dfrac{질량}{밀도} = \dfrac{40,000kg \times 1,000g/kg}{2g/cm^3 \times 10^6 cm^3/m^3} \times 0.15$

$= 3.0m^3$

48 소각로에 발생하는 질소산화물의 발생억제방법으로 옳지 않은 것은?

① 버너 및 연소실의 구조를 개선한다.

② 배기가스를 재순환한다.

③ 예열온도를 높여 연소온도를 상승시킨다.

④ 2단 연소시킨다.

해설 에너지 절약, 건조 및 착화성 향상을 위해 사용하는 예열공기의 온도를 조절하여 열적 NOx 생성량을 조절한다.(예열온도를 맞추어 연소온도를 낮춤)

49 소각로의 소각능률이 $160kg/m^2 \cdot hr$이며 1일 처리하는 쓰레기의 양이 15,000kg이다. 1일 7시간 소각하면 로스톨의 면적은?

① $7.4m^2$ ② $8.2m^2$

③ $11.7m^2$ ④ $13.4m^2$

해설 로스톨의 면적$(m^2) = \dfrac{시간당\ 소각량}{화상부하율}$

$= \dfrac{15,000 kg/day \times day/7hr}{160 kg/m^2 \cdot hr} = 13.39m^2$

50 유동층 소각로에 대한 설명으로 틀린 것은?

① 가스의 온도가 낮고 과잉공기량이 낮다.

② 연소효율이 높아 미연소분 배출이 적고 따라서 2차 연소실이 불필요하다.

③ 노 내 온도의 자동제어로 열회수가 용이하다.

④ 기계적 구동부분이 많아 고장률이 높다.

해설 **유동층 소각로**
① 장점
  ㉠ 유동매체의 열용량이 커서 액상, 기상, 고형 폐기물의 전소 및 혼소, 균일한 연소가 가능하다.
  ㉡ 반응시간이 빨라 소각시간이 짧다.(노 부하율이 높다.)
  ㉢ 연소효율이 높아 미연소분이 적고 2차 연소실이 불필요하다.
  ㉣ 가스의 온도가 낮고 과잉공기량이 낮다. 따라서 NOx도 적게 배출된다.
  ㉤ 기계적 구동부분이 적어 고장률이 낮아 유지관리가 용이하다.
  ㉥ 노 내 온도의 자동제어로 열회수가 용이하다.
  ㉦ 유동매체의 축열량이 높은 관계로 단시간 정지 후 가동시 보조연료 사용 없이 정상가동이 가능하다.
  ㉧ 과잉공기량이 적으므로 다른 소각로보다 보조연료 사용량과 배출가스량이 적다.
  ㉨ 석회 또는 반응물질을 유동매체에 혼입시켜 노 내에서 산성가스의 제거가 가능하다.

② 단점

　㉠ 층의 유동으로 상으로부터 찌꺼기의 분리가 어려우며 운전비 특히, 동력비가 높다.

　㉡ 폐기물의 투입이나 유동화를 위해 파쇄가 필요하다.

　㉢ 상재료의 용융을 막기 위해 연소온도는 816℃를 초과할 수 없다.

　㉣ 유동매체의 손실로 인한 보충이 필요하다.

　㉤ 고점착성의 반유동상 슬러지하는 처리하기 곤란하다.

　㉥ 소각로 본체에서 압력손실이 크고 유동매체의 비산 또는 분진의 발생량이 가장 많다.

　㉦ 조대한 폐기물은 전처리가 필요하다. 즉, 폐기물의 투입이나 유동화를 위해 파쇄공정이 필요하다.

③ 원료 중에 비가연성 성분이나 연소 후 잔류하는 재의 양이 적어야 한다.

④ 조성 배합률이 균일하여야 하고 대기오염이 적어야 한다.

RDF의 구비조건

① 발열량(칼로리)이 높을 것

② 함수율이 낮을 것

③ 쓰레기 원료 중에 비가연성 성분이나 연소 후 잔류하는 재의 양이 적을 것

④ 대기오염이 적을 것

⑤ 배합률이 균일할 것(조성이 균일할 것)

⑥ 저장 및 이송이 용이할 것

⑦ 기존 고체연료 사용시설에 사용 가능할 것

---

51 이소프로필알코올(C_3H_7OH) 5kg이 완전연소하는 데 필요한 이론공기량은?(단, 표준상태 기준)

① $20Sm^3$
② $30Sm^3$
③ $40Sm^3$
④ $50Sm^3$

C_3H_7OH의 분자량은

$(C_3 + H_8 + O = (12 \times 3) + (1 \times 8) + 16 = 60)$

각 성분의 구성비 : $C = \dfrac{36}{60} = 0.6$

$H = \dfrac{8}{60} = 0.133$

$O = \dfrac{16}{60} = 0.267$

$A_o = \dfrac{1}{0.21}(1.867C + 5.6H - 0.7O)$

$= \dfrac{1}{0.21}[(1.867 \times 0.6) + (5.6 \times 0.133) - (0.7 \times 0.267)]$

$= 8Sm^3/kg \times 5kg = 40Sm^3$

---

52 배기가스성분을 검사해보니 O_2양이 5.25%(부피기준)였다. 완전연소로 가정한다면 공기비는?(단, N_2는 79%)

① 1.33
② 1.54
③ 1.84
④ 1.94

공기비$(m) = \dfrac{21}{21 - O_2} = \dfrac{21}{21 - 5.25} = 1.33$

---

53 RDF(Refuse Drived Fuel)가 갖추어야 하는 조건에 관한 설명으로 가장 거리가 먼 것은?

① 제품의 함수율이 낮아야 한다.

② RDF용 소각로 제작이 용이하도록 발열량이 높지 않아야 한다.

---

54 폐지 250kg을 소각하고자 한다. 이론공기량(Sm^3)은?(단, 폐지의 성분은 모두 셀룰로오스($C_6H_{10}O_5$)로 가정함)

① 약 690
② 약 790
③ 약 890
④ 약 990

$C_6H_{10}O_5 + 6O_2 \;\rightarrow\; 6CO_2 + 5H_2O$

$162kg \quad : \quad 6 \times 22.4Sm^3$

$250kg \quad : \quad O_o(Sm^3)$

$O_o(Sm^3) = \dfrac{250kg \times (6 \times 22.4)Sm^3}{162kg} = 207.41Sm^3$

$A_o = \dfrac{O_o}{0.21} = \dfrac{207.41}{0.21} = 987.65Sm^3$

---

55 다음과 같은 중량조성의 고체연료의 고위발열량(H_h)은?(조건 : C=70%, H=5%, O=15%, S=5%, 기타, Dulong 식 기준)

① 약 5,400kcal/kg

② 약 6,900kcal/kg

③ 약 7,700kcal/kg

④ 약 8,400kcal/kg

$H_h(kcal/kg)$

$= 8,100C + 34,000\left(H - \dfrac{O}{8}\right) + 2,500S$

$= (8,100 \times 0.7) + \left[34,000 \times \left(0.05 - \dfrac{0.15}{8}\right)\right] + (2,500 \times 0.05)$

$= 6,857.5kcal/kg$

정답 51 ③　52 ①　53 ②　54 ④　55 ②

56 다음 중 착화온도에 관한 설명으로 틀린 것은?(단, 고체 연료 기준)

① 분자구조가 간단할수록 착화온도가 낮다.

② 화학적으로 발열량이 클수록 착화온도는 낮다.

③ 화학반응성이 클수록 착화온도는 낮다.

④ 화학결합의 활성도가 클수록 착화온도는 낮다.

해설 낮은 착화온도를 가질 수 있는 물질의 조건
① 연료의 분자구조가 간단할수록 착화온도는 높아진다.
② 연료의 화학결합의 활성도가 클수록 착화온도는 낮아진다.
③ 연료의 화학반응성이 클수록 착화온도는 낮아진다.
④ 동질물질인 경우 화학적으로 발열량이 클수록 착화온도는 낮아진다.
⑤ 공기 중의 산소농도 및 압력이 높을수록 착화온도는 낮아진다.
⑥ 석탄의 탄화도가 작을수록 착화온도는 낮아진다.
⑦ 비표면적이 클수록 착화온도는 낮아진다.

57 주성분이 $C_{10}H_{17}O_6N$인 활성슬러지 폐기물을 소각처리 하려고 한다. 폐기물 5kg당 필요한 이론적 공기의 무게는?(단, 공기 중 산소량은 중량비로 23%)

① 약 12kg ② 약 22kg
③ 약 32kg ④ 약 42kg

해설 $C_{10}H_{17}O_6N$의 분자량은 $[C_{10} + H_{17} + O_6 + N = (12 \times 10) + (1 \times 17) + (16 \times 6) + (14) = 247]$이다.

각 성분의 구성비 : $C = \dfrac{120}{247} = 0.486$

$H = \dfrac{17}{247} = 0.069$

$O = \dfrac{96}{247} = 0.388$

$N = \dfrac{14}{247} = 0.056$

$A_o = \dfrac{O_o}{0.23} = 11.5C + 34.63H - 4.31O + 4.31S \, (kg/kg)$
$= [(11.5 \times 0.486) + (34.63 \times 0.069) - (4.31 \times 0.388)]$
$= 6.32kg/kg \times 5kg = 31.6kg$

58 메탄 $10Sm^3$를 공기과잉계수 1.2로 연소시킬 경우 습윤 연소가스양은?

① 약 $82Sm^3$ ② 약 $95Sm^3$
③ 약 $113Sm^3$ ④ 약 $124Sm^3$

해설 $CH_4 + 2O_2 \rightarrow CO_2 + 2H_2O$
실제 습윤연소가스양($G_w : Sm^3$)

$= (m - 0.21)A_o + \left(x + \dfrac{y}{2}\right)$

$A_o = \dfrac{1}{0.21}\left(x + \dfrac{y}{4}\right) = \dfrac{1}{0.21}\left(1 + \dfrac{4}{4}\right) = 9.52Sm^3/Sm^3$

$= [(1.2 - 0.21) \times 9.52] + \left(1 + \dfrac{4}{2}\right)$

$= 12.42Sm^3/Sm^3 \times 10Sm^3 = 124.25Sm^3$

59 열교환기 중 절탄기에 관한 설명으로 틀린 것은?

① 급수예열에 의해 보일러수와의 온도차가 감소하므로 보일러 드럼에 발생하는 열응력이 증가된다.

② 급수온도가 낮을 경우, 굴뚝가스 온도가 저하하면 절탄기 저온부에 접하는 가스온도가 노점에 달하여 절탄기를 부식시키는 것을 주의하여야 한다.

③ 보일러 전열면을 통하여 연소가스의 여열로 보일러 급수를 예열하여 보일러 효율을 높이는 장치이다.

④ 굴뚝의 가스온도의 저하로 인한 굴뚝 통풍력의 감소를 주의하여야 한다.

해설 절탄기(이코노마이저)
① 폐열회수를 위한 열교환기, 연도에 설치하며 보일러 전열면을 통과한 연소가스의 예열로 보일러 급수를 예열하여 보일러 효율을 높이는 장치이다.
② 급수예열에 의해 보일러수와의 온도차가 감소되므로 보일러 드럼에 발생하는 열응력이 감소된다.
③ 급수온도가 낮을 경우, 연소가스 온도가 저하되면 절탄기 저온부에 접하는 가스온도가 노점에 대하여 절탄기를 부식시키는 것을 주의하여야 한다.
④ 절탄기 자체로 인한 통풍저항 증가와 연도의 가스온도 저하로 인한 연도통풍력의 감소를 주의하여야 한다.

60 연소 배출 가스량이 $5,400Sm^3/hr$인 소각시설의 굴뚝에서 정압을 측정하였더니 $20mmH_2O$였다. 여유율 20%인 송풍기를 사용할 경우 필요한 소요동력은?(단, 송풍기 정압 효율 80%, 전동기 효율 70%)

① 약 0.18kW ② 약 0.32kW
③ 약 0.63kW ④ 약 0.87kW

해설 소요동력$(kW) = \dfrac{Q \times \Delta P}{6,120 \times \eta} \times \alpha$

$Q = 5,400Sm^3/hr \times hr/60min = 90Sm^3/min$

$= \dfrac{90 \times 20}{6,120 \times 0.7 \times 0.8} \times 1.2 = 0.63kW$

61 액상폐기물 중 PCBs를 기체크로마토그래피로 분석 시 사용되는 시약이 아닌 것은?

① 수산화칼슘
② 무수황산나트륨
③ 실리카겔
④ 노말 헥산

PCBs – 기체크로마토그래피(시약)
① 아세톤
② 노말헥산
③ 무수황산나트륨
④ 실리카겔
⑤ 플로리실
⑥ 수산화칼륨/에틸알코올용액(1M)
⑦ 헥산세정수
⑧ 황산
⑨ 에틸에테르($C_2H_5OC_2H_5$, 분자량 74.12)
⑩ 에틸에테르/노말헥산용액(15W/V%)

62 대상폐기물의 양이 1,100톤인 경우 시료의 최소 수는?

① 40
② 50
③ 60
④ 80

대상폐기물의 양과 시료의 최소 수

대상 폐기물의 양(단위 : ton)	시료의 최소 수
~ 1 미만	6
1 이상~5 미만	10
5 이상~30 미만	14
30 이상~100 미만	20
100 이상~500 미만	30
500 이상~1,000 미만	36
1,000 이상~5,000 미만	50
5,000 이상~	60

63 다음 시료의 전처리(산분해법)방법 중 유기물 등을 많이 함유하고 있는 대부분의 시료에 적용하는 것은?

① 질산 – 염산 분해법
② 질산 – 황산 분해법
③ 염산 – 황산 분해법
④ 염산 – 과염소산 분해법

질산 – 황산 분해법
① 적용 : 유기물 등을 많이 함유하고 있는 대부분의 시료
② 주의
　㉠ 칼슘, 바륨, 납 등을 다량 함유한 시료는 난용성의 황산염을 생성하여 다른 금속성분을 흡착하므로 주의

　㉡ 분해가 끝나면 공기 중에서 식히고 정제수 50mL를 넣어 끓기 직전까지 서서히 가열하여 침전된 용해성염 등을 녹임
　㉢ 시료를 서서히 가열하여 액체의 부피가 15mL가 될 때까지 증발 농축한 후 공기 중에서 서서히 식힌다.
③ 용액 산농도 : 약 1.5~3.0N

64 다음은 회분식 연소방식의 소각재 반출설비에서의 시료 채취에 관한 내용이다. ( ) 안에 옳은 내용은?

> 회분식 연소방식의 소각재 반출설비에서 채취하는 경우에는 하루 동안의 운전횟수에 따라 매 운전 시마다 (㉠) 이상 채취하는 것을 원칙으로 하고, 시료의 양은 1회에 (㉡) 이상으로 한다.

① ㉠ 2회, ㉡ 100g
② ㉠ 4회, ㉡ 100g
③ ㉠ 2회, ㉡ 500g
④ ㉠ 4회, ㉡ 500g

회분식 연소방식의 소각재 반출 설비에서 시료 채취
① 하루 동안의 운전 횟수에 따라 매 운전 시마다 2회 이상 채취
② 시료의 양은 1회에 500g 이상

65 다음에 설명한 시료축소방법은?

> • 모아진 대시료를 네모꼴로 얇게 균일한 두께로 편다.
> • 이것을 가로 4등분, 세로 5등분하여 20개의 덩어리로 나눈다.
> • 20개의 각 부분에서 균등량씩을 취한 후 혼합하여 하나의 시료로 한다.

① 구획법
② 등분법
③ 균등법
④ 분할법

구획법
① 모아진 대시료를 네모꼴로 얇게 균일한 두께로 편다.
② 이것을 가로 4등분, 세로 5등분하여 20개의 덩어리로 나눈다.
③ 20개의 각 부분에서 균등량을 취한 후 혼합하여 하나의 시료로 만든다.

　①　　　　②　　　　③

정답 **61** ① **62** ② **63** ② **64** ③ **65** ①

66 용액의 농도를 %로만 표현하였을 경우를 옳게 나타낸 것은?(단, W : 무게, V : 부피)

① V/V%   ② W/W%

③ V/W%   ④ W/V%

해설   용액의 농도를 %로만 표시할 때는 W/V%을 사용한다.

67 다음은 정량한계에 관한 내용이다. (　) 안에 옳은 내용은?

> 정량한계란 시험분석 대상을 정량화할 수 있는 측정값으로서, 제시된 정량한계 부근의 농도를 포함하도록 시료를 준비하고 이를 반복 측정하여 얻은 결과의 표준편차(S)에 (　)한 값을 사용한다.

① 3배   ② 3.3배   ③ 5배   ④ 10배

해설   정량한계(LOQ) = 표준편차(S) × 10

68 유도결합플라스마 – 원자발광분광법을 사용한 금속류 측정에 관한 내용으로 틀린 것은?

① 대부분의 간섭물질은 산 분해에 의해 제거된다.

② 유도결합플라스마 – 원자발광분광기는 시료도입부, 고주파전원부, 광원부, 분광부, 연산처리부 및 기록부로 구성된다.

③ 시료 중에 칼슘과 마그네슘의 농도가 높고 측정값이 규제값의 90% 이상일 때는 희석 측정하여야 한다.

④ 유도결합플라스마 – 원자발광분광기의 분광부는 검출 및 측정에 따라 연속주사형 단원소측정장치와 다원소동시 측정장치로 구분된다.

해설   **금속류(유도결합플라스마 – 원자발광분광법)**
시료 중에 칼슘과 마그네슘의 농도합이 500mg/L 이상, 측정값이 규제값의 90% 이상인 경우 표준물질첨가법으로 측정하는 것이 좋다.

69 폐기물공정시험기준의 총칙에서 규정하고 있는 사항 중 옳은 내용은?

① '약이라 함은 기재된 양에 대하여 15% 이상의 차가 있어서는 안 된다.

② '정밀히 단다.'라 함은 규정된 양의 시료를 취하여 화학저울 또는 미량저울로 칭량함을 말한다.

③ '정확히 취하여'라 하는 것은 규정한 양의 액체를 메스플라스크로 눈금까지 취하는 것을 말한다.

④ '정량적으로 씻는다.'라 함은 사용된 용기 등에 남은 대상성분을 수돗물로 씻어냄을 말한다.

해설   ① 15% → ±10%
③ 정확히 취하여 → 규정된 양의 액체를 홀피펫으로 눈금까지 취하는 것을 말한다.
④ 정량적으로 씻는다. → 어떤 조작으로부터 다음 조작으로 넘어갈 때 사용한 비커, 플라스크 등의 용기 및 여과막 등에 부착한 정량대상 성분을 사용한 용매로 씻어 그 씻어낸 용액을 합하고 먼저 사용한 같은 용매를 채워 일정용량으로 하는 것을 말한다.

70 폐기물시료의 강열감량을 측정한 결과 다음과 같은 자료를 얻었다. 해당 시료의 강열감량은?(단, 도가니의 무게(W_1) : 51.045g, 탄화 전 도가니와 시료의 무게(W_2) : 92.345g, 탄화 후 도가니와 시료의 무게(W_3) : 53.125g)

① 93%   ② 95%

③ 97%   ④ 99%

해설 $$강열감량(\%) = \frac{(W_2 - W_3)}{(W_2 - W_1)} \times 100$$
$$= \frac{(92.345 - 53.125)g}{(92.345 - 51.045)g} \times 100 = 94.96\%$$

71 시료채취를 위한 용기 사용에 관한 설명으로 틀린 것은?

① 시료용기는 무색경질의 유리병 또는 폴리에틸렌병, 폴리에틸렌백을 사용한다.

② 시료 중에 다른 물질의 혼입이나 성분의 손실을 방지하기 위하여 밀봉할 수 있는 마개를 사용하며 코르크 마개를 사용하여서는 안 된다. 다만 고무나 코르크 마개에 파라핀지, 유지 또는 셀로판지를 씌워 사용할 수도 있다.

③ 시안, 수은 등 휘발성 성분의 실험을 위한 시료의 채취 시는 무색경질의 유리병을 사용하여야 한다.

④ 채취용기는 시료를 변질시키거나 흡착하지 않는 것이어야 하며 기밀하고 누수나 흡습성이 없어야 한다.

해설   **갈색경질 유리병 사용 채취물질**
① 노말헥산 추출물질
② 유기인
③ 폴리클로리네이티드비페닐(PCB)
④ 휘발성 저급 염소화 탄화수소류

정답   66 ④   67 ④   68 ③   69 ②   70 ②   71 ③

72 폐기물공정시험기준에서 규정하고 있는 온도에 대한 설명으로 틀린 것은?

① 실온 1~35℃   ② 온수 60~70℃

③ 열수 약 100℃   ④ 냉수 4℃ 이하

용어	온도(℃)
표준온도	0
상온	15~25
실온	1~35
찬 곳	0~15의 곳(따로 규정이 없는 경우)
냉수	15 이하
온수	60~70
열수	≒100

73 시안 측정을 위한 이온전극법을 적용 시 내부 정도관리주기 기준에 관한 설명으로 옳은 것은?

① 방법검출한계, 정량한계, 정밀도 및 정확도는 2월 1회 이상 산정하는 것을 원칙으로 한다.

② 방법검출한계, 정량한계, 정밀도 및 정확도는 분기 1회 이상 산정하는 것을 원칙으로 한다.

③ 방법검출한계, 정량한계, 정밀도 및 정확도는 반기 1회 이상 산정하는 것을 원칙으로 한다.

④ 방법검출한계, 정량한계, 정밀도 및 정확도는 연 1회 이상 산정하는 것을 원칙으로 한다.

시안 – 이온전극법(내부 정도관리 주기)
방법검출한계, 정량한계, 정밀도 및 정확도는 연 1회 이상 산정하는 것을 원칙으로 한다.

74 기체크로마토그래피로 유기인을 분석할 때 시료관리에 관한 내용으로 옳은 것은?

① 모든 시료는 시료채취 후 추출하기 전까지 4℃ 냉암소에서 보관하고 5일 이내에 추출하고 30일 이내에 분석한다.

② 모든 시료는 시료채취 후 추출하기 전까지 4℃ 냉암소에서 보관하고 5일 이내에 추출하고 40일 이내에 분석한다.

③ 모든 시료는 시료채취 후 추출하기 전까지 4℃ 냉암소에서 보관하고 7일 이내에 추출하고 30일 이내에 분석한다.

④ 모든 시료는 시료채취 후 추출하기 전까지 4℃ 냉암소에서 보관하고 7일 이내에 추출하고 40일 이내에 분석한다.

유기인 – 기체크로마토그래피법
① 보관 : 4℃ 냉암소
② 추출 : 7일 이내
③ 분석 : 40일 이내

75 자외선/가시선 분광법을 적용한 시안화합물 측정에 관한 내용으로 틀린 것은?

① 시안화합물을 측정할 때 방해물질들은 증류하면 대부분 제거된다.

② 황화합물이 함유된 시료는 아세트산용액을 넣어 제거한다.

③ 잔류염소가 함유된 시료는 L – 아스코빈산 용액을 넣어 제거한다.

④ 잔류염소가 함유된 시료는 이산화비소산나트륨 용액을 넣어 제거한다.

시안화합물(자외선/가시선 분광법)
황화합물이 함유된 시료는 아세트산아연용액 2mL를 넣어 제거한다.

76 시료의 용출시험방법에 관한 설명으로 옳은 것은?(단, 상온·상압 기준)

① 용출조작은 진폭이 4~5cm인 진탕기로 200회/min로 6시간 연속 진탕한다.

② 용출조작은 진폭이 4~5cm인 진탕기로 200회/min로 8시간 연속 진탕한다.

③ 용출조작은 진폭이 4~5cm인 진탕기로 300회/min로 6시간 연속 진탕한다.

④ 용출조작은 진폭이 4~5cm인 진탕기로 300회/min로 8시간 연속 진탕한다.

용출 조작
① 진탕 : 혼합액을 상온, 상압에서 진탕횟수가 매분당 약 200회, 진폭이 4~5cm의 진탕기를 사용하여 6시간 동안 연속 진탕
⇩
② 여과 : 1.0μm의 유리 섬유여과지로 여과
⇩
③ 여과액을 적당량 취하여 용출 실험용 시료 용액으로 함

정답 72 ④   73 ④   74 ④   75 ②   76 ①

77 비소를 자외선/가시선 분광법으로 측정할 때에 대한 내용으로 틀린 것은?

① 정량한계는 0.002mg이다.
② 적자색의 흡광도를 530nm에서 측정한다.
③ 정량범위는 0.002~0.01mg이다.
④ 시료 중의 비소를 아연을 넣어 3가 비소로 환원시킨다.

해설 비소(자외선/가시선 분광법)
시료 중의 비소를 3가 비소로 환원시킨 다음 아연을 넣어 발생되는 비화수소를 다이에틸다이티오카르바민산은의 피리딘용액에 흡수시켜 이때 나타나는 적자색의 흡광도를 530nm에서 측정하는 방법이다.

78 다음은 용출시험방법의 적용에 관한 사항이다. ( ) 안에 옳은 내용은?

( )에 대하여 폐기물관리법에서 규정하고 있는 지정폐기물의 판정 및 지정폐기물의 중간처리방법 또는 매립방법을 결정하기 위한 실험에 적용한다.

① 수거 폐기물
② 고상폐기물
③ 고상 및 반고상폐기물
④ 일반 폐기물

해설 용출시험방법의 적용
① 고상 또는 반고상폐기물에 대하여 폐기물관리법에서 규정하고 있는 지정폐기물의 판정
② 지정폐기물의 중간처리방법을 결정하기 위한 실험
③ 매립방법을 결정하기 위한 실험

79 원자흡수분광도법에 의한 구리(Cu) 시험방법으로 옳은 것은?

① 정량범위는 440nm에서 0.2~4mg/L 범위 정도이다.
② 정밀도는 측정값의 상대표준편차(RSD)로 산출하며 측정한 결과 ±25% 이내이어야 한다.
③ 검정곡선의 결정계수(R^2)는 0.999 이상이어야 한다.
④ 표준편차율은 표준물질의 농도에 대한 측정 평균값의 상대 백분율로서 나타내며 5~15% 범위이다.

해설 구리(원자흡수분광광도법)
① 정량범위는 324.75nm에서 0.006~50mg/L이다.
③ 검정곡선의 결정계수(R^2)는 0.98 이상이어야 한다.
④ 정확도는 첨가한 표준물질의 농도에 대한 측정 평균값의 상대 백분율로서 나타내며, 그 값은 75~125% 이내이어야 한다.

80 다음은 용출시험방법에 관한 내용이다. ( ) 안에 옳은 내용은?

시료의 조제방법에 따라 조제한 시료 100g 이상을 정확히 달아 정제수에 염산을 넣어 ( )(으)로 한 용매(mL)를 시료 : 용매 = 1 : 10(W : V)의 비로 2,000mL 삼각플라스크에 넣어 혼합한다.

① pH 4 이하
② pH 4.3~5.8
③ pH 5.8~6.3
④ pH 6.3~7.2

해설 용출시험 시료용액 조제
① 시료의 조제 방법에 따라 조제한 시료 100g 이상을 정확히 단다.
⇩
② 용매 : 정제수에 염산을 넣어 pH를 5.8~6.3으로 한다.
⇩
③ 시료 : 용매 = 1 : 10(w/v)의 비로 2,000mL 삼각 플라스크에 넣어 혼합한다.

제5과목 폐기물관계법규

[Note] 2012~2015년 폐기물관계법규 관련 문제는 법규의 변경사항이 많으므로 문제유형만 학습하시기 바랍니다.

81 동물성 잔재물(殘滓物)과 의료폐기물 중 조직물류 폐기물 등 부패나 변질의 우려가 있는 폐기물인 경우 처리명령 대상이 되는 조업중단 기간은?

① 5일
② 10일
③ 15일
④ 30일

82 생활폐기물 수집·운반 대행자에 대한 대행실적 평가실시 기준으로 옳은 것은?

① 분기에 1회 이상
② 반기에 1회 이상
③ 매년 1회 이상
④ 2년간 1회 이상

83 폐기물관리종합계획에 포함되어야 하는 사항과 가장 거리가 먼 것은?

① 재원조달계획
② 폐기물 관리 여건 및 전망

③ 부분별 폐기물 관리 현황

④ 종전의 종합계획에 대한 평가

84 폐기물 처리업자의 폐기물보관량 및 처리기한에 관한 기준으로 옳은 것은?(단, 폐기물 수집, 운반업자가 임시 보관장소에 폐기물을 보관하는 경우)

① 의료폐기물 외의 폐기물 : 중량 450톤 이하이고 용적이 300세제곱미터 이하, 3일 이내

② 의료폐기물 외의 폐기물 : 중량 350톤 이하이고 용적이 200세제곱미터 이하, 3일 이내

③ 의료폐기물 외의 폐기물 : 중량 450톤 이하이고 용적이 300세제곱미터 이하, 5일 이내

④ 의료폐기물 외의 폐기물 : 중량 350톤 이하이고 용적이 200세제곱미터 이하, 5일 이내

85 폐기물처리시설 중 화학적 처분시설(중간처분시설)에 해당되지 않는 것은?

① 응집 · 침전 시설

② 고형화 · 고화 · 안정화 시설

③ 반응시설(중화 · 산화 · 환원 · 중합 · 축합 · 치환 등의 화학반응을 이용하여 폐기물을 처분하는 단위시설을 포함한다.)

④ 흡착 · 정제시설

86 폐기물중간재활용업, 폐기물최종재활용업 및 폐기물종합재활용업의 변경허가를 받아야 하는 중요사항으로 옳지 않은 것은?

① 운반차량(임시차량 포함)의 증차

② 폐기물 재활용시설의 신설

③ 허가 또는 변경허가를 받은 재활용 용량의 100분의 30 이상(금속을 회수하는 최종재활용업 또는 종합재활용업의 경우에는 100분의 50 이상)의 변경(허가 또는 변경허가를 받은 후 변경되는 누계를 말한다.)

④ 폐기물 재활용시설 소재지 변경

87 다음은 최종처분시설 중 관리형 매립시설의 관리기준에 관한 내용이다. ( ) 안에 옳은 내용은?

> 매립시설 주변의 지하수 검사정 및 빗물 · 지하수배제시설의 수질검사 또는 해수수질검사는 해당 매립시설의 사용시작 신고일 2개월 전부터 사용시작 신고일까지의 기간 중에는 (㉠), 사용시작 신고일 후부터는 (㉡) 각각 실시하여야 하며, 검사 실적을 매년 (㉢)까지 시 · 도지사 또는 지방환경관서의 장에게 보고하여야 한다.

① ㉠ : 월 1회 이상, ㉡ : 분기 1회 이상, ㉢ : 1월 말

② ㉠ : 월 1회 이상, ㉡ : 반기 1회 이상, ㉢ : 12월 말

③ ㉠ : 월 2회 이상, ㉡ : 분기 1회 이상, ㉢ : 1월 말

④ ㉠ : 월 2회 이상, ㉡ : 반기 1회 이상, ㉢ : 12월 말

88 재활용에 해당되는 활동에는 폐기물로부터 에너지를 회수하거나 회수할 수 있는 상태로 만들거나 폐기물을 연료로 사용하는 환경부령으로 정하는 활동이 있으며 그중 폐기물(지정폐기물 제외)을 시멘트 소성로 및 환경부장관이 정하여 고시하는 시설에서 연료로 사용하는 활동이 있다. 다음 중 시멘트 소성로 및 환경부장관이 정하여 고시하는 시설에서 연료로 사용하는 폐기물(지정 폐기물 제외)과 가장 거리가 먼 것은?(단, 그 밖에 환경부장관이 고시하는 폐기물 제외)

① 폐타이어 　　　　② 폐유

③ 폐섬유 　　　　④ 폐합성고무

89 폐기물처분시설의 검사항목기준으로 거리가 먼 것은? (단, '멸균분쇄시설'의 '정기검사')

① 멸균조건의 적절 유지 여부(멸균검사 포함)

② 분쇄시설의 작동상태

③ 폭발사고와 화재 등에 대비한 구조의 적절 유지

④ 자동투입장치 및 계측장비의 작동상태

90 한국폐기물협회의 수행업무와 가장 거리가 먼 것은?(단, 그 밖의 정관에서 정하는 업무는 제외)

① 폐기물처리 절차 및 이행 업무

② 폐기물 관련 홍보 및 교육 · 연수

③ 폐기물 관련 국제교류 및 협력

④ 폐기물과 관련된 업무로서 국가나 지방자치단체로부터 위탁받은 업무

2014

91 다음 중 폐기물 감량화시설의 종류에 해당되지 않는 것은?

① 폐기물 재활용시설　② 폐기물 소각시설
③ 공정 개선시설　　　④ 폐기물 재이용시설

92 설치신고대상 폐기물처리시설 기준으로 옳지 않은 것은?

① 일반 소각시설로서 1일 처분능력이 100톤(지정폐기물의 경우에는 10톤) 미만인 시설
② 생물학적 처분시설로서 1일 처분능력이 100톤 미만인 시설
③ 소각열회수시설로서 시간당 재활용능력이 100킬로그램 미만인 시설
④ 기계적 처분시설 또는 재활용시설 중 탈수 · 건조시설, 멸균분쇄시설 및 화학적 처분시설 또는 재활용시설

93 폐기물처리시설 주변 지역 영향조사 기준 중 토양조사 지점에 관한 기준으로 옳은 것은?

① 매립시설에 인접하여 토양오염이 우려되는 2개소 이상의 일정한 곳으로 한다.
② 매립시설에 인접하여 토양오염이 우려되는 3개소 이상의 일정한 곳으로 한다.
③ 매립시설에 인접하여 토양오염이 우려되는 4개소 이상의 일정한 곳으로 한다.
④ 매립시설에 인접하여 토양오염이 우려되는 5개소 이상의 일정한 곳으로 한다.

94 다음 의료폐기물의 종류 중 위해의료폐기물에 해당되지 않는 것은?

① 시험 · 검사 등에 사용된 배양액
② 파손된 유리재질의 시험기구
③ 인체 또는 동물의 조직 · 장기 · 기관 · 신체의 일부
④ 혈액 · 체액 · 분비물 · 배설물이 함유되어 있는 탈지면

95 폐기물처리업의 업종구분과 영업 내용의 범위를 벗어나는 영업을 한 자에 대한 벌칙기준으로 옳은 것은?

① 1년 이하의 징역이나 5백만 원 이하의 벌금
② 1년 이하의 징역이나 1천만 원 이하의 벌금
③ 2년 이하의 징역이나 2천만 원 이하의 벌금
④ 3년 이하의 징역이나 2천만 원 이하의 벌금

96 폐기물처리시설 중 관리형 매립시설에서 발생하는 침출수의 배출허용기준 중 '나 지역'의 생물화학적 산소요구량의 기준은?

① 60mg/L 이하　　② 70mg/L 이하
③ 80mg/L 이하　　④ 90mg/L 이하

97 의료폐기물 전용용기 검사기관으로 옳은 것은?

① 한국화학융합시험연구원
② 한국건설환경기술시험원
③ 한국의료기기시험연구원
④ 한국건설환경시험연구원

98 멸균분쇄시설의 검사기관으로 옳지 않은 것은?

① 한국건설기술연구원　② 한국산업기술시험원
③ 한국환경공단　　　　④ 보건환경연구원

99 음식물류 폐기물 배출자는 음식물류 폐기물의 발생 억제 및 처리계획을 환경부령으로 정하는 바에 따라 특별자치시장, 특별자치도지사, 시장, 군수, 구청장에게 신고하여야 한다. 이를 위반하여 음식물류 폐기물의 발생 억제 및 처리계획을 신고하지 아니한 자에 대한 과태료 부과기준은?

① 100만 원 이하　　② 300만 원 이하
③ 500만 원 이하　　④ 1,000만 원 이하

100 폐기물처리시설인 재활용시설 중 기계적 재활용시설의 기준으로 옳지 않은 것은?

① 절단시설(동력 10마력 이상인 시설로 한정한다.)
② 탈수 · 건조시설(동력 10마력 이상인 시설로 한정한다.)
③ 압축 · 압출 · 성형 · 주조시설(동력 10마력 이상인 시설로 한정한다.)
④ 파쇄 · 분쇄 · 탈피시설(동력 20마력 이상인 시설로 한정한다.)

폐기물처리기사 필기
핵심요점 과년도 기출문제 해설

발행일 | 2021. 1. 15   초판발행
        2022. 1. 25   개정 1판1쇄
        2023. 1. 30   개정 2판1쇄
        2024. 1. 10   개정 3판1쇄
        2025. 1. 10   개정 4판1쇄

저 자 | 서영민
발행인 | 정용수
발행처 | 예문사

주 소 | 경기도 파주시 직지길 460(출판도시) 도서출판 예문사
T E L | 031) 955-0550
F A X | 031) 955-0660
등록번호 | 11-76호

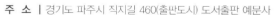

- 이 책의 어느 부분도 저작권자나 발행인의 승인 없이 무단 복제하여 이용할 수 없습니다.
- 파본 및 낙장은 구입하신 서점에서 교환하여 드립니다.
- 예문사 홈페이지 http://www.yeamoonsa.com

정가 : 30,000원

ISBN 978-89-274-5561-5 13530